风格演绎篇

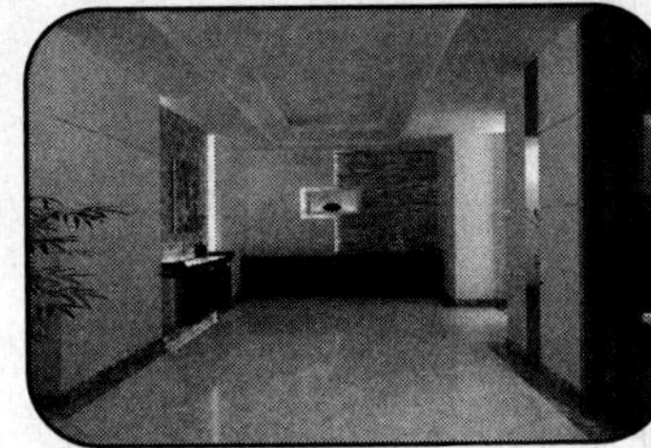

AutoCAD 2013 室内家装设计实战

陈志民　主编

机械工业出版社

不同的家装风格演绎出不同的家园风情，蕴含着千姿百态的生活乐趣。在追求时尚与个性的今天，室内设计也在经历着一场不同风格百家争鸣的革命。

本书借助 AutoCAD 2013 软件，通过 50 多套经典室内施工图、120 多个绘图实例，全面剖析了现代、日式、中式、田园、地中海、异域风情、混合和欧式 8 种风格类型家装设计特点和施工图绘制技术。本书案例均具有较强代表性，应用了当前较流行的设计手法，包含了极具风格的设计元素，将操作技法和设计理念完美结合，使您在面对客户的特殊要求时也能轻松自如。

本书附赠 DVD 多媒体学习光盘，配备了全书所有 120 个实例共 15 个小时的高清语音视频教学，并同时赠送 7 小时 AutoCAD 基础功能视频讲解，详细讲解了 AutoCAD 2013 共 200 多个常用命令和功能的含义和用法。除此之外，还特别赠送了上千个精美的室内设计常用 CAD 图块，包括沙发、桌椅、床、台灯、人物、挂画、坐便器、门窗、灶具、水龙头、雕塑、电视、冰箱、空调、音箱、绿化配景等，即调即用，可极大提高室内设计工作效率，真正的物超所值。本书 DWG 文件有 2013 和 2004 共 2 个版本，各版本 AutoCAD 用户均可顺利使用本书。

本书内容丰富、讲解细致，不仅适合于室内装潢专业的 AutoCAD 的初学者，而且其实用性和针对性对于有制作经验的室内设计师来说也具有很强的参考价值。

图书在版编目（CIP）数据

AutoCAD 2013 室内家装设计实战．风格演绎篇/陈志民主编．—北京：机械工业出版社，2012.12

ISBN 978-7-111-40672-3

Ⅰ.①A…　Ⅱ.①陈…　Ⅲ.①室内装饰设计—计算机辅助设计—AutoCAD 软件　Ⅳ.①TU238-39

中国版本图书馆 CIP 数据核字（2012）第 293354 号

机械工业出版社（北京市百万庄大街 22 号　邮政编码 100037）

策划编辑：曲彩云　责任编辑：曲彩云

责任印制：张　楠

北京中兴印刷有限公司印刷

2013 年 1 月第 1 版第 1 次印刷

184mm×260mm · 27.25 印张 · 674 千字

0 001—3 000 册

标准书号：ISBN 978-7-111-40672-3

ISBN 978-7-89433-218-9（光盘）

定价：69.00 元（含 1DVD）

PREFACE 前言

室内设计风格

随着古今中外各种文化潮流的相互交融和生活水平及欣赏能力的提高，人们不再满足于千篇一律的设计风格，室内设计正在迎来一场不同风格百家争鸣、百花齐发的高速发展时期。

本书编写特色

本书针对目前室内设计现状，借助 AutoCAD 2013 软件，全面剖析了国内常见经典风格家装设计特点和施工图绘制技术。书中案例均有较强代表性，应用了当前较流行的设计手法，包含了极具风格的设计元素，将操作技法和设计理念完美结合，使设计师能够轻松应对客户各种需求。

总的来说，本书具有以下特色：

零点快速起步 室内知识全面掌握	从用户界面到绘图与编辑，从室内空间设计到绘图规范，针对室内绘图的需要，本书对各类知识进行了筛选和整合，突出实用和高效。相关知识点讲解深入、透彻，逐步提高绘图技能，使读者全面掌握室内设计所需的各类知识
8 大设计风格 全面演绎多彩生活	全书剖析了现代、日式、中式、田园、地中海、异域风情、混合和欧式共 8 大设计风格的设计特点和施工图绘制技术，可以满足各类型客户的多样化需求
多种设计户型 常见类型一网打尽	全书在剖析各种室内风格的同时，还结合小户型、二居室、三居室、错层、复式、别墅等多种户型结构，使读者对各种户型的特点和设计方法全面掌握
50 多套室内图样 室内设计贴身实战	本书详细讲解了各风格、各户型的平面布置图、顶棚图、各空间立面图、剖面图、详图、电气图和给排水图等各种类型的图样绘制方法，与室内实战真正零距离，积累宝典的室内设计经验
100 多个绘图实例 绘图技能快速提升	本书的绘图案例经过作者精挑细选，经典、实用，从家装到公装、从小户型到大型别墅，全部来自一线工程实践，具有典型性和实用性，易于触类旁通、举一反三，绘图技术快速提升。
高清视频讲解 学习效率轻松翻倍	本书配套光盘收录全书所有实例的长达 15 个小时的高清语音视频教学，可以在家享受专家课堂式的讲解，成倍提高学习兴趣和效率

AutoCAD 2013 简介

AutoCAD 是美国 Autodesk 公司开发的专门用于计算机绘图和设计工作的软件。自 20 世纪 80 年代 Autodesk 公司推出 AutoCAD R1.0 以来，由于其具有简便易学、精确高效等优点，一直深受广大工程设计人员的青睐。迄今为止，AutoCAD 历经了十余次的扩充与完善，如今它已经在航空航天、造船、建筑、机械、电子、化工、美工、轻纺等很多领域得到了广泛应用。

关于光盘

本书附赠 DVD 多媒体学习光盘，配备了全书主要实例 15 个小时的高清语音视频教学，成倍提高学习兴趣和效率，并同时赠送 7 个小时 AutoCAD 2013 基础功能视频讲解，详细讲解了 AutoCAD 2013 各个命令和功能的含义和用法。除此之外，还特别赠送了上千个精美的室内设计常用 CAD 图块，包括沙发、桌椅、床、台灯、人物、挂画、坐便器、门窗、灶具、水龙头、雕塑、电视、冰箱、空调、音箱、绿化配景等，即调即用，可极大提高室内设计工作效率，真正的物超所值。DWG 文件有 2013 和 2004 共 2 个版本，各版本 AutoCAD 用户均可顺利使用本书。

创作团队

本书由麓山文化组织编写，参加编写的有：陈志民、陈运炳、申玉秀、李红萍、李红艺、李红术、陈云香、陈文香、陈军云、彭斌全、林小群、刘清平、钟睦、刘里锋、朱海涛、廖博、喻文明、易盛、陈晶、张绍华、黄柯、何凯、黄华、陈文轶、杨少波、杨芳、刘有良等。

由于作者水平有限，书中错误、疏漏之处在所难免。在感谢您选择本书的同时，也希望您能够把对本书的意见和建议告诉我们。

售后服务邮箱:lushanbook@gmail.com

编者

CONTENTS

目 录

第1章

本章导读：

所谓“家装”，即指家庭装修或装潢。随着生活水平的不断提高，人们对室内空间环境的要求也越来越高，个性及文化将是今后一段时期设计的主题。作为一个室内设计师，能否对各种装饰风格精通运用，是衡量其设计水平高低的重要因素。

本章分别介绍了客厅、卧室和书房等常见空间的室内设计原则和方法。然后介绍了室内设计施工图的组成、AutoCAD 2013 的工作界面及操作基础，为后续章节的学习打下坚实的基础。

本章重点：

- 家装设计原则
- 原始户型图
- 平面布置图
- 冷热水管走向图
- 尺寸标注
- 常用图示标志
- 常用材料符号

家装设计概述

1.1 家装设计原则

台湾学者杜文正先生曾经说过："室内设计是建筑设计的延长，都是为了提供人类更舒适之居住环境的创作，既要有合理的功能关系，也要有优美的艺术形式，方能使建筑室内设计的内容与形式达到高度统一的境界。"

住宅不仅要满足常规的使用功能，而且也要满足特定住户的物质要求和精神要求。除了考虑人对环境的生理需求及心理要求之外，还应该考虑材料和绿色环保问题，不能把有污染的材料和技术带进室内环境。我们根据居住建筑的不同功能可以将居室分为卧室、客厅、厨房、书房、卫生间等空间，下面分别介绍这些空间的设计原则和方法。

1.1.1 客厅设计

客厅具有多功能的特点，它既是家居生活的核心区域，又是接待客人的社交场所。在客厅设计时，既要满足家人的多种活动需要，如看电视、听音乐等，又要满足社交性质的活动需要，如接待好友、朋友聚会等。

客厅的设计应该选择合理的家具，进行合理的布置，以便充分地利用空间，另外，应注意尽量避开其他人流，如厨房、备餐、卧室对客厅的干扰。

如图 1-1 所示为不同风格的客厅设计示例。

图 1-1 客厅设计示例

1. 客厅功能区的划分

随着居住条件的不断改善，客厅的面积越来越大，大多数客厅的面积都在 20 ㎡以上。另外，客厅在空间上起到了一个连接内外的作用，它往往与玄关、餐厅相连，形成一个较大的空间，因此设计时要做到先功能后形式。客厅一般可以划分为会客区、用餐区和学习区等。当然这种划分并不是一成不变的，它与主人的要求、房间的分配有很大关系。例如，已经单独设置了一个房间作为书房，就没有必要再设学习区，或者厨房与餐厅一个房间，就不必再设用餐区。

玄关：玄关有时也称为门厅，它是外界与客厅在空间上的过渡，起到自然导向作用。玄关处理通常要设计鞋柜、挂衣架等。如果空间比较大，也可以做一些装饰，如果空间较小，则应以满足实用功能为主。

会客区：沙发是待客交流及家庭成员聚谈的物质主体。所以，沙发是否舒适，对来客情绪和待客的气氛都有重要的影响。会客区的位置要做仔细的考虑，这样才会使气氛更融洽。茶几是会客区的辅助物质，主要是摆置烟缸、茶杯及食品，同样也是客人目光的焦点，茶几样式的选择不仅要简单、大气、实用，且要与沙发及客厅的整体环境和谐统一，体现整体感，不要让人感觉它出现的意外。

用餐区：如果没有单独的餐厅，往往都将客厅划分出一块空间作为用餐区。当客厅与餐厅兼容一体时，在空间区域上应该使用艺术隔断隔开，如果做不到这一点，应该在顶部落差，地毯铺设等方面作明显的处理。

学习区：在没有书房的情况下，对于学习区设置，不同的人有不同的做法，有人喜欢将学习区设置在卧室中，有喜欢设置客厅中。如果将学习区设置在客厅中，建议偏离会客区为好，只占居室的一个角落即可，需要配备桌椅、书架、电脑等。

休闲区：要做到温暖、包含、舒适及安静的感觉，一般多在宽大的阳台出现，有充足的阳光是最好的前提，值得注意的是，这里并不需要和客厅统一风格，因为它是独立的空间。也可以利用自然的材质，如种植绿色植物来营造氛围。

2. 客厅的色彩和照明设计

室内的色彩和照明设计是室内装修的重要组成部分，它的设计也不仅仅是体现装饰功能及照明功能，越来越表现出艺术与功能的统一。

灯具在室内不仅起着照明的作用，还能通过光线的明暗分割空间，给室内带来不同的气氛，使空间更富生命力。

由于客厅在家居装饰中的重要地位，它的色彩设计决定了整个居室的风格和基调。客厅的照明分为会客照明、娱乐照明、装饰照明及休息照明。一般来说，颜色不应该太多，要有一个主基调，原则上不超过三种颜色，避免产生“乱”的感觉。

通常情况下，净高低于2.7m的客厅可以选用吸顶灯或吊顶后的嵌顶灯，净高高于2.7m的可以选用吊灯，光源可以选用白炽灯或荧光节能灯。

客厅的灯光有两个功能：实用性和装饰性。实用性是针对某局部空间而设定，例如客厅是家人和朋友日常活动频繁的场所，会友、看电视、小憩，甚至阅读、游戏等都会在客厅这个大空间内进行，灯光设计必须保证恰当的照明条件。

装饰性灯具用来渲染空间气氛，让空间更有层次。

一般客厅的主灯突出的是实用性，安装在客厅的中央位置；辅灯突出的是装饰性，多以筒灯、射灯为主，通常安装在电视背景墙的上方、主灯的四周、装饰品或挂画的上方。

客厅中的灯具，其造型、色彩都应与客厅整体布局一致。灯饰的布光要明快，气氛要浓重，以给客人有“宾至如归”的感受，给主人自己温馨舒适的感觉。

客厅的灯光以暖色调为主。除了主灯外，吊顶可以设置灯带，电视墙可以设置射灯或背景灯，以此来调节空间气氛，让光线富有层次感。

3. 家具与饰物

客厅是现代居家生活中一个重要的综合性功能空间，客厅中的家具主要有沙发、茶几、电视柜等。客厅家具的陈设要根据客厅的需要、按照功能布置，不求面面俱到，要做到协调、统一、美观、大方。

沙发的类型以蒙式结构分，有单件全包蒙式、单件出木扶手式及单体组合布列式等。以座位数量分，有单人沙发、双人沙发、三人沙发等。

单件全包式沙发多采用扶手外翻全包制结构，体积大，其外围宽度通常在 800～1000mm 之间。这种形式的沙发较占面积，但坐感丰厚宽松，有气派，适合空间宽敞的客厅使用。

单件出木扶手沙发是以坐垫、靠背为包蒙制作，腿脚扶手为外露的木制结构，其外围宽度在 700mm 左右，深度一般在 680～750mm 之间，形体小巧秀丽，占地面积小，但坐感略低于全包蒙式，适合空间较小的客厅使用。单体组合布列式沙发是以单体拼装组合陈列的，每件单体宽约在 480～550mm 之间，深度在 700mm 左右，座与座之间不留空隙，只要空间允许可连续排列组合布置。这种组合式沙发对小面积居室来讲，是一种非常实用且不失美观的组合形式。

茶几造型可长、可方、可成三角形、多边形、曲边形等。结构可以是框架式，亦可是箱体式、板架式等。但在尺度上，长度应与沙发尺寸有个适度的比例，一般考虑到入座者方便取放茶具即可。茶几的高度通常在 400～500mm 之间。

电视柜的高度（电视机放置台）一般为 400～600mm 之间，电视机摆放处一般呈外凸状，深度在 500～700mm 之间（视电视机大小，量实际尺寸确定），两侧深度在 350～450mm 之间。

客厅中的饰物多为字画、古玩、花草、装饰画为主，用户可以根据自己的审美需要进行摆设，尽可能地体现自己的个性、爱好和品味。合理的客厅摆设可以在简约中品味个性，在亮丽中感受温馨。

1.1.2 卧室设计

卧室有两方面的基本功能：第一，满足休息和睡眠；第二，适合个人休闲、学习、梳妆和卫生保健等综合需要。因此，卧室的设计与布置要讲究色调温馨柔和，使人有亲切感和放松感，如图 1-2 所示。

图 1-2 卧室设计示例

根据使用者的不同，卧室通常可分为主卧室、客卧、父母房、儿童房、工人房等。一套居室中，通常主卧室面积最大，同时也是设计的重点。根据我国目前的经济现状，卧室的空间通常在 10～20 ㎡。在设计卧室时，应根据空间的结构发挥创意，同时应注意以下几点。

1. 合理划分空间

卧室的功能比较复杂。一方面，它必须满足休息和睡眠的基本要求；另一方面，合乎休闲、工作、梳妆和卫生保健等综合需求。根据这些原则，卧室可再分为睡眠、休闲梳妆、贮藏等区域，有条件的卧室还包括读写、单独的卫生间和户外活动等区域。

适度造型设计。随着人们生活水平的不断提高，越来越多的人喜欢设计有个性的床背景墙，使整个卧室显得新颖别致。需要注意的是，卧室的造型设计不宜过于复杂，应以简单而不空洞为原则，避免破坏卧室应有的安静与放松气氛，带来不安与浮躁。

2. 恰当运用色彩

卧室是用于睡眠与休息的空间，色彩宜淡雅，色彩的明度宜低于客厅，以营造出宁静、温馨的气氛。卧室的色彩主要由墙面和家具构成，一般情况下墙面、地面、天花板等形成卧室的主色调，床、衣柜、窗帘形成优雅的配色，同时可以用床盖、窗帘、靠垫等软装饰的色彩与质地营造室内气氛。

3. 艺术化的照明

卧室是极具私密的空间，在布置功能性的照明灯光之外，还应添加相应的艺术灯光，以突出艺术效果和营造浪漫的空间氛围。

卧室照明灯光可以分为主灯光、床头灯、梳妆灯等。主灯光一般以吊灯、吸顶灯为主，以温馨和暖的柔光为基调，光线不要太强或过白，可以适当通过灯罩来创造效果。床头灯可以是台灯、壁灯等，最好是装有调光器的灯具。梳妆灯可以是壁灯、射灯等，光线要求明亮、柔和。

艺术灯光包括小射灯、背景灯、反光灯槽等，这类灯光以彩色和暖色为主，以营造艺术氛围。

4. 合理家具匹配

床、床头柜、休息椅、衣物柜是卧室的必备家具，根据面积情况和个人需求，可设置梳妆台、工作台、矮柜等。室内应陈设一些表现个性特点的饰品。在选择卧室家具的时候，一定要匹配整体设计风格，包括家具的造型、颜色、款式等各个方面。一个中式装修风格的卧室，无论如何也不能选择欧式风格的家具。通常情况下，卧室家具在选择的时候，可以考虑整套购买，以避免家具之间搭配不合理的现象。

为了孩子的健康成长，孩子房的首要装修设计原则就是安全性。为此，有关专家在孩子卧室的装修设计上提出了六大原则：

- 房间的摆设可以让孩子共同参与规划。
- 充足的照明有助于消除孩子独处时的恐惧感。
- 由于孩子的活动力强，选用耐用、易修复、非高价的材料，可以营造舒适的睡眠环境，也令家长没有安全上的顾虑。
- 居室或家具的色调，最好以明亮、愉悦、轻松为选择方向，在色泽上可以多用对比色。
- 在进行设计时应该考虑到孩子们可以随时对家具或小饰品进行重新的摆设，有助于增加孩子的想象空间。
- 预留展示空间，既满足了孩子的成就感，也达到了趣味展示的作用。

1.1.3 餐厅设计

餐厅在现代家庭中占有重要地位，它不仅供家人日常进餐，而且也是家人与亲朋好友之间感情交流与休闲享受的场所，它的整洁与否直接影响着家庭成员的身体健康。

餐厅的地面常采用易于清洁、不易污染的材料，墙面的装修不易太花哨，天花板也应选择不易粘染油烟同时又便于维护的材料。

餐厅是家庭成员用来进餐的场所，所以餐桌、餐椅是必不可少的家具。根据主人的不同爱好也可以设计酒柜之类的家具。

餐厅内设计的照明以暖色调为主，可以设置一般照明以使整个房间有一定照度，也可以在餐桌上方设置悬挂式灯具，用以强调餐桌的位置。

如图 1-3 所示为餐厅设计示例。

图 1-3　餐厅设计示例

1.1.4　书房设计

随着人们住房条件的改善，拥有一个独立的书房，已不再是遥不可及的梦想。对于这个独立的工作空间，不同职业、不同的个人爱好以及情趣的人，有着不同的要求和标准。因此，可以根据每个人不同的爱好、情趣，装修布置成风格情调不一的各种效果，或突出情趣个性的装修，或适合职业特点的布置装饰。

如图 1-4 所示为书房设计示例。

书房装修应力求做到“明”(书房的照明与采光)、“静”(修身养性之必需)、“雅”(清新淡雅以怡情)、“序”(工作效率的保证)。本节分别从位置与格局设计、采光与照明、色彩设计、家具与陈设等方面讲解书房设计的要点。

1. 位置与格局设计

书房对位置、朝向、通风、采光有一定的要求，首先要保证安静，以提供一个良好的物理环境；其次要有良好的采光和视觉环境，使在书房工作时能保持轻松愉快的心态。

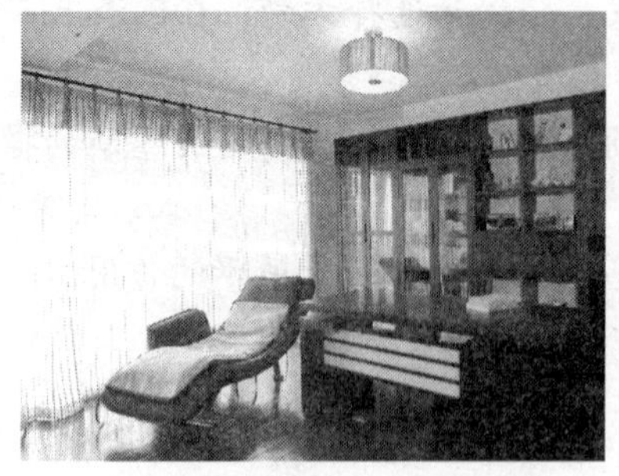

图 1-4　书房设计示例

2. 书房的位置

书房需要的环境是安静，少干扰。对室外环境而言，书房不要靠近道路、市场、运动场等噪声较大的场所，而最好面向幽雅绚丽的后花园、树林等安静的室外区域，让自然的轻声低语来伴你读书或工作。

对室内环境而言，书房的位置最好偏离活动区，如起居室、餐厅等，以避免受到干扰；远离厨房、储藏间等，以便保持清洁；与儿童房也应保持一定的距离，以避免儿童的喧闹影响了学习和工作。

此外，书房的位置还要充分考虑到房间的朝向、采光、通风等要求。

3. 内部格局

书房的格局设计与主人的职业或要求有关，不能一概而论，应根据具体情况进行分割与设计，合理地划分出不同的空间区域，做到布局紧凑，主次分明，功能实用。

书房中的空间主要有阅读区、收藏区、休息区。阅读区是书房空间的主体，需要占据较大的区域，这个区域应尽量布置在空间的尽端，以避免阻碍交通。另外，阅读区的自然采光和人工照明要满足阅读的基本要求。

收藏区主要用于藏书和放置其他个人收藏，主要家具是书柜。休息区一是供主人学习之余进行小憩，二是方便主人与客人之间进行交谈。

对于 $8\sim15m^2$ 的书房，阅读区宜靠窗布置，收藏区适合沿墙布置，休息区占据余下的角落。而对于 $15\ m^2$ 以上的大书房，布置方式就灵活多了，如圆形可旋转的书架位于书房中央，有较大的休息区可供多人讨论，或者有一个小型的会客区。

4. 采光与照明

书房由于其特殊功能，对照明和采光的要求较高。因为在过强和过弱的光线中阅读或工作，都会对视力产生伤害。因此在设计书房的照明时，应以功能为主，艺术性为辅。

书房应该尽量占据朝向好的房间，相比于卧室，它的自然采光更重要。读书是怡情养性，能与自然交融是最好的。书桌的摆放位置与窗户位置很有关系，一要考虑光线的角度，二要考虑避免电脑屏幕的眩光。这样既可以保持充足的光照，又可以避免强光的伤害。另外，将书桌放置于窗户旁边，工作疲劳时还可以凭窗远眺，放松眼睛，减轻视觉疲劳。

人工照明关键是要把握明亮、均匀、自然、柔和的原则，不加任何色彩，这样不易视觉疲劳。重点部位要有局部照明。如果是有门的书柜，可在层板里藏灯，方便查找书籍。如果是敞开的书架，可在天花板上方安装射灯，进行局部补光。台灯是很重要的，最好选择可以调节角度、明暗的灯，读书的时候可以增加舒适度。

5. 色彩设计

书房墙面比较适合上亚光涂料，壁纸、壁布也很合适，因为可以增加静音效果、避免眩光，让情绪少受环境的影响。地面最好选用地毯，这样即使思考问题时来回踱步，也不会出现令人心烦的噪声。

颜色的要点是柔和，使人平静，最好以冷色为主，如蓝、绿、灰紫等，尽量避免跳跃和对比的颜色。

6. 家具与陈设的设计

书房是学习和工作的地方，主要家具有书架、写字台、座椅和沙发等。

❑ 饰品

书房是家中文化气息最浓的地方，不仅要有各类书籍，许多收藏品，如绘画、雕塑、工艺品都可装点其中，塑造浓郁的文化气息。许多用品本身，如果选择得当，也是一件不错的装饰。

❑ 书籍的摆放

喜欢读书的人，大多都有理性的一面，讲究秩序。面对众多的藏书，如何做到藏而不乱呢？可以将书柜分成很多格子，将所有藏书进行分门别类，然后各归其位，这样要看的时候，依据分类的秩序，就省去了到处找书的麻烦。

家里毕竟不是图书馆，所以美观与风格还是不容忽视的。现在开放式的大连体书柜占据一面墙的方式比较盛行，很气派也很有书香之气。但倘若一面墙上全都只是些书本，也未免看着有些单调，而且书房里放那么多书，也容易使气氛过于严肃凝重。所以在书的摆放形式上，不妨活泼生动一些，不拘一格，添些生气。而且，书格里也不一定都得放书，可以间或穿插一些富有韵致的小饰品，调节一下气氛，也实现了对美观的追求。

❑ 绿色植物

在书房中适当配置一些花卉、植物，不仅可以增加点缀环境，也可以调整书房的色彩，起到放松心情的作用。

1.1.5 厨房设计

厨房是解决饮食的主要空间，是最有生活气息的地方，以烹饪、洗涤、储藏为主要功能。通常情况下，厨房的设计除了要满足基本的烹饪功能外，还要重视空间与视觉的开阔性、舒适性，追求造型的美观、色彩的明快等。无论进行怎样的布局与设计，给主人提供一个方便、舒适、干净、明快的厨房环境是最基本的原则，使主人在忙碌一日三餐的同时，能够保持一个愉悦的心情。

厨房的设计要点是干净、明快、方便、通风。特别要适合国人的烹调习惯，即适合于使用煎、炒、煮、炸等烹调方法，操作起来一定要方便、便于清理而又不失独特的风格。

1. 人体工学设计

厨房的设计应从人体工学原理出发，最基本概念是“三角型工作空间”，即洗菜池、冰箱及灶台构成一个三角形工作区间，相隔距离最好不超过 1m。因为人们这样工作起来最省时省力，并符合正常的工作程序，即食品的贮存、清洗和烹调这一操作过程。洗菜池、冰箱及灶台所构成的三角形三边之和以 4.5～6m 为宜，过长和过短都会影响操作，由于洗菜池和灶台之间的往复最频繁，所以这一距离通常在 1.5m 左右最理想。

为了使用方便、减少往复，建议以洗菜池为中心摆放相关的厨具，如冰箱以靠近洗菜池为宜，刀具、洗涤剂等也都围绕洗菜池摆放。

操作台的高度一般应为 0.8～0.85m，台面与吊柜底的距离约为 0.5～0.6m，而放煤气灶的灶台高度以 0.6～0.8m 为佳。图 1-5 所示是两个厨房设计效果，它们充分考虑了人体工程学原理。

2. 厨房的布局形式

厨房的布局设计一般分为一字形、L字形、H字形、U字形和岛形几种。无论哪一种布局，都应该按照“储藏——洗涤——配菜——烹饪”的操作流程进行设计，否则势必增加操作距离，降低操作效率。

图1-5　厨房设计示例

一字形是最简单的一种形式，所有的厨具都沿一面墙排列，形成直线形。一般这类设计在小面积厨房中较为常见。一字形厨房平面布置如图1-6所示。

H形又称平行式或对称式，这种布局方式是将家具依据两个相对墙壁进行摆放，比一字形储藏面积大，但操作不太方便，操作时要经常转动180°角，平行式平面布置如图1-7所示。

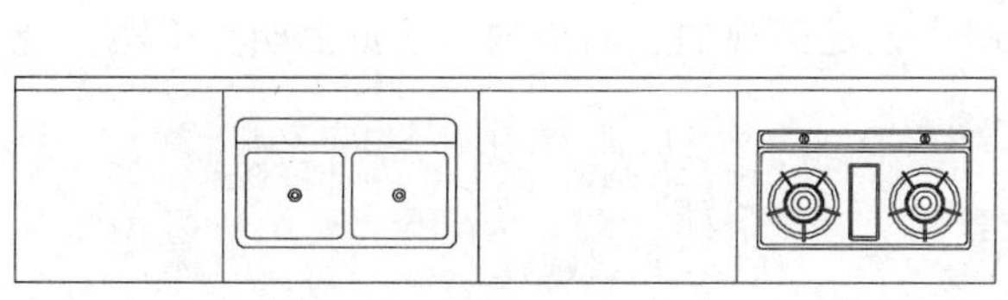

图1-6　一字形厨房布置

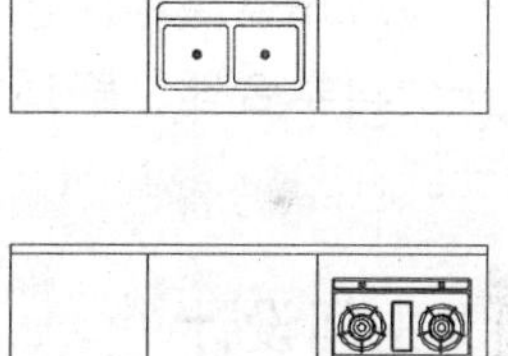

图1-7　平行式厨房布置

L字形布局设计是沿墙角双向沿伸，使操作程序不重复，容易安排流畅的操作流程，空间运用比较普通、经济，但其转角部分（墙角）使用效率较低，L字形平面布置如图1-8所示。

U字形这种布局设计是依墙面将厨房工作区布置成U形，与L形的功用大致相同，空间要求较大。洗菜池最好设置在U形底部，并将配菜区和烹饪区分设两旁，使洗菜池、冰箱和灶台连成一个正三角形。U字形平面布置如图1-9所示。

所谓“岛形厨房”，就是将本来“靠边站”的烹饪桌或备餐台等堂而皇之地置于厨房的中央，如图1-10所示。岛形厨房分为全岛形和半岛形两种，其主要功能是为全家人提供一个可以在厨房进行交流或者举行小形聚会的地方，让就餐变得其乐融融。在设置时，主人可依据房子的形状、大小以及主人的爱好来布局。

一般厨房宽度小于1.5米的采用一字形，在1.5～1.8m之间采用L形，大于1.8m的采用U形、H形橱柜。宽度大于2.4m的开放式厨房或面积大于10m²厨房，并且做饭次数较少，可优先选用岛形橱柜。对于比较小的厨房，应留出至少900mm的走道，当打开橱柜门及电器用品时，才不会相互干扰。

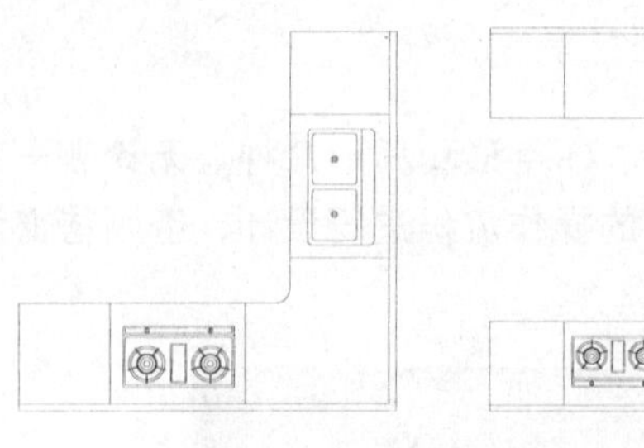

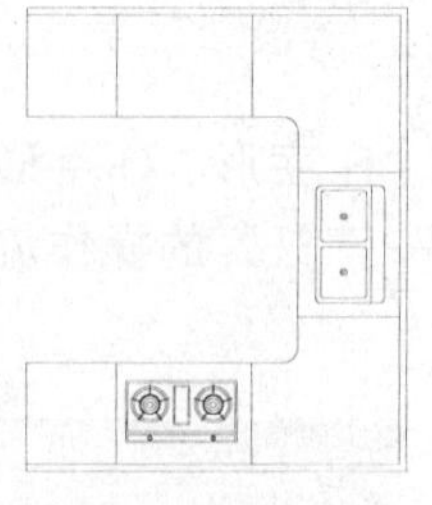

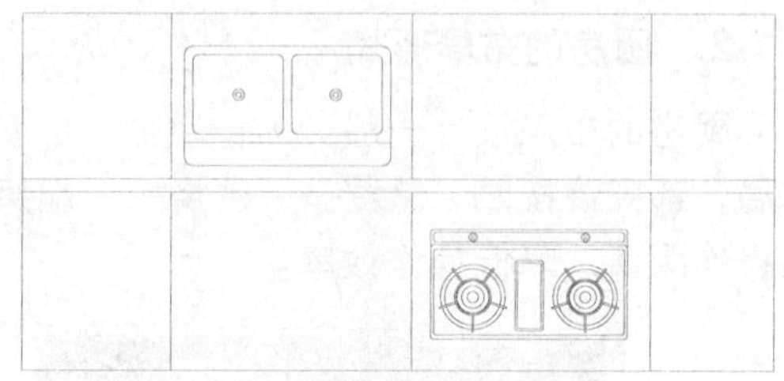

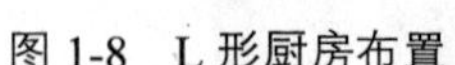

图 1-8　L 形厨房布置　　图 1-9　U 形厨房　　图 1-10　岛形厨房

3. 色彩与照明

厨房的色彩也很重要，不同的色彩给人的感觉不同。色彩可以影响人的心理和情绪，良好的色彩环境可以调节人们的劳动兴趣，提高劳动效率，也可以刺激食欲，使人愉悦。厨房的色彩宜用明快、淡雅的色调，浅色素的厨房设计是值得提倡的，它给人明快、清洁之感，如乳白色、淡黄色、淡橙色等。

在厨房装修过程中，色彩设计的原则是协调统一。厨房彩色尤其墙面色彩宜以白色或浅色为主，不宜使用反差过大的色彩。色彩过多过杂，在光线反射时容易搅乱视觉，使人容易产生疲倦感。

厨房的位置一般都不是家里采光最好的地方，因此厨房的照明设计极为重要。充足的照明可增进工作效率，避免危险。厨房中灯光分为两部分，一是对整个厨房的照明，通常采用吸顶灯或吊灯；另一个是对洗涤区及操作台面的照明，可采用嵌入式或半嵌入式散光形光源，在一些玻璃储藏柜内还可以安装射灯。

总之，一个科学合理、舒适方便的厨房应该是美观的、简洁的、视觉上明亮干净，色彩上协调统一。

1.1.6 卫生间设计

随着人们生活水平的日益提高，家庭装修对卫生间的要求越来越高，美观实用、功能齐全的卫生间逐渐成为了居室新宠。并且已由最早的一套住宅配置一个卫生间——单卫到现在的双卫（主卫、客卫）和多卫（主卫、客卫、公卫）。由于卫生间是集盥洗、如厕、洗浴等各种功能于一体的室内空间，因此无论在空间布置上，还是设备材料、色彩、灯光设计等方面都不应忽视。

卫生间一般面积较小，但由于其实用性强、利用率高，所以更应该合理、巧妙地利用空间，从功能结构、材料选择、色彩、洁具选择等几个方面精心设计。

如图 1-11 所示为卫生间设计示例。

1. 功能结构设计

卫生间的基本功能是盥洗、如厕和洗浴，因此大多数的卫生间可以分为盥洗台、如厕和淋浴三个区域。

盥洗室一般设置在卫浴空间的前端，即靠近门口的位置，主要提供摆放各种盥洗用具以及起到洗脸、刷牙、洁手、刮胡须、化妆等作用。盥洗台一般宽度为 55～65cm，而人站在盥洗台前的活动空间大约为 50 cm 左右，人在大于 76 cm 的通道内行走较为舒适，而盥洗台的高度在 85 cm 时使用较为舒适。盥洗台正面通常安装一面较大的镜子，以方便化妆和盥洗。在无特定的储物间时，也可在盥洗台下设置收纳柜，宽度不超过台面，一般维持在 45～55 cm 为宜。

图 1-11　卫生间设计示例

如厕区一般安排在盥洗室的侧面，而把洗浴区安排在卫生间的最内侧。如厕区的主要洁具就是坐便器，已经很少有人使用蹲便器了，除非空间太小。

洗浴部分应与如厕部分分开，如果实在不能分开，也应在布局上有明显的划分，并尽可能地设置隔屏、隔帘等。

洗浴区可以安装浴盆或沐浴房。对于成品浴盆或沐浴房来说，我们只要预留出空间即可。如果条件不允许，可以使用玻璃隔断间隔出洗浴区，这里要注意其宽度大于 80cm 为宜，沐浴喷头要略高于普通身高，以便洗涤时能够活动方便。

2. 光线与通风

由于卫生间的特殊性，一般湿气较重、空气较浑浊，因此对采光和通风有更特殊的要求。有条件的卫生间最好能确保有一扇窗户，以达到自然采光、通风的目的。如果是朝南的卫生间，通过窗户射入室内的阳光还可以起到干燥、杀菌的作用。

对于没有窗户的卫生间，这里就需要安装换气扇等人工通风设备来保持室内的清新和干燥，以保证空气流通。

除了自然采光外，卫生间还应该设计夜间照明。根据各区域功能的不同，可以分别设置灯光。盥洗室由于其特殊性，需要充足的光线，以确保洗漱、化妆的正常进行，可选择使用镜前灯或吸顶灯。沐浴区的光线则可以柔和一些，由于该区域水气较大，可以选择使用防雾灯。另外，卫生间的照明设计要注意防潮防水。

3. 色彩设计

卫生间的色彩主要由墙面、地面材料、洁具、灯光等构成，其中地面与墙面的颜色构成主色调，洁具起到点缀作用，灯光起到渲染气氛的作用。

卫生间的色彩以暖气调为主，材质要利于清洁与防水，可以通过艺术品和绿化的配合来点缀，配以丰富的色彩变化。

洁具“三大件”的色彩选择必须一致。一般来说，白色的洁具，显得清丽舒畅，象牙黄色的洁具，显得富贵高雅；湖绿色的洁具，显得自然温馨；玫瑰红色的洁具则富于浪漫含蓄色彩。不管怎样，只有以卫生洁具三大件为主色调，与墙面和地面的色彩互相呼应，才能使整个卫生间协调舒逸。

4. 装饰材料和洁具的选择

卫生间的装饰材料主要是指地面、墙面和顶棚的装饰用材。

地面应选用具有防水、耐脏、防滑、易清洁的材料，如瓷砖、大理石板等。卫生间的墙壁面积最大，须选择防水性强，又具有抗腐蚀与抗霉变的材料。容易清洗的瓷砖、强化板花色多，可拼贴丰富的图案，且光洁平整易干燥，是非常实用的壁面材料。天花受水蒸气影响，最易发霉，以防水耐热的材料为佳，如多彩成形铝板和压克力成形天花板。

卫生间洁具的选择首先应从实用角度出发，根据卫生间空间的大小和结构决定采用何种类形和形号尺寸的洁具。其次要考虑洁具的质量和颜色问题。应该尽量选择正规厂家的产品，以确保产品质量，同时也要照顾到卫生间的整体设计风格与色彩，避免不协调。

卫生间是湿气和温度甚高的地方，对植物生长不利，故必须选择能耐阴暗植物，如羊齿类植物、抽叶藤、蓬莱蕉等。

1.2 室内设计施工图的组成

在确定室内设计方案之后，需要绘制相应的施工图以表达设计意图。图样一般由两个部分组成：一是供木工、油漆工、电工等相关施工人员进行施工的装饰施工图；二是真实反映最终装修效果、供设计评估的效果图。其中施工图是装饰施工、预算报价的基本依据，是效果图绘制的基础，效果图必须根据施工图进行绘制。装饰施工图要求准确、详实，一般使用 AutoCAD 进行绘制，如图 1-12 所示。

而效果图一般由 3ds max 绘制，它根据施工图的设计进行建模、编辑材质、设置灯光、渲染，最终得到如图 1-13 所示的彩色图像。效果图反映的是装修的用材、家具布置和灯光设计的综合效果，由于是三维透视彩色图像，没有任何装修专业知识的普通业主也可轻易地看懂设计方案，了解最终的装修效果。

一套室内装饰施工图通常由多张图样组成，一般包括原始户形图、平面布置图、顶棚图、电气图、立面图等。

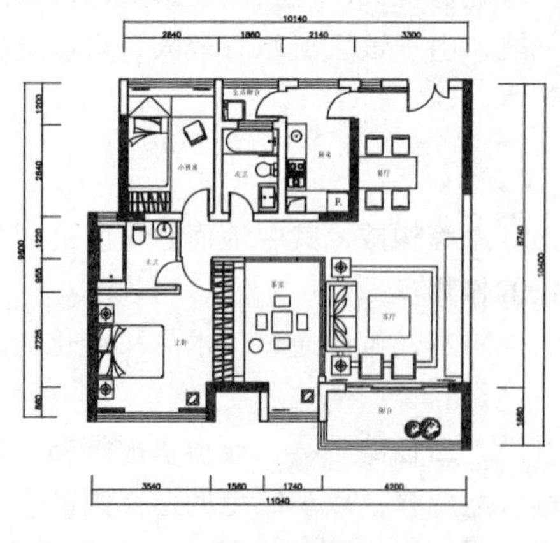

图 1-12 施工图

图 1-13 效果图

1.2.1 原始户形图

在经过实地量房之后，需要将测量结果用图样表示出来，包括房形结构、空间关系、尺寸等，这是室内设计绘制的第一张图，即原始房形图，如图 1-14 所示。其他专业的施工图都是在原始房形图的基础上进行绘制的，包括平面布置图、顶棚图、地材图、电气图等。

1.2.2 平面布置图

平面布置图是室内装饰施工图中的关键性图样。它是在原建筑结构的基础上，根据业主的要求和设计师的设计意图，对室内空间进行详细的功能划分和室内设施定位。如图 1-15 所示。

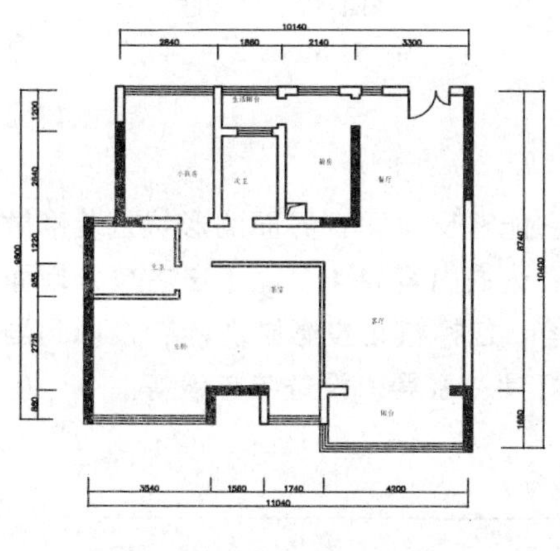

图 1-14 原始户形图

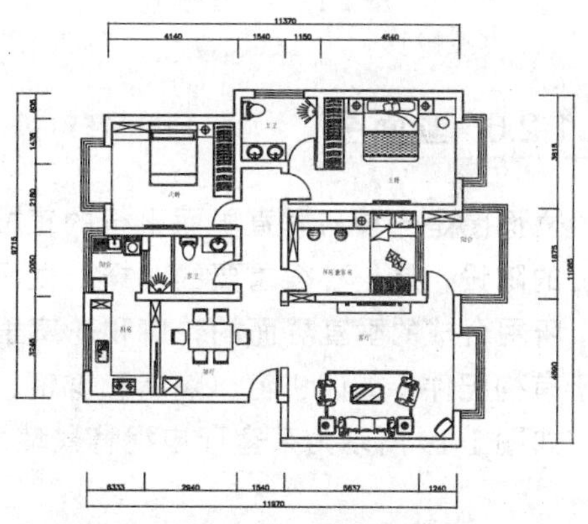

图 1-15 平面布置图

1.2.3 地材图

地材图是用来表示地面做法的图样，包括地面用材和形式。其形成方法与平面布置图相同，所不同的是地面平面图不需绘制室内家具，只需绘制地面所使用的材料和固定于地面的设备与设施图形，如图 1-16 所示。

1.2.4 顶棚图

顶棚图主要用来表示顶棚的造形和灯具的布置，同时也反映了室内空间组合的标高关系和尺寸等。其内容主要包括各装饰图形、灯具、说明文字、尺寸和标高。有时为了更详细地表示某处的构造和做法，还需要绘制该处的剖面详图。与平面布置图一样，顶棚图也是室内装饰设计图中不可缺少的图样，如图 1-17 所示。

1.2.5 电气图

电气图主要用来反映室内的配电情况，包括配电箱规格、形号、配置以及照明、插座、开关等线路的敷设和安装说明等，如图 1-18 所示为电气图中的照明平面图。

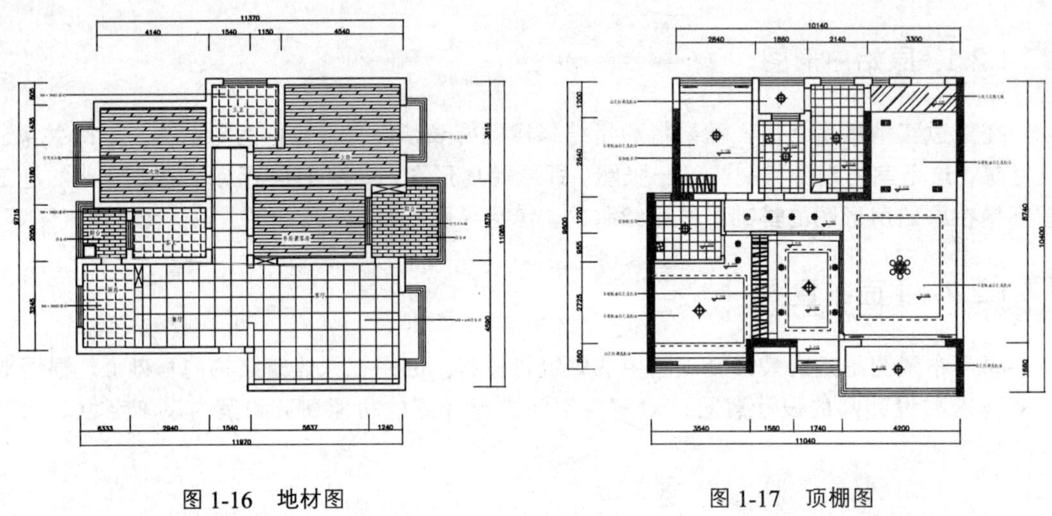

图 1-16　地材图　　　　图 1-17　顶棚图

1.2.6　立面图

立面图是一种与垂直界面平行的正投影图，它能够反映垂直界面的形状、装修做法和其上的陈设，是一种很重要的图样。立面图所要表达的内容为 4 个面（左右墙、地面和顶棚）所围合成的垂直界面的轮廓和轮廓里面的内容，包括按正投影原理能够投影到画面上的所有构配件，如门、窗、隔断和窗帘、壁饰、灯具、家具、设备与陈设等。

如图 1-19 所示为某客厅电视背景墙立面图。

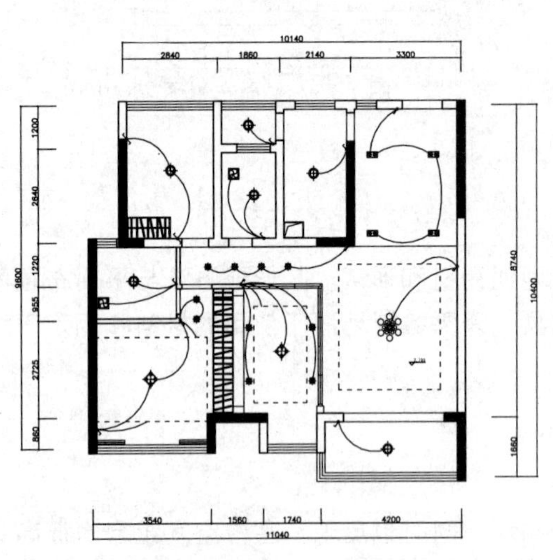

图 1-18　照明平面图

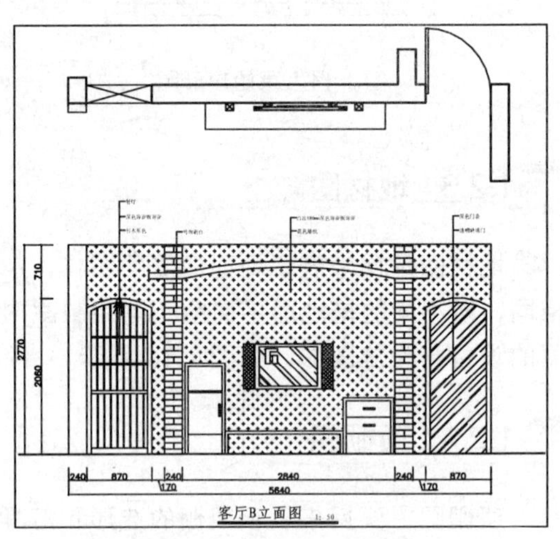

图 1-19　客厅立面图

1.2.7　冷热水管走向图

家庭装潢中，管道有给水（包括热水和冷水）和排水两个部分。给水施工图就是用于描述室内给水和排水管道、开关等用水设施的布置和安装情况，如图 1-20 所示。

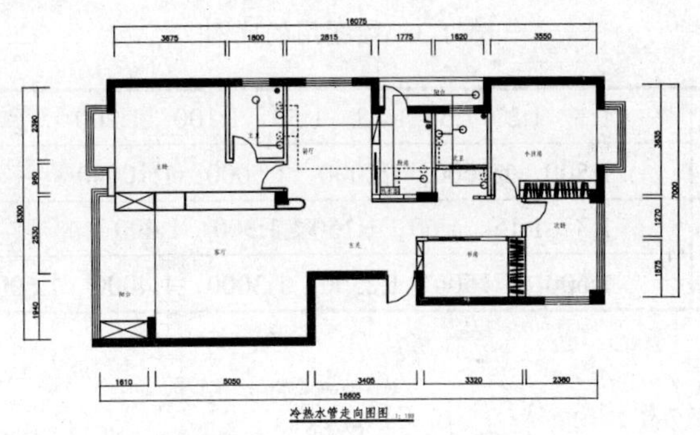

图 1-20 冷热水管走向图

1.3 室内设计制图的要求和规范

1.3.1 图样幅面

图样幅面是指绘制图样所用图样的大小，绘制图样时应优先采用表 1-1 中规定的基本幅面。表中 B、L 分别表示图样的短边和长边，a、c 分别为图框线到图幅边缘之间的距离。

表 1-1 图幅尺寸

尺寸代号	幅面代号				
	A0	A1	A2	A3	A4
B×L/mm	541×1189	594×841	420×594	297×420	210×297
c/mm	10			5	
a/mm	25				

图样短边不得加长，长边可加长，加长尺寸应符合表 1-2 的规定。

表 1-2 图样长边加长尺寸

幅面尺寸	长边尺寸/mm	长边加长后尺寸/mm
A0	1189	1486、1635、1783、1932、2080、2230、2378
A1	841	1051、1261、1471、1682、1892、2102
A2	594	743、891、1041、1189、1338、1486、1635、1783、1932、2080
A3	420	630、841、1051、1261、1471、1682、1892

1.3.2 比例

比例是指图样中的图形与所表示的实物相应要素的线性尺寸之比，比例应以阿拉伯数字表示，宜写在图名的右侧，字高应比图名字高小一号或两号。一般情况下，应优先选用表 1-3 中的比例。

表 1-3 绘图用的比例

常用比例	1:1 1:2 1:5 1:25 1:50 1:100 1:200
	1:500 1:1000 1:2000 1:5000 1:10000
可用比例	1:3 1:15 1:60 1:150 1:300 1:400
	1:600 1:1500 1:2500 1:3000 1:4000 1:6000

1.3.3 图框格式

图框格式可分为两种，一种是留有装订边，如图 1-21 所示。另一种是不留装订边，如图 1-22 所示。同一类形的图样只能采用同一种格式，并均应画出图框线和标题栏。

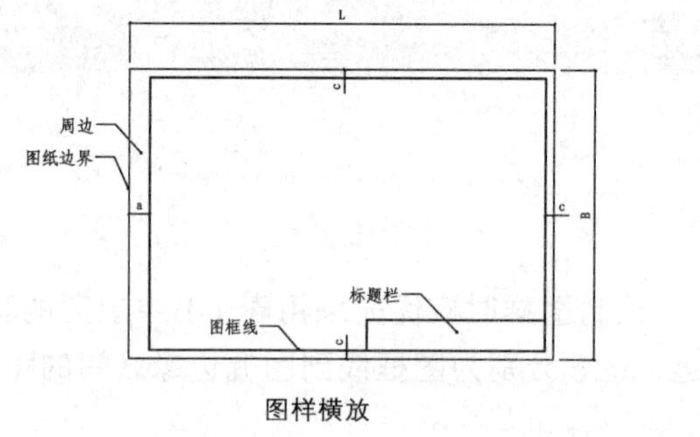

图样横放

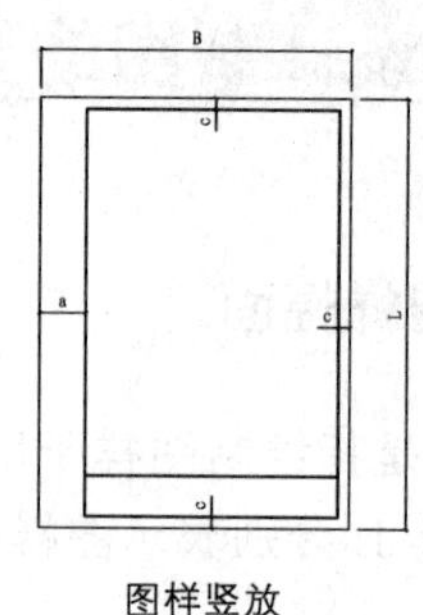

图样竖放

图 1-21 留有装订边的图样格式

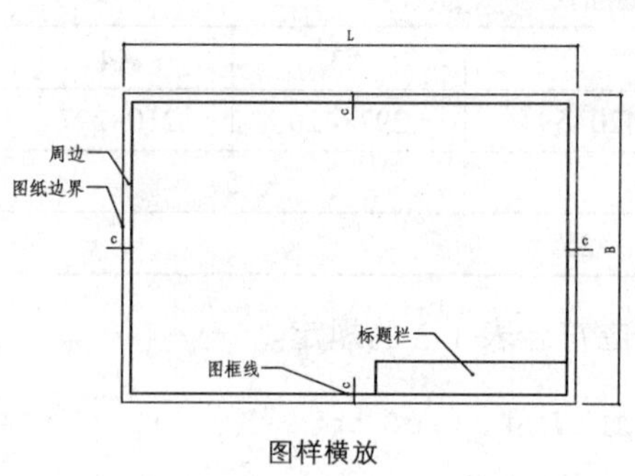

图样横放

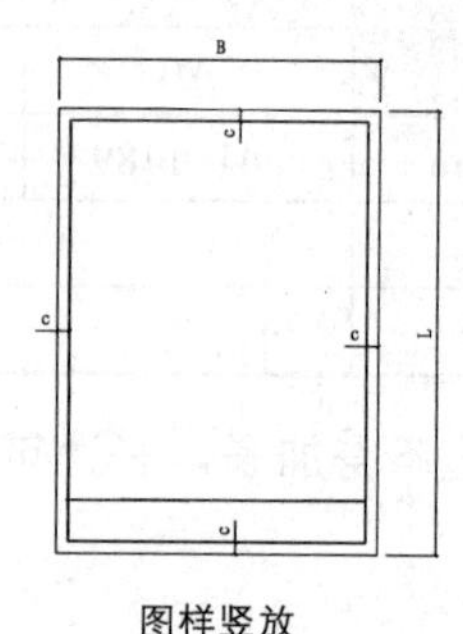

图样竖放

图 1-22 不留装订边的图样格式

图框线用粗实线绘制，一般情况下，标题栏位于图样右下角，也允许位于图样右上角。标题栏中文字书写方向即为看图方向。

图签即图样的图标栏，它包括设计单位名称、工程名称、签字区、图名区及图号区等内容。图签格式一般如表 1-4 所示。如今不少设计单位采用自己设计的图签格式，但是仍必须包括这几项内容。

表 1-4 图签格式

<table>
<tr><td>设计单位名称</td><td>工程名称区</td><td rowspan="2">图号区</td></tr>
<tr><td>签 字 区</td><td>图 名 区</td></tr>
</table>

会签栏是为各工种负责人审核后签名用的表格，它包括专业、姓名、日期等内容，具体内容根据需要设置，如表1-5所示为其中一种格式，对于不需要会签的图样，可以不设此栏。

表1-5 会签栏格式

（专业）	（实名）	（签名）	（日期）

1.3.4 图线

图样中为了表示不同内容，并能分清主次，必须使用不同线形和线宽的图形线，常用的基本线形有粗实线、细实线、虚线、点画线、波浪线和双点画线，其应用如表1-6所示(d选用0.7mm)。

表1-6 图线的应用

图线名称	图线形式	图线宽度	一般应用
粗实线	━━━━	d	可见轮廓线；可见过渡线
细实线	────	0.5 d	尺寸线及尺寸界线；剖面线；重合断面的轮廓线；分界线及范围线；弯折线；辅助线
波浪线	～～～	0.5 d	断裂处的边界线；视图和剖视的分界线
双折线	─\/\─\/\─	0.5 d	断裂处的边界线；视图和剖视的分界线
虚线	— — — —	0.5 d	不可见轮廓线；不可见过渡线
细点画线	—— · —— ·	0.5 d	轴线；对称中心线；轨迹线
粗点画线	— · — ·	d	有特殊要求的线或表面的表示线
双点画线	— · · — · ·	0.5 d	极限位置的轮廓线；试验或工艺用结构的轮廓线中断线

1.3.5 文字说明

在一幅完整的图样中，用图线方式表现得不充分和无法用图线表示的地方，就需要进行文字说明，例如：材料名称、构配件名称、构造做法、统计表及图名等，文字说明是图样内容的重要组成部分，制图规范对文字标注中的字体、字的大小、字体字号搭配方面作了一些具体规定。

一般原则：字体端正，排列整齐，清晰准确，美观大方，避免过于个性化的文字标注。

字体：一般标注推荐采用仿宋字，标题可用楷体、隶书、黑体字等。例如：

仿宋：AutoCAD（小四）AutoCAD（四号）AutoCAD（二号）

黑体：AutoCAD（四号）AutoCAD（二号）

楷体：AutoCAD（四号）AutoCAD（二号）

宋体：AutoCAD（三号）AutoCAD（一号）

字的大小：标注的文字高度要适中。同一类形的文字采用同一大小的字，较大的字用于较概括性的说明内容，较小的字用于较细致的说明内容等。

1.3.6 尺寸标注

在图样中除了按比例正确地画出物体的图形外，还必须标出完整的实际尺寸，施工时应以图样上所注的尺寸为依据，与所绘图形的准确度无关，更不得从图形上量取尺寸作为施工的依据。

图样上的尺寸单位，除了另有说明外，均以毫米(mm)为单位。

图样上一个完整的尺寸一般包括：尺寸线、尺寸界线、尺寸起止符号、尺寸数字四个部分，如图 1-23 所示。

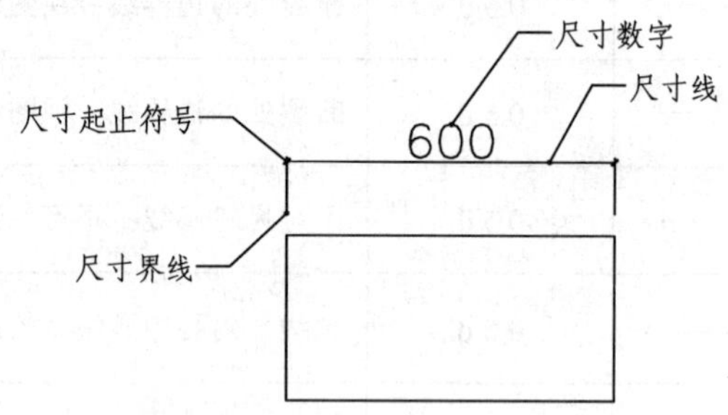

图 1-23 尺寸标注的组成

尺寸线：尺寸线用细实线绘制，不得用其他图线代替，尺寸线一般必须与所注尺寸的方向平行，但在圆弧上标注半径尺寸时，尺寸线应通过圆心。

尺寸界线：尺寸界线一般也用细实线绘制，且与尺寸线垂直，末端超出尺寸线外 2 mm，在某些情况下，也允许以轮廓线及中心线为尺寸界线。

尺寸起止符号：尺寸起止符号一般采用与尺寸界线成顺时针倾斜 45° 的中粗短线或细实线表示，长度宜为 2~3mm，在某些情况下，例如标注圆弧半径时，可用箭头作为起止符号。

尺寸数字：徒手书写的尺寸数字不得小于 2.5 号，注写尺寸数字时应在尺寸线的上方。

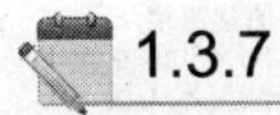

1.3.7 常用图示标志

❑ 详图索引符号及详图符号

室内平、立、剖面图中，在需要另设详图表示的部位，标注一个索引符号，以表明该详图的位置，这个索引符号就是详图的索引符号。详图索引符号采用细实线绘制，A0、A1、A2 图幅索引符号的圆直径为 12mm，A3、A4 图幅索引符号的圆直径为 10mm，如图 1-24 所示。图 d～g 用于索引剖面详图，当详图就在本张图样时，采用图 a 形式，详图不在本张图样时，采用图 b～g 的形式。

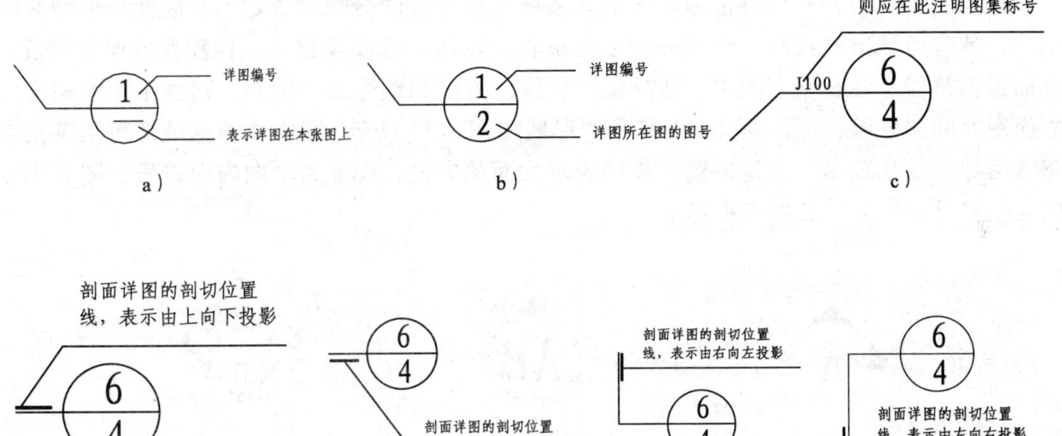

图 1-24　详图索引符号

详图符号即详图的编号，用粗实线绘制，圆直径为 14mm，如图 1-25 所示。

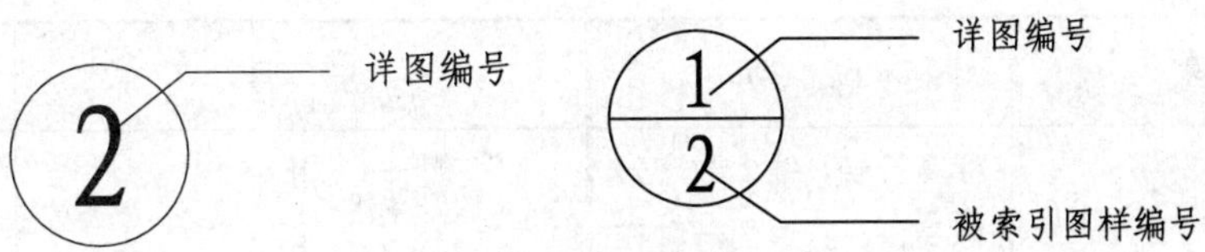

图 1-25　详图符号

❑ 引出线

引出线可用于详图符号、标高等符号的索引，箭头圆点直径为 3mm，圆点尺寸和引线宽度可根据图幅及图样比例调节，引出线在标注时应保证清晰规律，在满足标注准确、齐全功能的前提下，尽量保证图面美观。

常见的几种引出线标注方式，如图 1-26 所示。

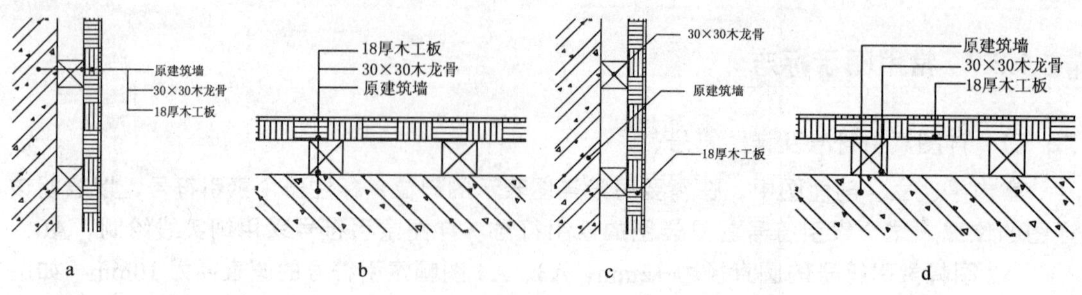

图 1-26　引出线形式

❑ 立面指向符

在房屋建筑中，一个特性的室内空间领域总存在竖向分隔来界定的。因此，根据具体情况，就有可能出现绘制 1 个或多个立面来表达隔断、墙体及家具、构配件的设计情况。立面索引符号标注在平面图中，包括视点位置、方向和编号三个信息，建立平面图和室内立面图之间的联系，立面索引指向符号的形式如图 1-27 所示，图中立面图编号可用英文字母或阿拉伯数字表示，黑色的箭头指向表示立面的方向；图 a 为单向内视符号，图 b 为双向内视符号，图 c 为四向内视符号。

图 1-27　立面索引指向符号

室内设计制图其他常用符号及其意义如表 1-7 所示。

表 1-7　室内设计常用符号图例

符　号	说　明	符　号	说　明
0.00　0.00	标高符号，线上数字为标高值，右边的一种在标注位置比较拥挤时采用	N	指北针
1　1	标注剖切位置的符号，标注数字的方向为投影方向，“1”与剖切面的编号“1—1”对应		旋转门
	对称符号，在对称图形的中轴位置画此符号，可以省画另一半图形		电梯

符　号	说　明	符　号	说　明
	楼板开方孔		单扇推拉门
@	表示重复出现的固定间隔	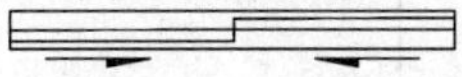	双扇推拉门
平面布置图 1:50	图名和比例	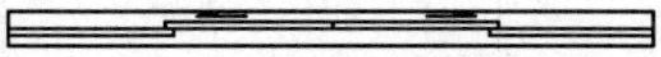	四扇推拉门
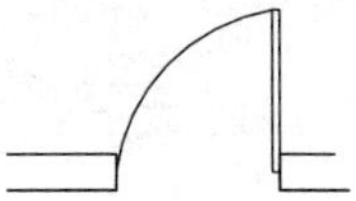	单扇平开门	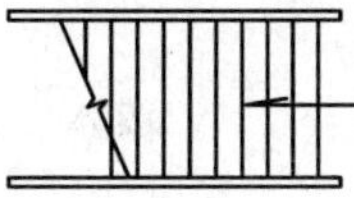 上	首层楼梯
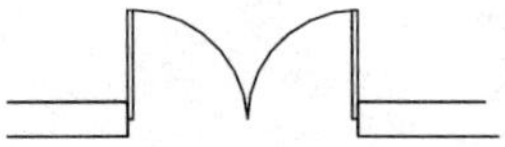	双扇平开门	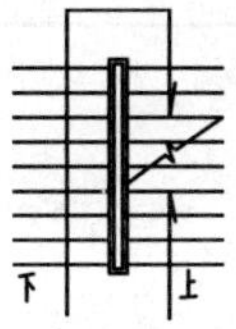 下 上	中间层楼梯
	子母门	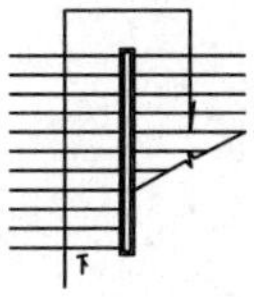 下	顶层楼梯
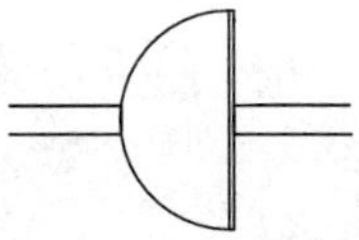	单扇弹簧门	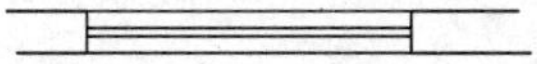	窗
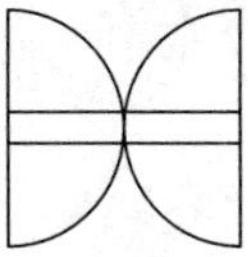	双扇弹簧门		

1.3.8 常用材料符号

室内设计图中经常应用材料图例来表示材料，在无法用图例表示的地方则采用文字注释，如表 1-8 所示为常用的材料图例。

表 1-8　常用材料图例

材料图例	说 明	材料图例	说 明
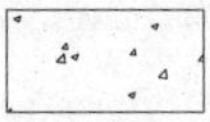	混凝土	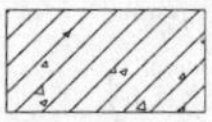	钢筋混凝土
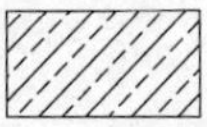	石材	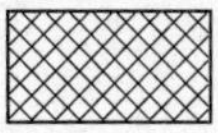	多孔材料

材料图例	说 明	材料图例	说 明
	金属		玻璃
	木材		砖
	液体		砂、灰土

第 2 章

本章导读:

本章将介绍 AutoCAD 2013 用户界面的组成，并讲解一些常用的基本操作。如新功能介绍、图形文件的管理、控制图形的显示、命令的调用方法以及如何精确绘制图形。使读者快速熟悉 AutoCAD 2013 的操作环境。

本章重点:

- AutoCAD 2013 工作空间和界面
- AutoCAD 命令的调用方法
- 重复、放弃、重做和终止操作
- 使用对象捕捉
- 控制图形的显示
- 重新生成与重画图形
- 图层、线型和线宽
- 基础绘图工具
- 编辑图形工具

AutoCAD 2013 快速入门

2.1 AutoCAD 2013 工作空间

为了满足不同用户的需要，中文版 AutoCAD 2013 提供了【草图与注释】、【三维基础】、【三维建模】和【AutoCAD 经典】4 种工作空间，用户可以根据绘图的需要选择相应的工作空间。AutoCAD 2013 的默认工作空间为【草图与注释】空间。下面分别对四种工作空间的特点、应用范围及其切换方式进行简单的讲述。

2.1.1 AutoCAD 经典空间

对于习惯 AutoCAD 传统界面的用户来说，可以采用【AutoCAD 经典】工作空间，以沿用以前的绘图习惯和操作方式。该工作界面的主要特点是显示有菜单栏和工具栏，用户可以通过选择菜单栏中的命令，或者单击工具栏中的工具按钮，以调用所需的命令，如图 2-1 所示。

2.1.2 草图与注释空间

【草图与注释】工作空间是 AutoCAD 2013 默认工作空间，该空间用功能区替代了工具栏和菜单栏，这也是目前比较流行的一种界面形式，已经在 Office 2007、Creo、Solidworks 2012 等软件中得到了广泛的应用。当需要调用某个命令时，需要先切换至功能区下的相应面板，然后再单击面板中的按钮。【草图与注释】工作空间的功能区，包含的是最常用的二维图形的绘制、编辑和标注命令，因此非常适合绘制和编辑二维图形时使用，如图 2-2 所示。

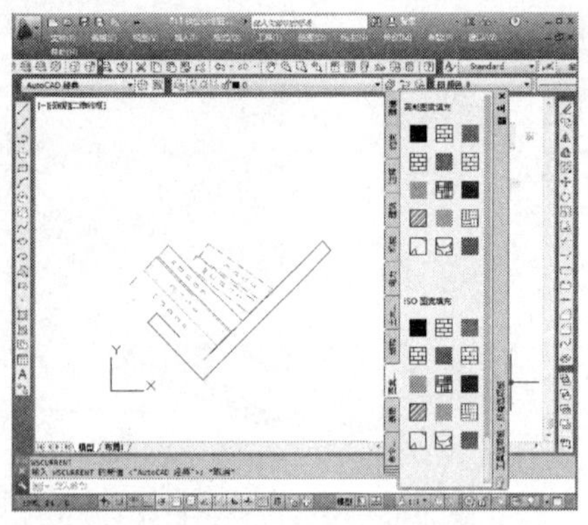

图 2-1　AutoCAD 经典空间

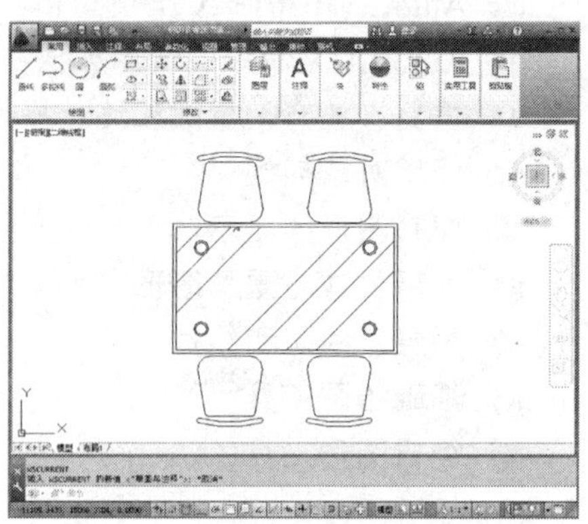

图 2-2　草图与注释空间

2.1.3 三维基础空间

【三维基础】空间与【草图与注释】工作空间类似，主要以单击功能区面板按钮的方式调用命令。但【三维基础】空间功能区包含的是基本的三维建模工具，如各种常用三维建模、布尔运算以及三维编辑工具按钮，能够非常方便地创建简单的基本三维模型，如图 2-3 所示。

2.1.4 三维建模空间

【三维建模】工作空间适合创建、编辑复杂的三维模型，其功能区集成了【三维建模】、【视觉样式】、【光源】、【材质】、【渲染】和【导航】等面板，为绘制和观察三维图形、附加材质、创建动画、设置光源等操作提供了非常便利的环境，如图 2-4 所示。

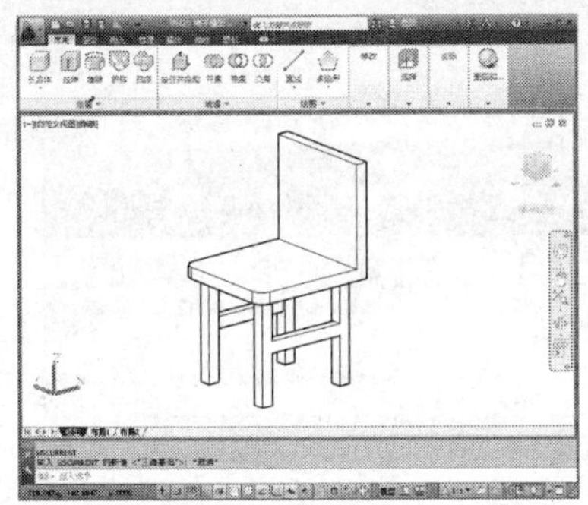

图 2-3　三维基础空间

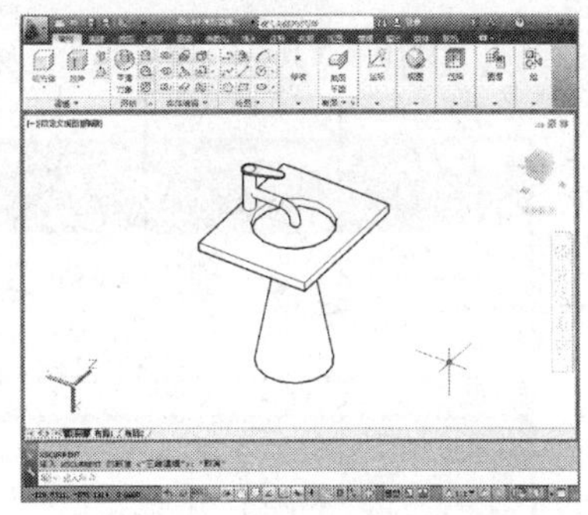

图 2-4　三维建模空间

2.1.5 切换工作空间

用户可以根据绘图的需要，灵活、自由地切换相应的工作空间，具体方法有以下几种。

- 菜单栏：选择【工具】|【工作空间】命令，在弹出的子菜单中选择相应的命令，如图 2-5 所示。
- 状态栏：单击状态栏【切换工作空间】按钮，在弹出的子菜单中选择相应的命令，如图 2-6 所示。

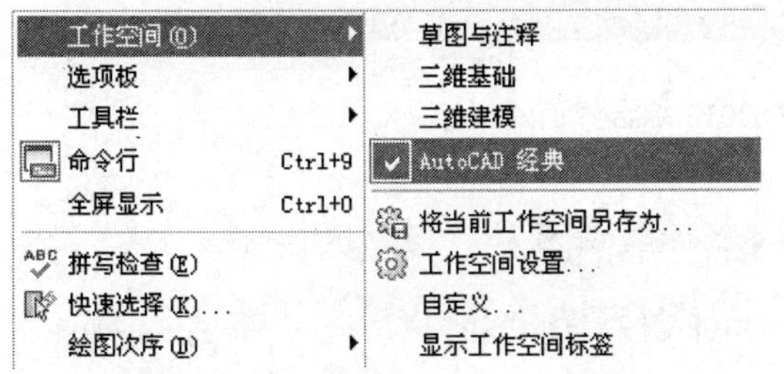

图 2-5　通过菜单栏切换工作空间

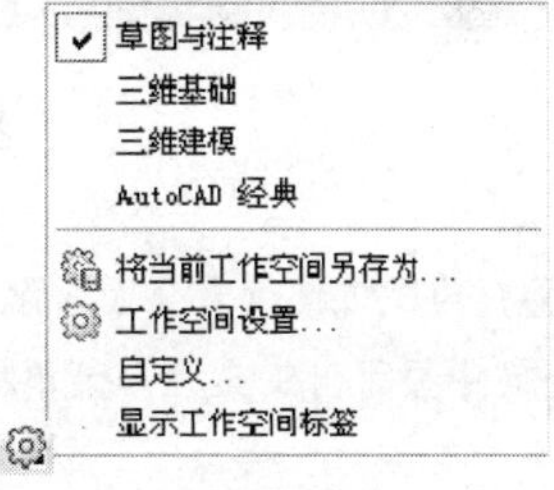

图 2-6　通过按钮切换工作空间

- 工具栏：单击【快速访问】工具栏工作空间列表框 AutoCAD 经典，在弹出的下拉列表中选择所需的工作空间，如图 2-7 所示。

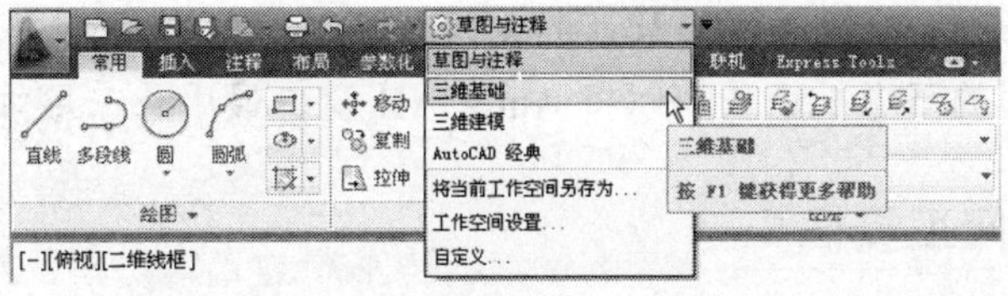

图 2-7　工作空间列表框

2.2 AutoCAD 2013 的工作界面

AutoCAD 2013 完整的操作界面如图 2-8 所示，其中包括标题栏、菜单栏、工具栏、快速访问工具栏、功能区、绘图区、十字光标、坐标系、命令行、状态栏、布局标签、滚动条等。

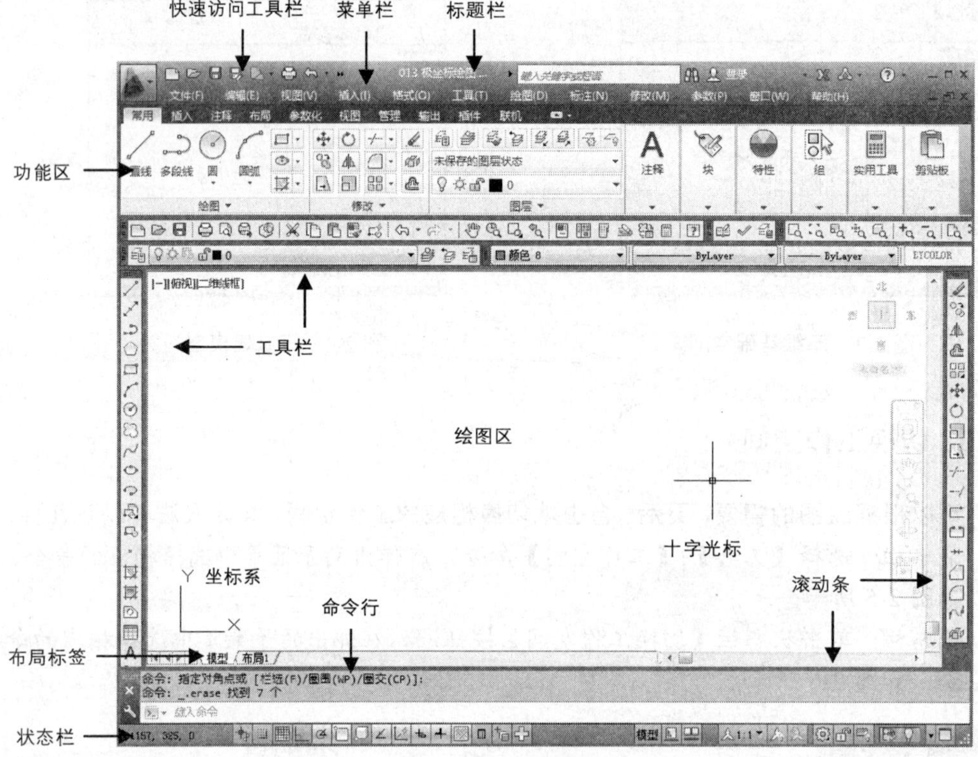

图 2-8 AutoCAD 2013 综合界面

注 意：为了方便读者全面了解 AutoCAD 各空间界面元素，如图 2-8 所示的操作界面是在【草图与注释】空间中显示出工具栏和菜单栏的效果。

2.2.1 标题栏

工作界面最上端是标题栏。标题栏中显示了当前工作区图形文件的路径和名称。如果该文件是新建文件，还没有命名保存，AutoCAD 会在标题栏上显示 Drawingl.dwg、Drawing2.dwg、Drawing3.dwg……等默认的文件名。

单击标题栏右边的三个按钮，可以将 AutoCAD 窗口最小化、最大化(或还原)和关闭。

2.2.2 快速访问工具栏

【快速访问】工具栏位于标题栏的左上角，它包含了最常用的快捷按钮，以方便用户快速调用。默认状态下它由 8 个工具按钮组成，依次为：【新建】、【打开】、【保存】、【另存为】、【Cloud 选项】、【打印】、【重做】和【放弃】，如图 2-9 所示，工具栏右侧为工作空间列表框。

图 2-9 快速访问工具栏

技 巧：【快速访问】工具栏放置的是最常用的工具按钮，同时用户也可以根据需要，添加更多的常用工具按钮。

2.2.3 菜单栏

菜单栏位于标题栏的下方，由文件、编辑、视图、插入、格式、工具、绘图、标注、修改、参数、窗口和帮助 12 个主菜单组成，如图 2-10 所示。

文件(F) 编辑(E) 视图(V) 插入(I) 格式(O) 工具(T) 绘图(D) 标注(N) 修改(M) 参数(P) 窗口(W) 帮助(H)

图 2-10 菜单栏

在菜单栏中，每个主菜单又包含数目不等的子菜单，有些子菜单下还包含下一级子菜单，如图 2-11 所示，这些菜单中几乎包含了 AutoCAD 全部的功能和命令，如图 2-11 所示。

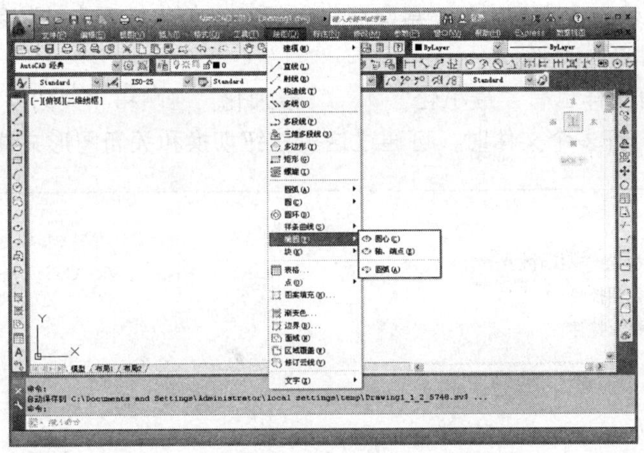

图 2-11 主菜单下的子菜单

技 巧：除【AutoCAD 经典】空间外，其他三种工作空间都默认不显示菜单栏，以避免给一些操作带来不便。如果需要在这些工作空间中显示菜单栏，可以单击【快速访问】工具栏右端的下拉按钮，在弹出菜单中选择【显示菜单栏】命令。

2.2.4 工具栏

工具栏是【AutoCAD 经典】工作空间调用命令的主要方式之一，它是图标型工具按钮的集合，工具栏中的每个按钮图标都形象地表示出了该工具的作用。单击这些图标按钮，即可调用相应的命令。

AutoCAD 2013 共有 50 余种工具栏，在【AutoCAD 经典】工作空间中，默认只显示【标准】、【图层】、【绘图】、【编辑】等几个常用的工具栏，通过下列方法，可以显示更多的所需工具栏。

- 菜单栏：展开【工具】|【工具栏】|【AutoCAD】菜单项，在下级菜单中进行选择。
- 快捷菜单：在任意工具栏上单击鼠标右键，在弹出的快捷菜单中选择。

技 巧：工具栏在【草图与注释】、【三维基础】和【三维建模】空间中默认为隐藏状态，但可以通过在这些空间显示菜单栏，然后通过上面介绍的方法将其显示出来。

2.2.5 绘图窗口

图形窗口是屏幕上的一大片空白区域，是用户进行绘图的主要工作区域，如图 2-12 所示。图形窗口的绘图区域实际上是无限大的，用户可以通过【缩放】、【平移】等命令来观察绘图区的图形。有时候为了增大绘图空间，可以根据需要关闭其他界面元素，例如工具栏和选项板等。

图形窗口左上角的三个快捷功能控件，可以快速地修改图形的视图方向和视觉样式。

在图形窗口左下角显示有一个坐标系图标，以方便绘图人员了解当前的视图方向。此外，绘图区还会显示一个十字光标，其交点为光标在当前坐标系中的位置。当移动鼠标时，光标的位置也会相应的改变。

绘图区右上角同样也有“最小化” 、“最大化” 和“关闭” 三个按钮，在 AutoCAD 中同时打开多个文件时，可通过这些按钮切换和关闭图形文件。

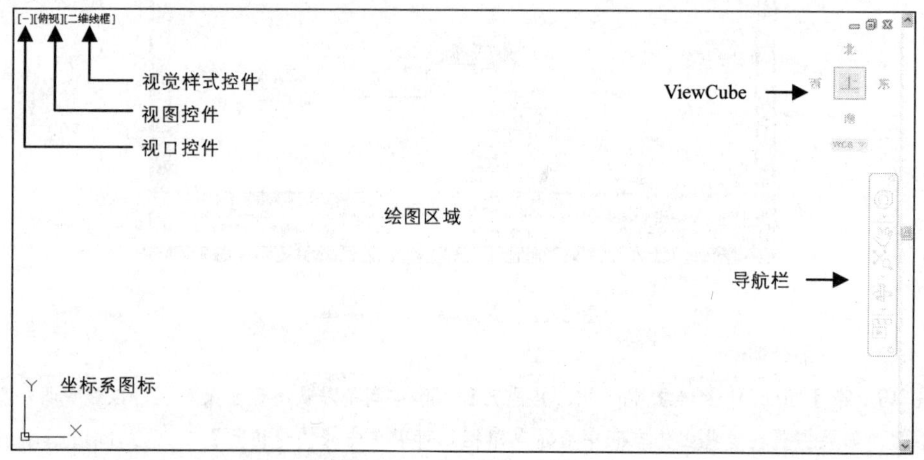

图 2-12 绘图窗口

绘图窗口右侧显示 ViewCube 工具和导航栏，用于切换视图方向和控制视图。

2.2.6 命令行

命令行位于绘图窗口的下方，用于显示用户输入的命令，并显示 AutoCAD 的提示信息，如图 2-13 所示。

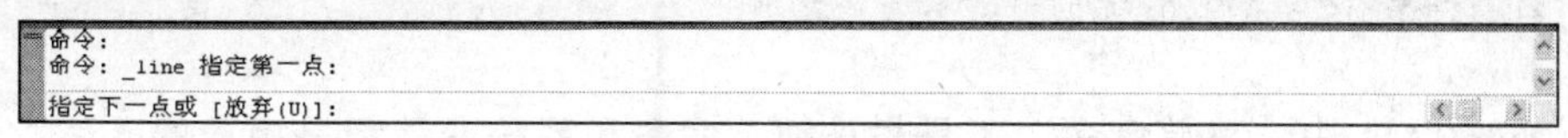

图 2-13　命令行

用户可以用鼠标拖动命令行的边框以改变命令行的大小，另外，按 F2 键还可以打开 AutoCAD 文本窗口，如图 2-14 所示。该窗口中显示的信息与命令行中显示的信息相同，当用户需要查询大量信息时，该窗口就会显得非常有用。

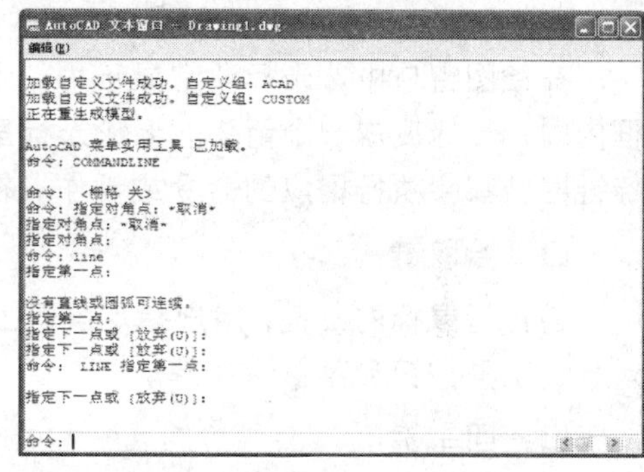

图 2-14　AutoCAD 文本窗口

2.2.7 布局标签

AutoCAD 2013 系统默认设定一个模型空间布局标签和“布局 1”、“布局 2”两个图纸空间布局标签。在这里有两个概念需要解释：

1. 布局

布局是系统为绘图设置的一种环境，包括图纸大小、尺寸单位、角度设定、数值精确度等，在系统预设的三个标签中，这些环境变量都按默认设置。用户根据实际需要改变这些变量的值。比如：默认的尺寸单位是公制的毫米，如果绘制的图形是使用英制的英寸，就可以改变尺寸单位环境变量的设置，用户也可以根据自己的需要设置符合自己要求的新标签。

2. 模型

AutoCAD 的空间分模型空间和图纸空间。模型空间是我们通常绘图的环境，而在图纸空间中，用户可以创建叫做“浮动视口”的区域，以不同视图显示所绘图形。用户可以在图纸空间中调整浮动视口并决定所包含视图的缩放比例。如果选择图纸空间，则可打印多个视图，用户可以打印任意布局的视图。

AutoCAD 2013 系统默认打开模型空间，用户可以通过鼠标左键单击选择需要的布局。

2.2.8 状态栏

状态栏位于绘图窗口的最下边，用于显示当前 AutoCAD 的工作状态，如图 2-15 所示。状态栏中包括诸如【推断约束】、【捕捉模式】、【栅格显示】、【正交模式】、【极轴追踪】、【对象捕捉】、【三维对象捕捉】、【对象捕捉追踪】、【允许/禁止动态 UCS】、【动态输入】、【显示/隐藏线宽】、【显示/隐藏透明度】、【快捷特性】、【选择循环】、【模型】或【图纸】等按钮。

图 2-15　状态栏

2.3 AutoCAD 命令的调用方法

在 AutoCAD 中，菜单命令、工具栏按钮、命令和系统变量都是相通的。可以选择某一菜单，或单击某个工具按钮，或在命令行中输入命令和系统变量来执行相应命令。

2.3.1 使用鼠标操作

在绘图窗口中，光标通常显示为“十”字线形式。当光标移至菜单选项、工具或对话框内时，光标变成一个箭头。无论光标呈“十”字线形式还是箭头形式，当单击或按住鼠标键时，都会执行相应的命令或动作。在 AutoCAD 中，鼠标键是按照下述规则定义的。

❑ 拾取键

通常指鼠标的左键，用户指定屏幕上的点，也可以用来选择 Windows 对象、AutoCAD 对象、工具按钮和菜单命令等。

❑ 回车键

指鼠标右键，相当于 Enter 键，用于结束当前使用命令，此时系统将根据当前绘图状态而弹出不同的快捷菜单。

❑ 弹出菜单

当使用 Shift 键和鼠标右键的组合时，系统将弹出一个快捷菜单，用于设置捕捉对象。

2.3.2 使用键盘输入

在 AutoCAD 2013 中，大部分的绘图、编辑功能都需要通过键盘输入来完成。通过键盘可以输入命令、系统变量。此外，键盘还是输入文本对象、数值参数、点的坐标或进行参数选择的唯一方法。

技 巧： 在 AutoCAD 2013 中，增强了命令行输入的功能。除了以上键盘输入命令选项外，也可以直接单击选择命令选项，而不再需要键盘的输入，避免了鼠标和键盘反复切换，可以提高画图效率。

2.3.3 使用命令行

在 AutoCAD 2013 中，默认情况下“命令行”是一个可固定的窗口，可以在当前命令行提示下输入命令和对象参数等内容。对于大多数命令，“命令行”中可以显示执行完的两条命令提示，而对于一些输出命令，需要在“命令行”或“AutoCAD 文本窗口”中显示。

在“命令行”窗口中右击，AutoCAD 将显示一个快捷菜单，如图 2-16 所示。通过快捷菜单可以选择最近使用过的 6 个命令、复制选定的文字或全部命令历史、粘贴文字以及打开“选项”对话框。

在命令行中，还可以使用 BackSpace 或 Delete 键删除命令行中的文字，也可以选中命令历史，并执行“粘贴到命令行”命令，将其粘贴到命令行中。

2.3.4 使用菜单栏

菜单栏几乎包含了 AutoCAD 中全部的功能和命令，使用菜单栏执行命令，只需单击菜单栏中的主菜单，在弹出的子菜单中选择要执行的命令即可。例如要执行绘制多段线命令，选择【绘图】|【多段线】命令，如图 2-17 所示。

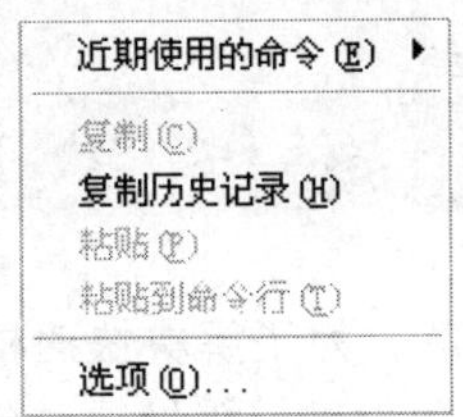

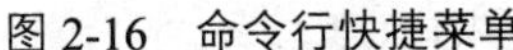
图 2-16 命令行快捷菜单

图 2-17 使用菜单栏执行绘制多段线命令

2.3.5 使用工具栏

大多数命令都可以在相应的工具栏中找到与其对应的图标按钮，用鼠标单击该按钮即可快速执行 AutoCAD 命令。例如要执行绘制圆命令，可以单击【绘图】工具栏中的【圆】按钮，再根据命令提示进行操作即可。

2.3.6 功能区调用命令

除【AutoCAD 经典】空间外，另外三个工作空间都是以功能区作为调用命令的主要方式。相比其他调用命令的方法，在面板区调用命令更加直观，非常适合于不能熟记绘图命令的 AutoCAD 初学者。

2.4 重复、放弃、重做和终止操作

2.4.1 重复命令

按回车键或空格键，AutoCAD 就能自动调用上一条命令，使用该功能，可以连续反复的使用同一条命令。使用重复操作，省去了重复输入命令的麻烦。

2.4.2 放弃操作

如果想取消上一步的操作，可以使用放弃命令。在命令行输入“UNDO”(快捷键 U)后按回车键，则可以撤销上一次所执行的操作。此外，执行【文件】|【放弃】或按 Ctrl+Z 键，也可以启动 UNDO【放弃】命令。

2.4.3 重做

如果想取消上一次的 UNDO【放弃】操作，则执行【文件】|【重做】命令，或按 Ctrl+Y 快捷键。

2.4.4 终止命令执行

如果在命令执行过程当中需要终止命令的执行，按键盘左上角的“Esc”键即可。

2.5 使用对象捕捉

在实际绘图中，用鼠标定位虽然方便快速，但精度不高，为了解决快速精确的定位问题，AutoCAD 提供了一些绘图辅助工具，如对象捕捉、对象追踪、极轴追踪等，利用这些辅助工具，可以在不输入坐标的情况下精确绘图，提高绘图速度。

对象捕捉功能可以将点精确定位到图形的特征点上，这些特征点包括中点、圆心、端点等。由于鼠标定位点的不精确性，尤其是在大视图比例的情况下，计算机屏幕上的微小差别代表了实际情况的巨大偏差，因此使用对象捕捉功能，为精确绘图提供了条件。

2.5.1 开启/关闭对象捕捉功能

只有开启了【对象捕捉】功能，才能进行对象捕捉操作，可根据实际需要开启或关闭对象捕捉功能，有以下几种常用的方法：

- 连续按 F3 功能键，可以在开、关状态间切换。
- 单击状态栏中的【对象捕捉】开关按钮 。
- 执行【工具】|【草图设置】命令，或在命令行输入 OSNAP 命令，打开【草图设置】对话框。单击【对象捕捉】选项卡，选中或取消“启用对象捕捉”复选框，可以打开或关闭对象捕捉，如图 2-18 所示。

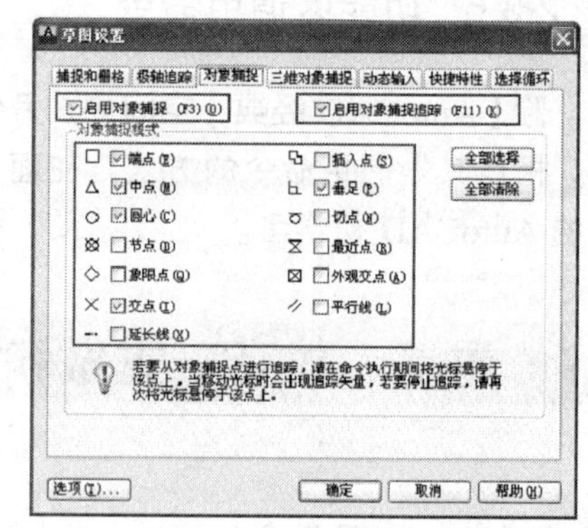

图 2-18 “对象捕捉”选项卡

2.5.2 设置对象捕捉点

使用对象捕捉功能，可以捕捉多种特征点，如端点、中点、圆心、节点、象限点等，但为了避免视图混乱，通常设置成仅捕捉某些指定的特征点，如图 2-18 所示“草图设置”对话框“对角捕捉模式”栏中被勾选的特征点将被捕捉，未勾选项将被忽略。

“草图设置”对话框“对角捕捉模式”栏中对象捕捉点的含义如表 2-1 所示。

表 2-1 对象捕捉点的含义

对象捕捉点	含 义
端点	捕捉直线或曲线的端点
中点	捕捉直线或弧段的中间点
圆心	捕捉圆、椭圆或弧的中心点
节点	捕捉用 POINT 命令绘制的点对象
象限点	捕捉位于圆、椭圆或弧段上 0°、90°、180°和 270°处的点
交点	捕捉两条直线或弧段的交点
延伸	捕捉直线延长线路径上的点
插入点	捕捉图块、标注对象或外部参照的插入点
垂足	捕捉从已知点到已知直线的垂线的垂足
切点	捕捉圆、弧段及其他曲线的切点
最近点	捕捉处在直线、弧段、椭圆或样条线上，而且距离光标最近的特征点
外观交点	在三维视图中，从某个角度观察两个对象可能相交，但实际并不一定相交，可以使用“外观交点”捕捉对象在外观上相交的点
平行	选定路径上一点，使通过该点的直线与已知直线平行

2.5.3 自动捕捉和临时捕捉

AutoCAD 提供了两种对象捕捉模式：自动捕捉和临时捕捉。自动捕捉模式要求使用者先设置好需要的对象捕捉点，以后当光标移动到这些对象捕捉点附近时，系统就会自动捕捉到这些点。

【临时捕捉】是一种一次性的捕捉模式，这种捕捉模式不是自动的。当用户需要临时捕捉某个特征点时，需要在捕捉之前手工设置需要捕捉的特征点，然后进行对象捕捉。而且这种捕捉设置是一次性的，不能反复使用。在下一次遇到相同的对象捕捉点时，需要再次设置。

在命令行提示输入点的坐标时，如果要使用临时捕捉模式，可按 Shift 键+鼠标右键，系统会弹出如图 2-19 所示的快捷菜单。单击选择需要的对象捕捉点，系统将会捕捉到该点（且仅捕捉该点）。

在本书后面章节的实践中将介绍临时捕捉功能的实际操作方法。

2.5.4 使用自动追踪

自动追踪也是一种辅助精确绘图的功能，包括极轴追踪和对象捕捉追踪两种模式。通过自动追踪功能，可以精确定位在指定的角度或位置（如特征点之外的位置）。

1. 极轴追踪

【极轴追踪】可以使光标沿着指定角度的方向移动，将点精确定位在该角度上的任意一点。可以通过下列方法打开/关闭极轴追踪功能。

- 按功能键 F10
- 单击状态栏【极轴追踪】开关按钮

在如图 2-20 所示“草图设置”对话框中，可以设置下列极轴追踪属性。

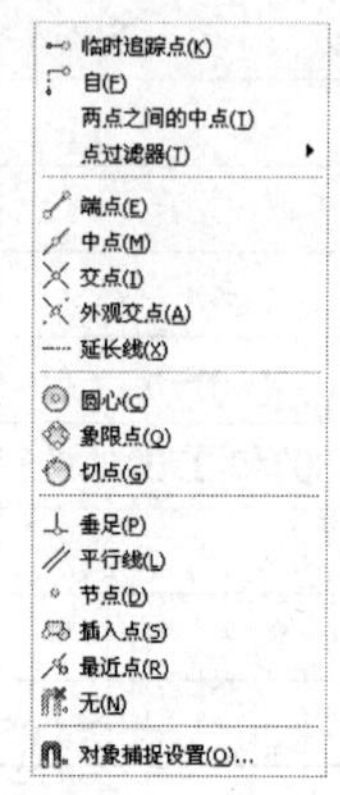

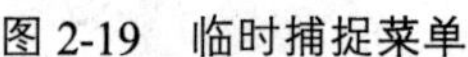
图 2-19　临时捕捉菜单

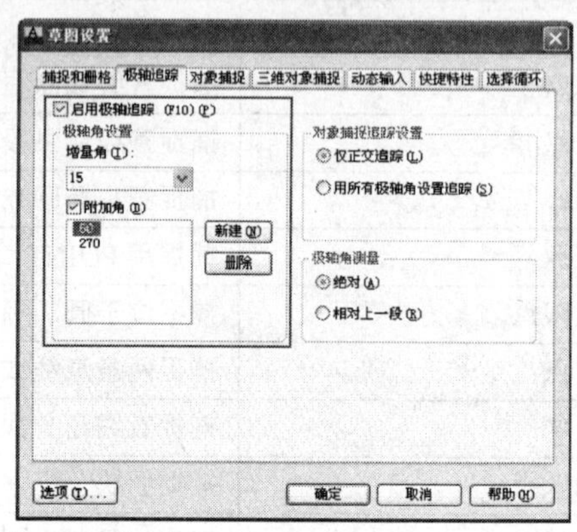

图 2-20　“草图设置”对话框

“增量角”下拉列表框：选择极轴追踪角度。当光标的相对角度等于该角，或者是该角的整数倍时，屏幕上将显示追踪路径。

“附加角”复选框：增加任意角度值作为极轴追踪角度。选中“附加角”复选框，并单击【新建】按钮，然后输入所需追踪的角度值。

“仅正交追踪”单选按钮：当对象捕捉追踪打开时，仅显示已获得的对象捕捉点的正交(水平和垂直方向)对象捕捉追踪路径。

用所有极轴角设置追踪：对象捕捉追踪打开时，将从对象捕捉点起沿任何极轴追踪角进行追踪。

“极轴角测量”选项组：设置极轴角的参照标准。“绝对”选项表示使用绝对极坐标，以 X 轴正方向为 0°。“相对上一段”选项根据上一段绘制的直线确定极轴追踪角，上一段直线所在的方向为 0°。

如图 2-21 所示为极轴追踪示例。

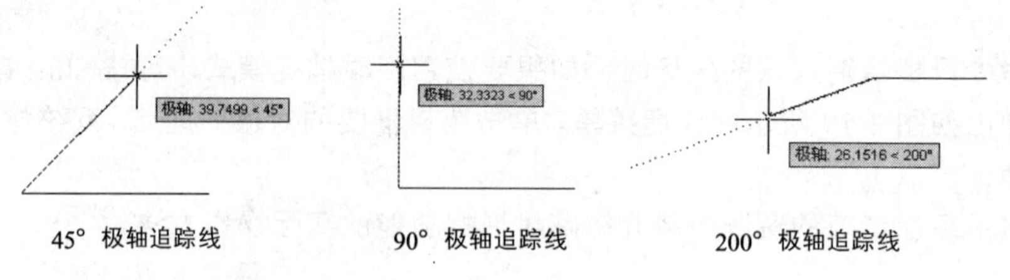

图 2-21　极轴追踪示例

2. 对象捕捉追踪

【对象捕捉追踪】是在对象捕捉功能基础上发展起来的，该功能可以使光标从对象捕捉点开始，沿着对齐路径进行追踪，并找到需要的精确位置。对齐路径是指和对象捕捉点水平对齐、垂直对齐，或者按设置的极轴追踪角度对齐的方向。

对象捕捉追踪应与对象捕捉功能配合使用。使用对象捕捉追踪功能之前，必须先设置好对象捕捉点。

打开/关闭对象捕捉追踪功能的方法有：

➢ 按功能键 F11

➢ 单击屏幕右下方的“对象捕捉追踪”开关按钮

绘图过程中，当提示指定点时，使用对象捕捉功能捕捉某一点（即追踪点），不单击鼠标，停顿片刻即会出现一个蓝色靶框标记（可同时捕捉多个点），然后移动光标，将会出现相应的追踪路径，该追踪路径经过捕捉点，其角度与“草图设置”中的“增量角”和“附加角”相符，而且还可以显示多条对齐路径的交点，如图 2-22 所示。

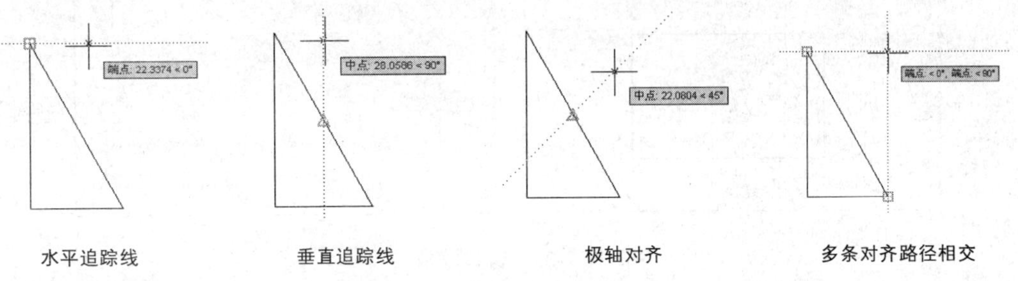

图 2-22　对象捕捉追踪

追踪线主要用来确定一个角度，当出现追踪线时，输入一个数值按回车键，即可得到一个新点，该新点位于追踪线上，所输入的数值即是它与追踪点的距离。

2.6 控制图形的显示

在绘图过程中，为了方便绘图和提高绘图效率，经常要用到缩放视图的功能。控制视图缩放可以使用 ZOOM/Z 命令，也可以单击“标准”工具栏中的各个缩放工具按钮，它们的操作方法是完全相同的，因此这里一并讲解。

2.6.1 缩放

启动 ZOOM/Z 命令，命令提示行将提供几种缩放操作的备选项以供选择：

命令：ZOOM↙

指定窗口的角点，输入比例因子 (nX 或 nXP)，或者[全部(A)/中心(C)/动态(D)/范围(E)/上一个(P)/比例(S)/窗口(W)/对象(O)] <实时>:

2.6.2 显示全图

选择“全部”备选项，或单击工具按钮，可以显示整个模型空间界限范围之内的所有图形对象，这种状态称为“全图”。

2.6.3 中心缩放

选择“中心”备选项，或单击工具按钮，将进入中心缩放状态。要求先确定中心点；然后以该中心点为基点，整个图形按照指定的缩放比例(或高度)缩放。而这个点在缩放操作之后将成为新视图的中心点。

2.6.4 窗口缩放

这是 AutoCAD 最常用的缩放功能，选择“窗口”备选项，或者单击工具按钮，通过确定矩形的两个角点，可以拉出一个矩形窗口，窗口区域的图形将放大到整个视图范围，如图 2-23 所示。

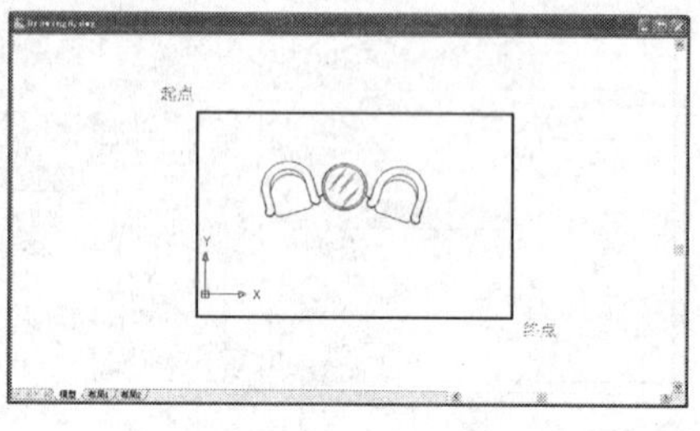

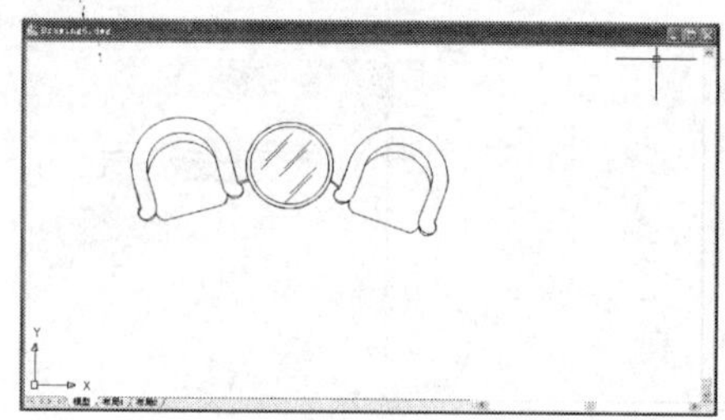

图 2-23 窗口缩放

2.6.5 范围缩放

实际制图过程中，通常模型空间的界限非常大，但是所绘制图形所占的区域又很小。缩放视图时如果使用显示全图功能，那么图形对象将会缩成很小的一部分。因此，AutoCAD 提供了范围显示功能，用来显示所绘制的所有图形对象的最大范围。选择“范围”备选项，或单击工具按钮，可使用此功能。

2.6.6 回到前一个视图

选择“上一个”备选项，或者单击工具按钮，可以回复到前一个视图显示的图形状态。这也是一个常用的缩放功能。

2.6.7 比例缩放

根据输入的比例缩放图形，如图 2-24 所示。有 3 种输入比例的方法：直接输入数值，表示相对于图形界限进行缩放；在比例值后面加 x，表示相对于当前视图进行缩放；在比例值后面加上 xp，表示相对于图纸空间单位进行缩放。

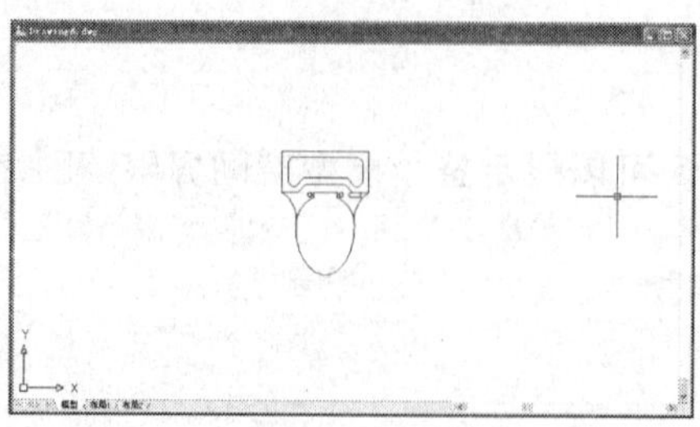

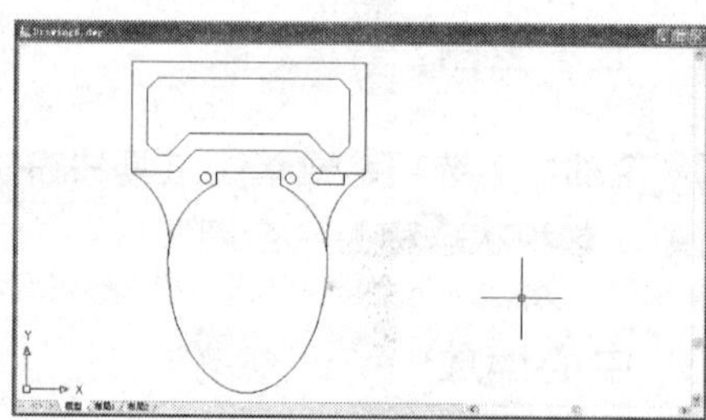

图 2-24 比例缩放

2.6.8　动态缩放

【动态缩放】是 AutoCAD 一个非常具有特色的缩放功能。该功能如同在模仿一架照相机的取景框，先用取景框在全图状态下“取景”，然后将取景框取到的内容放大到整个视图。

选择“动态”备选项，或者单击工具按钮，将进入动态缩放状态。视图此时显示为“全图”状态，视图的周围出现两个虚线方框，蓝色虚线方框表示模型空间的界限，绿色虚线方框表示上一视图的视图范围。

光标变成了一个矩形的取景框，取景框的中央有一个十字叉形的焦点，如图 2-25 所示。首先拖动取景框到所需位置并单击，然后调整取景框大小，然后按 Enter 键进行缩放。调整完毕后回车确定，取景框范围以内的所有实体将迅速放大到整个视图状态。

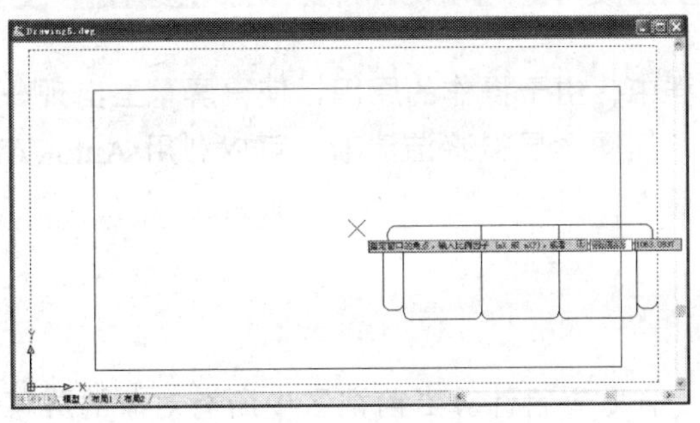

图 2-25　动态缩放

2.6.9　实时缩放

所谓【实时缩放】，指的是视图中的图形将随着光标的拖动而自动、同步地发生变化。这个功能也是 ZOOM/Z 命令的默认项，也是最常用的缩放操作。直接回车或者单击工具按钮和，此时光标将变成放大镜形状。按住鼠标左键，并向不同方向拖动光标，图形对象将随着光标的拖动连续地缩放。

要启动【实时缩放】，也可以在绘图区单击鼠标右键，从快捷菜单中选择【缩放】命令项。

技 巧：滚动鼠标滚轮，可以快速地实时缩放视图。

2.6.10　图形平移

和缩放不同，平移命令不改变视图的显示比例，只改变显示范围。输入命令 PAN/P，或者单击工具按钮，此时光标将变成小手形状。按住鼠标左键，并向不同方向拖动光标，当前视图的显示区域将随之实时平移，如图 2-26 所示。

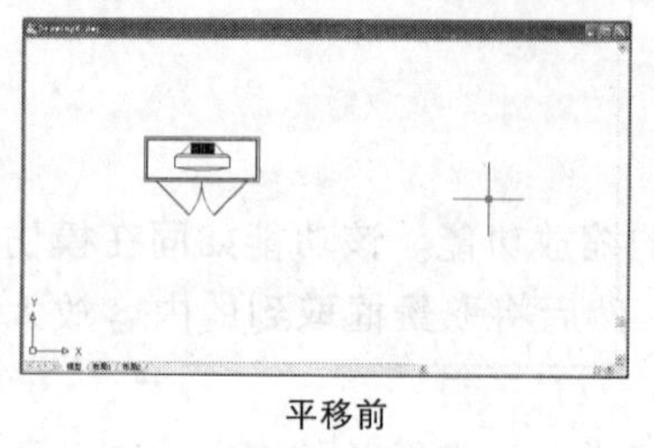
平移前

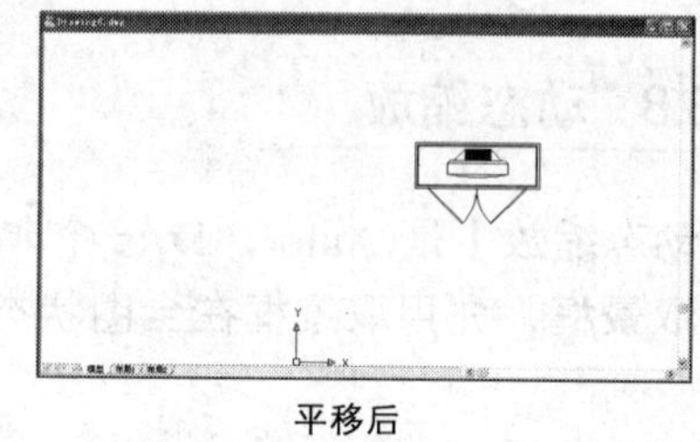
平移后

图 2-26 视图平移

技 巧：按住鼠标中键拖动，可以快速进行视图平移。

2.7 重新生成与重画图形

如果用户在绘图过程中，由于操作的原因，使得屏幕上出现一些残留光标点，为了擦出这些不必要的光标点，使图形显得整洁清晰，可以利用 AutoCAD 的重画和重新生成功能达到这些要求。

2.7.1 重生成

【重生成】REGEN 命令重新计算当前视区中所有对象的屏幕坐标并重新生成整个图形。它还重新建立图形数据库索引，从而优化显示和对象选择的性能。启动“重生成”命令的方式：

- 命令行：REGEN / RE
- 菜单栏：【视图】|【重生成】命令

另外，使用全部重生成命令不仅重生成当前视图中的内容，而且重生成所有视图中的内容。启动全部重生成命令的方式：

- 命令行：REGENALL/REA。
- 菜单栏：【视图】|【全部重生成】命令

2.7.2 重画

AutoCAD 用数据库以浮点数据的形式储存图形对象的信息，浮点格式精度高，但计算时间长。AutoCAD 重生成对象时，需要把浮点数值转换为适当的屏幕坐标。因此对于复杂图形，重生成需要花很长的时间。

AutoCAD 提供了另一个速度较快的刷新命令——重画。重画只刷新屏幕显示；而重生成不仅刷新显示，还更新图形数据库中所有图形对象的屏幕坐标。

- 命令行：REDRAW / RA。
- 菜单栏：【视图】|【重画】命令

在进行复杂的图形处理时，应当充分考虑到重画和重生成命令的不同工作机制，合理使用。重画命令耗时较短，可以经常使用以刷新屏幕。每隔一段较长的时间，或重画命令无效时，可以使用一次重生成命令，更新后台数据库。

2.8 图层、线型和线宽

图层是 AutoCAD 一个管理图形的工具。在设置图层的状态、名称、颜色等属性后，该图层上所绘制的图形就会继承图层的特性。

2.8.1 图层

在命令行中输入 LAYER，按回车键，弹出【图层特性管理器】对话框，单击“新建图层”按钮，即可创建新图层，如图 2-27 所示。依次单击该图层右侧的“颜色”“线型”“线宽”等选项，可以设置图层对应的属性。

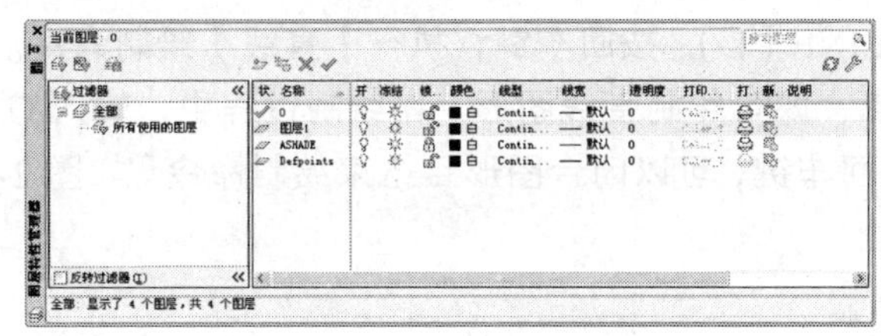

图 2-27　创建新图层

打开“图层”工具栏的下拉列表，单击选中某个图层，可将该图层置为当前，如图 2-28 所示。

注 意：在【图层特性管理器】对话框中，双击选中的图层，也可将图层置为当前。单击图层名称前的各种符号，如开/关图层符号，冻结/解冻符号等，可对图层的状态进行设置。

2.8.2 设置图层特性

如果想改变对象在当前图层的颜色、线型等属性，首先要选中该对象，然后单击“特性”工具栏中的“颜色控制”“线型控制”“线宽控制”选项，在弹出的下拉列表中进行设置即可，如图 2-29 所示。

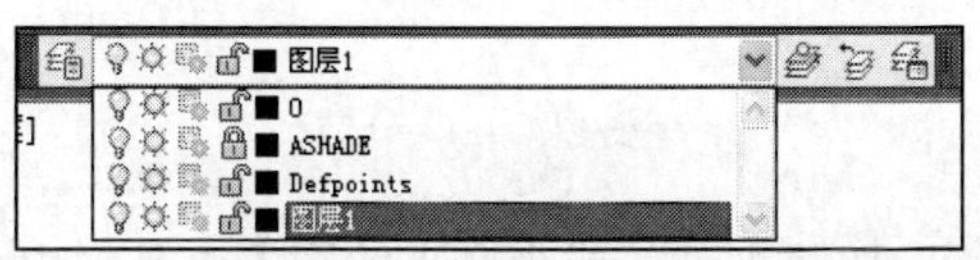

图 2-28　将图层置为当前

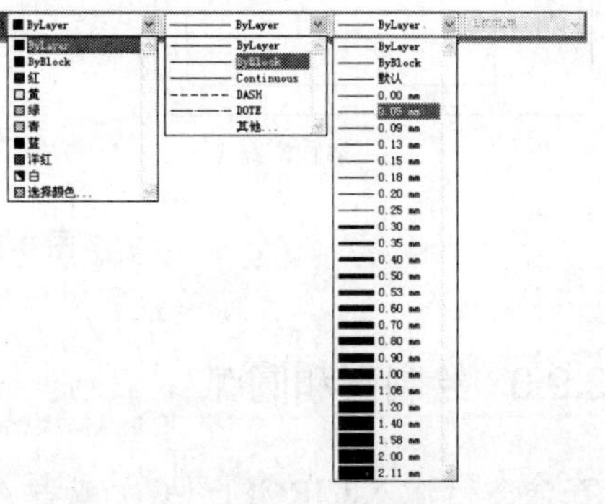

图 2-29　改变属性

2.9 基础绘图工具

用户可以在命令行中输入相应的命令来绘制图形，或者单击【绘图】工具栏上的相应按钮。如图 2-30 所示为 AutoCAD 的【绘图】工具栏。

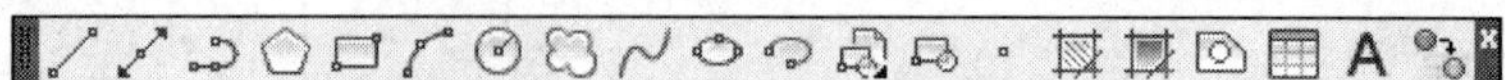

图 2-30 【绘图】工具栏

2.9.1 绘制直线

在命令行中输入 LINE（L），按回车键，执行【直线】绘制命令。根据命令行的提示，确定直线的起点和终点，即可绘制直线图形。在绘制过程中，输入 U，按回车键可放弃绘制的直线；输入 C，按回车键，可以闭合图形且结束绘制命令。如图 2-31 所示为调用 LINE 命令绘制的门套图形。

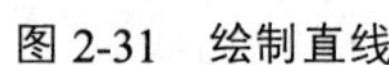

图 2-31 绘制直线

技 巧：单击“绘图”工具栏上的【直线】按钮，也可调用【直线】命令。

2.9.2 绘制多段线

使用【多段线】命令可以生成由若干条直线和曲线首尾连接形成的复合线实体，如图 2-32 所示。单击【绘图】工具栏上的【多段线】按钮，可执行【多段线】命令。

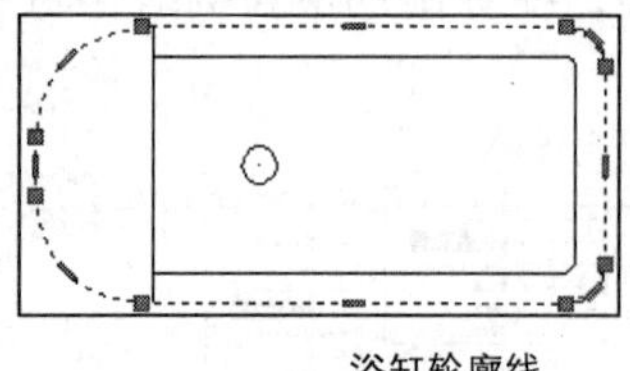

浴缸轮廓线

窗帘平面图形

图 2-32 绘制的多段线

2.9.3 绘制圆和圆弧

在命令行输入 CIRCLE（C）或者 ARC（A），按回车键，或者在【绘图】工具栏中分别单击【圆】按钮及【圆弧】按钮，都可以调用绘制【圆】和【圆弧】的命令。

如图 2-33 所示为使用【圆】命令绘制的洗菜盆图形，如图 2-34 所示为使用【圆弧】

命令绘制的平开门图形。

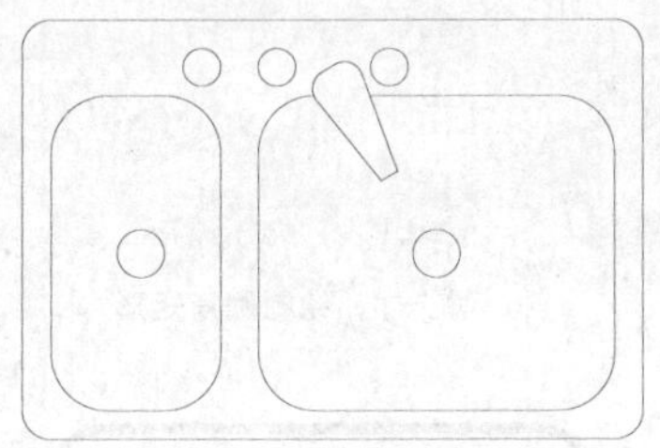

图 2-33　绘制洗菜脸圆图形

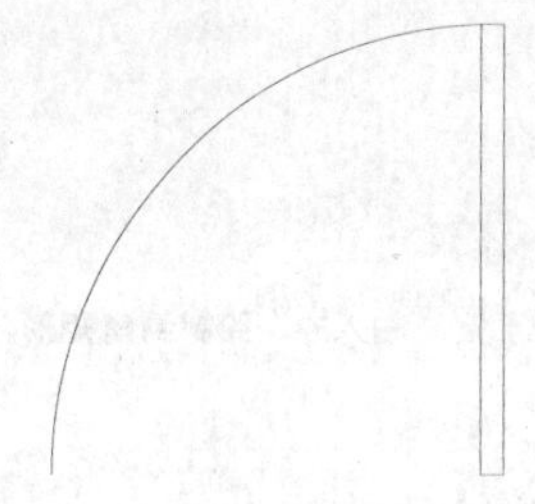

图 2-34　绘制平开门圆弧

2.9.4　绘制椭圆和椭圆弧

在命令行中输入 ELLIPSE（EL），按回车键，或者单击【绘图】工具栏上的【椭圆】按钮，都可调用绘制【椭圆】命令绘制椭圆或者椭圆弧。

在命令行中输入 ELLIPSE，命令行提示如下：

```
命令：EL↙          ELLIPSE
指定椭圆的轴端点或 [圆弧(A)/中心点(C)]:
```

在命令行中输入 C，选择“中心点(C)”选项，可以指定椭圆中心点绘制椭圆，如图 2-35 所示。在命令行输入 A，选择“圆弧(A)”选项，可以绘制椭圆弧，相当于选择【绘图】|【椭圆】|【椭圆弧】命令，绘制结果如图 2-36 所示。

注　意：单击【绘图】工具栏上的【椭圆弧】按钮，也可调用绘制椭圆弧的命令。

2.9.5　绘制矩形

单击【绘图】工具栏上的【矩形】按钮，或者在命令行输入 RECTANG/REC，按回车键，都可调用绘制矩形的命令。

如图 2-37 所示为调用【矩形】命令绘制的洗衣机平面图形。

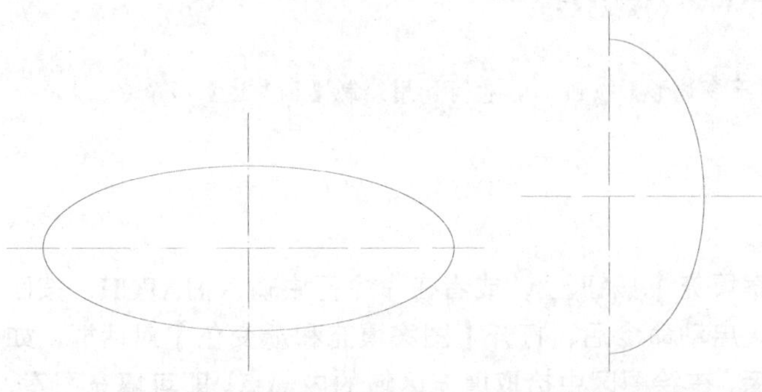

图 2-35　绘制椭圆　　图 2-36　绘制椭圆弧　　图 2-37　绘制洗衣机平面图形

调用绘制【矩形】命令后，在命令行中选择不同的选项，可以绘制不同的矩形，如图 2-38 所示。

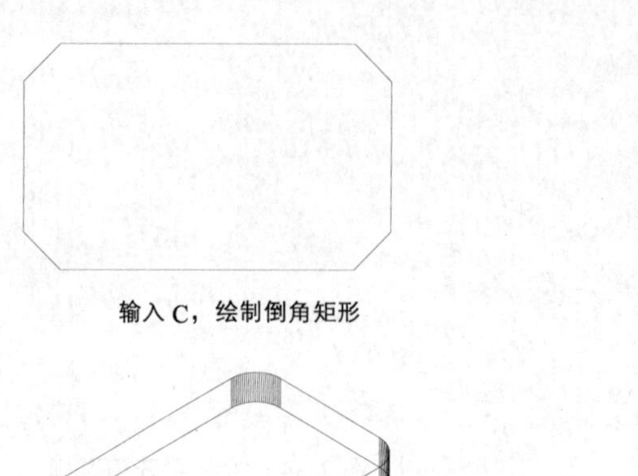

输入 C，绘制倒角矩形

输入 F，绘制圆角矩形

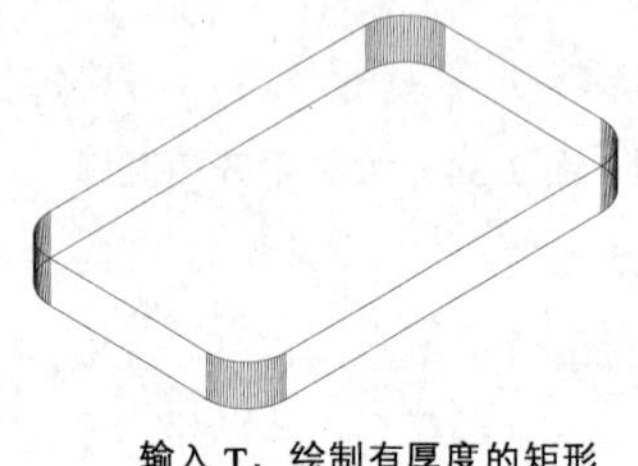

输入 T，绘制有厚度的矩形

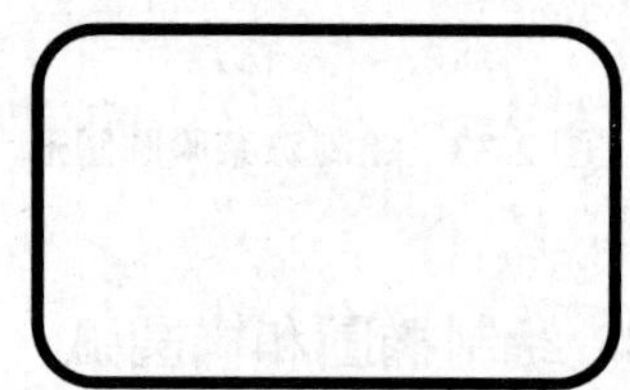

输入 W，绘制有宽度的矩形

图 2-38　绘制的不同矩形

2.9.6 绘制正多边形

在命令行中输入 POLYGON，按回车键，可调用绘制【正多边形】命令。在命令行中选择不同的选项，可以使用三种方法绘制正多边形，绘制结果如图 2-39 所示。

指定正多边形的中心点绘制

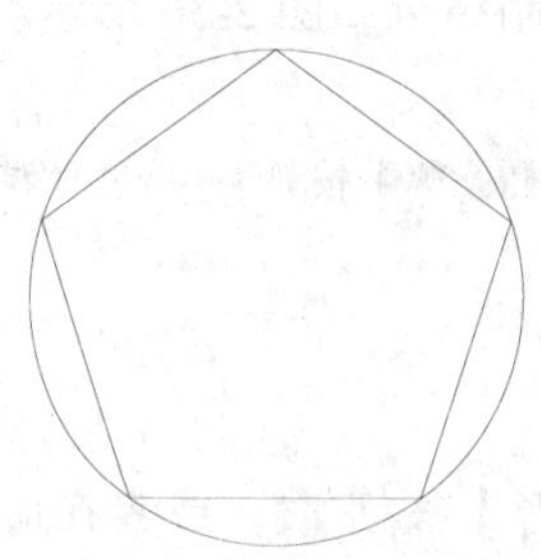

使用内接于圆的方法绘制

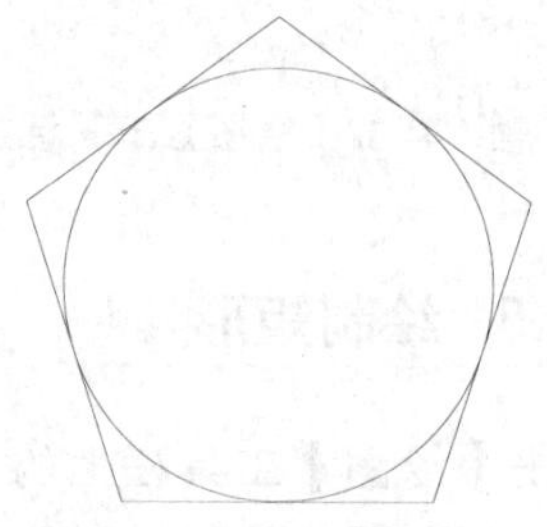

使用外切于圆的方法绘制

图 2-39　绘制正多边形

注 意：单击【绘图】工具栏上的【正多边形】按钮，也可调用绘制【正多边】形命令。

2.9.7 图案填充

单击【绘图】工具栏上的【图案填充】按钮，或者在命令行中输入 HATCH，按回车键，都可调用【图案填充】命令。启动命令后，打开【图案填充和渐变色】对话框，如图 2-40 所示。在对话框中设置参数后，在绘图区中拾取填充区域的内部点，即可填充图案，结果如图 2-41 所示。

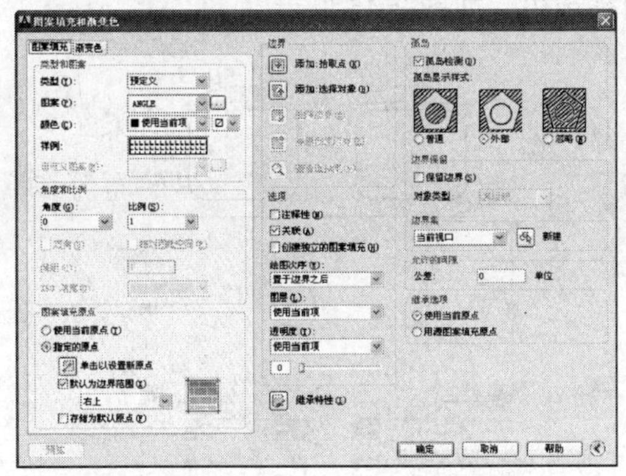

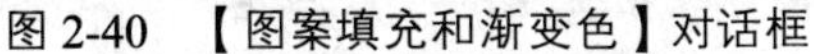
图 2-40 【图案填充和渐变色】对话框

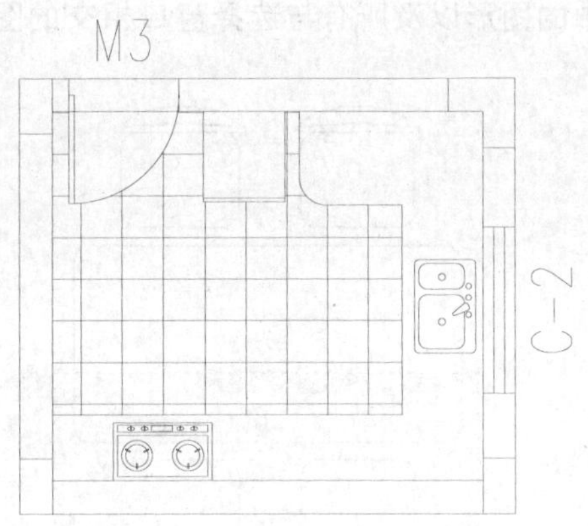

图 2-41 填充厨房地面图案

2.10 编辑图形工具

用户可以使用【修改】工具栏中的编辑图形对象工具来修改已绘制完成的图形，如图 2-42 所示为【修改】工具栏。

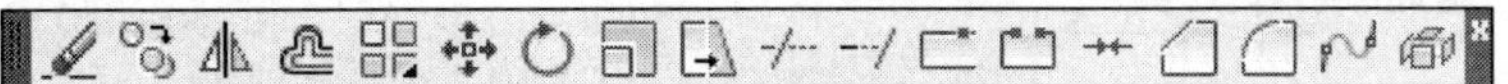
图 2-42 【修改】工具栏

2.10.1 选择对象

用户在 AutoCAD 中可以使用单击、窗选和窗交三种方式来选择图形。

在对象上单击鼠标左键，可以选择单个对象；连续单击可以选择多个对象，如图 2-43 所示。

按住鼠标左键，在对象上从左上角到右下角拖出选择窗口；松开鼠标左键，包含在窗口中的图形即被选中，如图 2-44 所示。

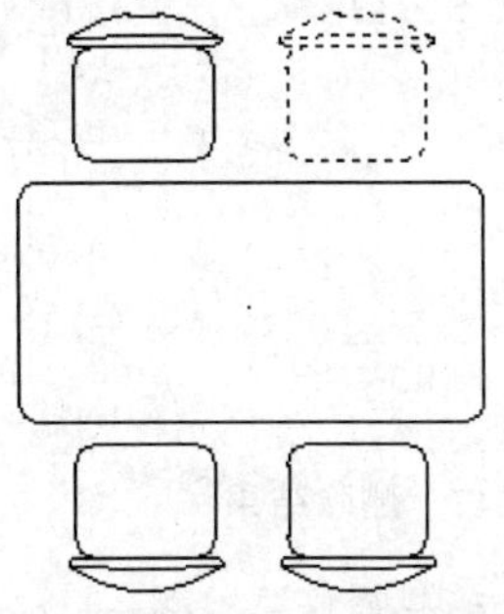
图 2-43 单击选择对象

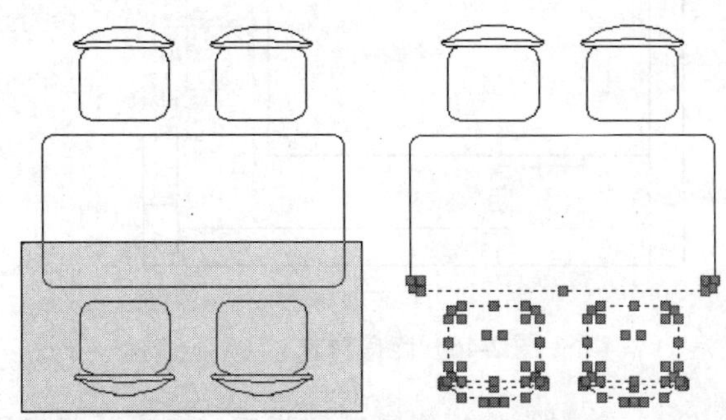
图 2-44 窗选对象

按住鼠标左键，在对象上从右下角到左上角拖出选择窗口；松开鼠标左键，包含在窗口中的图形以及所有与选择窗口相交的图形均被选中，如图 2-45 所示。

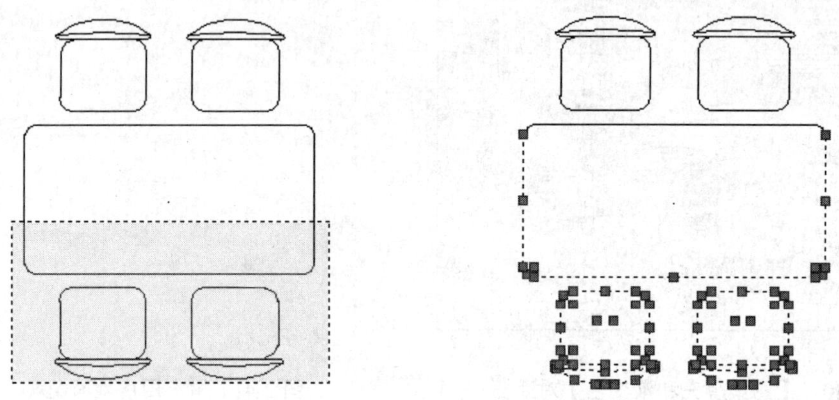

图 2-45　窗交选择

提　示：被选中的对象会形成一个选择集，按住 Shift 键的同时鼠标单击选择集中的某个对象，这个对象即被取消选择。按 Esc 键退出选择命令。

2.10.2　基础编辑工具

基础编辑工具主要包括删除、复制、偏移、移动、旋转、缩放等，以下对这些工具进行简单介绍。

➢ 删除：从图形中删除对象。在命令行中输入 ERASE（E），按回车键，或者单击【修改】工具栏上的【删除】按钮，都可调用【删除】命令。调用命令后，选择对象，如图 2-46 所示；按回车键即可删除选中对象，结果如图 2-47 所示。

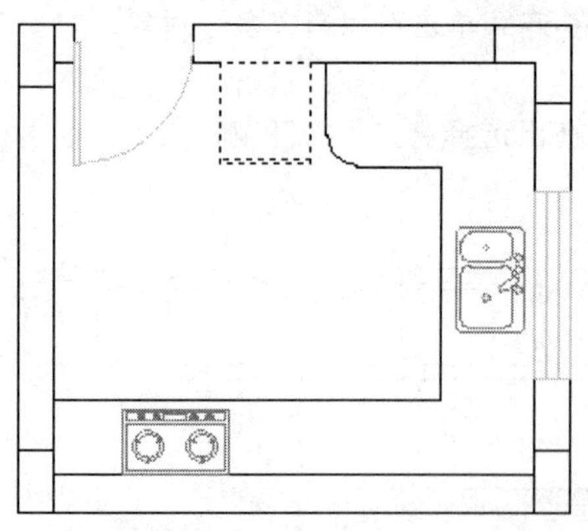

图 2-46　选择对象

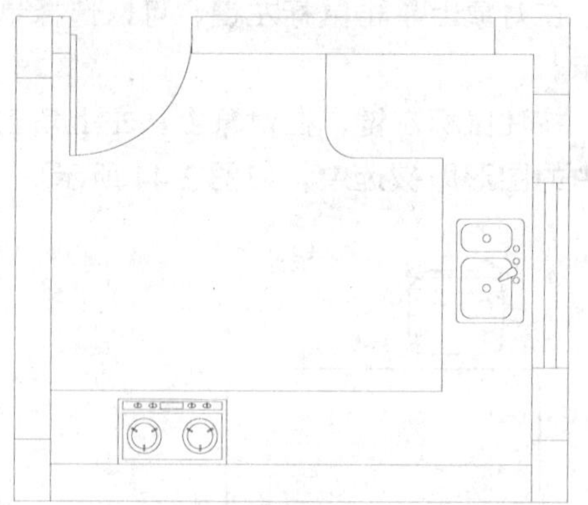

图 2-47　删除结果

➢ 复制：将对象复制到指定方向上的指定距离处。在命令行中输入 COPY（CO），按回车键，或者单击【修改】工具栏上的【复制】按钮，都可调用【复制】命令。调用命令后，选择源对象，如图 2-48 所示；按回车键后向右移动鼠标指定基点或位移，结果如图 2-49 所示。

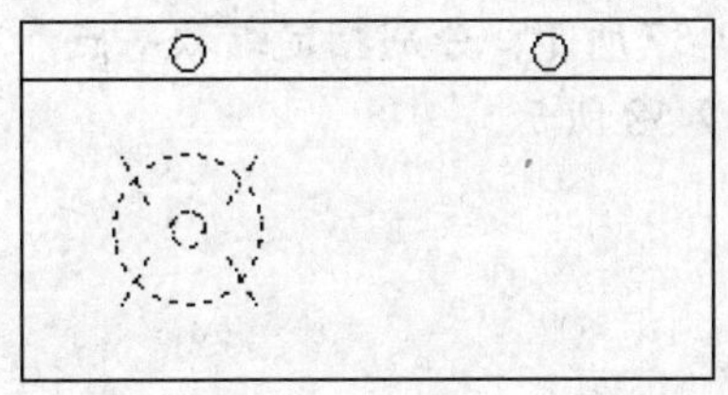

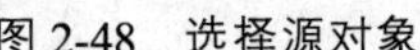
图 2-48　选择源对象

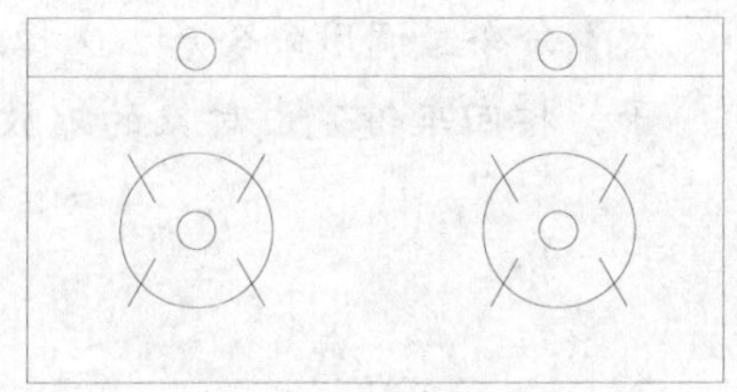
图 2-49　复制结果

➢ 偏移：可以指定距离或通过一个点偏移对象。在命令行中输入 OFFSET（O），按回车键，或者单击【修改】工具栏上的【偏移】按钮，都可调用【偏移】命令。调用命令后，指定偏移距离后按回车键，选择要偏移的对象，如图 2-50 所示；指定要偏移的那一侧上的点，即可完成对象的偏移，结果如图 2-51 所示。

图 2-50　选择对象

图 2-51　偏移结果

➢ 移动：将对象在指定方向上移动指定距离。在命令行中输入 MOVE（M），按回车键，或者单击【修改】工具栏上的【移动】按钮，都可调用【移动】命令。调用命令后，选择对象，如图 2-52 所示；指定基点或位移后，按回车键即可完成对象的移动，如图 2-53 所示。

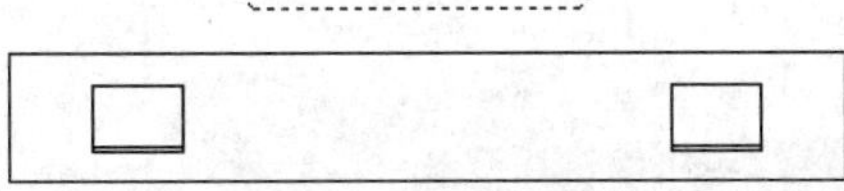
图 2-52　选择对象

图 2-53　移动结果

➢ 旋转：可以围绕基点将选定的对象旋转到一个绝对的角度。在命令行中输入 ROTATE（RO），按回车键，或者单击【修改】工具栏上的【旋转】按钮，都可调用【旋转】命令。调用命令后，选择对象，如图 2-54 所示；分别指定旋转基点和旋转角度，按回车键后即可完成对象的旋转，结果如图 2-55 所示。

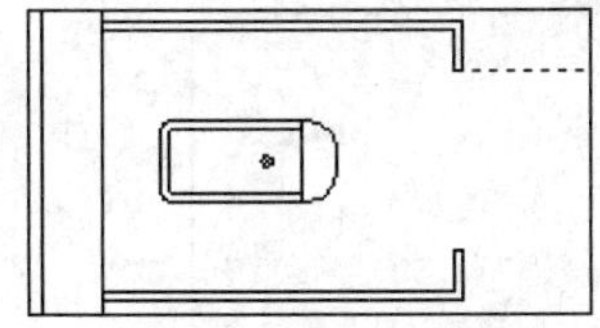
图 2-54　选择对象

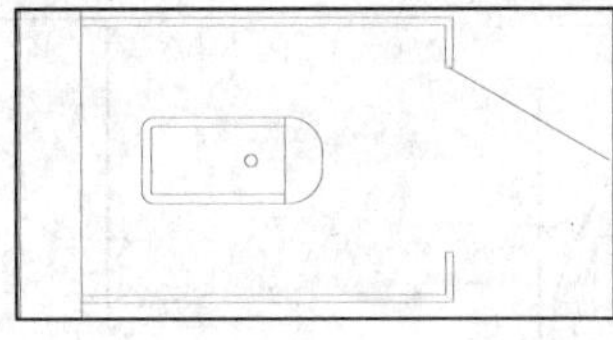
图 2-55　旋转直线

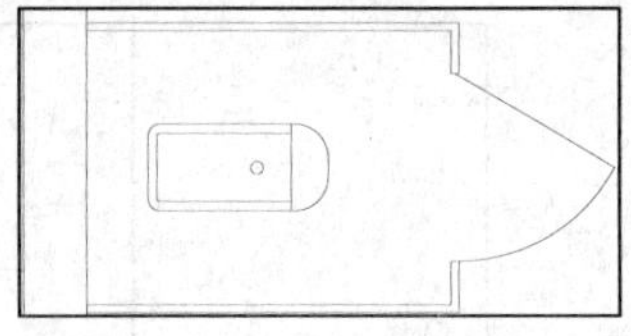
图 2-56　绘制圆弧

技 巧： 调用 ARC 命令，绘制圆弧，完成隔断间门的绘制如图 2-56 所示。

➢ 缩放：放大或缩小选定对象，缩放后保持对象的比例不变。在命令行中输入 SCALE（SC），按回车键，或者单击【修改】工具栏上的【缩放】按钮，都可调用【缩放】命令。调用命令后，选择对象，如图 2-57 所示；分别指定缩放基点和比例因子，按回车键完成对象的缩放，结果如图 2-58 所示。

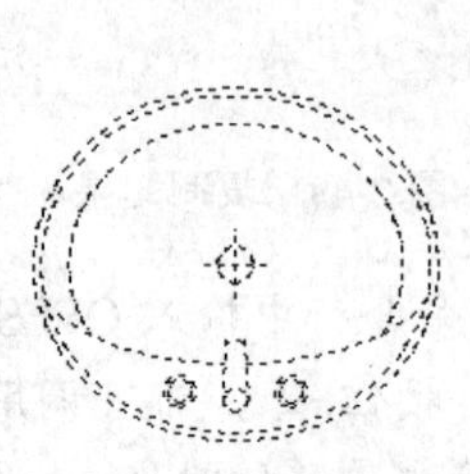

图 2-57　选择对象

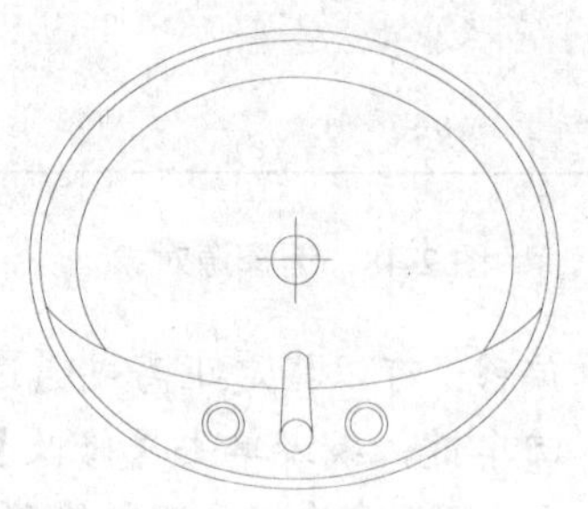

图 2-58　缩放结果

➢ 修剪：修剪对象以适合其他对象的边。在命令行中输入 TRIM（TR），按回车键，或者单击【修改】工具栏上的【修剪】按钮，都可调用【修剪】命令。调用命令后，选择要修剪的对象，如图 2-59 所示；完成门洞的修剪后，按回车键结束绘制，结果如图 2-60 所示。

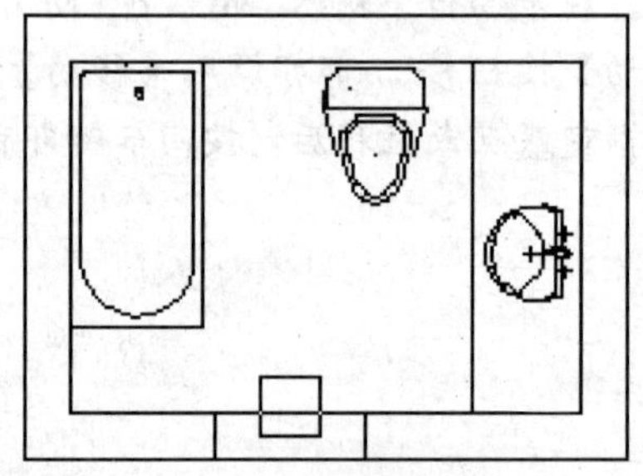

图 2-59　选择对象

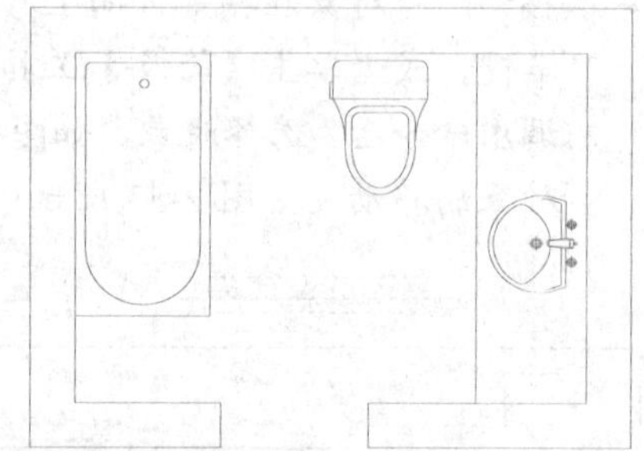

图 2-60　修剪结果

➢ 延伸：延伸对象以适应其他对象的边。在命令行中输入 EXTEND（EX），按回车键，或者单击【修改】工具栏上的【延伸】按钮，都可调用【延伸】命令。调用命令后，选择墙体作为边界对象，如图 2-61 所示；然后选择要延伸的对象，即可完成对象的延伸，结果如图 2-62 所示。

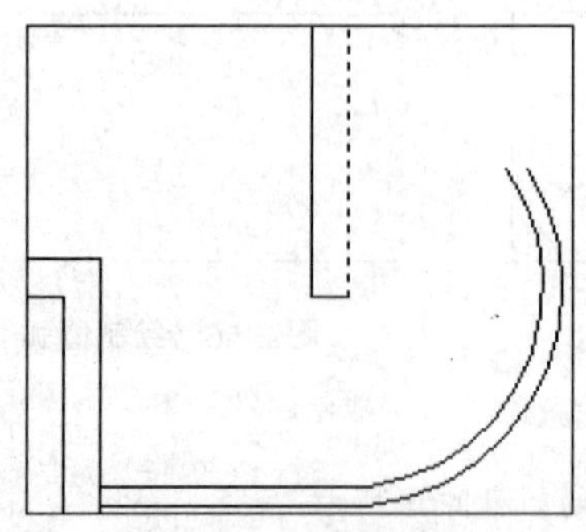

图 2-61　选择对象

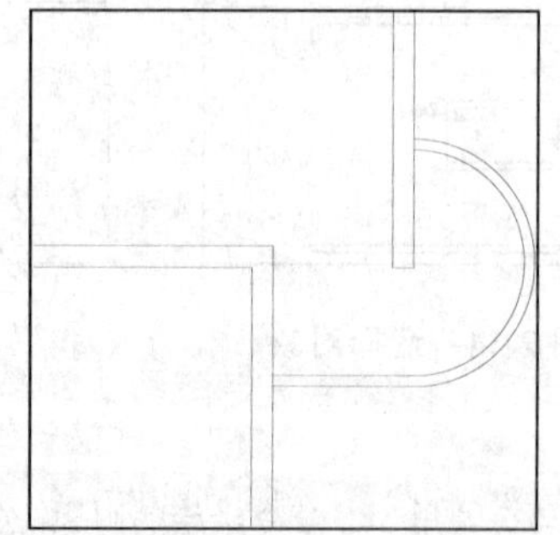

图 2-62　延伸结果

2.10.3 高级编辑工具

高级编辑工具包括镜像、阵列、倒角、圆角等命令，以下对这些工具进行简单介绍。

➢ 镜像：创建选定对象的镜像副本。在命令行中输入 MIRROR（MI），按回车键，或者单击【修改】工具栏上的【镜像】按钮，都可调用【镜像】命令。调用命令后，选择源对象，如图 2-63 所示；选择镜像线的第一点和第二点，否认删除源对象；按回车键完成绘制，结果如图 2-64 所示。

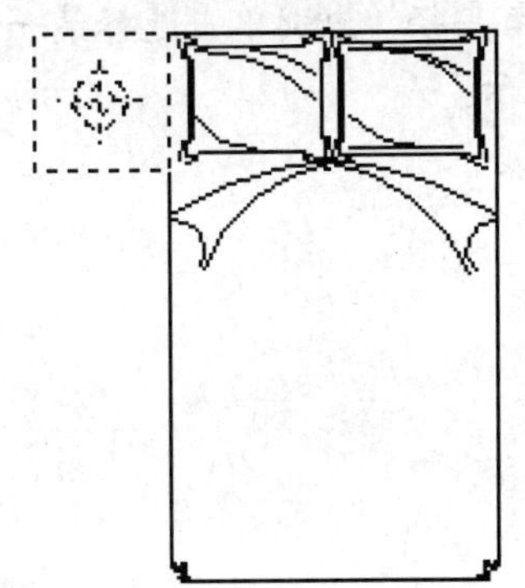

图 2-63　选择对象

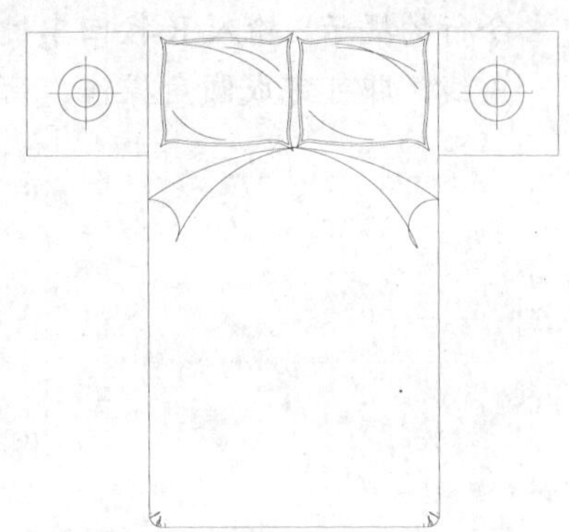

图 2-64　镜像结果

➢ 阵列：按任意行、列和层级组合分布对象副本。在命令行中输入 ARRAY（AR），按回车键，或者单击【修改】工具栏上的【阵列】按钮，都可调用【阵列】命令。调用命令后，选择要进行阵列的对象，如图 2-65 所示；根据命令行的提示选择阵列类型，设置阵列项目数等参数，按回车键即可完成绘制，如图 2-66 所示。

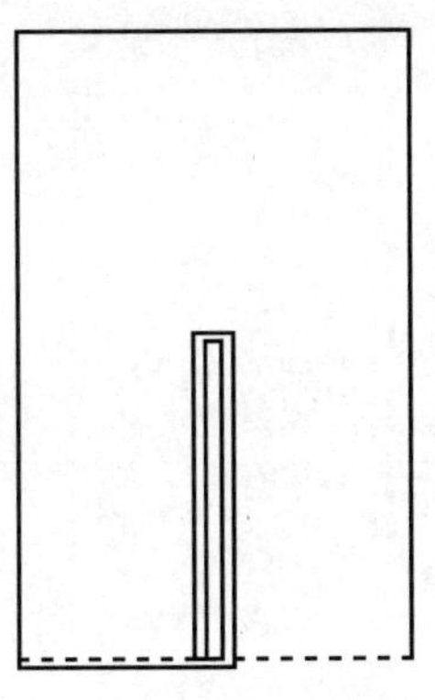

图 2-65　选择对象

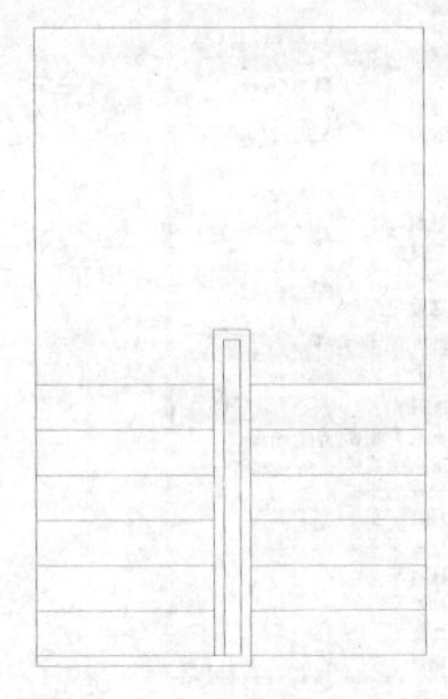

图 2-66　阵列结果

➢ 倒角：给对象加倒角。在命令行中输入 CHAMFER，按回车键，或者单击【修改】工具栏上的【倒角】按钮，都可调用【倒角】命令。调用命令后，根据命令行的提示，输入 D 按回车键；分别设置第一和第二倒角距离后，再分别单击选择第一和第二倒角线，即可完成倒角操作，结果如图 2-67 所示。

图 2-67　倒角结果

➢ 圆角：给对象加圆角。在命令行中输入 FILLET（F），按回车键，或者单击【修改】工具栏上的【圆角】按钮，都可调用【圆角】命令。调用命令后，根据命令行的提示，输入 R 按回车键；然后设置圆角半径，分别单击选择第一和第二圆角线，即可完成圆角操作，结果如图 2-68 所示。

图 2-68　圆角结果

提 示：执行【修改】|【圆角】命令，也可对图形进行圆角处理。

➢ 特性编辑：控制现有对象的特性。在命令行输入 PROPERTIES（PR），按回车键，或者单击【标准】工具栏上的【对象特性】按钮，在打开的【特性】面板中可以更改所选对象的特性。如图 2-69 所示为在【特性】面板中更改对象的线型和线型比例。

图 2-69　更改特性结果

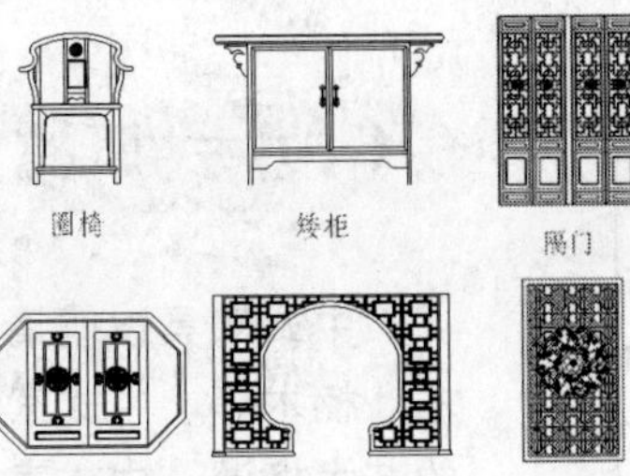

第3章

本章导读：

“家具”是和人们生活息息相关的实用工艺美术用品，在不同的历史时期，有不同的习俗，因而生产出不同风格的家具。家具风格必须与家居设计风格保持一致，否则就会破坏整体的风格和效果，室内施工图的绘制也同样如此。

本章通过绘制各种风格的家具图形，在练习 AutoCAD 基本绘图命令的同时，熟悉各种风格家具的造型特点和尺寸，为熟练运用这些家具进行室内设计打下坚实的基础。

本章重点：

- 绘制中式圈椅
- 绘制中式屏门
- 绘制欧式门
- 绘制罗马柱
- 绘制现代桌子
- 绘制现代布艺沙发

风格家具和构件绘制

3.1 中式风格家具绘制

中式家具以明清时期为代表，使用的木材也极为考究，如黄花梨、红木、紫檀、鸡翅木、楠木等。中式家具优美多样、做工精细、结构严谨、尺度相宜、生动有力，具有很高的艺术格调。中式家具儒雅与独特的文化内涵，能带给家居生活一种从容而古典的浪漫。

用 4 个字来概括明清时期家具的艺术特色，即“简、厚、精、雅”。

- 简，是指造型简练，不琐碎、不堆砌，比例尺度相宜、简洁利落、大方得体。
- 厚，是指它形象浑厚，具有庄穆、质朴的效果。
- 精，是指它做工精巧，一线一面，曲直转折，严谨准确，一丝不苟。
- 雅，是指它风格典雅，耐看，不落俗套，具有很高的艺术格调。

中式家具种类繁多，如图 3-1 所示为常见的几种家具和构件造型。

3.1.1 绘制中式圈椅

圈椅是明代家具中最为经典的制作。圈椅由交椅发展而来。交椅的椅圈后背与扶手一顺而下，就坐时，肘部、臂膀一并得到支撑，很舒适，颇受人们喜爱。后来逐渐发展为专门在室内使用的圈椅。从审美角度审视，明代圈椅古朴典雅，线条简洁流畅，与书法艺术有异曲同工之妙，又具有中国泼墨写意画的手法，制作技艺达到炉火纯青的境地。

中式圈椅立面尺寸和效果如图 3-2 所示，下面介绍其详细的绘制方法。

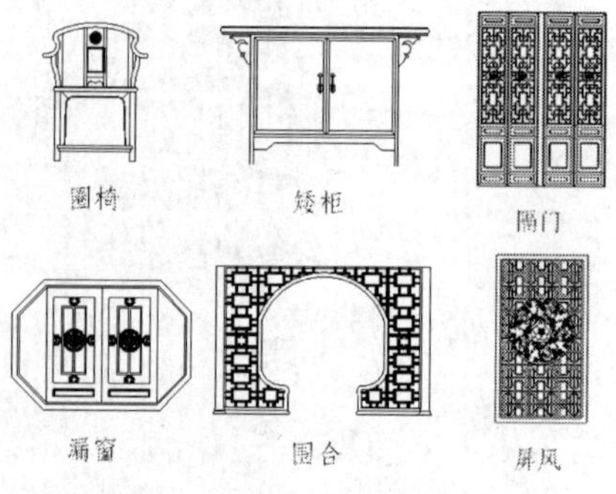

图 3-1　中式家具和构件造型

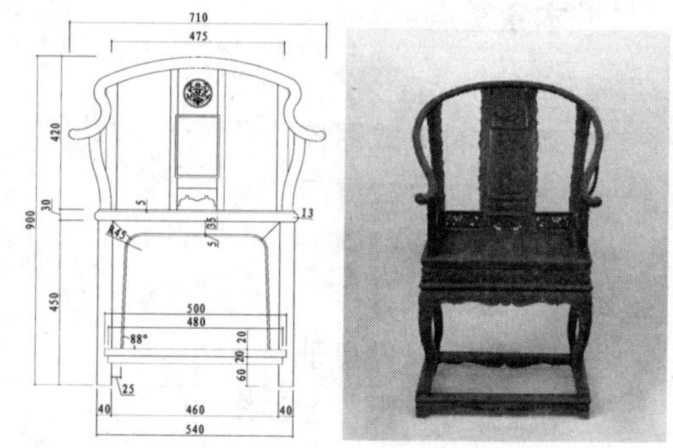

图 3-2　中式圈椅

1. 创建新图形文件

01 执行“文件”｜“新建”命令，或按快捷键 Ctrl + N，创建一个新的图形文件。

02 按 Ctrl + S 键，将文件以“中式家具.dwg”为名称保存。

2. 绘制椅面

01 调用 RECTANG/REC【矩形】命令，绘制 540 × 30 的矩形表示椅面，命令选项如下：

```
命令: rec↙                                                //调用绘制矩形 RECTANG 命令
指定第一个角点或 [倒角(C)/标高(E)/圆角(F)/厚度(T)/宽度(W)]://在任意位置拾取一点
```

```
指定另一个角点或 [面积(A)/尺寸(D)/旋转(R)]: D↙  //选择“尺寸(D)”选项
指定矩形的长度 <540.0000>: 540↙                  //设置矩形长度为 540
指定矩形的宽度 <30.0000>: 30↙                    //设置矩形宽度为 30
指定另一个角点或 [面积(A)/尺寸(D)/旋转(R)]:       //在任意位置拾取一点，如图 3-3 所示
```

02 由于需要对矩形边进行操作，因此调用 EXPLODE/X【分解】命令将矩形分解。

03 调用 OFFSET/O【偏移】命令，将矩形上边线向下偏移 5 个单位距离，偏移结果如图 3-4 所示

图 3-3　绘制矩形　　图 3-4　偏移矩形边

04 调用 ARC/A【圆弧】命令，绘制椅面弧形收边，命令选项如下：

```
命令: A↙                                    //调用 ARC 命令
ARC 指定圆弧的起点或 [圆心(C)]:              //拾取偏移线段左侧端点，如图 3-5 所示点 a
指定圆弧的第二个点或 [圆心(C)/端点(E)]:E↙    //选择“端点(E)”选项
指定圆弧的端点:                              //拾取矩形左下角，如图 3-5 所示点 b
指定圆弧的圆心或 [角度(A)/方向(D)/半径(R)]: R↙  //选择“半径(R)”选项
指定圆弧的半径: 13↙                          //指定圆弧半径为 13，结果如图 3-6 所示
```

05 调用 TRIM/TR【修剪】命令，修剪掉矩形左侧边，结果如图 3-7 所示。

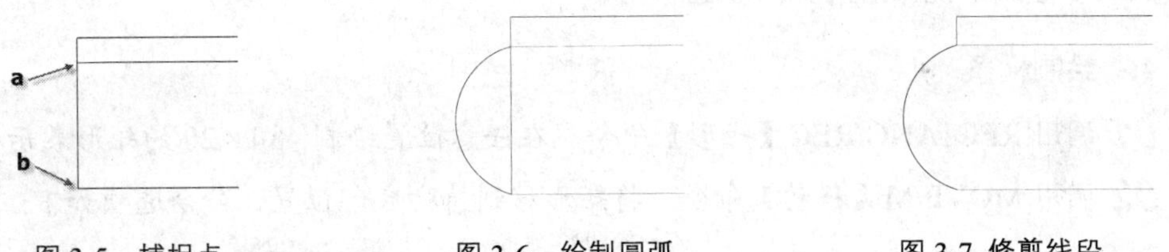

图 3-5　捕捉点　　图 3-6　绘制圆弧　　图 3-7 修剪线段

06 调用 MIRROR/MI【镜像】命令，将弧线镜像复制到矩形另一侧，命令选项如下：

```
命令: MI↙  MIRROR 找到 1 个        //选择左侧弧线，并调用 MIRROR 命令
指定镜像线的第一点:                 //拾取矩形中点作为镜像线的第一点
指定镜像线的第二点:                 //光标定位到 90° 极轴追踪线或 270° 极轴
追踪线上，如图 3-8 所示，拾取一点确定镜像线，得到镜像结果如图 3-9 所示
要删除源对象吗? [是(Y)/否(N)] <N>:↙
```

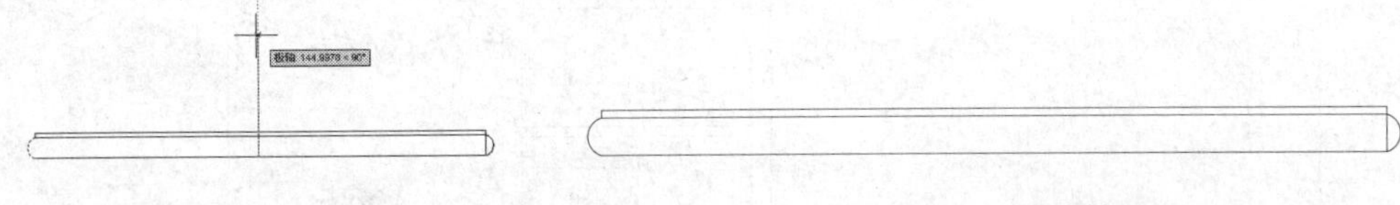

图 3-8　指定镜像线　　图 3-9　镜像结果

07 调用 TRIM/TR【修剪】命令，修剪掉矩形右侧边，结果如图 3-10 所示。

3. 绘制椅脚

01 调用 RECTANG/REC【矩形】命令，绘制 40×450 的矩形表示椅脚，命令选项如下：

```
命令：rec↙
RECTANG 指定第一个角点或 [倒角(C)/标高(E)/圆角(F)/厚度(T)/宽度(W)]:
                                        //拾取椅面矩形左下角端点，如图 3-11 所示
指定另一个角点或 [面积(A)/尺寸(D)/旋转(R)]: D↙ //选择“尺寸(D)”选项
指定矩形的长度 <40.0000>:40↙
指定矩形的宽度 <450.0000>:450↙              //设置矩形长度为 40，宽度为 450
指定另一个角点或 [面积(A)/尺寸(D)/旋转(R)]:↙ //在右下角任意位置拾取一点，得到矩形如图 3-12 所示
```

图 3-10　修剪线段

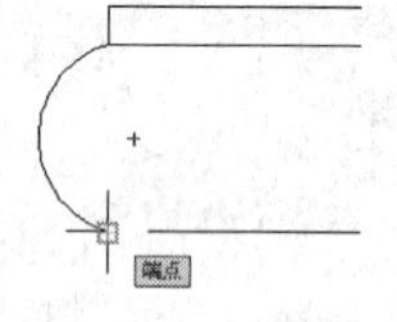

图 3-11　指定矩形角点

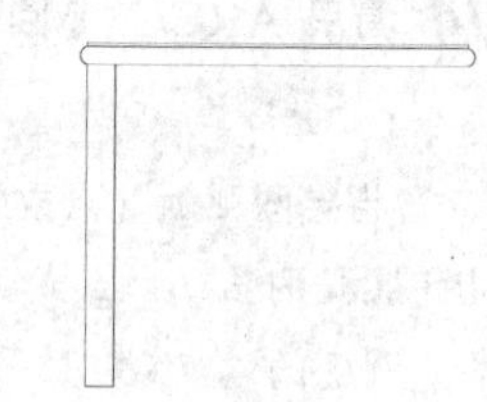
图 3-12　绘制矩形

02 调用 MIRROR/MI【镜像】命令，将椅脚矩形镜像到另一侧，镜像线为过椅面矩形中点的垂直线，镜像结果如图 3-13 所示。

4. 绘制横条

01 调用 RECTANG/REC【矩形】命令，在任意位置绘制 480×20 的矩形表示横条。

02 调用 MOVE/M【移动】命令，将矩形移到椅脚底部位置，命令选项如下：

```
命令：m↙ MOVE 找到 1 个                    //选择矩形并调用 MOVE 命令
指定基点或 [位移(D)] <位移>:                //拾取矩形底边中点作为移动基点
指定第二个点或 <使用第一个点作为位移>: m2p  //输入“m2p”，或单击鼠标右键，选择“两点之间的中点”捕捉模式
中点的第一点：中点的第二点：<偏移>:         //分别拾取如图 3-14 所示点 a、点 b
```

03 调用 MOVE/M【移动】命令，垂直向上移动光标，输入 60 并按回车键或空格键，得到如图 3-15 所示结果。

图 3-13　镜像矩形

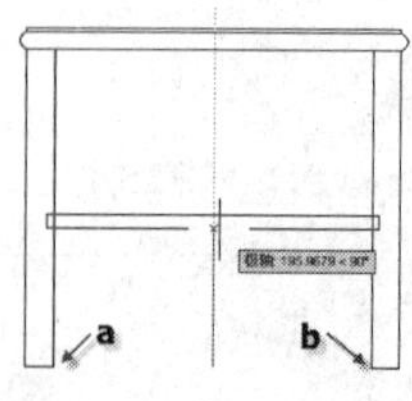

图 3-14　移动矩形

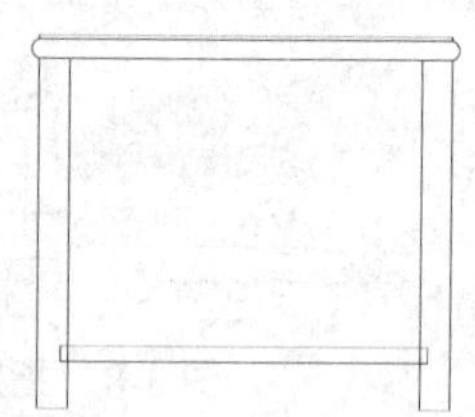
图 3-15　移动结果

04 使用相同方法，在矩形上方绘制尺寸为 500×40 的矩形，如图 3-16 箭头所示。

05 调用 TRIM/TR【修剪】命令，将与矩形重叠的椅脚线删除，结果如图 3-17 所示。

06 调用 LINE/L【直线】命令，绘制横条上方的装饰线轮廓，命令选项如下：

```
命令：L↙                           //调用 LINE 命令
指定第一点：25↙                    //捕捉如图 3-16 箭头所指线段端点，然后向右移动光标定位到 0° 极轴追踪线上，输入 25 并按回车键，得到线段第一点
指定下一点或 [放弃(U)]：<88↙       //输入"<88"，将角度限制为 88°
角度替代：88
指定下一点或 [放弃(U)]：           //在当前光标上方的任意位置拾取一点
指定下一点或 [放弃(U)]：↙          //按回车键或空格键退出命令，得到线段如图 3-18 所示
```

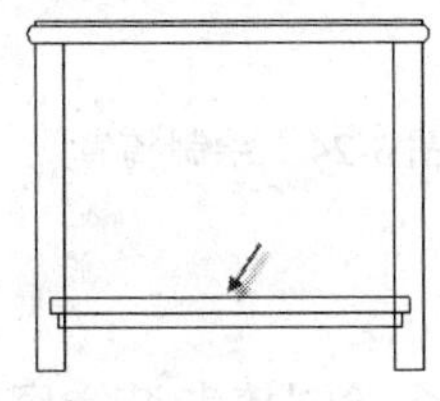
图 3-16　绘制矩形

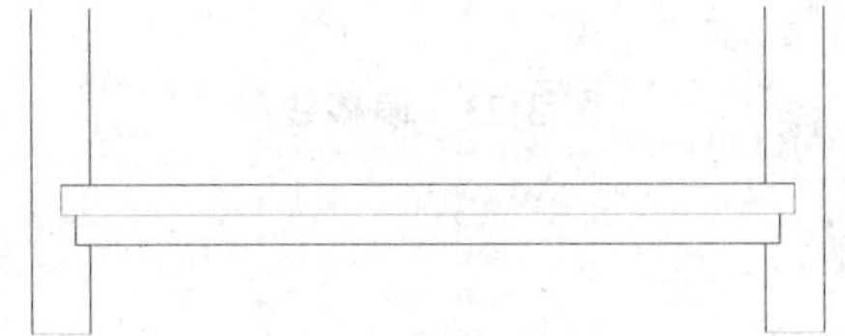
图 3-17　修剪图形

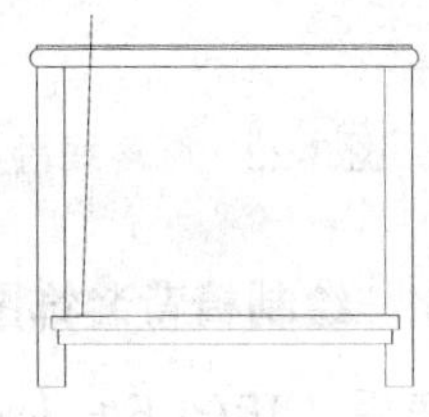
图 3-18　绘制线段

07 调用 MIRROR/MI【镜像】命令，将前面绘制的线段镜像复制到另一侧，镜像线为过横条中点的垂直线，结果如图 3-19 所示。

08 调用 OFFSET/O【偏移】命令，将椅面矩形的底边线向下偏移 35，如图 3-20 所示。

09 调用 FILLET/F【圆角】命令，对线段进行圆角处理，命令选项如下：

```
命令：F↙                                                //调用 FILLET 命令
当前设置：模式 = 修剪，半径 = 0.0000
选择第一个对象或 [放弃(U)/多段线(P)/半径(R)/修剪(T)/多个(M)]：r↙
指定圆角半径 <0.0000>：45↙                              //设置圆角半径为 45
选择第一个对象或 [放弃(U)/多段线(P)/半径(R)/修剪(T)/多个(M)]：
选择第二个对象，或按住 Shift 键选择要应用角点的对象：//依次单击要圆角的线段，得到圆角结果如图 3-21 所示
```

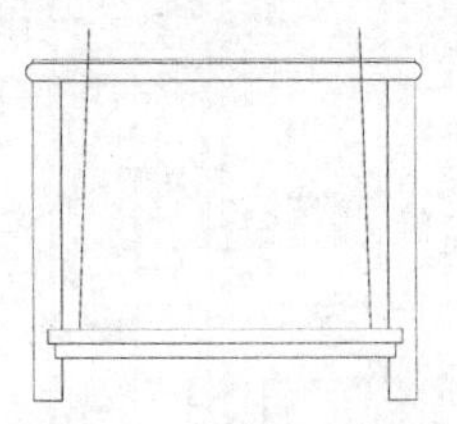
图 3-19　镜像线段

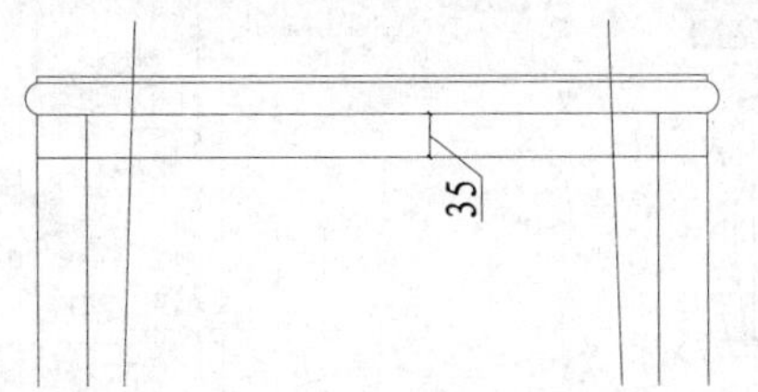

图 3-20　偏移线段

图 3-21　圆角线段

10 调用 FILLET/F【圆角】命令，对另一侧进行圆角处理，结果如图 3-22 所示。

11 调用 OFFSET/O【偏移】命令，将圆角后的线段向内偏移 5，结果如图 3-23 所示。

5. 绘制椅背

椅背为对称的曲线造型，由于没有精确的设计尺寸，因此这里只需绘制出其大概的轮廓即可，主要使用 SPLINE/SPL【样条曲线】、LINE/L【直线】等相关命令进行绘制，绘制时应控制好整体的尺度，以基本符合设计要求。为了使左、右图形对称，可以先绘制其中的一侧，如图 3-24 所示，然后再使用 MIRROR/MI 命令镜像出另一侧，如图 3-25 所示。

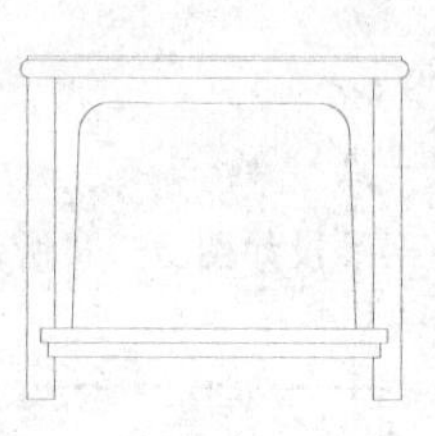

图 3-22 圆角线段

图 3-23 偏移线段

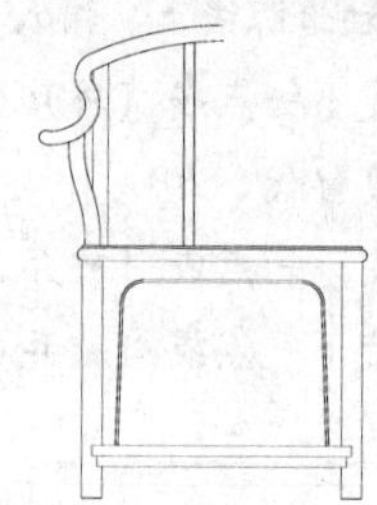

图 3-24 绘制椅背

6. 绘制椅背装饰图案

使用 CIRCLE/C【圆】、“SPLINE/SPL”【样条曲线】等相关命令绘制椅背装饰图案，最终完成的中式圈椅效果如图 3-2 所示。

3.1.2 绘制中式屏门

屏门是中式风格建筑特有的装饰元素。屏门不是一般的门，它不仅具有普通门的功能和特点，还具有装饰的作用，屏门的特点是门上有不同样式的雕空花纹，这些花纹看似复杂，实际上还是有一定的规律的重复。屏门一般不会独立存在，都是由两扇或更多扇门排列组成。

中式屏门立面尺寸如图 3-26 所示，下面介绍其绘制方法。

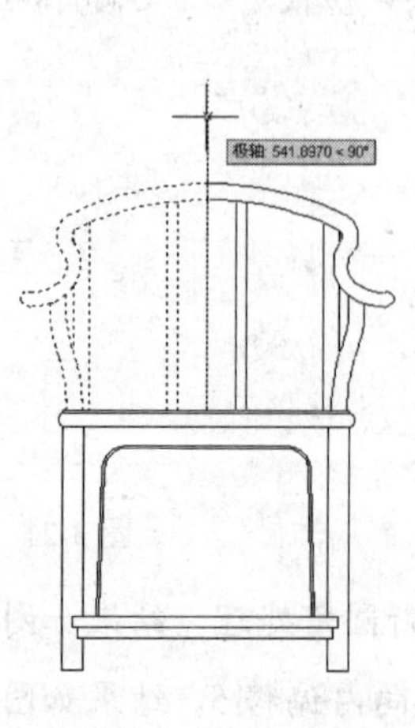

图 3-25 镜像椅背

图 3-26 中式屏门

01 调用 RECTANG/REC【矩形】命令，绘制尺寸为 430×2390 的矩形表示屏门外轮廓，如图 3-27 所示。

02 调用 OFFSET/O【偏移】命令，将矩形依次向内偏移 10、35，得到门框，结果如图 3-28 所示。

03 调用 EXPLODE/X【分解】命令，分解最内侧的矩形。

04 调用 OFFSET/O【偏移】命令，将分解后的矩形底边依次向上偏移 125、35、455、35、125、35、1330、35，得到横条，结果如图 3-29 所示。

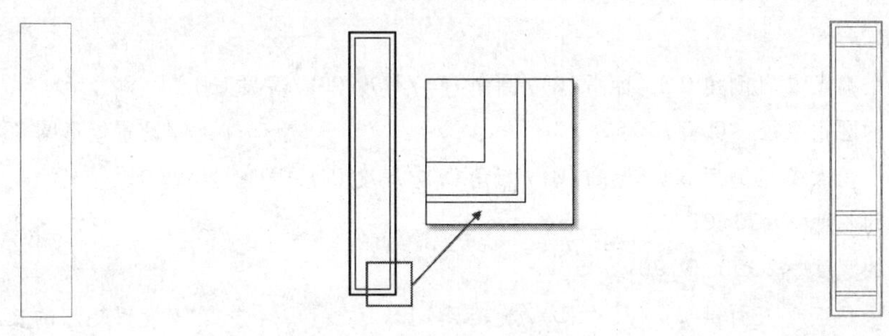

图 3-27　绘制矩形　　图 3-28　偏移矩形　　图 3-29　偏移线段

05 调用 LINE/L【直线】命令，绘制横条与门框的交点轮廓，命令选项如下：

```
命令：L↙
LINE 指定第一点：                    //调用 LINE 命令，拾取横条端点作为线段第一点，如图 3-30 所示
指定下一点或 [放弃(U)]：<225↙        //限制角度为 225°
角度替代：225
指定下一点或 [放弃(U)]：             //向左下角移动光标，任意拾取一点作为线段第二点
指定下一点或 [放弃(U)]：             //按回车键或空格键退出命令，如图 3-31 所示
```

06 调用 MIRROR/MI【镜像】命令，将线段镜像到另一侧，结果如图 3-32 所示。

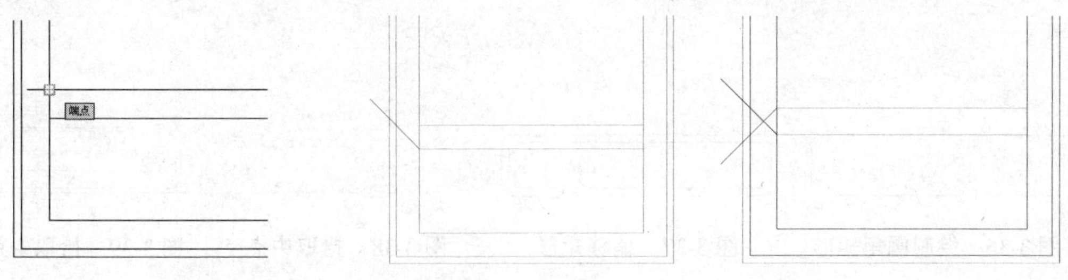

图 3-30　拾取端点　　图 3-31　绘制线段　　图 3-32　镜像线段

07 调用 TRIM/TR【修剪】命令，修剪出如图 3-33 所示效果。

08 选择如图 3-33 所示修剪得到的斜线，使用 COPY/CO【复制】、MIRROR/MI【镜像】等命令将其复制到其他位置，结果如图 3-34 所示。

09 调用 LINE/L【直线】命令，绘制门框转角线，如图 3-35 所示。

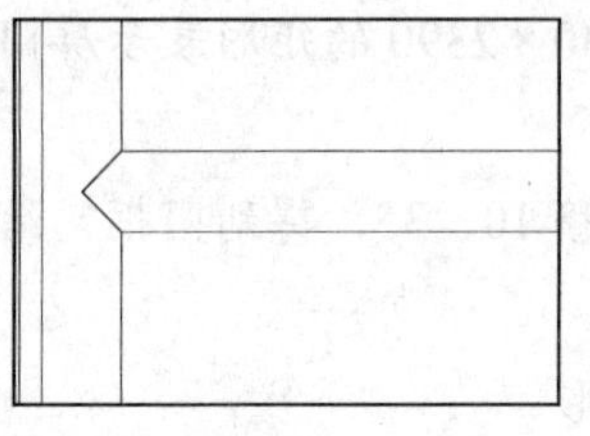
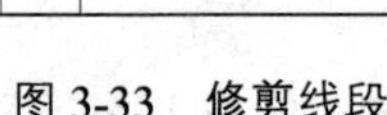

图 3-33　修剪线段

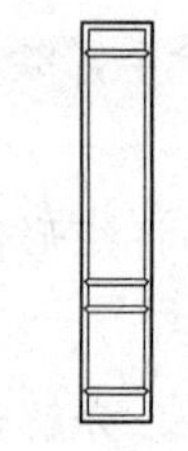

图 3-34　复制图形

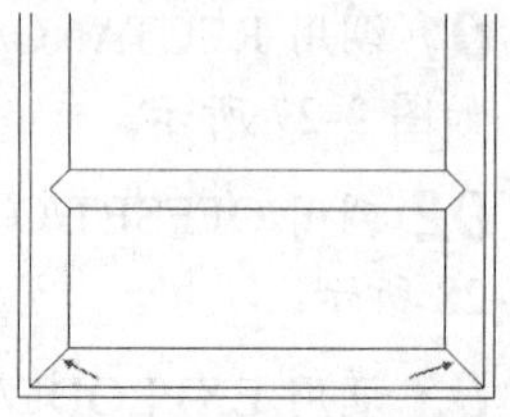

图 3-35　绘制转角线

10 调用 RECTANG/REC【矩形】命令，绘制圆角为 10 的矩形，命令选项如下：

```
命令: REC↙
指定第一个角点或 [倒角(C)/标高(E)/圆角(F)/厚度(T)/宽度(W)]: f↙
指定矩形的圆角半径 <0.0000>: 10↙                    //设置矩形圆角半径为 10
指定第一个角点或 [倒角(C)/标高(E)/圆角(F)/厚度(T)/宽度(W)]:D↙
指定矩形的长度 <430.0000>: 255↙
指定矩形的宽度 <2390.0000>: 55↙
指定另一个角点或 [面积(A)/尺寸(D)/旋转(R)]:            //设置矩形的长度为 255，宽度为 55，得到矩形如图 3-36 所示
```

11 调用 OFFSET/O【偏移】命令，将矩形向内偏移 7 个单位，结果如图 3-37 所示。

12 调用 MOVE/M【移动】命令，将圆角矩形移到当前图形内，命令选项如下：

```
命令: m↙  MOVE                                        //调用 MOVE 命令
选择对象: 指定对角点: 找到 2 个
选择对象:                                             //选择圆角矩形
指定基点或 [位移(D)] <位移>:  m2p 中点的第一点: 中点的第二点: //输入 "m2p"，设置临时捕捉模式为"两点之间的中点"，然后分别拾取圆角矩形的上边和下边(或左侧边和右侧边)，如图 3-38 箭头所指
指定第二个点或 <使用第一个点作为位移>: m2p 中点的第一点: 中点的第二点: //输入 "m2p"，设置临时捕捉模式为"两点之间的中点"，然后分别拾取如图 3-39 箭头所指的线段中点，结果如图 3-39 所示。
```

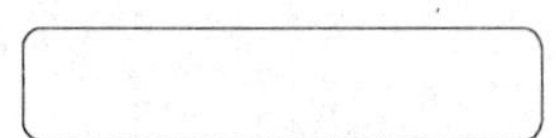

图 3-36　绘制圆角矩形

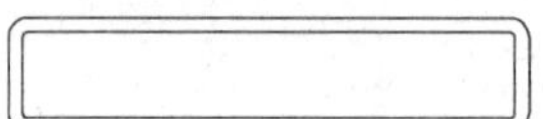

图 3-37　偏移矩形

图 3-38　拾取中点

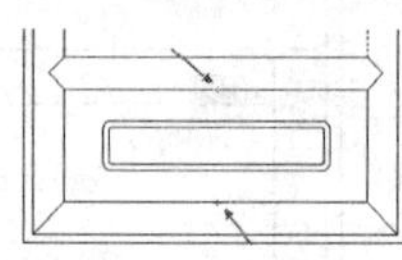

图 3-39　拾取中点

13 调用 COPY/CO【复制】命令，将圆角矩形复制到其他位置，并作适当修改，结果如图 3-40 所示。

14 绘制隔门内的花格轮廓。调用 OFFSET/O【偏移】命令，将如图 3-41 箭头所指线段分别向内偏移 15。

15 调用 FILLET/F【圆角】命令，对偏移的线段圆角处理，命令选项如下：

```
命令: F↙                                              //调用 FILLET 命令
当前设置: 模式 = 修剪，半径 = 45.0000
```

```
选择第一个对象或 [放弃(U)/多段线(P)/半径(R)/修剪(T)/多个(M)]: r↙
指定圆角半径 <45.0000>: 0↙                                    //设置圆角半径为 0
选择第一个对象或 [放弃(U)/多段线(P)/半径(R)/修剪(T)/多个(M)]:
选择第二个对象，或按住 Shift 键选择要应用角点的对象:              //分别单击如图 3-42
所示箭头所指线段，得到圆角结果如图 3-43 所示
```

16 调用 FILLET/F【圆角】命令，对其他三个角进行圆角处理，得到花格外框轮廓。

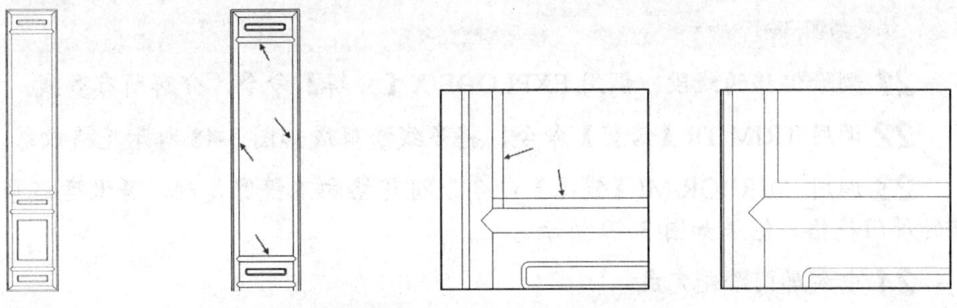

图 3-40　复制圆角矩形　　图 3-41　偏移线段　　图 3-42　选择圆角线段　　图 3-43　圆角效果

17 调用 LINE/L【直线】命令，以花格外框的中点为起始点绘制水平线段，如图 3-44 所示。

18 调用 OFFSET/O【偏移】命令，按照如图 3-45 所示尺寸，向下偏移如图 3-45 箭头所指线段。

19 调用 OFFSET/O【偏移】命令，按照如图 3-46 所示尺寸，向内偏移如图 3-46 箭头所指线段。

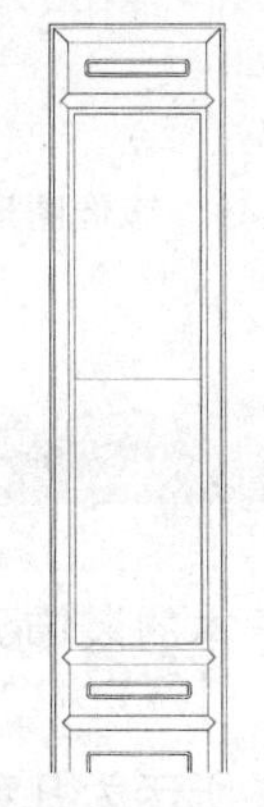

图 3-44　绘制水平线

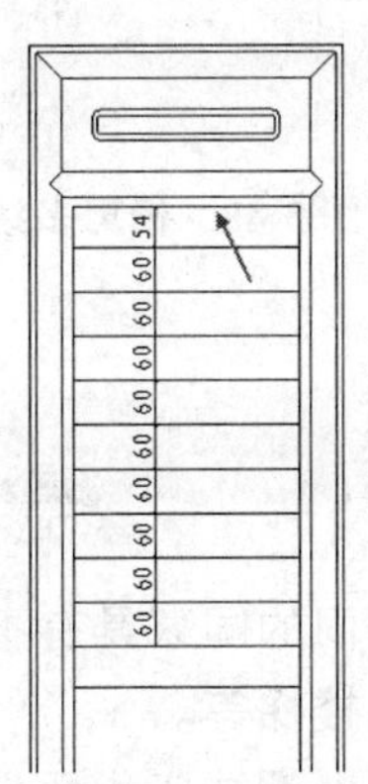

图 3-45　偏移线段

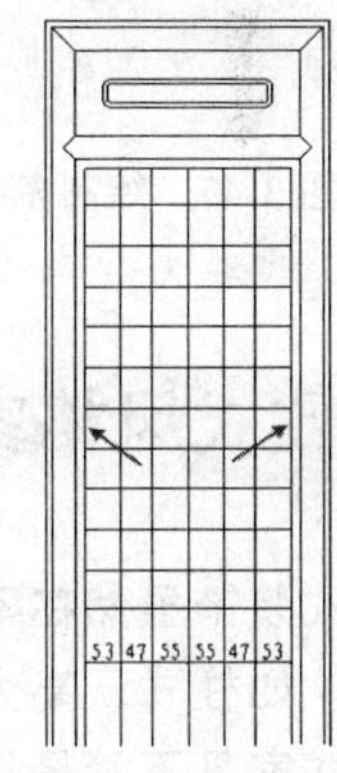

图 3-46　偏移线段

20 调用 MLINE/ML【多线】命令，以前面偏移的线段为轴线，绘制宽为 12 的多线表示花格，命令选项如下：

```
命令: ml↙MLINE                                       //调用 MLINE 命令
当前设置: 对正 = 无, 比例 = 240.00, 样式 = STANDARD
指定起点或 [对正(J)/比例(S)/样式(ST)]:S↙               //选择"比例(S)"选项
输入多线比例 <240.00>: 12↙                            //设置多线比例为 12
```

```
当前设置：对正 = 无，比例 = 12.00，样式 = STANDARD
指定起点或 [对正(J)/比例(S)/样式(ST)]:J↙                //选择“对正(J)”选项
输入对正类型 [上(T)/无(Z)/下(B)] <无>:Z↙               //设置对正比例为“无(Z)”
当前设置：对正 = 无，比例 = 12.00，样式 = STANDARD
指定起点或 [对正(J)/比例(S)/样式(ST)]:
指定下一点：
指定下一点或 [放弃(U)]:                                 //以前面偏移的线段为轴线，绘制多线，结果如图 3-47 所示
```

21 删除偏移的线段。调用 EXPLODE/X【分解】命令，分解所有多线。

22 调用 TRIM/TR【修剪】命令，将多线修剪成如图 3-48 所示花格效果。

23 调用 MIRROR/MI【镜像】命令，将花格向下镜像复制，并做适当修改，得到完整的屏门花格，结果如图 3-49 所示。

24 中式屏门绘制完成。

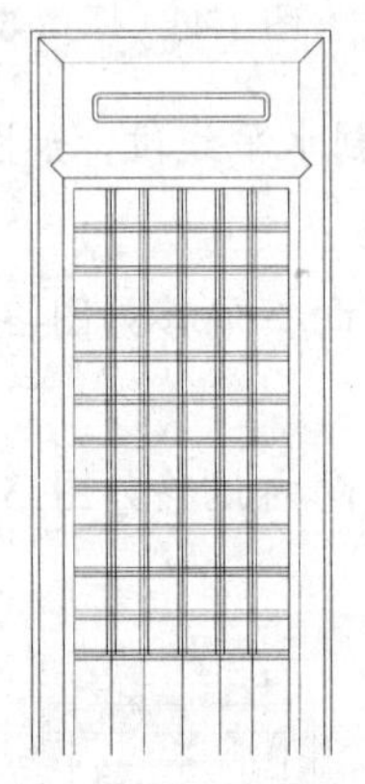

图 3-47　绘制多线

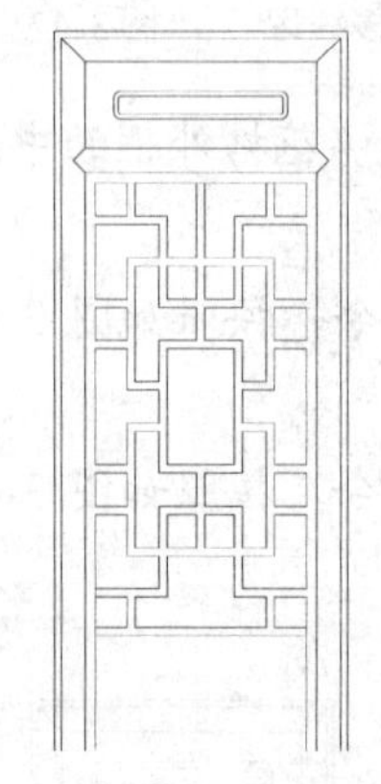

图 3-48　修剪多线

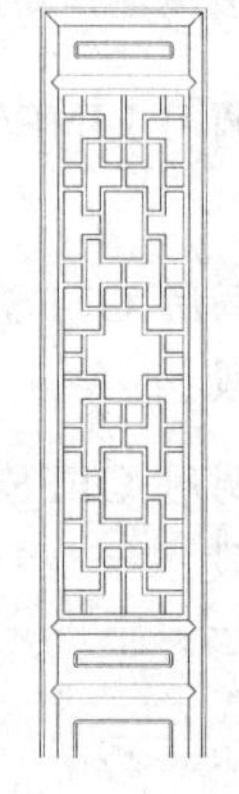

图 3-49　镜像图形

3.2 欧式风格家具绘制

欧式装饰虽然在不同的时期和不同的国家具有不同的样式，但其基本的装饰元素都是相同的，如柱式、高大的弧形拱门、楼梯等。

欧式家具不管是从造型还是装饰上都端庄华丽、古雅讲究，图 3-50 所示为几种常见的欧式家具图形及构件。

3.2.1 绘制欧式门

本例绘制的欧式门如图 3-51 所示，下面介绍其详细的绘制方法。

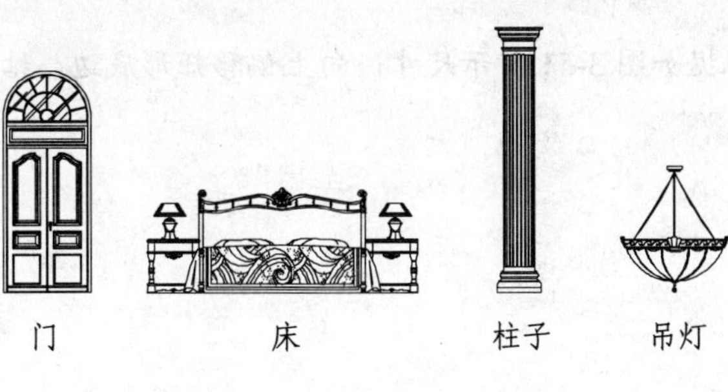

图 3-50 欧式家具、构件及灯具

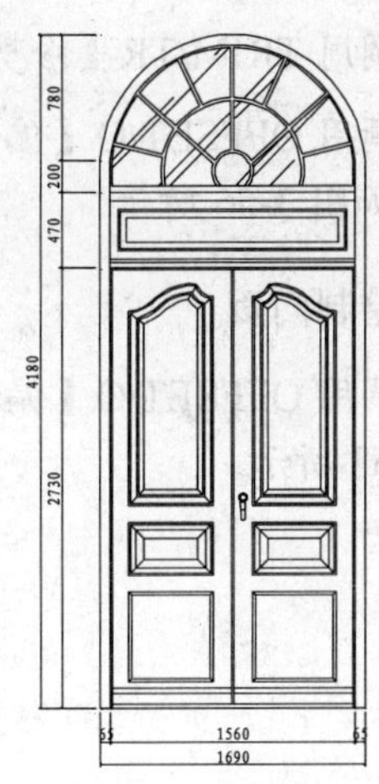

图 3-51 欧式门

1. 创建新图形文件

01 执行“文件” | “新建”命令，或按快捷键 Ctrl + N，创建一个新的图形文件。

02 按 Ctrl+S 键，将文件以“欧式家具.dwg”为名保存。

2. 绘制门框

01 调用 RECTANG/REC【矩形】命令，绘制 1690 × 4180 大小的矩形，如图 3-52 所示。

02 调用 EXPLODE/X【分解】命令分解矩形。

03 调用 ARC/A【弧】命令，绘制门顶部的弧形窗轮廓，命令选项如下：

命令：a↙ ARC //调用绘制弧命令

指定圆弧的起点或 [圆心(C)]：780↙ //拾取矩形左上角端点，然后垂直向下移动光标定位到 270° 极轴追踪线上，输入 780 并按回车键，确定圆弧起点

指定圆弧的第二个点或 [圆心(C)/端点(E)]： //拾取矩形上边中点作为圆弧第二点，如图 3-53 所示

指定圆弧的端点：780↙ //拾取矩形右上角端点，然后垂直向下移动光标定位到 270° 极轴追踪线上，输入 780 并按回车键，得到圆弧如图 3-54 所示

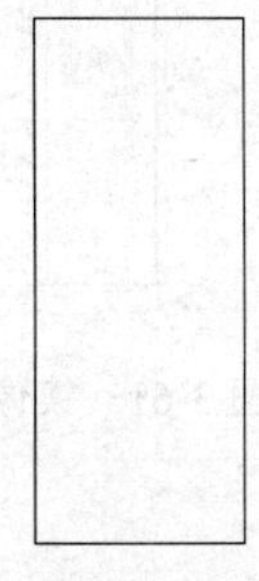

图 3-52 绘制矩形

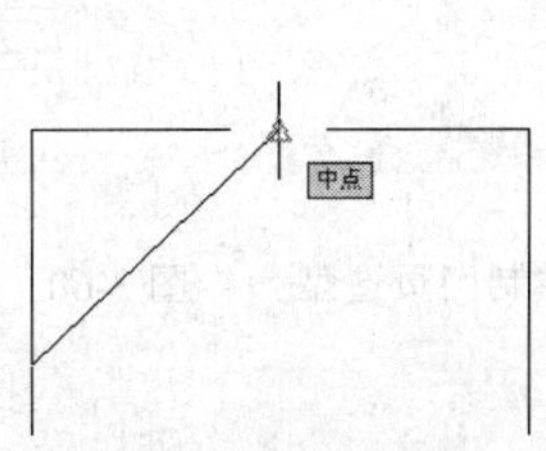

图 3-53 拾取矩形中点

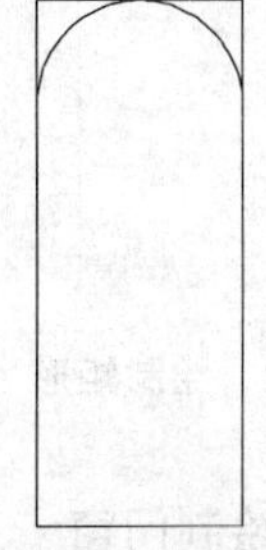

图 3-54 绘制圆弧

04 调用 TRIM/TR【修剪】命令，修剪出如图 3-55 所示效果，得到弧形门外轮廓。

05 调用 OFFSET/O【偏移】命令，向内偏移弧线与两侧的垂直线，偏移距离为 65，得到门框如图 3-56 所示。

3. 绘制门页

01 调用 OFFSET/O【偏移】命令，根据如图 3-51 所示尺寸，向上偏移矩形底边，结果如图 3-57 所示。

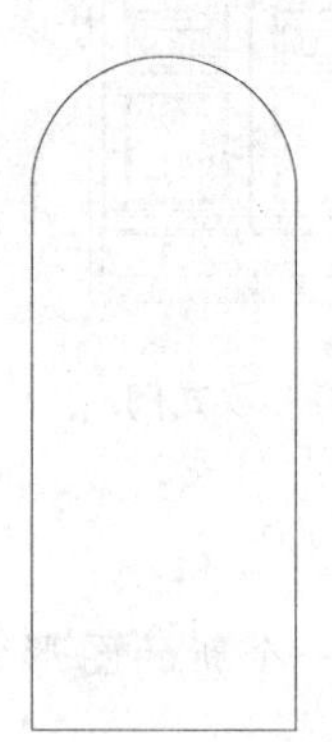

图 3-55　修剪线段

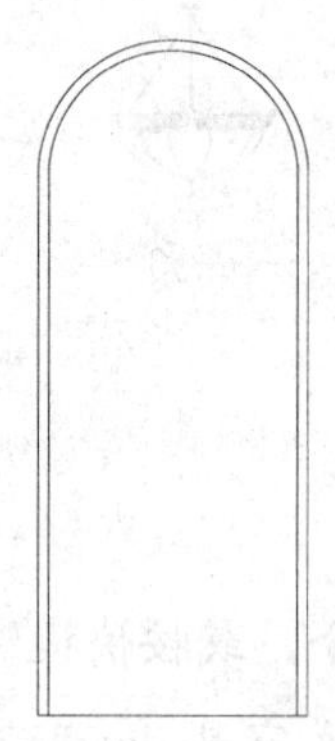

图 3-56　偏移线段

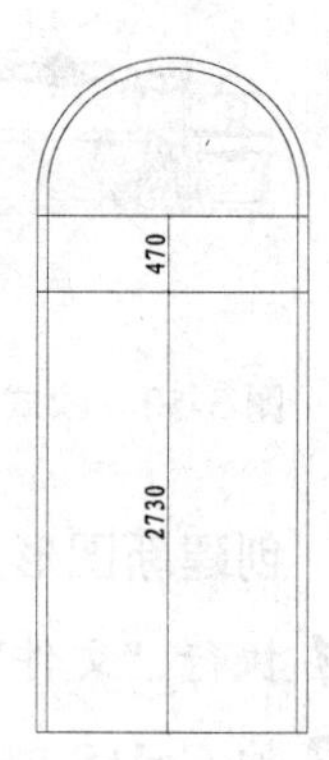

图 3-57　偏移线段

02 调用 TRIM/TR【修剪】命令，将偏移线段与门框重叠的部分删除。

03 调用 RECTANG/REC【矩形】命令，绘制 760 × 2690 的矩形表示门页，如图 3-58 所示。

04 调用 RECTANG/REC【矩形】、SPLINE【样条曲线】等相关命令，在矩形内绘制出门页装饰造型，如图 3-59 所示。

05 调用 MOVE/M【移动】命令，将门页移到门框内，结果如图 3-60 所示。

06 调用 MIRROR/MI【镜像】命令，镜像复制出另一侧门页，结果如图 3-61 所示。

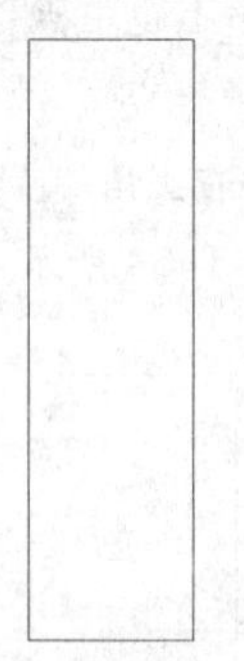

图 3-58　绘制矩形

图 3-59　绘制门页造型

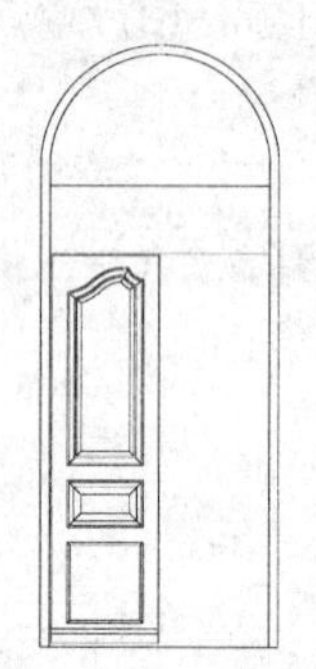

图 3-60　移动门页

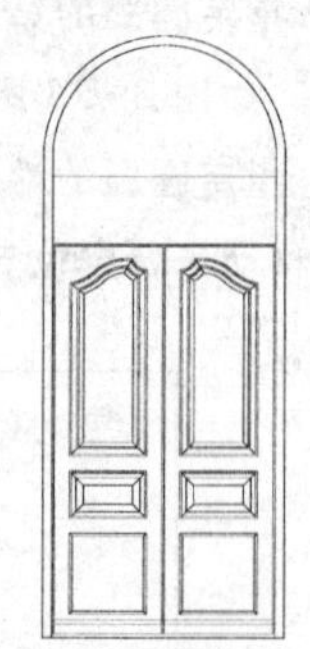

图 3-61　镜像复制

4. 绘制门窗

01 调用 OFFSET/O【偏移】命令，分别将如图 3-62 所示箭头所指线段向内偏移，偏移距离依次为 13、40。

02 调用 FILLET/F【圆角】命令，设置圆角半径为 0，对偏移线段进行圆角，结果如图 3-63 所示。

03 调用 OFFSET/O【偏移】命令，分别将如图 3-64 箭头所指线段向内偏移，偏移距离依次为 310、13、300、13。

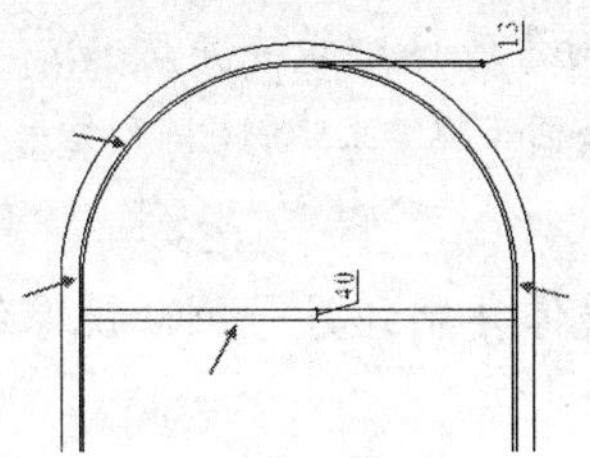

图 3-62 偏移线段

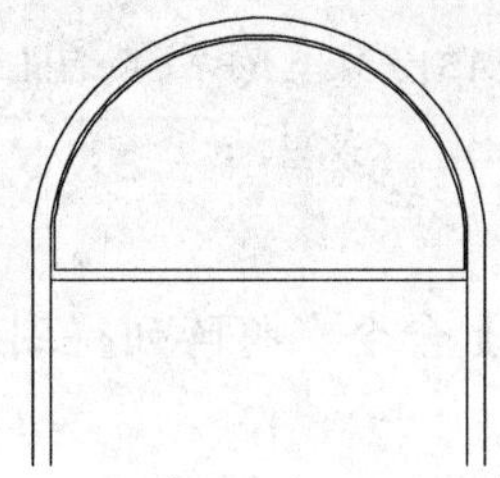

图 3-63 圆角线段

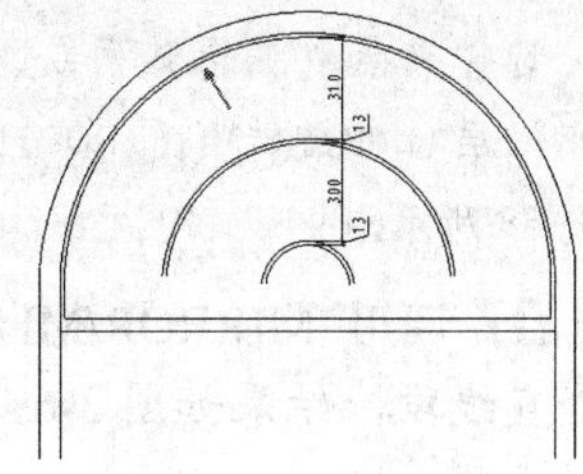

图 3-64 偏移线段

04 调用 EXTEND/EX【延伸】命令，将偏移的弧线向其两侧延伸至下面的水平线段，命令选项如下：

```
命令: EX    ↙EXTEND                        //调用延伸命令
当前设置:投影=UCS，边=无
选择边界的边...
选择对象或 <全部选择>:  找到 1 个
选择对象:                                  //选择如图 3-65 虚线表示的线段作为延伸边界
选择要延伸的对象，或按住 Shift 键选择要修剪的对象，或
[栏选(F)/窗交(C)/投影(P)/边(E)/放弃(U)]: //单击选择弧线，延伸效果如图 3-66 所示
```

05 调用 LINE/L【直线】命令，绘制如图 3-67 箭头所指垂直线，线段底端与圆弧的圆心对齐。

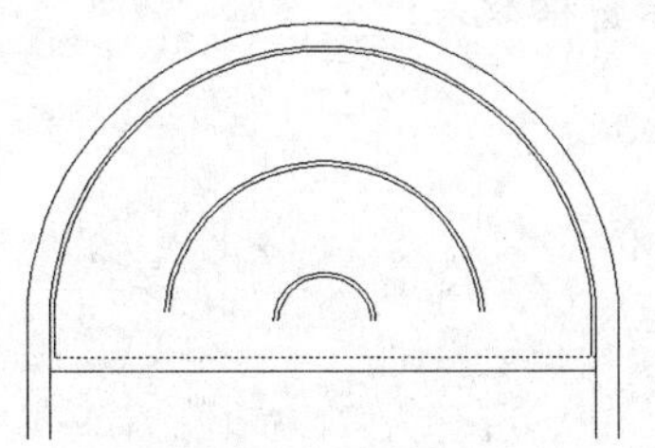

图 3-65 选择边界

图 3-66 延伸弧线

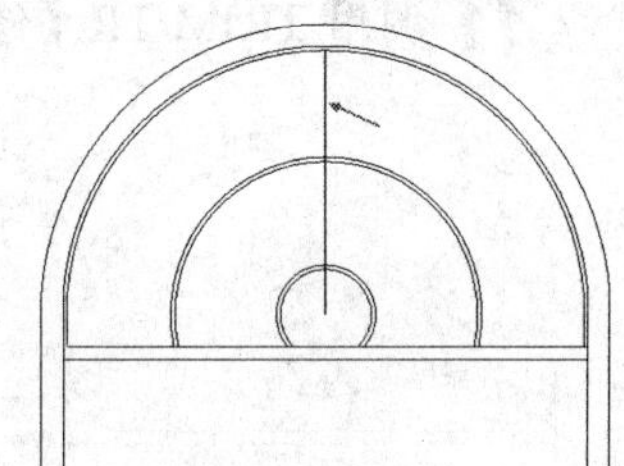

图 3-67 绘制垂直线

06 调用 ARRAY/AR【阵列】命令，阵列垂直线段，命令行提示如下：

```
命令: ARRAY↙                                          //调用阵列命令
选择对象: 找到 1 个                                    //选择所绘制的垂直线段
选择对象: 输入阵列类型 [矩形(R)/路径(PA)/极轴(PO)] <矩形>: PO↙
                                                      //选择极轴阵列方式
类型 = 极轴  关联 = 是
指定阵列的中心点或 [基点(B)/旋转轴(A)]:                  //选择阵列的中心点
选择夹点以编辑阵列或 [关联(AS)/基点(B)/项目(I)/项目间角度(A)/填充角度(F)/行
```

(ROW)/层(L)/旋转项目(ROT)/退出(X)] <退出>: I↙ //选择项目

输入阵列中的项目数或 [表达式(E)] <6>: 5↙ //输入项目数量

选择夹点以编辑阵列或 [关联(AS)/基点(B)/项目(I)/项目间角度(A)/填充角度(F)/行(ROW)/层(L)/旋转项目(ROT)/退出(X)] <退出>: A↙ //选择项目间角度

指定项目间的角度或 [表达式(EX)] <72>: 27↙ //输入角度值

选择夹点以编辑阵列或 [关联(AS)/基点(B)/项目(I)/项目间角度(A)/填充角度(F)/行(ROW)/层(L)/旋转项目(ROT)/退出(X)] <退出>: //按回车键结束绘制，阵列结果如图 3-68 所示。

07 调用 MIRROR/MI【镜像】命令，将阵列得到的线段镜像复制到另一侧，镜像线为垂直线段，结果如图 3-69 所示。

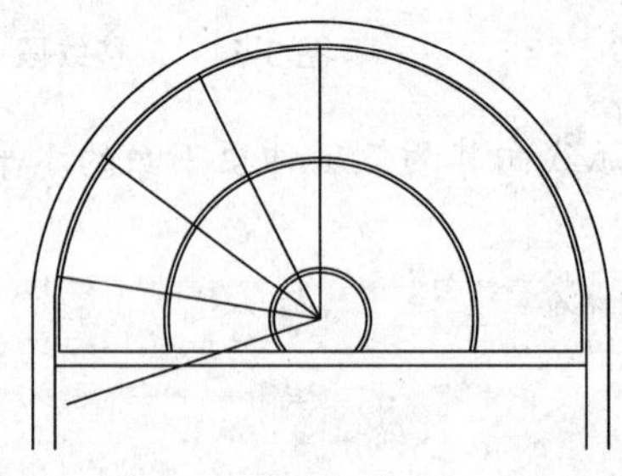

图 3-68 阵列结果

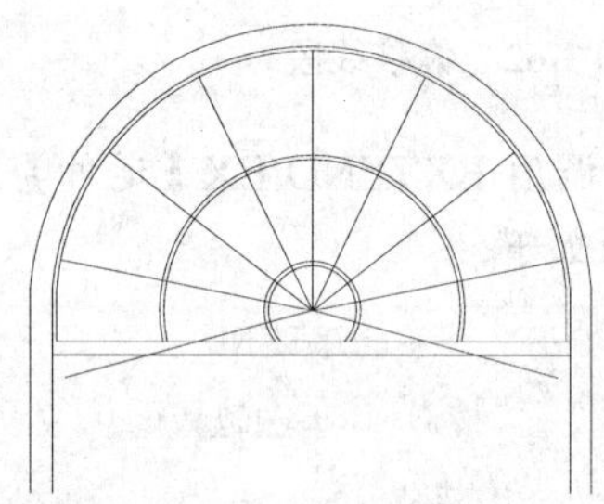

图 3-69 镜像线段

08 删除两侧的偏移线段，结果如图 3-70 所示。

09 调用 OFFSET/O【偏移】命令，向两侧偏移阵列的线段和垂直线段，偏移距离为 10，结果如图 3-71 所示。

10 删除阵列线段和垂直线段。

11 调用 TRIM/TR【修剪】命令，修剪出如图 3-72 所示窗格效果。

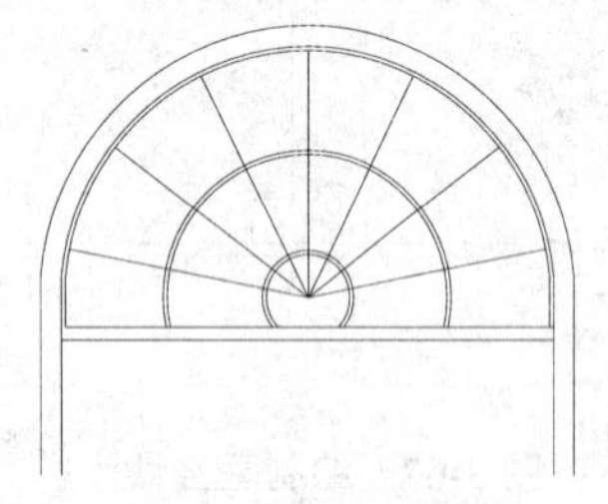

图 3-70 删除线段

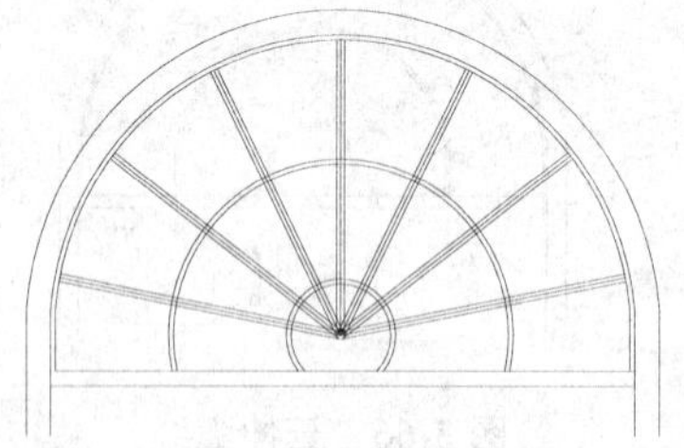

图 3-71 偏移线段

图 3-72 修剪图形

12 调用 HATCH/H【填充图案】命令，在弧形窗内填充 AR-RROOF 图案表示窗玻璃，填充参数设置如图 3-73 所示。

13 调用 REGTANG/REC【矩形】、LINE【直线】等相关命令，绘制窗下方的造型，结果如图 3-74 所示。欧式门绘制完成。

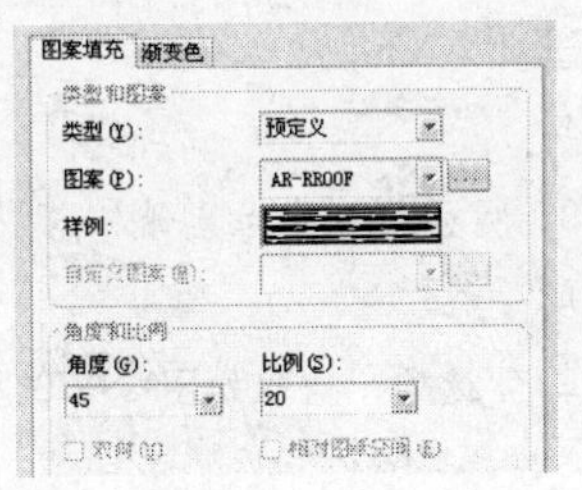

图 3-73 填充玻璃图案

图 3-74 绘制造型

3.2.2 绘制罗马柱

罗马柱由柱头、柱身和柱础 3 个部分组成，其最大的特点是柱头有精美且复杂的装饰，圆形的柱身上一般有 24 个凹槽，不同的罗马柱之间最大的不同就是其柱头的不同。

这里绘制罗马柱图形和尺寸如图 3-75 所示。

1. 绘制柱子基座

01 调用 REGTANG/REC【矩形】命令，绘制 500 × 55 的矩形，如图 3-76 所示。

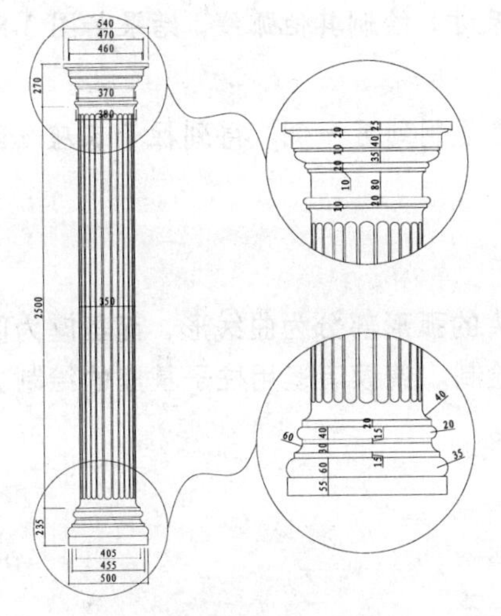

图 3-75 罗马柱

图 3-76 绘制矩形

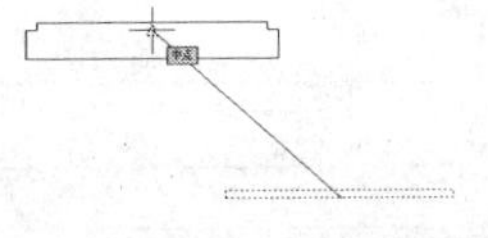

图 3-77 拾取中点

02 调用 REGTANG/REC【矩形】命令，绘制 455 × 15 的矩形。

03 调用 MOVE/M【移动】命令，将尺寸为 455 × 15 的矩形移动第一个矩形的上方，其距离为 60，命令选项如下：

命令：m↙ MOVE 找到 1 个 //选择尺寸为 455 × 15 的矩形，并调用 RECTANG 命令

指定基点或 [位移(D)] <位移>: //拾取当前移动矩形的底边中点

指定第二个点或 <使用第一个点作为位移>: 60↙ //拾取第一个矩形上边的中点，如图 3-77 所示。然后垂直向上移动光标定位到 90° 极轴追踪线上，输入 60 并按回车键，结果如图 3-78 所示

04 使用相同方法，绘制尺寸为 405 × 15、405 × 20 的矩形，结果如图 3-79 所示。

05 调用 ARC/A【弧】命令，绘制弧形基座，命令选项如下：

```
命令：a↙ ARC                                        //调用 ARC 命令
指定圆弧的起点或 [圆心(C)]:                          //拾取如图 3-80 所示点 a 作为圆弧起点
指定圆弧的第二个点或 [圆心(C)/端点(E)]: E↙
指定圆弧的端点:                                      //选择"端点(E)"选项，拾取如图 3-80 所示点 b 作为圆弧端点
指定圆弧的圆心或 [角度(A)/方向(D)/半径(R)]: R ↙
指定圆弧的半径: 35↙                                  //选择"半径(R)"选项，设置圆弧半径为 35，绘制得到如图 3-80 所示弧线
```

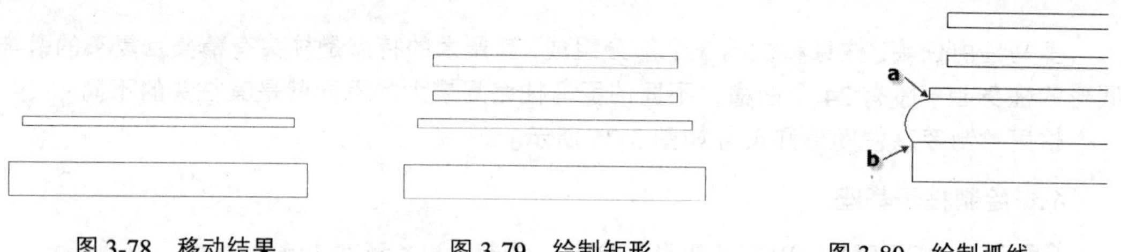

图 3-78　移动结果　　图 3-79　绘制矩形　　图 3-80　绘制弧线

06 调用 ARC/A【弧】命令，根据如图 3-75 所示尺寸，绘制其他弧线，结果如图 3-81 所示。

07 调用 MIRROR/MI【镜像】命令，将弧线镜像复制到另一侧，得到柱子基座如图 3-82 所示。

2. 绘制柱头

柱头的绘制方法与柱子基座基本相同，区别在柱头的弧形部分为曲线形，而基座为圆弧形。柱头曲线使用 SPLINE/SPL【样条曲线】命令绘制。请读者运用柱子基座的绘制方法完成如图 3-83 所示柱头绘制，这里就不详细讲解了。

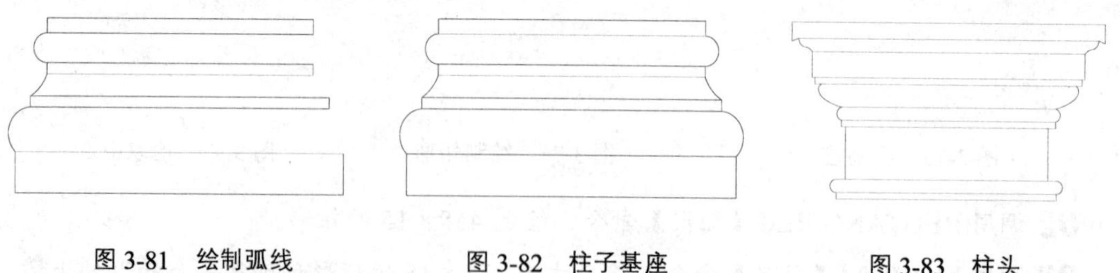

图 3-81　绘制弧线　　图 3-82　柱子基座　　图 3-83　柱头

3. 绘制柱身

柱身为圆形，且有凹槽，绘制方法如下：

01 本例柱子的柱身高度为 2500，因此，将柱头移到基座上方 2500 的位置，结果如图 3-84 所示。

02 调用 LINE/L【直线】命令，以柱头、基座中点为起始点绘制垂直线段如图 3-85 所示。

03 调用 OFFSET/O【偏移】命令，向两侧偏移垂直线，偏移距离为 175，得到柱身宽度，如图 3-86 所示。

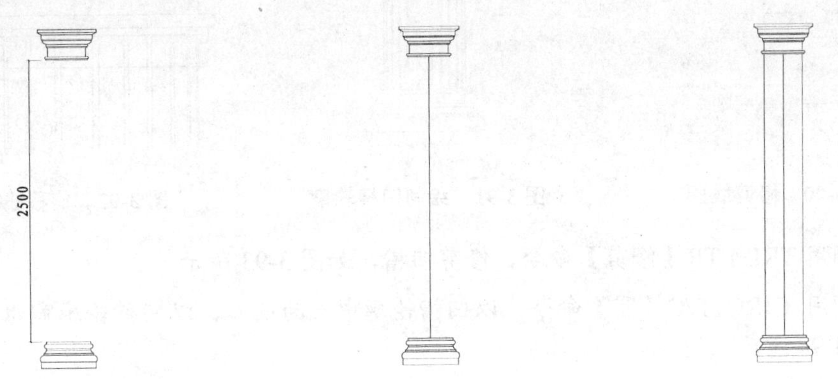

图 3-84 对齐柱头与基座　　图 3-85 绘制垂直线　　图 3-86 偏移线段

04 删除中间的垂直线段。

05 调用 ARC/A【弧】命令，绘制柱身与基座交接处的弧形收边，命令选项如下：

```
命令：A↙ ARC                                    //调用绘制弧命令
指定圆弧的起点或 [圆心(C)]:
指定圆弧的第二个点或 [圆心(C)/端点(E)]: E↙      //拾取基座左上角为圆弧起点，如图 3-87 所示
指定圆弧的端点：30↙                              //捕捉基座与柱身的交点，如图 3-88 所示，向上移动光标定位到 90° 极轴追踪线上，输入 30 按回键，得到圆弧端点
指定圆弧的圆心或 [角度(A)/方向(D)/半径(R)]: R ↙
指定圆弧的半径：37↙                              //设置圆弧半径为 37，得到圆弧如图 3-89 所示
```

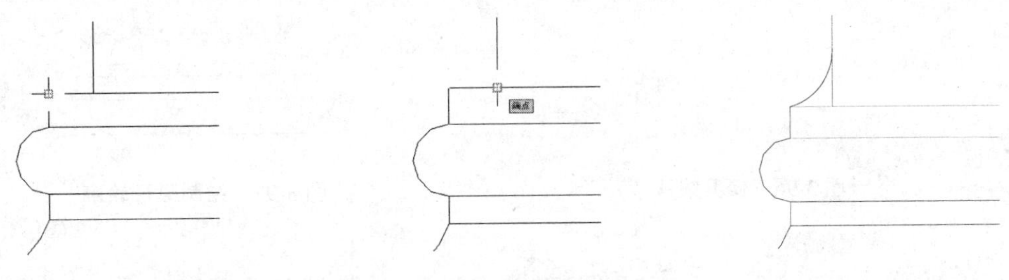

图 3-87 指定圆弧起点　　图 3-88 指定圆弧端点　　图 3-89 绘制的圆弧

06 调用 TRIM/TR【修剪】命令，修剪出弧形收边效果，如图 3-90 所示。

07 使用相同方法，绘制柱身与基座和柱头的其他收边。

08 调用 LINE/L【直线】和 OFFSET/O【偏移】命令绘制出柱身凹槽轮廓，如图 3-91 所示。

09 调用 OFFSET/O【偏移】命令，向下偏移如图 3-92 箭头所指的柱头底边线，偏移距离为 45。

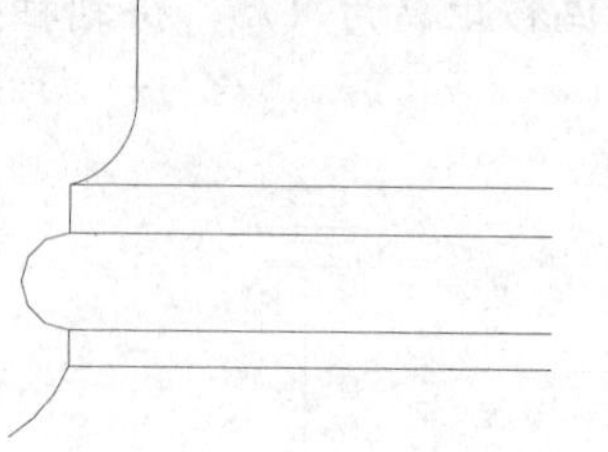
图 3-90　修剪线段

图 3-91　绘制凹槽轮廓

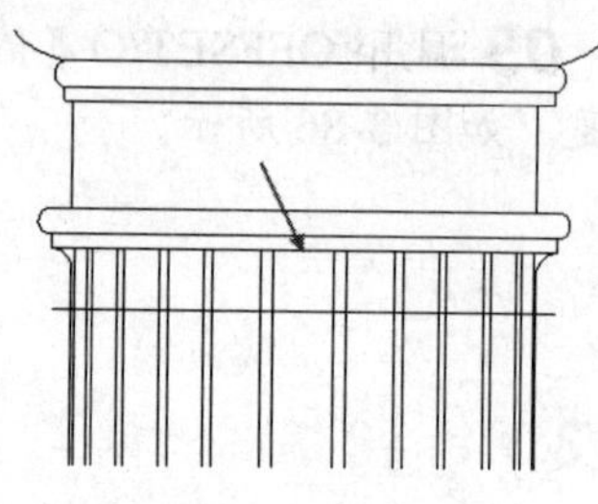
图 3-92　偏移线段

10 调用 TRIM/TR【修剪】命令，修剪凹槽，如图 3-93 所示。

11 调用 CIRCLE/C【圆】命令，以凹槽轮廓中点为圆心、以凹槽轮廓宽为直径绘制圆，如图 3-94 所示。

12 将所有圆向下移，使圆的顶端象限点与凹槽轮廓中点对齐，结果如图 3-95 所示。

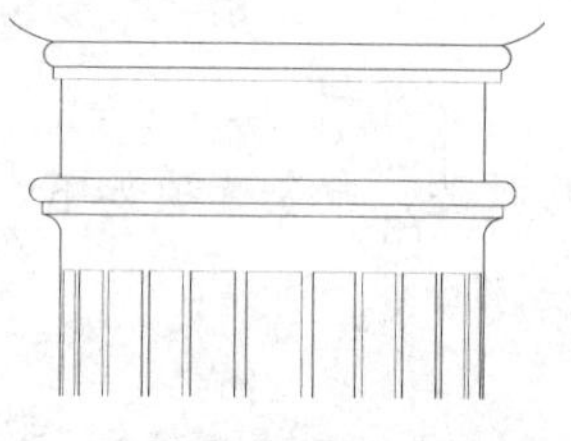
图 3-93　修剪线段

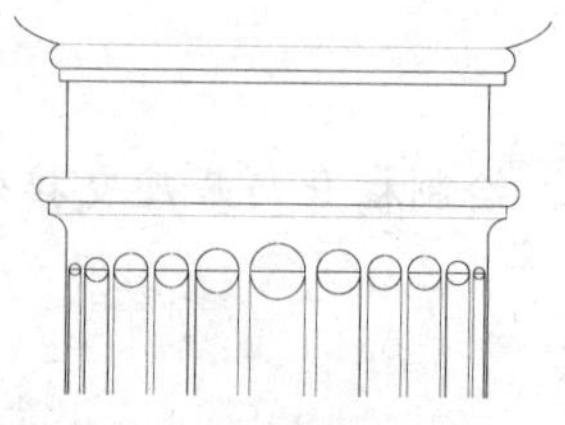
图 3-94　绘制圆

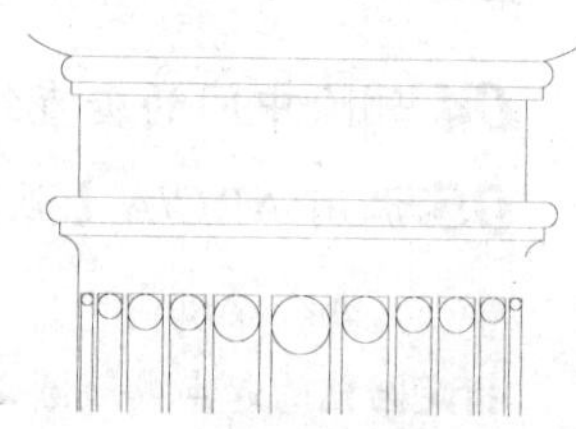
图 3-95　移动圆

13 调用 TRIM/TR【修剪】命令，修剪出弧形凹槽轮廓，结果如图 3-96 所示。

14 使用相同的方法，绘制出凹槽底端的弧形轮廓，结果如图 3-97 所示。

15 欧式柱绘制完成。

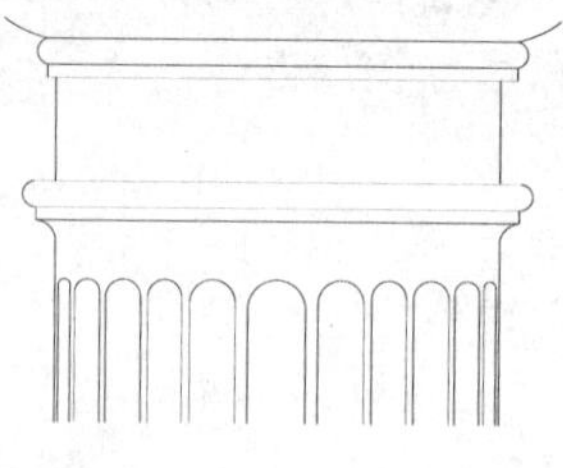
图 3-96　修剪线段

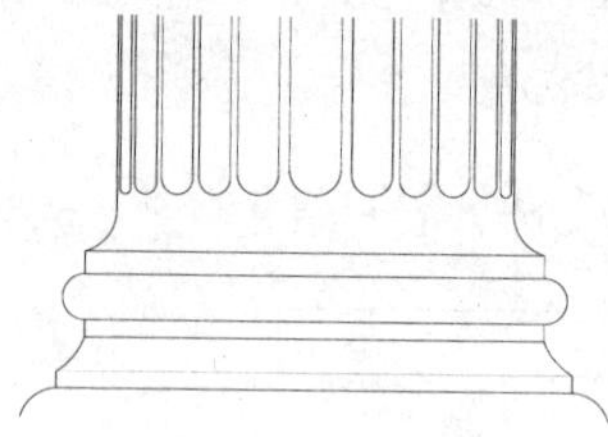
图 3-97　绘制弧形轮廓

3.3 现代风格家具绘制

工业革命揭开了人类文明史新的一页。机器的发明，新技术的发展，新材料的发现带来了机械化的大批量生产，工业化家具生产取代了传统手工劳动，引起了社会与生活的许多大规模的变化。

现代家具设计具有 3 个基本的特征：一是建立在大工业生产的基础上；二是建立在现代科学技术发展的基础上；三是标准化、部件化的制造工作。所以，现代家具设计既属于现化工业产品设计的一类，同时又是现代环境设计、建筑设计、尤其是室内设计的重要组成部分。

随着现代社会的发展，现代家具在种类上越来越多，风格和造型上也多种多样，但总的来说，现代家具有造型简洁、功能合理、线条流畅的特点。图 3-98 所示为现代家具的几个典型示例。

3.3.1 绘制现代桌子

本例绘制的是一个造型别致的现代风格桌子，尺寸如图 3-99 所示。

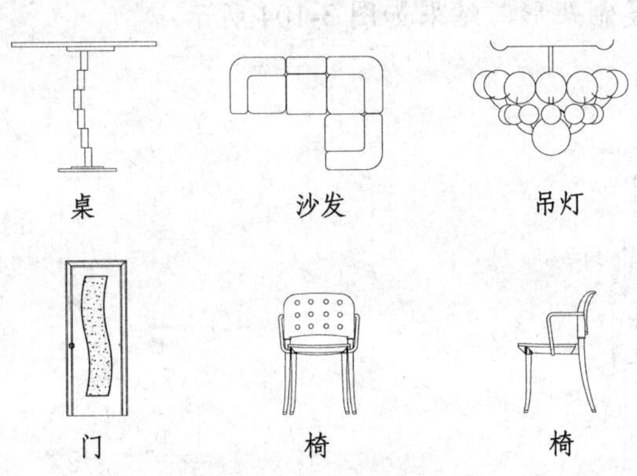

图 3-98 现代家具

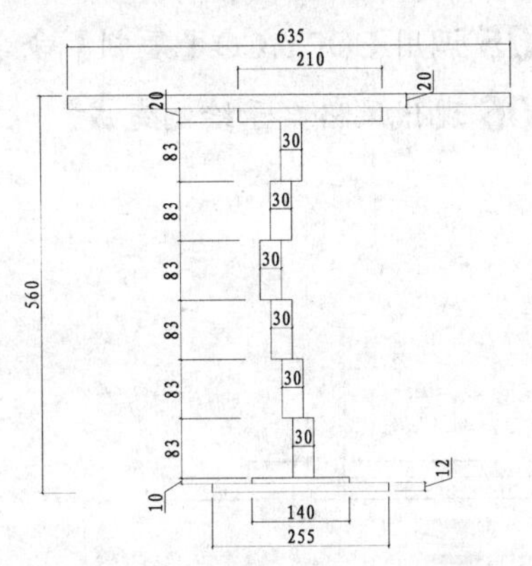

图 3-99 现代风格桌子

1. 创建新图形文件

01 执行“文件” | “新建”命令，或按快捷键 Ctrl + N，创建一个新的图形文件。

02 按 Ctrl + S 键，将文件以“现代风格家具.dwg”为名称保存。

2. 绘制桌子图形

01 调用 REGTANG/REC【矩形】命令，分别绘制尺寸为 255 × 12、140 × 10、635 × 20、210 × 20 的 4 个矩形，用来表示桌面和桌子基座。

02 调用 MOVE/M【移动】命令，将矩形在垂直方向以矩形边中点对齐，如图 3-100 所示。

03 调用 REGTANG/REC【矩形】命令，绘制尺寸为 30 × 83 的矩形表示桌脚。调用 MOVE（移动）命令，将矩形移到基座位置，并与基座中点对齐，结果如图 3-101 所示。

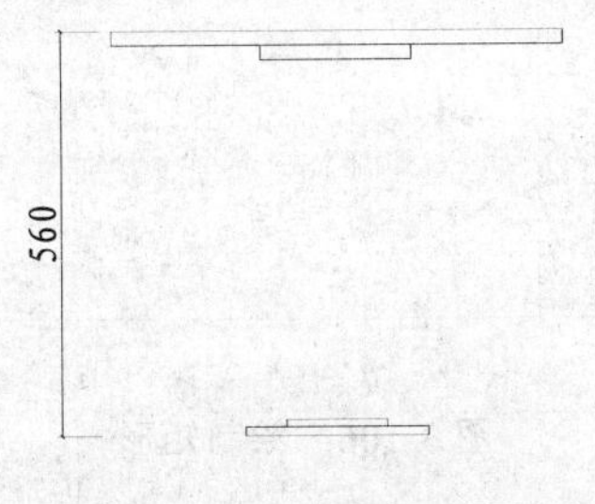

图 3-100 绘制矩形

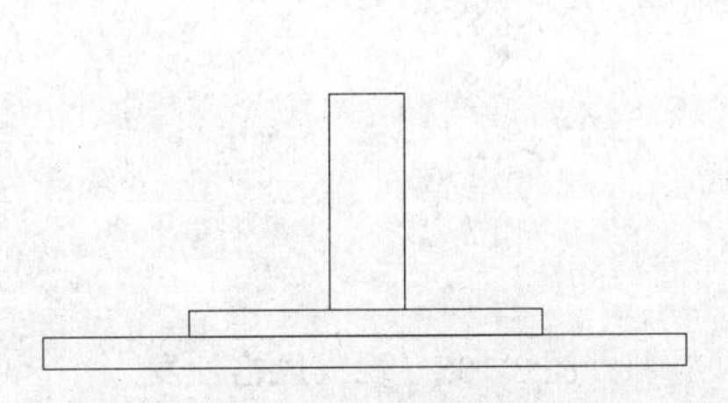

图 3-101 绘制矩形

04 调用 COPY/CO【复制】命令，向上复制表示桌脚的矩形，命令选项如下：

```
命令：co↙ COPY 找到 1 个                          //选择表示桌脚的矩形，并调用 COPY 命令
当前设置： 复制模式 = 多个
指定基点或 [位移(D)/模式(O)] <位移>：             //拾取矩形右下角端点，如图 3-102 所示
指定第二个点或 <使用第一个点作为位移>：
指定第二个点或 [退出(E)/放弃(U)] <退出>：
指定第二个点或 [退出(E)/放弃(U)] <退出>：
指定第二个点或 [退出(E)/放弃(U)] <退出>：         //连续拾取矩形上边中点，如图 3-103 所示
```

05 调用 COPY/CO【复制】命令，向上复制矩形，结果如图 3-104 所示。

06 现代风格桌子绘制完成。

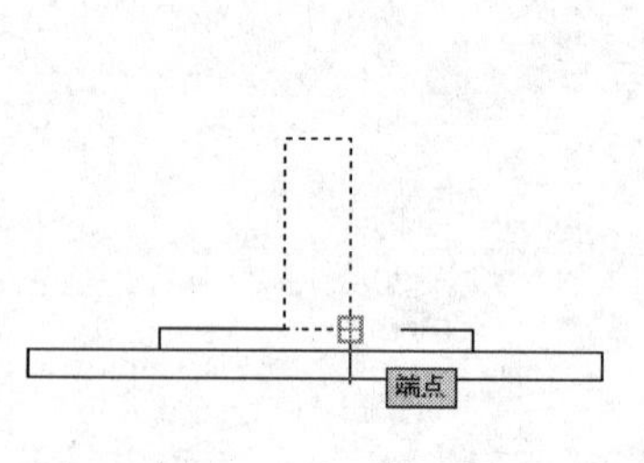

图 3-102 拾取端点

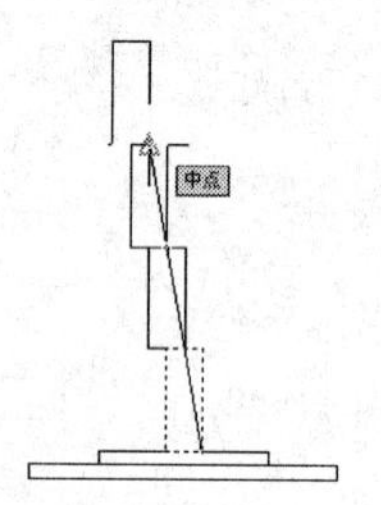

图 3-103 复制矩形

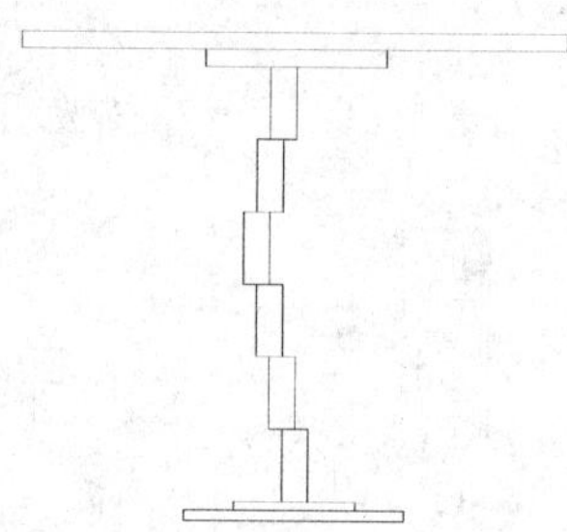

图 3-104 复制矩形

3.3.2 绘制现代布艺沙发

布艺沙发是以纺织品为面料做的沙发，手感柔软，图案丰富，线条圆润、造型新颖、使人放松，而且价格合理，因此在现代风格家居中被大量采用。本例绘制的是一款 4 座转角现代布艺沙发的平面图，尺寸如图 3-105 所示。

01 调用 REGTANG/REC【矩形】命令，绘制尺寸为 2030×1440 的矩形，该矩形表示了沙发的最大宽度和长度，如图 3-106 所示。

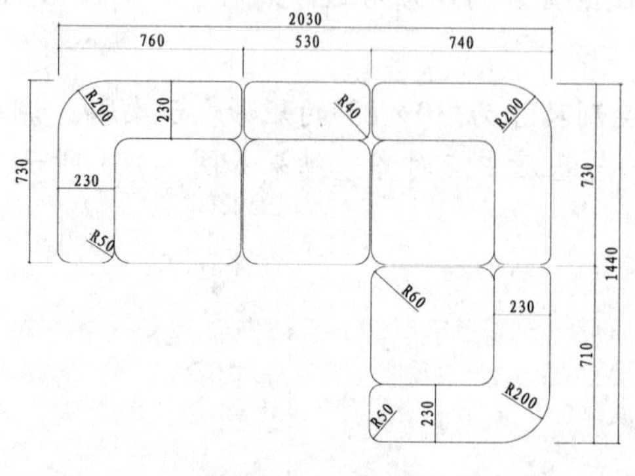

图 3-105 现代风格沙发

图 3-106 绘制矩形

02 调用 EXPLODE/X【分解】命令分解矩形。

03 调用 OFFSET/O【偏移】命令，通过偏移矩形边，得到沙发轮廓线，如图 3-107 所示。

04 调用 TRIM/TR【修剪】命令，修剪出如图 3-108 所示沙发轮廓。

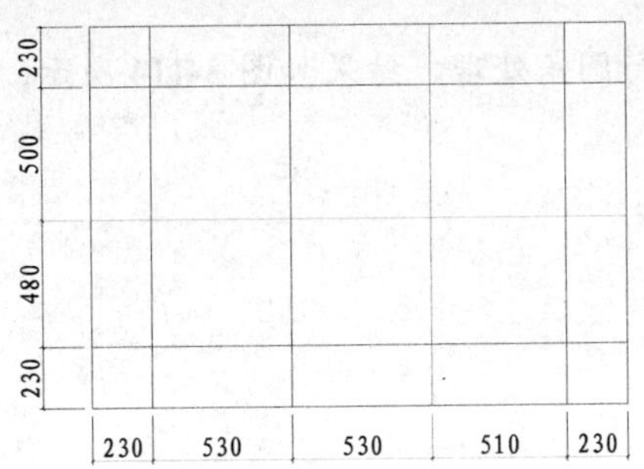

图 3-107 偏移矩形

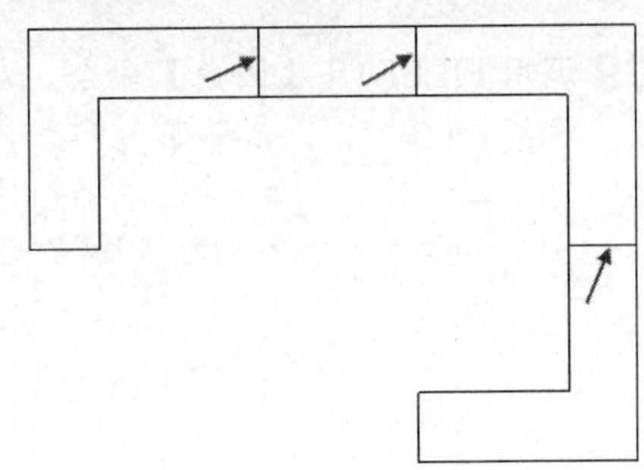

图 3-108 修剪线段

05 调用 OFFSET/O【偏移】命令，分别向两侧偏移如图 3-108 箭头所指线段，偏移距离为 5，结果如图 3-109 所示。

06 删除偏移线段之间的线段，即如所示箭头所指线段。

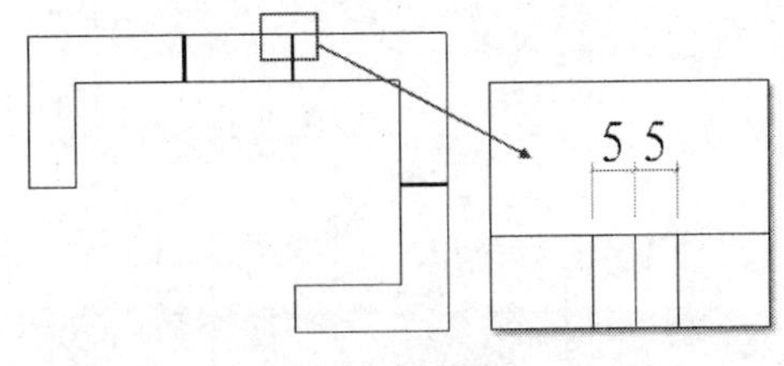

图 3-109 偏移线段

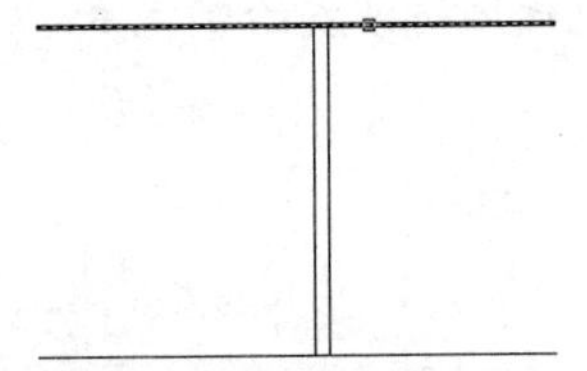

图 3-110 选择线段

07 调用 BREAK/BR【断开】命令，在偏移线段位置将沙发轮廓线断开，命令选项如下：

```
命令：BR↙  BREAK                           //调用 BREAK 命令
选择对象：                                  //选择要断开的线段，如图 3-110 所示方形光标位置
指定第二个打断点 或 [第一点(F)]：f↙//选择“第一点(F)”选项重新指定第一点
指定第一个打断点：
指定第二个打断点：                          //分别拾取两个断开点，如图 3-111 所示点 a、点 b，
线段将从这两点处断开，如图 3-112 所示
```

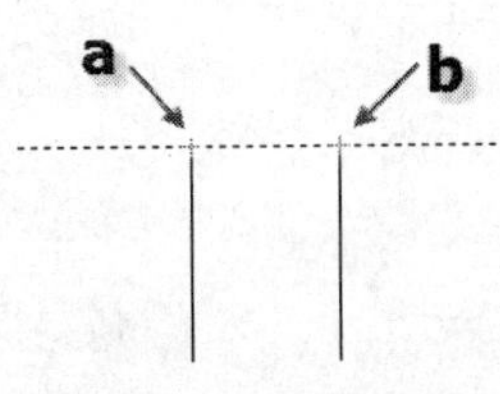

图 3-111 指定断开点

图 3-112 断开线段

08 调用 BREAK/BR【断开】命令，在其他偏移线段位置将沙发轮廓线断开，结果如图 3-113 所示。

提 示：使用 TRIM（修剪）命令可以达到同样的效果。

09 调用 FILLET/F【圆角】命令，对沙发进行圆角处理，结果如图 3-114 所示。

图 3-113　断开线段

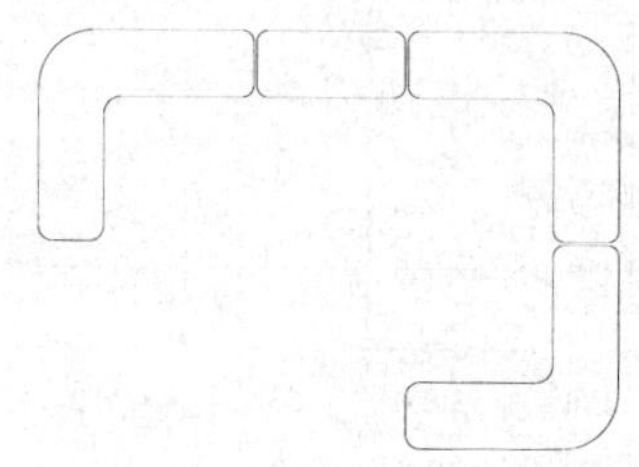

图 3-114　圆角处理

10 调用 REGTANG/REC【矩形】命令，绘制尺寸为 525 × 500 的圆角矩形表示沙发坐垫，如图 3-115 所示。

11 调用 COPY/CO【复制】命令，将沙发坐垫复制到沙发内，结果如图 3-116 所示。

12 现代风格沙发绘制完成。

图 3-115　绘制沙发坐垫

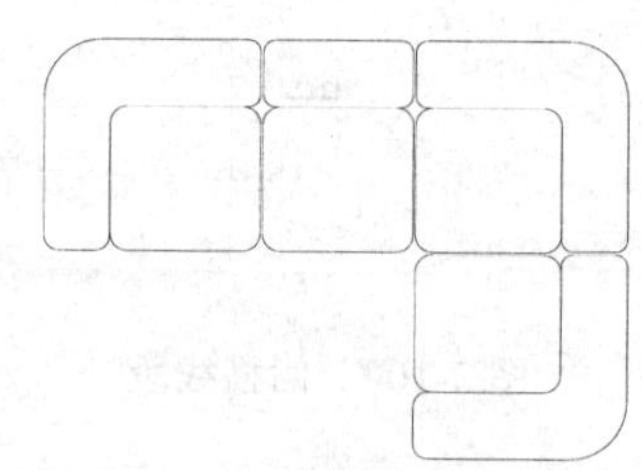

图 3-116　复制坐垫

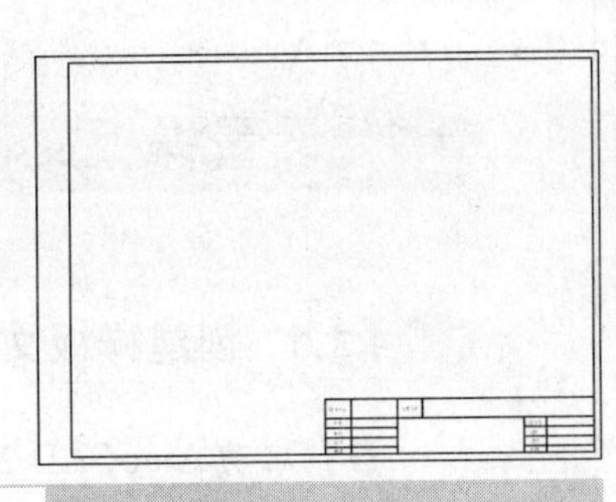

第 4 章

创建室内绘图模板

本章导读：

为了避免绘制每一张施工图都重复地设置图层、线型、文字样式和标注样式等内容，我们可以预先将这些相同部分一次性设置好，然后将其保存为样板文件。

创建了样板文件后，在绘制施工图时，就可以在该样板文件基础上创建图形文件，从而加快了绘图速度，提高了工作效率。

本章重点：

- 创建样板文件
- 设置图形界限
- 创建文字样式
- 设置引线样式
- 设置图层
- 绘制并创建门图块
- 绘制并创建图名动态块
- 创建标高图块

4.1 设置样板文件

4.1.1 创建样板文件

01 启动 AutoCAD 2013，系统自动创建一个新的图形文件。

02 在“文件”下拉菜单中单击【保存】或【另存为】选项，打开“保存”或“图形另存为”对话框，如图 4-1 所示。在“文件类型”下拉列表框中选择“AutoCAD 图形样板（*.dwt）”选项，输入文件名“室内装潢施工图模板”，单击“保存”按钮保存文件。

03 下次绘图时，就可以该样板为模板创建文件，如图 4-2 所示，在此基础上绘图。

图 4-1　保存样板文件

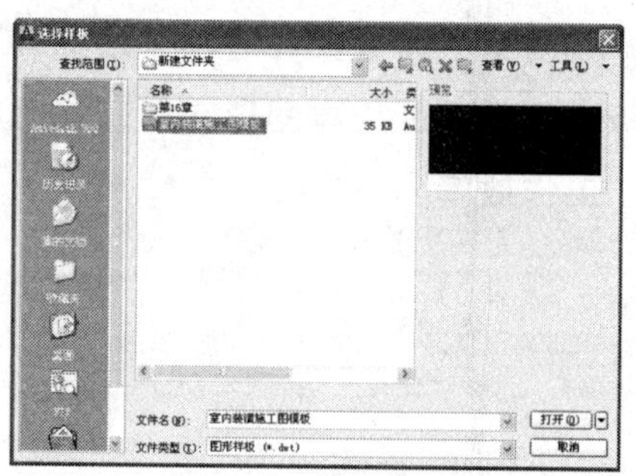

图 4-2　选择样板文件

4.1.2 设置图形界限

绘图界限就是 AutoCAD 的绘图区域，也称图限。通常所用的图纸都有一定的规格尺寸，室内装潢施工图一般调用 A3 图幅打印输出，打印输出比例通常为 1:100，所以图形界限通常设置为 42000×29700。为了将绘制的图形方便地打印输出，在绘图前应设置好图形界限。

下面以设置一张 A3 横放图纸为例，具体介绍设置图形界限的操作方法。

命令：LIMITS↙

重新设置模型空间界限：

指定左下角点或[开(ON)/关(OFF)]<0.0000,0.0000>:↙　//单击空格键或者 Enter 键默认坐标原点为图形界限的左下角点。此时若选择 ON 选项，则绘图时图形不能超出图形界限，若超出系统不予绘出，选 Off 则准予超出界限图形。

指定右上角点:42000，29700↙　//输入图纸长度和宽度值，按下 ENTER 键确定再按下 ESC 键退出，完成图形界限设置

单击状态栏【栅格显示】按钮▦，可以直观地观察到图形界限范围，如图 4-3 所示。

注　意： 打开图形界限检查时，无法在图形界限之外指定点。但因为界限检查只是检查输入点，所以对象（例如圆）的某些部分仍然可能会延伸出图形界限。

4.1.3 设置图形单位

室内装潢施工图通常采用“毫米”作为基本单位，即一个图形单位为1mm，并且采用1∶1的比例，即按照实际尺寸绘图，在打印时再根据需要设置打印输出比例。例如：绘制一扇门的实际宽度为800mm，则在AutoCAD中绘制800个单位宽度的图形，如图4-4所示。

设置AutoCAD图形单位方法如下：

01 在命令窗口中输入UNITS/UN【图形单位】，或者选择【格式】|【单位】命令，打开“图形单位”对话框，“长度”选项组用于设置线性尺寸类型和精度，这里设置“类型”为“小数”，“精度”为“0”，如图4-5所示。

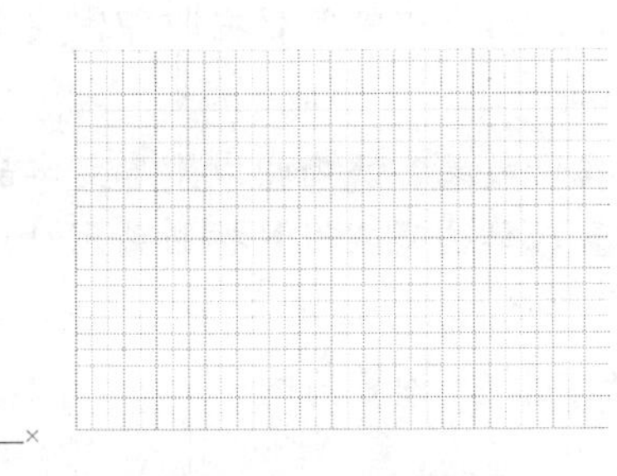

图4-3 设置的图形界限

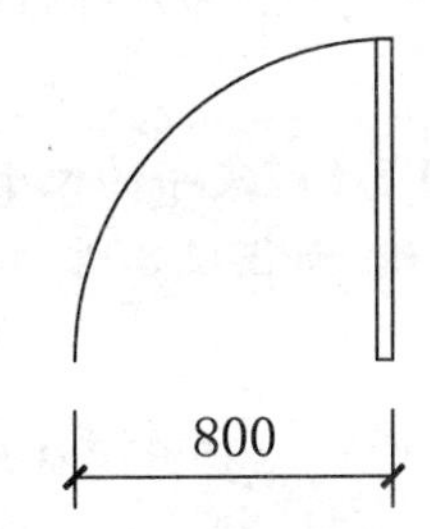

图4-4 1:1比例绘制图形

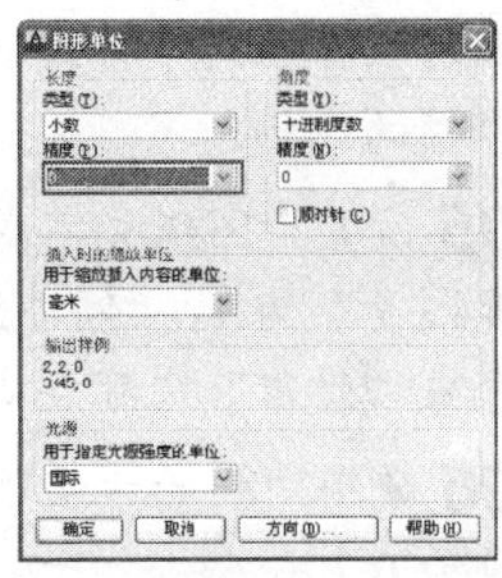

图4-5 “图形单位”对话框

02 “角度”选项组用于设置角度的类型和精度。这里取消“顺时针”复选框勾选，设置角度“类型”为“十进制度数”，精度为“0”。

03 在“插入时的缩放比例”选项组中选择“用于缩放插入内容的单位”为“毫米”，这样当调用非毫米单位的图形时，图形能够自动根据单位比例进行缩放。最后单击【确定】关闭对话框，完成单位设置。

注 意： 图形精度影响计算机的运行效率，精度越高运行越慢，绘制室内装潢施工图，设置精度为0足以满足设计要求。

4.1.4 创建文字样式

文字样式是对同一类文字的格式设置的集合，包括字体、字高、显示效果等。在标注文字前，应首先定义文字样式，以指定字体、字高等参数，然后用定义好的文字样式进行标注。

这里创建“仿宋”文字标注样式，具体步骤如下：

01 在命令窗口中输入STYLE/ST并按回车键，或选择【格式】|【文字样式】命令，打开“文字样式”对话框，如图4-6所示。默认情况下，“样式”列表中只有唯一的Standard样式，在用户未创建新样式之前，所有输入的文字均调用该样式。

02 单击【新建】按钮，弹出“新建文字样式”对话框，在对话框中输入样式的名称，这里的名称设置为“仿宋”，如图4-7所示。单击【确定】按钮返回“文字样式”对话框。

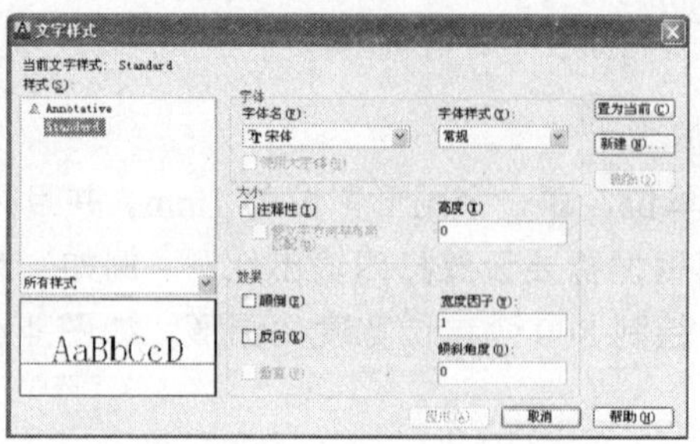

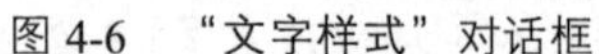

图 4-6 “文字样式”对话框

图 4-7 “新建文字样式”对话框

03 在“字体名”下拉列表框中选择“仿宋”字体，如图 4-8 所示。

04 在“大小”选项组中勾选“注释性”复选项，使该文字样式成为注释性的文字样式，调用注释性文字样式创建的文字，将成为注释性对象，以后可以随时根据打印需要调整注释性的比例。

05 设置“图纸文字高度”为 1.5（即文字的大小），在“效果”选项组中设置文字的“宽度因子”为 1，“倾斜角度”为 0，如图 4-8 所示，设置后单击【应用】按钮关闭对话框，完成“仿宋”文字样式的创建。

06 使用同样的方法创建“尺寸标注”文字样式，将其“字体名”设置为 romans.shx，宽度设为 0.7。

4.1.5 创建尺寸标注样式

一个完整的尺寸标注由尺寸线、尺寸界限、尺寸文本和尺寸箭头 4 个部分组成，下面将创建一个名称为“室内标注样式”的标注样式，所有的图形标注将调用该样式。

如图 4-9 所示为室内标注样式创建完成的效果。

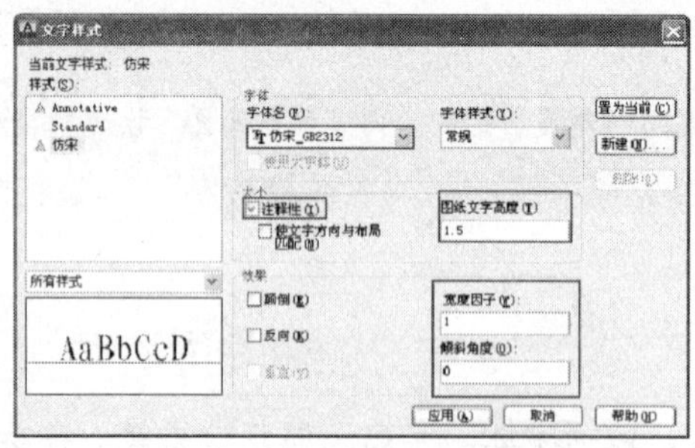

图 4-8 设置文字样式参数

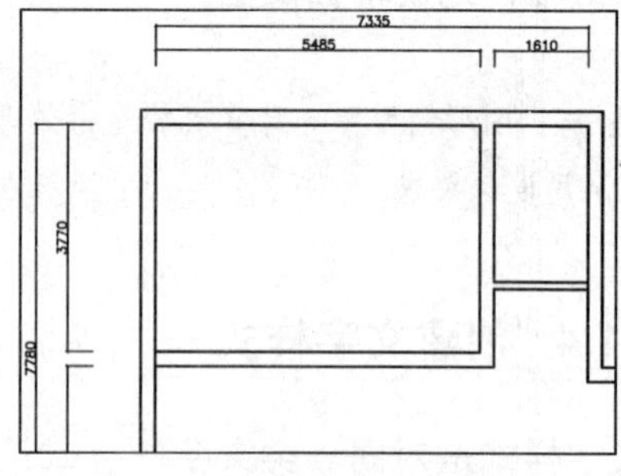

图 4-9 室内标注样式创建效果

“室内标注样式”创建方法如下：

01 在命令窗口中输入 DIMSTYLE/D【标注样式管理器】并按回车键，或选择【格式】|【标注样式】命令打开“标注样式管理器”对话框，如图 4-10 所示。

02 单击【新建】按钮，在打开的“创建新标注样式”对话框中输入新样式的名称“室内标注样式”，如图 4-11 所示。单击【继续】按钮，开始“室内标注样式”新样式设置。

03 系统弹出“新建标注样式：室内标注样式”对话框，选择“线”选项卡，分别对尺寸线和延伸线等参数进行调整，如图 4-12 所示。

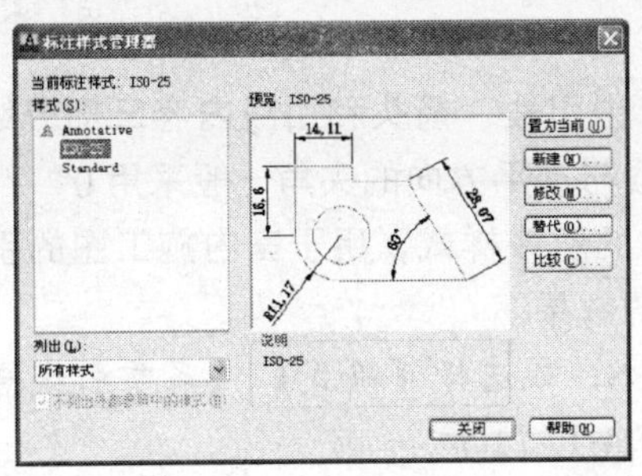

图 4-10 “标注样式管理器”对话框

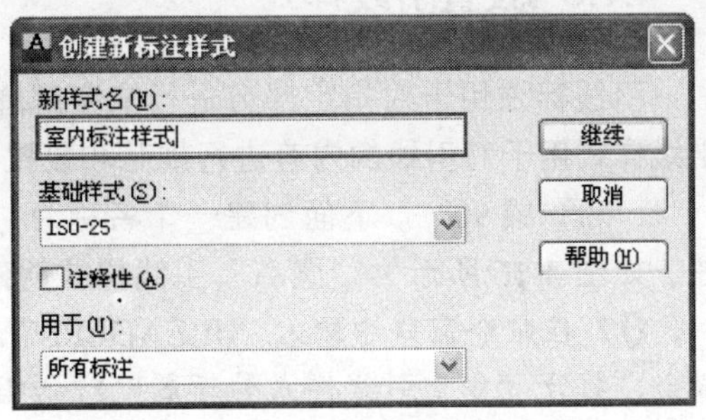

图 4-11 创建“室内标注样式”标注样式

04 选择“符号和箭头”选项卡，对箭头类型、大小进行设置，如图 4-13 所示。

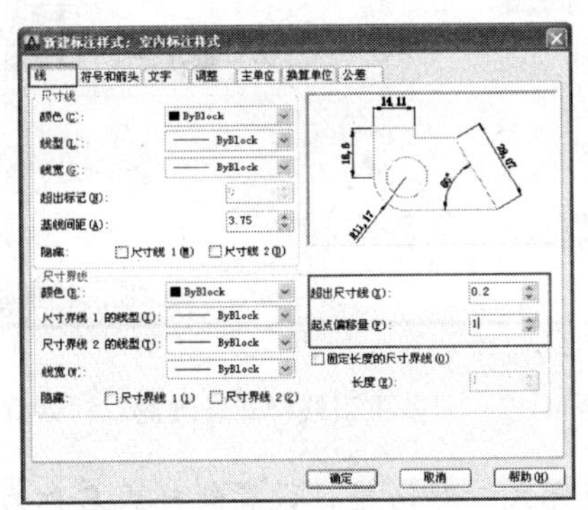

图 4-12 “线”选项卡参数设置

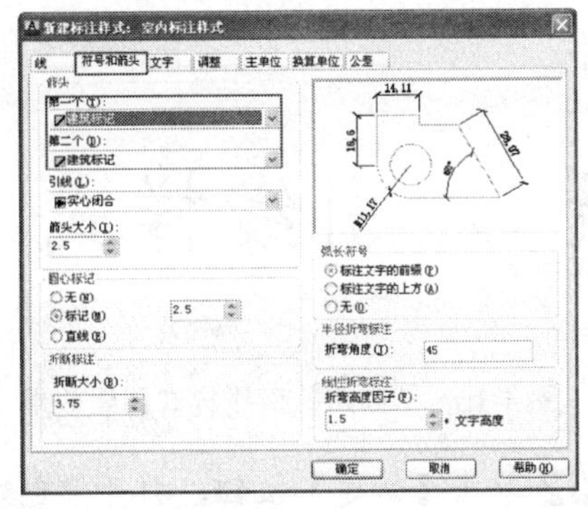

图 4-13 “符号和箭头”选项卡参数设置

05 选择“文字”选项卡，设置文字样式为“尺寸标注”，其他参数设置如图 4-14 所示。

06 选择“调整”选项卡，在“标注特征比例”选项组中勾选“注释性”复选框，使标注具有注释性功能，如图 4-15 所示，完成设置后，单击【确定】按钮返回“标注样式管理器”对话框，单击【置为当前】按钮，然后关闭对话框，完成“室内标注样式”标注样式的创建。

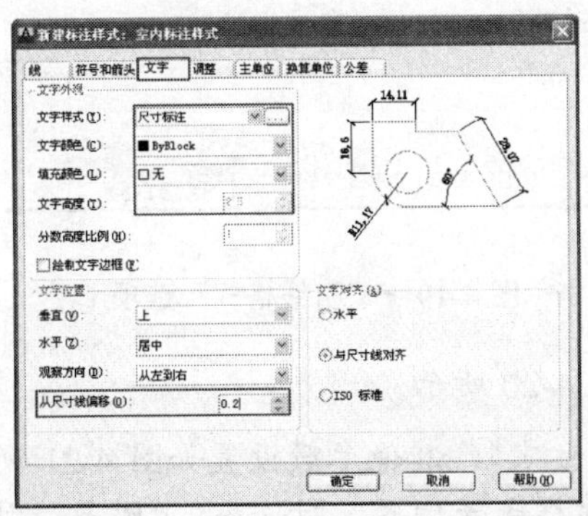

图 4-14 “文字”选项卡参数设置

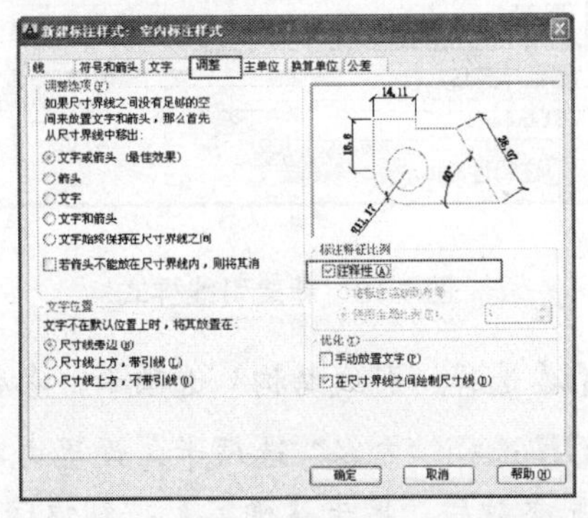

图 4-15 “调整”选项卡参数设置

4.1.6 设置引线样式

引线标注用于对指定部分进行文字解释说明，由引线、箭头和引线内容三部分组成。引线样式用于对引线的内容进行规范和设置，引出线与水平方向的夹角一般采用 0° 、30° 、45° 、60° 或 90° 。下面创建一个名称为“圆点”的引线样式，用于室内施工图的引线标注。如图 4-16 所示为“圆点”引线样式创建完成的效果。

01 在命令窗口中输入 MLEADERSTYLE/MLS，或选择【格式】|【多重引线样式】命令，打开“多重引线样式管理器”对话框，如图 4-17 所示。

引线样式

图 4-16 “圆点”引线样式创建效果

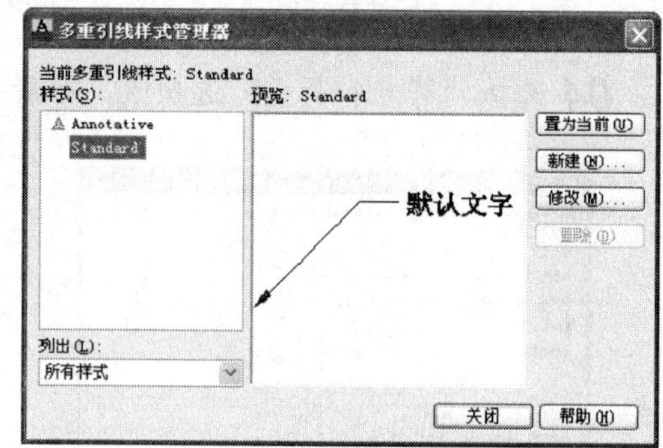

图 4-17 “多重引线样式管理器”对话框

02 单击【新建】按钮，打开“创建多重引线样式”对话框，设置新样式名称为“圆点”，并勾选“注释性”复选框，如图 4-18 所示。

03 单击【继续】按钮，系统弹出“修改多重引线样式：圆点”对话框，选择“引线格式”选项卡，设置箭头符号为“点”，大小为 0.25，其他参数设置如图 4-19 所示。

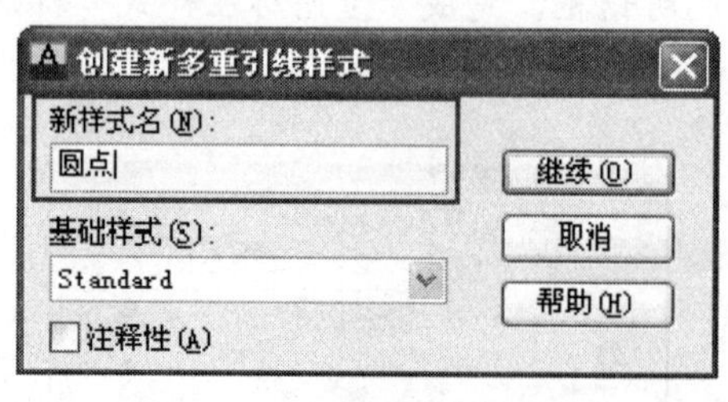

图 4-18 新建引线样式

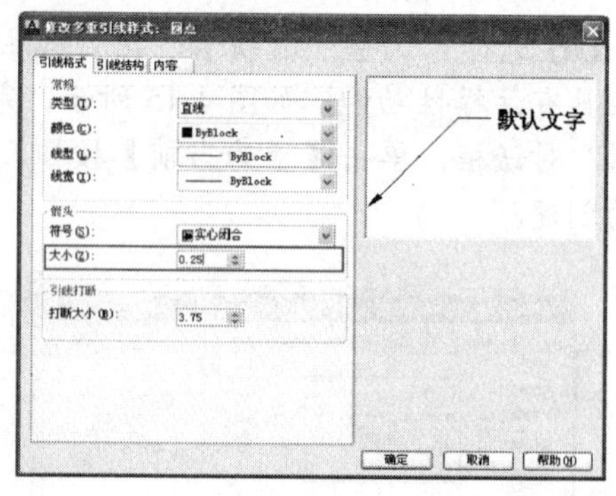

图 4-19 “引线格式”选项卡

04 选择“引线结构”选项卡，参数设置如图 4-20 所示。

05 选择“内容”选项卡，设置文字样式为“仿宋”，其他参数设置如图 4-21 所示。设置完参数后，单击【确定】按钮返回“多重引线样式管理器”对话框，“圆点”引线样式创建完成。

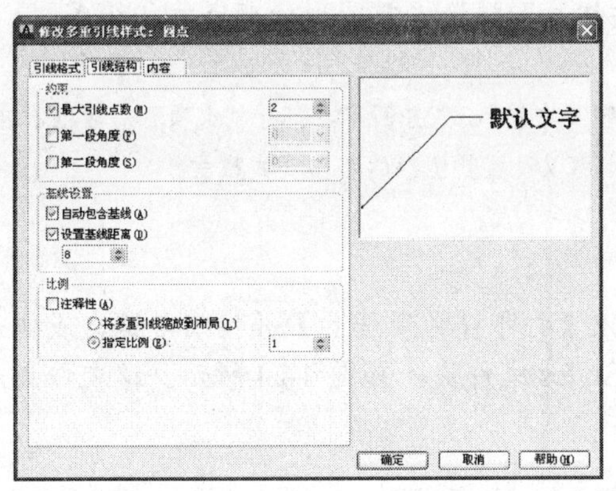

图 4-20 “引线结构”选项卡

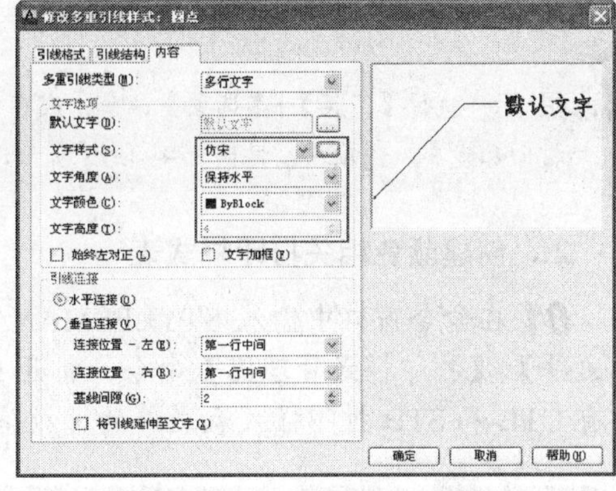

图 4-21 “内容”选项卡

4.1.7 创建打印样式

打印样式用于控制图形打印输出的线型、线宽、颜色等外观。如果打印时未调用打印样式，就有可能在打印输出时出现不可预料的结果，影响图样的美观。

AutoCAD 2013 提供了两种打印样式，分别为颜色相关样式(CTB)和命名样式(STB)。一个图形可以调用命名或颜色相关打印样式，但两者不能同时调用。

CTB 样式类型以 255 种颜色为基础，通过设置与图形对象颜色对应的打印样式，使得所有具有该颜色的图形对象都具有相同的打印效果。例如，可以为所有用红色绘制的图形设置相同的打印笔宽、打印线型和填充样式等特性。CTB 打印样式表文件的后缀名为“*.ctb”。

STB 样式和线型、颜色、线宽等一样，是图形对象的一个普通属性。可以在图层特性管理器中为某图层指定打印样式，也可以在“特性”选项板中为单独的图形对象设置打印样式属性。STB 打印样式表文件的后缀名是“*.stb”。

绘制室内装潢施工图，调用“颜色相关打印样式”更为方便，同时也可兼容 AutoCAD R14 等早期版本，因此本书采用该打印样式进行讲解。

1. 激活颜色相关打印样式

AutoCAD 默认调用“颜色相关打印样式”，如果当前调用的是“命名打印样式”，则需要通过以下方法转换为“颜色相关打印样式”，然后调用 AutoCAD 提供的“添加打印样式表向导”快速创建颜色相关打印样式。

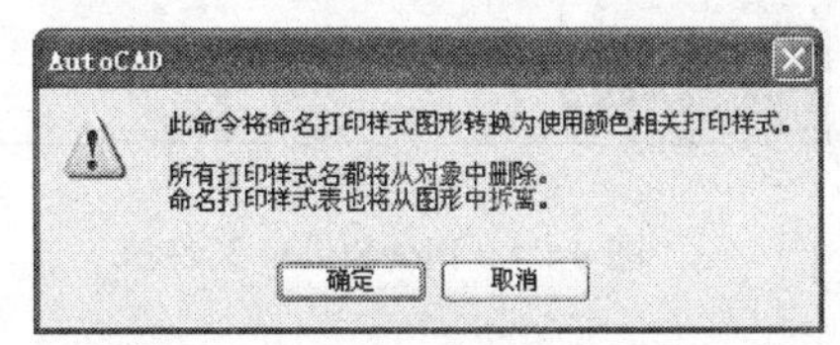

图 4-22 提示对话框

01 在转换打印样式模式之前，首先应判断当前图形调用的打印样式模式。在命令窗口中输入 pstylemode 并回车，如果系统返回“pstylemode = 0”信息，表示当前调用的是命名打印样式模式，如果系统返回“pstylemode = 1”信息，表示当前调用的是颜色打印模式。

02 如果当前是命名打印模式，在命名窗口输入 CONVERTPSTYLES 并回车，在打开的如图 4-22 所示提示对话框中单击【确定】按钮，即转换当前图形为颜色打印模式。

提 示： 执行【工具】|【选项】命令，或在命令窗口中输入 OP 并回车，打开“选项”对话框，进入“打印和发布”选项卡，按照如图 4-23 所示设置，可以设置新图形的打印样式模式。

2. 创建颜色相关打印样式表

01 在命令窗口中输入 STYLESMANAGER【打印样式管理器】并按回车键，或执行【文件】|【打印样式管理器】命令，打开 PlotStyles 文件夹，如图 4-24 所示。该文件夹是所有 CTB 和 STB 打印样式表文件的存放路径。

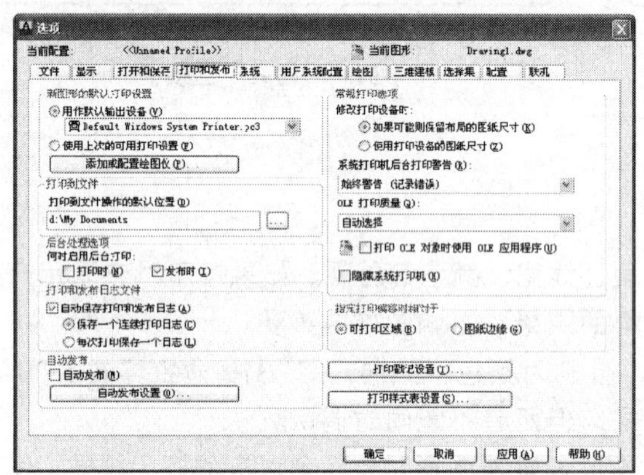

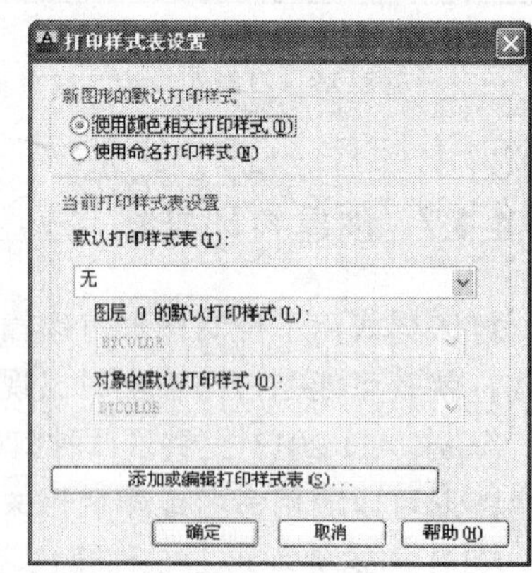

图 4-23 “选项”对话框

02 双击“添加打印样式表向导”快捷方式图标，启动添加打印样式表向导，在打开的如图 4-25 所示的对话框中单击【下一步】按钮。

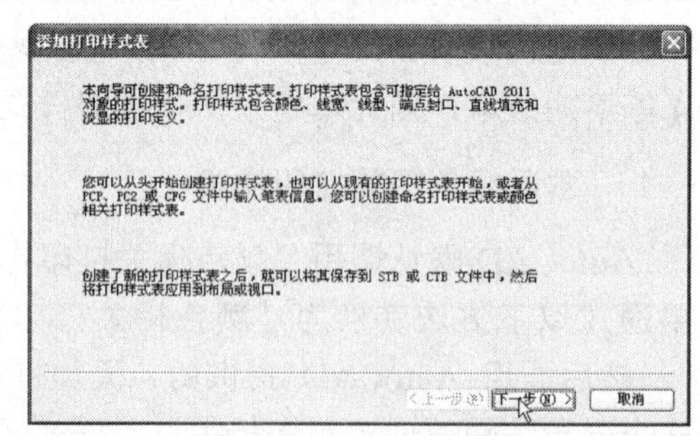

图 4-24 Plot Styles 文件夹

图 4-25 添加打印样式表

03 在打开的如图 4-26 所示“开始”对话框中选择“创建新打印样式表”单选项，单击【下一步】按钮。

04 在打开的如图 4-27 所示“选择打印样式表”对话框中选择“调用颜色相关打印样式表”单选项，单击【下一步】按钮。

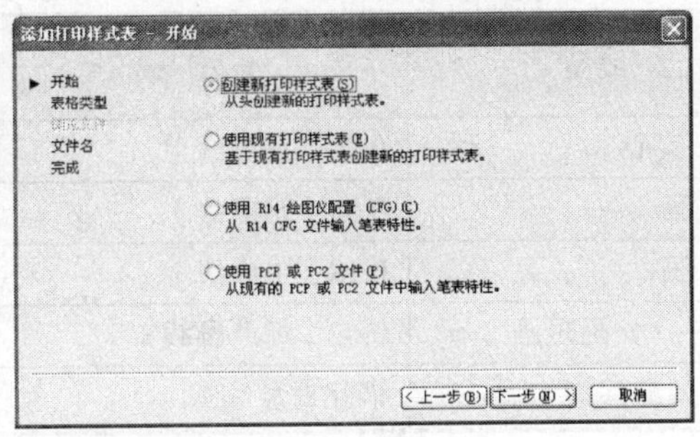

图 4-26 添加打印样式表向导 – 开始

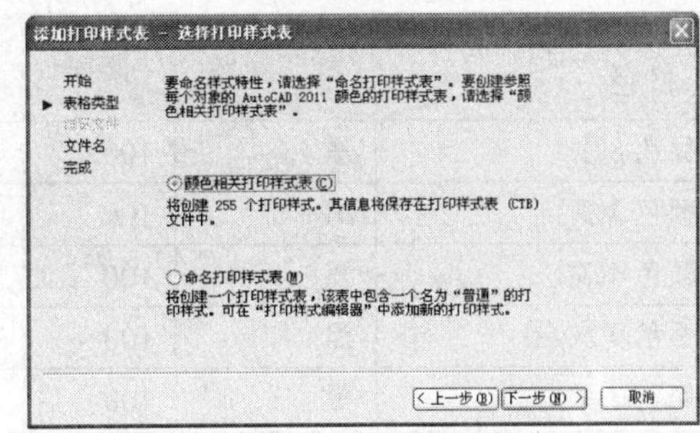

图 4-27 添加打印样式表 – 表格类型

05 在打开的如图 4-28 所示对话框的“文件名”文本框中输入打印样式表的名称，单击【下一步】按钮。

06 在打开的如图 4-29 所示对话框中单击【完成】按钮，关闭添加打印样式表向导，打印样式创建完毕。

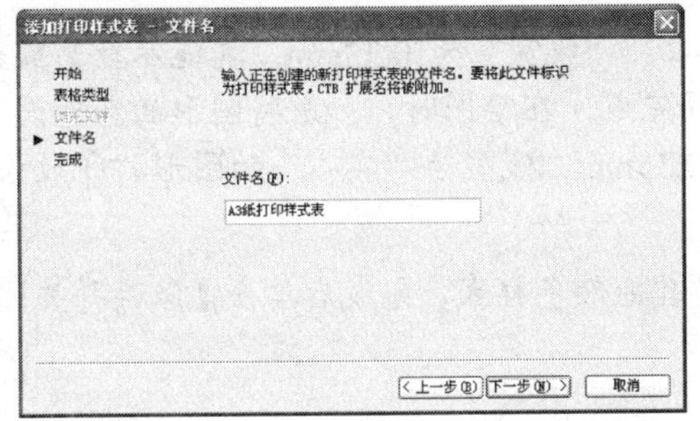

图 4-28 添加打印样式表向导 – 输入文件名

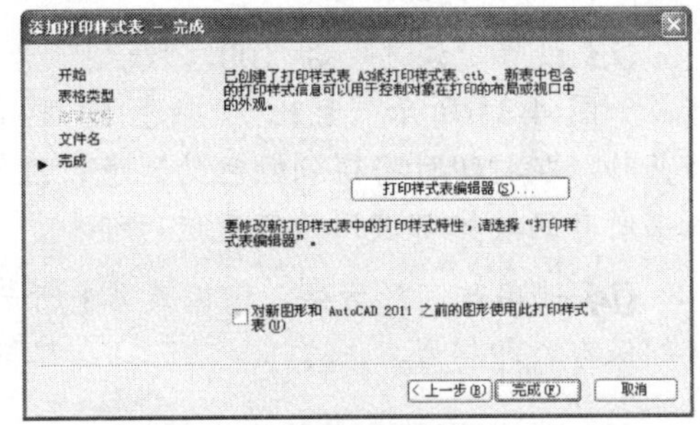

图 4-29 添加打印样式表向导 – 完成

3. 编辑打印样式表

创建完成的“A3 纸打印样式表”会立即显示在 Plot Styles 文件夹中，双击该打印样式表，打开“打印样式表编辑器”对话框，在该对话框中单击“格式视图”选项卡，即可对该打印样式表进行编辑，如图 4-30 所示。

“表格视图”选项卡由“打印样式”、“说明”和“特性”三个选项组组成。“打印样式”列表框显示了 255 种颜色和编号，每一种颜色可设置一种打印效果，右侧的“特性”选项组用于设置详细的打印效果，包括打印的颜色、线型、线宽等。

绘制室内施工图时，通常调用不同的线宽和线型来表示不同的结构，例如物体外轮廓调用中实线，内轮廓调用细实线，不可见的轮廓调用虚线，从而使打印的施工图清晰、美观。本书调用的颜色打印样式特性设置如表 4-1 所示。

表 4-1 颜色打印样式特性设置

打印特性 颜色	打印颜色	淡显	线型	线 宽/mm
颜色 5(蓝)	黑	100	——实心	0.35（粗实线）
颜色 1(红)	黑	100	——实心	0.18（中实线）
颜色 74(浅绿)	黑	100	——实心	0.09（细实线）

打印特性 颜色	打印颜色	淡显	线型	线 宽/mm
颜色 8(灰)	黑	100	——实心	0.09（细实线）
颜色 2(黄)	黑	100	— — 画	0.35（粗虚线）
颜色 4(青)	黑	100	— — 画	0.18（中虚线）
颜色 9(灰白)	黑	100	—·— 长画短画	0.09（细点画线）
颜色 7(黑)	黑	100	调用对象线型	调用对象线宽

表 4-1 所示的特性设置，共包含了 8 种颜色样式，这里以颜色 5(蓝)为例，介绍具体的设置方法，操作步骤如下：

01 在“打印样式表编辑器”对话框中单击“格式视图”选项卡，在“打印样式”列表框中选择“颜色 5”，即 5 号颜色(蓝)，如图 4-31 所示。

02 在右侧“特性”选项组的“颜色”列表框中选择“黑”，如图 4-31 所示。因为施工图一般采用单色进行打印，所以这里选择“黑”颜色。

03 设置“淡显”为 100，“线型”为“实心”，“线宽”为 0.35mm，其他参数为默认值，如图 4-31 所示。至此，“颜色 5”样式设置完成。在绘图时，如果将图形的颜色设置为蓝时，在打印时将得到颜色为黑色，线宽为 0.35mm，线型为“实心”的图形打印效果，本书所有的墙体都使用该颜色进行绘制。

04 使用相同的方法，根据表 4-1 所示设置其他颜色样式，完成后单击【保存并关闭】按钮保存打印样式。

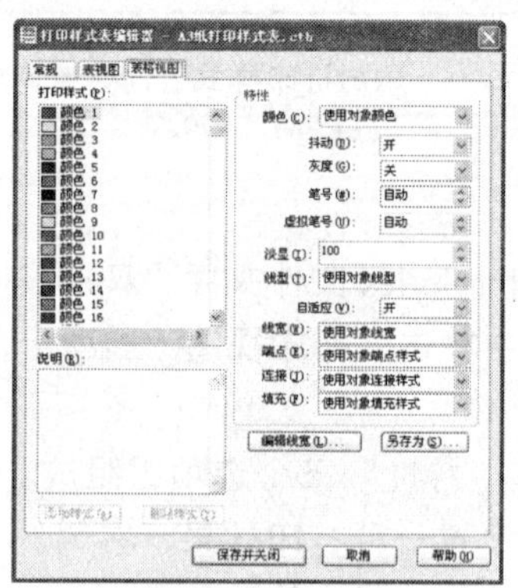

图 4-30　打印样式表编辑器

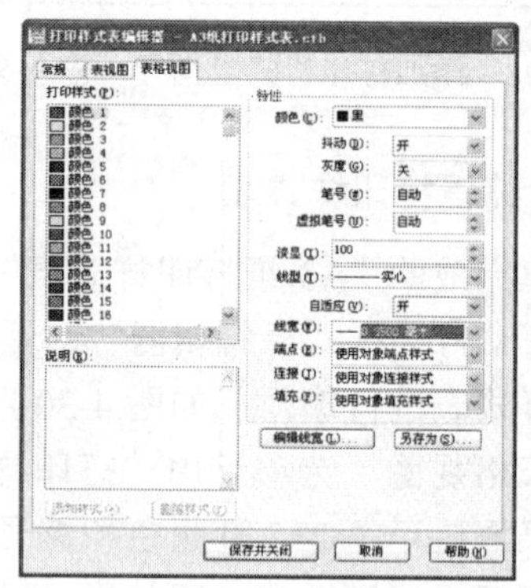

图 4-31　设置颜色 5 样式特性

提 示:“颜色 7”是为了方便打印样式中没有的线宽或线型而设置的。例如，当图形的线型为双点划线时，而样式中并没有这种线型，此时就可以将图形的颜色设置为黑色，即颜色 7，那么打印时就会根据图形自身所设置的线型进行打印

4.1.8　设置图层

绘制室内装潢施工图需要创建轴线、墙体、门、窗、楼梯、标注、节点、电气、吊顶、地面、填充、立面和家具等图层。下面以创建轴线图层为例，介绍图层的创建与设置方法。

01 在命令窗口中输入LAYER/LA【图层】并按回车键，或选择【格式】|【图层】命令，打开如图4-32所示【图层特性管理】对话框。

02 单击对话框中的新建图层按钮，创建一个新的图层，在“名称”框中输入新图层名称“ZX_轴线”，如图4-33所示。

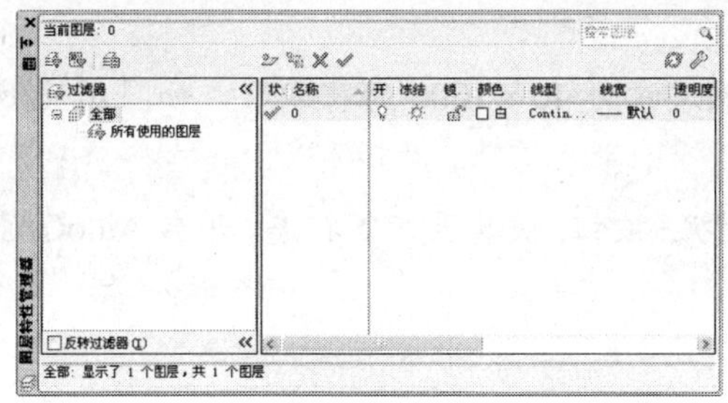

图4-32 “图层特性管理器”对话框

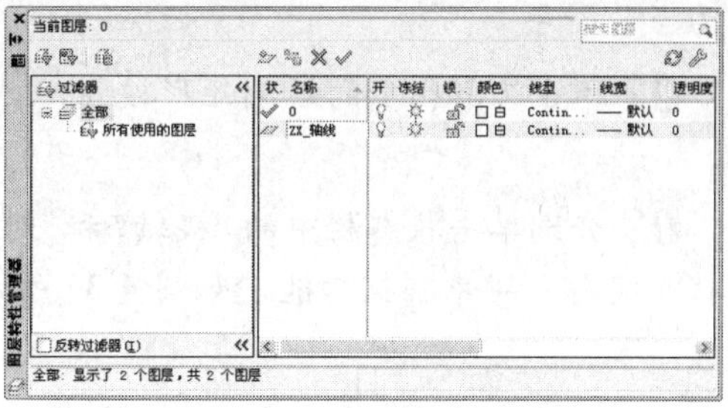

图4-33 创建轴线图层

技 巧：为了避免外来图层（如从其他文件中复制的图块或图形）与当前图像中的图层掺杂在一起而产生混乱，每个图层名称前面使用了字母（中文图层名的缩写）与数字的组合。同时也可以保证新增的图层能够与其相似的图层排列在一起，从而方便查找。

03 设置图层颜色。为了区分不同图层上的图线，增加图形不同部分的对比性，可以在“图层特性管理器”对话框中单击相应图层“颜色”标签下的颜色色块，打开“选择颜色”对话框，如图4-34所示。在该对话框中选择需要的颜色。

04 “ZX_轴线”图层其他特性保持默认值，图层创建完成，调用相同的方法创建其他图层，创建完成的图层如图4-35所示。

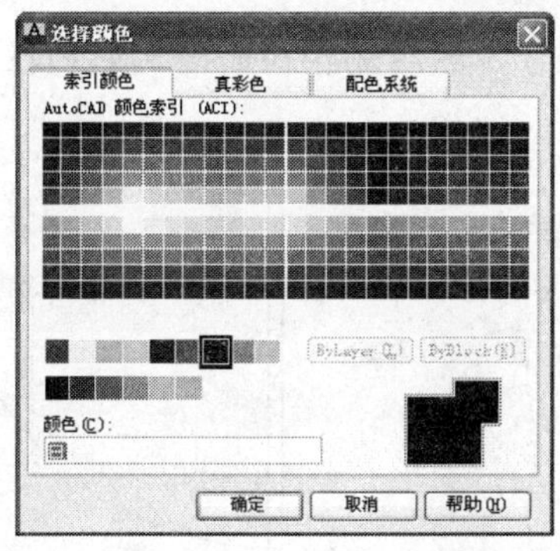

图4-34 “选择颜色”对话框

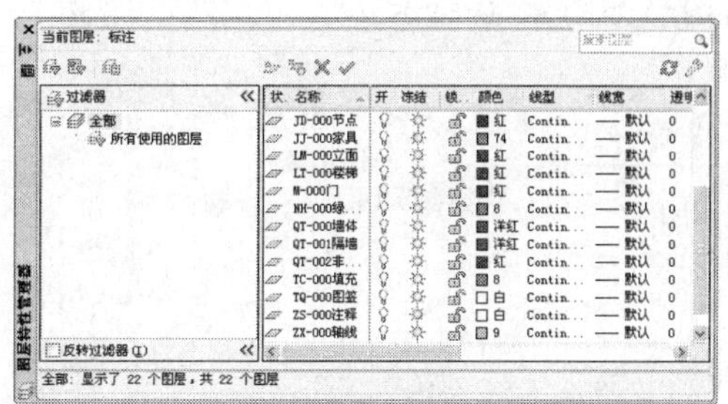

图4-35 创建其他图层

4.2 绘制常用图形

绘制室内施工图经常会用到门、窗等基本图形，为了避免重复劳动，一般在样板文件中将其绘制出来并设置为图块，方便调用。

4.2.1 绘制并创建门图块

首先绘制门的基本图形，然后创建门图块。

01 确定当前未选择任何对象，在“图层”工具栏图层下拉列表中选择“M_门”图层作为当前图层。

02 单击工具栏上的绘制矩形按钮，绘制尺寸为 40 × 1000 的长方形，如图 4-36 所示。

03 分别单击状态栏中的“极轴”和“对象捕捉”按钮，使其呈凹下状态，开启 AutoCAD 的极轴追踪和对象捕捉功能，如图 4-37 所示。

图 4-36　绘制长方形

图 4-37　AutoCAD 状态栏

注 意：以后如果没有特别说明，极轴追踪和对象捕捉功能均为开启状态。

04 单击工具栏上的绘制直线按钮，绘制长度为 1000 的水平线段，如图 4-38 所示。

05 单击工具栏上的绘制圆按钮，以长方形左上角端点为圆心绘制半径为 1000 的圆，如图 4-39 所示。

06 单击工具栏上的修剪按钮，修剪圆多余部分，然后删除前面绘制的线段，得到门图形如图 4-40 所示。

图 4-38　绘制直线　　图 4-39　绘制圆　　图 4-40　修剪圆

2. 创建图块

门的图形绘制完成后，即可调用 BLOCK/B【块定义】命令将其定义成图块，并可创建成动态图块，以方便调整门的大小和方向，本节先创建门图块。

01 在命令窗口中输入 B【块定义】并按回车键，或选择【绘图】|【块】|【创建】命令，打开【块定义】对话框，如图 4-41 所示。

02 在【块定义】对话框中的“名称”文本框中输入图块的名称“门(1000)”。

03 在“对象”参数栏中单击(选择对象)按钮，在图形窗口中选择门图形，按回车键返回“块定义”对话框。

04 在“基点”参数栏中单击(拾取点)按钮，捕捉并单击长方形左上角的端点作为图块的插入点，如图4-42所示。

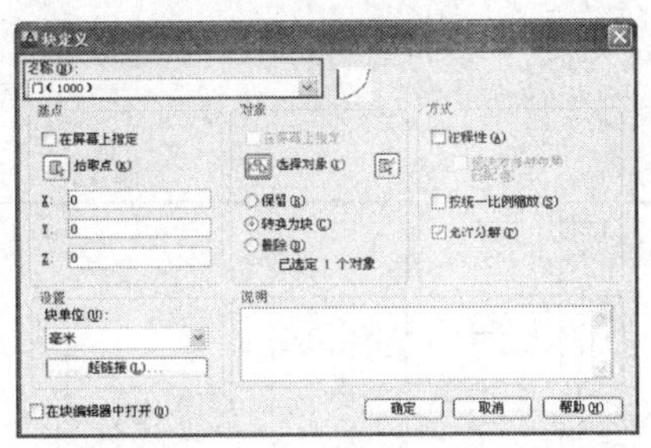

图4-41 “块定义”对话框

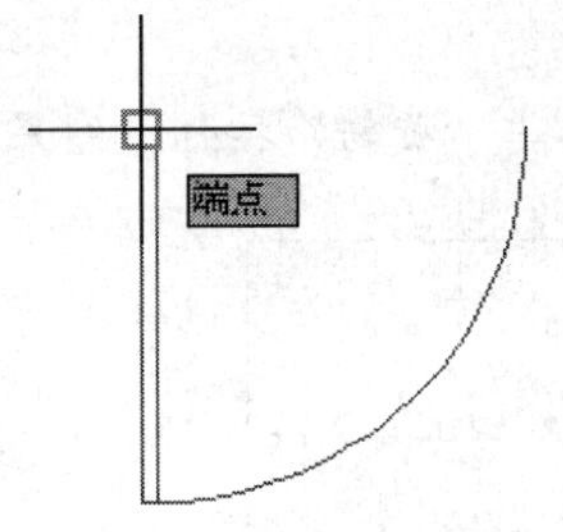

图4-42 指定图块插入点

05 在“块单位”下拉列表中选择“毫米”为单位。

06 单击【确定】按钮关闭对话框，完成门图块的创建。

4.2.2 创建门动态块

将图块转换为动态图块后，可直接通过移动动态夹点来调整图块大小、角度，避免了频繁的参数输入和命令调用(如缩放、旋转等)，使图块的调整操作变得自如、轻松。

下面将前面创建的“门(1000)”图块创建成动态块，创建动态块使用BEDIT/BE命令。要使块成为动态块，必须至少添加一个参数。然后添加一个动作并将该动作与参数相关联。添加到块定义中的参数和动作类型定义了块参照在图形中的作用方式。

1. 添加动态块参数

01 输入BEDIT/BE【编辑块定义】命令，打开“编辑块定义”对话框，在该对话框中选择“门(1000)”图块，如图4-43所示，单击【确定】按钮确认，进入块编辑器。

02 添加参数。在“块编写选项板”右侧单击“参数”选项卡，再单击【线性】按钮，如图4-44所示，然后按系统提示操作，结果如图4-45所示。

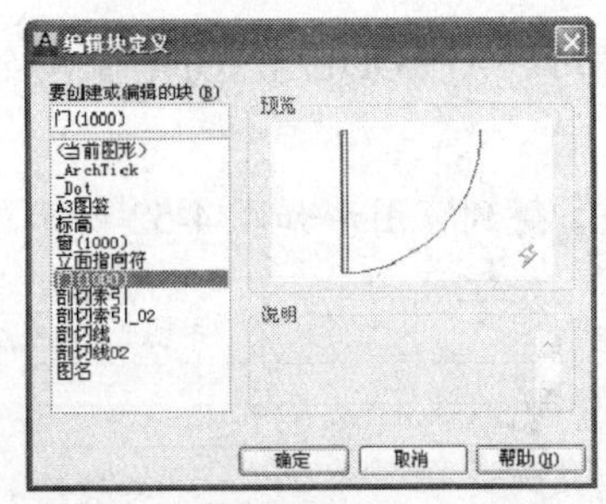

图4-43 “编辑块定义”对话框

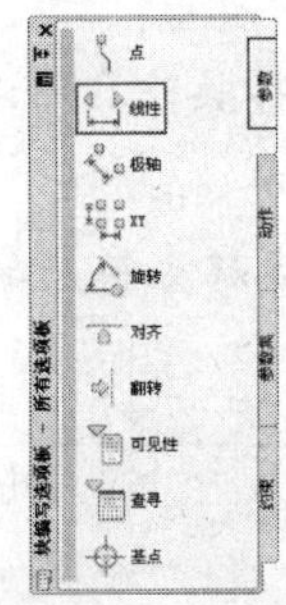

图4-44 创建参数

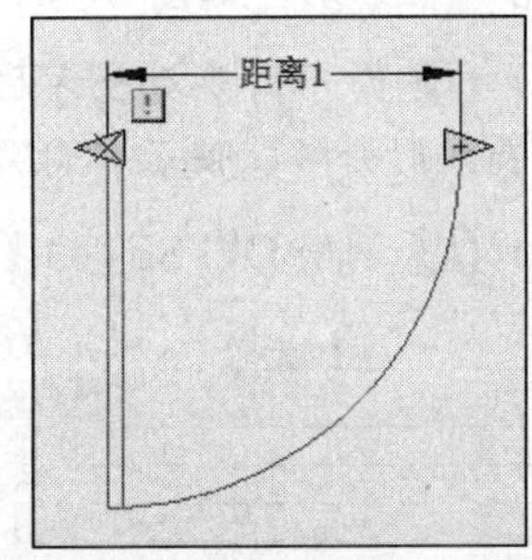

图4-45 添加“线性参数”

03 在“块编写选项板”中单击“旋转参数”按钮，结果如图 4-46 所示。

提 示： 在进入块编辑状态后，窗口背景会显示为浅灰色，同时窗口上显示出相应的选项板和工具栏。

2. 添加动作

01 单击“块编写选项板”右侧的“动作”选项卡，再单击【缩放】按钮，结果如图 4-47 所示。

02 单击“旋转”按钮，结果如图 4-48 所示。

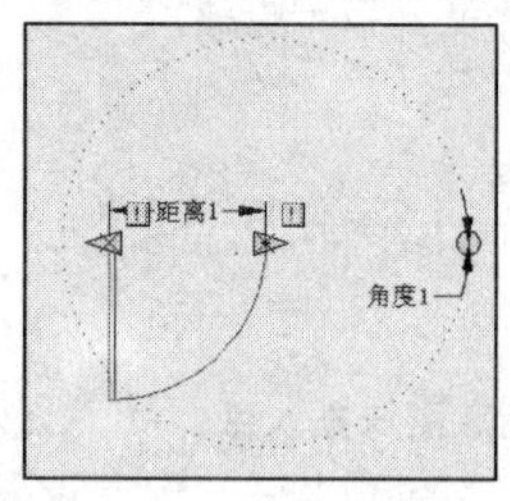

图 4-46 添加“旋转参数”

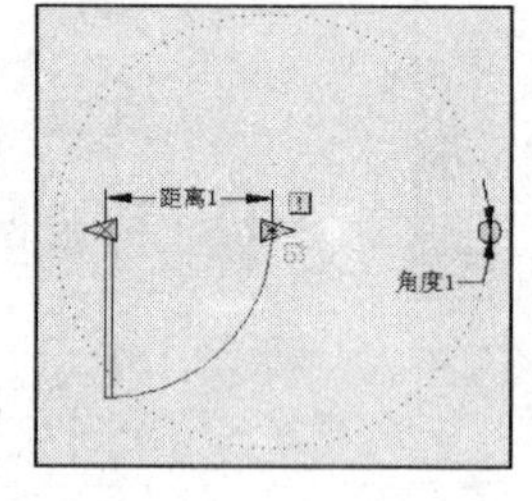

图 4-47 添加“缩放动作”

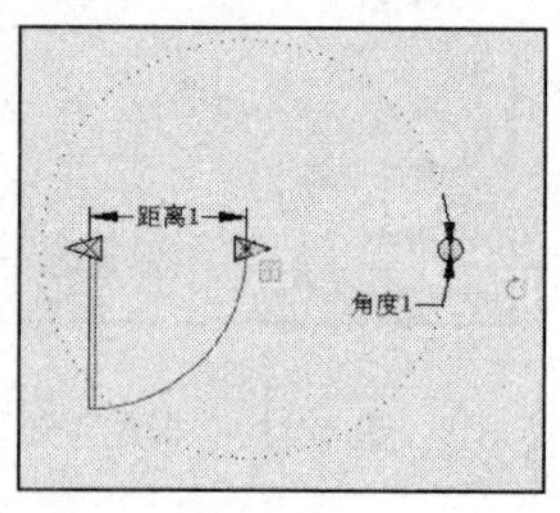

图 4-48 添加“旋转动作”

03 单击块编辑器工具栏(如图 4-49 所示)上的保存块定义按钮，保存所做的修改，单击【关闭块编辑器】按钮关闭块编辑器，返回到绘图窗口，“门(1000)”动态块创建完成。

图 4-49 块编辑工具栏

4.2.3 绘制并创建窗图块

首先绘制窗基本图形，然后创建窗图块。

1. 绘制基本图形

窗的宽度一般有 600mm、900mm、1200mm、1500mm、1800mm 等几种，下面绘制一个宽为 240、长为 1000 的图形作为窗的基本图形，如图 4-50 所示。

01 设置“C_窗”图层为当前图层，调用 RECTANG/REC【矩形】命令绘制 1000×240 的长方形，如图 4-51 所示。

02 由于需要对长方形的边进行偏移操作，所以需先调用 EXPLODE/X【分解】命令将长方形分解，使长方形 4 条边独立出来。

03 调用 OFFSET/O【偏移】命令偏移分解后的长方形，得到窗图形如图 4-52 所示。

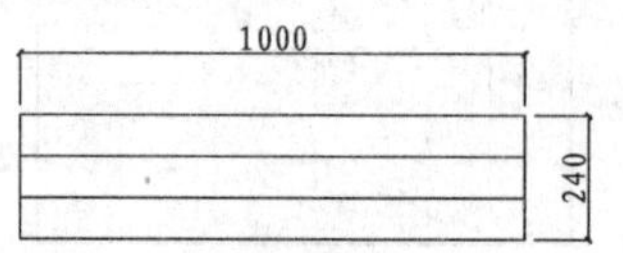

图 4-50 窗图形

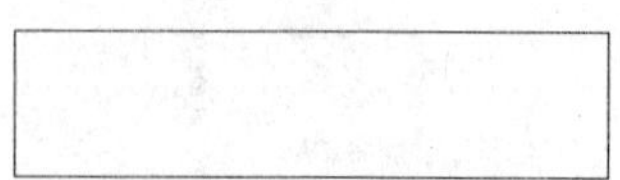

图 4-51 绘制的长方形

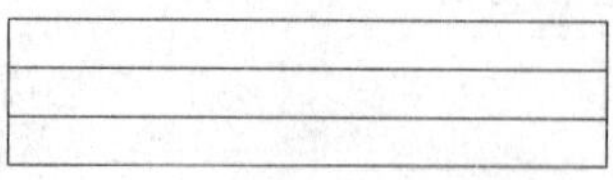

图 4-52 绘制的窗图形

2. 创建图块

应用前面介绍的创建门图块的方法，创建“窗(1000)”图块，在“块定义”对话框中取消“按统一比例缩放”复选框的勾选，如图 4-53 所示。

4.2.4 绘制并创建立面指向符图块

立面指向符是室内装修施工图中特有的一种标识符号，主要用于立面图编号。当某个垂直界面需要绘制立面图时，在该垂直界面所对应的平面图中就要使用立面指向符，以方便确认该垂直界面的立面图编号。

立面指向符由等边直角三角形、圆和字母组成，其中字母为立面图的编号，黑色的箭头指向立面的方向。如图 4-54a 所示为单向内视符号，图 4-54b 所示为双向内视符号，图 4-54c 所示为四向内视符号(按顺时针方向进行编号)。

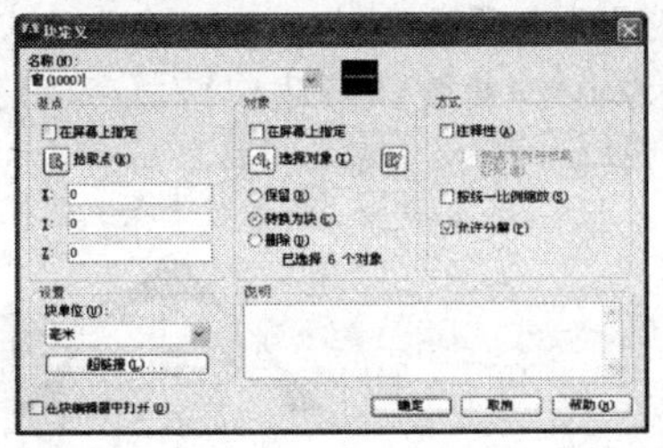

图 4-53 创建“窗(1000)”图块

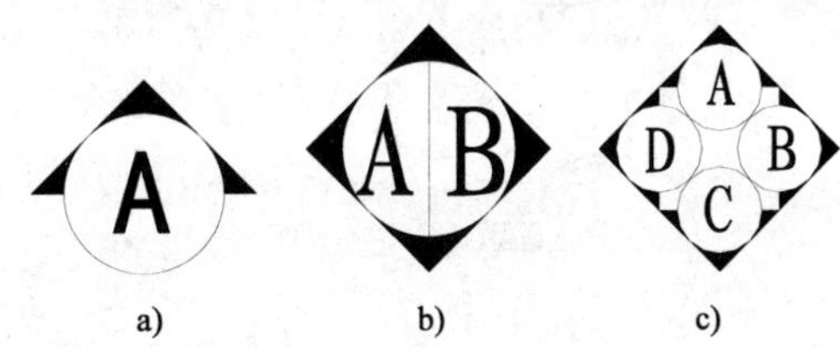

图 4-54 立面指向符

下面介绍立面指向符的绘制方法，具体操作步骤如下：

01 调用 PLINE/PL【多段线】命令，绘制等边直角三角形，命令选项如下：

```
命令:PLINE↙
指定第一点:                                  //在窗口中任意指定一点，确定线段起点
指定下一点或 [放弃(U)]:380↙                 //水平向左移动光标，当出现 180° 极轴追踪线时输入 380 并按下回车键，确定线段第二点
指定下一点或 [圆弧(A)/闭合(C)/半宽(H)/长度(L)/放弃(U)/宽度(W)]: <45
角度替代: 45                                 //将角度限制在 45°
指定下一点或 [放弃(U)]:                      //捕捉如图 4-55 所示线段中点，然后垂直向上移动光标，当与 45° 线段相交并出现相交标记时(如图 4-56 所示)单击鼠标，确定线段第三点
指定下一点或 [闭合(C)/放弃(U)]:C↙           //闭合线段
```

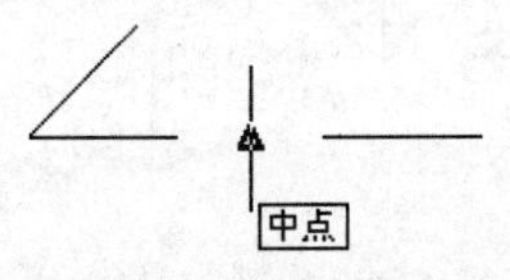

图 4-55 捕捉线段中点

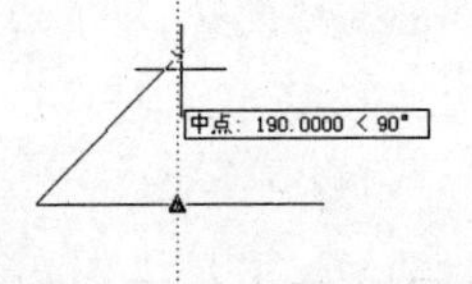

图 4-56 确定线段第三点

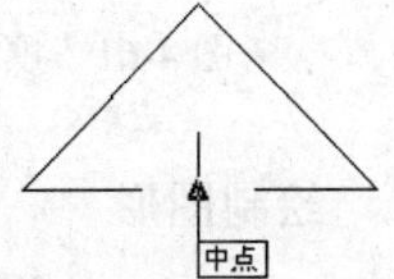

图 4-57 指定圆心

02 调用 CIRCLE/C【圆】命令绘制圆，命令选项如下：

```
命令: CIRCLE↙                                              //调用 CIRCLE 命令
指定圆的圆心或 [三点(3P)/两点(2P)/相切、相切、半径(T)]   //捕捉并单击如图 4-57 所示线段中点，确定圆心
指定圆的半径或[直径(D)] <134.3503>:                       //捕捉并单击如图 4-58 所示线段中点，确定圆半径
```

03 调用 TRIM/TR【修剪】命令修剪圆，命令选项如下：

```
命令:TRIM↙
当前设置:投影=UCS, 边=延伸
选择剪切边...
选择对象:找到 1 个                        //选择圆
选择对象: ↙                               //按回车键结束对象选择
选择要修剪的对象，或按住 Shift 键选择要延伸的对象，或[投影(P)/边(E)/放弃(U)]:
                                          //单击圆内的线段
选择要修剪的对象，或按住 Shift 键选择要延伸的对象，或[投影(P)/边(E)/放弃(U)]: ↙
                                          //按回车键退出命令，效果如图 4-59 所示
```

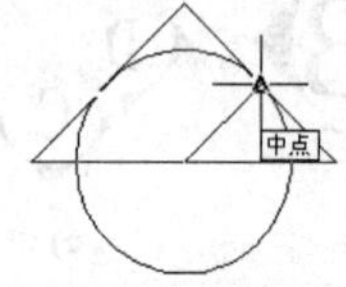

图 4-58　指定圆半径

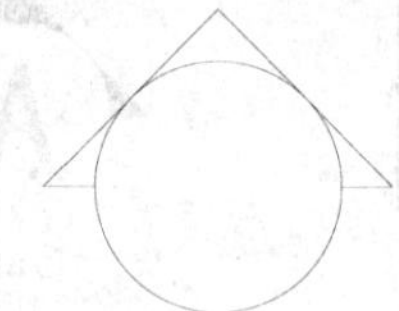

图 4-59　修剪后的效果

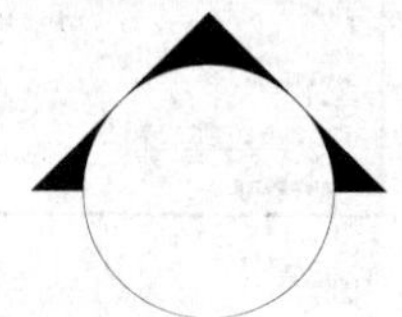

图 4-60　填充结果

04 调用 BHATCH/H【图案填充】命令，使用“SOLID”图案填充图形，结果如图 4-60 所示，填充参数设置如图 4-61 所示。立面指向符绘制完成。

05 调用 BLOCK/B【创建块】命令，创建“立面指向符”图块。

4.2.5　绘制并创建图名动态块

图名由图形名称、比例和下划线三部分组成，如图 4-62 所示。通过添加块属性和创建动态块，可随时更改图形名字和比例，并动态调整图名宽度，下面介绍绘制和创建方法。

图 4-61　填充参数设置

图名　比例

图 4-62　图名

1. 绘制图形

如图 4-63 所示，图形名称文字尺寸较大，可以创建一个新的文字样式。

01 使用前面介绍的方法，选择【格式】|【文字样式】命令，创建“仿宋 2”文字样式，文字高度设置为 3，并勾选“注释性”复选项，其他参数设置如图 4-63 所示。

02 定义“图名”属性。执行【绘图】|【块】|【定义属性】命令，打开“属性定义”对话框，在“属性”参数栏中设置“标记”为“图名”，设置“提示”为“请输入图名:”，设置“默认”为“图名”，如图 4-64 所示。

03 在“文字设置”参数栏中设置“文字样式”为“仿宋 2”，勾选“注释性”复选框，如图 4-64 所示。

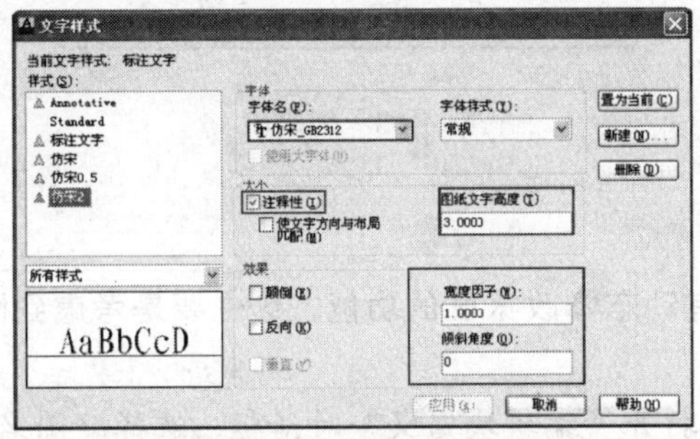

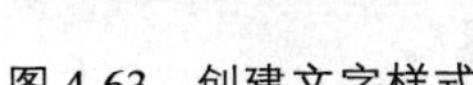

图 4-63 创建文字样式

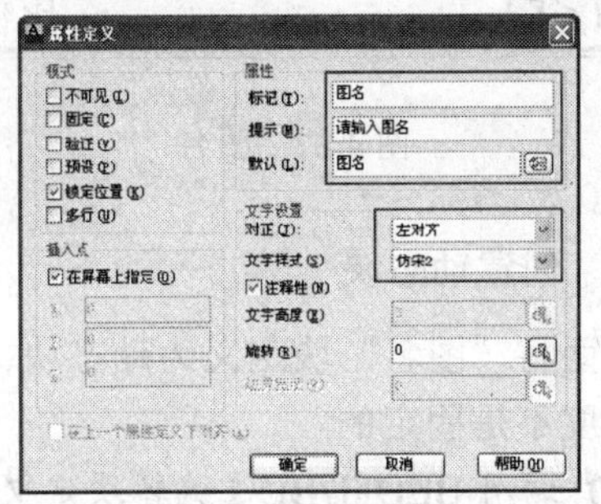

图 4-64 定义属性

04 单击【确定】按钮确认，在窗口内拾取一点确定属性位置，如图 4-65 所示。

05 使用相同方法，创建“比例”属性，其参数设置如图 4-66 所示，文字样式设置为“仿宋”。

图 4-65 指定属性位置

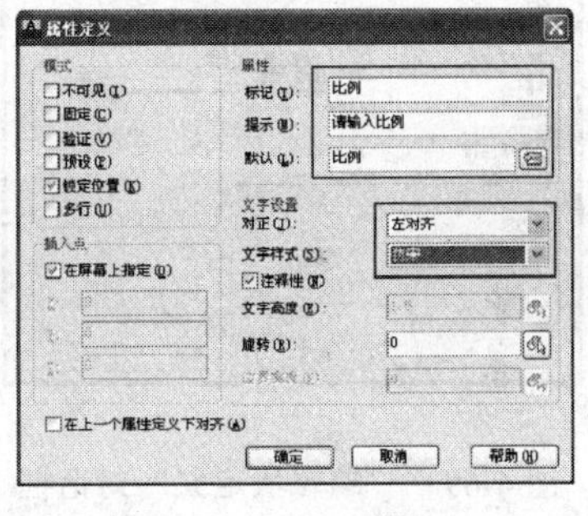

图 4-66 定义属性

06 使用 MOVE/M【移动】命令将“图名”与“比例”文字移动到同一水平线上。

07 调用 PLINE/PL【多段线】命令，在文字下方绘制宽度为 20 和 1 的多段线，图名图形绘制完成，如图 4-67 所示。

2. 创建块

01 选择“图名”和“比例”文字及下划线，调用 BLOCK/B【创建块】命令，打开“块定义”对话框。

02 在“块定义”对话框中设置块“名称”为“图名”。单击（拾取点）按钮，在图形中拾取下划线左端点作为块的基点，勾选“注释性”复选框，使图块可随当前注释比例变化，其他参数设置如图 4-68 所示。

03 单击【确定】按钮完成块定义。

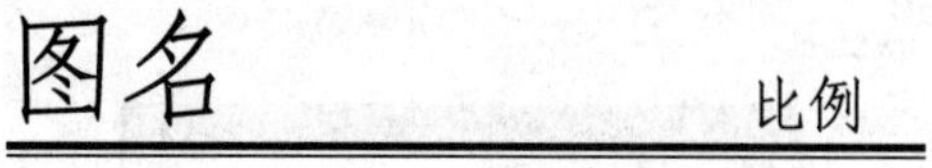

图名 比例

图 4-67 图名

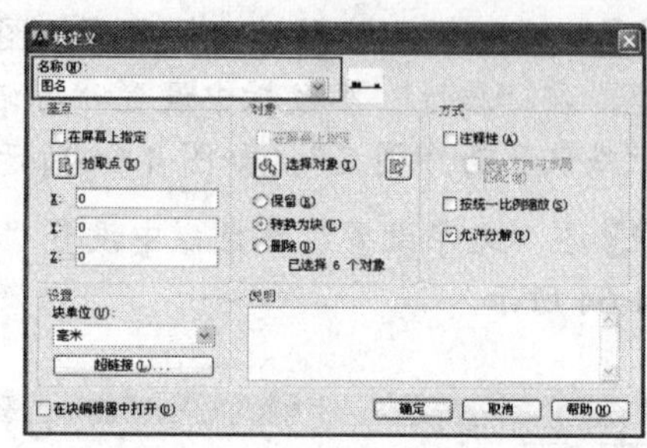

图 4-68 创建块

3. 创建动态块

下面将“图名”块定义为动态块，使其具有动态修改宽度的功能，这主要是考虑到图名的长度不是固定的。

01 调用 BEDIT/BE【编辑块定义】命令，打开“编辑块定义”对话框，选择“图名”图块，如图 4-69 所示。单击【确定】按钮进入“块编辑器”。

02 调用【线性参数】命令，以下划线左、右端点为起始点和端点添加线性参数，如图 4-70 所示。

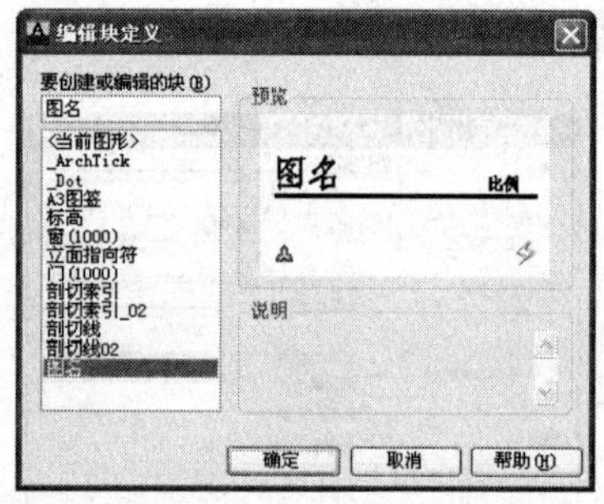

图 4-69 “编辑块定义”对话框

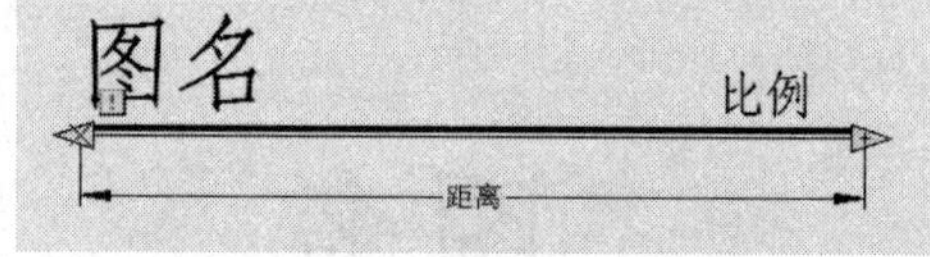

图 4-70 添加线性参数

03 调用【拉伸动作】命令创建拉伸动作，如图 4-71 所示，然后按命令提示操作:

```
命令: _BActionTool
选择参数:                                     //选择前面创建的线性参数
指定要与动作关联的参数点或输入[起点(T)/第二点(S)] <第二点>:
                                              //捕捉并单击下划线右下角端点
指定拉伸框架的第一个角点或[圈交(CP)]:
指定对角点:                                   //拖动鼠标创建一个虚框，虚框内为可拉伸部分
指定要拉伸的对象
选择对象:找到 1 个
选择对象:指定对角点: 找到 5 个 (1 个重复), 总计 5 个
选择对象:                                     //选择除文字“图名”之外的其他所有对象
指定动作位置或 [乘数(M)/偏移(O)]:             //在适当位置拾取一点确定拉伸动作图标的位置,
结果如图 4-72 所示
```

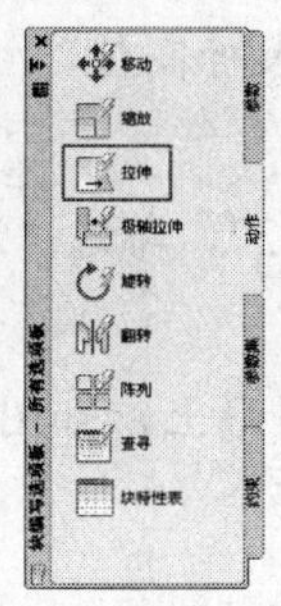

图 4-71 调用“拉伸动作”

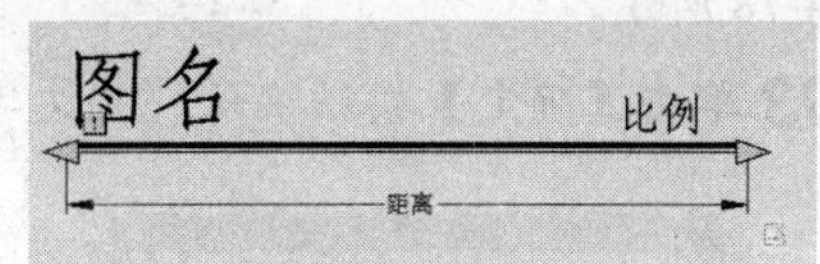

图 4-72 添加参数

04 单击工具栏【关闭块编辑器】按钮退出块编辑器，当弹出如图 4-73 所示提示对话框时，单击【是】按钮保存修改。

05 此时“图名”图块就具有了动态改变宽度的功能，如图 4-74 所示，

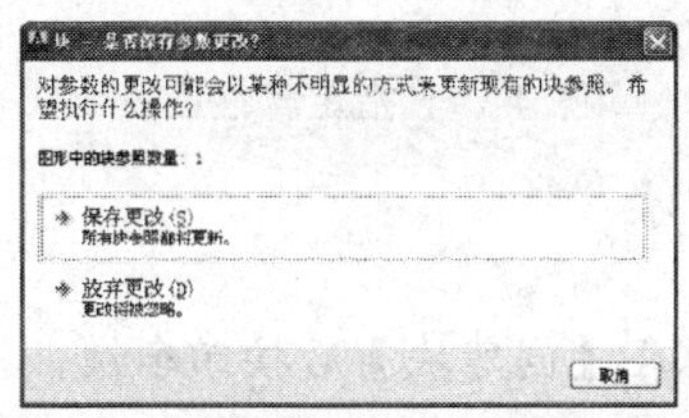

图 4-73 提示对话框

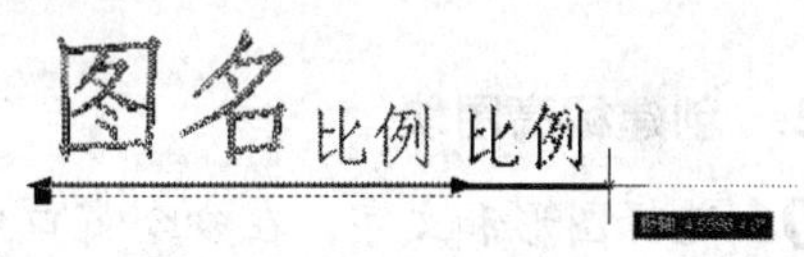

图 4-74 动态块效果

4.2.6 创建标高图块

标高用于表示顶面造型及地面装修完成面的高度，本节介绍标高图块的创建方法。

1. 绘制标高图形

01 调用 RECTANG/REC【矩形】命令绘制一个矩形，效果如图 4-75 所示。

02 调用 EXPLODE/X【分解】命令分解矩形。

03 调用 LINE【直线】命令，捕捉矩形的第一个角点，将其与矩形的中点连接，再连接第二个角点，效果如图 4-76 所示。

04 删除多余的线段，只留下一个三角形，利用三角形的边画一条直线，如图 4-77 所示，标高符号绘制完成。

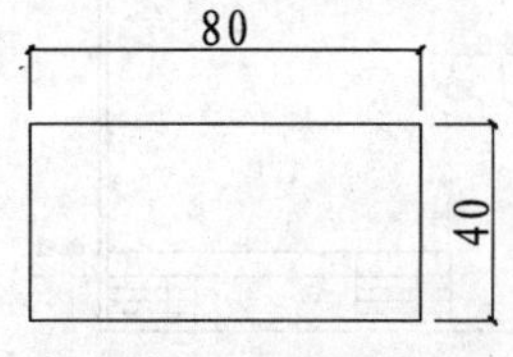

图 4-75 绘制矩形

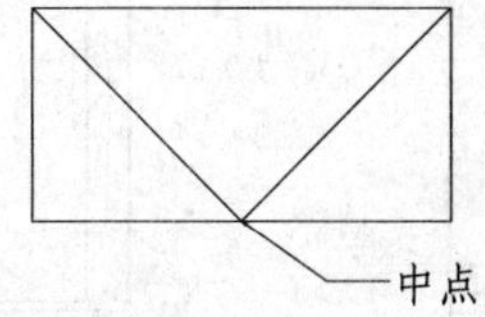

图 4-76 绘制线段

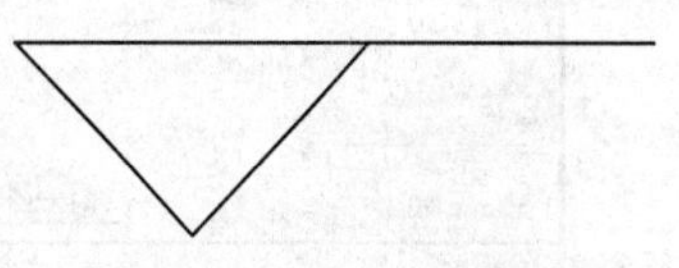

图 4-77 绘制直线

2. 标高定义属性

01 执行【绘图】|【块】|【定义属性】命令，打开“属性定义”对话框，在“属性”

参数栏中设置“标记”为“0.000”，设置“提示”为“请输入标高值”，设置“默认”为 0.000。

02 在“文字设置”参数栏中设置“文字样式”为“仿宋 2”，勾选“注释性”复选框，如图 4-78 所示。

03 单击【确定】按钮确认，将文字放置在前面绘制的图形上，如图 4-79 所示。

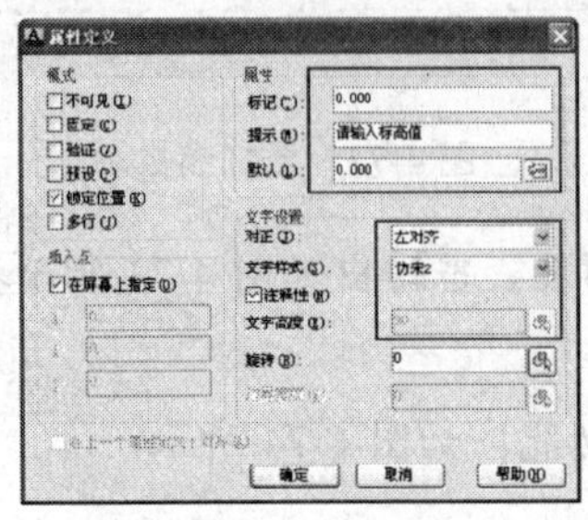

图 4-78 定义属性

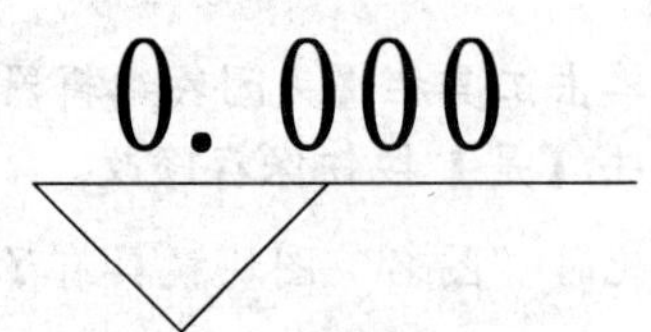

图 4-79 指定属性位置

3. 创建标高图块

01 选择图形和文字，在命令窗口中输入 BLOCK/B【创建块】后按回车键，打开“块定义”对话框，如图-4-80 所示。

02 在“对象”参数栏中单击“选择对象”按钮，在图形窗口中选择标高图形，按回车键返回“块定义”对话框。

03 在“基点”参数栏中单击“拾取点”按钮，捕捉并单击三角形左上角的端点作为图块的插入点。

04 单击【确定】按钮关闭对话框，完成标高图块的创建。

4.2.7 绘制 A3 图框

在本节中主要介绍 A3 图框的绘制方法，以练习表格和文字的创建和编辑方法，绘制完成的 A3 图框如图 4-81 所示。

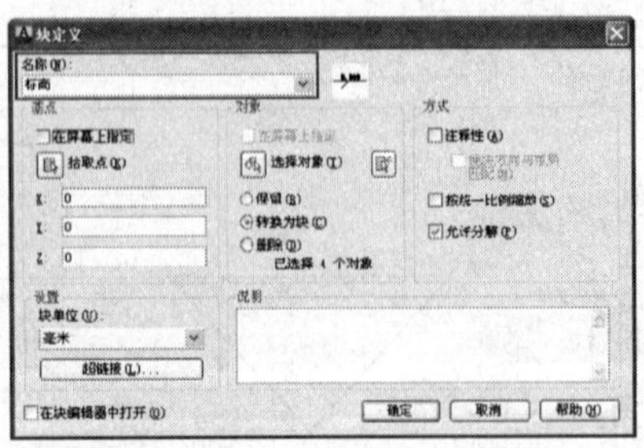

图 4-80 “块定义”对话框

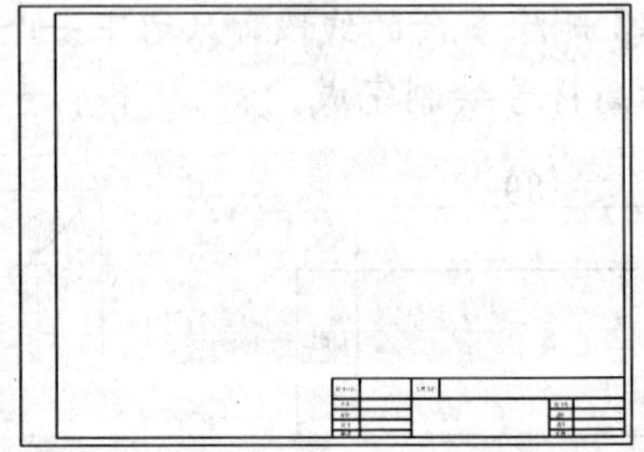

图 4-81 A3 图纸样板图形

1. 绘制图框

01 新建“TK_图框”图层，颜色为“白色”，将其置为当前图层。

02 使用 RECTANG/REC【矩形】命令，在绘图区域指定一点为矩形的端点，输入“D”，输入长度为 420，宽度为 297，如图 4-82 所示。

03 使用 EXPLODE/X【分解】命令，分解矩形。

04 使用 OFFSET/O【偏移】命令，将左边的线段向右偏移 25，分别将其他三个边长向内偏移 5。修剪多余的线条，如图 4-83 所示。

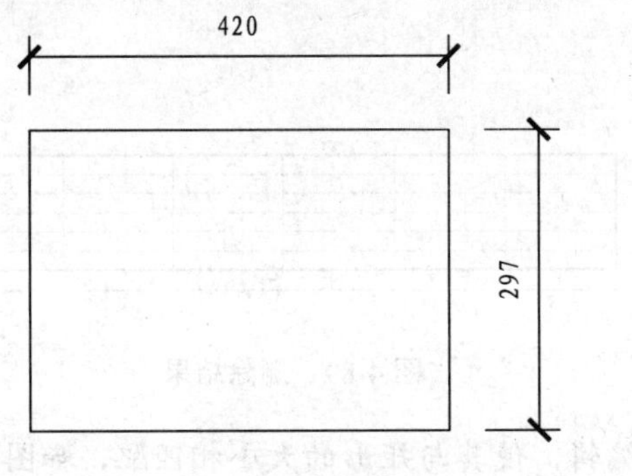

图 4-82 绘制矩形

图 4-83 偏移线段

2. 插入表格

01 使用 RECTANG/REC【矩形】命令，绘制一个 200×40 的矩形，作为标题栏的范围。

02 使用 MOVE/M【移动】命令，将绘制的矩形移动至标题框的相应位置，如图 4-84 所示。

03 选择【绘图】|【表格】命令，弹出“插入表格”对话框。

04 在“插入方式”选项组中，选择“指定窗口”方式。在“列和行设置”选项组中，设置为 6 行 6 列，如图 4-85 所示。单击【确定】按钮，返回绘图区。

图 4-84 移动标题栏

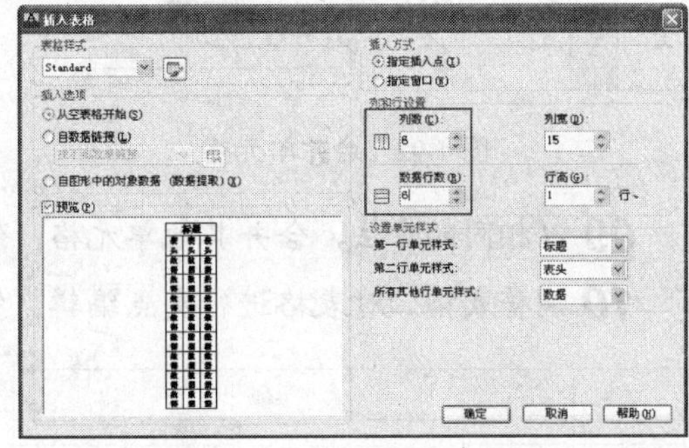

图 4-85 “插入表格”对话框

05 在绘图区中，为表格指定窗口。在矩形左上角单击，指定为表格的左上角点，拖动到矩形的右下角点，如图 4-86 所示。指定位置后，弹出“文字格式”编辑器。单击【确定】按钮，关闭编辑器，如图 4-87 所示。

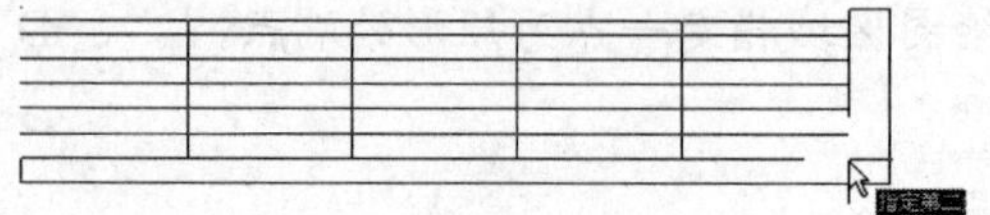

图 4-86　为表格指定窗口

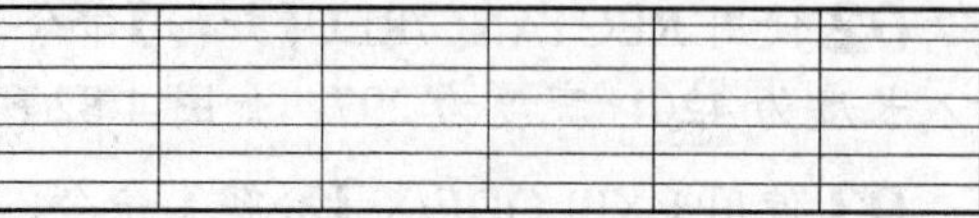

图 4-87　绘制表格

06 删除列标题和行标题。选择列标题和行标题，右击鼠标，选择“行”|“删除”命令，如图 4-88 所示，结果如图 4-89 所示。

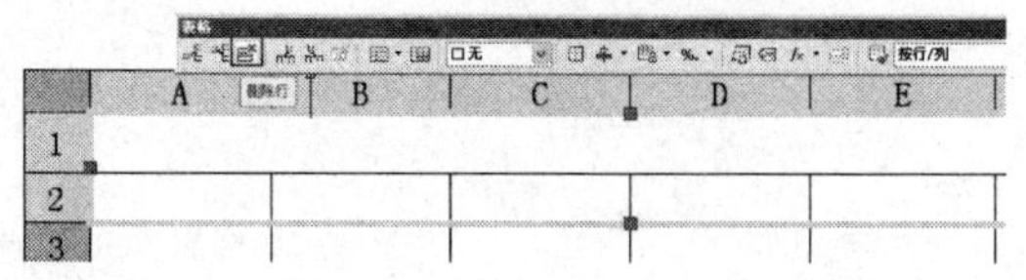

图 4-88　删除列标题和行标题

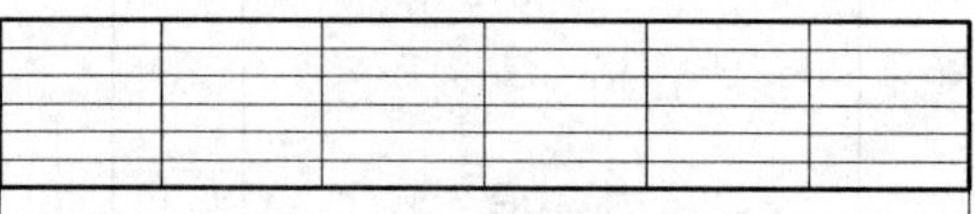

图 4-89　删除结果

07 调整表格。选择表格，对其进行夹点编辑，使其与矩形的大小相匹配，如图 4-90 所示。结果如图 4-91 所示。

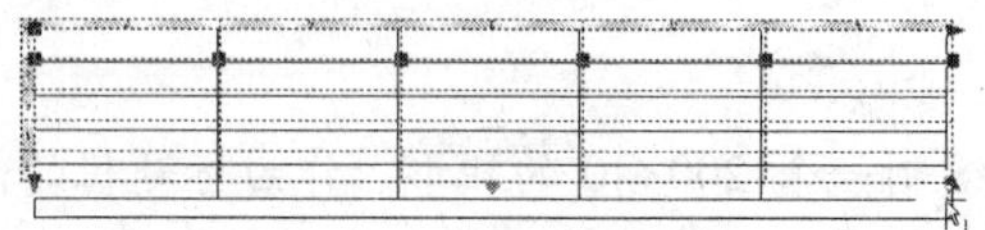

图 4-90　调整表格

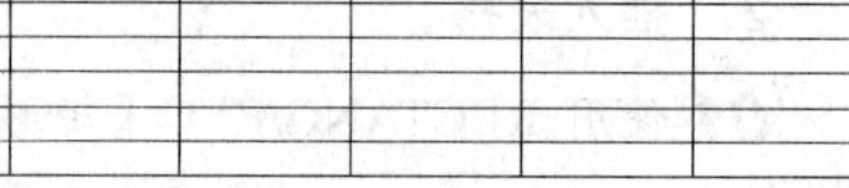

图 4-91　调整结果

08 合并单元格。选择左侧一列上两行的单元格，如图 4-92 所示。单击右键，选择“合并”|“全部”命令，结果如图 4-93 所示。

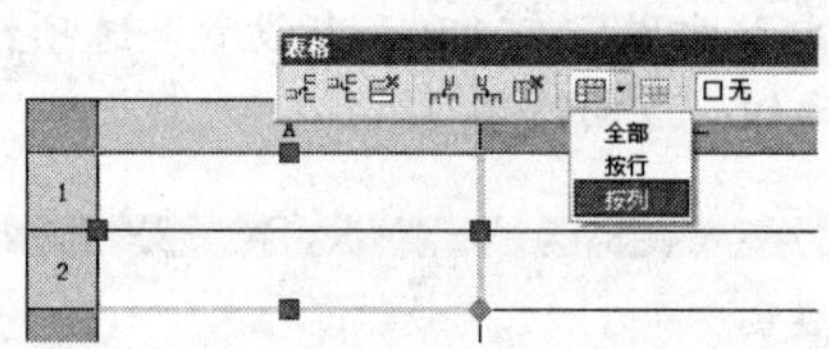

图 4-92　合并单元格

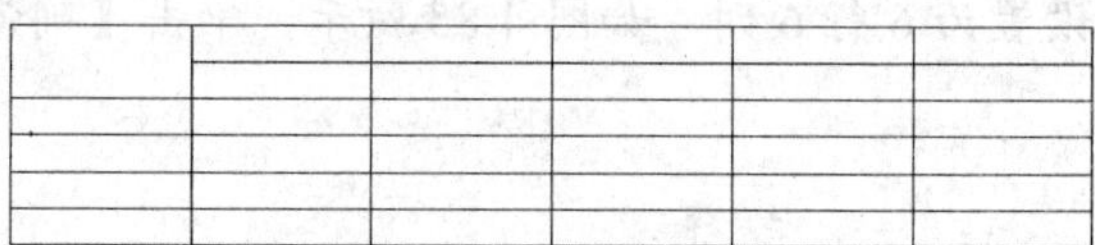

图 4-93　合并结果

09 以相同的方法，合并其他单元格，结果如图 4-94 所示。

10 调整表格。对表格进行夹点编辑。结果如图 4-95 所示。

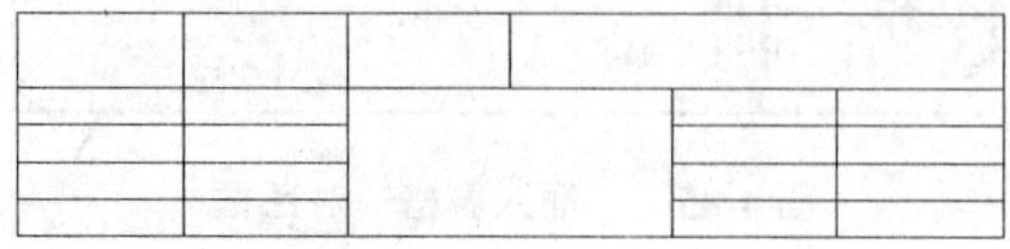

图 4-94　合并单元格

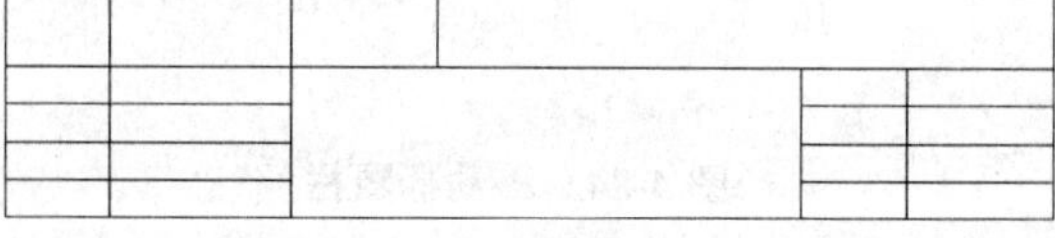

图 4-95　调整表格

3. 输入文字

01 在需要输入文字的单元格内双击左键，弹出“文字格式”对话框，单击“多行文字对正”按钮，在下拉列表中选择“正中”选项，输入文字“设计单位”，如图 4-96

所示。

02 输入文字，如图 4-97 所示。完成图框的绘制。

03 调用 BLOCK/B 命令，将图框创建成块。

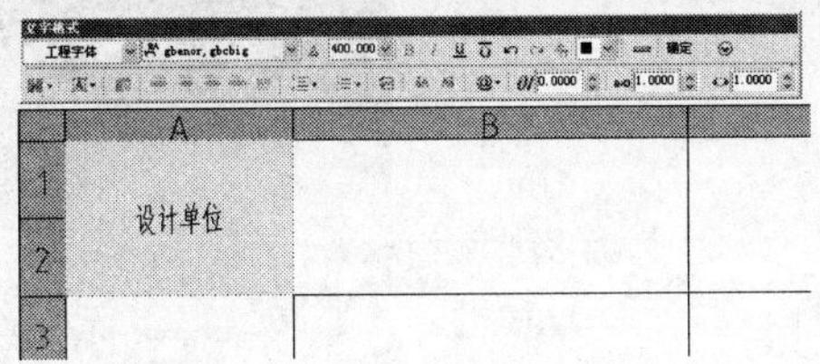

图 4-96 输入文字“设计单位”

设计单位		工程名称			
负 责				设计号	
审 核				图 别	
设 计				图 号	
制 图				比 例	

图 4-97 文字输入结果

4.2.8 绘制详图索引符号和详图编号图形

详图索引符号、详图编号也都是绘制施工图经常需要用到的图形。室内平、立、剖面图中，在需要另设详图表示的部位，标注一个索引符号，以表明该详图的位置，这个索引符号就是详图索引符号。

如图 4-98 a、b 所示为详图索引符号，图 c、d 所示为剖面详图索引符号。详图索引符号采用细实线绘制，圆圈直径约 10mm 左右。当详图在本张图样时，采用图 4-98 a、c 所示的形式，当详图不在本张图样时，采用图 b、d 所示的形式。

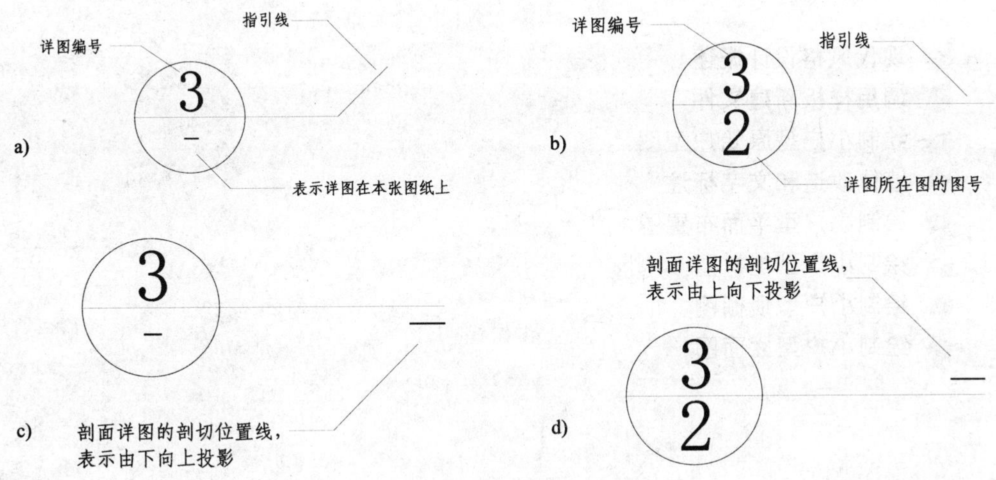

图 4-98 详图索引符号

详图的编号用粗实线绘制，圆圈直径 14mm 左右，如图 4-99 所示。

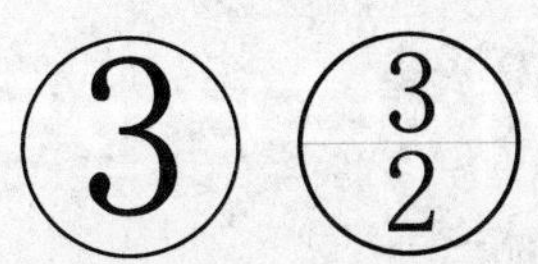

图 4-99 详图编号

第5章

本章导读：

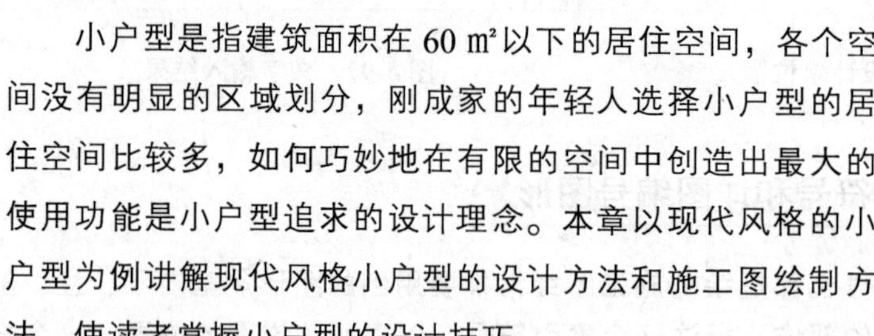

小户型是指建筑面积在 60 ㎡以下的居住空间，各个空间没有明显的区域划分，刚成家的年轻人选择小户型的居住空间比较多，如何巧妙地在有限的空间中创造出最大的使用功能是小户型追求的设计理念。本章以现代风格的小户型为例讲解现代风格小户型的设计方法和施工图绘制方法，使读者掌握小户型的设计技巧。

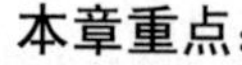

本章重点：

- 现代风格设计概述
- 调用样板新建文件
- 绘制小户型原始户型图
- 墙体改造和文字标注
- 绘制小户型平面布置图
- 绘制小户型地材图
- 绘制小户型顶棚图
- 绘制小户型立面图

现代风格小户型室内设计

5.1 现代风格设计概述

现代风格是一种简洁、质朴、抽象而明快的艺术风格形式，是当前室内设计市场中最为常见、最为流行的一种设计风格。

小户型的空间如何分割、家具如何布置、色调如何搭配是进行小户型室内设计的重点。

5.1.1 现代风格简介

现代风格起源于 1919 年，包豪斯学派的领路人格罗皮乌斯、密斯、柯布西耶、赖特等现代主义先驱，开创新艺术运动。主张利用新材料、新工艺创造崭新的室内风格。反对传统装饰形式，寻求具有“功能主义”的“纯净形式”，即反映时代新风貌。其指导思想是：“设计的目的不是产品，而是人”。直接以材料自身表现力，通过简洁的造型有机组合，而形成生动的韵律变化的“乐章”。

现代风格以特有质地、新颖造型、简洁图案等语汇，升华室内空间的现代品味。运用率直的流动线、直线及几何纹样形式，表现精细技艺、纯朴质地、明快色彩及简明造型，展示了艺术与生活、科学与技术完美统一的现代精神。

如图 5-1 所示为典型的现代风格装饰效果。

图 5-1 现代风格装饰效果

5.1.2 现代风格装饰手法

从装饰手法来看，现代风格的装修更注重装修材料的对比效果，通过石材、玻璃和木材等材质反差较大的材料，或者是黄、蓝等对比色，以及刚柔并济的选材搭配来制造房间装修装饰的风格冲突。而在装修的造型上追求简单不繁琐的效果。

5.1.3 现代风格色彩

现代风格的装修以对比色和比较简单的色彩组合为特色。还可根据需要调换两种对比色，这样可以改变房间的色彩风格。

5.1.4 现代风格家具和装饰

现代风格家具除了大量采用金属、玻璃等现代材料外，款式还比较新颖、简约，更适合现代人的口味，特别是年轻人。而且现代家具变化的速度很快，主要体现在颜色和款式上，家具也有流行色。

如图 5-2 所示为几款现代装饰风格装饰家具和图形。

图 5-2 现代装饰风格家具及图形

5.1.5 小户型设计要点

1. 色调

色彩设计在结合个人爱好的同时，一般可选择浅色调、中间色作为家具、床罩、沙发和窗帘的基调。这些色彩具有扩散性和后退性，使居室能给人以清新开朗、明亮宽敞的感受。

当整个空间有很多相对不同的色调安排，房间的视觉效果将大大提高。但是，在同一空间内不要过多地采用不同的材质及色彩，这样会造成视觉上的压迫感，最好以柔和亮丽的色彩为主调，或玻璃材质的家具和桌椅等，将空间变得明亮又宽敞。

2. 家具

宜使用造型简单、质感轻、小巧的家具。尤其是可随意组合、拆装、收纳的家具比较适合小户型，或选用占地面积小、比较高的家具，既可以容纳大量物品，又不浪费空间。

如果房间小，又希望有自己独立的空间，可以在居室中采用隔屏、滑轨拉门或采用可移动家具来取代原有封闭的隔断墙，使整体空间具有通透感。

3. 空间分割

小户型的居室，对于性质类似的活动空间可进行统一布置，对性质不同或相反的活动空间进行分离。如会客区、用餐区等都是人比较多、热闹的活动区，可以布置在统一空间，如客厅内；而睡眠、学习则需要安静，可纳入同一空间。因此，会客、进餐与睡眠、学习应该在空间上有硬性或软性的分隔，如图 5-3 所示。

5.2 调用样板新建文件

本书第 4 章创建了室内装潢施工图样板，该样板已经设置了相应的图形单位、样式、图层和图块等，原始户型图可以直接在此样板的基础上进行绘制。

01 执行【文件】|【新建】命令，打开“选择样板”对话框。

02 单击使用样板按钮，选择“室内装潢施工图模板”，如图 5-4 所示。

图 5-3 小户型空间分割

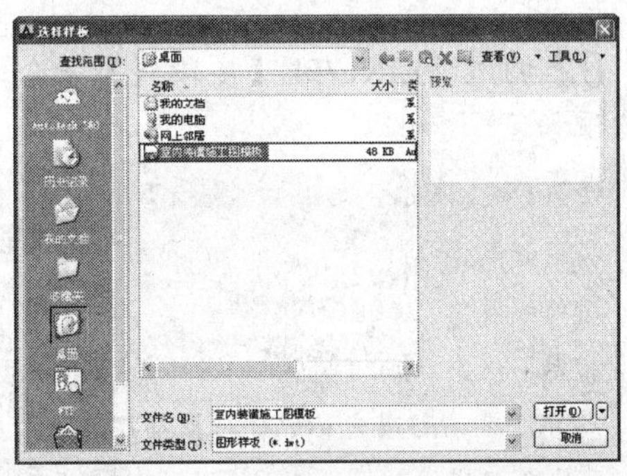

图 5-4 “选择样板”对话框

03 单击【打开】按钮，以样板创建图形，新图形中包含了样板中创建的图层、样式和图块等内容。

04 选择【文件】|【保存】命令，打开“图形另存为”对话框，在“文件名”框中输入文件名，单击【保存】按钮保存图形。

5.3 绘制小户型原始户型图

设计师在现场实地量房之后需要将测量结果用图表示出来，包括房型结构、空间关系、尺寸、层高、门窗位置和高度、管道分布等，这是进行室内装潢设计绘制的第一张图，即原始户型图。

原始户型图由墙体、预留门洞、窗、柱子、标高和尺寸标注等图形元素组成。墙体是原始户型图的主体，同时也是住宅各功能空间划分的主要依据。

在绘制原始户型图时，一般先绘制墙体图形，之后再绘制门、窗和楼梯等毛坯房固定设施。

如图 5-5 所示为本例小户型绘制完成的原始户型图，下面讲解绘制方法。

5.3.1 绘制墙体

01 在“图层”工具栏下拉表中选择“QT_000 墙体”图层为当前图层，如图 5-6 所示。

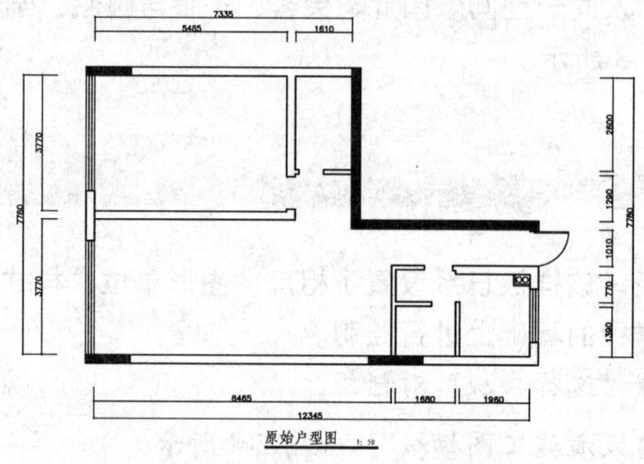

图 5-5 小户型原始户型图

图 5-6 选择墙体图层

02 调用 PLINE/PL【多段线】命令，或单击工具栏上的按钮绘制外墙轮廓线，命令选项如下：

```
命令: PLINE↙                                          //调用多段线命令
指定起点:                                             //任意拾取一点作为多段线的起点
当前线宽为 0.0000
指定下一个点或 [圆弧(A)/半宽(H)/长度(L)/放弃(U)/宽度(W)]: 7335↙
//水平向右移动光标配合对象捕捉追踪输入 7335，确定多段线第二点
指定下一点或 [圆弧(A)/闭合(C)/半宽(H)/长度(L)/放弃(U)/宽度(W)]: 4250↙
//垂直向下移动光标定位到 90° 极轴追踪线上，输入 4250，确定多段线第三点
指定下一点或 [圆弧(A)/闭合(C)/半宽(H)/长度(L)/放弃(U)/宽度(W)]: 5010↙
//水平向右移动光标，当出现 0° 极轴追踪线上时输入 5010，确定多段线第四点
指定下一点或 [圆弧(A)/闭合(C)/半宽(H)/长度(L)/放弃(U)/宽度(W)]: 3530↙
//垂直向下移动光标定位到 90° 极轴追踪线上，输入 3530，确定多段线第五点
指定下一点或 [圆弧(A)/闭合(C)/半宽(H)/长度(L)/放弃(U)/宽度(W)]: 12345↙
//水平向左移动光标，当出现 180° 极轴追踪线时输入 12345，确定多段线第六点
指定下一点或 [圆弧(A)/闭合(C)/半宽(H)/长度(L)/放弃(U)/宽度(W)]:7780↙
//垂直向上移动光标定位到 90° 极轴追踪线上，输入 7780，并按回车键，结果如图 5-7 所示
```

03 调用 OFFSET/O【偏移】命令，将绘制的多段线向外偏移 240，得到墙体的厚度，命令选项如下：

```
命令:OFFSET↙                                                    //调用 OFFSET 命令
当前设置: 删除源=否  图层=源  OFFSETGAPTYPE=0
指定偏移距离或 [通过(T)/删除(E)/图层(L)] <通过>: 240↙  //输入偏移的距离 240
选择要偏移的对象，或 [退出(E)/放弃(U)] <退出>:              //单击多段线向外偏移，即
可得到外墙体，如图 5-8 所示
```

04 使用相同的方法绘制其他内部墙体，结果如图 5-9 所示。

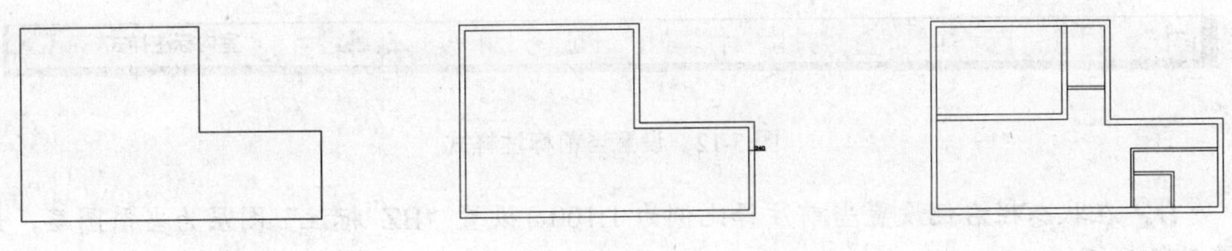

图 5-7 绘制多段线　　图 5-8 偏移多段线　　图 5-9 绘制内部墙体

5.3.2 修剪墙体

01 调用 EXPLODE/X【分解】命令，分解多段线，命令选项如下:

```
命令:EXPLODE↙                      //调用 EXPLODE 命令
选择对象: 找到 1 个                  //选择墙线
选择对象: ↙                         //按回车键或空格键结束选择，墙体线被分解成独立的线段
```

02 多段线分解之后，即可使用 TRIM/TR【修剪】命令进行修剪，命令选项如下:

```
命令:TRIM↙                                              //调用 TRIM 命令
当前设置:投影=UCS，边=无
选择剪切边...
选择对象或 <全部选择>:↙                                  //按回车键
选择要修剪的对象，或按住 Shift 键选择要延伸的对象，或
[栏选(F)/窗交(C)/投影(P)/边(E)/删除(R)/放弃(U)]:          //单击需要修剪的线段，即可修剪掉多余的线段
选择要修剪的对象，或按住 Shift 键选择要延伸的对象，或
[栏选(F)/窗交(C)/投影(P)/边(E)/删除(R)/放弃(U)]:          //继续单击需要修剪的线段，结果如图 5-10 所示
```

03 调整墙体线。如图 5-11 所示为墙体调整前后的对比，调用 LINE/L【直线】命令和 TRIM/TR【修剪】命令，对墙体进行调整。

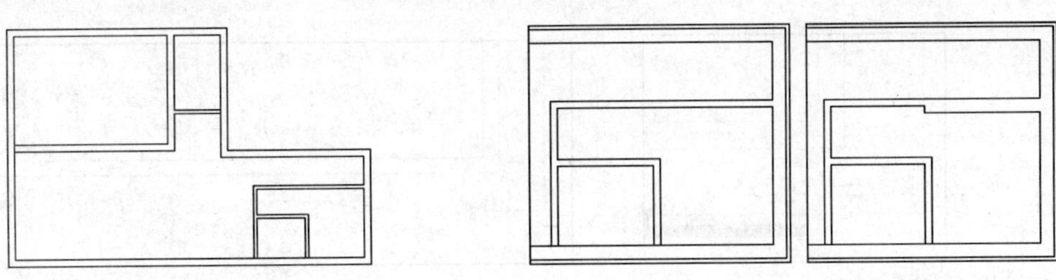

图 5-10 修剪墙体　　图 5-11 墙体调整前后对比

5.3.3 标注尺寸

01 在“样式”工具栏中选择“室内标注样式”为当前标注样式，如图 5-12 所示。

图 5-12　设置当前标注样式

02 在状态栏右侧设置当前注释比例为 1:100，设置“BZ_标注”图层为当前图层，如图 5-13 所示。

03 调用 RECTANG/REC【矩形】命令绘制标注辅助图形，命令选项如下：

命令:RECTANG↙　　//调用 RECTANG 命令

指定第一个角点或 [倒角(C)/标高(E)/圆角(F)/厚度(T)/宽度(W)]:　　//任意拾取一点作为矩形的第一个角点

指定另一个角点或 [面积(A)/尺寸(D)/旋转(R)]:　　//在任意位置单击光标，将墙体框在矩形中，如图 5-14 所示

图 5-13　设置注释比例

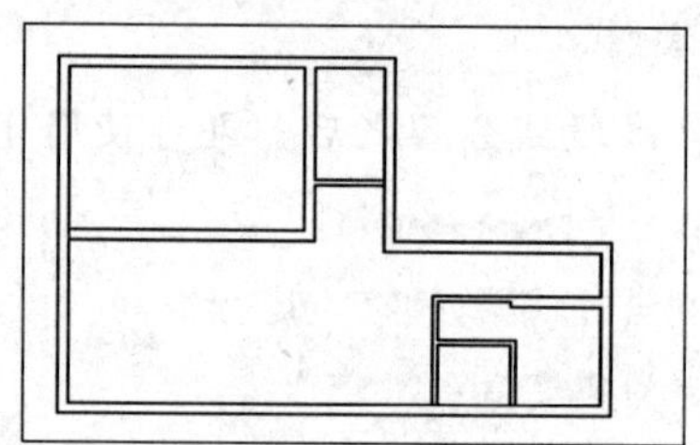

图 5-14　绘制矩形

04 在命令行中输入 DIMLINEAR/DLI【线性标注】命令并按回车键或单击“注释”选项卡中的按钮，调用线性标注命令，命令选项如下：

命令: DIMLINEAR↙　　//调用 DIMLINEAR 命令

指定第一个延伸线原点或 <选择对象>:　　//将鼠标放置在左侧内墙体下端端点，鼠标垂直向下移动至矩形上，并单击鼠标，如图 5-15 所示

指定第二条延伸线原点:　　//水平向右移动至第二条内墙体下端的端点，并垂直向下移动至矩形上，如图 5-16 所示

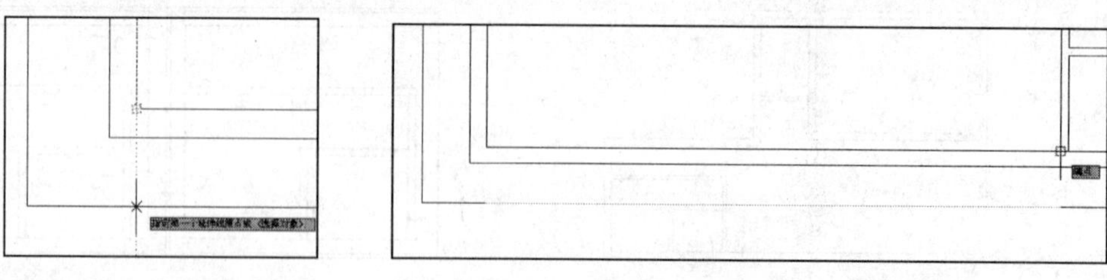

图 5-15　捕捉墙体端点　　图 5-16　捕捉另一条墙体线端点

指定尺寸线位置或　　//单击鼠标向下移动鼠标，确定尺寸线位置

[多行文字(M)/文字(T)/角度(A)/水平(H)/垂直(V)/旋转(R)]:

标注文字 = 8465　　//系统自动退出命令，第一个尺寸完成，如图 5-17 所示

05 使用 DIMCONTINUE/DCO【连续性标注】命令，标注其他尺寸。并使用相同的方法标注其他边的的尺寸标注，标注后删除前面绘制的矩形，结果如图 5-18 所示。

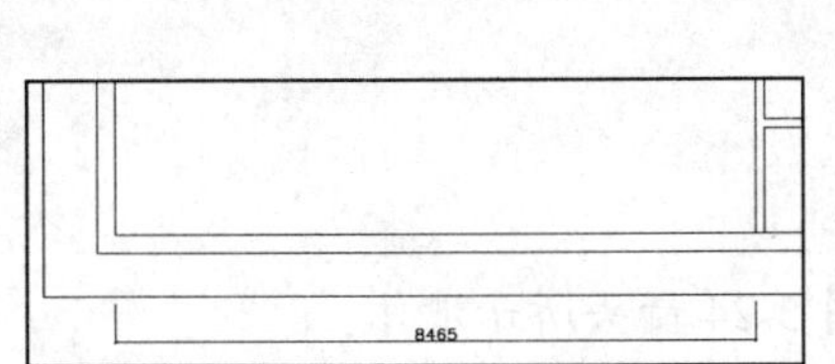

图 5-17　标注第一个尺寸

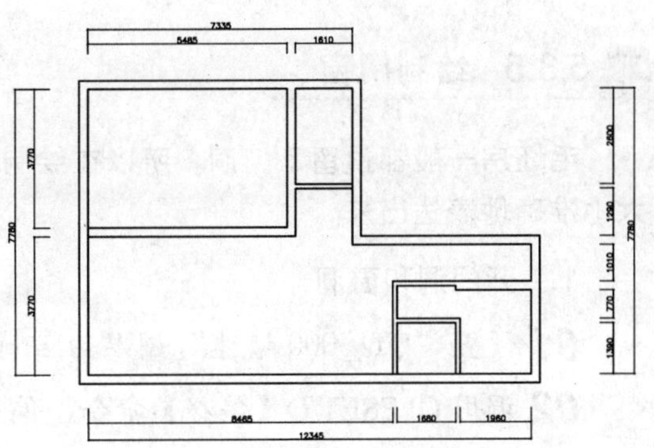

图 5-18　标注尺寸

5.3.4　绘制承重墙

01 调用 LINE/L【直线】命令，绘制线段，如图 5-19 所示。

图 5-19　绘制线段

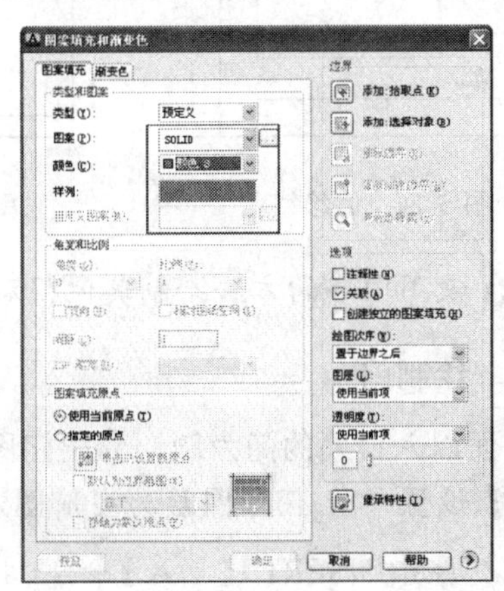

图 5-20　“图案填充和渐变色”对话框

02 单击绘图工具栏填充工具按钮，打开“图案填充和渐变色”对话框，参数设置如图 5-20 所示，在承重墙轮廓内单击鼠标指定填充区域，如图 5-21 所示，按右键确认填充区域，返回到对话框，选择填充图案为 SOLID，单击【确定】按钮完成填充，如图 5-22 所示。

03 调用 LINE/L【直线】命令、OFFSET/O【偏移】命令和 HATCH/H【填充图案】命令，绘制其他承重墙，结果如图 5-23 所示。

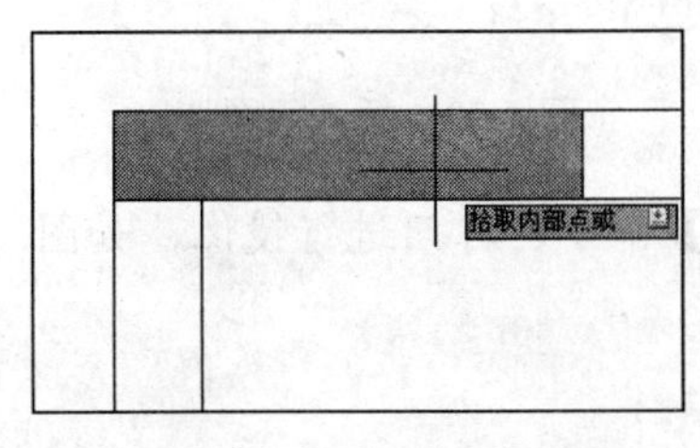

图 5-21　拾取填充区域

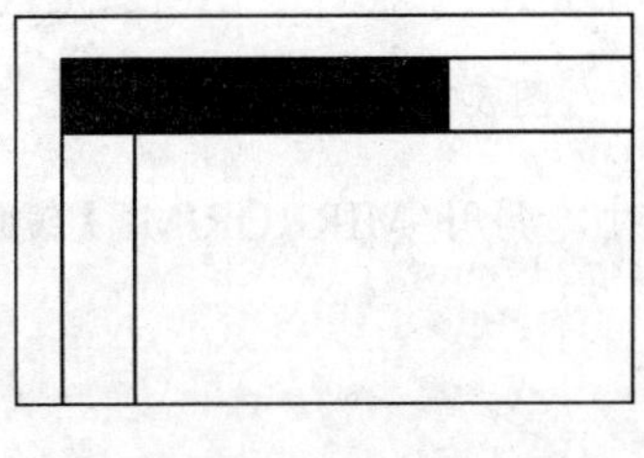

图 5-22　填充效果

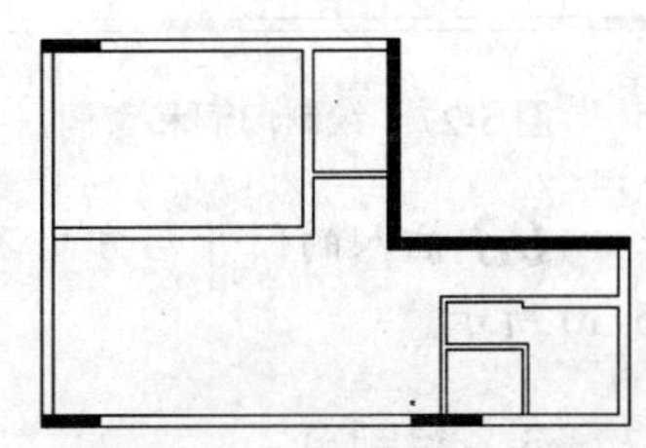

图 5-23　绘制承重墙

5.3.5 绘制门窗

毛坯房一般都预留了门洞，所以在绘制原始户型图的时候，需要将这些门洞的位置和大小准确地表达出来。

1. 开门洞和窗洞

01 设置“QT_000 墙体”图层为当前图层。

02 调用 OFFSET/O【偏移】命令，偏移如图 5-24 箭头所示墙体。

03 使用夹点功能，延长线段至另一侧墙体，如图 5-25 所示。

04 调用 TRIM/TR【修剪】命令，修剪出门洞，效果如图 5-26 所示。

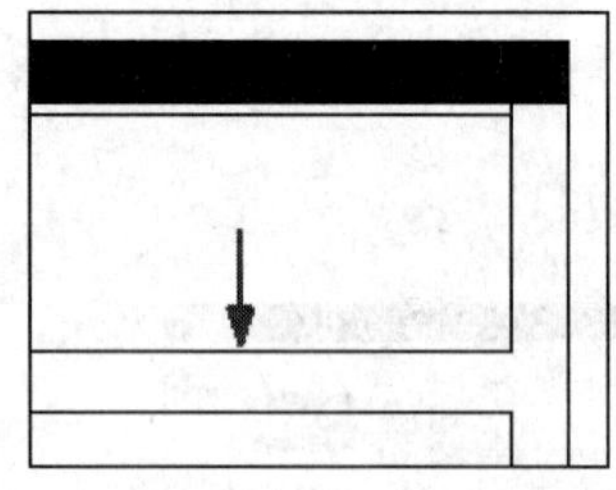

图 5-24 偏移线段

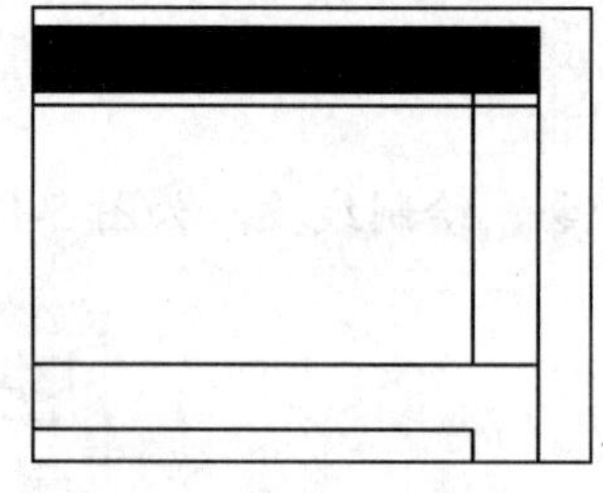

图 5-25 延长线段

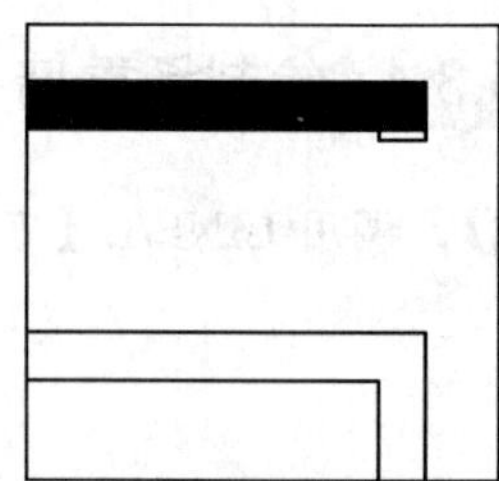

图 5-26 修剪门洞

05 使用同样的方法绘制其他门洞和窗洞，结果如图 5-27 所示。

2. 绘制门

下面以入口处的门为例，介绍门图块的调用方法。

01 设置“M_门”图层为当前图层。

02 调用 INSERT/I【插入】命令，打开“插入”对话框，在“名称”栏中选择“门(1000)”，设置“X”轴方向缩放比例为 0.96（门宽为 960），旋转角度为-270，如图 5-28 所示。单击【确定】按钮关闭对话框，将门定位在如图 5-29 所示位置。

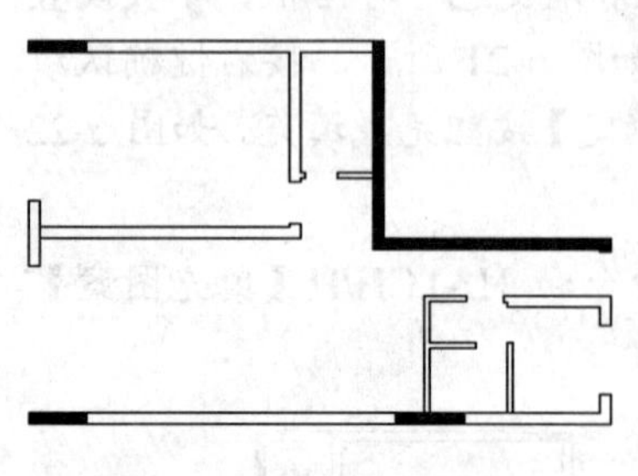

图 5-27 绘制门洞和窗洞

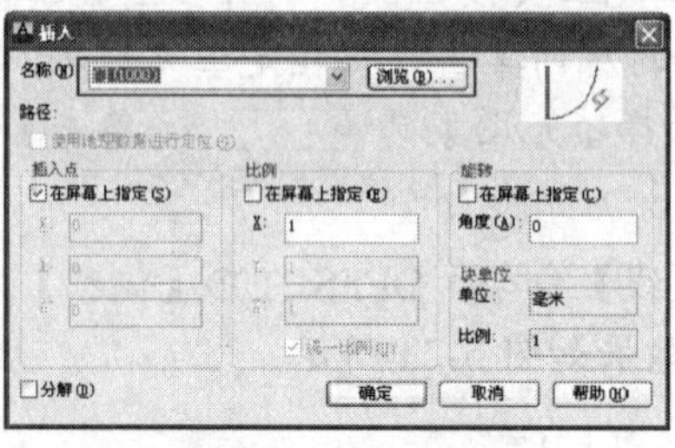

图 5-28 “插入”对话框

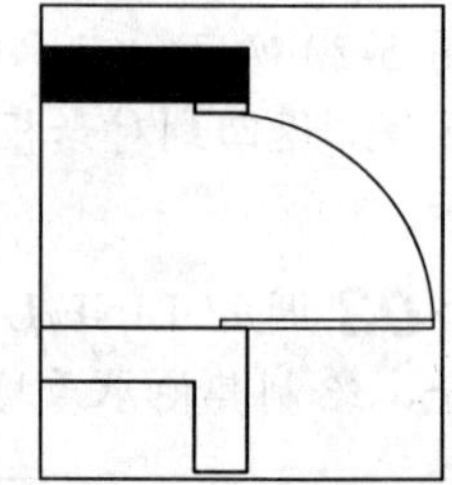

图 5-29 插入门图块

03 插入的门开启方向不对，调用 MIRROR/MI【镜像】命令，对门进行镜像，如图 5-30 所示。

3. 绘制窗

01 设置“C_窗”图层为当前图层。

02 调用 LINE/L【直线】命令，绘制线段，如图 5-31 所示。

03 调用 OFFSET/O【偏移】命令，对线段进行偏移，偏移距离为 80，偏移 3 次，如图 5-32 所示。

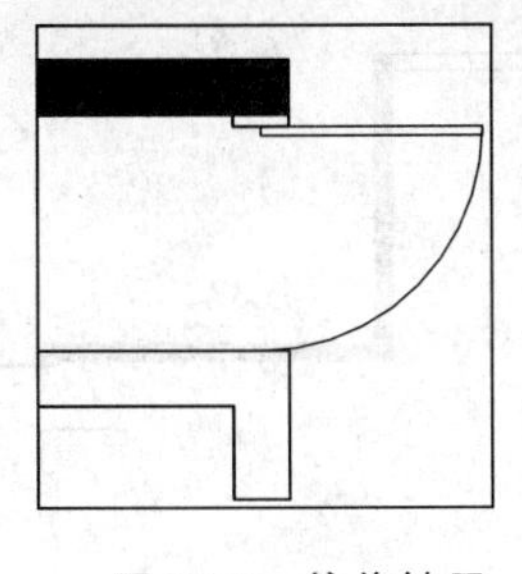

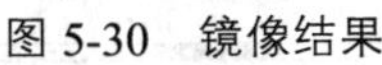

图 5-30　镜像结果

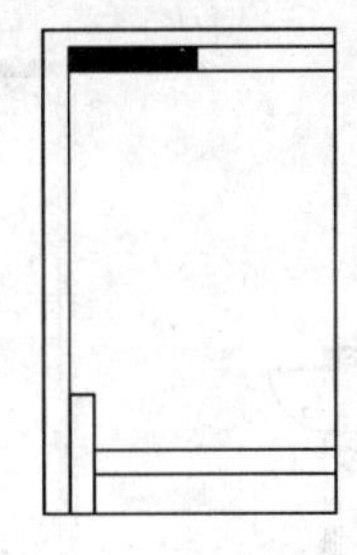

图 5-31　绘制线段

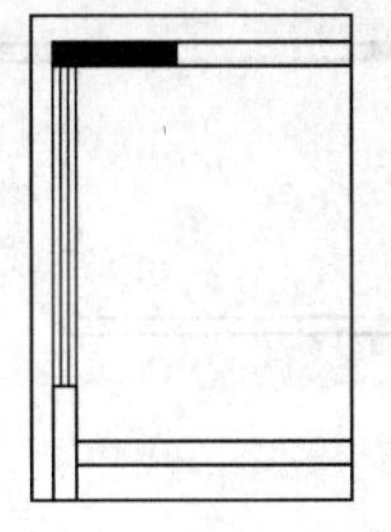

图 5-32　偏移线段

04 使用相同的方法绘制其他窗，结果如图 5-33 所示。

5.3.6 插入图名

调用 INSERT/I【插入】命令，插入图名，命令选项如下：

```
命令:INSERT↙                                   //调用 INSERT 命令
指定插入点或 [基点(B)/比例(S)/旋转(R)]:        //在原始户型图的下方拾取一点作为插入点
输入属性值
请输入比例: <比例>: 1:100↙                      //输入绘制原始户型图时所用的比例
请输入图名: <图名>: 原始户型图↙                 //设置图名的名称为"原始户型图"，效果如
图 5-34 所示
```

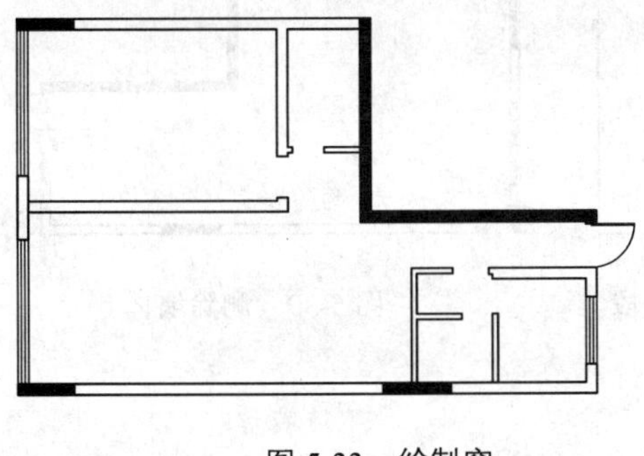

图 5-33　绘制窗

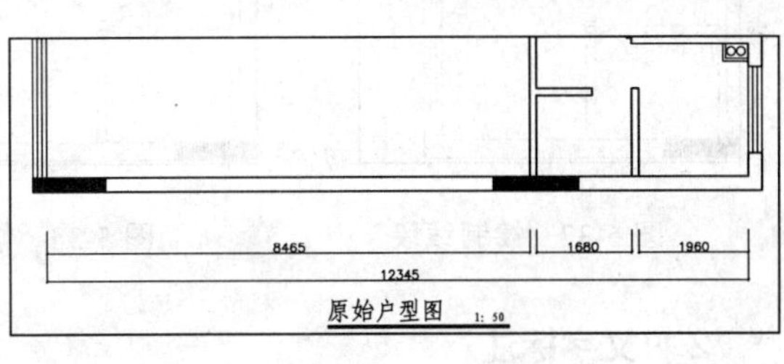

图 5-34　插入图名

5.3.7 绘制管道

最后绘制厨房的管道图形，完成本例小户型原始户型图的绘制。

5.4 墙体改造和文字标注

在进行家居装修时，很多住户都会对房屋墙体进行一些改造。以便增强房间的功能性。

本例对小户型内部的墙体都进行了改造，如图 5-35 和图 5-36 所示为改造前后的对比，下面讲解墙体改造的绘制方法。

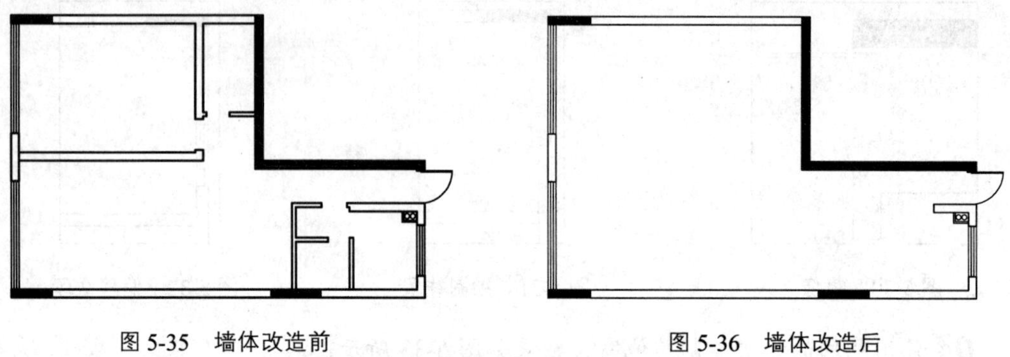

图 5-35　墙体改造前　　　　图 5-36　墙体改造后

1. 墙体改造

01 设置"QT_墙体"图层为当前图层。

02 调用 LINE/L【直线】命令，绘制如图 5-37 所示线段。

03 调用 TRIM/TR【修剪】命令，修剪线段左侧的墙体，如图 5-38 所示。

04 删除小户型其他内部墙体，并使用夹点功能封闭墙体，结果如图 5-39 所示。

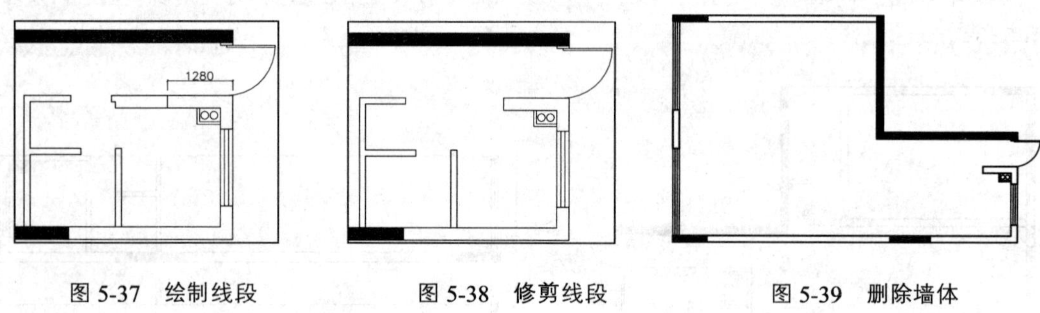

图 5-37　绘制线段　　　　图 5-38　修剪线段　　　　图 5-39　删除墙体

2. 文字标注

01 单击工具栏上的多行文字按钮 A，在需要标注文字的位置画一个框，弹出"文字格式"对话框，如图 5-40 所示，输入文字内容"厨房"，如图 5-41 所示，单击【确定】按钮。

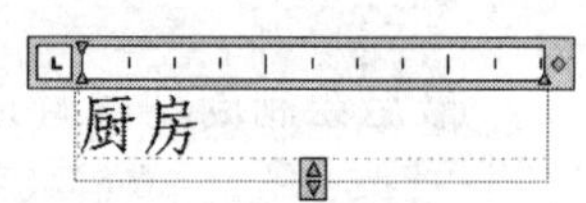

图 5-40　"文字格式"对话框　　　　图 5-41　输入文字

02 使用同样的方法标注其他房间名称，结果如图 5-42 所示。

5.5 绘制小户型平面布置图

平面布置图是在平行于地坪面的剖切面将建筑物剖切后，移去上部分而形成的正投影图，通常剖切面选择在距地坪面 1500mm 左右的位置或略高于窗台的位置。如图 5-43 所示为本例小户型平面布置图，下面讲解绘制方法。

1. 复制图形

平面布置图可在原始户型图的基础上进行绘制，调用 COPY/CO【复制】命令，复制小户型原始户型图。

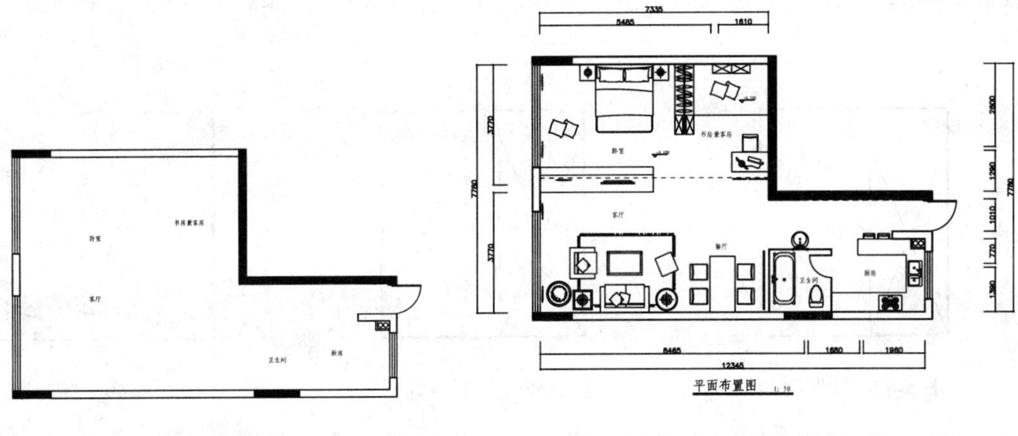

图 5-42　文字标注　　　　图 5-43　小户型平面布置图

2. 绘制衣柜和装饰柜

01 设置“JJ_家具”图层为当前图层。

02 调用 PLINE/PL【多线段】命令，绘制衣柜轮廓，如图 5-44 所示。

03 调用 LINE/L【直线】命令和 OFFSET/O【偏移】命令，绘制挂衣杆，如图 5-45 所示。

04 调用 RECTANG/REC【矩形】命令，绘制尺寸为 250×600 的矩形，表示装饰柜的轮廓，如图 5-46 所示。

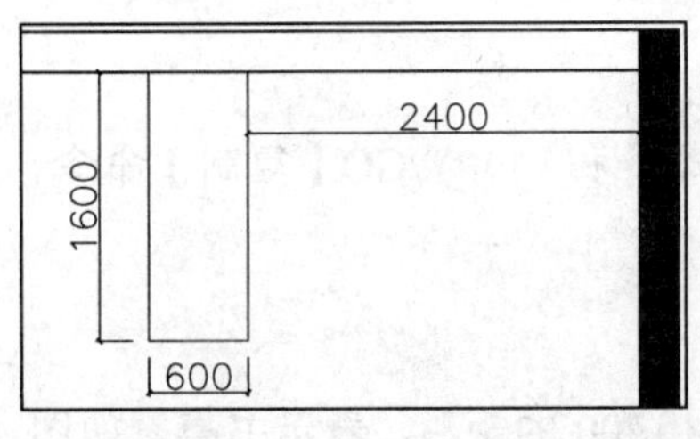

图 5-44　绘制衣柜轮廓

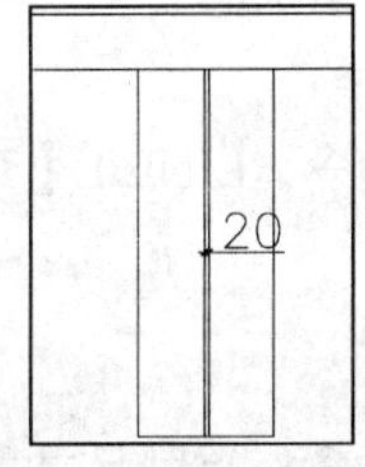

图 5-45　绘制挂衣杆

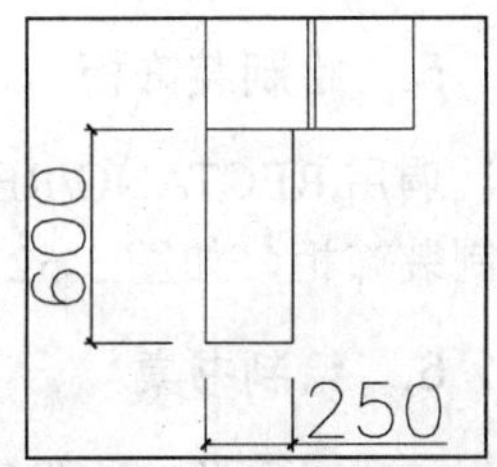

图 5-46　绘制矩形

05 调用 LINE/L【直线】命令，在矩形中绘制对角线，表示是到顶的，如图 5-47 所示。

06 使用同样的方法绘制另一个装饰柜，如图 5-48 所示。

3. 绘制珠帘

01 调用 CIRCLE/C【圆】命令，绘制圆，命令选项如下：

```
命令:CIRCLE↙                                              //调用 CIRCLE 命令
指定圆的圆心或 [三点(3P)/两点(2P)/切点、切点、半径(T)]:   //在两个装饰柜之间拾取一点作为圆心
指定圆的半径或 [直径(D)]: 20↙                             //输入圆的半径，得到一个半径为 20 的圆，如图 5-49 所示
```

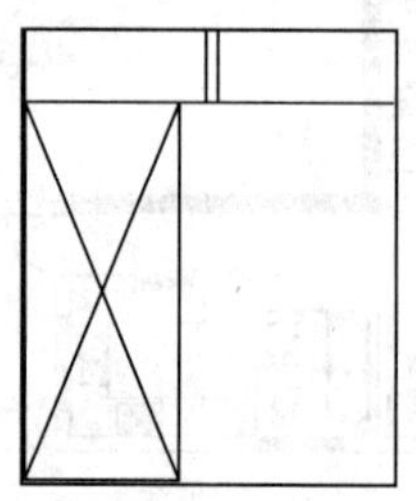

图 5-47 绘制对角线

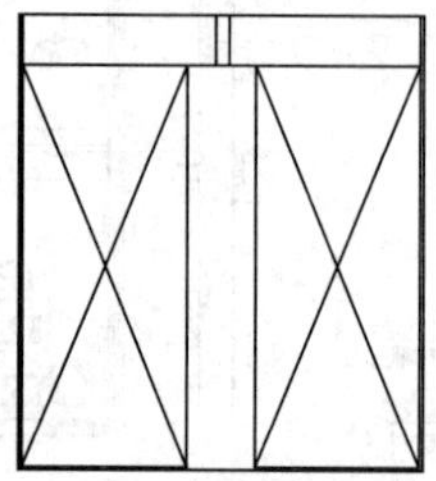

图 5-48 绘制装饰柜

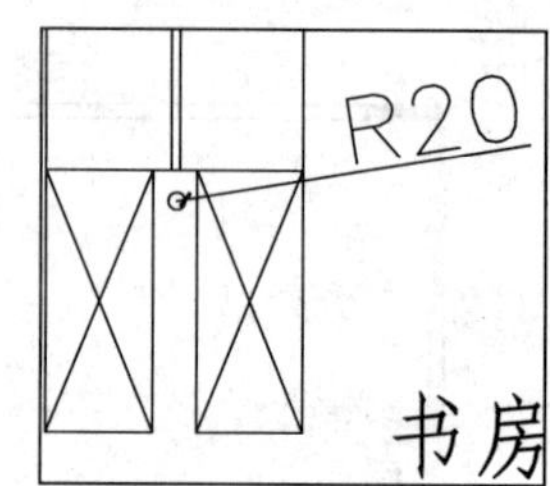

图 5-49 绘制圆

02 调用 COPY/CO【复制】命令，对圆进行复制，命令选项如下：

```
命令:COPY↙                                       //调用 COPY 命令
选择对象: 找到 1 个                               //选择圆图形
选择对象: ↙                                       //按回车键结束对象选择
当前设置: 复制模式 = 多个
指定基点或 [位移(D)/模式(O)] <位移>:              //拾取圆作为移动基点
指定第二个点或 <使用第一个点作为位移>:   //向下移动，在适当位置拾取一点确定副本位置
指定第二个点或 [退出(E)/放弃(U)] <退出>:          //继续向下移动复制圆，结果如图 5-50 所示
```

4. 绘制地台

调用 LINE/L【直线】命令，以衣柜的端点为起点绘制线段，表示地台，效果如图 5-51 所示。

5. 绘制装饰柜

调用 RECTANG/REC【矩形】命令、LINE/L【直线】命令和 COPY/CO【复制】命令，绘制装饰柜，如图 5-52 所示。

6. 绘制书桌

调用 RECTANG/REC【矩形】命令，绘制尺寸为 610×1200 的矩形，表示书桌，如图 5-53 所示。

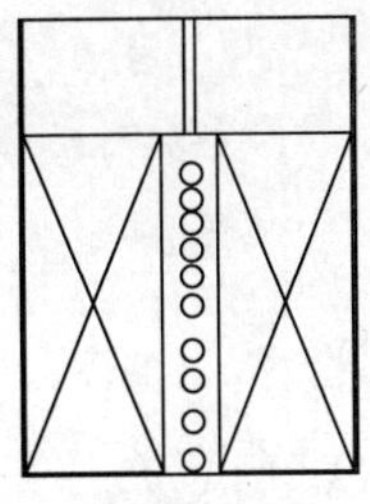

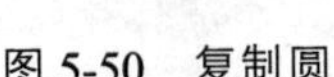

图 5-50　复制圆

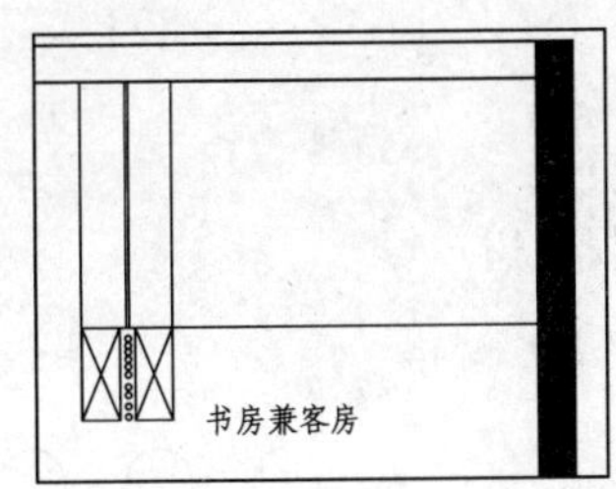

图 5-51　绘制线段

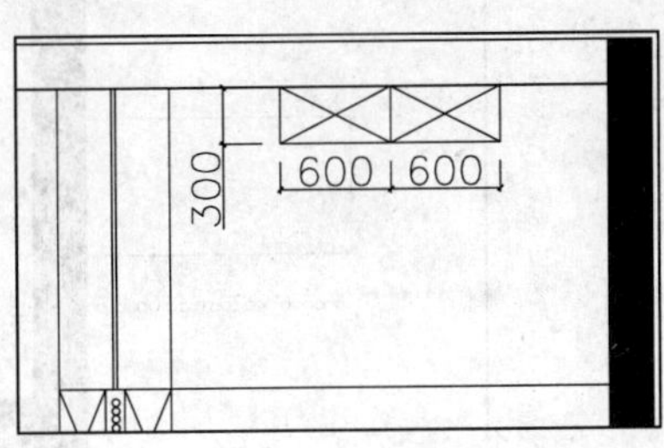

图 5-52　绘制装饰柜

7. 绘制电视柜

01 调用 PLINE/PL【多线段】命令，绘制多段线表示电视柜，如图 5-54 所示。

02 调用 LINE/L【直线】命令，在多段线内绘制线段，如图 5-55 所示。

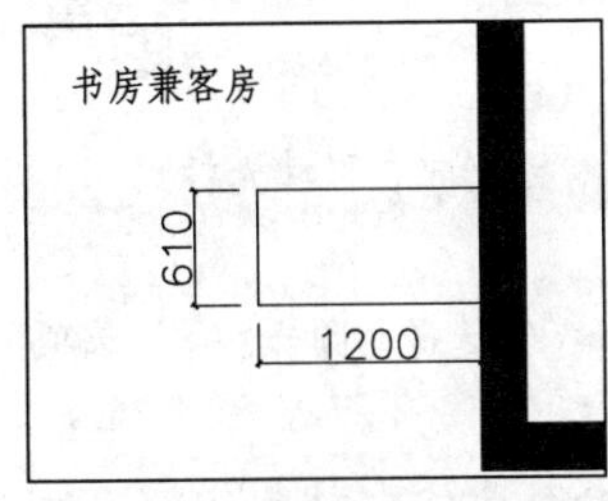

图 5-53　绘制书桌

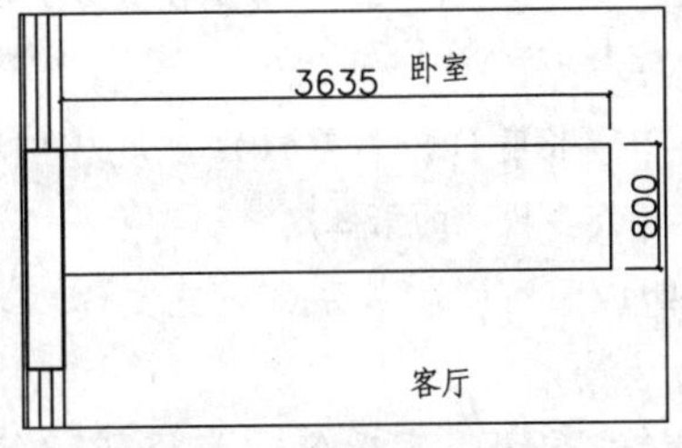

图 5-54　绘制电视柜

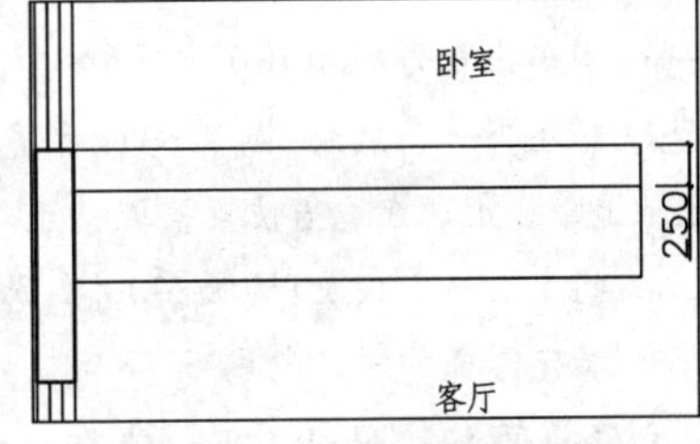

图 5-55　绘制线段

8. 绘制窗帘盒和珠帘

01 调用 LINE/L【直线】命令，绘制线段表示窗帘盒，如图 5-56 所示。

02 由于窗帘盒被遮挡，所以需要用虚线表示，选择线段，在“特性”工具栏线型列表框中选择— — ACAD...3W10C线型，效果如图 5-57 所示。

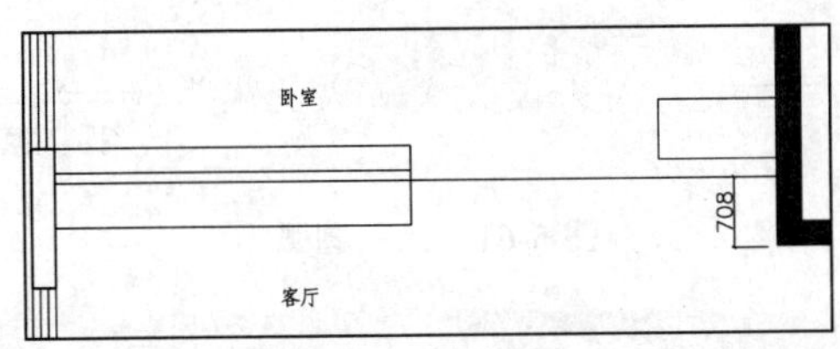

图 5-56　绘制线段

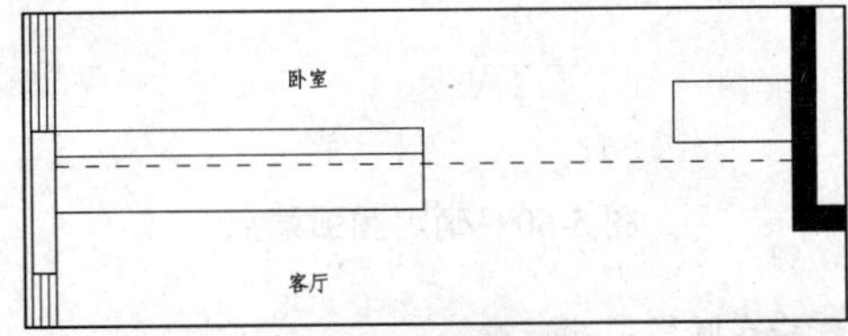

图 5-57　设置线型

03 调用 CIRCLE/C【圆】和 COPY/CO【复制】命令，绘制珠帘，如图 5-58 所示。

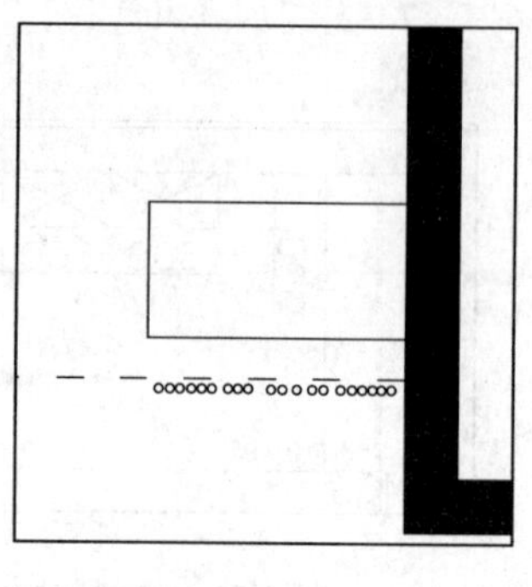

图 5-58 绘制珠帘

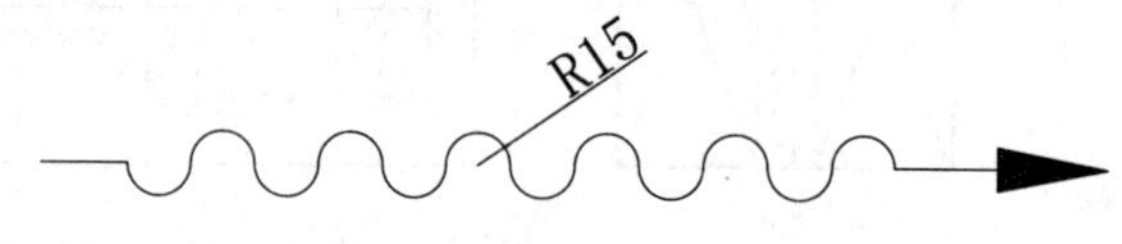

图 5-59 窗帘图形

9. 绘制窗帘

01 窗帘平面图形如图 5-59 所示，主要使用 PLINE/PL【多段线】命令绘制，具体操作如下：

命令:PLINE↙

指定起点： //在任意位置拾取一点，确定多段线的起点

当前线宽为 0.0000

指定下一个点或[圆弧(A)/半宽(H)/长度(L)/放弃(U)/宽度(W)]： //向右移动光标到 0°极轴追踪线上，在适当位置拾取一点，确定多段线的第二点

指定下一个点或[圆弧(A)/半宽(H)/长度(L)/放弃(U)/宽度(W)]:A↙ //选择“圆弧(A)”选项

指定圆弧的端点或

[角度(A)/圆心(CE)/方向(D)/半宽(H)/直线(L)/半径(R)/第二个点(S)/放弃(U)/宽度(W)]:A↙ //选择“角度(A)”选项

指定包含角:180↙ //设置圆弧角度为 180°

指定圆弧的端点或[圆心(CE)/半径(R)]:30↙ //向右移动光标到 0° 极轴追踪线上，输入 30，并按回车键，确定圆弧端点，如图 5-60 所示

指定圆弧的端点或

[角度(A)/圆心(CE)/闭合(CL)/方向(D)/半宽(H)/直线(L)/半径(R)/第二个点(S)/放弃(U)/宽度(W)]:30↙//保持光标在 0° 极轴追踪线上不变，输入 30，按回车键，确定第二个圆弧端点

…… //重复上述操作，绘制出若干个圆弧，如图 5-61 所示

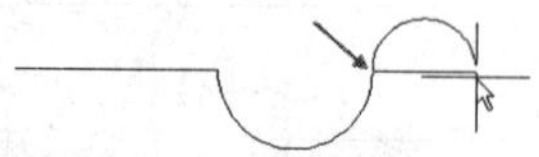

图 5-60 确定圆弧端点

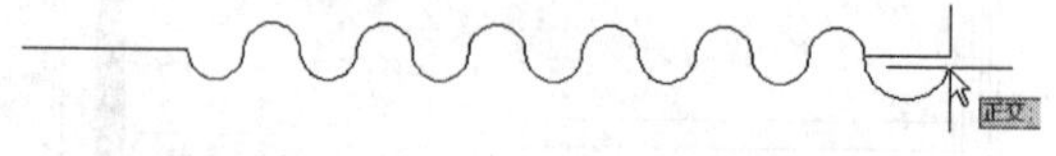

图 5-61 绘制圆弧

指定圆弧的端点或

[角度(A)/圆心(CE)/闭合(CL)/方向(D)/半宽(H)/直线(L)/半径(R)/第二个点(S)/放弃(U)/宽度(W)]:L↙ //选择“直线(L)”选项

指定下一点或[圆弧(A)/闭合(C)/半宽(H)/长度(L)/放弃(U)/宽度(W)]： //向右移动光标到 0° 极轴追踪线上，在适当的位置拾取一点，如图 5-62 所示

指定下一点或[圆弧(A)/闭合(C)/半宽(H)/长度(L)/放弃(U)/宽度(W)]:W↙

```
                              //选择“宽度(W)”选项↙
指定起点宽度<0.0000>:20
指定端点宽度<10.0000>:0.1↙             //分别设置多段线起点宽为20，端点宽为0.1
指定下一点或[圆弧(A)/闭合(C)/半宽(H)/长度(L)/放弃(U)/宽度(W)]：  //在适当的位置拾取一点，完成窗帘绘制，结果如图5-59所示
指定下一点或[圆弧(A)/闭合(C)/半宽(H)/长度(L)/放弃(U)/宽度(W)]:↙
                              //按空格键退出命令
```

02 选择窗帘图形，调用 MOVE/M【移动】命令，将窗帘图形移动到窗帘盒内，命令选项如下：

```
命令:MOVE↙                                              //调用MOVE命令
找到 1 个                                               //选择窗帘图形
指定基点或 [位移(D)] <位移>： 指定第二个点或 <使用第一个点作为位移>://拾取窗帘的端点，将光标移动到窗帘盒的下方，单击鼠标，结果如图5-63所示
```

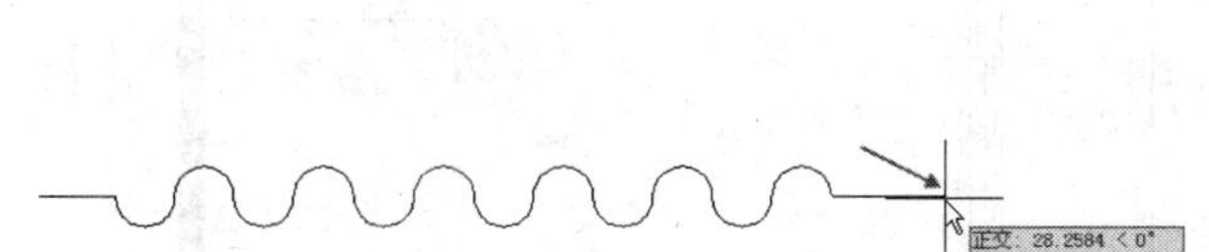

图 5-62　指定多段线端点

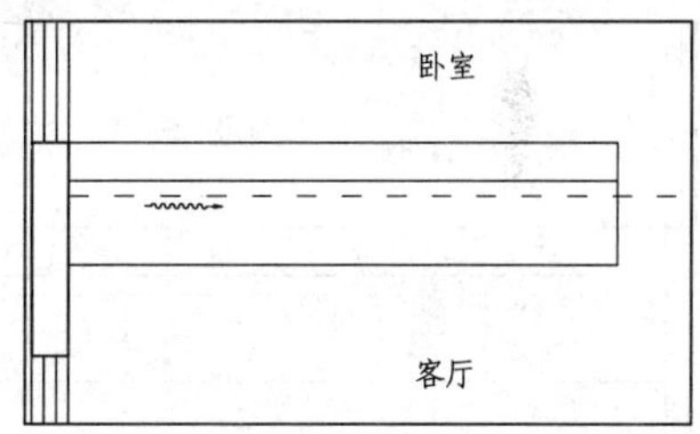

图 5-63　移动窗帘

03 调用 COPY【复制】命令，将窗帘图形复制到卧室窗户右侧位置，如图 5-64 所示。

04 调用 ROTATE/RO【旋转】命令，对窗帘进行旋转，命令选项如下：

```
命令:ROTATE↙                           //调用ROTATE命令
UCS 当前的正角方向： ANGDIR=逆时针  ANGBASE=0
选择对象：找到 1 个↙                    //选择刚才绘制的窗帘图形
选择对象：↙                             //按回车键结束对象选择
指定基点：                              //捕捉并单击窗帘的端点作为旋转的中心点
指定旋转角度，或 [复制(C)/参照(R)] <0>： -90↙
                                        //输入旋转角度-90°，效果如图5-65所示
```

05 调用 MIRROR/MI【镜像】命令，通过镜像得到另一侧的窗帘图形，如图 5-66 所示。

06 调用 COPY/CO【复制】命令，复制窗帘，得到客厅的窗帘，效果如图 5-67 所示。

10. 插入标高

客厅和书房兼客房地面都抬高了 100mm 和 200mm，需要对地面进行标注标高。

01 调用 INSERT/I【插入】命令，插入标高图块，命令选项如下：

```
命令:INSERT↙                             //调用INSERT命令
指定插入点或 [基点(B)/比例(S)/旋转(R)]：  //按回车键
```

```
输入属性值
请输入标高：<0.000>：+0.100↙                    //输入地面抬高的高度，如图 5-68 所示
```

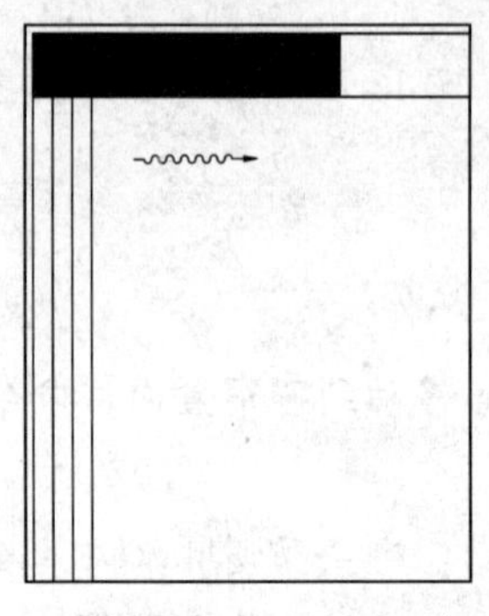
图 5-64　复制窗帘

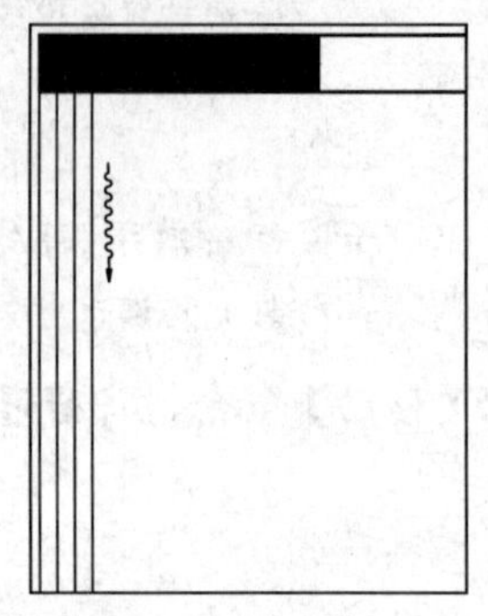
图 5-65　旋转窗帘

图 5-66　镜像窗帘

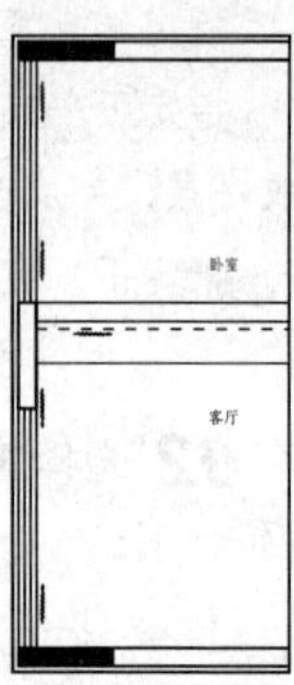

图 5-67　复制窗帘

02 使用同样的方法标注其他标高，结果如图 5-69 所示。

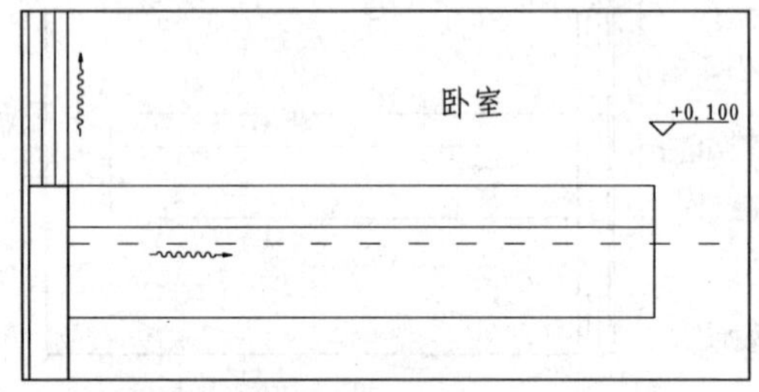

图 5-68　插入标高

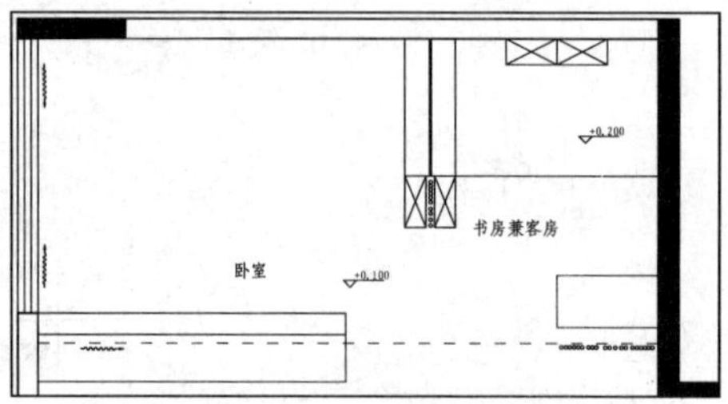

图 5-69　插入其他标高

11. 绘制餐桌

调用 PLINE/PL【多段线】命令，绘制多段线表示餐桌，效果如图 5-70 所示。

12. 绘制屏风隔断

01 调用 OFFSET/O【偏移】命令，绘制辅助线，如图 5-71 所示。

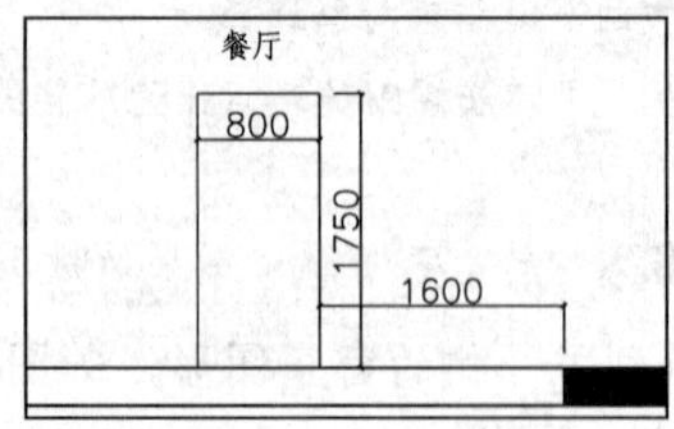

图 5-70　绘制餐桌

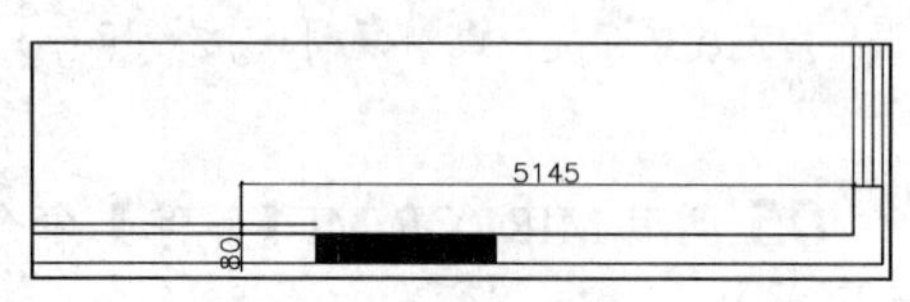

图 5-71　绘制辅助线

02 调用 RECATANG/REC【矩形】命令，以辅助线的交点为矩形的第一个角点，绘制尺寸为 40×1830 的矩形，然后删除辅助线，如图 5-72 所示。

03 调用 LINE/L【直线】命令和 OFFSET/O【偏移】命令，在矩形内绘制线段，如图 5-73 所示。

13. 绘制卫生间隔断

01 调用 PLINE/PL【多段线】命令，绘制隔断轮廓，如图 5-74 所示。

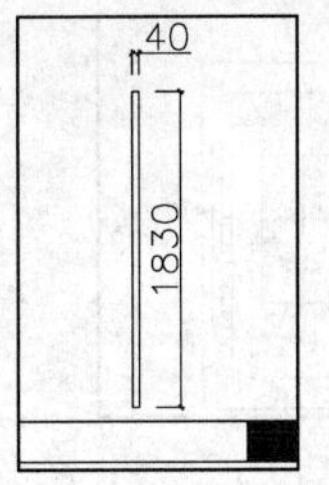

图 5-72 绘制矩形

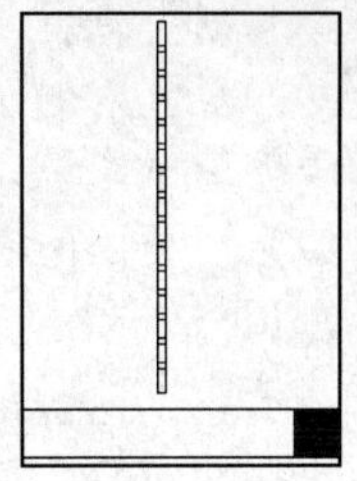

图 5-73 绘制线段

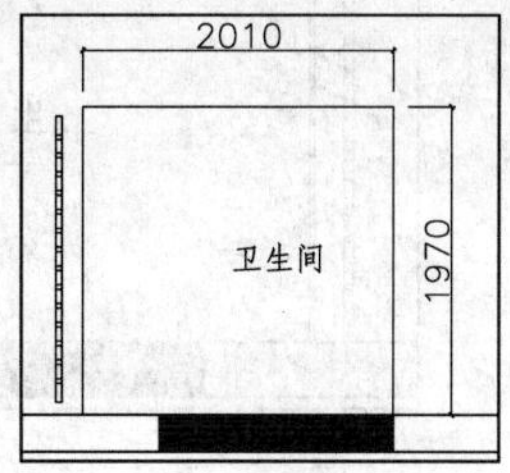

图 5-74 绘制多段线

02 调用 OFFSET/O【偏移】命令，将隔断向内偏移 20，如图 5-75 所示。

03 调用 RECTANG/REC【矩形】命令，绘制边长为 50 的矩形，并移动到相应的位置，如图 5-76 所示。

04 调用 COPY/CO【复制】命令，对矩形进行复制，如图 5-77 所示。

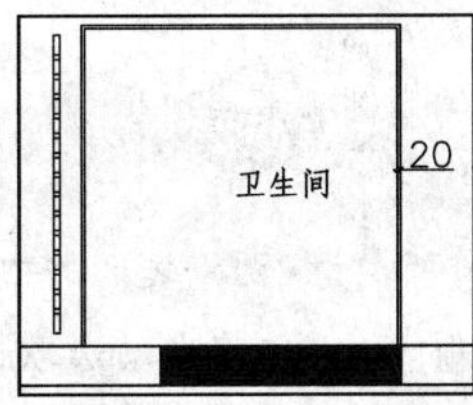

图 5-75 偏移多段线

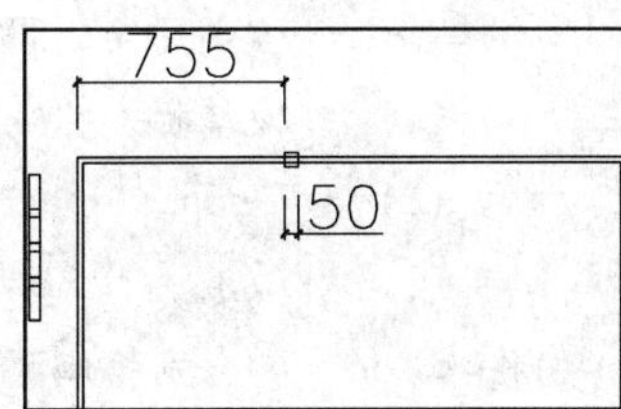

图 5-76 绘制矩形

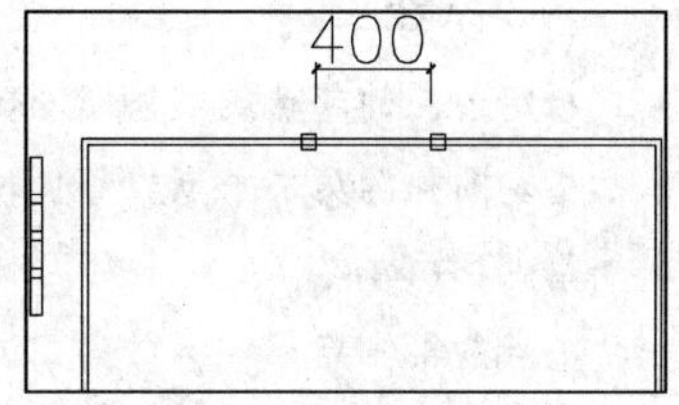

图 5-77 复制矩形

05 调用 TRIM/TR【修剪】命令，对矩形与隔断相交的位置进行修剪，如图 5-78 所示。

06 调用 LINE/L【直线】命令和 TRIM/TR【修剪】命令，绘制门洞，效果如图 5-79 所示。

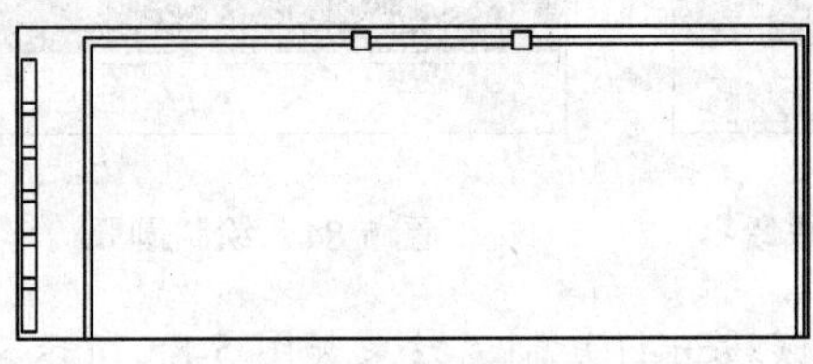

图 5-78 修剪线段

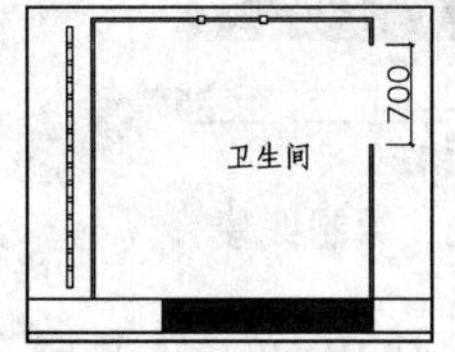

图 5-79 绘制门洞

14. 绘制门

调用 INSERT/I【插入】命令，插入卫生间的门图块，效果如图 5-80 所示。

15. 绘制橱柜

调用 PLINE/PL【多段线】命令，绘制橱柜台面，如图 5-81 所示。

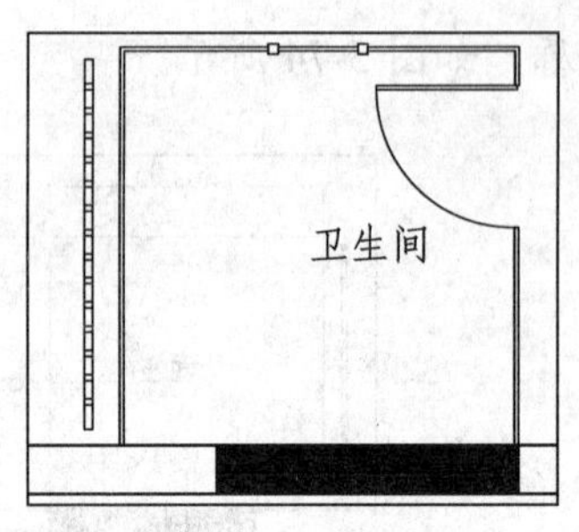

图 5-80　插入门

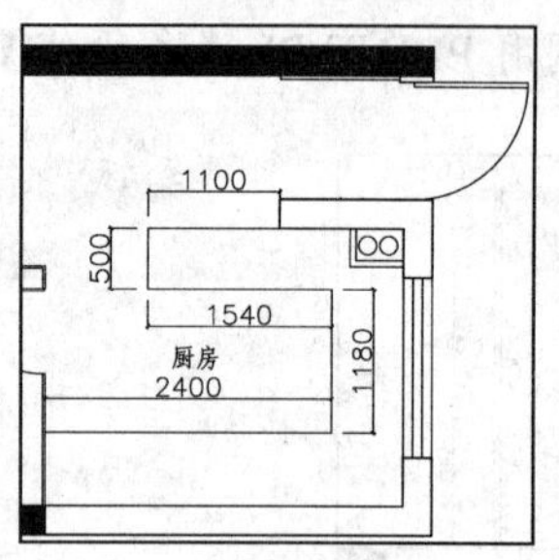

图 5-81　绘制橱柜台面

16. 绘制墙面造型

01 调用 LINE/L【直线】命令，绘制线段，如图 5-82 所示。

02 调用 OFFSET/O【偏移】命令，将线段向右侧偏移，如图 5-83 所示。

03 调用 ARC/A【圆弧】命令，绘制圆弧，命令选项如下：

```
命令:ARC↙                                      //调用绘制圆弧命令
指定圆弧的起点或 [圆心(C)]:                      //捕捉左侧线段顶点，确定圆弧起点
指定圆弧的第二个点或 [圆心(C)/端点(E)]: from↙
基点: m2p↙                                      //输入"m2p"，设置当前捕捉为"两点之间的中点"
中点的第一点: 中点的第二点: <偏移>:                //分别拾取两侧线段的顶点，系统将自动选取这两
个点的中点作为圆弧的第二个点
指定圆弧的端点: 40↙                              //垂直向下移动光标，输入 32，确定圆弧端点，
然后删除右侧线段，如图 5-84 所示
```

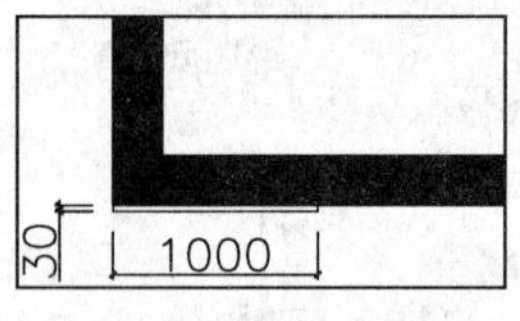

图 5-82　绘制线段

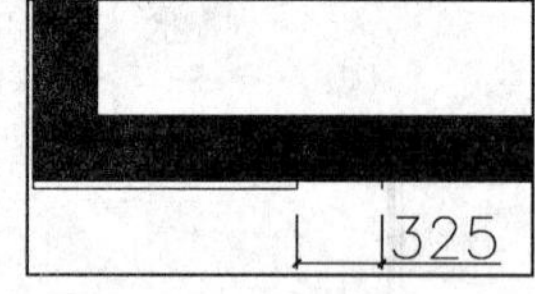

图 5-83　偏移线段

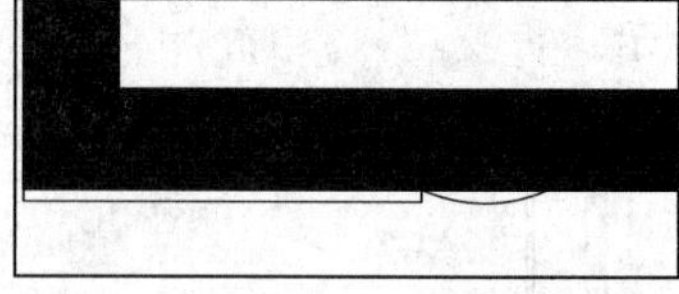

图 5-84　绘制圆弧

04 调用 COPY/CO【复制】命令，对圆弧和线段进行复制，效果如图 5-85 所示。

17. 插入图块

从本书光盘中“第 5 章\家具图例.dwg”文件中插入床、床头柜、抱枕、衣架、电视、电脑、植物、沙发组、餐椅、洗手盆、浴缸、坐便器、洗菜盆、吧椅和燃气灶等图块，完成后的效果如图 5-86 所示，平面布置图绘制完成。

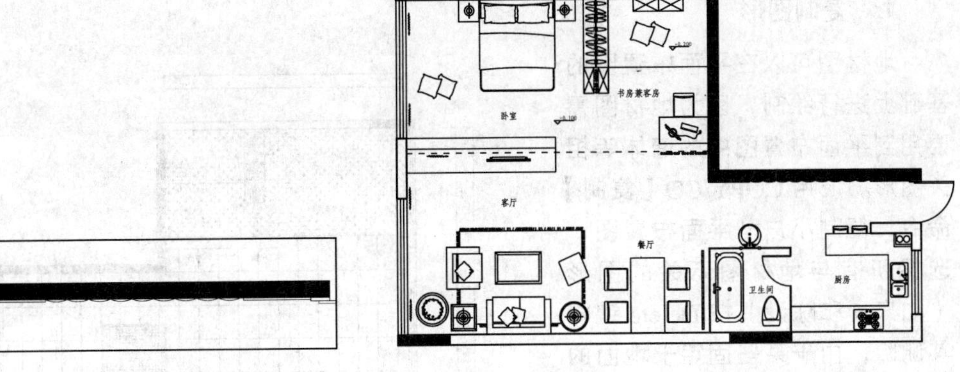

图 5-85　复制圆弧　　　　图 5-86　插入图块

18. 插入立面指向符号

立面指向符是立面图的一个识别符号，在第 4 章已经介绍了立面指向符号的绘制方法，并将立面指向符号创建成块，这里只需调用 INSERT/I【插入】命令，将立面指向符号插入到图名右侧，命令选项啊如下：

```
命令：INSERT↙                                //调用 INSERT 命令
指定插入点或 [基点(B)/比例(S)/旋转(R)]：      //在图名右侧位置拾取一点作为插入点
输入属性值
请输入立面指向符号 <A>:B                      //输入立面编号，结果如图 5-87 所示
```

继续调用 INSERT/I【插入】命令，插入立面指向符号，使其效果如图 5-88 所示。

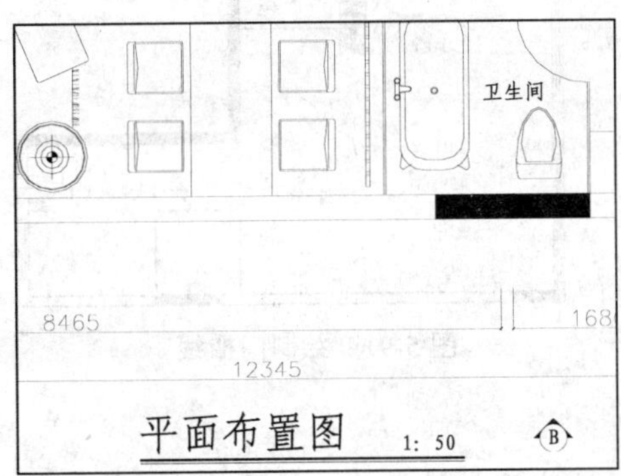

图 5-87　插入立面指向符号

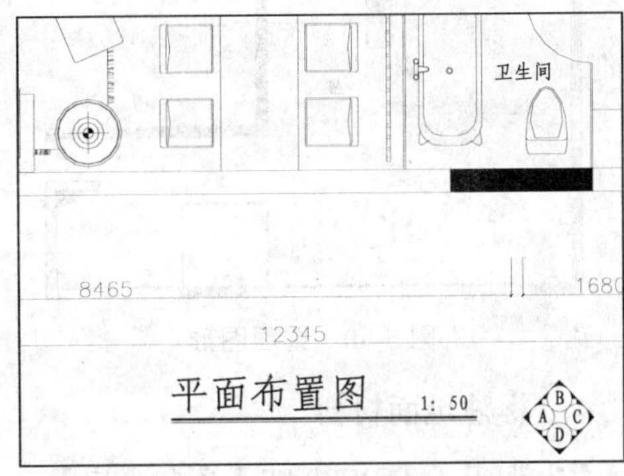

图 5-88　插入立面指向符号效果

5.6 绘制小户型地材图

地材图是用来表示地面做法的图样，包括地面铺设材料的形式（如分格、图案等）。地材图形成方法与平面布置图相同，不同的是地材图不需要绘制家具，只需要绘制地面所使用的材料和固定于地面的设备与设施图形。

本例小户型地材图如图 5-89 所示。使用的地面材料有大理石、马赛克和地毯，下面讲解绘制方法。

1. 复制图形

地材图可以在平面布置图的基础上进行绘制，因为地材图需要用到平面布置图中的墙体等相关图形。调用 COPY/CO【复制】命令，复制小户型平面布置图，选择所有与地材图无关的图形（如家具和陈设）、按 Delete 键将其删除，由于某些固定于地面的隔断、设备和衣柜或设置所在的位置不需要铺设地面材料，所以在地材图中将其保留，结果如图 5-90 所示。

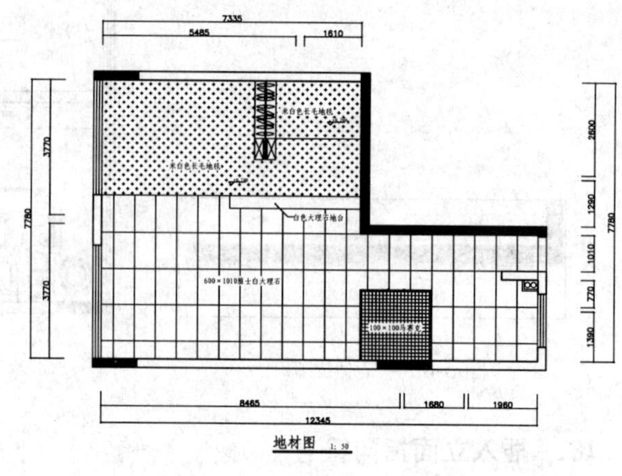

图 5-89 小户型地材图

2. 绘制门槛线

01 设置“DM_地面”图层为当前图层。

02 调用 LINE/L【直线】命令，绘制门槛线，封闭填充图案区域，如图 5-91 所示。

3. 绘制地台

调用 PLINE/PL【多段线】命令和 LINE/L【直线】命令，绘制地台，如图 5-92 所示。

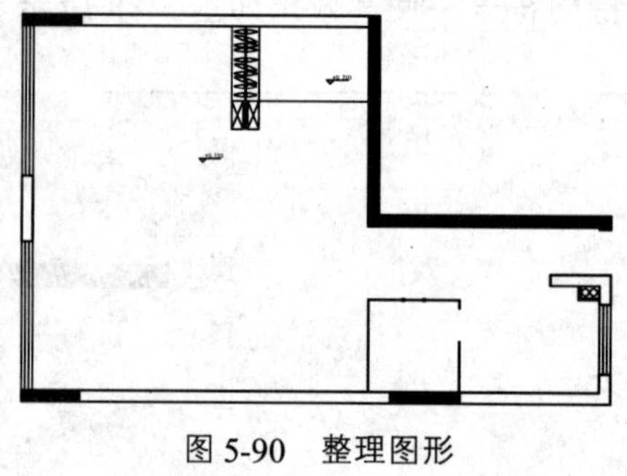

图 5-90 整理图形

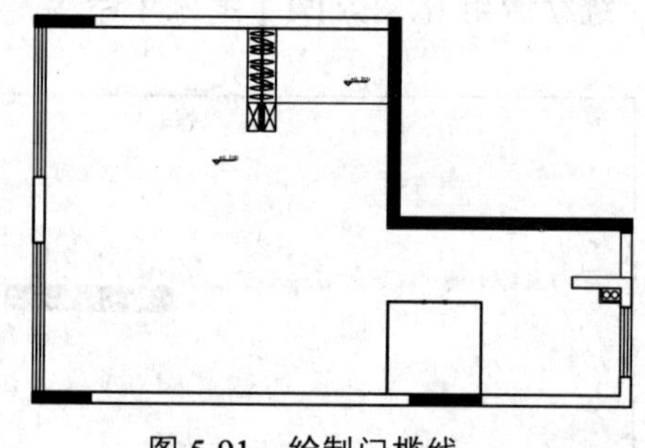

图 5-91 绘制门槛线

4. 标注地面材料

01 调用 MTEXT/MT【多行文字】命令，标注地面材料名称，结果如图 5-93 所示。

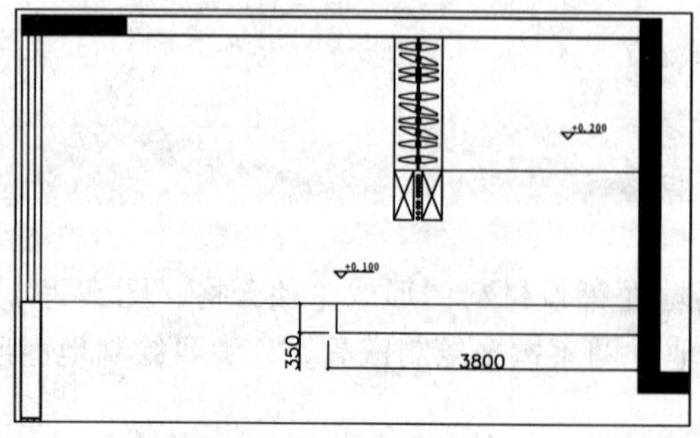

图 5-92 绘制地台

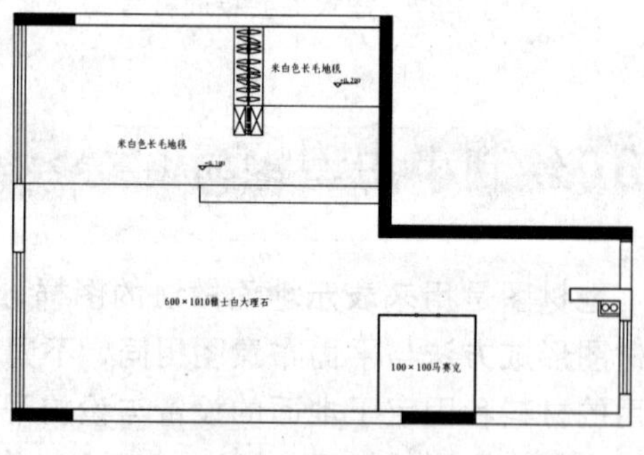

图 5-93 标注地面名称

02 调用 MLEADER/MLD【多重引线】命令，标注地台地面材料名称，如图 5-94 所示。

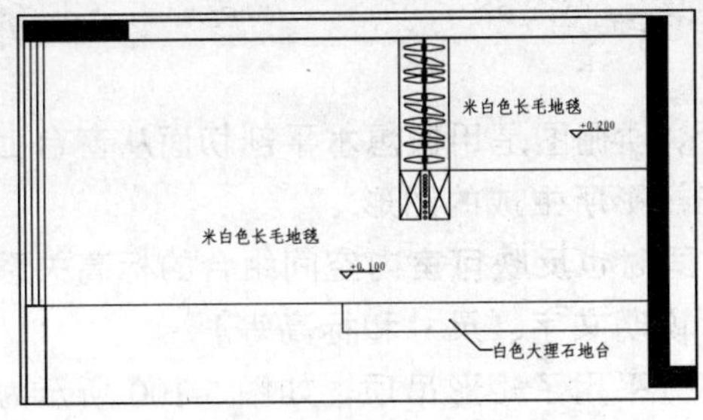

图 5-94　标注地台名称

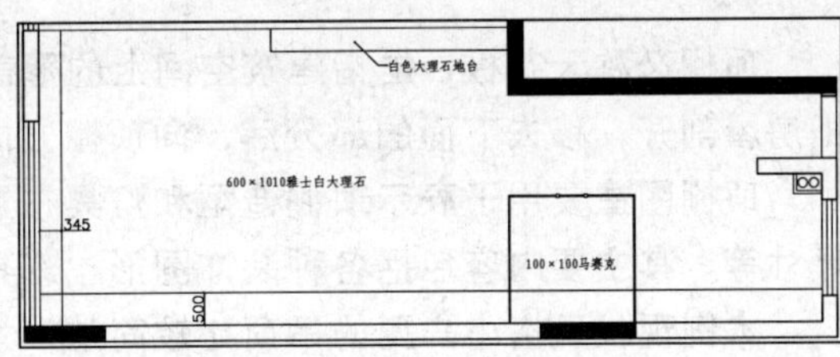

图 5-95　绘制线段

5. 绘制客厅和厨房地面材料图例

客厅和厨房的地面材料均为 600×1040 雅士白大理石，这种地面做法可使用 LINE/L【直线】命令和 OFFSET/O【偏移】命令绘制。

01 调用 LINE/L【直线】命令，绘制如图 5-95 所示线段。

02 调用 OFFSET/O【偏移】命令，将线段进行偏移，如图 5-96 所示。

03 调用 TRIM/TR【修剪】命令，对地面进行修剪，效果如图 5-97 所示。

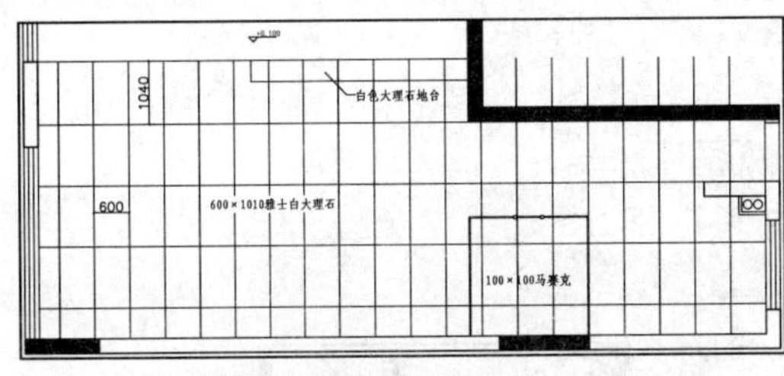

图 5-96　偏移线段

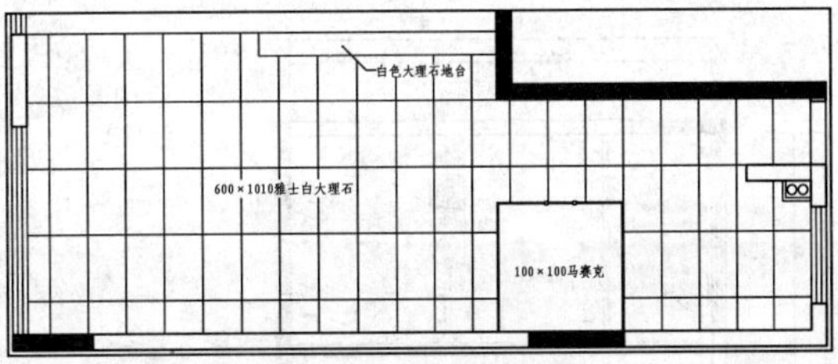

图 5-97　修剪线段

6. 绘制卫生间地面材料图例

卫生间的地面材料使用的是 100×100 马赛克，调用 HATCH/H【图案填充】 命令，对卫生间区域填充“用户定义图案”，填充参数和效果如图 5-98 所示。

7. 绘制卧室、书房兼客房地面材料图例

卧室、书房兼客房地面材料为地毯，直接填充图案即可，填充参数和效果如图 5-99 所示，完成小户型地材图的绘制。

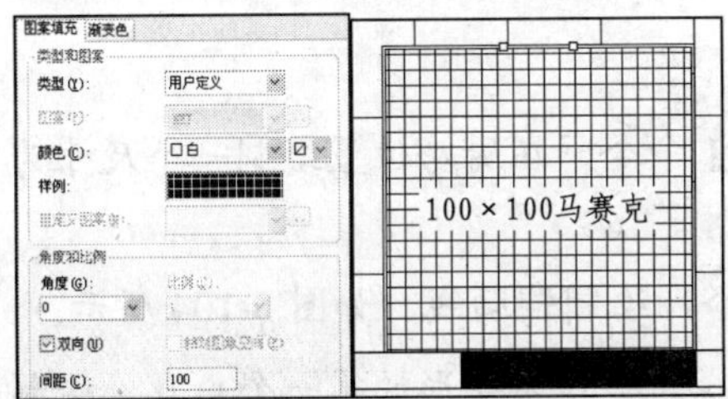

图 5-98　填充参数和效果

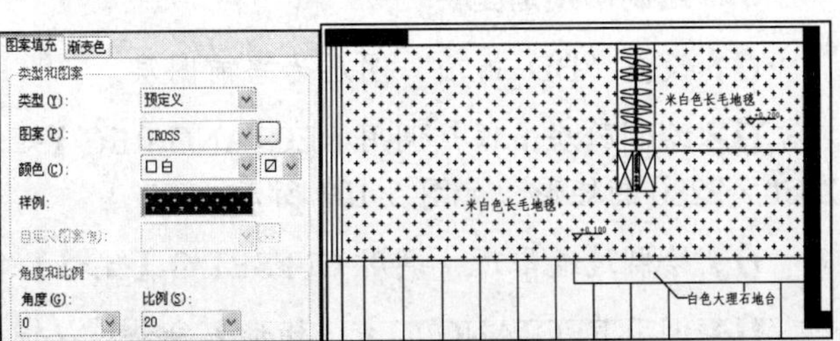

图 5-99　填充参数和效果

5.7 绘制小户型顶棚图

顶棚又称天花板，是指建筑空间上的覆盖层。顶棚图是用假想水平剖切面从窗台上方把房屋剖开，移去下面的部分后，向顶棚方向正投影所生成的图形。

顶棚图主要用于表示顶棚造型和灯具布置，同时也反映可室内空间组合的标高关系和尺寸等。其主要内容包括各种装饰图形、灯具、说明文字、尺寸和标高等。

本例现代风格小户型的吊顶比较简洁，大部分采用了矩形吊顶，如图 5-100 所示为小户型顶棚图，下面讲解绘制方法。

1. 复制图形

顶棚图可在平面布置图的基础上绘制，调用 COPY/CO【复制】命令，复制小户型平面布置图，删除与顶棚图无关的图形，效果如图 5-101 所示。

2. 绘制墙体线

根据顶棚图形成原理，水平剖切面在门的位置，顶棚图中的门图形需要将门梁内外边缘表示出来，门页和开启方向可以省略，调用 LINE/L【直线】命令，绘制线段连接门洞，如图 5-102 所示。

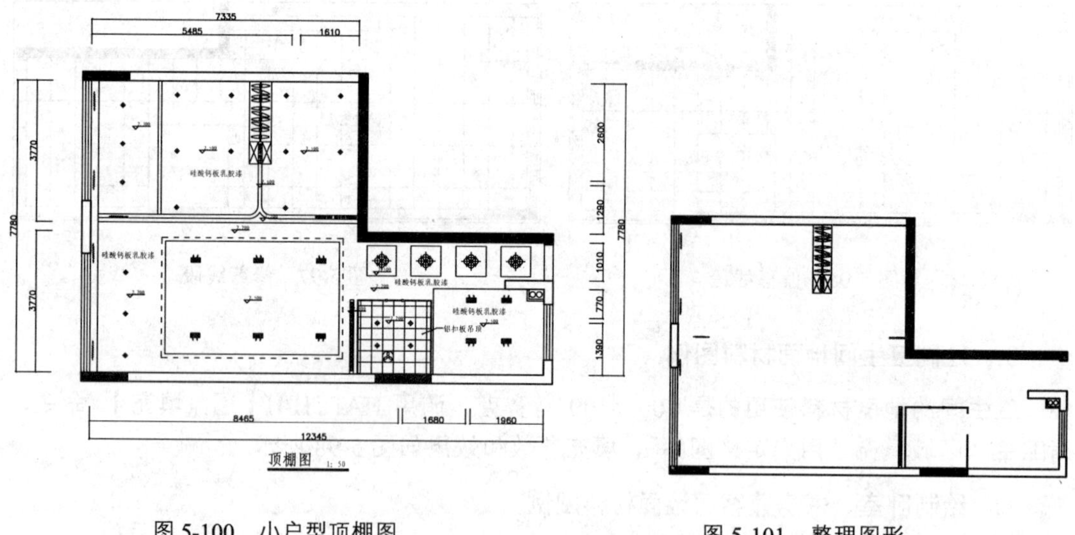

图 5-100　小户型顶棚图　　　　图 5-101　整理图形

3. 绘制吊顶造型

01 设置“DD_吊顶”图层为当前图层。

02 绘制厨房吊顶。调用 RECTANG/REC【矩形】命令，在厨房位置绘制一个尺寸为 2950×2280 的矩形，如图 5-103 所示。

03 绘制过道吊顶。调用 OFFSET/O【偏移】命令，绘制辅助线，如图 5-104 所示。

04 调用 RECTANG/REC【矩形】命令，以辅助线的交点为矩形的第一个角点，绘制边长为 800 的矩形，然后删除辅助线，如图 5-105 所示。

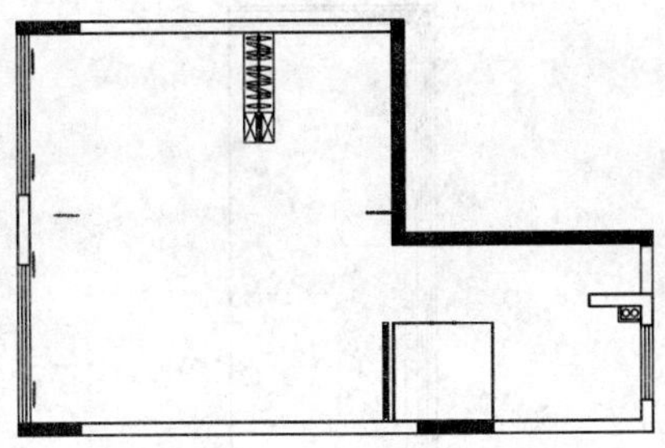

图 5-102　绘制墙体线

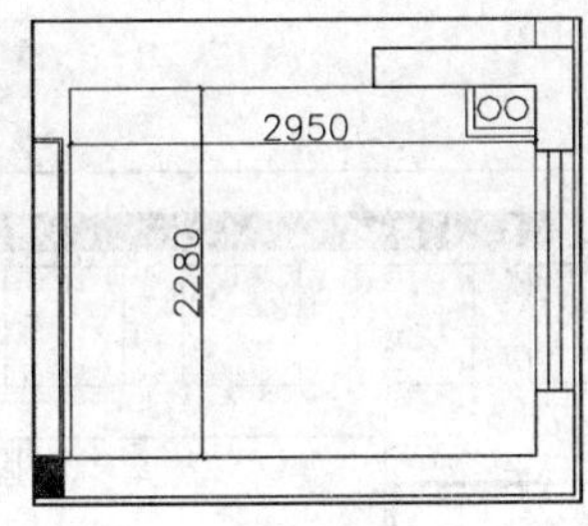

图 5-103　绘制矩形

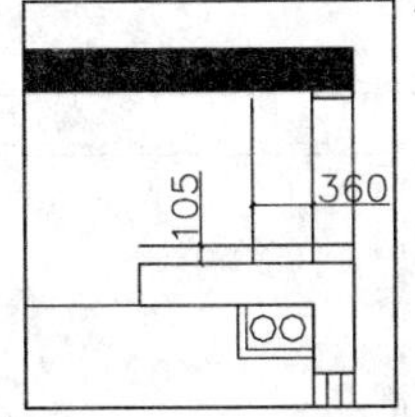

图 5-104　绘制辅助线

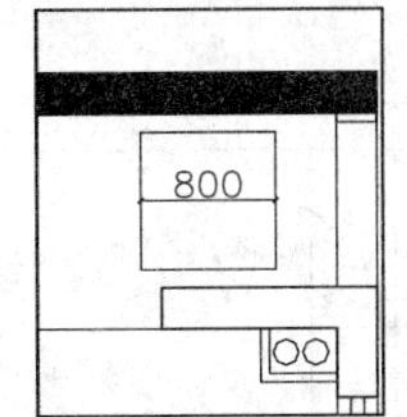

图 5-105　绘制矩形

05 调用 ARRAY/AR【阵列】命令，对所绘制的矩形进行阵列复制，命令行提示如下：

```
命令: ARRAY ↙                                          //调用阵列命令
选择对象: 找到 1 个                                     //选择所绘制的矩形
选择对象:  输入阵列类型 [矩形(R)/路径(PA)/极轴(PO)] <极轴>: R↙
                                                       //选择矩形阵列方式
类型 = 矩形  关联 = 是
选择夹点以编辑阵列或 [关联(AS)/基点(B)/计数(COU)/间距(S)/列数(COL)/行数(R)/层数(L)/退出(X)] <退出>: COU↙
输入列数数或 [表达式(E)] <4>: 4↙                         //输入列数
输入行数数或 [表达式(E)] <3>: 1↙                         //输入行数
选择夹点以编辑阵列或 [关联(AS)/基点(B)/计数(COU)/间距(S)/列数(COL)/行数(R)/层数(L)/退出(X)] <退出>: S↙    //选择间距选项
指定列之间的距离或 [单位单元(U)] <898.7118>: -1200↙
指定行之间的距离 <792.0584>:↙
选择夹点以编辑阵列或 [关联(AS)/基点(B)/计数(COU)/间距(S)/列数(COL)/行数(R)/层数(L)/退出(X)] <退出>:          //按回车键结束绘制，得到阵列结果如图 5-106 所示。
```

06 调用 LINE/L【直线】命令，绘制窗帘盒，如图 5-107 所示。

07 绘制客厅吊顶。调用 RECTANG/REC【矩形】命令，绘制尺寸为 4800 × 3010 的矩形，并移动到相应的位置，如图 5-108 所示。

08 调用 OFFSET/O【偏移】命令，将矩形向外偏移 100，并设置为虚线表示灯带，如图 5-109 所示。

09 绘制卧室和书房兼客房吊顶。调用 LINE/L【直线】命令和 OFFSET/O【偏移】命令，绘制如图 5-110 所示吊顶造型。

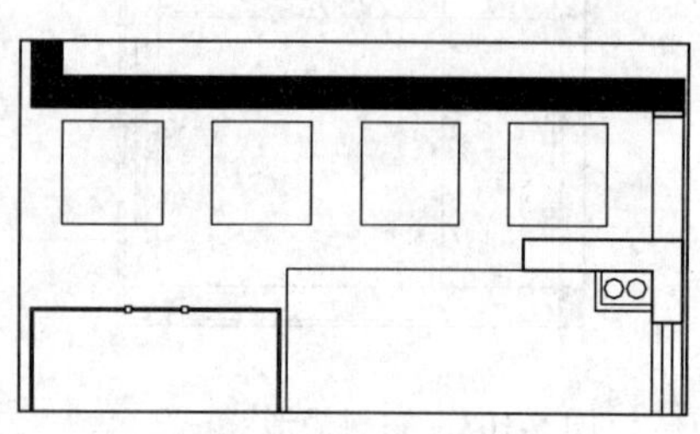

图 5-106　矩形阵列

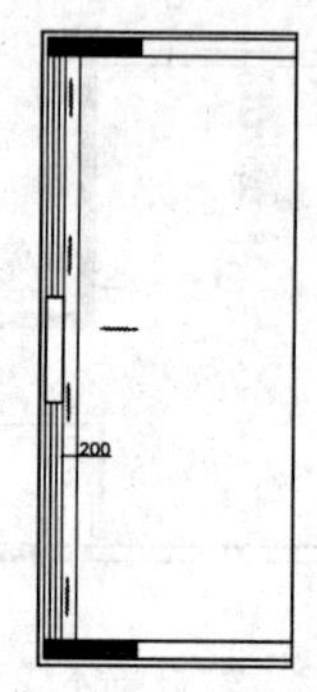

图 5-107　绘制窗帘盒

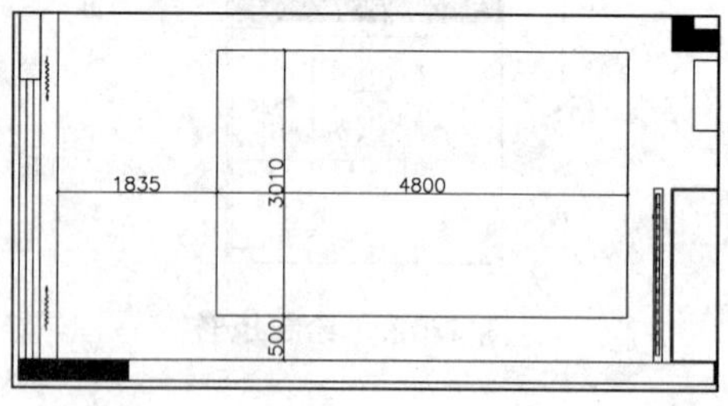

图 5-108　绘制矩形

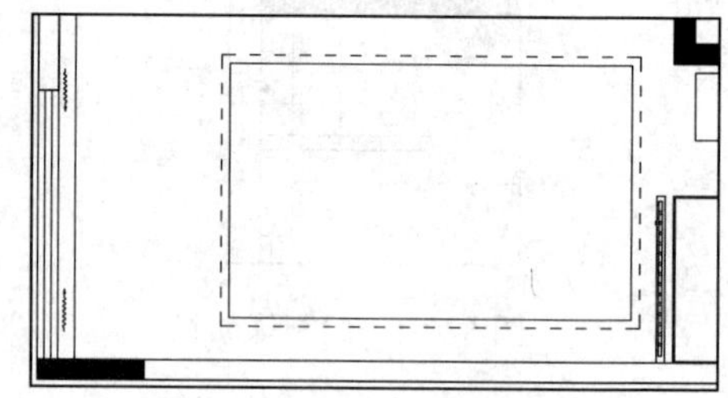

图 5-109　偏移矩形

10 调用 FILLET/F【圆角】命令，对线段进行圆角，命令选项如下：

```
命令:FILLET↙                                                   //调用 FILLET 命令
当前设置: 模式 = 修剪, 半径 = 250.0000
选择第一个对象或 [放弃(U)/多段线(P)/半径(R)/修剪(T)/多个(M)]: r↙
指定圆角半径 <250.0000>: 250↙                                  //设置圆角半径为 250
选择第一个对象或 [放弃(U)/多段线(P)/半径(R)/修剪(T)/多个(M)]:
选择第二个对象, 或按住 Shift 键选择要应用角点的对象:           //依次单击要圆角的线段, 得到圆角结果如图 5-111 所示
```

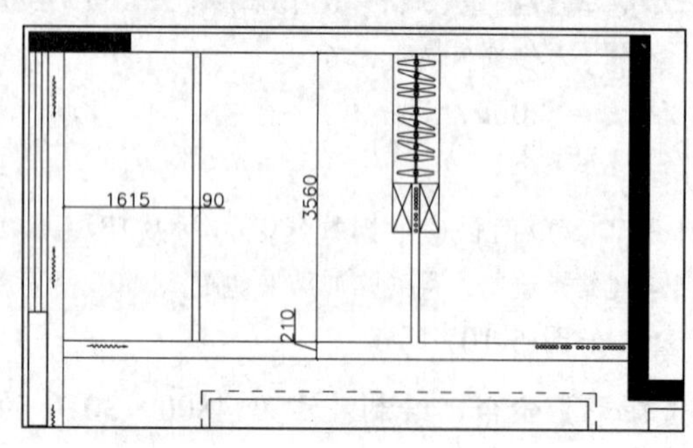

图 5-110　绘制吊顶造型

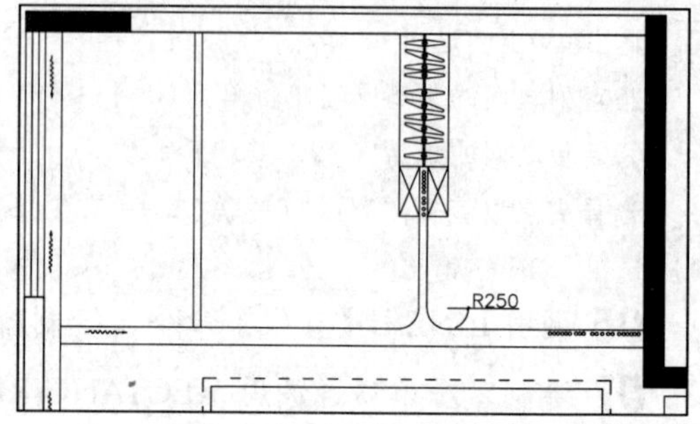

图 5-111　圆角

11 调用 OFFSET/O【偏移】命令，将圆角后的线段进行偏移，效果如图 5-112 所示。

12 绘制卫生间吊顶。调用 HATCH/H【填充图案】命令，对卫生间区域填充“用户定义”图案，填充参数和效果如图 5-113 所示。

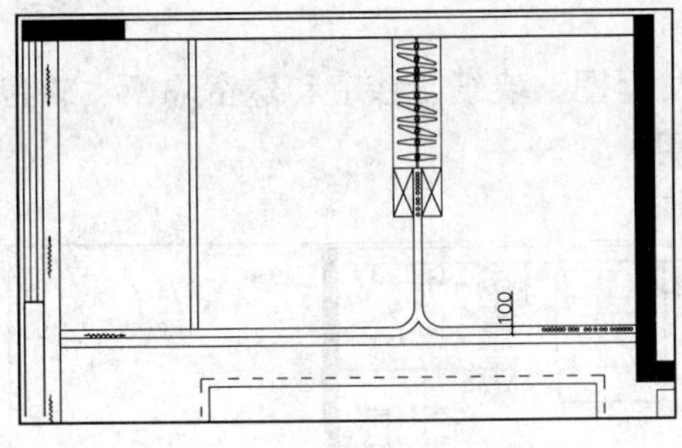

图 5-112　偏移

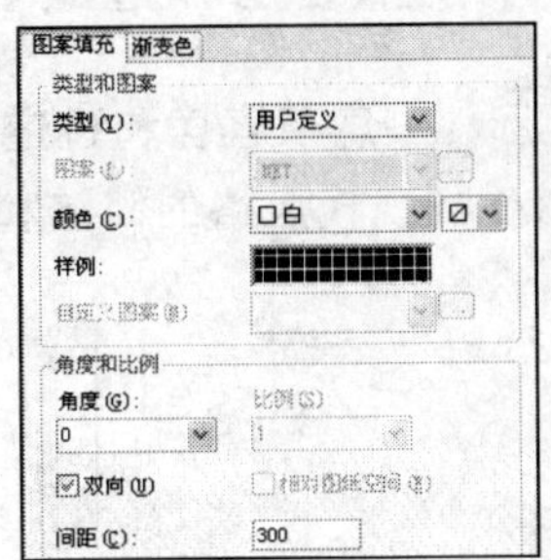

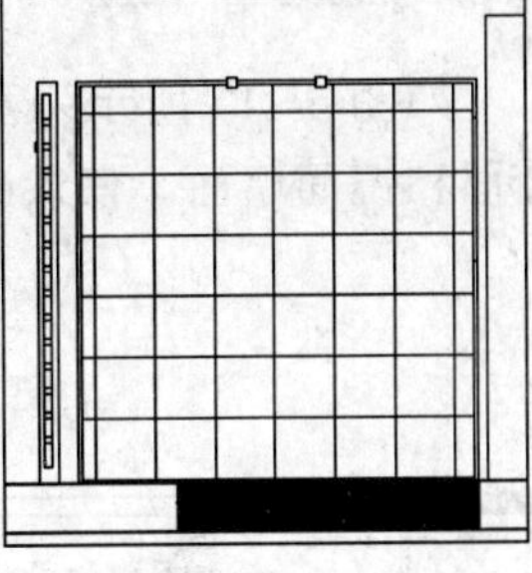

图 5-113　填充参数和效果

4. 布置灯具

打开本书光盘中“第 5 章\家具图例.dwg”文件，将文件中的灯具图形复制到小户型顶棚图中，完成后的效果如图 5-114 所示。

5. 标注标高

调用 INSERT/I【插入】命令，插入“标高”图块标注标高，效果如图 5-115 所示。

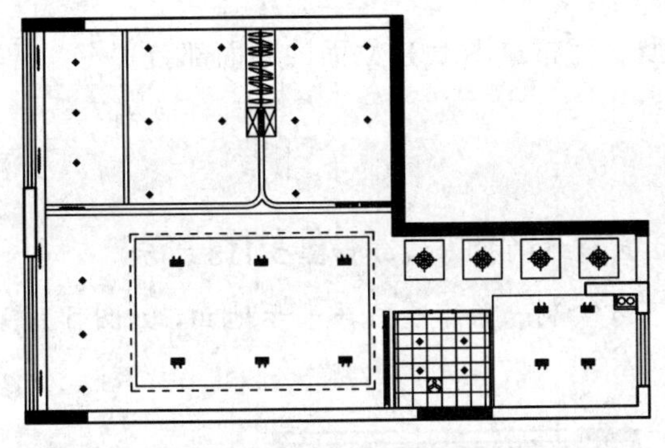

图 5-114　布置灯具

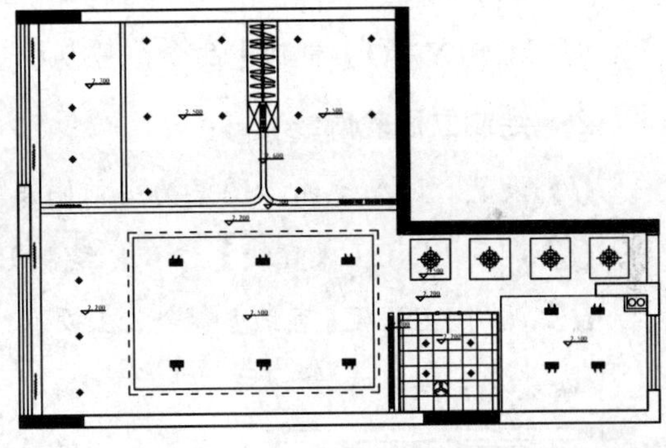

图 5-115　标注标高

6. 文字说明

调用 MLEADER/MLD【多重引线】和 MTEXT/MT【多行文字】命令，标注顶棚材料说明，完成后的效果如图 5-116 所示，小户型顶棚图绘制完成。

5.8 绘制小户型立面图

施工立面图是室内墙面与装饰物的正投影图，它表明了墙面装饰的式样及材料、位置尺寸，墙面与门、窗、隔断的高度尺寸，墙与顶、地的衔接方式等。

立面图是装饰细节的体现，家居装饰风格在立面图中将得到充分的体现。本节分别以客厅、书房兼客房、过道和厨房立面为例，介绍现代风格立面图的画法。

5.8.1 绘制客厅、书房兼客房和过道 B 立面图

如图 5-117 所示为客厅、书房兼客房和过道 B 立面图，墙纸、纱帘和珠帘隔断、软包墙面和镜面墙面，使人感受到现代风格的简洁和实用。

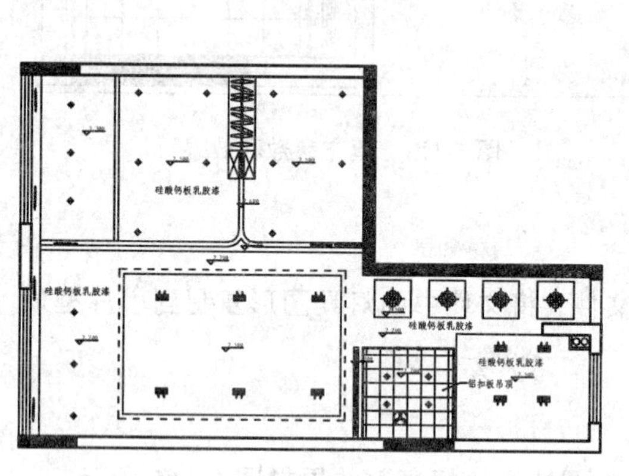

图 5-116 文字说明

图 5-117 客厅、书房兼客房和过道 B 立面图

1. 复制图形

调用 COPY/CO【复制】命令，复制小户型平面布置图上 B 立面的平面部分。

2. 绘制立面轮廓线

01 设置“LM_立面”图层为当前图层。

02 调用 LINE/L【直线】命令，绘制 B 立面墙体的投影线，如图 5-118 所示。

03 调用 LINE/L【直线】命令，在投影线下方绘制一条水平线段表示地面，如图 5-119 所示。

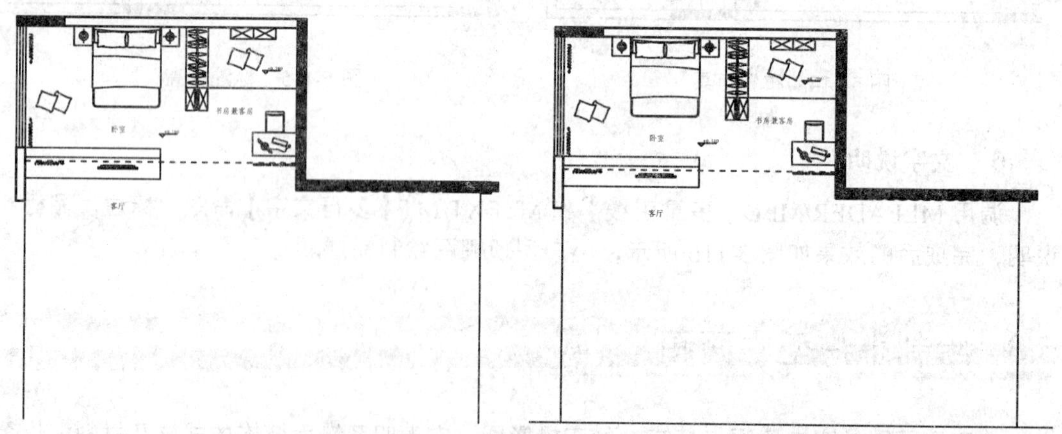

图 5-118 绘制墙体投影线

图 5-119 绘制地面

04 调用 OFFSET/O【偏移】命令，向上偏移地面，得到标高为 2200 的顶面轮廓，如

图 5-120 所示。

05 调用 TRIM/TR【修剪】命令，修剪得到 B 立面外轮廓，并将线段转换至“QT_墙体”图层，如图 5-121 所示。

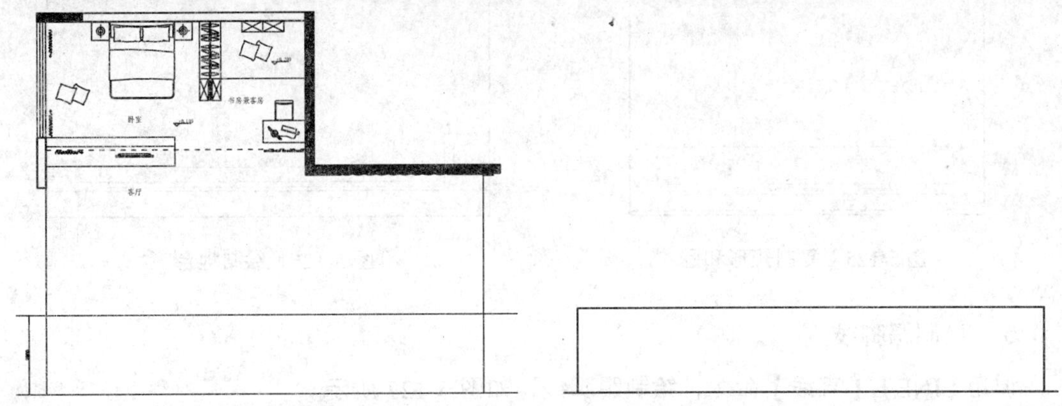

图 5-120 绘制顶面轮廓　　图 5-121 修剪 B 立面外轮廓

3. 绘制电视柜

01 设置“LM_立面”图层为当前图层。

02 调用 PLINE/PL【多段线】命令，绘制多段线，如图 5-122 所示。

图 5-122 绘制多段线

03 调用 RECTANG/REC【矩形】命令，绘制尺寸为 800×20 的矩形，并设置为虚线，如图 5-123 所示。

04 调用 CIRCLE/C【圆】命令，在矩形的中间位置绘制半径为 15 的圆，如图 5-124 所示。

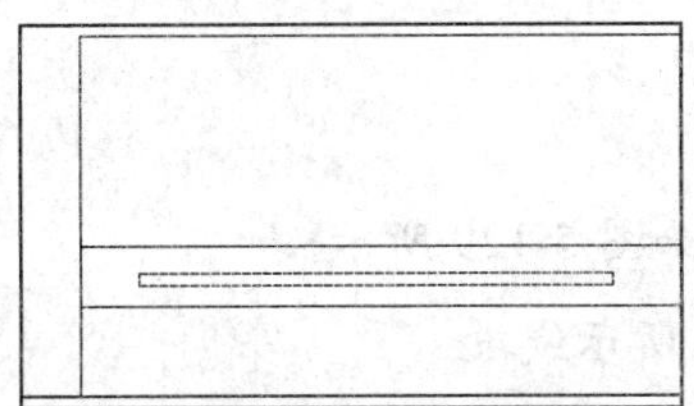

图 5-123 绘制矩形

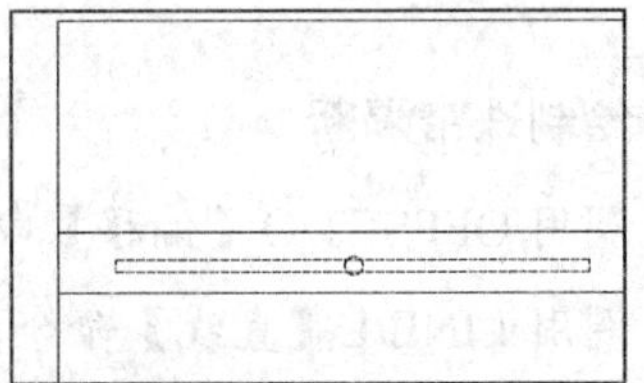

图 5-124 绘制圆

05 调用 COPY/CO【复制】命令，对矩形和圆进行复制，效果如图 5-125 所示。

4. 绘制地台

01 调用 PLINE/PL【多段线】命令，绘制地台，如图 5-126 所示。

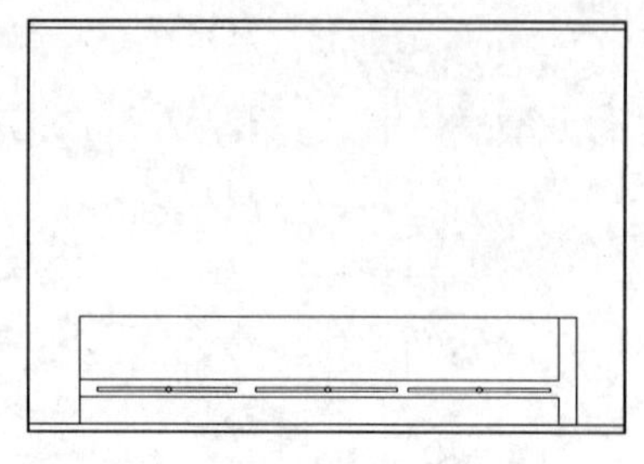

图 5-125　复制矩形和圆

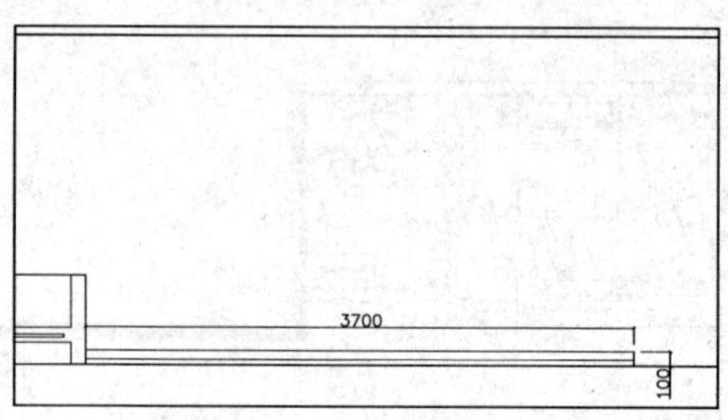

图 5-126　绘制地台

5. 绘制踢脚线

调用 LINE/L【直线】命令，绘制踢脚线，如图 5-127 所示。

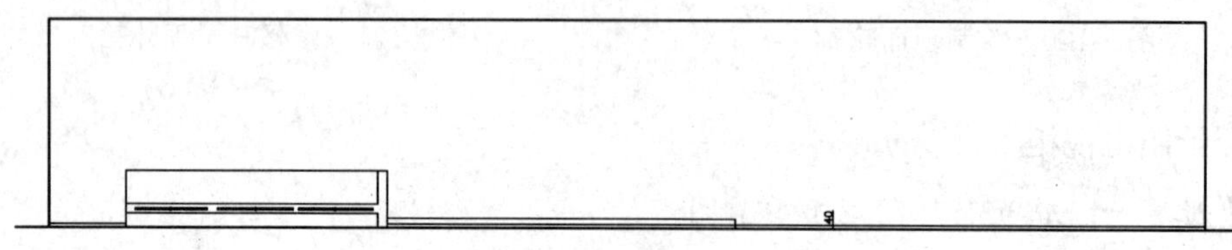

图 5-127　绘制踢脚线

6. 划分立面区域

调用 LINE/L【直线】命令和 OFFSET/O【偏移】命令，为立面划分区域，如图 5-128 所示。

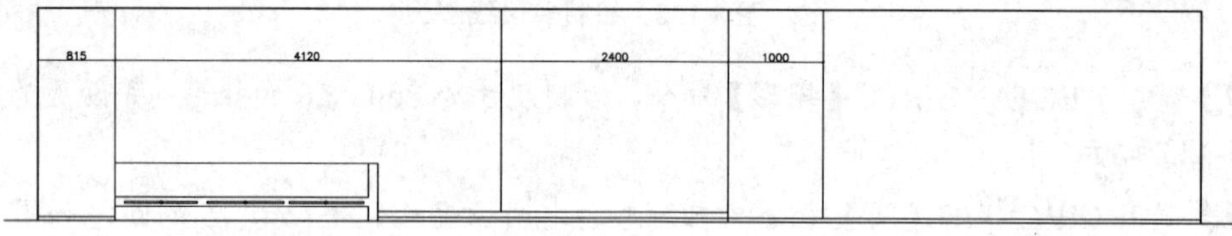

图 5-128　划分立面

7. 绘制珠帘隔断

01 调用 OFFSET/O【偏移】命令，偏移线段，如图 5-129 所示。

02 调用 LINE/L【直线】命令，绘制如图 5-130 所示线段。

03 调用 ELLIPSE/EL【椭圆】命令，绘制珠帘，命令选项如下：

```
命令: ELLIPSE↙                                    //调用 ELLIPSE
指定椭圆的轴端点或 [圆弧(A)/中心点(C)]:           //拾取线段的端点作为椭圆的端点
指定轴的另一个端点: 65↙                           //向下移动光标定位到 270° 极轴追踪线上，
输入椭圆长轴尺寸 65
```

指定另一条半轴长度或 [旋转(R)]: 17↙ //水平向右移动光标，输入17，确定椭圆另一条半轴长度，如图5-131所示

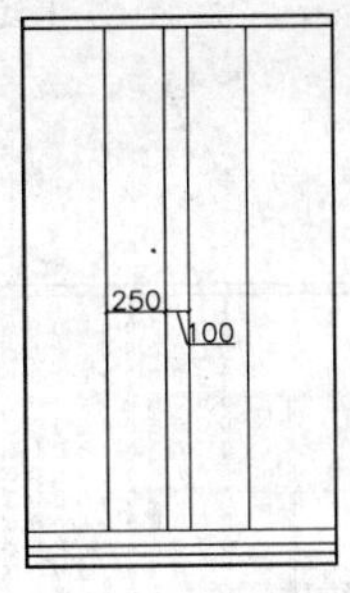

图5-129 偏移线段

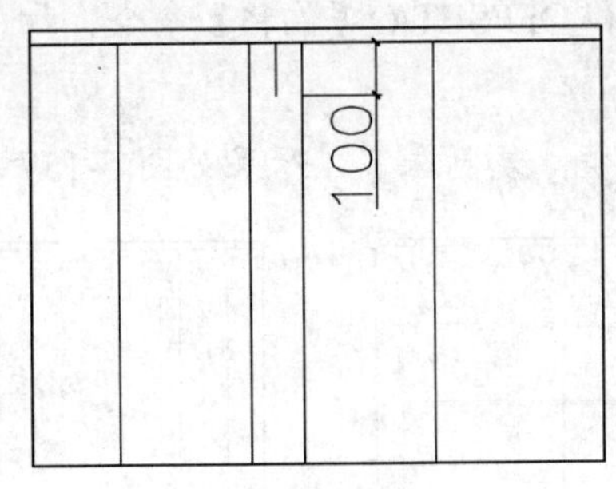

图5-130 绘制线段

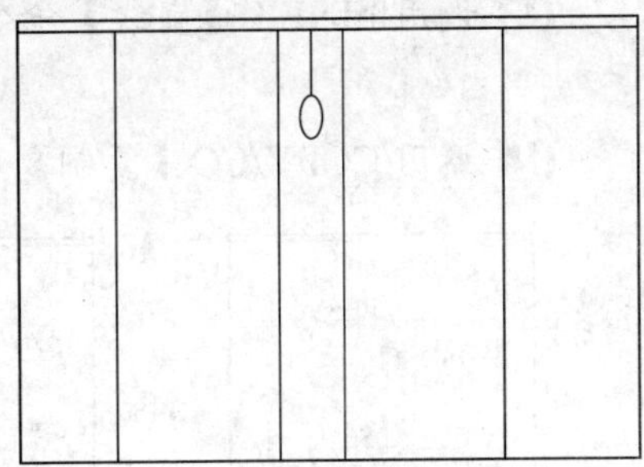

图5-131 绘制椭圆

04 调用ARRAY/AR【阵列】命令，对绘制的椭圆进行阵列，命令行提示如下：

命令: ARRAY↙ //调用阵列命令

选择对象: 找到 1 个 //选择绘制的椭圆

选择对象: 输入阵列类型 [矩形(R)/路径(PA)/极轴(PO)] <矩形>:R↙

//输入"R"选择矩形阵列

类型 = 矩形 关联 = 是

选择夹点以编辑阵列或 [关联(AS)/基点(B)/计数(COU)/间距(S)/列数(COL)/行数(R)/层数(L)/退出(X)] <退出>: COU↙

输入列数数或 [表达式(E)] <4>:20↙ //输入列数

输入行数数或 [表达式(E)] <3>: 1↙ //输入行数

选择夹点以编辑阵列或 [关联(AS)/基点(B)/计数(COU)/间距(S)/列数(COL)/行数(R)/层数(L)/退出(X)] <退出>: S↙ //选择间距选项

指定列之间的距离或 [单位单元(U)] <898.7118>: -100↙

指定行之间的距离 <792.0584>:↙

选择夹点以编辑阵列或 [关联(AS)/基点(B)/计数(COU)/间距(S)/列数(COL)/行数(R)/层数(L)/退出(X)] <退出>: //按回车键结束绘制，阵列结果如图5-132所示。

8. 绘制床垫

调用LINE/L【直线】命令，绘制线段表示床垫，如图5-133所示。

9. 绘制书架

01 调用PLINE/PL【多段线】命令，绘制书架轮廓，如图5-134所示。

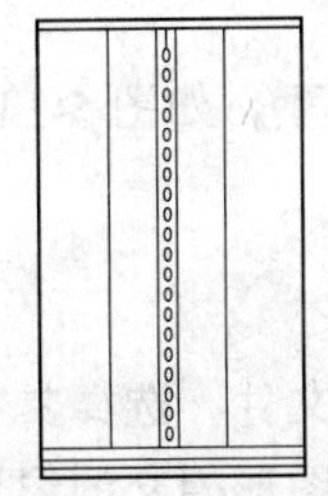

图5-132 矩形阵列

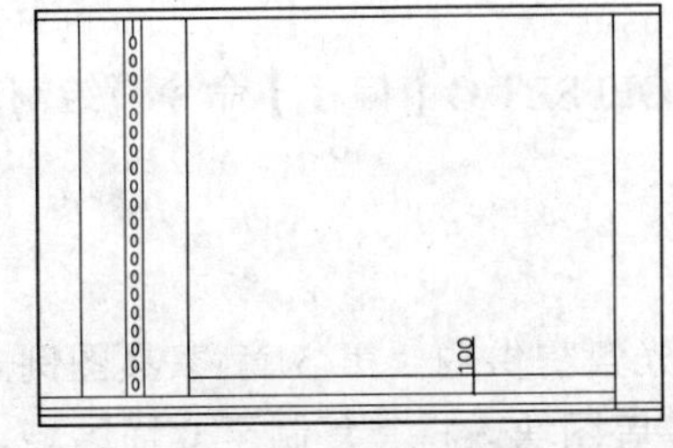

图5-133 绘制线段

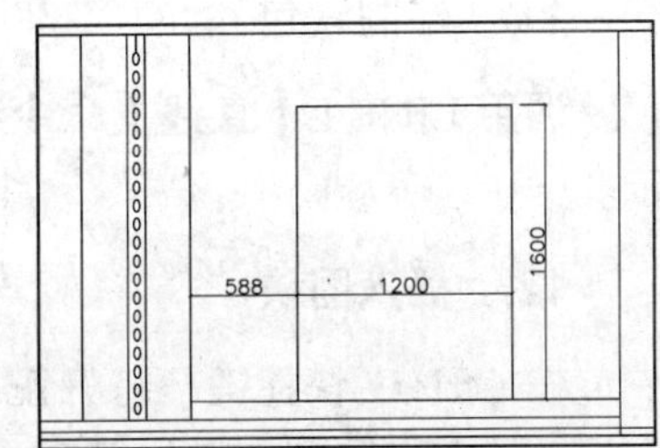

图5-134 绘制书架轮廓

02 调用 LINE/L【直线】命令和 OFFSET/O【偏移】命令，绘制线段，如图 5-135 所示。

03 调用 LINE/L【直线】命令和 OFFSET/O【偏移】命令，细化书架，如图 5-136 所示。

04 调用 COPY/CO【复制】命令，复制珠帘，结果如图 5-137 所示。

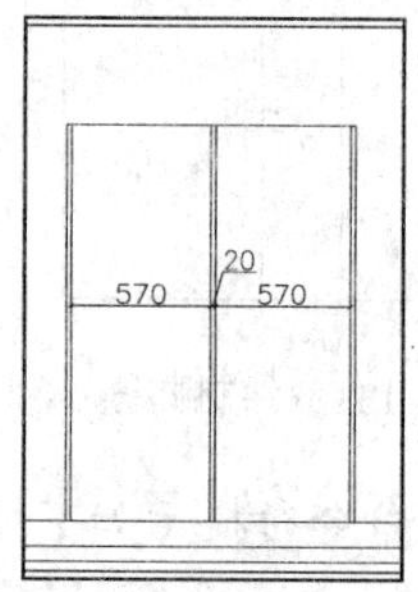

图 5-135 绘制线段

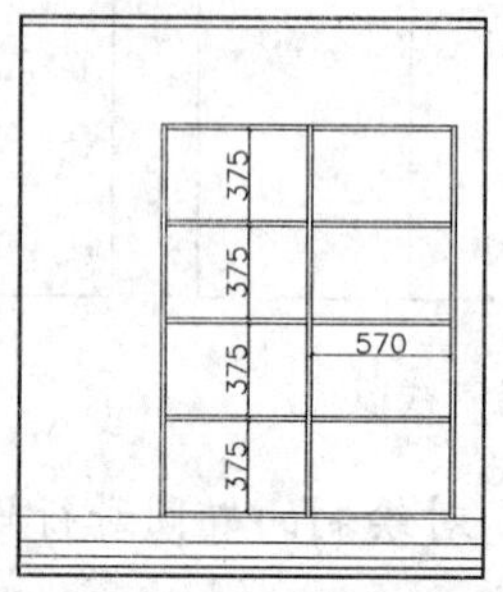

图 5-136 细化书架

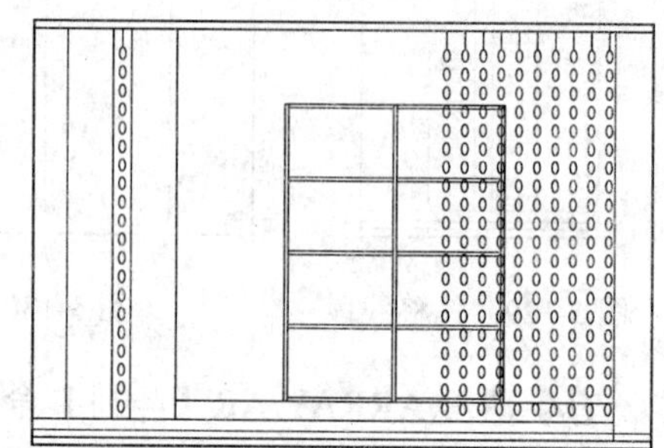

图 5-137 复制珠帘

10. 绘制镜片

01 调用 RECTANG/REC【矩形】命令，绘制镜片轮廓，如图 5-138 所示。

02 调用 OFFSET/O【偏移】命令，将矩形向内偏移 10，如图 5-139 所示。

03 调用 HATCH/H【填充图案】命令，在矩形内填充 AR-RROOF 图案，填充参数和效果如图 5-140 所示。

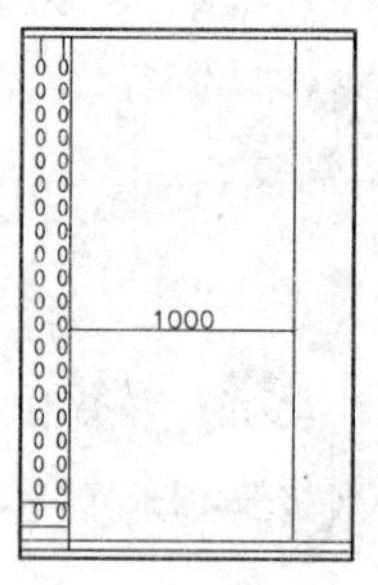

图 5-138 绘制镜片轮廓

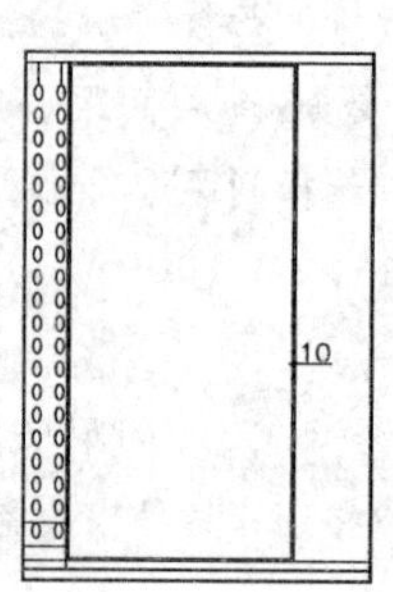

图 5-139 偏移矩形

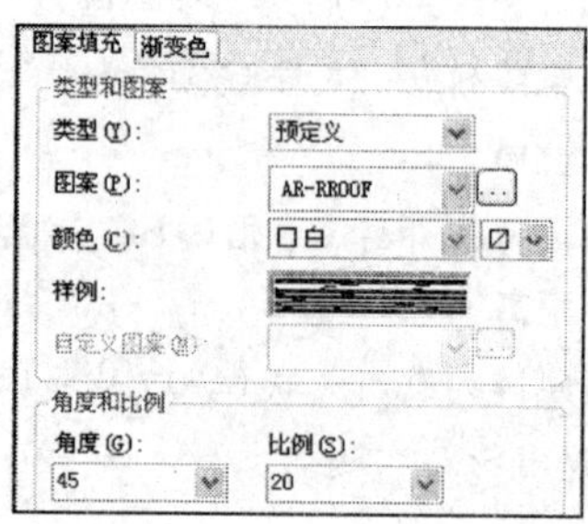

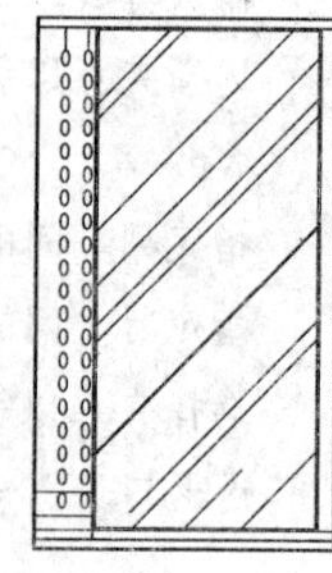

图 5-140 填充参数和效果

04 调用 COPY/CO【复制】命令，对镜片进行复制，得到右侧同样造型的图案，如图 5-141 所示。

11. 绘制软包

调用 LINE/L【直线】命令和 OFFSET/O【偏移】命令，绘制软包造型，如图 5-142 所示。

12. 插入图块

按 Ctrl+O 快捷键，打开配套光盘提供的“第 5 章\家具图例.dwg”文件，选择其中的电视、纱帘、抱枕、装饰品和书籍等图块，将其复制至立面区域，并对图形相交的位置进行修剪，结果如图 5-143 所示。

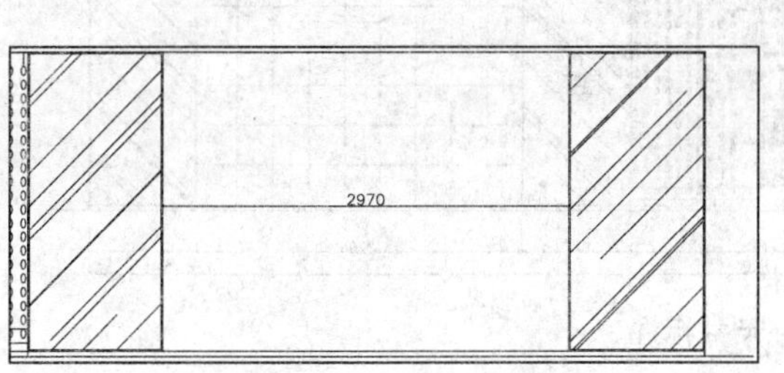

图 5-141 复制镜片

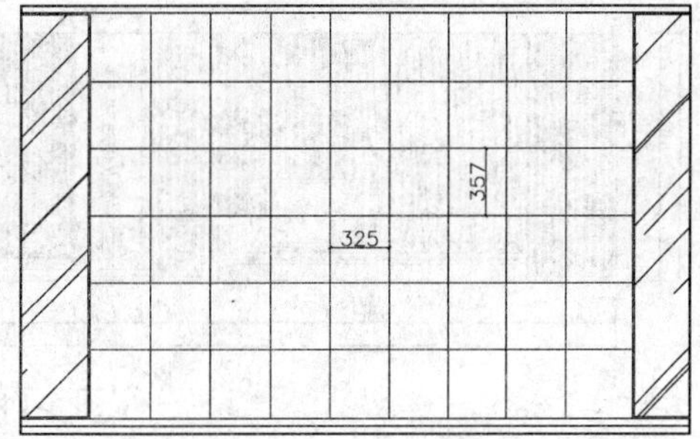

图 5-142 绘制软包

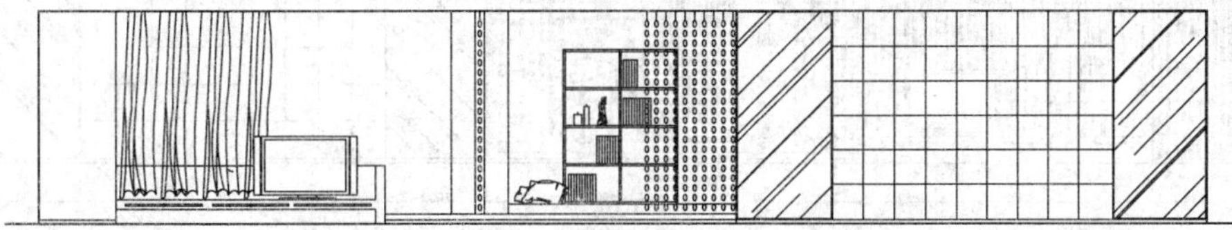

图 5-143 插入图块

提 示：当图块与立面图形重叠时，应修剪被遮挡的图形，以体现前后的层次关系。

13. 填充墙面

调用 HATCH/H【填充图案】命令，对 B 立面墙面填充 ANSI32 图案，填充效果如图 5-144 所示。

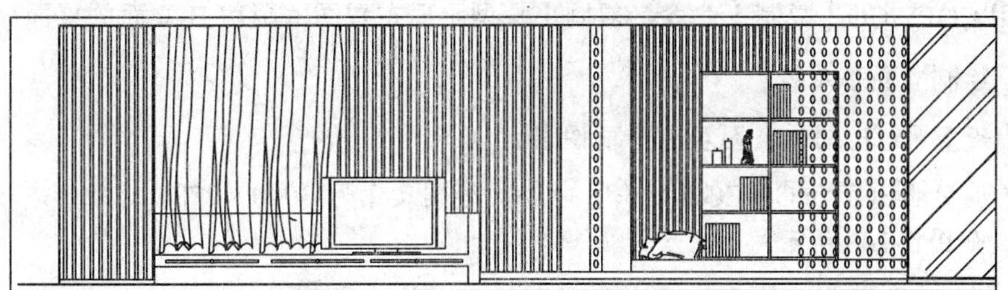

图 5-144 填充墙面

14. 标注尺寸和材料说明

01 设置“BZ-标注”为当前图层。设置当前注释比例为 1：50。

02 调用 DIMLINEAR/DLI【线性标注】命令或执行【标注】|【线性】命令标注尺寸，接着使用 DIMCONTINUE/DCO【连续性标注】或【标注】|【连续】对图形进行尺寸标注。本图应该在垂直方向和水平方向分别进行标注，标注结果如图 5-145 所示。

03 调用 MLEADER/MLD【多重引线】命令进行材料标注，标注结果如图 5-146 所示。

15. 插入图名

调用 INSERT/I【插入】命令，插入“图名”图块，设置 B 立面图名称为“客厅、书房兼客房和过道 B 立面图”，客厅、书房兼客房和过道 B 立面图绘制完成。

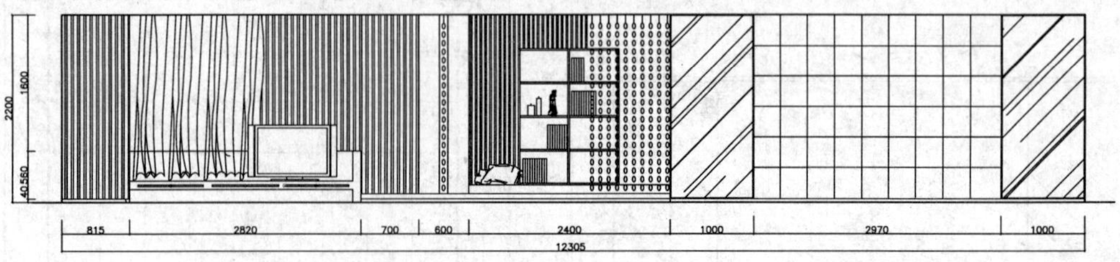

图 5-145　尺寸标注

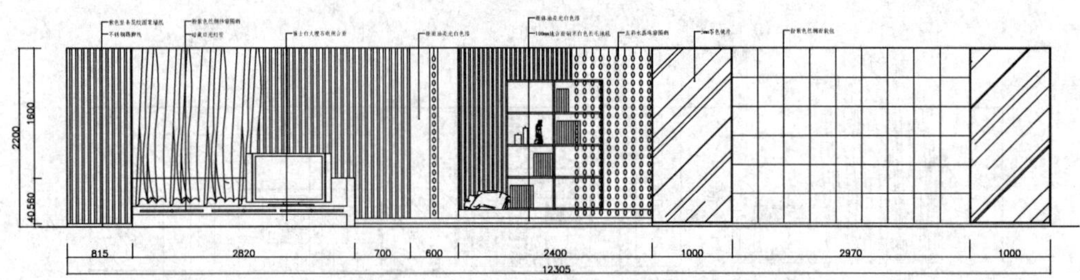

图 5-146　文字标注

5.8.2　绘制厨房 B 立面图

厨房 B 立面图主要表达了吧台、酒架和橱柜的装饰做法、尺寸和材料等，如图 5-147 所示。下面讲解绘制方法。

1. 复制图形

调用 COPY/CO【复制】命令，复制小户型平面布置图上厨房 B 立面的平面部分。

2. 绘制立面基本轮廓

01 设置"QT_墙体"图层为当前图层。

02 调用 RECTANG/REC【矩形】命令，绘制尺寸为 3000×2780 的矩形表示立面的外轮廓，如图 5-148 所示。

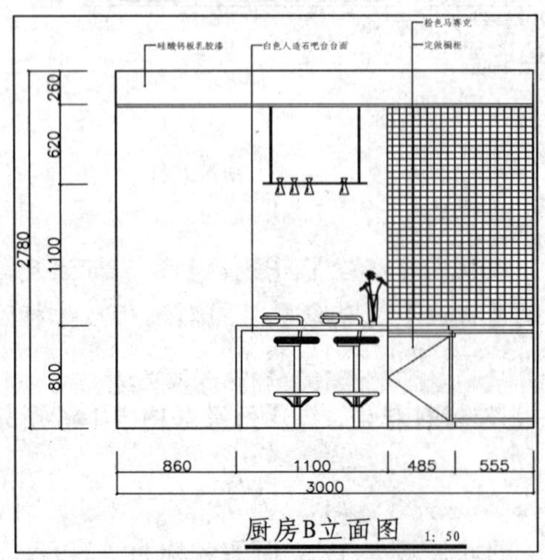

图 5-147　厨房 B 立面图

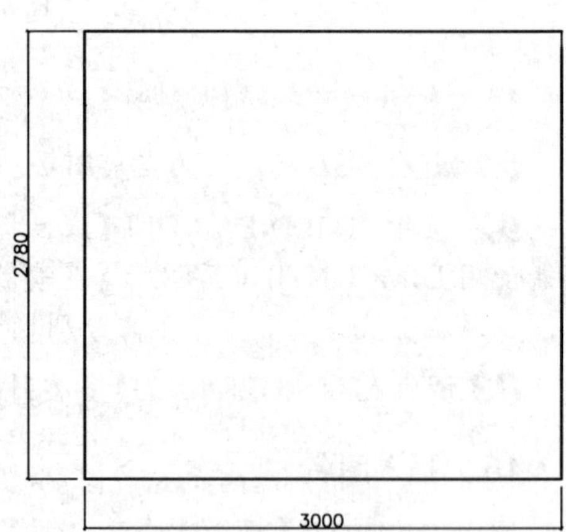

图 5-148　绘制矩形

3. 绘制橱柜

01 设置“LM_立面”图层为当前图层。

02 调用 LINE/L【直线】命令和 OFFSET/O【偏移】命令，绘制橱柜基本轮廓，如图 5-149 所示。

03 调用 LINE/L【直线】命令，绘制折线，表示柜门开启方向，并将线段设置为虚线，如图 5-150 所示。

04 绘制柜门转角造型。调用 PLINE【多段线】命令，绘制多段线，如图 5-151 所示。

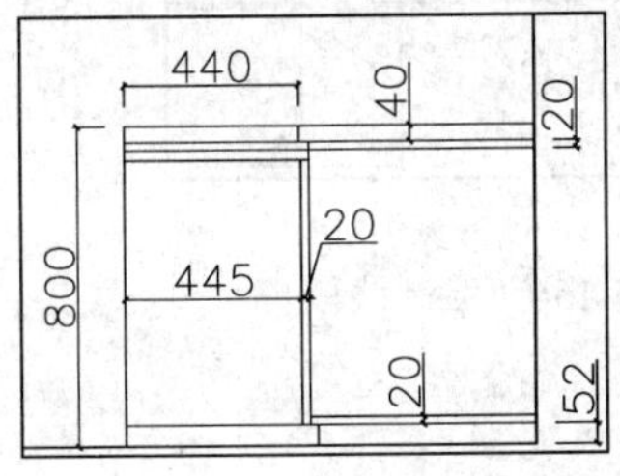

图 5-149 绘制橱柜基本轮廓

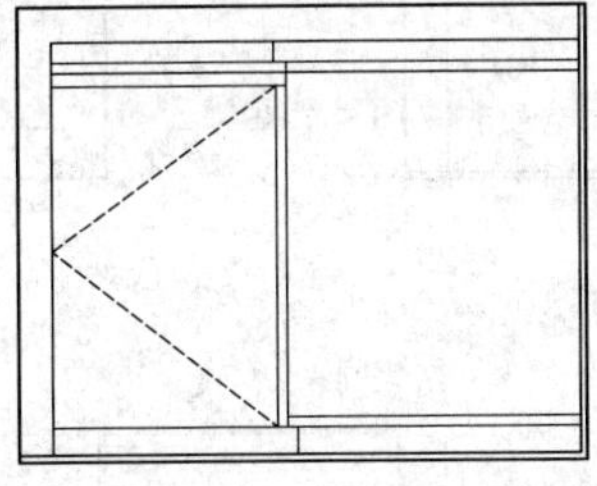

图 5-150 绘制折线

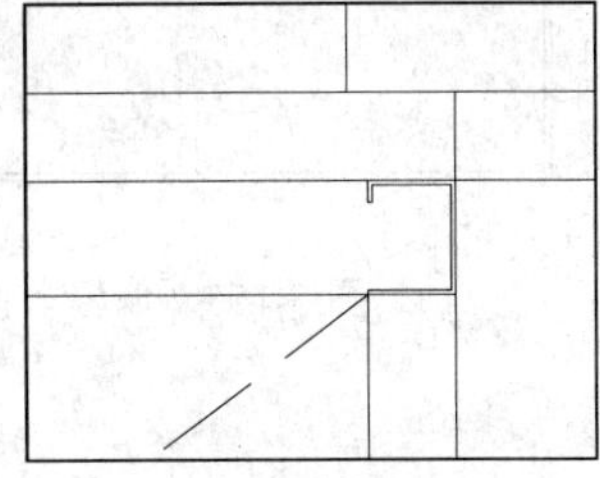

图 5-151 绘制多段线

05 调用 FILLET/F【圆角】命令，对多段线进行圆角，圆角半径为 1.5，如图 5-152 所示。

06 调用 RETANG/REC【矩形】命令，绘制矩形，如图 5-153 所示，

4. 绘制吧台

01 调用 PLINE/PL【多段线】命令，绘制多段线，如图 5-154 所示。

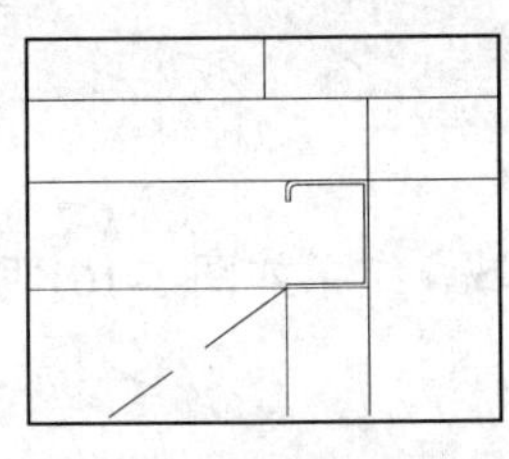

图 5-152 圆角

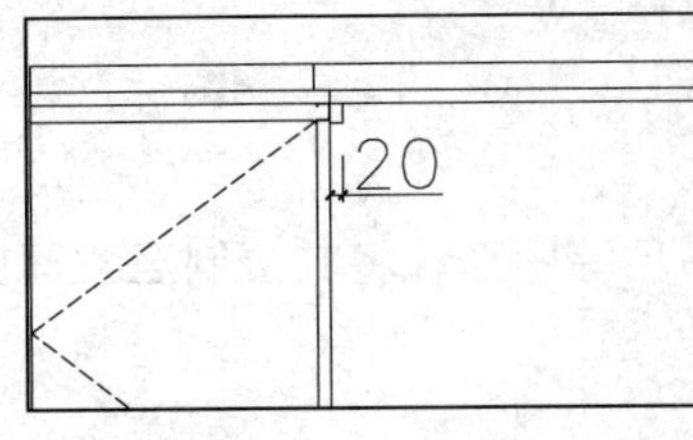

图 5-153 绘制矩形

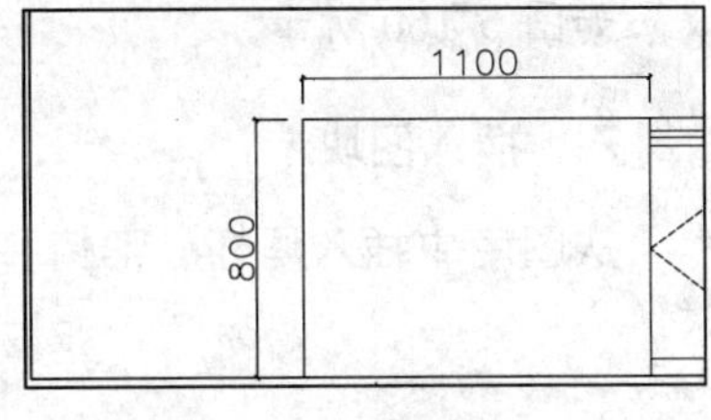

图 5-154 绘制多段线

02 调用 OFFSET/O【偏移】命令，将多段线向内偏移 40，如图 5-155 所示。

5. 绘制酒架

01 调用 LINE/L【直线】命令和 OFFSET/O【偏移】命令，绘制线段，如图 5-156 所示。

02 调用 RECTANG/REC【矩形】命令和 COPY/CO【复制】命令，绘制酒架，如图 5-157 所示。

6. 绘制墙面

01 调用 LINE/L【直线】命令，绘制如图 5-158 所示线段。

02 调用 LINE/L【直线】命令和 FILLET/F【圆角】命令，绘制挡板造型，如图 5-159 所示。

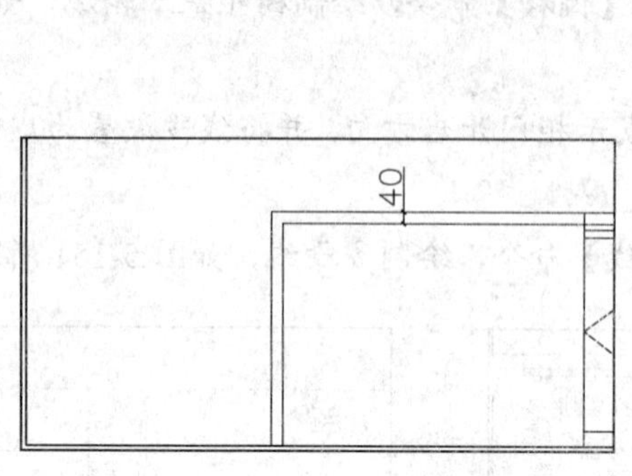

图 5-155　偏移多段线

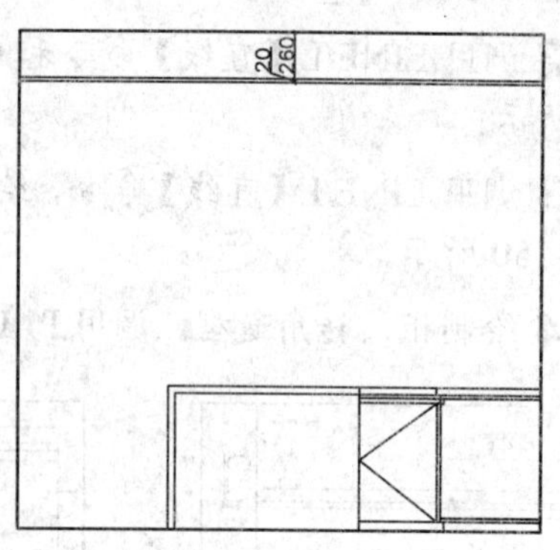

图 5-156　绘制线段

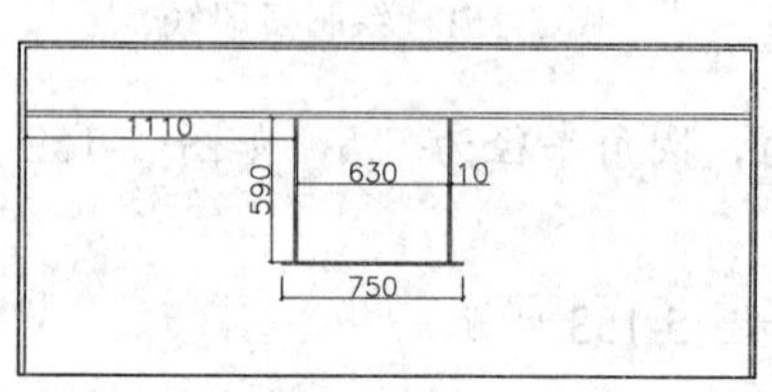

图 5-157　绘制酒架

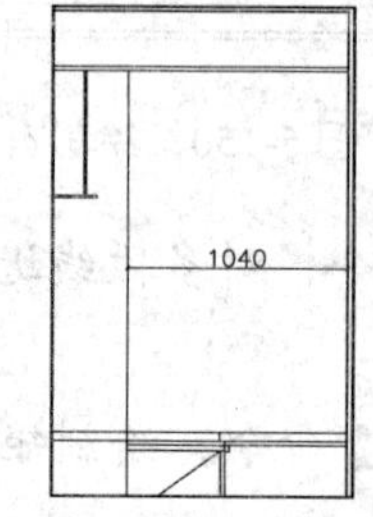

图 5-158　绘制线段

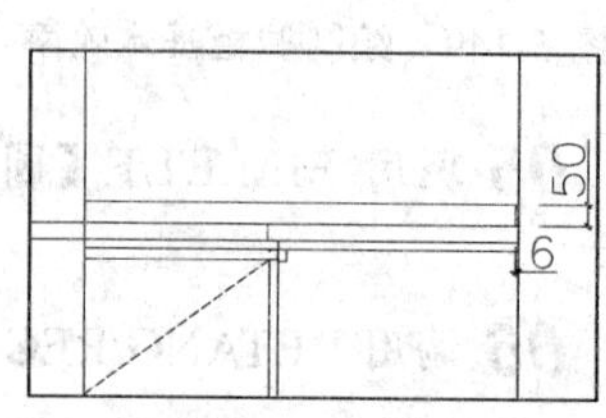

图 5-159　绘制挡板造型

03 调用 HATCH/H【填充图案】命令，对墙面填充“用户定义”图案，填充参数和效果如图 5-160 所示。

7. 插入图块

从图库中插入酒杯、吧椅和装饰品等图形，将其复制至立面区域，结果如图 5-161 所示。

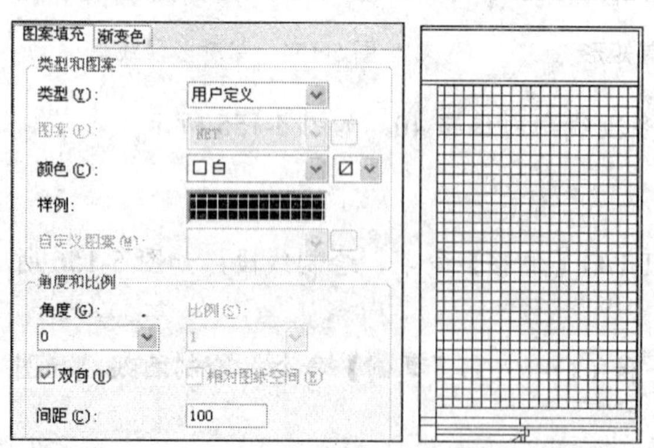

图 5-160　填充参数和效果

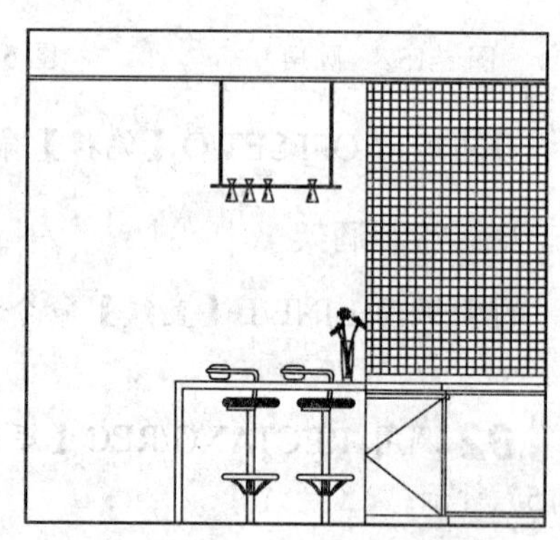

图 5-161　插入图块

8. 标注尺寸和材料说明

01 设置“BZ-标注”为当前图层。设置当前注释比例为1:50。

02 调用 DIMLINEAR/DLI【线性标注】命令和 DIMCONTINUE/DCO【连续性标注】命令标注尺寸，本图应该在垂直方向和水平方向分别进行标注，标注结果如图 5-162 所示。

03 调用 MLRADER/MLD【多重引线】命令进行材料标注，标注结果如图 5-163 所示。

9. 插入图名

调用 INSERT/I【插入】命令，插入“图名”图块，设置名称为“厨房 B 立面图”。厨房 B 立面图绘制完成。

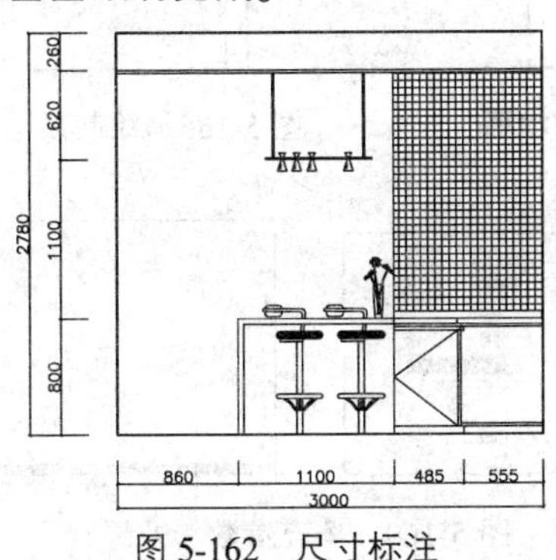

图 5-162 尺寸标注

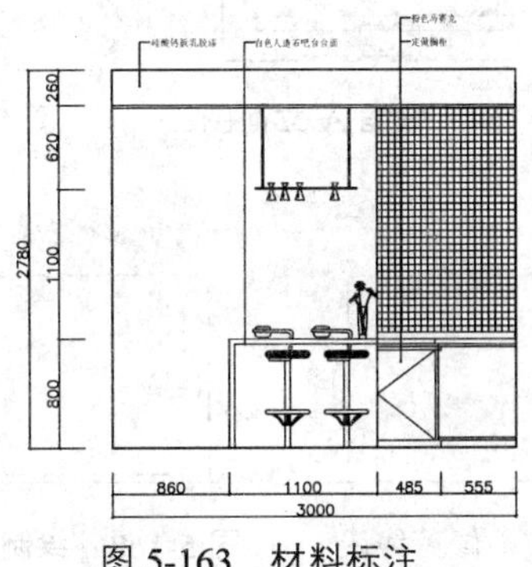

图 5-163 材料标注

5.8.3 绘制卧室 A 立面图

如图 5-164 所示为卧室 A 立面图，下面讲解绘制方法。

1. 复制图形

调用 COPY/CO【复制】命令，复制平面布置图上卧室 A 立面的平面部分，并对图形进行旋转。

2. 绘制 A 立面基本轮廓

01 设置“LM_立面”图层为当前图层。

02 调用 LINE/L【直线】命令，应用投影法绘制卧室 A 立面左、右侧轮廓线和地面，结果如图 5-165 所示。

03 调用 OFFSET/O【偏移】命令，向上偏移地面线 2500，得到顶面，如图 5-166 所示。

04 调用 TRIM/TR【修剪】命令，修剪出 A 立面外轮廓线，并转换至“QT_墙体”图层，结果如图 5-167 所示。

3. 绘制地台

01 调用 LINE/L【直线】命令，绘制线段，如图 5-168 所示。

02 调用 HATCH【填充图案】命令，对线段下方填充 ANSI31 图案，填充参数和效果如图 5-169 所示。

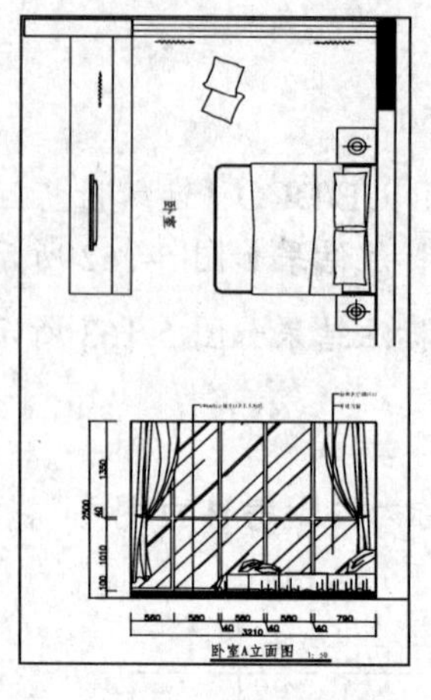
图 5-164 卧室 A 立面图

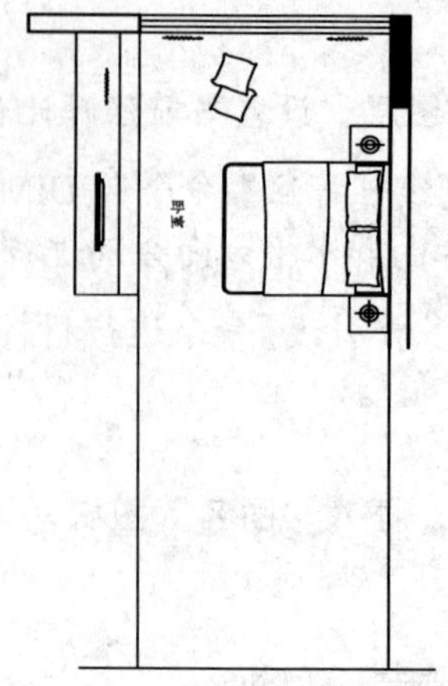
图 5-165 绘制墙体和地面

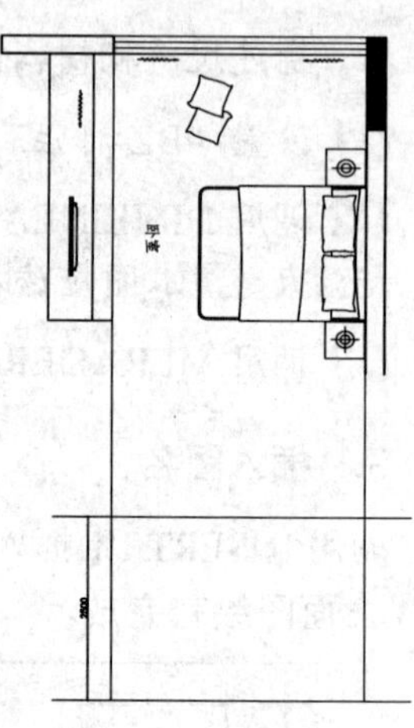
图 5-166 绘制顶面

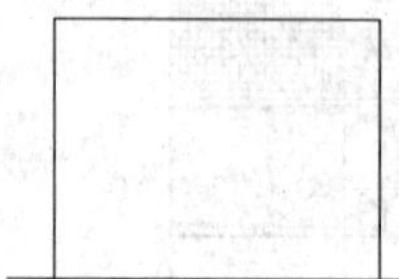
图 5-167 修剪线段

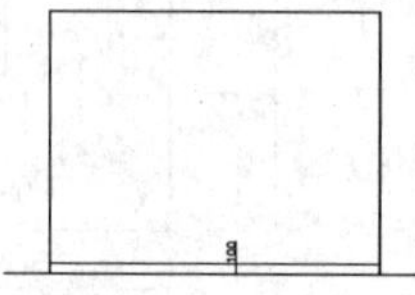
图 5-168 绘制线段

图 5-169 填充参数和效果

4. 绘制窗

01 调用 RECTANG/REC【矩形】命令，绘制尺寸为 580×1350 的矩形，如图 5-170 所示。

02 调用 COPY/CO【复制】命令，对矩形进行复制，并对多余的线段进行修剪，如图 5-171 所示。

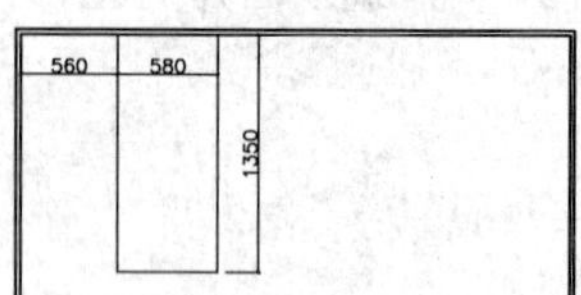

图 5-170 绘制矩形

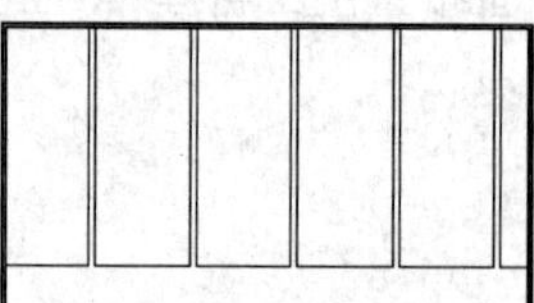
图 5-171 复制矩形

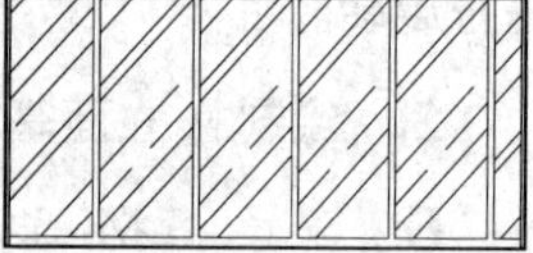
图 5-172 填充参数和效果

03 调用 HATCH/H【填充图案】命令，在矩形内填充图案，填充参数和效果如图 5-172 所示。

04 使用相同的方法绘制下方的窗，效果如图 5-173 所示。

5. 插入图块

从图库中插入床、窗帘和枕头等图形，将其复制至立面区域，并进行修剪，效果如图 5-174 所示。

6. 标注尺寸和文字说明

使用前面所学方法标注尺寸和材料说明，完成后的结果如图 5-175 所示。

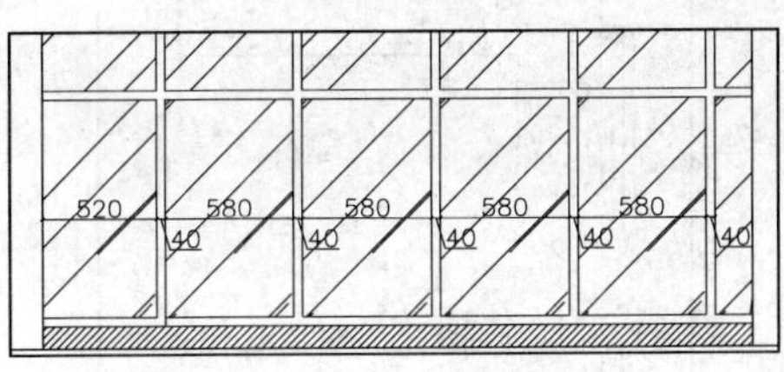

图 5-173 绘制窗

图 5-174 插入图块

5.8.4 绘制其他立面图

客厅和餐厅 D 立面图、卫生间 A 立面图、厨房和卫生间 D 立面图和书房兼客房 A 立面图如图 5-176～图 5-180 所示，请读者参考前面讲解的方法进行绘制。

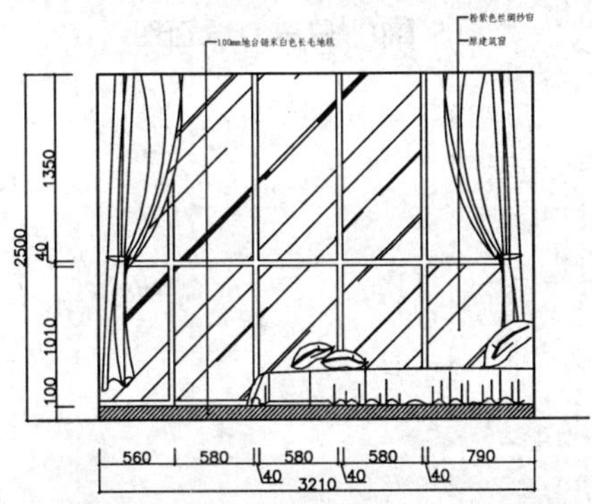

图 5-175 标注尺寸和材料说明

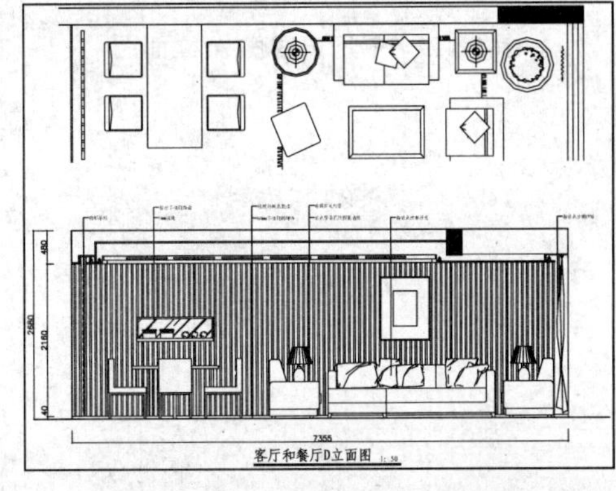

图 5-176 客厅和餐厅 D 立面图

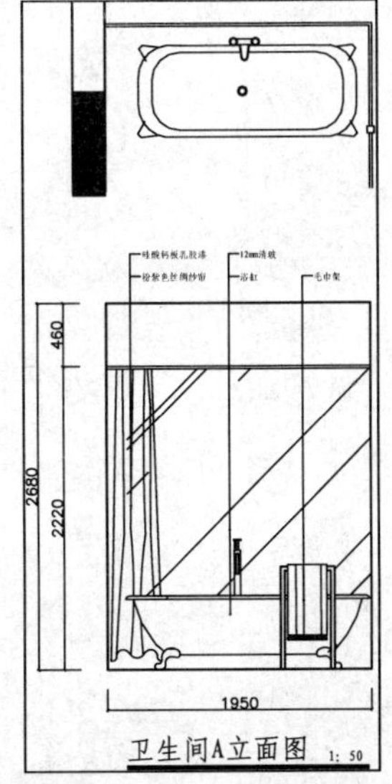

图 5-177 卫生间 A 立面图

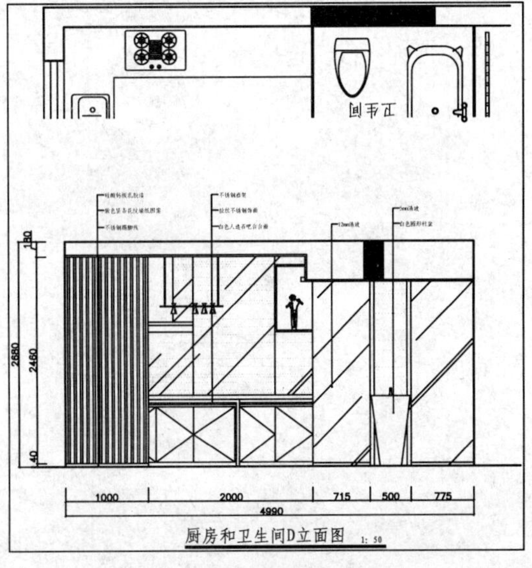

图 5-178 厨房和卫生间 D 立面图

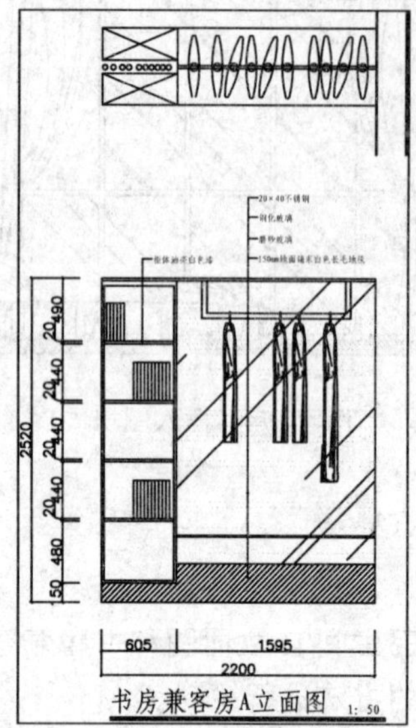

图 5-179 书房兼客房 A 立面图

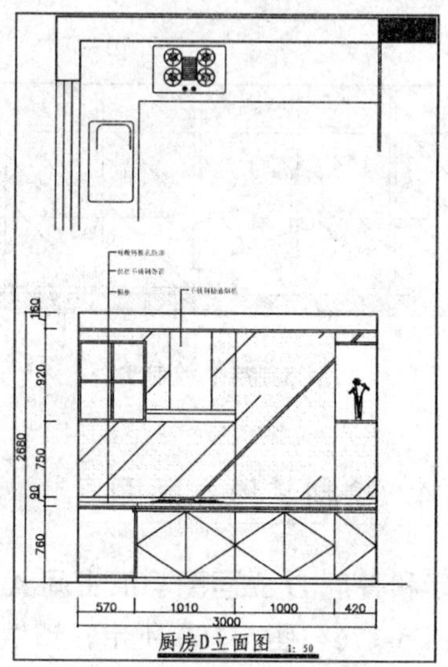

图 5-180 厨房 D 立面图

第 6 章

本章导读：

日式风格讲究空间的流动与分隔，流动归为一室，分隔则分为几个功能空间。传统的日式风格将自然界的材质大量用于室内色装饰中，以淡雅节制、深邃禅意为境界，重视居住空间的实际功能。

本章重点：

- 日式风格概述
- 调用样板新建文件
- 绘制两居室原始户型图
- 墙体改造
- 绘制两居室平面布置图
- 绘制两居室地材图
- 绘制两居室顶棚图
- 绘制两居室立面图

日式风格两居室室内设计

6.1 日式风格概述

日式风格的特点是淡雅和间接，一般采用清晰的线条，使居室的布置给人带来优雅、干净、有较强的几何立体感，如图 6-1 所示。

6.1.1 日式风格设计要素

- 墙壁饰面材料一般采用浅色素面暗纹壁纸饰面，顶面饰面材料一般采用深色的木纹顶纸饰面。
- 可采用实木装饰吊顶，体现出典雅、华贵的特色。还可以采用一种颇有新意的饰材竹席进行吊顶，营造出自然、朴实的风格。
- 家具常用材料有山毛榉、桦木、柏木、杉木、松木、胡桃木、紫檀、桃花芯木和香枝木等木材。

6.1.2 日式风格特点

日式风格的一个重要特点是它的自然性。它常以自然界的材料作为装饰材料，采用木、竹、树皮、草、泥土、石等，既讲究材质的选用和结构的合理性，又充分地展示其天然的材质之美，木造部分只单纯地刨出木料的本色，再以镀金或铜的用具加以装饰，体现人与自然的融合。日式客厅以平淡节制，清雅脱俗为主；造型以直线为主，线条比较简洁，一般不多加繁琐的装饰，更重视实际的功能，如图 6-2 所示。

图 6-1 日式风格

图 6-2 日式风格

6.2 调用样板新建文件

本书第 4 章创建了室内装潢施工图样板，该样板已经设置了相应的图形单位、样式、图层和图块等，原始户型图可以直接在此样板的基础上进行绘制。

01 执行【文件】|【新建】命令，打开“选择样板”对话框。

02 单击使用样板按钮，选择“室内装潢施工图模板”，如图 6-3 所示。

03 单击【打开】按钮，以样板创建图形，新图形中包含了样板中创建的图层、样式和图块等内容。

04 选择【文件】|【保存】命令，打开“图形另存为”对话框，在“文件名”框中输入文件名，单击【保存】按钮保存图形。

6.3 绘制两居室原始户型图

如图 6-4 所示为本例两居室原始户型图，下面讲解绘制方法。

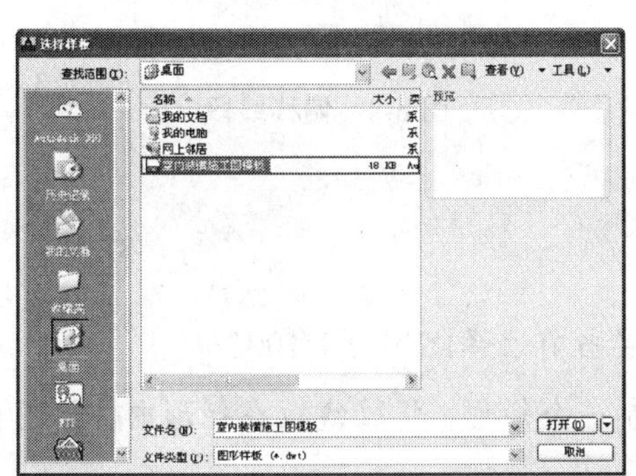

图 6-3 “选择样板”对话框

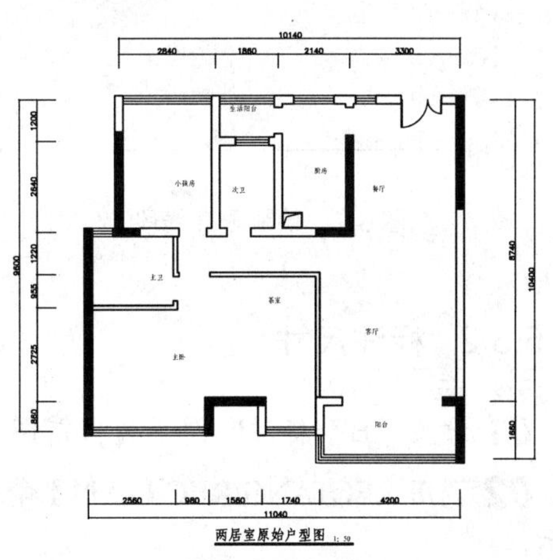

图 6-4 两居室原始户型图

6.3.1 绘制轴线

图 6-5 所示为绘制完成的轴网，下面讲解绘制方法。

01 设置“ZX_轴线”图层为当前图层。

02 调用 LINE/L【直线】命令，在图形窗口中绘制长度为 12000（略大于原始平面尺寸）的水平线段，确定水平方向尺寸范围，如图 6-6 所示。

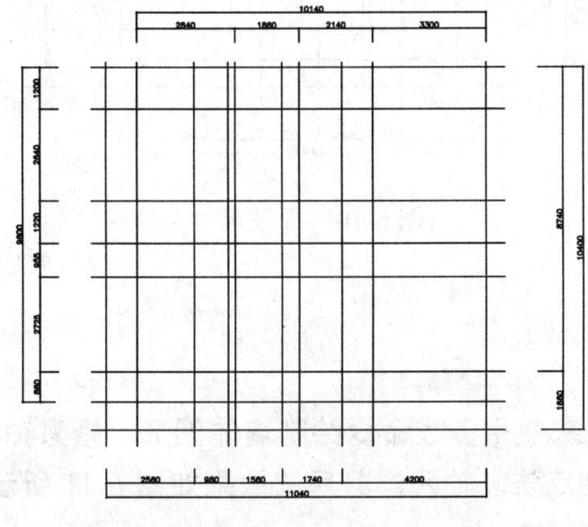

图 6-5 轴网

图 6-6 绘制水平线段

03 调用 LINE/L【直线】命令，在图 6-7 所示位置绘制长约 11000 的垂直线段，确定垂直方向尺寸范围。

04 调用 OFFSET/O【偏移】命令，根据如图 6-5 所示尺寸，依次向右偏移上开间、下开间墙体的垂直轴线和依次向上偏移上进深、下进深墙体水平轴线，结果如图 6-8 所示。

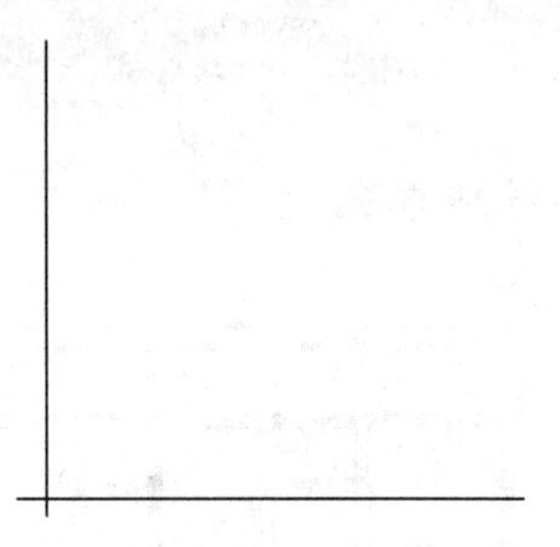

图 6-7　绘制垂直线段

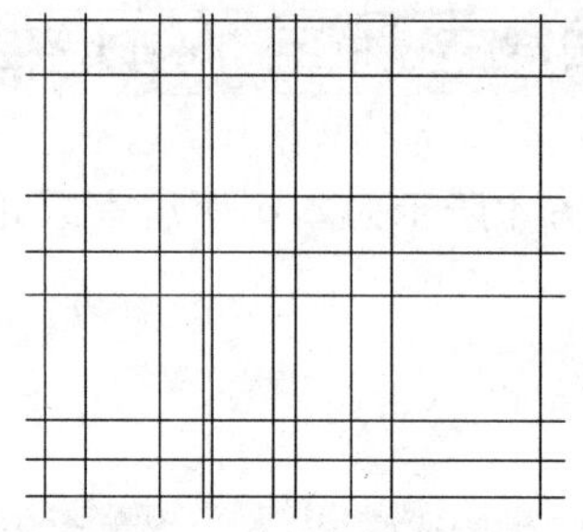

图 6-8　偏移线段

6.3.2　标注尺寸

01 设置“BZ_标注”图层为当前图层，设置当前注释比例为 1:100。

02 调用 RECTANG/REC【矩形】命令，绘制一个矩形，将轴线框在矩形内，如图 6-9 所示。

03 调用 DIMLINEAR/DLI【线性标注】命令和 DIMCONTINUE/DCO【连续性标注】命令，标注尺寸，然后删除矩形，结果如图 6-10 所示。

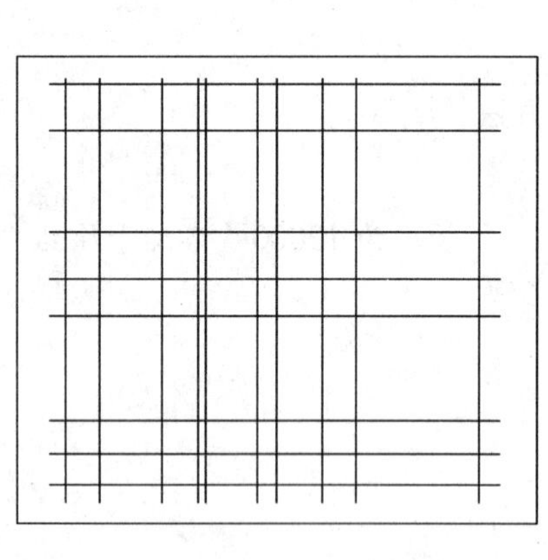

图 6-9　绘制辅助矩形

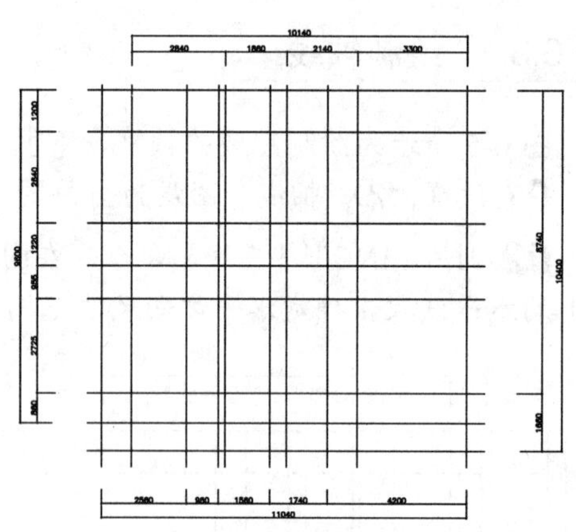

图 6-10　标注尺寸

6.3.3　修剪轴线

绘制的轴网需要修剪成墙体结构，以方便将来使用多线命令绘制墙体图形。修剪轴线可使用 TRIM/TR【修剪】命令，也可使用拉伸夹点法。轴网修剪后的效果如图 6-11 所示。这里介绍如何使用拉伸夹点法。

01 选择最左侧垂直线段，如图 6-12 所示，单击选择线段下端的夹点，垂直向上移动光标到尺寸860的轴线下端，当出现“交点”捕捉标记时单击鼠标，如图6-13所示，确定线段端点的位置，如图6-14所示。

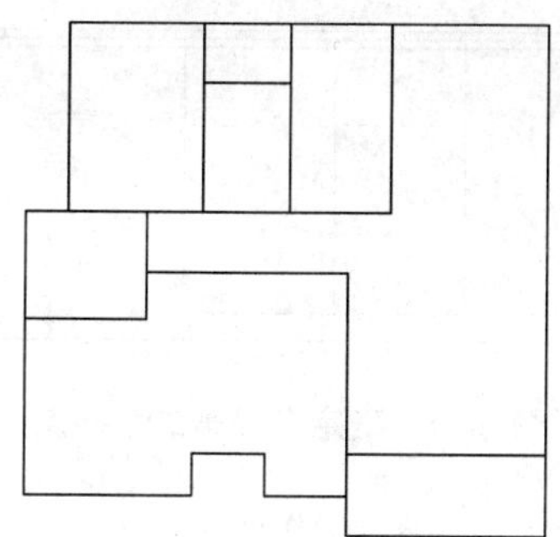

图6-11 修剪轴线

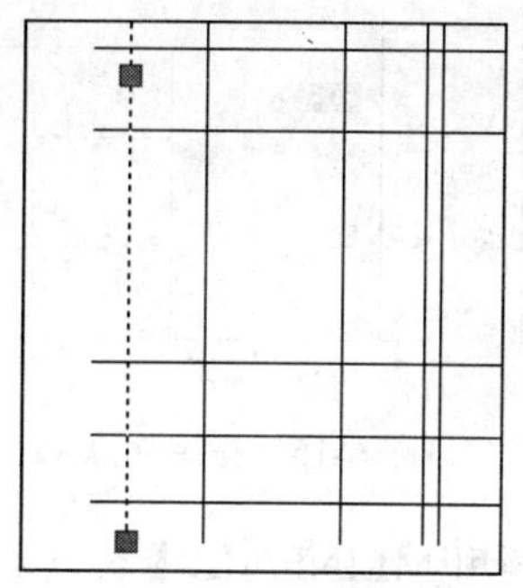

图6-12 选择线段

02 使用拉伸夹点法修剪轴线，完成后的效果如图6-15所示。

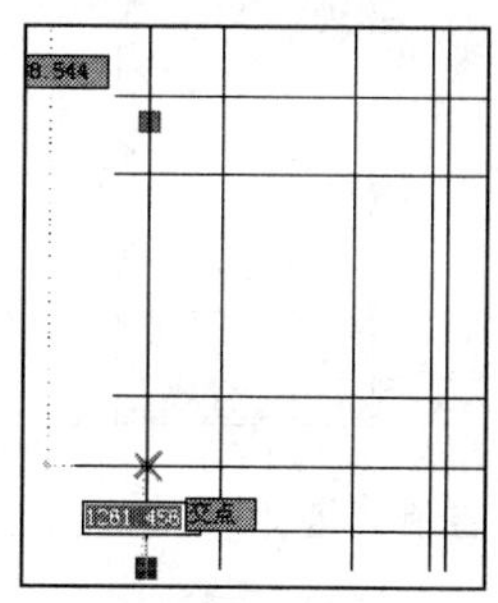

图6-13 拉伸线段

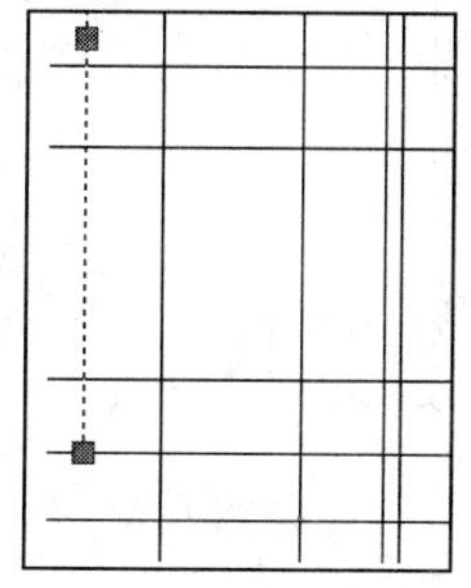

图6-14 确定线段端点

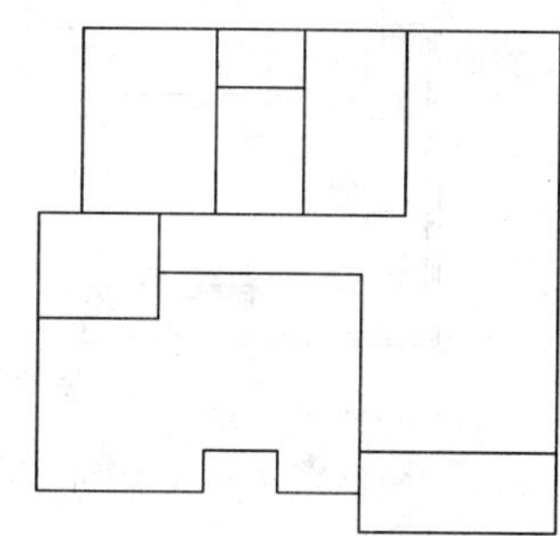

图6-15 修剪轴线

6.3.4 绘制墙体

使用多线可以非常轻松地绘制墙体图形，具体操作步骤如下：

01 设置“QT_墙体”图层为当前图层。

02 调用MLINE/ML【多线】命令，命令选项如下：

```
命令:MLINE↙                                         //调用MLINE命令
当前设置: 对正 = 上，比例 = 1.00，样式 = STANDARD
指定起点或 [对正(J)/比例(S)/样式(ST)]: S↙ //选择“比例(S)”选项
输入多线比例 <1.00>: 240↙                            //按照墙体厚度，设置多线比例为240
当前设置: 对正 = 上，比例 = 240.00，样式 = STANDARD
指定起点或 [对正(J)/比例(S)/样式(ST)]: J↙ //选择“对正(J)”选项
输入对正类型 [上(T)/无(Z)/下(B)] <上>: z↙//选择“无(Z)”选项
当前设置: 对正 = 无，比例 = 240.00，样式 = STANDARD          //捕捉并单击左上角的轴线交点为多线的起点，如图6-16所示
指定起点或 [对正(J)/比例(S)/样式(ST)]:
指定下一点:                                          //捕捉并单击右上角的轴线交点为多线的第二个端点，如图6-17所示
```

```
指定下一点或 [放弃(U)]:                         //继续指定多线端点，绘制外墙体如图 6-18 所示
```

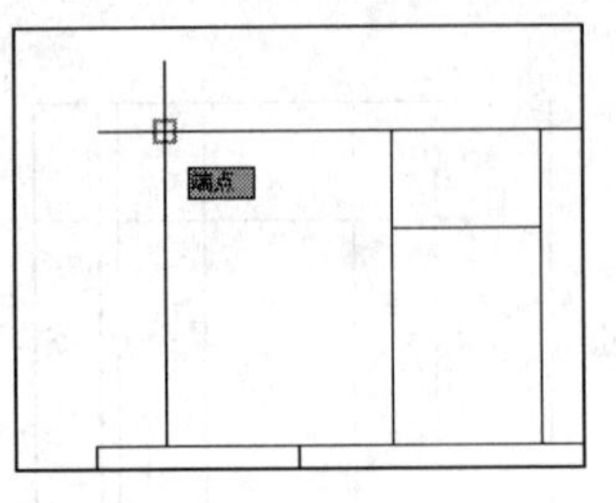

图 6-16　指定起点

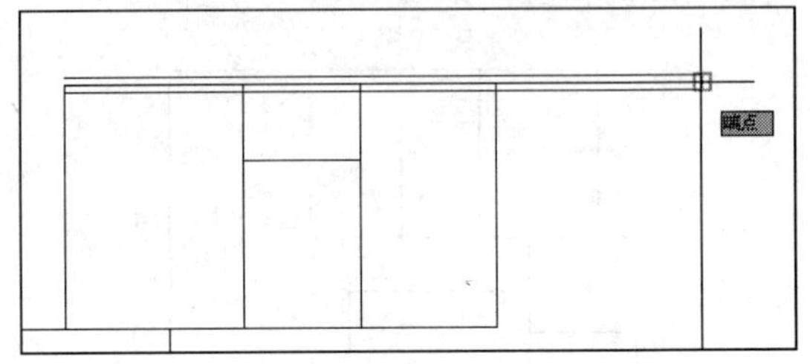

图 6-17　确定多线第二个端点

03 调用 MLINE/ML【多线】命令，绘制其他墙线，如图 6-19 所示。

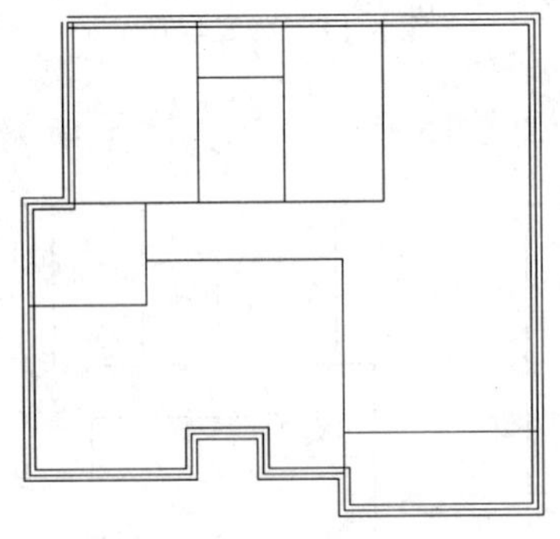
图 6-18　绘制外墙体

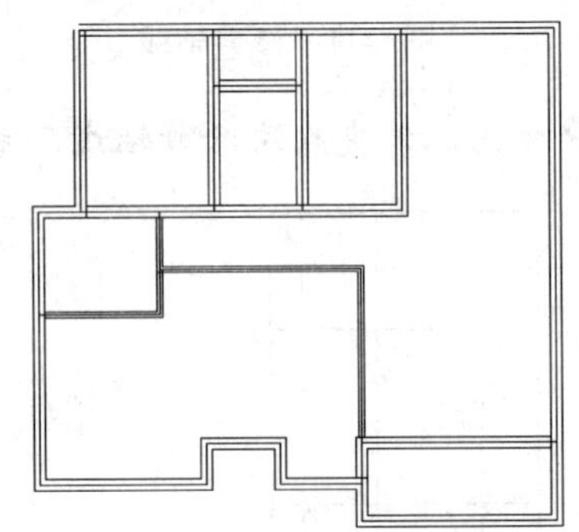
图 6-19　绘制内墙体

技 巧： 如果需要绘制其他宽度的墙体，重新设置多线的比例即可，如绘制宽度 120 的墙体就设置多线比例为 120。

6.3.5 修剪墙体

本节介绍调用 MLEDIT（编辑多线）命令修剪墙线的方法，该命令主要用于编辑多线相交或相接部分。例如，多线与多线之间的边和与断开位置。下面介绍编辑多线的方法。

注 意： 使用 MLEDIT 命令编辑多线时，确定多线没有使用 EXPLODE/X 命令分解。

01 在命令行中输入 MLEDIT，并按回车键，调用 MLEDIT 命令，打开如图 6-20 所示“多线编辑工具”对话框，该对话框第一列用于处理十字交叉的多线；第二列用于处理 T 形交叉的多线；第三列用于处理角点连接和顶点；第四列用于处理多线的剪切和结合。单击第一行第三列的“角点结合”样例图标，然后按系统提示进行如下操作：

```
命令:MLEDIT↙                                  //调用 MLEDIT 命令
选择第一条多线:
选择第二条多线:                                //分别单击选择如图 6-21 所示左侧虚线框内的多
线，得到修剪效果如图 6-22 所示
选择第一条多线 或 [放弃(U)]: ↙               //按回车键退出命令，或继续单击要修剪的多线
```

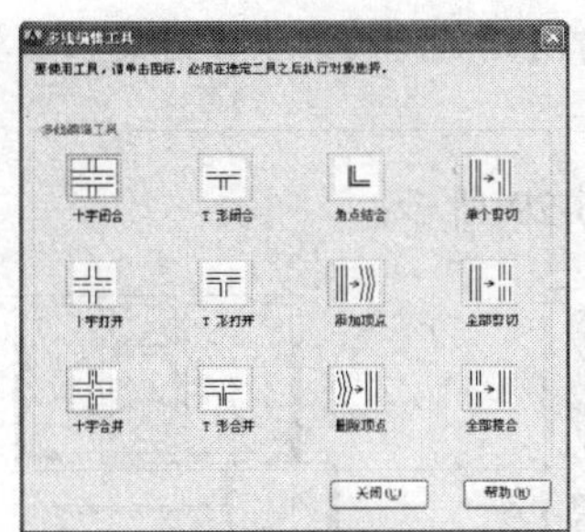

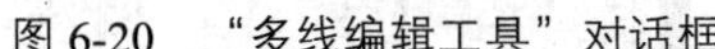
图 6-20　“多线编辑工具”对话框

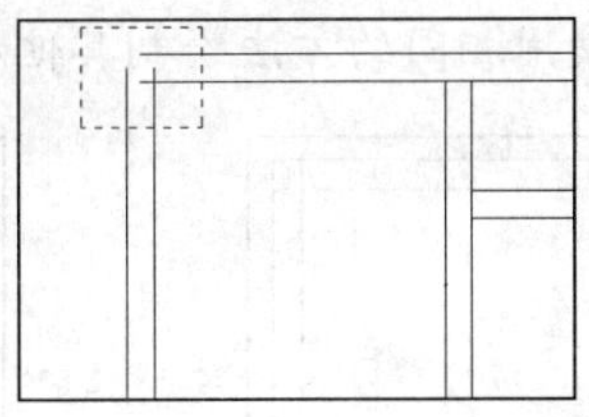
图 6-21　修剪虚线框内的多线

02 调用 MLEDIT 命令，在“多线编辑工具”对话框中选择第二列第二行的“T 形打开”样例图标，然后分别单击如图 6-23 所示虚线框内的多线（先单击水平多线，再单击垂直多线），得到修剪效果如图 6-24 所示。

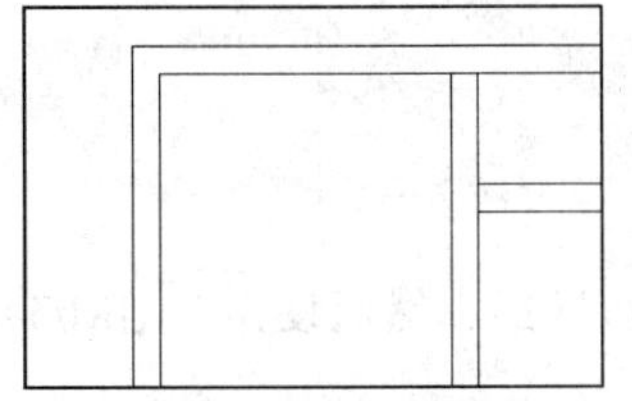
图 6-22　修剪结果

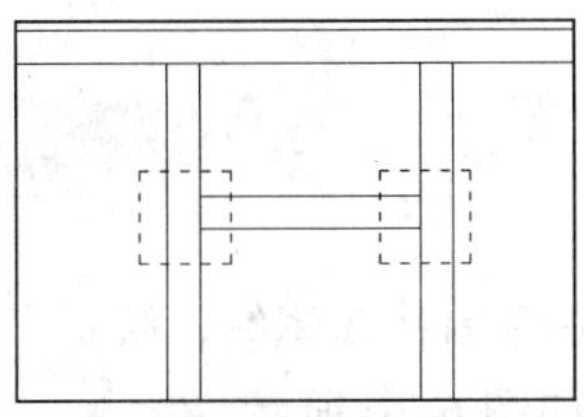
图 6-23　修剪虚线框内的线段

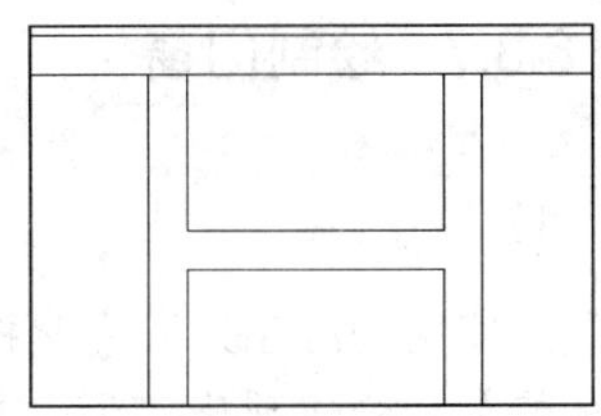
图 6-24　T 形打开方式修剪

03 使用其他编辑方法修剪墙线，得到结果如图 6-25 所示。

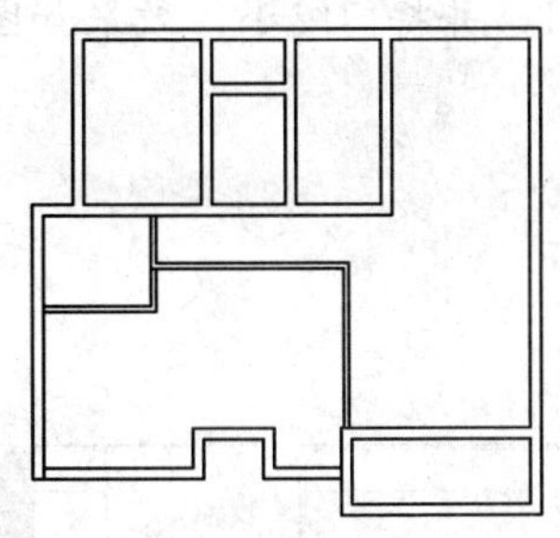
图 6-25　修剪墙体

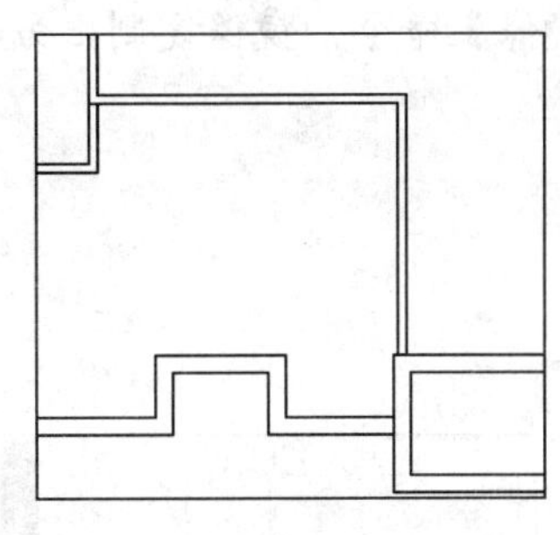
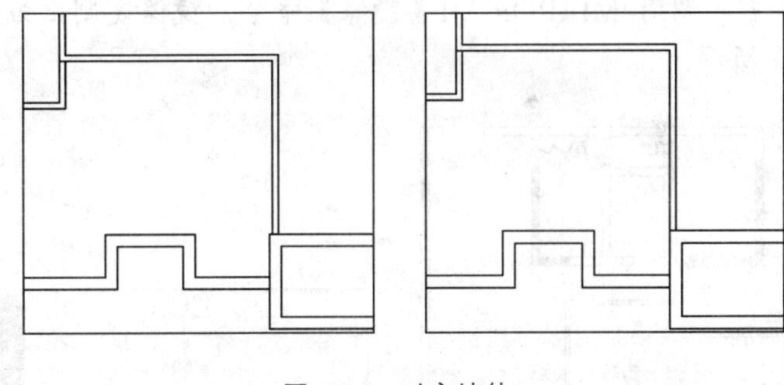
图 6-26　对齐墙体

提　示： 在使用 MLINE/ML【多线】命令绘制墙体的过程中，可能会遇到不同宽度的墙体不能对齐的问题，如图 6-26 所示，此时可以在分解墙体多线后使用 MOVE/M【移动】命令手动将墙体线对齐。

6.3.6　绘制承重墙

在平面图中表示出承重墙的位置是很有必要的，这对墙体的改造具有重要的参考价值。承重墙可使用填充的实体表示。

承重墙可使用实体填充图案表示，下面介绍承重墙的绘制方法。

01 调用 LINE/L【直线】命令，在承重墙上绘制线段得到一个闭合的区域，如图 6-27 所示。

02 调用 HATCH/H【图案填充】命令，在承重墙内填充 SOLID 图案，填充效果如图 6-28 所示。

03 使用相同的方法绘制其他承重墙，结果如图 6-29 所示。

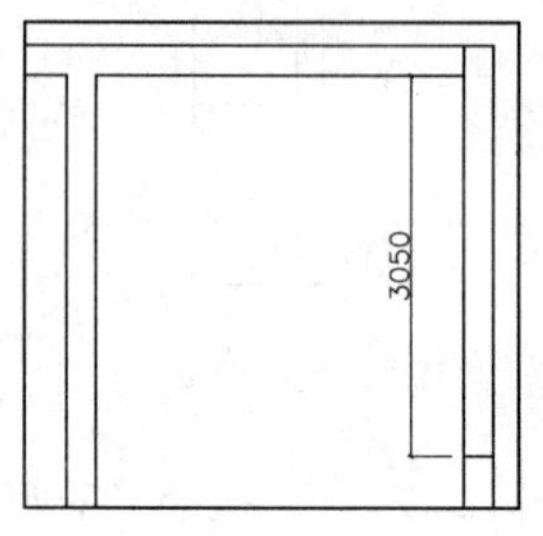

图 6-27 绘制线段

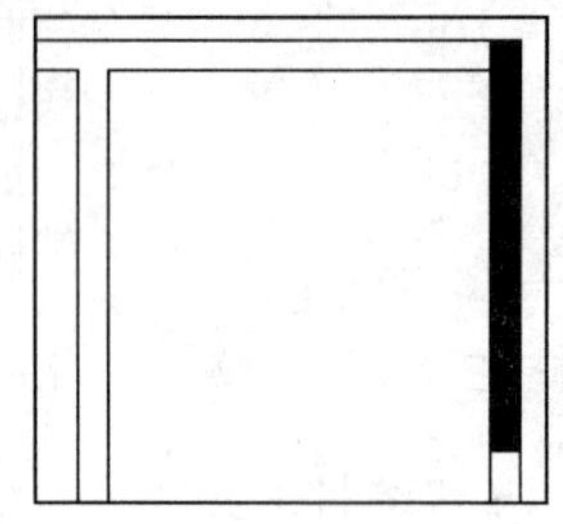

图 6-28 填充承重墙

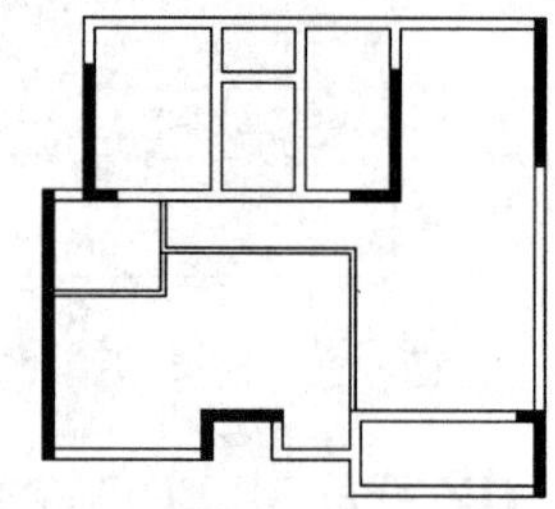

图 6-29 绘制其他承重墙

6.3.7 绘制门窗

1. 开门洞

先使用 OFFSET/O【偏移】命令偏移墙体线，绘制出洞口边界线，然后使用 TRIM/TR【修剪】命令修剪出门洞，效果如图 6-30 所示。

2. 绘制双开门

01 调用 INSERT/I【插入】命令，插入门图块，如图 6-31 所示。

02 调用 MIRROR/MI【镜像】命令，镜像复制出另一扇门，并将门缩小，效果如图 6-32 所示。

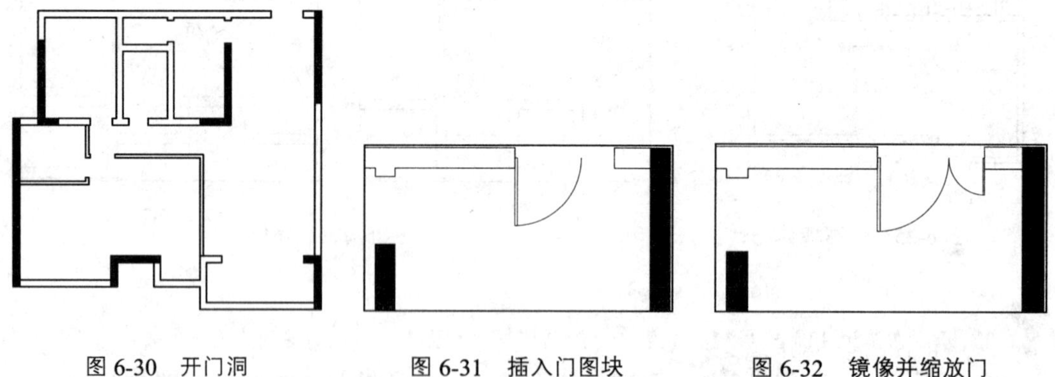

图 6-30 开门洞　　图 6-31 插入门图块　　图 6-32 镜像并缩放门

3. 开窗洞

开窗洞的方法与开门洞的方法基本相同，这里就不再详细地讲解了，效果如图 6-33 所示。

4. 绘制窗

01 设置“C_窗”图层为当前图层。

02 调用 LINE/L【直线】命令，绘制线段连接墙体，如图 6-34 所示。

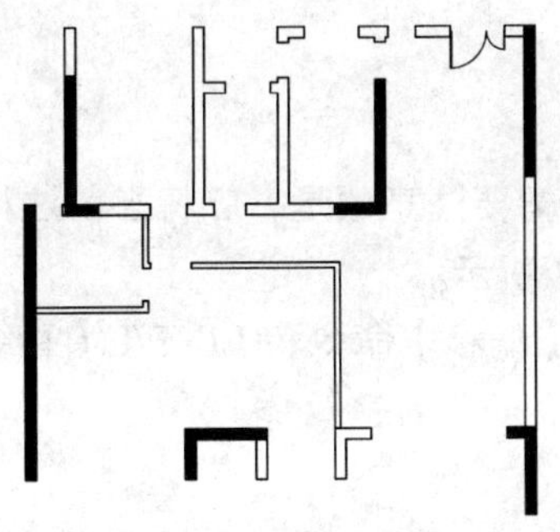

图 6-33 开窗洞

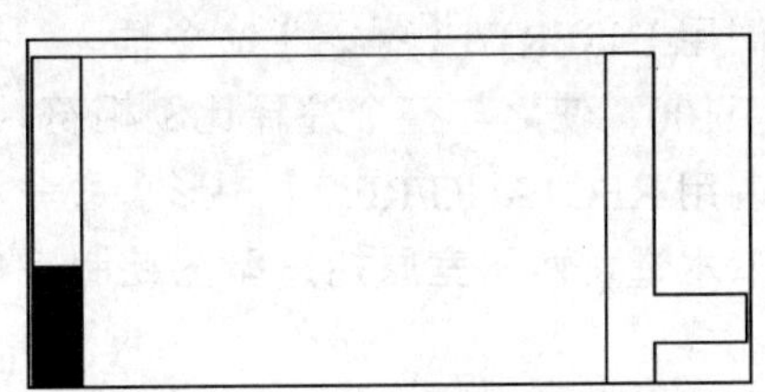

图 6-34 绘制线段

03 调用 OFFSET/O【偏移】命令，连续偏移绘制的线段 3 次，偏移的距离为 80，得出窗户图形，如图 6-35 所示。

04 使用上述方法绘制其他窗户，效果如图 6-36 所示。

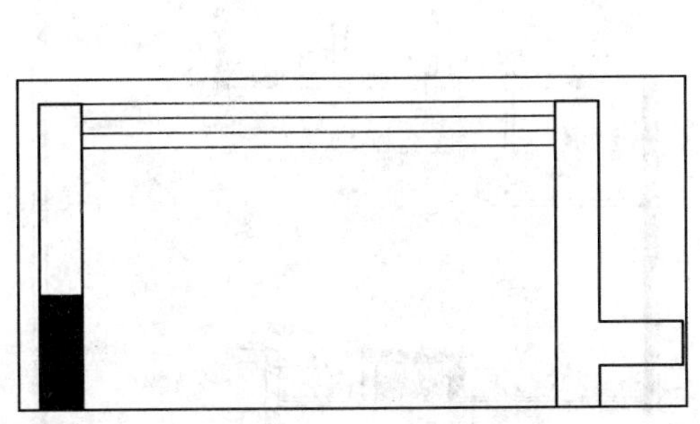

图 6-35 偏移线段

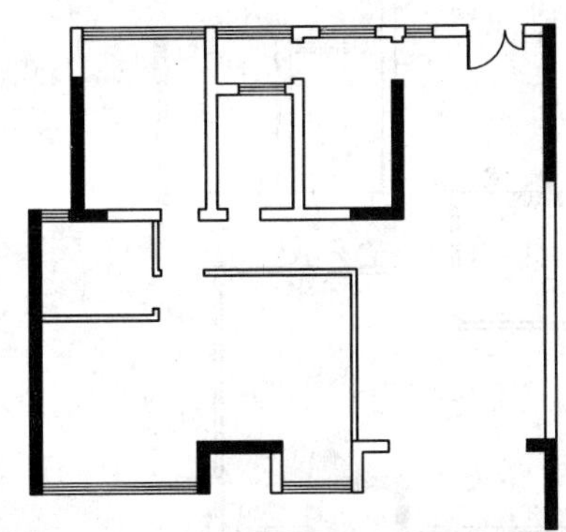

图 6-36 绘制其他窗

5. **绘制阳台**

01 调用 PLINE/PL【多段线】命令，绘制多段线，如图 6-37 所示。

02 调用 OFFSETT/O【偏移】命令，对多段线进行偏移，效果如图 6-38 所示。

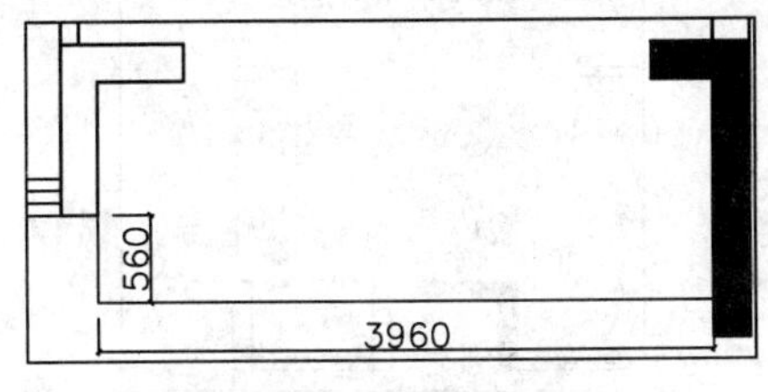

图 6-37 绘制多段线

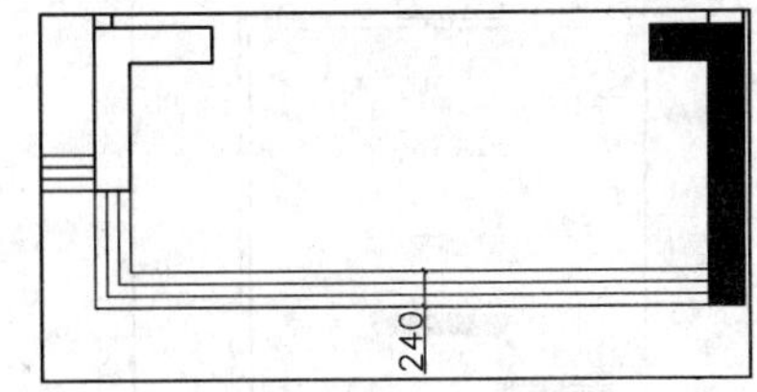

图 6-38 偏移多段线

6.3.8 文字标注

单击绘图工具栏多行文字工具按钮 A，或者在命令行中输入多行文字命令 MTEXT/MT【多行文字】，标注房间名称和功能分区，结果如图 6-39 所示。

6.3.9 绘制图名和管道

调用 INSERT/I【插入】命令插入“图名”图块。需要注意的是，应将当前注释比例设置为 1:100，使之与整个注释比例相符，结果如图 6-4 所示。

调用 RECTANG/REC【矩形】命令、OFFSET/O【偏移】命令和 LINE/L【直线】命令绘制下水道，两居室原始户型图绘制完成。

6.4 墙体改造

墙体改造的位置在茶室的墙体，本例是两居室空间，主卧的空间比较大，所以从主卧区域中划分出一个茶室，改造后的空间如图 6-40 所示，下面讲解墙体改造的绘制方法。

图 6-39　文字标注

图 6-40　改造后的空间

01 调用 LINE/L【直线】命令，绘制线段，如图 6-41 所示。

02 调用 TRIM/TR【修剪】命令，修剪线段右侧的多余线段，效果如图 6-42 所示。

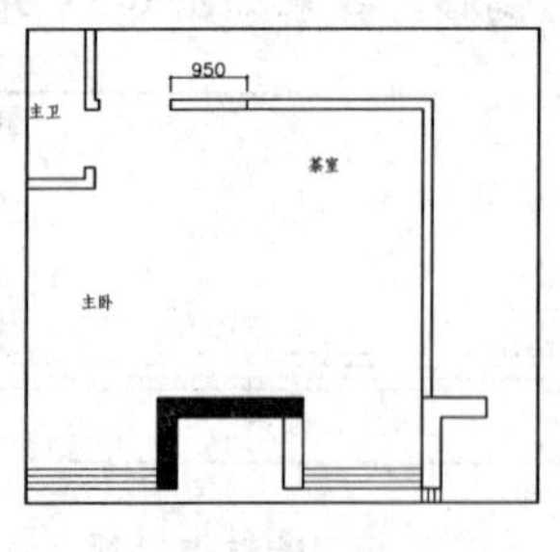

图 6-41　绘制线段

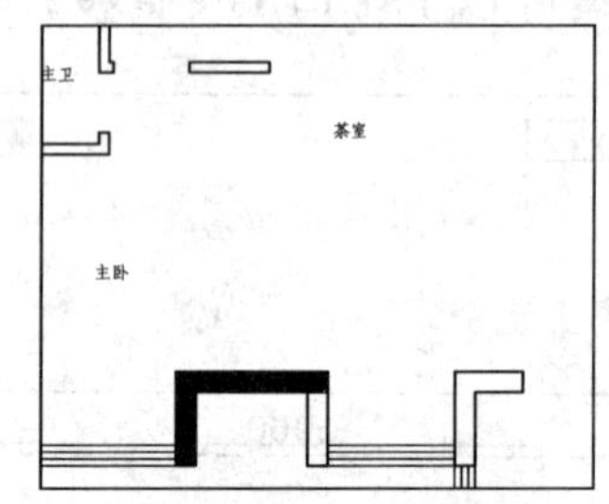

图 6-42　修剪线段

6.5 绘制两居室平面布置图

本节将采用各种方法，逐步完成日式风格两居室各空间干平面布置图的绘制，绘制完成的平面布置图如图 6-43 所示。

6.5.1 绘制茶室平面布置图

茶室平面布置图如图 6-44 所示，茶室设置了书架、榻榻米和实木推拉门。

1. 复制图形

平面布置图可在原始户型图的基础上进行绘制，调用 COPY/CO【复制】命令，复制两居室原始户型图。

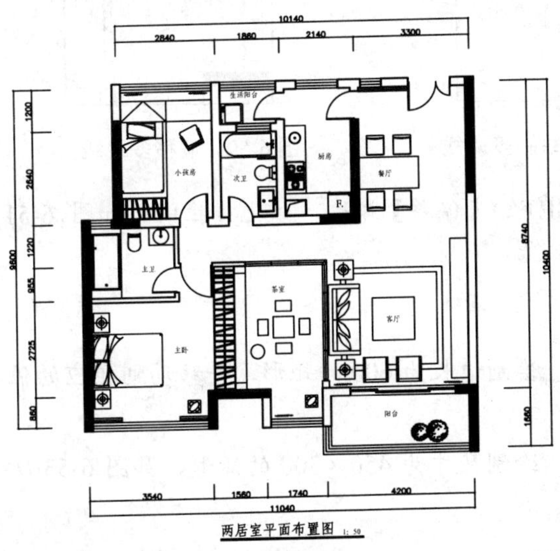

图 6-43 两居室平面布置图

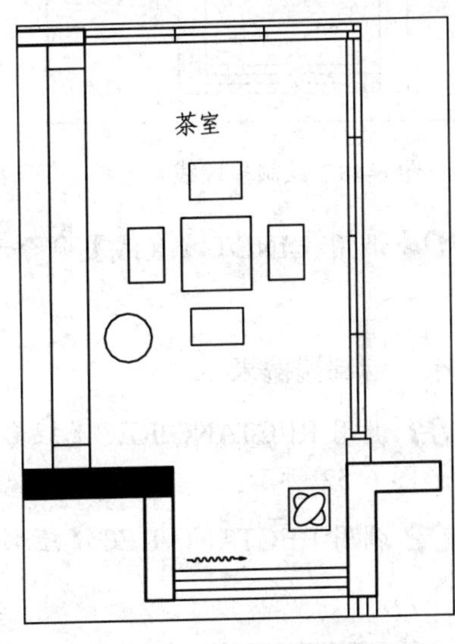

图 6-44 茶室平面布置图

2. 绘制书架

01 设置“JJ_家具”图层为当前图层。

02 调用 LINE/L【直线】命令，绘制线段，如图 6-45 所示。

03 调用 OFFSET/O【偏移】命令，将线段向左侧偏移 320，得到书架的厚度，如图 6-46 所示。

04 调用 LINE/L【直线】命令，绘制如图 6-47 所示线段。

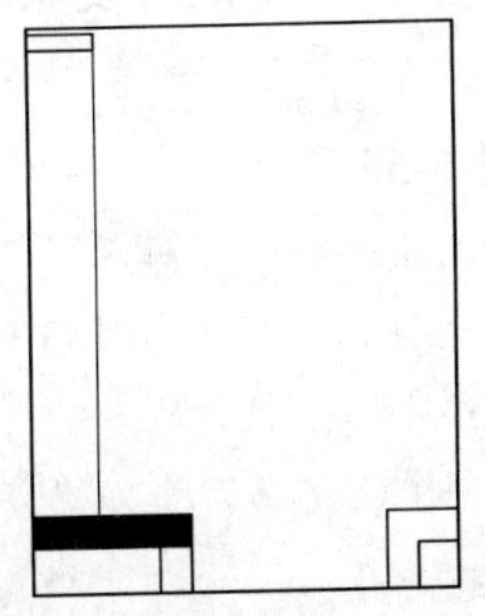

图 6-45 绘制线段

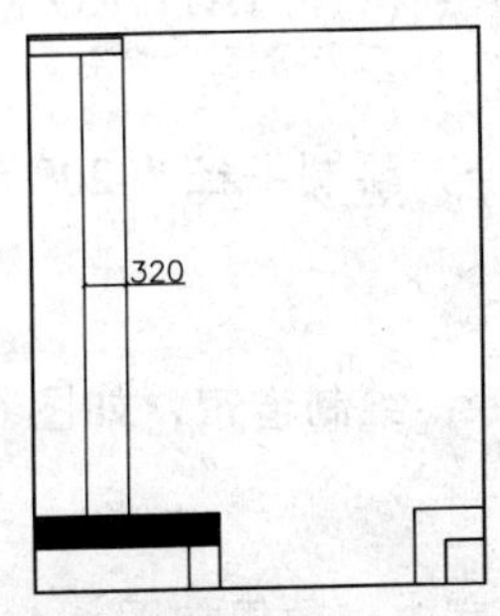

图 6-46 偏移线段

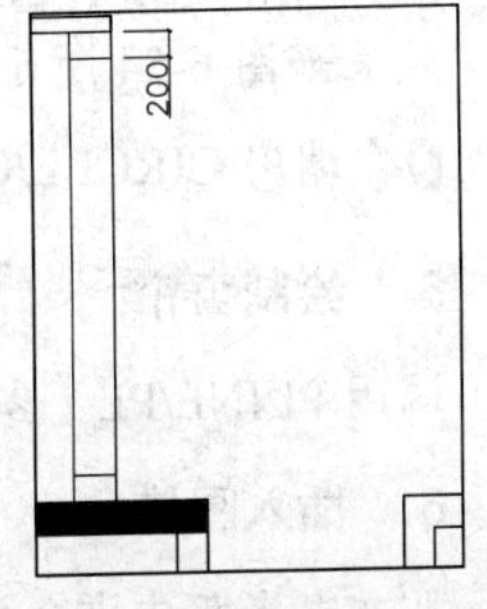

图 6-47 绘制线段

3. 绘制实木推拉门

01 调用 PLINE/PL【多段线】命令，绘制如图 6-48 所示多段线。

02 调用 PLINE/PL【多段线】命令，绘制多段线，如图 6-49 所示。

03 调用 OFFSET/O【偏移】命令，将多段线向内偏移 120，如图 6-50 所示。

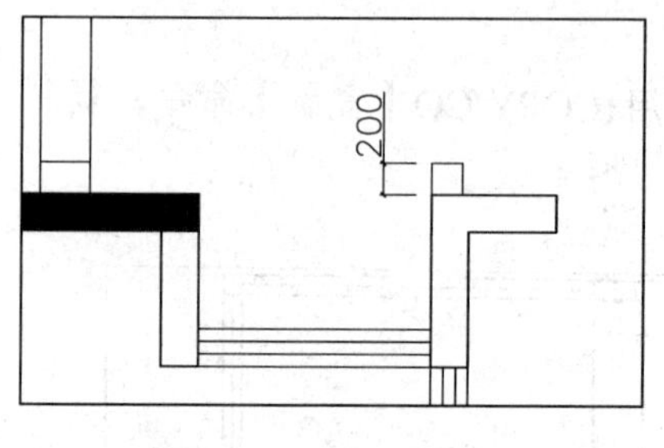

图 6-48 绘制多段线

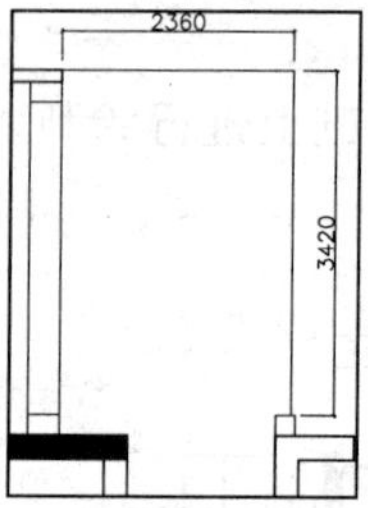

图 6-49 绘制多段线

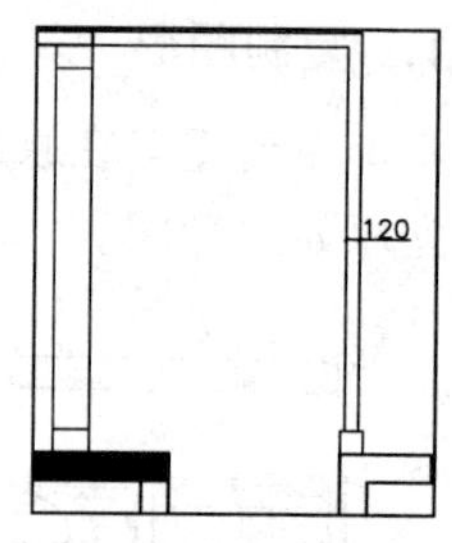

图 6-50 偏移多段线

04 调用 LINE/L【直线】命令和 OFFSET/O【偏移】命令，细化推拉门，如图 6-51 所示。

4. 绘制榻榻米

01 调用 RECTANG/REC【矩形】命令，绘制边长为 600 的矩形，并移动到相应的位置，如图 6-52 所示。

02 调用 RECTANG/REC【矩形】命令，绘制尺寸为 450 × 300 的矩形，如图 6-53 所示。

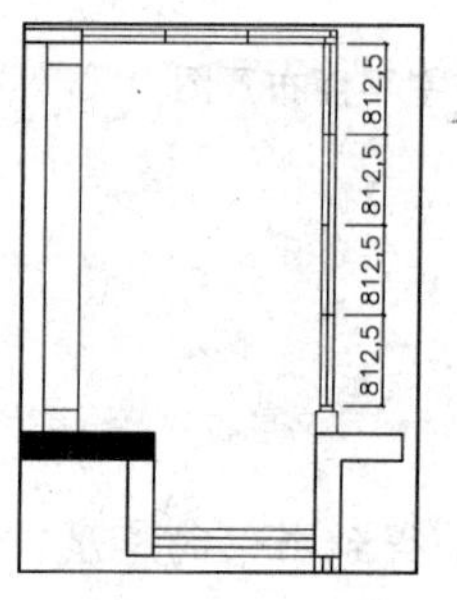

图 6-51 细化推拉门

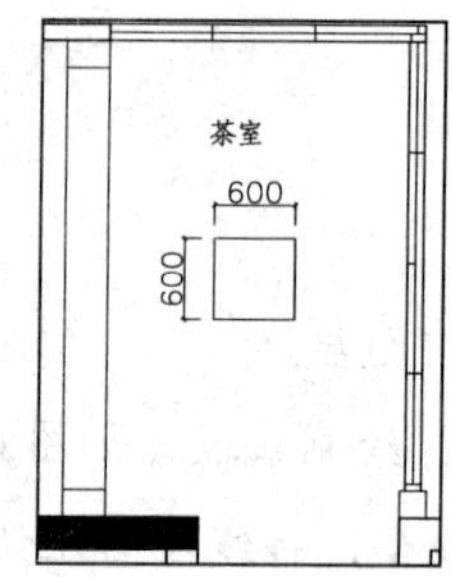

图 6-52 绘制矩形

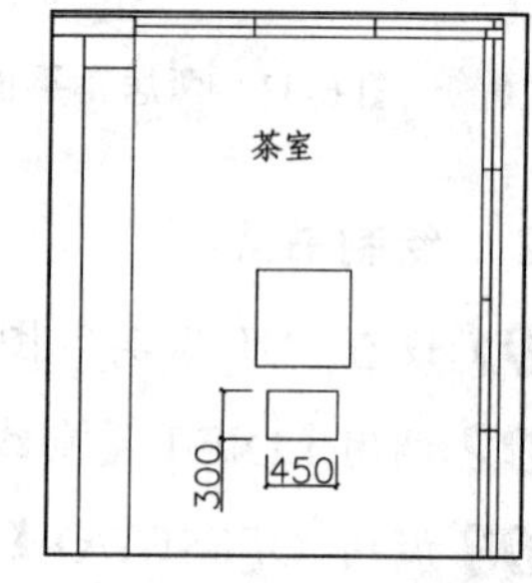

图 6-53 绘制矩形

03 调用 COPY/CO【复制】命令和 ROTATE/RO【旋转】命令，对矩形进行复制和旋转，效果如图 6-54 所示。

04 调用 CIRCLE/C【圆】命令，绘制半径为 200 的圆，如图 6-55 所示。

5. 绘制窗帘

调用 PLINE/PL【多段线】命令，绘制窗帘，如图 6-56 所示。

6. 插入图块

从本书光盘中调入装饰台到茶室中，效果如图 6-44 所示。

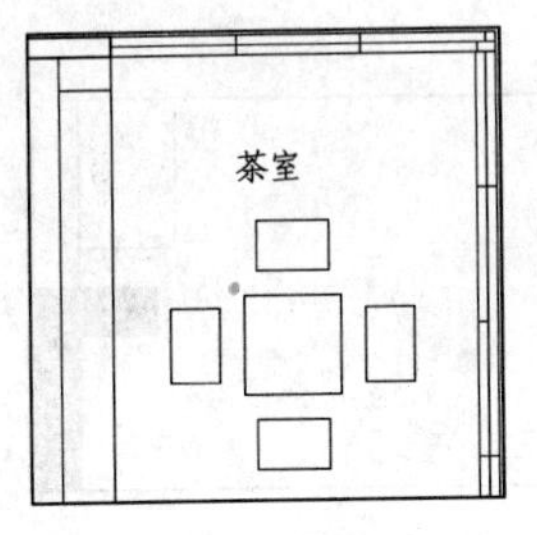

图 6-54　复制和旋转矩形

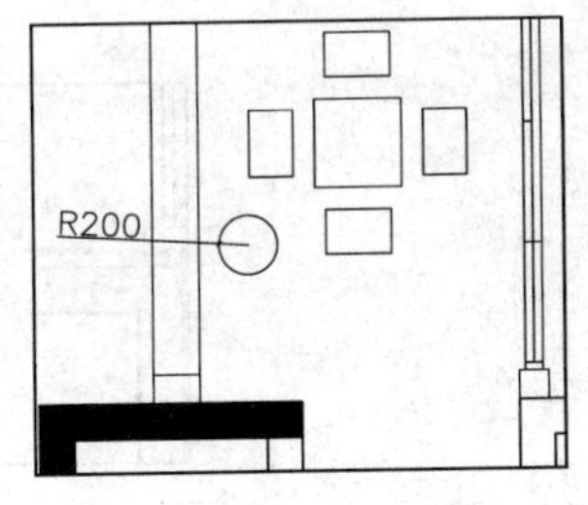

图 6-55　绘制圆

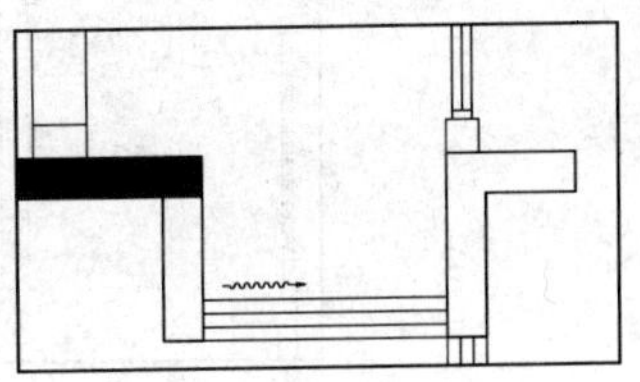

图 6-56　绘制窗帘

6.5.2 绘制客厅和餐厅平面布置图

客厅和餐厅平面布置图如图 6-57 所示，餐厅设置了实木隔断、餐桌椅，客厅设置了电视柜、电视、沙发组、窗帘和通往阳台的推拉门。

1. 绘制实木隔断

01 调用 RECTANG/REC【矩形】命令，绘制尺寸为 715 × 50 的矩形，如图 6-58 所示。

02 调用 COPY/CO【复制】命令，对矩形进行复制，得到效果如图 6-59 所示。

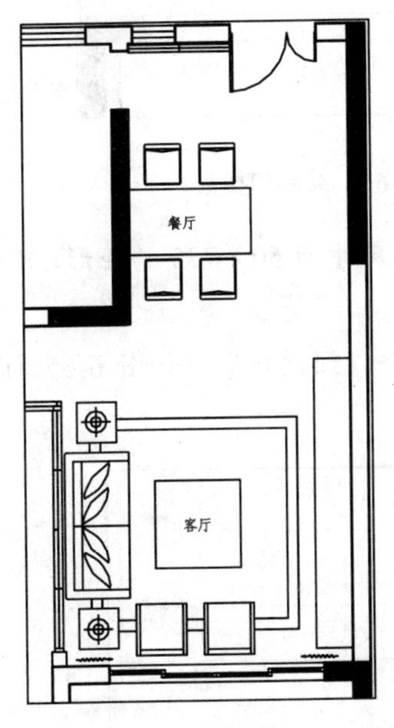

图 6-57　客厅和餐厅平面布置图

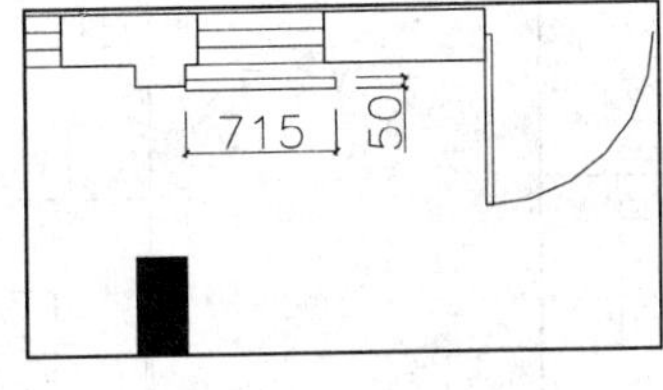

图 6-58　复制矩形

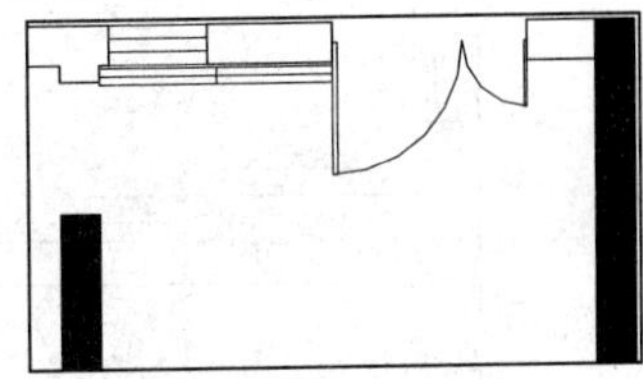

图 6-59　复制矩形

2. 绘制电视柜

调用 PLINE/PL【多段线】命令，绘制电视柜，如图 6-60 所示。

3. 绘制窗帘

01 调用 PLINE/PL【多段线】命令，绘制窗帘，如图 6-61 所示。

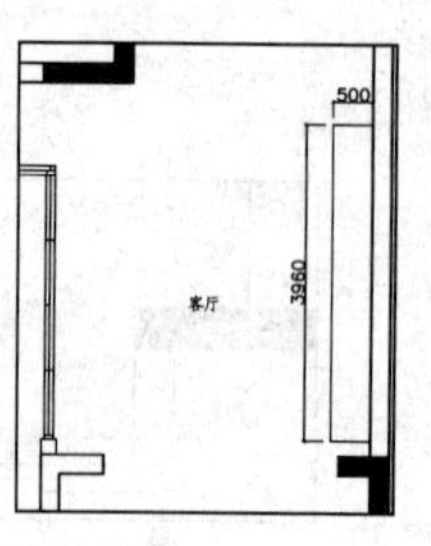

图 6-60　绘制电视柜

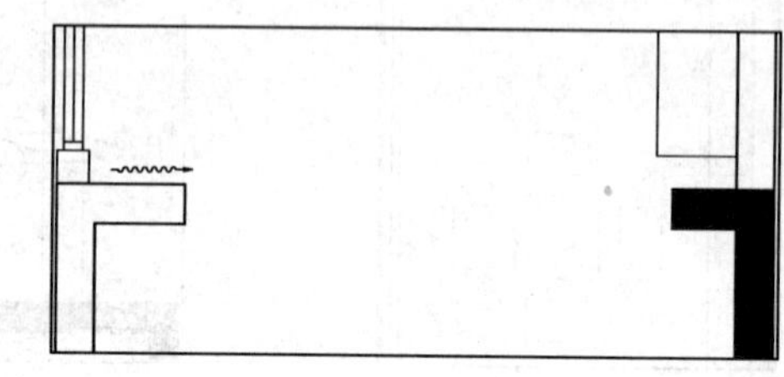

图 6-61　绘制窗帘

02 调用 MIRROR/MI【镜像】命令，对窗帘图形进行镜像，如图 6-62 所示。

4．绘制推拉门

01 设置“M_门”图层为当前图层。

02 调用 LINE/L【直线】命令在推拉门洞口内（客厅通往阳台处）绘制门槛线，如图 6-63 所示。

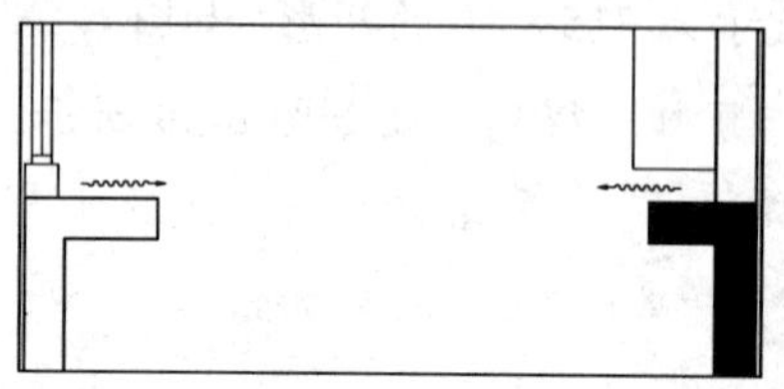

图 6-62　镜像窗帘

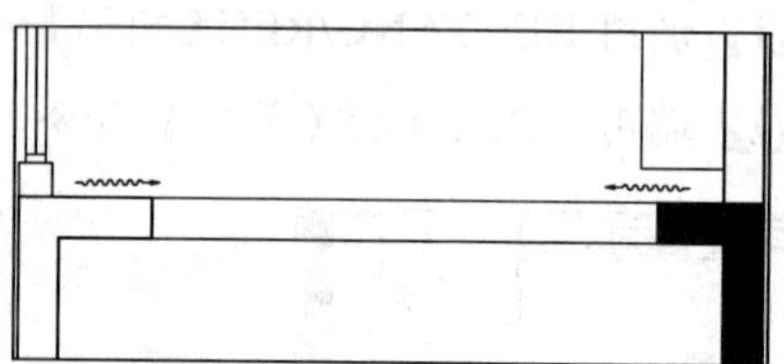

图 6-63　绘制门槛线

03 调用 RECTANG/REC【矩形】命令，在门槛线内绘制尺寸为 50×775 的矩形，如图 6-64 所示。

04 调用 LINE/L【直线】命令和 OFFSET/O【偏移】命令，细化矩形，如图 6-65 所示。

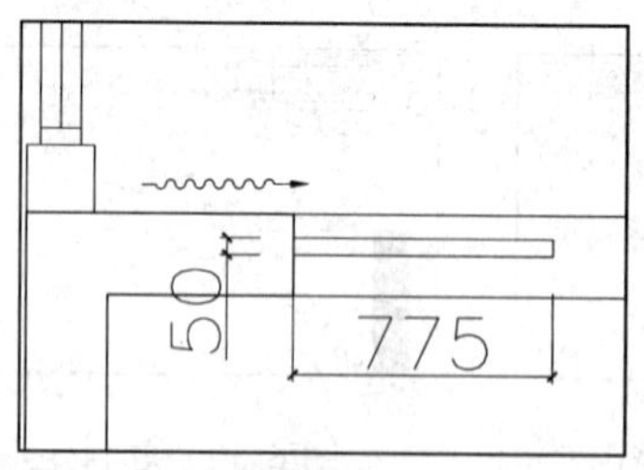

图 6-64　绘制矩形

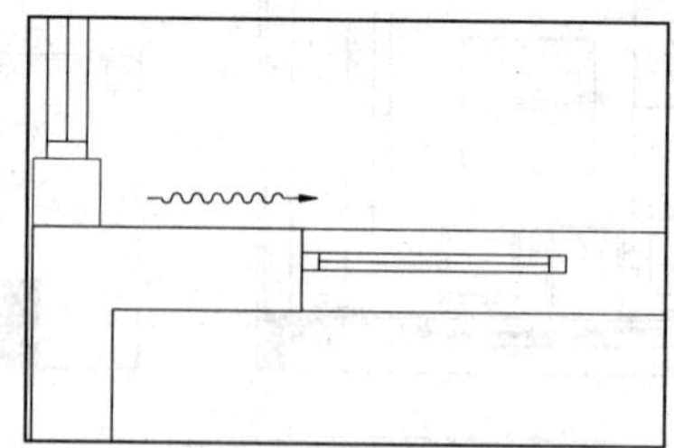

图 6-65　细化矩形

05 调用 COPY/CO【复制】命令，对矩形进行复制，使其效果如图 6-66 所示。

06 调用 MIRROR/MI【镜像】命令，对图形进行镜像，效果如图 6-67 所示，推拉门绘制完成。

5．插入图块

从本书光盘中调入沙发组和餐桌椅到客厅和餐厅中，结果如图 6-57 所示。

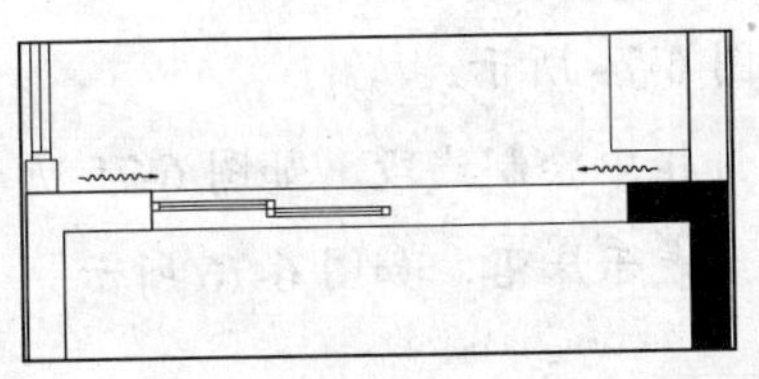

图 6-66　复制矩形

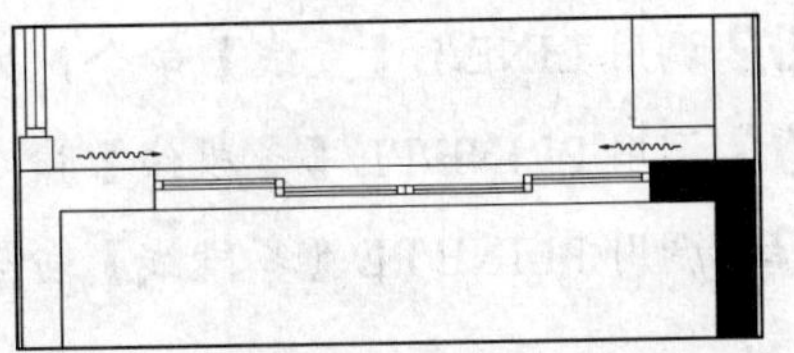

图 6-67　镜像图形

6.5.3 绘制小孩房平面布置图

小孩房平面布置图如图 6-68 所示，下面讲解绘制方法。

1．绘制门

调用 INSERT/I【插入】命令，插入“门（1000）”图块，如图 6-69 所示。

2．绘制窗帘

01 调用 PLINE/PL【多段线】命令，绘制窗帘，如图 6-70 所示。

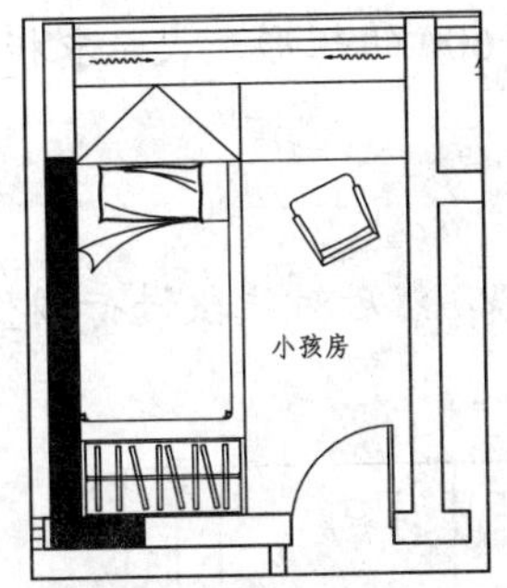

图 6-68　小孩房平面布置图

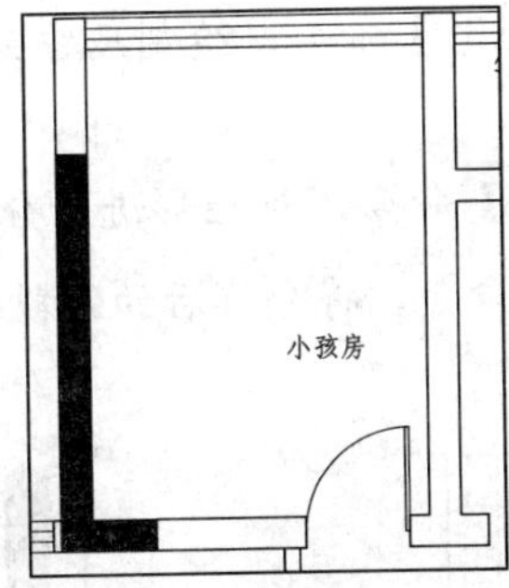

图 6-69　插入门图块

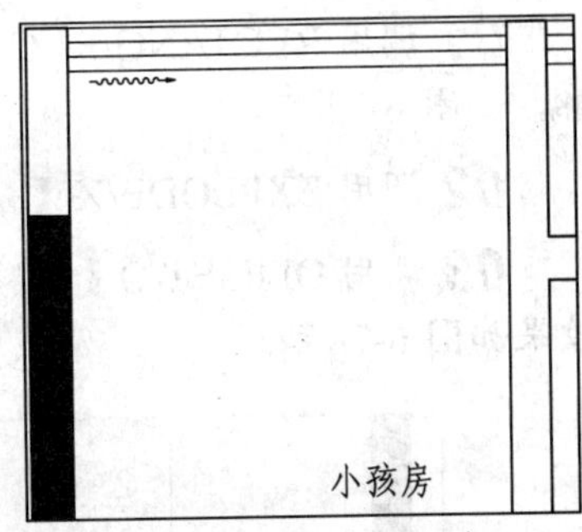

图 6-70　绘制窗帘

02 调用 MIRROR/MI【镜像】命令，将窗帘镜像到另一侧，如图 6-71 所示。

03 调用 LINE/L【直线】命令，绘制线段，表示窗帘盒，如图 6-72 所示。

3．绘制书桌和床沿

01 调用 OFFSET/O【偏移】偏移线，偏移距离为 600，得到书桌的宽度，如图 6-73 所示。

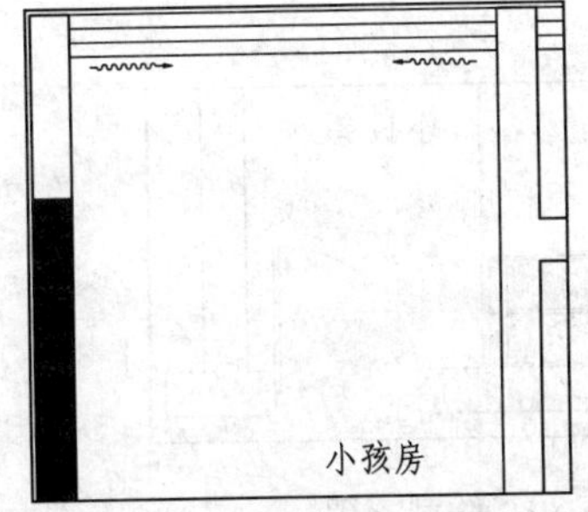

图 6-71　镜像窗帘

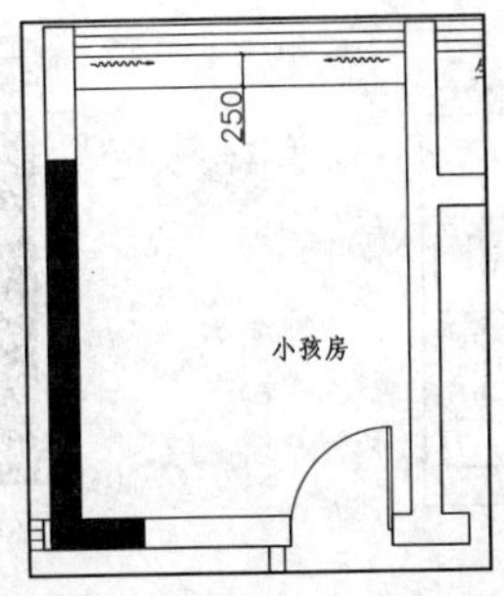

图 6-72　绘制窗帘盒

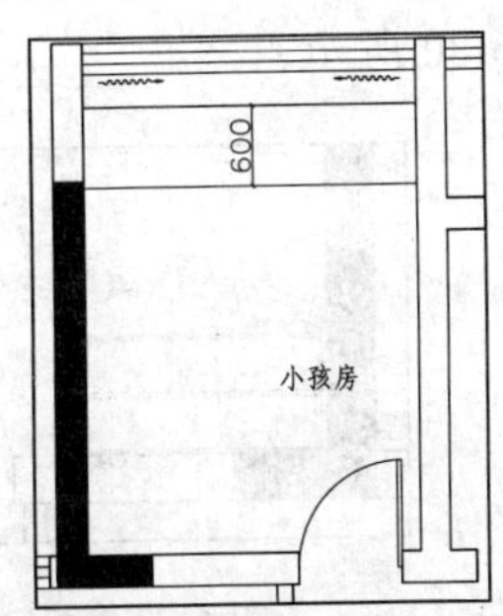

图 6-73　偏移线段

02 调用 LINE/L【直线】命令，划分书桌，如图 6-74 所示。

03 调用 PLINE/PL【多段线】命令，在左侧装饰柜中绘制线段，如图 6-75 所示。

04 调用 PLINE/PL【多段线】命令，绘制多段线表示床沿，如图 6-76 所示。

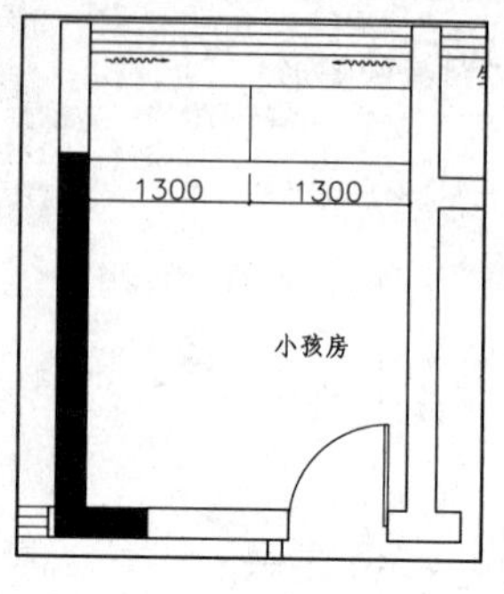

图 6-74　划分书桌

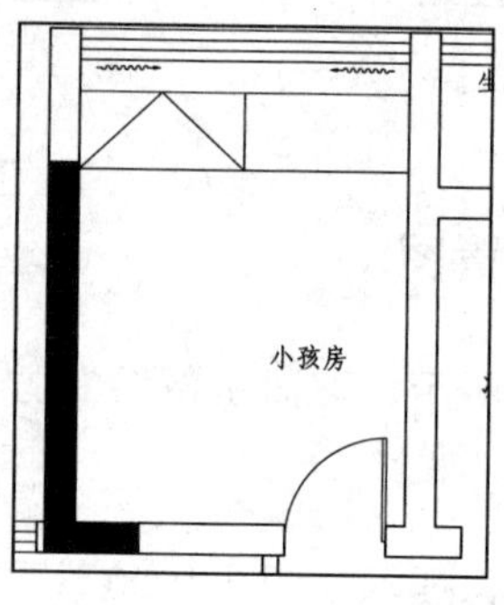

图 6-75　绘制线段

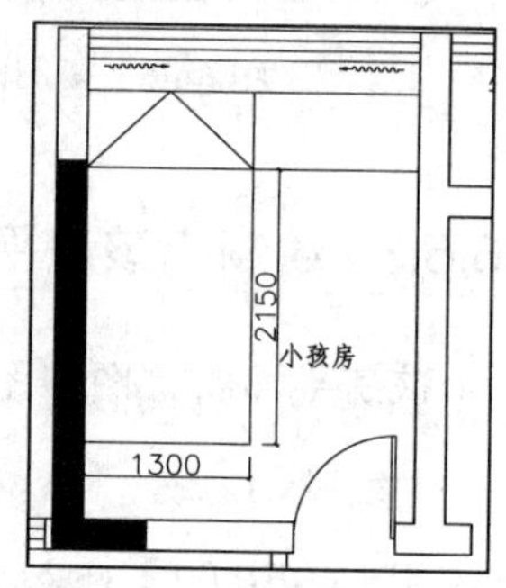

图 6-76　绘制床沿

4. 绘制衣柜

01 调用 RECTANG/REC【矩形】命令，绘制尺寸为 1300×600 的矩形，表示衣柜轮廓，如图 6-77 所示。

02 调用 EXPLODE/X【分解】命令，对矩形进行分解。

03 调用 OFFSET/O【偏移】命令，将分解后的线段向内偏移，然后对线段进行调整，效果如图 6-78 所示。

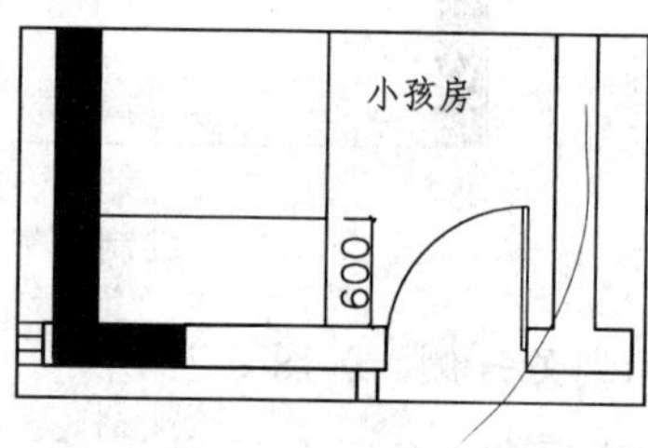

图 6-77　绘制矩形

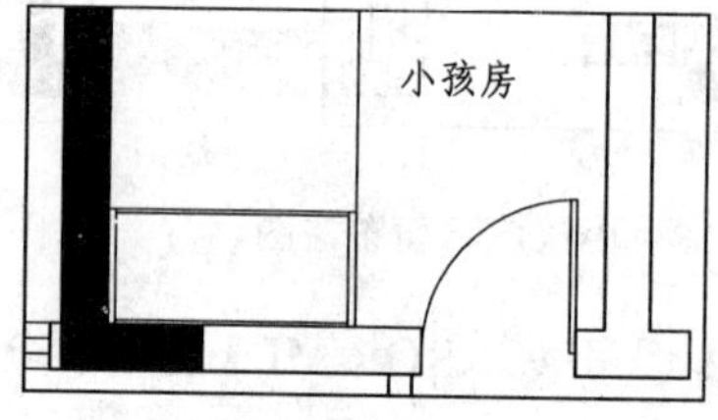

图 6-78　偏移线段

04 调用 PLINE/PL【多段线】命令和 OFFSET/O【偏移】命令，绘制挂衣杆，如图 6-79 所示。

05 调用 RECTANG/REC【矩形】命令，绘制尺寸为 35×500 的矩形，表示衣架，如图 6-80 所示。

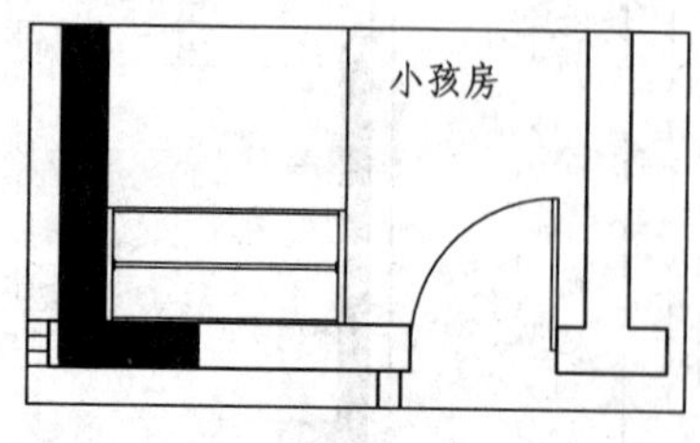

图 6-79　绘制挂衣杆

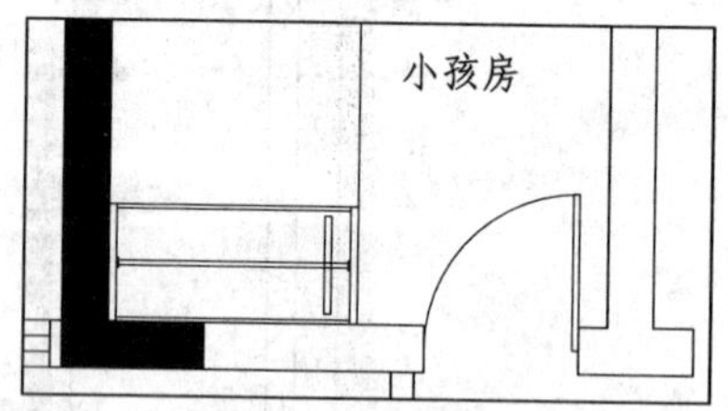

图 6-80　绘制衣架

06 调用 COPY/CO【复制】命令和 ROTATE/RO【旋转】命令，对衣架图形进行调整，使其效果更为形象、生动，如图 6-81 所示。

5. 插入图块

按 Ctrl+O 快捷键，打开配套光盘提供的“第 6 章\家具图例.dwg”文件，选择其中的床垫和椅子图块，将其复制至小孩房区域，如图 6-68 所示，小孩房平面布置图绘制完成。

6.5.4 插入立面指向符号

当平面布置图绘制完成后，即可调用 INSERT/I【插入】命令，插入“立面指向符”图块，并输入立面编号即可，效果如图 6-82 所示。

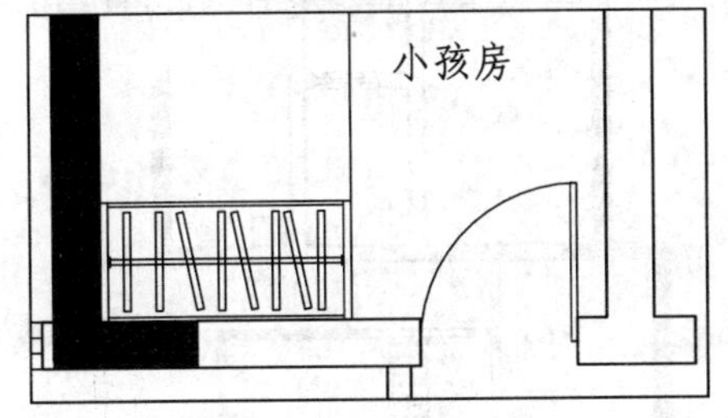

图 6-81 调整衣架图形

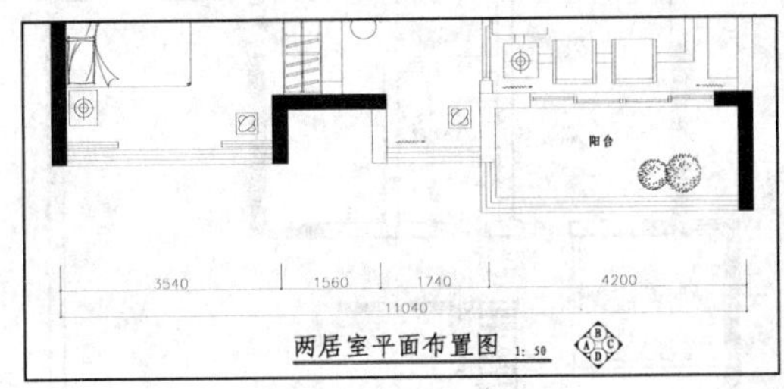

图 6-82 插入立面指向符号

6.6 绘制两居室地材图

日式风格两居室地材图如图 6-83 所示，使用了地砖、木地板、防滑砖和鹅卵石等地面材料。

6.6.1 绘制客厅和餐厅及过道地材图

客厅、餐厅及过道地材图如图 6-84 所示，下面讲解绘制方法。

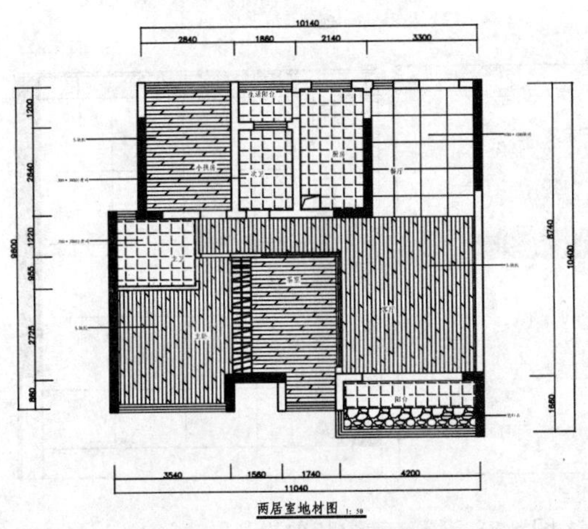

图 6-83 两居室地材图

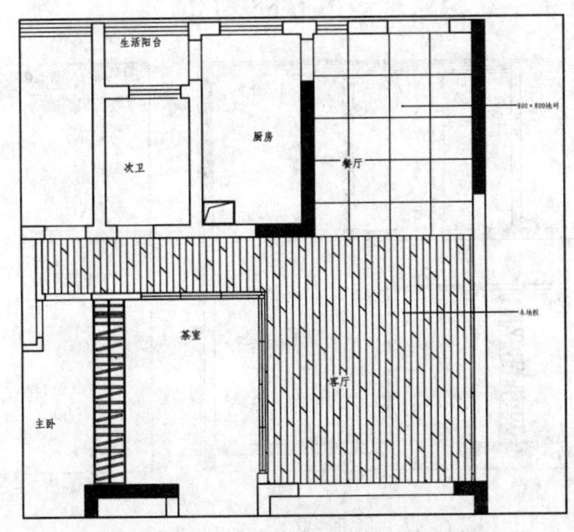

图 6-84 客厅、餐厅及过道地材图

1. 复制图形

01 地材图可以在平面布置图的基础上进行绘制，调用 COPY/CO【复制】命令，将两居室平面布置图复制一份。

02 删除平面布置图中与地材图无关的图形，效果如图 6-85 所示。

2. 绘制门槛线

01 设置“DM_地面”图层为当前图层。

02 调用 LINE/L【直线】命令，在门洞内绘制门槛线，效果如图 6-86 所示。

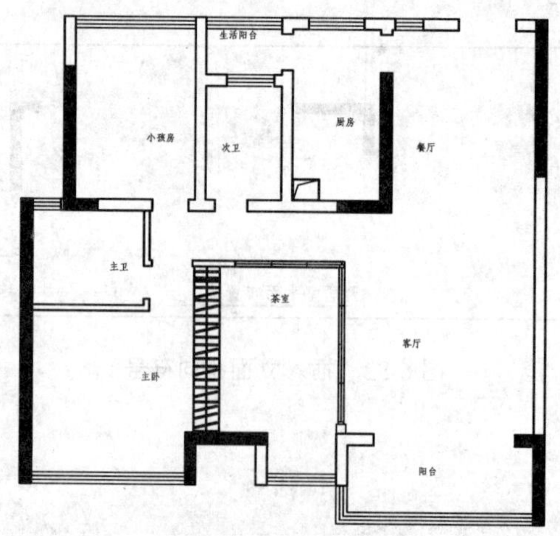

图 6-85 整理图形

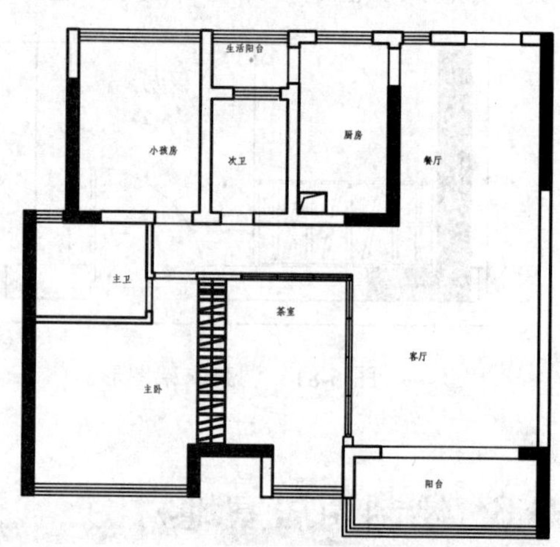

图 6-86 绘制门槛线

6.6.2 绘制地面材质图例

01 调用 LINE/L【直线】命令，绘制客厅与餐厅的分隔线，如图 6-87 所示。

02 调用 HATCH/H【填充图案】命令，在餐厅区域填充“用户定义”图案表示地砖，填充参数和效果如图 6-88 所示。

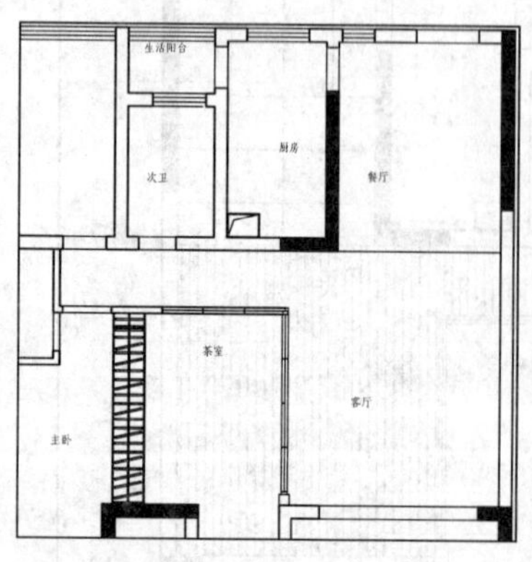

图 6-87 绘制线段

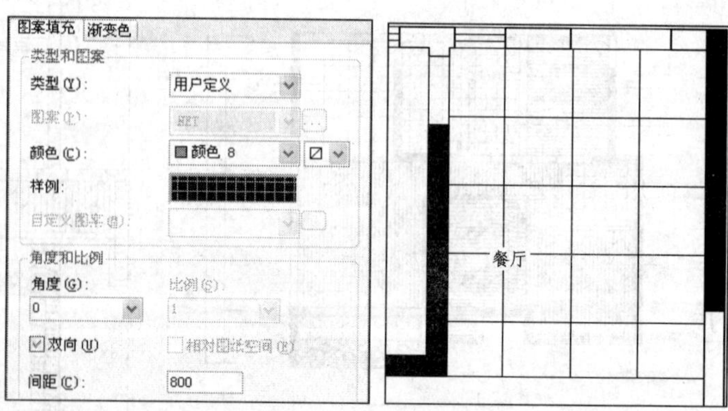

图 6-88 填充参数和效果

03 调用 HATCH/H【填充图案】命令，在客厅和过道区域填充 DOLMIT 图案，填充参数和效果如图 6-89 所示。

04 填充图案后，调用 MLEADER/MLD【多重引线】命令，标注客厅和餐厅地面材料名称，效果如图 6-84 所示，客厅、餐厅和过道地材图绘制完成。

6.6.3 绘制茶室、主卧和小孩房地材图

本例茶室、主卧和小孩房均铺设“木地板”，其填充参数如图 6-90 所示。如果要修改地板的铺设方向，只需在“图案填充和渐变色”对话框中修改“角度”参数即可。

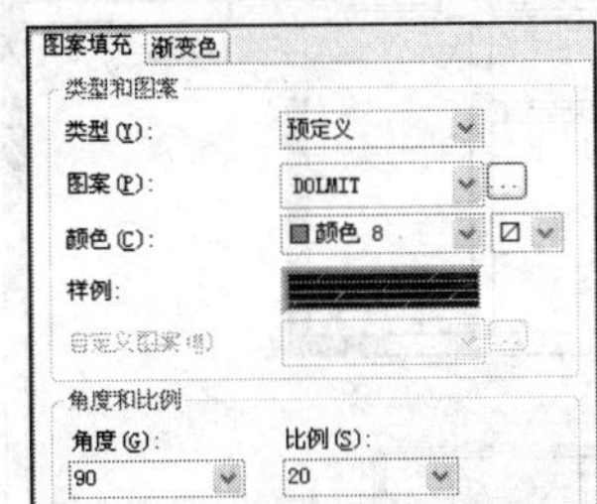

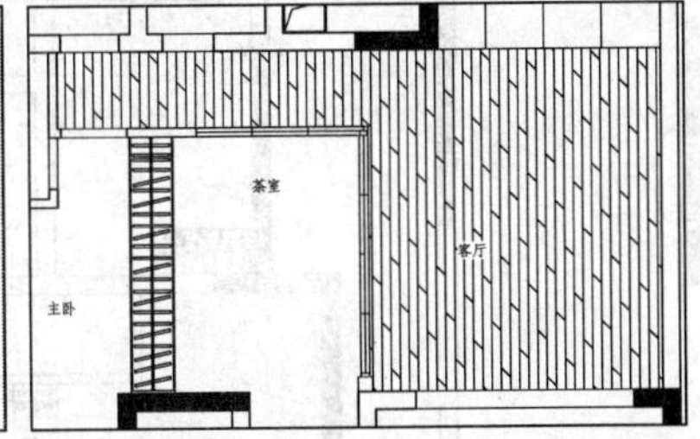

图 6-89　填充参数和效果

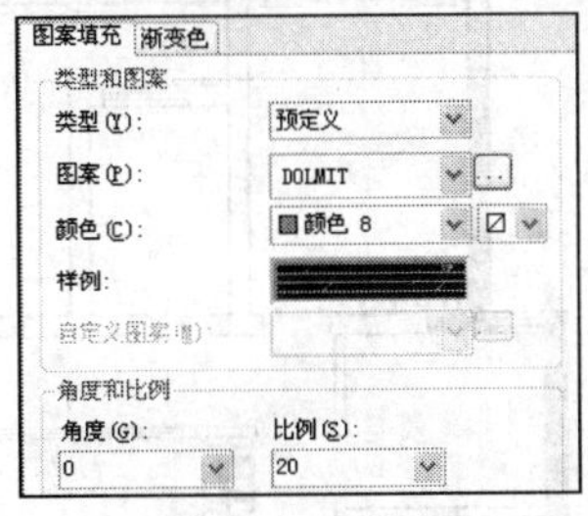

图 6-90　填充参数

6.7 绘制两居室顶棚图

日式风格的顶棚设计比较简单，如图 6-91 所示为本例两居室顶棚图，下面讲解绘制方法。

6.7.1 绘制客厅和餐厅顶棚图

客厅和餐厅顶棚图如图 6-92 所示，下面讲解绘制方法。

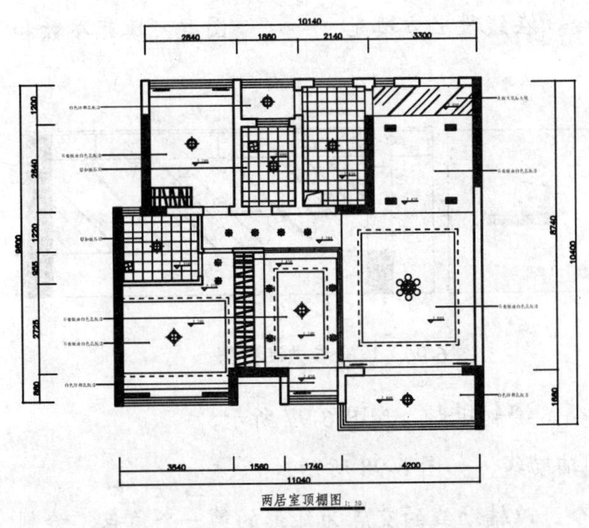

图 6-91　两居室顶棚图

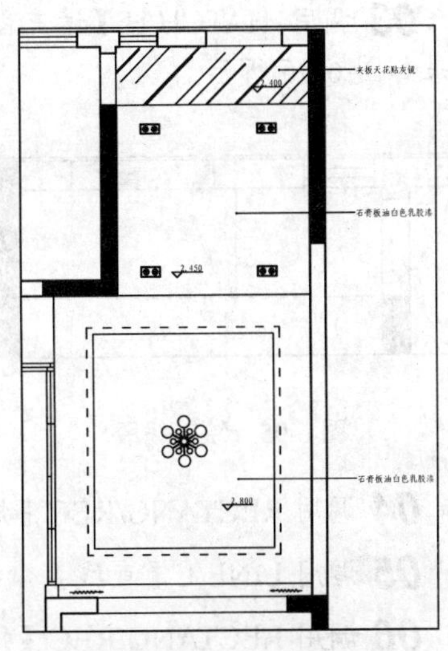

图 6-92　客厅和餐厅顶棚图

1. 复制图形

顶棚图可在平面布置图的基础上进行绘制，复制两居室平面布置图，删除与顶棚图无关的图形，如图 6-93 所示。

2. 绘制墙体线

01 设置“DM_地面”图层为当前图层。

02 调用 LINE/L【直线】命令，在门洞处绘制墙体线，如图 6-94 所示。

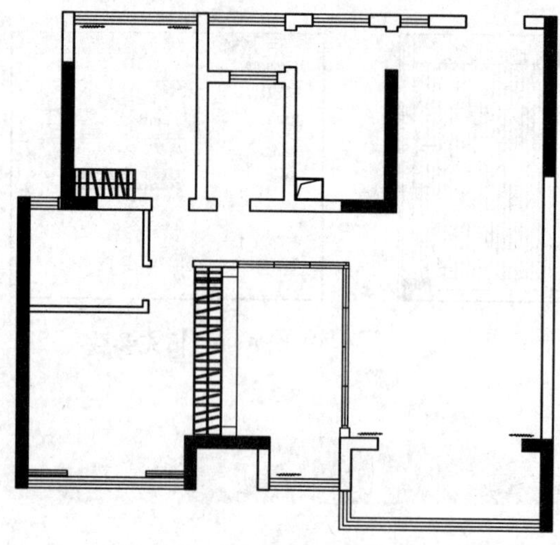

图 6-93 整理图形

图 6-94 绘制墙体线

3. 绘制吊顶造型

01 设置“DD_吊顶”图层为当前图层。

02 调用 LINE/L【直线】命令，绘制线段，如图 6-95 所示。

03 调用 HATCH/H【填充图案】命令，在线段上方填充 AR-RROOF 图案，填充参数和效果如图 6-96 所示。

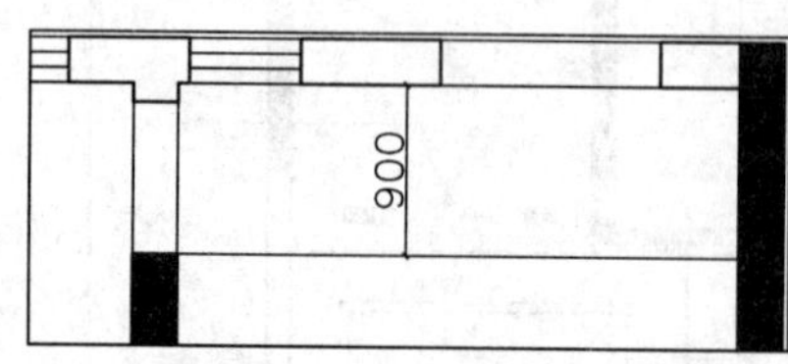

图 6-95 绘制线段

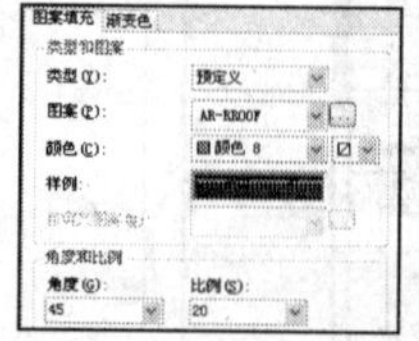

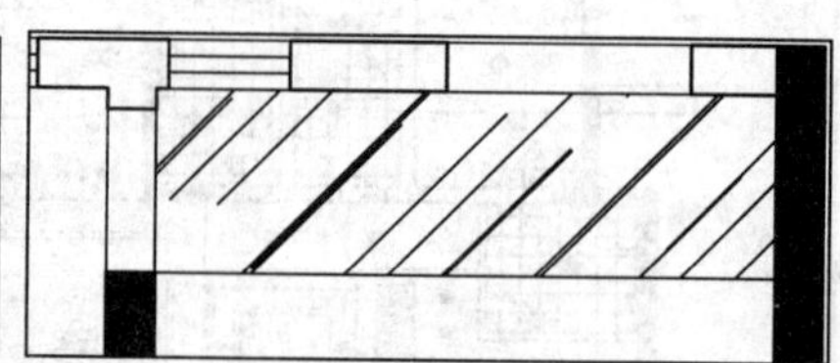

图 6-96 填充参数和效果

04 调用 RECTANG/REC【矩形】命令，绘制矩形，如图 6-97 所示。

05 调用 LINE/L【直线】命令，绘制辅助线，如图 6-98 所示。

06 调用 RECTANG/REC【矩形】命令，以辅助线的交点为矩形的第一个角点，绘制尺寸为 2840 × 3310 的矩形，然后删除辅助线，如图 6-99 所示。

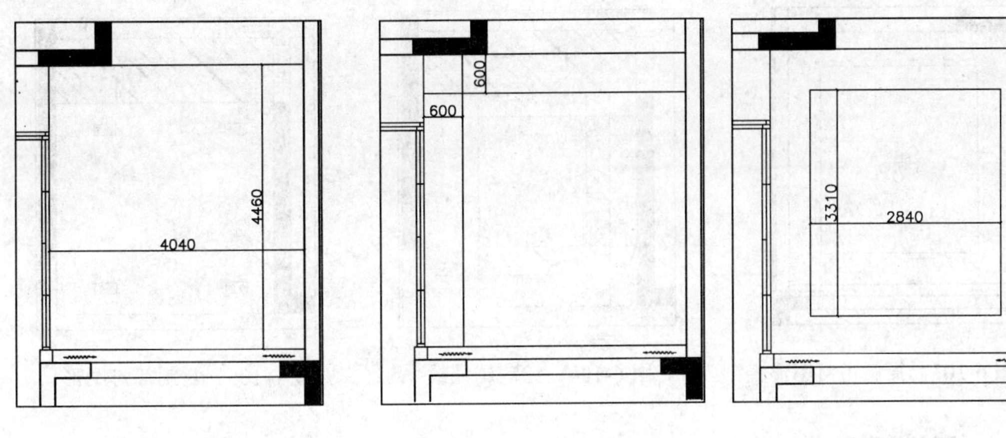

图 6-97　绘制矩形　　图 6-98　绘制辅助线　　图 6-99　绘制矩形

07 调用 OFFSET/O【偏移】命令，将矩形向外偏移 100，并设置为虚线，表示灯带，如图 6-100 所示。

4．布置灯具

客厅和餐厅用到的灯具主要有吊灯和筒灯，布置方法如下：

01 调用 LINE/L【直线】命令，绘制辅助线，如图 6-101 所示。

02 调用灯具图形。打开本书光盘中“第 6 章\家具图例.dwg”文件，将该文件中绘制好的灯具图例表复制到本图中，如图 6-102 所示。

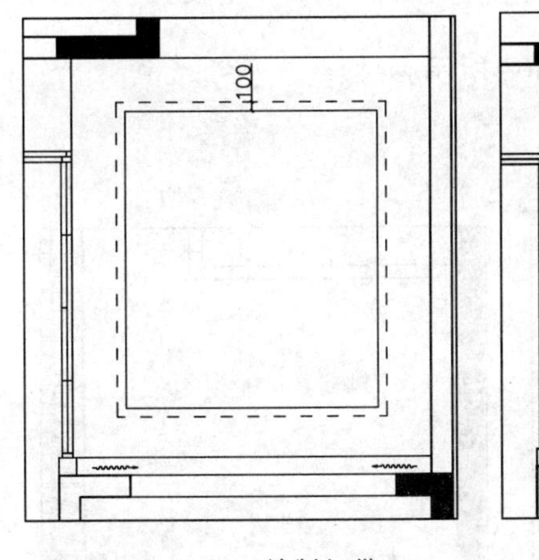

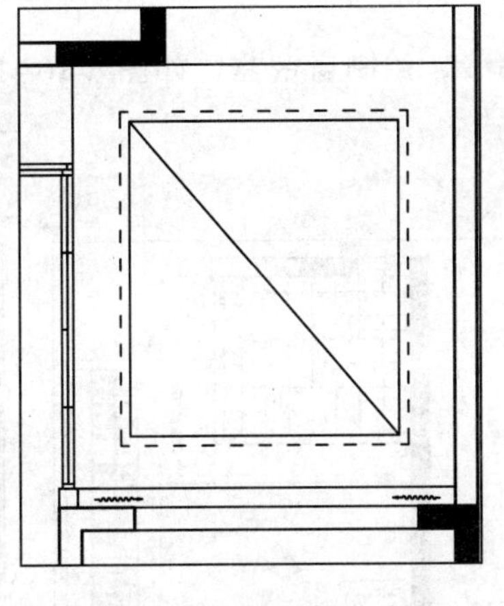

图例	名称
	水晶吊灯
	小吊灯
	吸顶灯
	方形筒灯
	方形槽小筒灯
	排气扇

图 6-100　绘制灯带　　图 6-101　绘制辅助线　　图 6-102　图例表

03 选择灯具图例表中的吊灯图形，调用 COPY/CO【复制】命令，将其复制到客厅顶棚图中，注意吊灯中心点与辅助线的中点对齐，然后删除辅助线，如图 6-103 所示。

04 布置筒灯。调用 OFFSET/O【偏移】命令，绘制辅助线，如图 6-104 所示。

05 调用 COPY/CO【偏移】命令，从图例表中复制筒灯图形到辅助线的交点处，然后删除辅助线，效果如图 6-105 所示。

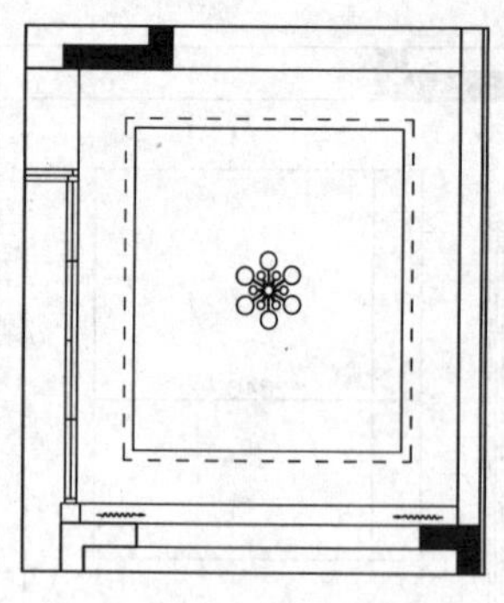

图 6-103　复制吊灯图形

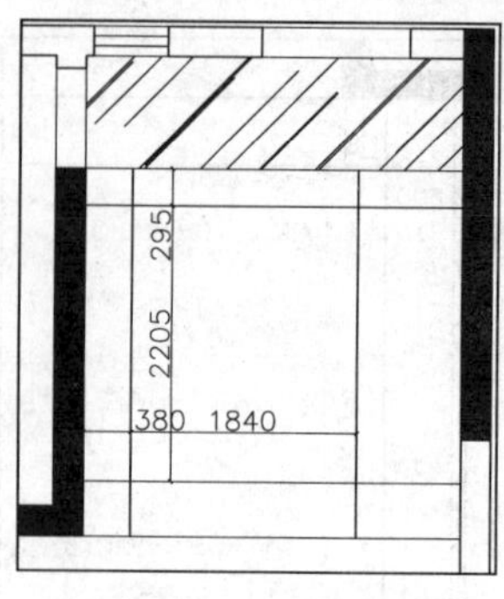

图 6-104　绘制辅助线

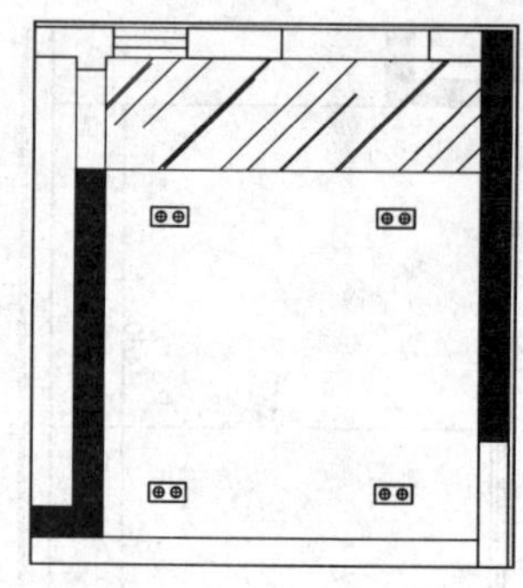

图 6-105　复制筒灯图形

5．标注标高和文字说明

01 调用 INSERT/I【插入】命令，插入标高图块，标注顶棚各位置的标高，效果如图 6-106 所示。

02 调用 MLEADER/MLD【多重引线】命令，标出顶棚的材料，完成客厅和餐厅顶棚图的绘制。

6.7.2　绘制主卧和主卫顶棚图

主卧和主卫顶棚图如图 6-107 所示，下面讲解绘制方法。

1．绘制窗帘盒

调用 LINE/L【直线】命令，绘制窗帘盒，如图 6-108 所示。

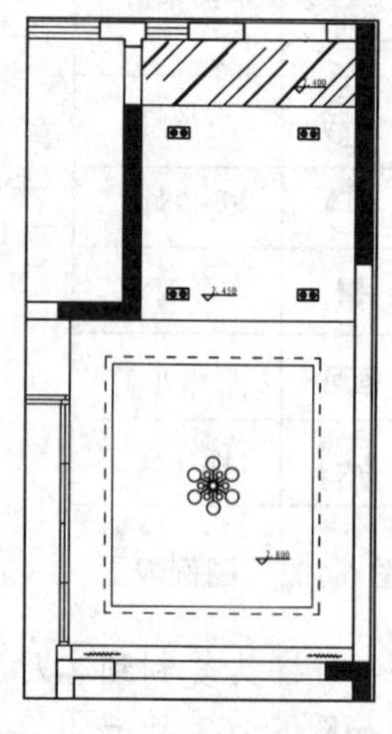
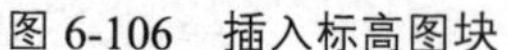

图 6-106　插入标高图块

图 6-107　绘制主卧和主卫顶棚图

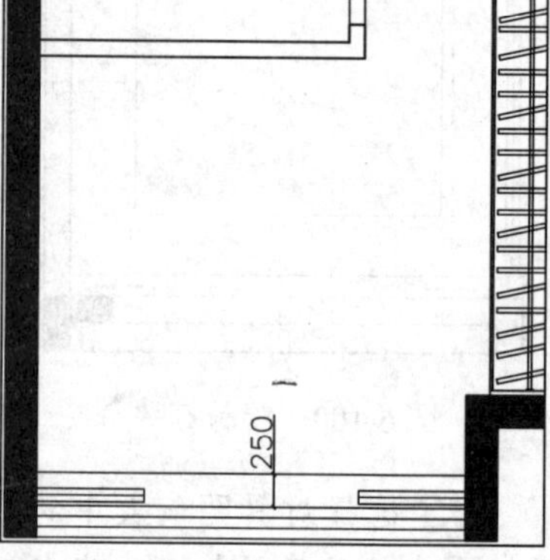

图 6-108　绘制窗帘盒

2．绘制吊顶造型

01 调用 PLINE/PL【多段线】命令，绘制多段线，如图 6-109 所示。

02 调用 OFFSET/O【偏移】命令，将多段线向外偏移 100，并设置为虚线，表示灯带，如图 6-110 所示。

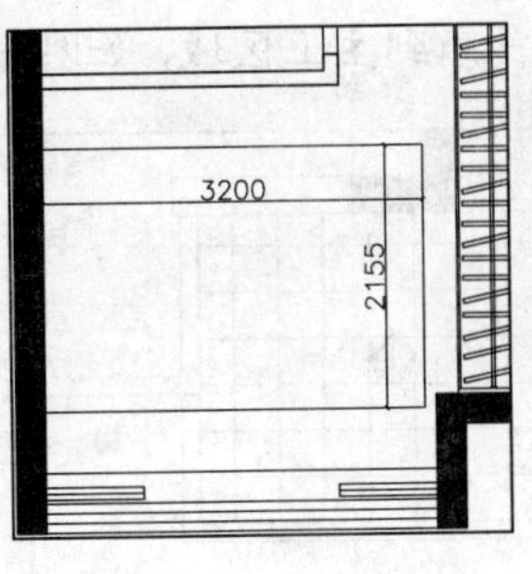

图 6-109 绘制多段线

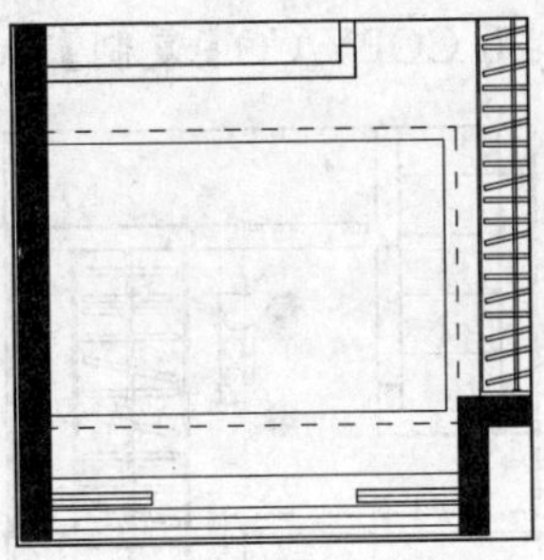

图 6-110 偏移多段线

3. 填充主卫吊顶图案

调用 HATCH/H【填充图案】命令，在主卫区域填充“用户定义”图案，填充参数和效果如图 6-111 所示。

4. 布置灯具

01 调用 LINE/L【直线】命令，绘制辅助线，如图 6-112 所示。

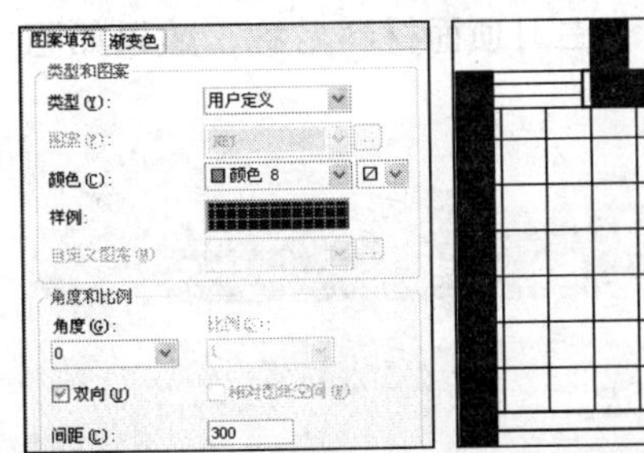

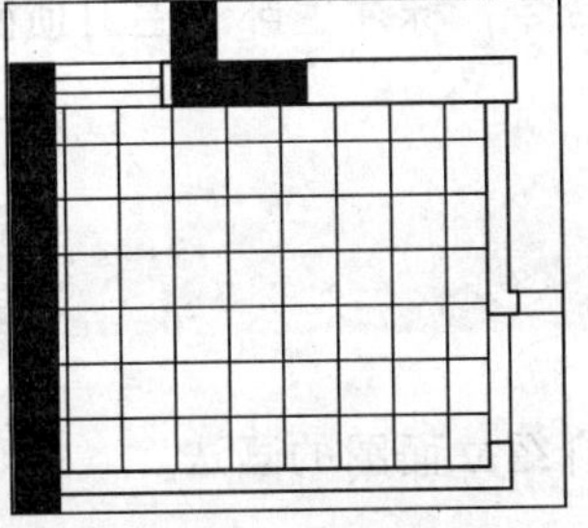

图 6-111 填充参数和效果

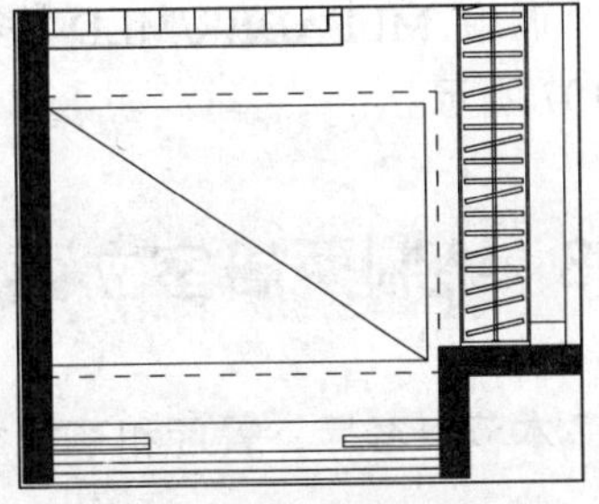

图 6-112 绘制辅助线

02 从图例表中复制小吊灯图例到辅助线的中点，然后删除辅助线，如图 6-113 所示。

03 调用 OFFSET/O【偏移】命令，绘制辅助线，如图 6-114 所示。

04 调用 COPY/CO【复制】命令，复制筒灯图形到辅助线的交点处，然后删除辅助线，如图 6-115 所示。

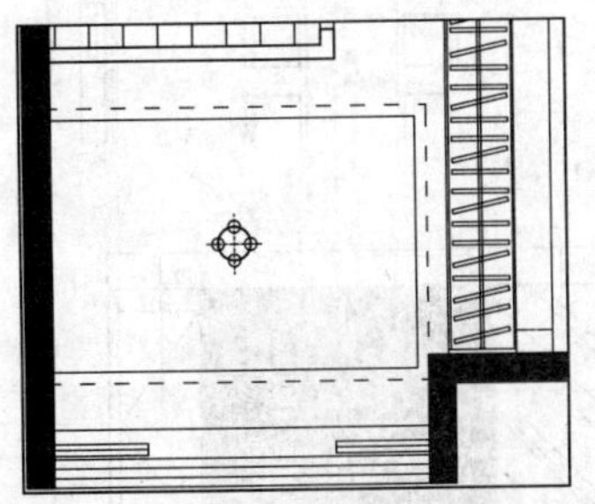

图 6-113 复制小吊灯图例

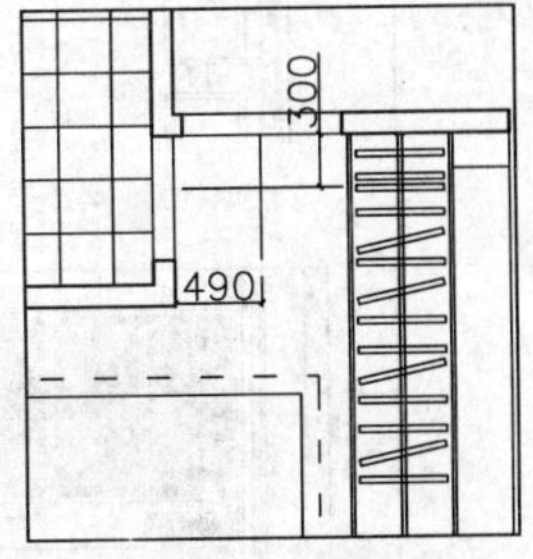

图 6-114 绘制辅助线

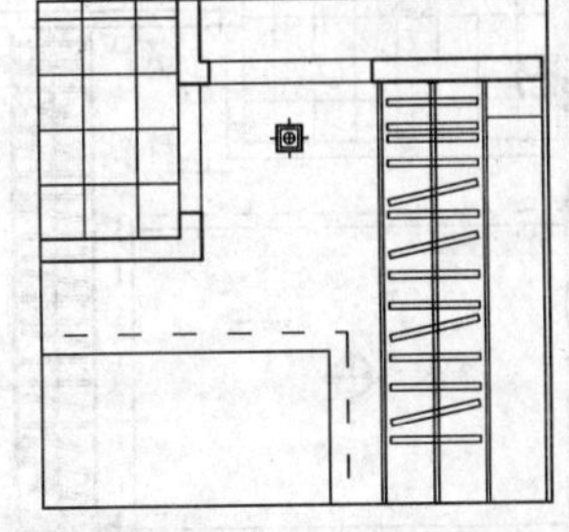

图 6-115 复制灯具图形

05 调用 COPY/CO【复制】命令，向下复制筒灯，如图 6-116 所示。

06 调用 EXPLODE/X【分解】命令，分解主卫填充图案。

07 调用 COPY/CO【复制】命令，复制吸顶灯和排气扇到主卫区域，如图 6-117 所示。

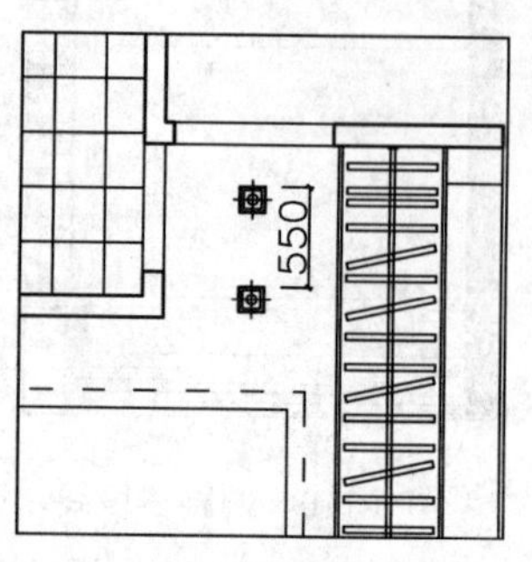

图 6-116　复制筒灯

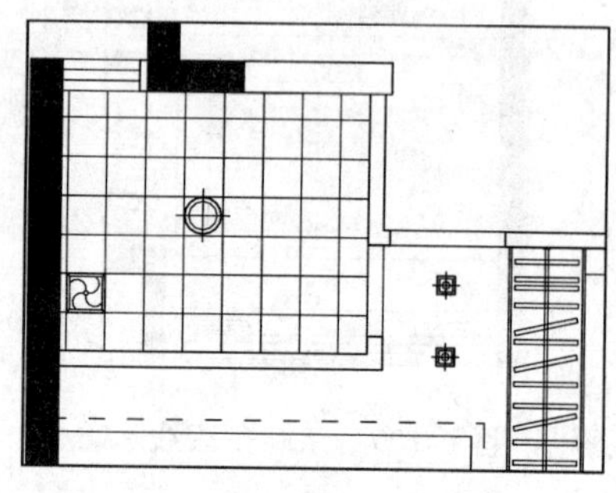

图 6-117　复制灯具

5. 插入标高

调用 INSERT/I【插入】命令，插入“标高”图块，并设置正确的标高值，如图 6-118 所示。

6. 材料标注

调用 MLEADER/MLD【多重引线】命令，标注主卧和主卫顶面材料名称，效果如图 6-107 所示。

6.8 绘制两居室立面图

本节以客厅、餐厅和茶室立面为例，介绍立面图的画法。

6.8.1 绘制客厅和餐厅 A 立面图

客厅和餐厅 A 立面图是沙发和餐桌所在的墙面，A 立面图主要表现了墙面的装饰做法、尺寸和材料等，如图 6-119 所示。

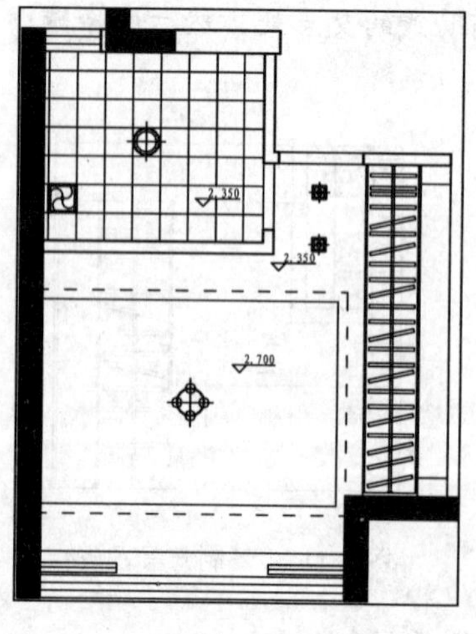

图 6-118　插入标高

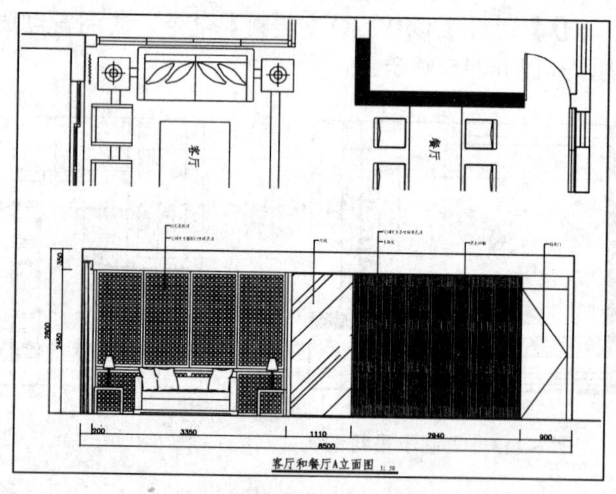

图 6-119　客厅和餐厅 A 立面图

1. 复制图形

复制两居室平面布置图上客厅和餐厅 A 立面图的平面部分，并对图形进行旋转。

2. 绘制立面外轮廓

01 设置“LM_立面”图层为当前图层。

02 调用 LINE/L【直线】命令，从客厅和餐厅平面布置图中绘制出左右墙体的投影线，如图 6-120 所示。

03 调用 PLINE/PL【多段线】命令，绘制地面轮廓线，如图 6-121 所示。

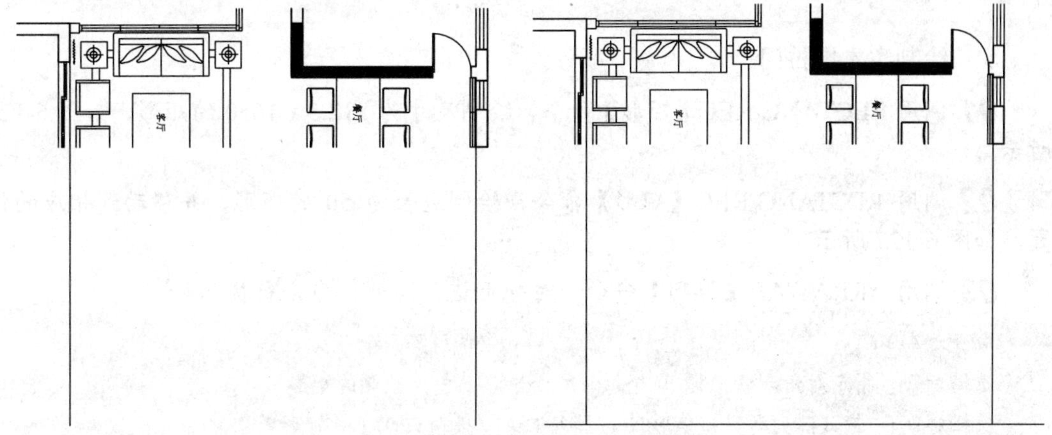

图 6-120 绘制墙体投影线　　图 6-121 绘制地面轮廓线

04 调用 LINE/L【直线】命令，绘制顶棚底面，如图 6-122 所示。

05 调用 TRIM/TR【修剪】命令或使用夹点功能，修剪得到 A 立面外轮廓，并将轮廓线转换至“QT_墙体”图层，如图 6-123 所示。

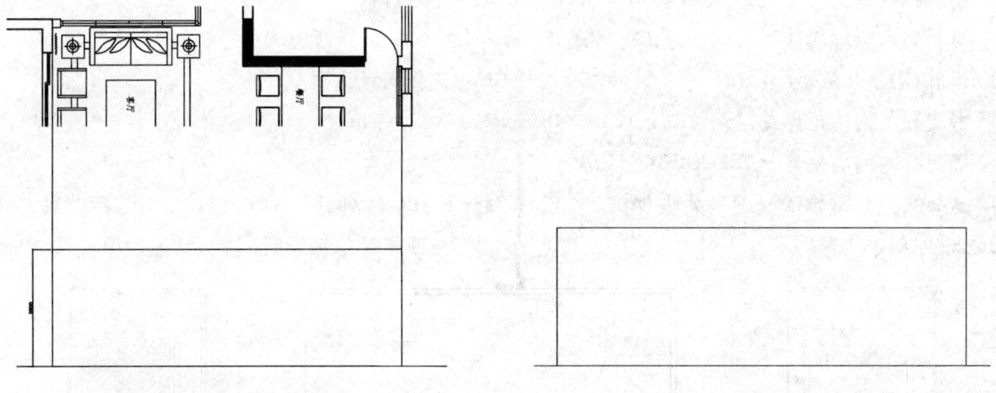

图 6-122 绘制顶棚底面　　图 6-123 修剪立面外轮廓

3. 绘制吊顶

调用 PLINE/PL【多段线】命令，绘制吊顶造型，如图 6-124 所示。

4. 划分立面区域

调用 LINE/L【直线】命令和 OFFSET/O【偏移】命令，划分立面区域，如图 6-125 所示。

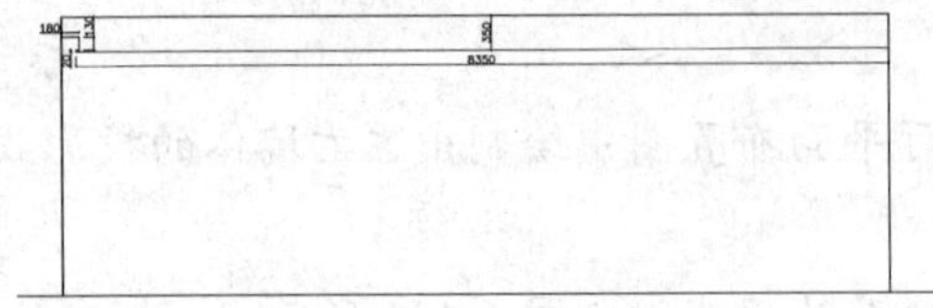

图 6-124 绘制吊顶造型

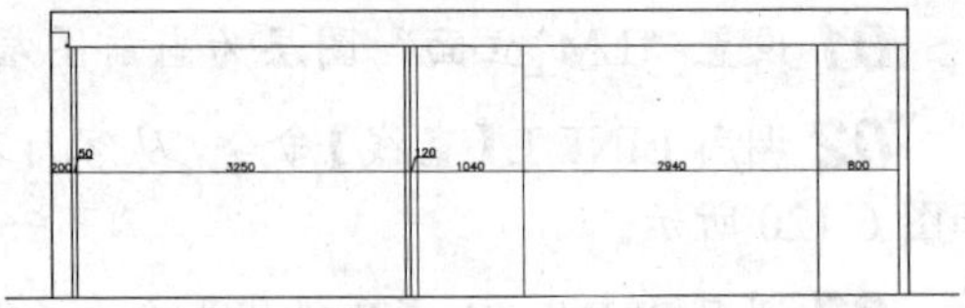

图 6-125 划分立面区域

5. 绘制实木推拉门

01 调用 RECTANG/REC【矩形】命令，绘制尺寸为 812.5×1650 的矩形，如图 6-126 所示。

02 调用 RECTANG/REC【矩形】命令，绘制边长为 50 的矩形，并移动到相应的位置，如图 6-127 所示。

03 调用 ARRAY/AR【阵列】命令，对矩形进行阵列，命令行提示如下：

```
命令: ARRAY↙                              //调用阵列命令
选择对象: 指定对角点: 找到 1 个             //选择所绘制的矩形
选择对象: 输入阵列类型 [矩形(R)/路径(PA)/极轴(PO)] <矩形>: R↙
                                          //选择矩形阵列方式
类型 = 矩形  关联 = 是
选择夹点以编辑阵列或 [关联(AS)/基点(B)/计数(COU)/间距(S)/列数(COL)/行数(R)/层数(L)/退出(X)] <退出>: COU↙
输入列数数或 [表达式(E)] <4>: 21↙           //输入列数
输入行数数或 [表达式(E)] <3>: 21↙           //输入行数
选择夹点以编辑阵列或 [关联(AS)/基点(B)/计数(COU)/间距(S)/列数(COL)/行数(R)/层数(L)/退出(X)] <退出>: S↙          //选择间距选项
指定列之间的距离或 [单位单元(U)] <898.7118>: -75↙
指定行之间的距离 <792.0584>:75↙
选择夹点以编辑阵列或 [关联(AS)/基点(B)/计数(COU)/间距(S)/列数(COL)/行数(R)/层数(L)/退出(X)] <退出>:              //按回车键结束绘制，阵列结果如图 6-128 所示。
```

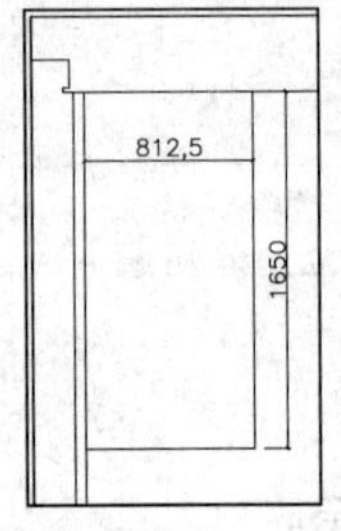

图 6-126 绘制矩形

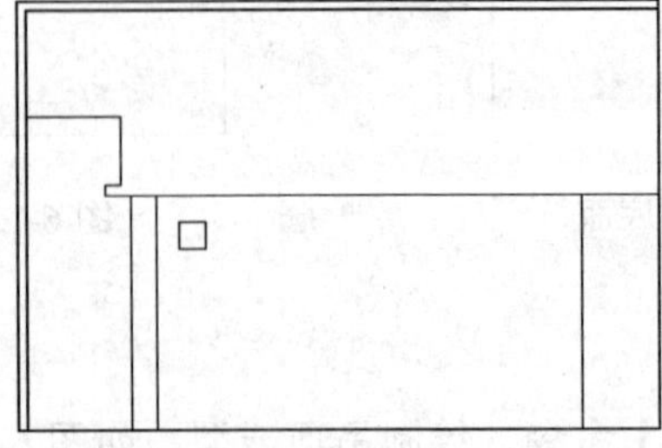

图 6-127 绘制矩形

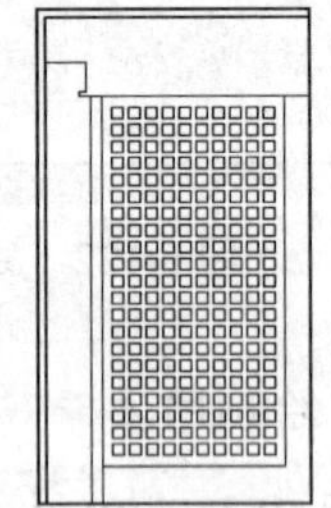

图 6-128 阵列结果

04 调用 LINE/L【直线】命令和 OFFSET/O【偏移】命令，绘制线段，如图 6-129 所示。

05 调用 RECTANG/REC【矩形】命令和 COPY/CO【复制】命令，绘制下方的推拉门造型，如图 6-130 所示。

06 调用 COPY/CO【复制】命令，对推拉门进行复制，效果如图 6-131 所示。

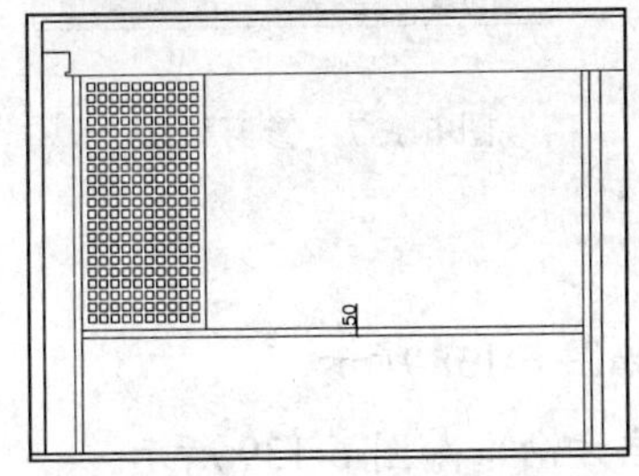

图 6-129　绘制线段

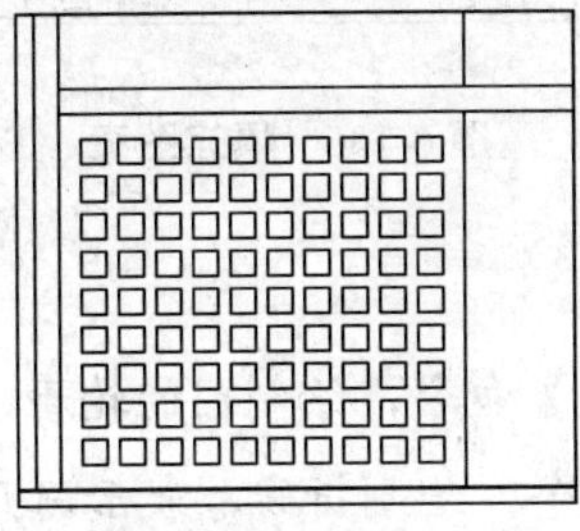

图 6-130　绘制下方的推拉门造型

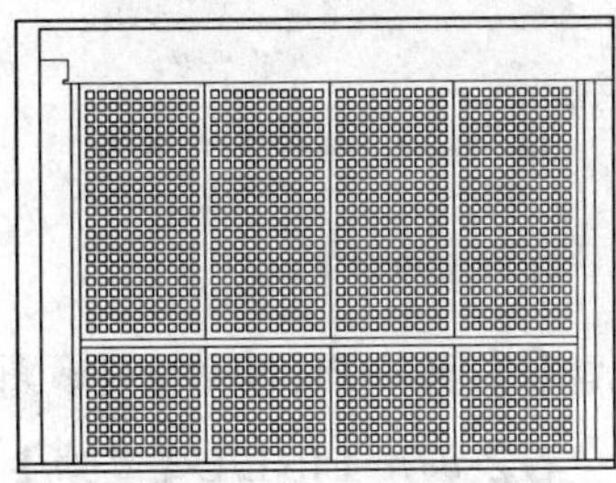

图 6-131　复制推拉门

6. 绘制过道墙面

01 调用 LINE/L【直线】命令和 OFFSET/O【偏移】命令，绘制线段，如图 6-132 所示。

02 调用 HATCH/H【填充图案】命令，对墙面填充 AR-RROOF 图案，填充参数和效果如图 6-133 所示。

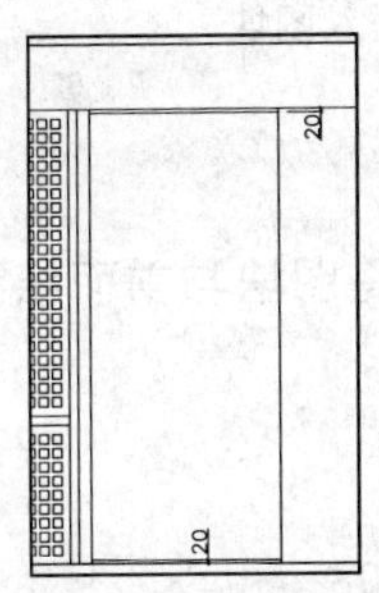

图 6-132　绘制线段

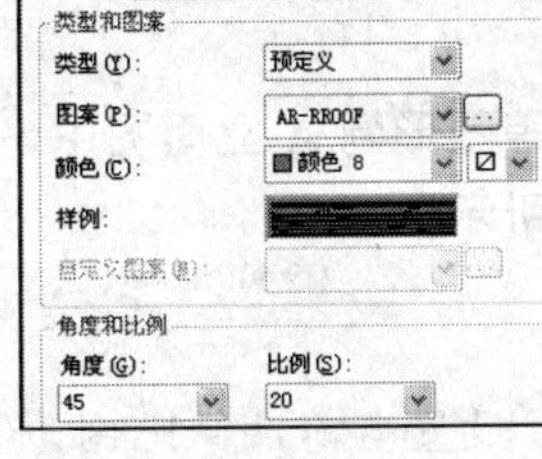

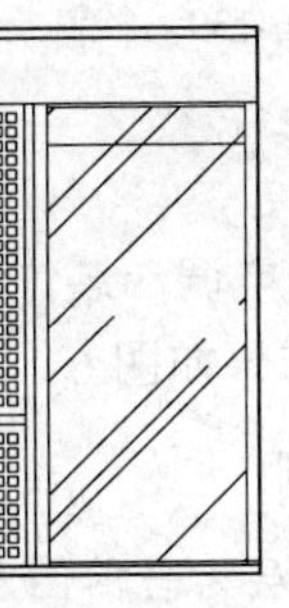

图 6-133　填充参数和效果

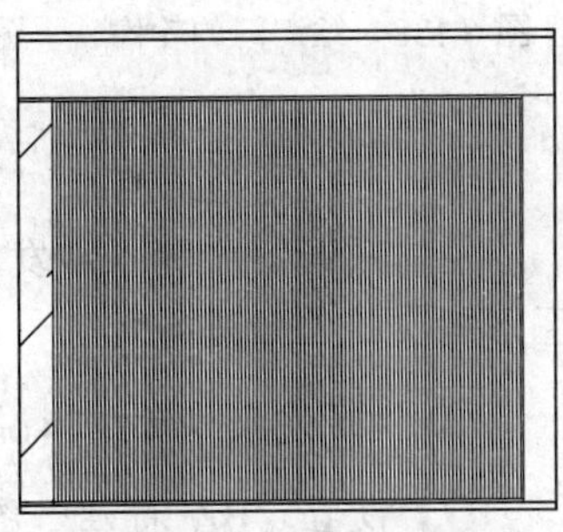

图 6-134　绘制垂直线段

7. 绘制餐桌所在墙面造型

01 调用 LINE/L【直线】命令和 OFFSET/O【偏移】命令，绘制垂直线段，如图 6-134 所示。

02 调用 LINE/L【直线】命令和 OFFSET/O【偏移】命令，绘制水平线段，如图 6-135 所示。

03 调用 HATCH/H【填充图案】命令，在线段内填充 SOLID 图案，效果如图 6-136 所示。

04 调用 TRIM/TR【修剪】命令，对多余的线段进行修剪，如图 6-137 所示。

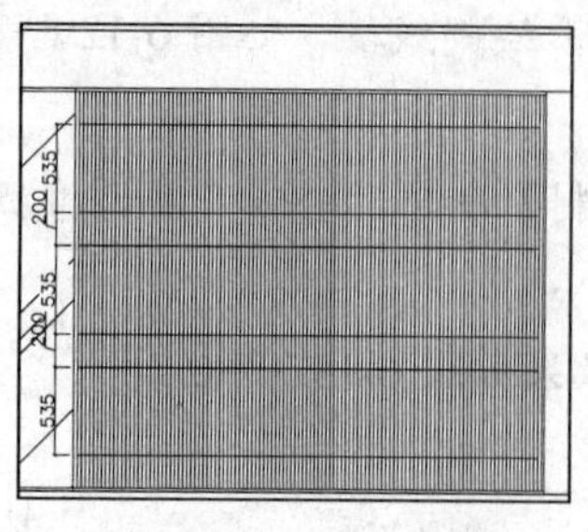

图 6-135　绘制水平线段

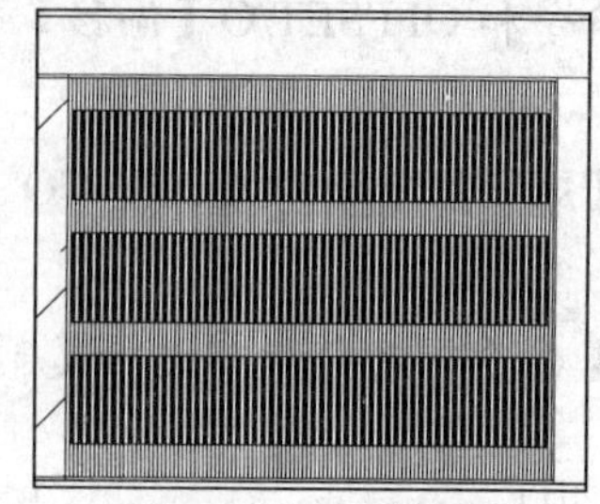
图 6-136　填充图案

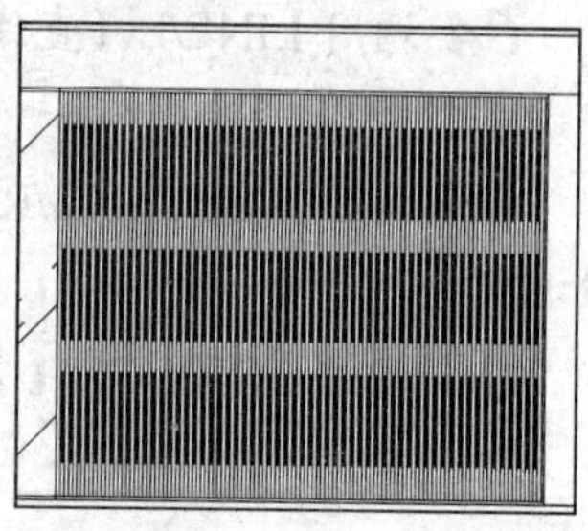
图 6-137　修剪线段

8. 绘制门

01 调用 PLINE/PL【多段线】命令，绘制门的轮廓，如图 6-138 所示。

02 调用 LINE/L【直线】命令，绘制折线，表示门开启方向，如图 6-139 所示。

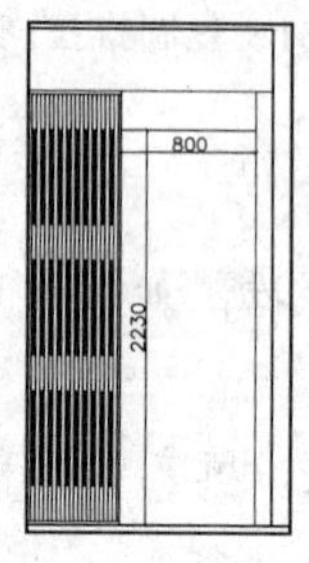

图 6-138　绘制门的轮廓

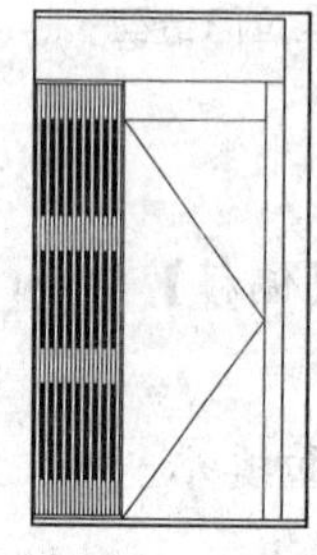
图 6-139　绘制折线

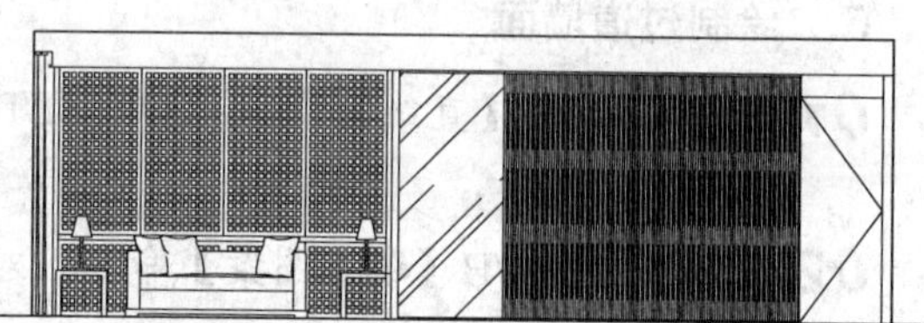
图 6-140　插入图块

9. 插入图块

从本书光盘中调入沙发、空调和装饰品等图形到 A 立面图中，并将图块与前面绘制的图形相交的位置进行修剪，结果如图 6-140 所示。

10. 标注尺寸和材料说明

01 设置“BZ_标注”图层为当前图层，设置当前注释比例为 1:50。

02 调用 DIMLINEAR/DLI【线性标注】命令或执行【标注】|【线性】命令标注尺寸，并结合使用 DIMCONTINUE/DCO【连续标注】命令标注尺寸，如图 6-141 所示。

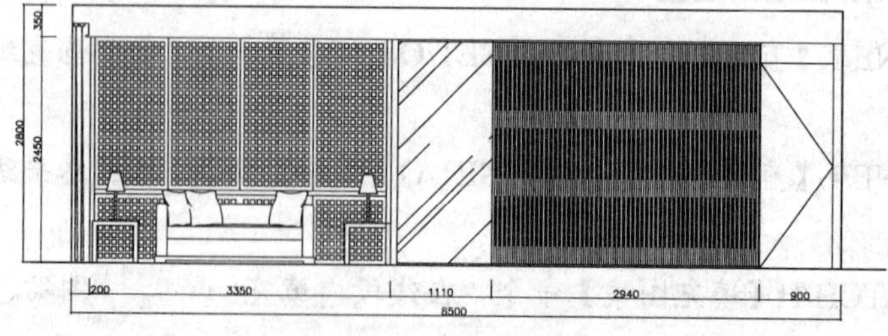

图 6-141　尺寸标注

03 调用 MLEADER/MLD【多重引线】命令进行材料标注，标注结果如图 6-142 所示。

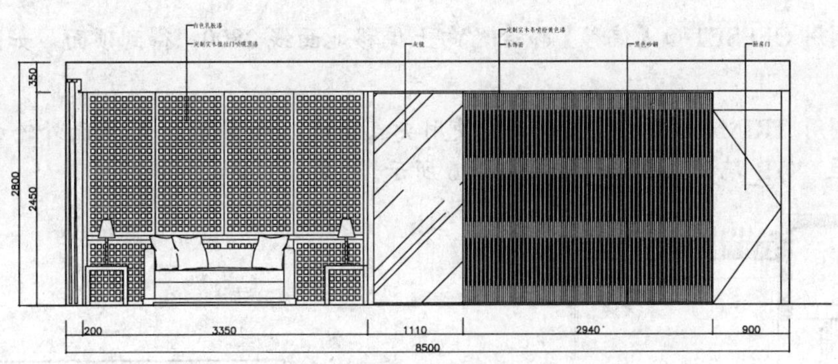

图 6-142 材料标注

11. 插入图名

调用 INSERT/I【插入】命令，插入“图名”图块，设置名称为“客厅和餐厅 A 立面图”，客厅和餐厅 A 立面图绘制完成。

6.8.2 绘制茶室 A 立面图

茶室 A 立面图是书架所在的立面，采用了的材质是玻璃和砂钢，如图 6-143 所示，下面讲解绘制方法。

1. 复制图形

调用 COPY/CO【复制】命令，复制平面布置图上茶室 A 立面图的平面部分，对图形进行旋转。

2. 绘制立面基本轮廓

01 设置“LM_立面”图层为当前图层。

02 调用 LINE/L【直线】命令，应用投影法绘制茶室 A 立面图左、右侧轮廓线和地面，结果如图 6-144 所示。

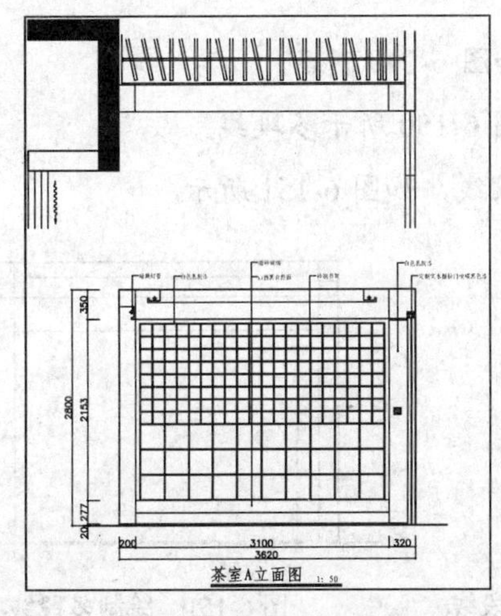

图 6-143 茶室 A 立面图

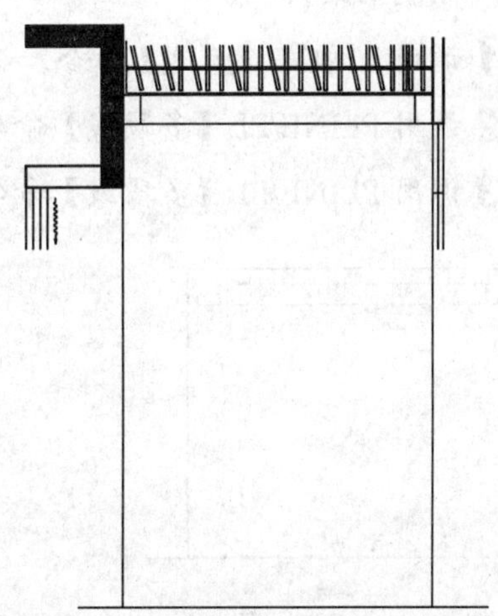

图 6-144 绘制墙体和地面

03 调用 OFFSET/O【偏移】命令，向上偏移地面线 2800，得到顶面，如图 6-145 所示。

04 调用 TRIM/TR【修剪】命令或使用夹点功能，修剪得到 A 立面外轮廓，并将轮廓线转换至“QT_墙体”图层，如图 6-146 所示。

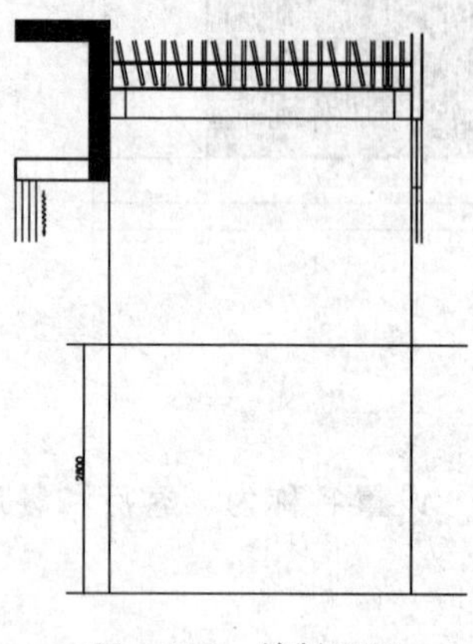

图 6-145　绘制顶面

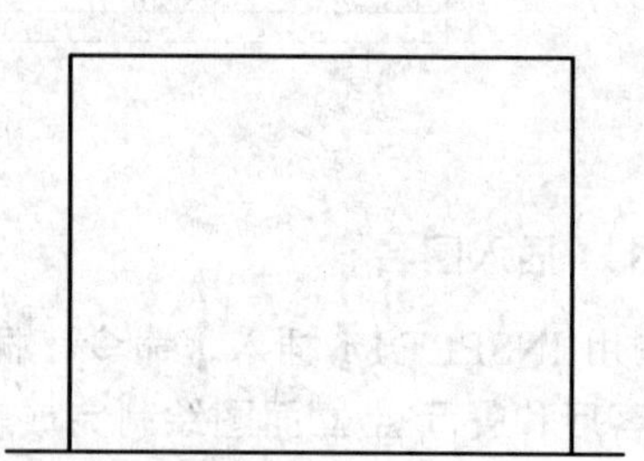

图 6-146　修剪立面轮廓

3．绘制吊顶

01 调用 PLINE/PL【多段线】命令，绘制吊顶造型，如图 6-147 所示。

02 调用 LINE/L【直线】命令，绘制线段，如图 6-148 所示。

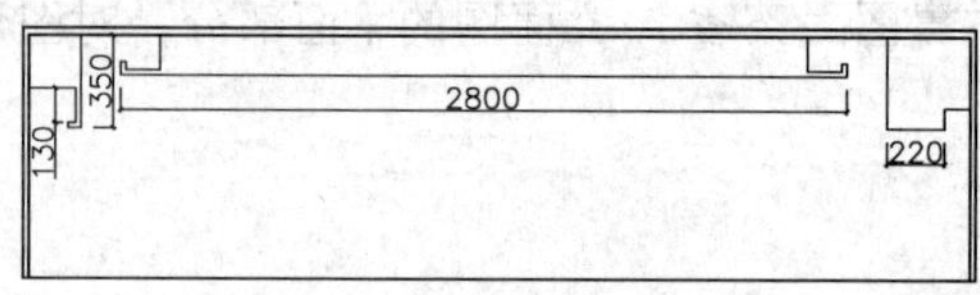

图 6-147　绘制吊顶造型

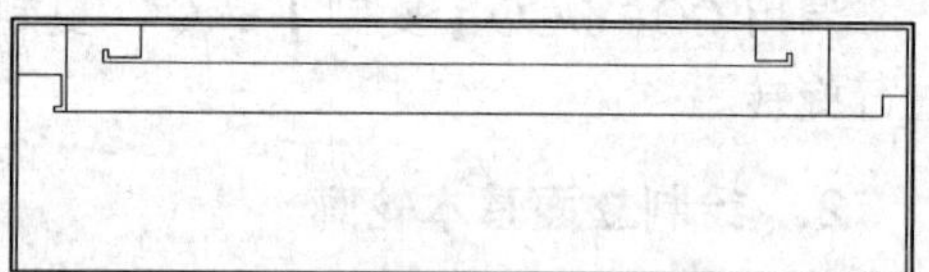

图 6-148　绘制线段

4．绘制书架

01 调用 LINE/L【直线】命令，绘制线段，如图 6-149 所示。

02 调用 PLINE/PL【多段线】命令，绘制如图 6-150 所示多段线。

03 调用 PLINE/PL【多段线】命令，绘制多段线，如图 6-151 所示。

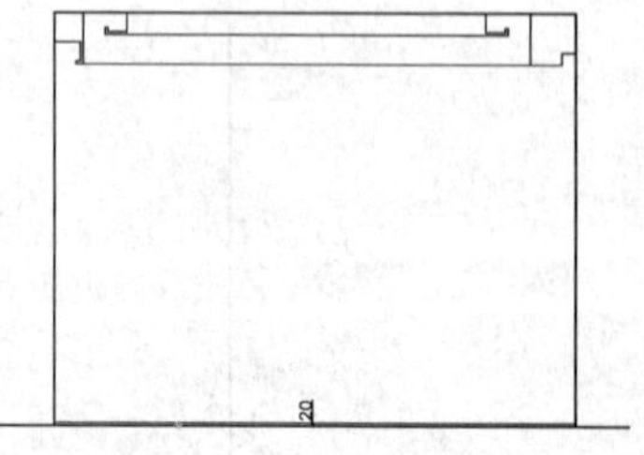

图 6-149　绘制线段

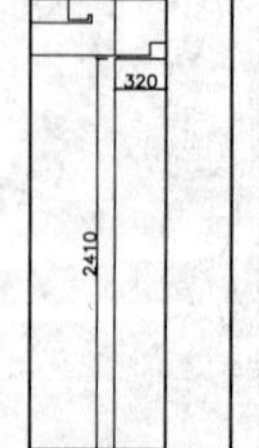

图 6-150　绘制多段线

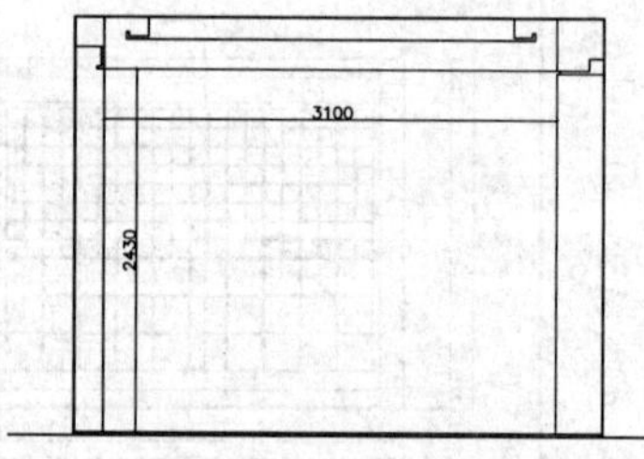

图 6-151　绘制多段线

04 调用 LINE/L【直线】命令，绘制线段，如图 6-152 所示。

05 调用 OFFSET/O【偏移】命令，将线段向上偏移 147，如图 6-153 所示。

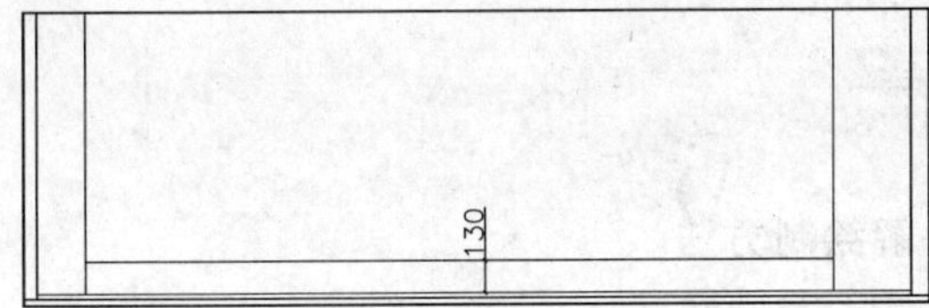

图 6-152　绘制线段

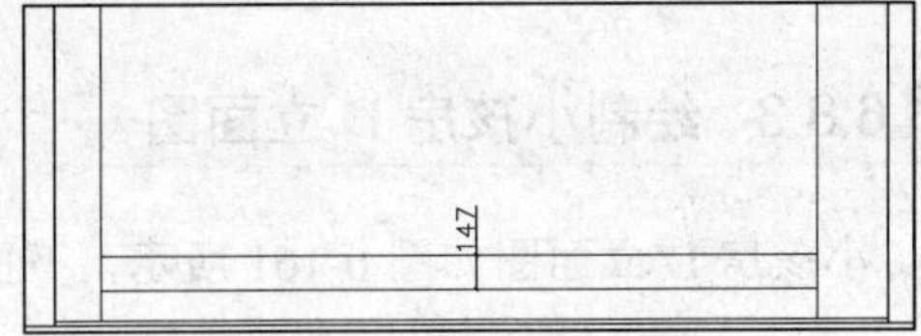

图 6-153　偏移线段

06 调用 OFFSET/O【偏移】命令，将多段线向内偏移 50，并进行修剪，如图 6-154 所示。

07 调用 RECTANG/REC【矩形】命令，绘制矩形，并将矩形向内偏移 10，如图 6-155 所示。

08 调用 LINE/L【直线】命令和 OFFSET/O【偏移】命令，绘制线段，如图 6-156 所示。

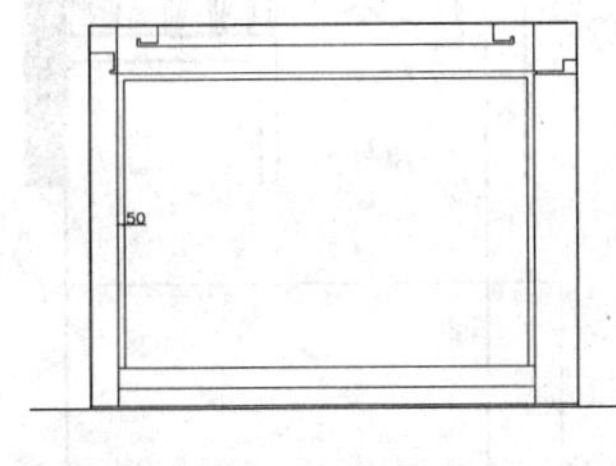

图 6-154　偏移多段线

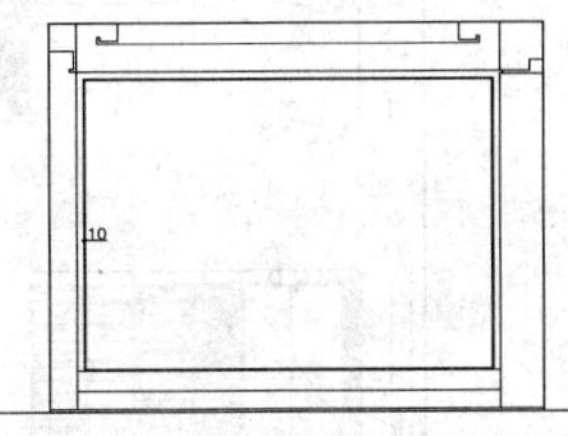

图 6-155　偏移矩形

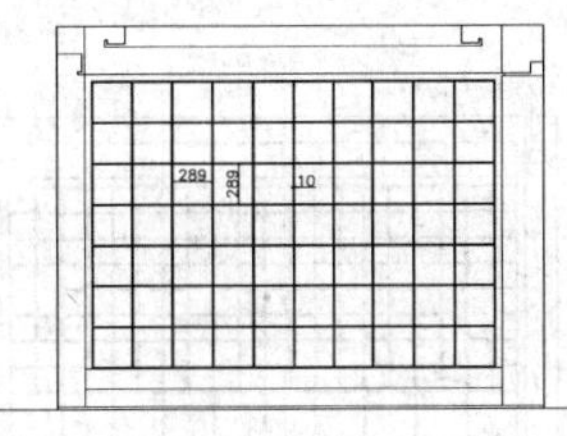

图 6-156　绘制线段

09 调用 LINE/L【直线】命令和 OFFSET/O【偏移】命令，细化书架，如图 6-157 所示。

5. 插入图块

从图库中插入插座、灯管和推拉门等图块，并进行修剪，效果如图 6-158 所示。

6. 标注尺寸和材料说明

01 设置“BZ_标注”标注图层为当前图层，设置当前注释比例为 1：50。

02 调用 DIMLINEAR/DLI【线性标注】命令和 MLEADER/MLD【连续标注】标注尺寸，结果如图 6-159 所示。

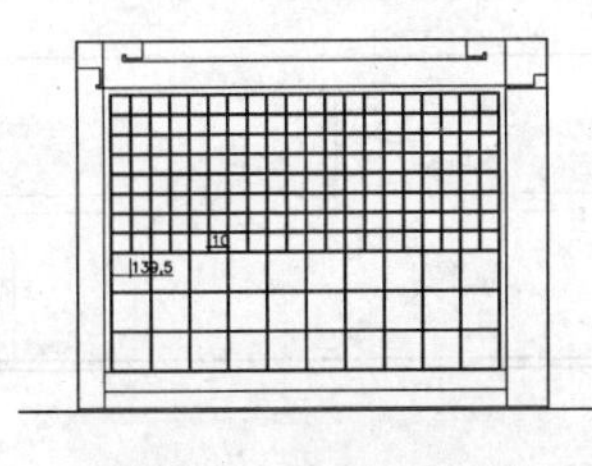

图 6-157　细化书架

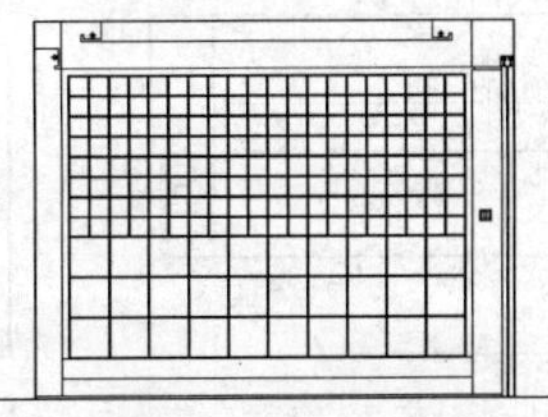

图 6-158　插入图块

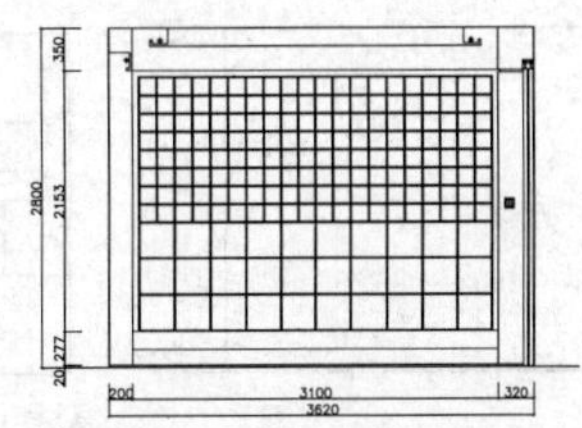

图 6-159　尺寸标注

03 调用 MLEADER/MLD【多重引线】命令进行材料标注，结果如图 6-160 所示。

04 调用 INSERT/I【插入】命令，插入“图名”图块，设置A立面图名称为“茶室A立面图”，茶室A立面图绘制完成。

6.8.3 绘制小孩房D立面图

小孩房D立面图如图6-161所示，下面讲解绘制方法。

1. 复制图形

调用 COPY/CO【复制】命令，复制平面布置图上小孩房D立面的平面部分，并对图形进行旋转。

2. 绘制D立面基本轮廓

01 设置“LM_立面”图层为当前图层。

02 调用直线命令 LINE/L【直线】绘制墙体、顶面和地面，如图6-162所示。

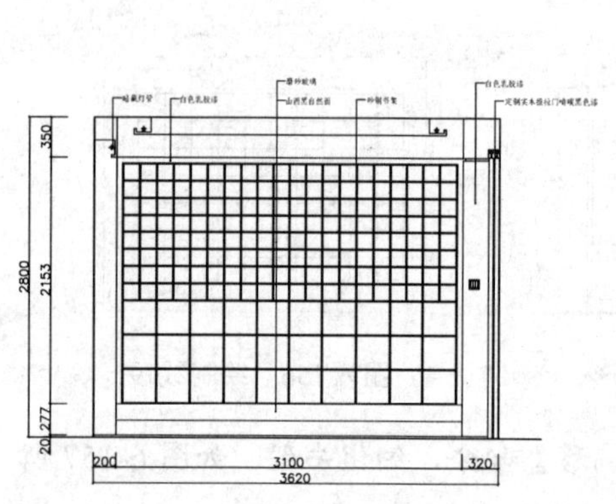

图6-160 材料标注

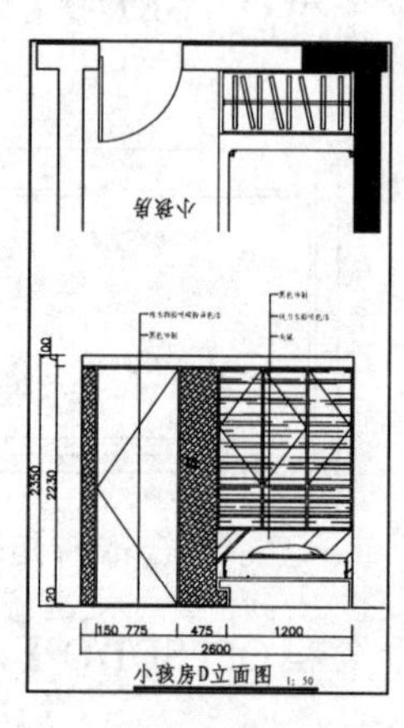

图6-161 小孩房D立面图

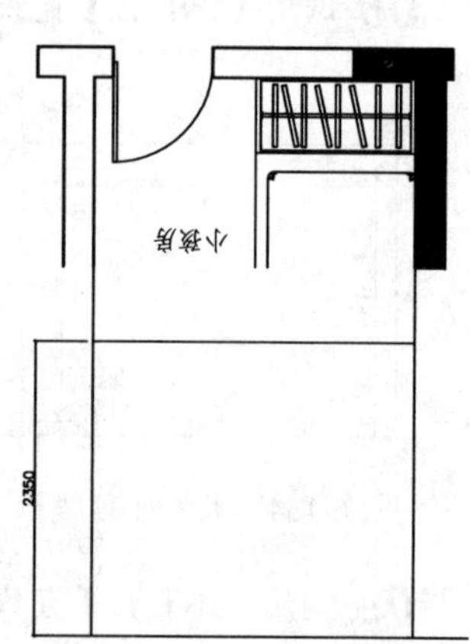

图6-162 绘制墙体、地面和顶面

03 调用 TRIM/TR【修剪】命令，对立面外轮廓进行修剪，并将立面外轮廓转换至“QT_墙体”图层，如图6-163所示。

3. 绘制床

01 绘制床架。调用 PLINE/PL【多段线】命令，绘制多段线，如图6-164所示。

02 调用 OFFSET/O【偏移】命令，将多段线向外偏移30，如图6-165所示。

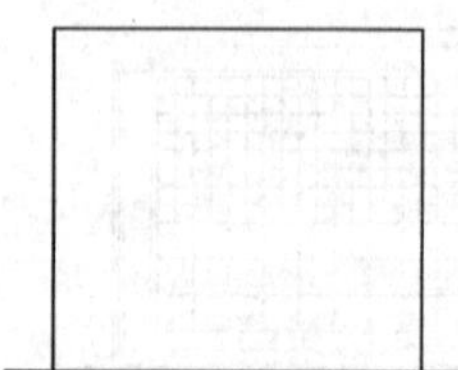

图6-163 修剪线段

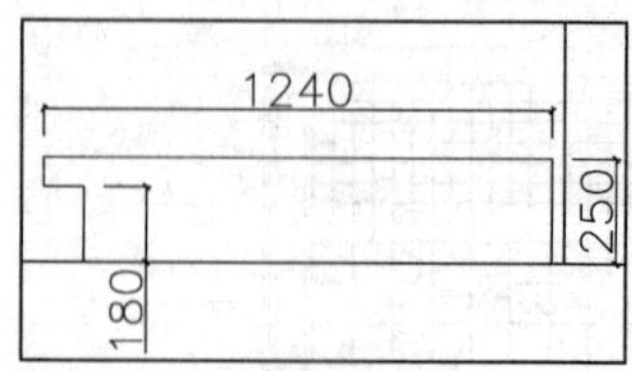

图6-164 绘制多段线

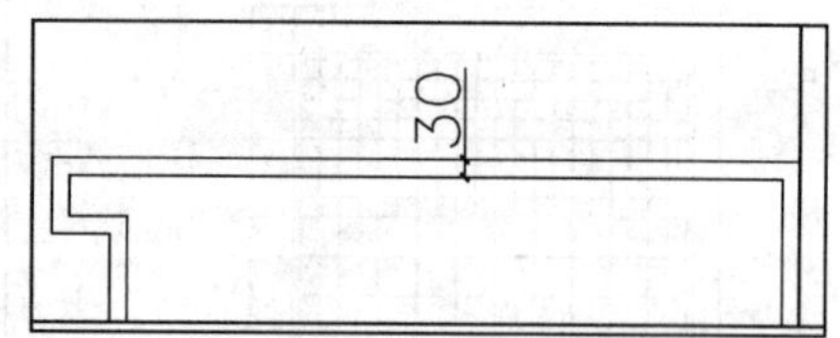

图6-165 偏移多段线

03 绘制床屏。调用 RECTANG/REC【矩形】命令，绘制尺寸为1300×450的矩形表示床屏轮廓，如图 6-166 所示。

04 调用 HATCH/H【图案填充】命令，在矩形内填充 AR-RROOF 图案，填充参数和效果如图 6-167 所示。

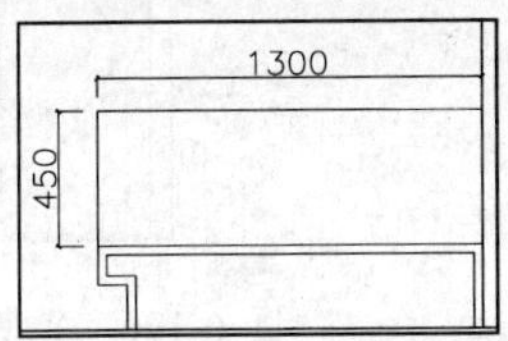

图 6-166 绘制矩形

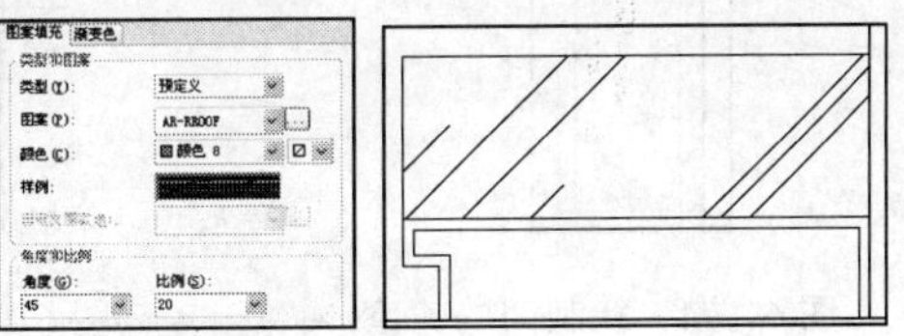

图 6-167 床屏填充参数和效果

4. 绘制衣柜

01 调用 RECTANG/REC【矩形】命令，绘制尺寸为 406×120 的矩形，如图 6-168 所示。

02 调用 COPY/CO【复制】命令，将矩形向上复制，如图 6-169 所示。

03 调用 RECTANG/REC【矩形】命令，绘制尺寸为 406×1080 的矩形，如图 6-170 所示。

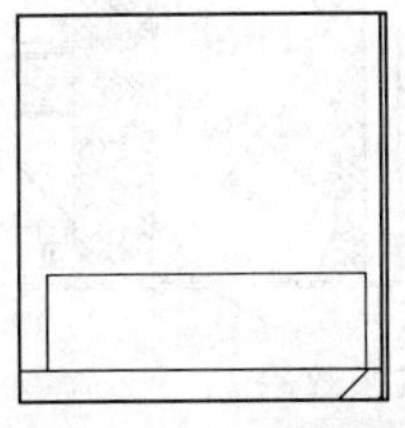

图 6-168 绘制矩形

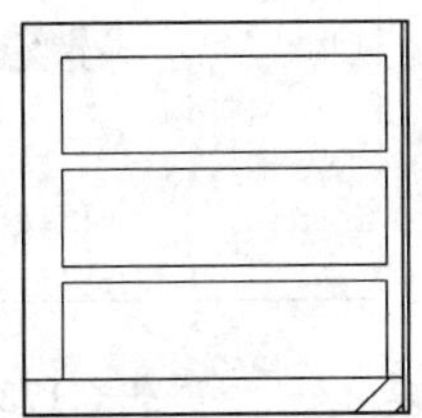

图 6-169 复制矩形

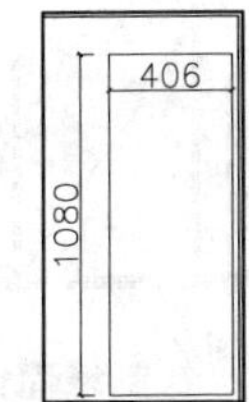

图 6-170 绘制矩形

04 调用 HATCH/H【图案填充】命令，在矩形内填充 AR-RROOF 图案，效果如图 6-171 所示。

05 调用 COPY/CO【复制】命令，将绘制的图形向左侧复制，如图 6-172 所示。

06 调用 PLINE/PL【多段线】命令，绘制折线，表示柜门开启方向，如图 6-173 所示。

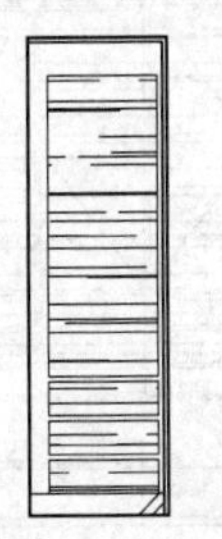

图 6-171 填充图案

图 6-172 复制图形

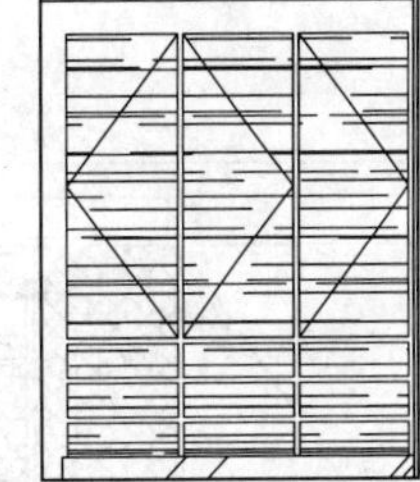

图 6-173 绘制折线

5. 绘制门

01 调用 PLINE/PL【多段线】命令，绘制门的轮廓，如图 6-174 所示。

02 调用 LINE/L【直线】命令，绘制线段，如图 6-175 所示。

03 调用 PLINE/PL【多段线】命令，绘制折线，如图 6-176 所示。

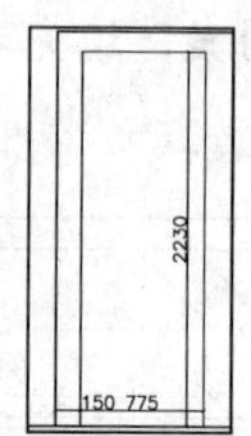

图 6-174　绘制门的轮廓

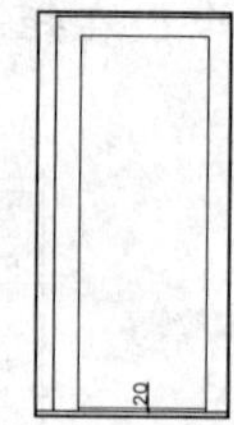

图 6-175　绘制线段

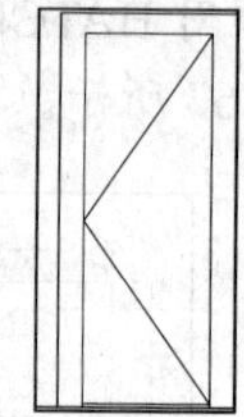
图 6-176　绘制折线

6. 绘制墙面造型

01 调用 PLINE/PL【多段线】命令，绘制墙面造型轮廓，如图 6-177 所示。

02 调用 HATCH/H【图案填充】命令，对墙面填充 ANSI38 图案，填充参数和效果如图 6-178 所示。

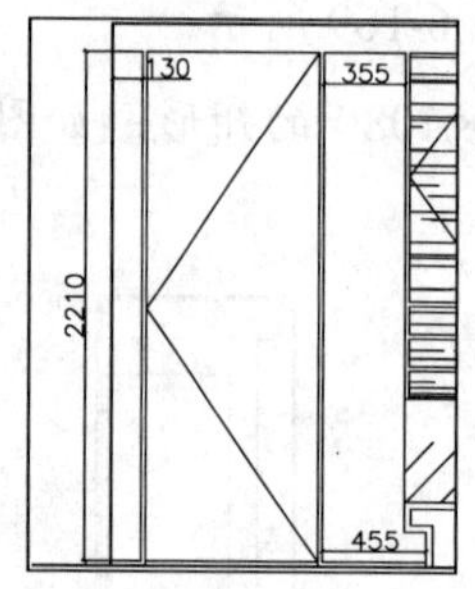

图 6-177　绘制墙面造型轮廓

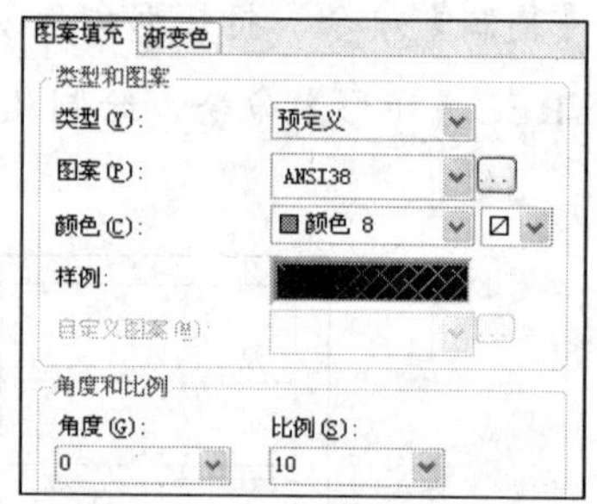

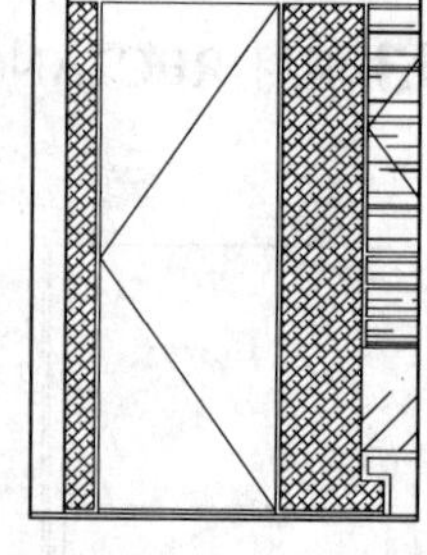
图 6-178　墙面填充参数和效果

03 调用 LINE/L【直线】命令，绘制线段，如图 6-179 所示。

7. 插入图块

按 Ctrl+O 快捷键，打开配套光盘提供的“第 6 章\家具图例.dwg”文件，选择其中的插座、枕头和床垫等图块，将其复制至小孩房立面区域，并进行修剪，如图 6-180 所示。

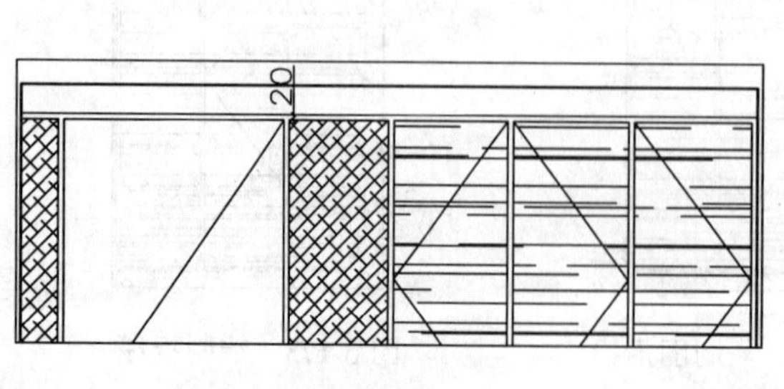

图 6-179　绘制线段

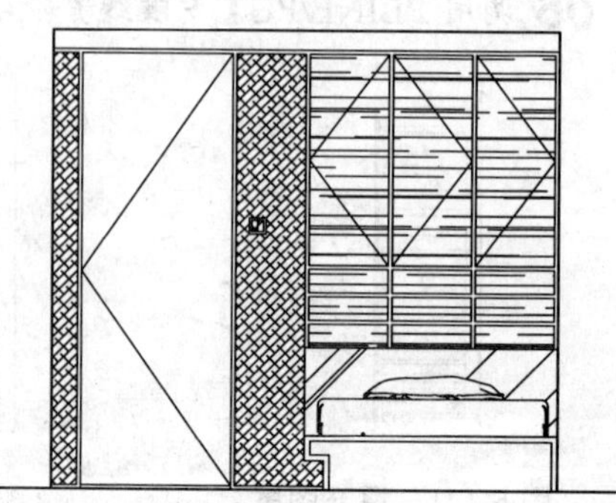
图 6-180　插入图块

8. 标注尺寸、材料说明

01 设置“BZ_标注”为当前图层，设置当前注释比例为 1：50。调用线性标注命令

DIMLINEAR/DLI【线性标注】进行尺寸标注，如图 6-181 所示。

02 调用 MLEADER/MLD【多重引线】命令对材料进行标注，结果如图 6-182 所示。

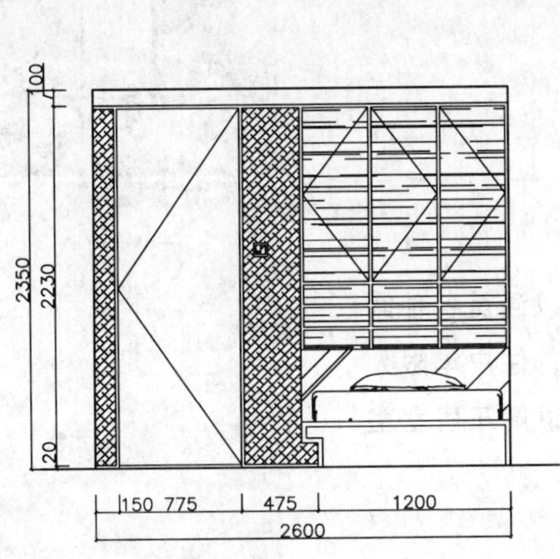

图 6-181　尺寸标注

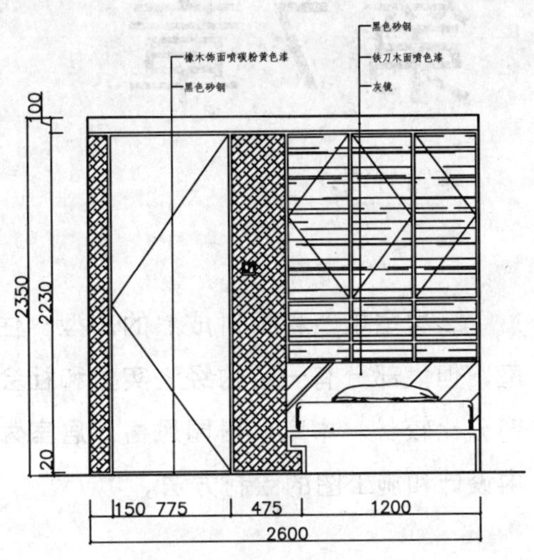

图 6-182　材料标注

9．插入图名

调用插入图块命令 INSERT/I【插入】，插入“图名”图块，设置 D 立面图名称为“小孩房 D 立面图”。小孩房 D 立面图绘制完成。

6.8.4　绘制其他立面图

使用前面介绍的方法绘制主卧 A 立面图、厨房 A 立面图和次卫 C 立面图，完成结果如图 6-183～图 6-185 所示。

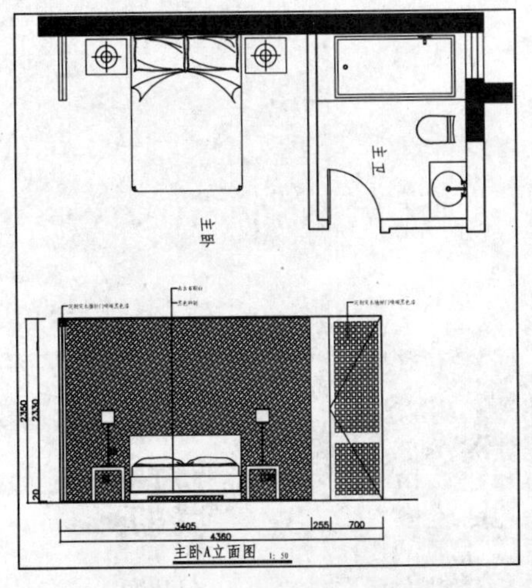

图 6-183　主卧 A 立面图

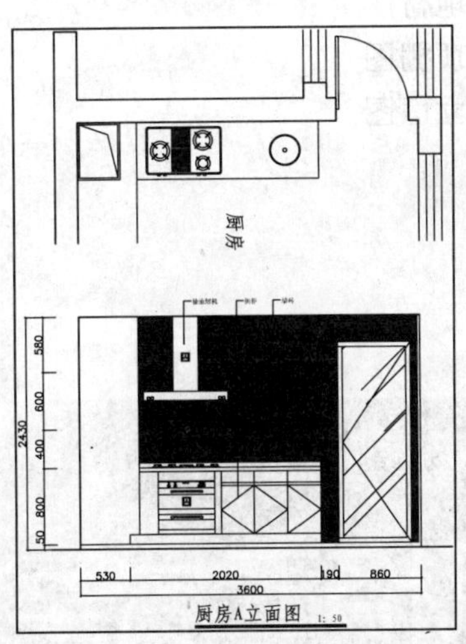

图 6-184　厨房 A 立面图

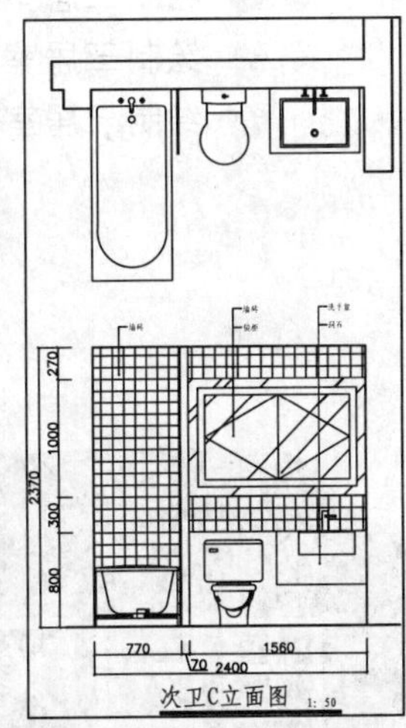

图 6-185 次卫 C 立面图

第7章

本章导读：

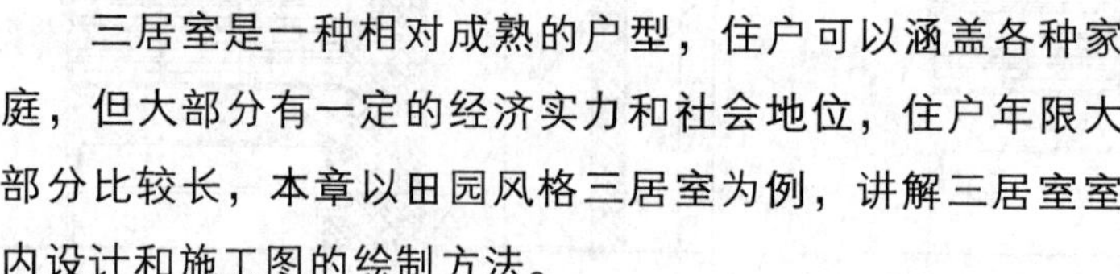

三居室是一种相对成熟的户型，住户可以涵盖各种家庭，但大部分有一定的经济实力和社会地位，住户年限大部分比较长，本章以田园风格三居室为例，讲解三居室室内设计和施工图的绘制方法。

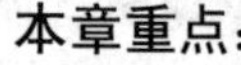

本章重点：

- 田园风格概述
- 调用样板新建文件
- 绘制三居室原始户型图
- 绘制三居室平面布置图
- 绘制三居室地材图
- 绘制三居室顶棚图
- 绘制三居室立面图

田园风格三居室室内设计

7.1 田园风格概述

田园风格是以田地和园圃特有的自然特征为形式手段，带有一定程度的农村生活或乡间艺术特色，营造出自然闲适的居住环境，如图 7-1 所示。

7.1.1 田园风格家具特点

沙发和茶几：多选用纯实木（常用白橡木）为骨架，外刷白漆，配以花草图案的软垫，坐起来舒适又美观，选用配套茶几即可，如图 7-2 所示。

餐桌椅：多以白色为主，木制居多，木制表面可刷油漆，也可体现木纹，或以纯白瓷漆为主，不宜有复杂的图案。

床：田园风格的床以白色和粉色居多，绿色布艺为主，也有纯白色床头配以手绘图案的。

图 7-1 田园风格客厅

图 7-2 田园风格家具

7.1.2 田园风格装饰植物

常用装饰植物有万年青、玉簪、非洲茉莉、丹药花、千叶木、地毯海棠、龙血树、绿箩、发财树、绿巨人、散尾葵和南天竹等。将绿化植物按照房型结构和装修风格，分别散布在每个房间，如地面、茶几、装饰柜、床头、梳妆台等处，形成错落有致的格局和层次，能充分体现人与自然的完美和谐的交流。

7.2 调用样板新建文件

本书第 4 章创建了室内装潢施工图样板，该样板已经设置了相应的图形单位、样式、图层和图块等，原始户型图可以直接在此样板的基础上进行绘制。

01 执行【文件】|【新建】命令，打开"选择样板"对话框。

02 单击使用样板按钮，选择"室内装潢施工图模板"，如图 7-3 所示。

03 单击【打开】按钮，以样板创建图形，新图形中包含了样板中创建的图层、样式和图块等内容。

04 选择【文件】|【保存】命令，打开"图形另存为"对话框，在"文件名"框中输

入文件名，单击【保存】按钮保存图形。

7.3 绘制三居室原始户型图

如图 7-4 所示为本例原始户型图，下面讲解绘制方法。

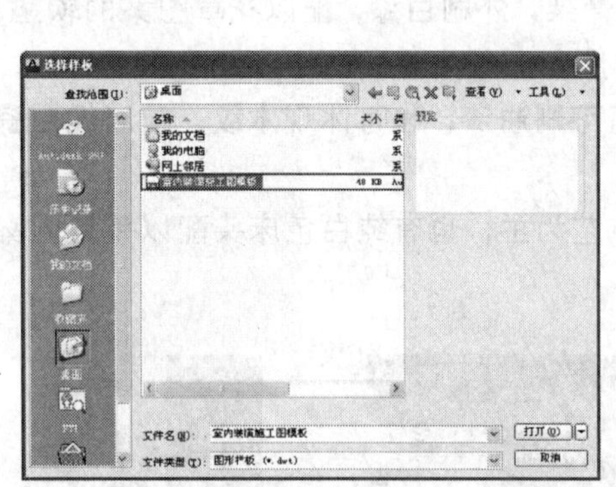

图 7-3 “选择样板”对话框

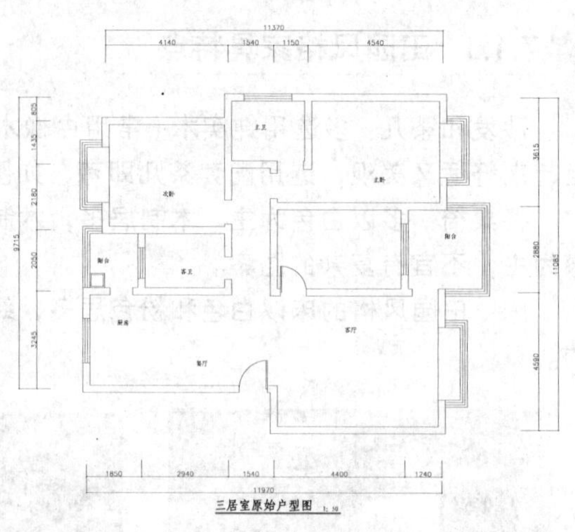

图 7-4 原始户型图

7.3.1 绘制轴网

绘制完成的轴网如图 7-5 所示。在绘制的过程中，主要使用了 PLINE/PL【多段线】命令。

01 设置“ZX_轴线”图层为当前图层。

02 调用 PLINE/PL【多段线】命令，绘制轴网的外轮廓，如图 7-6 所示。

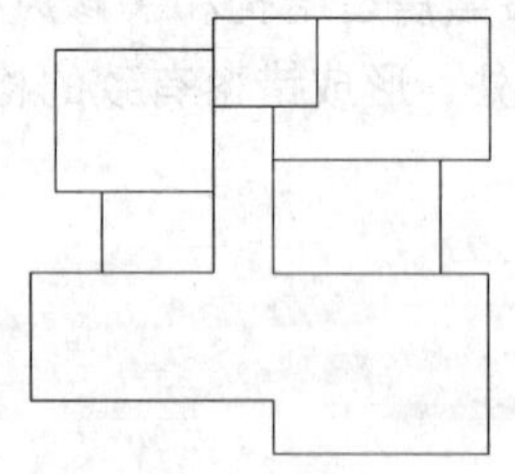

图 7-5 轴网

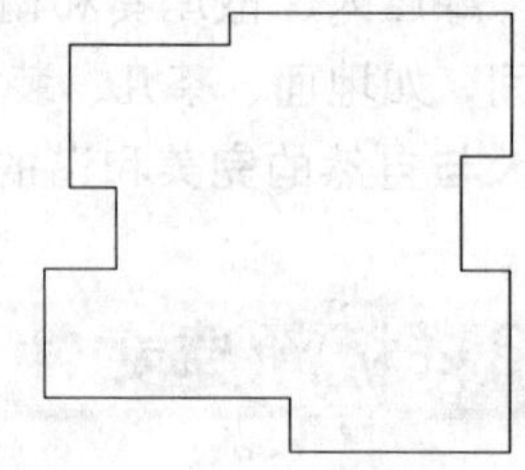

图 7-6 绘制轴网的外轮廓

03 找到需要分隔的房间，调用 PLINE/PL【多段线】命令绘制，如图 7-7 所示。

7.3.2 标注尺寸

01 设置“BZ_标注”图层为当前图层，设置注释比例为 1:100。

02 调用 DIMLINEAR/DLI【线性标注】命令和 DIMCONTINUE/DCO【连续性标注】

命令标注尺寸，结果如图 7-8 所示。

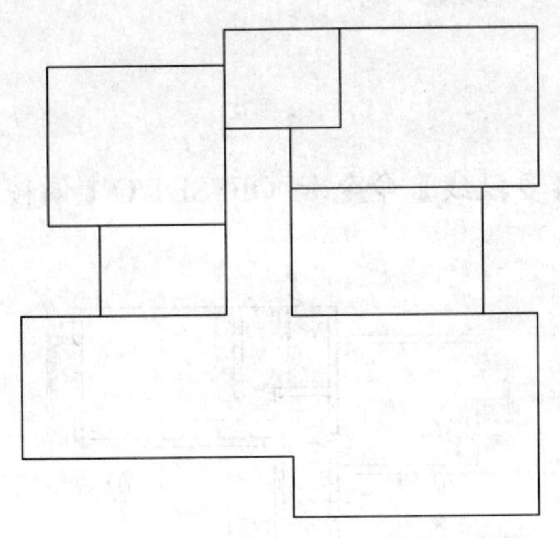

图 7-7　绘制内部轴线

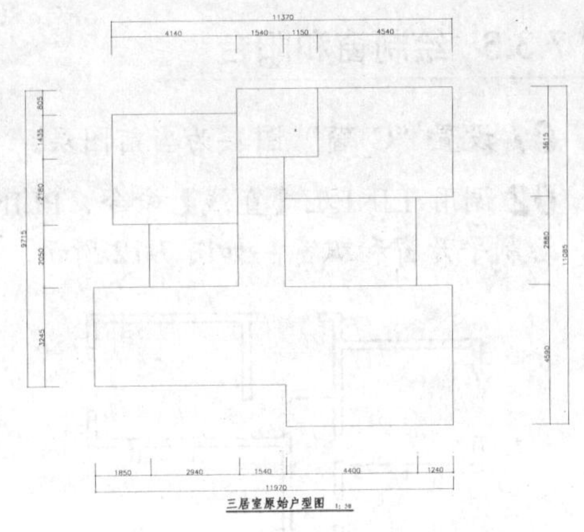

图 7-8　标注尺寸

7.3.3　绘制墙体

01 设置“QT_墙体”图层为当前图层。

02 调用 MLINE/ML【多线】命令，绘制墙体，墙体的厚度为 240，效果如图 7-9 所示。

7.3.4　修剪墙体

01 隐藏“ZX_轴线”图层。

02 调用 EXPLODE/X【分解】命令，分解墙体。

03 多线分解之后，即可使用 TRIM/TR【修剪】命令和 CHAMFER/CHA【倒角】命令，进行修剪，效果如图 7-10 所示。

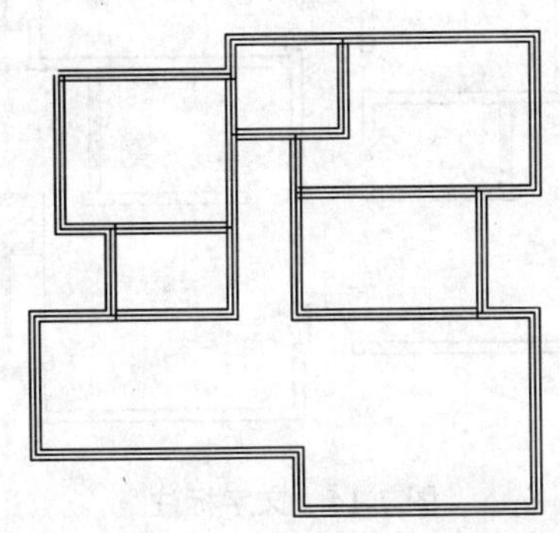

图 7-9　绘制墙体

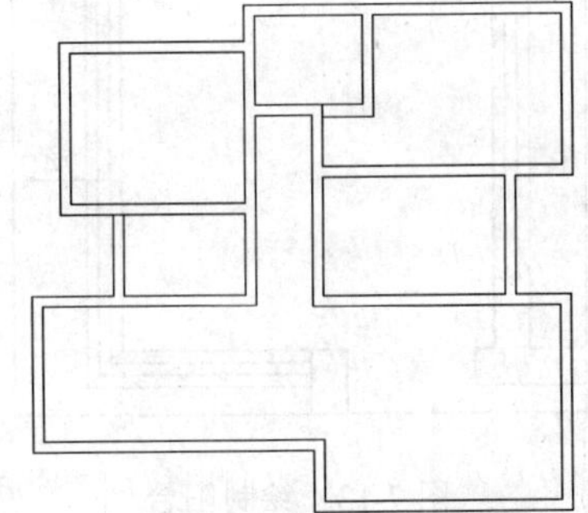

图 7-10　修剪墙体

7.3.5　开门洞、窗洞和绘制门

开门洞、窗洞和绘制门的具体操作过程在此不再介绍，请参照前面的方法进行绘制，

效果如图 7-11 所示。

7.3.6 绘制窗和阳台

01 设置“C_窗”图层为当前图层。

02 调用 LINE/L【直线】命令、PLINE/PL【多段线】命令和 OFFSET/O【偏移】命令，绘制平开窗和飘窗，如图 7-12 所示。

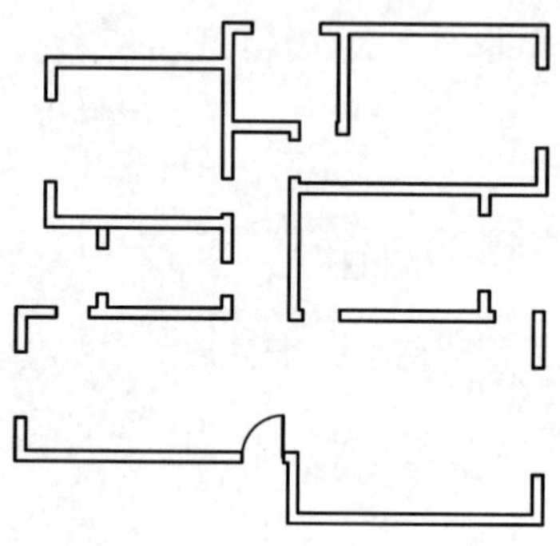

图 7-11 开门洞、窗洞和绘制门

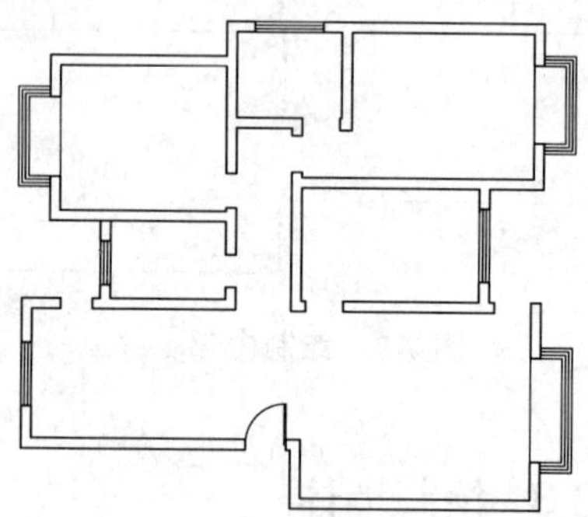

图 7-12 绘制平开窗和飘窗

03 绘制阳台。调用 PLINE/PL【多段线】命令和 OFFSET/O【偏移】命令，绘制阳台，效果如图 7-13 所示。

7.3.7 文字标注

最后需要为各房间标注上文字说明。调用 TEXT/T【文字】或 MTEXT/MT【多行文字】命令输入文字，效果如图 7-14 所示。

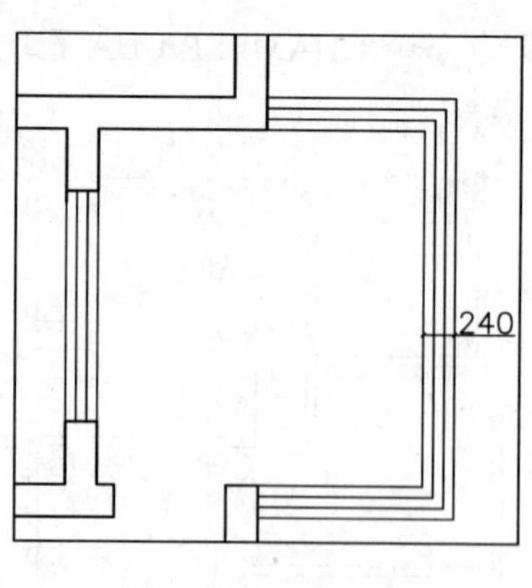

图 7-13 绘制阳台

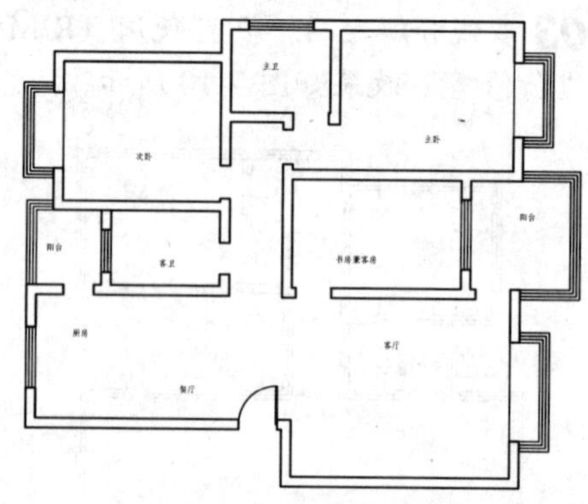

图 7-14 文字标注

7.3.8 绘制管道和插入图名

调用 RECTANG/REC【矩形】命令和 OFFSET/O【偏移】命令，绘制管道。调用 INSERT/I 命令，插入图名，原始户型图绘制完成。

7.4 绘制三居室平面布置图

本例讲解田园风格三居室平面布置图的画法，绘制完成的三居室平面布置图如图 7-15 所示。

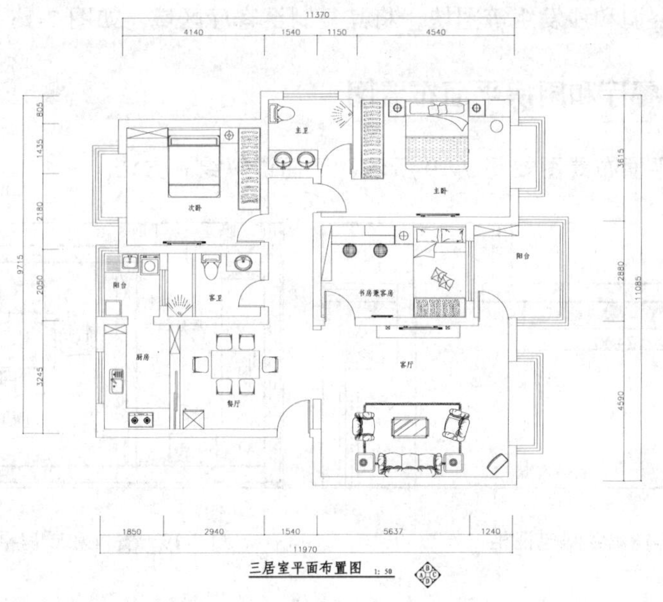

图 7-15 平面布置图

7.4.1 绘制客厅平面布置图

客厅平面布置图如图 7-16 所示，下面讲解绘制方法。

1. 绘制隔断

01 设置“JJ_家具”图层为当前图层。

02 调用 PLINE/PL【多段线】命令，绘制隔断，如图 7-17 所示。

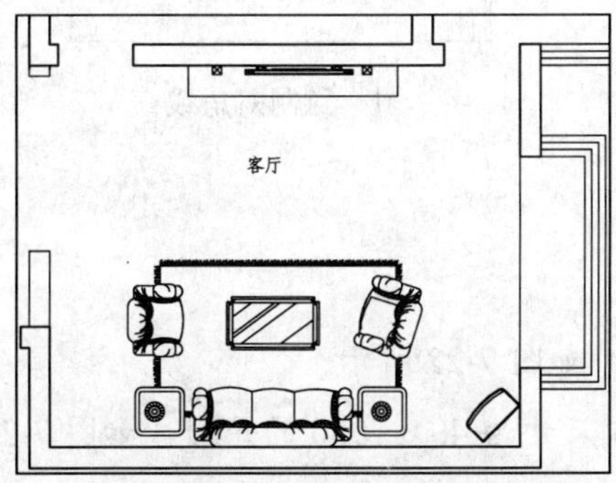

图 7-16 客厅平面布置图

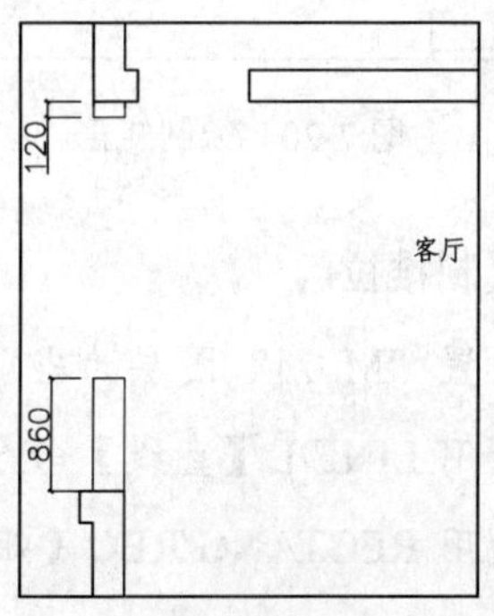

图 7-17 绘制隔断

2．绘制电视柜

调用 RECTANG/REC【矩形】命令，绘制尺寸为 2400×350 的矩形表示电视柜，如图 7-18 所示。

3．插入图块

按 Ctrl+O 快捷键，打开配套光盘提供的“第 7 章\家具图例.dwg”文件，选择其中的装饰品、电视、空调和沙发组等图块，将其复制至客厅区域，如图 7-16 所示。

7.4.2 绘制餐厅和厨房平面布置图

餐厅和厨房平面布置图如图 7-19 所示，下面讲解绘制方法。

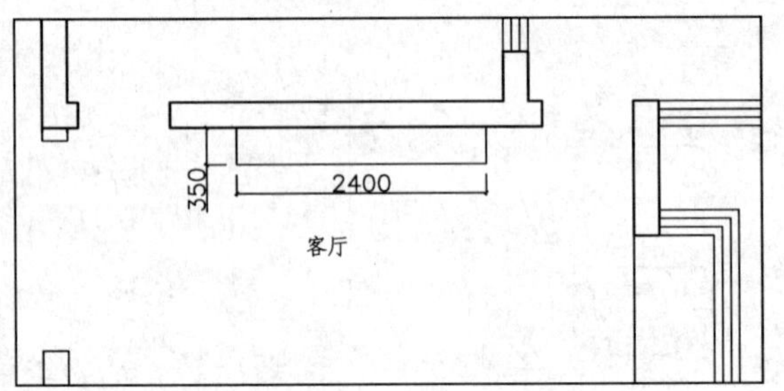

图 7-18 绘制电视柜

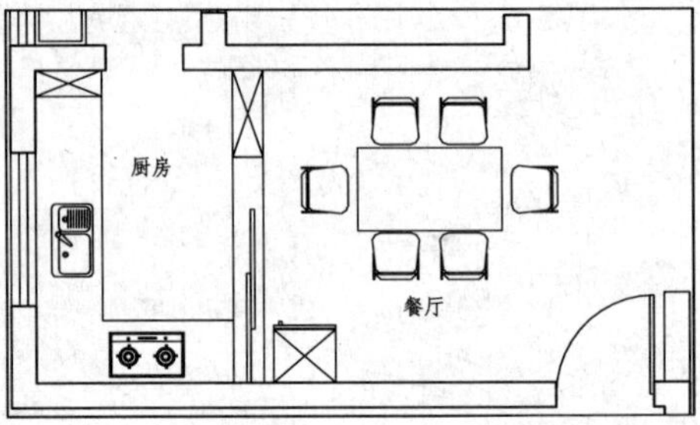

厨房
餐厅

图 7-19 餐厅和厨房平面布置图

1．绘制酒柜

01 调用 RECTANG/REC【矩形】命令，绘制尺寸为 300×835 的矩形表示酒柜轮廓，如图 7-20 所示。

02 调用 LINE/L【直线】命令，在矩形内绘制对角线，如图 7-21 所示。

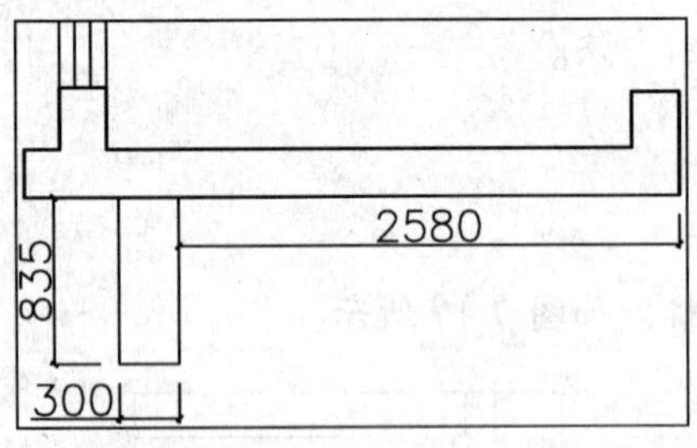

图 7-20 绘制矩形

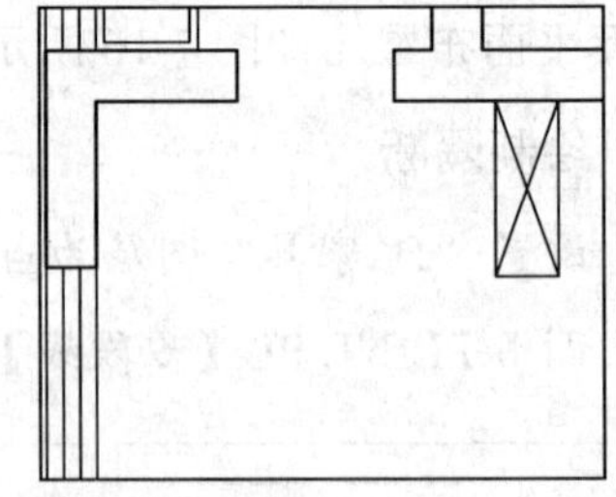

图 7-21 绘制对角线

2．绘制推拉门

01 设置“M_门”图层为当前图层。

02 调用 LINE/L【直线】命令，绘制门槛线，如图 7-22 所示。

03 调用 RECTANG/REC【矩形】命令，绘制尺寸为 40×1050 的矩形，如图 7-23 所示。

04 调用 COPY/CO【复制】命令，对矩形进行复制，如图 7-24 所示。

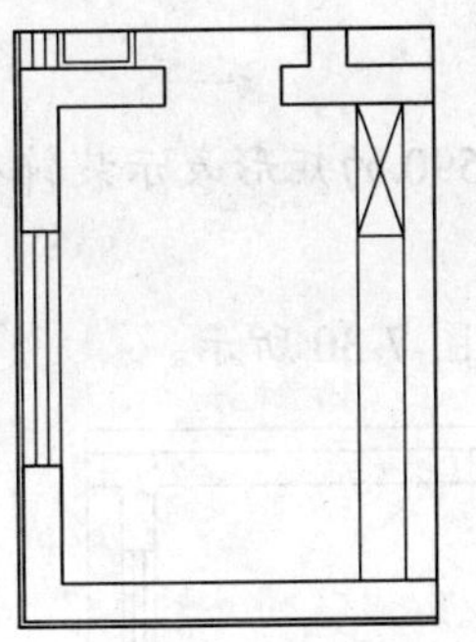

图 7-22　绘制门槛线

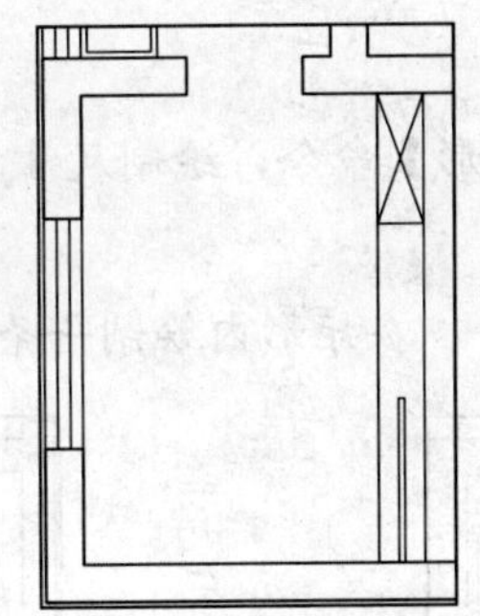

图 7-23　绘制矩形

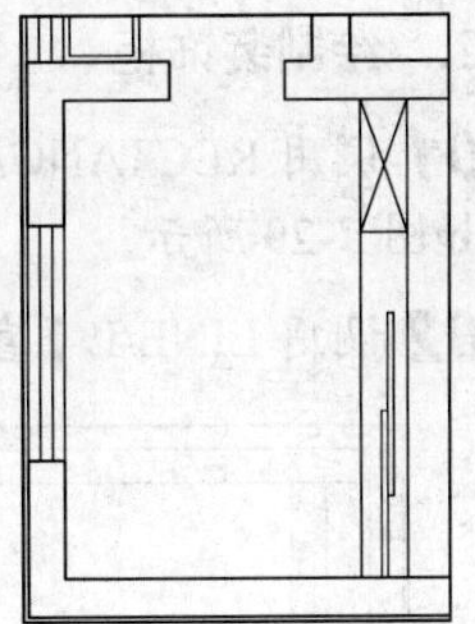

图 7-24　复制矩形

3．绘制橱柜

01 调用 PLINE/PL【多段线】命令，绘制橱柜台面，如图 7-25 所示。

02 调用 LINE/L【直线】命令，绘制柜子，如图 7-26 所示。

4．插入图块

从图库中插入餐桌椅、冰箱、洗菜盆和燃气灶到平面布置图中，结果如图 7-19 所示。

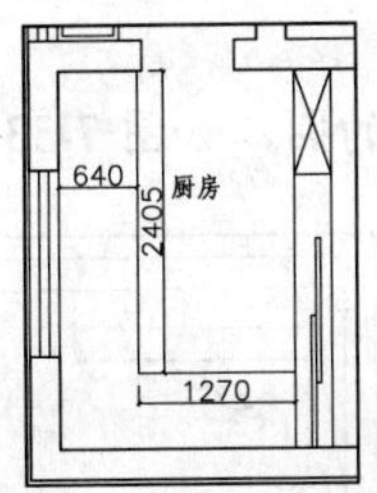

图 7-25　绘制橱柜台面

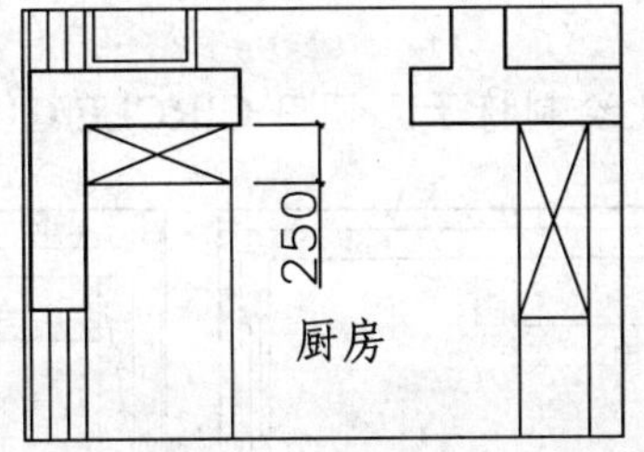

图 7-26　绘制柜子

7.4.3 绘制书房兼客房平面布置图

书房兼客房平面布置图如图 7-27 所示，下面讲解绘制方法。

1．绘制门

调用 INSERT/I【插入】命令，插入门图块，如图 7-28 所示。

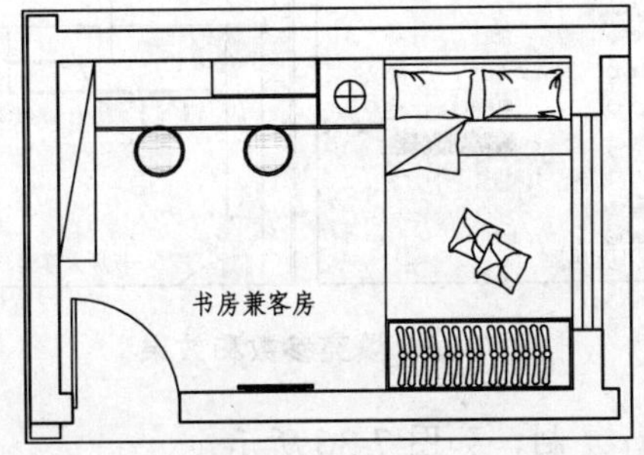

图 7-27　书房兼客房平面布置图

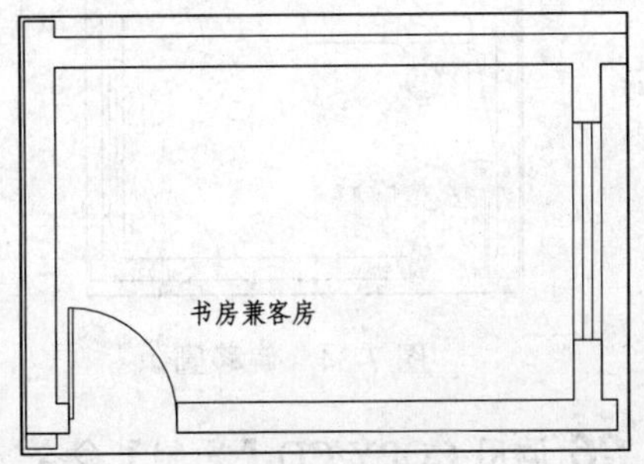

图 7-28　插入门图块

2. 绘制装饰柜

01 调用 RECTANG/REC【矩形】命令，绘制尺寸为 300×1590 的矩形表示装饰柜轮廓，如图 7-29 所示。

02 调用 LINE/L【直线】命令，在矩形内绘制一条线段，如图 7-30 所示。

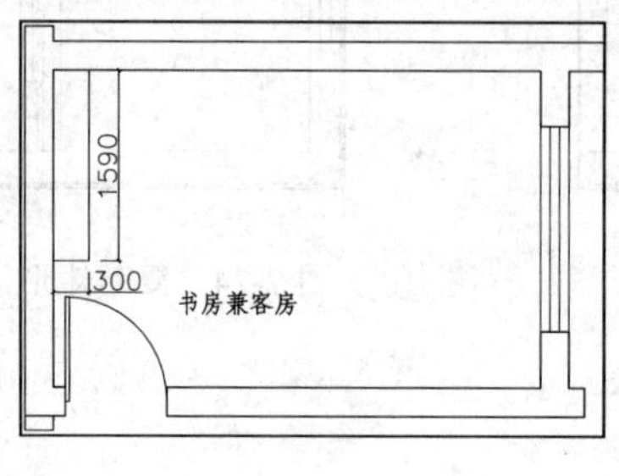

图 7-29 绘制矩形

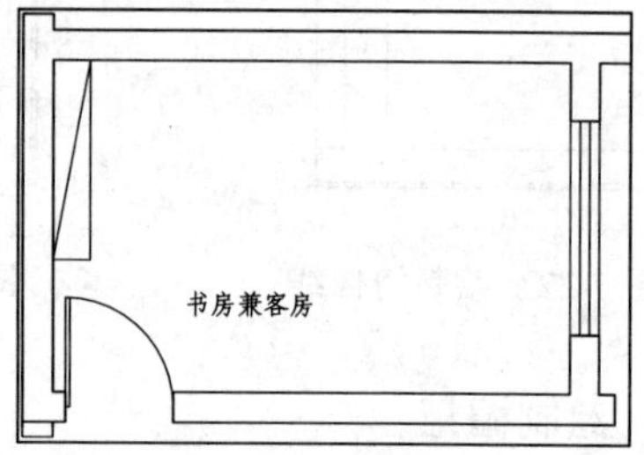

图 7-30 绘制线段

3. 绘制书桌和椅子

01 调用 PLINE/PL【多段线】命令，绘制线段，如图 7-31 所示。

02 调用 LINE/L【直线】命令和 OFFSET/O【偏移】命令，细化书桌，如图 7-32 所示。

03 绘制椅子。调用 CIRCLE/C【圆】绘制半径为 200 的圆，如图 7-33 所示。

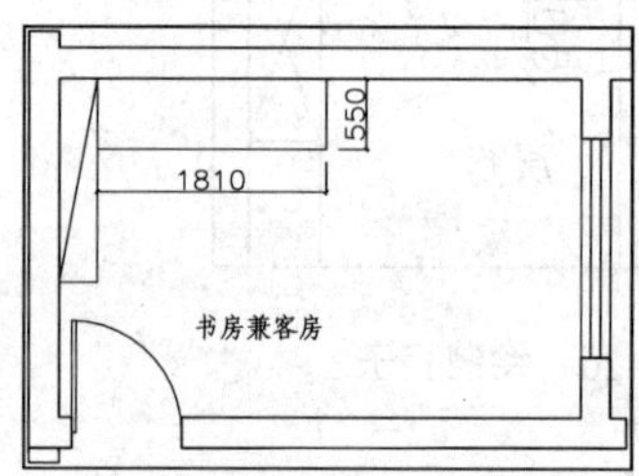

图 7-31 绘制线段

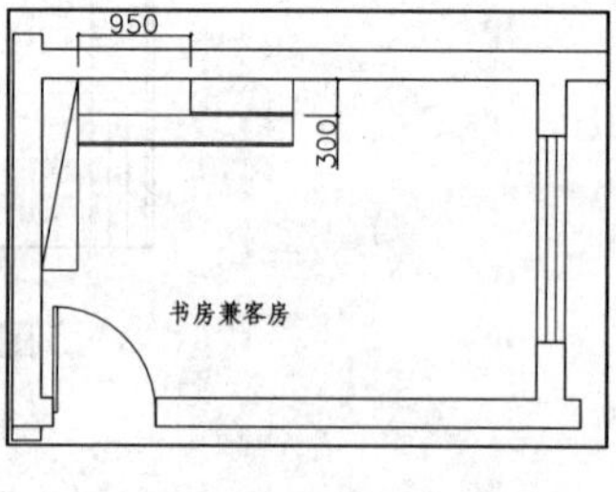

图 7-32 细化书桌

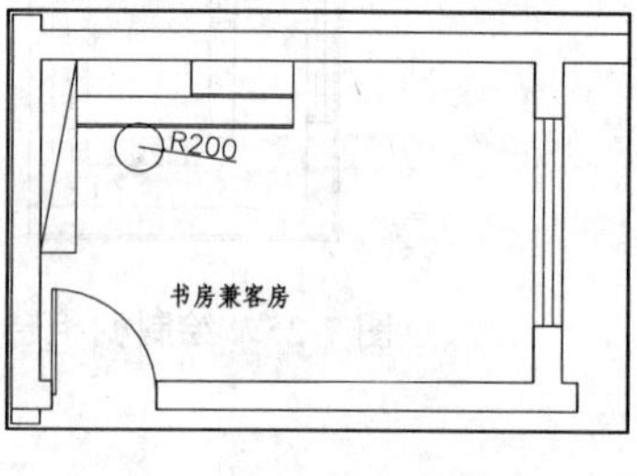

图 7-33 绘制圆

04 调用 OFFSET/O【偏移】命令，将圆向内偏移 20，表示书桌圆椅，如图 7-34 所示。

05 调用 HATCH/H【填充图案】命令，在圆内填充 DOTS 图案，填充参数和效果如图 7-35 所示。

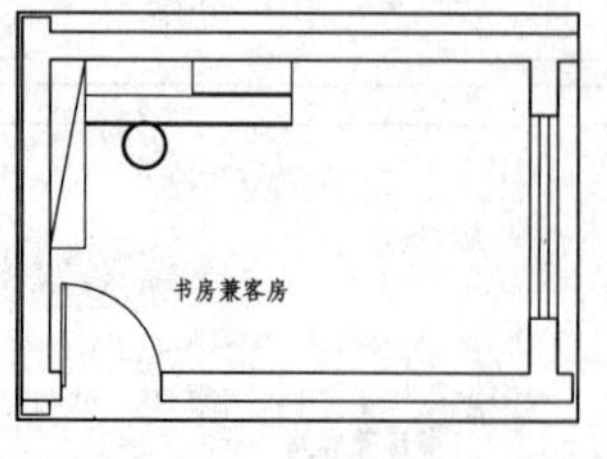

图 7-34 偏移圆

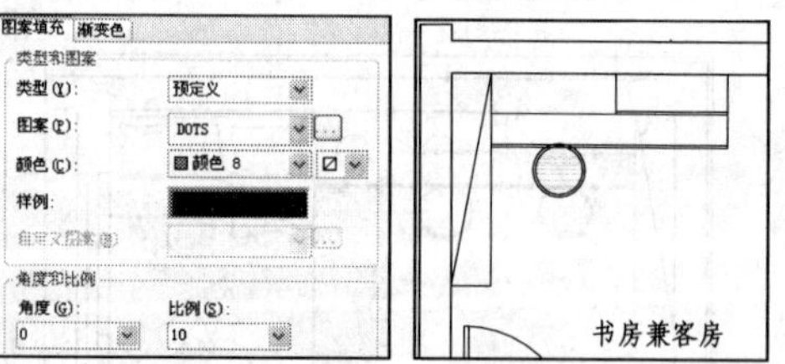

图 7-35 填充参数和效果

06 调用 COPY/CO【复制】命令，对椅子进行复制，如图 7-36 所示。

4. **绘制衣柜**

01 调用 RECTANG/REC【矩形】命令，绘制衣柜轮廓，如图 7-37 所示。

02 调用 OFFSET/O【偏移】命令，将矩形向内偏移 20，如图 7-38 所示。

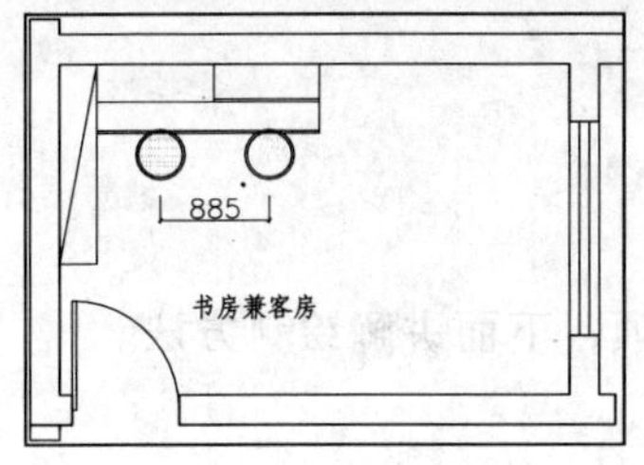

图 7-36　复制椅子

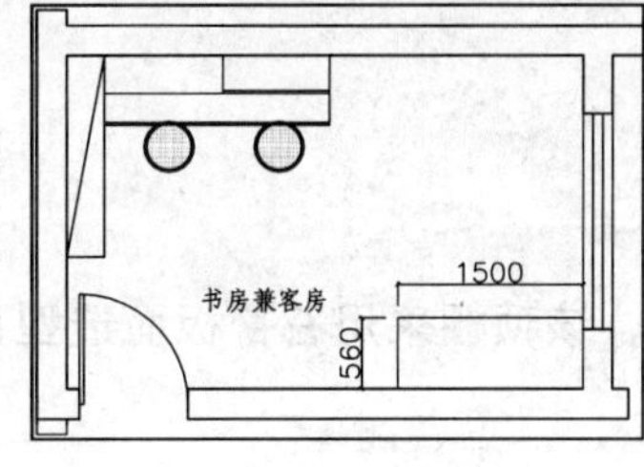

图 7-37　绘制衣柜轮廓

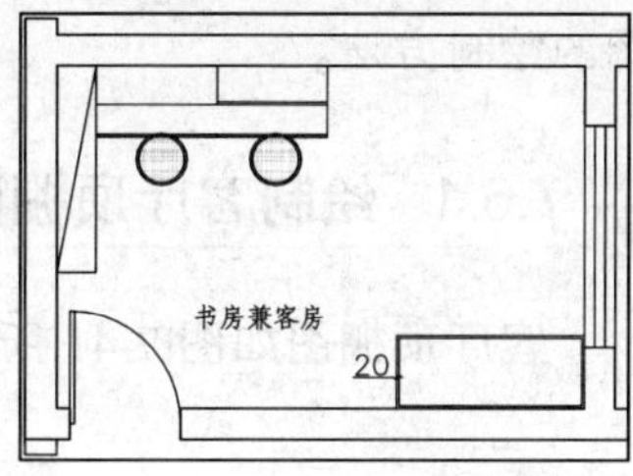

图 7-38　偏移矩形

5. **插入图块**

书房兼客房中的床、床头柜和衣架等图形，可以从本书光盘中的“第 7 章\家具图例.dwg”文件中直接调用，完成后的效果如图 7-27 所示，书房兼客房平面布置图绘制完成。

7.4.4 插入立面指向符号

当平面布置图绘制完成后，即可调用 INSERT/I【插入】命令，插入“立面指向符”图块，并输入立面编号即可。

7.5 绘制三居室地材图

三居室地材图如图 7-39 所示，使用了仿古砖、实木地板和防滑砖，均可调用 HATCH/H【图案填充】命令，直接填充图案即可，这里就不再详细讲了，请读者参考前面讲解的方法绘制。

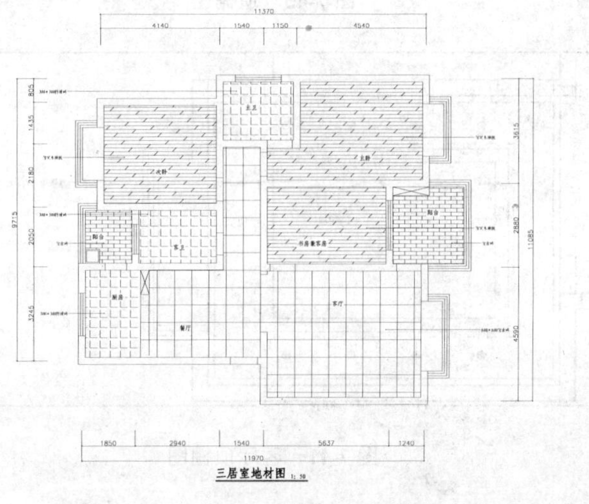

图 7-39　地材图

7.6 绘制三居室顶棚图

三居室顶棚图如图 7-40 所示，在本节中以客厅、餐厅和厨房顶棚为例讲解三居室顶棚图的绘制方法。

7.6.1 绘制客厅顶棚图

客厅顶棚图如图 7-41 所示，该顶棚采用石膏板面造型吊顶，下面讲解绘制方法。

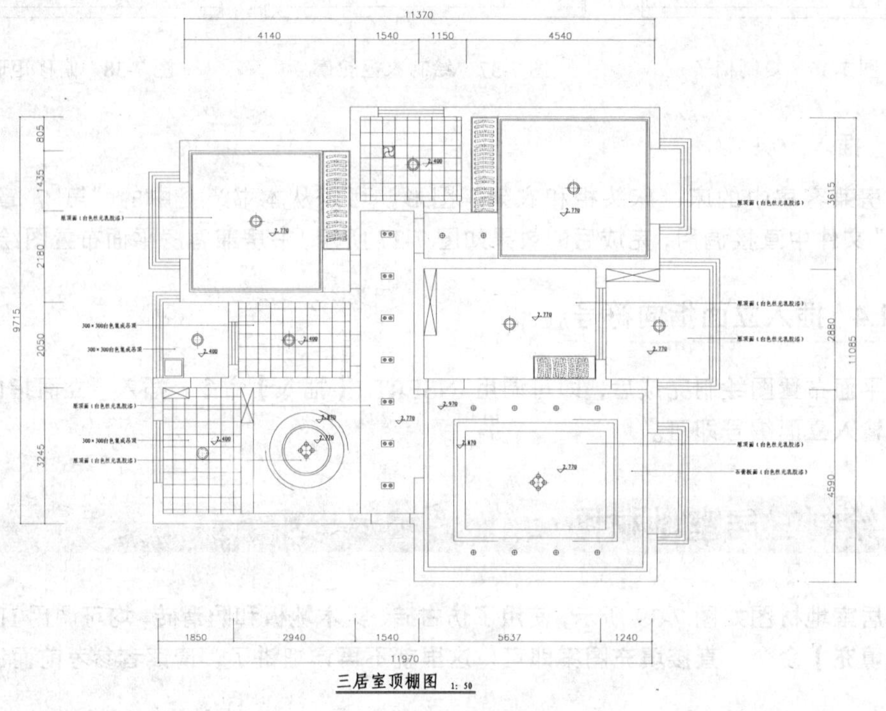

图 7-40　顶棚图

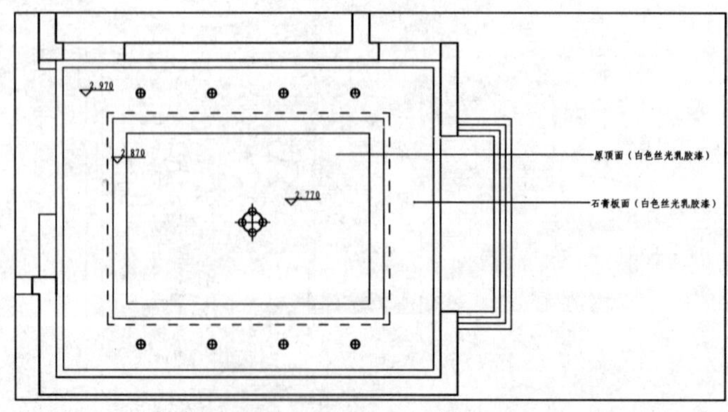

图 7-41　客厅顶棚图

1. **复制图形**

顶棚图可在平面布置图的基础上绘制，复制三居室平面布置图，并删除与顶棚图无关的图形，如图 7-42 所示。

2. **绘制墙体线**

01 设置“DM_地面”图层为当前图层。

02 调用 LINE/L【直线】命令，绘制墙体线，如图 7-43 所示。

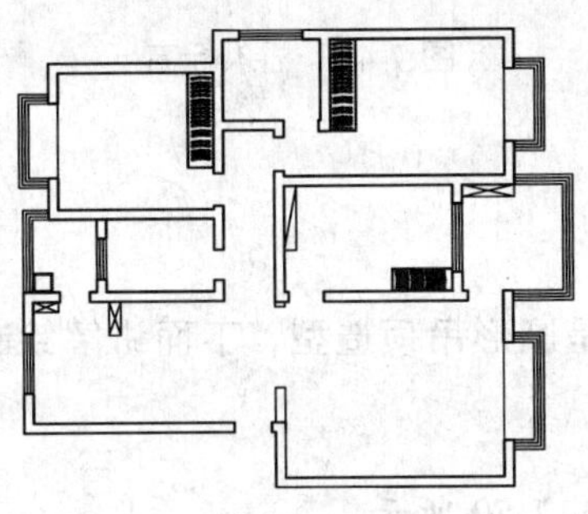
图 7-42　整理图形

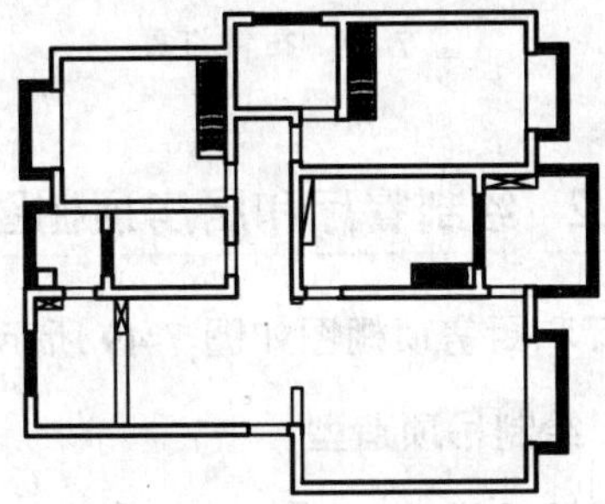
图 7-43　绘制墙体线

3. **绘制吊顶造型**

01 设置“DD_吊顶”图层为当前图层。

02 调用 RECTANG/REC【矩形】命令，绘制矩形，如图 7-44 所示。

03 调用 OFFSET/O【偏移】命令，将矩形依次向内偏移 100、620、80 和 200，如图 7-45 所示。

04 将偏移 80 后的矩形设置为虚线表示灯带，如图 7-46 所示。

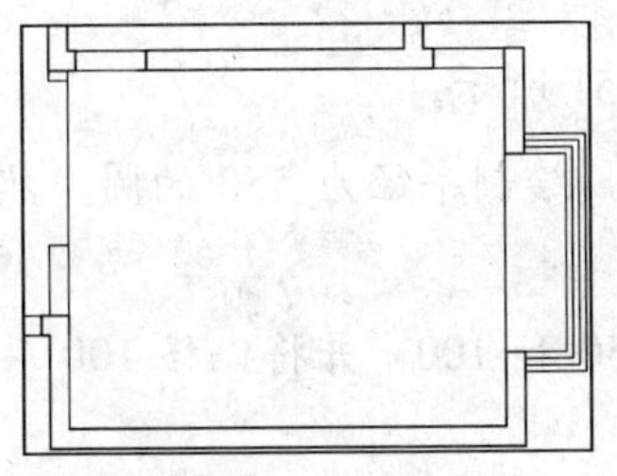
图 7-44　绘制矩形

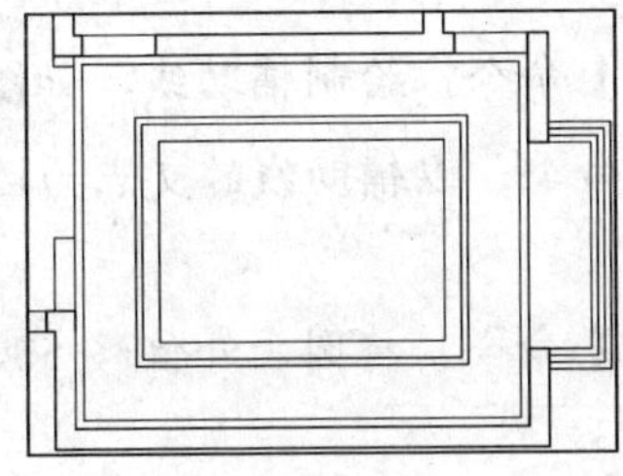
图 7-45　偏移矩形

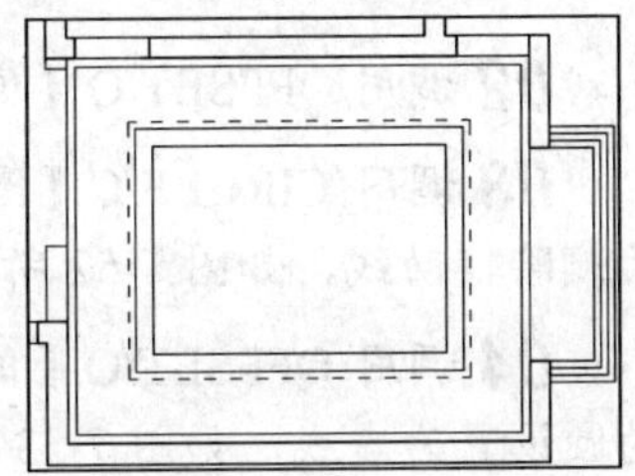
图 7-46　设置线型

4. **布置灯具**

按 Ctrl+O 快捷键，打开配套光盘提供的“第 7 章\家具图例.dwg”文件，选择其中的灯具图块，将其复制至顶棚内，如图 7-47 所示。

5. **标注标高和文字说明**

01 标注标高可以直接调用 INSERT/I【插入】命令插入“标高”图块，效果如图 7-48 所示。

02 调用 MLEADER/MLD【多重引线】命令，对顶棚材料进行文字说明，完成后的效果如图 7-41 所示，客厅顶棚图绘制完成。

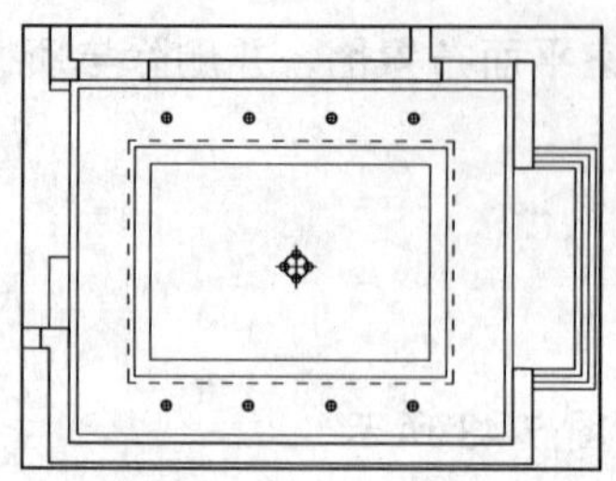
图 7-47　布置灯具

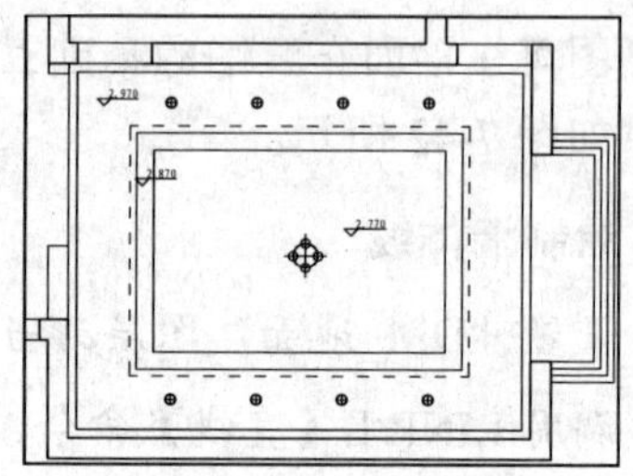
图 7-48　插入标高

7.6.2　绘制餐厅和厨房顶棚图

餐厅和厨房顶棚图如图 7-49 所示，餐厅采用的是圆形吊顶造型，下面讲解绘制方法。

1．绘制吊顶造型

01 调用 LINE/L【直线】命令，绘制线段，如图 7-50 所示。

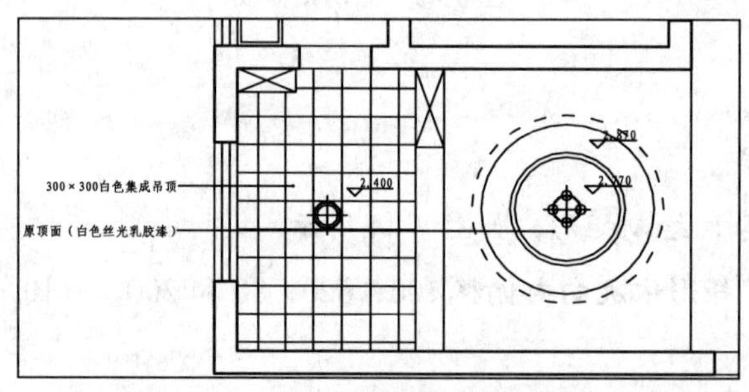

图 7-49　餐厅和厨房平面布置图

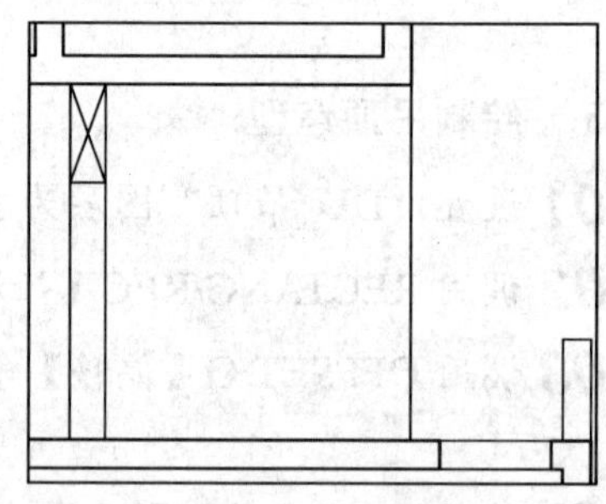
图 7-50　绘制线段

02 调用 OFFSET/O【偏移】命令，绘制辅助线，如图 7-51 所示。

03 调用 CIRCLE/C【圆】命令，以辅助线的交点为圆心，绘制半径为 550 的圆，然后删除辅助线，如图 7-52 所示。

04 调用 OFFSET/O【偏移】命令，将圆向外偏移 50、350 和 100，并将偏移 100 后的圆设置为虚线，如图 7-53 所示。

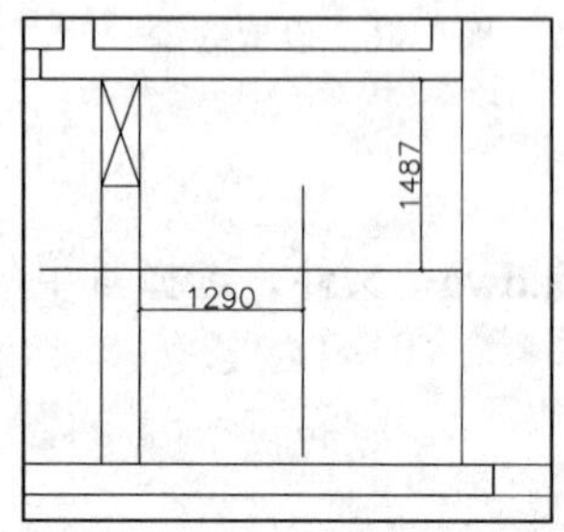

图 7-51　绘制辅助线

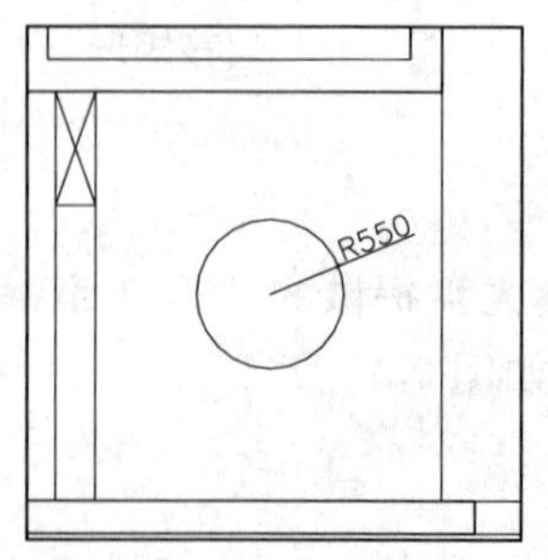

图 7-52　绘制圆

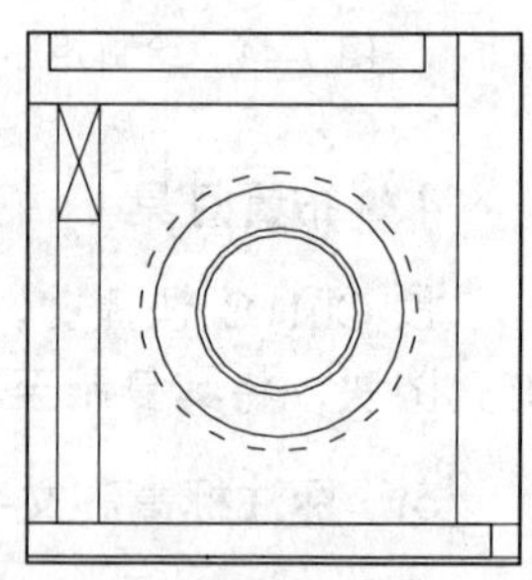
图 7-53　偏移圆

05 调用 HATCH/H【图案填充】命令，对厨房区域填充“用户定义”图案，填充效果如图 7-54 所示。

2. 布置灯具

从图库中插入灯具图形，结果如图 7-55 所示。

3. 标注标高和文字说明

01 调用 INSERT/I【插入】命令，插入标高图块，如图 7-56 所示。

02 调用 MLEADER/MLD【多重引线】命令，标注顶棚的材料，完成餐厅和厨房顶棚图的绘制。

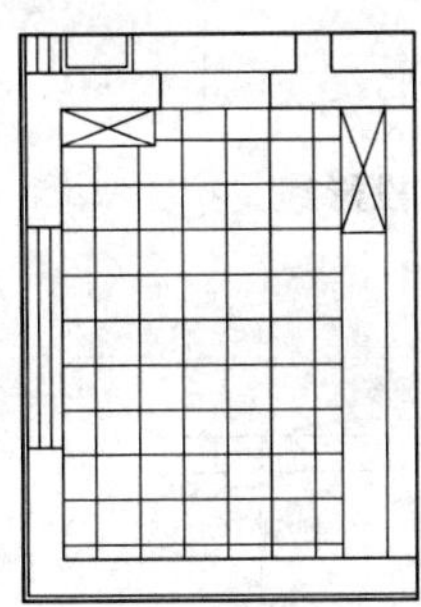

图 7-54 填充效果

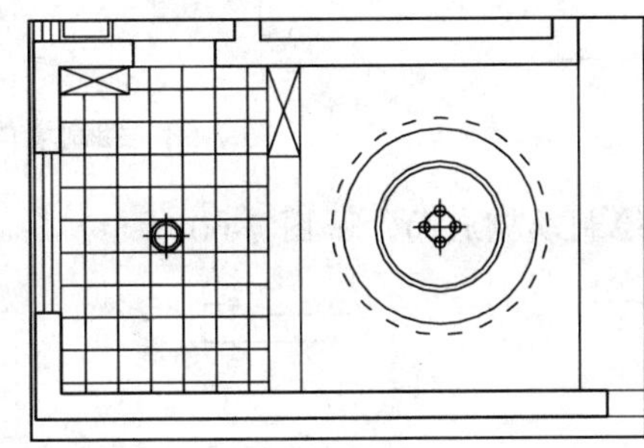

图 7-55 布置灯具

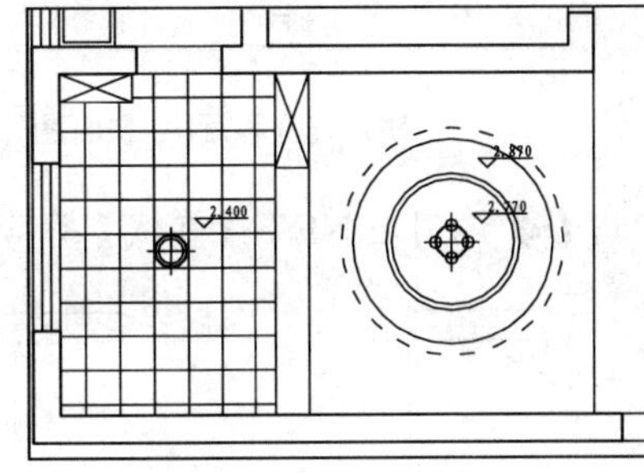

图 7-56 标注标高

7.7 绘制三居室立面图

本节以客厅、书房兼客房和阳台立面为例，介绍立面图的画法。

7.7.1 绘制客厅 A 立面图

如图 7-57 所示为客厅 A 立面图，客厅 A 立面图主要是表达了玄关的造型和鞋柜的做法，下面讲解绘制方法。

1. 复制图形

调用 COPY/CO【复制】命令，复制平面布置图上客厅 A 立面的平面部分，并对图形进行旋转。

2. 绘制 A 立面基本轮廓

01 设置“LM_立面”图层为当前图层。

02 调用 LINE/L【直线】命令，从客厅平面图中绘制出左右墙体的投影线，如图 7-58 所示。

03 调用 PLINE/PL【多线段】命令绘制地面轮廓线，结果如图 7-59 所示。

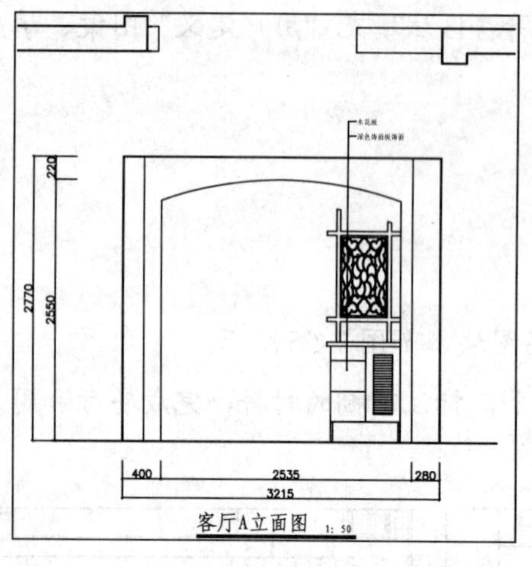

图 7-57　客厅 A 立面图

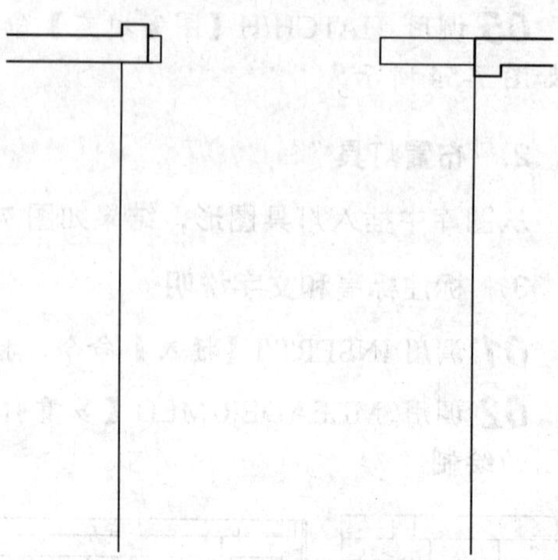

图 7-58　绘制墙体投影线

04 调用 LINE/L【直线】命令绘制顶棚底面，如图 7-60 所示。

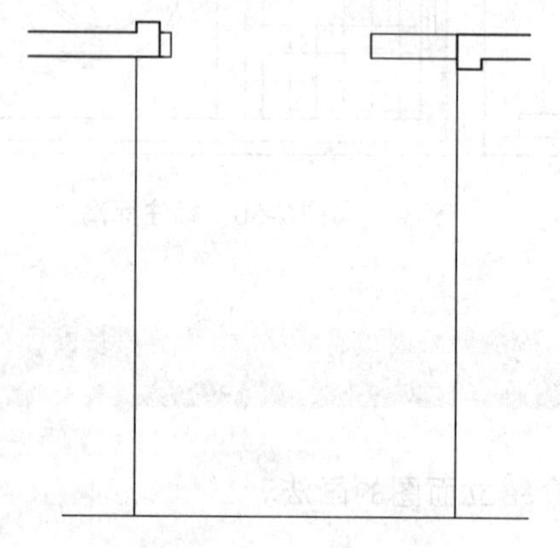

图 7-59　绘制地面

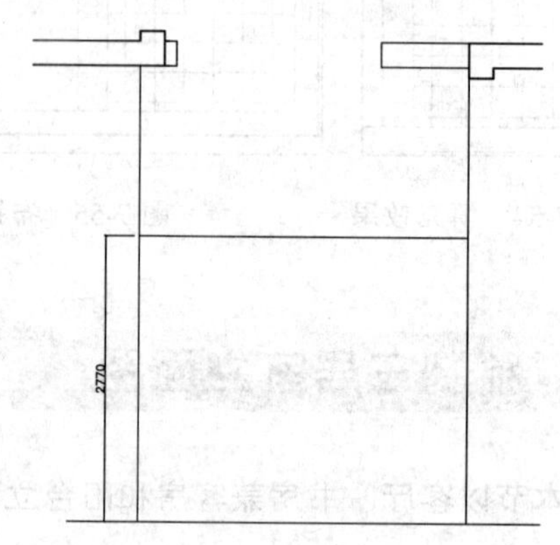

图 7-60　绘制顶面

05 调用 TRIM/TR【修剪】命令或夹点功能，修剪得到 A 立面外轮廓，并转换至“QT_墙体”图层，如图 7-61 所示。

3. 绘制拱门造型

01 调用 LINE/L【直线】命令和 OFFSET/O【偏移】命令，绘制线段，如图 7-62 所示。

02 调用 ARC/A【圆】命令，绘制弧线，命令选项如下：

```
命令:ARC↙                    //调用 ARC 命令
指定圆弧的起点或 [圆心(C)]://捕捉并单击左侧线段顶点作为圆弧起点
指定圆弧的第二个点或 [圆心(C)/端点(E)]: from↙
                             //输入 from，设置的当前捕捉模式为“FROM(自)”
基点: m2p↙                   //设置当前捕捉点位“m2p(两点之间的中点)”
中点的第一点: 中点的第二点: <偏移>: @0,202↙//分别单击两条垂直线段的顶点，然后输入相对坐标的参数“@0,202”，按回车键，得到圆弧第二个点
指定圆弧的端点:              //捕捉右侧垂直线段的顶点作为圆弧端点，结果如图 7-63 所示
```

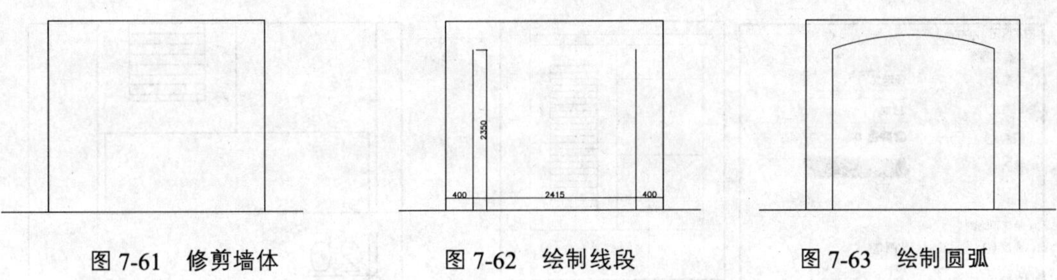

图 7-61　修剪墙体　　图 7-62　绘制线段　　图 7-63　绘制圆弧

03 调用 LINE/L【直线】命令和 OFFSET/O【偏移】命令，在拱门两侧绘制线段，如图 7-64 所示。

4．绘制鞋柜

01 调用 RECTANG/REC【矩形】命令，绘制尺寸为 740 × 40 的矩形，表示鞋柜面板，如图 7-65 所示。

02 调用 PLINE/PL【多段线】命令，绘制多段线，如图 7-66 所示。

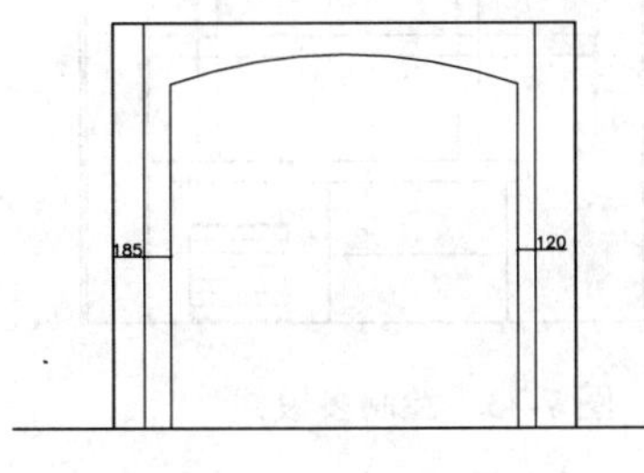

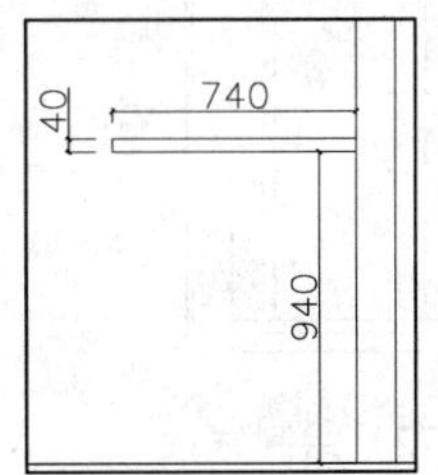

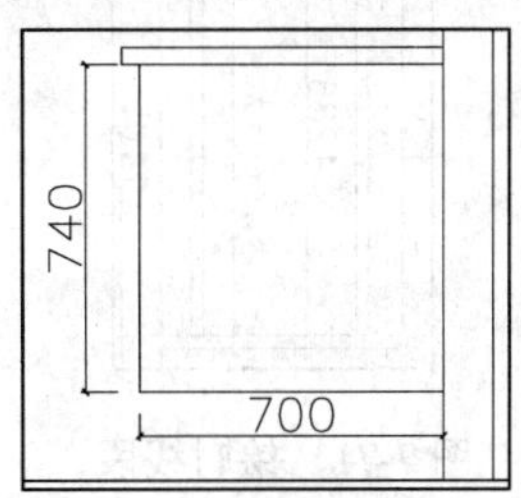

图 7-64　绘制线段　　图 7-65　绘制鞋柜面板　　图 7-66　绘制多段线

03 调用 LINE/L【直线】命令和 OFFSET/O【偏移】命令，划分鞋柜，如图 7-67 所示。

04 调用 RECTANG/REC【矩形】命令，绘制尺寸为 190 × 580 的矩形，并移动到相应的位置，如图 7-68 所示。

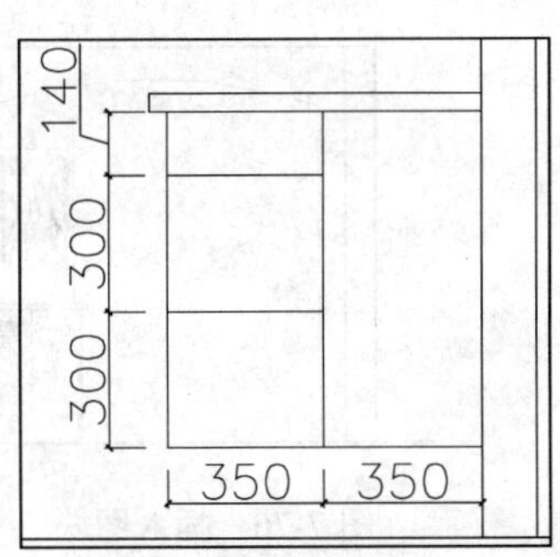

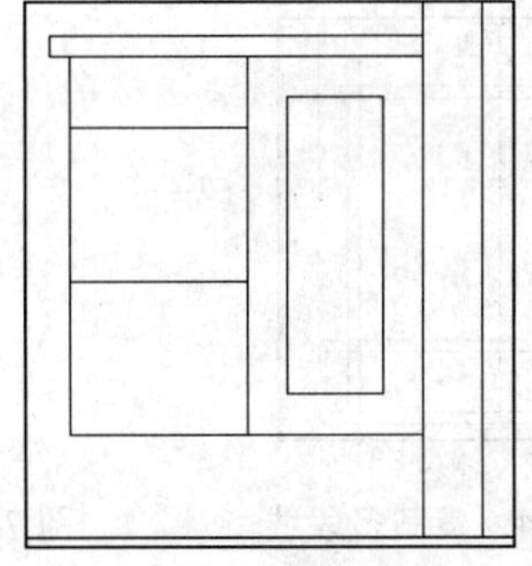

图 7-67　划分鞋柜　　图 7-68　绘制矩形

05 调用 HATCH/H【填充图案】命令，在矩形内填充 LINE 图案，填充参数和效果如图 7-69 所示。

06 调用 PLINE/PL【多段线】命令，绘制多段线表示柜脚，图 7-70 所示。

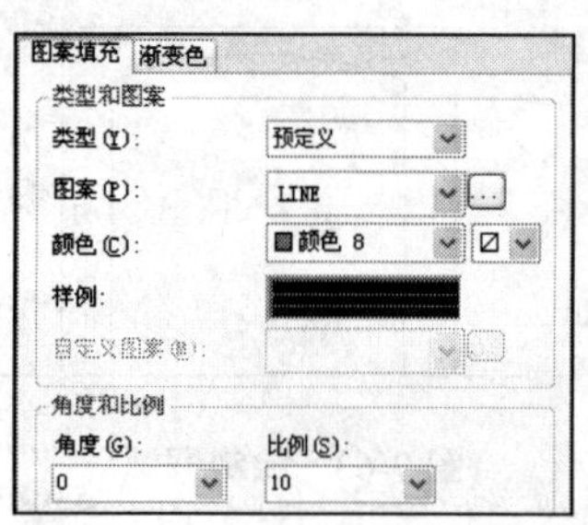

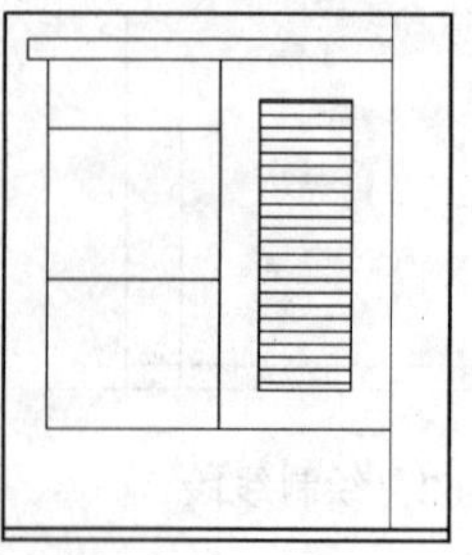

图 7-69　填充参数和效果

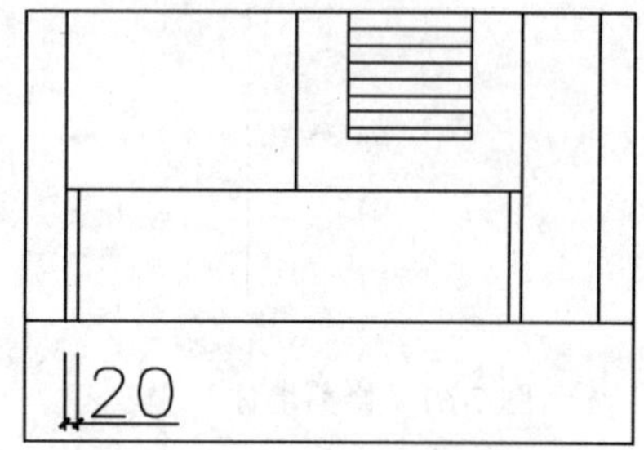

图 7-70　绘制柜脚

07 调用 LINE/L【直线】命令，绘制线段，如图 7-71 所示。

08 继续调用 LINE/L【直线】命令，绘制线段连接两条线段，如图 7-72 所示。

09 调用 PLINE/PL【多段线】命令，绘制多段线，如图 7-73 所示。

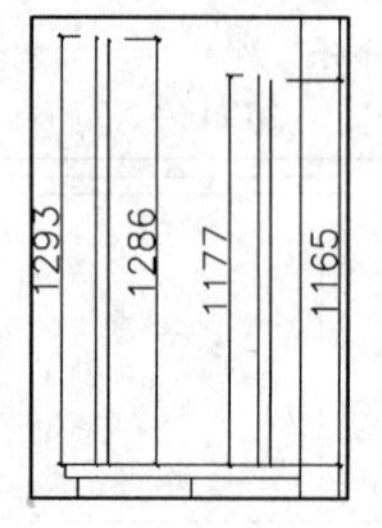

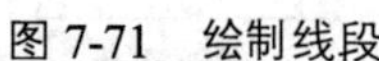

图 7-71　绘制线段

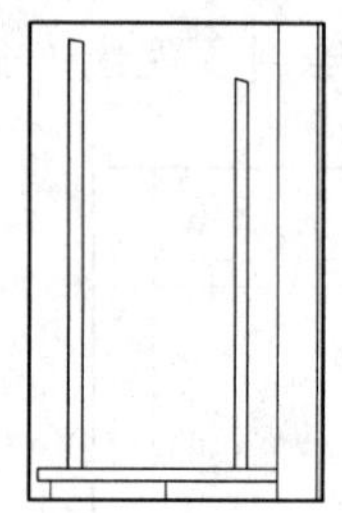

图 7-72　绘制线段

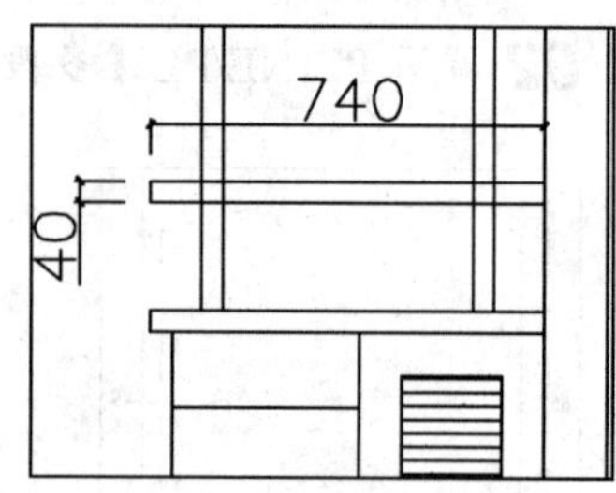

图 7-73　绘制多段线

10 调用 COPY/CO【复制】命令，将多段线向上复制，如图 7-74 所示。

11 调用 TRIM/TR【修剪】命令，对线段相交的位置进行修剪，如图 7-75 所示。

5. 插入图块

按 Ctrl+O 快捷键，打开配套光盘提供的“第 7 章\家具图例.dwg”文件，选择其中的雕花图块复制至客厅区域，效果如图 7-76 所示。

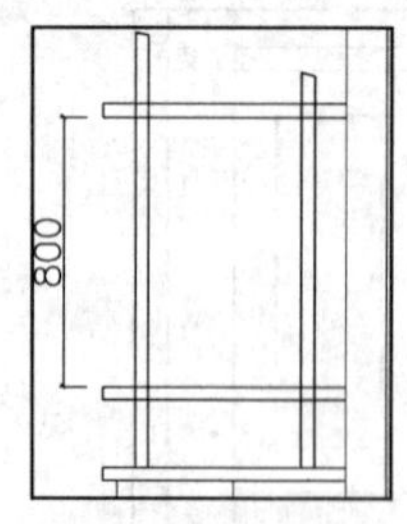

图 7-74　复制多段线

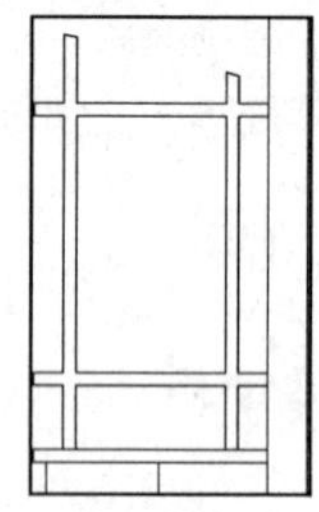

图 7-75　修剪线段

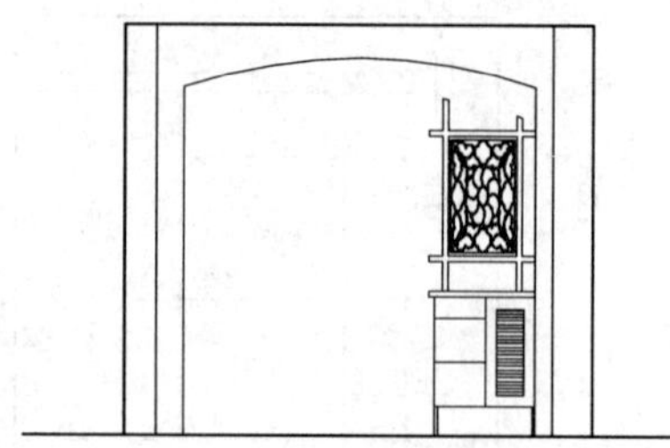

图 7-76　插入图块

6. 标注尺寸和材料说明

01 设置“BZ_标注”图层为当前图层，设置当前注释比例为 1 ： 50。

02 调用 DIMLINEAR/DLI【线性标注】命令或执行【标注】|【线性】命令和 DIMCONTINUE/DCO【连续性标注】命令标注尺寸，如图 7-77 所示。

03 调用 MLEADER/MLD【多重引线】命令进行材料标注，标注结果如图 7-78 所示。

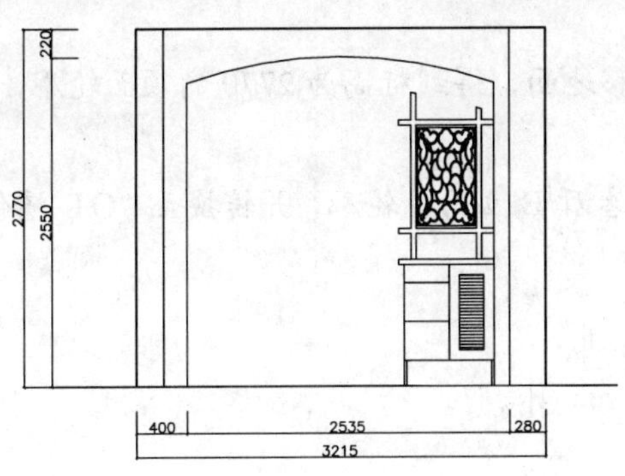

图 7-77 尺寸标注

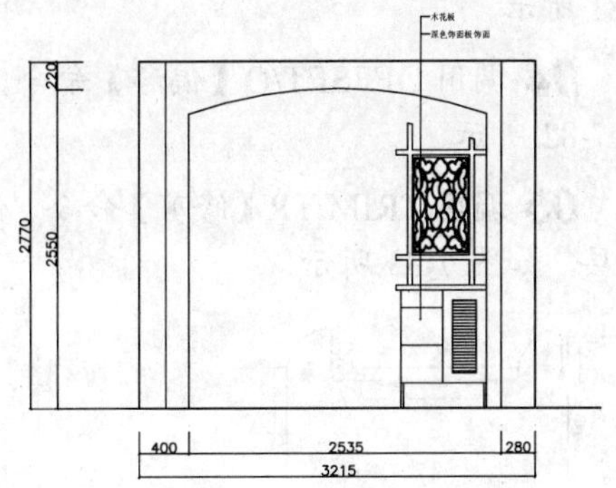

图 7-78 材料说明

7. 插入图名

调用 INSERT/I【插入】命令，插入“图名”图块，设置名称为“客厅 A 立面图”，客厅 A 立面图绘制完成。

7.7.2 绘制客厅 B 立面图

客厅 B 立面图是电视所在的墙面，B 立面图主要表现了该墙面的装饰做法、尺寸和材料等，还有门的造型和做法，如图 7-79 所示。

1. 复制图形

调用 COPY/CO【复制】命令，复制三居室平面布置图上客厅 B 立面的平面部分。

2. 绘制立面外轮廓

01 设置“LM_立面”图层为当前图层。

02 调用 LINE/L【直线】命令，绘制客厅 B 立面的墙体投影线，如图 7-80 所示。

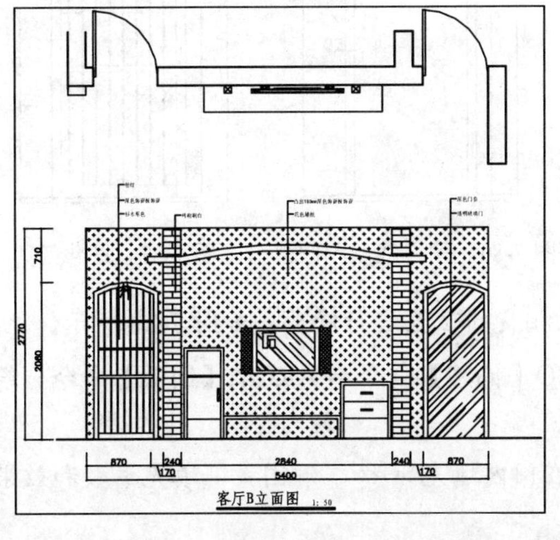

图 7-79 客厅 B 立面图

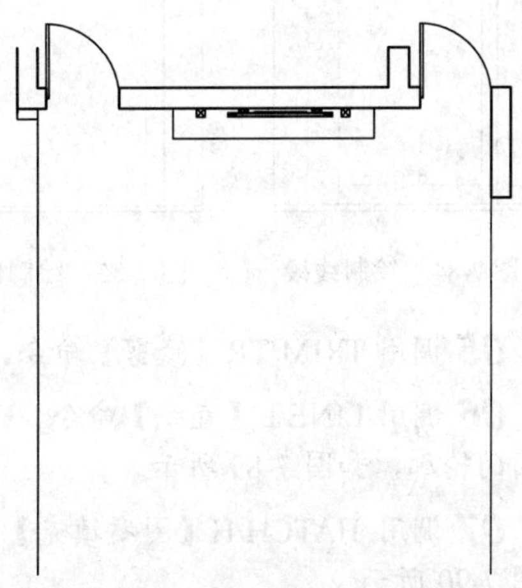

图 7-80 绘制墙体

03 调用 LINE/L【直线】命令，在投影线的下方绘制一条水平线段表示地面，如图 7-81 所示。

04 调用 OFFSET/O【偏移】命令，向上偏移地面，得到标高为 2770 的顶面轮廓，如图 7-82 所示。

05 调用 TRIM/TR【修剪】命令，修剪得到客厅 B 立面外轮廓，并转换至“QT_墙体”图层，如图 7-83 所示。

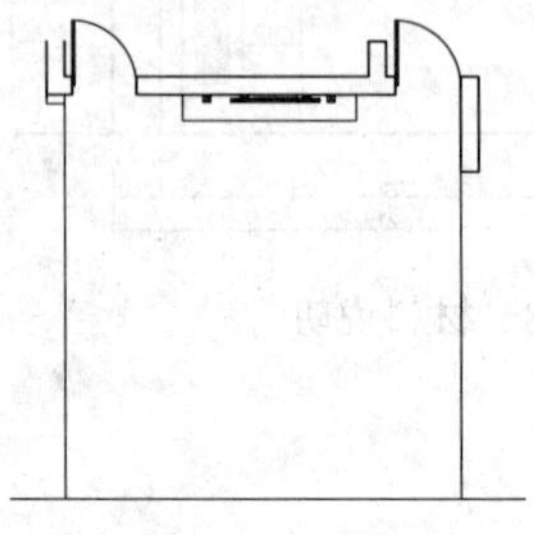

图 7-81　绘制地面

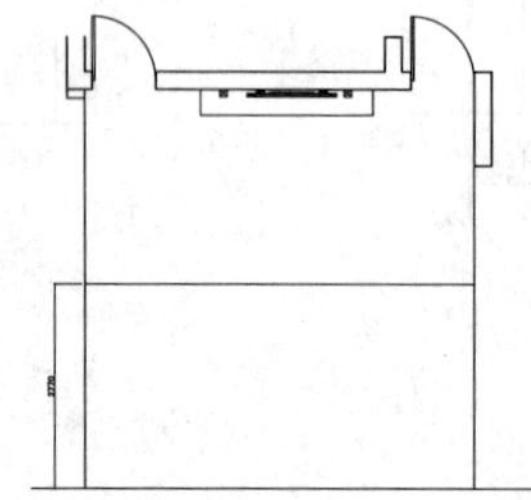

图 7-82　绘制顶面

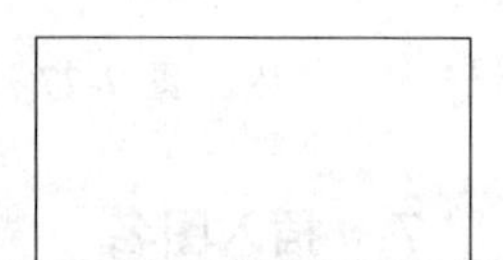

图 7-83　修剪线段

3. 绘制门

01 调用 LINE/L【直线】命令和 OFFSET/O【偏移】命令，绘制线段，如图 7-84 所示。

02 调用 ARC/A【圆弧】命令，绘制弧线，如图 7-85 所示。

03 调用 OFFSET/O【偏移】命令，将线段和弧线向内偏移 60，如图 7-86 所示。

04 调用 LINE/L【直线】命令和 OFFSET/O【偏移】命令，细化门，如图 7-87 所示。

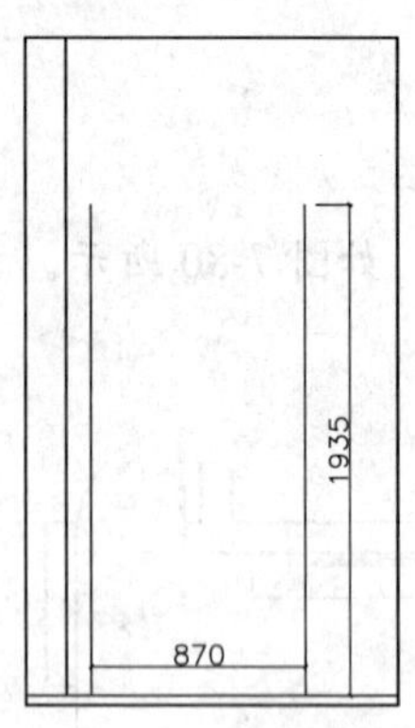

图 7-84　绘制线段

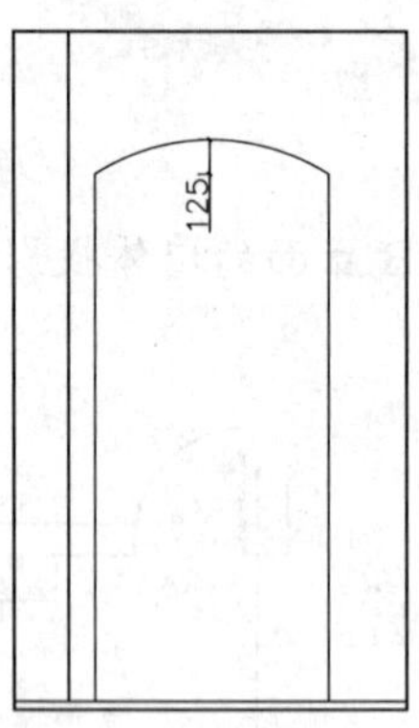

图 7-85　绘制圆弧

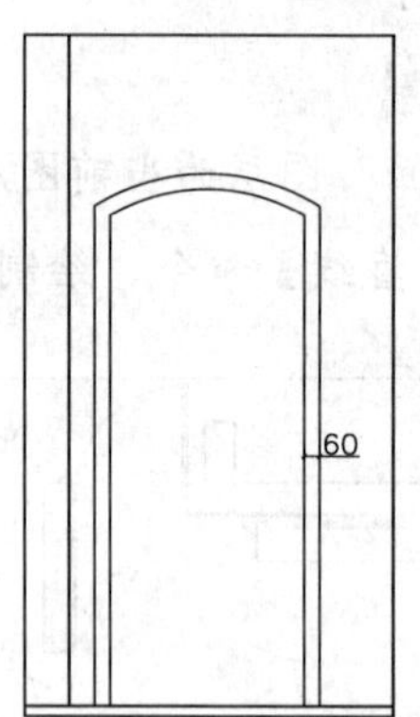

图 7-86　偏移线段和圆弧

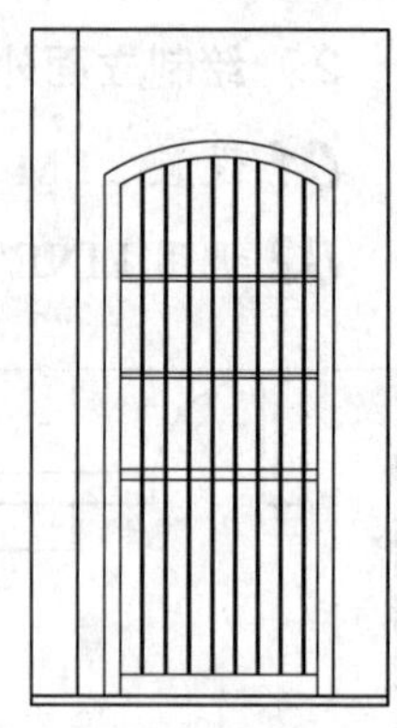

图 7-87　细化门

05 调用 TRIM/TR【修剪】命令，对线段相交的位置进行修剪，如图 7-88 所示。

06 调用 LINE/L【直线】命令、OFFSET/O【偏移】命令和 ARC/A【圆弧】命令，绘制门的轮廓，如图 7-89 所示。

07 调用 HATCH/H【图案填充】命令，在门内填充 AR-RROOF 图案，填充参数和效果如图 7-90 所示。

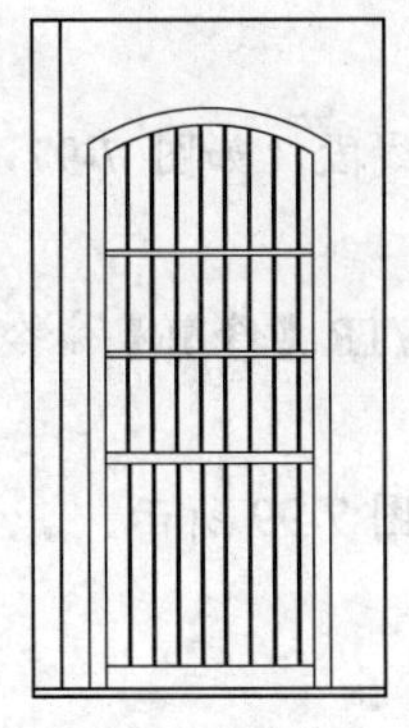

图 7-88 修剪线段

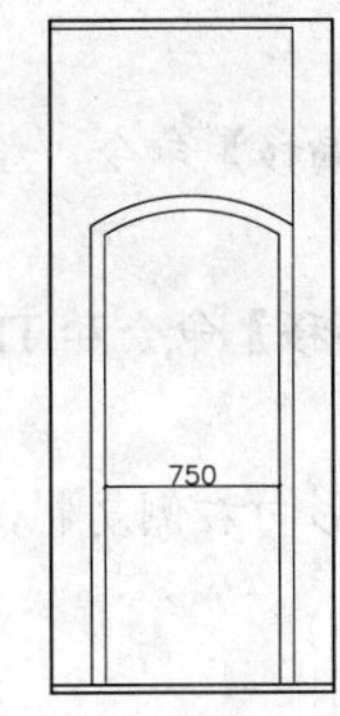

图 7-89 绘制门的轮廓

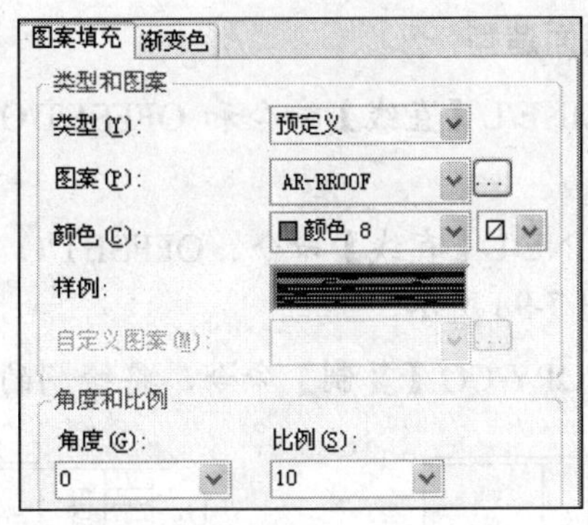

图 7-90 填充参数和效果

4. 绘制电视柜

01 调用 PLINE/PL【多线段】命令，绘制多段线，如图 7-91 所示。

02 调用 OFFSET/O【偏移】命令，将多段线向内偏移 40，如图 7-92 所示。

03 调用 LINE/L【直线】命令和 OFFSET/O【偏移】命令，绘制线段，如图 7-93 所示。

04 调用 RECTANG/REC【矩形】命令，绘制柜门拉手，如图 7-94 所示。

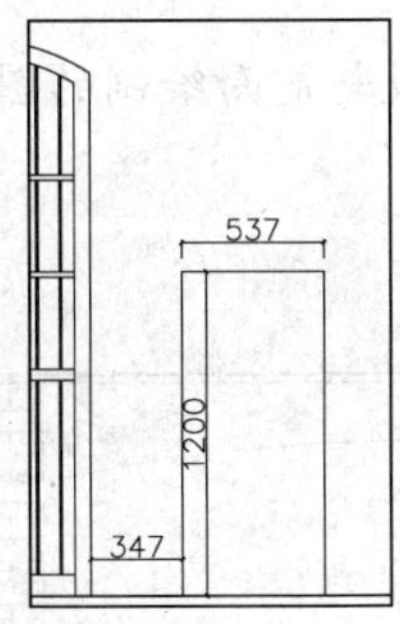

图 7-91 绘制多段线

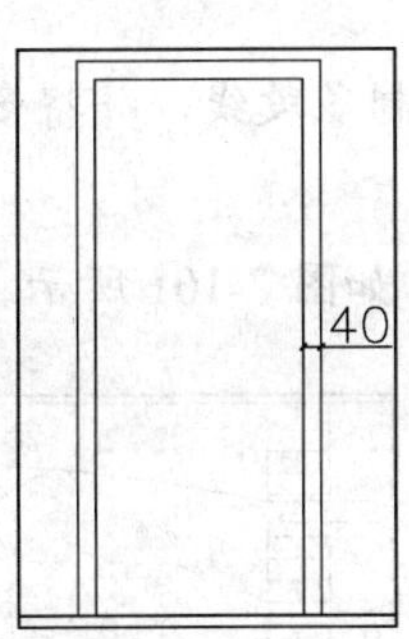

图 7-92 偏移多段线

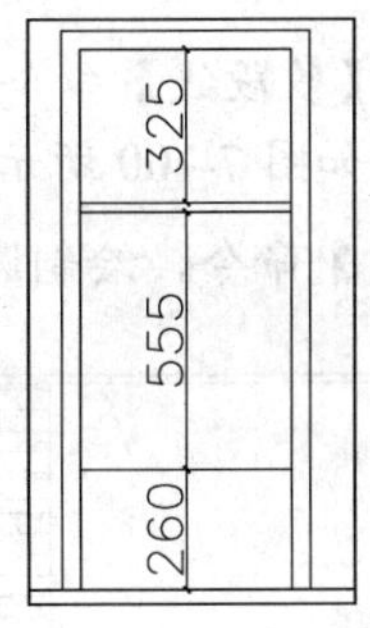

图 7-93 绘制线段

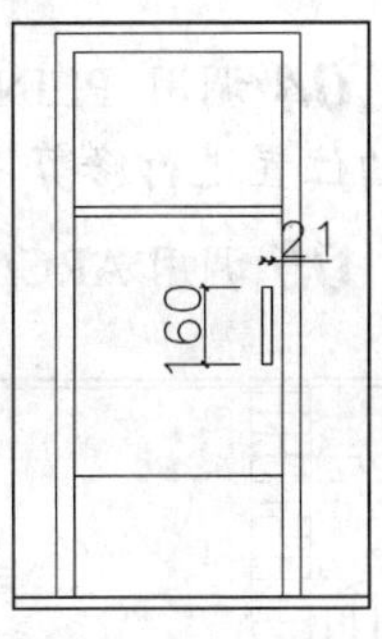

图 7-94 绘制拉手

05 使用同样的方法绘制右侧的柜体，如图 7-95 所示。

06 调用 PLINE/PL【多段线】命令和 OFFSET/O【偏移】命令，在两个柜体之间绘制多段线，如图 7-96 所示。

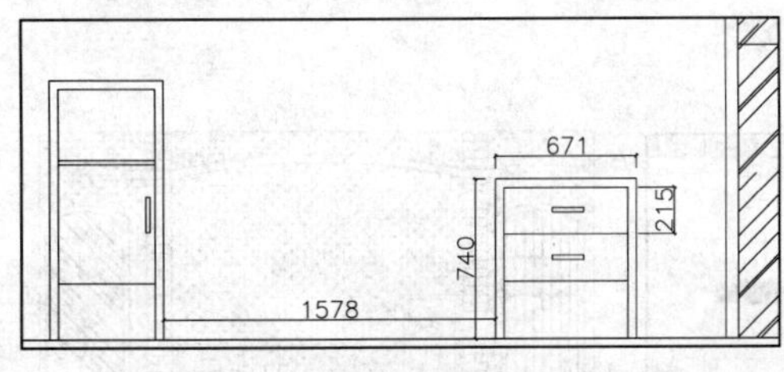

图 7-95 绘制柜体

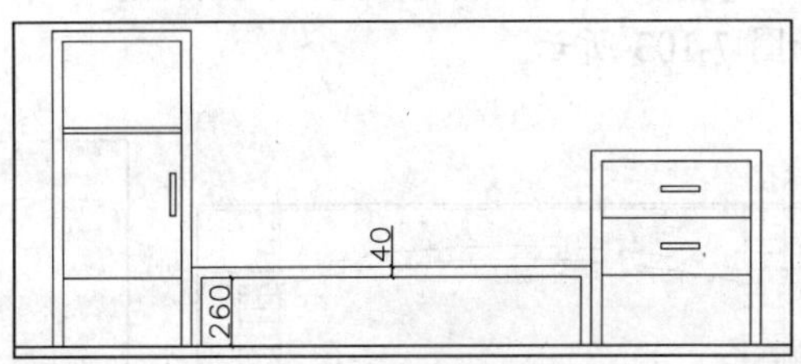

图 7-96 绘制多段线

5. 绘制墙面造型

01 调用 LINE/L【直线】命令和 OFFSET/O【偏移】命令，绘制线段，如图 7-97 所示。

02 调用 LINE/L【直线】命令、OFFSET/O【偏移】命令和 TRIM/TR【修剪】命令，细化墙面，如图 7-98 所示。

03 调用 COPY/CO【复制】命令，将绘制的图形向右侧复制，如图 7-99 所示。

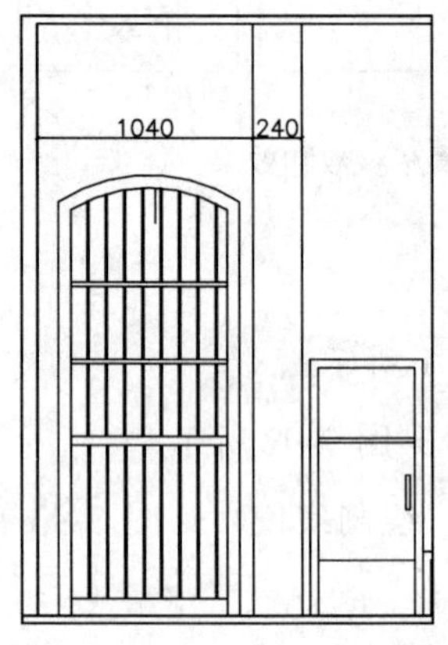

图 7-97 绘制线段

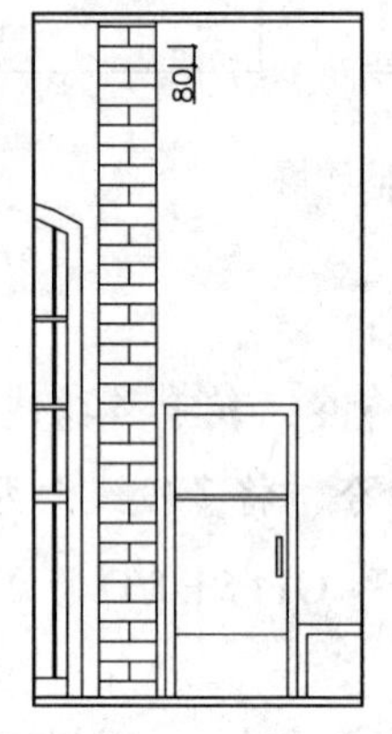

图 7-98 细化墙面

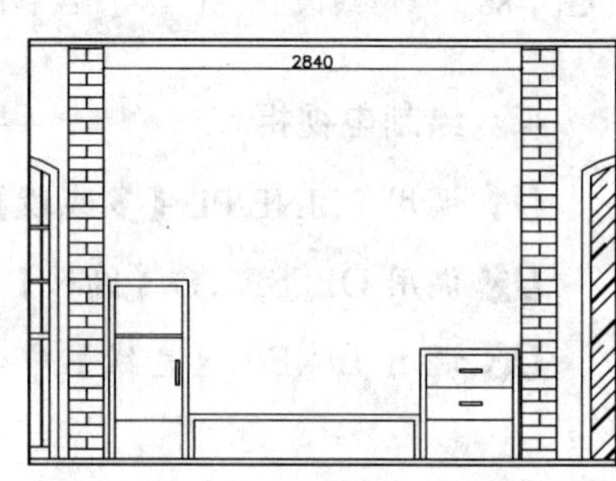

图 7-99 复制图形

04 调用 PLINE/PL【多段线】命令，绘制多段线，并将多线段与前面绘制的图形相交的位置进行修剪，效果如图 7-100 所示。

05 调用 ARC/A【圆】命令，绘制圆弧，如图 7-101 所示。

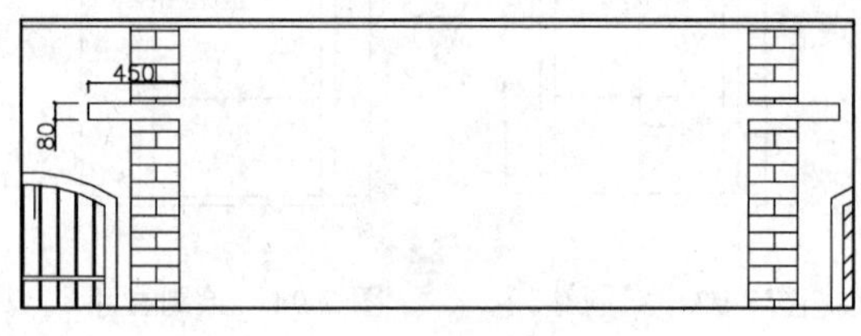

图 7-100 绘制多段线

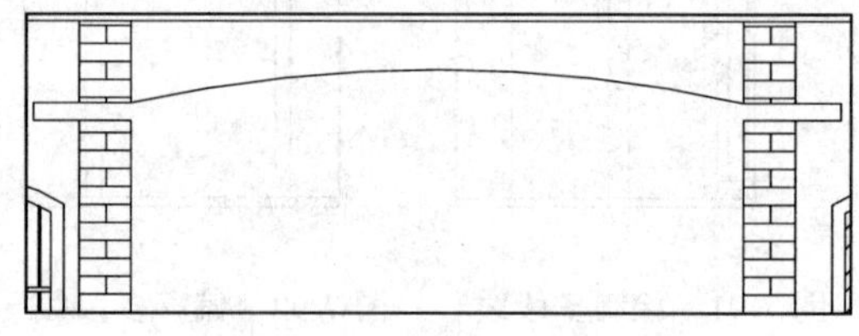

图 7-101 绘制圆弧

06 调用 OFFSET/O【偏移】命令，将圆弧向下偏移 80，如图 7-102 所示。

07 调用 HATCH/H【图案填充】命令，对墙面填充 CROSS 图案，填充参数和效果如图 7-103 所示。

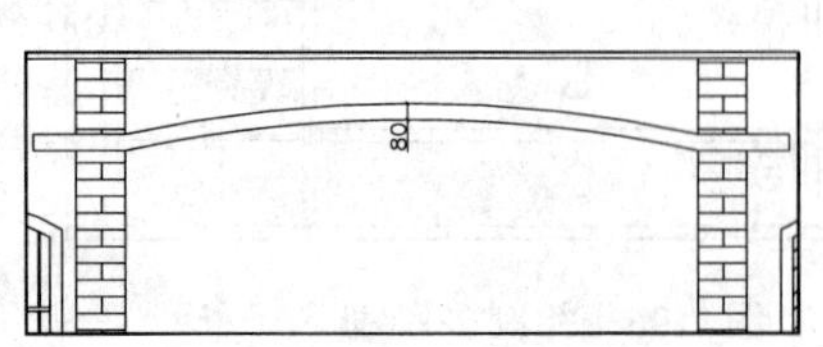

图 7-102 偏移圆弧

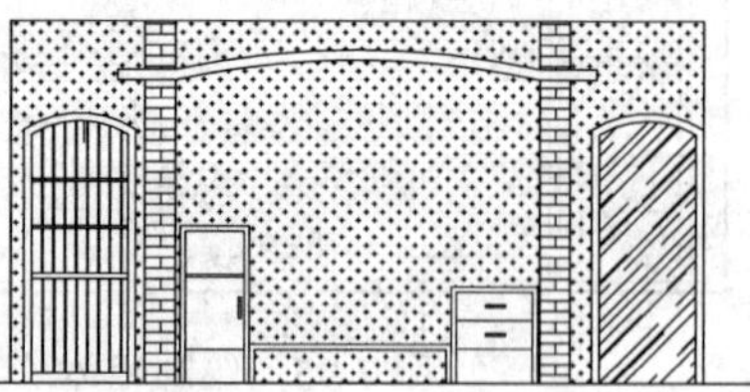

图 7-103 填充图案

6. 插入图块

电视和射灯图形可直接从图库中调用，并对图形重叠的位置进行修剪，效果如图 7-104 所示。

7. 标注尺寸、材料说明

01 设置"BZ_标注"为当前图层，设置当前注释比例为 1∶50。调用线性标注命令 DIMLINEAR/DLI【线性标注】和 DIMCONTINUE/DCO【连续性标注】命令进行尺寸标注，如图 7-105 所示。

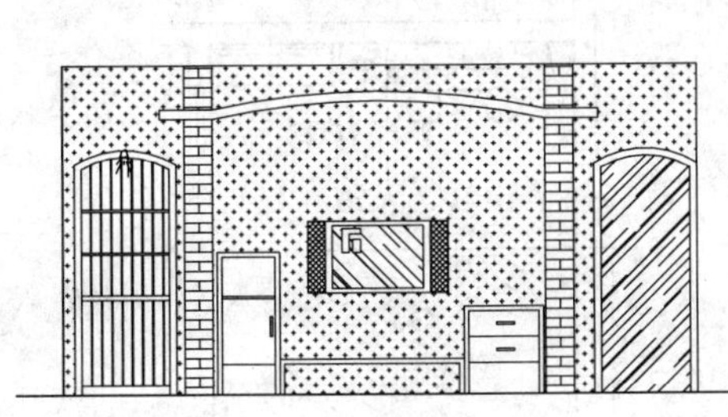

图 7-104　插入图块

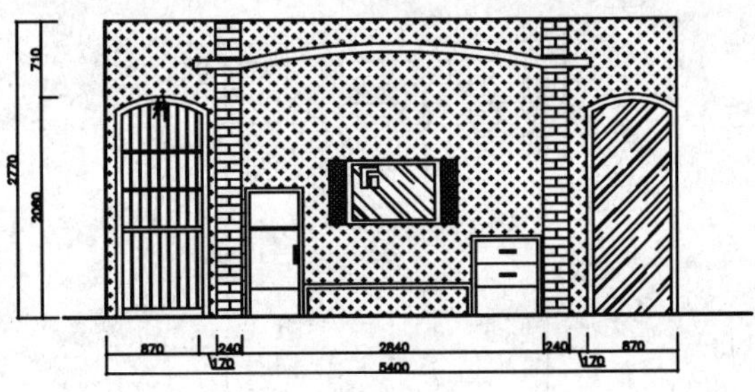

图 7-105　尺寸标注

02 调用 MLEADER/MLD【多重引线】命令对材料进行标注，结果如图 7-106 所示。

8. 插入图名

调用 INSERT/I【插入】命令，插入"图名"图块，设置 B 立面图名称为"客厅 B 立面图"，客厅 B 立面图绘制完成。

7.7.3 绘制书房兼客房 B 立面图

书房兼客房 B 立面图如图 7-107 所示，下面讲解绘制方法。

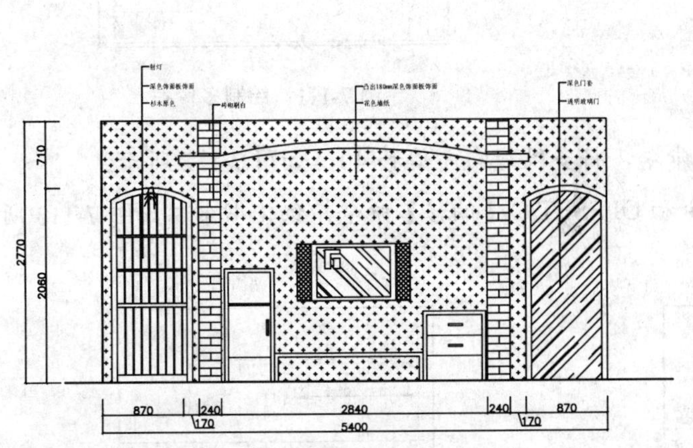

图 7-106　材料标注

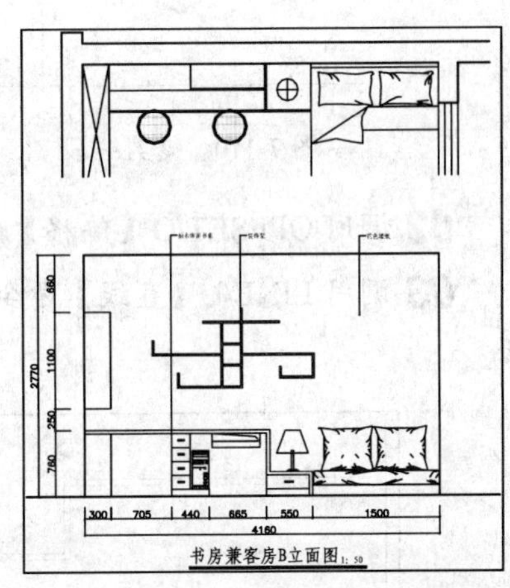

图 7-107　书房兼客房 B 立面图

1．复制图形

调用 COPY/CO【复制】命令，复制书房兼客房 B 立面图的平面部分。

2．绘制立面基本轮廓

01 设置“LM_立面”图层为当前图层。

02 调用 LINE/L【直线】命令，根据复制的平面图绘制左、右侧墙体的投影线和地面，如图 7-108 所示。

03 调用 LINE/L【直线】命令，在地面上方绘制水平线段表示顶面，如图 7-109 所示。

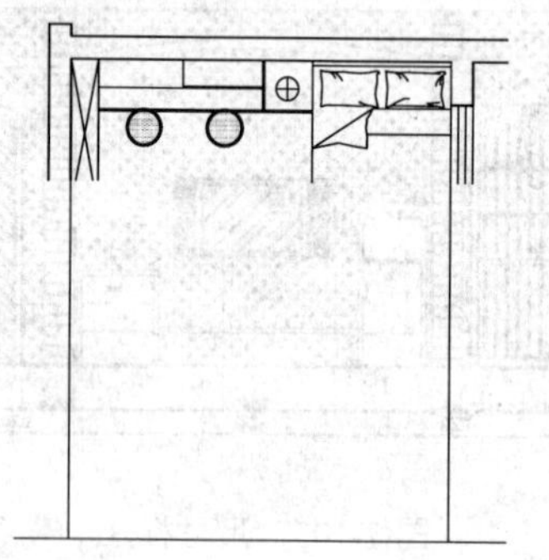

图 7-108　绘制墙体和地面

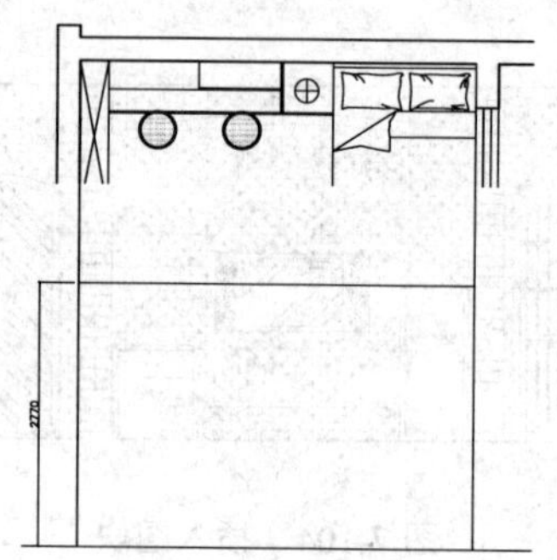

图 7-109　绘制顶面

04 调用 TRIM/TR【修剪】命令，修剪多余线段，并转换至“QT_墙体”图层，结果如图 7-110 所示。

3．绘制书桌和床头柜

01 调用 PLINE/PL【多段线】命令，绘制多段线，如图 7-111 所示。

图 7-110　修剪线段

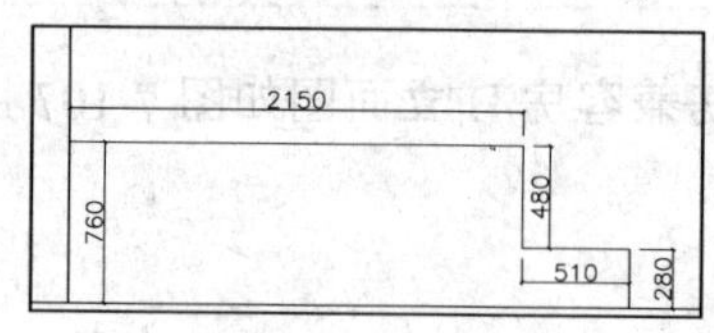

图 7-111　绘制多段线

02 调用 OFFSET/O【偏移】命令，将多段线向内偏移 40，如图 7-112 所示。

03 调用 LINE/L【直线】命令和 OFFSET/O【偏移】命令，细化书桌，如图 7-113 所示。

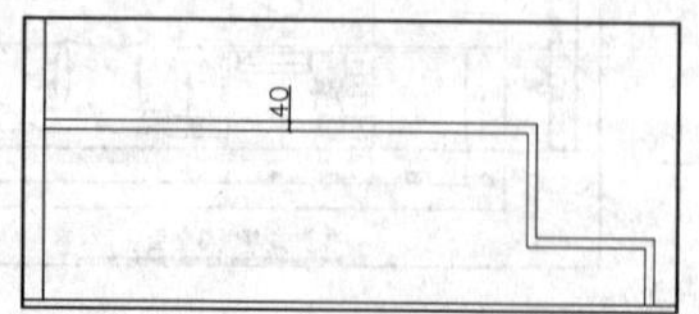

图 7-112　偏移多段线

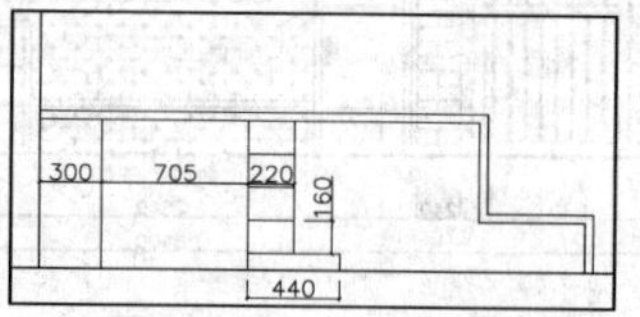

图 7-113　细化书桌

04 调用 PLINE/PL【多段线】命令，绘制抽屉，如图 7-114 所示。

05 调用 LINE/L【直线】命令，绘制床头柜抽屉，如图 7-115 所示。

06 调用 RECTANG/REC【矩形】命令、LINE/L【直线】命令和 COPY/CO【复制】命令，绘制拉手，如图 7-116 所示。

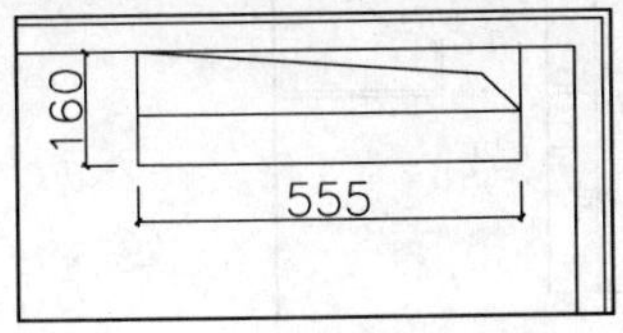

图 7-114　绘制抽屉

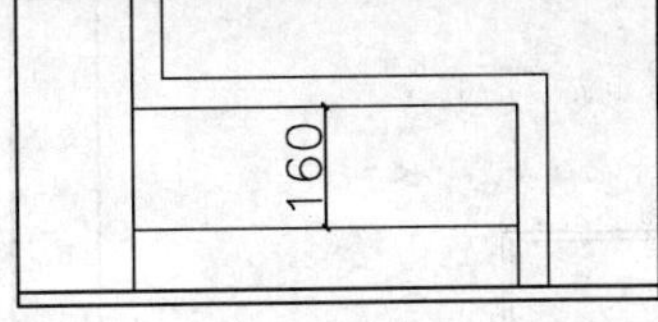

图 7-115　绘制抽屉

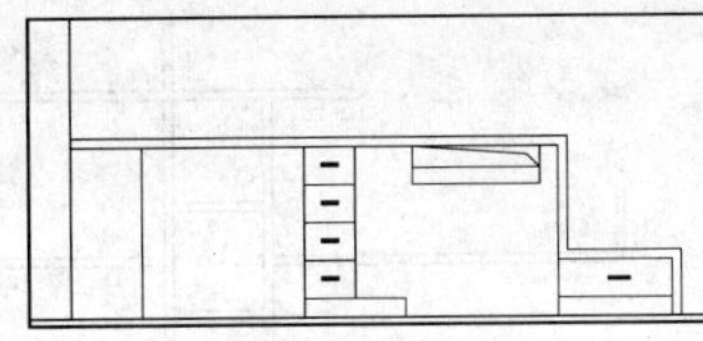

图 7-116　绘制拉手

4. 绘制装饰架

01 调用 RECTANG/REC【矩形】命令，绘制尺寸为 890×20 的矩形，并移动到相应的位置，如图 7-117 所示。

02 调用 PLINE/PL【多段线】命令，绘制多段线，如图 7-118 所示。

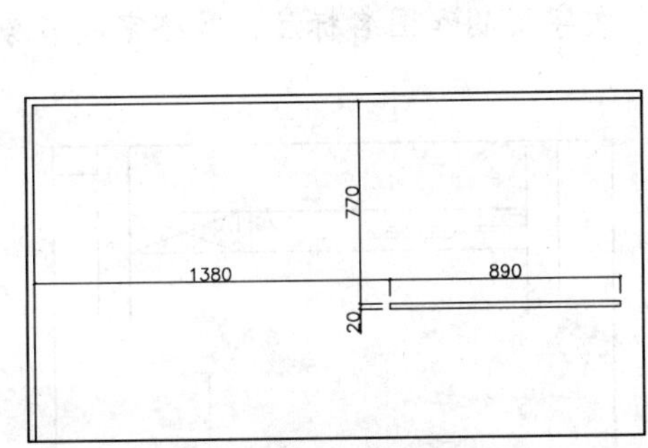

图 7-117　绘制矩形

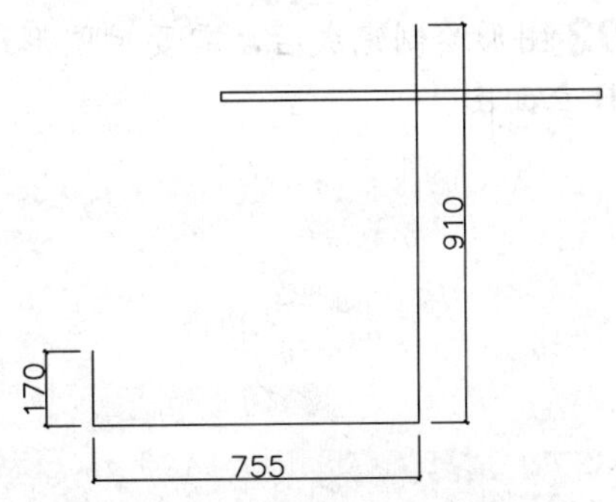

图 7-118　绘制多段线

03 调用 OFFSET/O【偏移】命令，将多段线向内偏移 20，并调用 LINE/L【直线】命令，绘制线段封闭区域，如图 7-119 所示。

04 调用 LINE/L【直线】命令和 OFFSET/O【偏移】命令，细化装饰架，如图 7-120 所示。

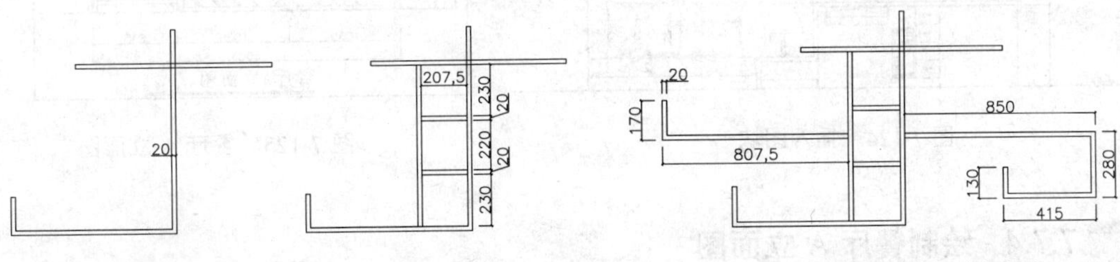

图 7-119　偏移多段线　　图 7-120　细化装饰架　　图 7-121　绘制装饰架两侧造型

05 调用 PLINE/PL【多段线】命令，绘制装饰架两侧造型，如图 7-121 所示。

06 调用 TRIM/TR【修剪】命令，对线段进行修剪，效果如图 7-122 所示。

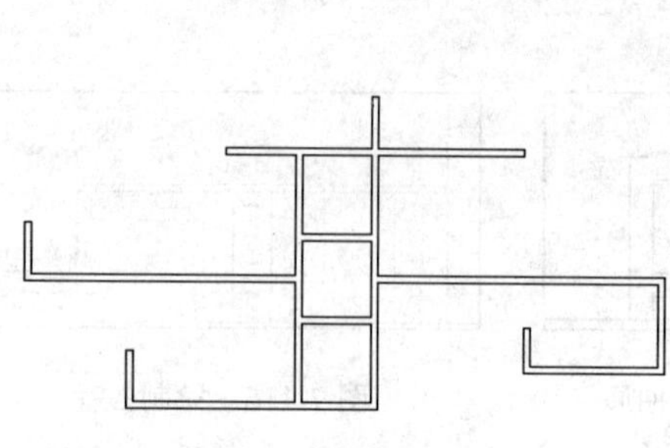

图 7-122 修剪线段

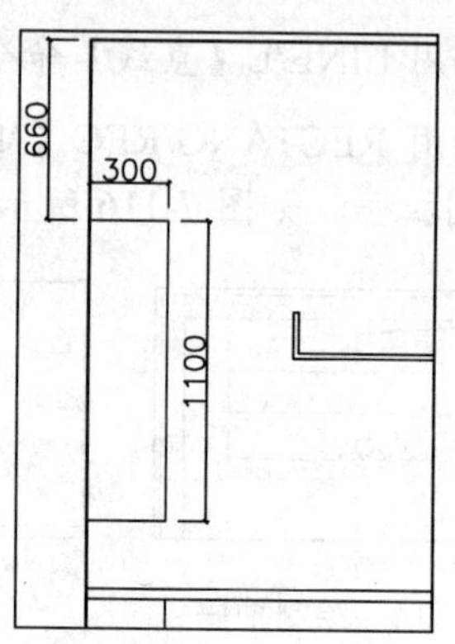

图 7-123 绘制多段线

07 调用 PLINE/PL【多段线】命令，绘制多段线，如图 7-123 所示。

5. 插入图块和标注

01 从图库中插入台灯、床和主机等图块，效果如图 7-124 所示。

02 图形绘制完成后，需要对图形进行尺寸、文字说明和图名标注，最终完成书房兼客房 B 立面图。

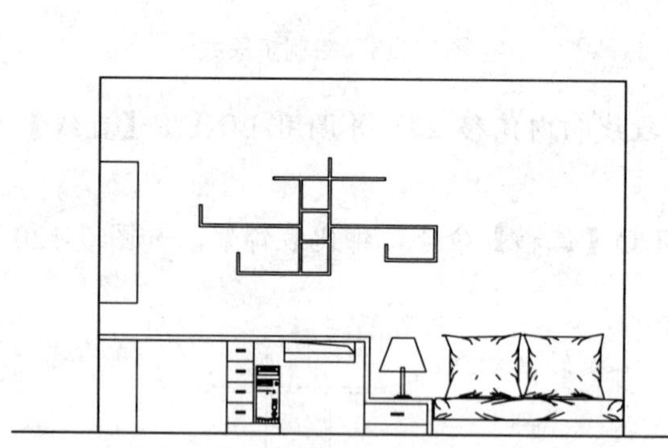

图 7-124 插入图块

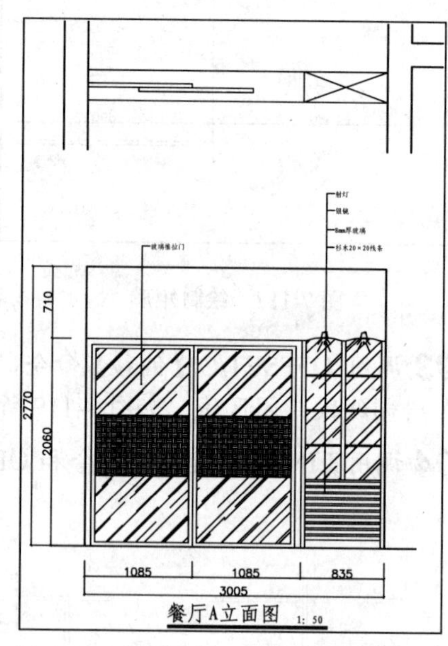

图 7-125 餐厅 A 立面图

7.7.4 绘制餐厅 A 立面图

餐厅 A 立面图如图 7-125 所示，是酒柜和厨房推拉门所在的立面，下面讲解绘制方法。

1. 复制图形

调用 COPY/CO【复制】命令，复制平面布置图上 A 立面的平面部分。

2. 绘制立面基本轮廓

01 设置“LM_立面”图层为当前图层。

02 调用 LINE/L【直线】命令，绘制 A 立面左、右侧墙体和地面轮廓线，如图 7-126 所示。

03 根据顶棚图阳台的标高，调用 OFFSET/O【偏移】命令，向上偏移地面轮廓线，偏移距离为 2770，得到顶面轮廓线，如图 7-127 所示。

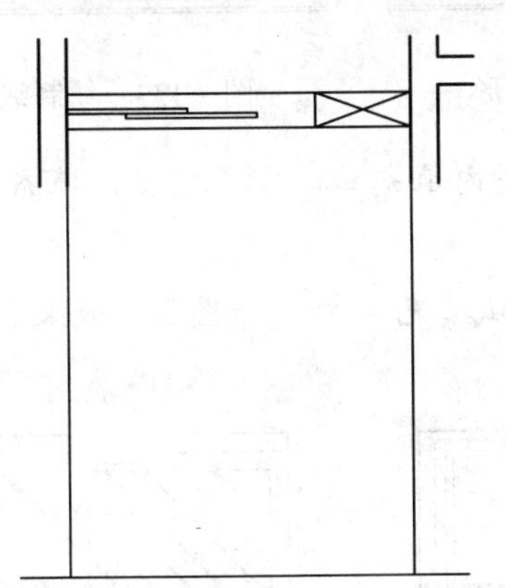

图 7-126 绘制墙体和地面

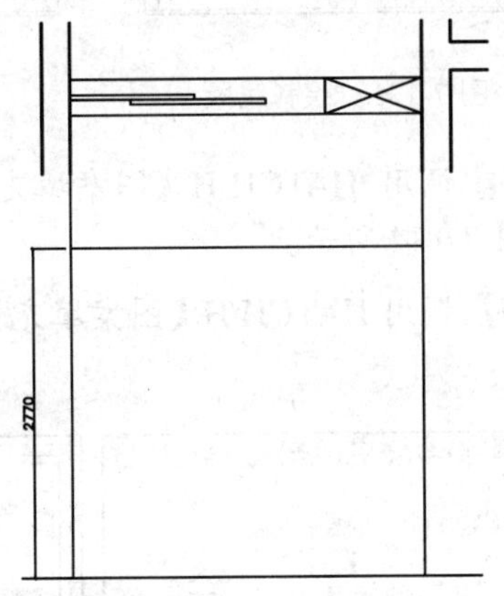

图 7-127 绘制顶面

04 调用 TRIM/TR【修剪】命令，修剪多余线段，并转换至“QT_墙体”图层，结果如图 7-128 所示。

3. 绘制推拉门

01 调用 PLINE/PL【多段线】命令，绘制多段线，如图 7-129 所示。

02 调用 OFFSET/O【偏移】命令，将多段线向内偏移 60，如图 7-130 所示。

图 7-128 修剪线段

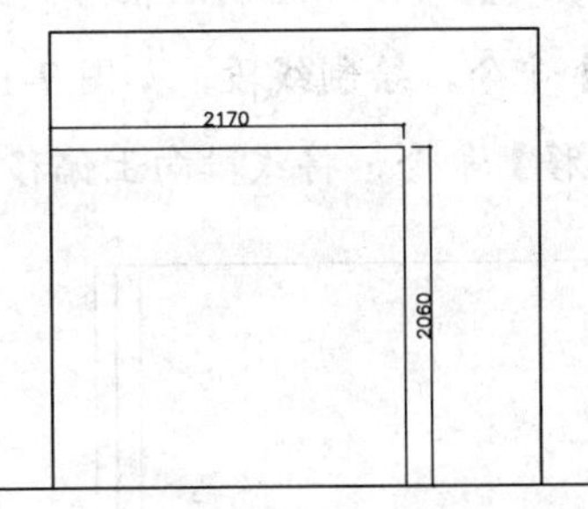

图 7-129 绘制多段线

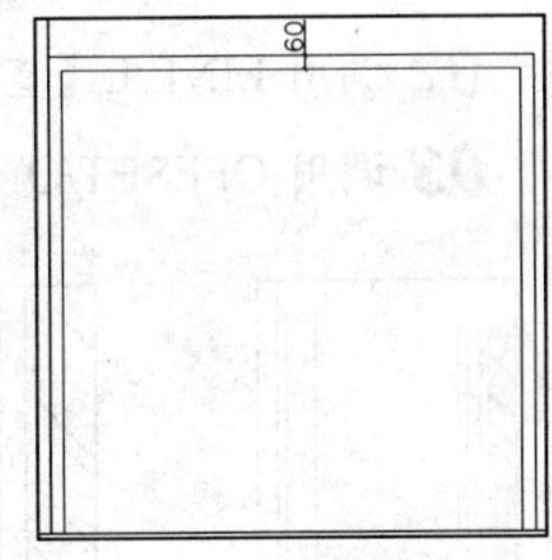

图 7-130 偏移多段线

03 调用 LINE/L【直线】命令，绘制线段，如图 7-131 所示。

04 调用 RECTANG/REC【矩形】命令，绘制矩形，并将矩形向内偏移 40，如图 7-132 所示。

05 调用 LINE/L【直线】命令和 OFFSET/O【偏移】命令，绘制线段，如图 7-133 所示。

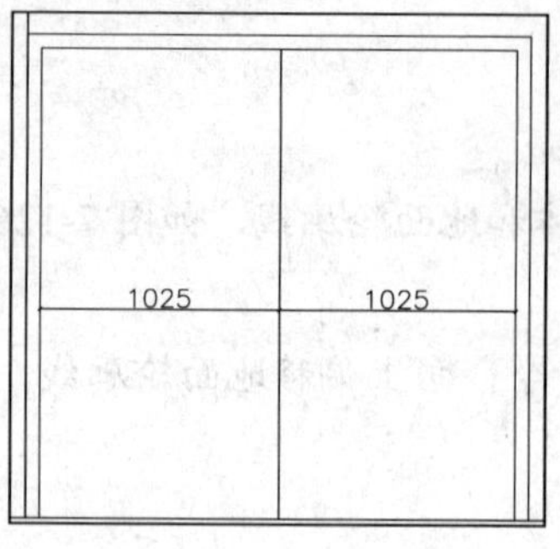

图 7-131 绘制线段

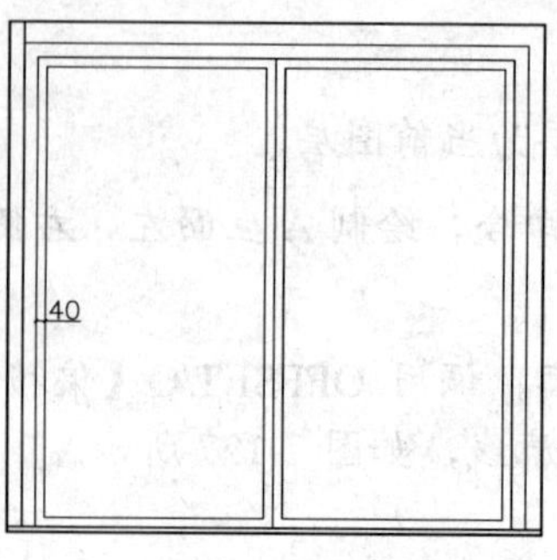

图 7-132 偏移矩形

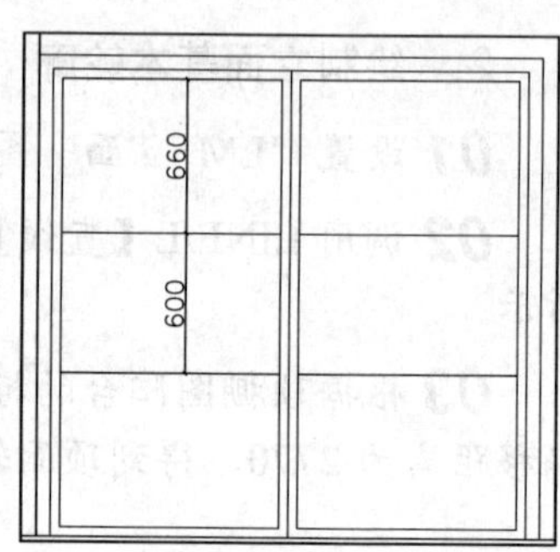

图 7-133 绘制线段

06 调用 HATCH/H【图案填充】命令，在线段内填充 EARTH 图案，填充参数和效果如图 7-134 所示。

07 调用 HATCH/H【图案填充】命令，其他区域填充 AR-RROOF 图案，效果如图 7-135 所示。

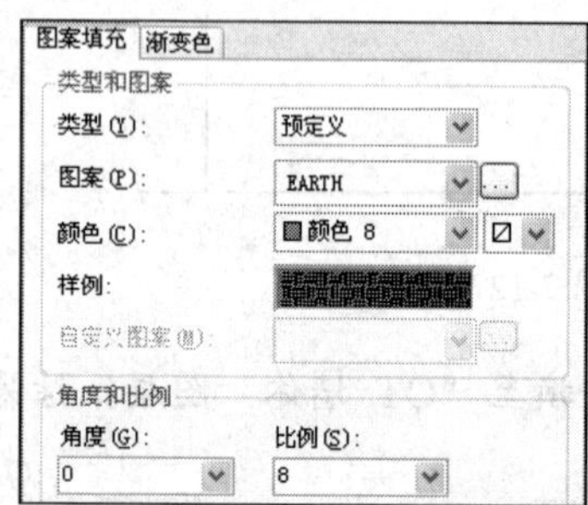

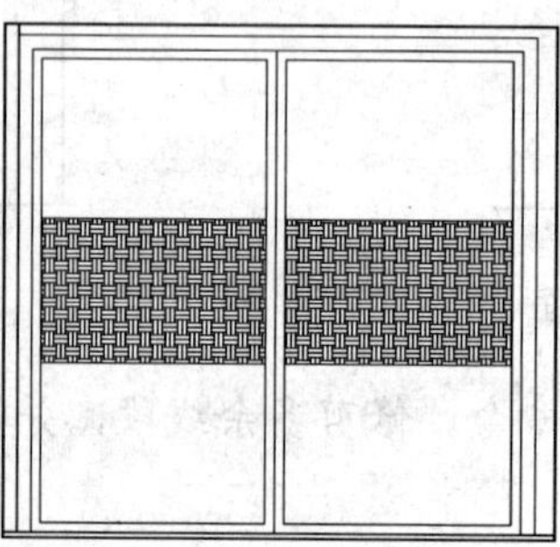
图 7-134 填充图案和效果

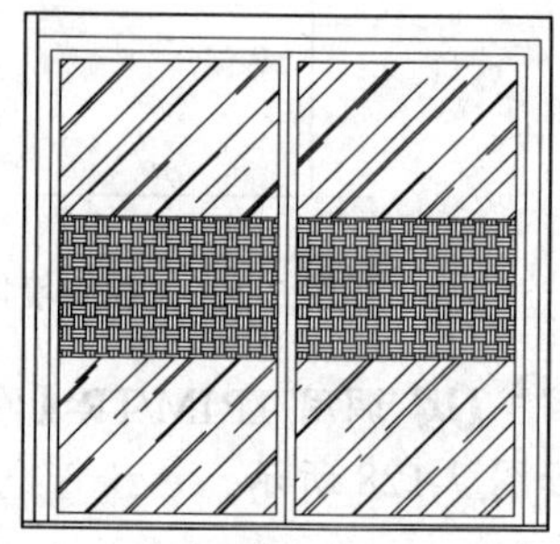
图 7-135 填充图案

4. 绘制酒柜

01 调用 PLINE/PL【多段线】命令，绘制酒柜两侧面板，如图 7-136 所示。

02 调用 LINE/L【直线】命令，绘制线段，如图 7-137 所示。

03 调用 OFFSET/O【偏移】命令，将线段向上偏移，如图 7-138 所示。

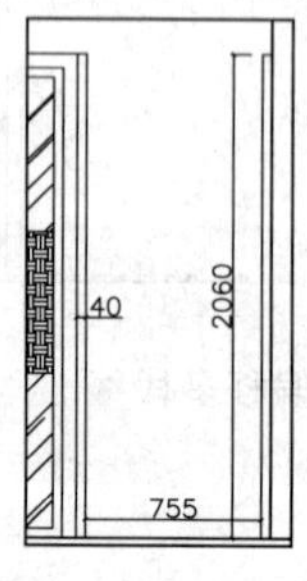

图 7-136 绘制面板

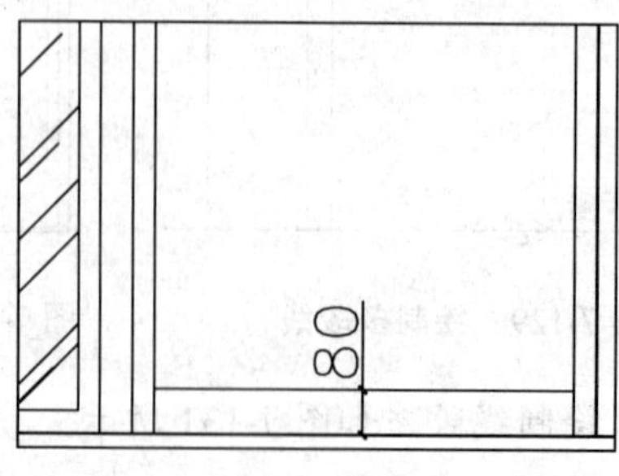

图 7-137 绘制线段

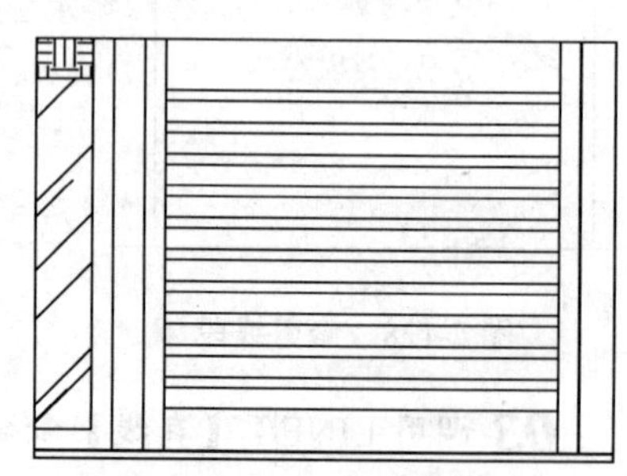
图 7-138 偏移线段

04 调用 PLINE/PL【多段线】命令，绘制多段线，如图 7-139 所示。

05 调用 ARC/A【圆弧】命令，绘制弧线，如图 7-140 所示。

06 调用 LINE/L【直线】命令和 OFFSET/O【偏移】命令，绘制线段，如图 7-141 所示。

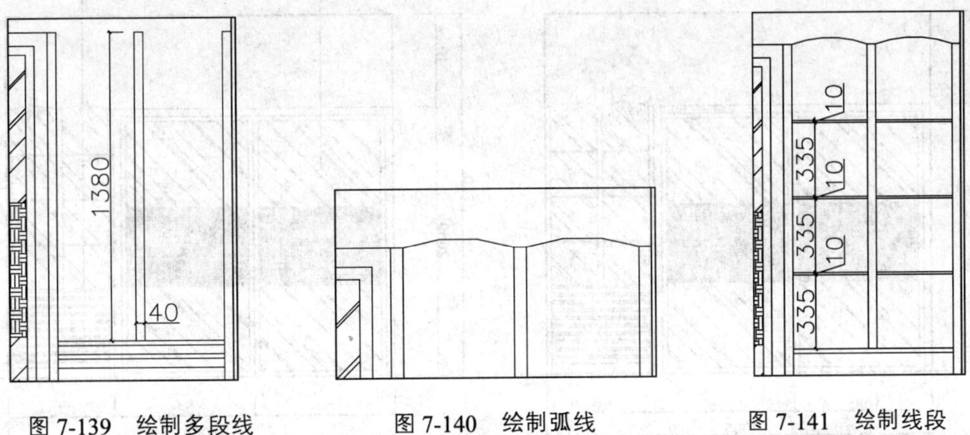

图 7-139　绘制多段线　　图 7-140　绘制弧线　　图 7-141　绘制线段

07 调用 HATCH/H【图案填充】命令，对酒柜填充 AR-RROOF 图案，效果如图 7-142 所示。

5．插入图块

射灯图形可直接从图库中调用，效果如图 7-143 所示。

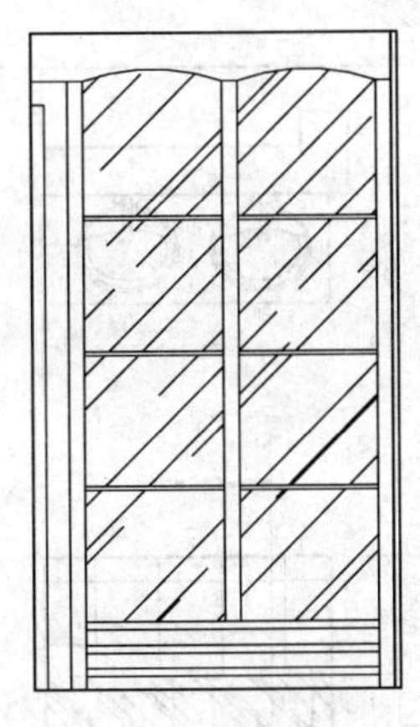

图 7-142　填充酒柜

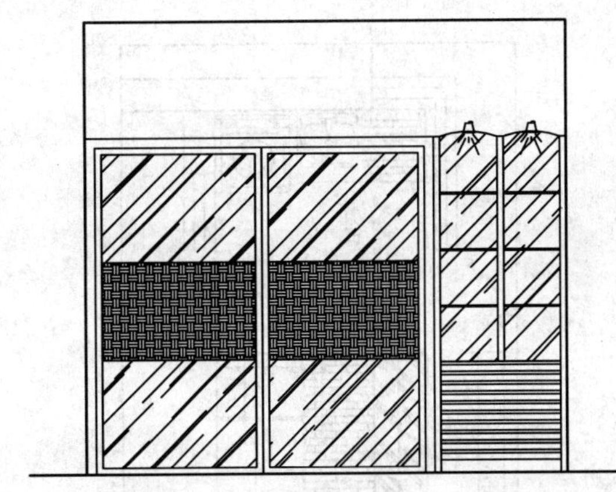

图 7-143　插入图块

6．标注尺寸、材料说明

01 设置“BZ_标注”为当前图层，设置当前注释比例为 1∶50。调用线性标注命令 DIMLINEAR/DLI 和 DIMCONTINUE/DCO【连续性标注】命令进行尺寸标注，如图 7-144 所示。

02 调用 MLEADER/MLD【多重引线】命令对材料进行标注，结果如图 7-145 所示。

7．插入图名

调用 INSERT/I【插入】命令，插入“图名”图块，设置名称为“餐厅 A 立面图”，餐厅 A 立面图绘制完成。

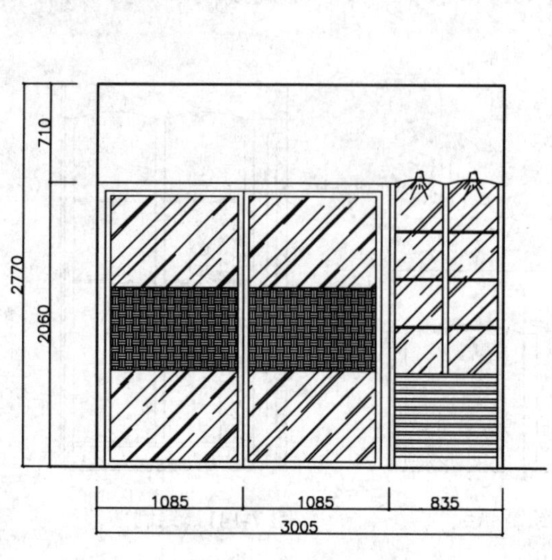

图 7-144　标注尺寸

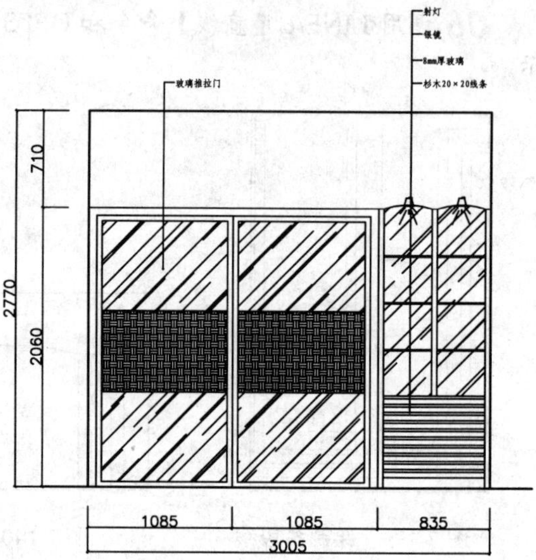

图 7-145　材料说明

7.7.5 绘制其他立面图

使用上述方法绘制如图 7-146 和图 7-147 所示立面图，这里就不再详细讲解了。

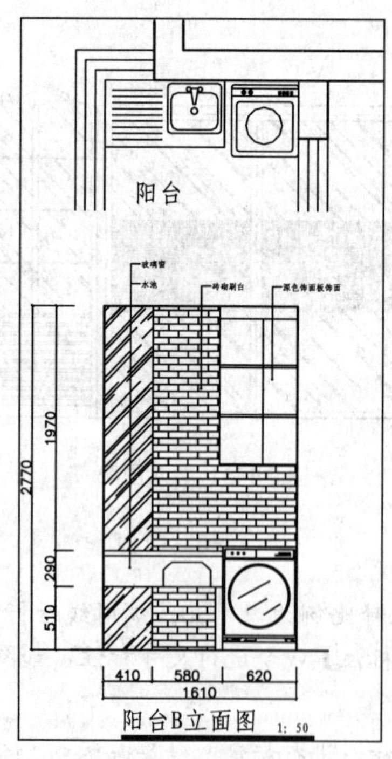

图 7-146　阳台 B 立面图

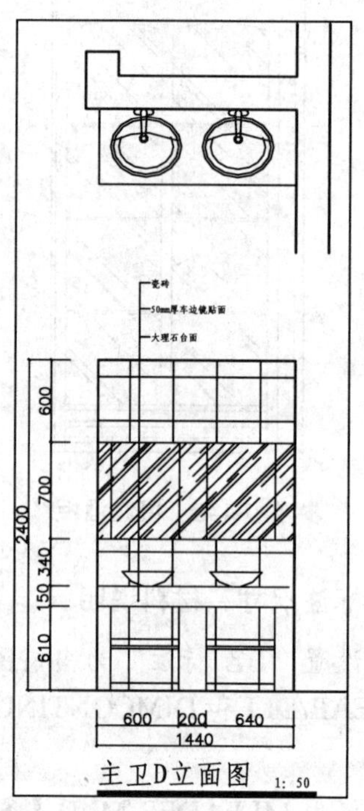

图 7-147　主卫 D 立面图

第8章

本章导读：

地中海风格一般选择自然柔和的色彩，在组合设计上注意空间搭配，充分利用每一寸空间；集装饰与实用与一体，在柜门等组合搭配上避免琐碎，显得大方和自然，时刻能感受到地中海风格家具散发出古老尊贵的田园气息和文化品位。

本章重点：

- 地中海风格概述
- 调用样板新建文件
- 绘制三居室原始户型图
- 绘制三居室平面布置图
- 绘制三居室地材图
- 绘制三居室顶棚图
- 绘制三居室立面图

地中海风格三居室室内设计

8.1 地中海风格概述

地中海风格的基础是明亮、大胆、色彩丰富、简单、民族性、有明显特色。地中海风格不需要太大的技巧，而是保持简单的意念，捕捉光线、取材大自然，大胆而自由的运用色彩、样式，如图 8-1 所示。

8.1.1 地中海风格特点

1. 拱形的浪漫空间

地中海风格的建筑特色是：拱门与半拱门和马蹄状的门窗。建筑中圆形拱门及回廊通常采用数个连接或以垂直交接的方式，在走动观赏中，出现延伸般的透视感，如图 8-2 所示。

图 8-1 地中海风格

图 8-2 拱形的浪漫空间

2. 纯美的色彩方案

地中海家居的最大魅力来自其纯美的色彩组合。

地中海风格按照地域自然出现了三种典型的颜色搭配。

- 蓝与白：这是比较典型的地中海颜色搭配，如图 8-3 所示。
- 黄、蓝紫和绿：形成一种别有情调的色彩组合，十分具有自然的美感。
- 土黄及红褐：这是北非特有的沙漠、岩石、泥、沙等天然景观颜色，再辅以北非土生植物的深红、靛蓝，加上黄铜，带来一种大地般的浩瀚感觉。

3. 不修边幅的线条

线条在家居中是很重要的设计元素。地中海风格中的房屋和家具的线条显得比较自然，形成一种独特的浑圆造型，如图 8-4 所示。

4. 独特的装饰方式

家具尽量采用低彩度、线条简单且修边浑圆的木质家具。同时，地中海风格的家居还要注意绿化，爬藤类植物是常见的居家植物。

图 8-3 蓝与白色彩搭配

图 8-4 不修边幅的线条

8.1.2 地中海风格的设计元素

通常，在地中海风格的家居设计中，会常采用白色泥墙、连续的拱廊与拱门、陶砖、海蓝色的屋瓦和门窗这几种设计元素。

8.2 调用样板新建文件

本书第 4 章创建了室内装潢施工图样板，该样板已经设置了相应的图形单位、样式、图层和图块等，原始户型图可以直接在此样板的基础上进行绘制。

01 执行【文件】|【新建】命令，打开“选择样板”对话框。

02 单击使用样板按钮，选择“室内装潢施工图模板”，如图 8-5 所示。

03 单击【打开】按钮，以样板创建图形，新图形中包含了样板中创建的图层、样式和图块等内容。

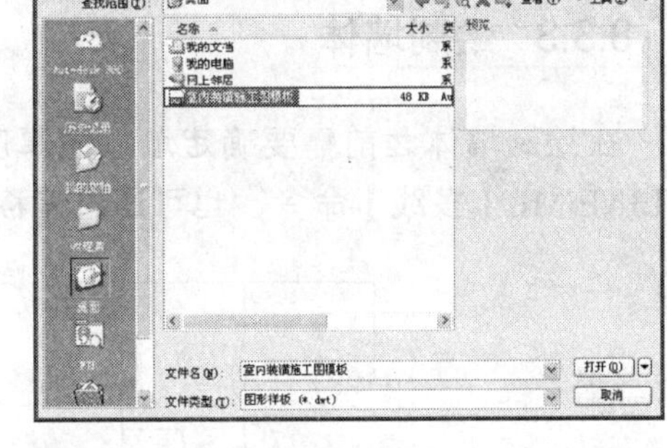

图 8-5 “选择样板”对话框

04 选择【文件】|【保存】命令，打开“图形另存为”对话框，在“文件名”框中输入文件名，单击【保存】按钮保存图形。

8.3 绘制三居室原始户型图

在进行室内设计时，有时需要从业主提供的原始户型图开始。平面布置图可在原始户型图的基础上进行绘制，如图 8-6 所示为本例三居室原始户型图。

8.3.1 绘制轴线

采用轴网法绘制墙体比较方便，如图 8-7 所示为本例轴线，由于轴线全部是正交轴线，因此可使用 OFFSET/O【偏移】命令，通过偏移得到。

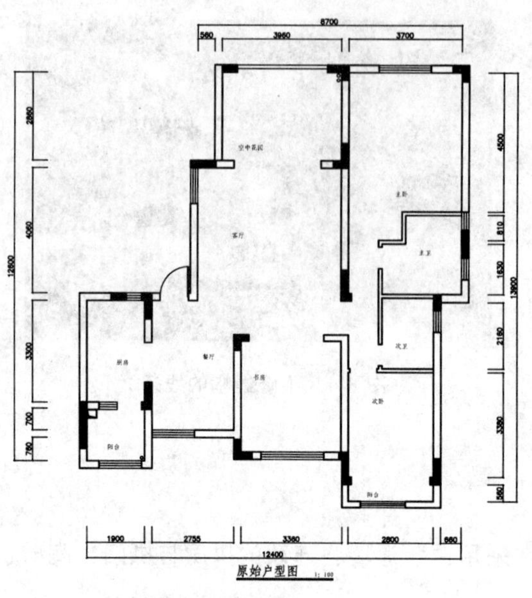

图 8-6 原始户型图

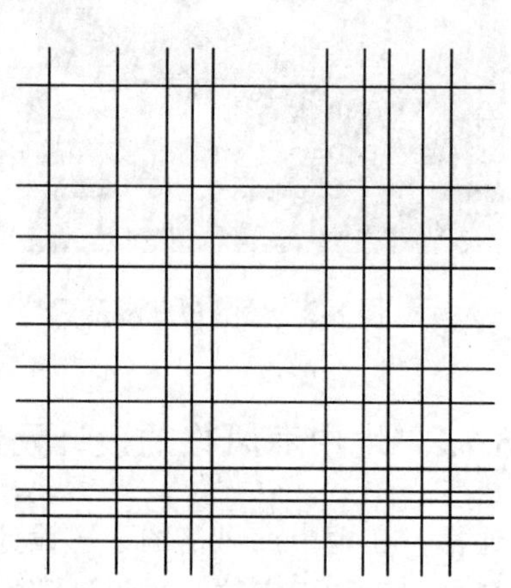

图 8-7 绘制轴线

8.3.2 修剪轴线

调用 TRIM/TR【修剪】命令，对轴线进行修剪，结果如图 8-8 所示。

8.3.3 绘制墙体

在绘制墙体之前需要确定墙体的厚度，外墙与内墙的尺寸不同。墙体的绘制可使用 MLINE/ML【多线】命令，也可通过偏移轴线绘制，绘制完成后的墙体如图 8-9 所示。

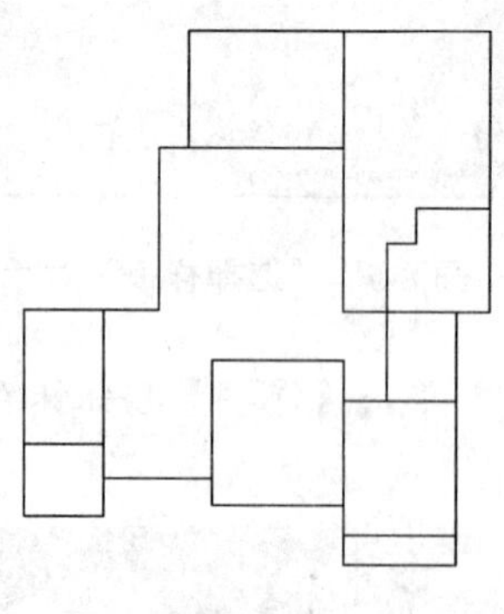

图 8-8 修剪轴线

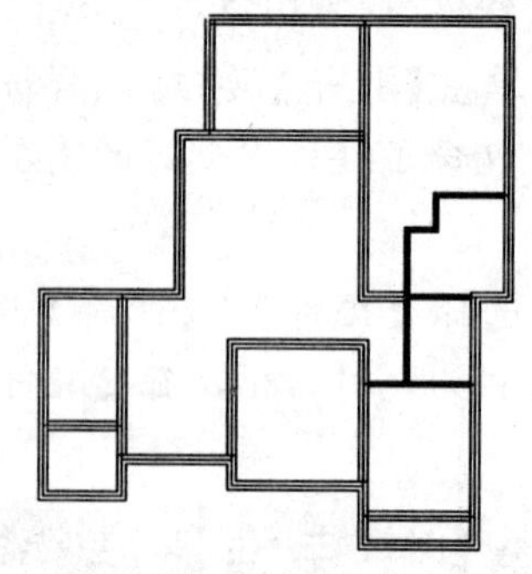

图 8-9 绘制墙体

8.3.4 修剪墙体

墙体绘制完成后还需要经过修剪，调用 TRIM/TR【修剪】命令，对墙体进行修剪，效果如图 8-10 所示。

8.3.5 标注尺寸

绘制完墙体厚，即可开始标注尺寸。尺寸标注包括局部和总体两部分。标注尺寸和调用 DIMLINEAR/DLI【线性标注】命令标注并结合 DIMCONTINUE/DCO【连续性标注】命令标注尺寸，标注结果如图 8-11 所示。

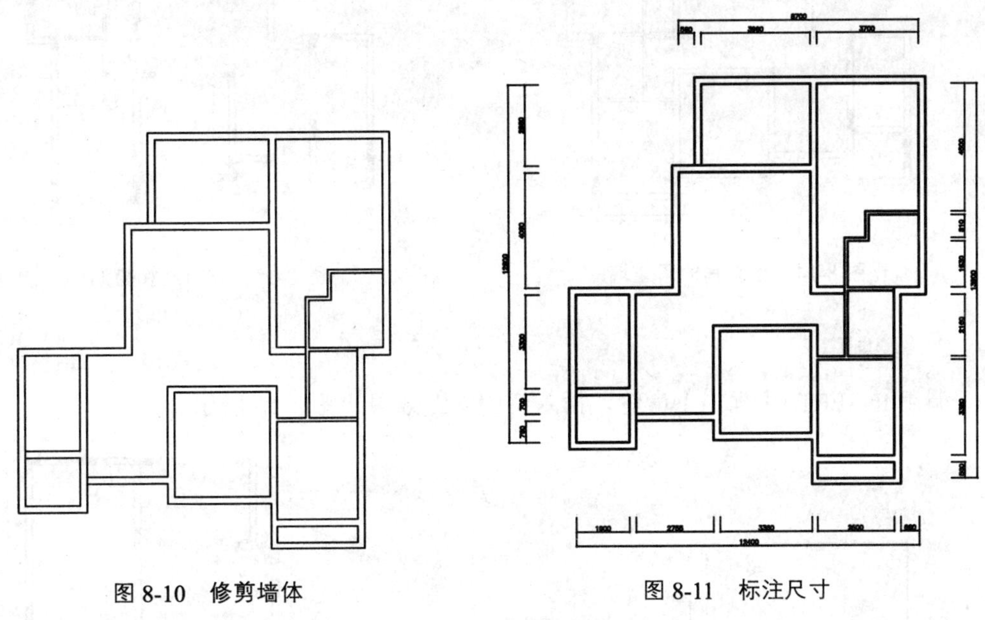

图 8-10 修剪墙体　　图 8-11 标注尺寸

8.3.6 绘制承重墙

01 调用 LINE/L【直线】命令，绘制线段，封闭区域，如图 8-12 所示。

02 调用 HATCH/H【填充图案】命令，在区域内填充 SOLID 图案，效果如图 8-13 所示。

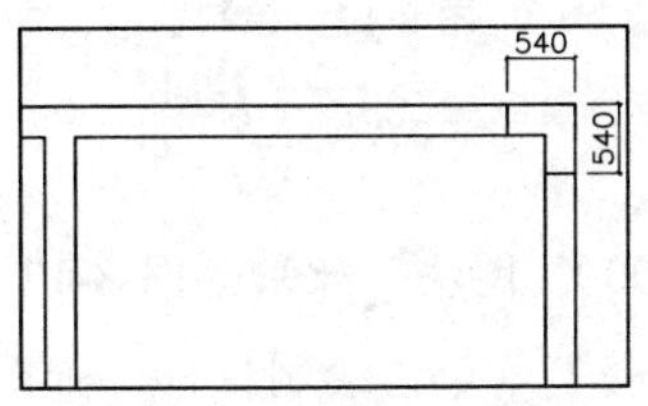

图 8-12 绘制线段

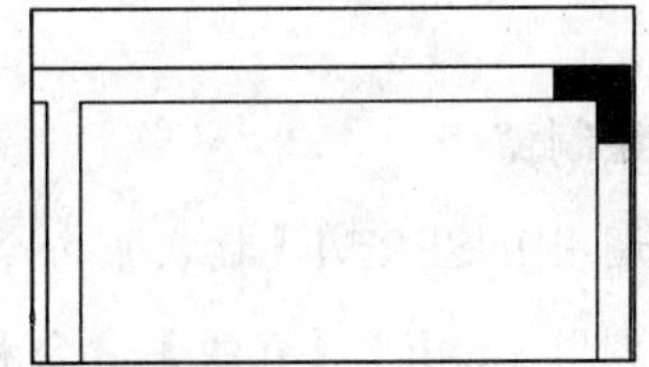

图 8-13 填充图案

03 使用相同的方法绘制其他承重墙，如图 8-14 所示。

8.3.7 开门窗洞及绘制门窗

1. 开门窗洞

调用 OFFSET/O【偏移】命令和 TRIM/TR【修剪】命令开窗洞和门洞，效果如图 8-15

所示。

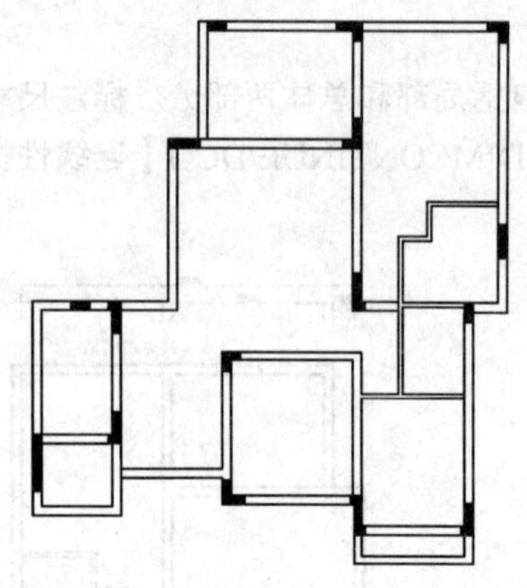
图 8-14　绘制其他承重墙

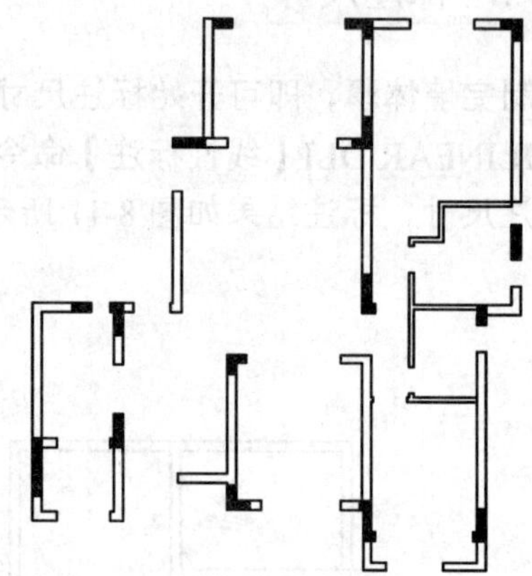
图 8-15　开门洞和窗洞

2. 绘制门

调用 INSERT/I【插入】命令，插入门图块，效果如图 8-16 所示。

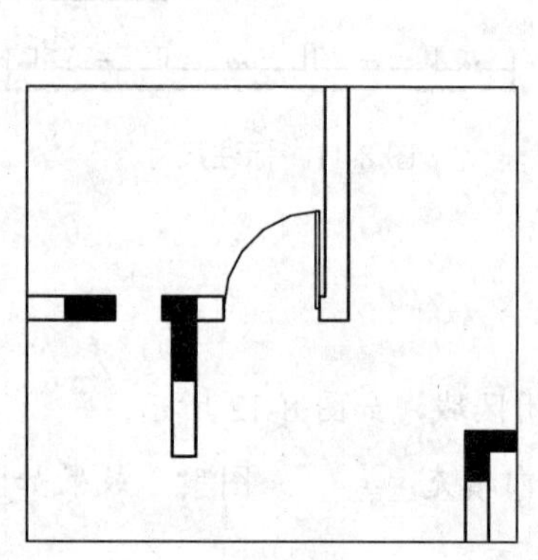
图 8-16　绘制门

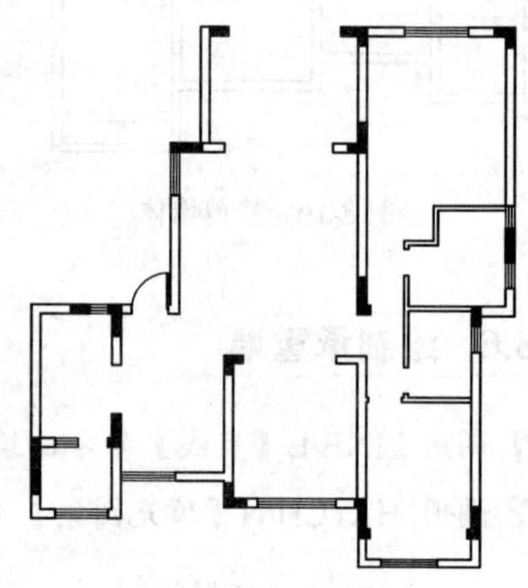
图 8-17　绘制窗

3. 绘制窗

01 调用 INSERT/I【插入】命令，插入“窗（1000）”图块，效果如图 8-17 所示。

02 调用 LINE/L【直线】命令和 OFFSET/O【偏移】命令，绘制栏杆，如图 8-18 所示。

4. 文字标注

调用 MTEXT/MT【多行文字】命令对各个房间的名称进行标注，结果如图 8-19 所示。

8.3.8 绘制管道和图名

调用 RECTANG/REC【矩形】命令、OFFSET/O【偏移】命令和 CIRCLE/C【圆】命令，绘制管道。

调用 INSERT/I【插入】命令，插入“图名”图块，完成三居室原始户型图的绘制。

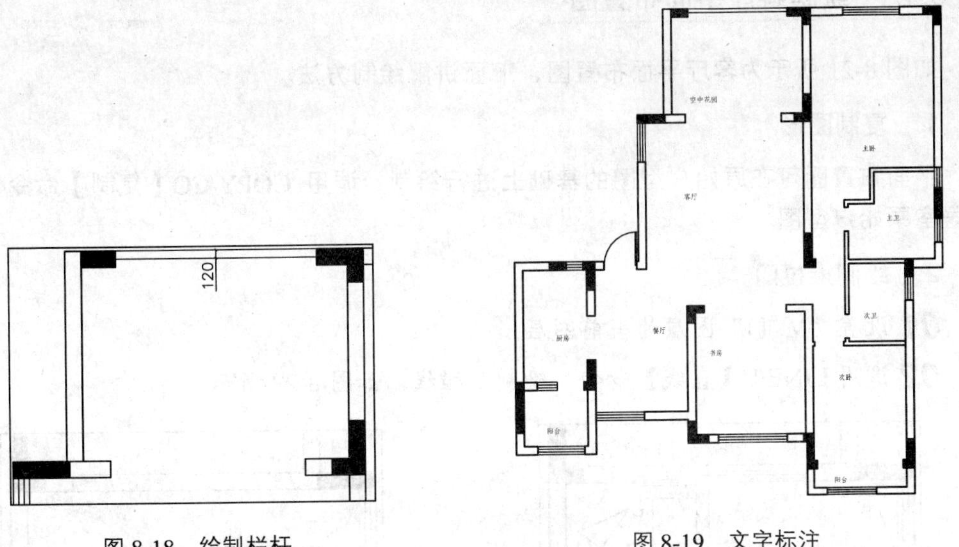

图 8-18　绘制栏杆　　　　图 8-19　文字标注

8.4 绘制三居室平面布置图

本节讲解地中海风格三居室平面布置图的画法，绘制完成的平面布置图如图 8-20 所示。

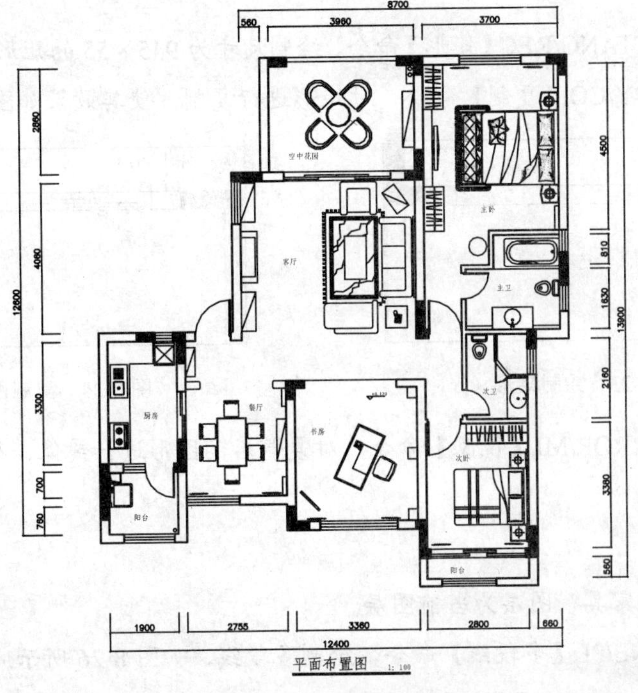

图 8-20　平面布置图

8.4.1 绘制客厅平面布置图

如图 8-21 所示为客厅平面布置图，下面讲解绘制方法。

1. 复制图形

平面布置图可在原始户型图的基础上进行绘制，调用 COPY/CO【复制】命令，复制三居室原始户型图。

2. 绘制推拉门

01 设置"M_门"图层为当前图层。

02 调用 LINE/L【直线】命令，绘制门槛线，如图 8-22 所示。

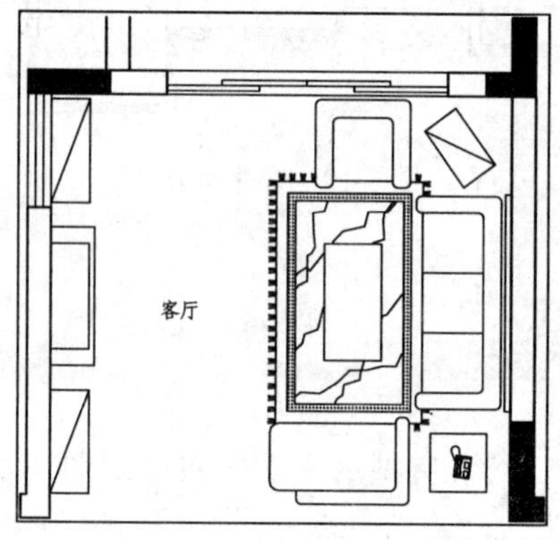

图 8-21 客厅平面布置图

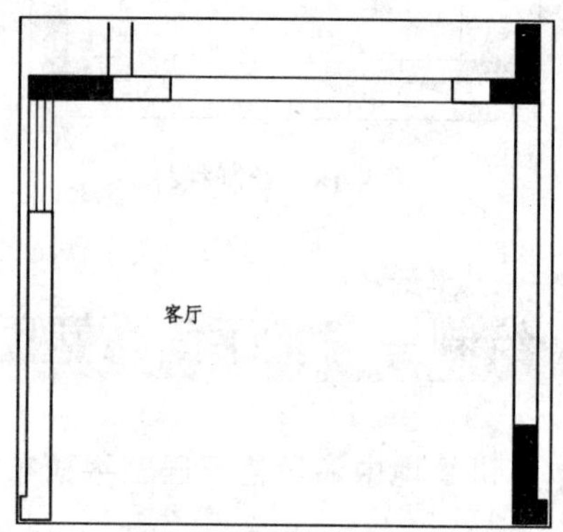

图 8-22 绘制门槛线

03 调用 RECTANG/REC【矩形】命令，绘制尺寸为 945×55 的矩形，如图 8-23 所示。

04 调用 COPY/CO【复制】命令，对矩形进行复制，使其效果如图 8-24 所示。

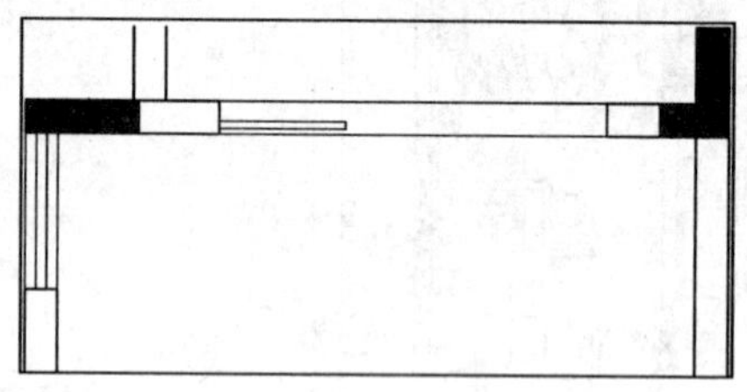

图 8-23 绘制矩形

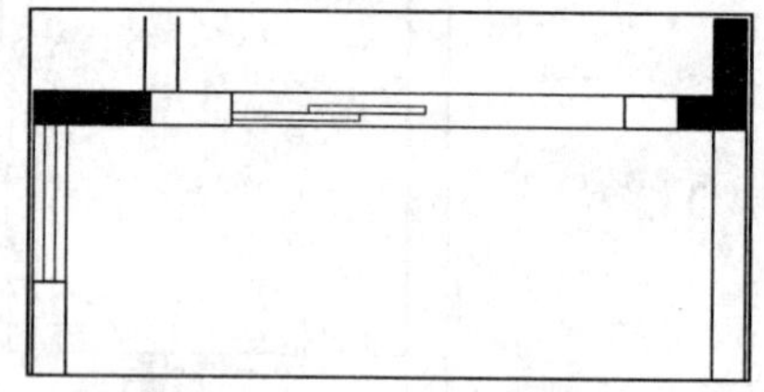

图 8-24 复制图形

05 调用 MIRROR/MI【镜像】命令，对复制后的图形进行镜像，得到推拉门图形，如图 8-25 所示。

3. 绘制壁炉

01 设置"JJ_家具"图层为当前图层。

02 调用 PLINE/PL【多段线】命令，绘制多段线，如图 8-26 所示。

03 调用 EXPLODE/X【分解】命令，对多段线进行分解。

04 调用 OFFSET/O【偏移】命令，将分解后的线段向内偏移，并进行修剪，效果如

图 8-27 所示。

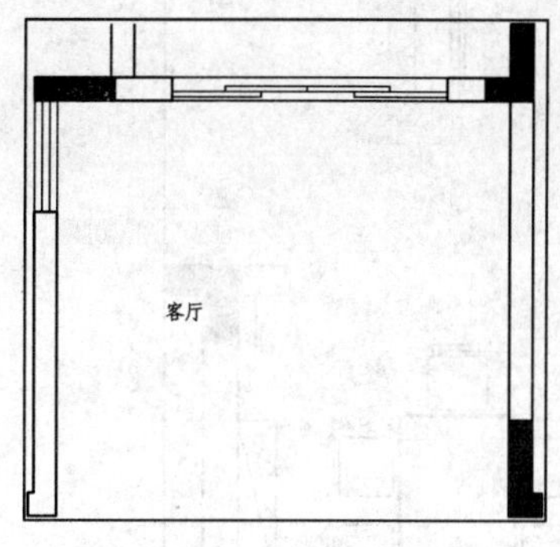

图 8-25 镜像图形

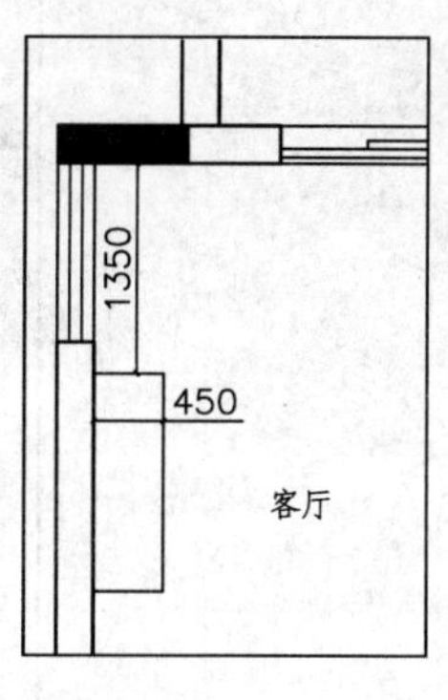

图 8-26 绘制多段线

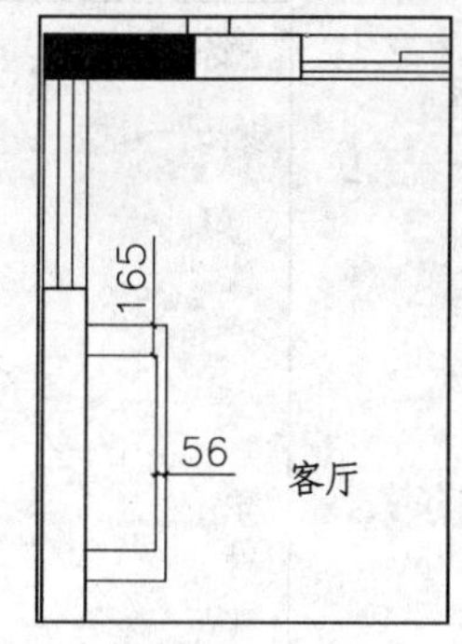

图 8-27 偏移线段

4. 绘制装饰柜

01 调用 RECTANG/REC【矩形】命令，绘制尺寸为 400 × 1050 的矩形，表示装饰柜的轮廓，如图 8-28 所示。

02 调用 LINE/L【直线】命令，在矩形中绘制一条对角线，表示是不到顶的，如图 8-29 所示。

03 调用 COPY/CO【复制】命令，对装饰柜进行复制，如图 8-30 所示。

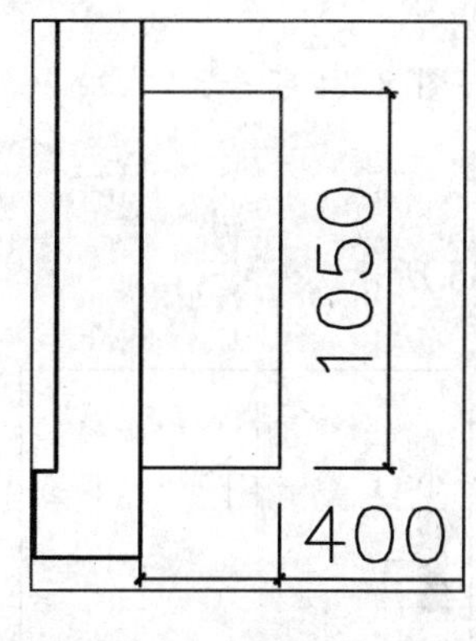

图 8-28 绘制矩形

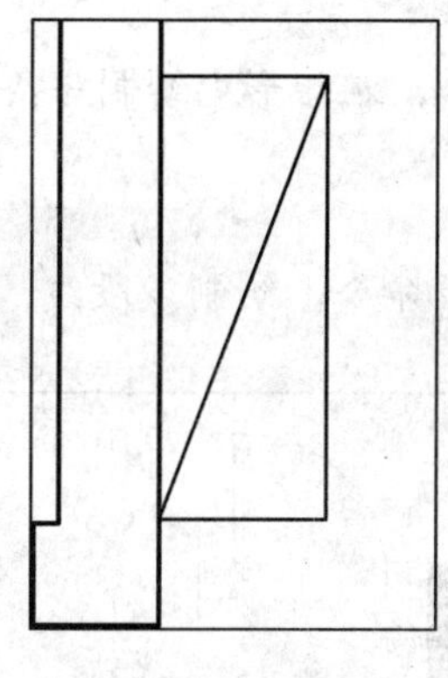

图 8-29 绘制线段

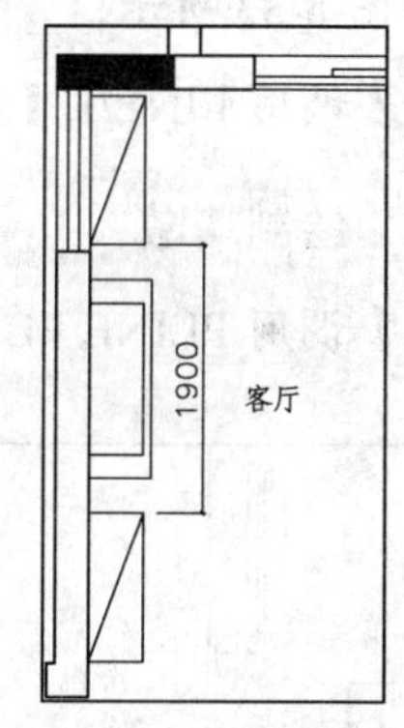

图 8-30 复制装饰柜

5. 绘制沙发背景造型

调用 PLINE/PL【多段线】命令，绘制多段线表示沙发背景造型，如图 8-31 所示。

6. 插入图块

打开本书配套光盘中的“第 8 章\家具图例.dwg”文件，分别选择空调和沙发组等图形，复制到客厅平面布置图中，然后使用 MOVE/M【移动】命令将图形移到相应的位置，结果如图 8-21 所示，客厅平面布置图绘制完成。

8.4.2 绘制玄关和餐厅平面布置图

玄关和餐厅平面布置图如图 8-32 所示，下面讲解绘制方法。

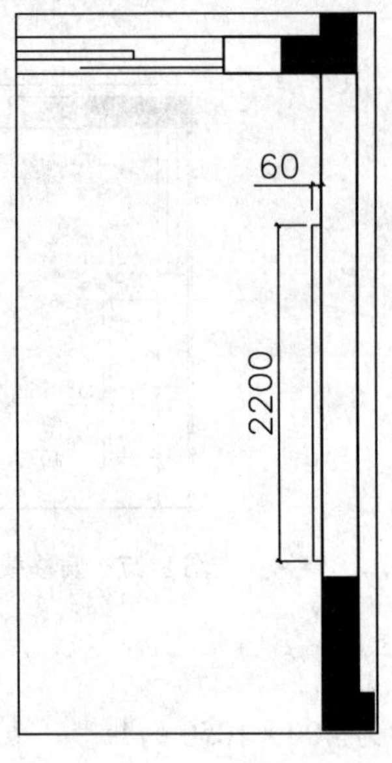

图 8-31　绘制多段线

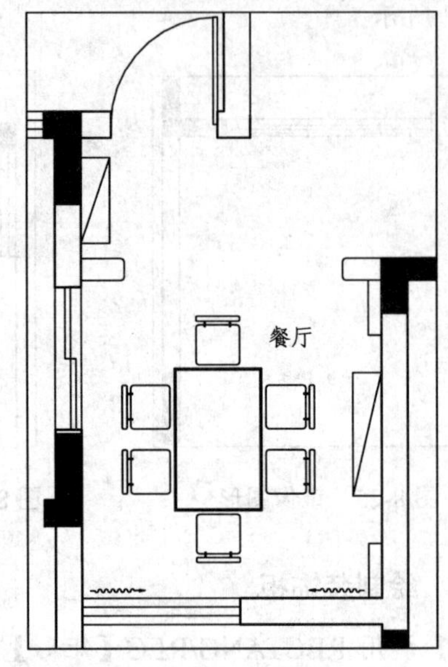

图 8-32　玄关和餐厅平面布置图

1. 绘制鞋柜

01 调用 RECTANG/REC【矩形】命令，绘制尺寸为 270×780 的矩形，表示鞋柜轮廓，如图 8-33 所示。

02 调用 LINE/L【直线】命令，在矩形中绘制一条线段，如图 8-34 所示。

2. 绘制墙墩

01 调用 PLINE/PL【多段线】命令，绘制多段线，如图 8-35 所示。

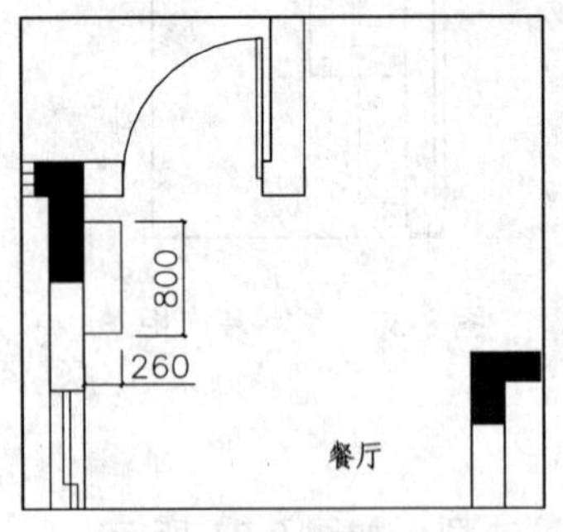

图 8-33　绘制矩形

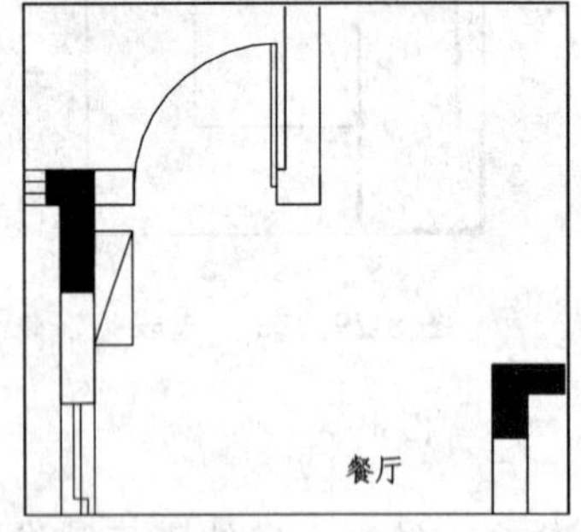

图 8-34　绘制线段

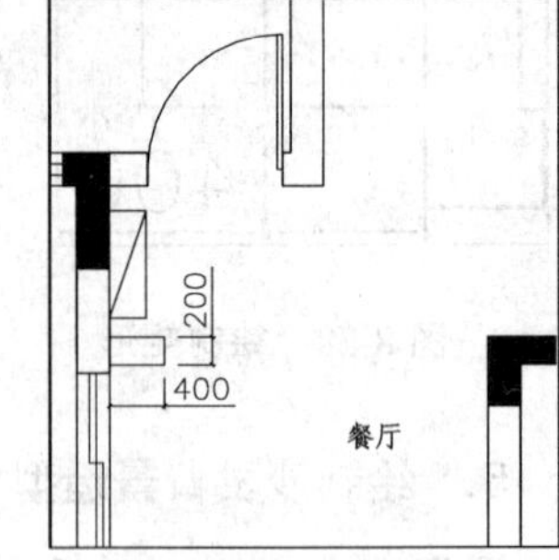

图 8-35　绘制多段线

02 调用 FILLET/F【圆角】命令，对多段线进行圆角，圆角半径为 30，如图 8-36 所示。

03 调用 MIRROR/MI【镜像】命令，将图形镜像到右侧，如图 8-37 所示。

3. 绘制装饰柜和墙面装饰造型

01 调用 PLINE/PL【多段线】命令，绘制多段线，如图 8-38 所示。

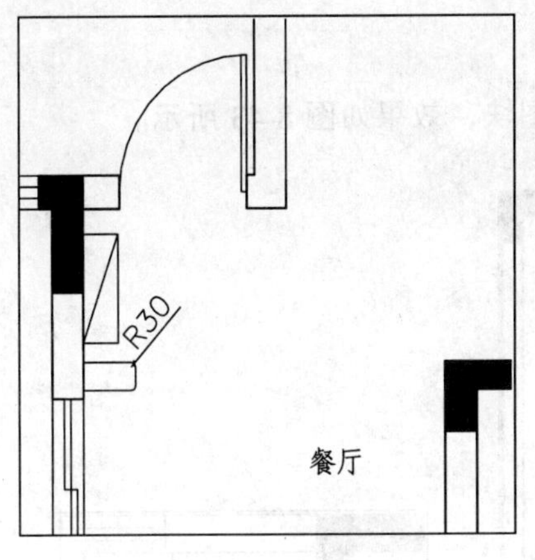

图 8-36　圆角多段线

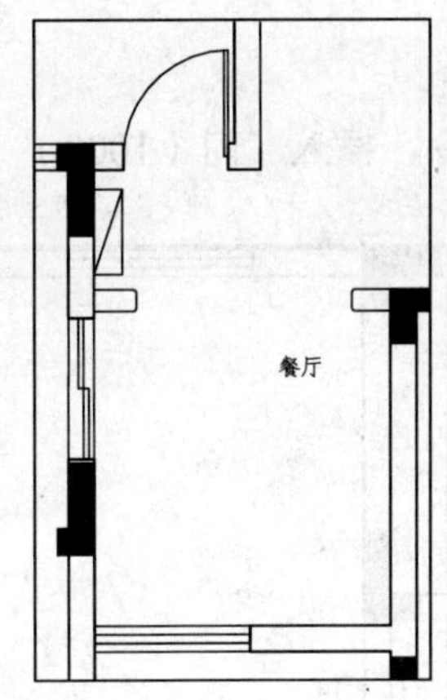

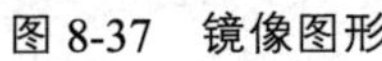

图 8-37　镜像图形

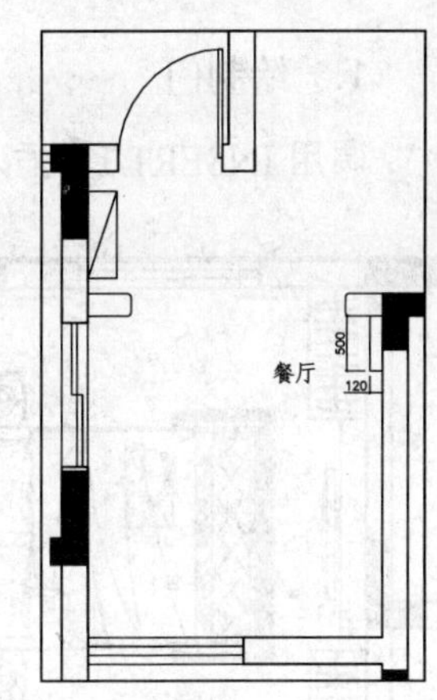

图 8-38　绘制多段线

02 调用 MIRROR/MI【镜像】命令，将多段线镜像到下方，如图 8-39 所示。

03 调用 RECTANG/REC【矩形】命令和 LINE/L【直线】命令，绘制装饰柜，如图 8-40 所示。

4．绘制窗帘

调用 PLINE/PL【多段线】命令和 MIRROR/MI【镜像】命令，绘制窗帘，如图 8-41 所示。

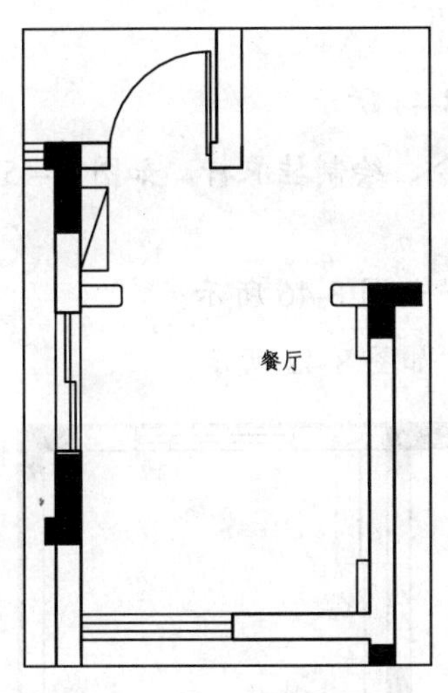

图 8-39　镜像多段线

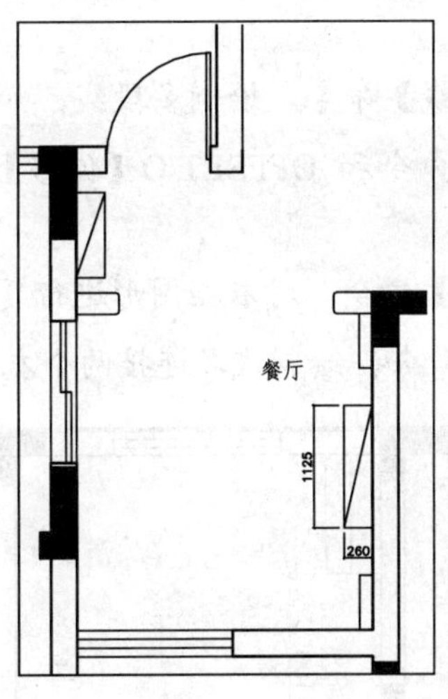

图 8-40　绘制装饰柜

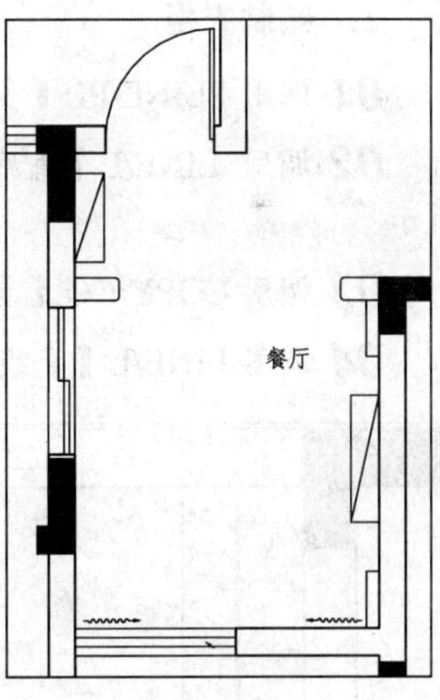

图 8-41　绘制窗帘

5．插入图块

从图库中插入餐桌椅等图块，效果如图 8-32 所示，玄关和餐厅平面布置图绘制完成。

8.4.3　绘制主卧和主卫平面布置图

主卧和主卫平面布置图如图 8-42 所示，下面讲解绘制方法。

1. 绘制门

调用 INSERT/I【插入】命令，插入“门（1000）”图块，效果如图 8-43 所示。

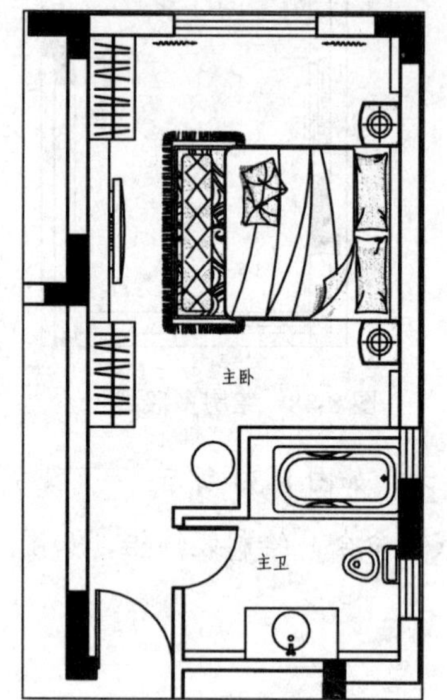

图 8-42　主卧和主卫平面布置图

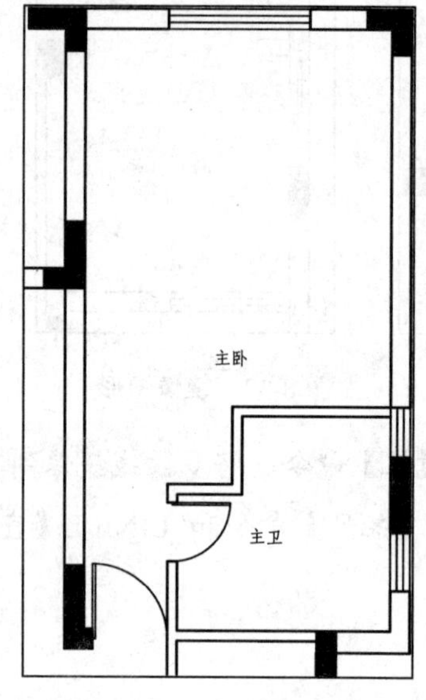

图 8-43　插入门图块

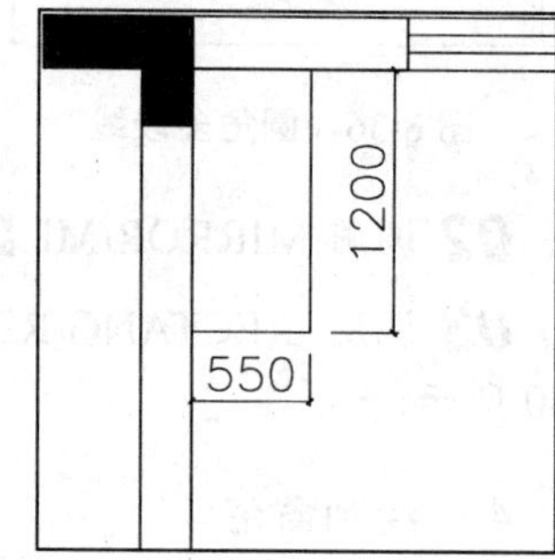

图 8-44　绘制多段线

2. 绘制衣柜

01 调用 PLINE/PL【多段线】命令，绘制多段线，如图 8-44 所示。

02 调用 LINE/L【直线】命令和 OFFSET/O【偏移】命令，绘制挂衣杆，如图 8-45 所示。

03 调用 COPY/CO【复制】命令，对衣柜图形进行复制，如图 8-46 所示。

04 调用 LINE/L【直线】命令，绘制线段连接两个衣柜，如图 8-47 所示。

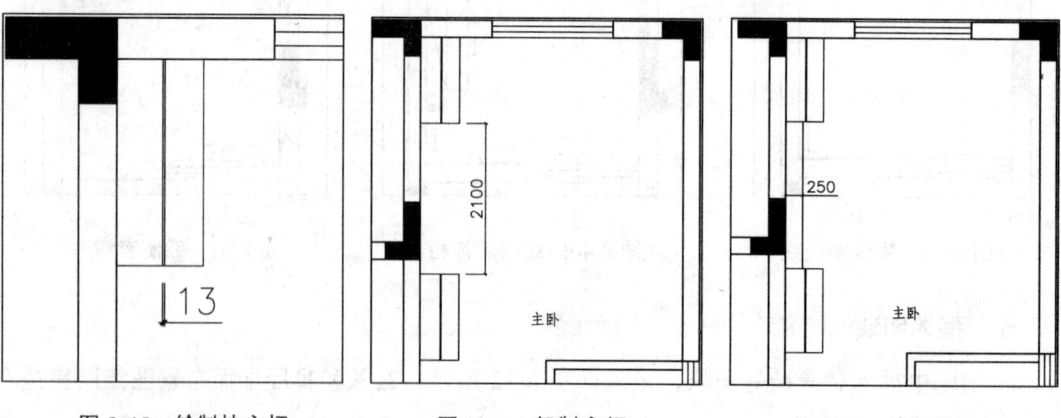

图 8-45　绘制挂衣杆　　图 8-46　复制衣柜　　图 8-47　绘制线段

3. 绘制窗帘

01 调用 PLINE/PL【多段线】命令，绘制窗帘，并移动到相应的位置，如图 8-48 所

示。

02 调用 MIRROR/MI【镜像】命令，对窗帘进行镜像，如图 8-49 所示。

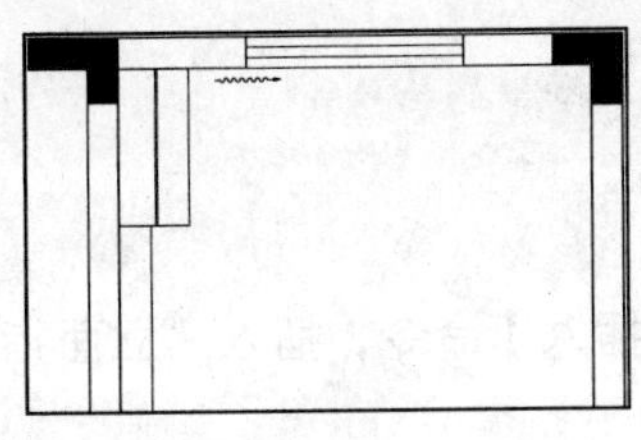

图 8-48 绘制窗帘

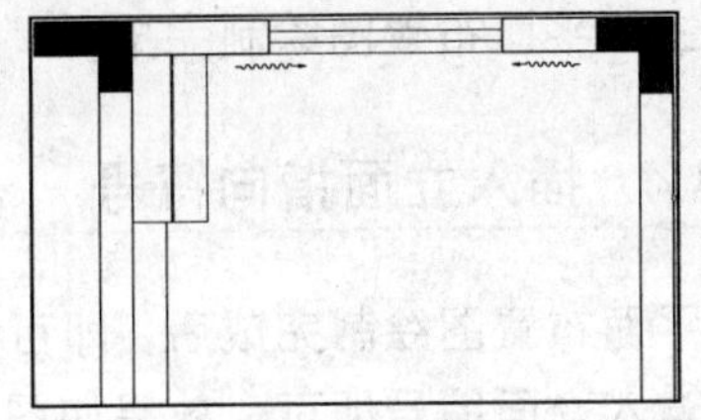

图 8-49 镜像窗帘

4. 绘制床背景造型

01 调用 PLINE/PL【多段线】命令，绘制多段线，如图 8-50 所示。

02 调用 MIRROR/MI【镜像】命令，将多段线进行镜像，如图 8-51 所示。

5. 绘制圆椅

调用 CIRCLE/C【圆】命令，绘制半径为 250 的圆表示圆椅，如图 8-52 所示。

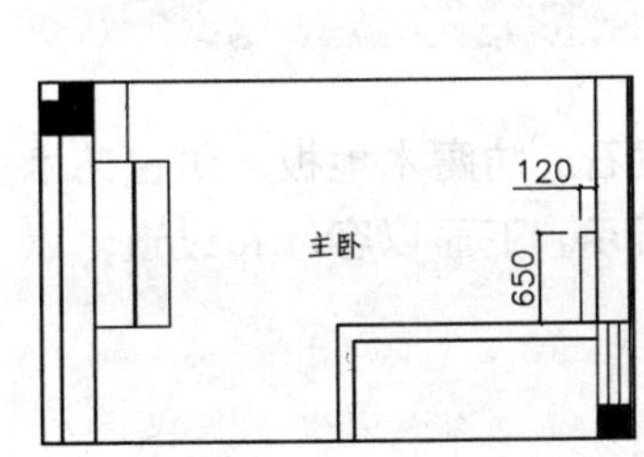

图 8-50 绘制多段线

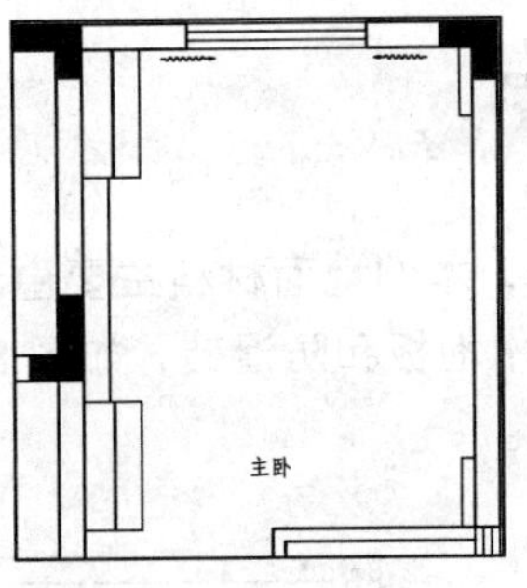

图 8-51 镜像多段线

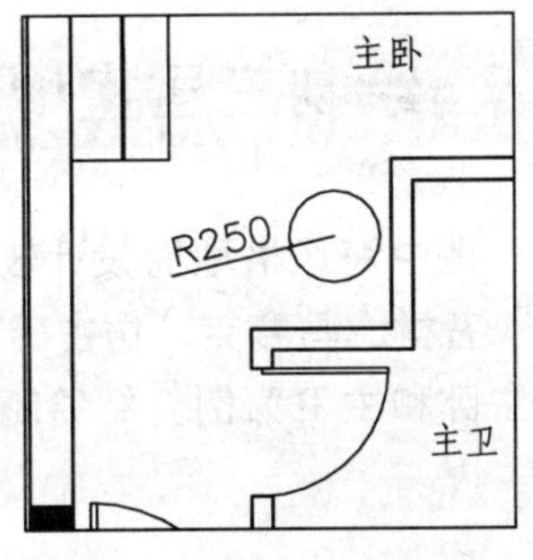

图 8-52 绘制圆椅

6. 绘制洗手台

01 调用 PLINE/PL【多段线】命令，绘制洗手台轮廓，如图 8-53 所示。

02 调用 LINE/L【直线】命令，在洗手台两侧绘制线段，如图 8-54 所示。

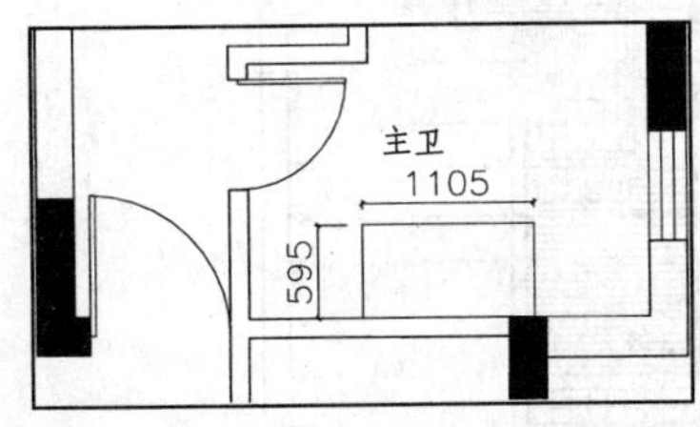

图 8-53 绘制多段线

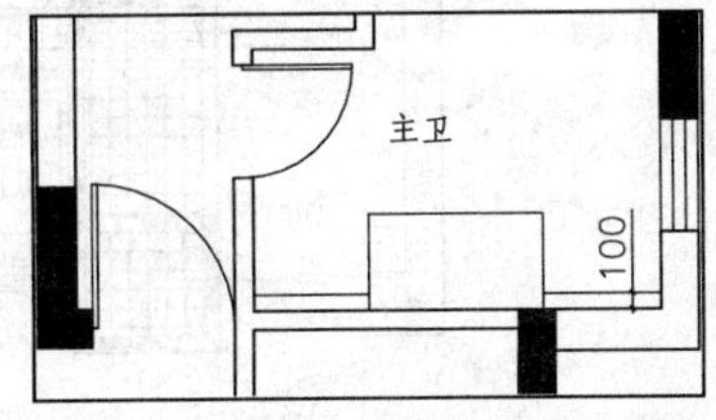

图 8-54 绘制线段

03 调用 LINE/L【直线】命令，如图 8-55 所示位置绘制线段，表示浴缸台面。

7. 插入图块

从图库中插入衣架、电视、床、浴缸、洗手盆和坐便器等图块，效果如图 8-42 所示，主卧和主卫平面布置图绘制完成。

8.4.4 插入立面指向符号

当平面布置图绘制完成后，即可调用 INSERT/I【插入】命令，插入“立面指向符”图块，并输入立面编号即可，效果如图 8-56 所示。

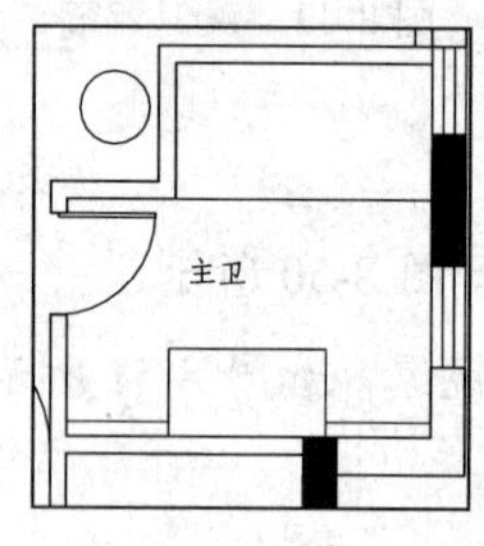

图 8-55 绘制线段

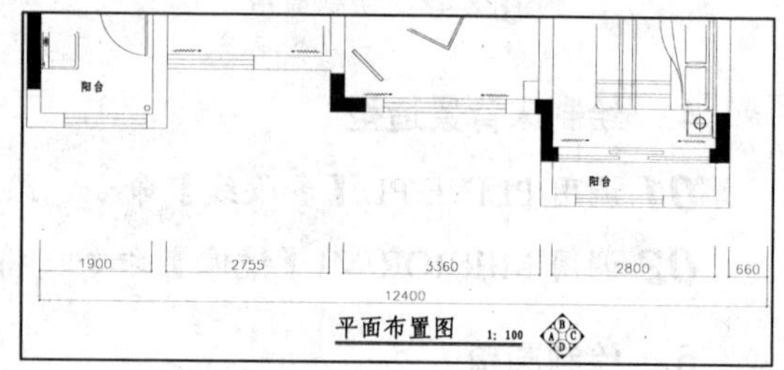

图 8-56 插入立面指向符

8.5 绘制三居室地材图

地中海风格地面设计较复杂，本例地面材料主要由米洞黄石、防腐木地板、仿古艺术砖、石材、马赛克、仿古砖、实木地板和防滑砖，如图 8-57 所示，下面以客厅和过道，以及主卧和主卫为例介绍绘制方法。

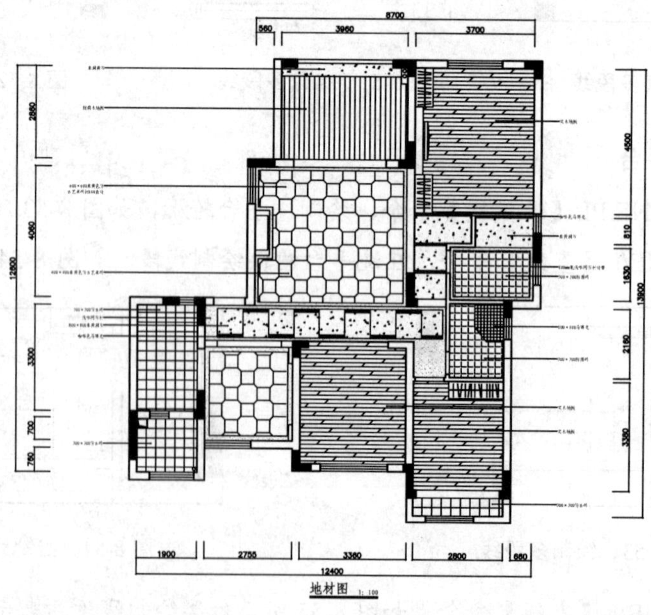

图 8-57 地材图

8.5.1 绘制客厅和过道地材图

如图 8-58 所示为客厅和过道地材图，下面讲解绘制方法。

1. 复制图形

地材图可在平面布置图的基础上进行绘制，因为地材图需要用到平面布置图中的墙体等图形。调用 COPY/CO【复制】命令，复制三居室平面布置图，然后删除所有与地材图无关的图形，如图 8-59 所示。

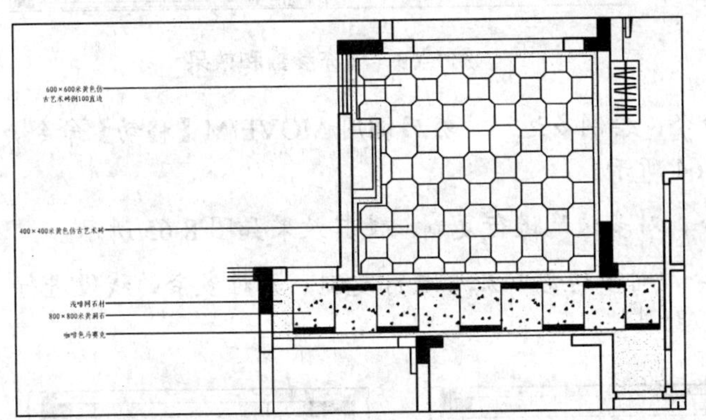

图 8-58 客厅和过道地材图

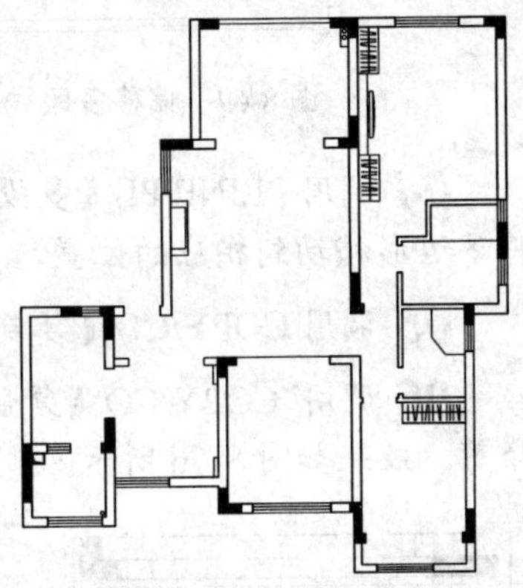

图 8-59 整理图形

2. 绘制门槛线

01 设置“DM_地面”图层为当期图层。

02 调用 LINE/L【直线】命令，在门洞位置绘制门槛线，如图 8-60 所示。

3. 绘制地面图案

01 调用 PLINE/PL【多段线】命令，绘制多段线，如图 8-61 所示。

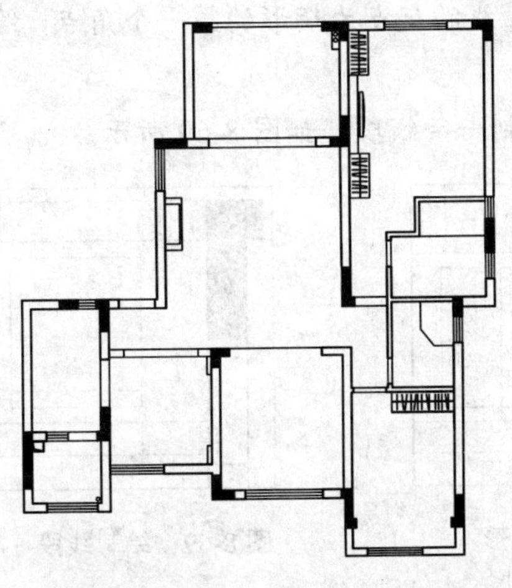

图 8-60 绘制门槛线

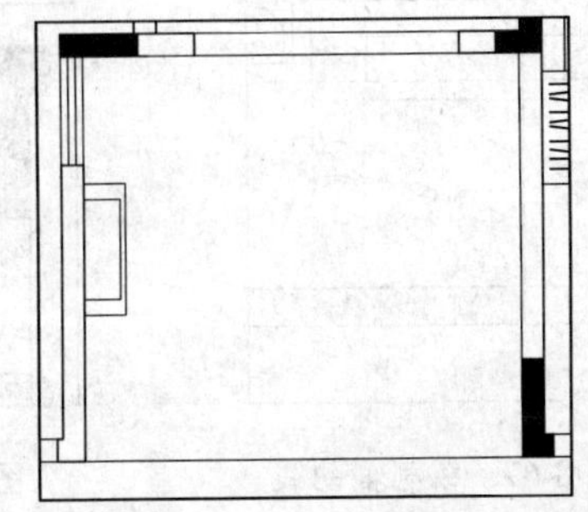

图 8-61 绘制多段线

02 调用 OFFSET/O【偏移】命令，将多段线向内偏移 100，如图 8-62 所示。

03 调用 HATCH/H【图案填充】命令，在多段线内填充 AR-CONC 图案，填充参数和效果如图 8-63 所示。

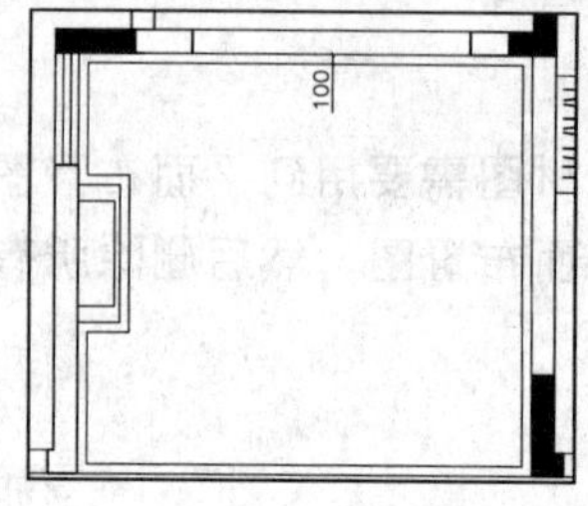

图 8-62 偏移多段线

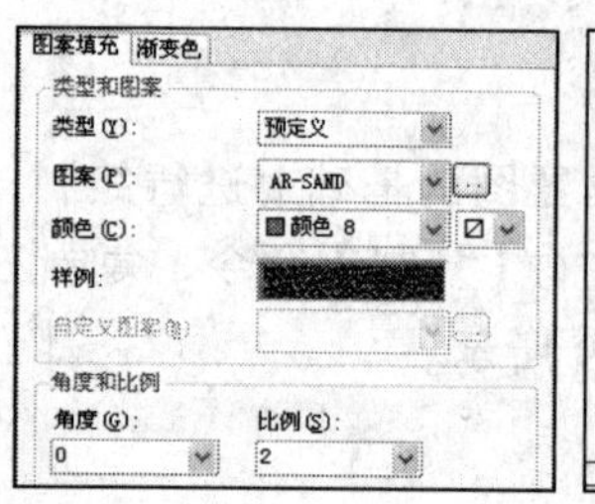

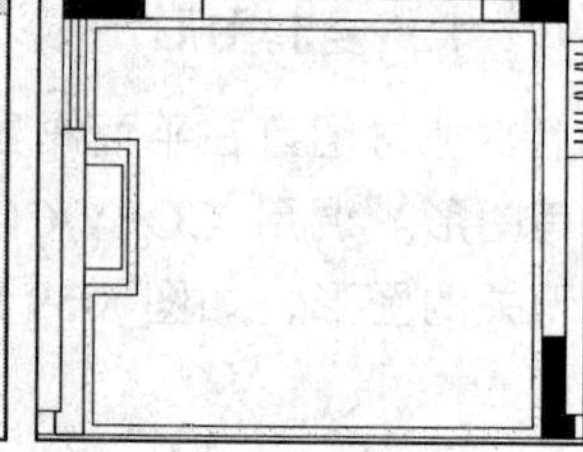

图 8-63 填充参数和效果

04 调用 PLINE/PL【多段线】命令，绘制多边形，然后调用 MOVE/M【移动】命令，将多边形移动到相应的位置，如图 8-64 所示。

05 调用 COPY/CO【复制】命令，对多边形进行复制，使其效果如图 8-65 所示。

06 调用 COPY/CO【复制】命令，对多边形和矩形进行复制，并对多余的线段进行修剪，效果如图 8-66 所示。

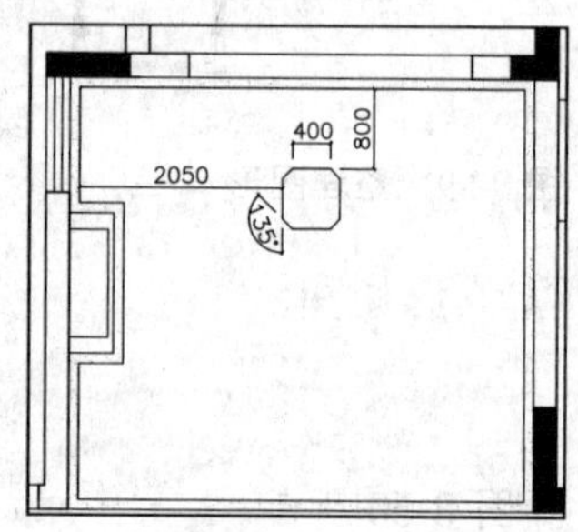

图 8-64 绘制多边形

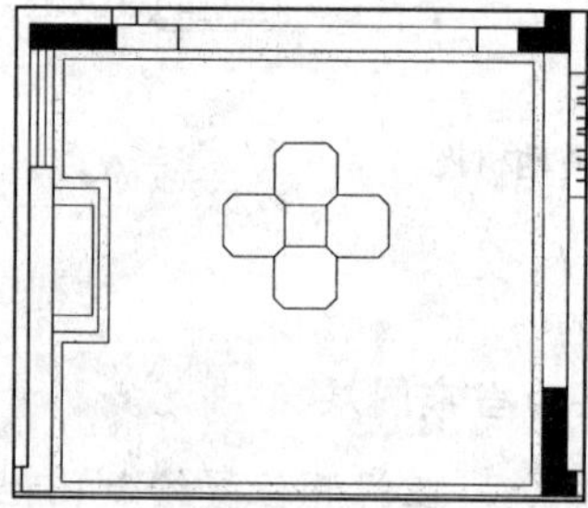

图 8-65 复制多边形

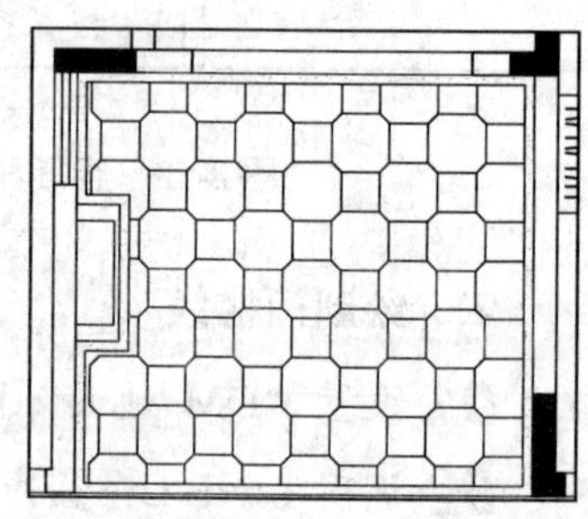

图 8-66 复制图形

07 调用 OFFSET/O【偏移】命令，绘制辅助线，如图 8-67 所示。

08 调用 RETANG/REC【矩形】命令，以辅助线的交点为矩形的第一个角点，绘制尺寸为 800×900 的矩形，如图 8-68 所示。

09 调用 LINE/L【直线】命令，在矩形内绘制一条线段，如图 8-69 所示。

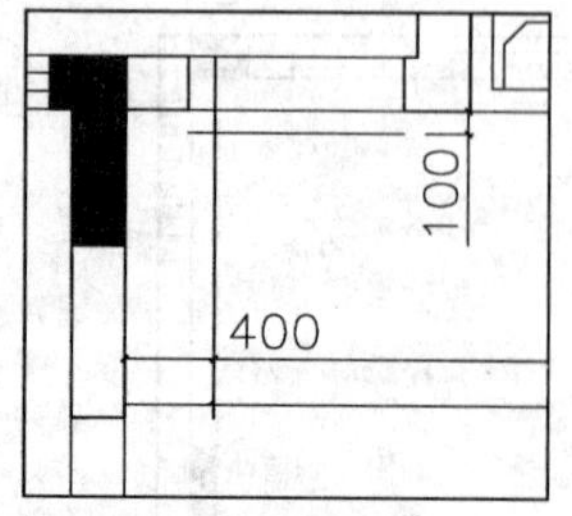

图 8-67 绘制辅助线

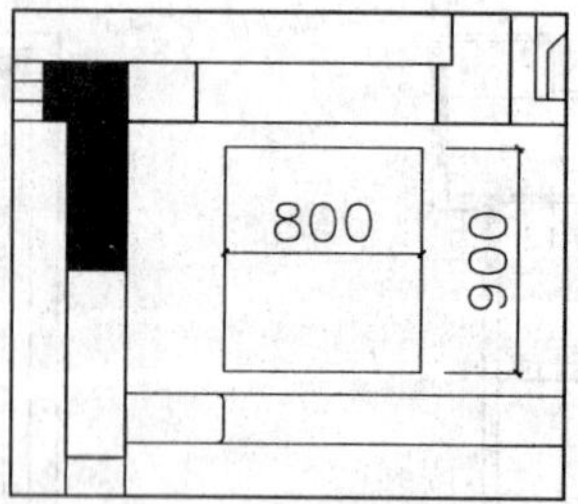

图 8-68 绘制矩形

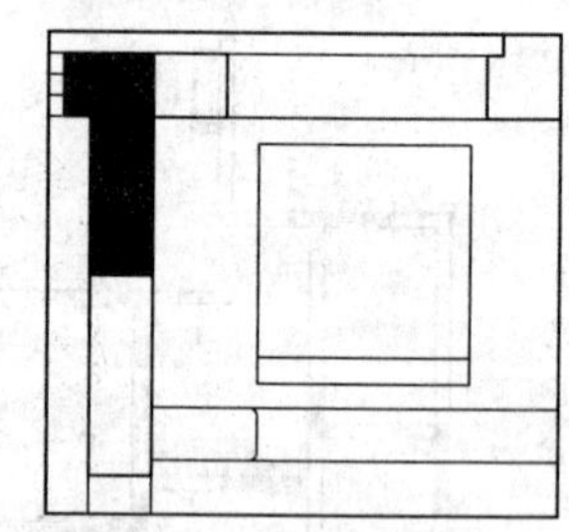

图 8-69 绘制线段

10 调用 HATCH/H【图案填充】命令，在线段下方填充“用户定义”图案，填充参数和效果如图 8-70 所示。

11 调用 HATCH/H【图案填充】命令，在线段上方填充 AR-CONC 图案，效果如图 8-71 所示。

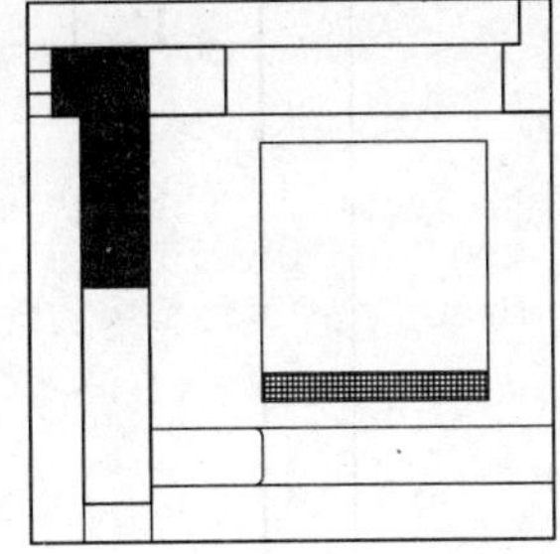

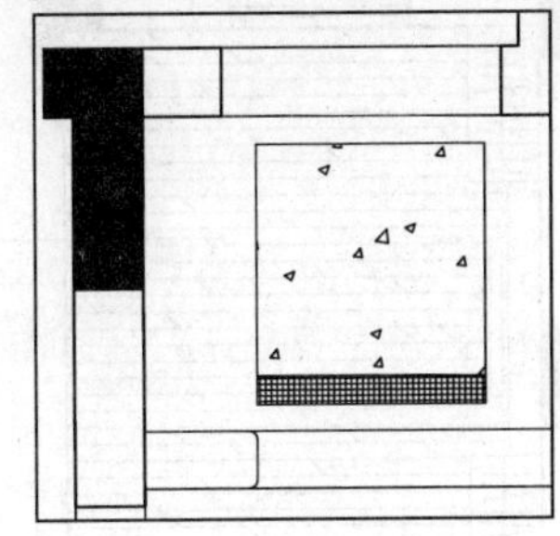

图 8-70 填充参数和效果　　图 8-71 填充图案

12 调用 COPY/CO【复制】命令和 ROTATE/RO【旋转】命令，对图形进行复制和旋转，如图 8-72 所示。

13 调用 COPY/CO【复制】命令，复制图形，并对最后一个图形进行调整，效果如图 8-73 所示。

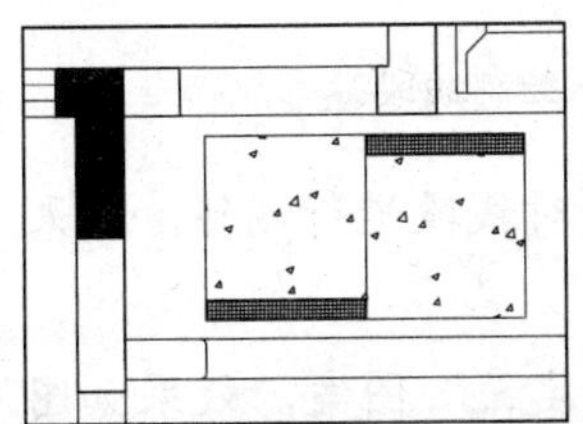

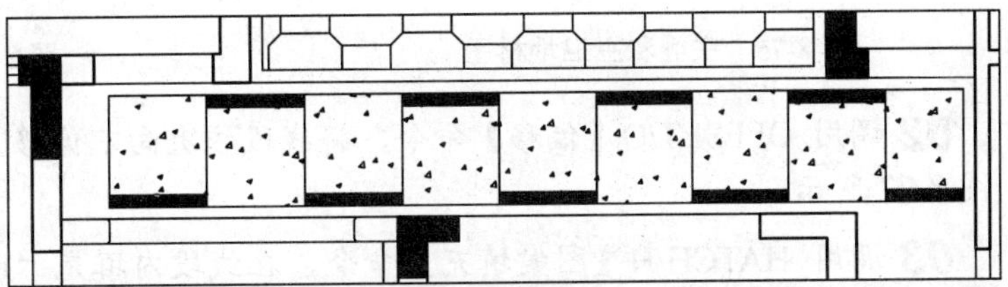

图 8-72 复制和旋转图形　　图 8-73 复制图形

14 调用 HATCH/H【图案填充】命令，对过道其他区域填充 AR-SAND 图案，填充参数和效果如图 8-74 所示。

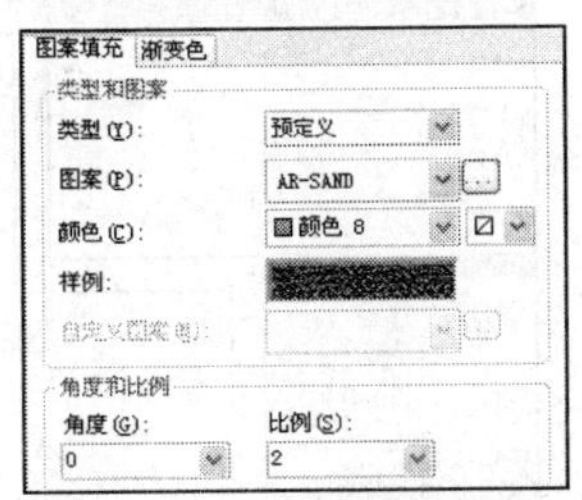

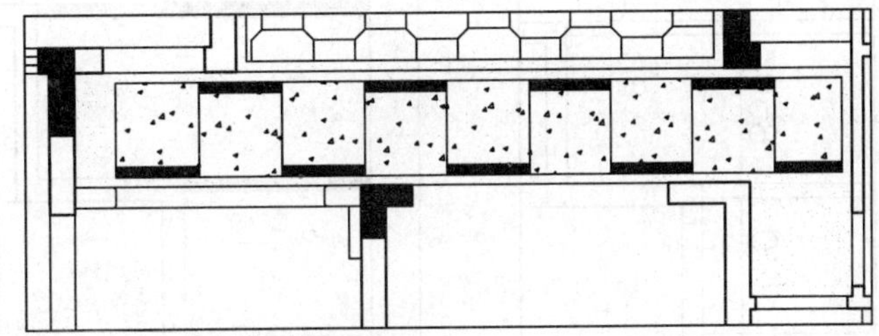

图 8-74 填充参数和效果

15 调用 MLEADER/MLD【多重引线】命令，对客厅和过道地面材料进行标注，效果如图 8-58 所示，完成客厅和过道地材图的绘制。

8.5.2 绘制主卧和主卫地材图

主卧和主卫地材图如图 8-75 所示，下面讲解绘制方法。

1. 绘制主卧地面

01 调用 LINE/L【直线】命令，绘制线段，如图 8-76 所示。

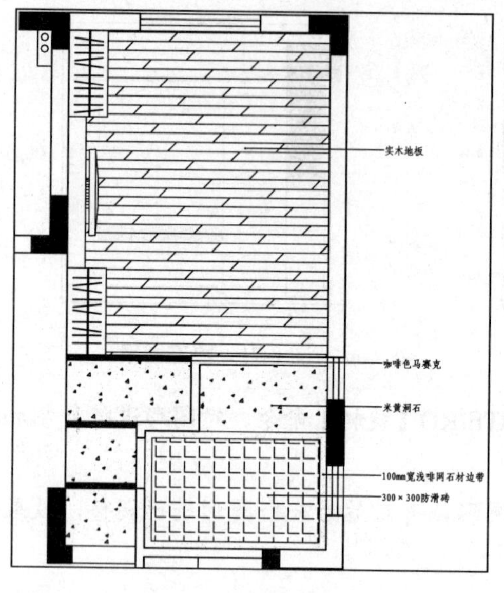

图 8-75 主卧和主卫地材图

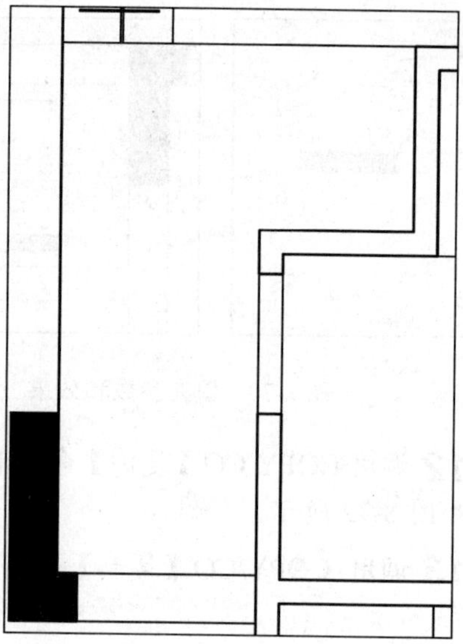

图 8-76 绘制线段

02 调用 OFFSET/O【偏移】命令，将线段依次向下偏移，并对线段进行调整，效果如图 8-77 所示。

03 调用 HATCH/H【图案填充】命令，在线段内填充“用户定义”图案，效果如图 8-78 所示。

04 调用 HATCH/H【图案填充】命令，对线段之间的区域填充 AR-CONC 图案，效果如图 8-79 所示。

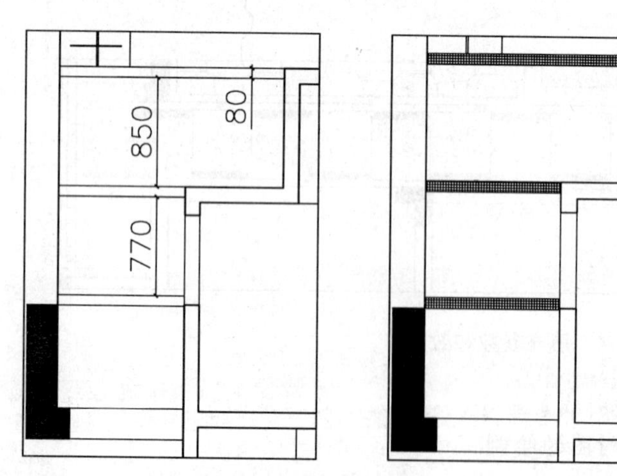

图 8-77 偏移线段

图 8-78 填充图案

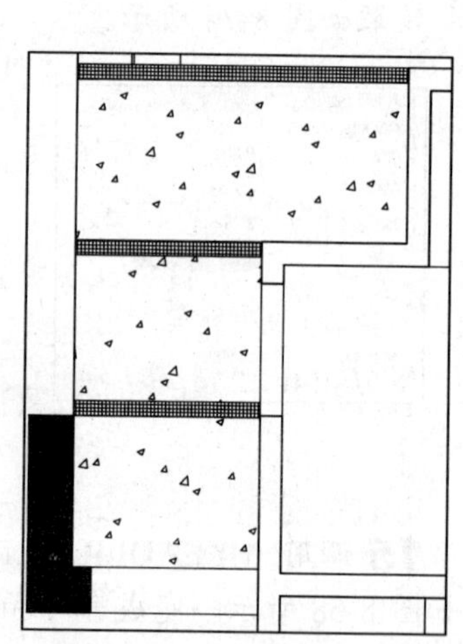

图 8-79 填充图案

05 在主卧区域填充 DOLMIT 图案，填充参数和效果如图 8-80 所示。

2. 绘制主卫地面

01 调用 RECTANG/REC【矩形】命令，绘制矩形，并将矩形向内偏移 100，如图 8-81 所示。

02 调用 HATCH/H【图案填充】命令，在矩形外填充 AR-SAND 图案，效果如图 8-82 所示。

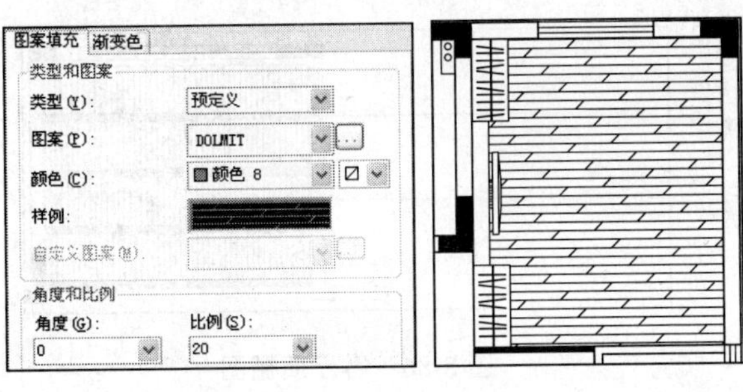

图 8-80 填充参数和效果

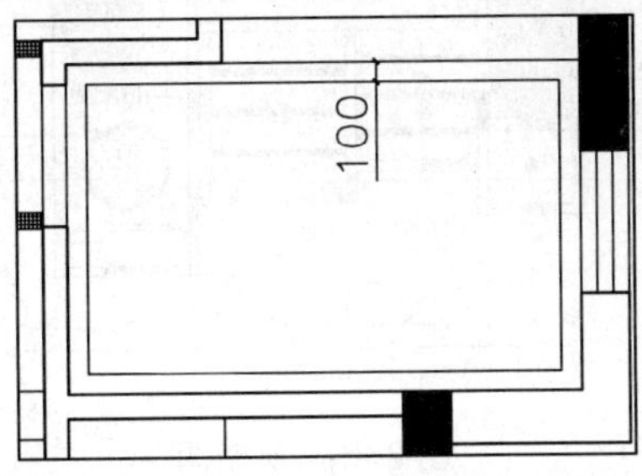

图 8-81 偏移矩形

03 调用 HATCH/H【图案填充】命令，在矩形内填充 ANGLE 图案，填充参数和效果如图 8-83 所示。

04 对浴缸所在的区域填充 AR-CONC 图案，效果如图 8-84 所示。

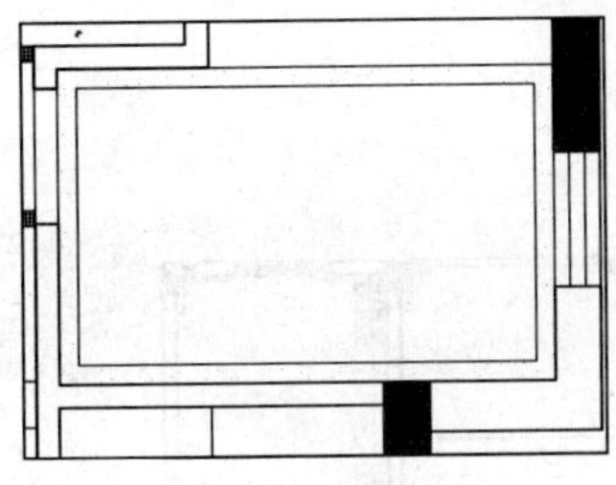

图 8-82 填充图案

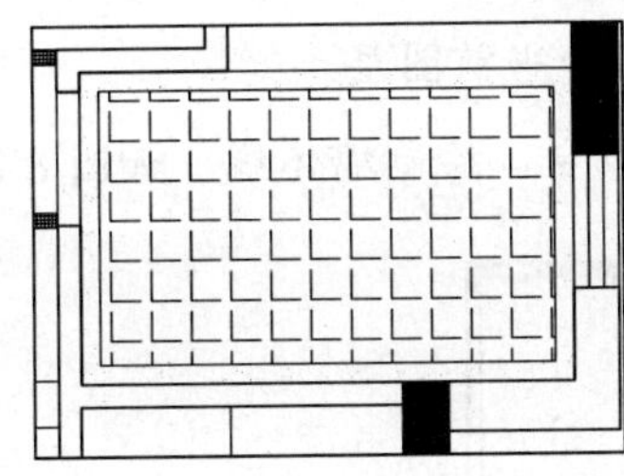

图 8-83 填充图案

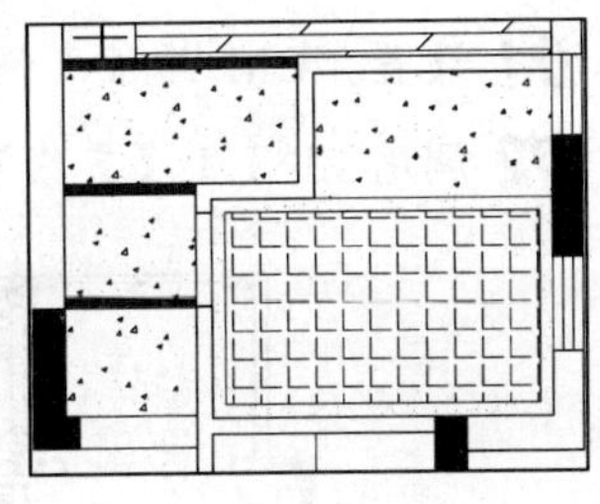

图 8-84 填充图案

3. 标注地面材料

调用 MLEADER/MLD【多重引线】命令，对主卧和主卫地面材料进行文字标注，效果如图 8-75 所示，完成主卧和主卫地材图的绘制。

8.6 绘制三居室顶棚图

如图 8-85 所示为地中海风格三居室顶棚图，采用实木梁作为吊顶，下面以客厅、厨房、次卧和次卫顶棚为例介绍其绘制方法。

8.6.1 绘制客厅顶棚图

如图 8-86 所示为客厅顶棚图，下面讲解绘制方法。

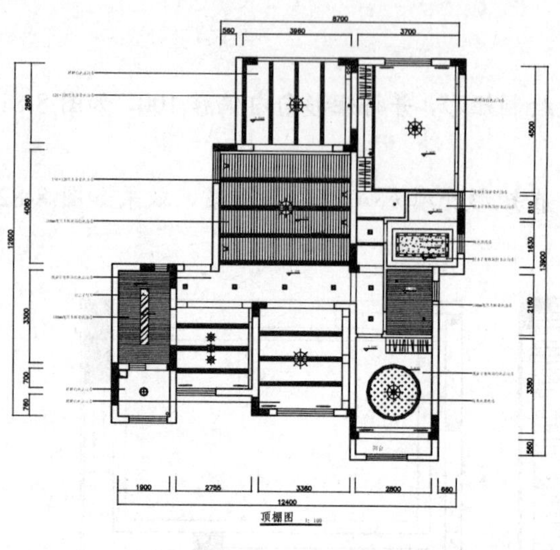

图 8-85　顶棚图

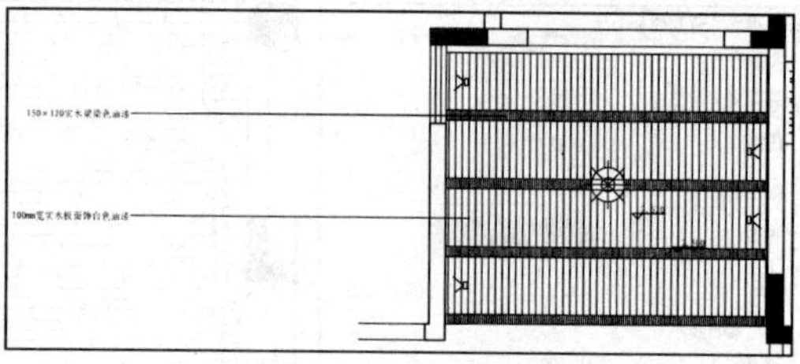

图 8-86　客厅顶棚图

1. 复制图形

绘制顶棚图需要用到平面布置图中的墙体图形，还需要依据平面布置图来定位相关图形，如灯具等。删除与顶棚图无关的图形，如图 8-87 所示。

2. 绘制墙体线

01 设置“DM_地面”图层为当前图层。

02 调用 LINE/L【直线】命令，绘制墙体线，如图 8-88 所示。

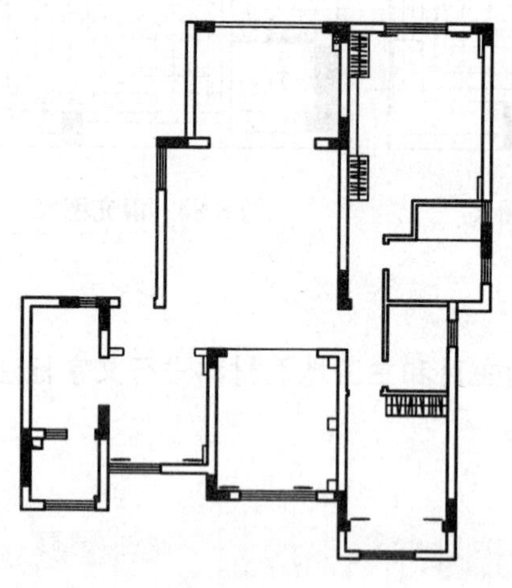

图 8-87　整理图形

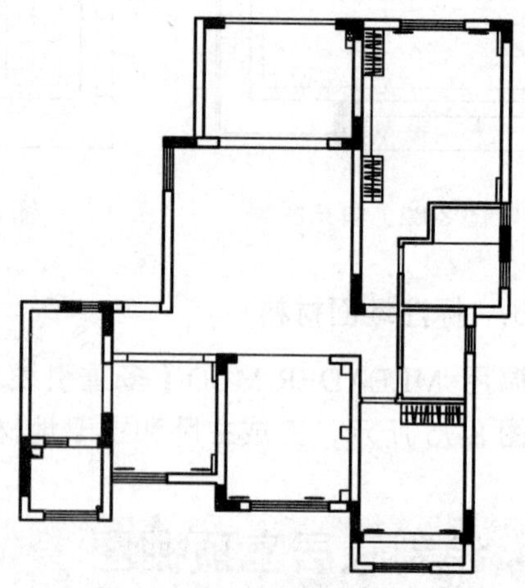

图 8-88　绘制墙体线

3. 绘制吊顶造型

01 设置“DD_吊顶”图层为当前图层。

02 调用 LINE/L【直线】命令，绘制线段，如图 8-89 所示。

03 调用 OFFSET/O【偏移】命令，将线段向上偏移，如图 8-90 所示。

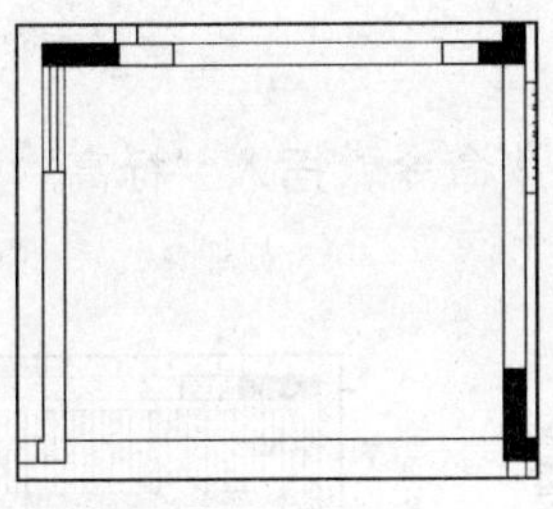

图 8-89 绘制线段

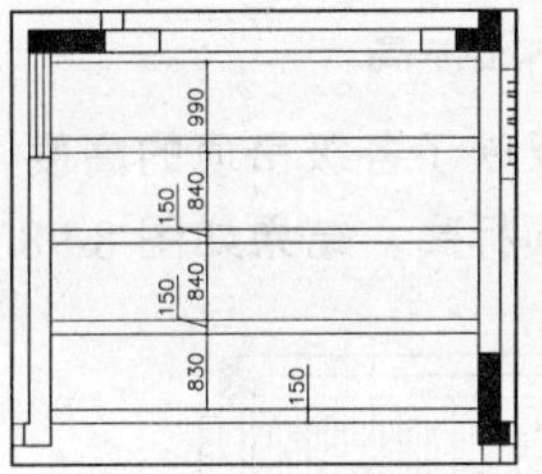

图 8-90 偏移线段

04 调用 HATCH/H【图案编辑】命令，在线段内填充 ANSI33 图案，填充参数和效果如图 8-91 所示。

05 调用 HATCH/H【图案编辑】命令，对线段之间的区域填充 LINE 图案，填充参数和效果如图 8-92 所示。

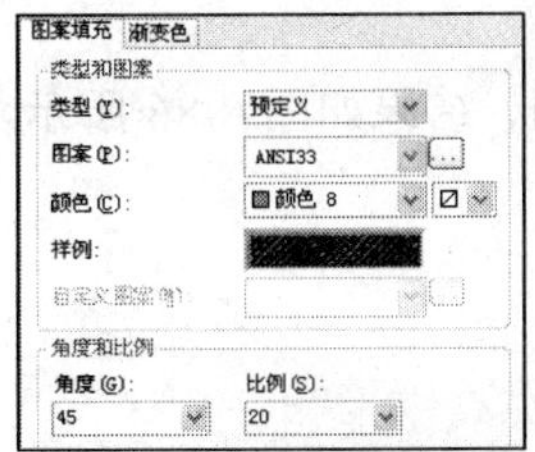

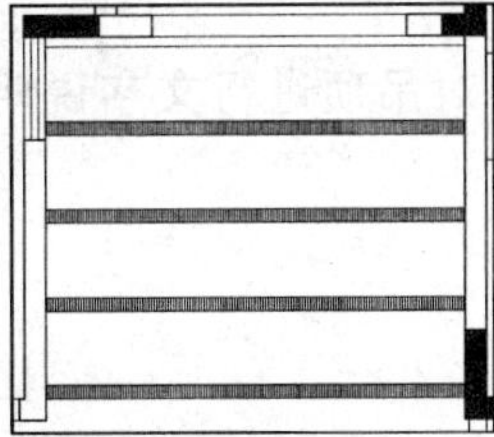

图 8-91 填充参数和效果

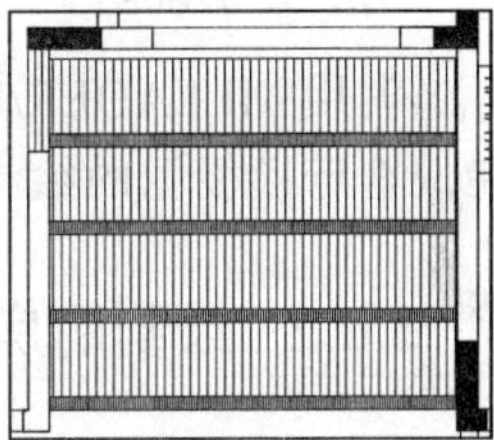

图 8-92 填充参数和效果

4. 布置灯具

01 打开本书配套光盘“第 8 章\家具图例.dwg”文件，将本例所用到的灯具图例表复制到当前图形中，如图 8-93 所示。

02 调用 LINE/L【直线】命令，绘制辅助线，如图 8-94 所示。

03 调用 COPY/CO【复制】命令，复制装饰吊灯到辅助线的中心点，并对多余的线段进行修剪，如图 8-95 所示。

图例	名称
	单头射灯
	双头射灯
	点藏射灯
	吸顶灯
	装饰吊灯
	射灯

图 8-93 图例表

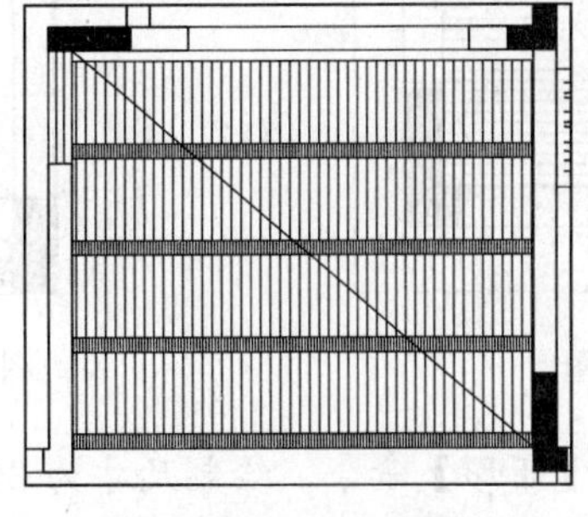

图 8-94 绘制辅助线

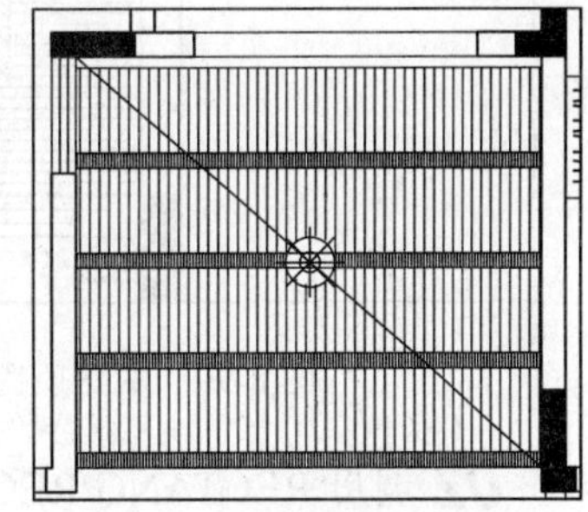

图 8-95 复制装饰吊灯

04 删除辅助线，如图 8-96 所示。

05 调用 COPY/CO【复制】命令和 ROTATE/RO【旋转】命令，布置其他灯具，效果如图 8-97 所示。

5. 标注标高

标高反映了各级吊顶的高度，调用 INSERT/I【插入】命令，插入“标高”图块，标注出各级吊顶标高，结果如图 8-98 所示。

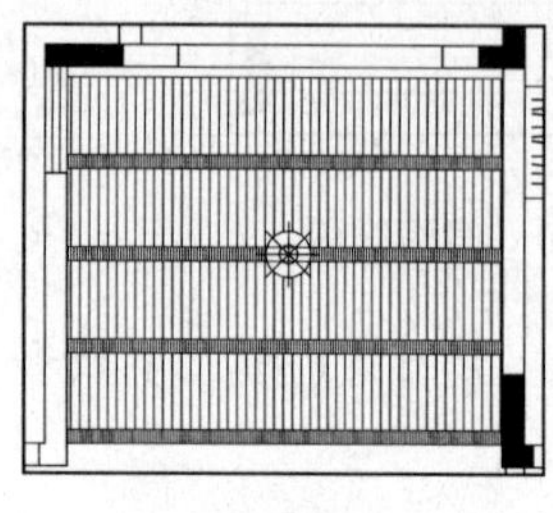

图 8-96 删除辅助线

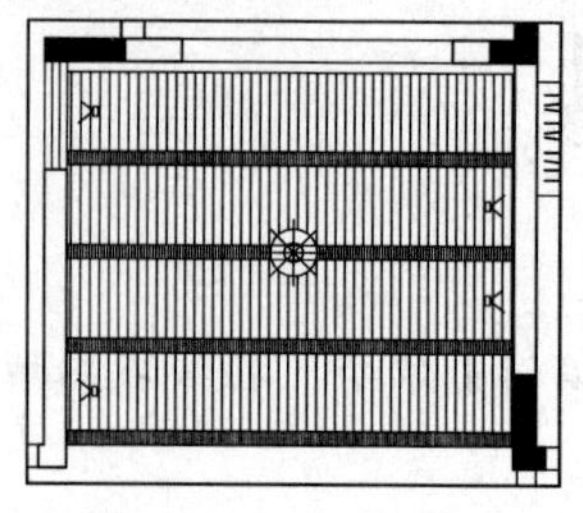

图 8-97 布置灯具

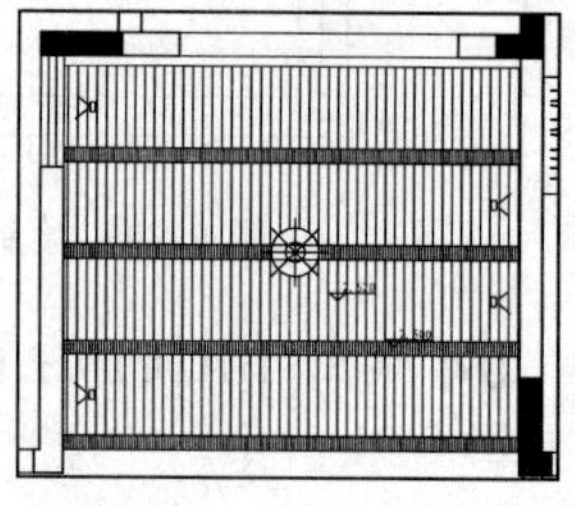

图 8-98 标注标高

6. 文字说明

调用 MLEADER/MLD【多重引线】命令，对吊顶进行文字说明，结果如图 8-86 所示，完成客厅顶棚图的绘制。

8.6.2 绘制厨房顶棚图

厨房顶棚图如图 8-99 所示，下面讲解绘制方法。

1. 绘制吊顶造型

01 调用 OFFSET/O【偏移】命令，绘制辅助线，如图 8-100 所示。

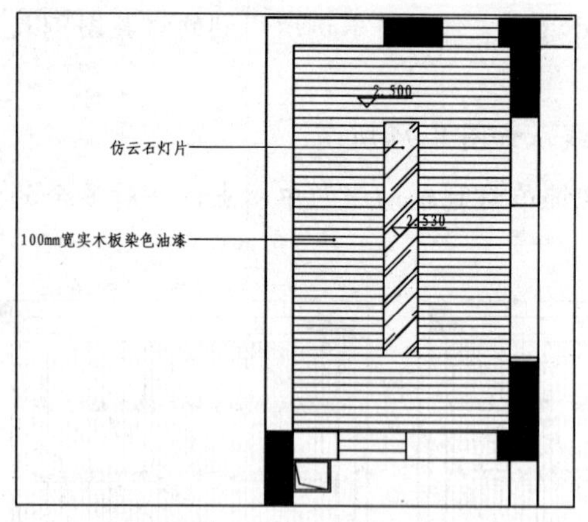

图 8-99 厨房顶棚图

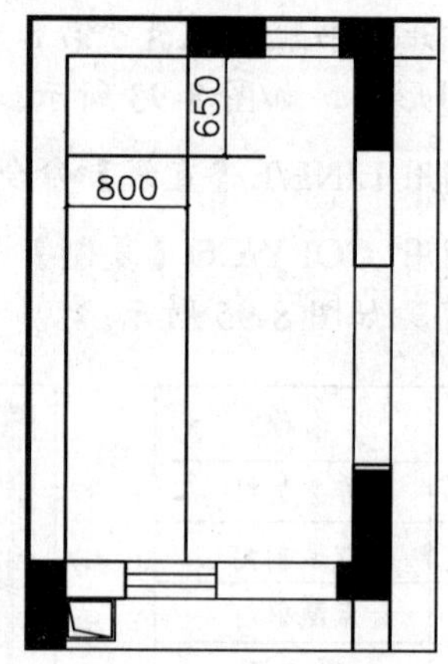

图 8-100 绘制辅助线

02 调用 RECTANG/REC【矩形】命令，绘制尺寸为 300 × 2000 的矩形，然后删除辅助线，如图 8-101 所示。

03 调用 HATCH/H【图案填充】命令，在矩形内填充 AR-RROOF 和 DOTS 图案，效果如图 8-102 所示。

04 调用 HATCH/H【图案填充】命令，对矩形外区域填充 LINE 图案，效果如图 8-103 所示。

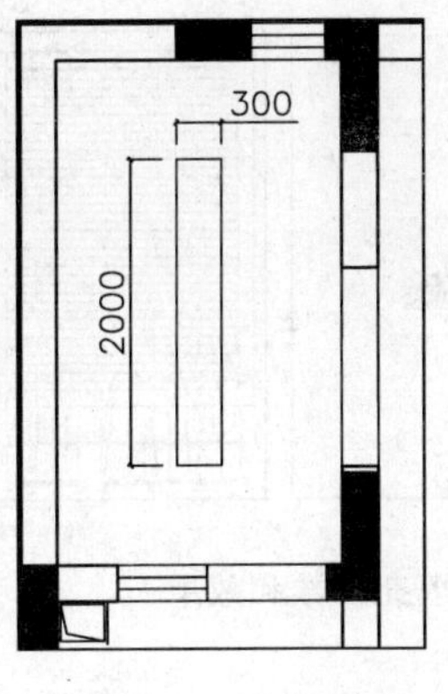

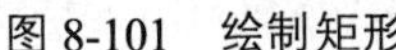
图 8-101 绘制矩形

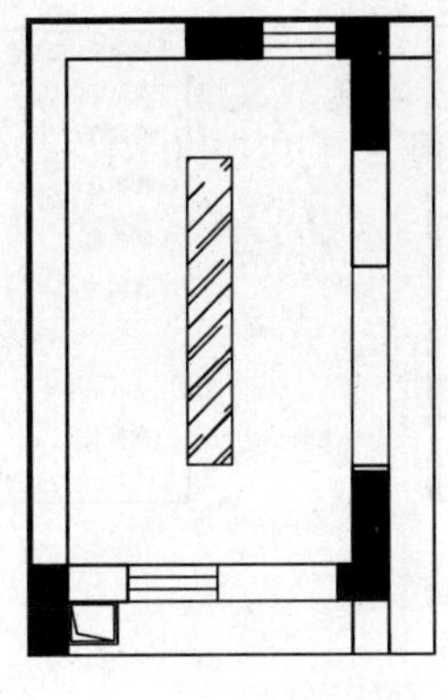
图 8-102 填充图案

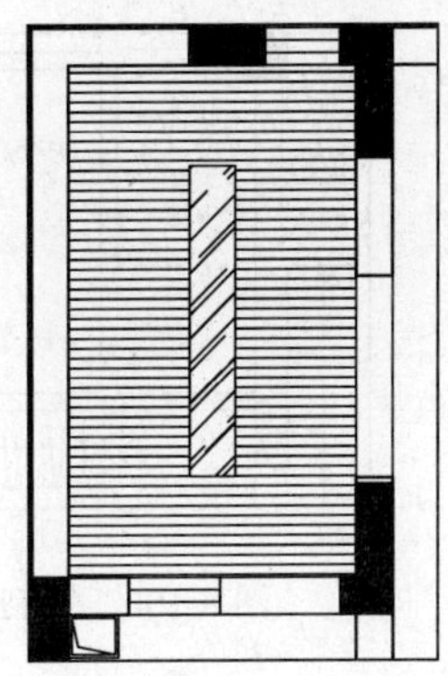
图 8-103 填充图案

2. 标注标高和文字说明

01 调用 INSERT/I【插入】命令，插入标高图块，如图 8-104 所示。

02 调用 MLEADER/MLD【多重引线】命令，标出顶棚的材料，完成厨房顶棚图的绘制。

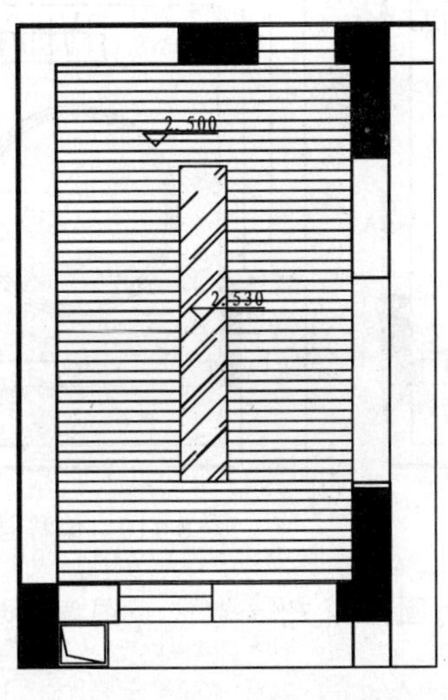

图 8-104 插入标高

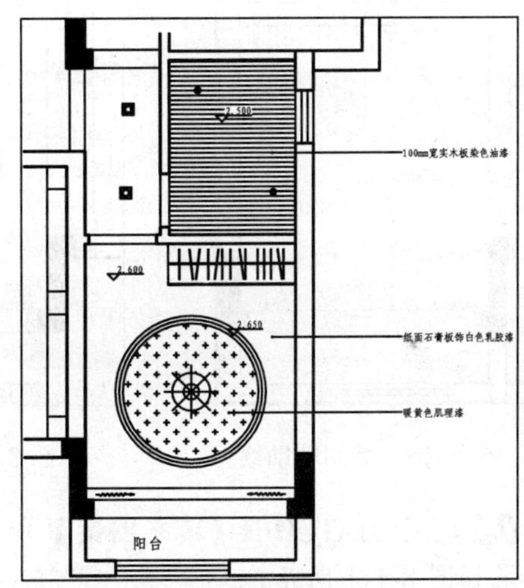

图 8-105 次卧和次卫顶棚图

8.6.3 绘制次卧和次卫顶棚图

如图 8-105 所示为次卧和次卫顶棚图，下面讲解绘制方法。

1. 绘制线段

调用 LINE/L【直线】命令和 OFFSET/O【偏移】命令，绘制线段，如图 8-106 所示。

2. 填充卫生间顶面图案

调用 HATCH/H【图案填充】命令，在卫生间区域填充 LINE 图案，填充参数和效果如图 8-107 所示。

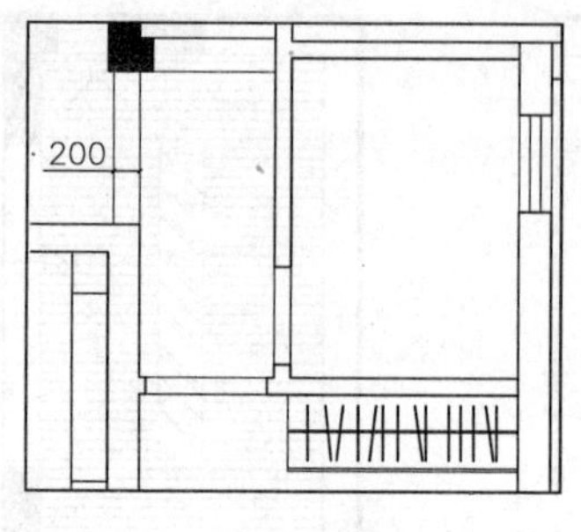

图 8-106　绘制线段

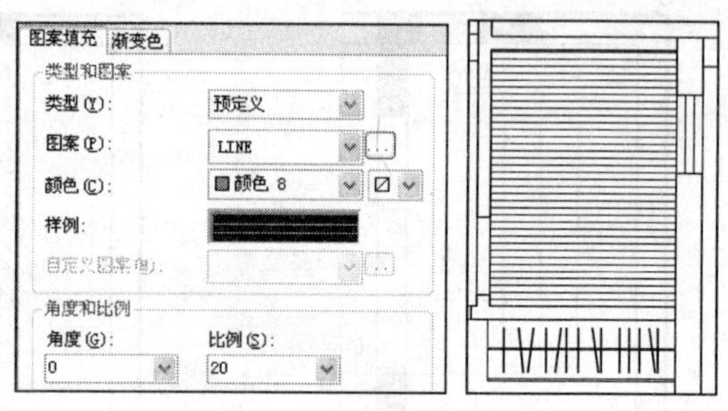

图 8-107　填充参数和效果

3. 绘制次卧吊顶

01 调用 OFFSET/O【偏移】命令，绘制辅助线，如图 8-108 所示。

02 调用 CIRCLE/C【圆】命令，以辅助线的交点为圆心，绘制半径为 900 的圆，然后删除辅助线，如图 8-109 所示。

03 调用 OFFSET/O【偏移】命令，将圆向外偏移两次 50，如图 8-110 所示。

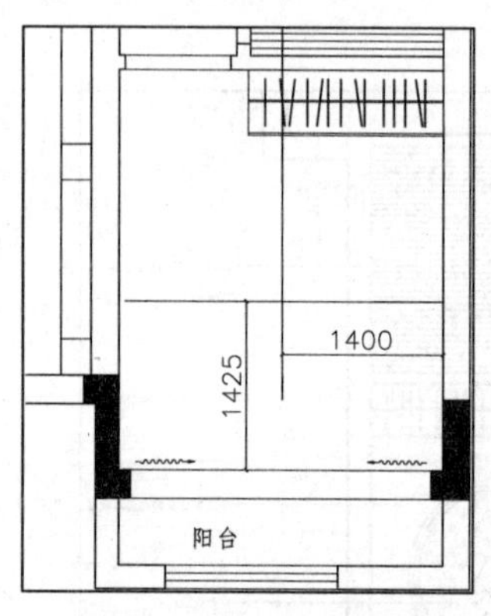

图 8-108　绘制辅助线

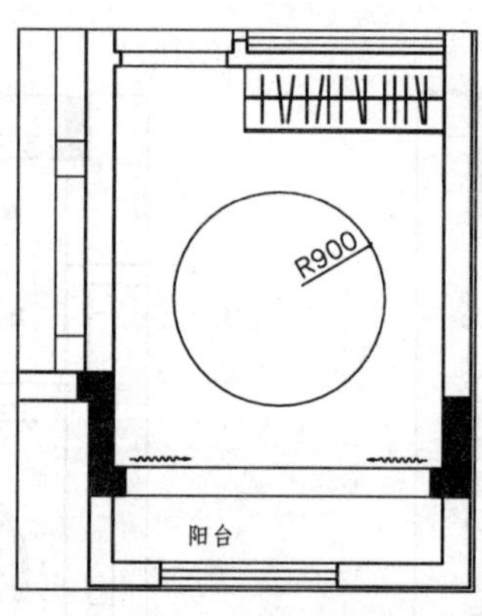

图 8-109　绘制圆

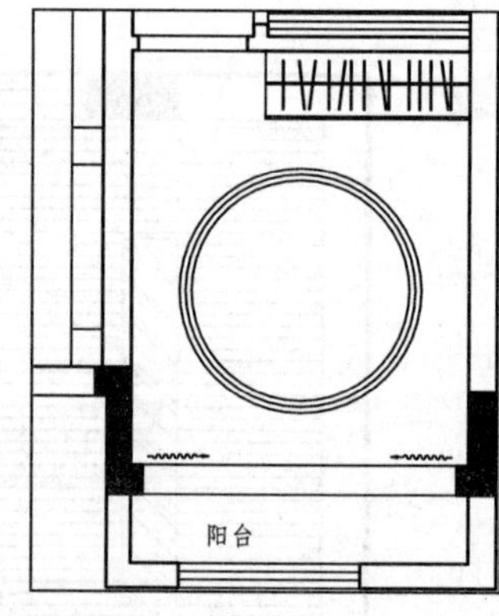

图 8-110　偏移圆

04 调用 HATCH/H【填充图案】命令，在最小的圆内填充 CROSS 图案，填充参数和效果如图 8-111 所示。

05 调用 LINE/L【直线】命令，绘制线段表示窗帘盒，如图 8-112 所示。

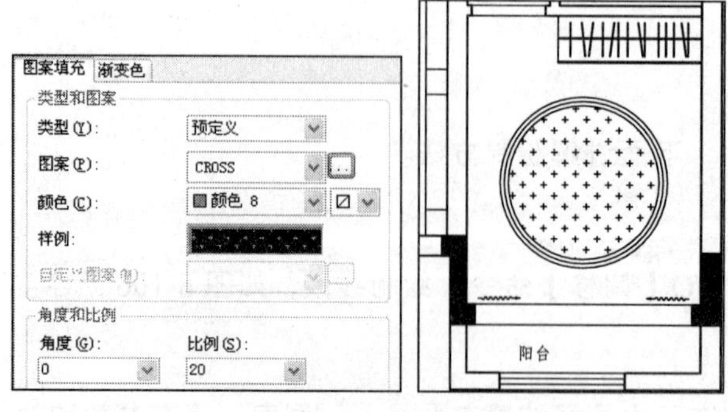

图 8-111　填充参数和效果

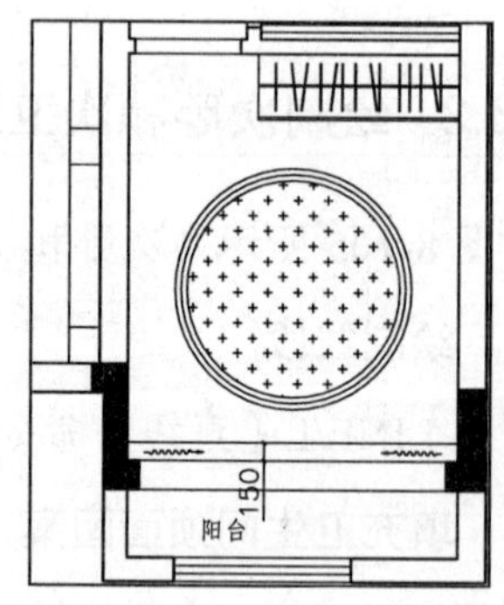

图 8-112　绘制窗帘盒

4. 布置灯具

调用 COPY/CO【复制】命令，从灯具图例表中复制灯具图形到顶棚图中，如图 8-113 所示。

5. 插入标高

调用 INSERT/I【插入】命令，插入标高图块创建标高，如图 8-114 所示。

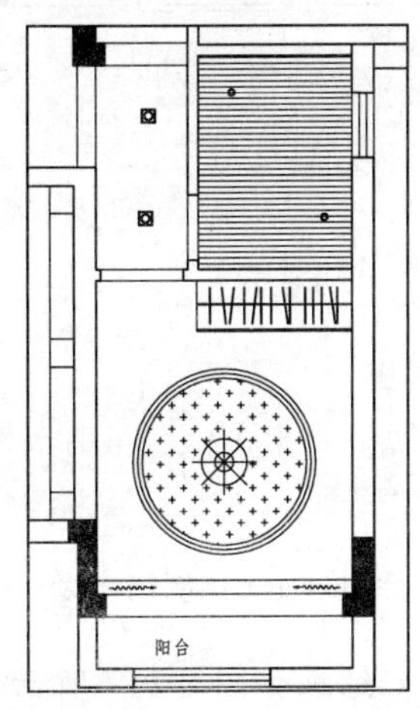

图 8-113 布置灯具

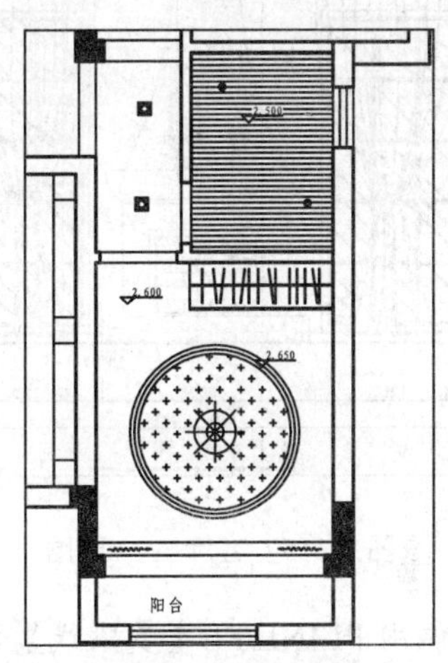

图 8-114 插入标高

6. 标注尺寸和文字说明

文字说明的方法与客厅、厨房顶棚图相同，完成后的效果如图 8-105 所示。

8.7 绘制三居室立面图

本例通过介绍地中海风格三居室立面图的绘制，以了解和掌握地中海风格墙面的装饰做法和家具造型。

8.7.1 绘制客厅 A 立面图

如图 8-115 所示为客厅 A 立面图，该立面图为客厅壁炉和实木窗所在的墙面，下面讲解绘制方法。

1. 复制图形

调用 COPY/CO【复制】命令，复制平面布置图上客厅 A 立面的平面部分，并对图形进行旋转。

2. 绘制 A 立面的基本轮廓

01 设置“LM_立面”图层为当前图层。

02 调有 LINE/L【直线】命令，从客厅平面图中绘制出左右墙体的投影线，如图 8-116 所示。

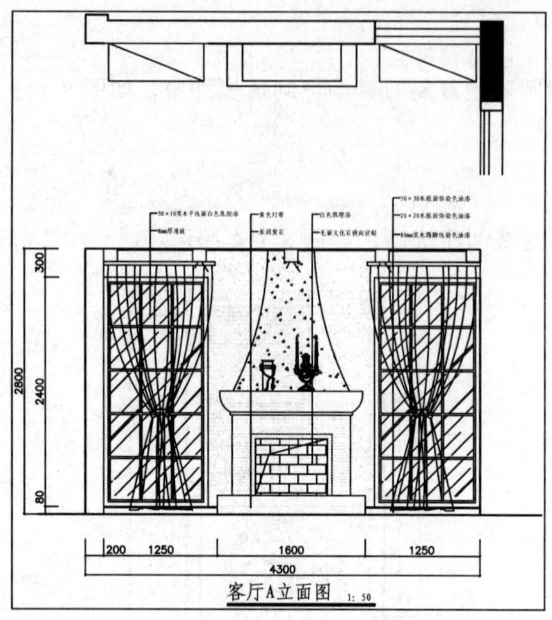

图 8-115　客厅 A 立面图

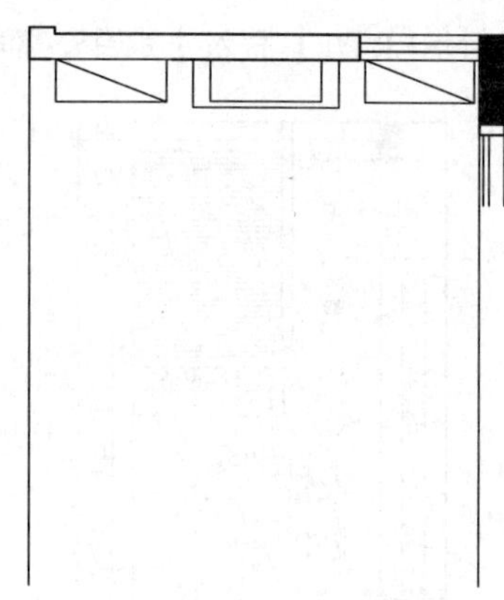

图 8-116　绘制墙体线

03 调用 PLINE/PL【多段线】命令绘制地面轮廓线，结果如图 8-117 所示。

04 调用 LINE/L【直线】命令绘制顶棚底面，如图 8-118 所示。

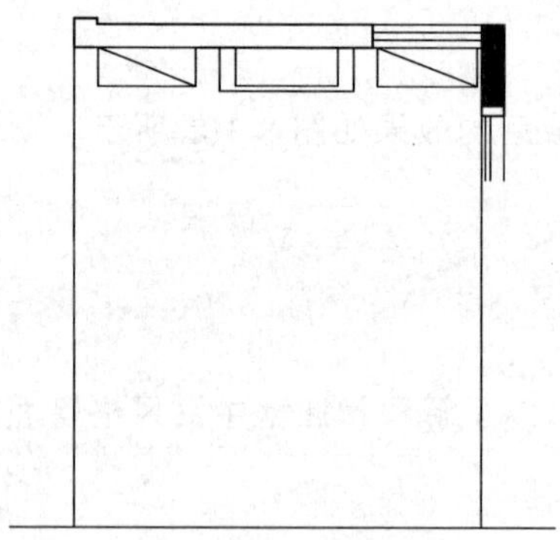

图 8-117　绘制地面

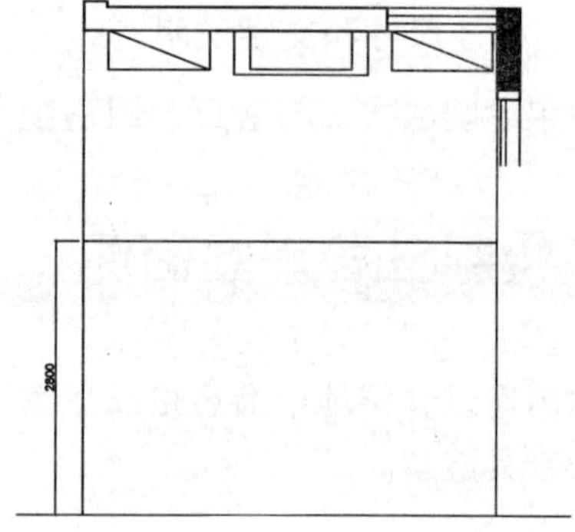

图 8-118　绘制顶棚底面

05 调用 TRIM/TR【修剪】命令或夹点功能，修剪得到 A 立面外轮廓，并转换至“QT_墙体”图层，如图 8-119 所示。

3. 绘制吊顶造型

01 调用 RECTANG/REC【矩形】命令，绘制 150×135 的矩形，如图 8-120 所示。

02 调用 ARRAY/AR【阵列】命令，对所绘制的矩形进行阵列，命令行提示如下：

```
命令: ARRAY↙                                  //调用阵列命令
选择对象: 指定对角点: 找到 1 个                //选择绘制好的矩形
选择对象:  输入阵列类型 [矩形(R)/路径(PA)/极轴(PO)] <矩形>: R↙
                                              //选择矩形阵列方式
```

```
类型 = 矩形  关联 = 是
选择夹点以编辑阵列或 [关联(AS)/基点(B)/计数(COU)/间距(S)/列数(COL)/行数(R)/层数(L)/退出(X)] <退出>: COU↙
输入列数数或 [表达式(E)] <4>: 5↙          //输入列数
输入行数数或 [表达式(E)] <3>: 1↙          //输入行数
选择夹点以编辑阵列或 [关联(AS)/基点(B)/计数(COU)/间距(S)/列数(COL)/行数(R)/层数(L)/退出(X)] <退出>: S↙          //选择间距选项
指定列之间的距离或 [单位单元(U)] <898.7118>: -990↙
指定行之间的距离 <792.0584>:↙
选择夹点以编辑阵列或 [关联(AS)/基点(B)/计数(COU)/间距(S)/列数(COL)/行数(R)/层数(L)/退出(X)] <退出>:          //按回车键结束绘制，阵列结果如图 8-121 所示。
```

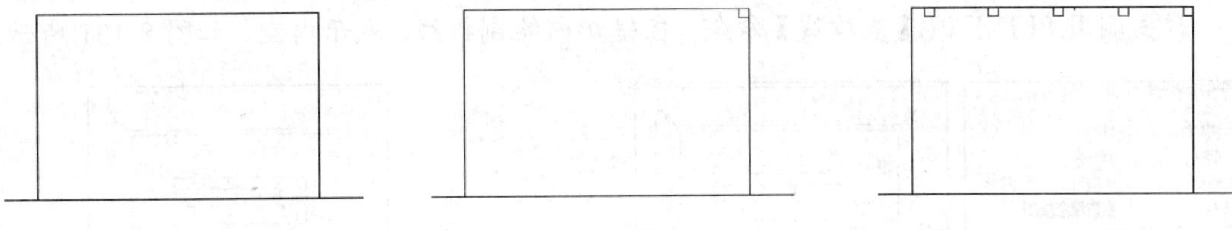

图 8-119 修剪线段　　图 8-120 绘制矩形　　图 8-121 阵列结果

03 调用 LINE/L【直线】命令，在矩形间绘制线段，如图 8-122 所示。

4. 绘制壁炉

01 调用 RECTANG/REC【矩形】命令，绘制尺寸为 1320×30 的矩形，并移动到相应的位置，如图 8-123 所示。

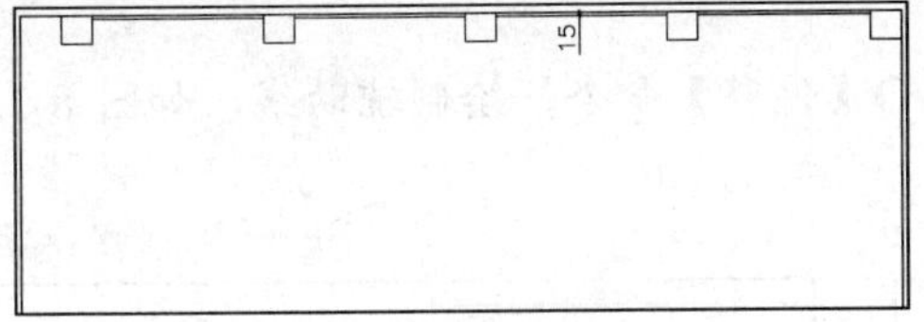

图 8-122 绘制线段

图 8-123 绘制矩形

02 调用 LIEN/L【直线】命令，在矩形上方绘制一条线段，如图 8-124 所示。

03 调用 ARC/A【圆弧】命令，绘制弧线，如图 8-125 所示。

04 调用 MIRROR/MI【镜像】命令，对弧线进行镜像，如图 8-126 所示。

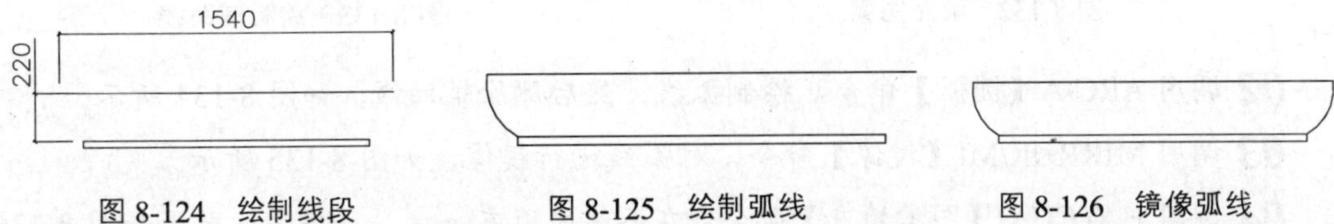

图 8-124 绘制线段　　图 8-125 绘制弧线　　图 8-126 镜像弧线

05 调用 PLINE/PL【多段线】命令，绘制多段线，如图 8-127 所示。

06 调用 PLINE/PL【多段线】命令，绘制多段线，如图 8-128 所示。

07 调用 OFFSET/O【偏移】命令，将多段线向内偏移 200 和 50，并将偏移 200 后的线段设置为虚线，如图 8-129 所示。

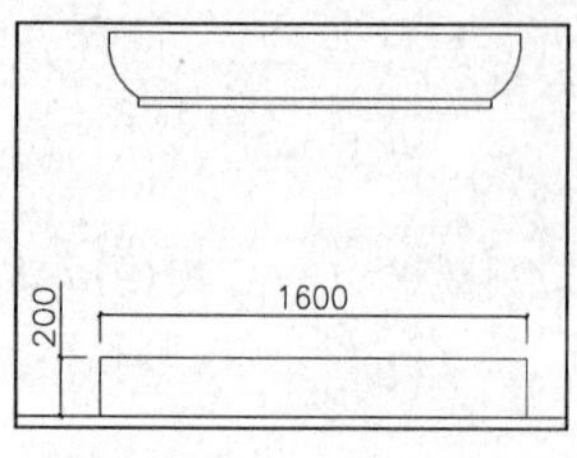

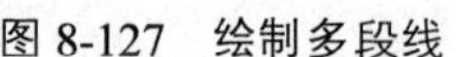

图 8-127　绘制多段线

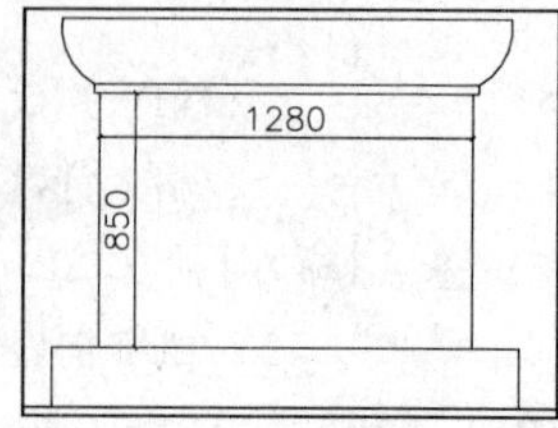

图 8-128　绘制多段线

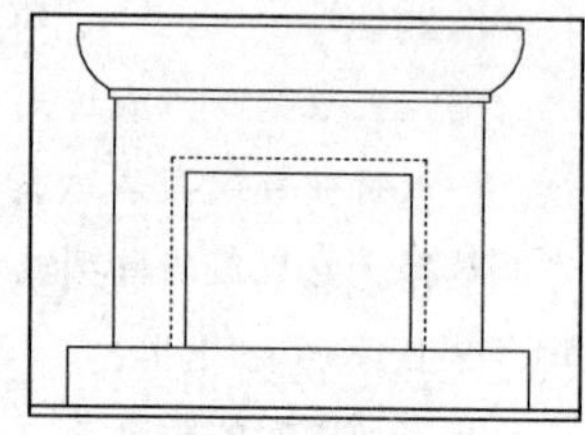

图 8-129　偏移线段

08 调用 HATCH/H【图案填充】命令，在多段线内填充 AR-B816 图案，表示壁炉内部墙体，填充参数和效果如图 8-130 所示。

09 调用 PLINE/PL【多段线】命令，在壁炉内绘制折线，表示内空，如图 8-131 所示。

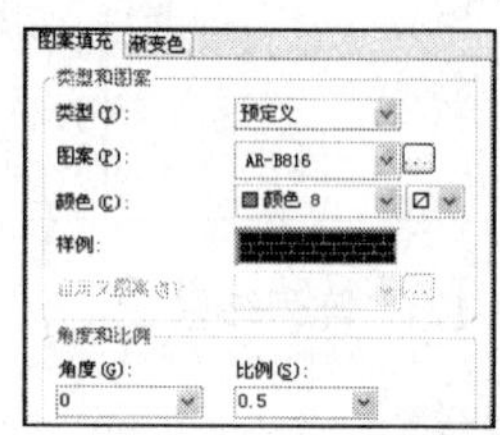

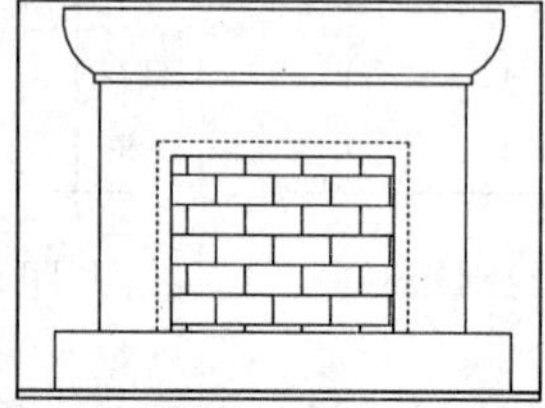

图 8-130　填充参数和效果

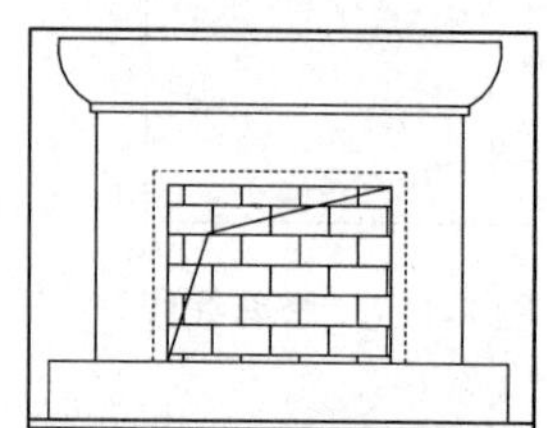

图 8-131　绘制折线

10 调用 HATCH/H【图案填充】命令，在壁炉其他区域填充 DOTS 图案，填充参数和效果如图 8-132 所示。

5．绘制壁炉上方造型

01 调用 LINE/L【直线】命令和 OFFSET/O【偏移】命令，绘制辅助线，如图 8-133 所示。

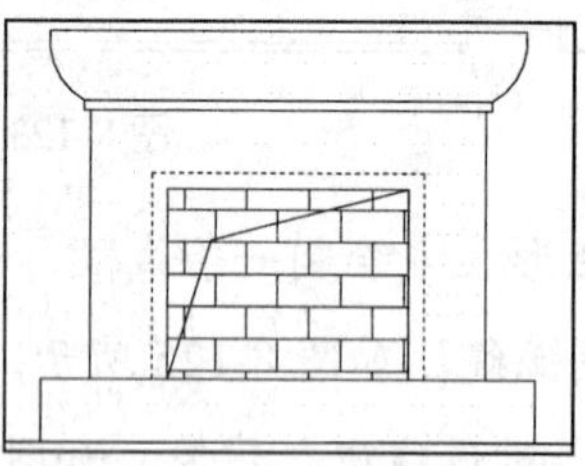

图 8-132　填充图案

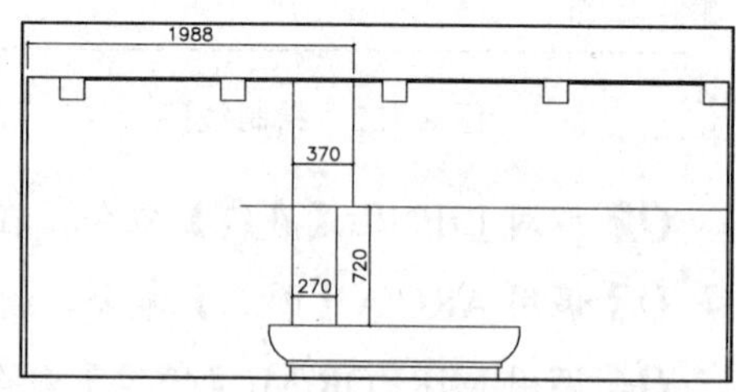

图 8-133　绘制辅助线

02 调用 ARC/A【圆弧】命令，绘制弧线，然后删除辅助线，如图 8-134 所示。

03 调用 MIRROR/MI【镜像】命令，对弧线进行镜像，如图 8-135 所示。

04 调用 HATCH/H【图案填充】命令，在弧线内填充 AR-CONC 图案，效果如图 8-136 所示。

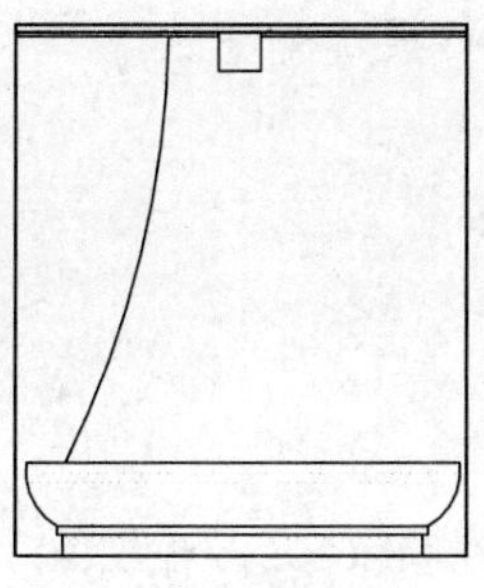

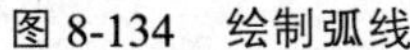

图 8-134　绘制弧线

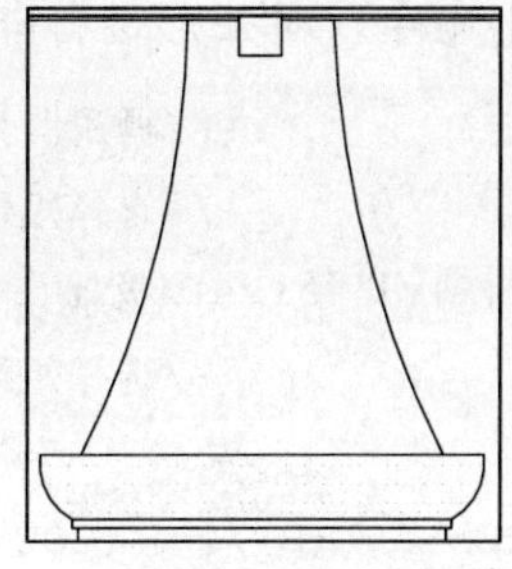

图 8-135　镜像弧线

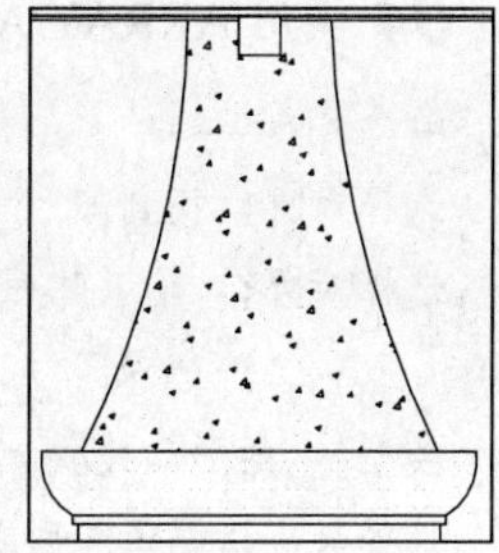

图 8-136　填充图案

6. 绘制踢脚线

01 调用 LINE/L【直线】命令，绘制线段，如图 8-137 所示。

02 调用 LINE/L【直线】命令和 OFFSET/O【偏移】命令，绘制踢脚线，如图 8-138 所示。

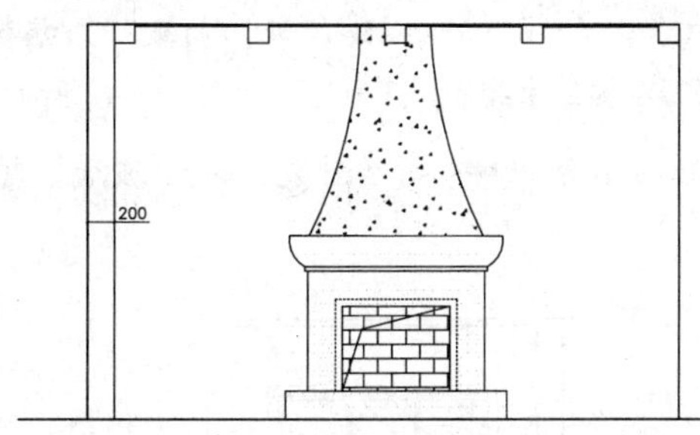

图 8-137　绘制线段

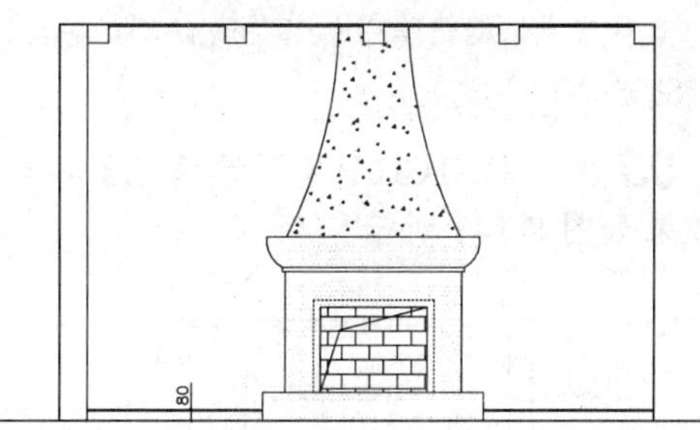

图 8-138　绘制踢脚线

7. 绘制实木窗

01 调用 RECTANG/REC【矩形】命令，绘制尺寸为 1150×2420 的矩形，如图 8-139 所示。

02 调用 OFFSET/O【偏移】命令，将矩形向内偏移 50，如图 8-140 所示。

03 调用 RECTANG/REC【矩形】命令，绘制尺寸为 323×440 的矩形，并移动到相应的位置，如图 8-141 所示。

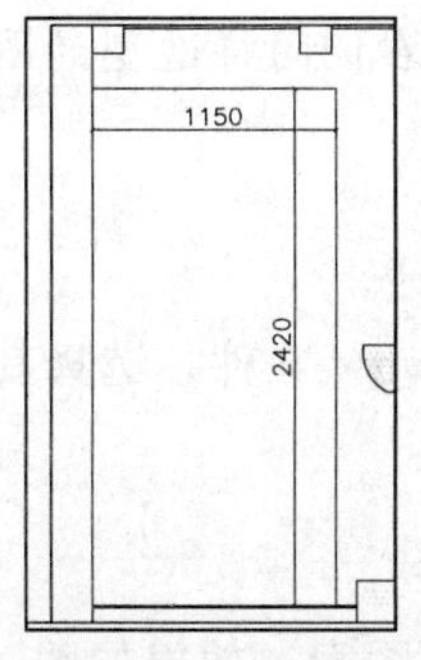

图 8-139　绘制矩形

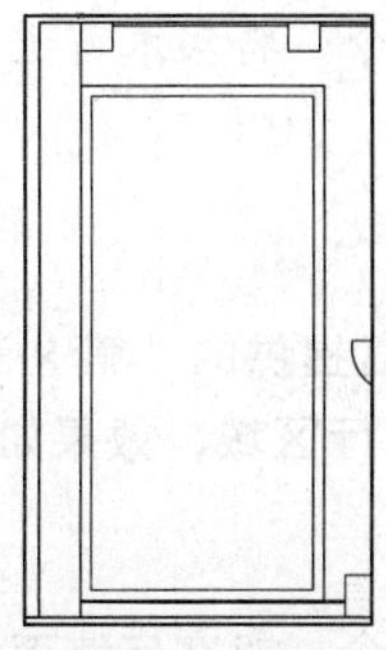

图 8-140　偏移矩形

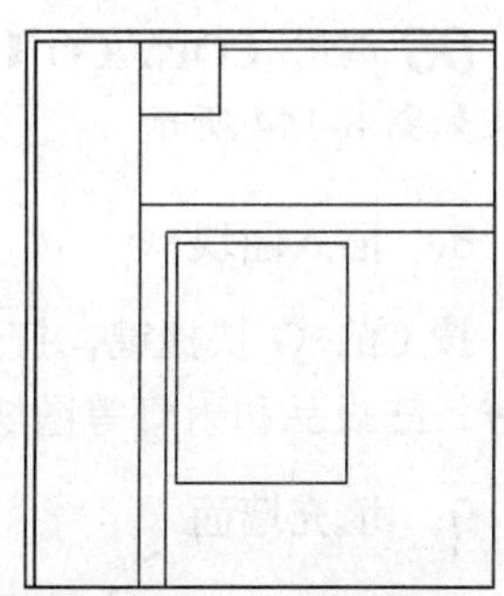

图 8-141　绘制矩形

04 调用 ARRAY/AR【阵列】命令，对矩形进行阵列，命令行提示如下：

```
命令: ARRAY↙                                        //调用阵列命令
选择对象: 找到 1 个                                  //选择矩形作为阵列对象
选择对象:  输入阵列类型 [矩形(R)/路径(PA)/极轴(PO)] <矩形>: R↙
                                                    //选择矩形阵列方式
类型 = 矩形  关联 = 是
选择夹点以编辑阵列或 [关联(AS)/基点(B)/计数(COU)/间距(S)/列数(COL)/行数(R)/层数(L)/退出(X)] <退出>: COU↙
输入列数数或 [表达式(E)] <4>: 3↙                     //输入列数
输入行数数或 [表达式(E)] <3>: 5↙                     //输入行数
选择夹点以编辑阵列或 [关联(AS)/基点(B)/计数(COU)/间距(S)/列数(COL)/行数(R)/层数(L)/退出(X)] <退出>: S↙    //选择间距选项
指定列之间的距离或 [单位单元(U)] <898.7118>: 340↙
指定行之间的距离 <792.0584>:-460↙
选择夹点以编辑阵列或 [关联(AS)/基点(B)/计数(COU)/间距(S)/列数(COL)/行数(R)/层数(L)/退出(X)] <退出>:      //按回车键结束绘制，阵列结果如图 8-142 所示。
```

05 调用 HATCH/H【图案填充】命令，在矩形内填充 AR-RROOF 图案，表示玻璃，填充效果如图 8-143 所示。

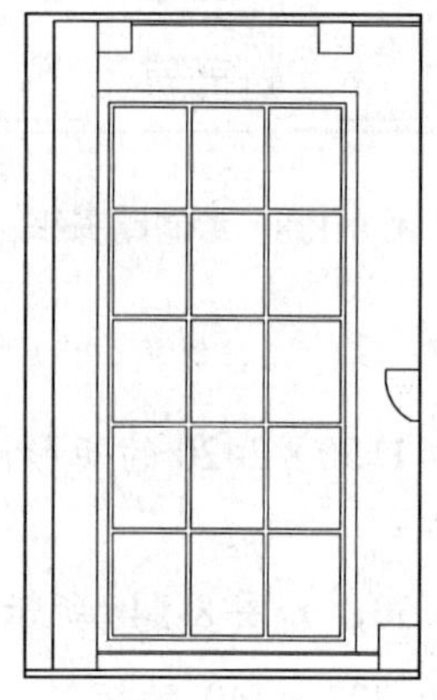

图 8-142　阵列结果

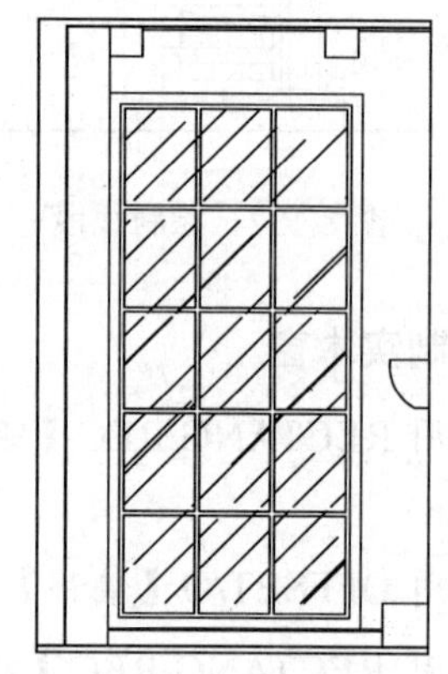

图 8-143　填充效果

06 调用 COPY/CO【复制】命令，将实木窗进行复制，得到右侧同样造型的图形，效果如图 8-144 所示。

8. 插入图块

按 Ctrl+O 快捷键，打开配套光盘提供的“第 8 章\家具图例.dwg”文件，选择其中的窗帘、陈设品和射灯等图块复制至客厅区域，效果如图 8-145 所示。

9. 填充墙面

调用 HATCH/H【图案填充】命令，对客厅墙面填充 AR-SAND 图案，效果如图 8-146 所示。

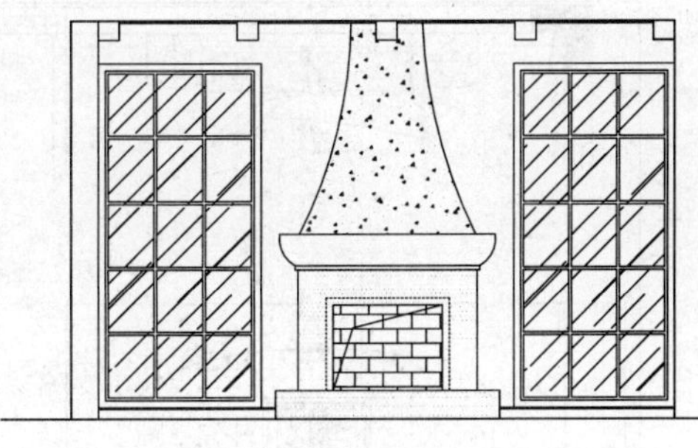

图 8-144　复制窗

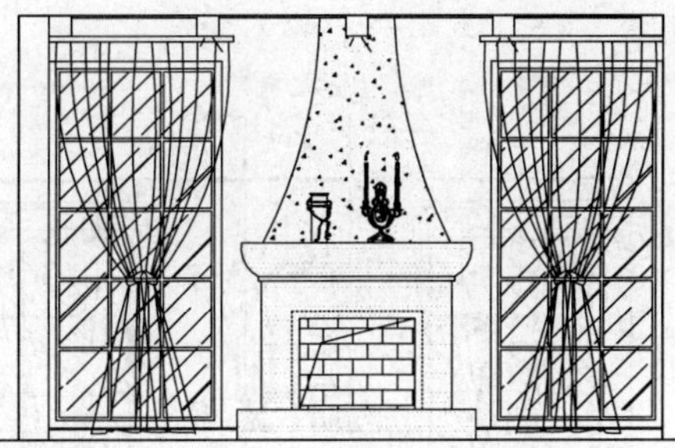

图 8-145　插入图块

10. 标注尺寸和材料说明

01 设置“BZ_标注”图层为当前图层，设置当前注释比例为 1∶50。

02 调用 DIMLINEAR/DLI【线性标注】命令或执行【标注】|【线性】命令，并结合使用 DIMCONTINUE/DCO【连续性标注】命令标注尺寸，如图 8-147 所示。

03 调用 MLEADER/MLD【多重引线】命令进行材料标注，标注结果如图 8-148 所示。

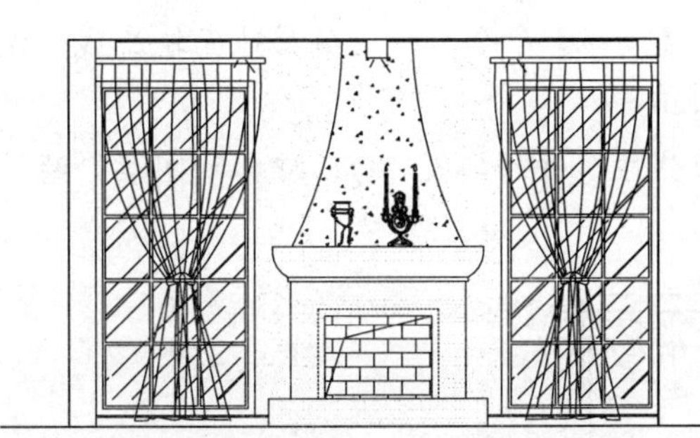

图 8-146　填充墙面

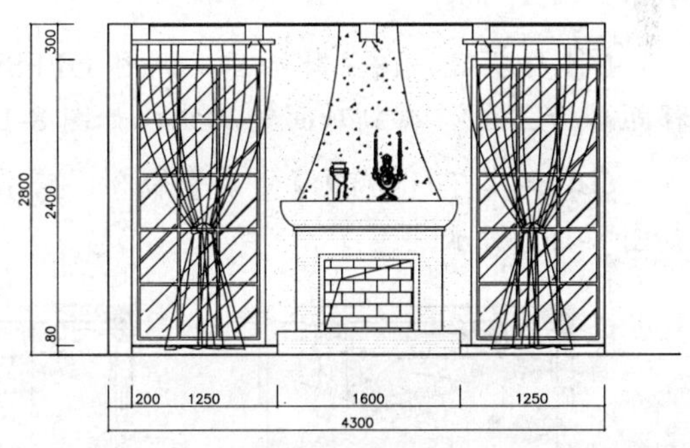

图 8-147　尺寸标注

11. 插入图名

调用 INSERT/I【插入】命令，插入“图名”图块，设置名称为“客厅 A 立面图”，客厅 A 立面图绘制完成。

8.7.2 绘制主卧 C 立面图

主卧 C 立面为床所在的墙面，如图 8-149 所示。主要表达了墙面的装饰做法，下面讲解绘制方法。

1. 复制图形

调用 COPY/CO【复制】命令，复制平面布置图上主卧 C 立面的平面部分，并对图形进行旋转。

2. 绘制 C 立面基本轮廓

01 设置“LM_立面”图层为当前图层。

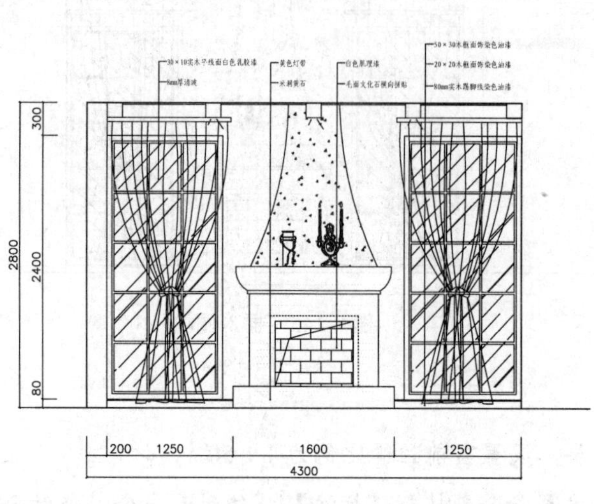

图 8-148　材料标注

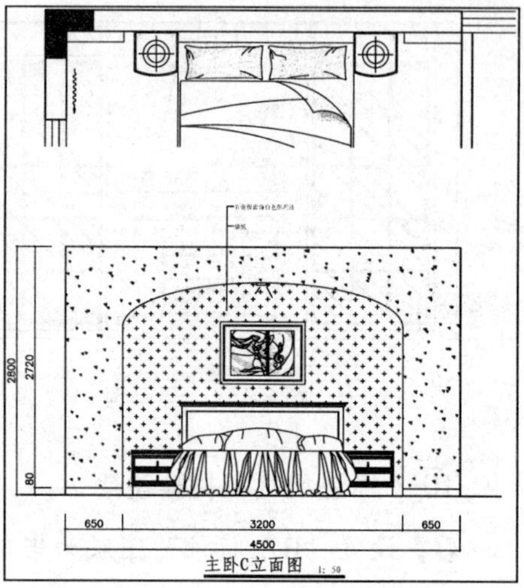

图 8-149　主卧 C 立面图

02 调用 LINE/L【直线】命令，绘制 C 立面左、右侧墙体和地面轮廓线，如图 8-150 所示。

03 根据顶棚图主卧标高，调用 OFFSET/O【偏移】命令，向上偏移地面轮廓线，偏移距离为 2800，得到顶面轮廓线，如图 8-151 所示。

04 调用 TRIM/TR【修剪】命令，修剪多余线段，并转换至“QT_墙体”图层，结果如图 8-152 所示。

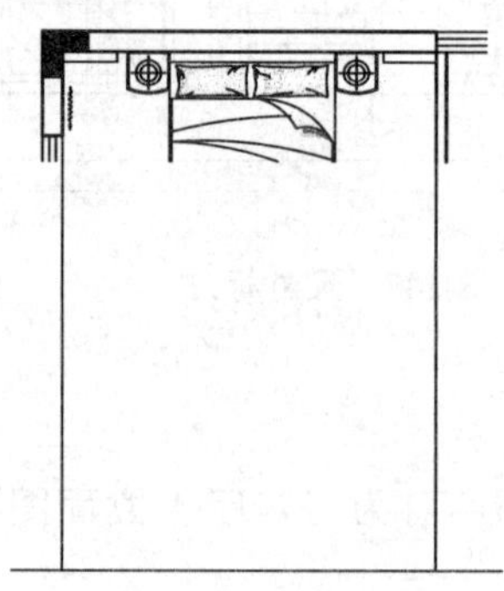

图 8-150　绘制墙体和地面

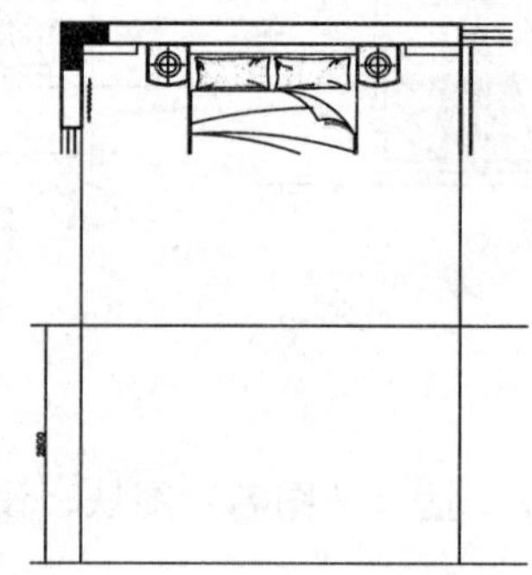

图 8-151　绘制顶棚轮廓线

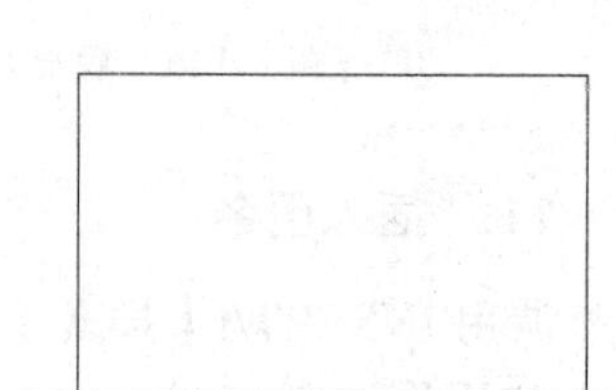

图 8-152　修剪线段

3. 绘制拱门造型

01 调用 LINE/L【直线】命令和 OFFSETO【偏移】命令，绘制线段，如图 8-153 所示。

02 调用 ELLIPSE/EL【椭圆】命令，绘制椭圆，命令选项如下：

```
命令: ELLIPSE↙                                //调用绘制椭圆命令
指定椭圆的轴端点或 [圆弧(A)/中心点(C)]: //捕捉左侧线段顶点
指定轴的另一个端点:                          //捕捉右侧线段墙体端点
指定另一条半轴长度或 [旋转(R)]: 500↙      //输入椭圆半轴长度500，效果如图8-154所示
```

03 调用 TRIM/TR【修剪】命令，对椭圆进行修剪，如图 8-155 所示。

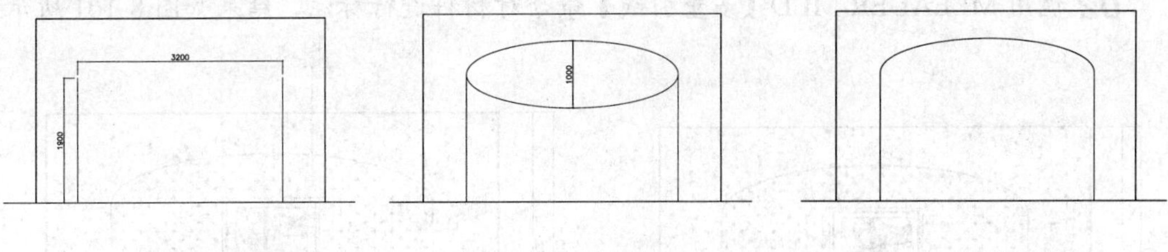

图 8-153 绘制线段　　图 8-154 绘制椭圆　　图 8-155 修剪椭圆

04 调用 HATCH/H【图案填充】命令，在拱门内填充 CROSS 图案，填充参数和效果如图 8-156 所示。

4. 绘制踢脚线

调用 LINE/L【直线】命令，绘制踢脚线，如图 8-157 所示。

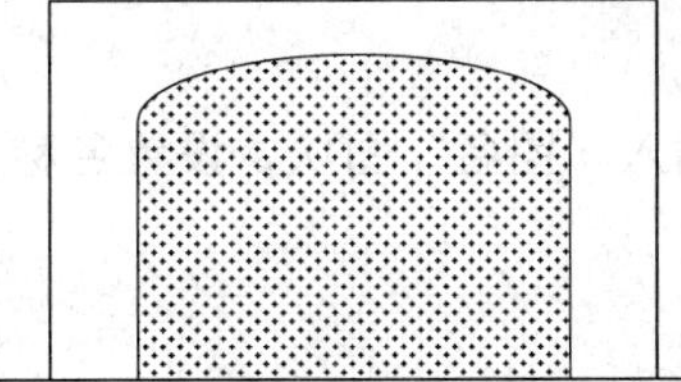

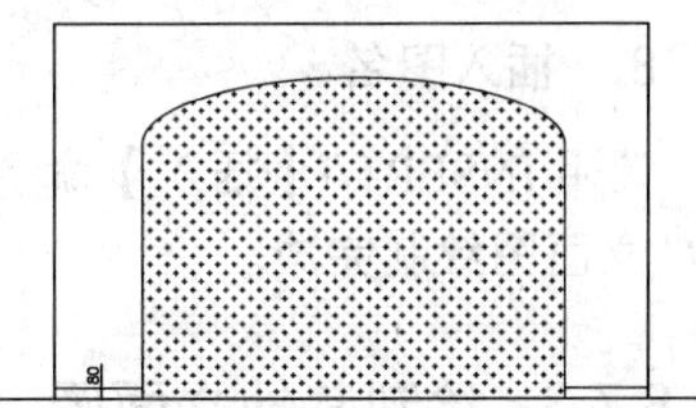

图 8-156 填充参数和效果　　图 8-157 绘制踢脚线

5. 填充墙面

调用 HATCH/H【图案填充】命令，在主卧墙面填充 AR-CONC 图案，效果如图 8-158 所示。

6. 插入图块

床、床头柜和装饰画等图形可直接从图库中调用，并对图形重叠的部分进行修剪，效果如图 8-159 所示。

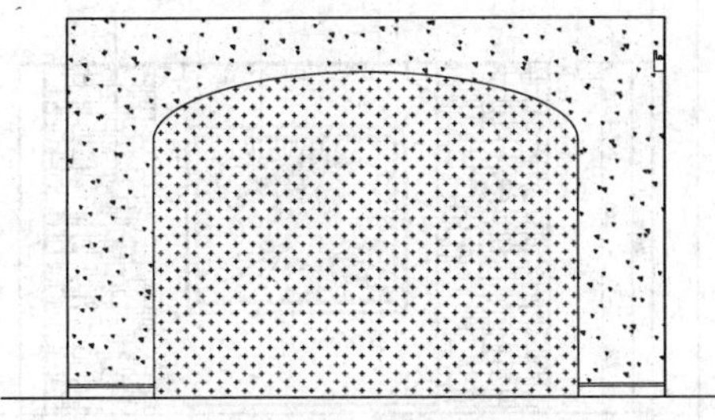

图 8-158 填充墙面

图 8-159 插入图块

7. 标注尺寸、材料说明

01 设置“BZ_标注”为当前图层，设置当前注释比例为 1∶50。调用线性标注命令 DIMLINEAR/DLI【线性标注】命令，并结合使用 DIMCONTINUE/DCO【连续性标注】命令标注尺寸，进行尺寸标注，如图 8-160 所示。

02 调用 MLEADER/MLD【多重引线】命令对材料进行标注，结果如图 8-161 所示。

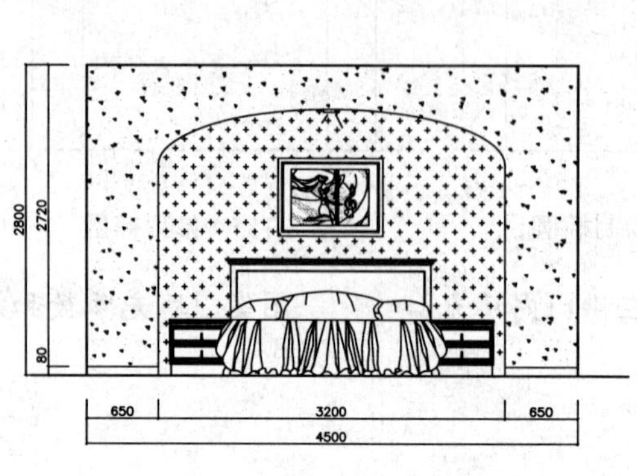

图 8-160　尺寸标注

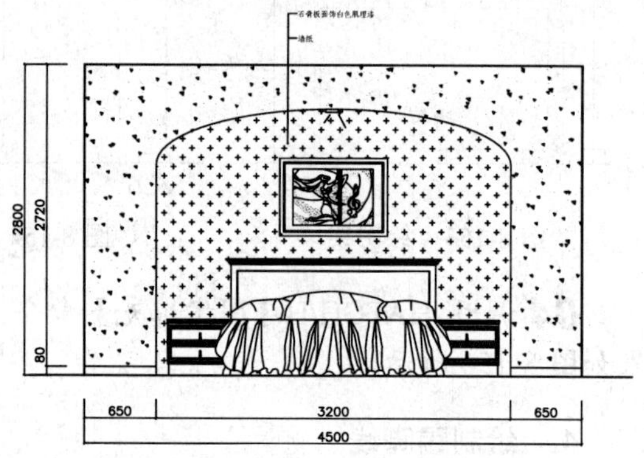

图 8-161　材料标注

8. 插入图名

调用 INSERT/I【插入】命令，插入“图名”图块，设置名称为“主卧 C 立面图”，主卧 C 立面图绘制完成。

8.7.3 绘制其他立面图

其他立面图的绘制方法比较简单，请读者应用前面所学知识进行绘制，如图 8-162～图 8-167 所示。

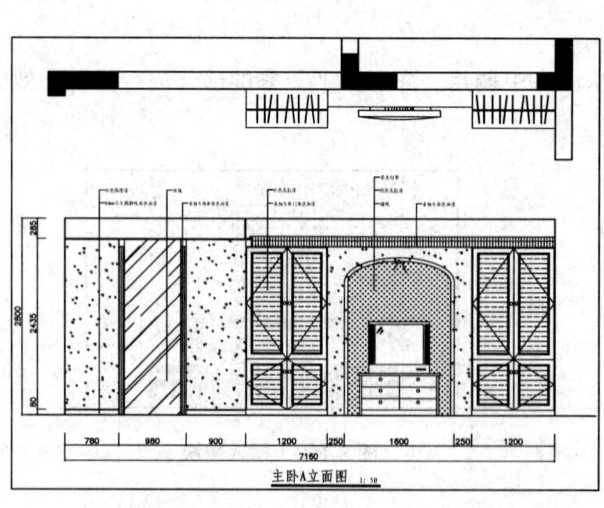

图 8-162　主卧 A 立面图

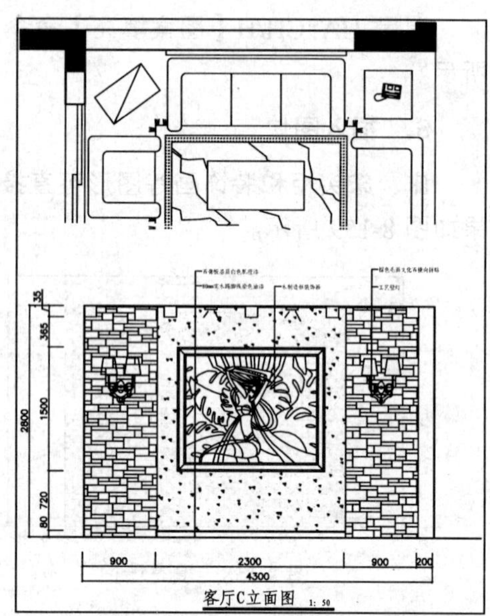

图 8-163　客厅 C 立面图

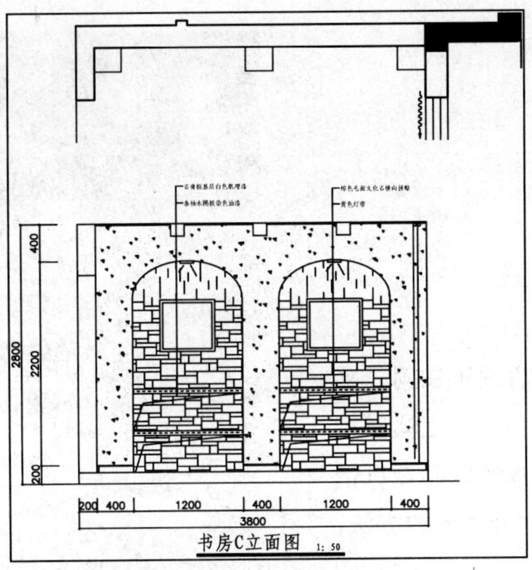

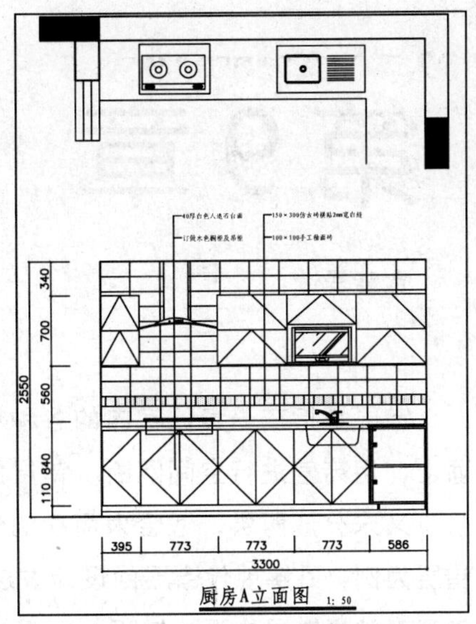

图 8-164　书房 C 立面图

图 8-165　厨房 A 立面图

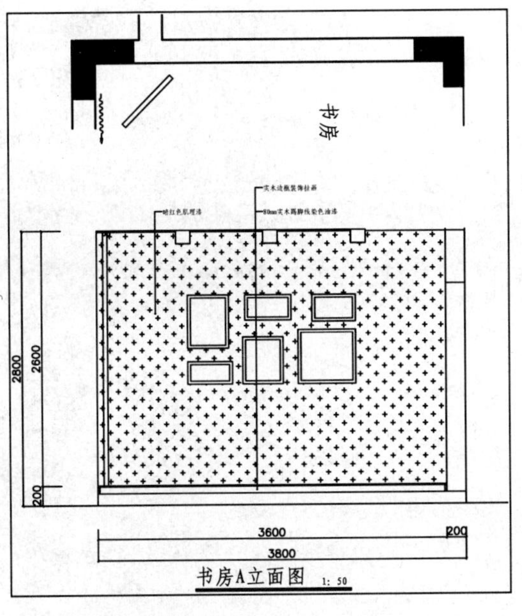

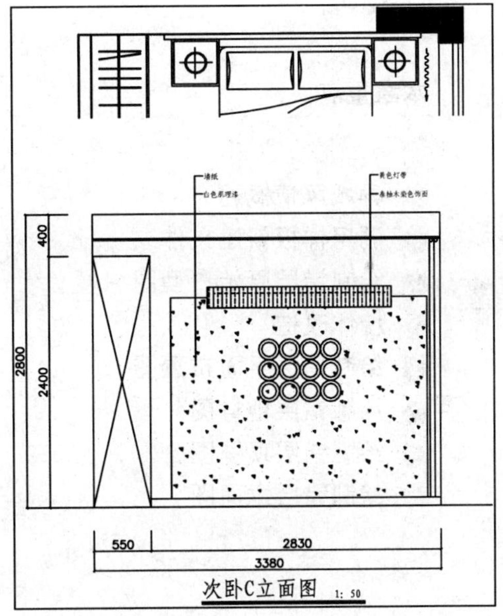

图 8-166　书房 A 立面图

图 8-167　次卧 C 立面图

第 9 章

本章导读：

错层是指在一套住宅内的各种功能和房间不在同一平面上，用高差进行空间隔断。错层的层次分明，立体感较强，又未分成两层，适合大面积的住宅。本章以异域风情错层为例，讲解现代错层的设计方法和绘制施工图的方法，使读者掌握错层的设计技巧。

本章重点：

- 异域风情概述
- 调用样板新建文件
- 绘制错层原始户型图
- 墙体改造
- 绘制错层平面布置图
- 绘制错层地材图
- 绘制错层顶棚图
- 绘制错层立面图

异域风情错层室内设计

9.1 异域风情概述

近几年，随着装饰设计不断走向个性化，魅力独具的异域风情装修风格也逐渐流行起来。不同的风格家居，能给人带来别样的视觉享受。异域风情具有与本地设计不一样的一些特点。

9.1.1 异域风情风格元素

如墙砖的交错拼贴、斜铺仿古砖、小砖点缀、漂亮的马赛克，勾勒了整体的舒适环境。深色的家具、浓郁的布艺窗帘，不同的质感，都能营造温馨的格调。此外，在灯具与其他配饰的选用上要注意颜色穿插和层次分明，如图 9-1 所示。

9.1.2 错层住宅的错落方式

- 前后错层：即南北错层，一般为客厅和餐厅的错层，利用平面上的错层，使静与动、食寝，会客与餐厅的功能分区布置，避免相互干扰，如图 9-2 所示。
- 左右错层：即东西错层，一般为客厅和卧室错层。

图 9-1　异域风情

图 9-2　错层效果图

9.2 调用样板新建文件

本书第 4 章创建了室内装潢施工图样板，该样板已经设置了相应的图形单位、样式、图层和图块等，原始户型图可以直接在此样板的基础上进行绘制。

01 执行【文件】|【新建】命令，打开“选择样板”对话框。

02 单击使用样板按钮，选择“室内装潢施工图模板”，如图 9-3 所示。

03 单击【打开】按钮，以样板创建图形，

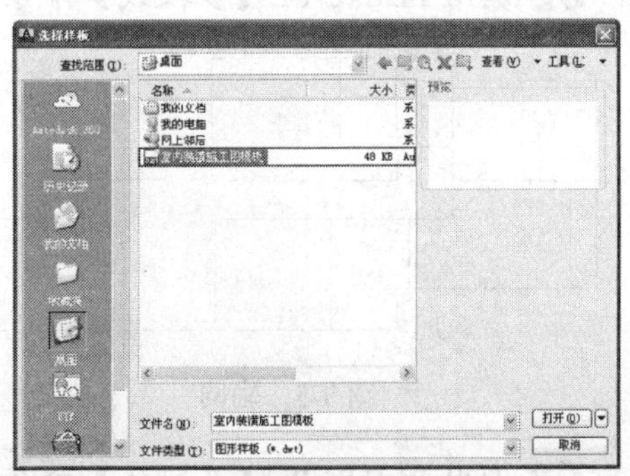

图 9-3　“选择样板”对话框

新图形中包含了样板中创建的图层、样式和图块等内容。

04 选择【文件】|【保存】命令，打开“图形另存为”对话框，在“文件名”框中输入文件名，单击【保存】按钮保存图形。

9.3 绘制错层原始户型图

错层原始户型图如图 9-4 所示，它由墙体、门窗、柱子和台阶等构建组成。本节以错层原始户型图为例介绍其绘制方法。

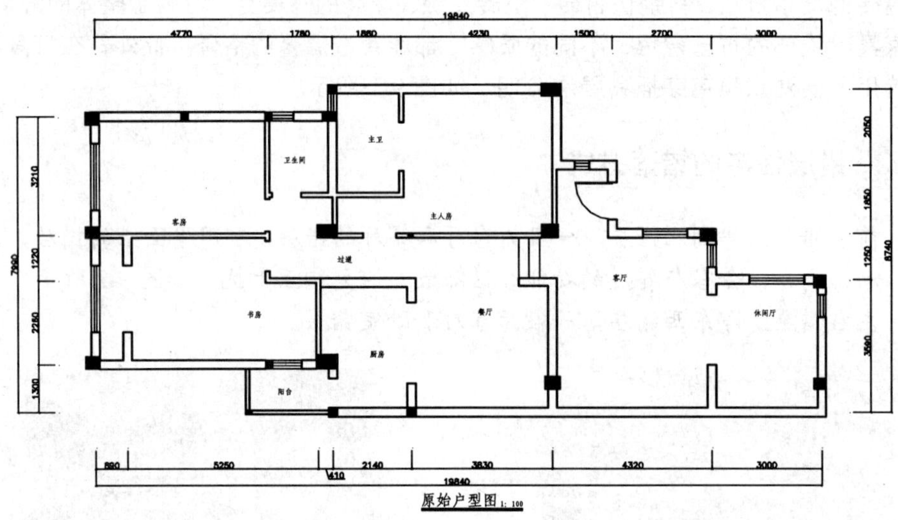

图 9-4　原始户型图

9.3.1 绘制轴线

轴线是墙体绘制的基础，通常在绘制轴线之前，要认真分析轴网的特征及规律。本例错层轴网如兔 9-5 所示，可使用【多段线】命令绘制。

01 设置“ZX_轴线”图层为当前图层。

02 调用 PLINE/PL【多段线】命令，绘制轴线的外轮廓，如图 9-6 所示。

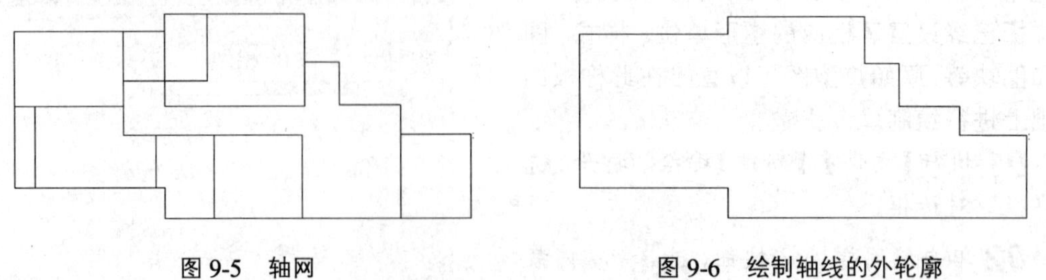

图 9-5　轴网　　　　图 9-6　绘制轴线的外轮廓

03 调用 PLINE/PL【多段线】命令，绘制轴线的内轮廓，如图 9-7 所示。

9.3.2 标注尺寸

01 设置“BZ_标注”图层为当前图层。

02 调用 RECTANG/REC【矩形】命令，绘制矩形框住轴线，如图 9-8 所示。

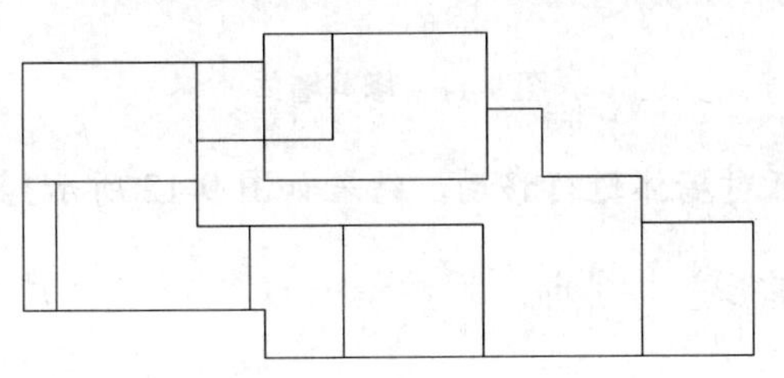

图 9-7 绘制轴线的内轮廓

图 9-8 绘制矩形

03 调用 DIMLINEAR/DLI【线性标注】命令和 DIMCONTINUE/DCO【连续标注】命令，标注尺寸，标注后删除矩形，如图 9-9 所示。

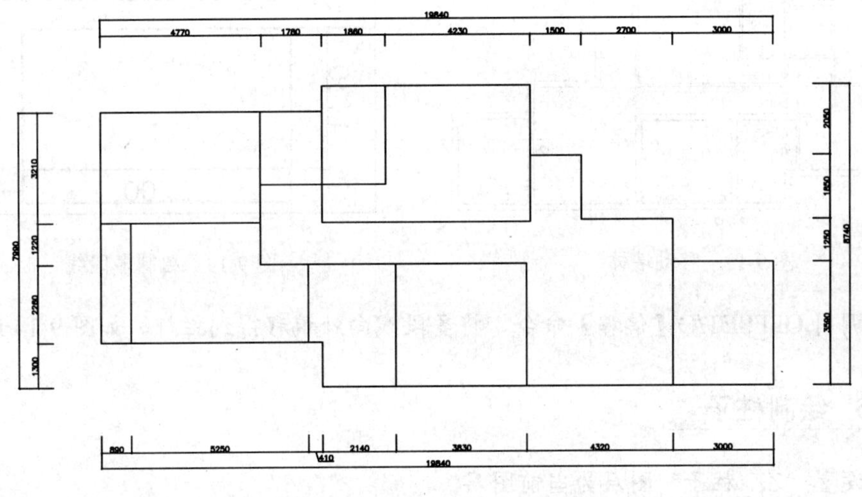

图 9-9 标注尺寸

9.3.3 绘制墙体

在绘制墙体之前需要确定墙体厚度，如外墙、内墙。墙体的绘制可调用 MLINE/ML【多线】命令，绘制完成后的效果如图 9-10 所示。

9.3.4 修剪墙体

01 调用 EXPLODE/X【分解】命令，对墙体进行分解。

02 为方便修剪墙体，隐藏“ZX_轴线”图层。

03 调用 TRIM/TR【修剪】命令，对墙体进行修剪，效果如图 9-11 所示。

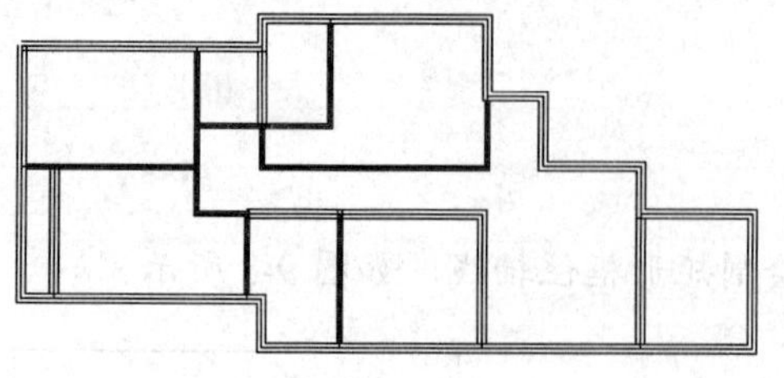

图 9-10　绘制墙体

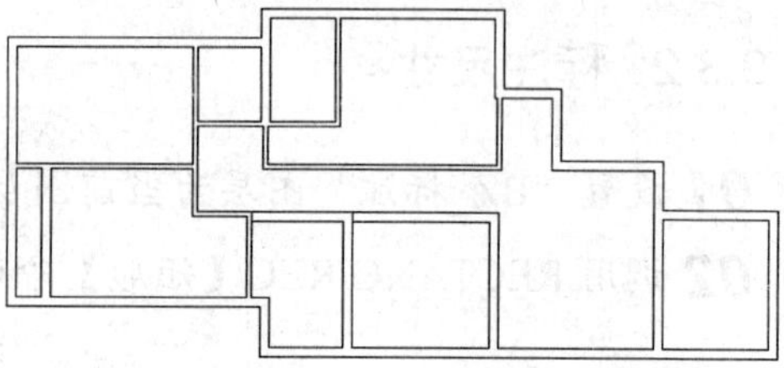

图 9-11　修剪墙体

04 调整墙体。当墙体的厚度不统一时，可对墙体进行移动，结果如图 9-12 所示。

9.3.5　绘制阳台

阳台的四周采用的是栏杆，下面讲解绘制方法。

01 调用 PLINE/PL【多段线】命令，绘制多段线，如图 9-13 所示。

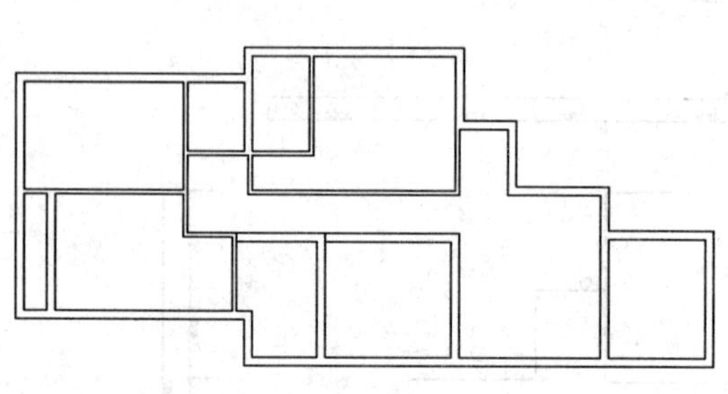

图 9-12　移动墙体

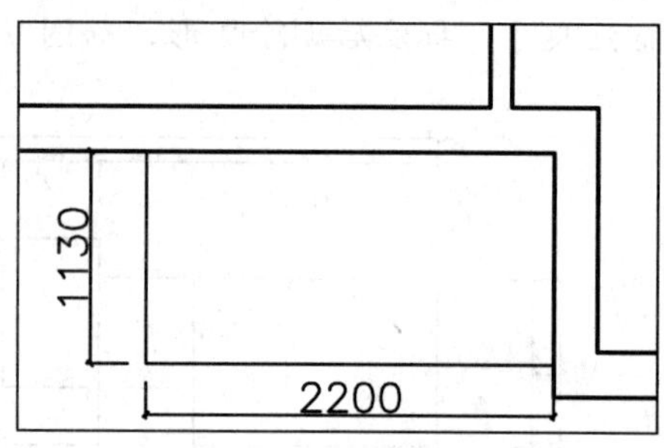

图 9-13　绘制多段线

02 调用 OFFSET/O【偏移】命令，将多段线向外偏移得到栏杆，如图 9-14 所示。

9.3.6　绘制柱子

01 设置“ZZ_柱子”图层为当前图层。

02 调用 RECTANG/REC【矩形】命令，绘制柱子轮廓，如图 9-15 所示。

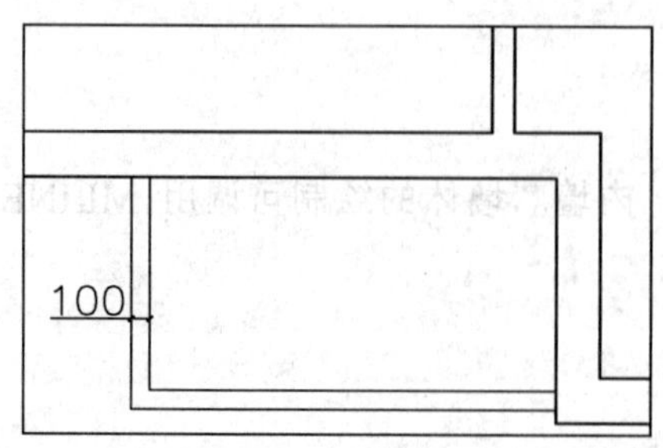

图 9-14　偏移多段线

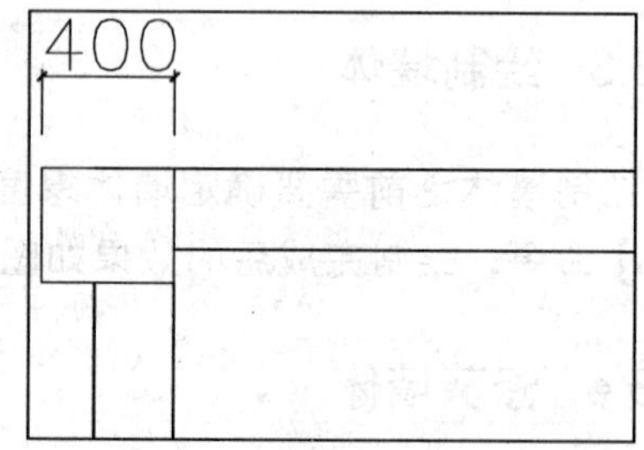

图 9-15　绘制矩形

03 调用 HATCH/H【图案填充】命令，在矩形内填充 SOLID 图案，效果如图 9-16 所示。

04 使用相同的方法绘制其他柱子，效果如图 9-17 所示。

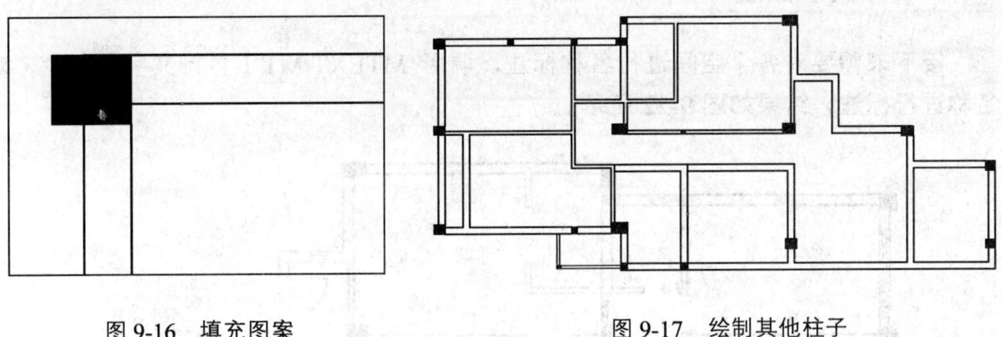

图 9-16 填充图案　　图 9-17 绘制其他柱子

9.3.7 开门窗洞及绘制门窗

在绘制门窗洞时，需要弄清楚门窗的宽度和安装位置，开门窗洞可调用 OFFSET/O【偏移】命令和 TRIM/TR【修剪】命令绘制，效果如图 9-18 所示。

门窗图形均可调用 INSERT/I【插入】命令插入“门（1000）图块”和“窗（1000）图块”，效果如图 9-19 所示。

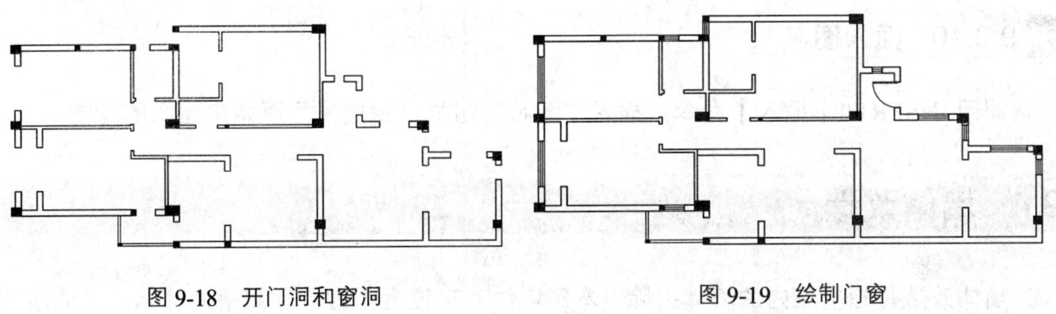

图 9-18 开门洞和窗洞　　图 9-19 绘制门窗

9.3.8 绘制台阶

01 调用 PLINE/PL【多段线】命令，绘制多段线，如图 9-20 所示。

02 调用 LINE/L【直线】命令，在多段线内绘制一条线段表示台阶，如图 9-21 所示。

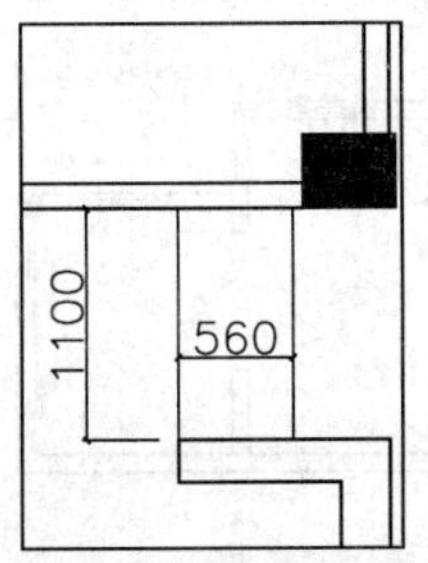

图 9-20 绘制多段线

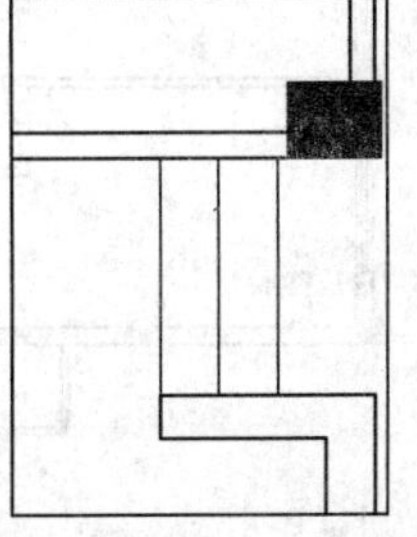

图 9-21 绘制线段

9.3.9 文字标注

接下来需要对各个空间进行名称标注，调用 MTEXT/MT【多行文字】命令，对房间名称进行标注，结果如图 9-22 所示。

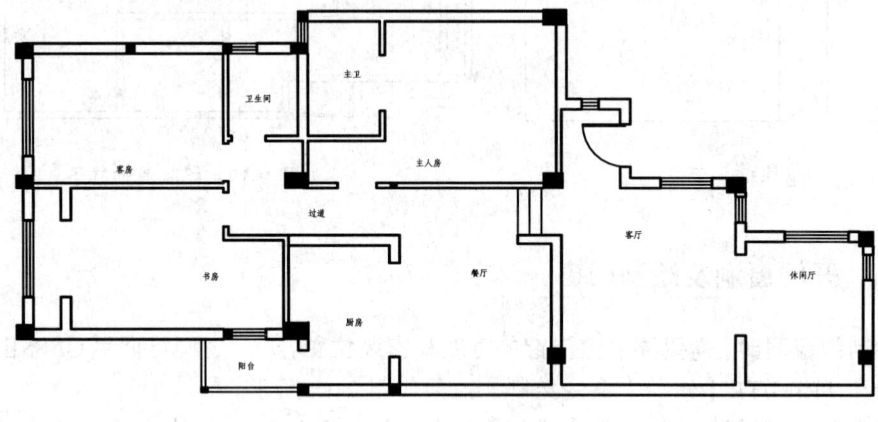

图 9-22 文字标注

9.3.10 插入图名

调用 INSERT/I【插入】命令，插入“图名”图块，完成错层原始户型图的绘制。

9.4 墙体改造

墙体改造是指把室内的墙体拆除，本例墙体改造位置为客厅和厨房的墙体，墙体改造后的效果如图 9-23 所示，下面讲解绘制方法。

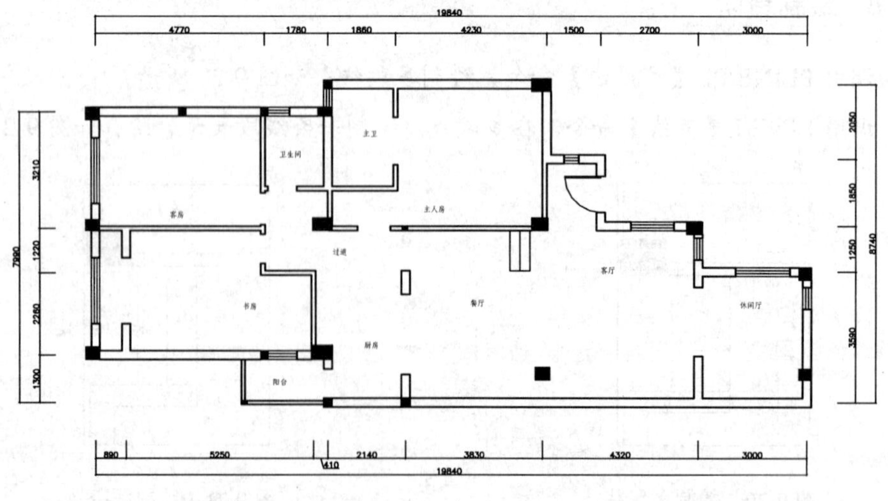

图 9-23 原始户型图

9.4.1 改造客厅

如图 9-24 所示为客厅改造前面的对比。

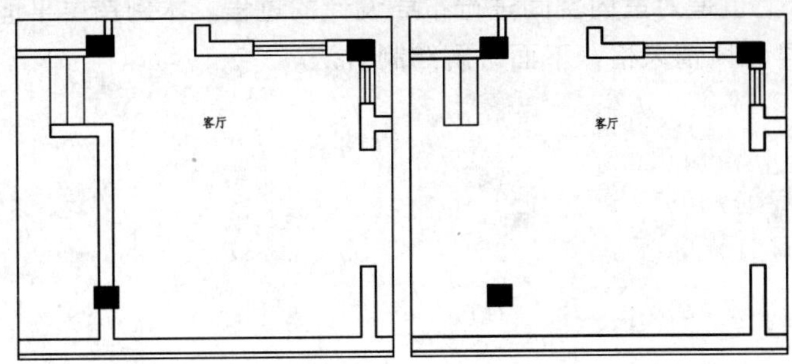

图 9-24　客厅改造前后对比

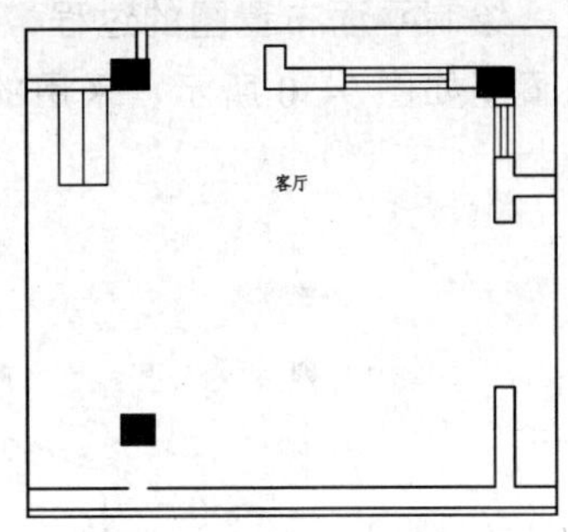

图 9-25　删除墙体

01 删除客厅与台阶相连的墙体，如图 9-25 所示。

02 使用夹点功能拉伸线段，使线段闭合，如图 9-26 所示。

9.4.2 改造厨房

图 9-27 所示为厨房改造前后的对比。

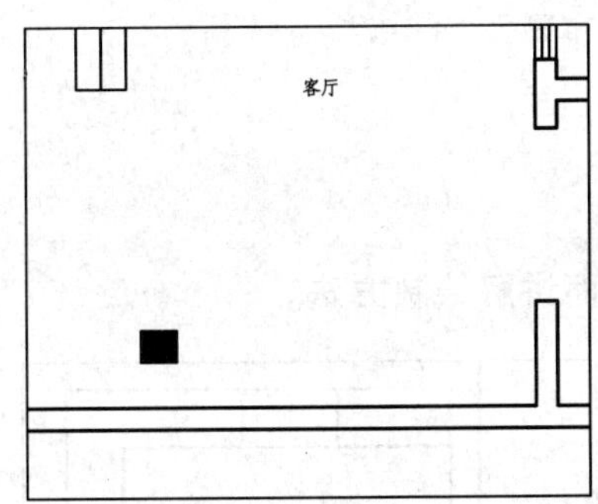

图 9-26　闭合线段

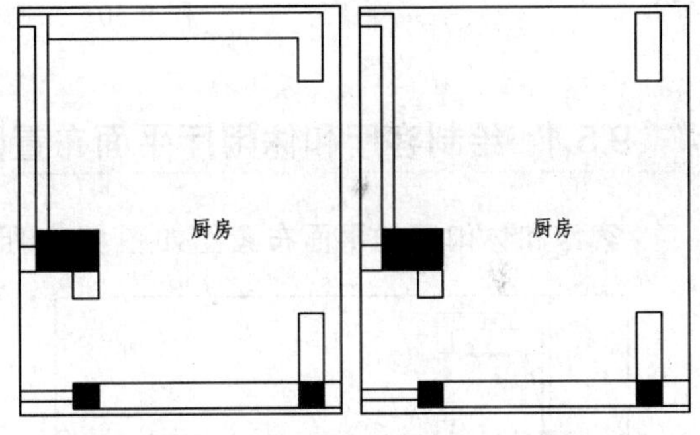

图 9-27　厨房改造前后对比

01 使用夹点功能延长线段，如图 9-28 所示。

02 调用 TRIM/TR【修剪】命令，将线段左侧的线段进行修剪，效果如图 9-29 所示。

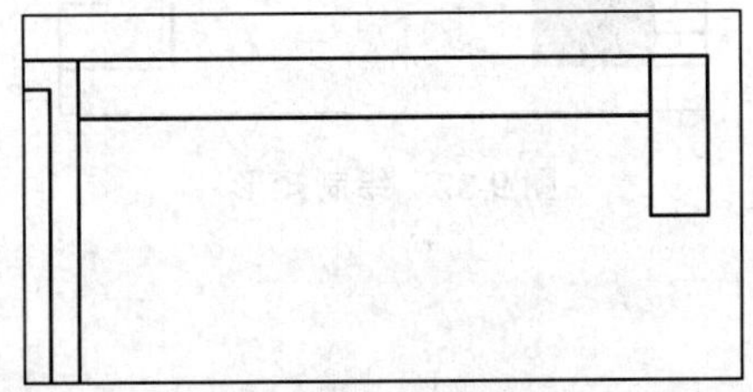

图 9-28　延长线段

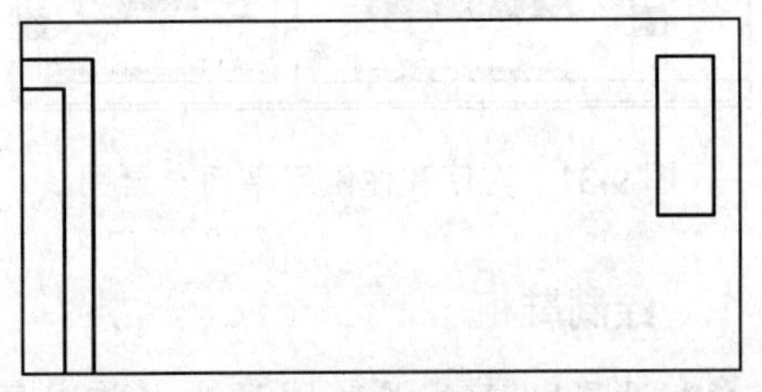

图 9-29　修剪线段

9.5 绘制错层平面布置图

绘制平面布置图的过程，实际上也是对室内空间进行布局设计的过程。本例错层平面布置图如图 9-30 所示，采用的是异域风情风格，下面讲解绘制方法。

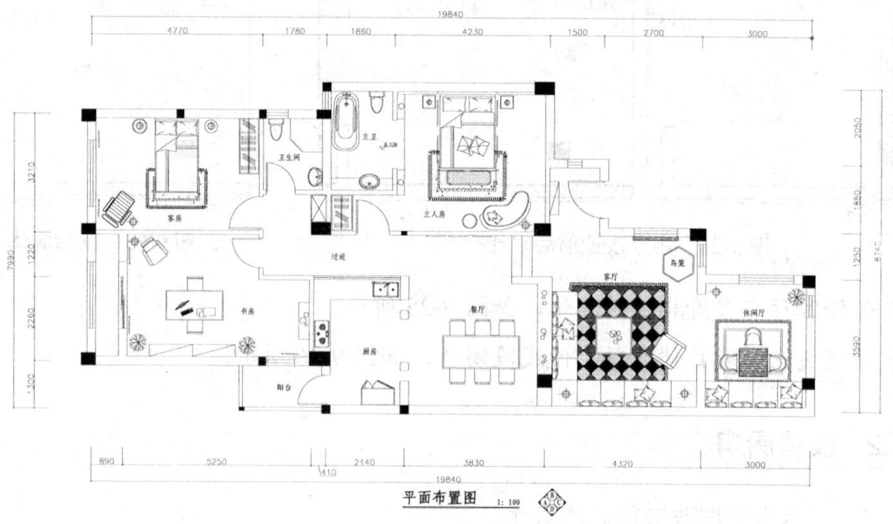

图 9-30 绘制错层平面布置图

9.5.1 绘制客厅和休闲厅平面布置图

客厅和休闲厅的平面布置图如图 9-31 所示，下面讲解绘制方法。

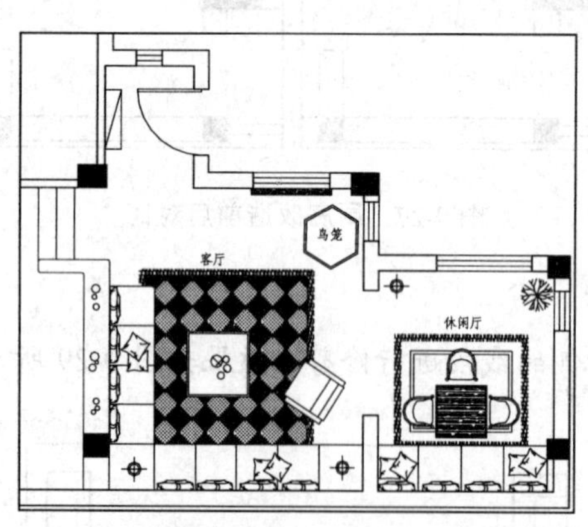

图 9-31 客厅和休闲厅平面布置图

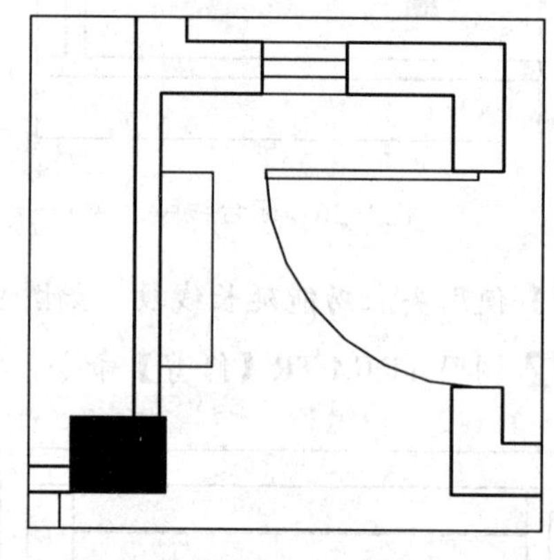

图 9-32 绘制矩形

1. 绘制鞋柜

01 设置“JJ_家具”图层为当前图层。

02 调用 RECTANG/REC【矩形】命令，绘制尺寸为 250×900 的矩形，表示鞋柜轮廓，如图 9-32 所示。

03 调用 LINE/L【直线】命令，在矩形中绘制一条对角线，表示鞋柜是不到顶的，如图 9-33 所示。

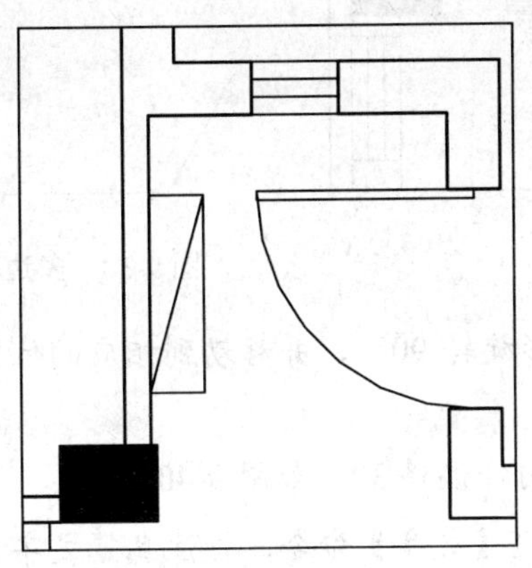

图 9-33 绘制线段

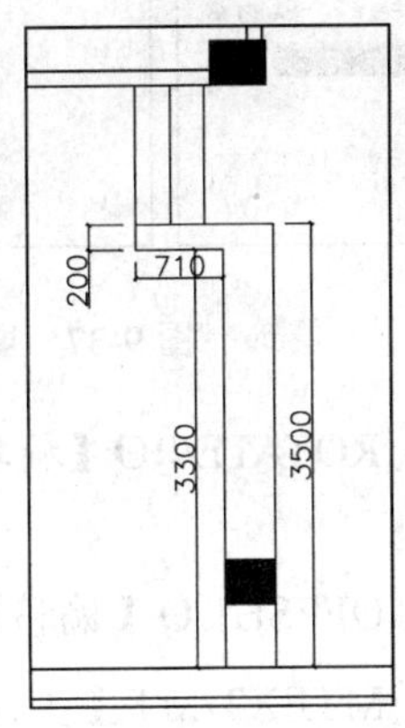

图 9-34 绘制多段线

2. 绘制装饰隔断

01 调用 PLINE/PL【多段线】命令，绘制多段线，如图 9-34 所示。

02 调用 FILLET/F【圆角】命令，对多段线进行圆角，圆角半径为 30，如图 9-35 所示。

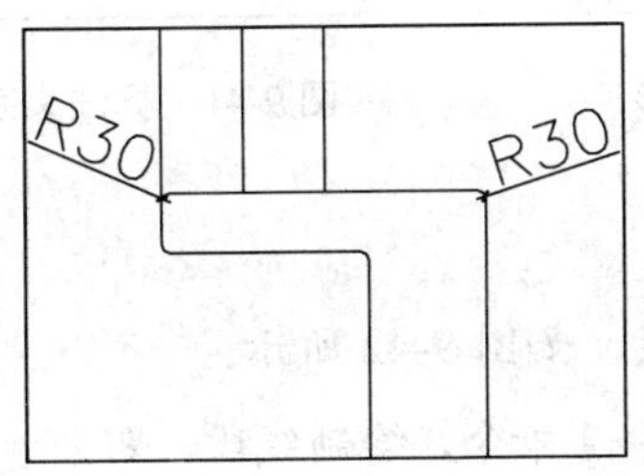

图 9-35 圆角

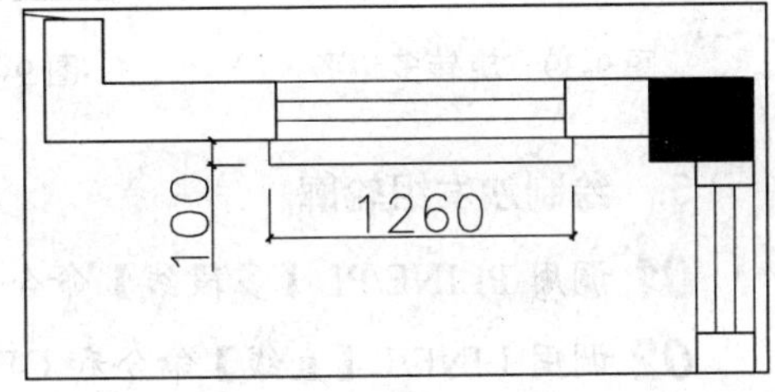

图 9-36 绘制多段线

3. 绘制窗装饰造型

01 调用 PLINE/PL【多段线】命令，绘制多段线，如图 9-36 所示。

02 调用 HATCH/H【图案填充】命令，在多段线内填充 AR-RROOF 图案，填充参数和效果如图 9-37 所示。

4. 绘制鸟笼

01 调用 POLYGON/POL【多边形】命令，绘制多边形，命令选项如下：

```
命令: POLYGON↙                                   //调用 POLYGON 命令
输入侧面数 <6>: 6↙                                //输入多边形的边数
指定正多边形的中心点或 [边(E)]:                    //拾取一点作为多边形的中心点
输入选项 [内接于圆(I)/外切于圆(C)] <I>: I↙        //选择"内接于圆(I)"选项
指定圆的半径: 460↙                                //输入圆的半径，得到效果如图 9-38 所示
```

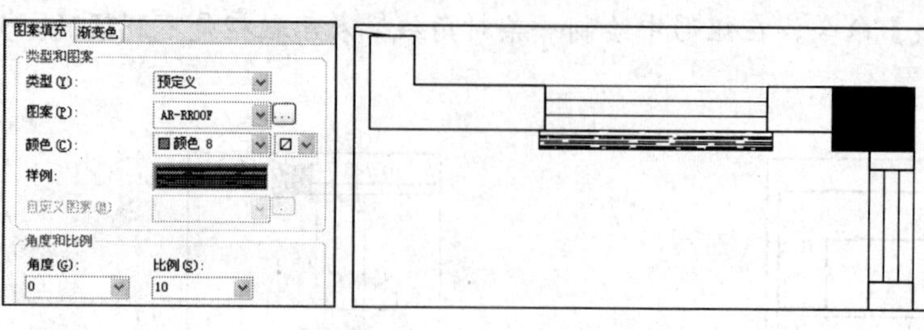

图 9-37 填充参数和效果

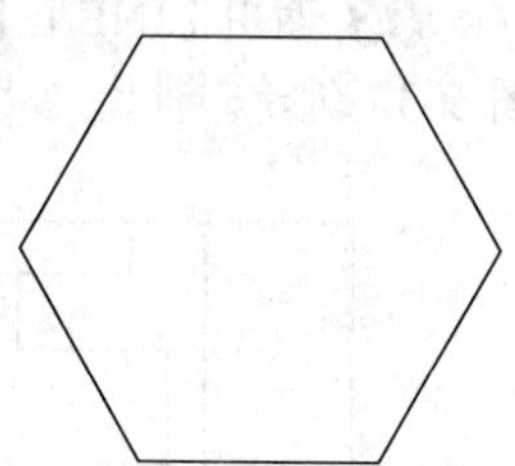

图 9-38 多边形

02 调用 ROTATE/RO【旋转】命令，将多边形旋转 90°，并移动到相应的位置，如图 9-39 所示。

03 调用 OFFSET/O【偏移】命令，将多边形向外偏移 30，如图 9-40 所示。

04 调用 MTEXT/MT【多行文字】或 MTEXT/T【文字】命令，标注鸟笼文字名称，如图 9-41 所示。

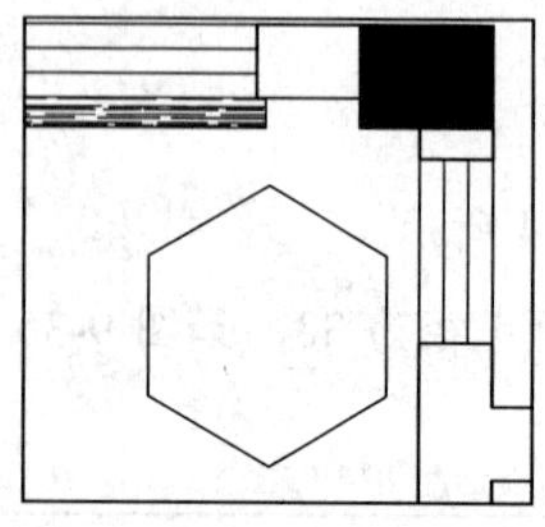

图 9-39 旋转多边形

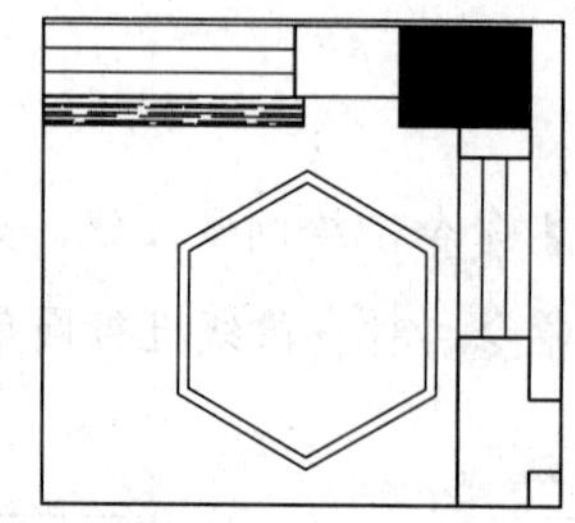

图 9-40 偏移多边形

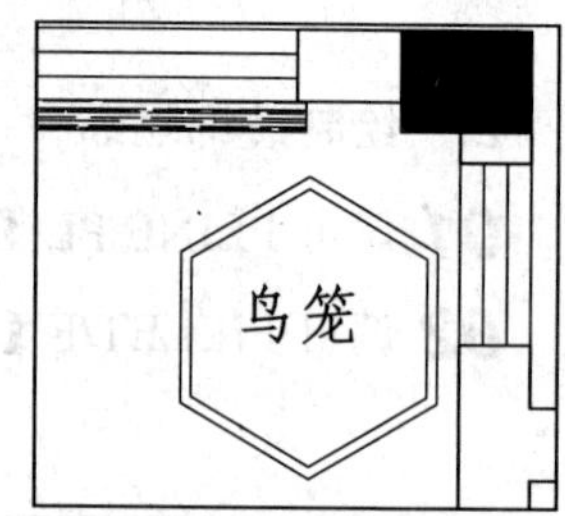

图 9-41 标注文字

5. 绘制沙发组轮廓

01 调用 PLINE/PL【多段线】命令，绘制多段线，如图 9-42 所示。

02 调用 LINE/L【直线】命令和 OFFSET/O【偏移】命令，绘制线段，划分沙发轮廓，如图 9-43 所示。

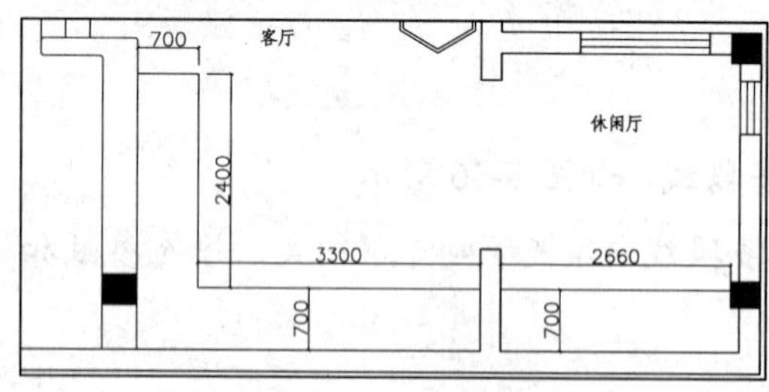

图 9-42 绘制多段线

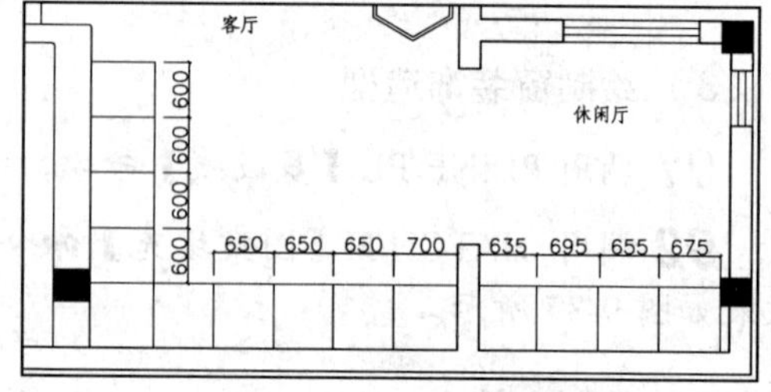

图 9-43 划分沙发轮廓

03 调用 FILLET/F【圆角】命令，对沙发角进行圆角，效果如图 9-44 所示。

6. 插入图块

打开配套光盘提供的“第 9 章\家具图例.dwg”文件，选择其中抱枕、灯具、沙发、休闲桌椅、地毯、植物和装饰品等图块，将其复制至客厅和休闲厅区域，如图 9-31 所示，客厅和休闲厅平面布置图绘制完成。

9.5.2 绘制主人房和主卫平面布置图

主人房和主卫平面布置图如图 9-45 所示，下面讲解绘制方法。

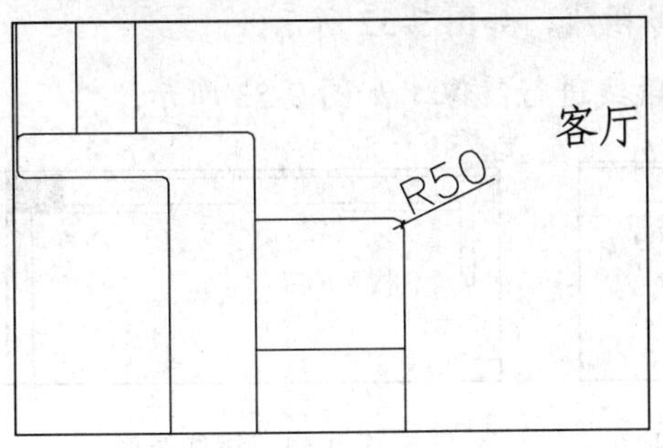

图 9-44 圆角

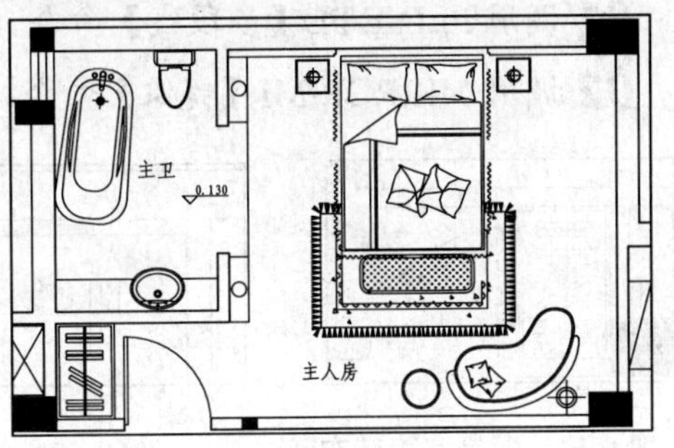

图 9-45 主人房和主卫平面布置图

1. 插入门图块

调用 INSERT/I【插入】命令，插入“门（1000）”图块，效果如图 9-46 所示。

2. 绘制衣柜和衣架

01 绘制衣柜。调用 RECTANG/REC【矩形】命令，绘制尺寸为 600×980 的矩形，如图 9-47 所示。

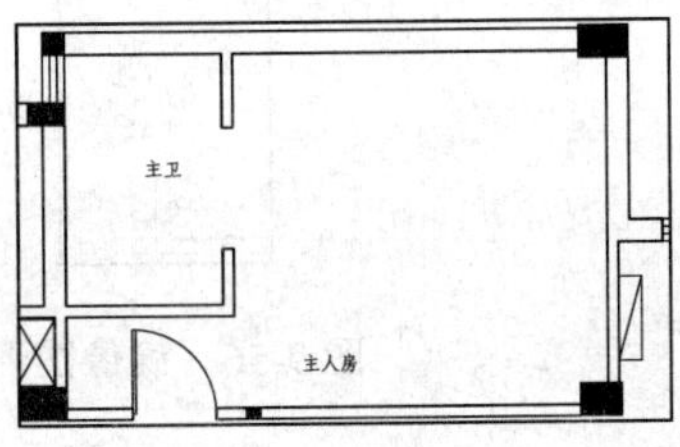

图 9-46 插入门图块

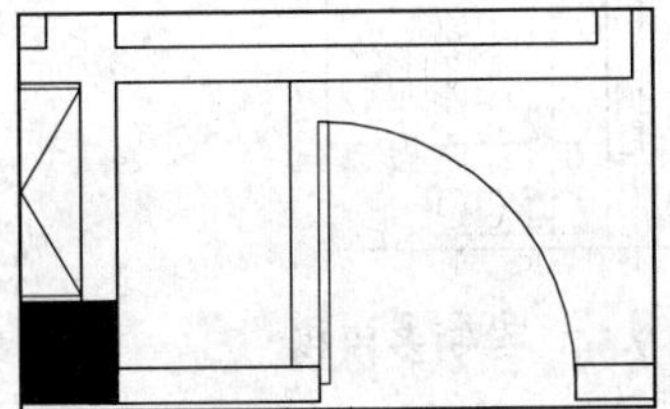

图 9-47 绘制矩形

02 调用 OFFSET/O【偏移】命令，将矩形向内偏移 30，如图 9-48 所示。

03 调用 LINE/L【直线】命令和 OFFSET/O【偏移】命令，绘制挂衣杆，如图 9-49 所示。

04 绘制衣架。调用 RECTANG/REC【矩形】命令，绘制尺寸为 378×36 的矩形表示衣架，如图 9-50 所示。

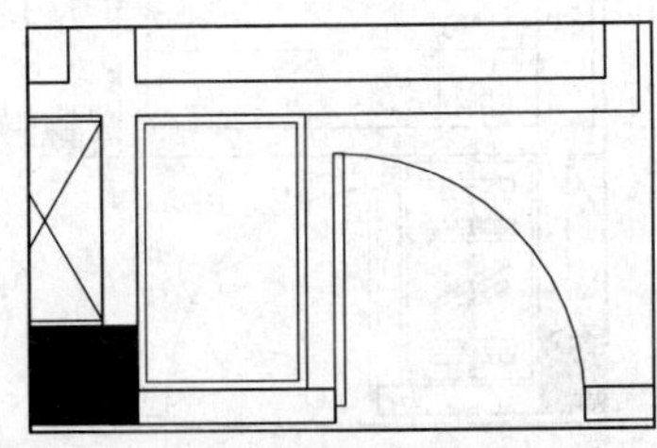

图 9-48 偏移矩形

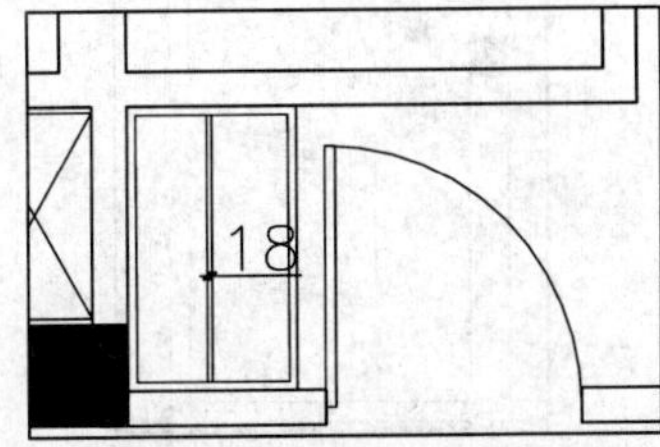

图 9-49 绘制挂衣杆

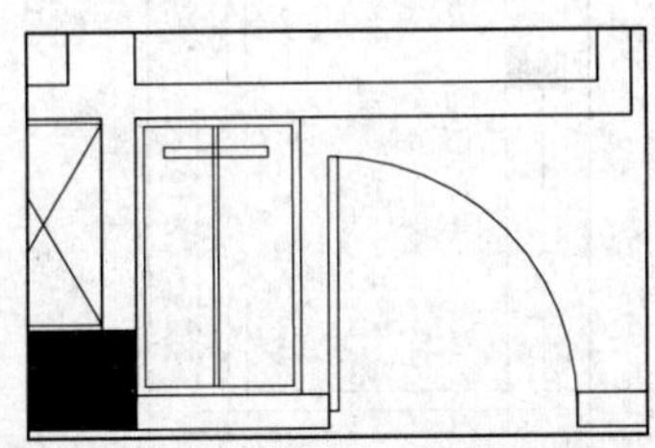

图 9-50 绘制衣架

05 调用 COPY/CO【复制】命令和 ROTATE/RO【旋转】命令，对衣架进行辅助和旋转，得到如图 9-51 所示效果。

3. 绘制床背景造型

01 调用 PLINE/PL【多段线】命令，绘制多段线，如图 9-52 所示。

02 调用 MIRROR/MI【镜像】命令，将多段线进行镜像，如图 9-53 所示。

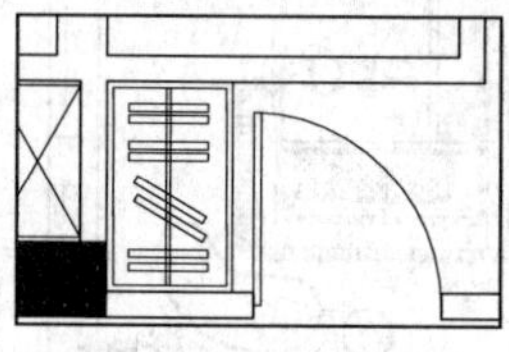

图 9-51 复制和旋转衣架

图 9-52 绘制多段线

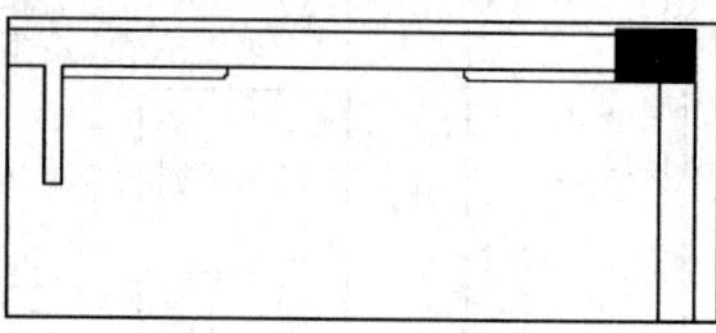

图 9-53 镜像图形

4. 绘制装饰台

01 调用 PLINE/PL【多段线】命令，绘制多段线，如图 9-54 所示。

02 调用 CIRCLE/C【圆】命令，在多段线内绘制半径为 75 的圆，如图 9-55 所示。

03 调用 MIRROR/MI【镜像】命令，将图形进行镜像，如图 9-56 所示。

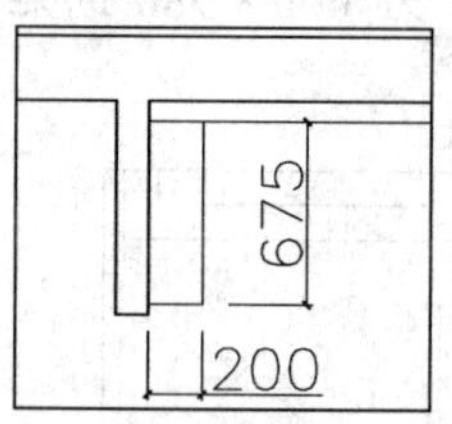

图 9-54 绘制多段线

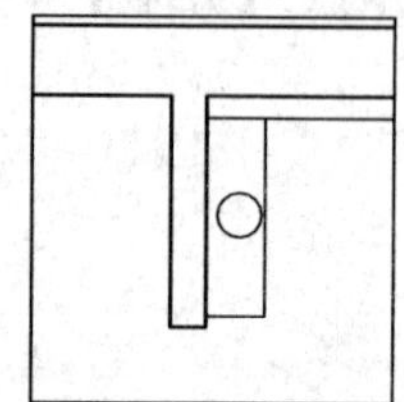

图 9-55 绘制圆

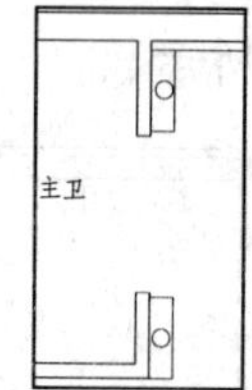

图 9-56 镜像图形

04 调用 LINE/L【直线】命令，绘制线段连接两个图形，如图 9-57 所示。

05 调用 INSERT/I【插入】命令，在卫生间内插入“标高”图块，表示卫生间地面抬高的高度，如图 9-58 所示。

5. 绘制洗手盆台面

调用 LINE/L【直线】命令，绘制线段表示洗手盆台面，如图 9-59 所示。

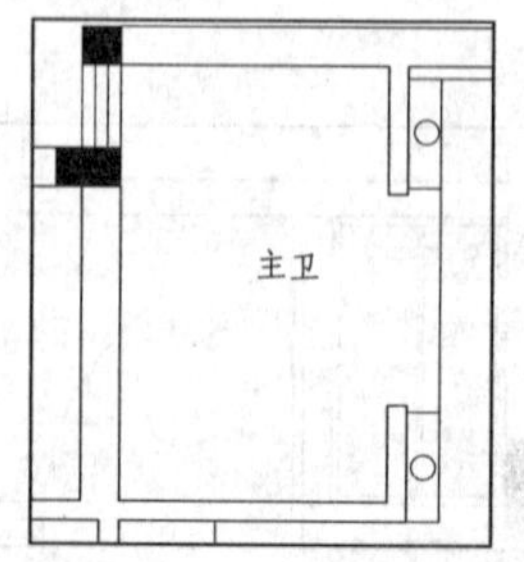

图 9-57 绘制线段

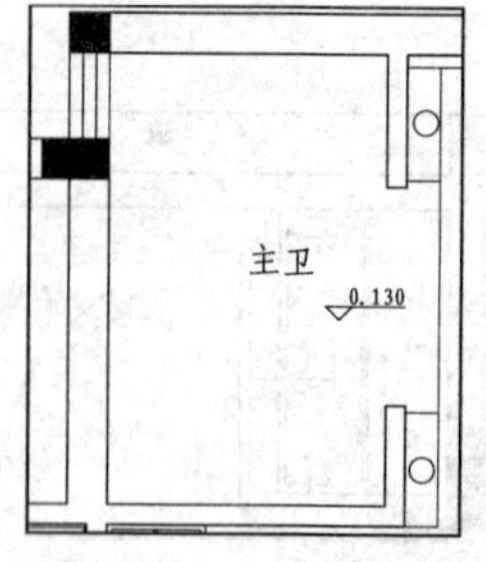

图 9-58 插入标高

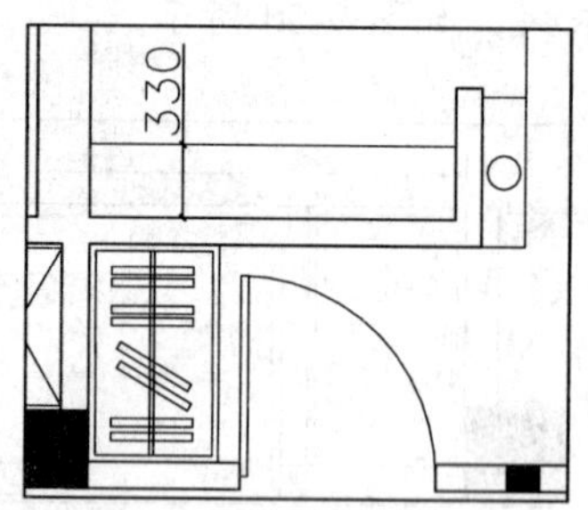

图 9-59 绘制洗手盆台面

6. 插入图块

本图所需要调用的图块有床、贵妃躺椅、窗帘、地毯、浴缸、坐便器和洗手盆等图形，打开本书配套光盘提供的“第 9 章\家具图例”文件从中复制相关图形到本例图形内，完成后的效果如图 9-45 所示。

9.5.3 插入立面指向符号

当平面布置图绘制完成后，即可调用 INSERT/I【插入】命令，插入“立面指向符”图块，并输入立面编号即可，效果如图 9-60 所示。

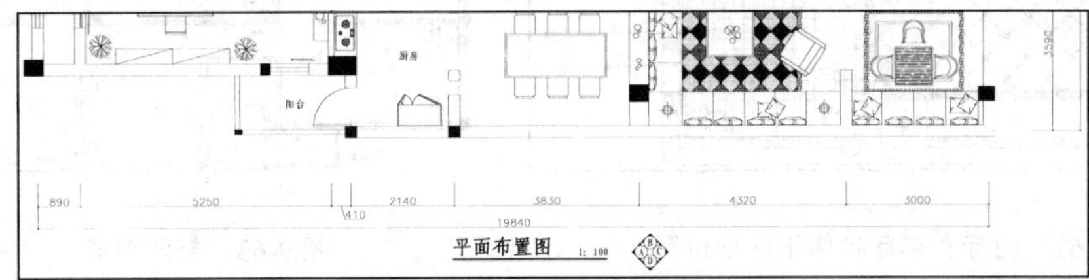

图 9-60　插入立面指向符

9.6 绘制错层地材图

错层地材图如图 9-61 所示。下面以门厅、客厅和休闲厅地材图为例，介绍住宅各空间地材图的绘制方法。

门厅、客厅和休闲厅地材图如图 9-62 所示，门厅地面铺设地砖，客厅地面铺设马赛克和地砖，休闲厅铺设深浅两种不同颜色的地砖，下面讲解绘制方法。

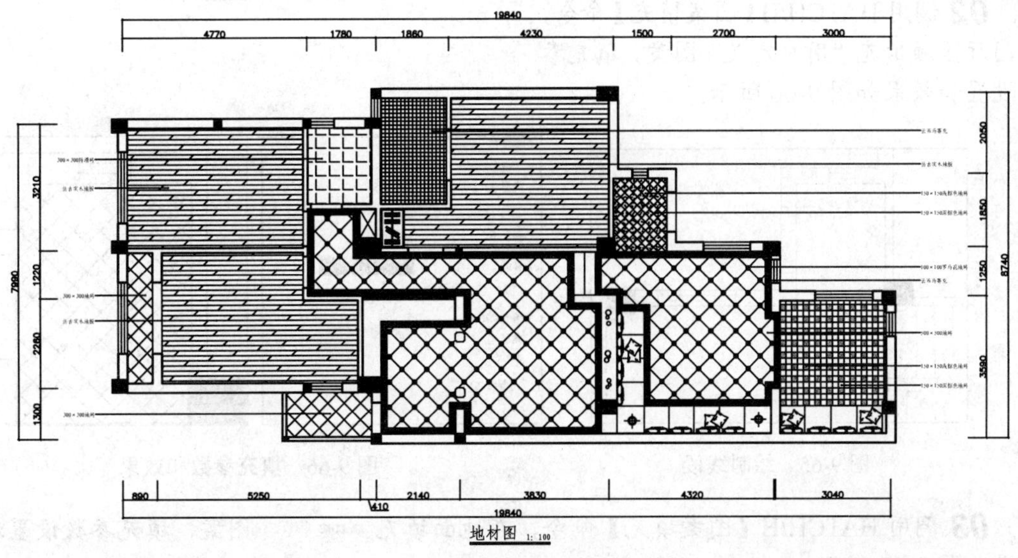

图 9-61　地材图

1. 复制图形

复制错层平面布置图，然后删除里面的家具。如图 9-63 所示。

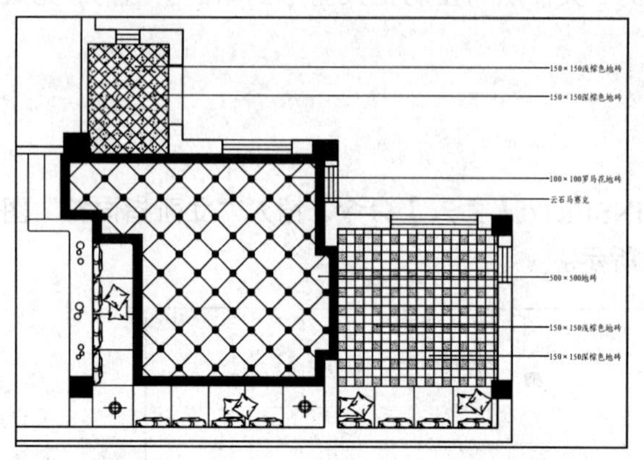

图 9-62 门厅、客厅和休闲厅地材图

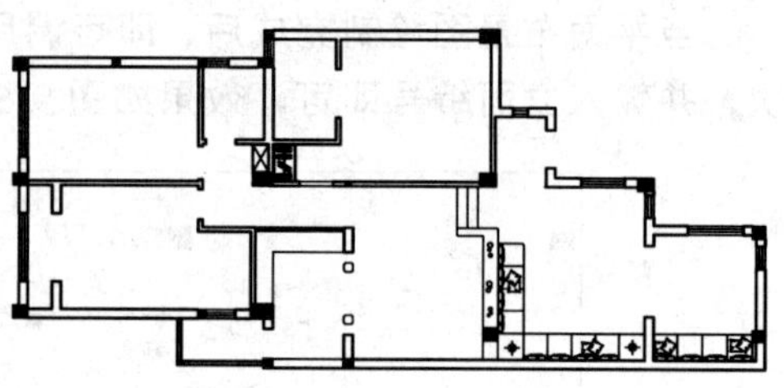

图 9-63 整理图形

2. 绘制门槛线

01 设置“DM_地面”图层为当前图层。

02 调用 LINE/L【直线】命令，绘制门槛线。封闭填充图案区域，如图 9-64 所示。

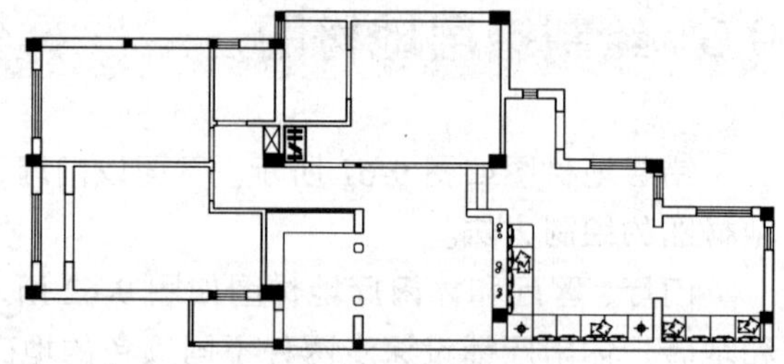

图 9-64 绘制门槛线

3. 绘制门厅地材

01 调用 LINE/L【直线】命令，绘制线段，如图 9-65 所示。

02 调用 HATCH/H【图案填充】命令，在门厅区域填充“用户定义”图案，填充参数设置和效果如图 9-66 所示。

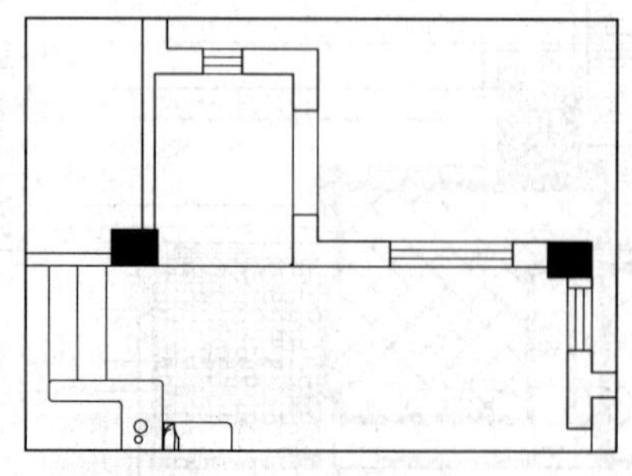

图 9-65 绘制线段

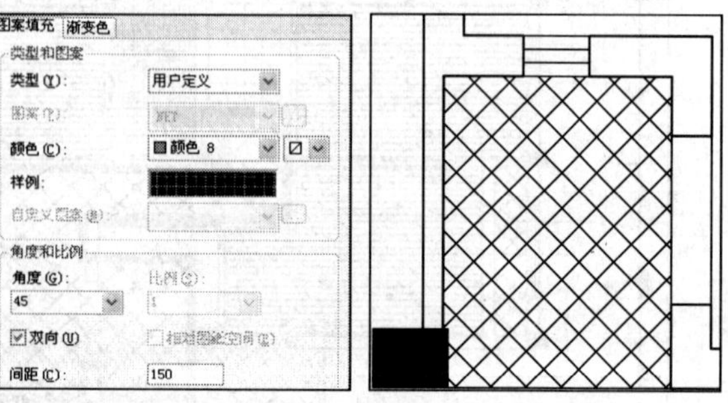

图 9-66 填充参数和效果

03 调用 HATCH/H【图案填充】命令，在地面填充 AR-CONC 图案，填充参数设置和效果如图 9-67 所示。

4. 绘制客厅地面

01 调用 PLINE/PL【多段线】命令，沿墙体绘制多段线，如图 9-68 所示。

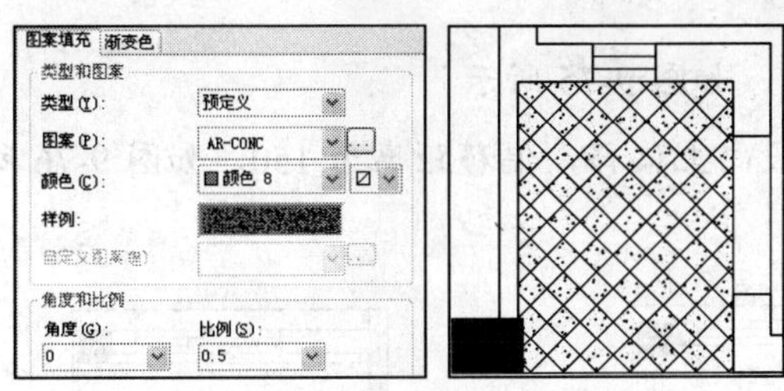

图 9-67　填充参数和效果

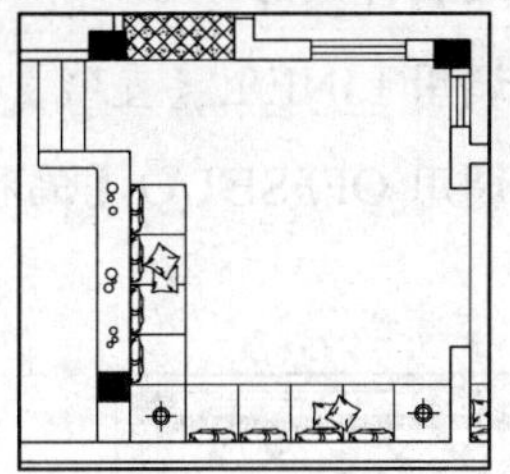

图 9-68　绘制多段线

02 调用 OFFSET/O【偏移】命令，将多段线向内偏移 150，如图 9-69 所示。

03 调用 HATCH/H【图案填充】命令，在多段线内填充“用户定义”图案，填充效果如图 9-70 所示。

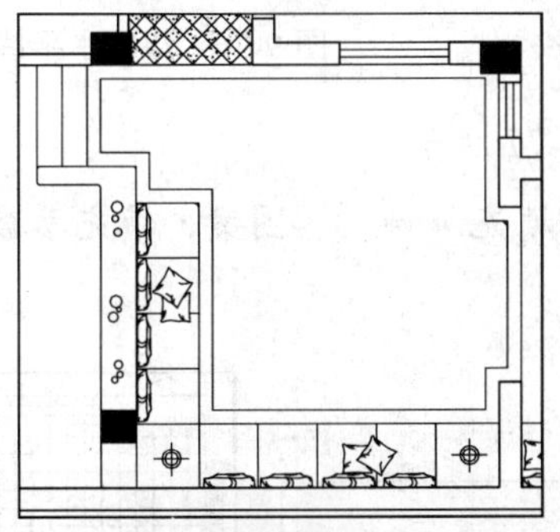

图 9-69　偏移多段线

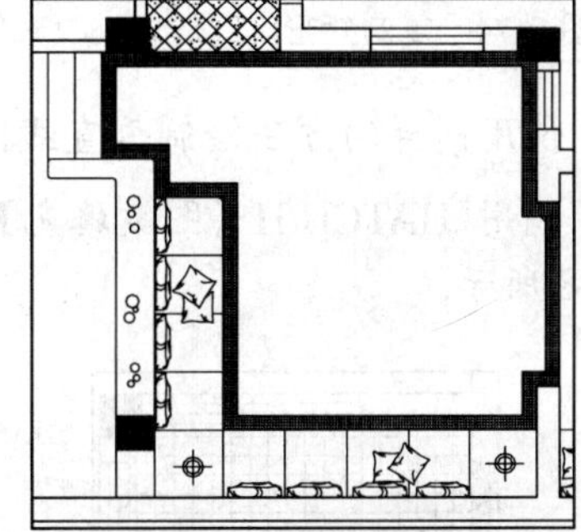

图 9-70　填充图案效果

04 调用 HATCH/H【图案填充】命令，在客厅地面区域填充“用户定义”图案，效果如图 9-71 所示。

05 调用 EXPLODE/X【分解】命令，对填充的图案进行分解。

06 调用 RECTANG/REC【矩形】命令，绘制边长为 100 的矩形，如图 9-72 所示。

07 调用 HATCH/H【图案填充】命令，在矩形内填充 SOLID 图案，如图 9-73 所示。

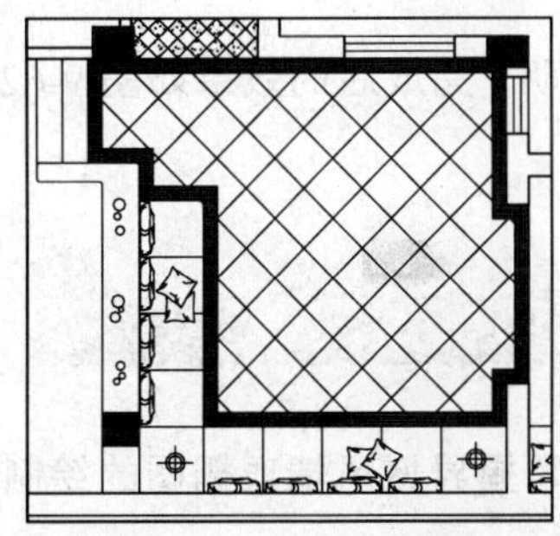

图 9-71　填充客厅地面

图 9-72　绘制矩形

图 9-73　填充图案

08 调用 COPY/CO【复制】命令，将矩形复制到分解后的填充图案的线段相交处，如图 9-74 所示。

5. 绘制休闲厅地面

01 调用 LINE/L【直线】命令，绘制线段，如图 9-75 所示。

02 调用 OFFSET/O【偏移】命令，将线段向上偏移，偏移距离为 150，如图 9-76 所示。

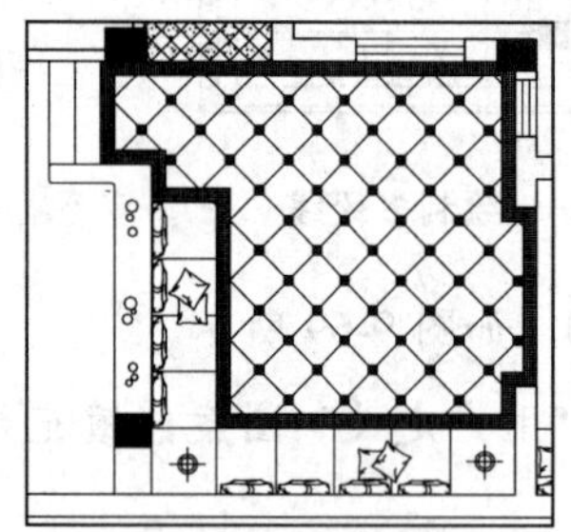

图 9-74 复制矩形

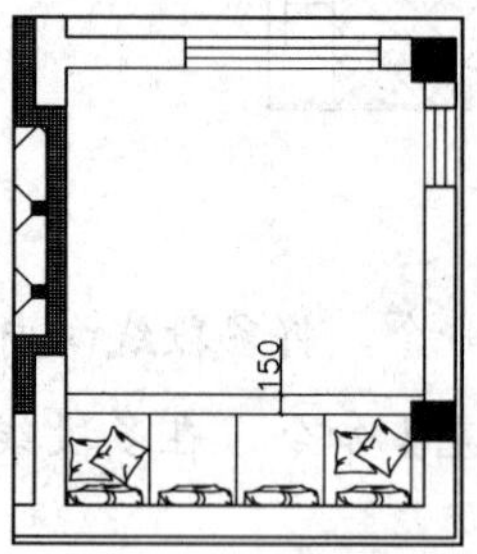

图 9-75 绘制线段

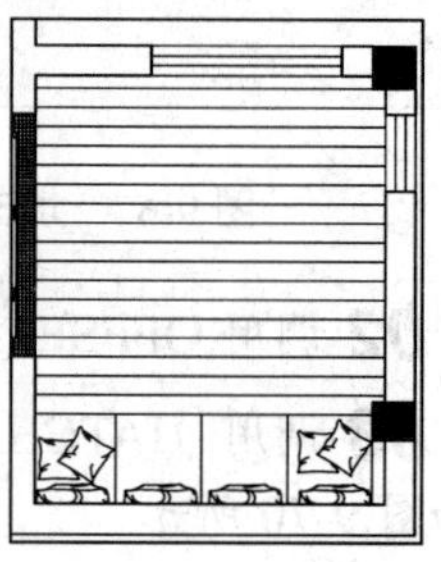

图 9-76 绘制水平线段

03 使用同样的方法绘制垂直线段，效果如图 9-77 所示。

04 调用 HATCH/H【图案填充】命令，对地面填充 AR-SAND 图案，填充参数和效果如图 9-78 所示。

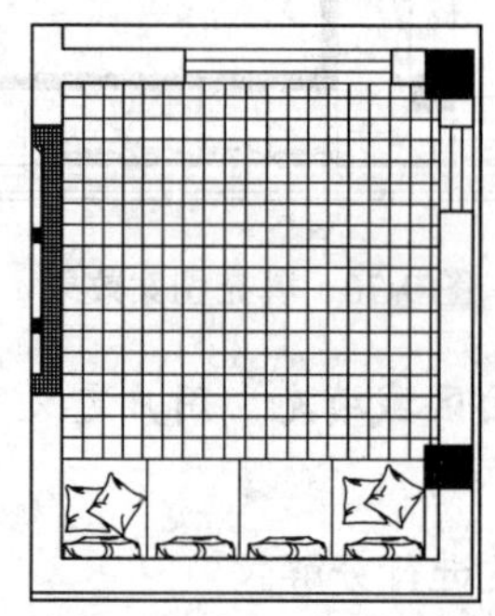

图 9-77 绘制垂直线段

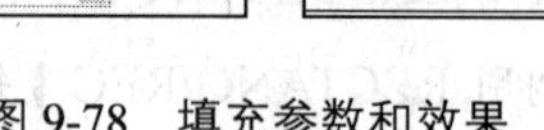

图 9-78 填充参数和效果

6. 标注材料

调用 MLEADER/MLD【多重引线】命令，标注地面材料说明，完成后的效果如图 9-62 所示。

9.7 绘制错层顶棚图

如图 9-79 所示为错层顶棚图，通过对本节的学习，读者可掌握异域风情顶棚图的绘制方法。

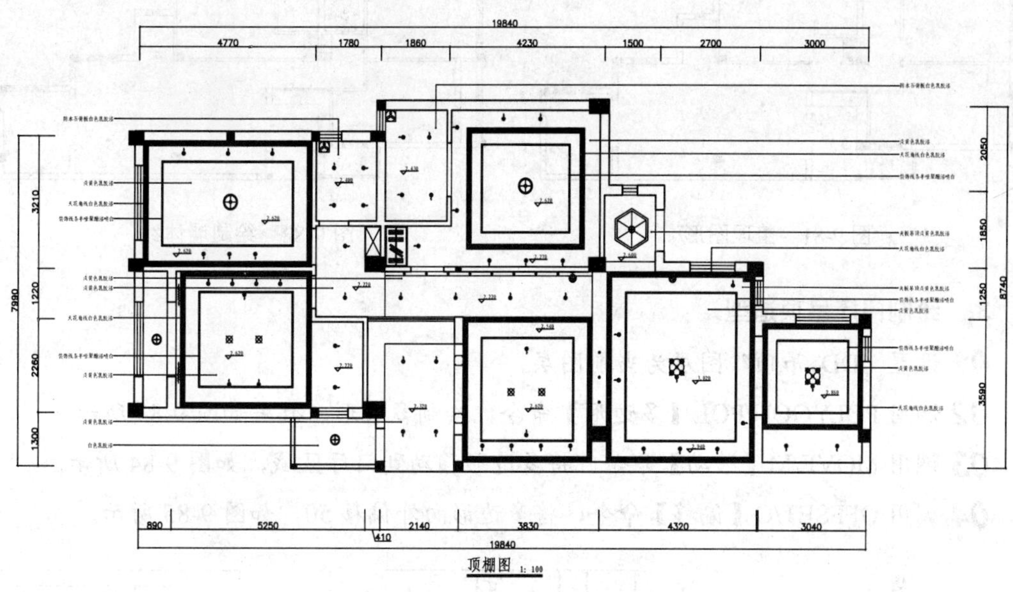

图 9-79　顶棚图

如图 9-80 所示为玄关和客厅顶棚图，主要采用的是夹板吊顶，下面讲解绘制方法。

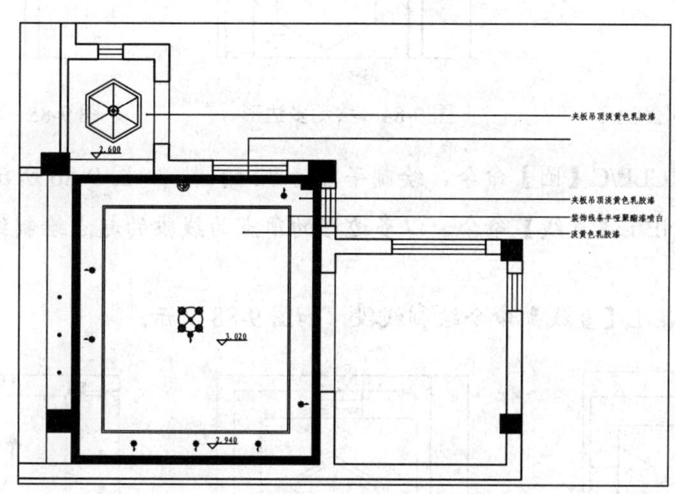

图 9-80　玄关和客厅顶棚图

1. 复制图形

复制错层平面布置图，然后删除与顶棚无关的图形，如图 9-81 所示。

2. 绘制墙体线

01 设置“DM_地面”图层为当前图层。

02 调用 LINE/L【直线】命令，在门洞处绘制墙体线，如图 9-82 所示。

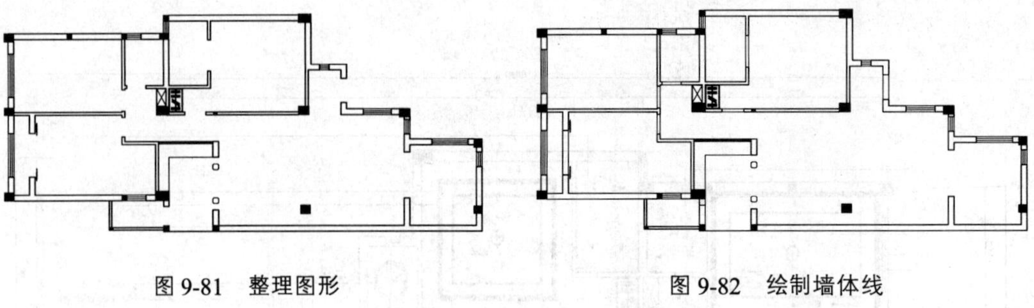

图 9-81　整理图形　　　图 9-82　绘制墙体线

3. 绘制门厅吊顶造型

01 设置“DD_吊顶”图层为当前图层。

02 调用 POLYGON/POL【多边形】命令，绘制多边形，效果如图 9-83 所示。

03 调用 MOVE/M【移动】命令，将多边形移动到门厅区域，如图 9-84 所示。

04 调用 OFFSET/O【偏移】命令，将多边形向外偏移 50，如图 9-85 所示。

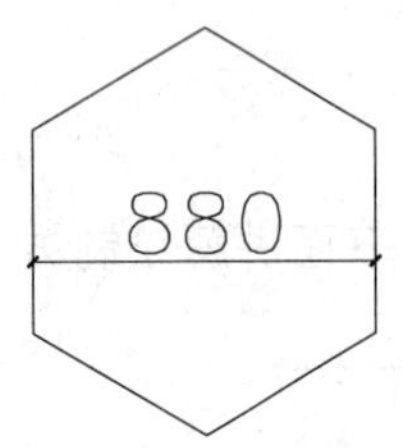

图 9-83　绘制多边形

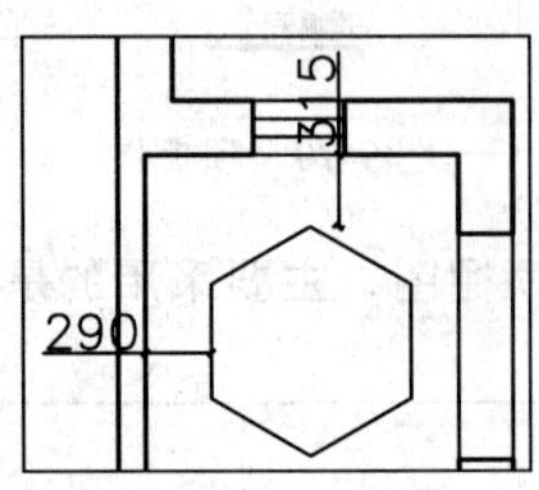

图 9-84　移动多边形

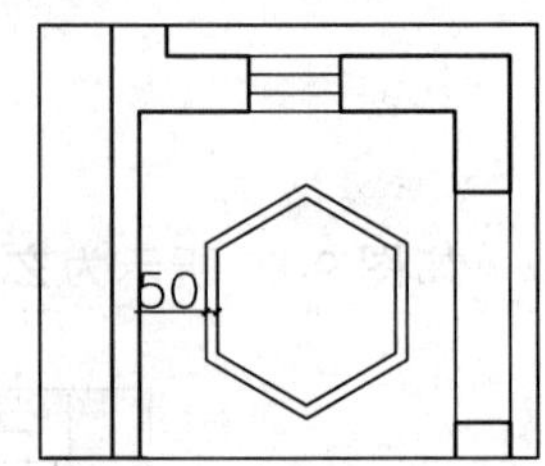

图 9-85　偏移多边形

05 调用 CIRCLE/C【圆】命令，绘制半径为 82 的圆，如图 9-86 所示。

06 调用 LINE/L【直线】命令，以多边形的角点为线段的起点绘制线段，如图 9-87 所示。

07 调用 LINE/L【直线】命令绘制线段，如图 9-88 所示。

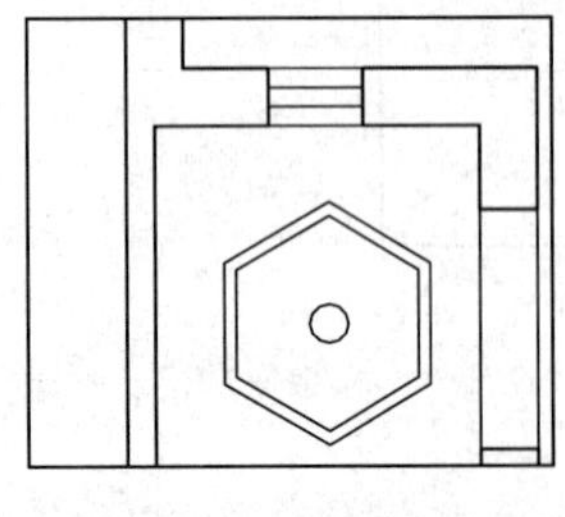

图 9-86　绘制圆

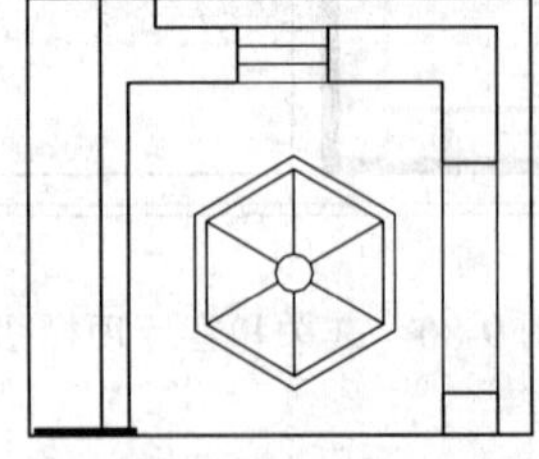

图 9-87　绘制线段

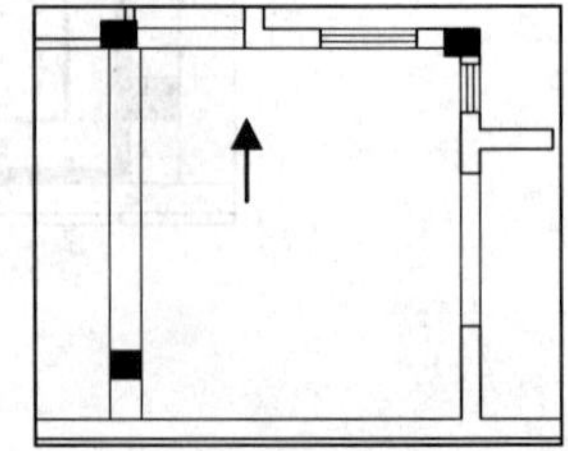

图 9-88　绘制线段

4. 绘制客厅吊顶

01 调用 PLINE/PL【多段线】命令，沿墙体绘制多段线，如图 9-89 所示。

02 调用 OFFSET/O【偏移】命令，将多段线向内偏移 20，偏移 6 次，如图 9-90 所示。

03 调用 RECTANG/REC【矩形】命令，绘制矩形，并将矩形向内偏移 370 和 30，然后删除前面绘制的矩形，如图 9-91 所示。

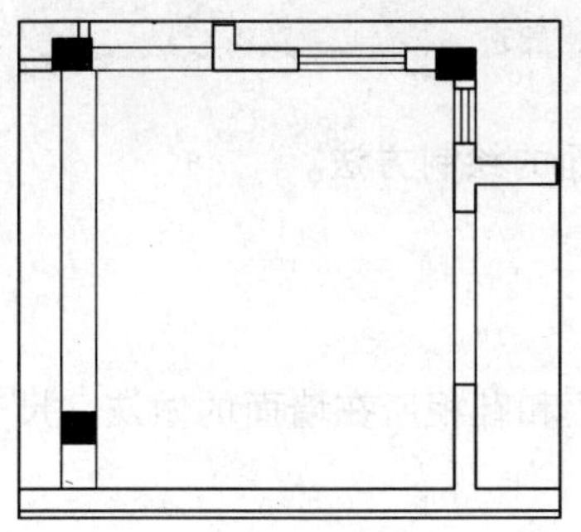

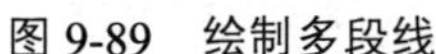
图 9-89　绘制多段线

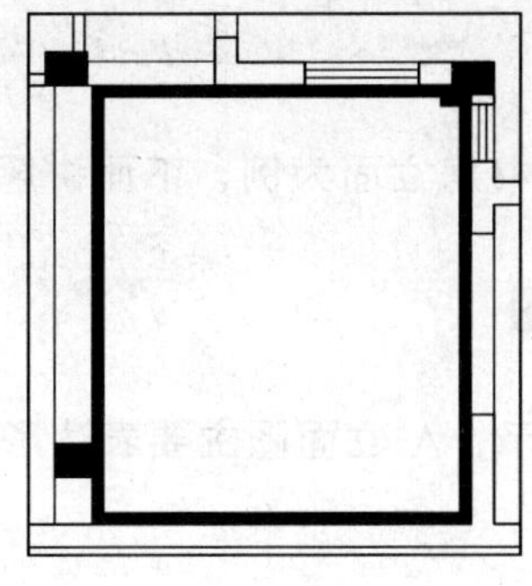

图 9-90　偏移多段线

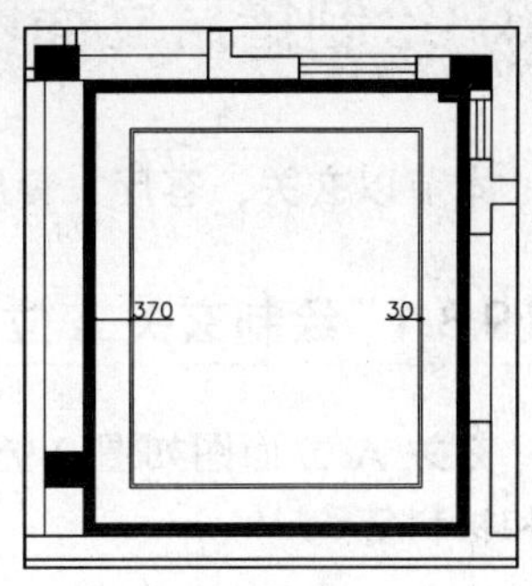

图 9-91　偏移矩形

5. 布置灯具

01 打开配套光盘提供的“第 9 章\家具图例.dwg”文件，将该文件中事先绘制的图例表复制到顶棚图中，如图 9-72 所示。

02 调用 COPY/CO【复制】命令，将灯具复制到客厅和门厅区域，如图 9-93 所示。

6. 标注标高

直接调用 INSERT/I【插入】命令，插入“标高”图块，效果如图 9-94 所示。

图例	名称
	艺术吊灯
	石英射灯
	角度射灯
	壁灯
	吸顶灯
	防雾筒灯
	排气扇

图 9-92　图例表

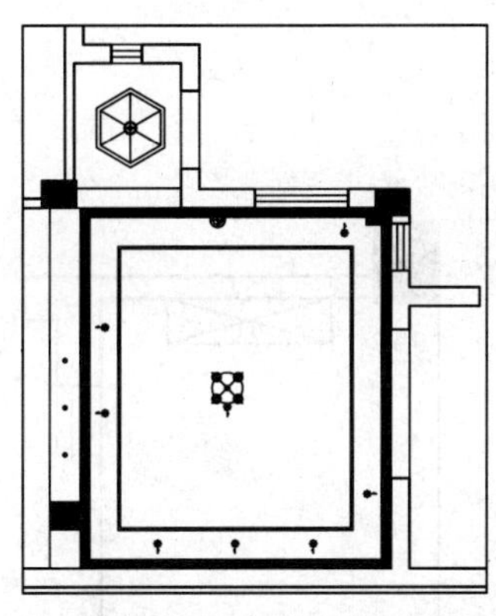

图 9-93　复制灯具

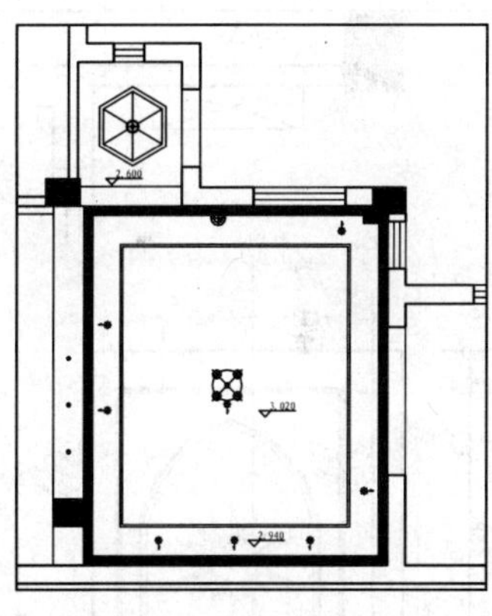

图 9-94　插入标高

7. 标注材料

01 设置“BZ_标注”图层为当前图层。

02 调用 MLEADER/MLD【多重引线】命令，标注顶棚材料效果如图 9-80 所示，玄关和客厅顶棚图绘制完成。

8. 绘制其他顶棚图

错层其他区域顶棚与客厅顶棚大致相同，都采用的是夹板吊顶，请参考前面讲解的方法绘制。

9.8 绘制错层立面图

本节以玄关、客厅、餐厅和书房立面为例，下面讲解立面的绘制方法。

9.8.1 绘制玄关 A 立面图

玄关 A 立面图如图 9-95 所示，A 立面图主要表达了鞋柜和鞋柜所在墙面的做法、尺寸和材料等 。

1. 复制图形

调用 COPY/CO【复制】命令，复制平面布置图上玄关 A 立面的平面部分，并对图形进行旋转。

2. 绘制立面外轮廓

01 设置“LM_立面”图层为当前图层。

02 调用 LINE/L【直线】命令，绘制玄关 A 立面的墙体投影线，如图 9-96 所示。

03 调用 LINE/L【直线】命令，在投影线下方绘制一条水平线段表示地面，如图 9-97 所示。

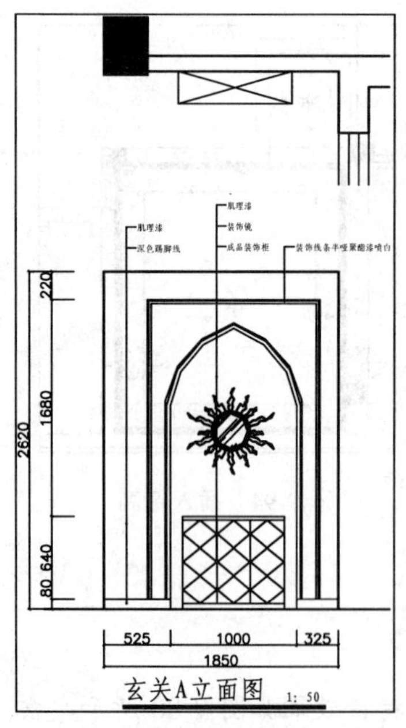

图 9-95 玄关 A 立面图

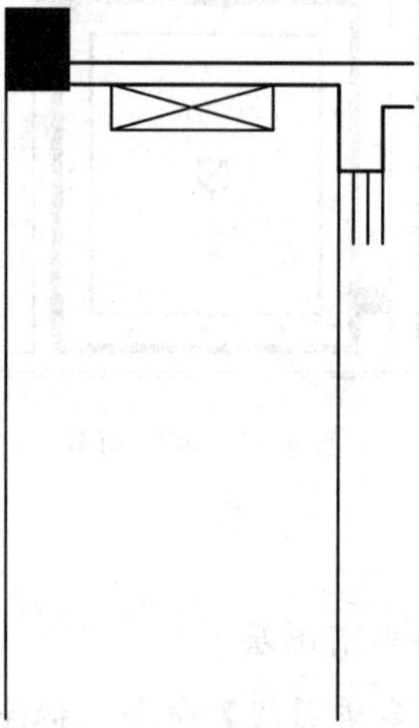

图 9-96 绘制墙体投影线

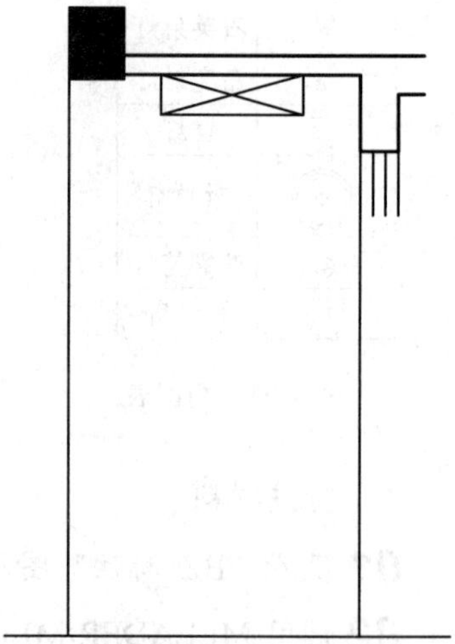

图 9-97 绘制地面

04 调用 OFFSET/O【偏移】命令，向上偏移地面，得到标高为 2620 的顶面轮廓，如图 9-98 所示。

05 绘制客厅调用 TRIM/TR【修剪】命令，修剪得到玄关 A 立面外轮廓，并将外轮廓转换至“QT_墙体”图层，如图 9-99 所示。

3. 绘制鞋柜

01 调用 PLINE/PL【多段线】命令，绘制多段线，如图 9-100 所示。

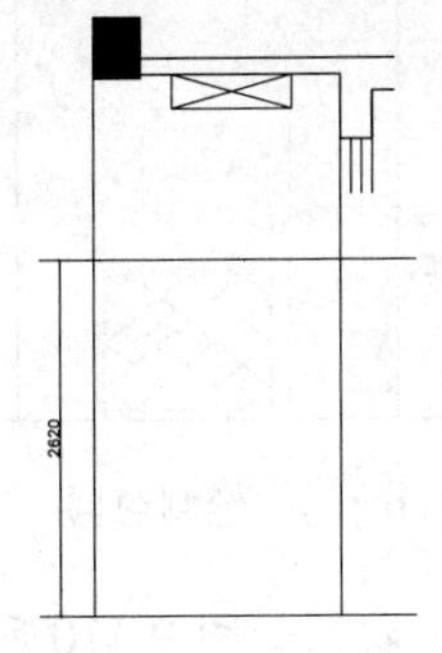

图 9-98 偏移地面

图 9-99 修剪立面轮廓

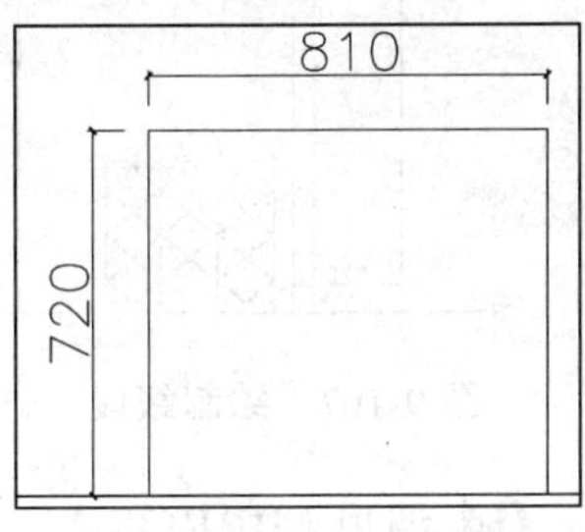

图 9-100 绘制多段线

02 调用 LINE/L【直线】命令，绘制线段表示鞋柜面板，如图 9-101 所示。

03 调用 LINE/L【直线】命令和 OFFSET/O【偏移】命令，划分鞋柜，如图 9-102 所示。

04 调用 PLINE/PL【多段线】命令，连接各边中点绘制线段，如图 9-103 所示。

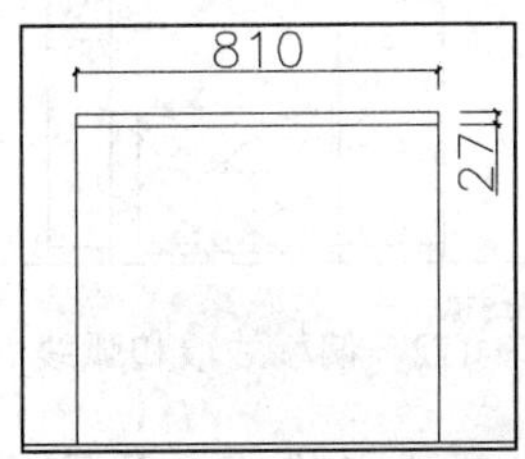

图 9-101 绘制鞋柜面板

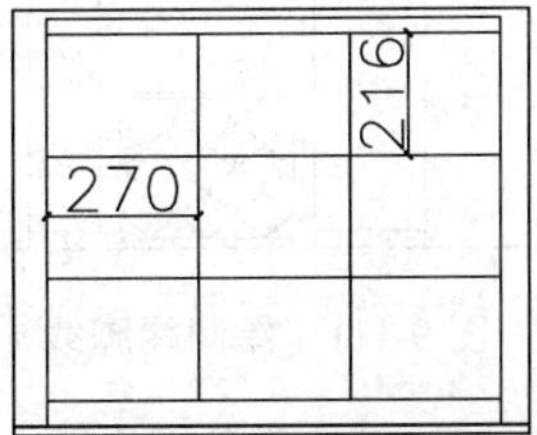

图 9-102 划分鞋柜

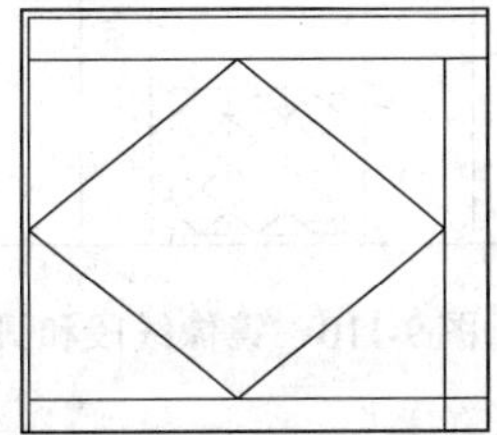

图 9-103 绘制线段

05 调用 OFFSET/O【偏移】命令，将图形向内偏移 3，如图 9-104 所示。

06 调用 COPY/CO【复制】命令，矩形进行复制，效果如图 9-105 所示。

07 删除水平线段，效果如图 9-106 所示。

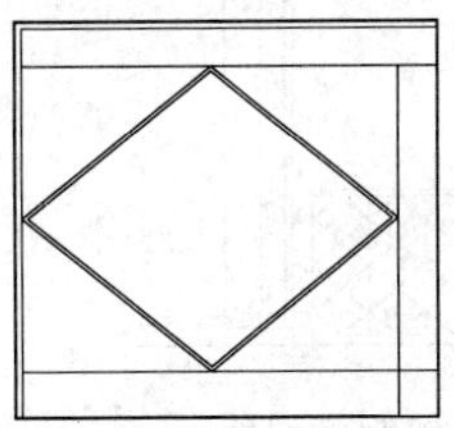

图 9-104 偏移矩形

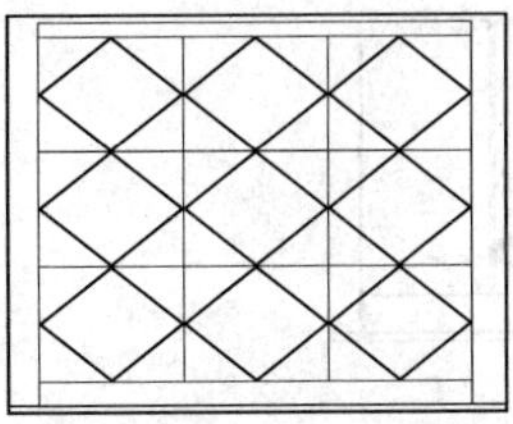

图 9-105 复制矩形

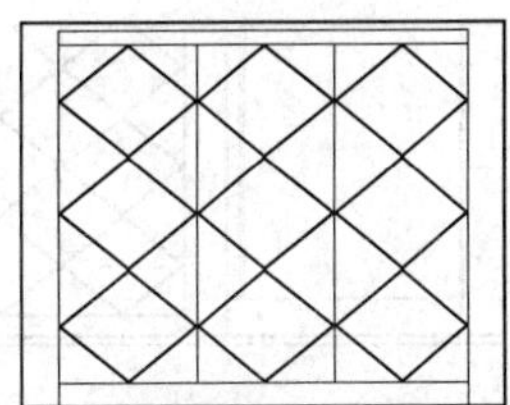

图 9-106 删除水平线段

4. 绘制墙面造型

01 调用 LINE/L【直线】命令，绘制线段，如图 9-107 所示。

02 继续调用 LINE/L【直线】命令，绘制辅助线，如图 9-108 所示。

03 调用 ARC/A【圆弧】命令，绘制弧线，然后删除辅助线，如图 9-109 所示。

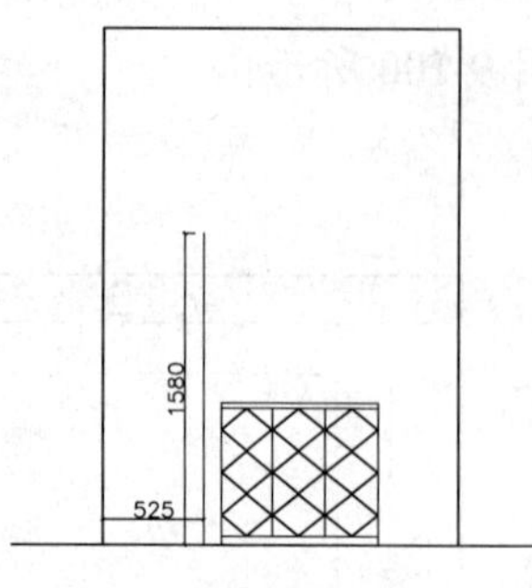

图 9-107　绘制线段

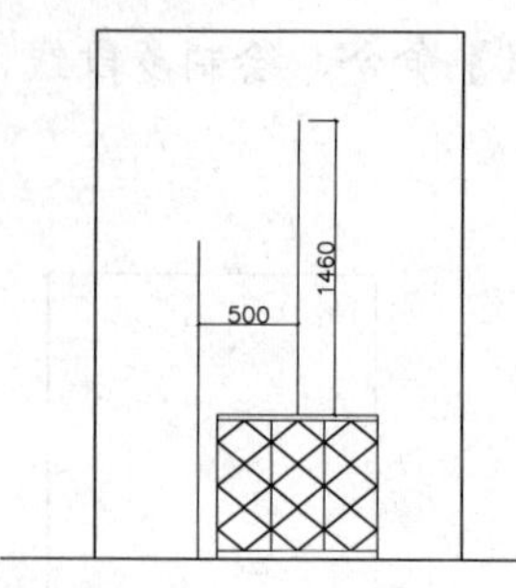

图 9-108　绘制辅助线

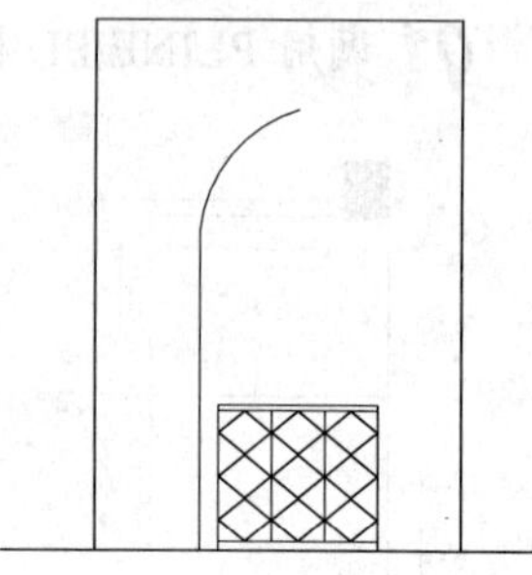
图 9-109　绘制弧线

04 调用 MIRROR/MI【镜像】命令，对线段和弧线进行镜像，效果如图 9-110 所示。

05 调用 LINE/L【直线】命令，绘制踢脚线，踢脚线的高度为 80，如图 9-111 所示。

06 调用 OFFSET/O【偏移】命令，将线段和弧线向外偏移，效果如图 9-112 所示。

图 9-110　镜像线段和弧线

图 9-111　绘制踢脚线

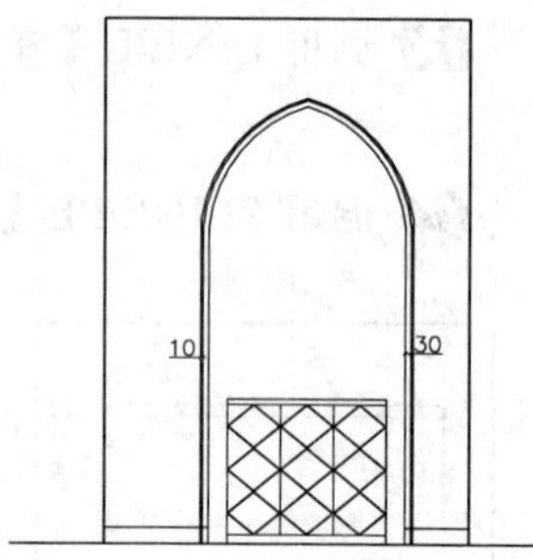

图 9-112　偏移线段和弧线

07 调用 TRIM/TR【修剪】命令，对线段与踢脚线相交的位置进行修剪，效果如图 9-113 所示。

08 调用 PLINE/PL【多段线】命令，绘制多段线，如图 9-114 所示。

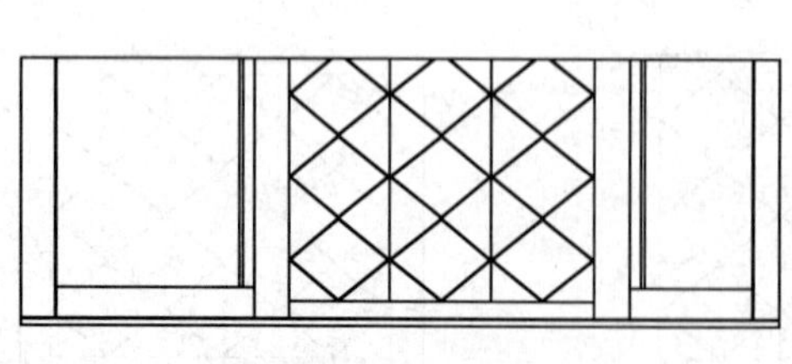
图 9-113　修剪线段

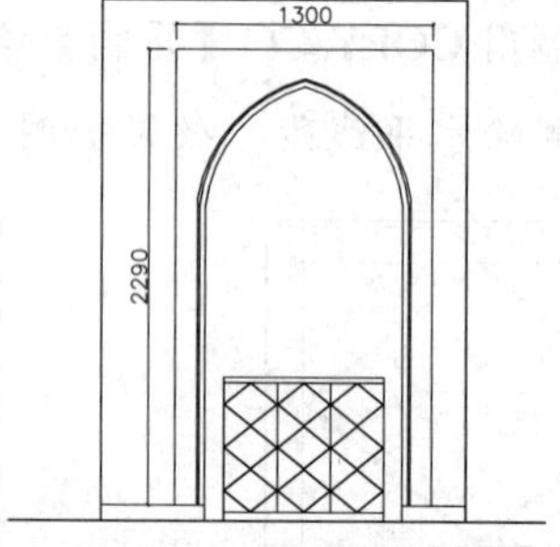

图 9-114　绘制多段线

09 调用 OFFSET/O【偏移】命令，将多段线向外偏移，效果如图 9-115 所示。

5. 插入图块

按 Ctrl+O 快捷键，打开配套光盘提供的“第 9 章\家具图例.dwg”文件，选择其中装饰镜图块，将其复制至立面区域，如图 9-116 所示。

图 9-115 偏移多段线

图 9-116 插入图块

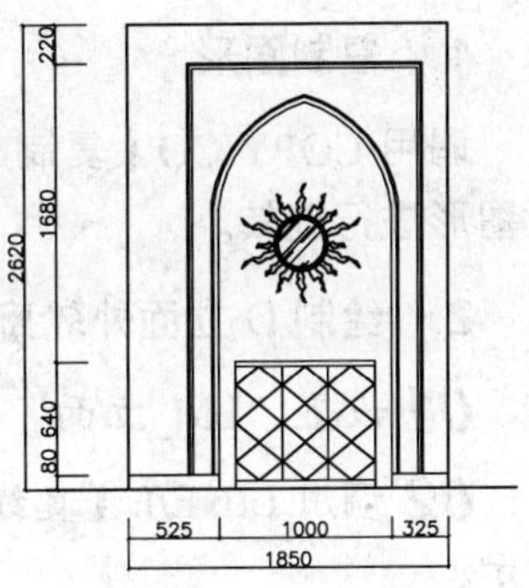

图 9-117 尺寸标注

6. 尺寸标注和文字说明

01 设置“BZ_标注”图层为当前图层，设置当前注释比例为 1∶50。

02 调用 DIMLINEAR/DLI【线性标注】命令或执行【标注】|【线型】命令，并结合 DIMCONTINUE/DCO【连续性标注】命令标注尺寸，结果如图 9-117 所示。

03 调用 MLEADER/MLD【多重引线】命令进行材料标注，标注结果如图 9-118 所示。

7. 插入图名

调用插入图块命令 INSERT/I【插入】，插入“图名”图块，设置 A 立面图名称为“玄关 A 立面图”玄关 A 立面图绘制完成。

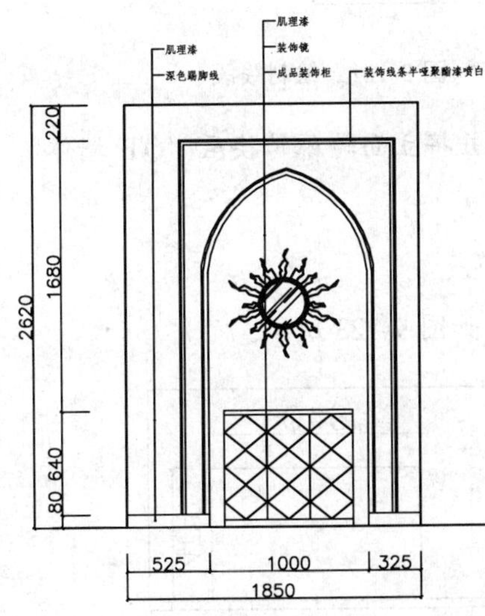

图 9-118 材料标注

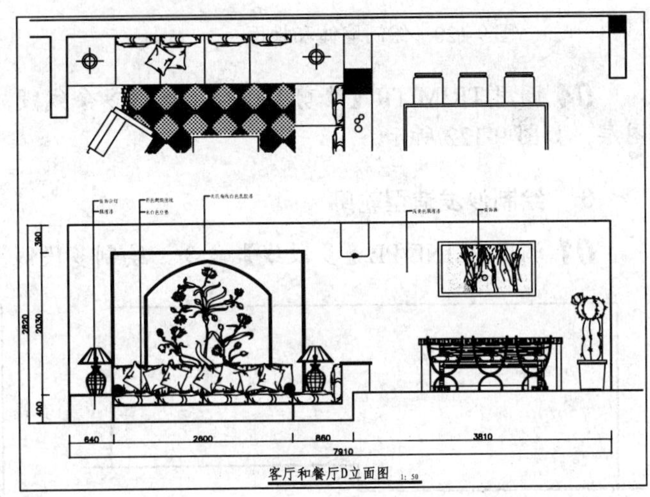

图 9-119 客厅和餐厅 D 立面图

9.8.2 绘制客厅和餐厅 D 立面图

客厅和餐厅 D 立面图如图 9-119 所示。D 立面图表达了沙发所在墙面的做法和餐厅墙面的做法、尺寸和和材料等，下面讲解绘制方法。

1. 复制图形

调用 COPY/CO【复制】命令，复制平面布置图上客厅和餐厅 D 立面的平面部分，并对图形进行旋转。

2. 绘制 D 立面外轮廓

01 设置“LM_立面”图层为当前图层。

02 调用 LINE/L【直线】命令，绘制 D 立面左、右侧墙体和地面轮廓线，如图 9-120 所示。

03 调用 OFFSET/O【偏移】命令，向上偏移地面轮廓线，偏移高度为 400 和 2420，调用 LINE/L 命令，绘制线段，如图 9-121 所示。

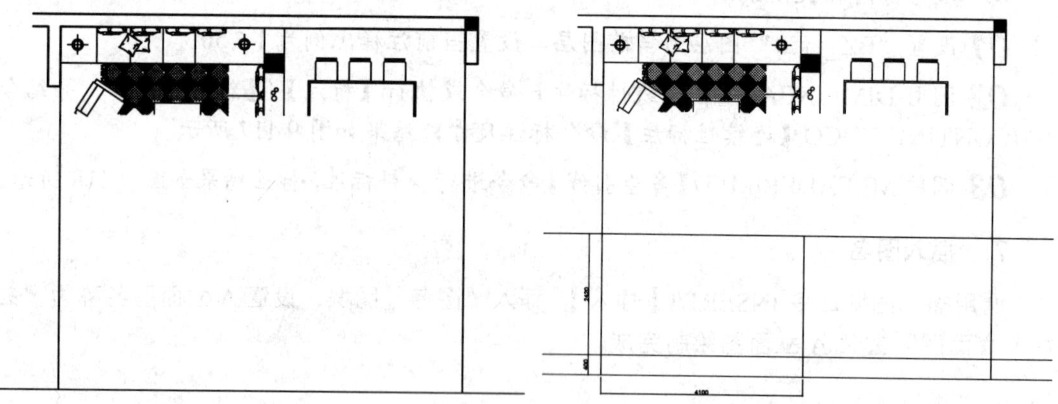

图 9-120 绘制墙体和地面　　图 9-121 绘制线段

04 调用 TRIM/TR【修剪】命令，修剪多余线段，并将立面轮廓转换至“QT_墙体”图层，如图 9-122 所示。

3. 绘制沙发造型轮廓

01 调用 PLINE/PL【多段线】命令，绘制多段线，如图 9-123 所示。

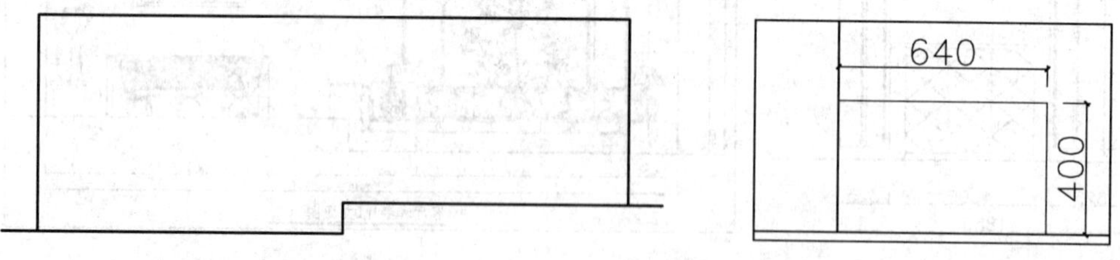

图 9-122 修剪立面轮廓　　图 9-123 绘制多段线

02 调用 FILLET/F【圆角】命令，对多段线进行圆角，圆角半径为 30，如图 9-124 所示。

03 调用 OFFSET/O【偏移】命令，将多段线向内偏移 5 和 10，如图 9-125 所示。

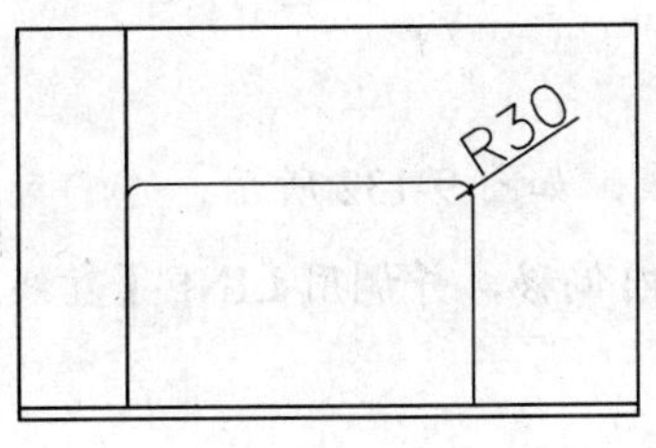

图 9-124　圆角

图 9-125　偏移多段线

04 调用 PLINE/PL【多段线】命令，绘制多段线，如图 9-126 所示。

05 调用 RECTANG/REC【矩形】命令，在多段线上方绘制尺寸为 450 × 30 的矩形，如图 9-127 所示。

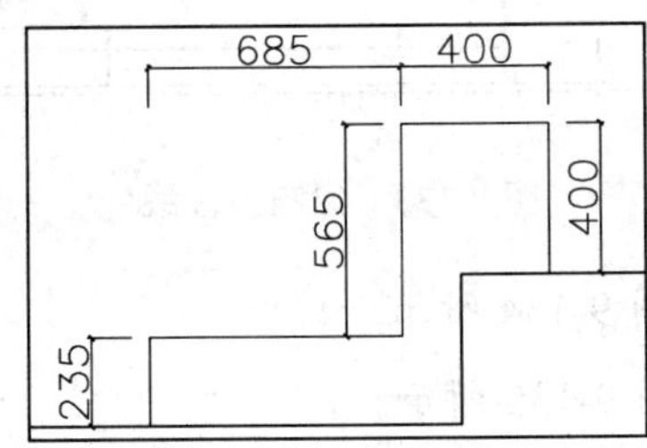

图 9-126　绘制多段线

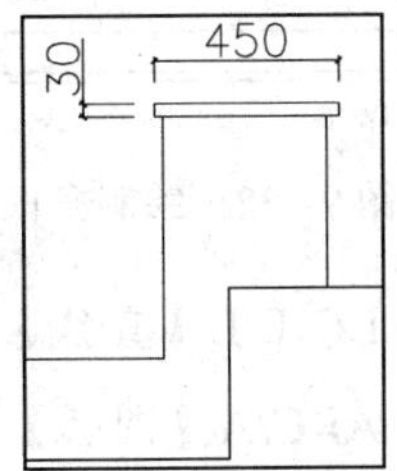

图 9-127　绘制矩形

06 调用 LINE/L【直线】命令，在矩形内绘制一条线段，如图 9-128 所示。

07 调用 PLINE/PL【多段线】命令、FILLET/F【圆角】命令和 OFFSET/O【偏移】命令，绘制沙发轮廓，如图 9-129 所示。

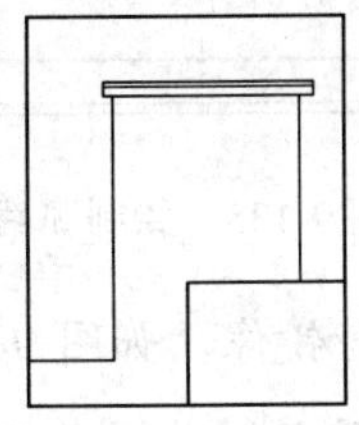

图 9-128　绘制线段

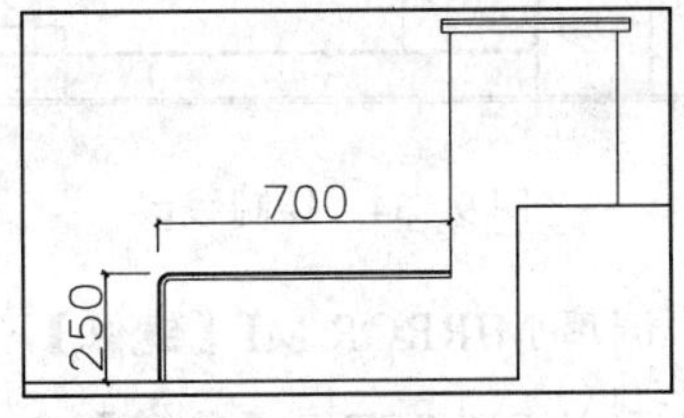

图 9-129　绘制沙发轮廓

08 调用 LINE/L【直线】命令和 OFFSET/O【偏移】命令，绘制线段，如图 9-130 所示。

09 调用 PLINE/PL【多段线】命令、FILLET/F【圆角】命令和 OFFSET/O【偏移】命令，绘制沙发轮廓，如图 9-131 所示。

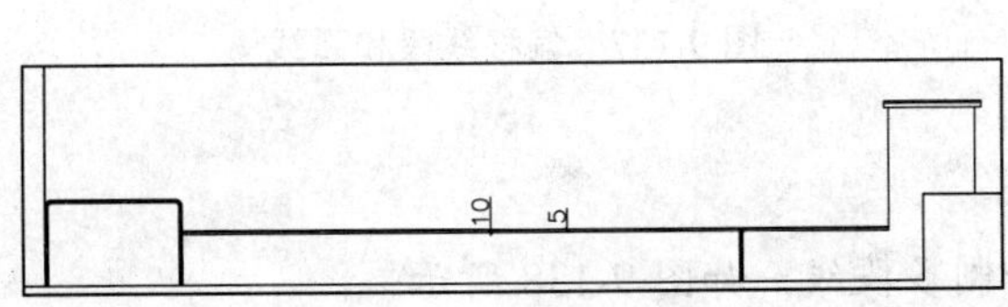

图 9-130　绘制线段

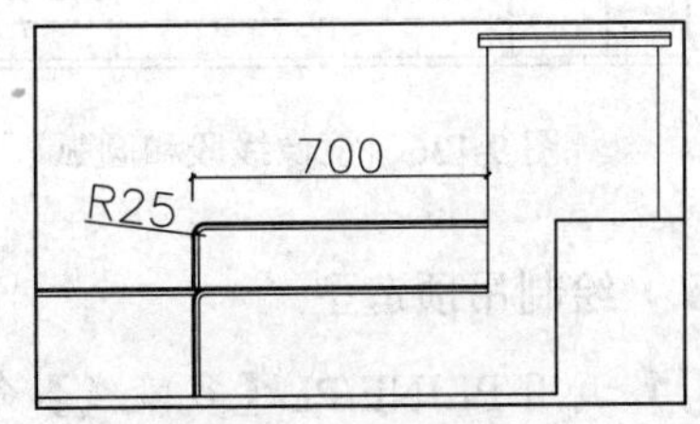

图 9-131　绘制沙发轮廓

4. 绘制沙发背景造型

01 调用 PLINE/PL【多段线】命令，绘制多段线，如图 9-132 所示。

02 调用 OFFSET/O【偏移】命令，将多段线向内偏移，并调用 LINE【直线】命令，连接多段线的交角处，如图 9-133 所示。

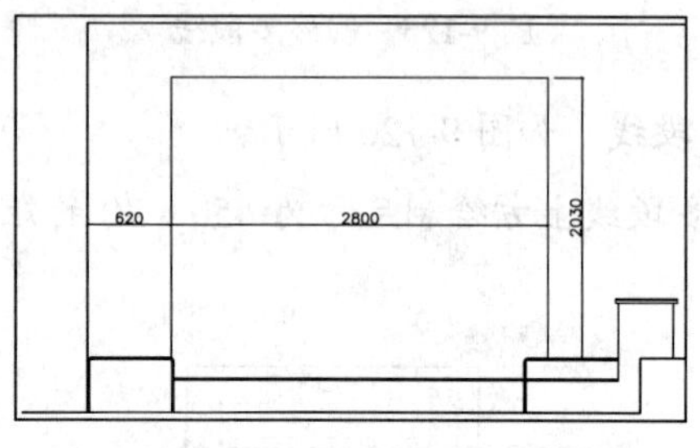

图 9-132 绘制多段线

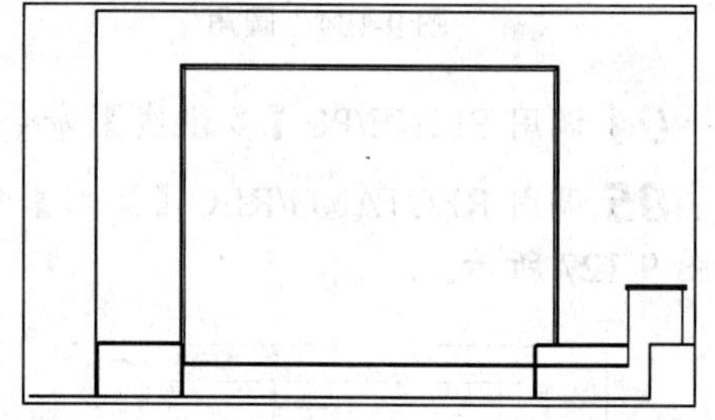

图 9-133 绘制多段线

03 调用 LINE/L【直线】命令，绘制线段，如图 9-134 所示。

04 调用 ARC/A【圆弧】命令，绘制弧线，如图 9-135 所示。

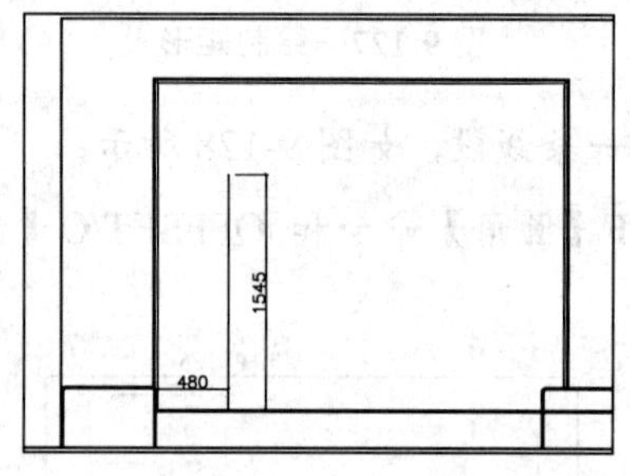

图 9-134 绘制线段

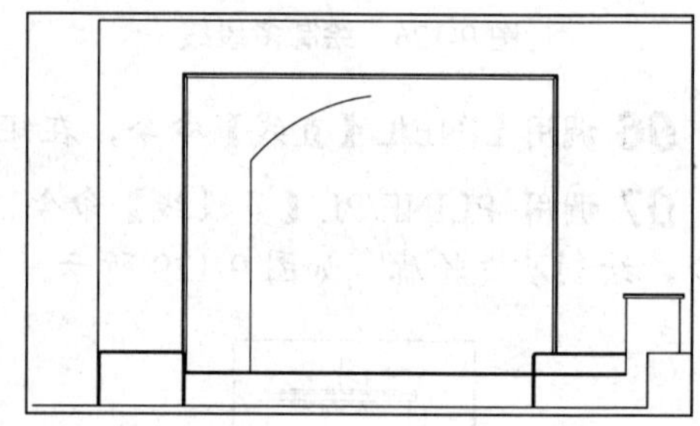

图 9-135 绘制弧线

05 调用 MIRROR/MI【镜像】命令，对线段和弧线进行镜像，如图 9-136 所示。

06 调用 OFFSET/O【偏移】命令，将线段和弧线向外偏移，如图 9-137 所示。

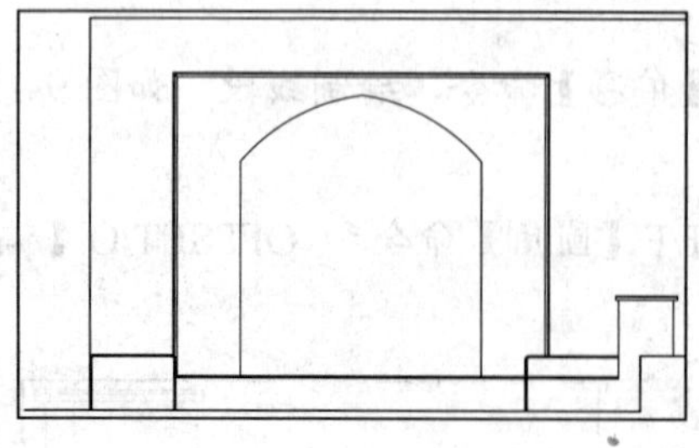

图 9-136 镜像线段和圆弧

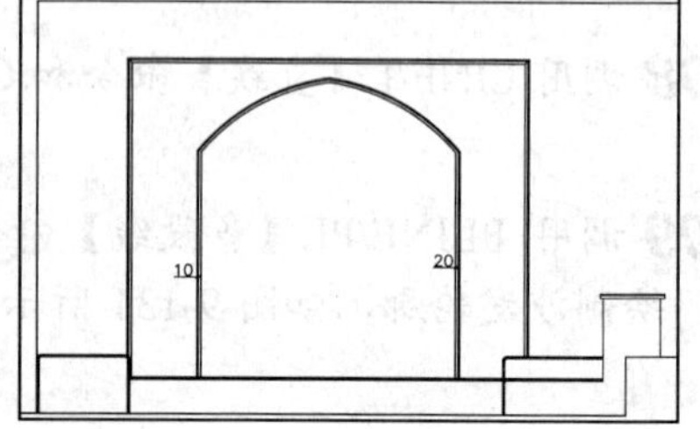

图 9-137 偏移线段和弧线

5. 绘制吊顶造型

01 调用 PLINE/PL【多段线】命令，绘制多段线，如图 9-138 所示。

02 调用 FILLET/F【圆角】命令，对多段线进行圆角，圆角半径为 30，如图 9-139

所示。

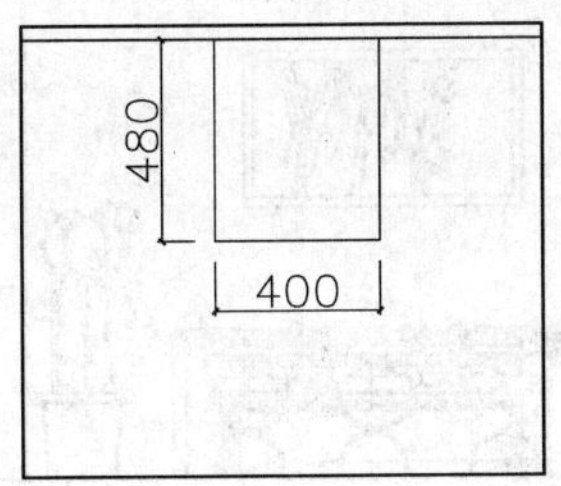

图 9-138 绘制多段线

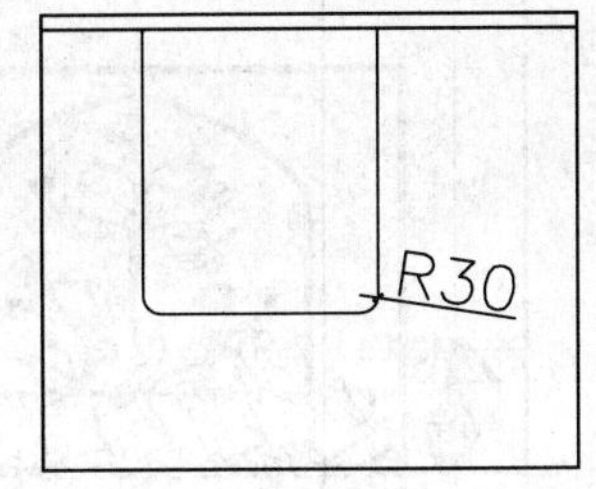

图 9-139 圆角

6. 插入图块

从图库中调入相关图块，包括装饰花纹、抱枕、台灯、射灯、餐桌椅、装饰画和植物等，并修剪重叠部分，结果如图 9-140 所示。

图 9-140 插入图块

7. 标注尺寸和文字说明

01 调用 DIMLINEAR/DLI【线性标注】命令和 DIMCONTINUE/DCO【连续性标注】命令标注尺寸，如图 9-141 所示。

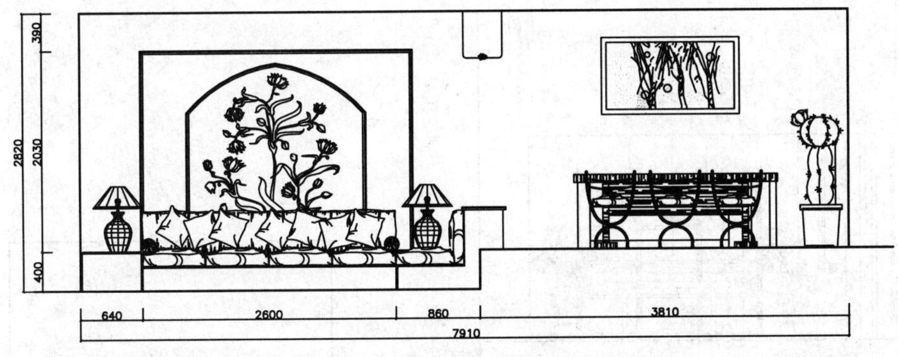

图 9-141 尺寸标注

02 调用 MLEADER/MLD【多重引线】命令进行文字说明，主要包括里面材料及其做法的相关说明，效果如图 9-142 所示。

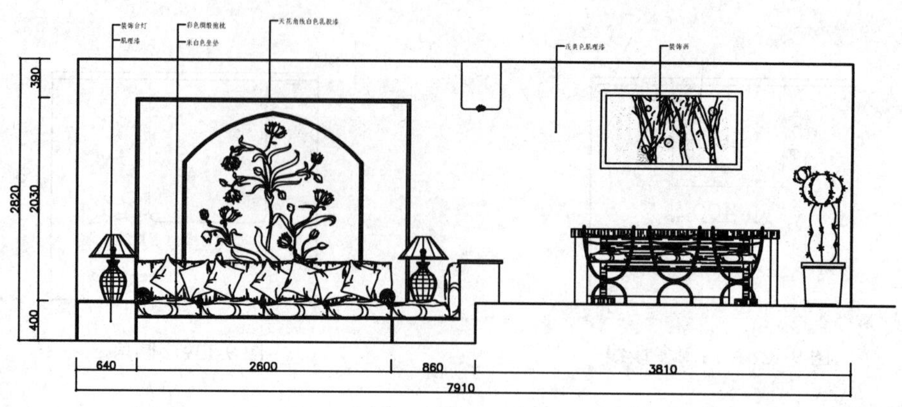

图 9-142　文字说明

8. 插入图名

调用 INSERT/I【插入】命令，插入“图名”图块，设置名称为“客厅和餐厅 D 立面图”。客厅和餐厅 D 立面图绘制完成。

9.8.3 绘制书房 D 立面图

书房 D 立面图如图 9-143 所示，书房 D 立面图是书架所在的墙面，下面讲解绘制方法。

1. 复制图形

调用 COPY/CO【复制】命令，复制平面布置图上书房 D 立面图的平面部分，并对图形进行旋转。

2. 绘制立面外轮廓

使用前面讲解的方法绘制基本轮廓，如图 9-144 所示。

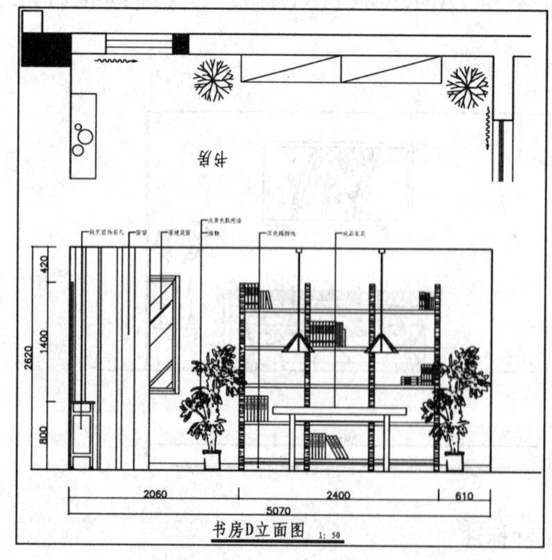

图 9-143　书房 D 立面图

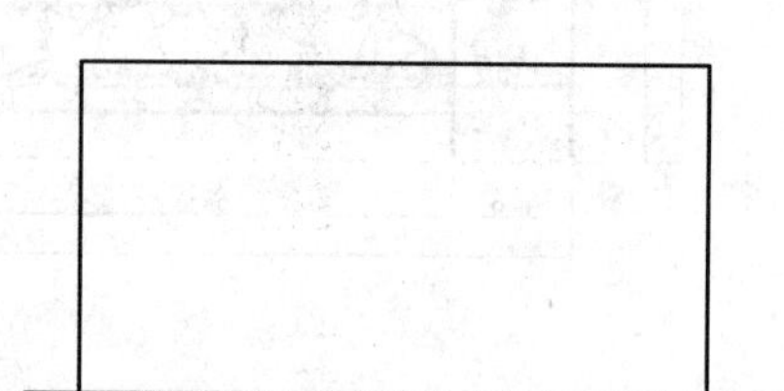

图 9-144　绘制立面外轮廓

3. 绘制装饰柜台

01 调用 RECTANG/REC【矩形】、COPY/CO【复制】命令、LINE/L【直线】命令、OFFSET/O【偏移】命令和 PLINE/PL【多段线】命令，绘制柜台，如图 9-145 所示。

02 调用 PLINE/PL【多段线】命令，绘制多段线，如图 9-146 所示。

03 调用 LINE/L【直线】命令，在多段线内绘制一条线段，如图 9-147 所示。

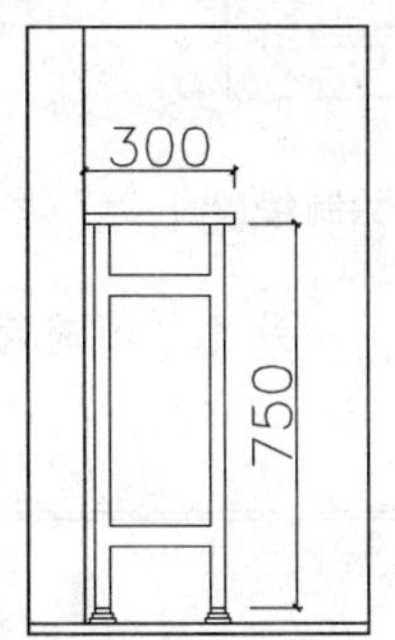

图 9-145 绘制装饰柜台

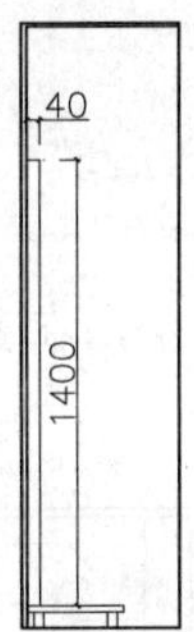

图 9-146 绘制多段线

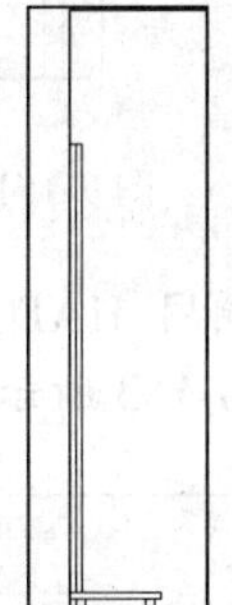

图 9-147 绘制线段

4. 绘制窗帘

调用 LINE/L【直线】命令和 OFFSET/O【偏移】命令，绘制线段表示窗帘，如图 9-148 所示。

5. 绘制窗

01 调用 PLINE/PL【多段线】命令，绘制多段线表示窗的轮廓，如图 9-149 所示。

02 调用 LINE/L【直线】命令，绘制线段，如图 9-150 所示。

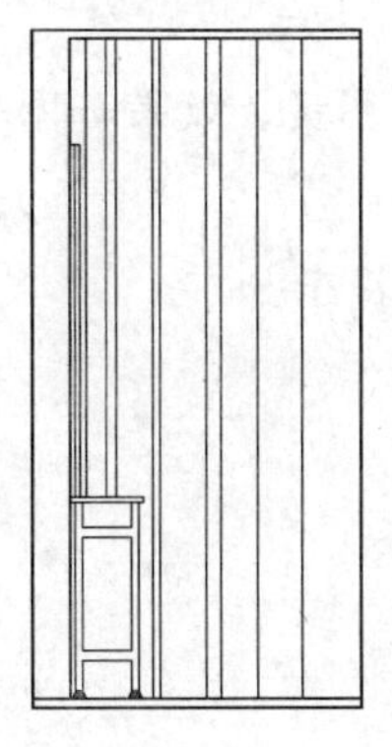

图 9-148 绘制窗帘

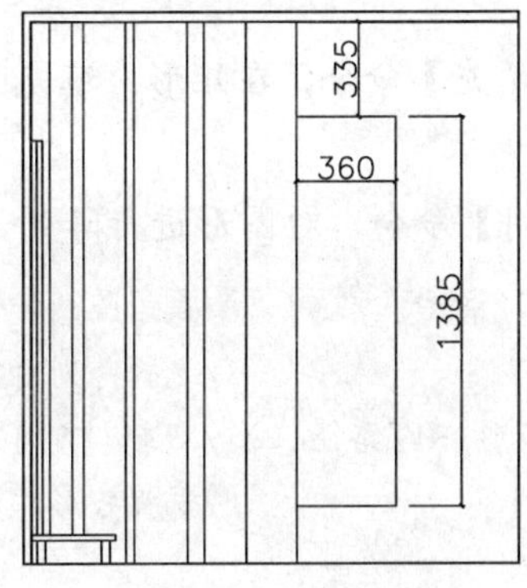

图 9-149 绘制多段线

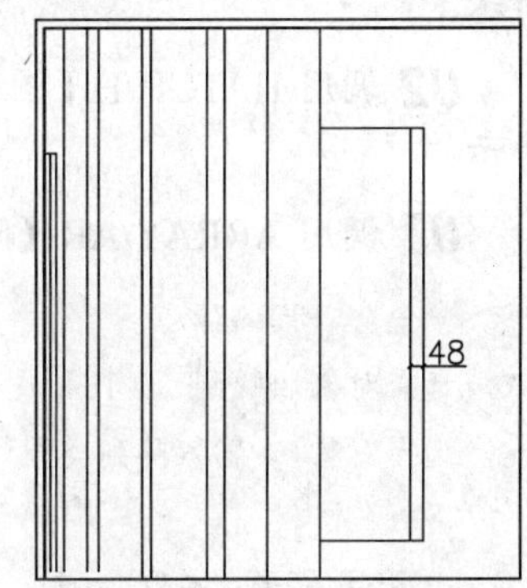

图 9-150 绘制线段

03 调用 PLINE/PL【多段线】命令，绘制多段线，并将向内偏移 30，如图 9-151 所示。

04 调用 LINE/L【直线】命令，绘制线段连接多段线的交角处，如图 9-152 所示。

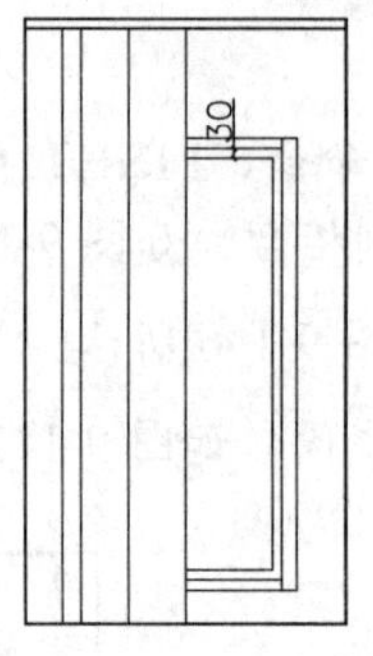

图 9-151 偏移多段线

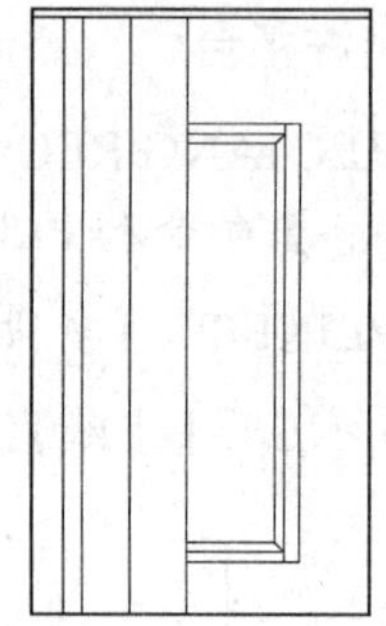

图 9-152 绘制线段

05 调用 HATCH/H【图案填充】命令，在多段线内填充 AR-RROOF 图案，填充参数和效果如图 9-153 所示。

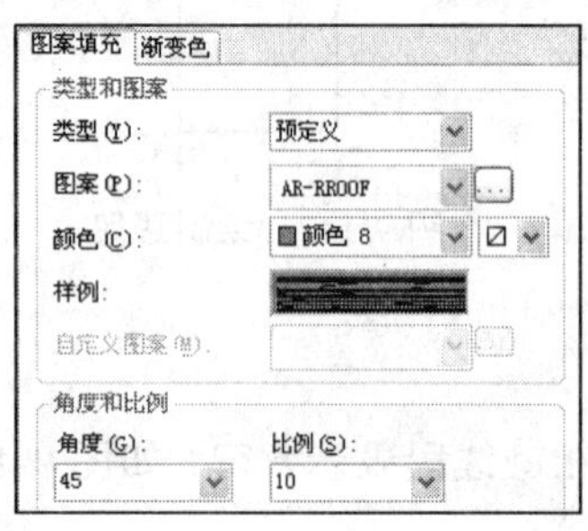

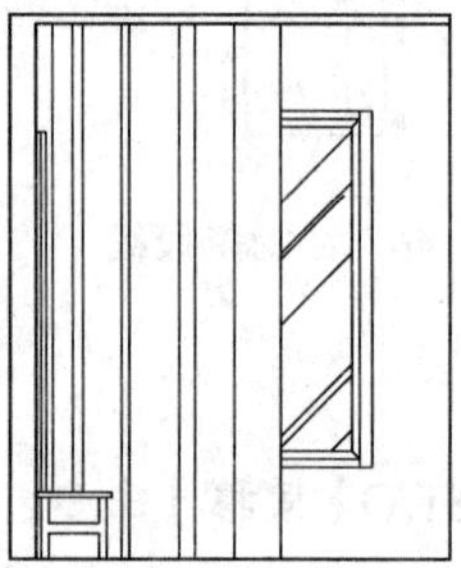

图 9-153 填充参数和效果

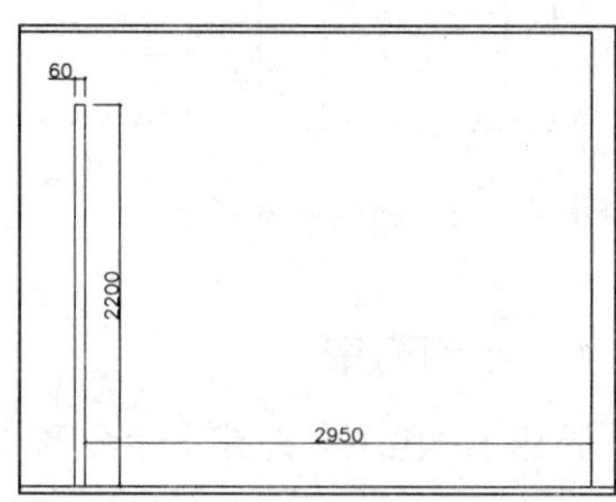

图 9-154 绘制矩形

6. 绘制书架

01 调用 RECTANG/REC【矩形】命令，绘制尺寸为 60×2200 的矩形，如图 9-154 所示。

02 调用 HATCH/H【图案填充】命令，在矩形内填充 AR-RROOF 图案，效果如图 9-155 所示。

03 调用 ARRAY/AR【阵列】命令，对图形进行阵列，命令行提示如下：

```
命令： ARRAY↙                              //调用阵列命令
选择对象：找到 1 个                          //选择阵列对象
选择对象： 输入阵列类型 [矩形(R)/路径(PA)/极轴(PO)] <矩形>:R↙
                                            //选择矩形阵列方式
类型 = 矩形  关联 = 是
选择夹点以编辑阵列或 [关联(AS)/基点(B)/计数(COU)/间距(S)/列数(COL)/行数(R)/层数(L)/退出(X)] <退出>: COU↙
输入列数数或 [表达式(E)] <4>: 4↙             //输入列数
输入行数数或 [表达式(E)] <3>: 1↙             //输入行数
选择夹点以编辑阵列或 [关联(AS)/基点(B)/计数(COU)/间距(S)/列数(COL)/行数(R)/层数(L)/退出(X)] <退出>: S↙    //选择间距选项
指定列之间的距离或 [单位单元(U)] <898.7118>: 780↙
```

```
指定行之间的距离 <792.0584>:↙
选择夹点以编辑阵列或 [关联(AS)/基点(B)/计数(COU)/间距(S)/列数(COL)/行数(R)/层数(L)/退出(X)] <退出>:                    //按回车键结束绘制，阵列结果如图 9-156 所示。
```

04 调用 LINE/L【直线】命令、OFFSET/O【偏移】命令和 TRIM/TR【修剪】命令，绘制书架搁板，如图 9-157 所示。

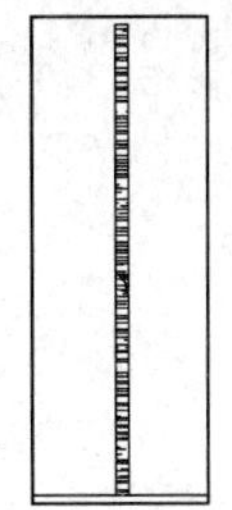

图 9-155　填充图案

图 9-156　阵列结果

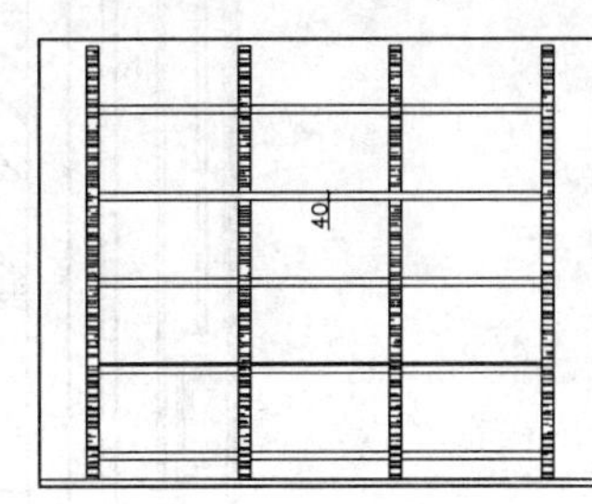

图 9-157　绘制书架搁板

7. 绘制书桌

01 调用 RECTANG/REC【矩形】命令，绘制尺寸为 1600×80 的矩形表示书桌面板，如图 9-158 所示。

02 调用 LINE/L【直线】命令和 OFFSET/O【偏移】命令，绘制书桌支柱结构，如图 9-159 所示。

图 9-158　绘制书桌面板

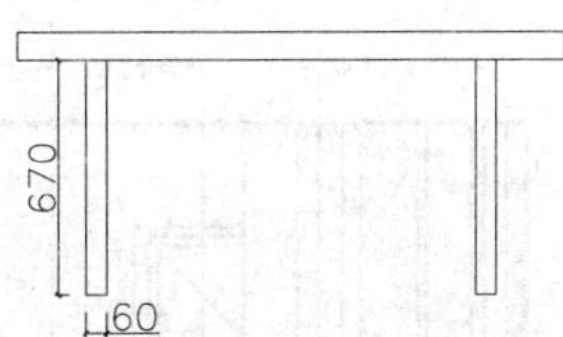

图 9-159　绘制书桌支柱结构

03 调用 MOVE/M【移动】命令，将书桌移动到相应的位置，并对书桌与书架相交的位置进行修剪，如图 9-160 所示。

8. 绘制踢脚线

调用 LINE/L【直线】命令，绘制踢脚线，踢脚线的高度为 80，如图 9-161 所示。

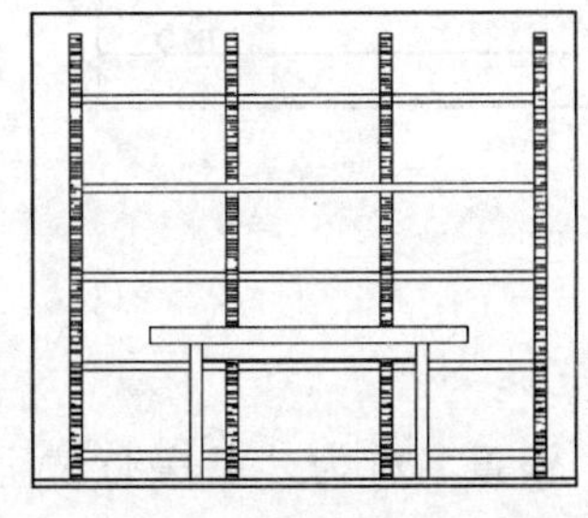

图 9-160　移动书桌

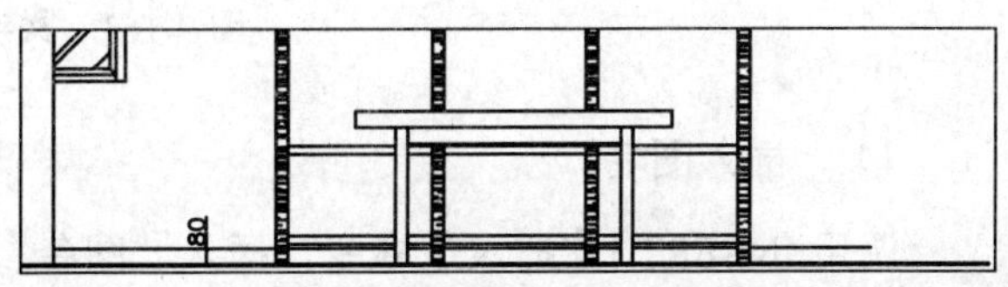

图 9-161　绘制踢脚线

9. 插入图块

从图库中插入盆栽、书本和吊灯等图块到立面图中，并对图形相交的位置进行修剪，效果如图 9-162 所示。

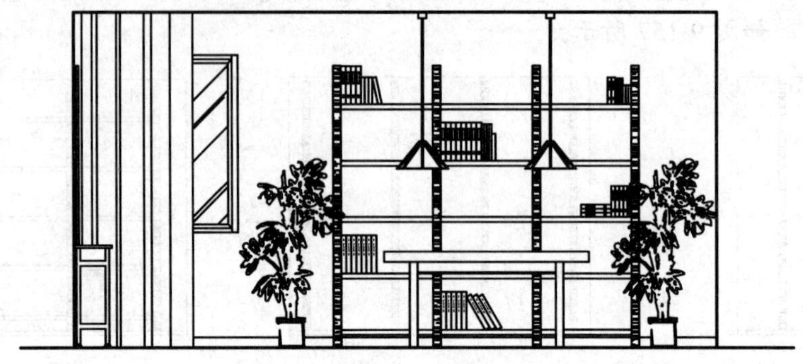

图 9-162 插入图块

10. 标注尺寸和文字标注

01 调用 DIMLINEAR/DLI【线性标注】命令和 DIMCONTINUE/DCO【连续性标注】等相关尺寸标注命令标注立面尺寸。

02 调用 MLEADER/MLD【多重引线】命令进行文字标注，效果如图 9-163 所示。

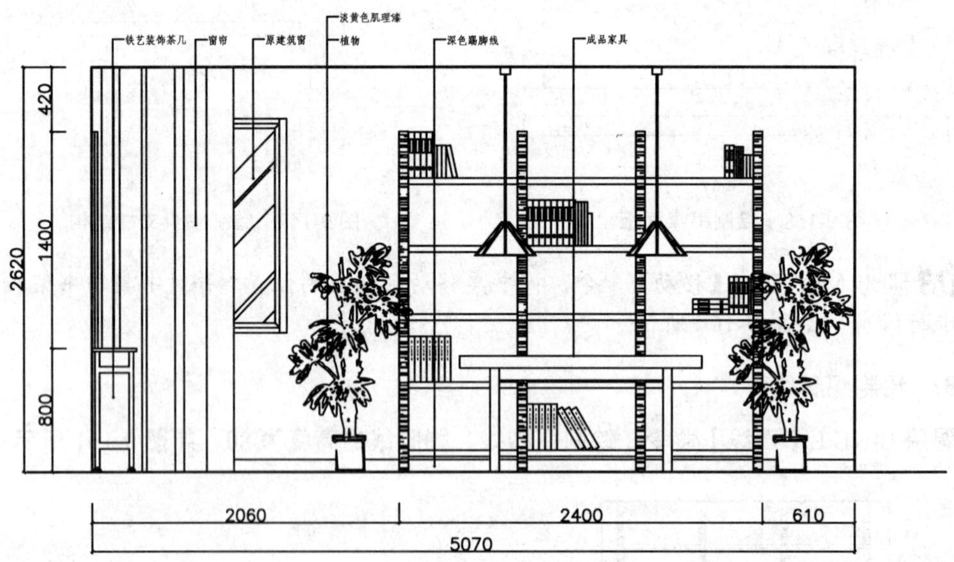

图 9-163 文字标注

11. 插入图名

调用 INSERT/I【插入】命令，插入“图名”图块，设置名称为“书房 D 立面图”。书房 D 立面图绘制完成。

9.8.4 绘制其他立面图

使用上述方法绘制其他立面图，如图 9-165～图 9-169 所示。

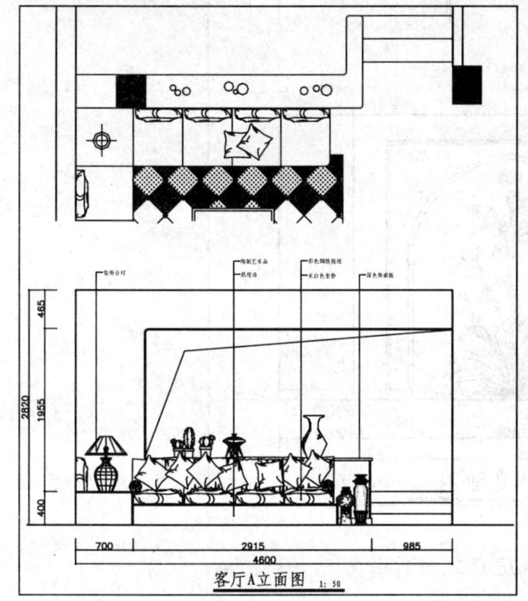

图 9-164 客厅 A 立面图

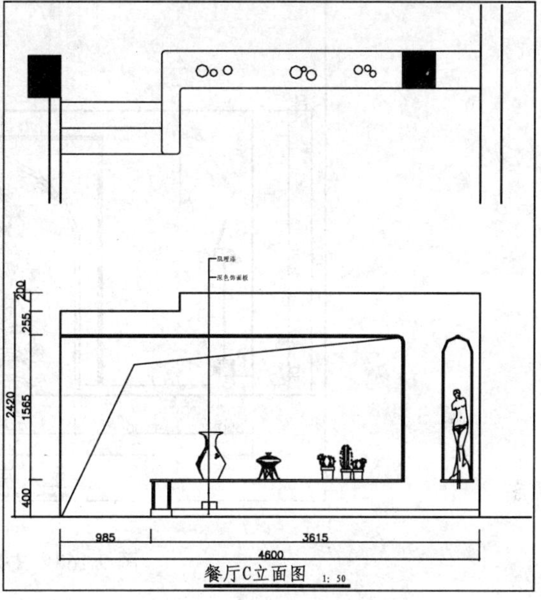

图 9-165 餐厅 C 立面图

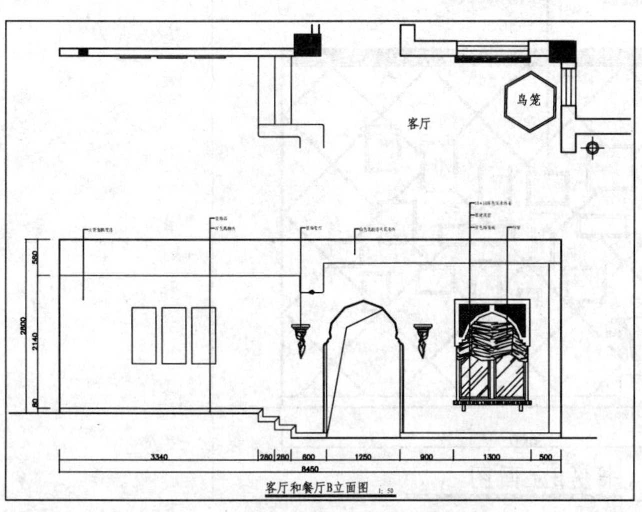

图 9-166 客厅和餐厅 B 立面图

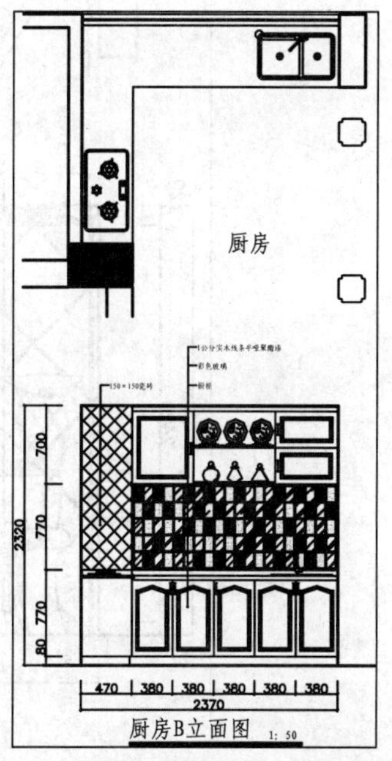

图 9-167 厨房 B 立面图

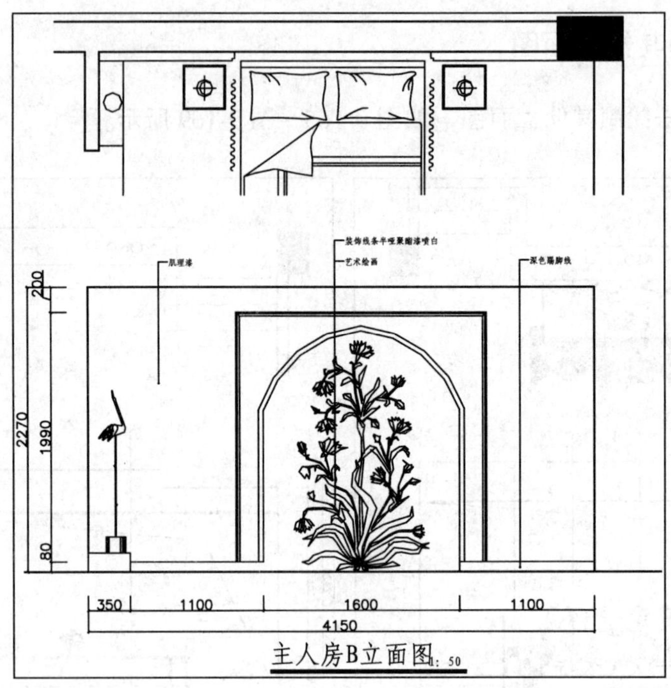

图 9-168　主人房 B 立面图

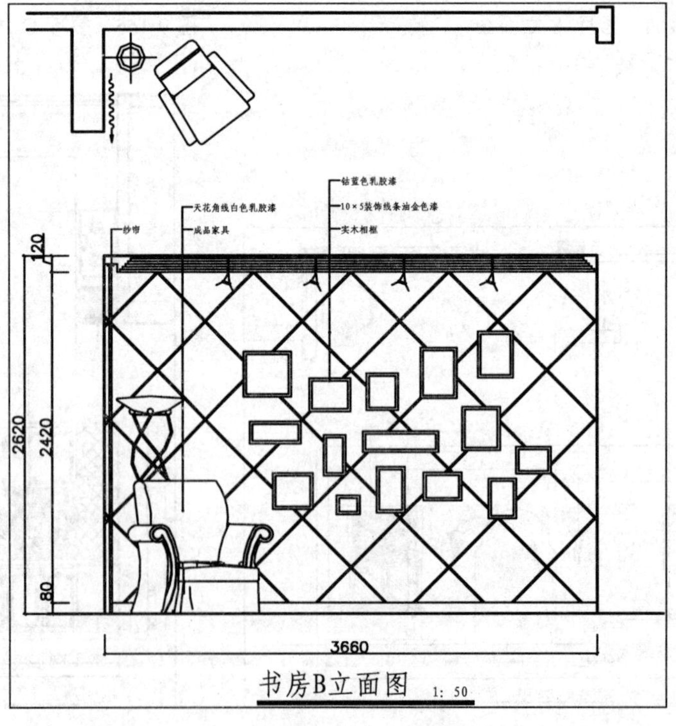

图 9-169　书房 B 立面图

第 10 章

本章导读：

四居室是相对成熟的一种房型，住户可以涵盖各种家庭，这种房型的装修一般要体现住户的地位和实力，所以往往对风格比较重视，本例采用的是中式风格，中式风格的装修造价较高，是主人身份和品味的象征。

本章以一套中式风格四居室户型为例，讲解中式风格的设计方法和施工图的绘制。

本章重点：

- 中式风格概述
- 调用样板新建文件
- 绘制四居室原始户型图
- 绘制四居室平面布置图
- 绘制四居室地材图
- 绘制四居室顶棚图
- 绘制四居室立面图

中式风格四居室室内设计

10.1 中式风格概述

中式设计风格分为唐式、宋式、明式和清式等，我们现在所称的中式设计风格主要指明清风格，明清时期装饰细节繁杂、纤柔秀美。

10.1.1 概述

现代的中式风格更多地利用了后现代手法，把传统的结构形式通过重新设计组合以另一种民族特色的标志符号出现。设计师往往吸取中国传统风格的一些线条、色彩、造型等装饰元素，然后将这些元素与现代元素一齐融入到室内设计中，从而创作出符合现代人生活要求和审美趣味的室内环境，如图 10-1 所示的客厅即属于典型的现代中式风格。

图 10-1　中式风格客厅

中式风格的室内设计融合着庄重和优雅的双重品质，主要体现在传统家具（多为明清家具为主）、装饰品及黑、红为主的装饰色彩上。室内多采用对称式的布局方式，格调高雅，造型简朴优美，色彩浓重而成熟。中国传统室内陈设包括字画、匾幅、挂屏、盆景、瓷器、古玩、屏风、博古架等，追求一种修身养性的生活境界。中国传统室内装饰艺术的特点是总体布局对称均衡，端正稳健，而在装饰细节上崇尚自然情趣，花鸟、鱼虫等精雕细琢，富于变化，充分体现出中国传统美学精神。

10.1.2 中式风格室内构件

中式风格构件包括围合、藻井、漏窗、屏风等，在这方面中国的手工艺水平在相当长的历史阶段中一直处于世界领先水平，如图 10-2 所示。

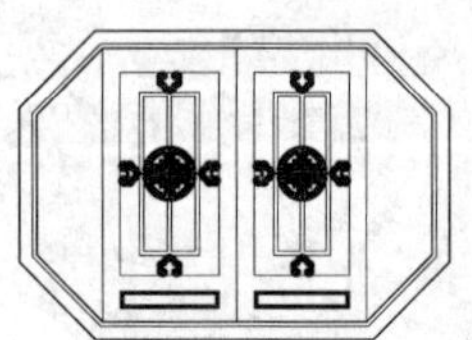

图 10-2　中式风格室内构件

图 10-2　中式风格室内构件（续）

10.1.3　中式风格家具

中式风格家具多以明清家具为主，用材为紫檀、楠木、花梨和胡桃木等。式样精炼、简朴，雅致；做工讲究，装饰文雅。曲线少，直线多漩涡表面少，平直表面多，显得更加轻盈优美。明清家具品类繁多，大致可分为以下几类。

椅凳类：有官帽椅、灯挂椅、靠背椅、圈椅、交椅、杌凳、圆凳、春凳和鼓墩等。

几案类：有炕桌、茶几、香几、书案、平头案、翘头案、条案、琴桌、供桌、八仙桌、月牙桌等。

柜厨类：有闷户橱、书橱、书柜、衣柜、顶柜、亮格柜、百宝箱等。

床榻类：有架子床、罗汉床、平榱等。

台架类：有灯台、花台、镜台、面盆架、衣架、承足（脚踏）等。

屏座类：有插屏、围屏、座屏、炉座、瓶座等。

如图 10-3 所示为比较典型的明清式家具。

图 10-3　中式风格家具

如图 10-4 所示为典型的明清式家具 AutoCAD 图块。

10.1.4 中式风格陈设

中式风格室内陈设包括佛头、字画、匾额、盆景、瓷器等。在室内搭配这些陈设，体现了业主追求的一种修身养性的生活境界和不同品位，如图 10-5 所示。

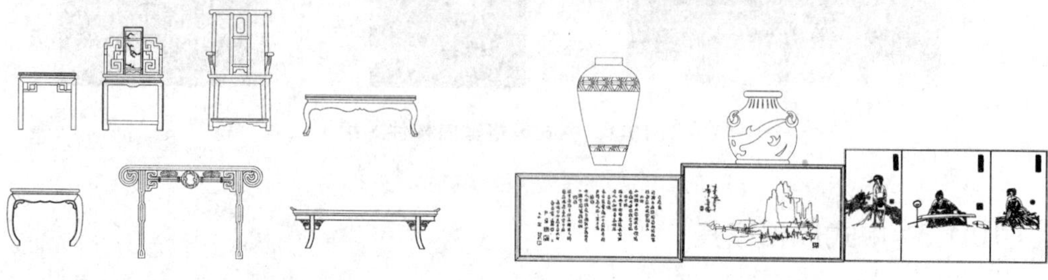

图 10-4　中式家具图块

图 10-5　中式陈设图块

10.1.5 中式风格颜色设计要点

中式风格室内装饰在用色上主要以红、黄、金、黑和白色为主。黑白色给人一种严谨、肃穆的感觉。红色、黄色和金色给人喜庆、辉煌、灿烂的感觉，在我国传统用色中，黄色和金色是权力与尊严的象征，是封建帝皇的专用色，皇宫殿宇、寺庙佛地大量使用这些颜色。其应用效果如图 10-6 所示。

10.2 调用样板新建文件

本书第 4 章创建了室内装潢施工图样板，该样板已经设置了相应的图形单位、样式、图层和图块等，原始户型图可以直接在此样板的基础上进行绘制。

01 执行【文件】|【新建】命令，打开“选择样板”对话框。

02 单击使用样板按钮，选择“室内装潢施工图模板”，如图 10-7 所示。

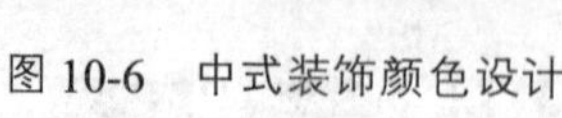

图 10-6　中式装饰颜色设计

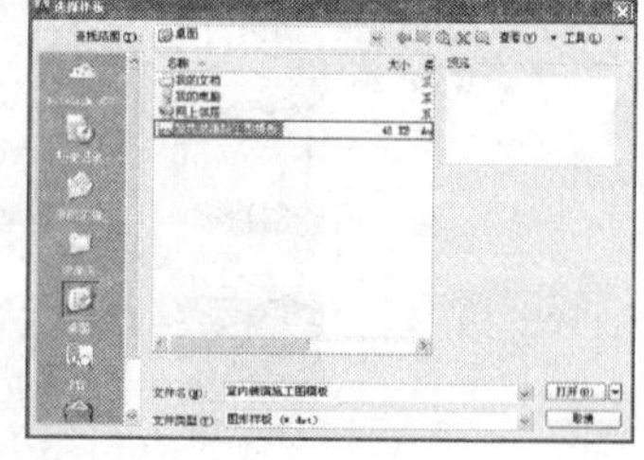

图 10-7　“选择样板”对话框

03 单击【打开】按钮，以样板创建图形，新图形中包含了样板中创建的图层、样式和图块等内容。

04 选择【文件】|【保存】命令，打开“图形另存为”对话框，在“文件名”框中输入文件名，单击【保存】按钮保存图形。

10.3 绘制四居室原始户型图

本节绘制完成的四居室原始户型图如图 10-8 所示，下面简单介绍其绘制方法。

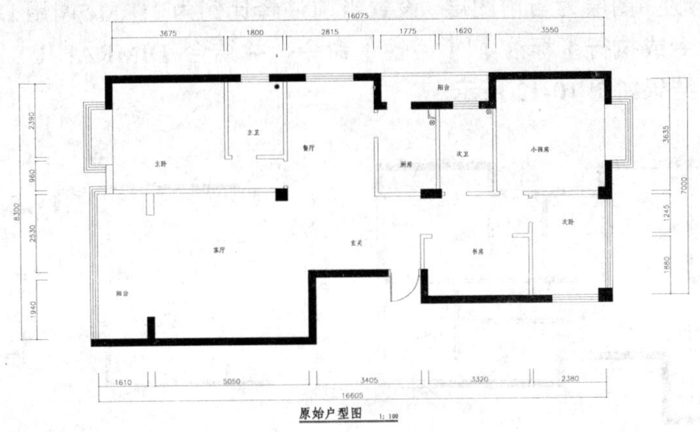

图 10-8　原始户型图

10.3.1 绘制轴网

这里介绍通过轴线绘制墙体的方法，轴线是墙体定位的基础，通过轴线可以轻松定位和创建墙体。

如图 10-9 所示为四居室轴网图形，它由多条水平轴线和垂直轴线组成，可使用 PLINE/PL【多段线】命令绘制。

10.3.2 绘制墙体

在绘制墙体之前需要确定墙体的厚度，一般外墙与内墙的厚度会不同，墙体可使用 MLINE/ML【多线】命令绘制，也可通过偏移轴线得到墙体。

如图 10-10 所示为绘制完成后的墙体效果。

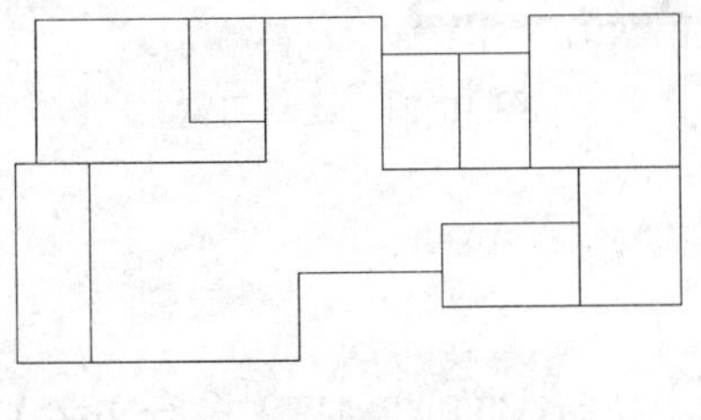

图 10-9　绘制轴线

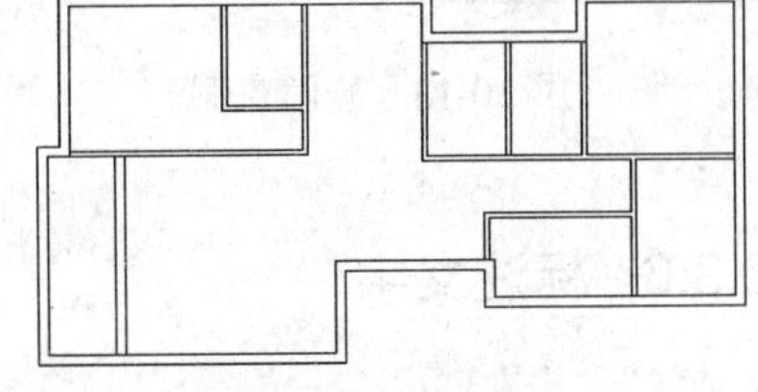

图 10-10　绘制墙体

10.3.3 绘制承重墙及柱子

承重墙一般在外墙，在墙体改造时承重墙是不可以拆除的。

调用 LINE/L【直线】命令、HATCH/H【图案填充】命令和 RECTANG/REC【矩形】命令，绘制承重墙及柱子，效果如图 10-11 所示。

10.3.4 标注尺寸

设置“BZ_标注”图层为当前图层，设置当前注释比例为 1:100，调用 DIMLINEAR/DLI【线性标注】命令或执行【标注】|【线性】命令，并结合 DIMRADIUS/【连续性标注】命令标注尺寸，结果如图 10-12 所示。

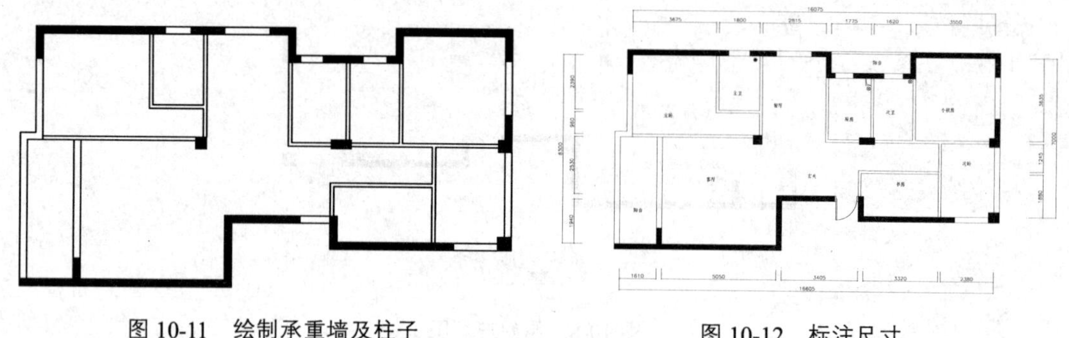

图 10-11　绘制承重墙及柱子

图 10-12　标注尺寸

10.3.5 开门窗洞及绘制门窗

绘制门窗洞时，需要弄清楚门窗的宽度和安装位置，门窗则根据门窗洞进行定位，确定大小，其中门还需要确定它的类型（如平开门、推拉门）和开启方向。如图 10-13 所示。

门窗都是变化不大的图形对象，因此尽量采用插入图块的方法，提高绘图效率，如图 10-14 所示为绘制门窗后的效果。

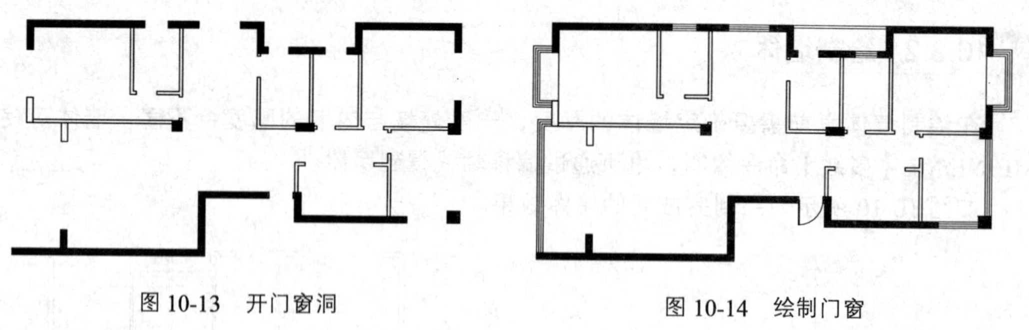

图 10-13　开门窗洞

图 10-14　绘制门窗

10.3.6 标注文字

单击绘图工具栏多行文字按钮 A，或在命令行中执行 MTEXT/MT【多行文字】命令，输入房间名称，结果如图 10-15 所示。

10.3.7 绘制其他图形

其他需要绘制的图形还有水管及地漏，如图 10-16 所示，请读者运用前面所学知识自行完成绘制。

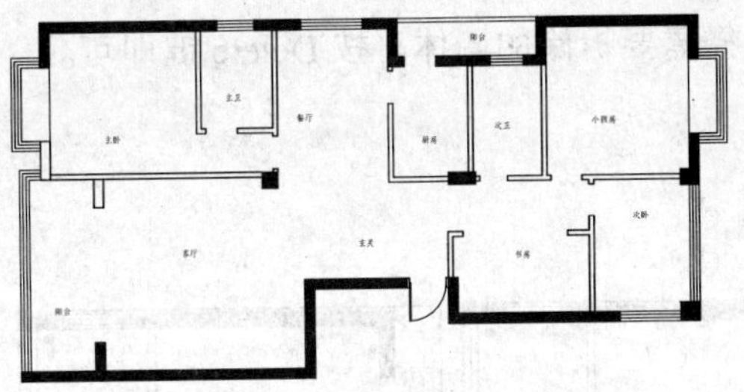

图 10-15　文字标注

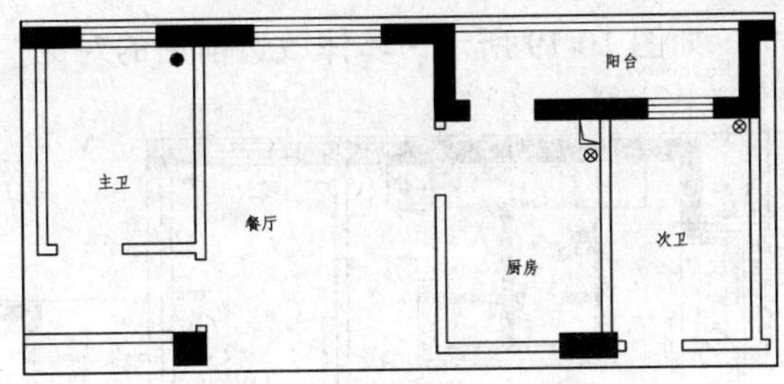

图 10-16　绘制水管及地漏

10.4 绘制四居室平面布置图

中式风格四居室平面布置图如图 10-17 所示，平面布置图的绘制没有太多的技巧而言，在进行平面布置之前，会对部分墙体进行改造，改造后即可进行平面布置。大多数家具图形直接从图库中调用，需要注意的是家具等图形的摆放位置，相互之间的关系应合理，下面以玄关、客厅、餐厅、厨房、主卧和主卫为例，讲解平面布置图的绘制方法。

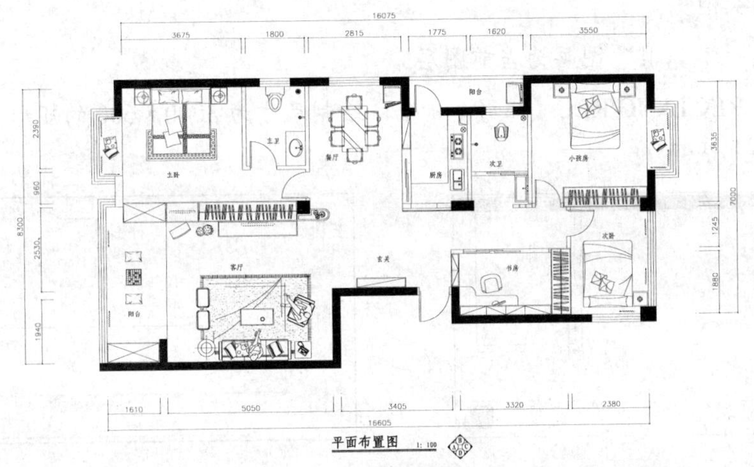

图 10-17　平面布置图

10.4.1 绘制主卧和主卫平面布置图

1．空间分析

主卧中的墙体被拆除，用来制作衣柜，从而充分利用了空间。图 10-18 所示为主卧和主卫平面布置图，下面讲解绘制方法。

2．复制图形

墙体改造可在原始户型图的基础上进行绘制，调用 COPY/CO【复制】命令，复制原始户型图。

3. 墙体改造

如图 10-19 所示为墙体改造前后的对比，选择需要拆除的墙体，按 Delete 键即可。

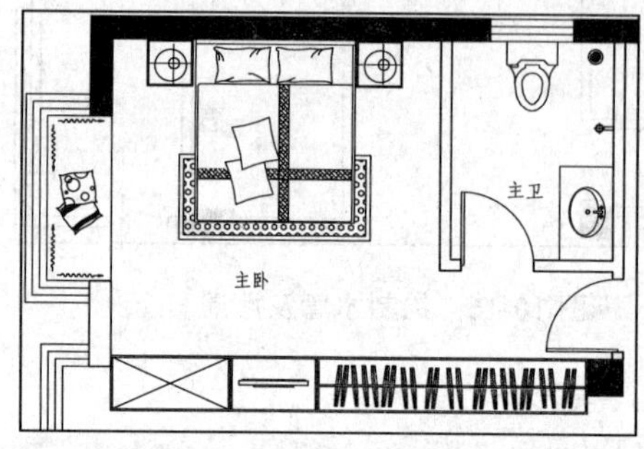

图 10-18 主卧和主卫平面布置图

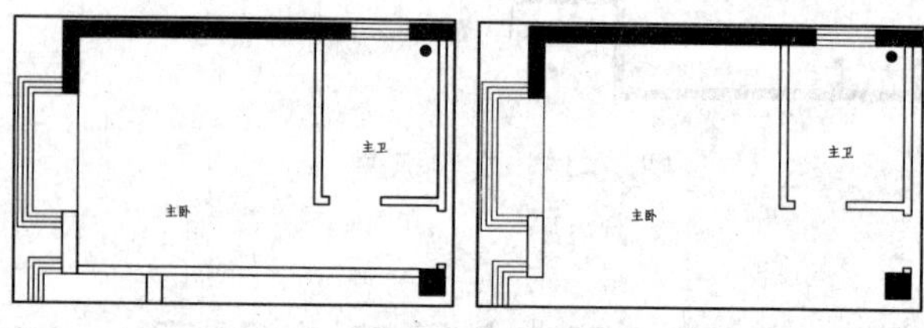

图 10-19 主卧和主卫改造前后对比

4. 绘制门

调用 INSERT/I【插入】命令，插入门图块。并对门图块进行缩放和旋转等操作，效果如图 10-20 所示。

5. 绘制衣柜

01 设置“JJ_家具”图层为当前图层。

02 调用 RECTANG/REC【矩形】命令，绘制尺寸为 3000×600 的矩形，表示衣柜轮廓，如图 10-21 所示。

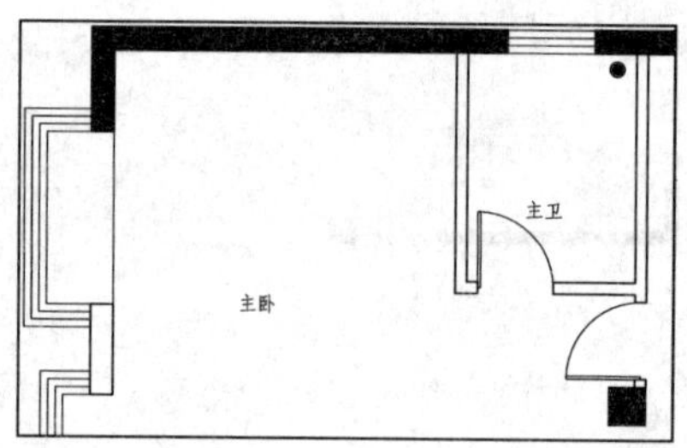

图 10-20 插入门图块

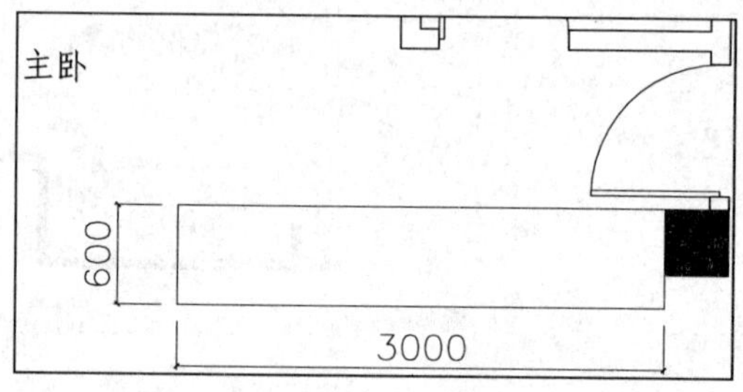

图 10-21 绘制矩形

03 调用 OFFSET/O【偏移】命令，将矩形向内偏移 20，如图 10-22 所示。

04 调用 LINE/L【直线】命令和 OFFSET/O【偏移】命令，绘制挂衣杆，如图 10-23 所示。

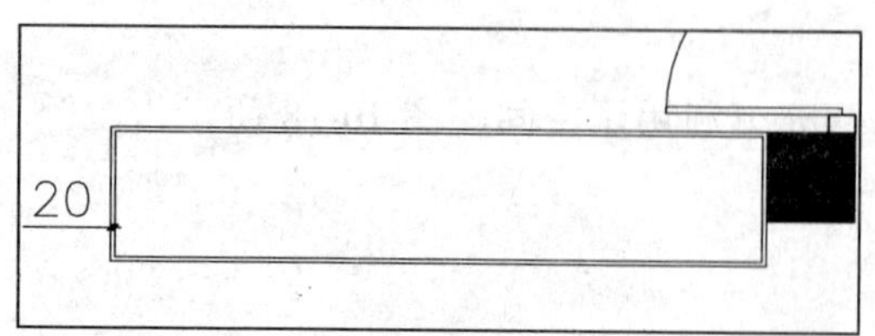

图 10-22 偏移矩形

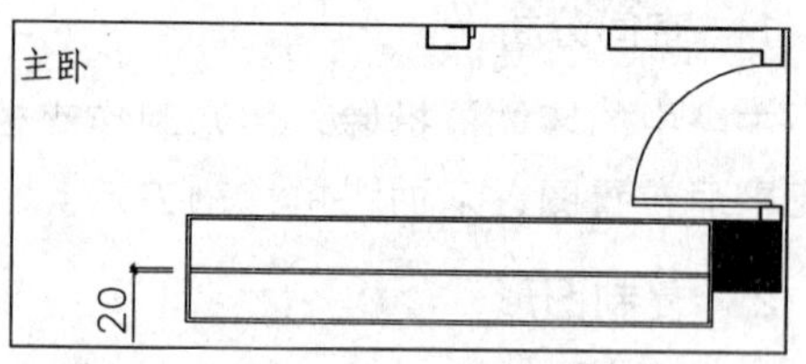

图 10-23 绘制挂衣杆

05 调用 RECTANG/REC【矩形】命令和 OFFSET/O【偏移】命令，绘制电视柜，如图 10-24 所示。

06 调用 RECTANG/REC【矩形】命令、OFFSET/O【偏移】命令和 LINE/L【直线】命令，绘制储物柜，如图 10-25 所示。

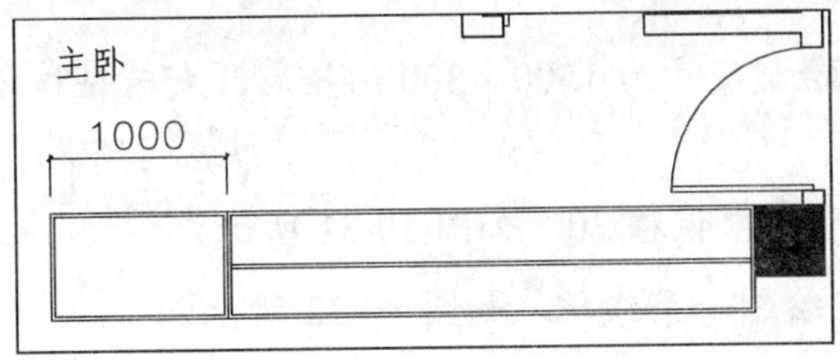

图 10-24 绘制电视柜

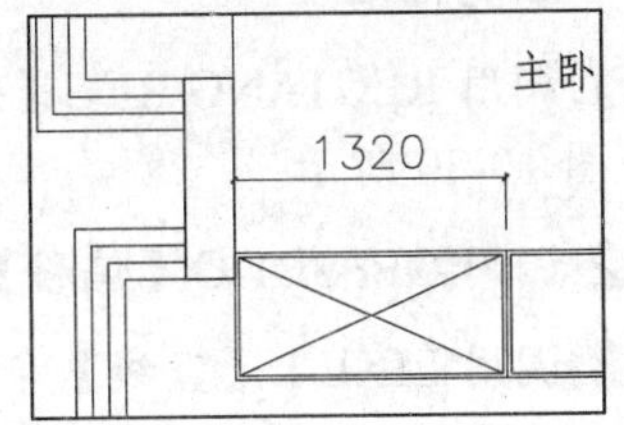

图 10-25 绘制储物柜

6. 绘制窗帘

01 调用 PLINE/PL【多段线】命令，绘制窗帘，如图 10-26 所示。

02 调用 COPY/CO【复制】命令、MIRROR/MI【镜像】命令和 ROTATE/RO【旋转】命令，对窗帘进行复制、镜像和旋转，效果如图 10-27 所示。

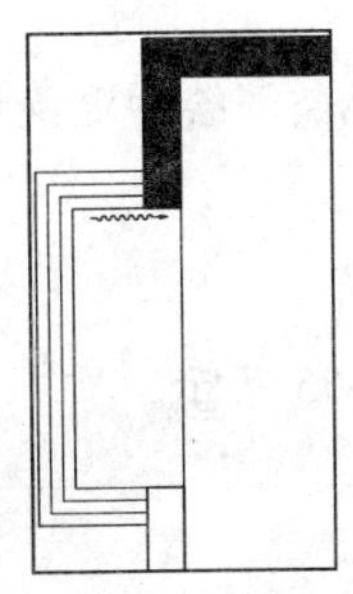

图 10-26 绘制窗帘

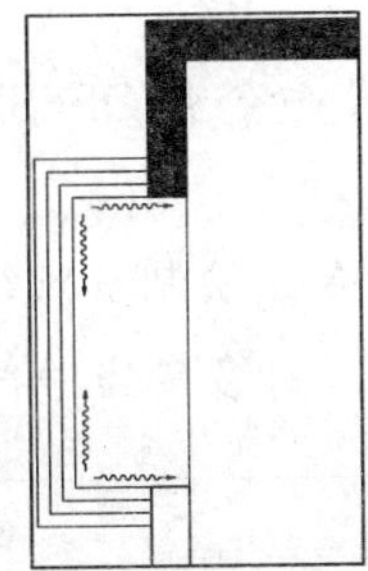

图 10-27 对窗帘进行复制、镜像和旋转

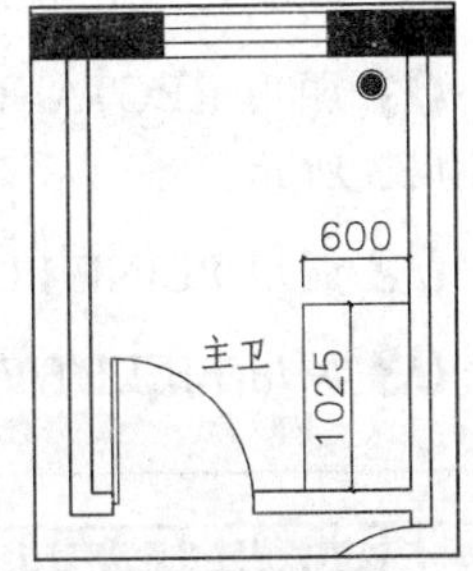

图 10-28 绘制洗手盆台面

7. 绘制洗手盆台面

调用 PLINE/PL【多段线】命令，绘制多段线表示洗手盆台面，如图 10-28 所示。

8. 插入图块

打开本书配套光盘中的“第10章\家具图例.dwg”文件，分别选择抱枕、电视、衣架、床、床头柜、坐便器、淋浴头及洗手盆等图形，复制到主卧和主卫平面布置图中，然后使用 MOVE/M【移动】命令将图形移到相应的位置，结果如图 10-18 所示，主卧及主卫平面布置图绘制完成。

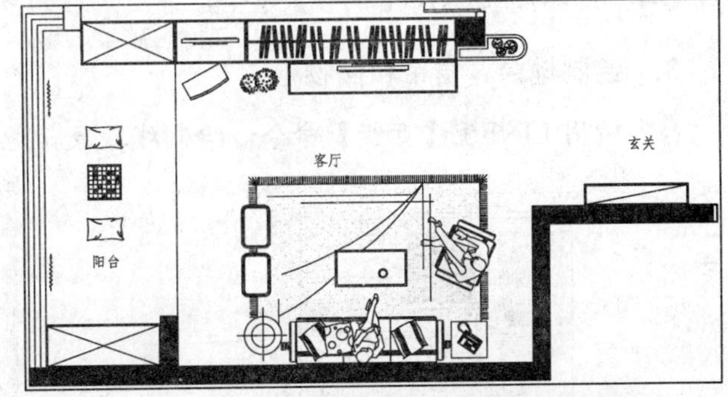

图 10-29 玄关、客厅和阳台平面布置图

10.4.2 绘制玄关、客厅和阳台平面布置图

玄关、客厅和阳台平面布置图如图 10-29 所示，下面讲解绘制方法。

1. 绘制鞋柜

01 调用 RECTANG/REC【矩形】命令，绘制尺寸为 1500×300 的矩形，表示鞋柜轮廓，如图 10-30 所示。

02 调用 OFFSET/O【偏移】命令，将矩形向内偏移 20，如图 10-31 所示。

03 调用 LINE/L【直线】命令，在鞋柜中绘制一条线段，如图 10-32 所示。

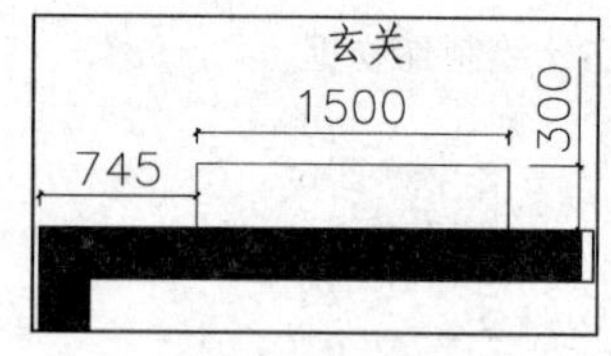

图 10-30 绘制矩形

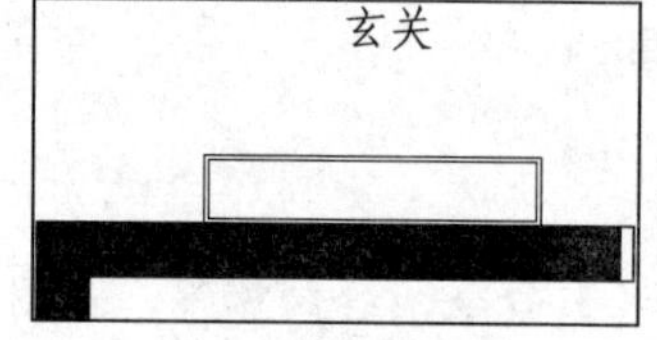

图 10-31 偏移矩形

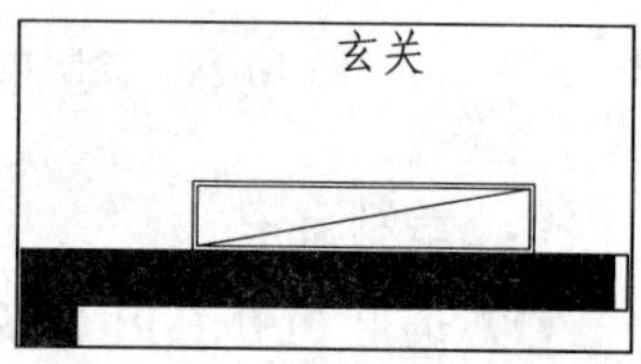

图 10-32 绘制线段

2. 绘制电视柜和装饰柜

01 调用 RECTANG/REC【矩形】命令和 OFFSET/O【偏移】命令，绘制电视柜，如图 10-33 所示。

02 调用 PLINE/PL【多段线】命令，绘制多段线，如图 10-34 所示。

03 调用 FILLET/F【圆角】命令，对多段线进行圆角，如图 10-35 所示。

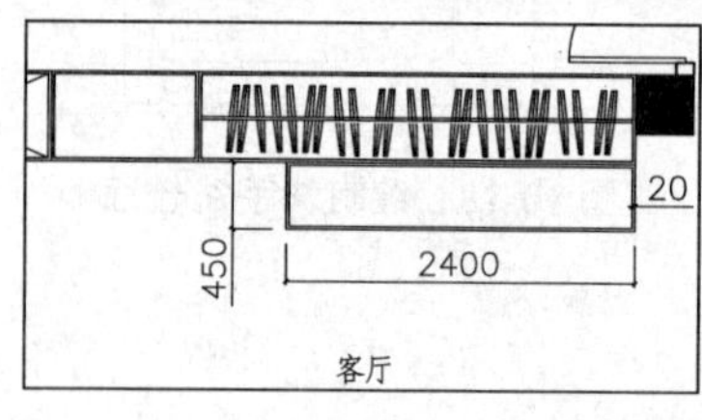

图 10-33 绘制电视柜

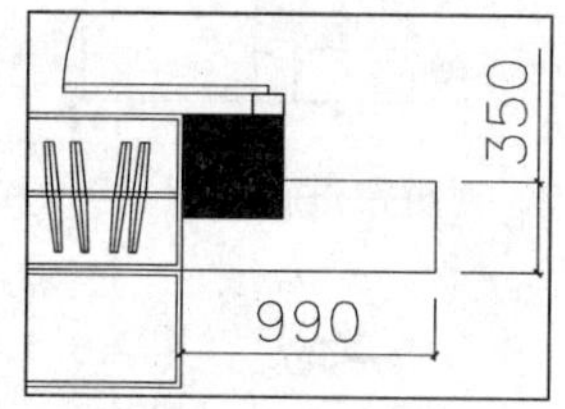

图 10-34 绘制多段线

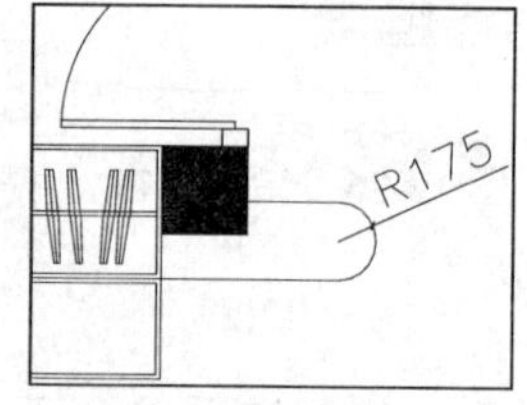

图 10-35 圆角

04 调用 OFFSET/O【偏移】命令，将圆角后的多段线向内偏移 40，如图 10-36 所示。

3. 绘制地台、窗帘和储物柜

01 调用 LINE/L【直线】命令，绘制线段表示地台，如图 10-37 所示。

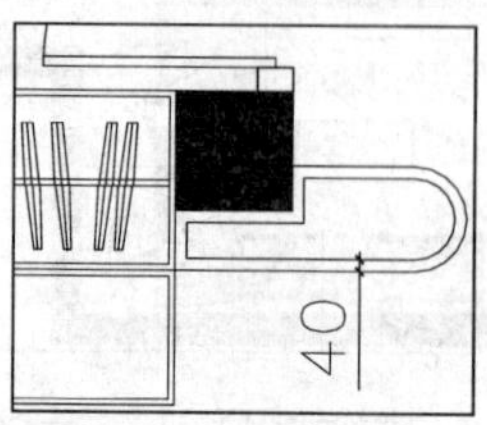

图 10-36 偏移多段线

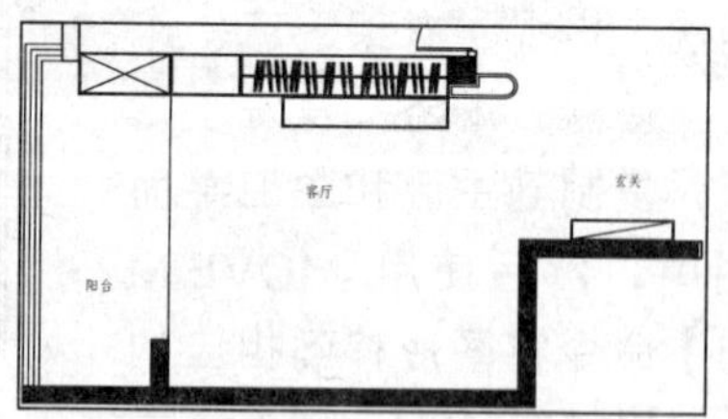

图 10-37 绘制线段

02 调用 COPY/CO【复制】命令，复制窗帘到阳台位置，如图 10-38 所示。

03 调用 RECTANG/REC【矩形】命令、OFFSET/O【偏移】命令和 LINE/L【直线】命令，绘制储物柜，如图 10-39 所示。

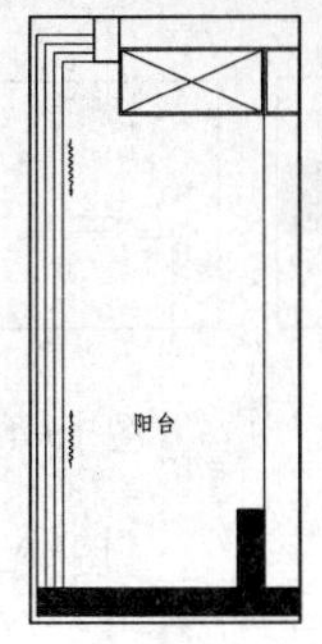

图 10-38　复制窗帘

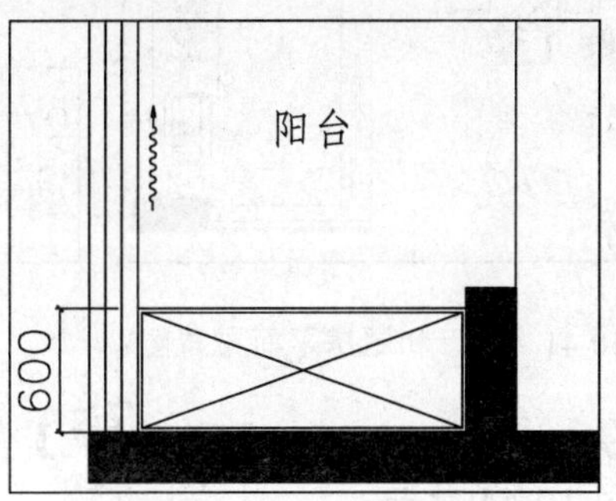

图 10-39　绘制储物柜

4. 插入图块

从图库中插入沙发组、空调、电视、坐垫和植物等图块，效果如图 10-29 所示，玄关、客厅和阳台平面布置图绘制完成。

10.4.3 绘制餐厅厨房平面布置图

厨房的墙体进行了改造，如图 10-40 所示为改造前后的对比。

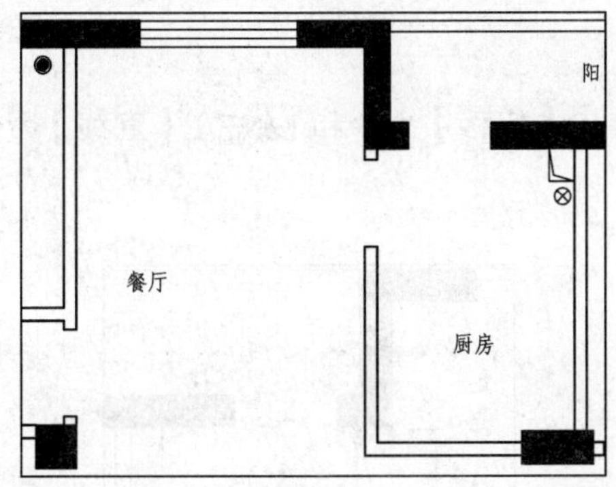

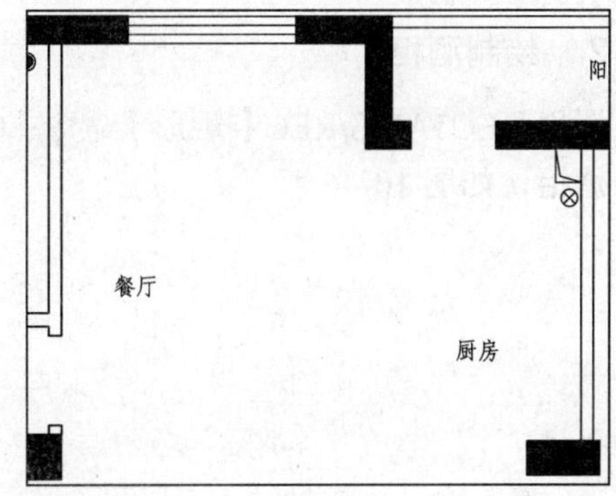

图 10-40　餐厅和厨房改造前后对比

改造后即可对餐厅和厨房进行平面布置，如图 10-41 所示为餐厅和厨房平面布置图，下面讲解绘制方法。

1. 绘制装饰墙

01 调用 RECTANG/REC【矩形】命令，绘制尺寸为 1505×95 的矩形，如图 10-42 所示。

02 调用 LINE/L【直线】命令，在矩形内绘制一条线段，如图 10-43 所示。

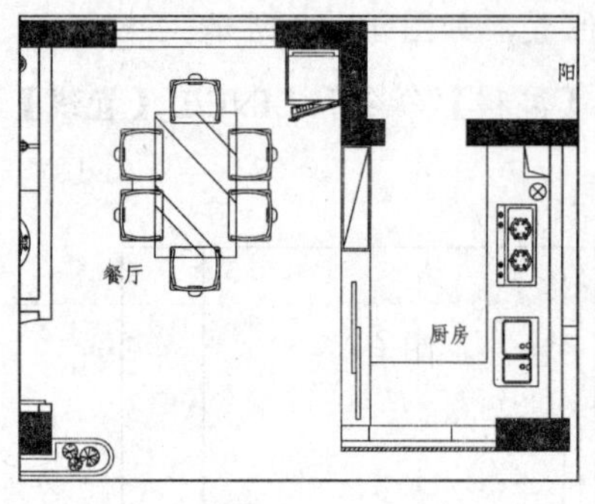

图 10-41 餐厅和厨房平面布置图

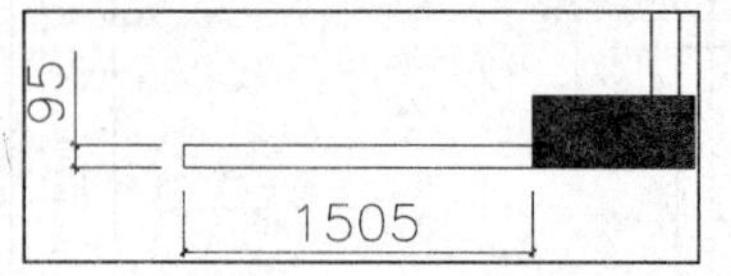

图 10-42 绘制矩形

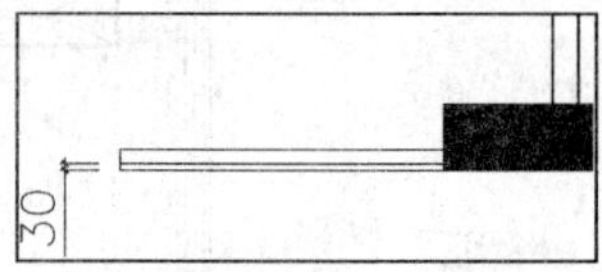

图 10-43 绘制线段

03 调用 HATCH/H【图案填充】命令，在线段上方填充 ANSI31 图案，填充参数和效果如图 10-44 所示。

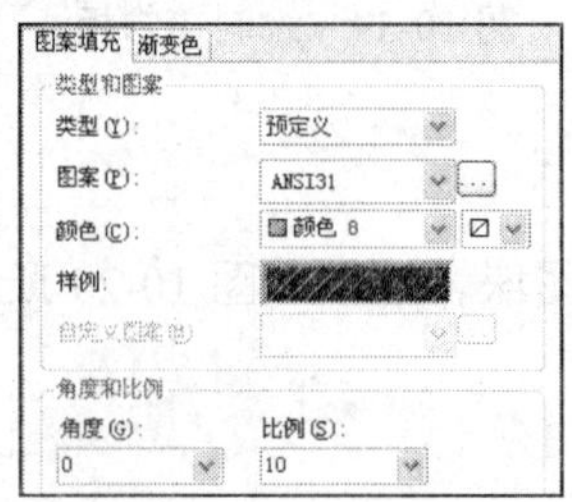

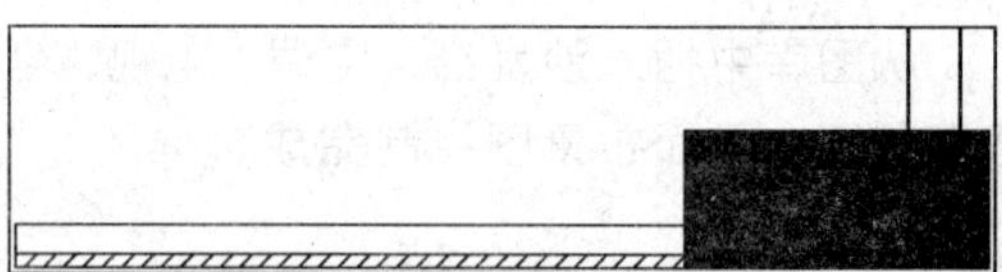

图 10-44 填充图案和效果

04 调用 PLINE/PL【多段线】命令，绘制其他装饰墙，如图 10-45 所示。

2. 绘制酒柜

调用 RECTANG/REC【矩形】命令、OFFSET/O【偏移】命令和 LINE/L【直线】命令，绘制酒柜，如图 10-46 所示。

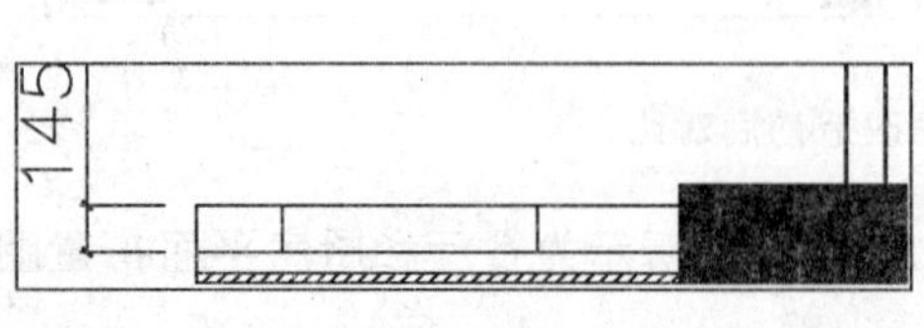

图 10-45 绘制装饰墙

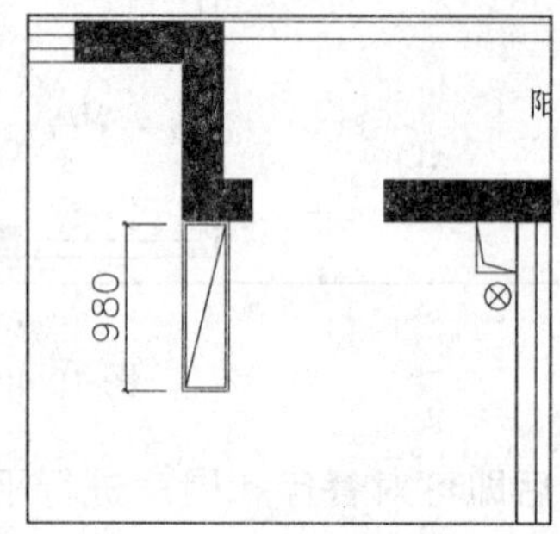

图 10-46 绘制酒柜

3. 绘制推拉门

01 调用 LINE/L【直线】命令，绘制门槛线。如图 10-47 所示。

02 调用 RECTANG/REC【矩形】命令，绘制尺寸为 40×870 的矩形，并移动到相应的位置，如图 10-48 所示。

03 调用 COPY/CO【复制】命令，对矩形进行复制，效果如图 10-49 所示。

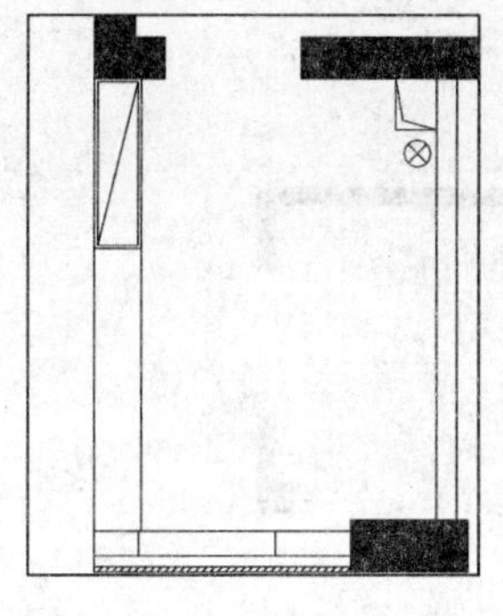

图 10-47　绘制门槛线

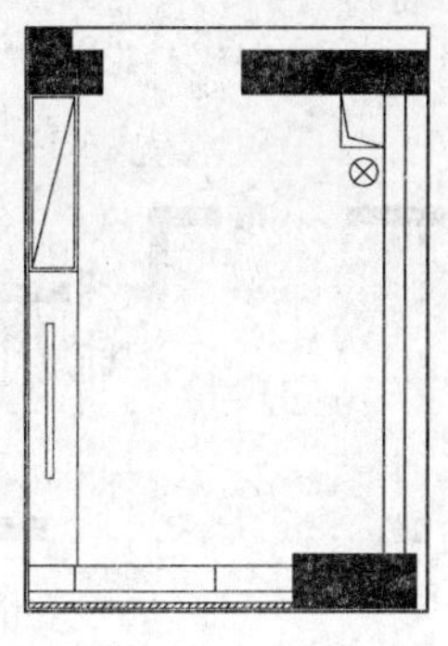

图 10-48　绘制矩形

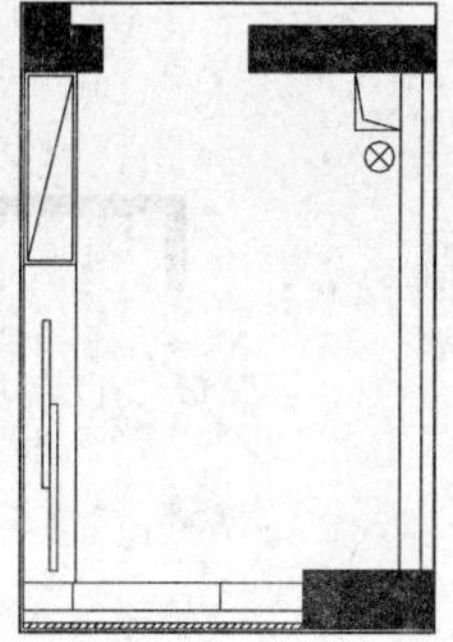

图 10-49　复制矩形

4．绘制橱柜台面

调用 PLINE/PL【多段线】命令，绘制多段线表示橱柜台面，如图 10-50 所示。

5．插入图块

按 Ctrl+O 快捷键，打开配套光盘提供的“第 10 章\家具图例.dwg”文件，选择其中餐桌椅、冰箱和燃气灶和洗菜盆等图块，将其复制至餐厅和厨房区域，如图 10-41 所示，餐厅和厨房平面布置图绘制完成。

10.4.4 插入立面指向符号

当平面布置图绘制完成后，即可调用 INSERT/I【插入】命令，插入“立面指向符”图块，并输入立面编号即可，效果如图 10-51 所示。

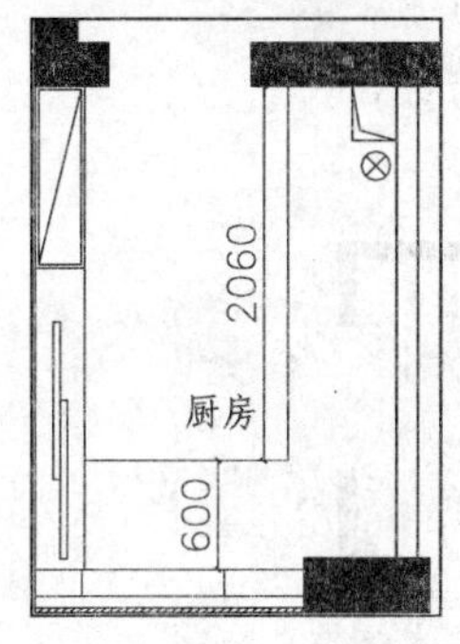

图 10-50　绘制橱柜台面

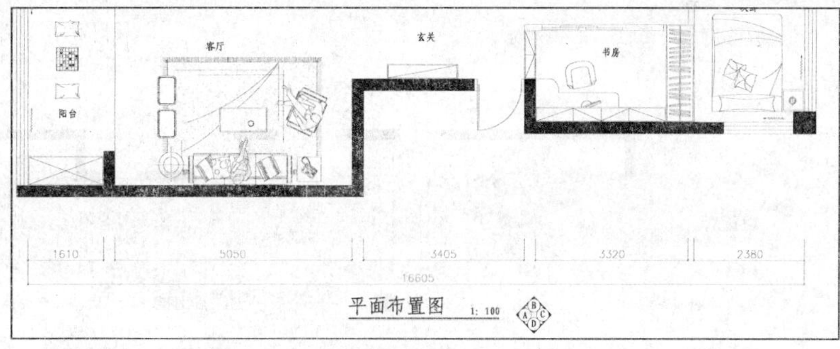

图 10-51　插入立面指向符

10.5 绘制四居室地材图

四居室的地面材料比较简单，可以不画地材图，只在平面布置图中找一块不被家具、陈设遮挡，又能充分表示地面做法的地方，画出一部分，标注上材料、规格就可以了，如

图 10-52 所示。

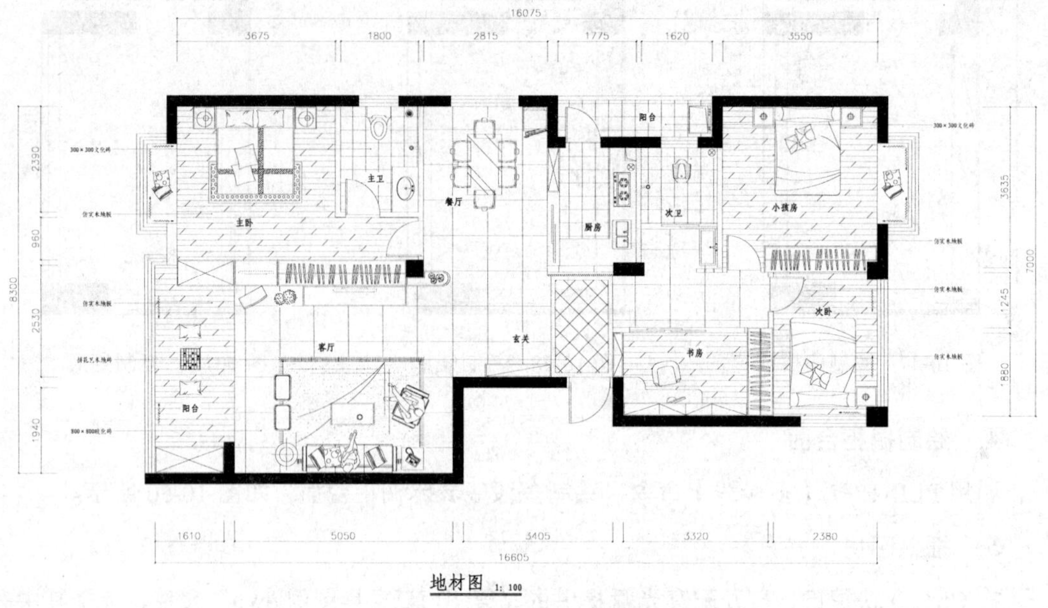

图 10-52　含地面材料图样的平面布置图

10.6 绘制四居室顶棚图

本例四居室风格采用的是中式风格，在顶面设计上融入了中式元素，如图 10-53 所示为四居室顶棚图，下面讲解绘制方法。

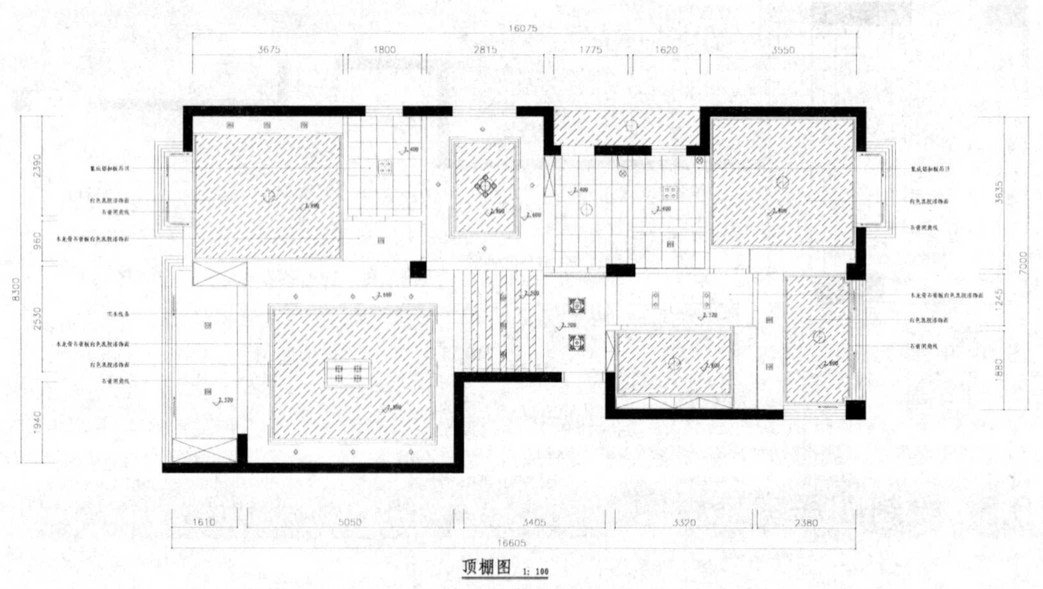

图 10-53　顶棚图

10.6.1 绘制玄关和客厅顶棚图

玄关和客厅顶棚图如图 10-54 所示，下面讲解绘制方法。

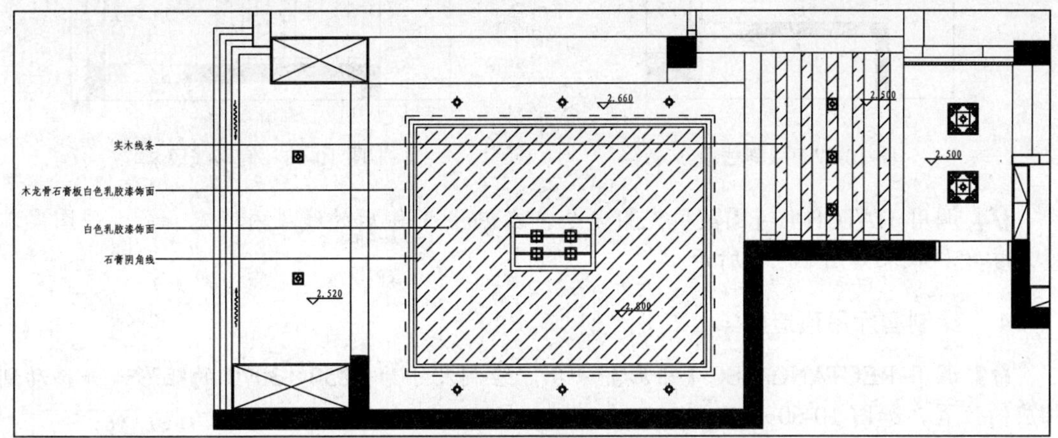

图 10-54　玄关和客厅顶棚图

1. 复制图形

复制四居室平面布置图，然后删除与顶面无关的图形，如图 10-55 所示。

2. 绘制墙体线

01 设置“DM_地面”图层为当前图层。

02 调用 LINE/L【直线】命令，在门洞处绘制墙体线，如图 10-56 所示。

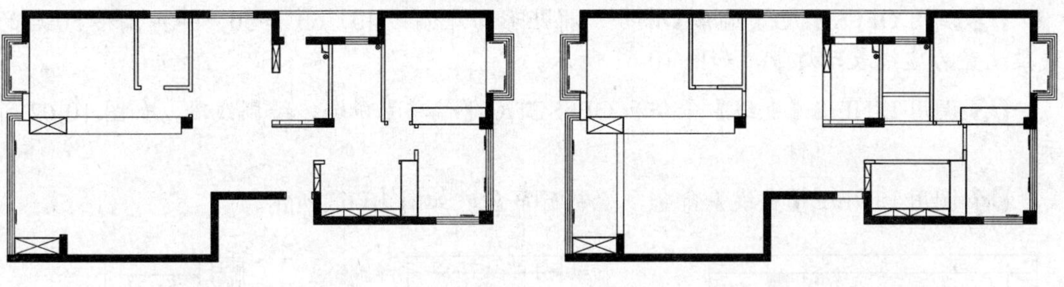

图 10-55　整理图形　　　图 10-56　绘制墙体线

3. 绘制玄关吊顶造型

01 设置“DD_吊顶”图层为当前图层。

02 调用 LINE/L【直线】命令和 OFFSET/O【偏移】命令，绘制线段，如图 10-57 所示。

03 调用 OFFSET/O【偏移】命令，将线段向右侧偏移，偏移的距离为 200 和 150，如图 10-58 所示。

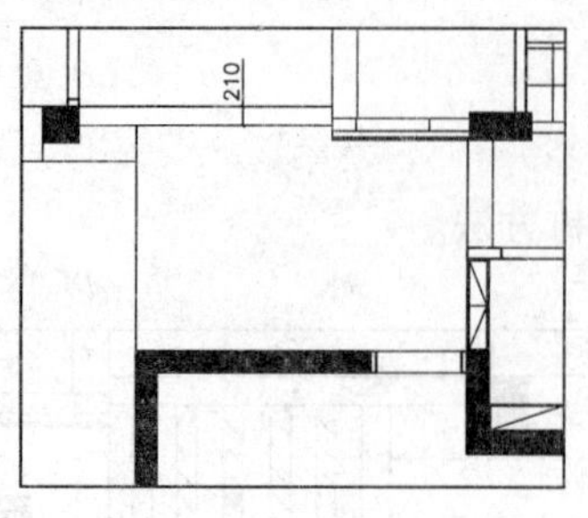

图 10-57 绘制线段

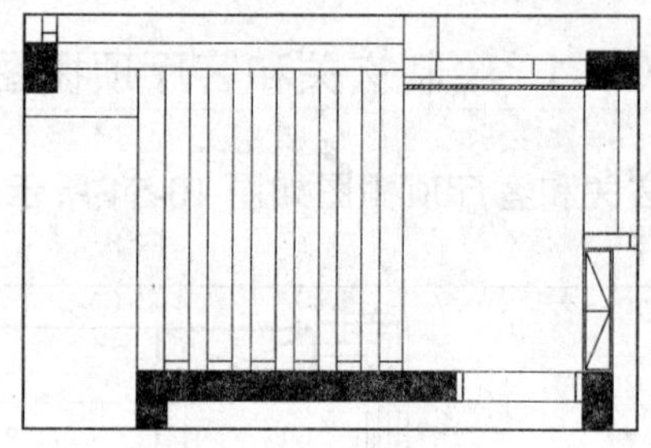

图 10-58 偏移线段

04 调用 HATCH/H【图案填充】命令，在偏移 150 后的线段内填充 ANSI36 图案，填充参数和效果如图 10-59 所示。

4. 绘制客厅吊顶造型

01 调用 RECTANG/REC【矩形】命令，绘制尺寸为 3850×3070 的矩形，并移动到相应的位置，如图 10-60 所示。

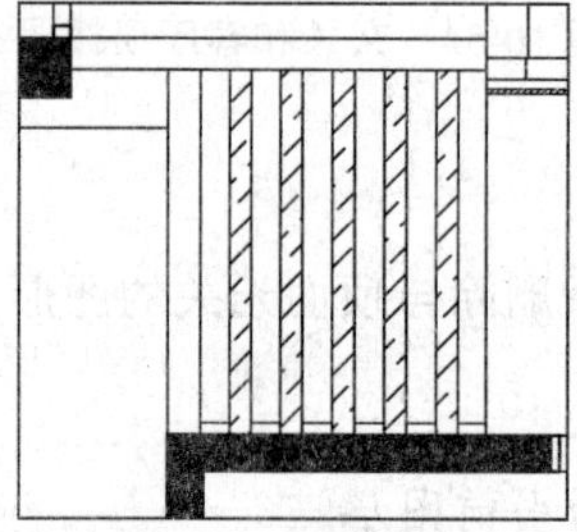

图 10-59 填充参数和效果

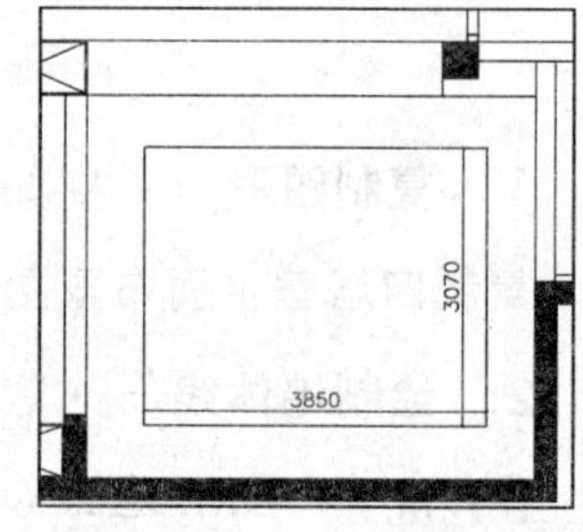

图 10-60 绘制矩形

02 调用 OFFSET/O【偏移】命令，将矩形向外偏移 40、60 和 50，并将偏移 50 后的线段设置为虚线表示灯带，如图 10-61 所示。

03 调用 LINE/L【直线】命令和 OFFSET/O【偏移】命令，绘制线段，如图 10-62 所示。

04 调用 LINE/L【直线】命令，绘制窗帘盒，如图 10-63 所示。

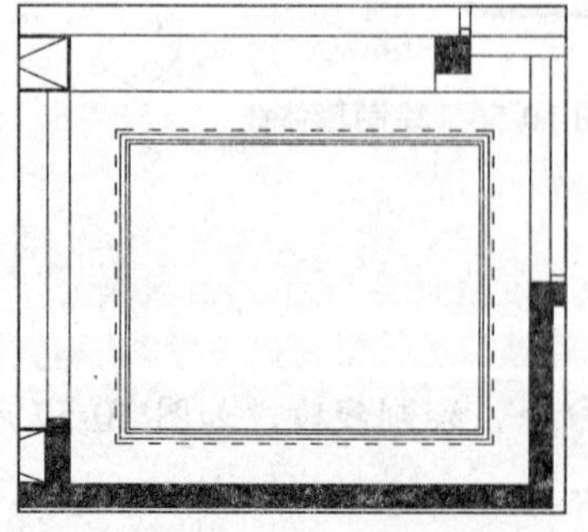

图 10-61 偏移矩形

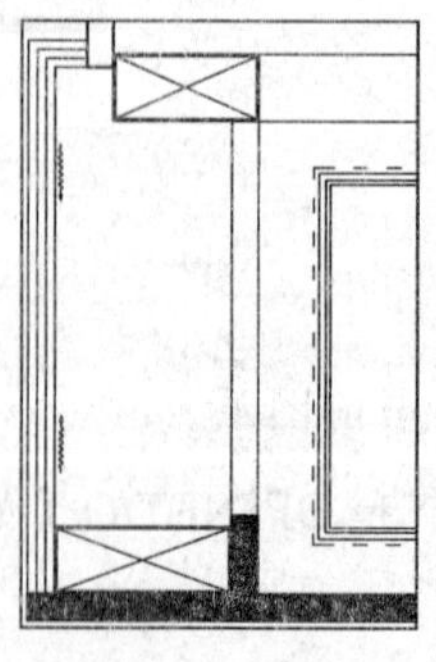

图 10-62 绘制线段

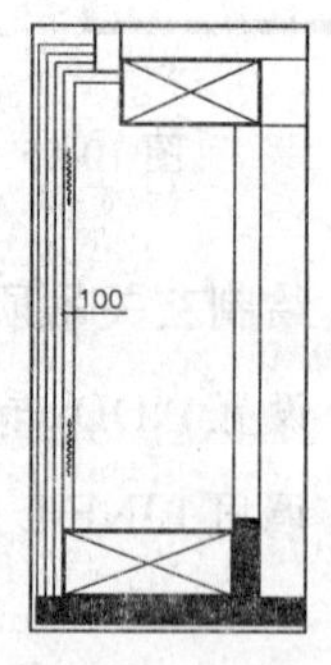

图 10-63 绘制窗帘盒

5. 布置灯具

01 开本书光盘中“第 10 章\家具图例.dwg”文件，将该文件中绘制好的灯具图例表复制到本图中，如图 10-64 所示。

02 选择灯具图例表中的艺术吊灯图形，调用 COPY/CO【复制】命令，将其复制到客厅顶棚图中，结果如图 10-65 所示。

图例	名称
	艺术吊灯
	防雾灯
	筒灯
	嵌入式筒灯
	吸顶灯
	双头筒灯

图 10-64　图例表

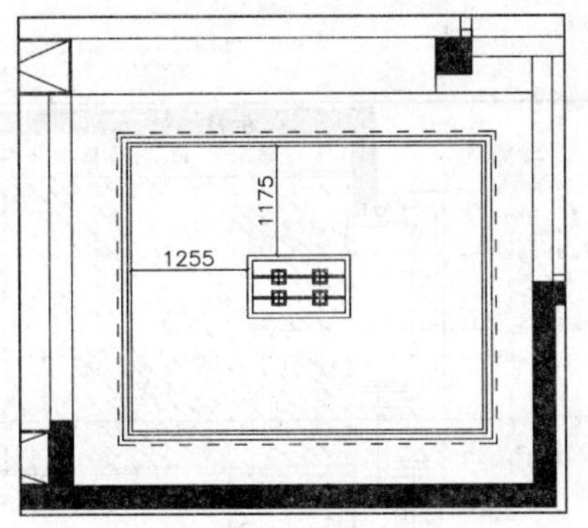

图 10-65　复制艺术吊灯

03 调用 COPY/CO【复制】命令，布置其他灯具，结果如图 10-66 所示。

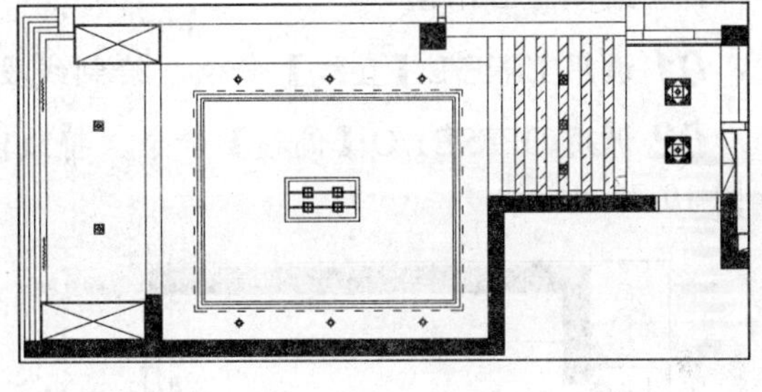

图 10-66　布置灯具

6. 填充顶面

调用 HATCH/H【填充图案】命令，对客厅顶面填充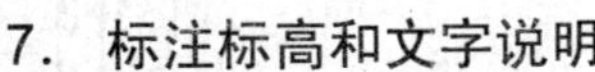图案，效果如图 10-67 所示。

7. 标注标高和文字说明

01 调用 INSERT/I【插入】命令，插入标高图块，并设置正确的标高值，结果如图 10-68 所示。

02 调用 MLEADER/MLD【多重引线】命令对材料进行标注，结果如图 10-54 所示，玄关和客厅顶棚图绘制完成。

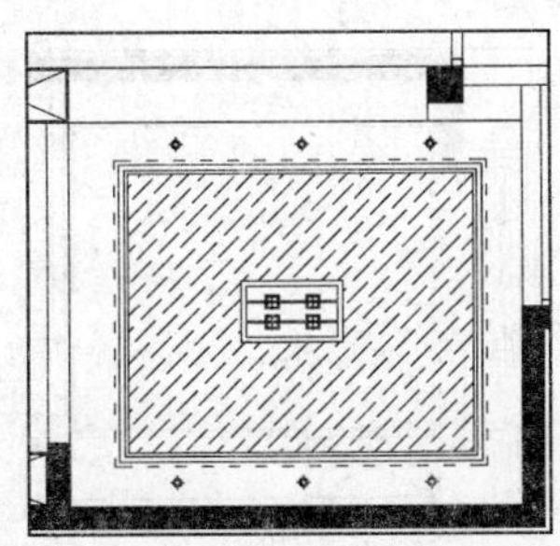

图 10-67　填充图案

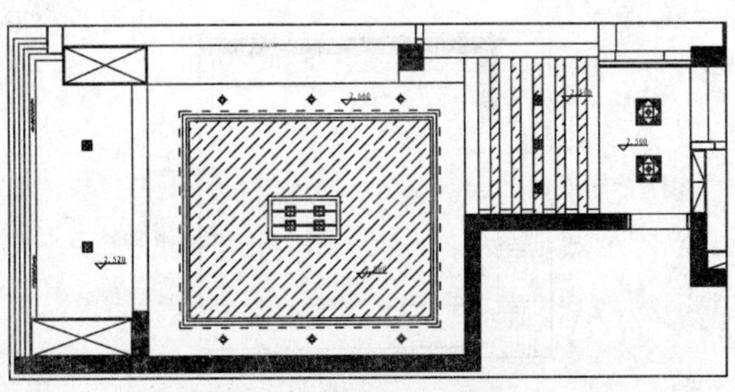

图 10-68　插入标高

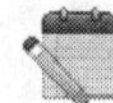

10.6.2 绘制主卧和主卫顶棚图

如图 10-69 所示为主卧主卫顶棚图，下面讲解绘制方法。

1. 绘制窗帘盒

调用 OFFSET/O【偏移】命令，绘制窗帘盒，并使用夹点功能延长线段，如图 10-70 所示。

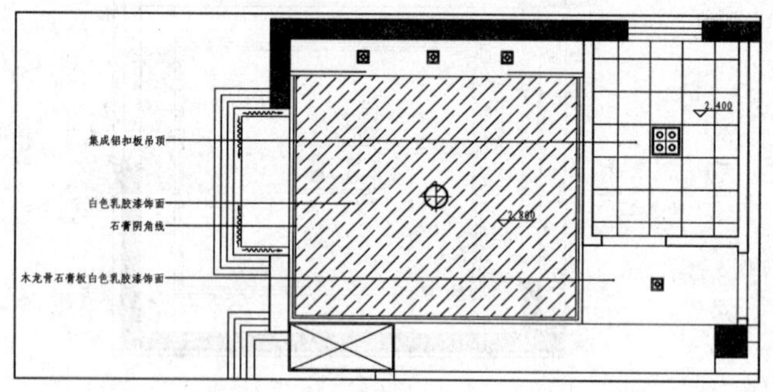

图 10-69 主卧和主卫顶棚图

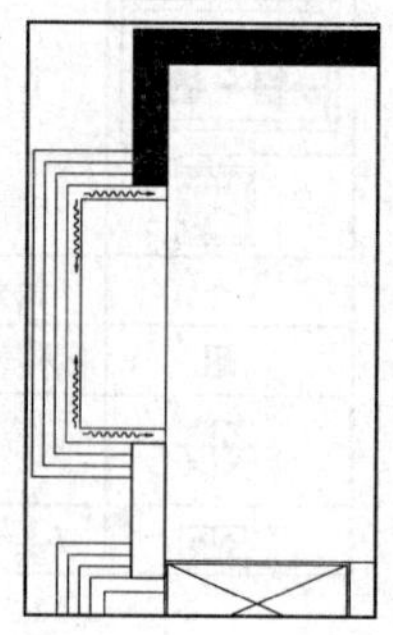

图 10-70 绘制窗帘盒

2. 绘制主卧吊顶

01 调用 LINE/L【直线】命令，绘制线段，如图 10-71 所示。

02 调用 OFFSET/O【偏移】命令，将线段向上偏移 50，并设置为虚线，表示灯带，如图 10-72 所示。

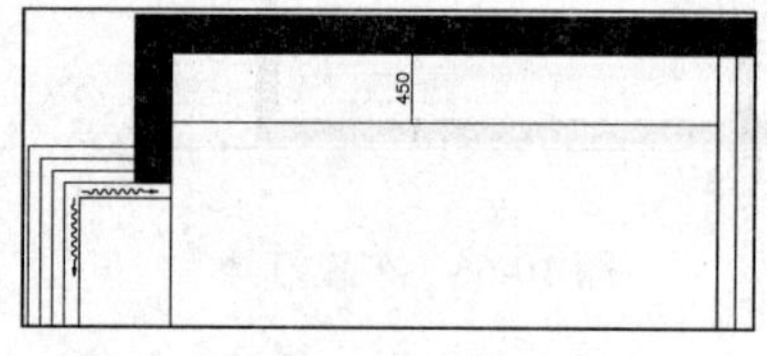

图 10-71 绘制线段

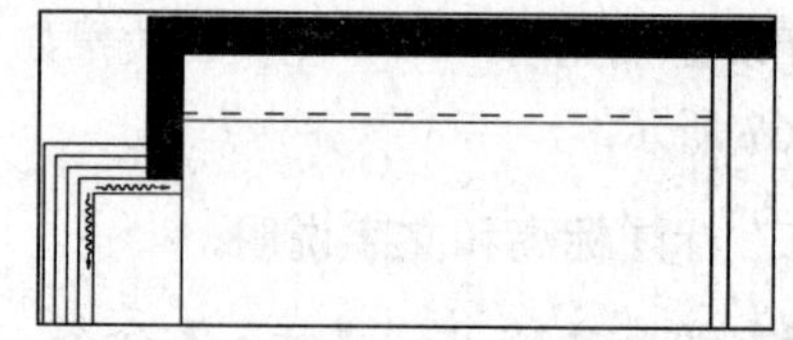

图 10-72 绘制灯带

03 调用 PLINE/PL【多段线】命令，绘制多段线，如图 10-73 所示。

04 调用 OFFSET/O【偏移】命令，将多段线向内偏移 50 和 30，如图 10-74 所示。

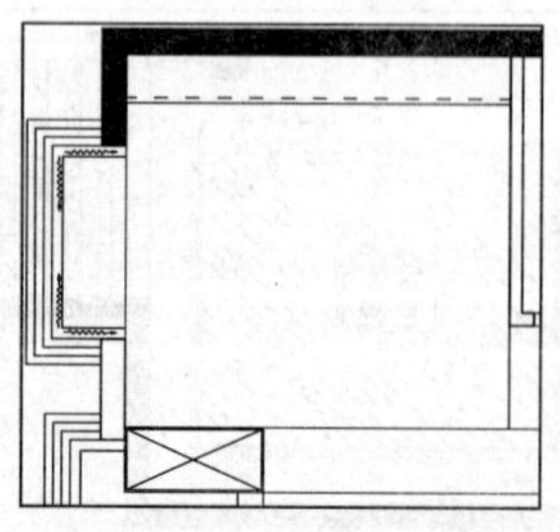

图 10-73 绘制多段线

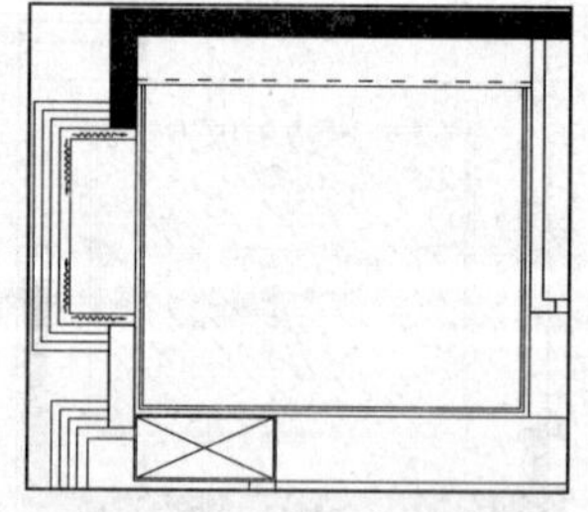

图 10-74 偏移多段线

05 调用 HATCH/H【图案填充】命令，在多段线内填充 ANSI36 图案，效果如图 10-75

所示。

3. 填充主卫吊顶

调用 HATCH/H【图案填充】命令，在主卫区域填充“用户定义”图案，填充参数和效果如图 10-76 所示。

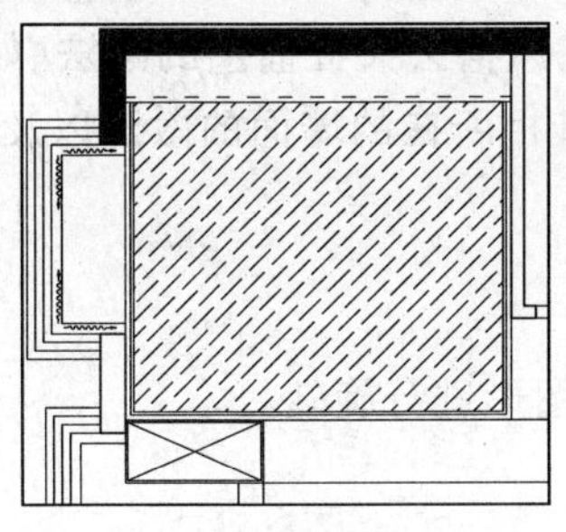

图 10-75 填充效果

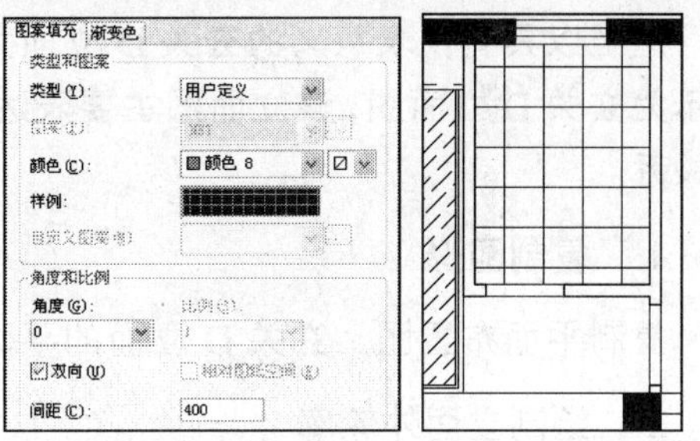

图 10-76 填充参数和效果

4. 布置灯具

调用 COPY/CO【复制】命令，从图例表中复制灯具图形到主卧和主卫区域，结果如图 10-77 所示。

5. 标注标高和文字说明

01 调用 INSERT/I【插入】命令插入标高图块，如图 10-78 所示。

02 使用 MLEADER/MLD【多重引线】命令标出顶棚的材料，完成主卧和主卫顶棚图的绘制。

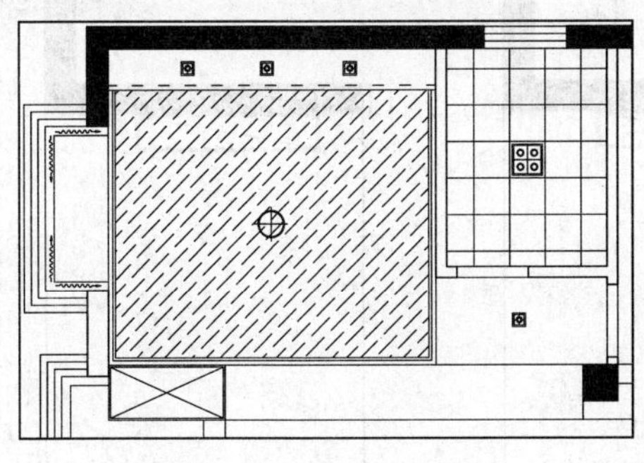

图 10-77 复制灯具图形

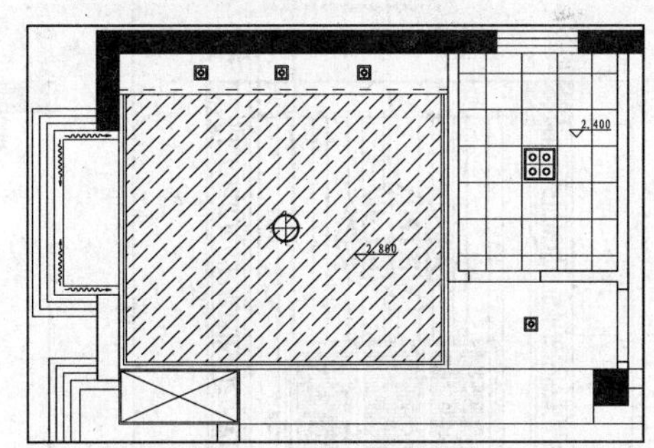

图 10-78 插入标高

10.7 绘制四居室立面图

立面图是一种与垂直界面平行的正投影图，它能够反映垂直界面的形状、装修做法和陈设，是很重要的图样。本节以玄关、客厅和餐厅立面为例，介绍立面图的画法与相关规则。

10.7.1 绘制玄关 D 立面图

玄关也叫门厅。通过玄关，可以给室外过渡，带来一个缓冲空间。玄关作为进入客厅等空间的第一道风景，通常起到的是类似乐曲的序曲作用。作为中式风格的玄关，是室内设计风格元素的延伸甚至浓缩，既能体现整套居室的定位，又要反映房主的气质与喜好。

这里以具有代表意义的玄关 D 立面为例，介绍中式风格玄关立面图的画法。如图 10-79 所示为玄关 D 立面图，该立面图主要表达了鞋柜以及鞋柜所在的墙面的做法以及它们之间的关系。

1. 复制图形

复制平面布置图上玄关 D 立面的平面部分，并对图形进行旋转。

2. 绘制立面外轮廓

01 设置“LM_立面”图层为当前图层。

02 调用 LINE/L【直线】命令，应用投影法绘制玄关 D 立面左、右侧轮廓，如图 10-80 所示。

03 调用 LINE/L【直线】命令，在投影线的下方绘制一条线段表示地面，如图 10-81 所示。

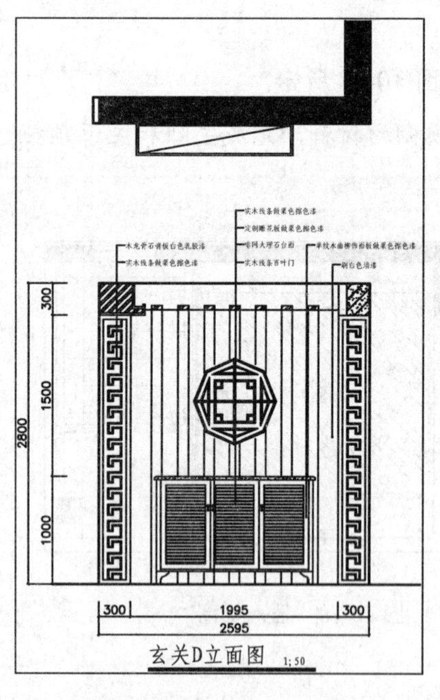

图 10-79 玄关 D 立面图

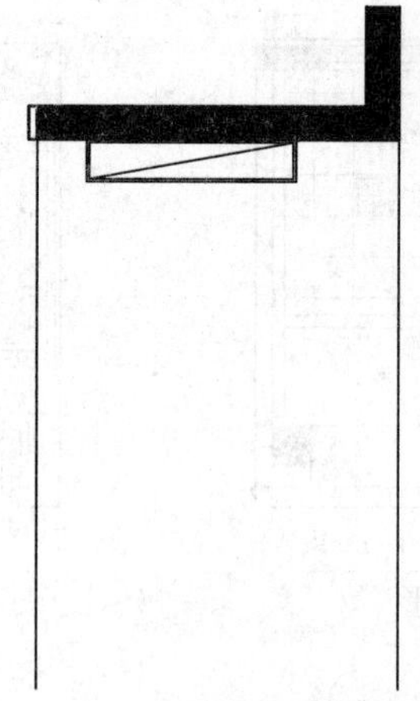

图 10-80 绘制墙体投影线

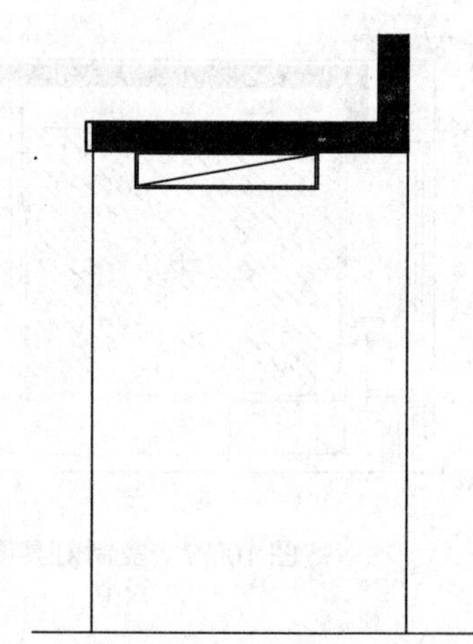

图 10-81 绘制地面

04 调用 OFFSET/O【偏移】命令，将地面轮廓线向上偏移，得到顶棚底面，如图 10-82 所示。

05 调用 TRIM/TR【修剪】命令，修剪出立面轮廓，并将立面外轮廓转换至“QT_墙体”图层，如图 10-83 所示。

3. 绘制吊顶造型

01 调用 PLINE/PL【多段线】命令，绘制造型轮廓，如图 10-84 所示。

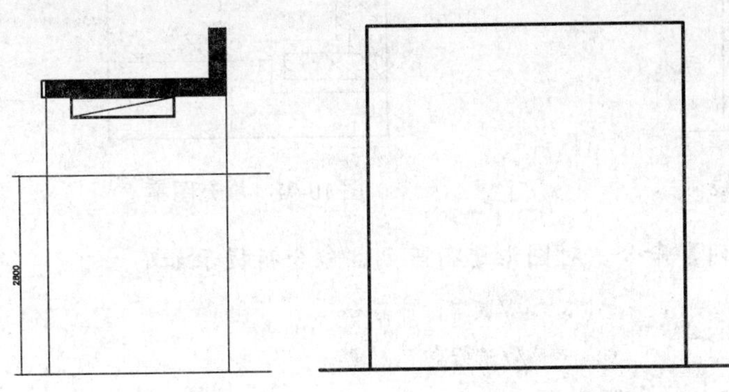

图 10-82 绘制顶棚　　图 10-83 修剪立面轮廓

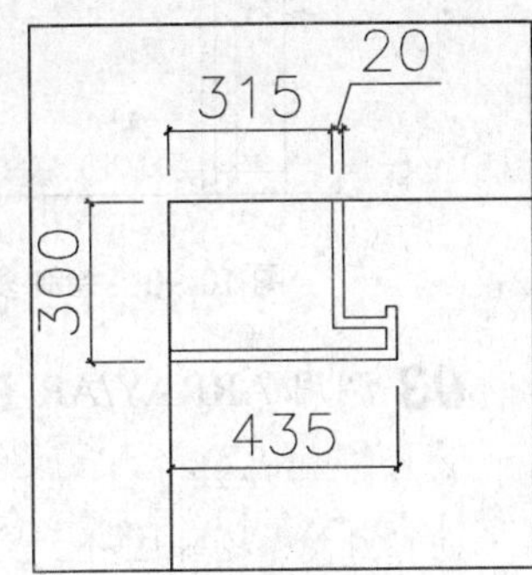

图 10-84 绘制吊顶造型轮廓

02 调用 HATCH/H【图案填充】命令，在轮廓内填充 STEEL 图案，填充参数和效果如图 10-85 所示。

03 调用 PLINE/PL【多段线】命令，绘制多段线，如图 10-86 所示。

04 调用 LINE/L【直线】命令，在多段线内绘制一条线段，如图 10-87 所示。

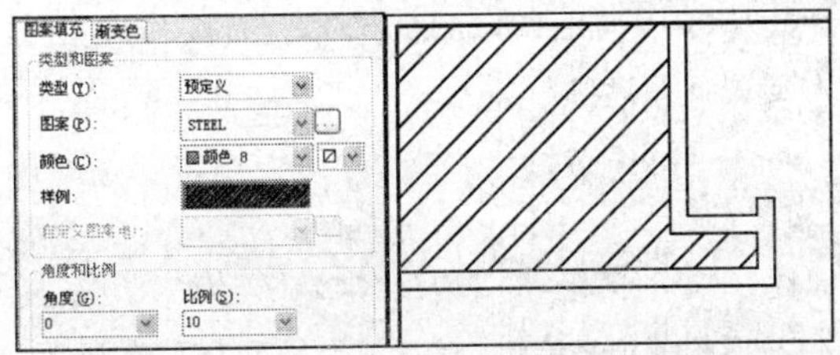

图 10-85 填充参数和效果

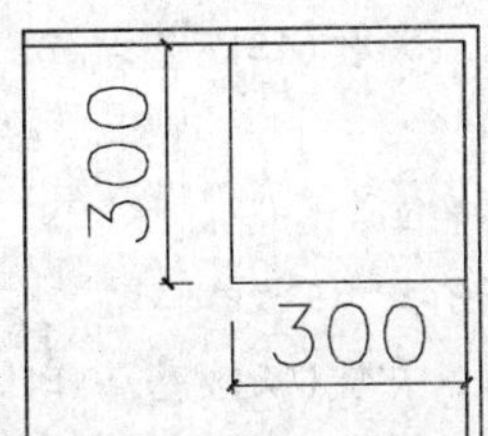

图 10-86 绘制多段线

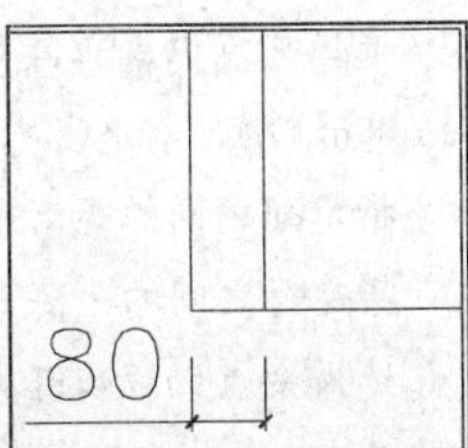

图 10-87 绘制线段

05 调用 HATCH/H【图案填充】命令，在线段右侧填充 AR-CONC 图案和 ANSI31 图案，如图 10-88 所示。

06 调用 LINE/L【直线】命令，绘制一条线段连接两侧吊顶造型，如图 10-89 所示。

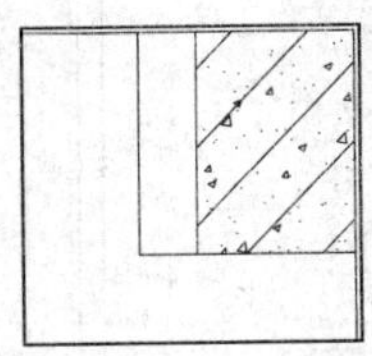

图 10-88 填充图案

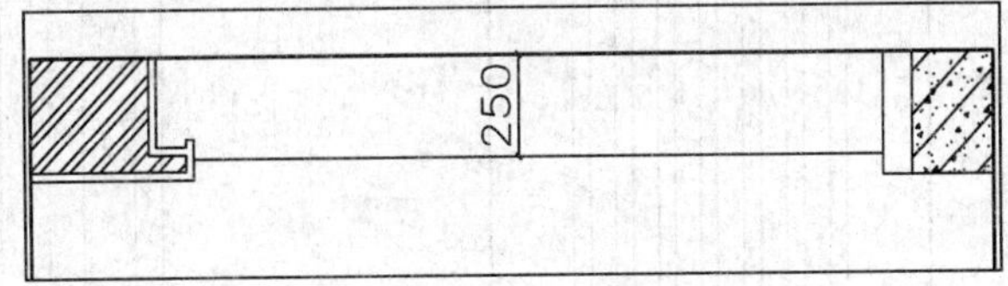

图 10-89 绘制线段

4. 绘制背景墙造型

01 调用 PLINE/PL【多段线】命令，绘制多段线，如图 10-90 所示。

02 调用 HATCH/H【图案填充】命令，在线段内填充 STEEL 图案，效果如图 10-91 所示。

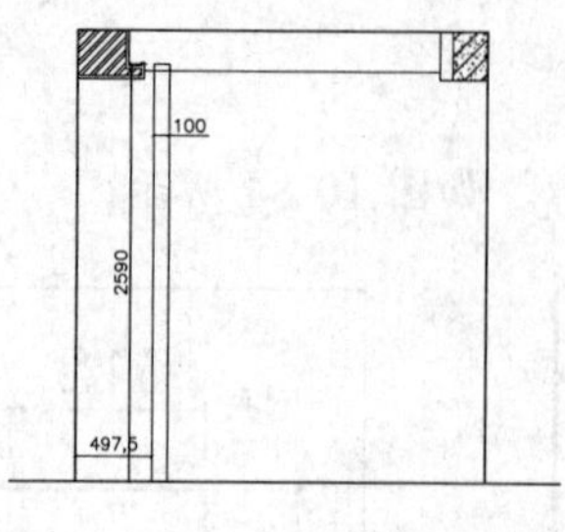

图 10-90 绘制多段线

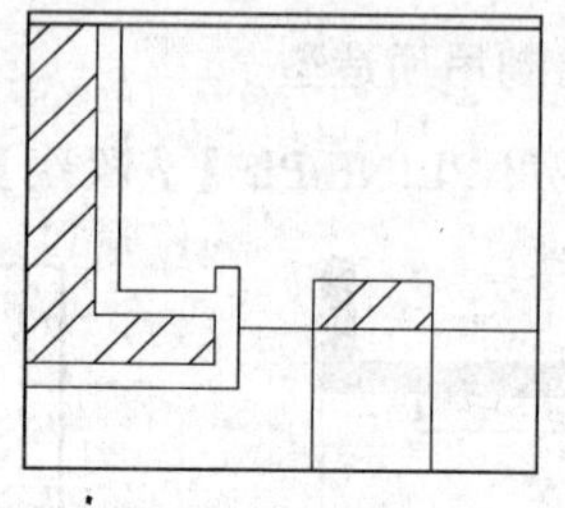

图 10-91 填充图案

03 调用 ARRAY/AR【阵列】命令，对图形进行阵列，命令行提示如下：

```
命令: ARRAY↙                                    //调用阵列命令
选择对象: 找到 1 个                              //选择阵列对象
选择对象: 输入阵列类型 [矩形(R)/路径(PA)/极轴(PO)] <矩形>: R↙
                                                //选择矩形阵列方式
类型 = 矩形  关联 = 是
选择夹点以编辑阵列或 [关联(AS)/基点(B)/计数(COU)/间距(S)/列数(COL)/行数(R)/层数(L)/退出(X)] <退出>: COU↙
输入列数数或 [表达式(E)] <4>: 7↙                 //输入列数
输入行数数或 [表达式(E)] <3>: 1↙                 //输入行数
选择夹点以编辑阵列或 [关联(AS)/基点(B)/计数(COU)/间距(S)/列数(COL)/行数(R)/层数(L)/退出(X)] <退出>: S↙        //选择间距选项
指定列之间的距离或 [单位单元(U)] <898.7118>: 250↙
指定行之间的距离 <792.0584>:↙
选择夹点以编辑阵列或 [关联(AS)/基点(B)/计数(COU)/间距(S)/列数(COL)/行数(R)/层数(L)/退出(X)] <退出>:              //按回车键结束绘制，阵列结果如图 10-92 所示。
```

04 调用 RECTANG/REC【矩形】命令，绘制矩形，如图 10-93 所示。

05 调用 OFFSET/O【偏移】命令，将矩形向内偏移 40，如图 10-94 所示。

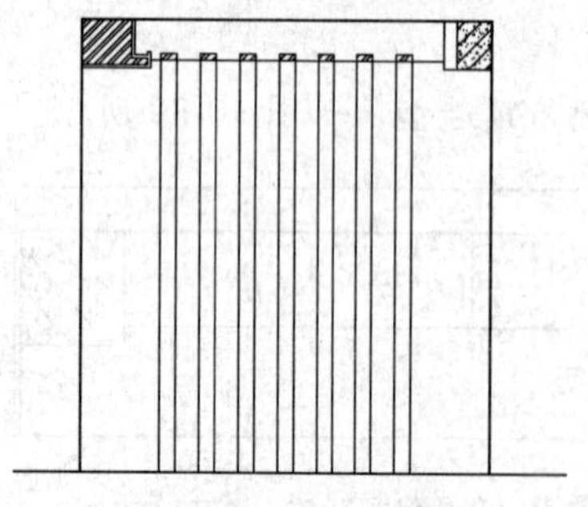

图 10-92 阵列结果

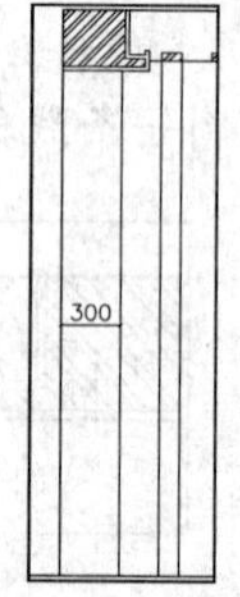

图 10-93 绘制矩形

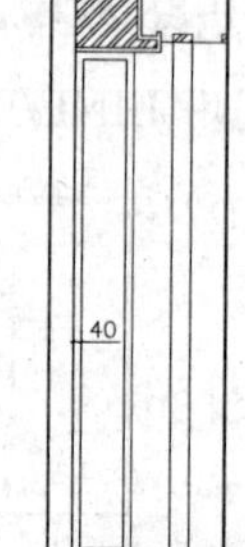

图 10-94 偏移矩形

06 使用同样的方法绘制右侧同样的造型，如图 10-95 所示。

5. 插入图块

按 Ctrl+O 快捷键，打开配套光盘提供的“第 10 章\家具图例.dwg”文件，选择其中的雕花、圆形雕花和鞋柜等图块，将其复制至玄关立面区域，并对图形相交的位置进行修剪，如图 10-96 所示。

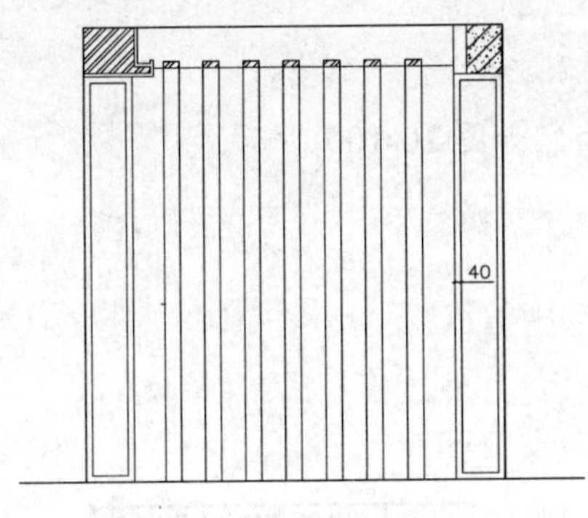

图 10-95 绘制墙面造型

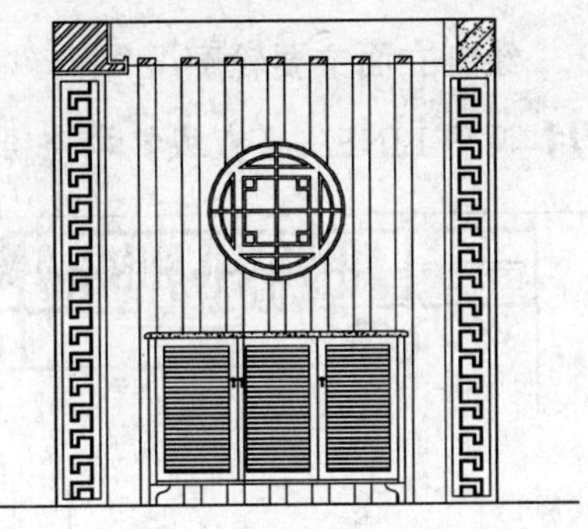

图 10-96 插入图块

6. 标注尺寸、材料说明

01 设置“BZ_标注”为当前图层。设置当前注释比例为 1：50。

02 调用 DIMLINEAR/DLI【线性标注】命令或执行【标注】|【线性】命令结合使用 DIMCONTINUE/DCO【连续性标注】命令标注尺寸，效果如图 10-97 所示。

03 调用 MLEADER/MLD【多重引线】命令，标注材料说明，效果如图 10-98 所示。

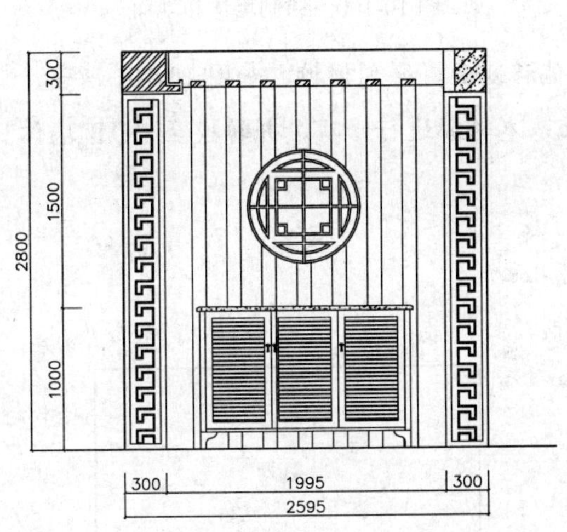

图 10-97 尺寸标注

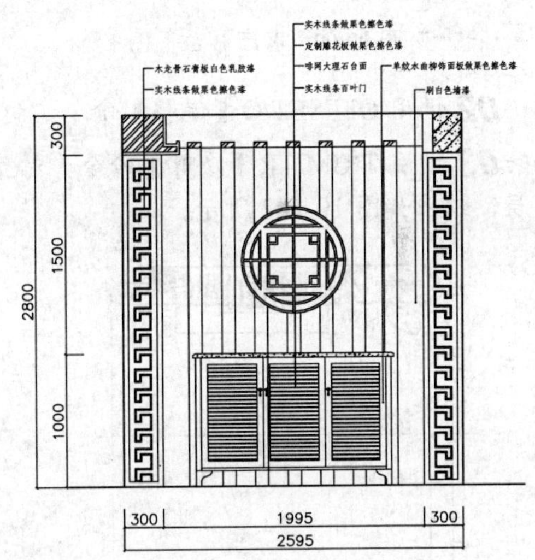

图 10-98 标注材料

7. 插入图块

调用 INSERT/I【插入】命令，插入“图名”图块，设置 D 立面图名称为“玄关 D 立面图”。玄关 D 立面图绘制完成。

10.7.2 绘制客厅 B 立面图

客厅 B 立面图是电视所在的墙面，如图 10-99 所示，下面讲解绘制方法。

1. 复制图形

调用 COPY/CO【复制】命令，复制平面布置图上客厅 B 立面的平面部分。

2. 绘制立面主要轮廓

01 调用 LINE/L【直线】命令绘制墙体和地面，如图 10-100 所示。

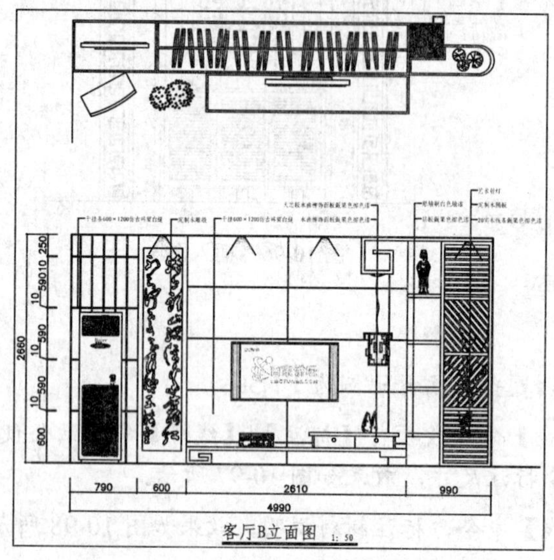

图 10-99 客厅 B 立面图

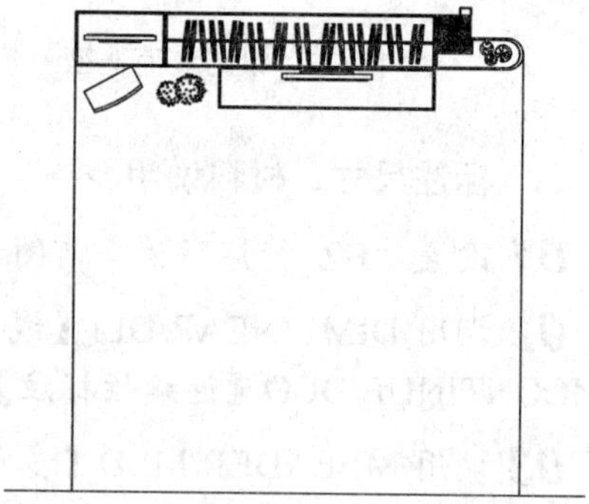

图 10-100 绘制墙体和地面

02 调用 OFFSET/O【偏移】命令，向上偏移地面，得到顶棚，如图 10-101 所示。

03 调用 TRIM/TR【修剪】命令，对立面基本轮廓进行修剪，并转换至“QT_墙体”图层，效果如图 10-102 所示。

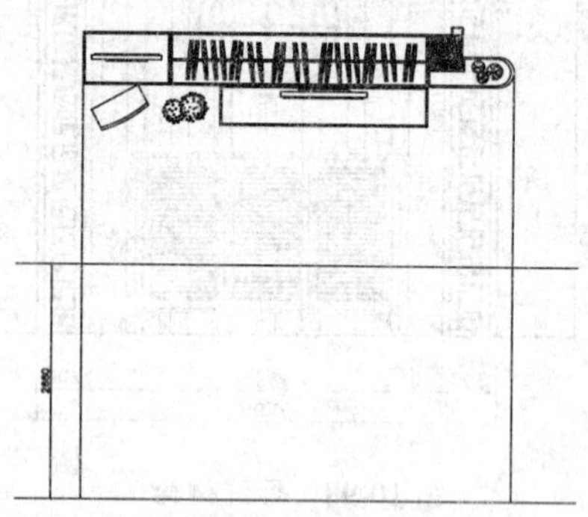

图 10-101 绘制顶棚

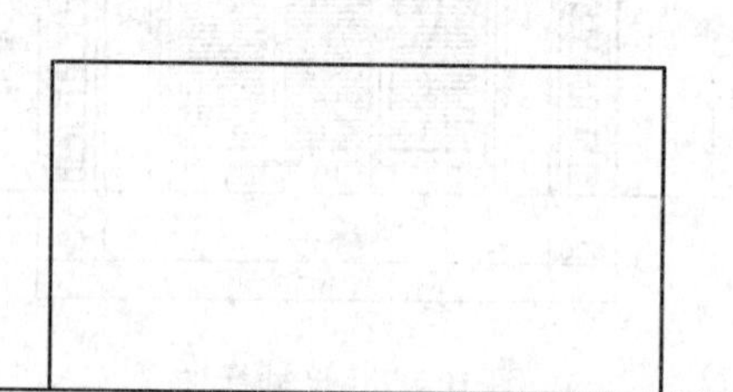

图 10-102 修剪立面轮廓

3. 绘制木栅格

01 调用 LINE/L【直线】命令和 OFFSET/O【偏移】命令，绘制线段，如图 10-103 所示。

02 使用同样的方法绘制水平线段，如图 10-104 所示。

03 调用 TRIM/TR【修剪】命令，对线段进行修剪，如图 10-105 所示。

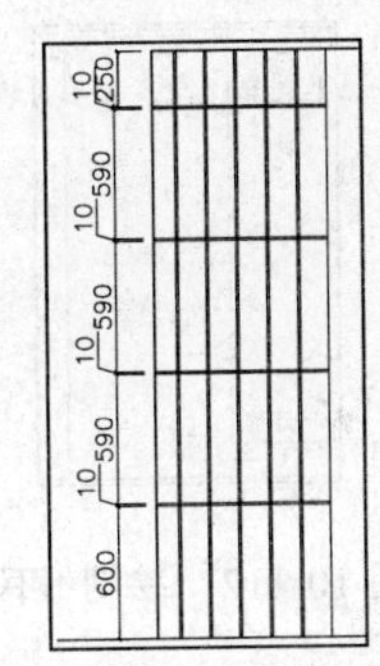

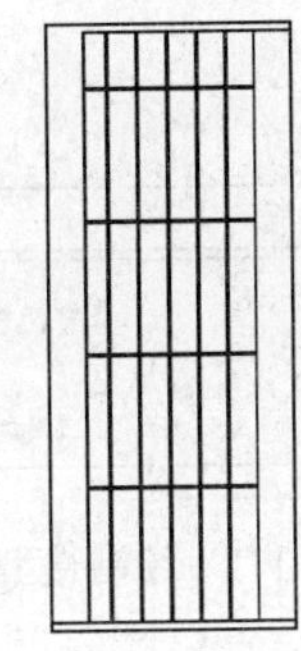

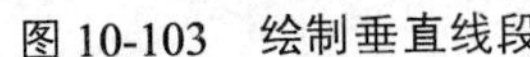
图 10-103　绘制垂直线段　　图 10-104　绘制水平线段　　图 10-105　修剪线段

4．绘制电视柜

01 调用 LINE/L【直线】命令，绘制线段，如图 10-106 所示。

02 调用 RECTANG/REC【矩形】命令，在线段内绘制尺寸为 480×2360 的矩形，并移动到相应的位置，如图 10-107 所示。

03 调用 PLINE/PL【多段线】命令，绘制电视柜轮廓，如图 10-108 所示。

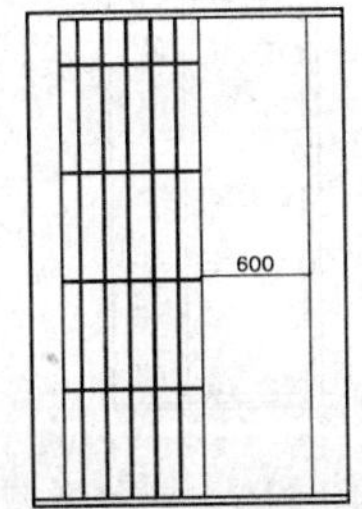

图 10-106　绘制线段

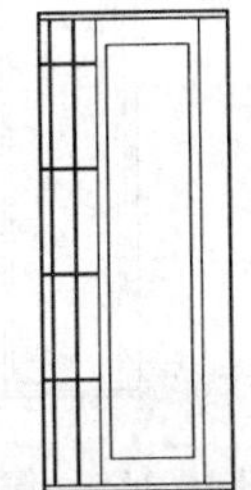

图 10-107　绘制矩形

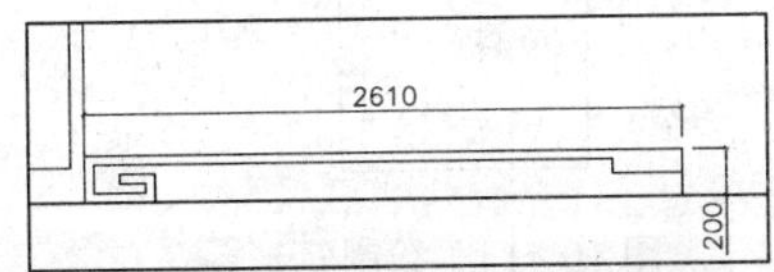

图 10-108　绘制电视柜轮廓

04 调用 RECTANG/REC【矩形】命令、LINE/L【直线】命令和 OFFSET/O【偏移】命令，绘制抽屉，如图 10-109 所示。

05 调用 CIRCLE/C【圆】命令，绘制半径为 20 的圆表示抽屉拉手，如图 10-110 所示。

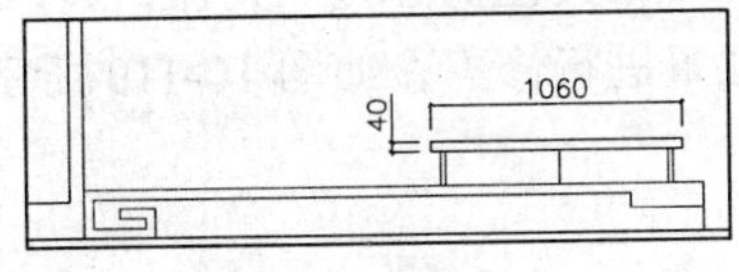

图 10-109　绘制抽屉

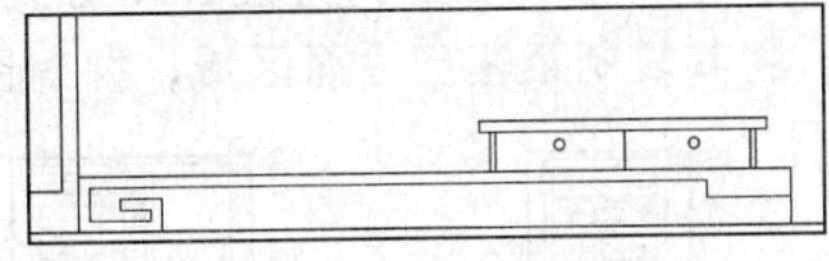

图 10-110　绘制圆

5．绘制电视背景墙

01 调用 PLINE/PL【多段线】命令，绘制造型图案，图 10-111 所示。

02 调用 LINE/L【直线】命令，绘制线段，如图 10-112 所示。

03 调用 LINE/L【直线】命令和 OFFSET/O【偏移】命令，划分电视背景墙，并对线段相交的位置进行修剪，如图 10-113 所示。

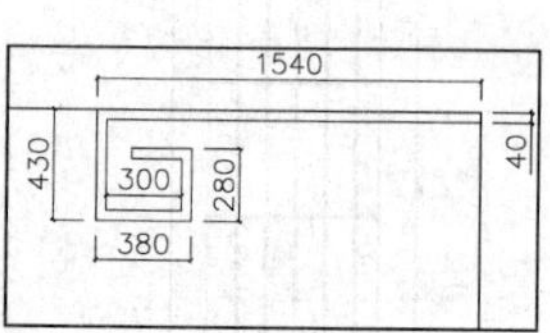

图 10-111　绘制造型图案

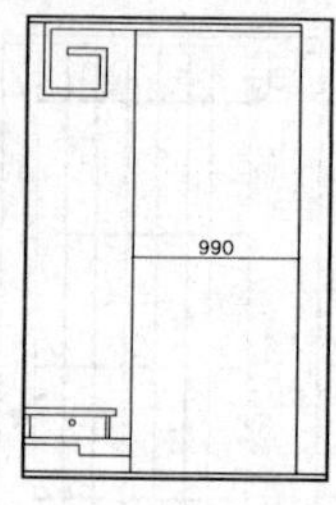

图 10-112　绘制线段

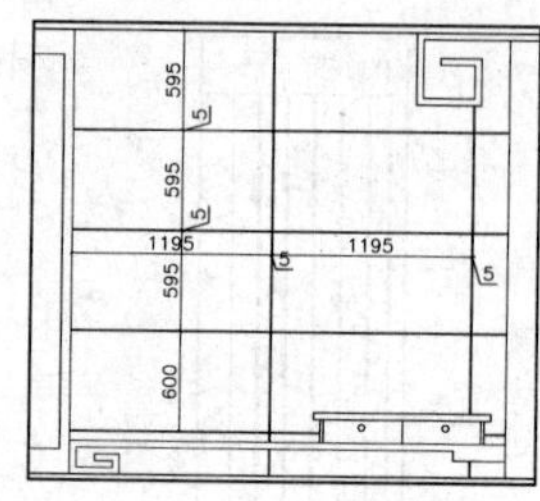

图 10-113　划分电视背景墙

6. 绘制装饰柜

01 调用 RECTANG/REC【矩形】命令，绘制矩形，如图 10-114 所示。

02 调用 OFFSET/O【偏移】命令，将矩形向内偏移 40，如图 10-115 所示。

03 调用 LINE/L【直线】命令和 OFFSET/O【偏移】命令，划分区域，如图 10-116 所示。

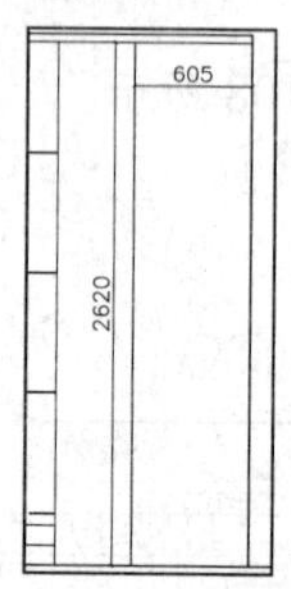

图 10-114　绘制矩形

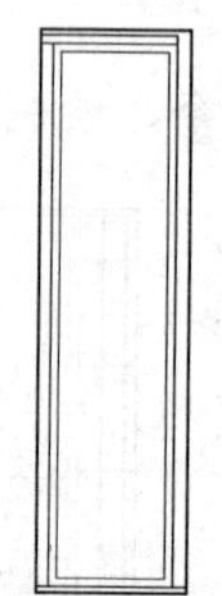

图 10-115　偏移矩形

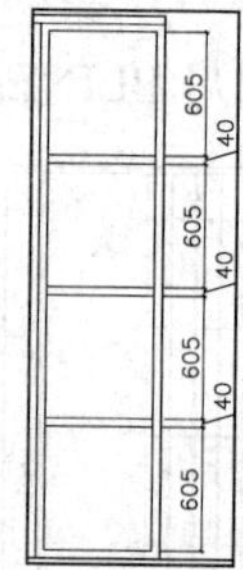

图 10-116　划分区域

04 调用 LINE/L【直线】命令、OFFSET/O【偏移】命令和 HATCH/H【图案填充】命令细化装饰柜，如图 10-117 所示。

05 调用 LINE/L【直线】命令和 OFFSET/O【偏移】命令，绘制搁板如图 10-118 所示。

7. 插入图块

按 Ctrl+O 快捷键，打开配套光盘提供的“第 10 章\家具图例.dwg”文件，选择需要的图块，将其复制至客厅立面区域，并对图形相交的位置进行修剪，如图 10-119 所示。

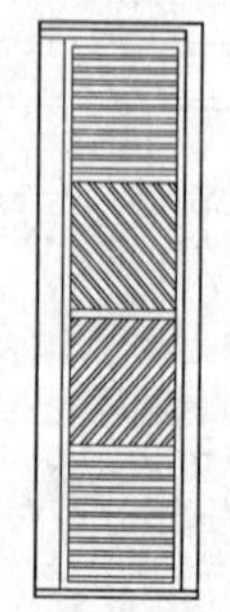

图 10-117　细化装饰柜

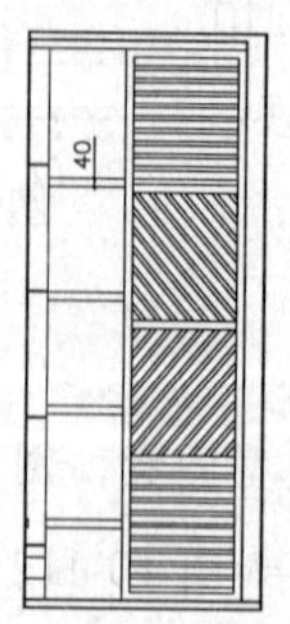

图 10-118　绘制搁板

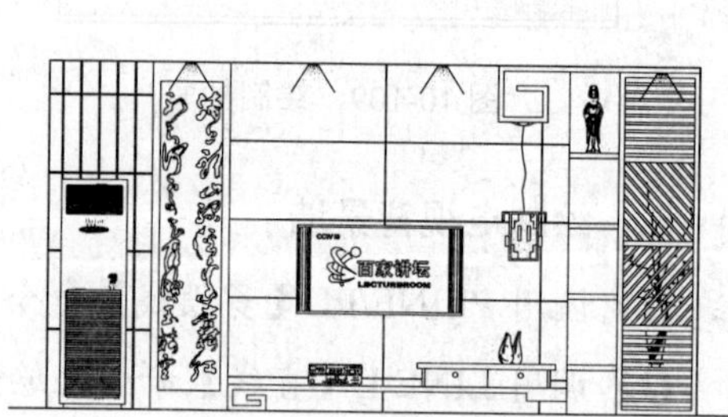

图 10-119　插入图块

8. 尺寸标注和文字注释

01 设置“BZ-标注”图层为当前图层，设置当前注释比例为 1：50。调用 DIMLINEAR/DLI【线性标注】命令并结合使用 DIMCONTINUE/DCO【连续性标注】命令进行标注，结果如图 10-120 所示。

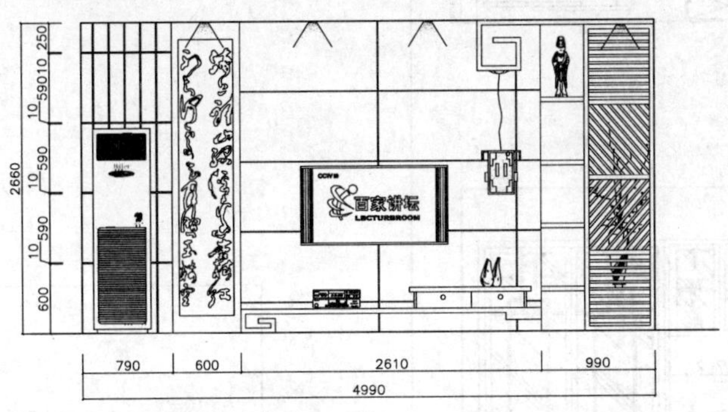

图 10-120　尺寸标注

02 调用 MLEADER/MLD【多重引线】命令标注材料，效果如图 10-121 所示。

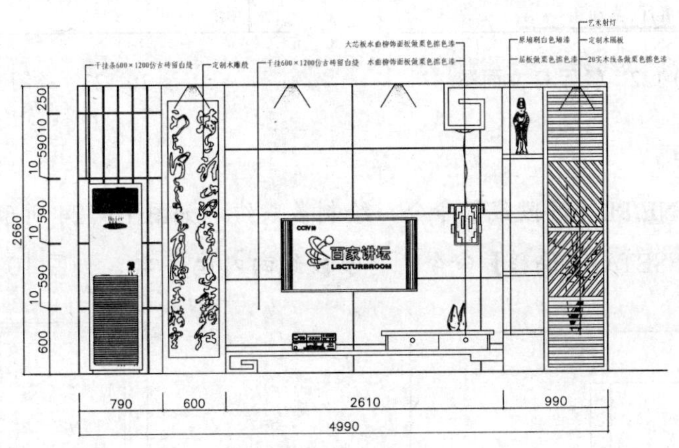

图 10-121　材料标注

9. 插入图名

调用插入图块命令 INSERT/I，插入“图名”图块，设置图名为“客厅 B 立面图”，客厅 B 立面图绘制完成。

10.7.3 绘制餐厅 C 立面图

餐厅 C 立面图是酒柜和厨房推拉门所在的墙面，如图 10-122 所示，下面讲解绘制方法。

1. 复制图形

调用 COPY/CO【复制】命令，复制平面布置图上餐厅 C 立面的平面部分，并对图形进行旋转。

2. 绘制立面轮廓

调用 LINE/L【直线】命令，绘制墙体、顶面和地面，留出吊顶位置，并将立面外轮廓转换至“QT_墙体”图层，如图 10-123 所示。

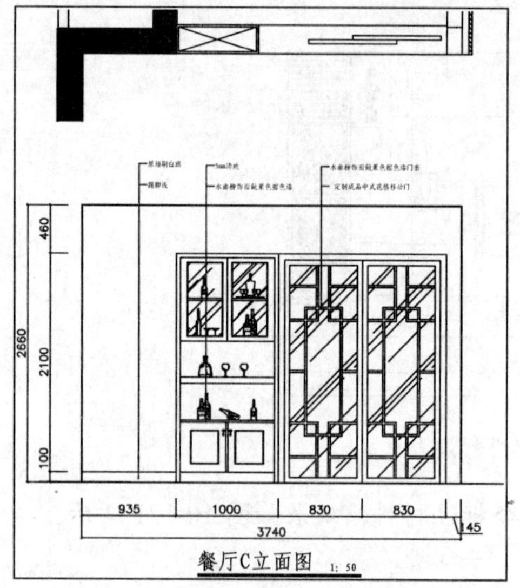

图 10-122 餐厅 C 立面图

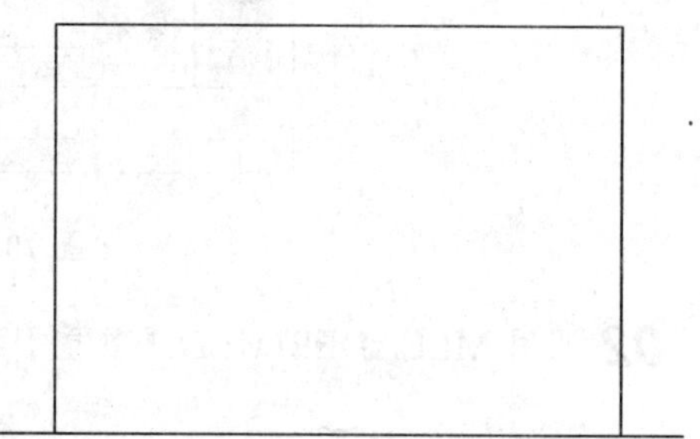

图 10-123 绘制立面轮廓

3. 绘制酒柜

01 调用 PLINE/PL【多段线】命令，绘制多段线，如图 10-124 所示。

02 调用 OFFSET/O【偏移】命令，将多段线向内偏移 40，如图 10-125 所示。

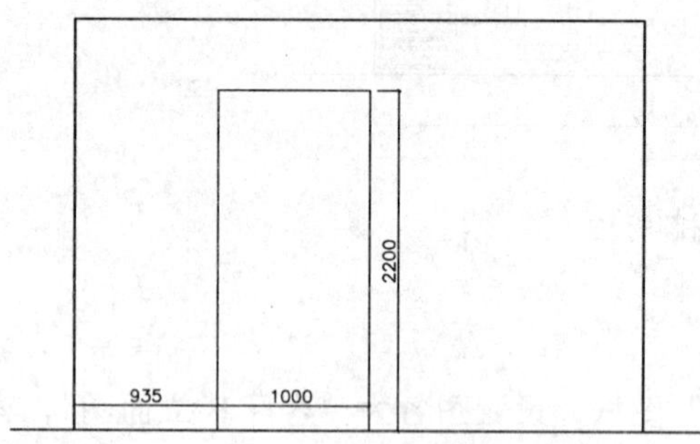

图 10-124 绘制多段线

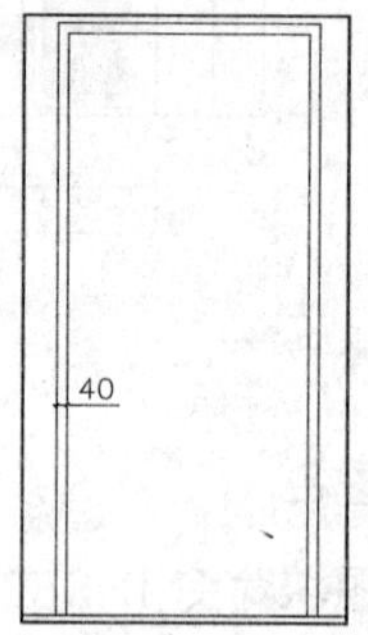

图 10-125 偏移多段线

03 调用 LINE/L【直线】命令和 OFFSET/O【偏移】命令，划分酒柜，如图 10-126 所示。

04 调用 LINE/L【直线】命令，绘制线段，如图 10-127 所示。

05 调用 RECTANG/REC【矩形】命令，绘制矩形，并将线段向内偏移 45 和 5，并在矩形中绘制线段，如图 10-128 所示。

06 调用 HATCH/H【图案填充】命令，在矩形内填充 AR-RROOF 图案，填充参数和效果如图 10-129 所示。

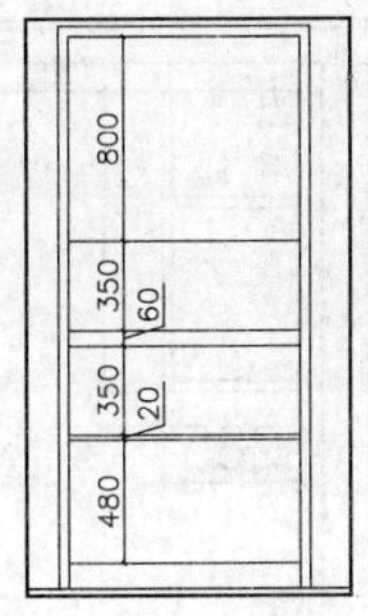

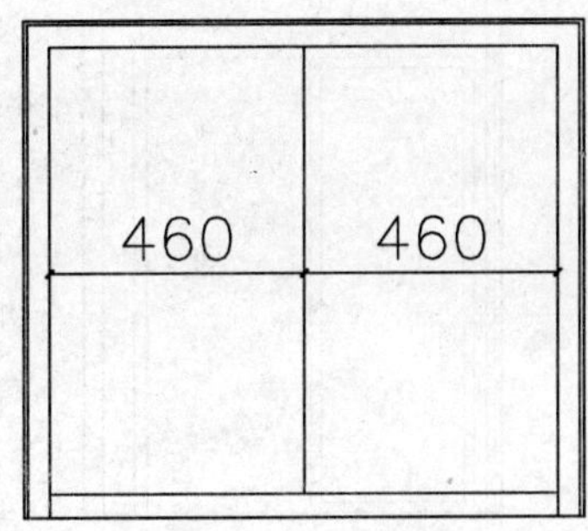

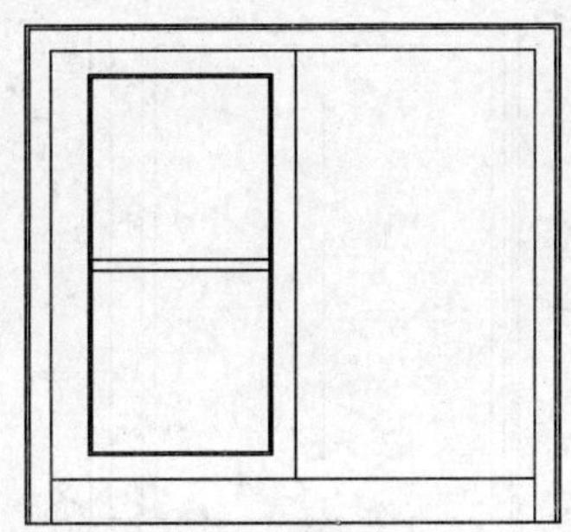

图 10-126 划分酒柜 图 10-127 绘制线段 图 10-128 偏移矩形

07 调用 COPY/CO【复制】命令，将图形复制到右侧，效果如图 10-130 所示。

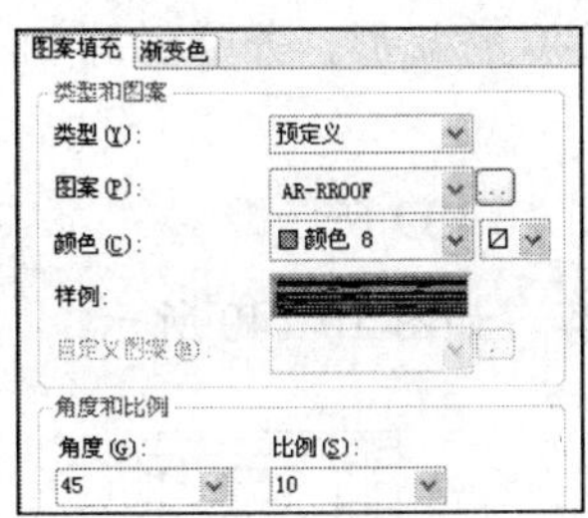

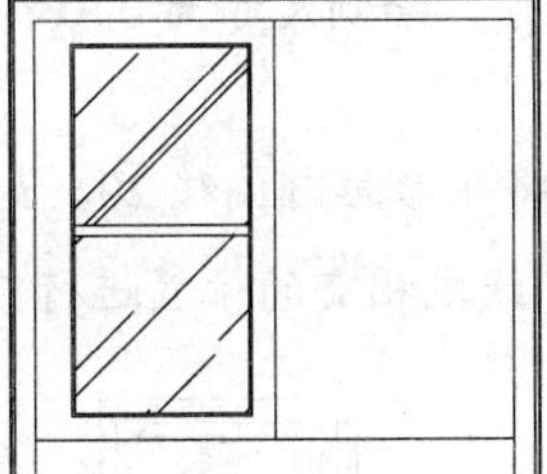

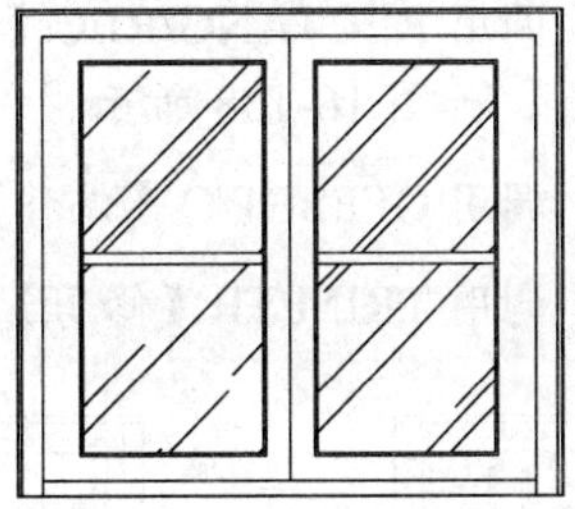

图 10-129 填充参数和效果 图 10-130 复制图形

08 调用 LINE/L【直线】命令、OFFSET/O【偏移】命令和 RECTANG/REC【矩形】命令，绘制酒柜下方地柜造型，如图 10-131 所示。

4. 绘制推拉门

01 调用 PLINE/PL【多段线】命令，绘制多段线，如图 10-132 所示。

02 调用 OFFSET/O【偏移】命令，将多段线向内偏移 60，如图 10-133 所示。

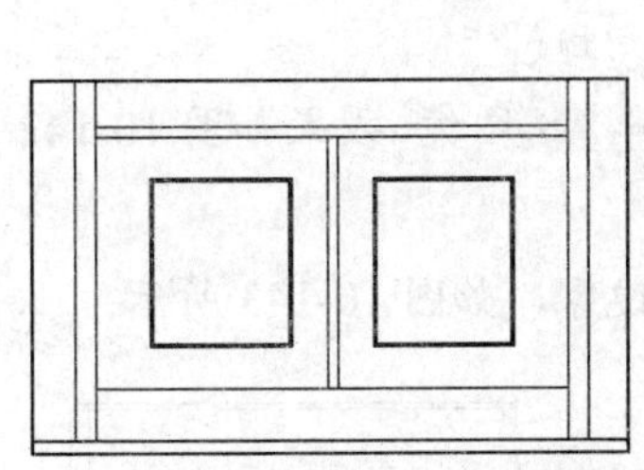

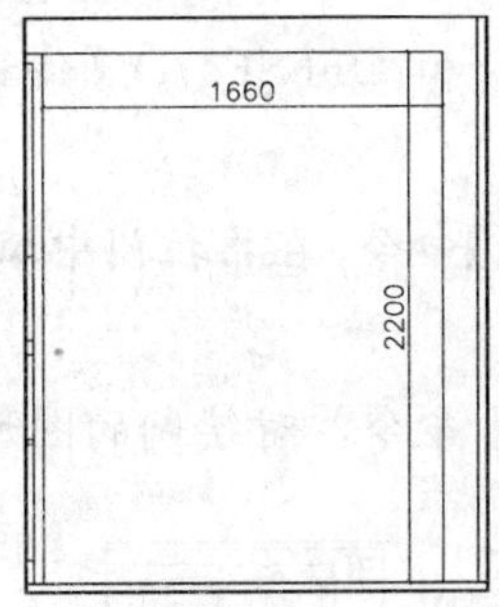

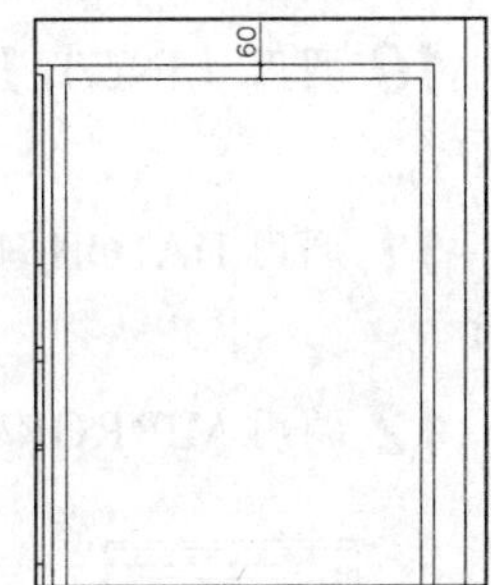

图 10-131 绘制地柜造型 图 10-132 绘制多段线 图 10-133 偏移多段线

03 调用 LINE/L【直线】命令，在多段线中绘制一条线段，如图 10-134 所示。

04 调用 RECTANG/REC【矩形】命令，绘制矩形，并将矩形向内偏移 50，如图 10-135 所示。

05 绘制雕花图案。调用 PLINE/PL【多段线】命令、OFFSET/O【偏移】命令和 TRIM//TR【修剪】命令，绘制如图 10-136 所示图形。

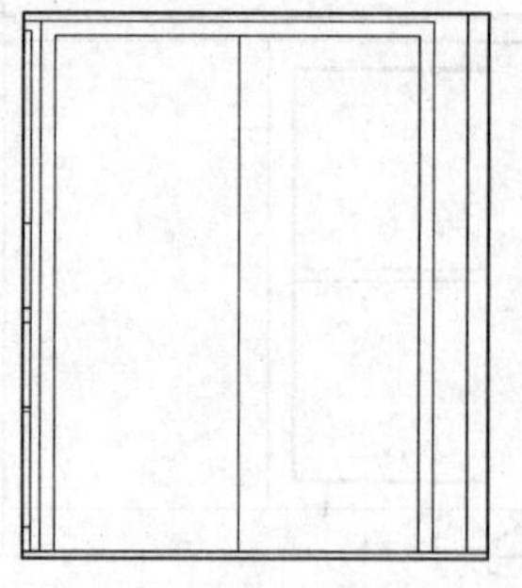

图 10-134 绘制线段

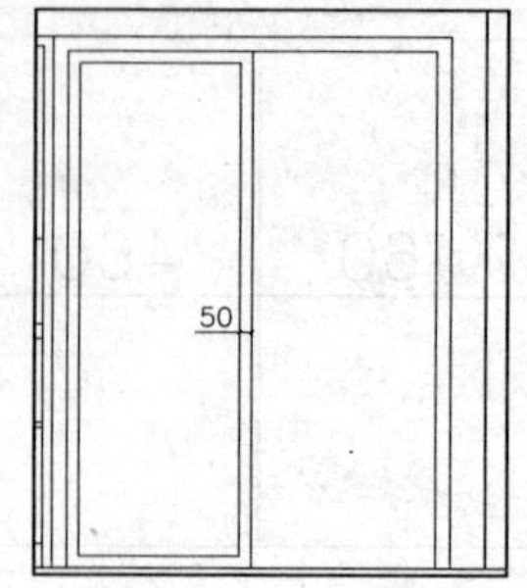

图 10-135 偏移矩形

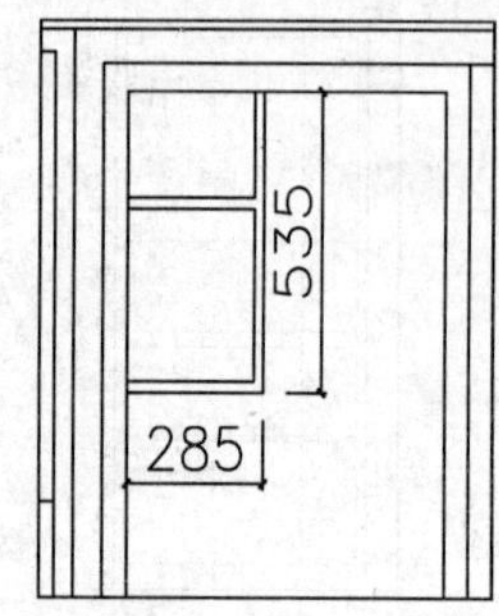

图 10-136 绘制图形

06 调用 MIRROR/MI【镜像】命令，对图形进行镜像，如图 10-137 所示。

07 调用 RECTANG/REC【矩形】命令，绘制尺寸为 370×1240 的矩形，并移动到相应的位置，如图 10-138 所示。

08 调用 OFFSET/O【偏移】命令，将矩形向内偏移 20，如图 10-139 所示。

09 调用 TRIM/TR【修剪】命令，对线段相交的位置进行修剪，如图 10-140 所示。

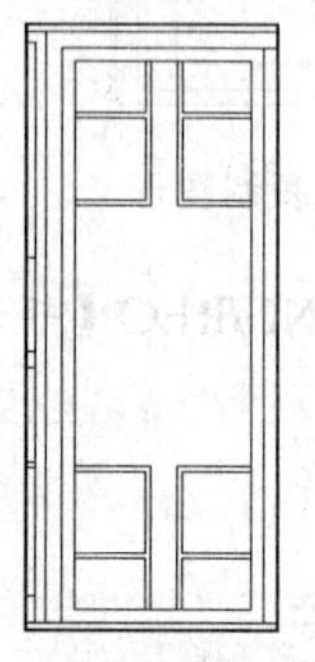

图 10-137 镜像图形

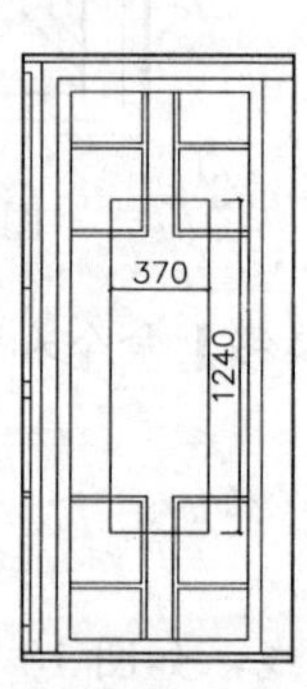

图 10-138 绘制矩形

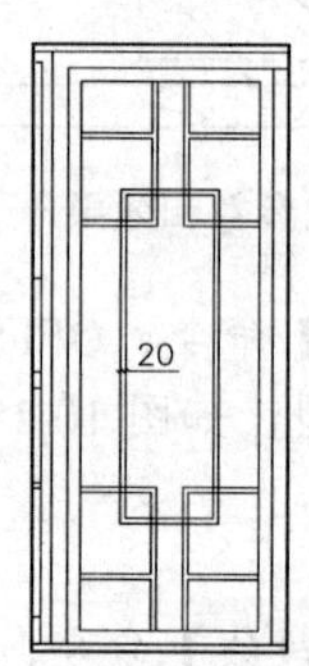

图 10-139 偏移矩形

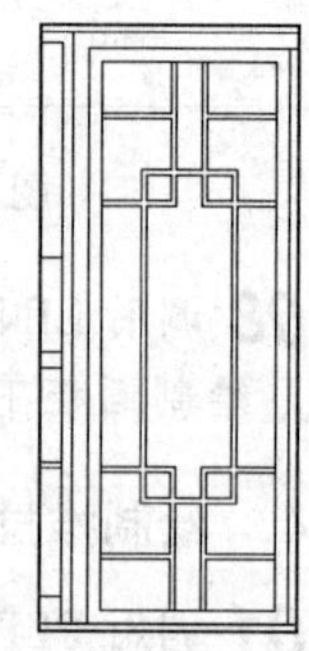

图 10-140 修剪线段

10 调用 LINE/L【直线】命令和 OFFSET/O【偏移】命令，绘制线段，如图 10-141 所示。

11 调用 HATCH/H【图案填充】命令，在推拉门中填充 AR-RROOF 图案，效果如图 10-142 所示。

12 调用 MIRROR/MI【镜像】命令，对绘制的图形进行镜像，如图 10-143 所示。

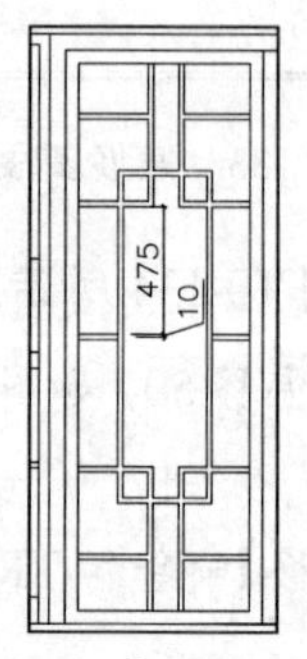

图 10-141 绘制线段

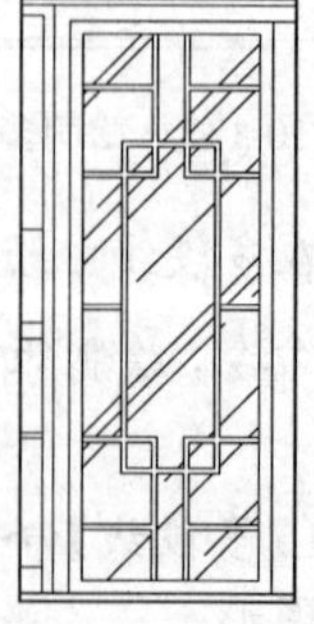

图 10-142 填充图案

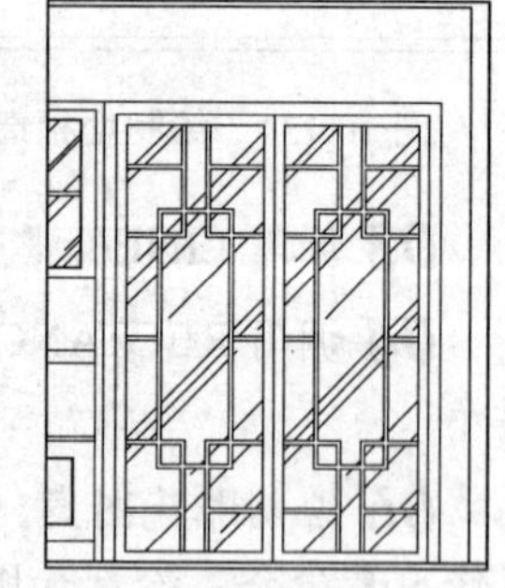

图 10-143 镜像图形

5. 绘制踢脚线

调用 LINE/L【直线】命令，绘制踢脚线，如图 10-144 所示。

6. 插入图块和标注

01 从图库中插入陈设品图块，并移动到相应的位置，将对图形相交的位置进行修剪，效果如图 10-145 所示。

02 图形绘制完成后，需要进行尺寸、文字说明和图名标注，最终完成餐厅 C 立面图。

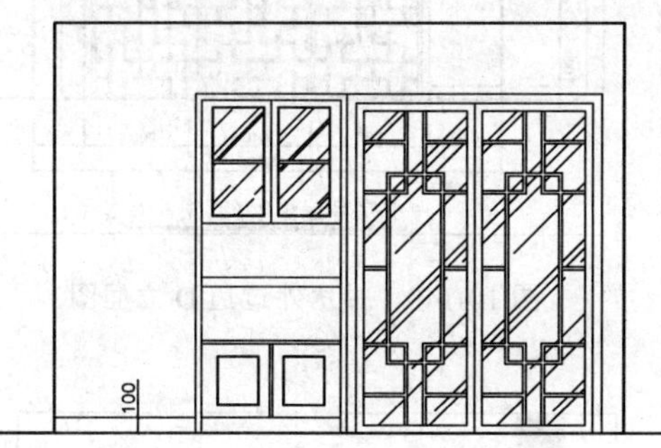

图 10-144　绘制踢脚线

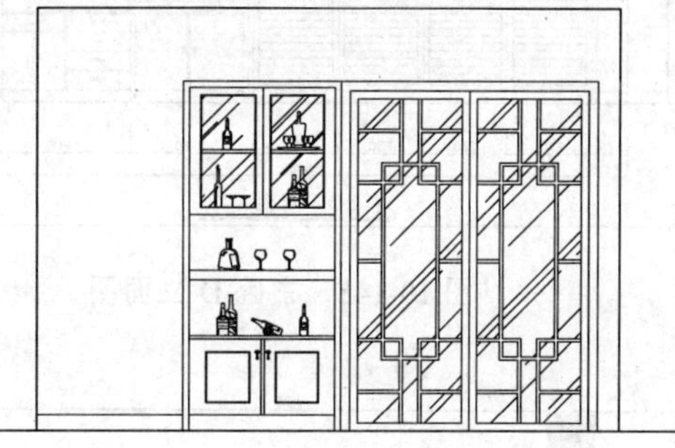

图 10-145　插入图块

10.7.4 绘制其他立面图

运用上述方法完成其他立面图的绘制，如图 10-146～图 10-151 所示。

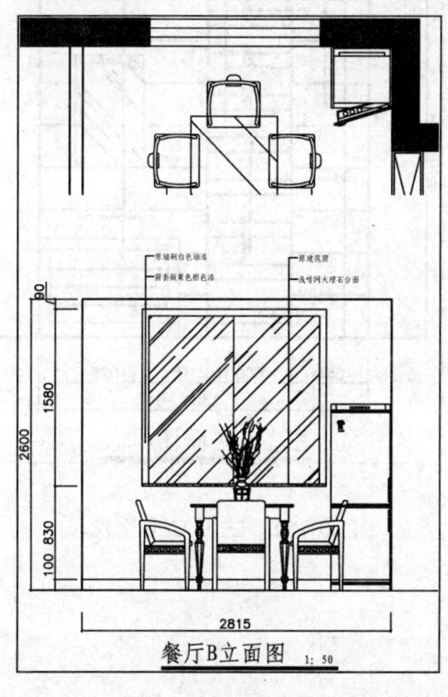

图 10-146　餐厅 B 立面图

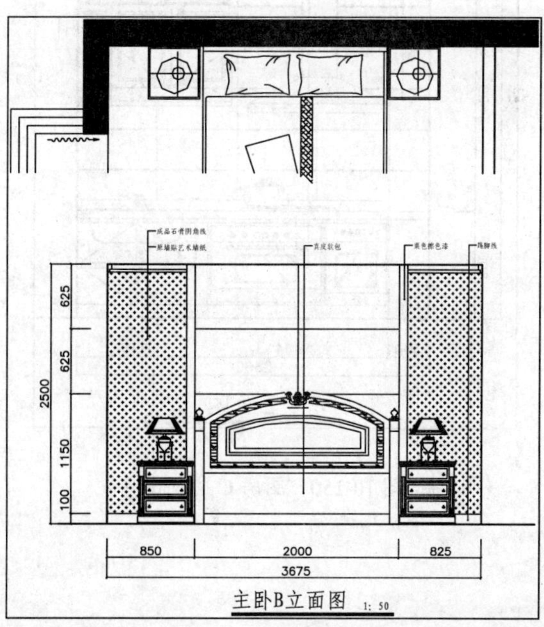

图 10-147　主卧 B 立面图

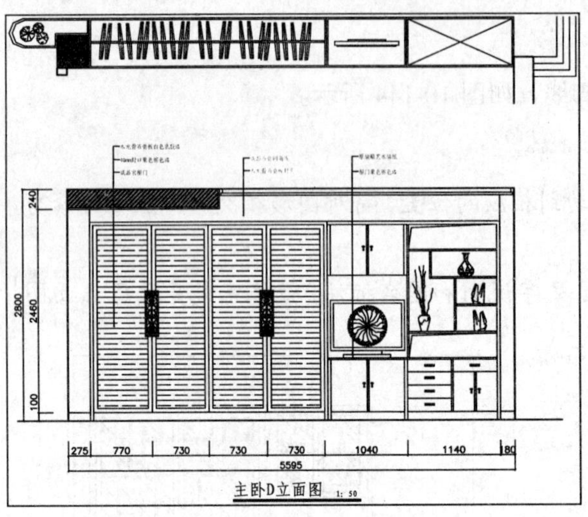

图 10-148　主卧 D 立面图

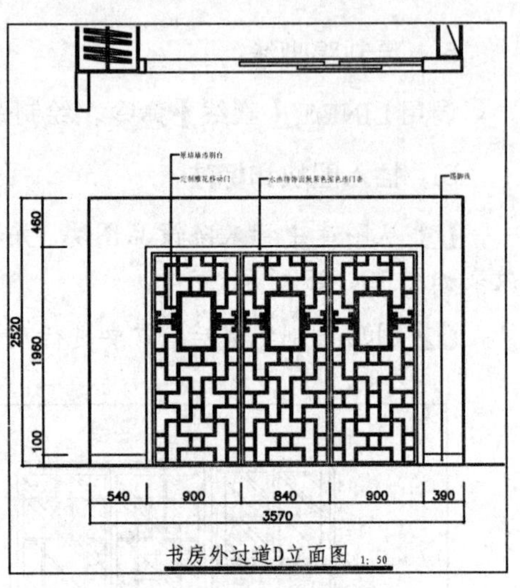

图 10-149　书房外过道 D 立面图

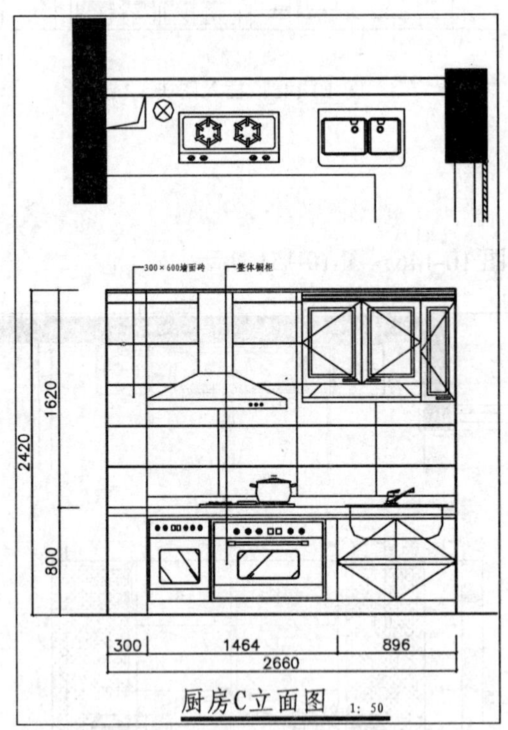

图 10-150　厨房 C 立面图

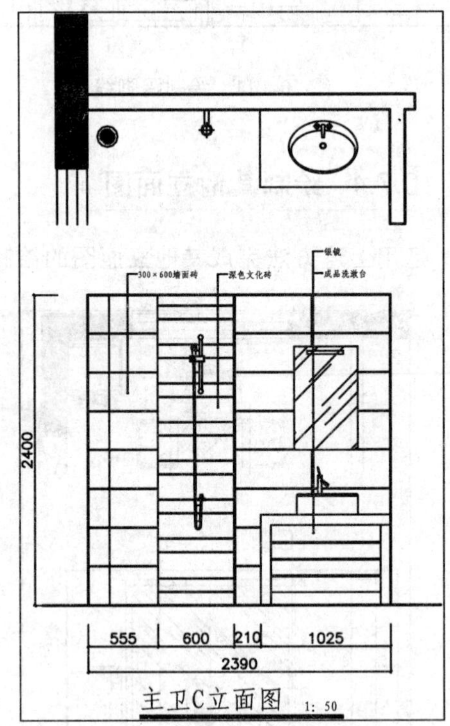

图 10-151　主卫 C 立面图

第 11 章

本章导读：

复式住宅是受跃层式住宅设计构思启发，一般复式的房型是客厅或餐厅位置上下两层连通，其他位置上下两层分区，有内部楼梯。本例以混合风格复式为例，讲解复式的设计方法和施工图的绘制方法。

本章重点：

- 混合风格复式设计概述
- 调用样板新建文件
- 绘制复式原始户型图
- 绘制复式平面布置图
- 绘制复式地材图
- 绘制复式顶棚图
- 绘制复式立面图

混合风格复式室内设计

11.1 混合风格复式设计概述

复式住宅同时具备了省地、省料、省钱的特点。复式住宅也特别适合于三代、四代同堂的大家庭居住，既满足了隔代人的相对独立性，又达到了相互照应的目的。

11.1.1 混合风格及设计特点

近年来，建筑设计和室内设计在总体上呈现多元化，兼容并蓄的状况。室内布置中也有既趋于现代实用，又吸取传统的特征，在装潢与陈设中融古今中西于一体。例如传统的屏风、摆设和茶几，配以现代风格的墙面及门窗装修、新型的沙发；欧式古典的琉璃灯具和壁面装修，配以东方传统的家具和埃及的陈设等。混合型风格虽然在设计中不拘一格，运用多种体例，但设计中仍然是匠心独具，深入推敲形体、色彩、材质等方面的总体构图和视觉效果。

如图 11-1 所示为混合装饰风格效果。

图 11-1　混合装饰风格效果

11.1.2 复式住宅特点

- 平面利用系数高，通过夹层复合，可使住宅的使用面积提高 50%~70%。
- 户内隔层为木结构，将隔断、家具、装饰融为一体，既是墙，又是楼板、床、柜，降低了综合造价。
- 上层采用推拉窗户，通风采光好，与一般层高和面积相同住宅相比，土地利用率可提高 40%。

11.2 调用样板新建文件

本书第 4 章创建了室内装潢施工图样板，该样板已经设置了相应的图形单位、样式、图层和图块等，原始户型图可以直接在此样板的基础上进行绘制。

01 执行【文件】|【新建】命令，打开“选择样板”对话框。

02 单击使用样板按钮，选择“室内装潢施工图模板”，如图 11-2 所示。

03 单击【打开】按钮，以样板创建图形，新图形中包含了样板中创建的图层、样式和图块等内容。

04 选择【文件】|【保存】命令，打开“图形另存为”对话框，在“文件名”框中输入文件名，单击【保存】按钮保存图形。

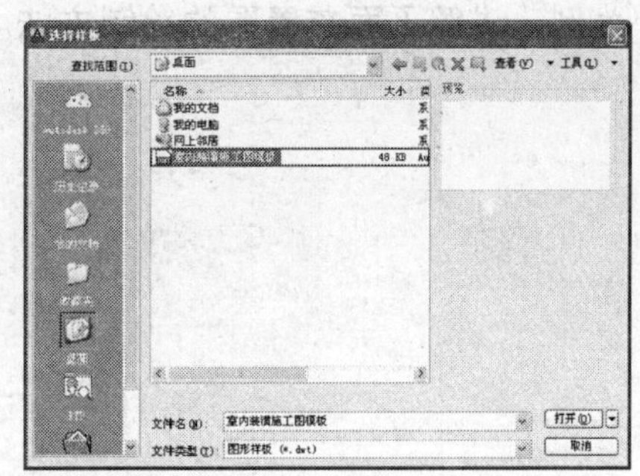

图 11-2 “选择样板”对话框

11.3 绘制复式原始户型图

除了现场量房之外，在进行室内设计时，有时需要从业主提供的原始户型图开始。平面布置图可在原始户型图的基础上进行绘制。如图 11-3 和图 11-4 所示为业主提供的原始户型图，请读者参考前面讲解的方法绘制，这里就不再详细讲解了。

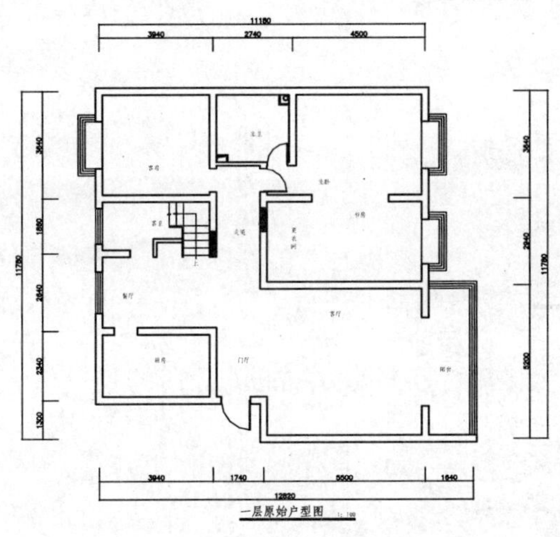

图 11-3 一层原始户型图

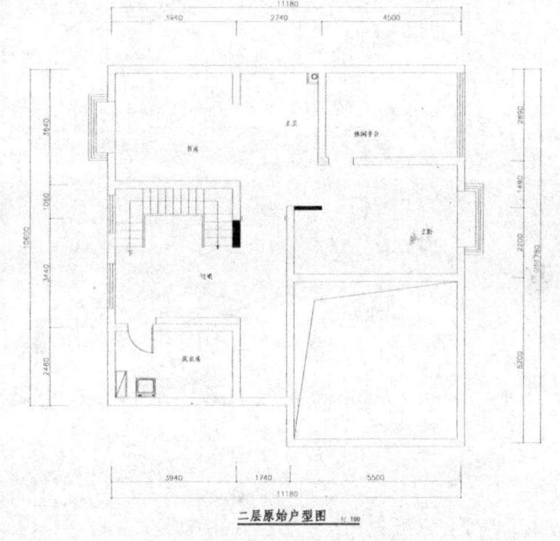

图 11-4 二层原始户型图

11.4 绘制复式平面布置图

平面布置图是室内施工图中的关键性图样。它是在原始户型图的基础上上，根据业主的要求和设计师的设计意图，对室内空间进行详细的功能划分和室内设施定位。平面布置图的绘制重点是各种家用设施图形的绘制和调用，如沙发、床、桌子、椅子和洁具等平面图形。

复制一层和二层平面布置图如图 11-5 和图 11-6 所示。本节以门厅、客厅、和二层主卧为例，讲解平面布置图的绘制方法。

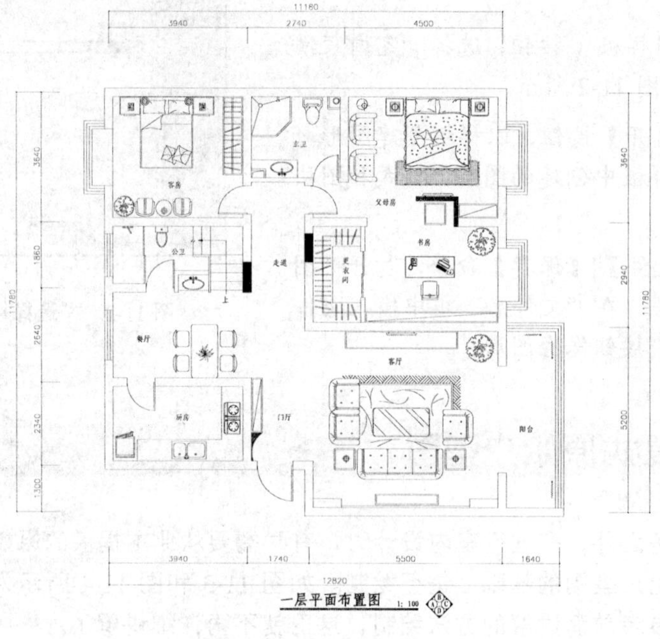

图 11-5 一层平面布置图

图 11-6 二层平面布置图

11.4.1 绘制门厅和客厅平面布置图

门厅和客厅的空间布局如图 11-7 所示，入口处设置有鞋柜和弧形装饰造型墙，下面讲解绘制方法。

1. 复制图形

平面布置图可在原始户型图的基础上进行绘制，因此，复制一层原始户型图到一旁，并修改图名为“一层平面布置图”。

2. 绘制鞋柜

01 设置“JJ_家具”图层为当前图层。

02 调用 RECTANG/REC【矩形】命令，绘制尺寸为 300×1540 的矩形表示鞋柜轮廓，如图 11-8 所示。

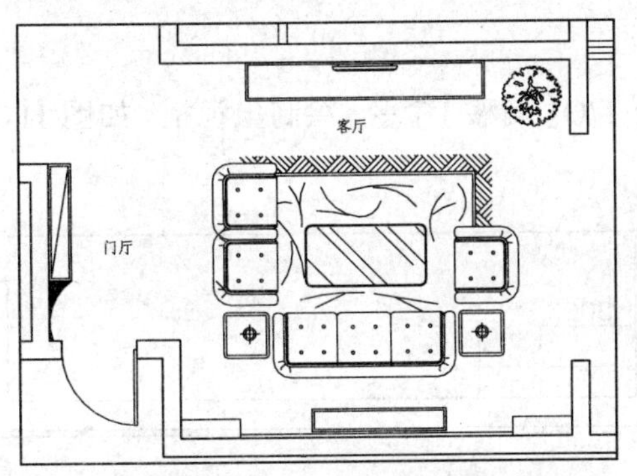

图 11-7 门厅和客厅平面布置图

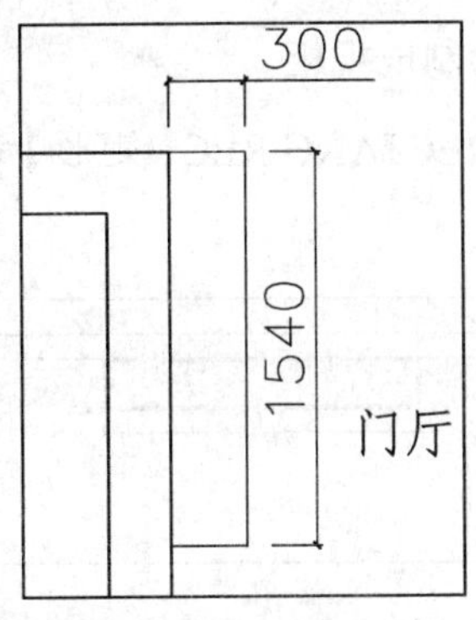

图 11-8 绘制矩形

03 调用 OFFSET/O【偏移】命令，将矩形向内偏移 30，如图 11-9 所示。

04 调用 LINE/L【直线】命令，在矩形内绘制一条线段，如图 11-10 所示。

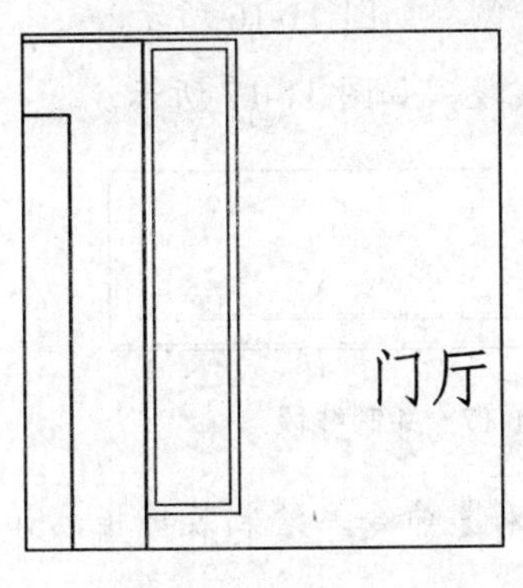

图 11-9 偏移矩形

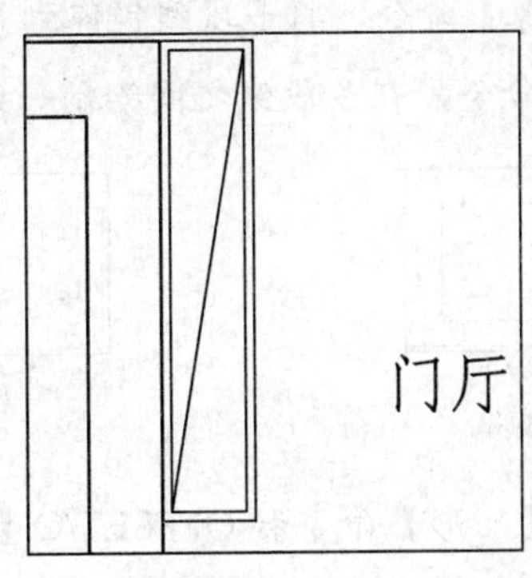

图 11-10 绘制线段

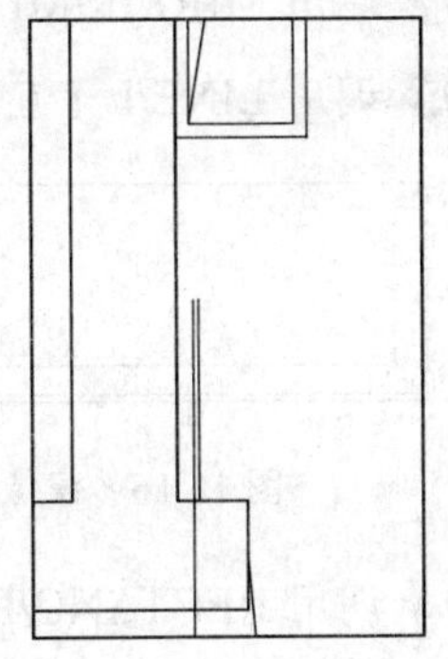

图 11-11 绘制辅助线

3. 绘制弧形装饰墙

01 调用 LINE/L【直线】命令，绘制辅助线，如图 11-11 所示。

02 调用 ARC/A【圆弧】命令，绘制弧线，然后删除辅助线，如图 11-12 所示。

03 调用 HATCH/H【图案填充】命令，在弧形内填充 STEEL 图案，填充参数和效果如图 11-13 所示。

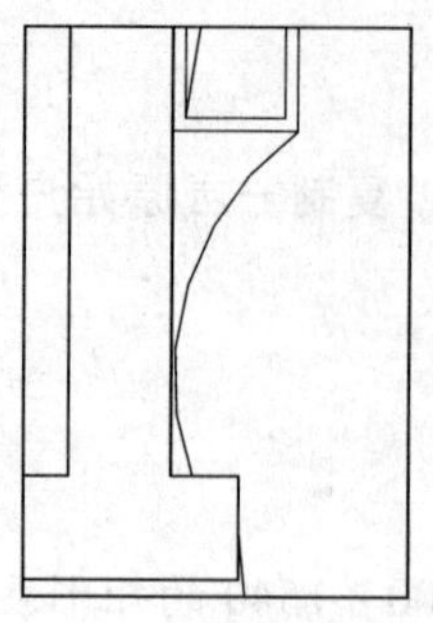

图 11-12 绘制弧线

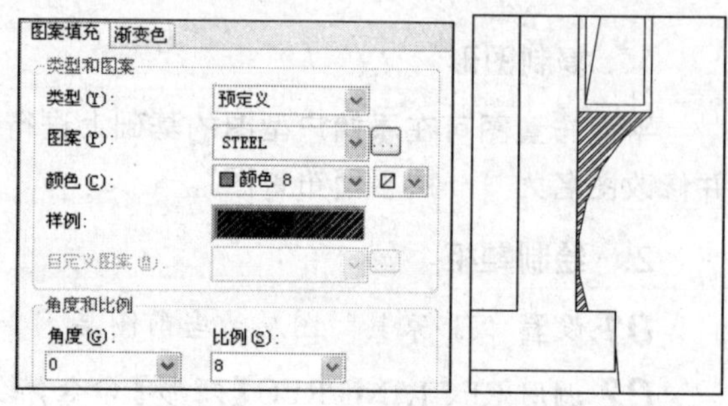

图 11-13 填充参数和效果

4. 绘制电视柜

调用 RECTANG/REC【矩形】命令和 OFFSET/O【偏移】命令，绘制电视柜，如图 11-14 所示。

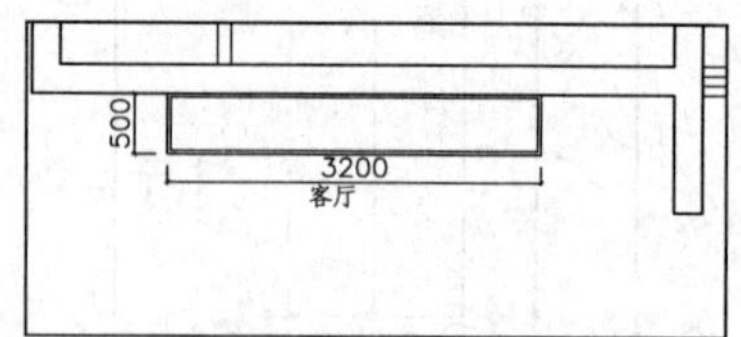

图 11-14 绘制电视柜

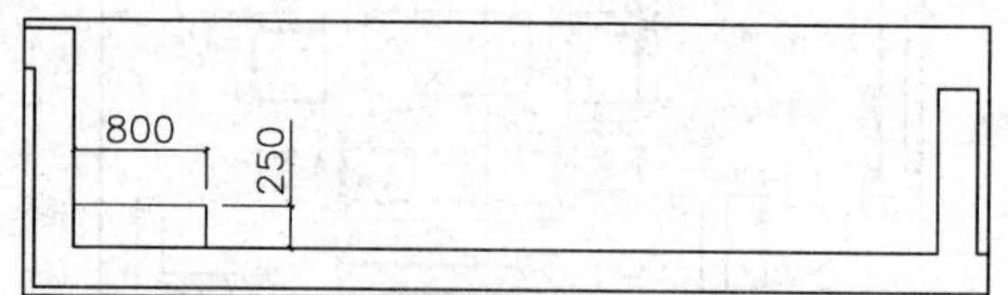

图 11-15 绘制多段线

5. 绘制沙发背景墙

01 调用 PLINE/PL【多段线】命令，绘制多段线，如图 11-15 所示。

02 调用 MIRRIR/MI【镜像】命令，将多段线镜像到另一侧，如图 11-16 所示。

03 调用 LINE/L【直线】命令，在多段线之间绘制一条线段，如图 11-17 所示。

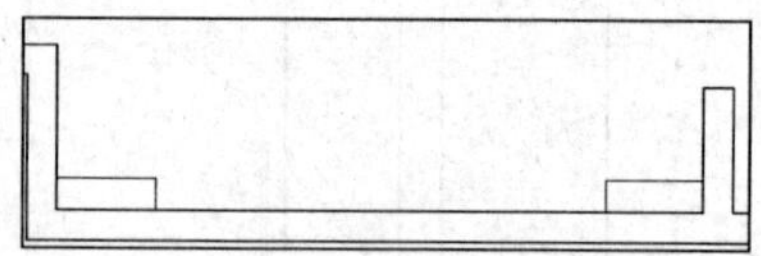

图 11-16 镜像多段线

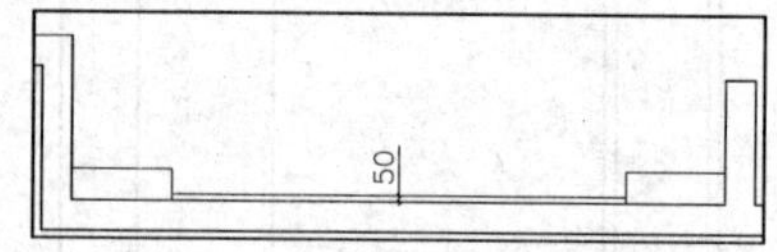

图 11-17 绘制线段

04 调用 RECTANG/REC【矩形】命令和 OFFSET/O【偏移】命令，绘制装饰柜，如图 11-18 所示。

6. 插入图块

打开本书配套光盘中的“第 11 章\家具图例.dwg”文件，复制其中的电视、植物及客厅沙发等图形到本例图形窗口并调整到合适位置，完成门厅和客厅平面布置图的绘制，如图 11-7 所示。

11.4.2 绘制二层主卧平面布置图

二层主卧平面布置图如图 11-19 所示，主卧中包括了书房和主卫，下面讲解绘制方法。

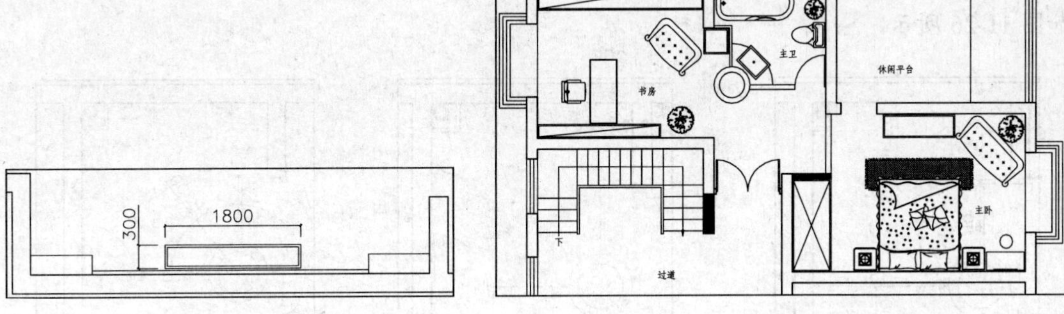

图 11-18　绘制装饰柜　　图 11-19　二层主卧平面布置图

1. 绘制门

01 调用 INSERT/I【偏移】命令，打开“插入”对话框，插入门图块效果如图 11-20 所示。

02 调用 MIRROR/MI【镜像】命令，对门图块进行镜像，得到双开门，如图 11-21 所示。

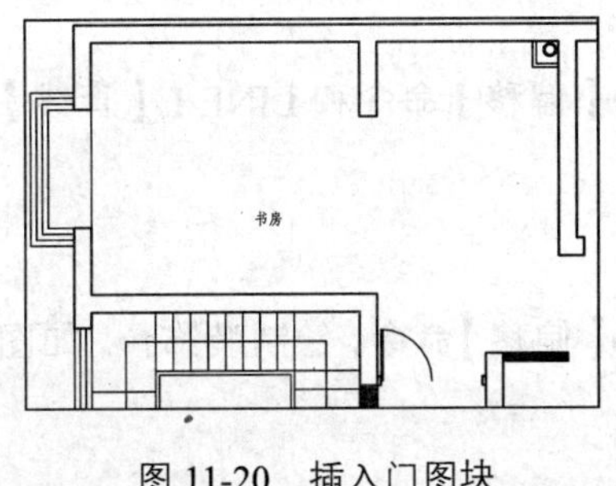

图 11-20　插入门图块

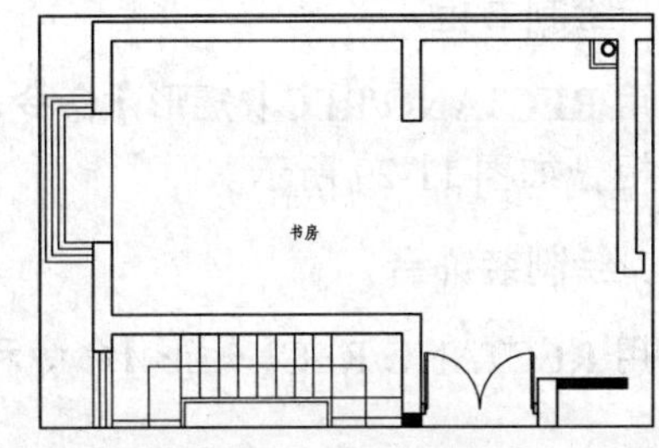

图 11-21　镜像门

2. 绘制隔墙

01 调用 LINE/L【直线】命令，绘制线段，如图 11-22 所示。

02 调用 CIRCLE/C【圆】命令，绘制半径为 280 的圆，如图 11-23 所示。

03 调用 OFFSET/O【偏移】命令，将圆向外偏移 120，如图 11-24 所示。

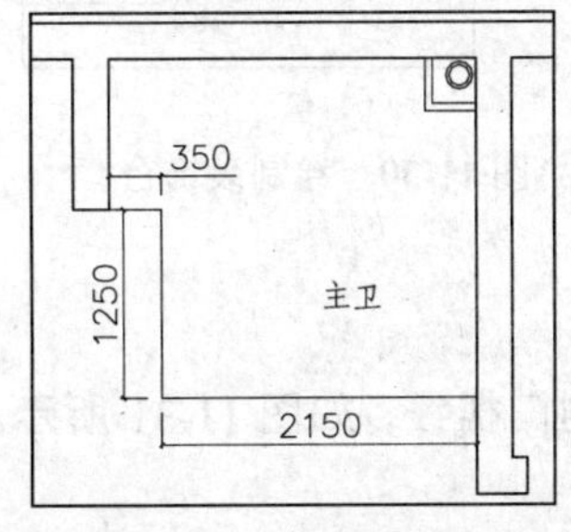

图 11-22　绘制线段

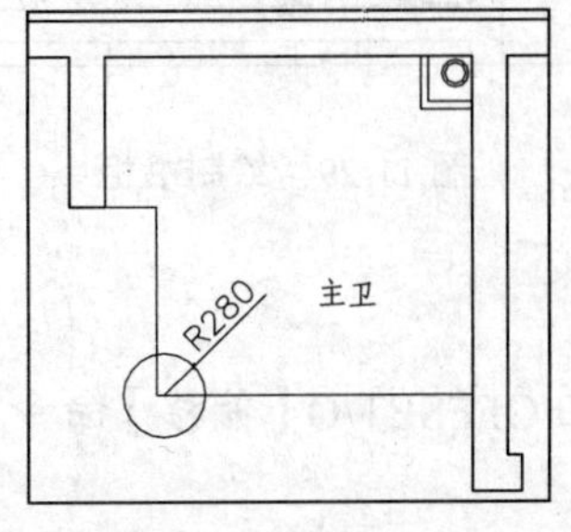

图 11-23　绘制圆

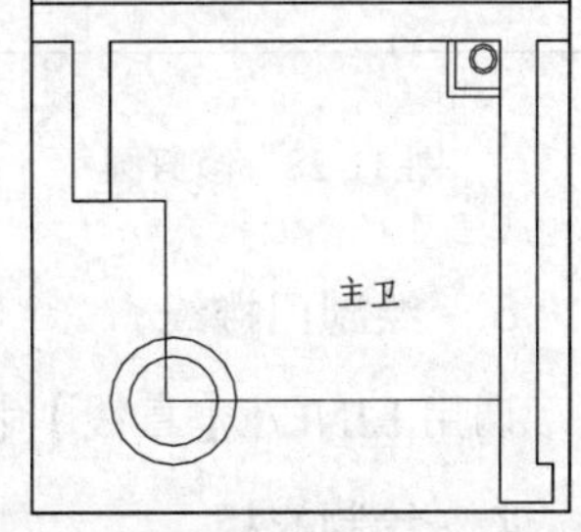

图 11-24　偏移圆

04 调用 OFFSET/O【偏移】命令和 LINE/L【直线】命令，绘制隔墙，并对多余的线段进行修剪，如图 11-25 所示。

05 调用 LINE/L【直线】命令和 TRIM/TR【修剪】命令，开门洞，并插入门图块，如图 11-26 所示。

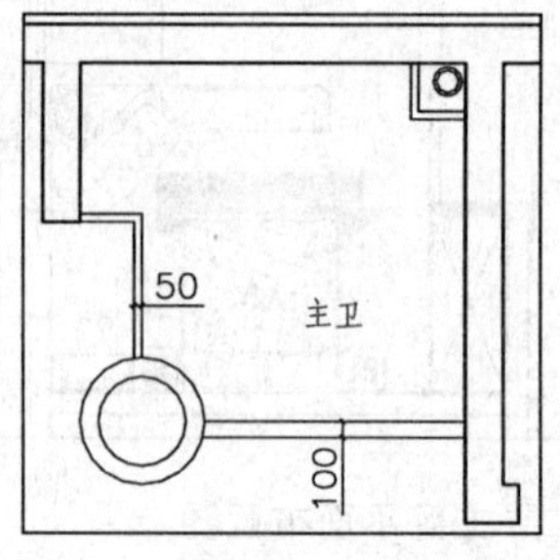

图 11-25　绘制隔墙

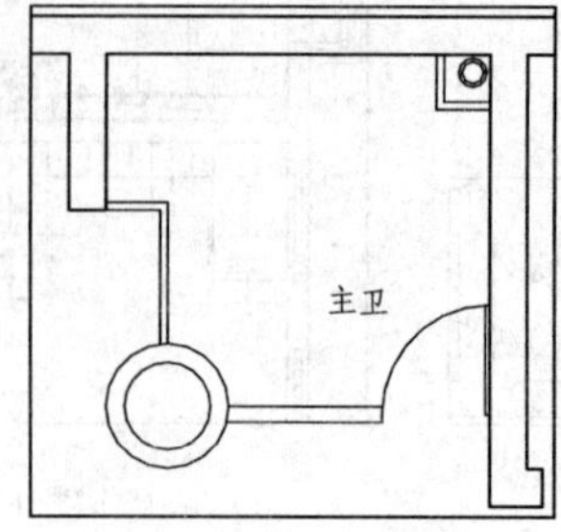

图 11-26　绘制门

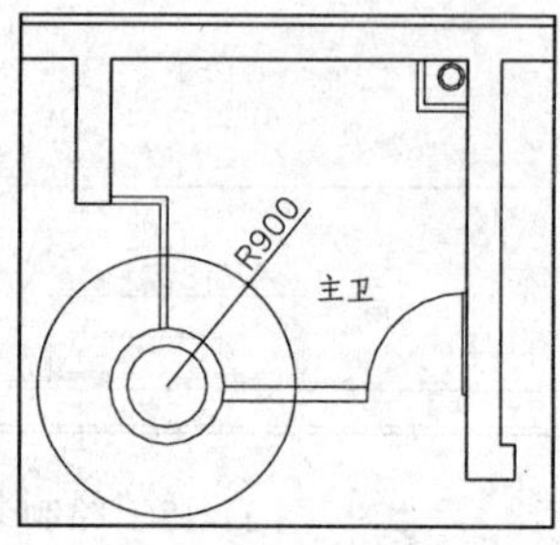

图 11-27　绘制圆

3. 绘制洗手盆台面

01 调用 CIRCLE/C【圆】命令，绘制半径为 900 的圆，如图 11-27 所示。

02 调用 TRIM/TR【修剪】命令，对圆进行修剪，得到洗手盆台面，如图 11-28 所示。

4. 绘制书柜

调用 RECTANG/REC【矩形】命令、OFFSET/O【偏移】命令和 LINE/L【直线】命令，绘制书柜，如图 11-29 所示。

5. 绘制装饰台

调用 RECTANG/REC【矩形】命令和 OFFSET/O【偏移】命令，绘制装饰台，如图 11-30 所示。

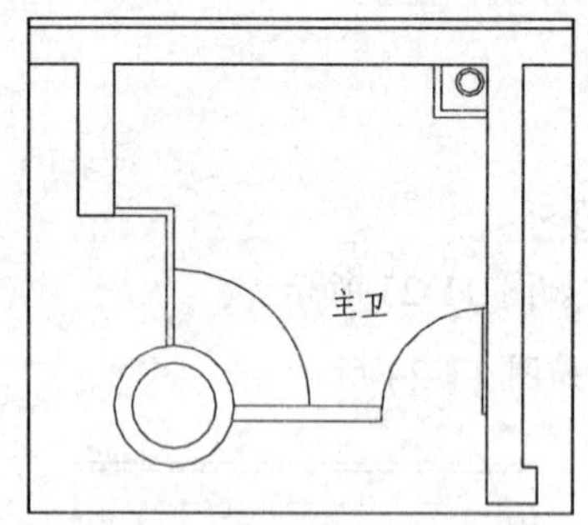

图 11-28　修剪圆

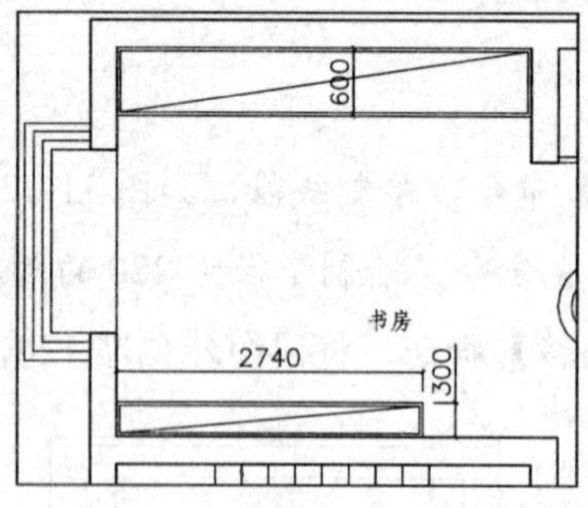

图 11-29　绘制书柜

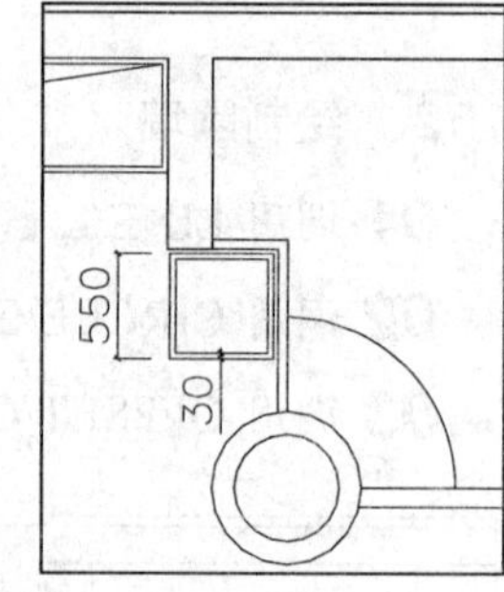

图 11-30　绘制装饰台

6. 绘制门槛线

调用 LINE/L【直线】命令和 OFFSET/O【偏移】命令，绘制门槛线，如图 11-31 所示。

7. 绘制衣柜

01 调用 RECTANG/REC【矩形】命令，绘制衣柜轮廓，如图 11-32 所示。

02 调用 OFFSET/O【偏移】命令，将矩形向内偏移 30，如图 11-33 所示。

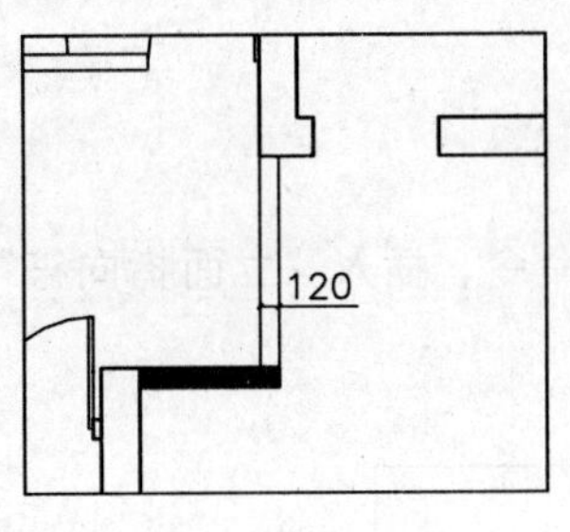

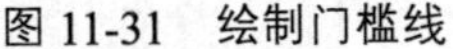
图 11-31 绘制门槛线

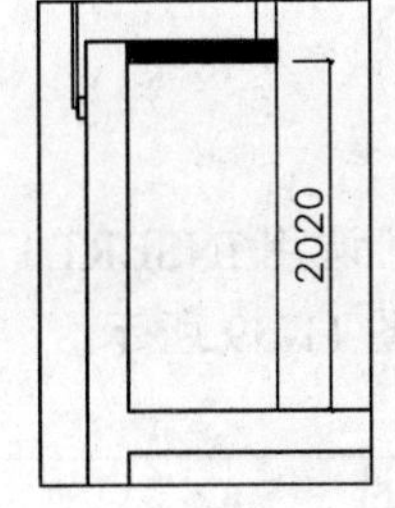

图 11-32 绘制衣柜轮廓

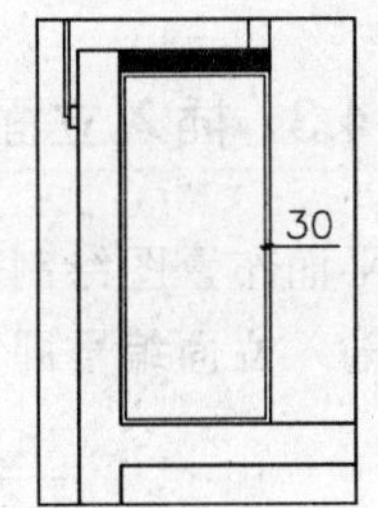

图 11-33 偏移矩形

03 调用 LINE/L【直线】命令，在矩形内绘制对角线，如图 11-34 所示。

8. 绘制电视柜

调用 RECTANG/REC【矩形】命令和 OFFSET/O【偏移】命令，绘制电视柜，如图 11-35 所示。

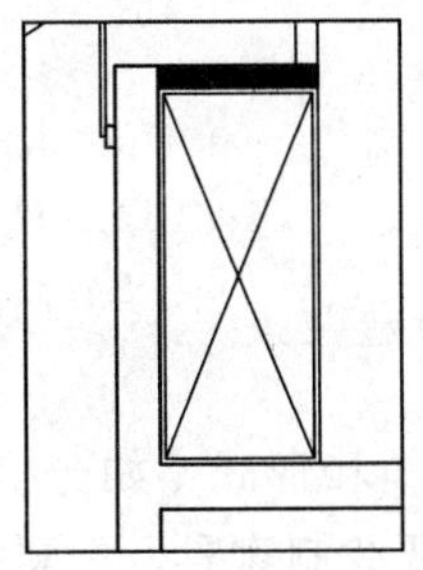

图 11-34 绘制对角线

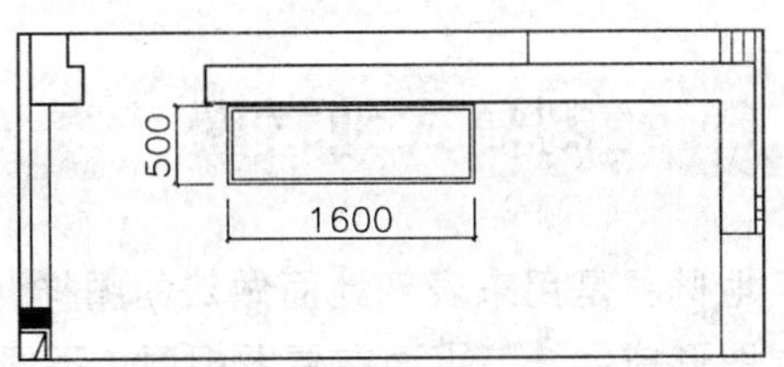

图 11-35 绘制电视柜

9. 绘制梳妆台

01 调用 RECTANG/REC【矩形】命令，绘制尺寸为 880×400 的矩形表示梳妆台，如图 11-36 所示。

02 绘制尺寸为 550×20 的矩形表示镜子，如图 11-37 所示。

03 调用 CIRCLE/C【圆】命令，绘制半径为 150 的圆表示凳子，如图 11-38 所示。

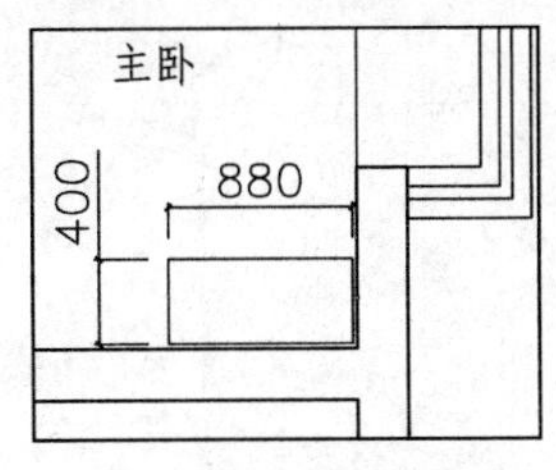

图 11-36 绘制矩形

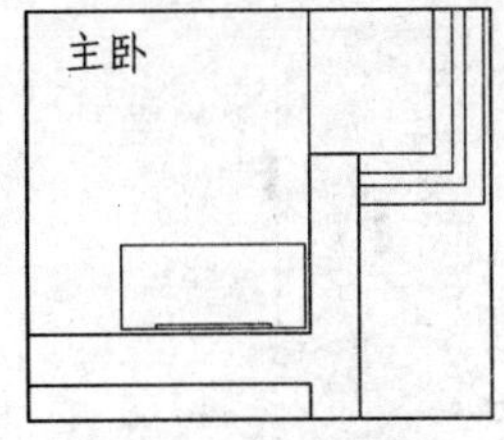

图 11-37 绘制镜子

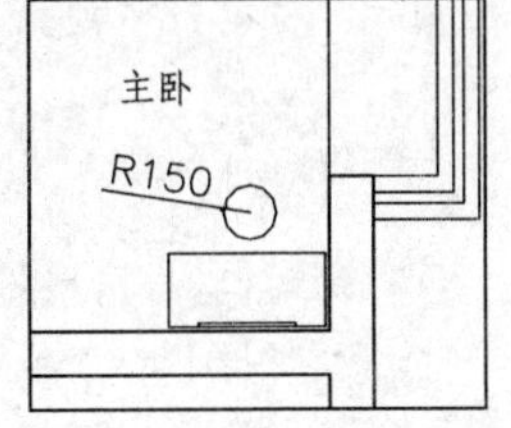

图 11-38 绘制圆

10. 插入图块

打开本书配套光盘中的“第 11 章\家具图拉.dwg”文件，将其中的书桌、植物、浴缸、坐便器、洗手盆、贵妃椅、床和床头柜等图形复制到本例图形窗口中，并对图形相交的位置进行修剪，完成后的效果如图 11-19 所示。

11.4.3 插入立面指向符号

当平面布置图绘制完成后，即可调用 INSERT/I【插入】命令，插入“立面指向符”图块，并输入立面编号即可，效果如图 11-39 所示。

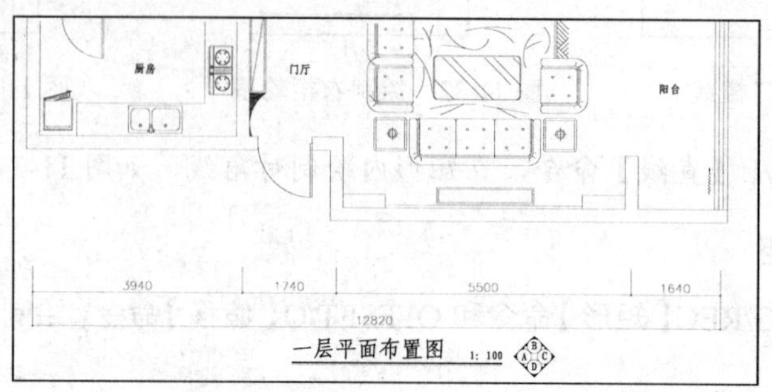

图 11-39 插入立面指向符

11.5 绘制复式地材图

地材图是用来表示地面做法的图样，包括地面铺设材料和形式（如分格、图案等）。地材图形成方法与平面布置图相同，不同的是地材图不需要绘制家具，只需绘制地面所使用的材料和固定于地面的设备与设施图形。

本示例是一个以混合风格为主的复式，大量使用了玻化砖、拼花、通体砖、花岗石等地面材料，因此本章将主要介绍这些地面材料的画法。

最终绘制完成复式一层和二层地材图如图 11-40 和图 11-41 所示。

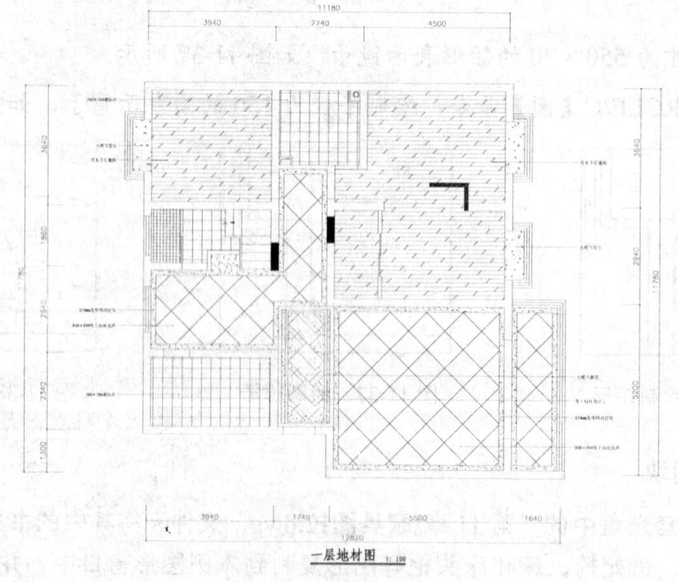

图 11-40 一层地材图

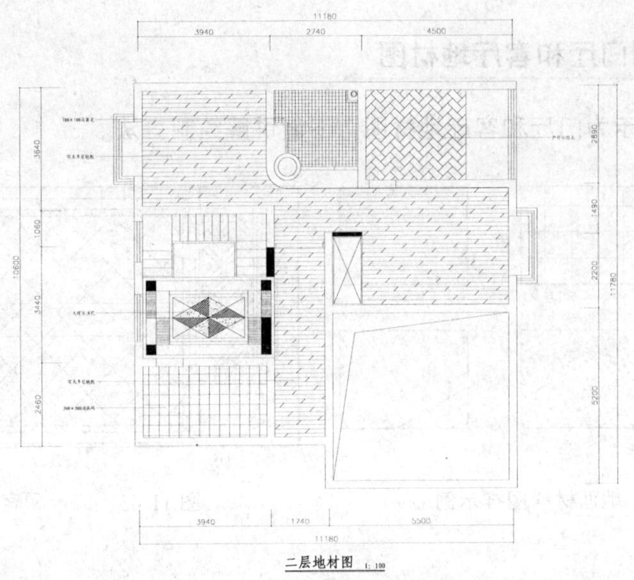

图 11-41　二层地材图

11.5.1　地面装修及画法

作为室内空间最基本的组成元素，地面的装饰处理，包括材料的选用、结构形式、装修和装饰处理，直接影响着室内环境气氛。所以在设计时，需要将其与整个室内环境有机地结合起来。

1. 地面装修基础

地面装修一般使用的材料有木地板、塑料地板、水磨石、瓷砖、马赛克、缸砖、大理石、地毯以及一般水泥抹面等。不同的环境对地面的要求也不同，但是防潮、防火、隔音、保温等基本要求是一致的。

在家庭地面装修中，通常卧室的地面铺设木地板，具有一定的弹性和温暖感。或满铺地毯，给亲切、温馨的感受。

厨房和卫生间，通常使用大理石或防滑地砖，便于清洗，不易沾染油污。

客厅和餐厅的地面需要考虑材料的耐磨性，方便清洗及耐清洗性，一般多采用天然石材、优质地砖、木地板以及地毯等，这些材料各有优点，视居住者喜好而定。

但无论采用何种材料，其质感、肌理效果、色彩纹样等，都应与整个环境相协调。

2. 地材图画法

在地材图中，需要画出地面材料的图形，并标注各种材料的名称、规格等。如作分格，则要标出分格的大小，如作图案（如用木地板或地砖拼成各种图案），则要标注尺寸，达到能够放样的程度。当图案过于复杂时需另画详图，这时应在平面图上注出详图索引符号。

地材图地面材料通常是使用 HATCH/H【图案填充】命令在指定区域填充图案表示。同一种材料可有多种表示形式，没有固定的图样，但要求形象、真实，所绘制的图形比例要尽量与整个图形的比例保持一致，这样就能使整个图形看上去比较协调。图 11-42 所示为几种常见材料的表示形式。

11.5.2 绘制门厅和客厅地材图

图 11-43 所示为门厅和客厅地材图，下面讲解绘制方法。

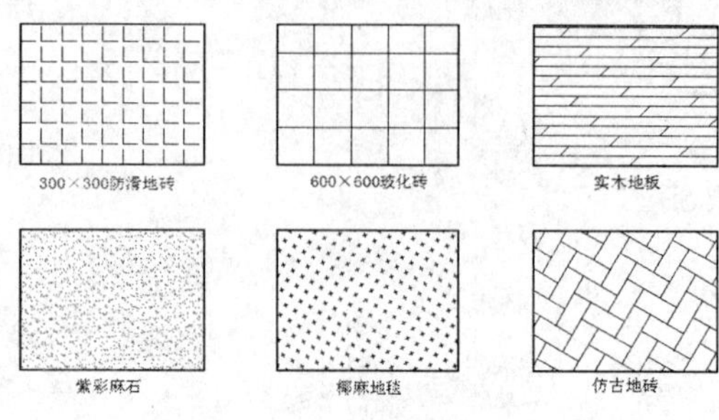

图 11-42 地面材料图样示例

图 11-43 门厅和客厅地材图

1. 复制图形

地材图可以在平面布置图的基础上进行绘制，因为地材图需要用到平面布置图中的墙体等相关图形。打开平面布置图图形文件，复制一层平面布置图到一旁。并删除与地材图无关的图形，如图 11-44 所示。

2. 绘制门槛线

01 设置“DM_地面”图层为当前图层。

02 调用 LINE/L【直线】命令，绘制门槛线，封闭填充图案区域，如图 11-45 所示。

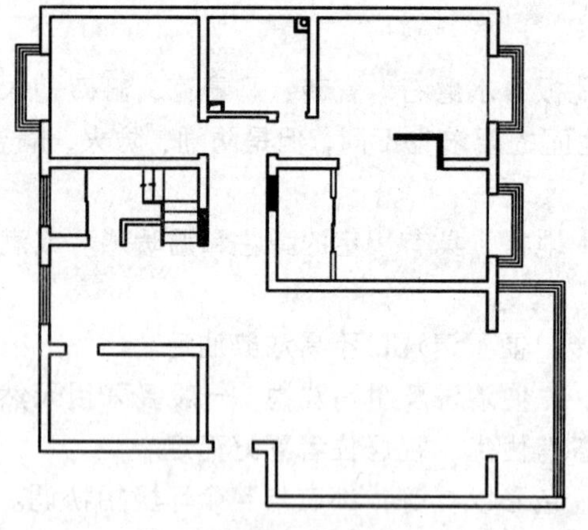

图 11-44 整理图形

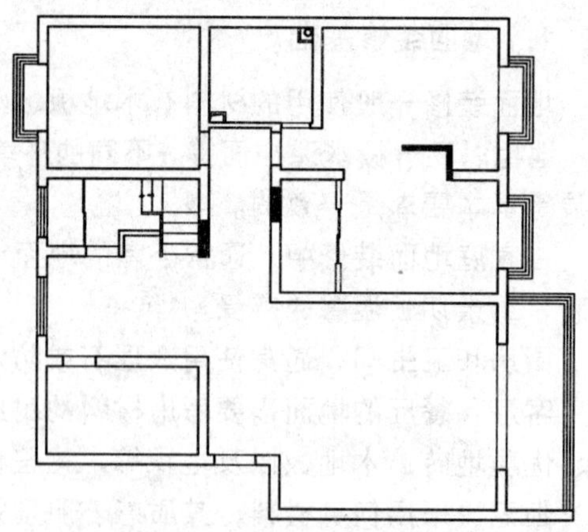

图 11-45 绘制门槛线

3. 绘制客厅地面

01 调用 RECTANG/REC【矩形】命令，绘制矩形，如图 11-46 所示。

02 调用 OFFSET/O【偏移】命令，将矩形向内偏移 150，如图 11-47 所示。

03 调用 HATCH/H【图案填充】命令，在两个矩形之间区域填充 AR-CONC 图案，填充参数和效果如图 11-48 所示。

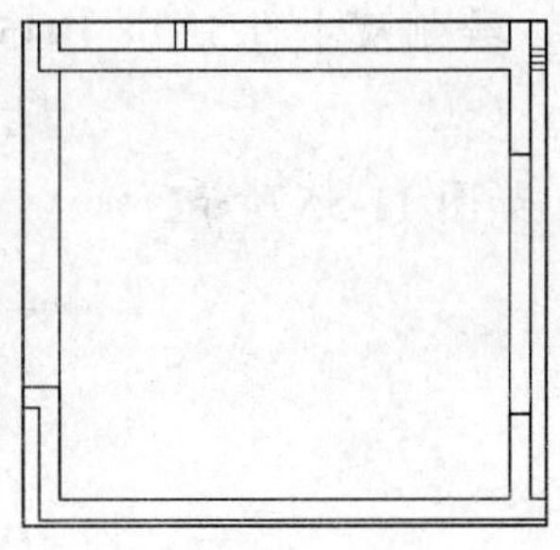

图 11-46　绘制矩形

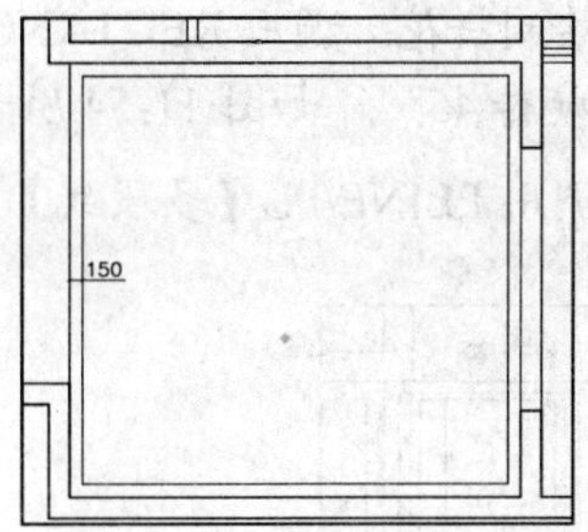

图 11-47　偏移矩形

04 继续调用 HATCH/H【图案填充】命令，在偏移后的矩形内填充“用户定义”图案，填充参数和效果如图 11-49 所示。

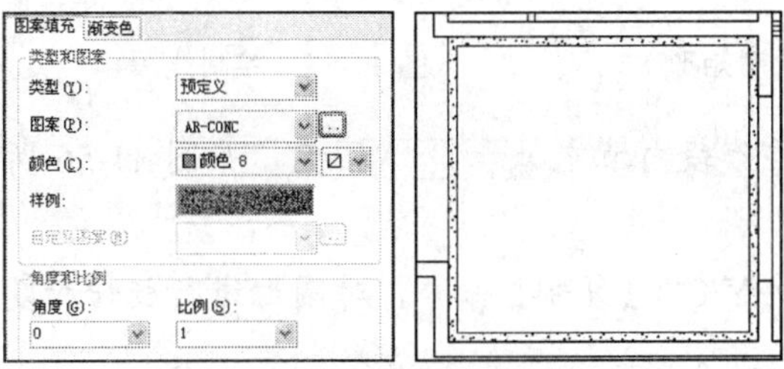

图 11-48　填充参数和效果

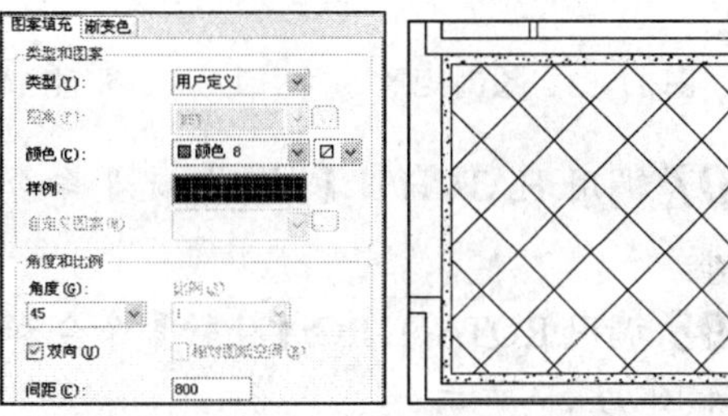

图 11-49　填充参数和效果

4．绘制门厅地面

01 调用 RECTANG/REC【矩形】命令和 LINE/L【直线】命令，绘制尺寸为 1510×3460 的矩形，并移动到相应的位置，如图 11-50 所示。

02 调用 LINE/L【直线】命令和 OFFSET/O【偏移】命令，绘制线段，如图 11-51 所示。

03 调用 HATCH/H【图案填充】命令，在线段内填充 AR-CONC 图案，如图 11-52 所示。

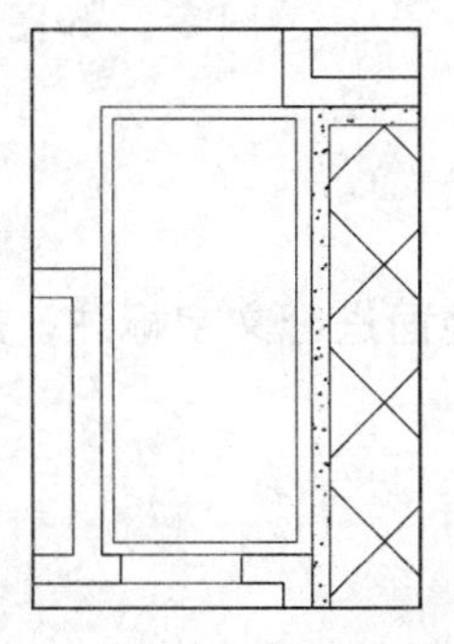

图 11-50　绘制矩形和线段

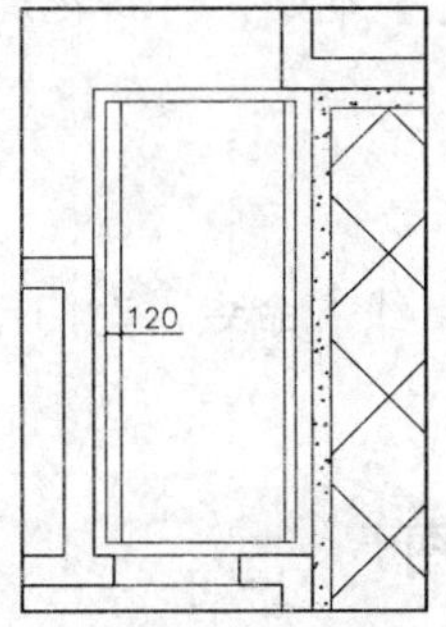

图 11-51　绘制线段

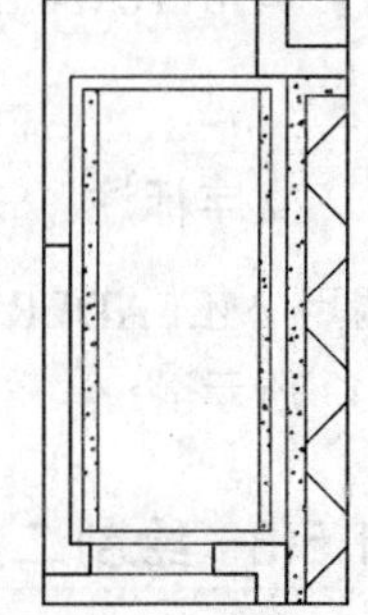

图 11-52　填充图案

04 调用 RECTANG/REC【矩形】命令，绘制尺寸为 1140×3360 的矩形，并移动到相应的位置，如图 11-53 所示。

05 绘制拼花。调用 RECTANG/REC【矩形】命令，绘制尺寸为 520×1045 的矩形，并将矩形旋转 45°，如图 11-54 所示。

06 调用 PLINE/PL【多段线】命令，绘制多段线，如图 11-55 所示。

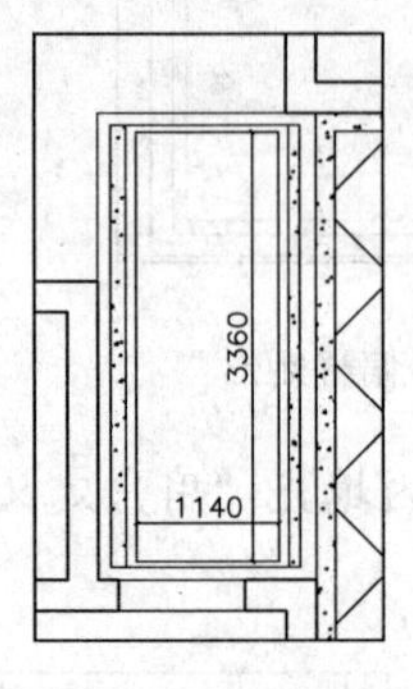

图 11-53　绘制矩形

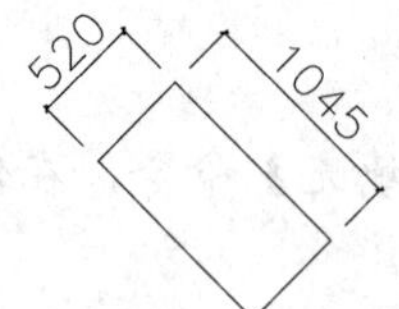

图 11-54　绘制矩形

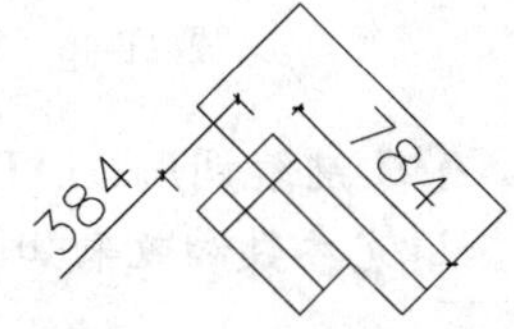

图 11-55　绘制线段

07 调用 HATCH/H【图案填充】命令，在线段内填充 AR-CONC 图案，如图 11-56 所示。

08 调用 ROTATE/RO【旋转】命令和 COPY/CO【复制】命令，对图形进行旋转和复制，如图 11-57 所示。

09 调用 LINE/L【直线】命令，绘制线段，如图 11-58 所示。

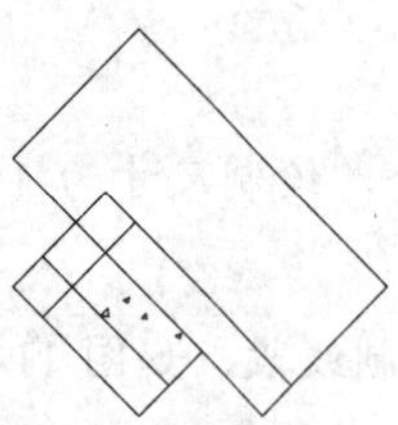

图 11-56　填充图案

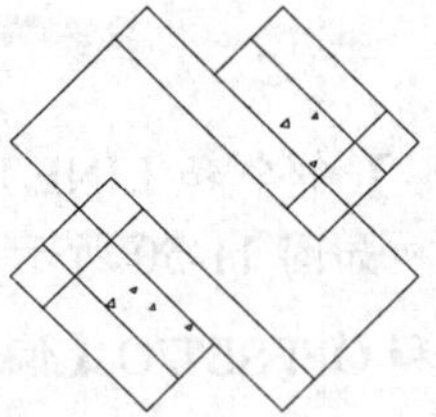

图 11-57　镜像图形

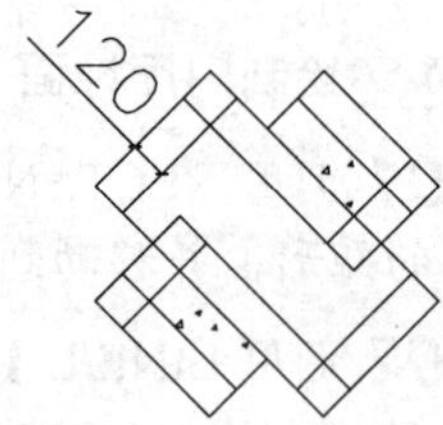

图 11-58　绘制线段

10 调用 COPY/CO【复制】命令，对拼花图案进行复制，使其效果如图 11-59 所示。

11 调用 HATCH/H【图案填充】命令，对拼花周围填充 AR-CONC 图案，如图 11-60 所示。

5．文字标注

调用 MLEADER/MLD【多重引线】命令，对门厅和客厅地面进行文字标注，效果如图 11-43 所示。

11.5.3　绘制二层过道地材图

二层过道地材图如图 11-61 所示，下面讲解绘制方法。

1．绘制地面拼花

01 调用 RECTANG/REC【矩形】命令，绘制尺寸为 3940×2400 的矩形，如图 11-62 所示。

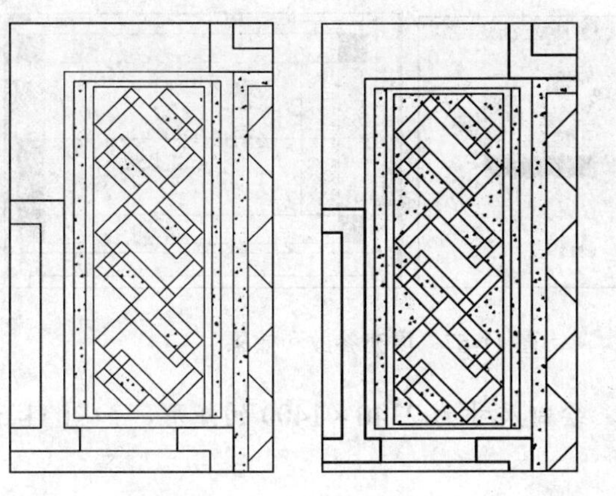

图 11-59　复制拼花图案　　图 11-60　填充图案

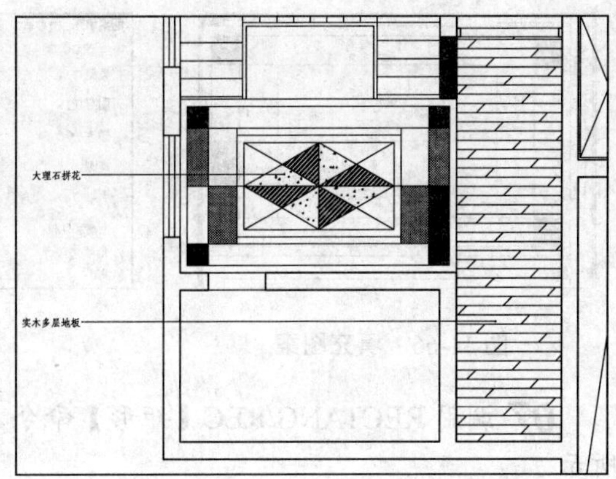

图 11-61　二层过道地材图

02 调用 OFFSET/O【偏移】命令，将矩形向内偏移 100，如图 11-63 所示。

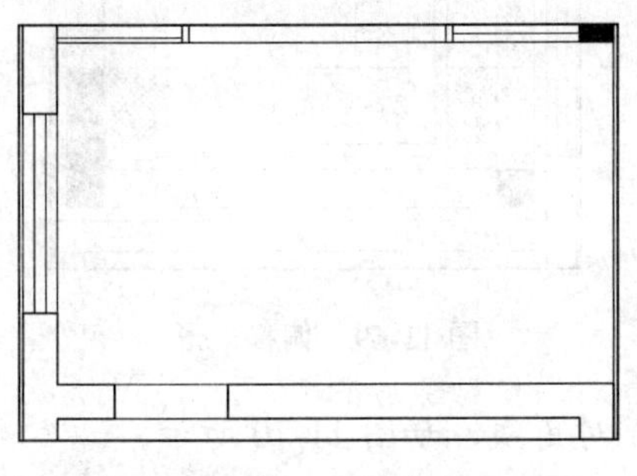

图 11-62　绘制矩形

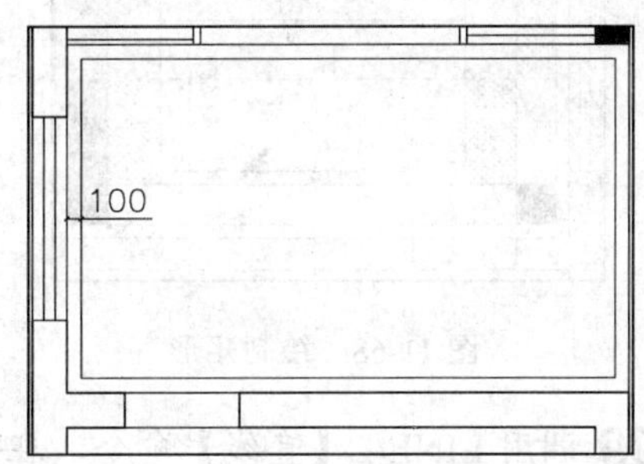

图 11-63　偏移矩形

03 调用 LINE/L【直线】命令和 OFFSET/O【偏移】命令，绘制线段，如图 11-64 所示。

04 调用 HATCH/H【图案填充】命令，在线段内填充 SOLID 图案，效果如图 11-65 所示。

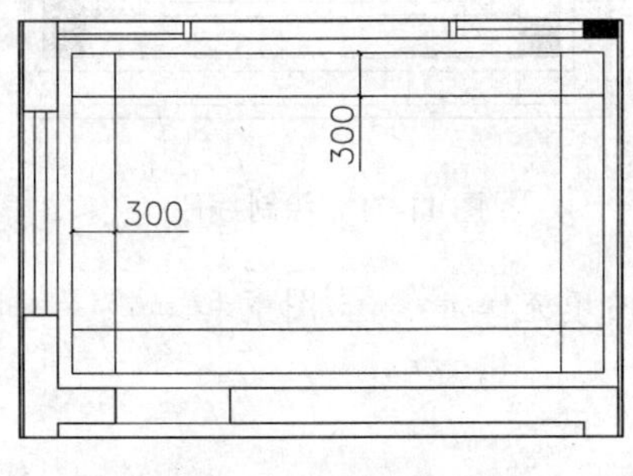

图 11-64　绘制线段

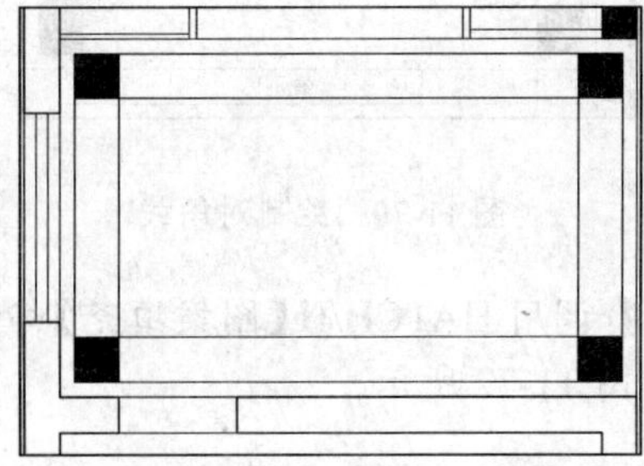

图 11-65　填充图案

05 调用 LINE/L【直线】命令，继续绘制线段，并在线段内填充图案，如图 11-66 所示。

06 调用 HATCH/H【图案填充】命令，在线段内填充 CROSS 图案，填充参数和效果如图 11-67 所示。

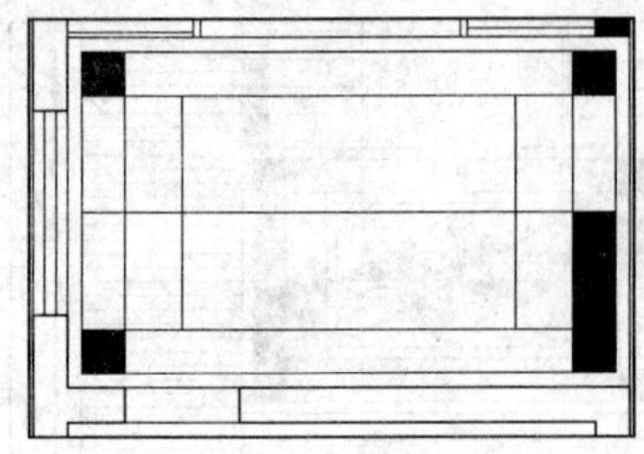

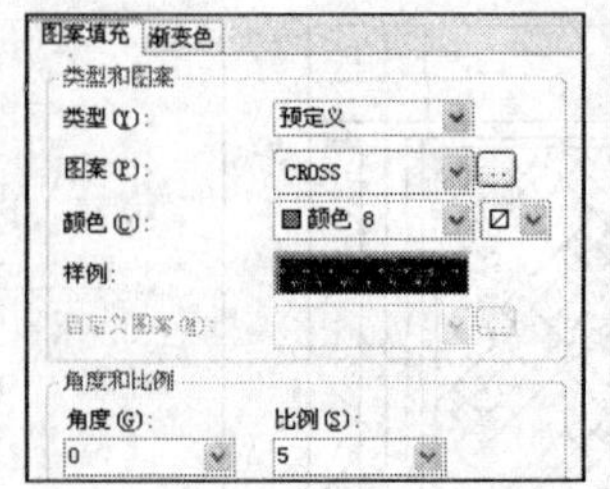

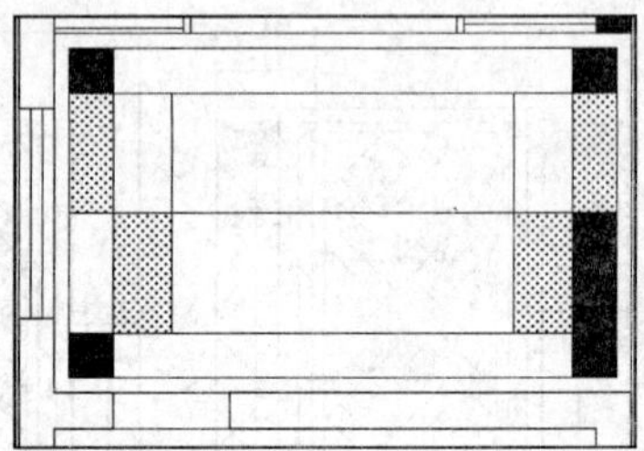

图 11-66　填充图案　　　　图 11-67　填充参数和效果

07 调用 RECTANG/REC【矩形】命令，绘制尺寸为 2340×1400 的矩形，如图 11-68 所示。

08 调用 OFFSET/O【偏移】命令，将矩形向内偏移 100，如图 11-69 所示。

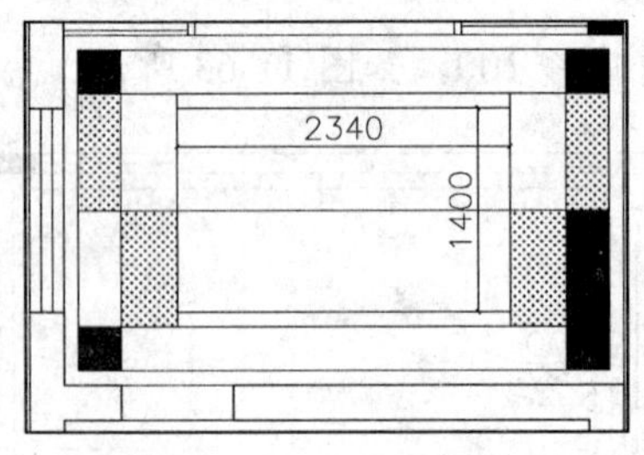

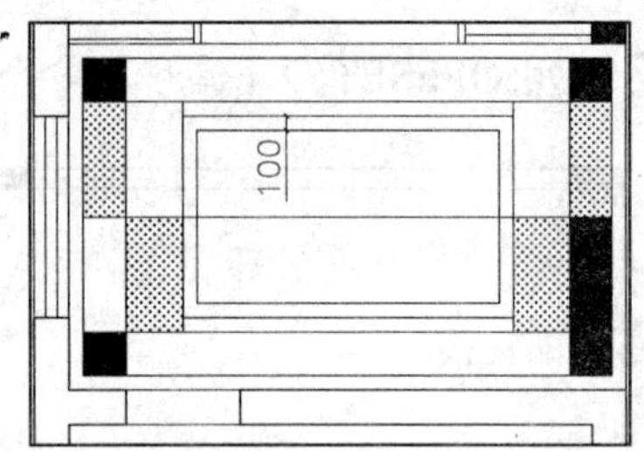

图 11-68　绘制矩形　　　　图 11-69　偏移矩形

09 调用 LINE/L【直线】命令，在矩形内绘制对角线，如图 11-70 所示。

10 调用 LINE/L【直线】命令，以线段的中点为起点绘制线段，效果如图 11-71 所示。

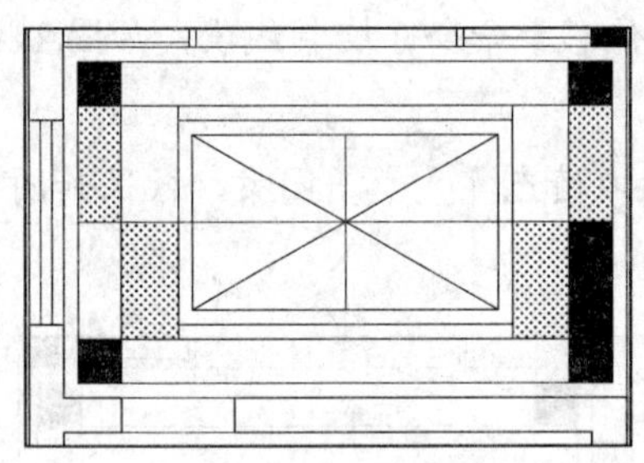

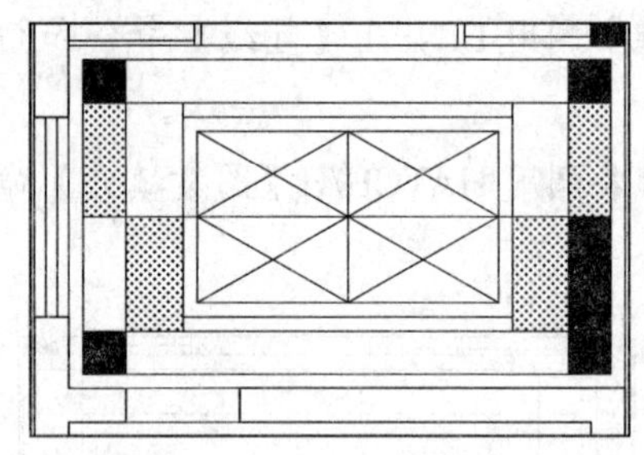

图 11-70　绘制对角线　　　　图 11-71　绘制线段

11 调用 HATCH/H【图案填充】命令，在线段内填充 AR-CONC 图案和 STEEL 图案，效果如图 11-72 所示。

2. 填充实木地板地面图例

调用 HATCH/H【图案填充】命令，在过道区域填充 DOLMIT 图案，填充参数和效果如图 11-73 所示。

3. 文字标注

调用 MLEADER/MLD【多重引线】命令，标注地面材料名称，如图 11-61 所示，二层过道地材图的绘制。

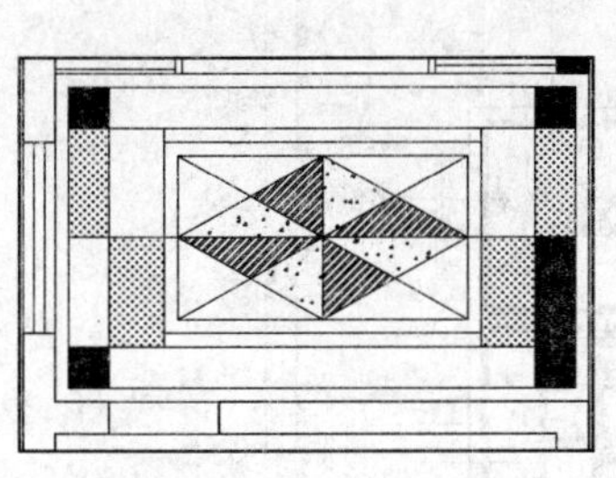

图 11-72　填充图案

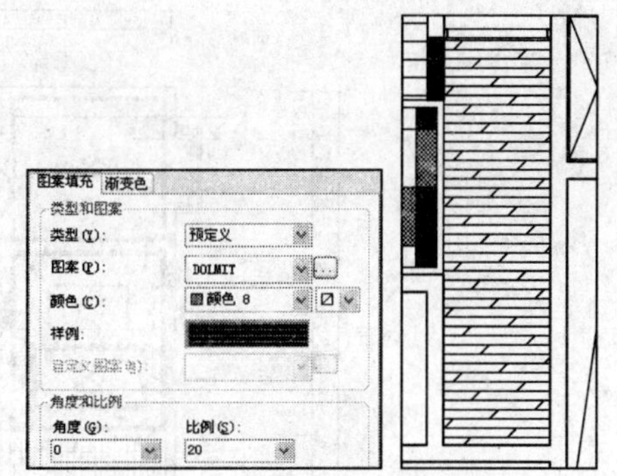

图 11-73　填充参数和效果

11.6 绘制复式顶棚图

顶棚又称天花板，是指建筑空间上部的覆盖层。顶棚图是用假想水平剖切面从窗台上方把房屋剖开，移去下面的部分后，向顶棚方向正投影所生成的图形。

顶棚图主要用于表示顶棚造型和灯具布置，同时也反映了室内空间组合的标高关系和尺寸等。其内容主要包括各种装饰图形、灯具、说明文字、尺寸和标高等。有时为了更详细的表示顶棚某处的构造和做法，还需要绘制该处的剖面详图。

如图 11-74 和图 11-75 所示为本复式别墅一层和二层顶棚图。通过对本章的学习，读者可掌握顶棚图的绘制方法。

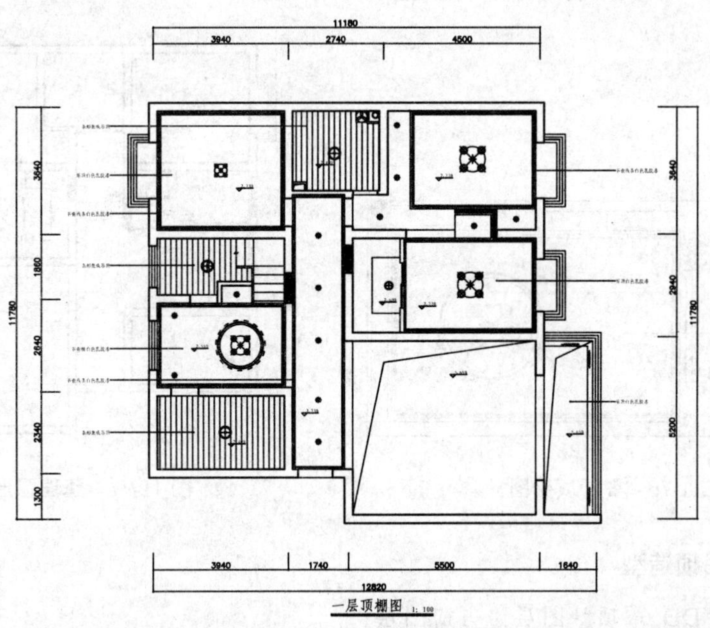

图 11-74　一层顶棚图

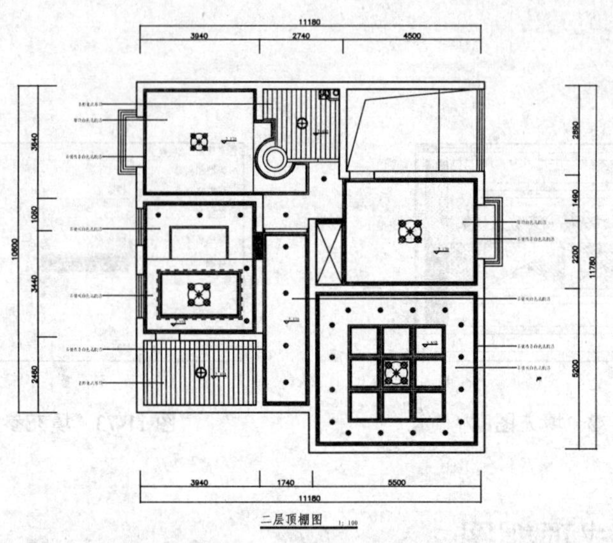

图 11-75　二层顶棚图

11.6.1　绘制餐厅顶棚图

餐厅顶棚图如图 11-76 所示，下面讲解绘制方法。

1. 复制图形

顶棚图可以在平面布置图的基础上绘制，复制复式的平面布置图，并删除与顶棚图无关的图形，并在门洞处绘制墙体线，如图 11-77 所示。

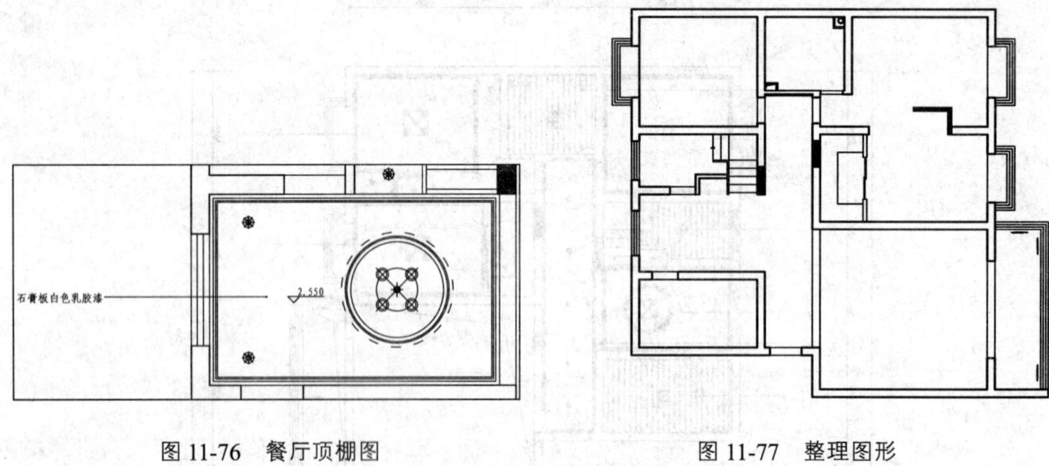

图 11-76　餐厅顶棚图　　　　图 11-77　整理图形

2. 绘制吊顶造型

01 设置“DD_吊顶”图层为当前图层。

02 调用 LINE/L【直线】命令和 OFFSET/O【偏移】命令，绘制线段，如图 11-78 所示。

03 调用 RECTANG/REC【矩形】命令，绘制矩形，如图 11-79 所示。

04 调用 OFFSET/O【偏移】命令，将矩形向内偏移 50、30 和 20，如图 11-80 所示。

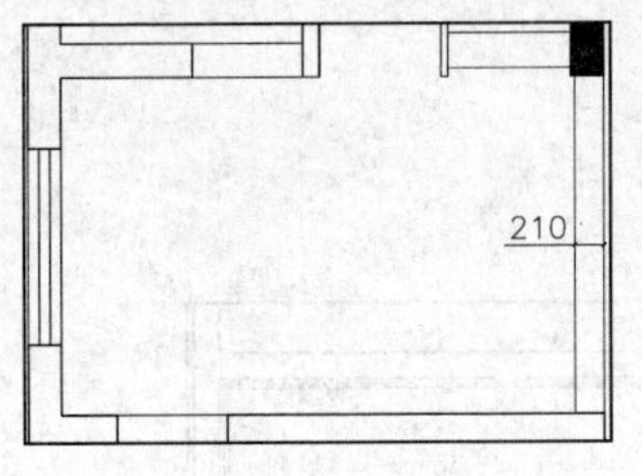

图 11-78 绘制线段

图 11-79 绘制矩形

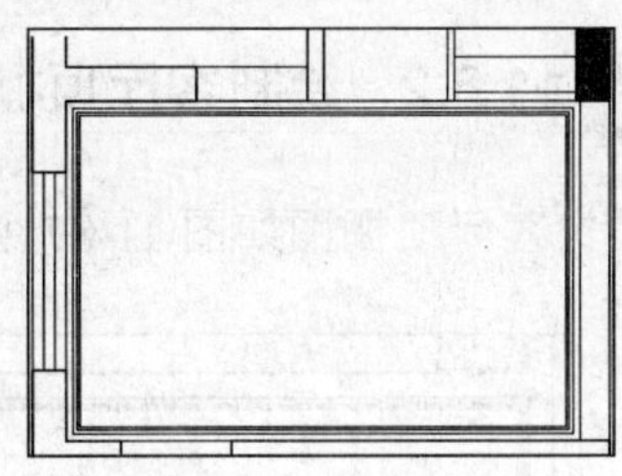

图 11-80 偏移矩形

05 调用 OFFSET/O【偏移】命令，绘制辅助线，如图 11-81 所示。

06 调用 CIRCLE/C【圆】命令，以辅助线的交点为圆心绘制半径为 600 的圆，然后删除辅助线，如图 11-82 所示。

07 调用 OFFSET/O【偏移】命令，将圆依次向外偏移 50、70 和 120，并将偏移 120 后的圆设置为虚线，表示灯带，如图 11-83 所示。

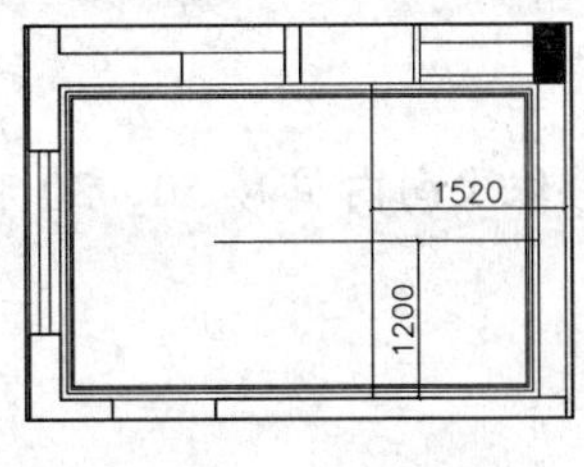

图 11-81 绘制辅助线

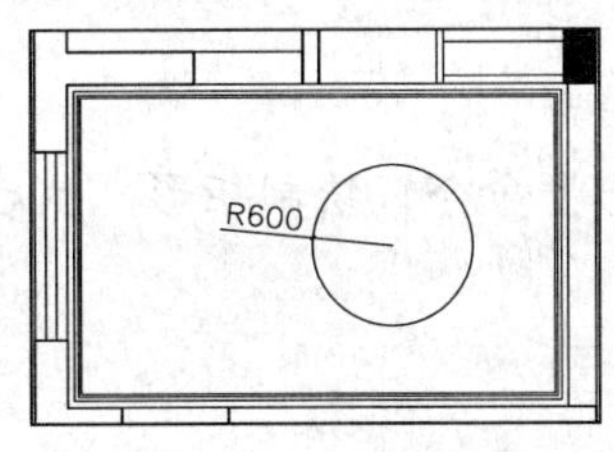

图 11-82 绘制圆

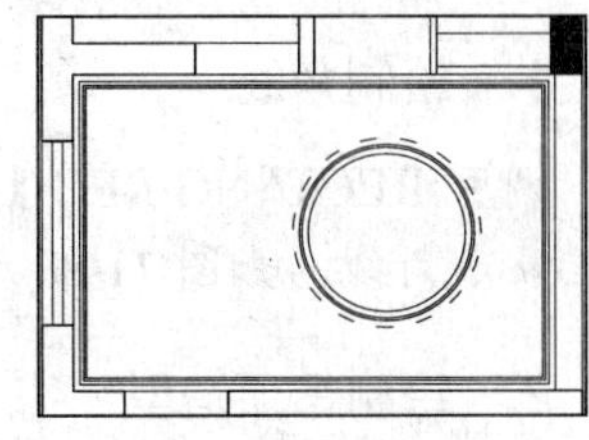

图 11-83 偏移圆

3. 布置灯具

01 打开配套光盘提供的“第 11 章\家具图例.dwg”文件，将该文件中的灯具图例表复制到顶棚图中，如图 11-84 所示。

02 调用 COPY/CO【复制】命令，将灯具图形复制到餐厅顶棚图中，效果如图 11-85 所示。

4. 插入标高和文字说明

01 调用 INSERT/I【插入】命令，插入“标高”图块标注标高，如图 11-86 所示。

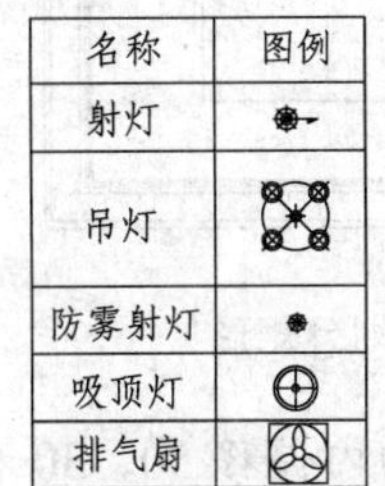

名称	图例
射灯	
吊灯	
防雾射灯	
吸顶灯	
排气扇	

图 11-84 图例表

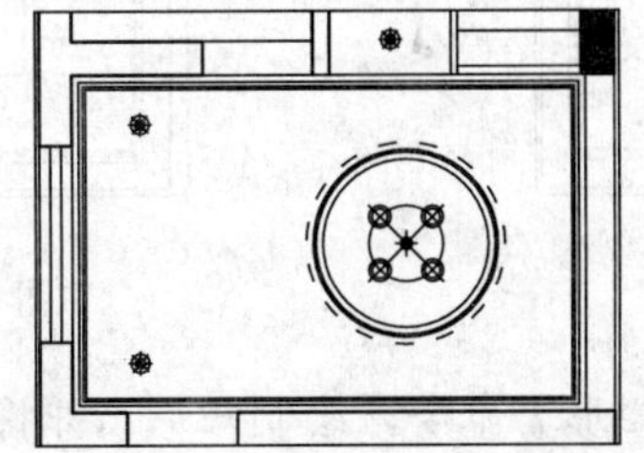

图 11-85 复制灯具图形

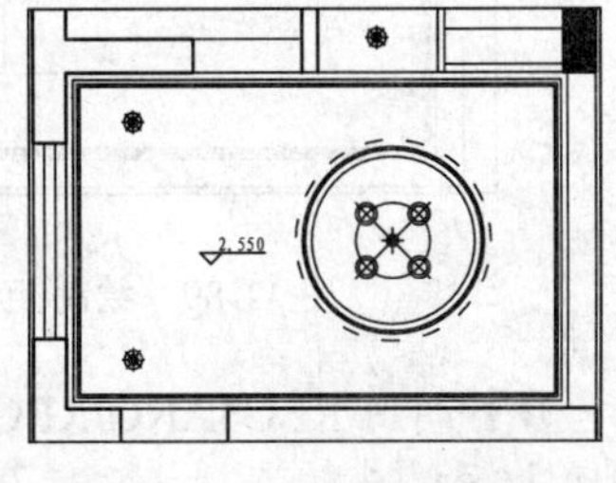

图 11-86 插入标高

02 调用 MLEADER/MLD【多重引线】命令，标注顶面材料说明，完成后的效果如

图 11-76 所示，餐厅顶棚图绘制完成。

11.6.2 绘制客厅顶棚图

客厅顶棚图如图 11-87 所示，下面讲解绘制方法。

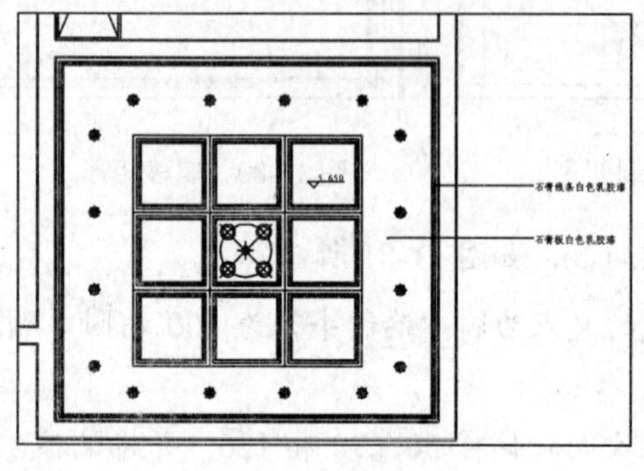

图 11-87 客厅顶棚图

图 11-88 偏移矩形

1. 绘制角线

调用 RECTANG/REC【矩形】命令，绘制矩形，然后将矩形依次向内偏移 50、30 和 20，表示角线，如图 11-88 所示。

2. 绘制吊顶造型

01 调用 RECTANG/REC【矩形】命令，绘制边长为 3156 的矩形，并移动到相应的位置，如图 11-89 所示。

02 调用 LINE/L【直线】命令和 OFFSET/O【偏移】命令，划分矩形，如图 11-90 所示。

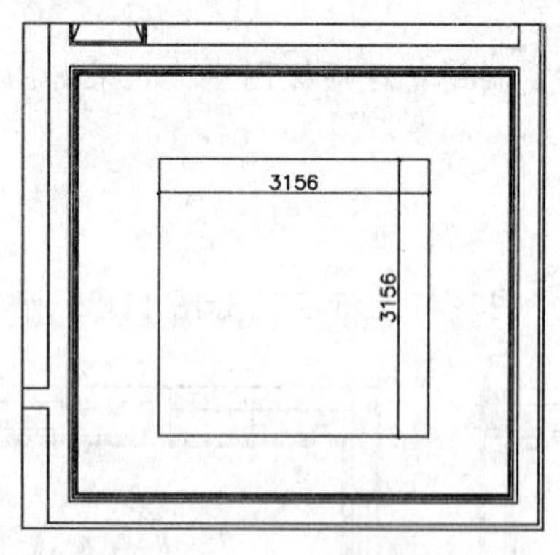

图 11-89 绘制矩形

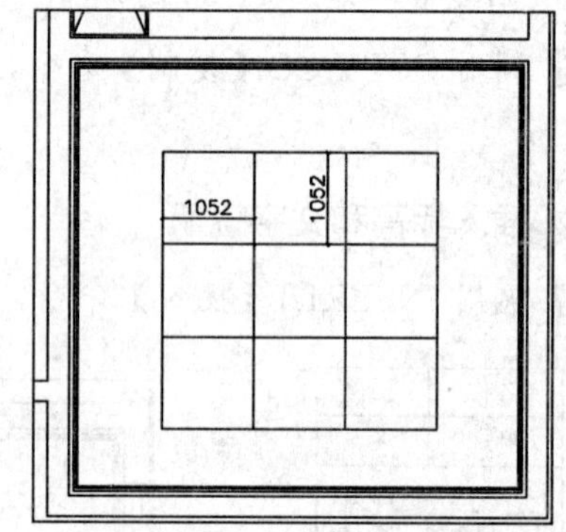

图 11-90 划分矩形

03 调用 RECTANG/REC【矩形】命令，绘制矩形，并将矩形向内偏移 50、30 和 20，如图 11-91 所示。

04 调用 COPY/CO【复制】命令，将矩形复制到其他位置，如图 11-92 所示。

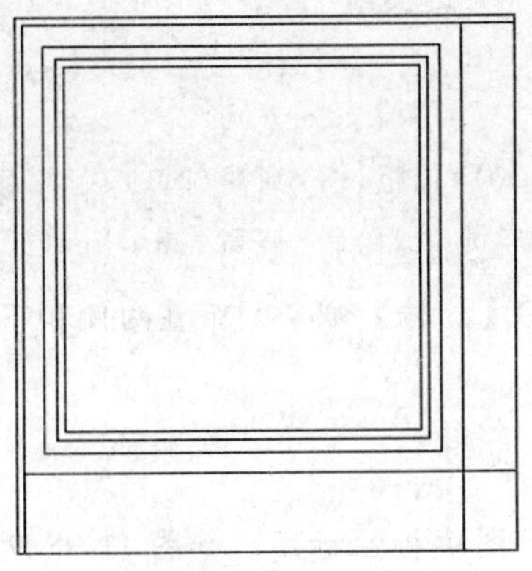

图 11-91 偏移矩形

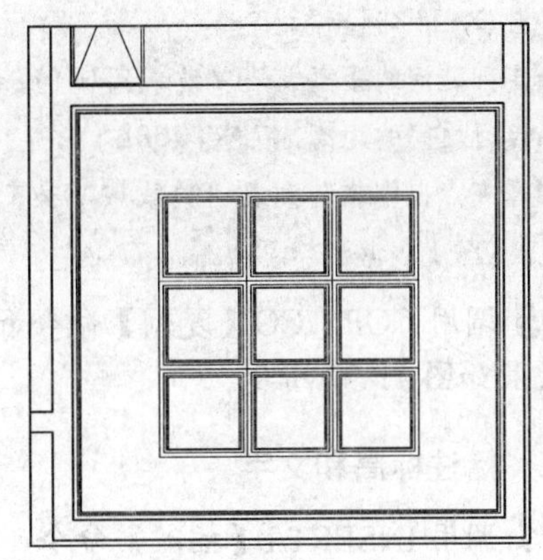

图 11-92 复制矩形

3. 布置灯具

01 调用 COPY/CO【复制】命令，复制艺术吊灯图例到顶棚图中，如图 11-93 所示。

02 调用 LINE/L【直线】命令和 OFFSET/O【偏移】命令，绘制辅助线，如图 11-94 所示。

03 调用 COPY/CO【复制】命令，复制射灯图例到辅助线相交处，然后删除辅助线，如图 11-95 所示。

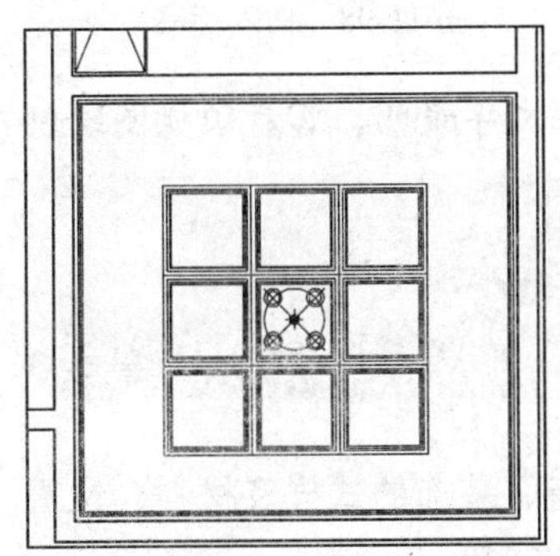

图 11-93 复制艺术吊灯

图 11-94 绘制辅助线

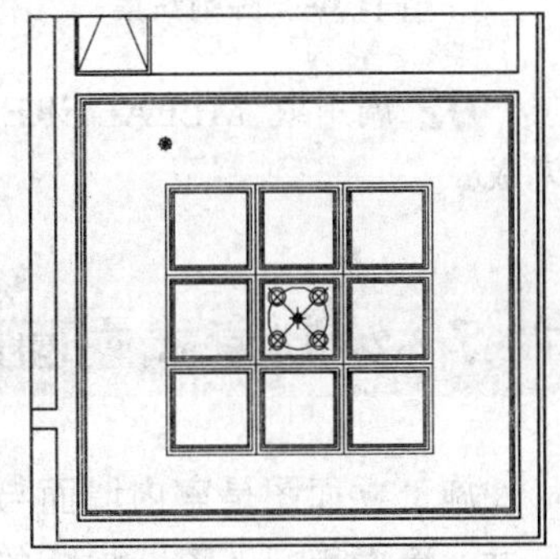

图 11-95 复制灯具

04 调用 ARRAY/AR【阵列】命令，对射灯图例进行阵列，命令行提示如下：

```
命令: ARRAY↙                              //调用阵列命令
选择对象: 找到 1 个                         //选择射灯图形
选择对象: 输入阵列类型 [ 矩形(R)/路径(PA)/极轴(PO)] <矩形>:R↙
                                          //选择矩形阵列方式
类型 = 矩形  关联 = 是
选择夹点以编辑阵列或 [ 关联(AS)/基点(B)/计数(COU)/间距(S)/列数(COL)/行数(R)/层数(L)/退出(X)] <退出>: COU↙
输入列数数或 [ 表达式(E)] <4>: 4↙            //输入列数
输入行数数或 [ 表达式(E)] <3>: 1↙            //输入行数
选择夹点以编辑阵列或 [ 关联(AS)/基点(B)/计数(COU)/间距(S)/列数(COL)/行数(R)/层数
```

```
(L)/退出(X)] <退出>: S↙                          //选择间距选项
    指定列之间的距离或 [单位单元(U)] <898.7118>: 1052↙
    指定行之间的距离 <792.0584>:↙
    选择夹点以编辑阵列或 [关联(AS)/基点(B)/计数(COU)/间距(S)/列数(COL)/行数(R)/层数
(L)/退出(X)] <退出>:                          //按回车键结束绘制，阵列结果如图 11-96 所示。
```

05 调用 COPY/CO【复制】命令和 ROTATE/RO【旋转】命令，布置两侧和下方的灯具，效果如图 11-97 所示。

4. 标注标高和文字

01 调用 INSERT/I【插入】命令，插入“标高”图块标注标高，如图 11-98 所示。

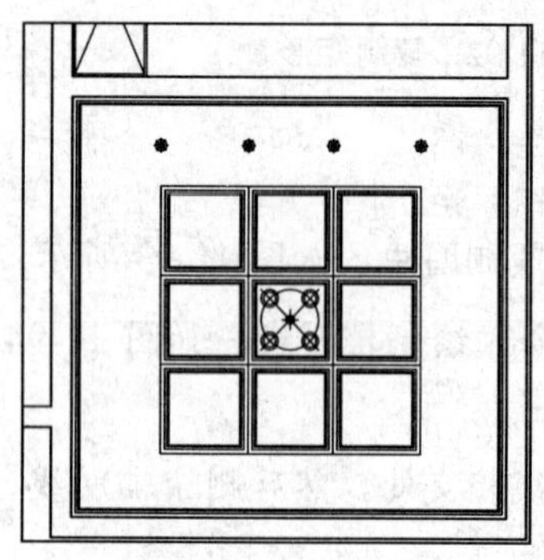

图 11-96 阵列结果

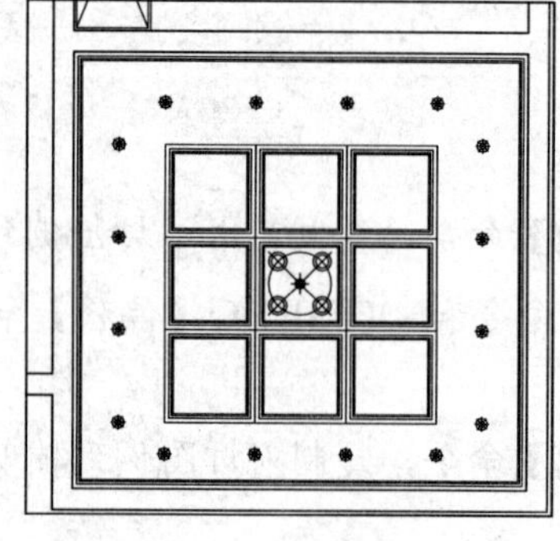

图 11-97 布置灯具

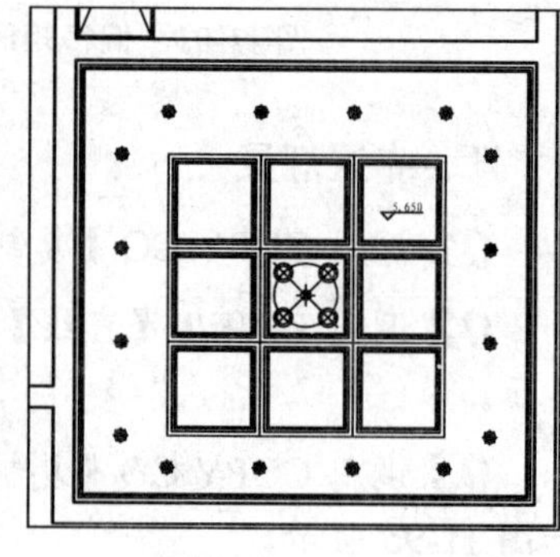

图 11-98 插入标高

02 调用或 MLEADEREDIT/MLD【多重引线】命令标注文字说明，客厅顶棚图绘制完成。

11.7 绘制复式立面图

施工立面图是室内墙面与装饰物的正投影图，它标明了墙面装饰的式样及材料、位置尺寸，墙面与门、窗、隔断的高度尺寸，墙与顶、地的衔接方式等。

立面是装饰细节的体现，家居装饰风格在立面图中将得到淋漓尽致的体现。本章分别以客厅和父母房立面为例，介绍混合风格立面图的画法与相关规则。

 11.7.1 绘制客厅 B 立面图

客厅 B 立面是电视背景墙所在的立面，因此具有举足轻重的地位，如图 11-99 所示，下面讲解绘制方法。

1. 复制图形

调用 COPY/CO【复制】命令，复制复式一层平面布置图上客厅 B 立面的平面部分。

2. 绘制立面轮廓线

01 设置“LM_立面”图层为当前图层。

02 调用 LINE/L【直线】命令，绘制客厅 B 立面墙体投影线，如图 11-100 所示。

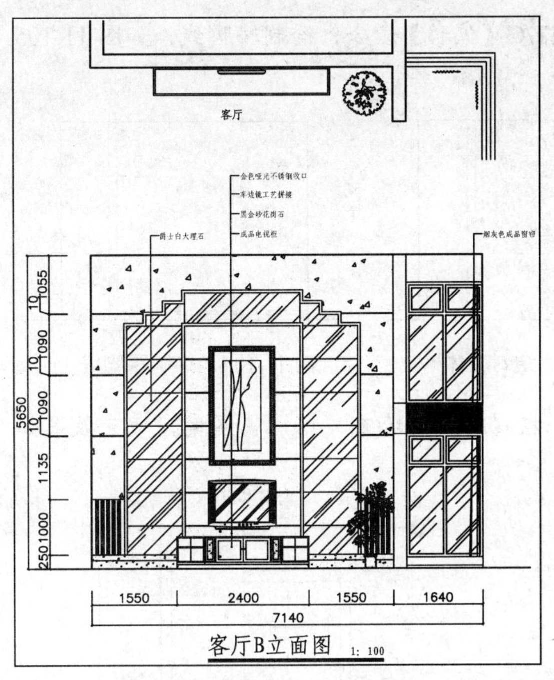

图 11-99 客厅 B 立面图

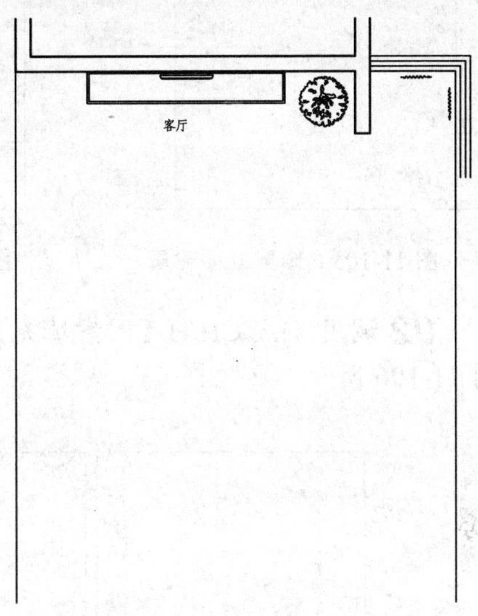

图 11-100 绘制墙体投影线

03 调用 LINE/L【直线】命令，在投影线下方绘制一条水平线段表示地面，如图 11-101 所示。

04 调用 OFFSET/O【偏移】命令向上偏移地面，得到标高为 5650 的顶面轮廓，如图 11-102 所示。

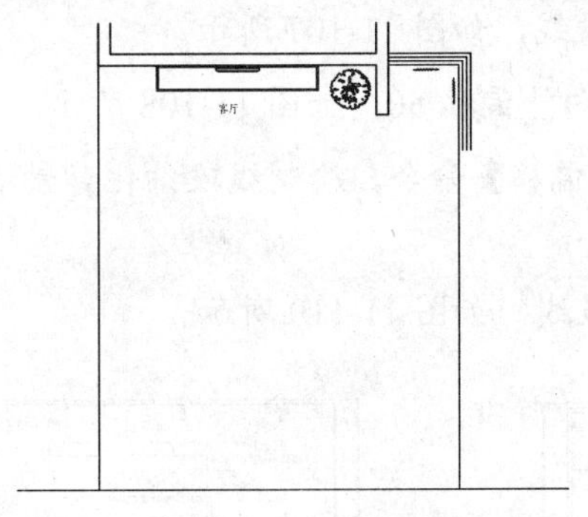

图 11-101 绘制地面

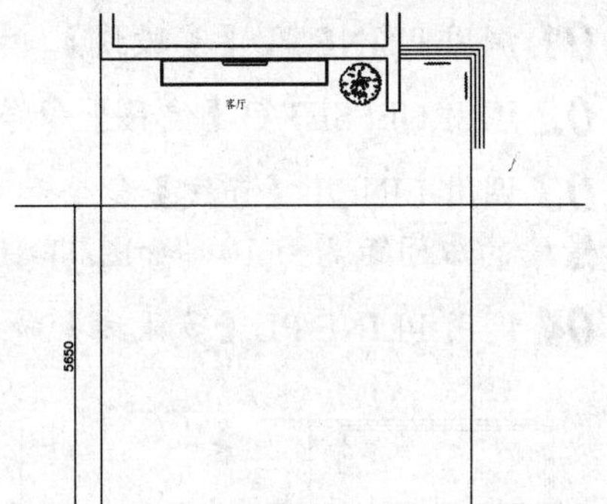

图 11-102 绘制顶面

05 调用 TRIM/TR【修剪】命令或使用夹点功能，修剪得到 B 立面的基本轮廓，并转换至“QT_墙体”图层，如图 11-103 所示。

3. 绘制墙体

调用 LINE/L【直线】命令，利用投影法绘制墙体，并进行修剪，效果如图 11-104 所示。

4. 绘制踢脚线

01 调用 LINE/L【直线】命令和 OFFSET/O【偏移】命令，绘制踢脚线，如图 11-105 所示。

图 11-103 修剪立面轮廓　　图 11-104 绘制墙体　　图 11-105 绘制踢脚线

02 调用 HATCH/H【图案填充】命令，在踢脚线内填充 AR-CONC 图案，填充效果如图 11-106 所示。

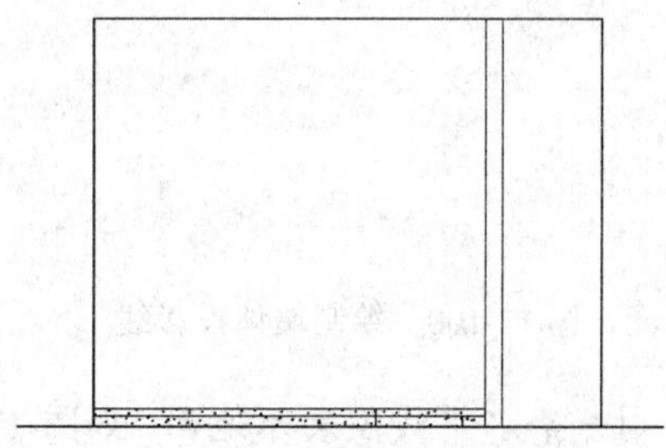

图 11-106 填充踢脚线

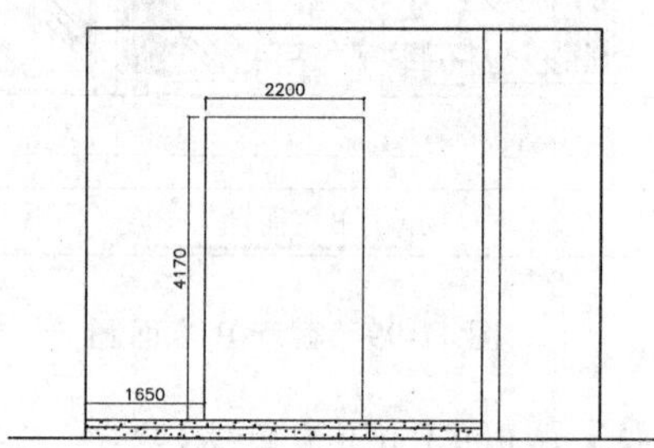

图 11-107 绘制多段线

5. 绘制电视背景墙造型

01 调用 PLINE/PL【多段线】命令，绘制多段线，如图 11-107 所示。

02 调用 OFFSET/O【偏移】命令，将多段线向外偏移 50，如图 11-108 所示。

03 调用 LINE/L【直线】命令和 OFFSET/O【偏移】命令，绘制线段细化背景墙，细化背景墙的中间距离为 10，如图 11-109 所示。

04 调用 PLINE/PL【多段线】命令，绘制多段线，如图 11-110 所示。

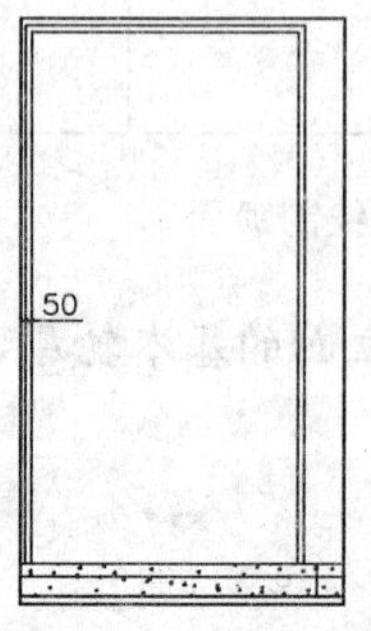

图 11-108 偏移多段线

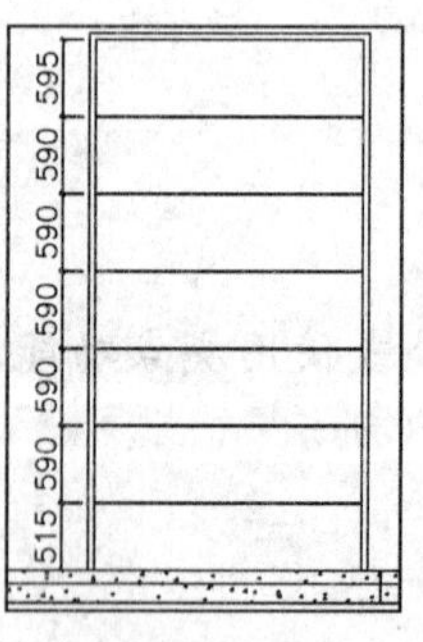

图 11-109 细化背景墙

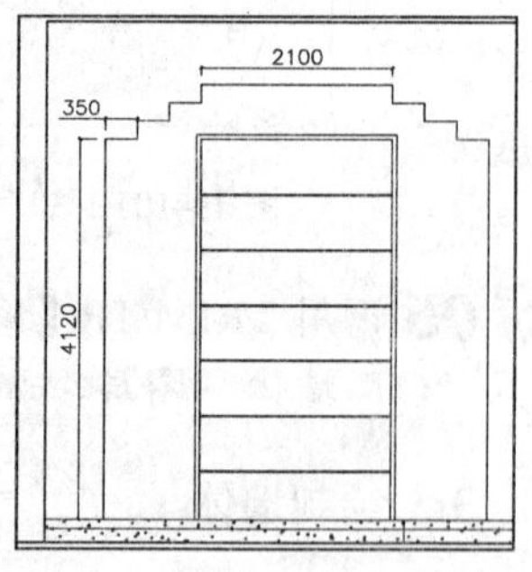

图 11-110 绘制多段线

05 调用 OFFSET/O【偏移】命令，将多段线向外偏移 50，如图 11-111 所示。

06 调用 LINE/L【直线】命令，绘制线段，如图 11-112 所示。

6. 绘制墙面造型

01 调用 LINE/L【直线】命令和 OFFSET/O【偏移】命令，绘制线段，如图 11-113 所示。

02 调用 HATCH/H【图案填充】命令，在线段内填充 SOLID 图案，效果如图 11-114 所示。

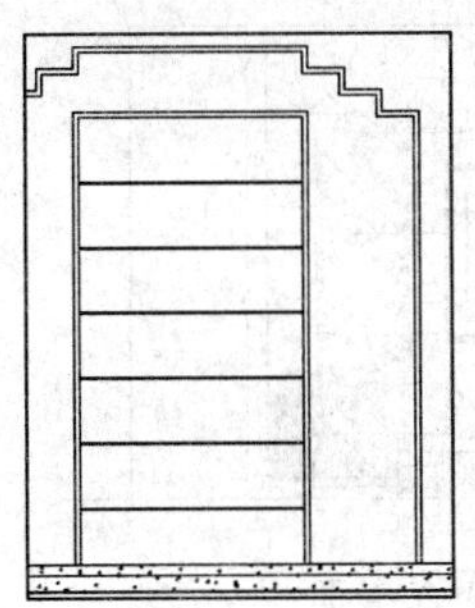

图 11-111 偏移多段线

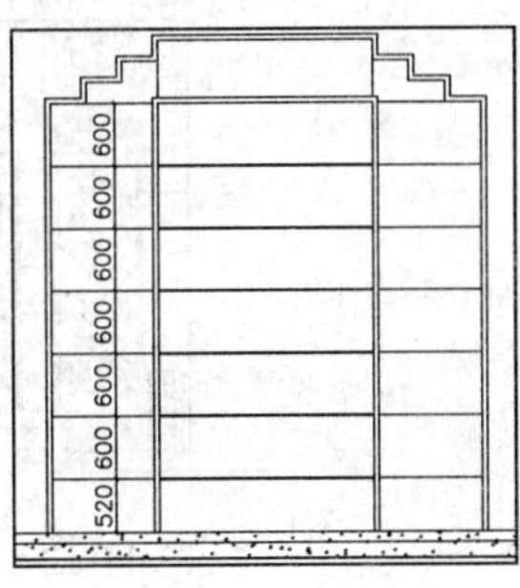

图 11-112 绘制线段

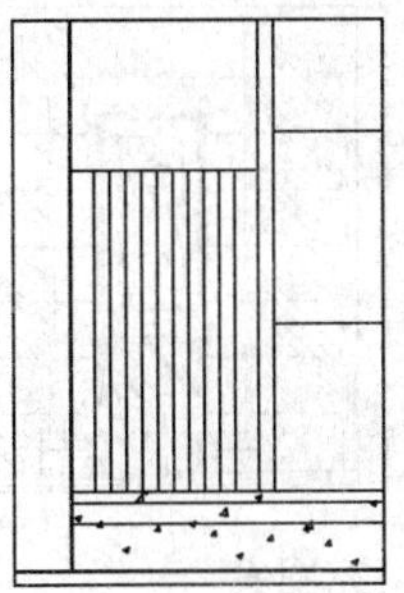

图 11-113 绘制线段

图 11-114 填充图案

03 调用 MIRROR/MI【镜像】命令，对图形进行镜像，如图 11-115 所示。

04 调用 LINE/L【直线】命令，绘制线段划分墙面，如图 11-116 所示。

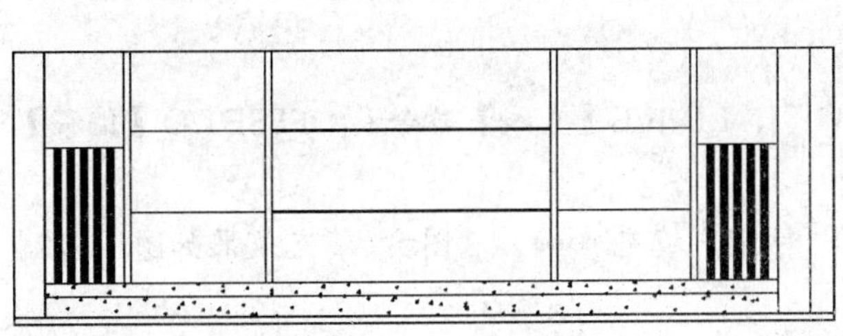

图 11-115 镜像图形

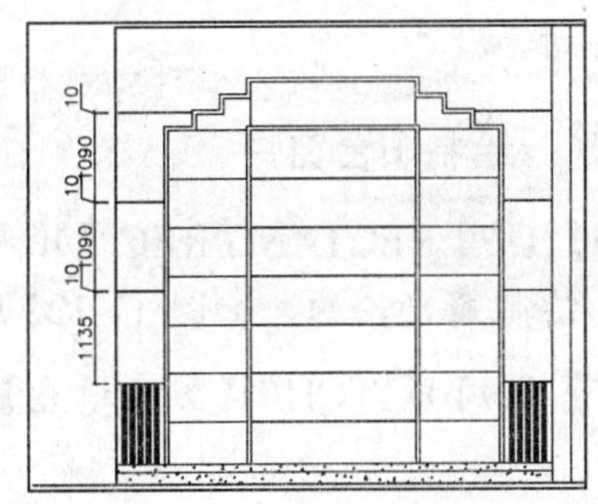

图 11-116 划分墙面

7. 插入图块

按 Ctrl+O 快捷键，打开配套光盘提供的“第 11 章\家具图例.dwg”文件，选择其中的电视、装饰画和电视柜等图块，将其复制至客厅立面区域，并进行修剪，结果如图 11-117 所示。

8. 填充墙面

01 调用 HATCH/H【图案填充】命令，对电视所在的墙面填充 AR-SAND 图案，填充参数和效果如图 11-118 所示。

02 调用 HATCH/H【图案填充】命令，对电视两侧区域填充 AR-RROOF 图案，填充参数和效果如图 11-119 所示。

03 对墙面区域填充 AR-CONC 图案，填充效果如图 11-120 所示。

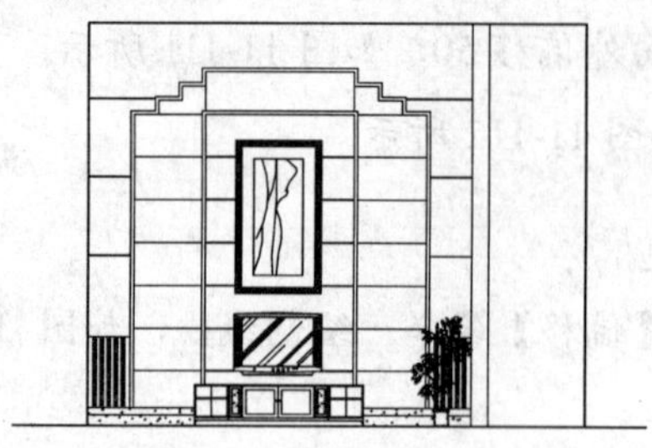

图 11-117 插入图块

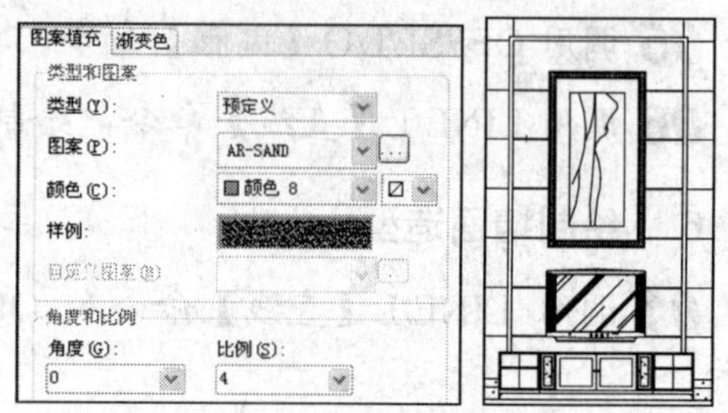

图 11-118 填充参数和效果

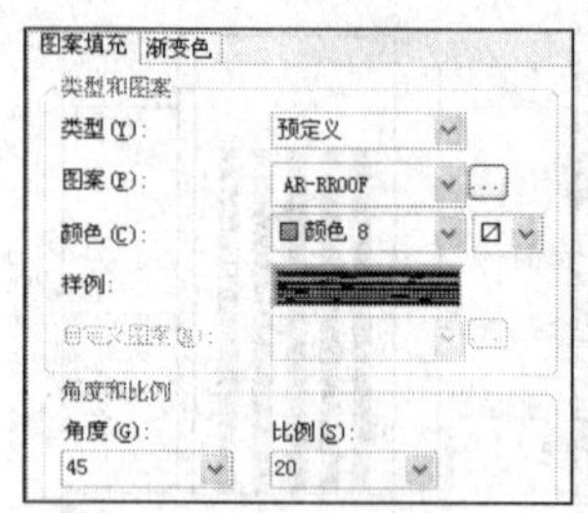

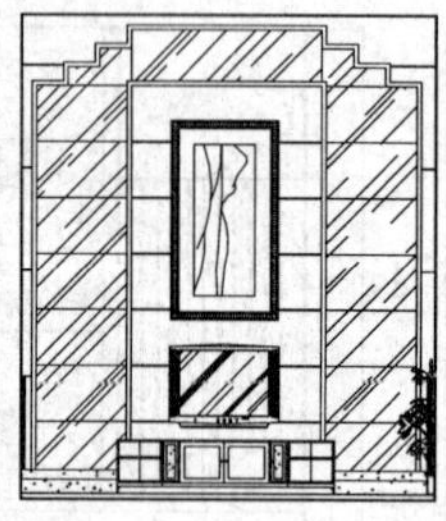

图 11-119 填充图案

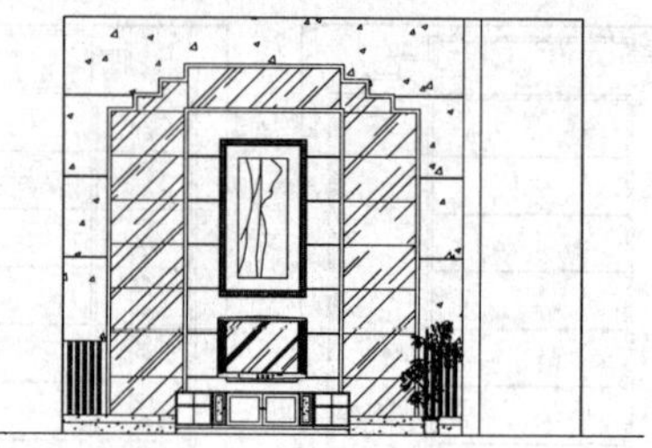

图 11-120 填充墙面

9. 绘制楼板

01 调用 LINE/L【直线】命令，绘制线段，如图 11-121 所示。

02 调用 HATCH/H【图案填充】命令，在线段内填充 SOLID 图案表示楼板，如图 11-122 所示。

10. 绘制阳台窗户

01 调用 RECTANG/REC【矩形】命令、LINE/L【直线】命令和 OFFSET/O【偏移】命令，绘制窗户轮廓，如图 11-123 所示。

02 调用 HATCH/H【图案填充】命令，对窗户填充 AR-RROOF 图案，填充效果如图 11-124 所示。

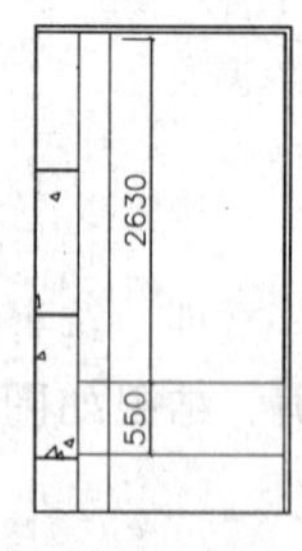

图 11-121 绘制线段

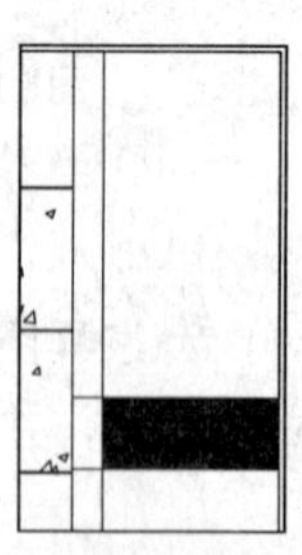

图 11-122 填充图案

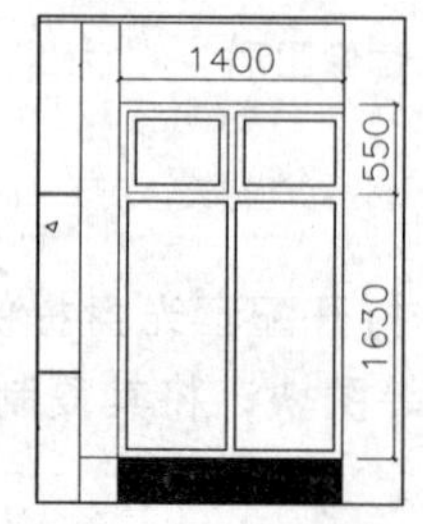

图 11-123 绘制窗户轮廓

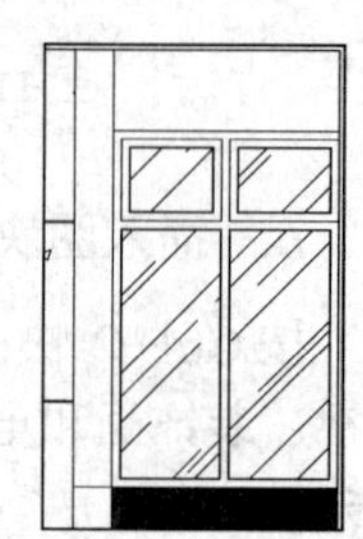

图 11-124 填充图案

03 调用 COPY/CO【复制】命令，将窗户图形复制到下方，如图 11-125 所示。

04 从图库中插入窗帘图形到窗户的右侧，如图 11-126 所示。

11. 标注尺寸和材料说明

01 设置“BZ_标注”图层为当前图层，设置当前注释比例为 1：50。

02 调用 DIMLINEAR/DLI【线性标注】命令或执行【标注】|【线性】命令，并结合 DIMCONTINUE/DCO【连续性标注】命令标注尺寸，结果如图 11-127 所示。

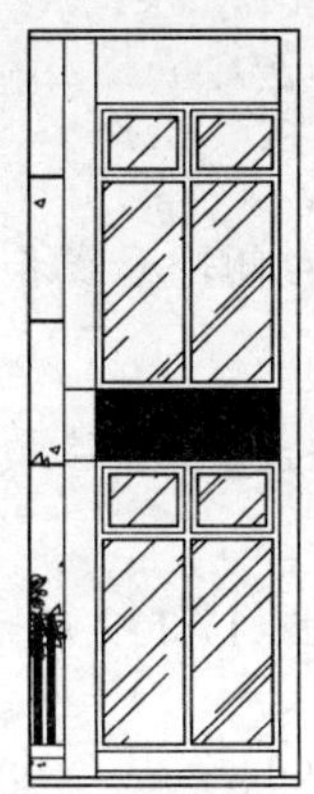

图 11-125 复制窗户

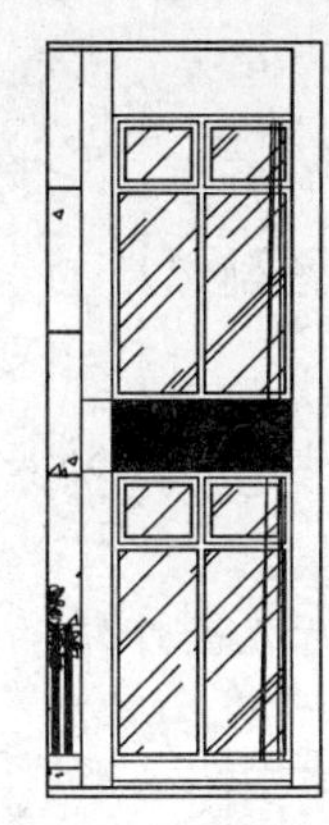

图 11-126 插入窗帘图形

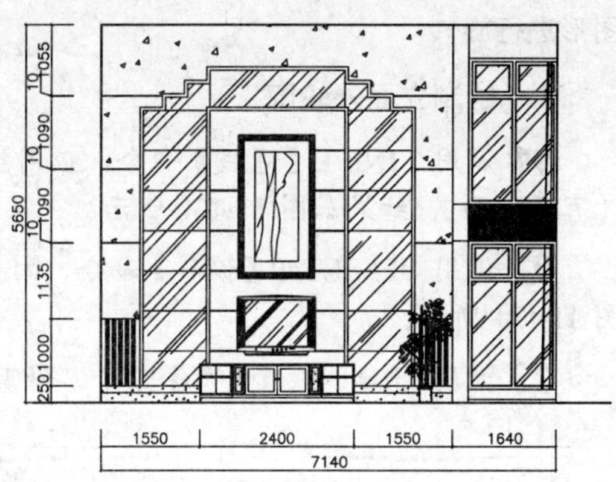

图 11-127 尺寸标注

03 调用 MLEADER/MLD【多重引线】命令进行材料标注，标注结果如图 11-128 所示。

12. 插入图名

调用插入图块命令 INSERT/I【插入】，插入“图名”图块，设置 B 立面图名称为“客厅 B 立面图”，客厅 B 立面图绘制完成。

11.7.2 绘制客厅 D 立面图

客厅 D 立面是沙发所在的背景墙，如图 11-129 所示，下面讲解绘制方法。

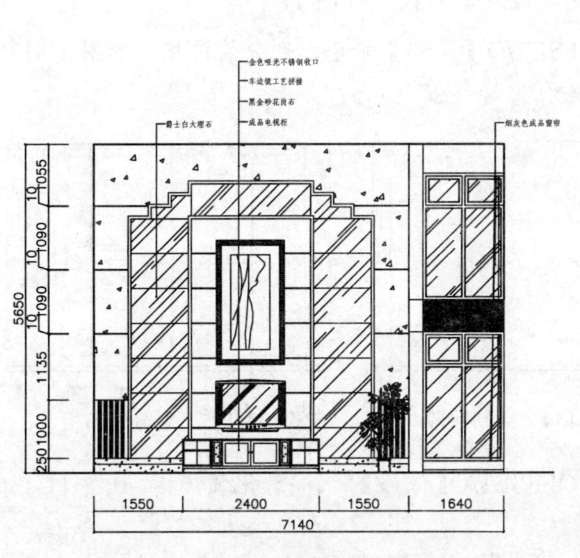

图 11-128 材料标注

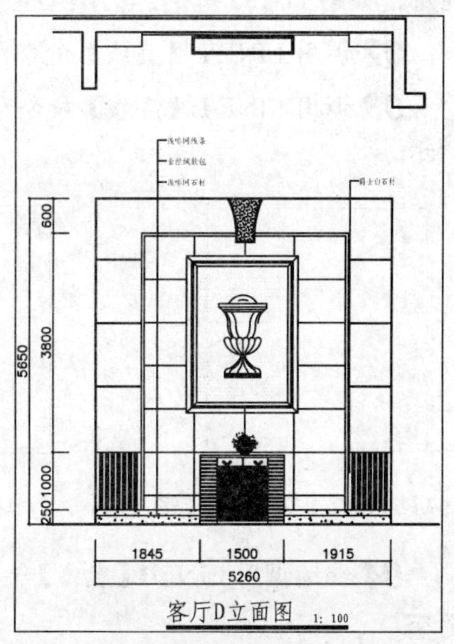

图 11-129 绘制客厅 D 立面图

1. 复制图形

调用 COPY/CO【复制】命令，复制一层平面布置图上客厅 D 立面的平面部分，并对图形进行旋转。

2. 绘制立面外轮廓

01 调用 LINE/L【直线】命令，应用投影法绘制客厅 D 立面左、右侧轮廓线和地面（客厅地面），结果如图 11-130 所示。

02 调用 OFFSET/O【偏移】命令，向上偏移地面线 5650 个单位，得到客厅顶面，如图 11-131 所示。

03 调用 TRIM/TR【修剪】命令，修剪出客厅立面外轮廓，结果如图 11-132 所示。

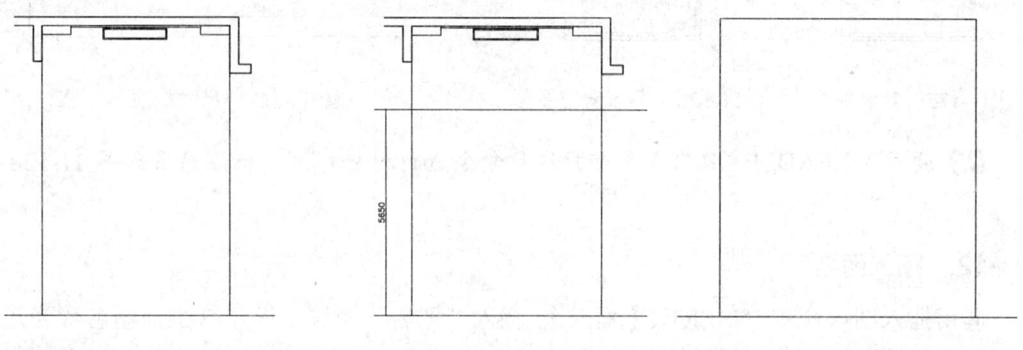

图 11-130 绘制墙体和地面　　图 11-131 绘制顶面　　图 11-132 修剪立面外轮廓

3. 绘制装饰柜

01 调用 RECTANG/REC【矩形】命令，绘制尺寸为 1500×1200 的矩形表示装饰柜轮廓，如图 11-133 所示。

02 调用 LINE/L【直线】命令，绘制线段表示面板，如图 11-134 所示。

03 调用 LINE/L【直线】命令和 OFFSET/O【偏移】命令，划分装饰柜，如图 11-135 所示。

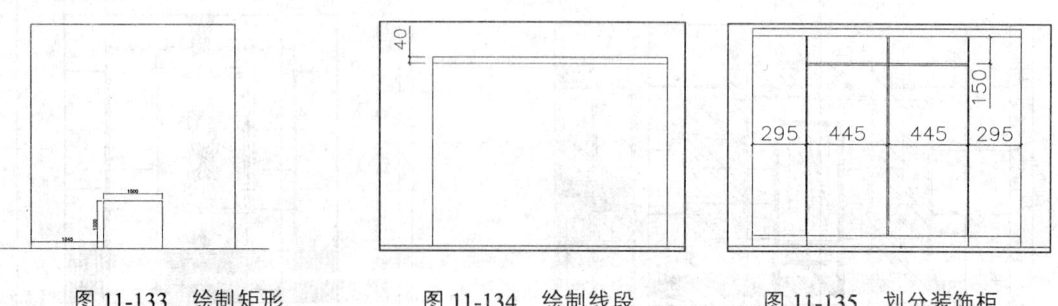

图 11-133 绘制矩形　　图 11-134 绘制线段　　图 11-135 划分装饰柜

04 继续调用 LINE/L【直线】命令和 OFFSET/O【偏移】命令，细化装饰柜，如图 11-136 所示。

05 调用 HATCH/H【图案填充】命令，在装饰柜填充 AR-PARQ1 图案，填充参数和效果如图 11-137 所示。

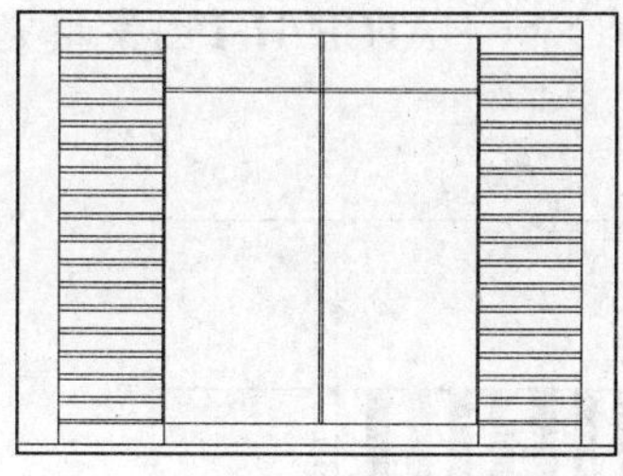

图 11-136　细化装饰柜

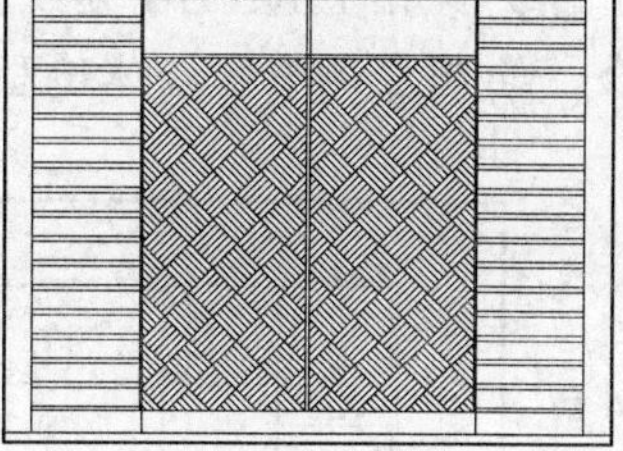

图 11-137　填充参数和效果

4. 绘制踢脚线

01 调用 LINE/L【直线】命令和 OFFSET/O【偏移】命令，绘制踢脚线，如图 11-138 所示。

02 调用 HATCH/H【图案填充】命令，在踢脚线内填充 AR-CONC 图案，填充效果如图 11-139 所示。

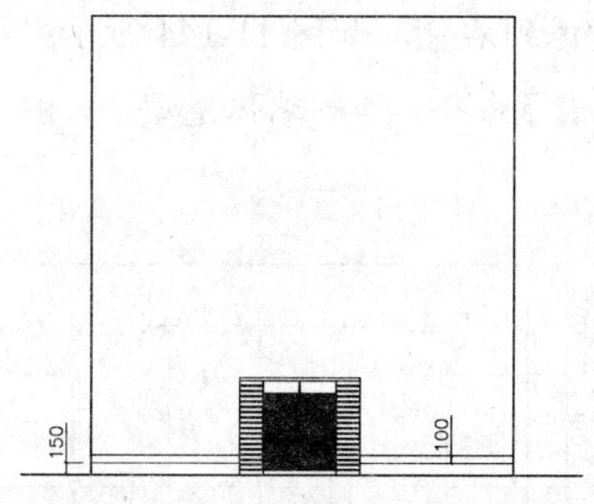

图 11-138　绘制踢脚线

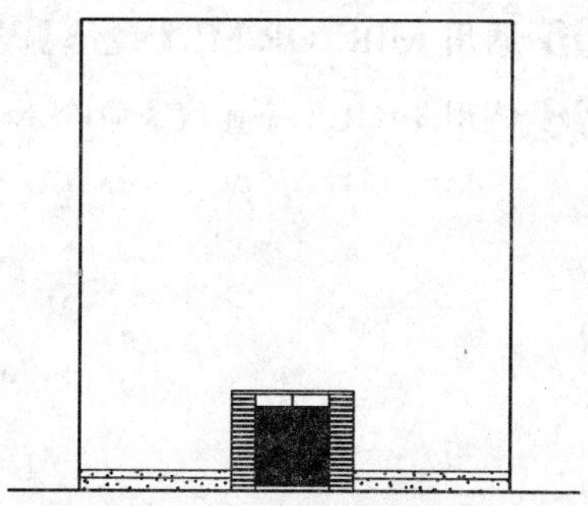

图 11-139　填充踢脚线

5. 绘制背景墙造型

01 调用 PLINE/PL【多段线】命令，绘制多段线，如图 11-140 所示。

02 调用 OFFSET/O【偏移】命令，将多段线向内偏移 50，如图 11-141 所示。

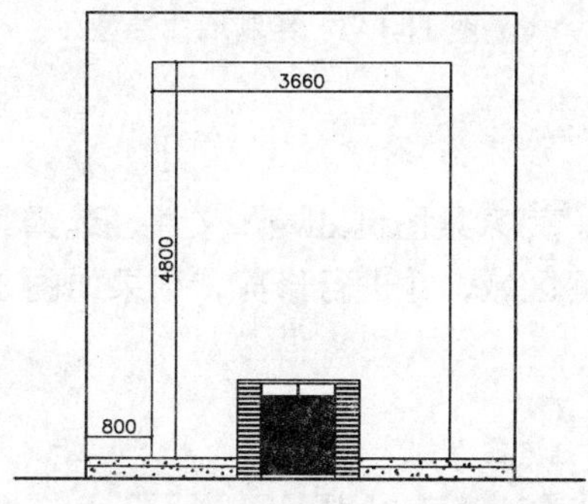

图 11-140　绘制多段线

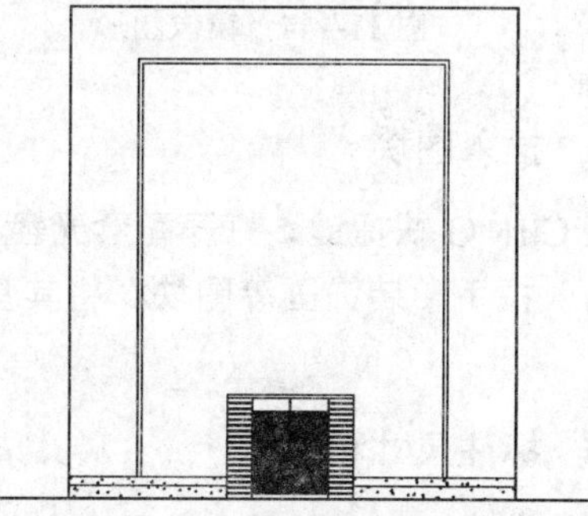

图 11-141　偏移多段线

03 调用 LINE/L【直线】命令和 OFFSET/O【偏移】命令，绘制线段，如图 11-142 所示。

04 调用 LINE/L【直线】命令、OFFSET/O【偏移】命令和 HATCH/H【图案填充】命令，绘制左侧下方墙体造型，如图 11-143 所示。

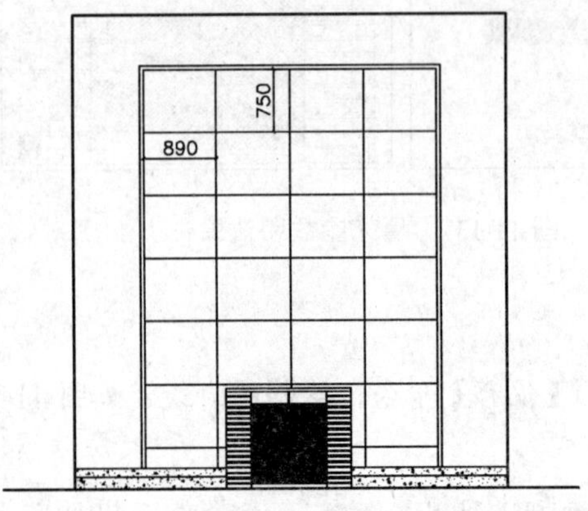

图 11-142　绘制线段

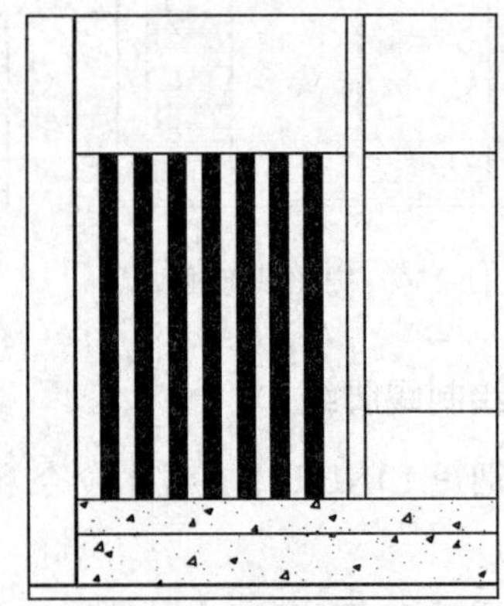

图 11-143　绘制墙体造型

05 调用 MIRROR/MI【镜像】命令，将造型镜像到右侧，如图 11-144 所示。

06 调用 LINE/L【直线】命令和 OFFSET/O【偏移】命令，绘制墙体造型，如图 11-145 所示。

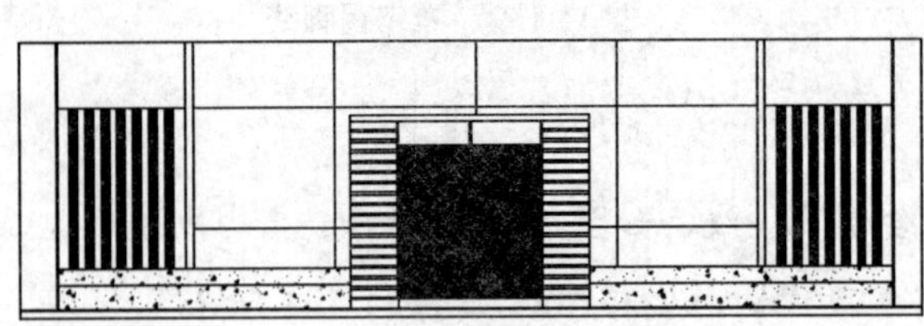

图 11-144　镜像图形

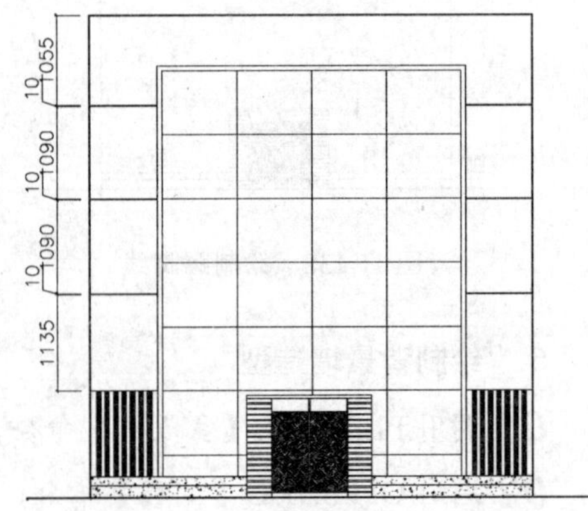

图 11-145　绘制墙体造型

6. 插入图块

按 Ctrl+O 快捷键，打开配套光盘提供的“第 11 章\家具图例.dwg”文件，选择其中的陈设品、拉手和装饰画等图块，将其复制至客厅立面区域，并进行修剪，结果如图 11-146 所示。

7. 标注尺寸和材料

01 设置“BZ_标注”图层为当前图层，设置当前注释比例为 1 ： 50。

02 调用 DIMLINEAR/DLI【线性标注】命令或执行【标注】|【线性】命令，并结合 DIMCONTINUE/DCO【连续性标注】命令标注尺寸，结果如图 11-147 所示。

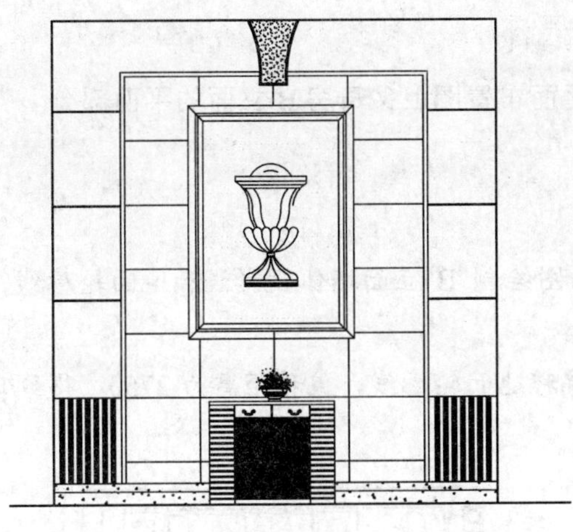

图 11-146　插入图块

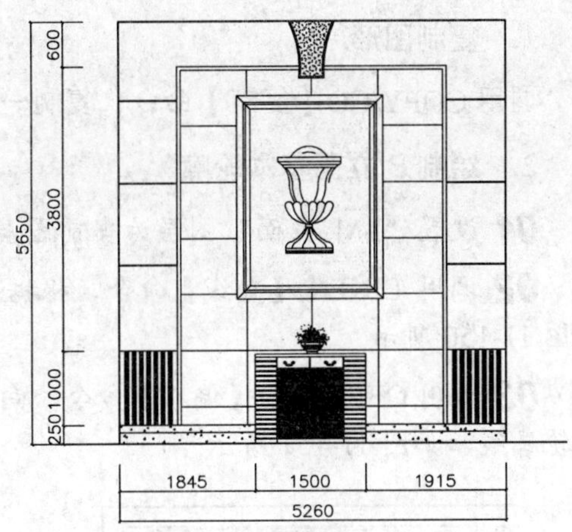

图 11-147　标注尺寸

03 调用 MLEADER/MLD【多重引线】命令进行材料标注，标注结果如图 11-148 所示。

8. 插入图名

调用插入图块命令 INSERT/I【插入】，插入“图名”图块，设置 D 立面图名称为“客厅 D 立面图”，客厅 D 立面图绘制完成。

11.7.3 绘制父母房 B 立面图

父母房 B 立面图如图 11-149 所示，B 立面是床背景墙所在的立面，下面讲解绘制方法。

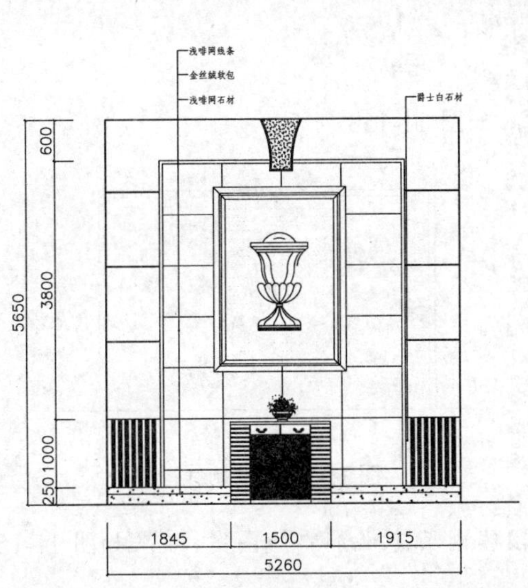

图 11-148　材料标注

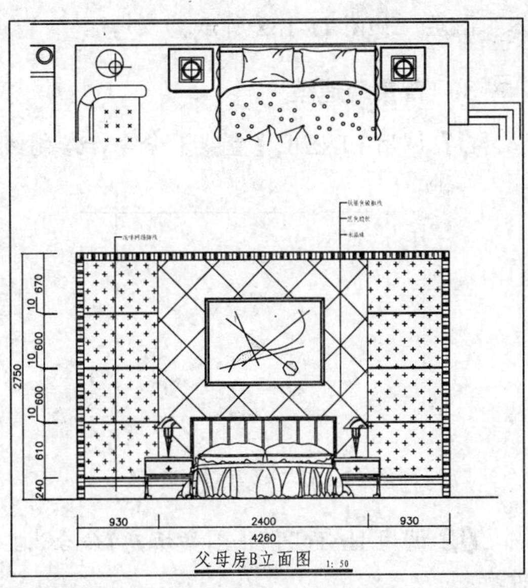

图 11-149　父母房 B 立面图

1. 复制图形

调用 COPY/CO【复制】命令，复制一层平面布置图上父母房 B 立面的平面部分。

2. 绘制 B 立面基本轮廓

01 设置“LM_立面”图层为当前图层。

02 调用 LINE/L【直线】命令，根据平面图绘制 B 立面墙体投影线和地面轮廓线，如图 11-150 所示。

03 调用 OFFSET/O【偏移】命令，向上偏移地面轮廓线，偏移距离为 2750，得到顶面轮廓线，如图 11-151 所示。

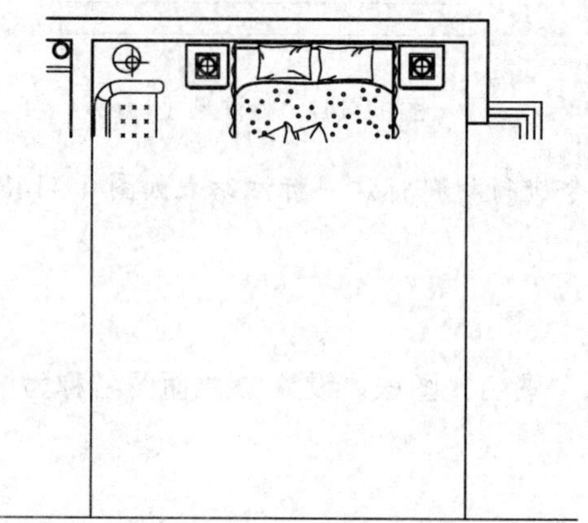

图 11-150　绘制墙体和地面

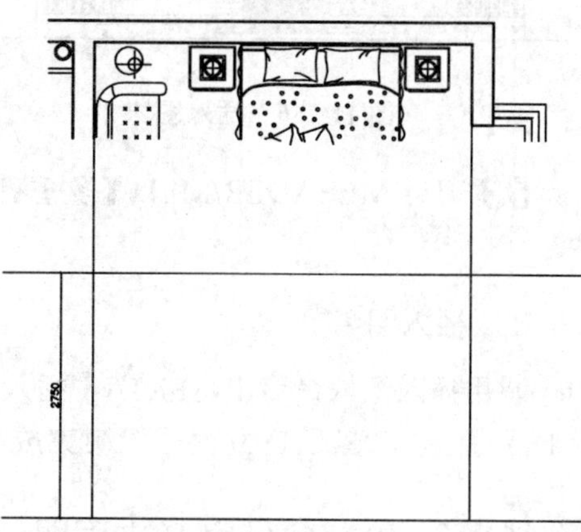

图 11-151　绘制顶面

04 调用 TRIM/TR【修剪】命令，修剪掉多余线段，并将立面外轮廓转换至“QT_墙体”图层，如图 11-152 所示。

3. 背景墙造型

01 调用 LINE/L【直线】命令，绘制线段，如图 11-153 所示。

图 11-152　修剪立面轮廓

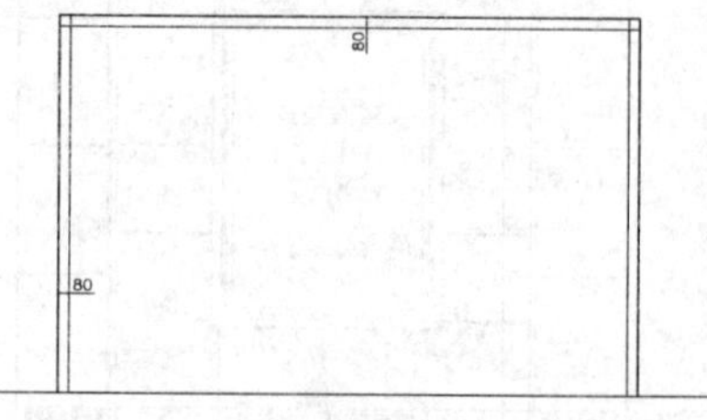

图 11-153　绘制线段

02 调用 HATCH/H【图案填充】命令，在多段线内填充 AR-RROOF 图案，效果如图 11-154 所示。

03 调用 LINE/L【直线】命令和 OFFSET/O【偏移】命令，绘制踢脚线，如图 11-155 所示。

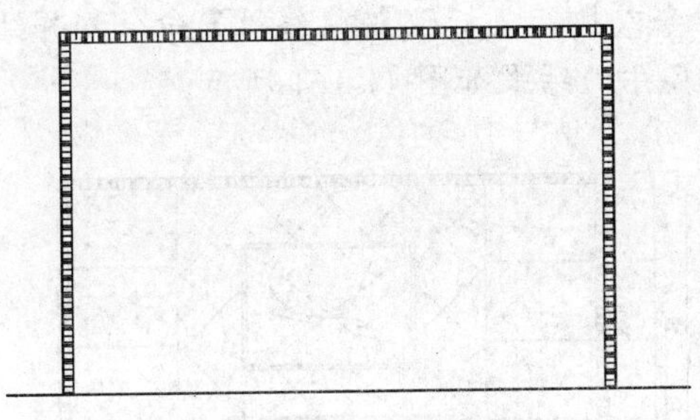
图 11-154 填充图案效果

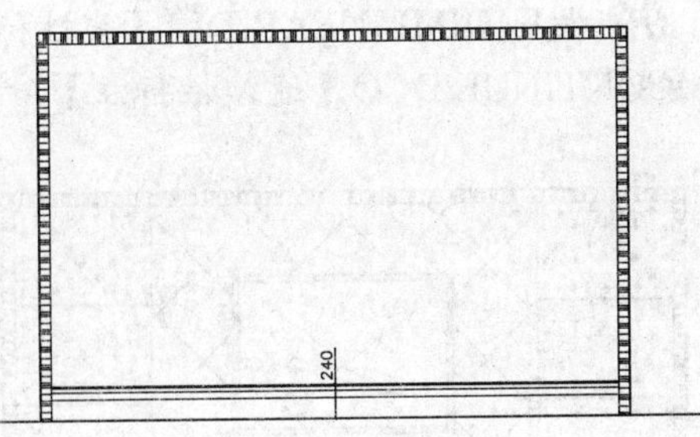

图 11-155 绘制踢脚线

04 调用 PLINE/PL【多段线】命令，绘制多段线，如图 11-156 所示。

05 调用 HATCH/H【图案填充】命令，在多段线内填充“用户定义”图案，填充效果如图 11-157 所示。

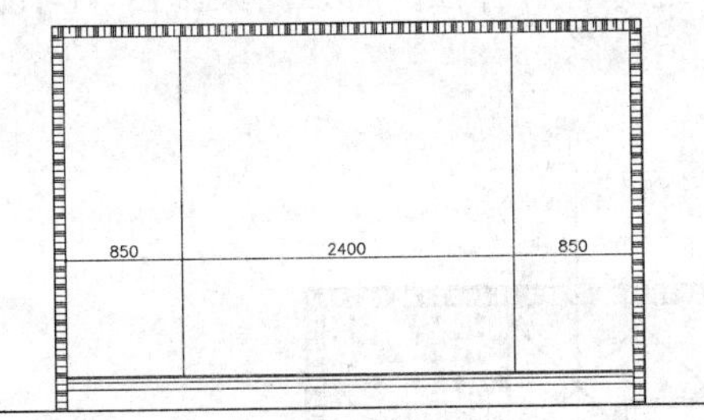

图 11-156 绘制线段

图 11-157 填充图案效果

06 调用 LINE/L【直线】命令和 OFFSET/O【偏移】命令，绘制线段，如图 11-158 所示。

07 调用 HATCH/H【图案填充】命令，对背景墙填充 CROSS 图案，填充参数和效果如图 11-159 所示。

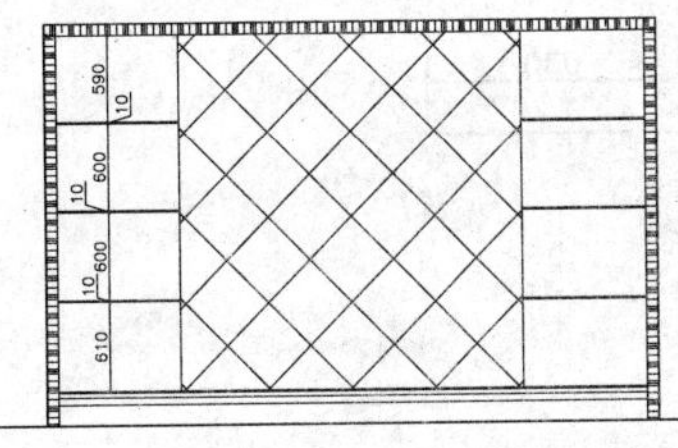

图 11-158 绘制线段

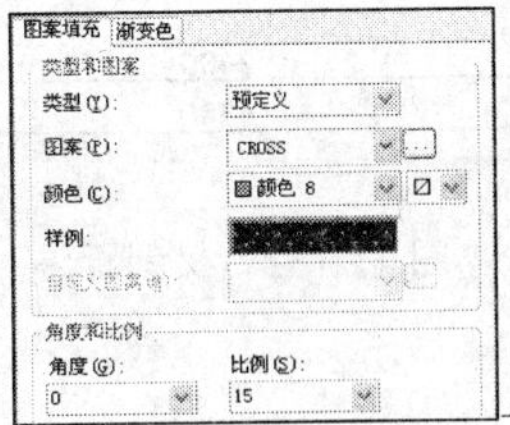

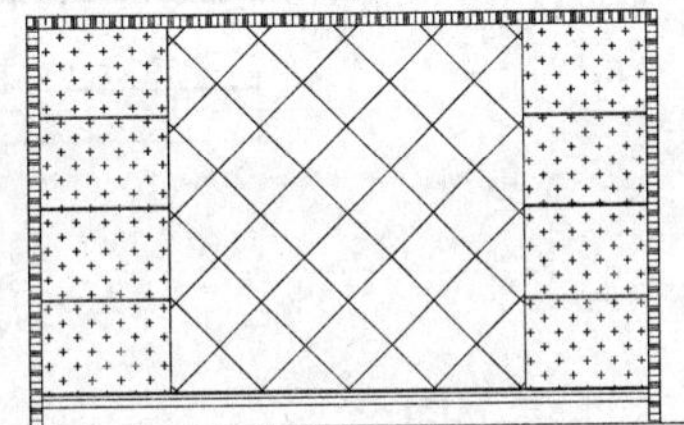
图 11-159 填充参数和效果

4. 插入图块

从图库中调入床、床头柜、装饰画和台灯等图块，并进行修剪，完成后的效果如图 11-160 所示。

5. 标注尺寸和说明文字

01 设置“BZ_标注”图层为当前图层，设置当前注释比例为 1∶50。

02 调用 DIMLINEAR/DLI【线性标注】命令或执行【标注】|【线性】命令，并结合 DIMCONTINUE/DCO【连续性标注】命令标注尺寸，结果如图 11-161 所示。

图 11-160　插入图块

图 11-161　尺寸标注

03 调用 MLEADER/MLD【多重引线】命令进行材料标注，标注结果如图 11-162 所示。

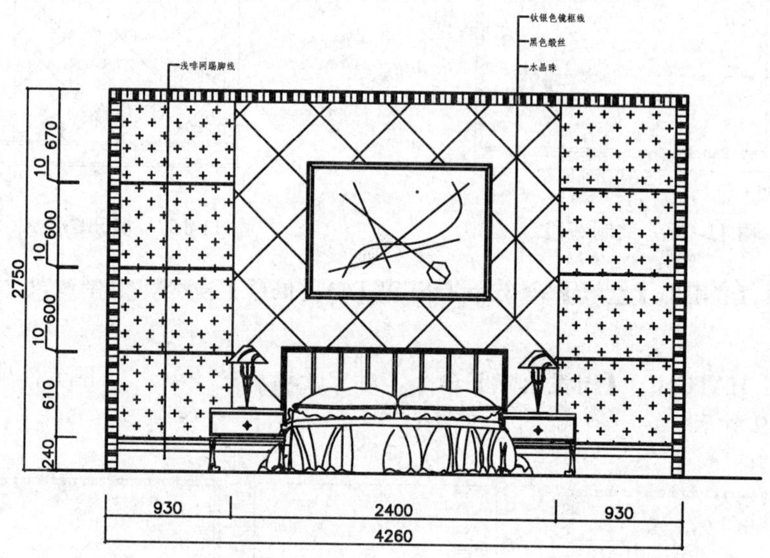

图 11-162　材料标注

6. 插入图名

调用插入图块命令 INSERT/I【插入】，插入“图名”图块，设置立面图名称为“父母房 B 立面图”，父母房 B 立面图绘制完成。

11.7.4　绘制其他立面图

按照上述方法绘制其他立面图，如图 11-163～图 11-166 所示。

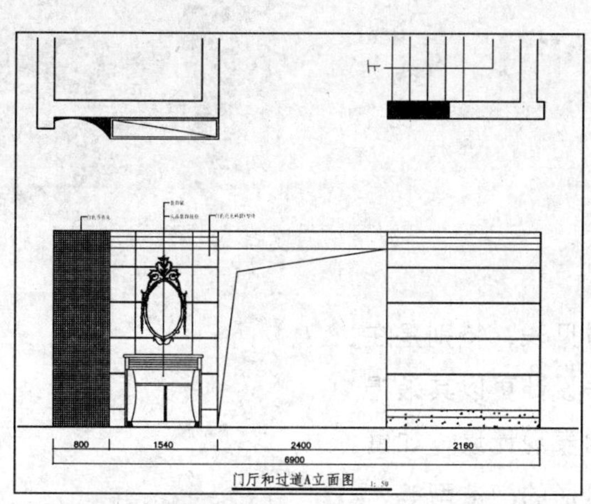

图 11-163　绘制玄关和过道 A 立面图

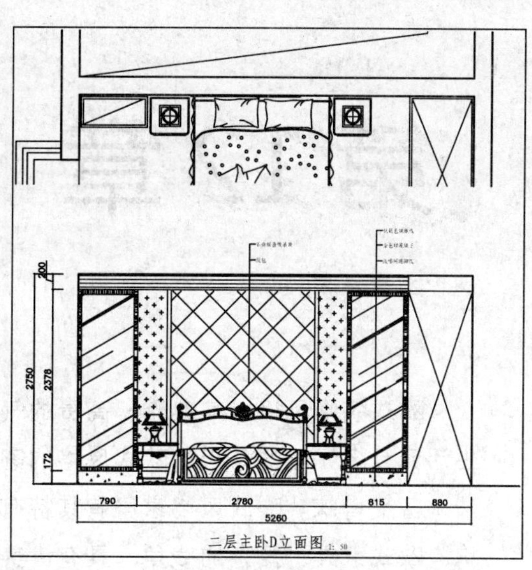

图 11-164　绘制二层主卧 D 立面图

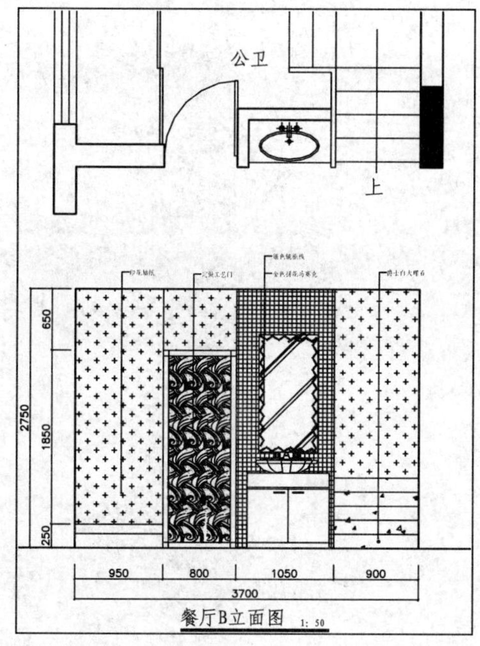

图 11-165　餐厅 B 立面图

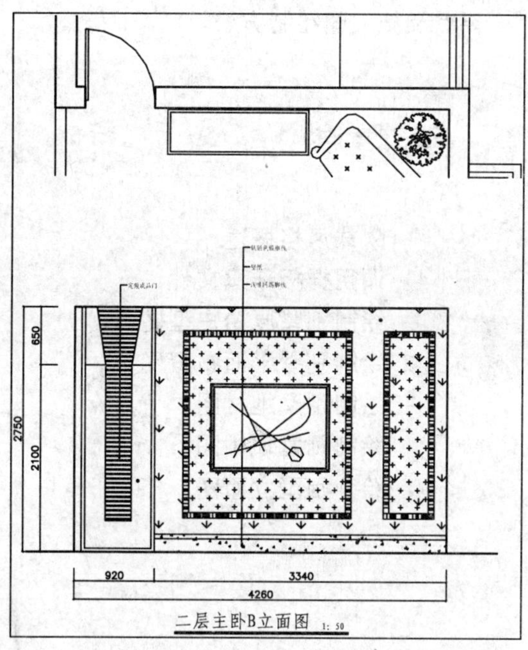

图 11-166　二层主卧 B 立面图

第 12 章

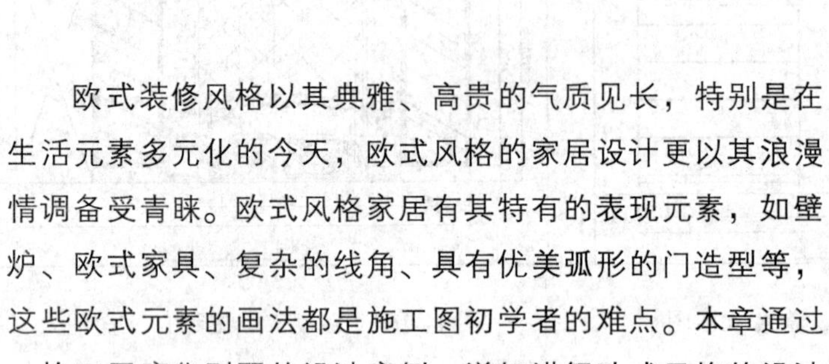

本章导读：

欧式装修风格以其典雅、高贵的气质见长，特别是在生活元素多元化的今天，欧式风格的家居设计更以其浪漫情调备受青睐。欧式风格家居有其特有的表现元素，如壁炉、欧式家具、复杂的线角、具有优美弧形的门造型等，这些欧式元素的画法都是施工图初学者的难点。本章通过一栋双层豪华别墅的设计实例，详细讲解欧式风格的设计要点及施工图绘制方法。

本章重点：

- 欧式风格概述
- 调用样板新建文件
- 绘制别墅原始户型图
- 绘制别墅平面布置图
- 绘制别墅地材图
- 绘制别墅顶棚图
- 绘制别墅立面图

欧式风格别墅室内设计

12.1 欧式风格概述

欧式风格按不同的地域文化可分为北欧、简欧和传统欧式，欧式的居室不只是豪华大气，更多的是给人一种惬意和浪漫的感觉。通过完美的曲线，精益求精的细节处理，给人一种不尽的舒服触感。

如图 12-1 所示为典型的欧式风格设计效果。

图 12-1 欧式风格效果

12.1.1 欧式风格构件

欧式风格室内构件有圆柱、旋转楼梯、壁炉、欧洲窗户等，如图 12-2 所示。

欧式柱的设计很有讲究，可以设计成典型的罗马柱造型，使整体空间具有更强烈的西方传统审美气息。

壁炉是西方文化的典型载体，选择欧式风格家装时，可以设计一个真的壁炉，也可以设计一个壁炉造型，辅以灯光，营造西方生活情调。

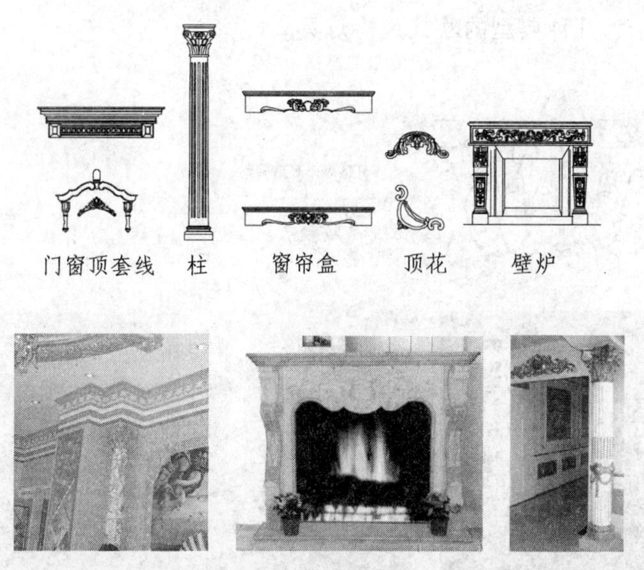

图 12-2 欧式风格构件

12.1.2 欧式风格家具

欧式风格家具常以兽腿、花束及螺钿雕刻来装饰，线条部位常以金钱、金边装饰，如图 12-3 所示。

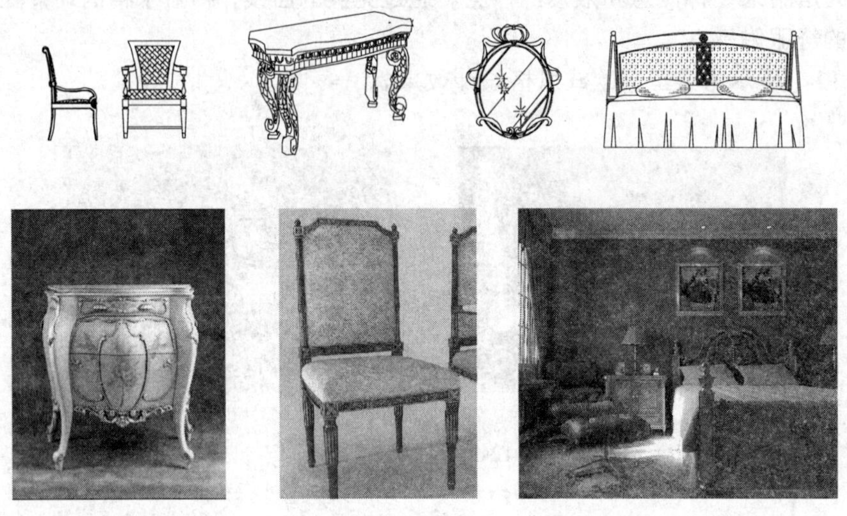

图 12-3 欧式风格家具

12.1.3 欧式风格灯具

在欧式风格的家居空间里，灯饰设计应选择具有西方风情的造型，比如壁灯。在整体明快、简约、单纯的房屋空间里，布置西方文化底蕴的壁灯，静静泛着影影绰绰的灯光，朦胧、浪漫之感油然而生。

如图 12-4 所示为几种典型的欧式风格灯具。

图 12-4 欧式风格灯具

12.1.4 欧式风格装饰要素

欧式风格装饰要素有墙纸、布艺窗帘、地毯、灯具和壁画等，通常欧式风格的室内装饰的墙纸、布艺、地毯等都带有艳丽的图案。

在欧式风格的家居空间里，最好能在墙上挂金属框抽象画或摄影作品，也可以选择一些西方艺术家名作的赝品，比如人体画，直接把西方艺术带到家里，以营造浓郁的艺术氛围，表现主人的文化涵养。

12.1.5 颜色设计要点

欧式风格中豪华、气派的室内场景多以白色、黄色或红色为主色调，以金色作局部装饰，其他颜色作点缀，烘托出宫殿式的效果。

素雅温馨的居室常采用白色或米黄色作为室内的主色调，以颜色素雅的布艺或墙纸装饰，室内的装饰品常为金色或银色。

12.2 调用样板新建文件

本书第 4 章创建了室内装潢施工图样板，该样板已经设置了相应的图形单位、样式、图层和图块等，原始户型图可以直接在此样板的基础上进行绘制。

01 执行【文件】|【新建】命令，打开“选择样板”对话框。

02 单击使用样板按钮，选择“室内装潢施工图模板”，如图 12-5 所示。

03 单击【打开】按钮，以样板创建图形，新图形中包含了样板中创建的图层、样式和图块等内容。

04 选择【文件】|【保存】命令，打开“图形另存为”对话框，在“文件名”框中输入文件名，单击【保存】按钮保存图形。

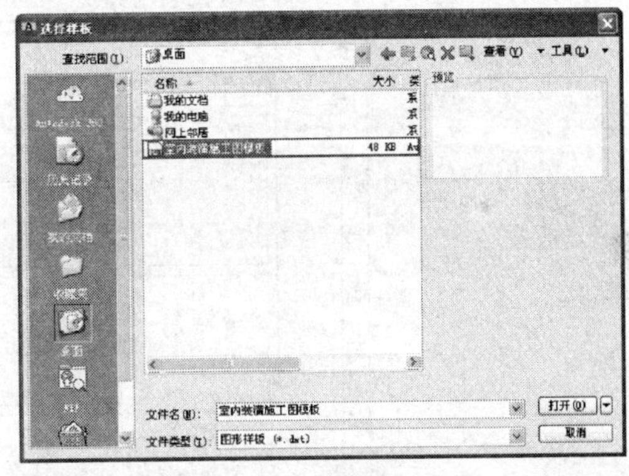

图 12-5 “选择样板”对话框

12.3 绘制别墅原始户型图

本欧式别墅一、二层原始户型图如图 12-6 和图 12-7 所示，请读者运用本书第 6 章介绍的方法进行绘制，这里就不再重复了。

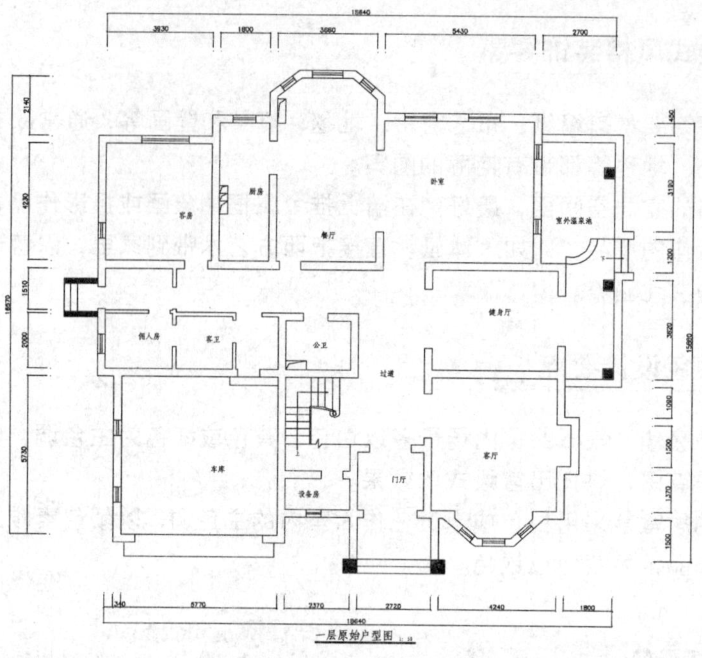

图 12-6　一层原始户型图

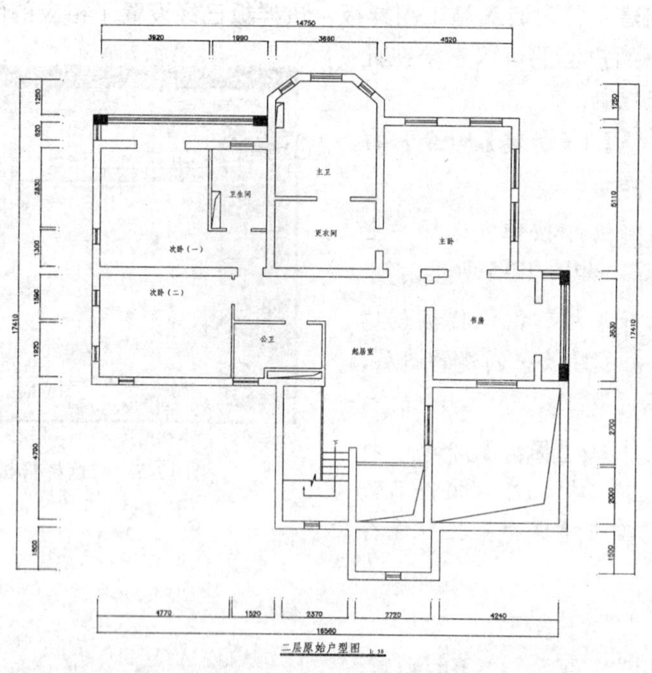

图 12-7　二层原始户型图

12.4　绘制别墅平面布置图

本章讲述欧式风格平面布置图的画法，绘制完成的一层和二层平面布置图如图 12-8

和图 12-9 所示。

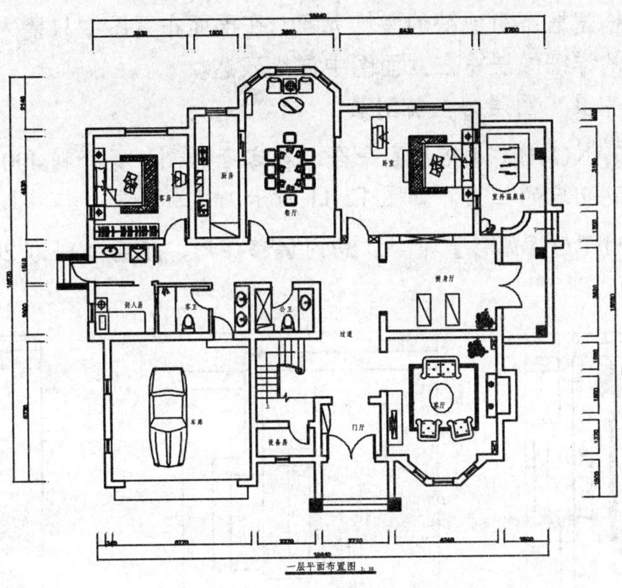

图 12-8 一层平面布置图

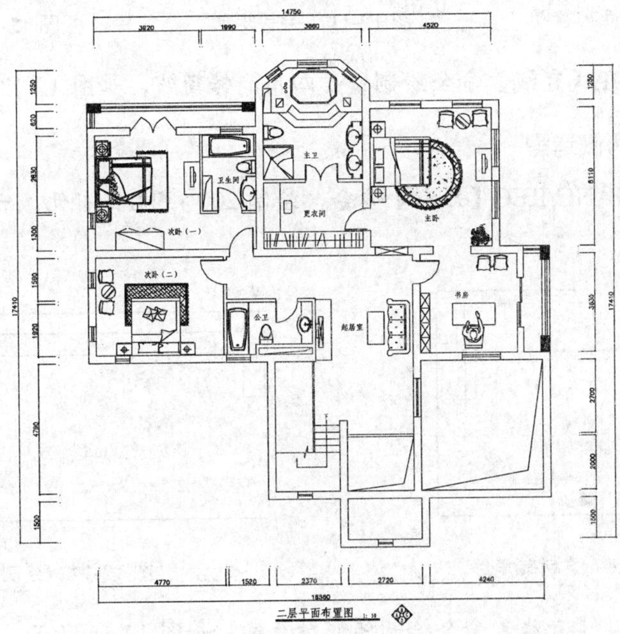

图 12-9 二层平面布置图

12.4.1 绘制客厅平面布置图

欧式客厅平面布置图如图 12-10 所示，为了体现出欧式风格的特点，这里选用了外形轮廓为弧形的欧式沙发图块。

1. 绘制壁炉

壁炉是欧式风格家居不可或缺的装饰元素，在平面布置图中只需大致表示出其外轮廓和位置即可，壁炉的详细做法将在立面图中详细表达。

01 设置"JJ_家具"图层为当前图层。

02 调用 RECTANG/REC【矩形】命令，在客厅右侧位置绘制 400×1800 的矩形表示壁炉轮廓，并移动到相应的位置，如图 12-11 所示。

03 调用 OFFSET/O【偏移】命令，向内偏移矩形，距离分别为 20 和 5，如图 12-12 所示。

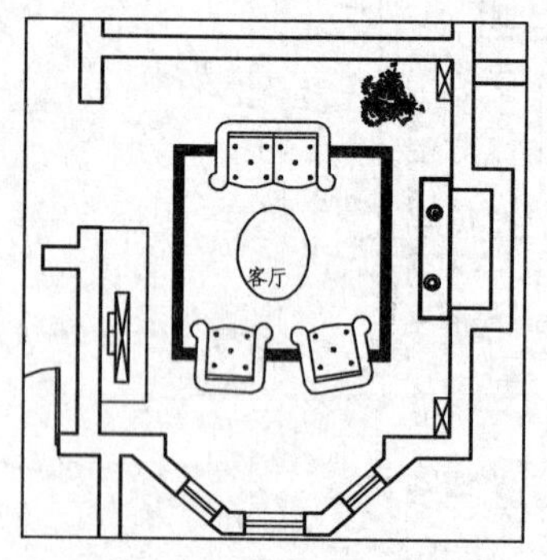

图 12-10　客厅平面布置图

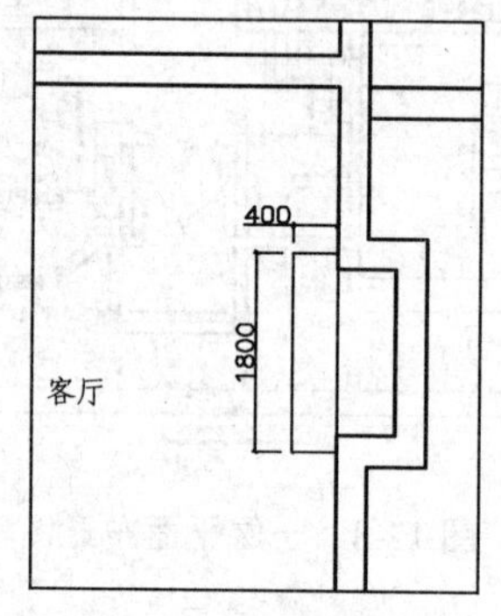

图 12-11　绘制矩形

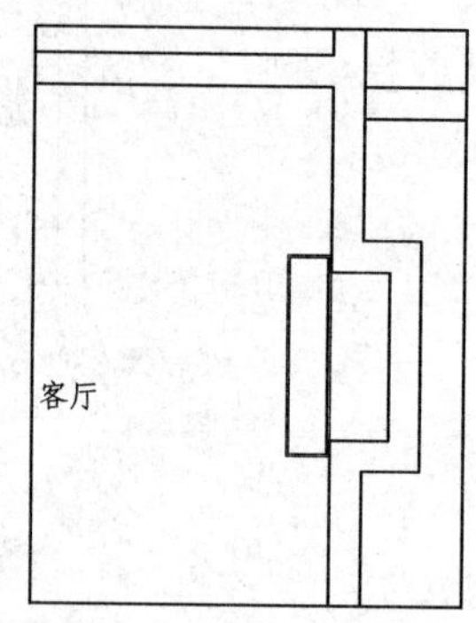

图 12-12　偏移矩形

04 调用 LINE/L【直线】命令绘制壁炉四角的转角线，如图 12-13 所示。

2. 绘制壁炉两侧造型

01 调用 RECTANG/REC【矩形】命令，绘制 200×500 的矩形表示壁炉两侧的高柜，如图 12-14 所示。

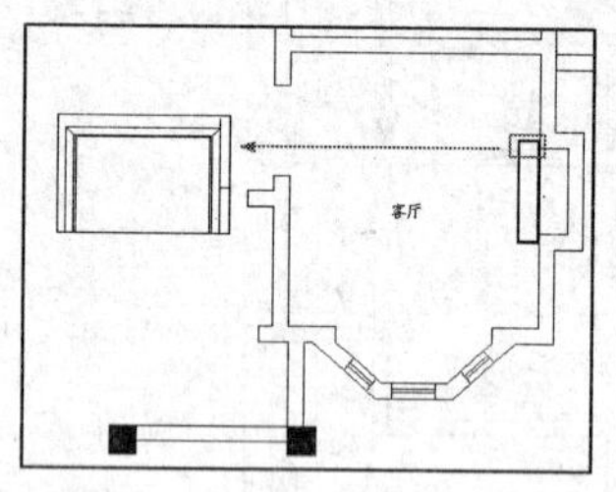

图 12-13　绘制转角线

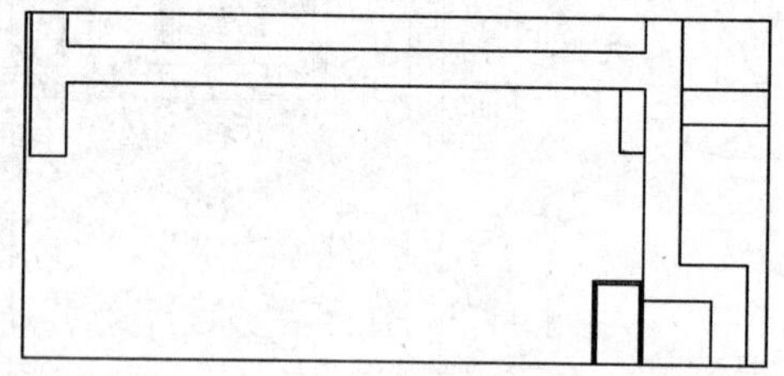

图 12-14　绘制矩形

02 调用 LINE/L【直线】命令绘制矩形对角线，如图 12-15 所示。

03 调用 COPY/CO【复制】命令，将高柜图形复制到壁炉另一侧，如图 12-16 所示。

3. 绘制电视柜

调用 RECTANG/REC【矩形】命令，在如图 12-17 所示位置绘制 600×2220 的矩形表示电视柜。

4. 插入图块

打开本书配套光盘中的“第 12 章\家具图例.dwg“文件，分别选择植物、电视机、音响及沙发等图形，按 Ctrl+C 键复制，按 Ctrl+Tab 键返回到平面布置图窗口，按 Ctrl+V 键粘贴图形，然后使用 MOVE/M【移动】命令将图形移到相应的位置，结果如图 12-10 所示。

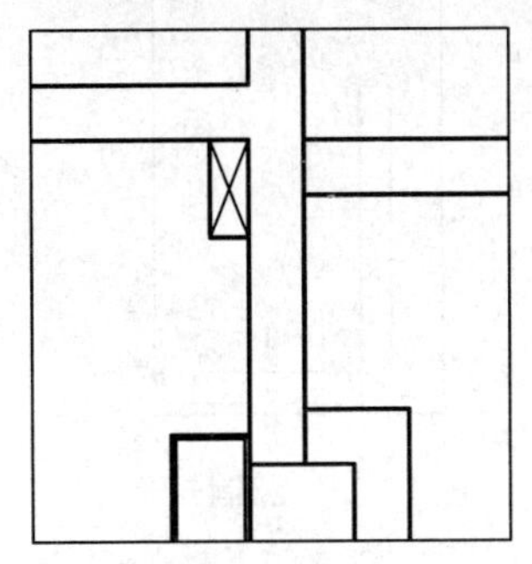

图 12-15　绘制对角线

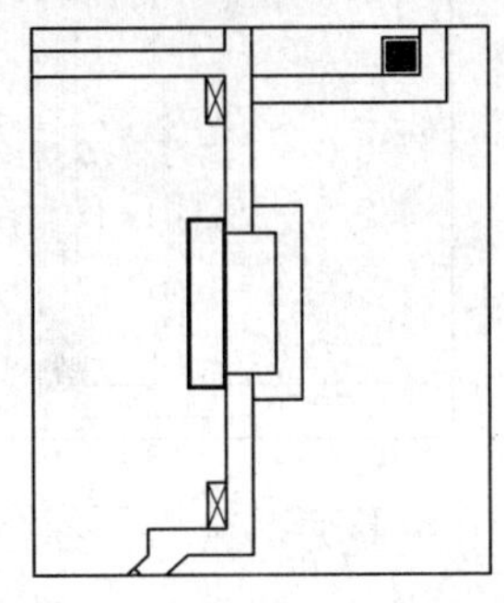

图 12-16　镜像高柜图形

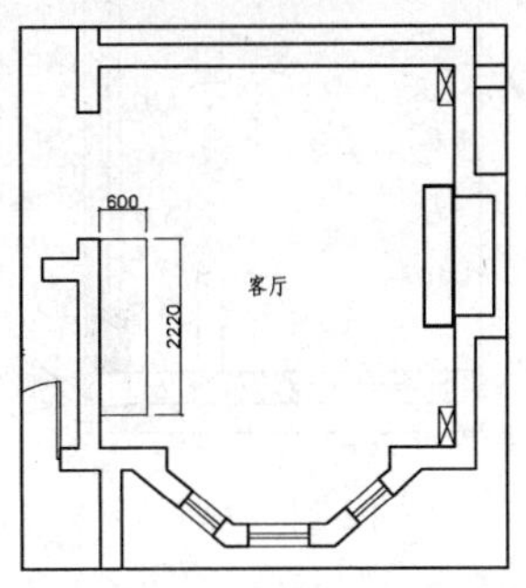

图 12-17　绘制矩形

12.4.2 绘制二层书房平面布置图

书房安排在与主卧相邻的位置，以方便主人休息和工作。书房平面布置图如图 12-18 所示，设置了书桌、书柜等家具。

1. 绘制门

调用 INSERT/I【插入】命令插入门图块，如图 12-19 所示。

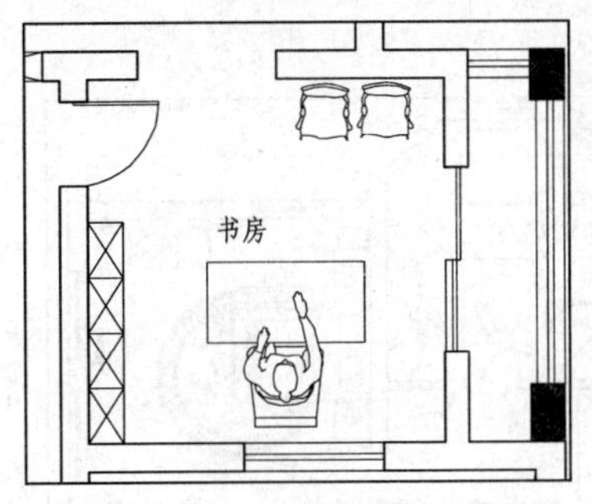

图 12-18　二层书房平面布置图

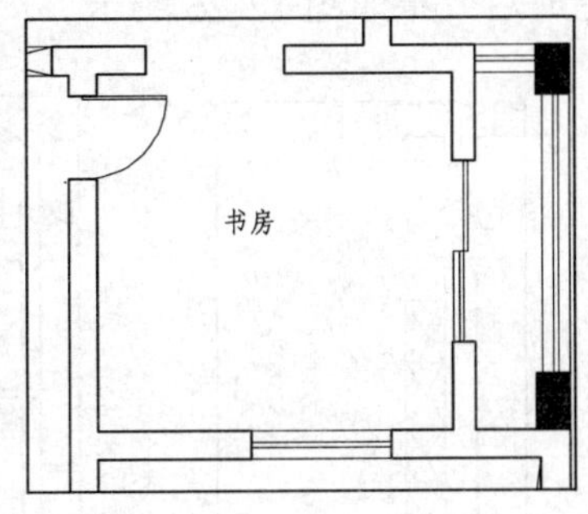

图 12-19　插入门图块

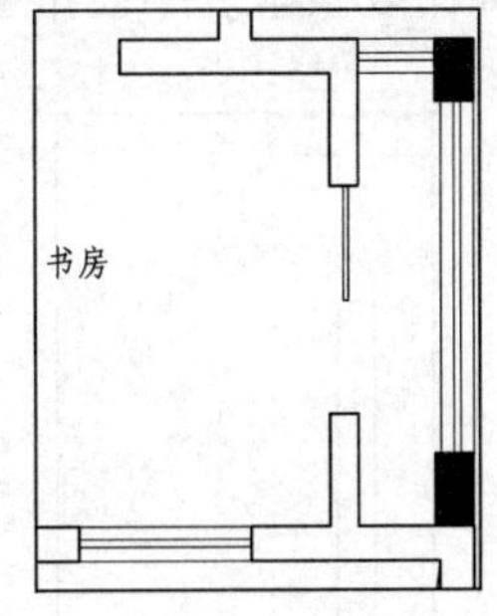

图 12-20　绘制矩形

2. 绘制推拉门

01 调用 RECTANG/REC【矩形】命令，绘制尺寸为 20×915 的矩形，如图 12-20 所示。

02 调用 COPY/CO【复制】命令，对矩形进行复制，如图 12-21 所示。

03 调用 RECTANG/REC【矩形】命令，绘制尺寸为 65×915 的矩形，如图 12-22 所示。

3. 绘制书柜

01 绘制书柜轮廓。调用 RECTANG/REC【矩形】命令，绘制尺寸为 350×550 的矩形，如图 12-23 所示。

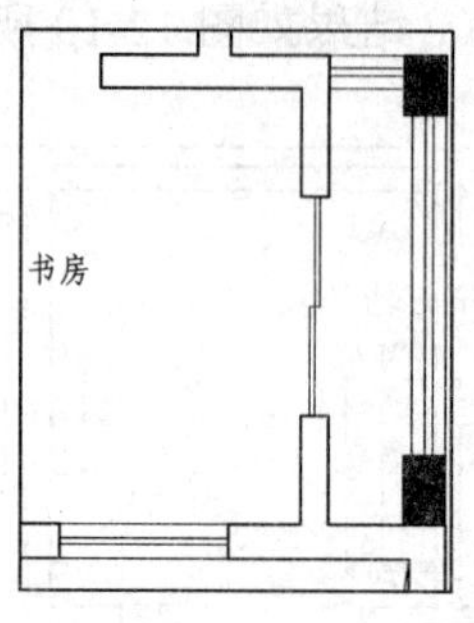

图 12-21 复制矩形

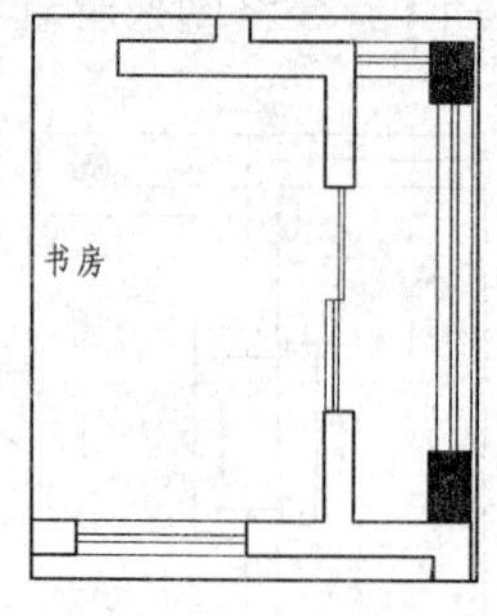

图 12-22 绘制矩形

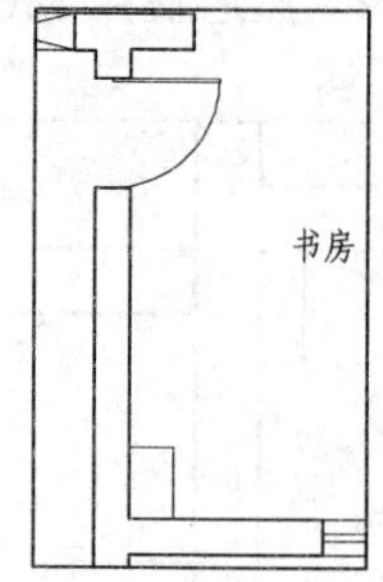

图 12-23 绘制矩形

02 调用 LINE/L【直线】命令，绘制书柜内交叉线，如图 12-24 所示。

03 调用 COPY/CO【复制】命令，向上复制图形，得到如图 12-25 所示效果。

4. 插入图块

打开本书配套光盘中的“第 12 章\家具图例.dwg”文件，分别将其中的家具等图形复制到当前图形中，并适当调整其位置，结果如图 12-18 所示。

12.4.3 绘制二层主卧和主卫平面布置图

二层主卧和主卫空间设计是本欧式别墅设计的一个亮点，平面布置功能齐全，材料和装饰比较豪华。平面布置图完成后效果如图 12-26 所示。

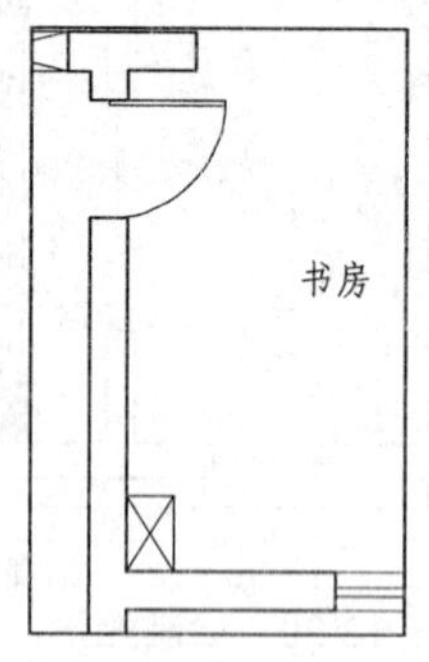

图 12-24 绘制线段

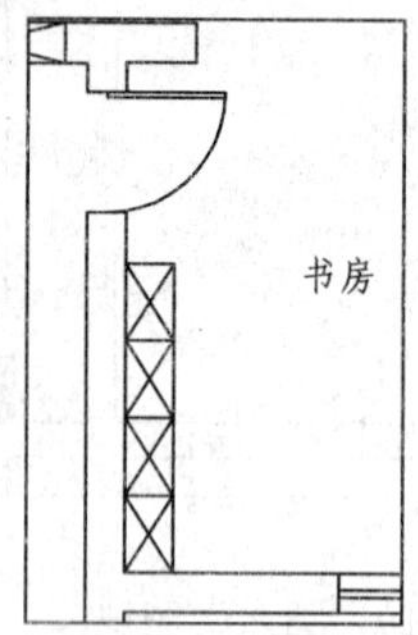

图 12-25 复制图形

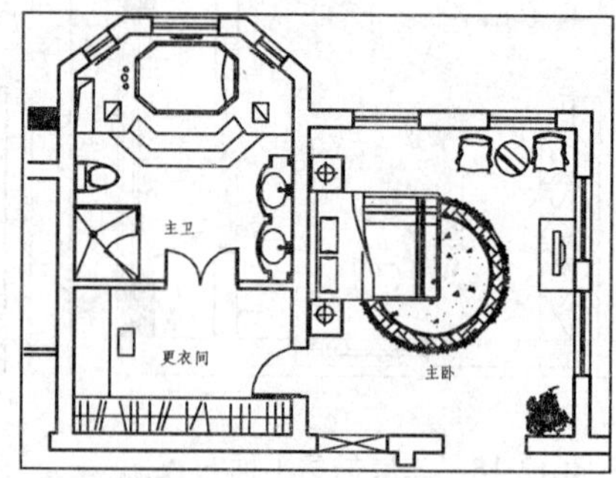

图 12-26 二层主卧和主卫平面布置图

1. 绘制主卧电视柜

01 调用 RECTANG/REC【矩形】命令，如图 12-27 所示位置绘制 600×1200 矩形表示电视柜。

02 调用 LINE/L【直线】命令，绘制如图 12-28 所示图形表示穿墙柜，使用穿墙柜可以有效节省空间。

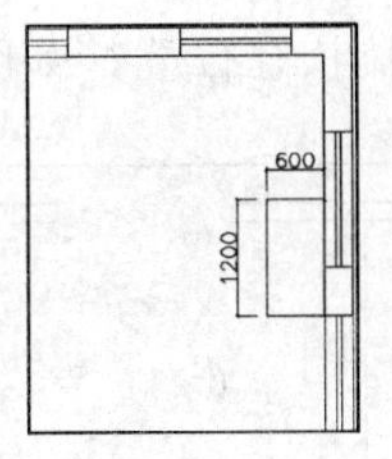

图 12-27　绘制电视柜

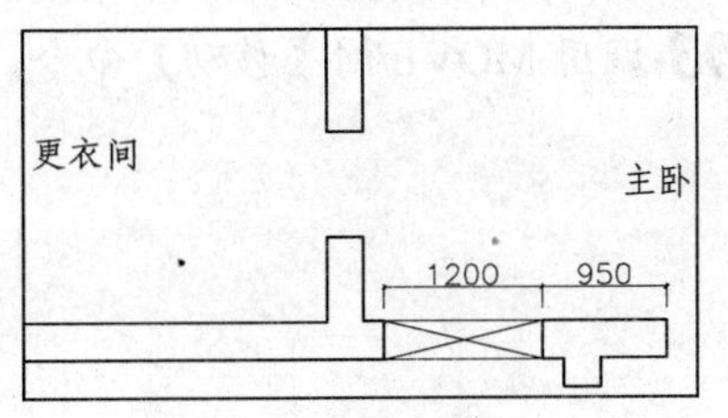

图 12-28　绘制穿墙柜

2. 绘制更衣间门

调用 INSERT/I【插入】命令，插入门图块，表示更衣间门，如图 12-29 所示。

3. 绘制衣柜

01 调用 OFFSET/O【偏移】命令，向内侧偏移墙线，偏移距离为 600，并将偏移后的线段转换至“JJ_家具”图层，结果如图 12-30 所示。

02 调用 OFFSET/O【偏移】命令，向内偏移衣柜轮廓线 300，得到衣柜挂杆，如图 12-31 所示。

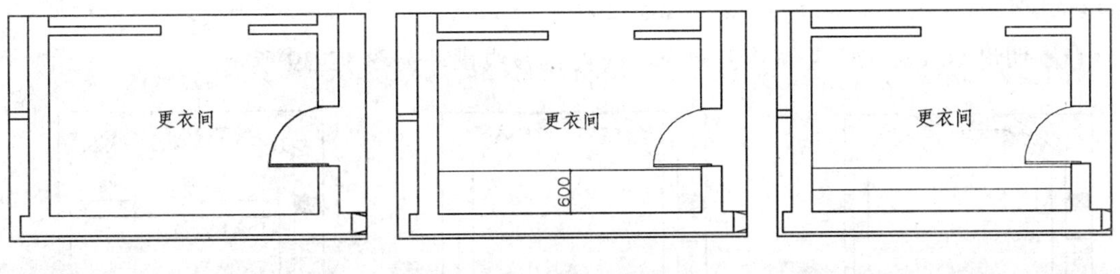

图 12-29　插入门图块　　图 12-30　偏移线段　　图 12-31　偏移线段

03 调用 LINE/L【直线】命令，在衣柜内右侧绘制垂直线段表示衣架，如图 12-32 所示，然后调用 COPY/CO【复制】命令，复制出其他衣架，并使用 ROTATE/RO【旋转】命令随意旋转衣架，使之产生不规则感，结果如图 12-33 所示。

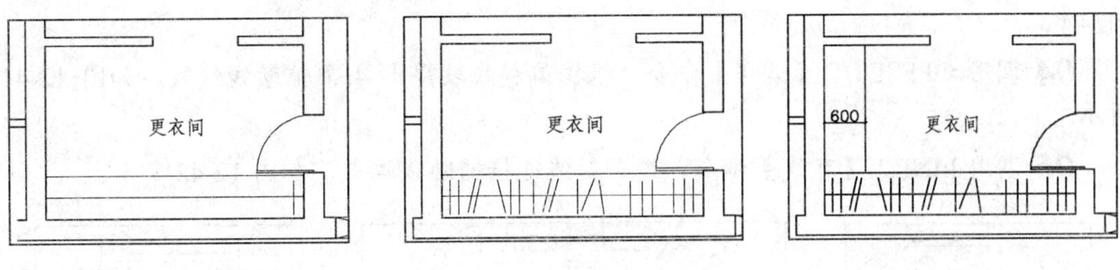

图 12-32　绘制垂直线段　　图 12-33　复制和旋转线段　　图 12-34　绘制线段

4. 绘制梳妆台凳子

01 调用 LINE/L【直线】命令，绘制线段表示梳妆台，如图 12-34 所示。

02 梳妆台凳子用圆角的矩形表示，使用 RECTANG/REC【矩形】命令绘制圆角矩形，如图 12-35 所示。

03 调用 MOVE/M【移动】命令，将圆角矩形移动到梳妆台位置，如图 12-36 所示。

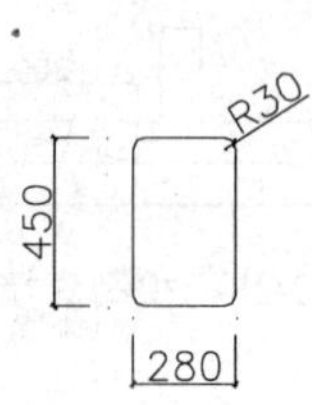

图 12-35 绘制圆角矩形

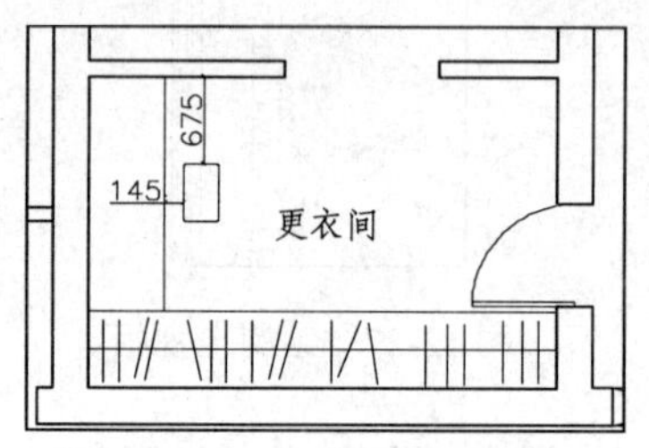

图 12-36 移动圆角矩形

5. 绘制双开门

调用 INSERT/I【插入】命令和 MIRROR/MI【镜像】命令，绘制双开门，如图 12-37 所示。

6. 绘制浴池

01 调用 LINE/L【直线】命令，以管道右下角为线段起点，向右绘制一条水平线，如图 12-38 所示。

02 调用 OFFSET/O【偏移】命令，向内偏移线段，如图 12-39 所示。

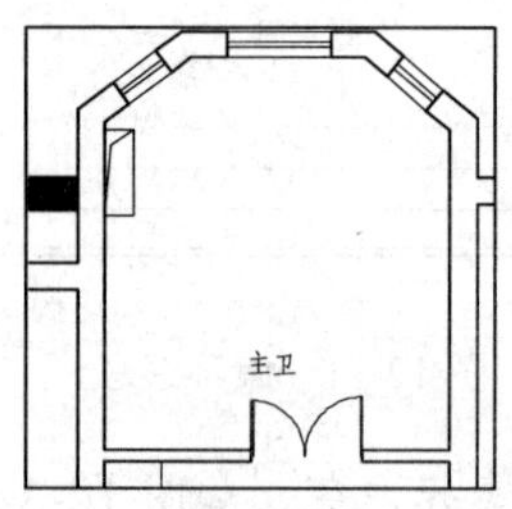

图 12-37 绘制双开门

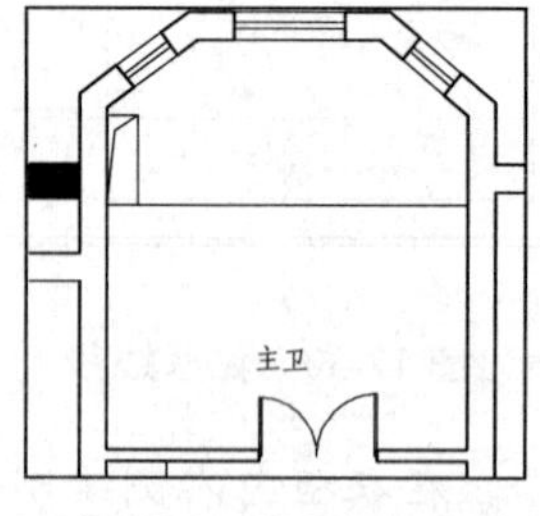

图 12-38 绘制线段

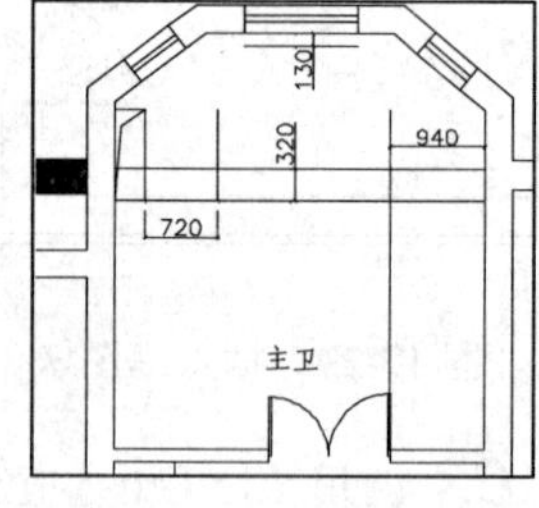

图 12-39 偏移线段

03 调用 FILLET/F【圆角】命令，对偏移的线段进行圆角处理，得到如图 12-40 所示的矩形。

04 调用 OFFSET/O【偏移】命令，根据偏移线段得出 4 条辅助线线段，如图 12-41 所示。

05 调用 LINE/L【直线】命令，绘制斜线连接辅助线端点，如图 12-42 所示。

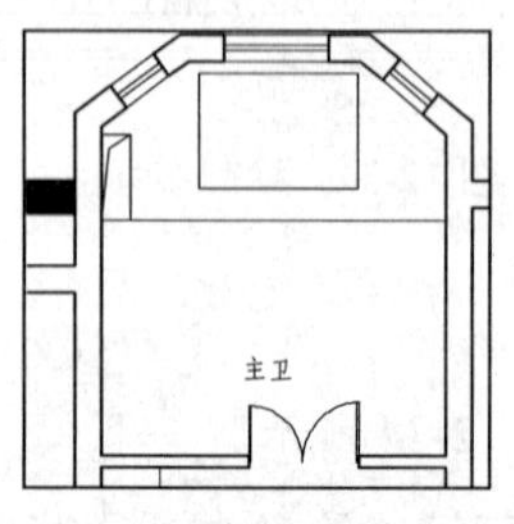

图 12-40 圆角线段

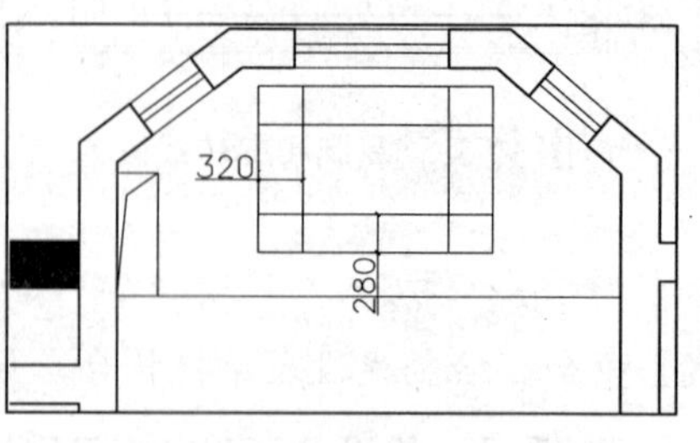

图 12-41 偏移线段

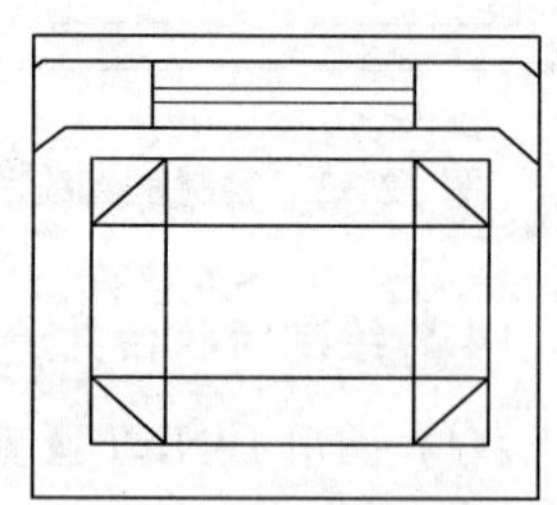

图 12-42 绘制线段

06 删除辅助线，并调用 TRIM/TR【修剪】多余线段，得到浴池轮廓如图 12-43 所示。

07 调用 OFFSET/O【偏移】命令向内偏移浴池轮廓线，偏移距离为 50，然后调用 FILLET/F【圆角】命令，对偏移的线段进行圆角处理，圆角半径为 0，得到浴池边缘轮廓，如图 12-44 所示。

08 调用 LINE/L【直线】命令，绘制如图 12-45 所示浴池边缘转角线。

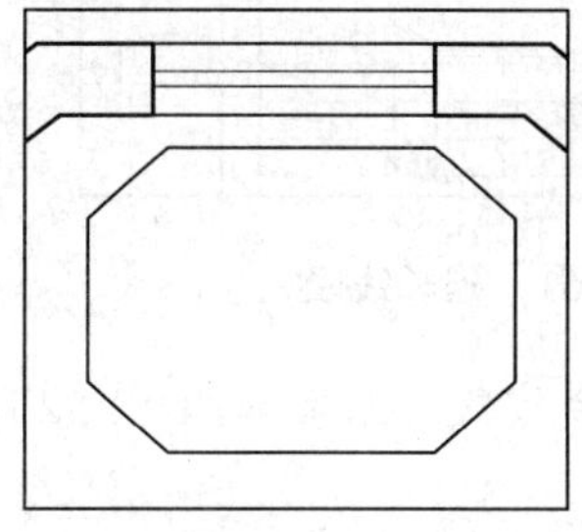

图 12-43 修剪图形

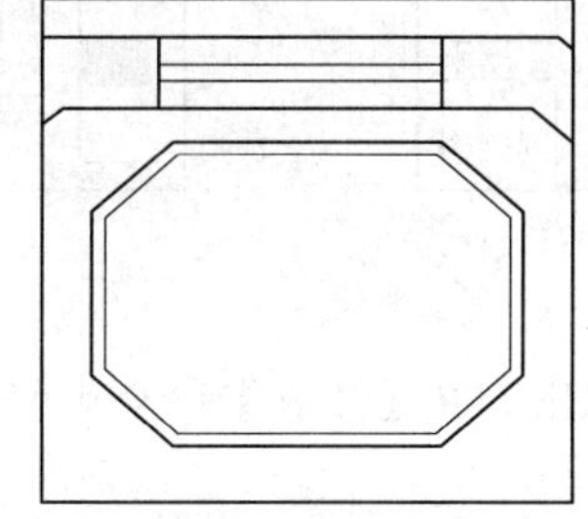

图 12-44 偏移并圆角

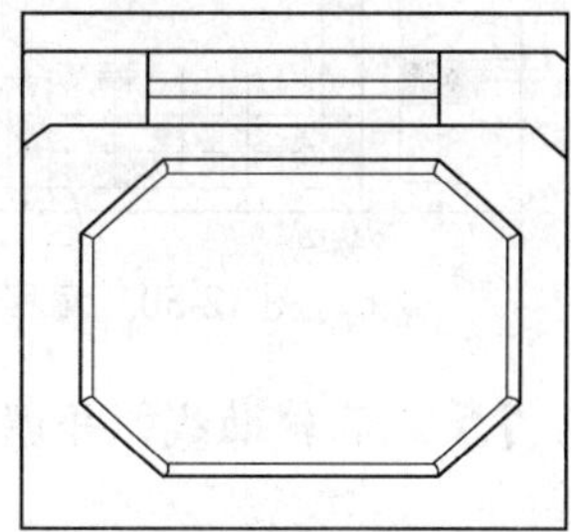

图 12-45 绘制转角线

09 绘制浴池踏步。调用 OFFSET/O【偏移】命令，分别向上、向下偏移线段，偏移距离为 270，如图 12-46 所示。

10 调用 LINE/L【直线】命令，绘制如图 12-47 所示垂直线段，垂直线段位于偏移线段的中点。

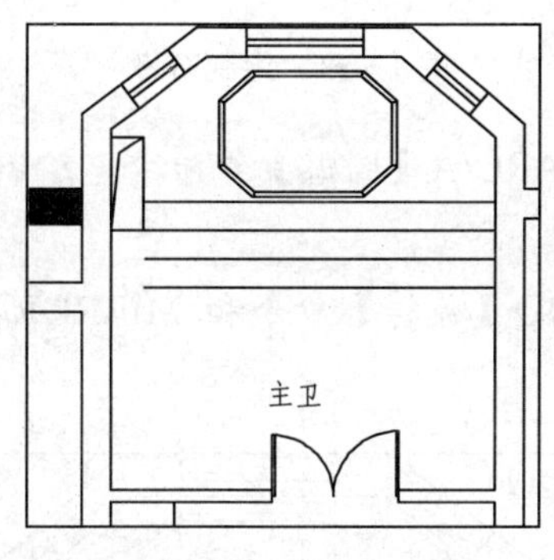

图 12-46 偏移线段

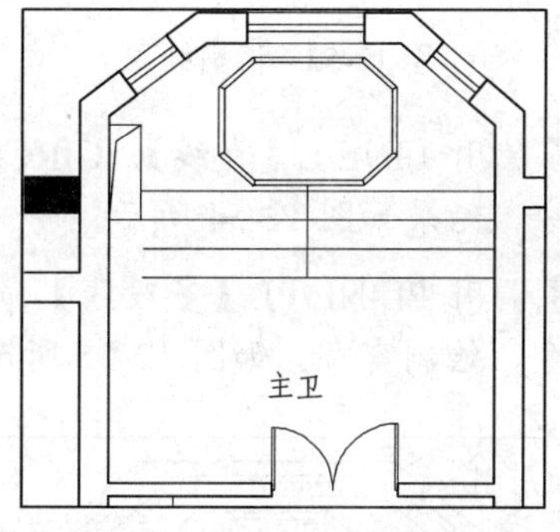

图 12-47 绘制垂直线段

11 调用 OFFSET/O【偏移】命令，向垂直线段两侧偏移出辅助线，如图 12-48 所示。

12 调用 LINE/L【直线】命令，绘制如图 12-49 所示斜线。

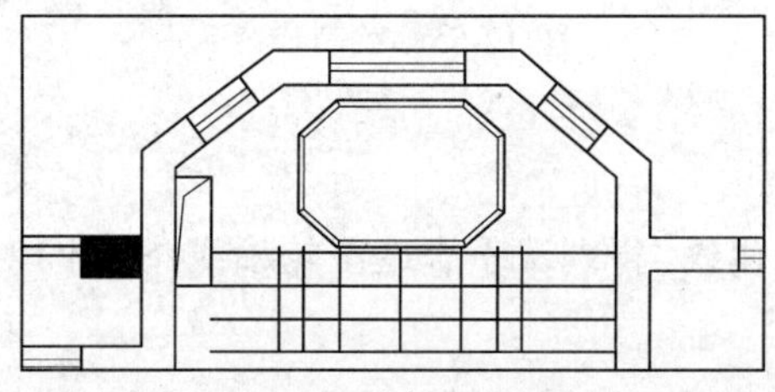

图 12-48 偏移线段

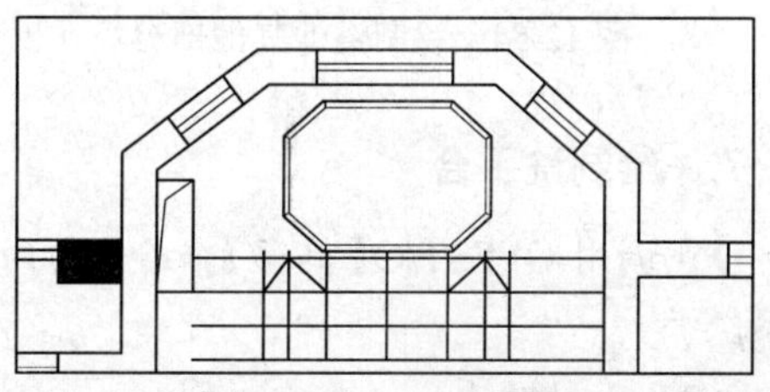

图 12-49 绘制线段

13 调用 OFFSET/O【偏移】命令，向下偏移如图 12-50 所示线段，偏移距离为 270。

14 调用 EXTEND/X【分解】命令，延伸偏移线段，使之与踏步轮廓线相交，如图 12-51 所示。

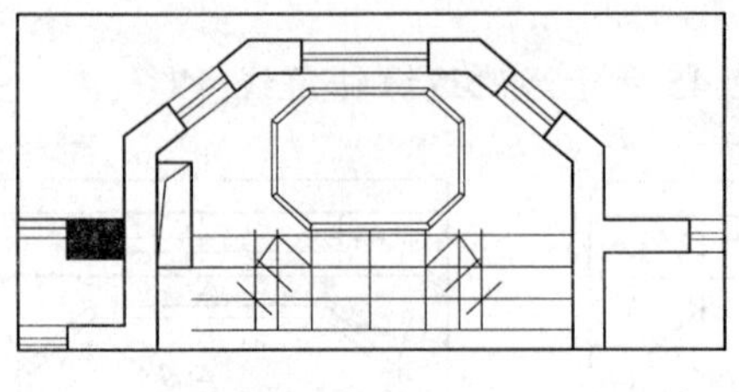

图 12-50　偏移线段

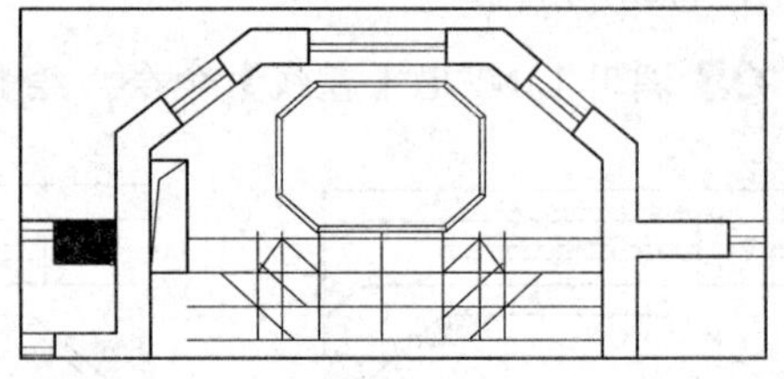

图 12-51　延长线段

15 删除辅助线，并调用 TRIM/TR【修剪】命令，修剪多余线段，结果如图 12-52 所示。

16 调用 RECTANG/REC【矩形】命令,绘制浴池两侧的石墩，如图 12-53 所示。

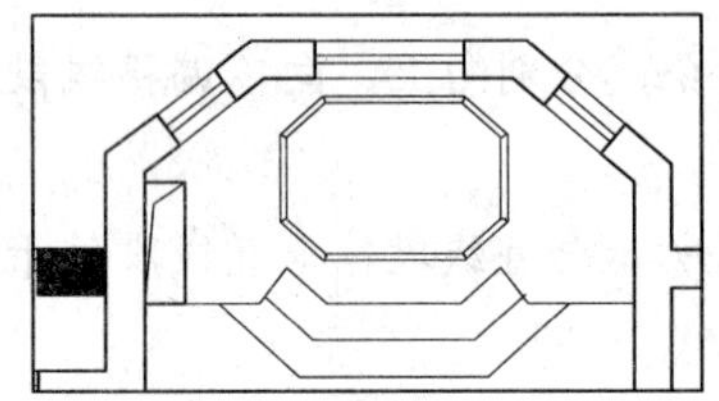

图 12-52　修剪结果

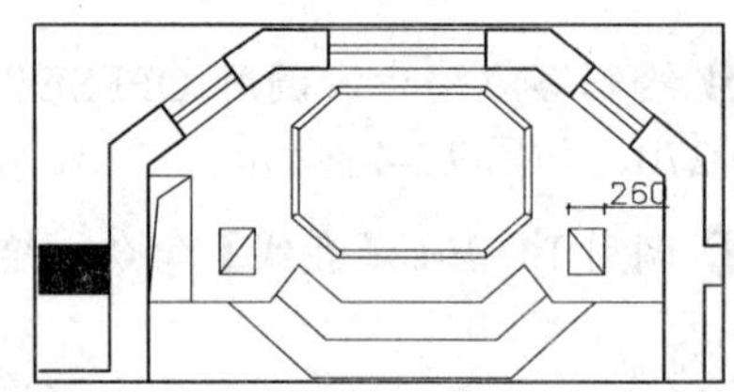

图 12-53　绘制石墩

17 使用 LINE/L【直线】、CIRCLE/C【圆】和 ARC/A【圆弧】等命令，绘制浴池的其他部分，结果如图 12-54 所示。

18 调用 PLINE/PL【多段线】命令、ROTATE/RO【旋转】命令和 MIRROR/MI【镜像】命令，绘制窗帘，如图 12-55 所示。

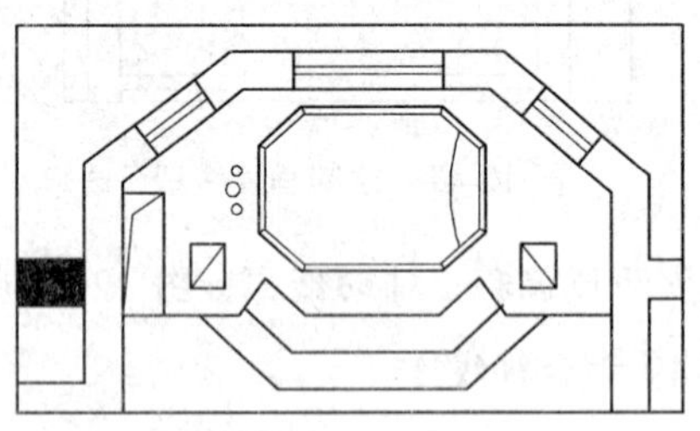

图 12-54　绘制浴池其他部分

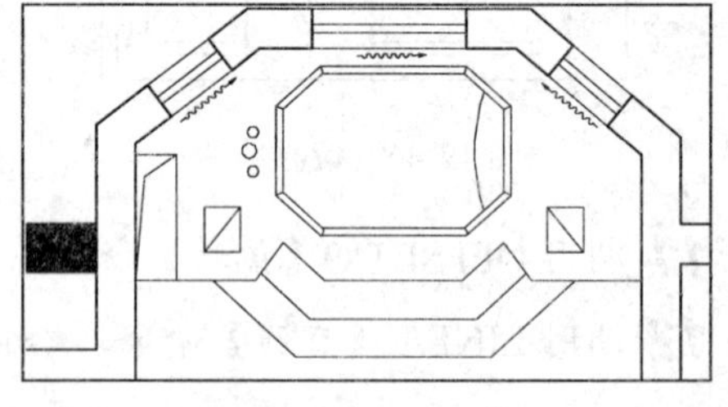

图 12-55　绘制窗帘

7. 绘制洗手台

01 调用 OFFST/O【偏移】命令，向内偏移墙体线，得到洗手台造型轮廓线，如图 12-56 所示。

02 调用 TRIM/TR【修剪】命令，修剪多余线段，如图 12-57 所示。

03 调用 ARC/A【圆弧】命令，绘制洗手台的弧形边，如图 12-58 所示。

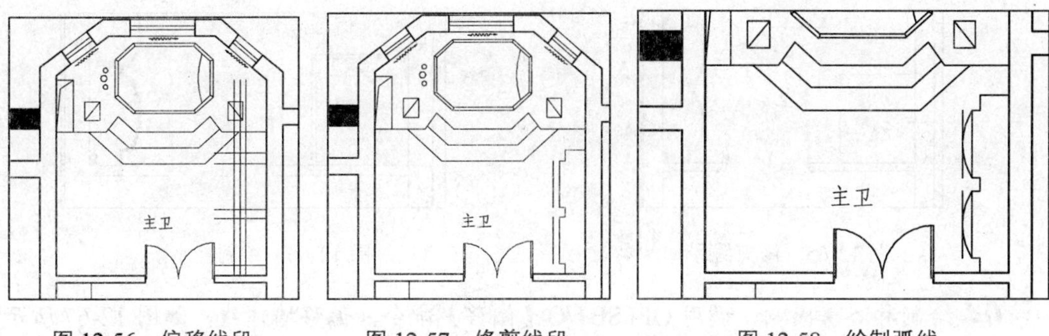

图 12-56　偏移线段　　图 12-57　修剪线段　　图 12-58　绘制弧线

04 删除多余线段，如图 12-59 所示。

05 在墙角位置绘制 80×150 的矩形表示洗手台装饰柱轮廓，如图 12-60 所示。

06 调用 HATCH/H【图案填充】命令，在装饰柱内填充剖面图案，填充效果如图 12-61 所示。

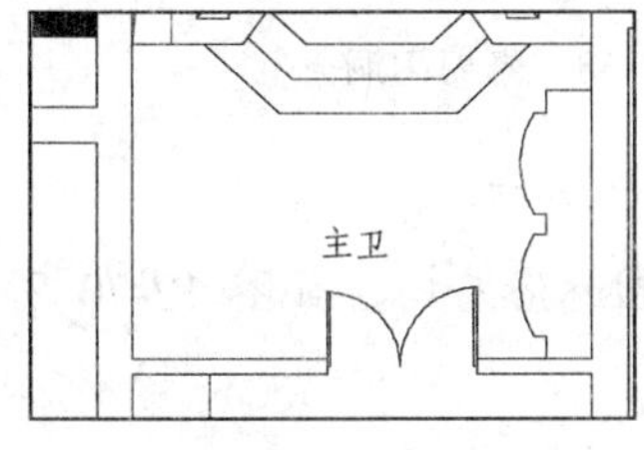

图 12-59　删除线段

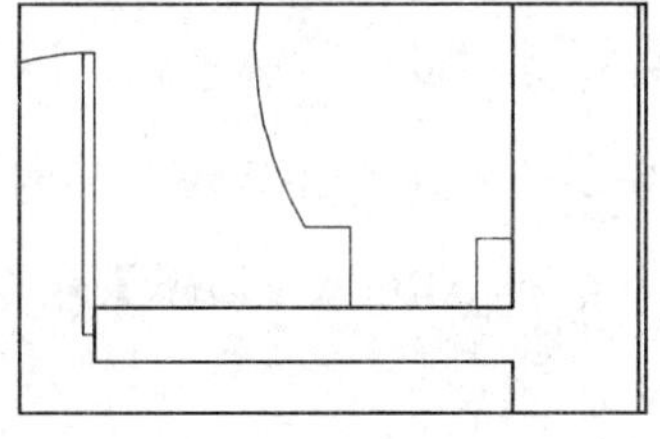

图 12-60　绘制矩形

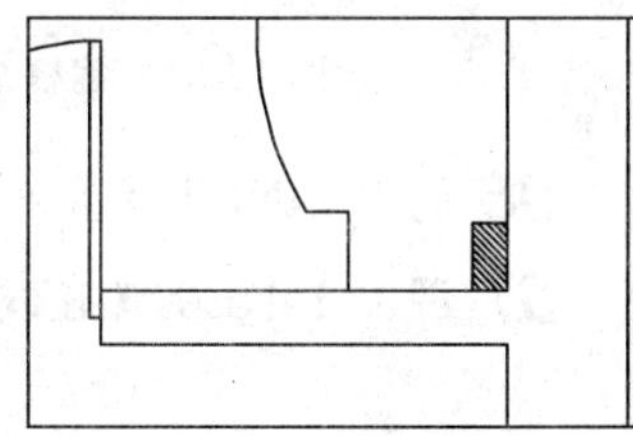

图 12-61　填充效果

07 调用 COPY/CO【复制】命令，将装饰柱复制到洗手台另一侧，如图 12-62 所示。

08 调用 OFFSET/O【偏移】命令，向内偏移洗手台轮廓线，并调用 FILLET/F【圆角】命令进行圆角处理，表现出大理石台面的边缘倒角效果，如图 12-63 所示。

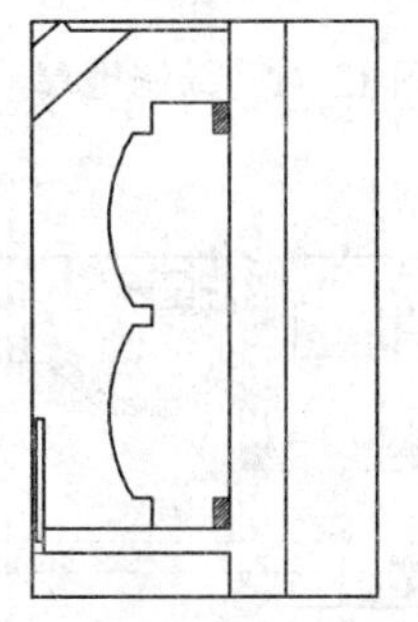

图 12-62　复制结果

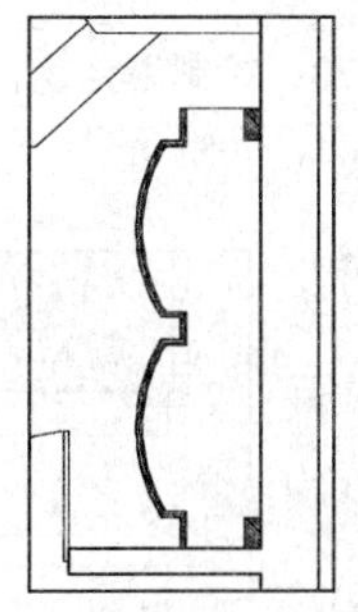

图 12-63　偏移轮廓线并进行倒角

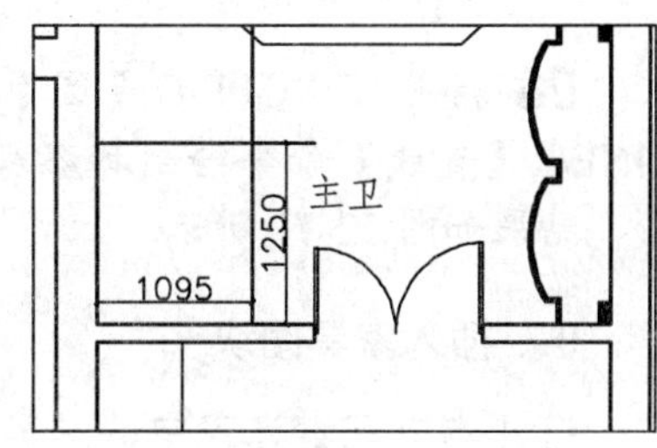

图 12-64　偏移线段

8.　绘制玻璃淋浴房

01 调用 OFFSET/O【偏移】命令，根据淋浴房尺寸，偏移线段，如图 12-64 所示。

02 调用 TRIM/TR【修剪】命令，修剪偏移的线段，得到淋浴房轮廓线，并将线段转换至“JJ_家具”图层，如图 12-65 所示。

03 绘制挡水条，调用 OFFSET/O【偏移】命令，向内偏移淋浴房轮廓线 50，并修剪多余线段，如图 12-66 所示。

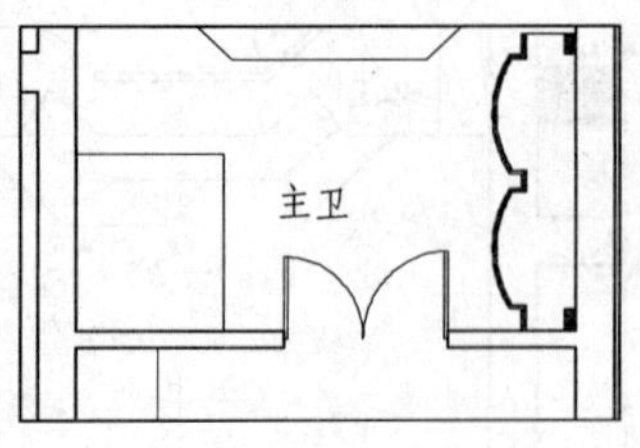

图 12-65 修剪线段

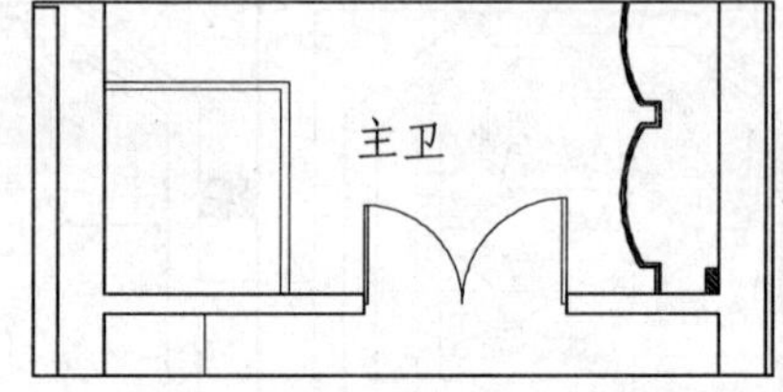

图 12-66 绘制挡水条

04 绘制淋浴房门洞，调用 OFFSET/O【偏移】命令，偏移墙体线，如图 12-67 所示。

05 调用 TRIM/TR【修剪】命令，修剪掉多余线段，得到门洞如图 12-68 所示。

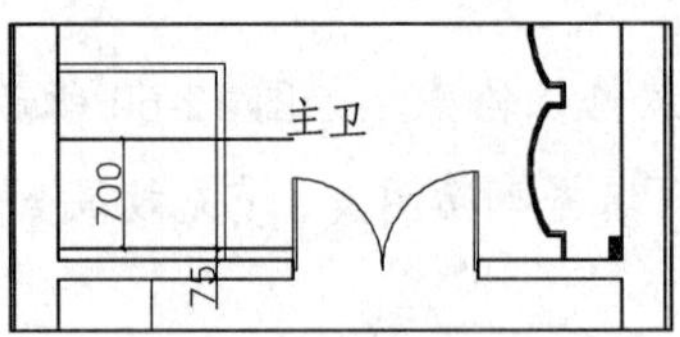

图 12-67 偏移线段

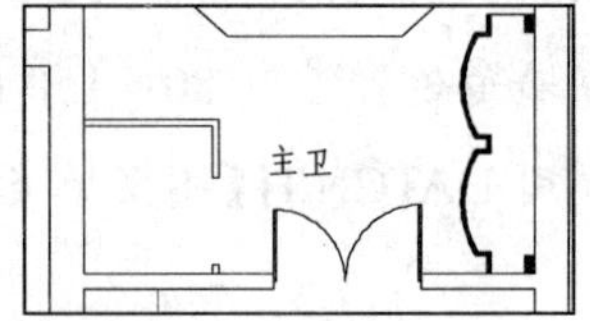

图 12-68 修剪门洞

06 调用 LINE/L【直线】命令绘制地面分界线，如图 12-69 所示。

07 调用 LINE/L【直线】命令和 ARC/A【圆弧】命令绘制淋浴房门，如图 12-70 所示。

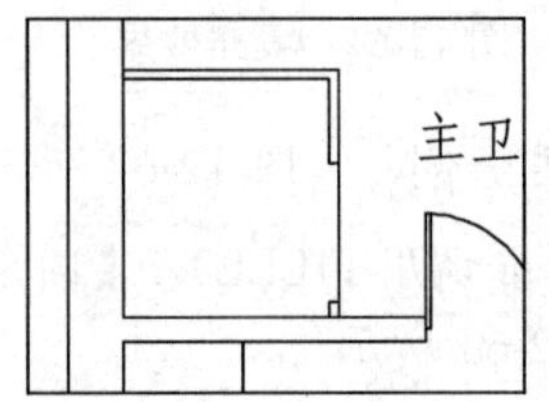

图 12-69 绘制地面分界线

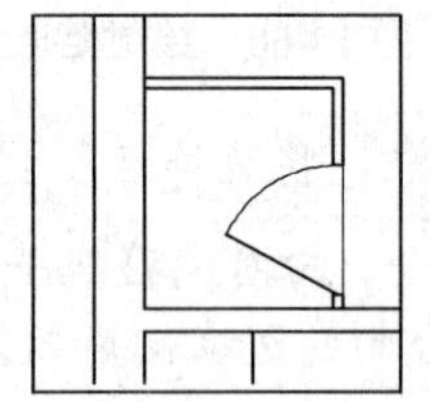
图 12-70 绘制淋浴房门

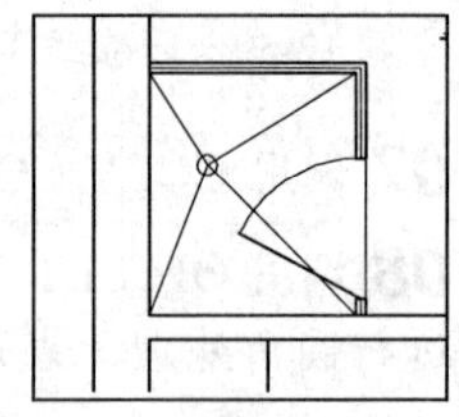
图 12-71 绘制地漏

08 调用 CIRCLE/C【圆】命令和 LINE/L【直线】命令绘制淋浴房地漏图形，结果如图 12-71 所示。

9. 插入家具图块

打开本书配套光盘中的“第 12 章\家具图例.dwg”文件，分别将主卧、更衣间与主卫所需的家具、洁具等图块复制到当前图形窗口内，适当调整其位置，结果如图 12-26 所示。

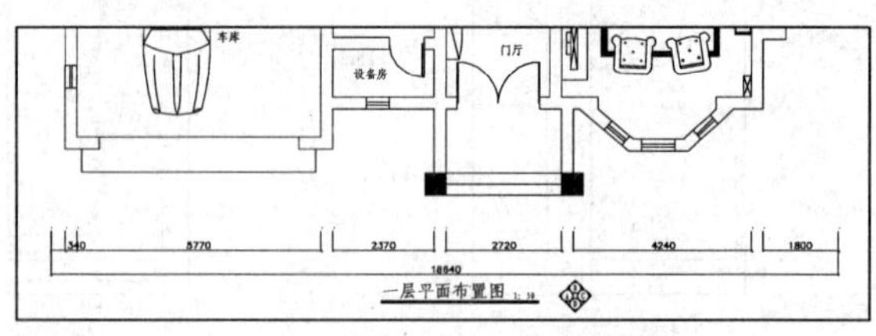

图 12-72 插入立面指向符

12.4.4 插入立面指向符号

当平面布置图绘制完成后，即可调用 INSERT/I【插入】命令，插入“立面指向符”图块，并输入立面编号即可，效果如图 12-72 所示。

12.5 绘制别墅地材图

欧式风格家居地面一般使用大理石和拼花，以表现欧式家居的豪华和高贵。本章绘制完成的欧式风格一层地材图如图 12-73 所示，二层地材图如图 12-74 所示。

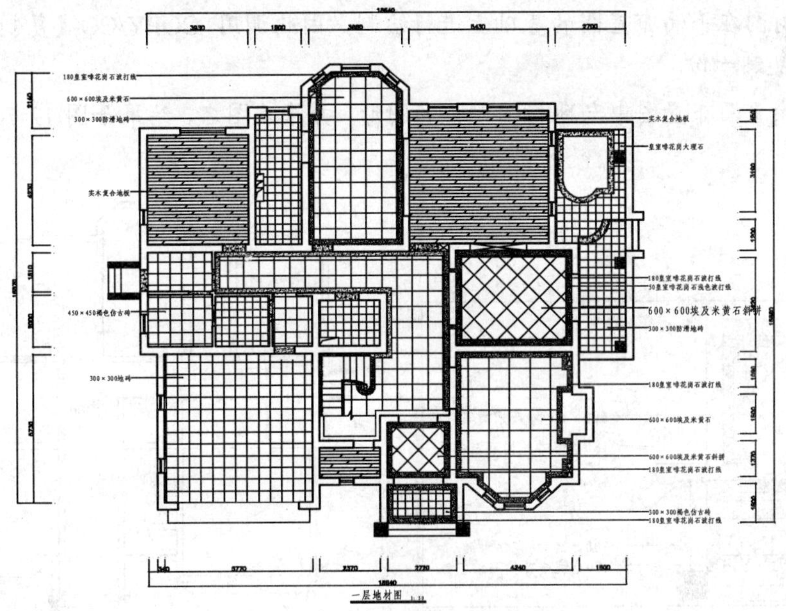

图 12-73　一层地材图

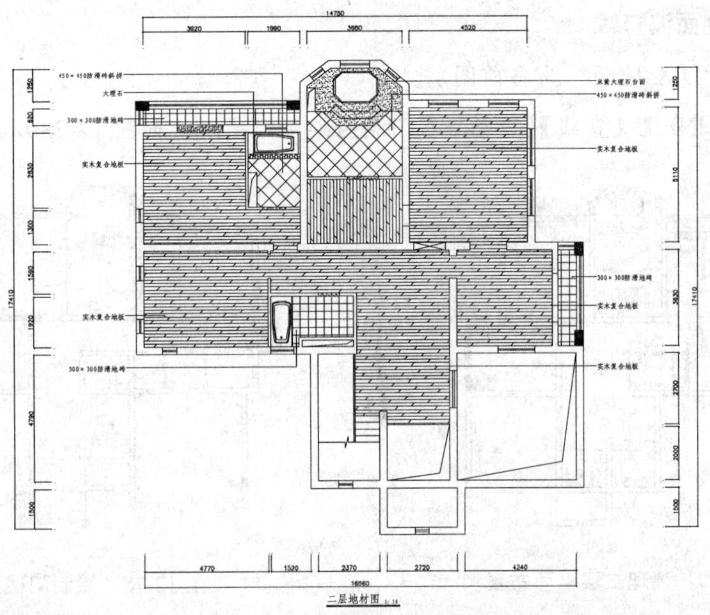

图 12-74　二层地材图

12.5.1 绘制门厅地材图

入口地面材料有600×600地砖、花岗石波打线和仿古地砖，如图12-75所示，下面介绍其绘制方法。

1. 复制图形

01 地材图在平面布置图的基础上进行绘制，因此调用 COPY/CO【复制】命令，将平面布置图复制一份。

02 删除平面布置图中与地材图无关的图形，并修改图名，结果如图12-76和图12-77所示。

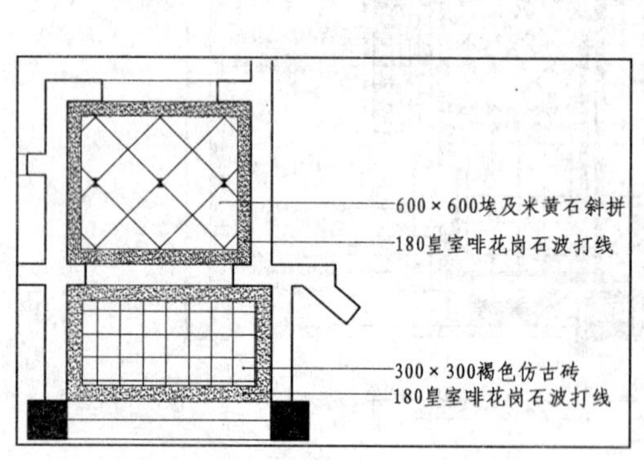

图12-75 入户口与门厅地面

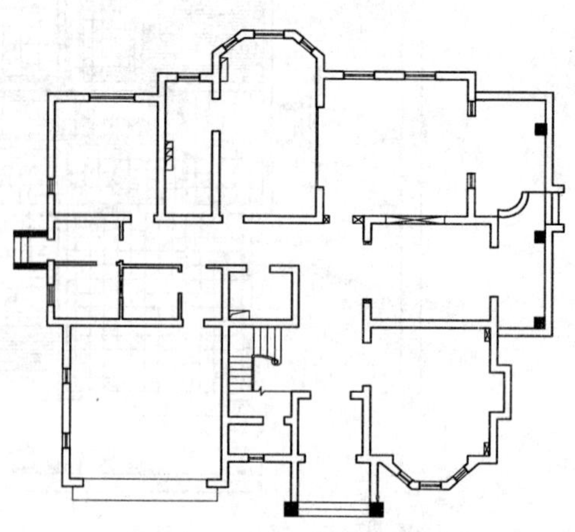

图12-76 清理一层平面布置图

2. 绘制地面波打线

01 设置"DM_地面"为当前图层。

02 调用 LINE/L【直线】命令，在门洞内绘制门槛线，如图12-78所示。

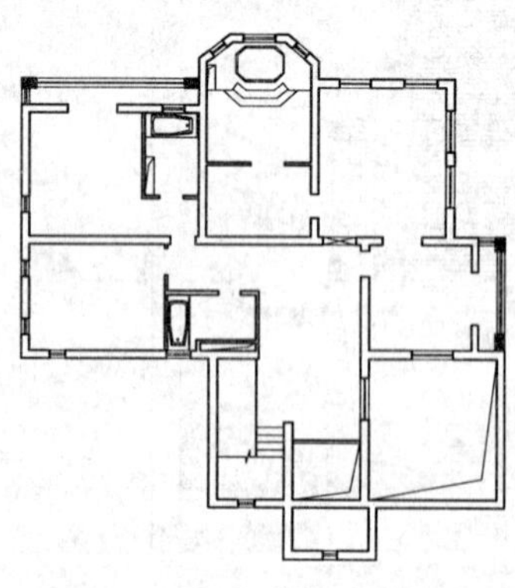

图12-77 清理二层平面布置图

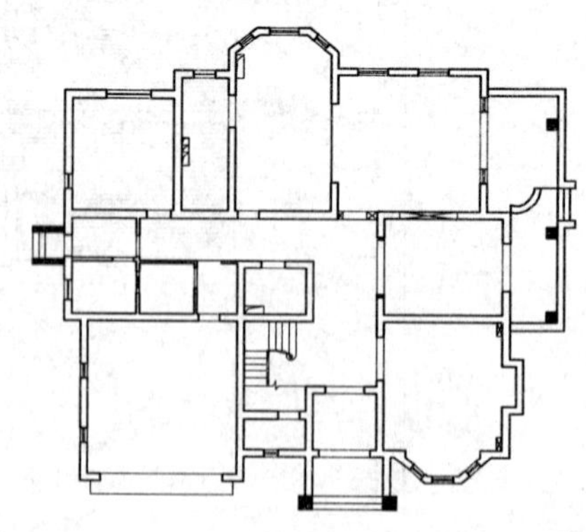

图12-78 绘制门槛线

03 调用 PLINE/PL【多段线】命令，绘制多段线，并将多段线向内偏移180，效果如图12-79所示。

3. 绘制地面拼花

01 绘制辅助线。调用 LINE/L【直线】命令，以门厅左侧波打线中点为起点，向右绘制水平线段，如图 12-80 所示。

02 调用 RECTANG/REC【矩形】命令，绘制边长为 600×600 的矩形，如图 12-81 所示。

03 选择矩形，调用 ROTATE/RO【旋转】命令，将其旋转 45°，如图 12-82 所示。

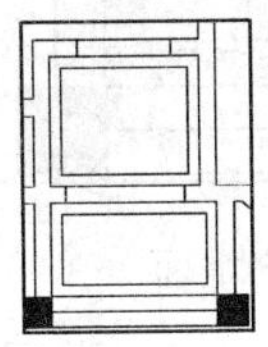
图 12-79 偏移多段线

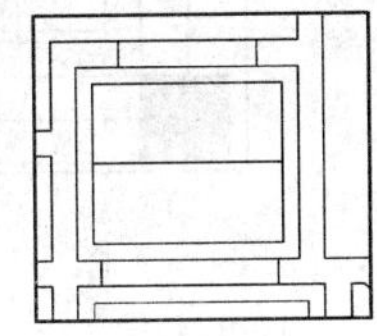
图 12-80 绘制水平线段

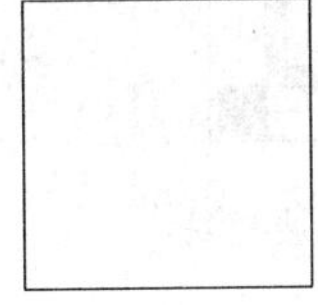
图 12-81 绘制矩形

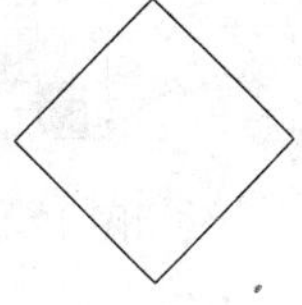
图 12-82 旋转结果

04 调用 MOVE/M【移动】命令，移动矩形，使矩形角点与辅助线中点对齐，如图 12-83 所示。

05 调用 COPY/CO【复制】命令连续复制矩形，使效果如图 12-84 所示。

06 调用 TRIM/TR【修剪】命令，修剪掉多余线段，结果如图 12-85 所示。

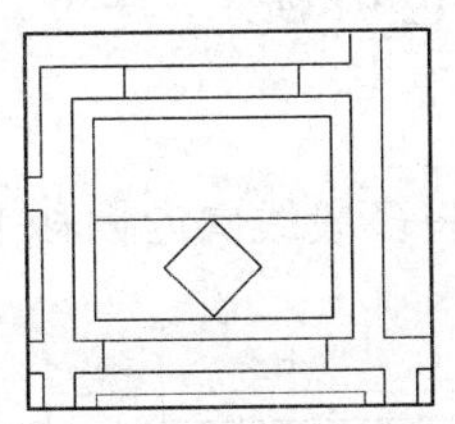
图 12-83 移动矩形

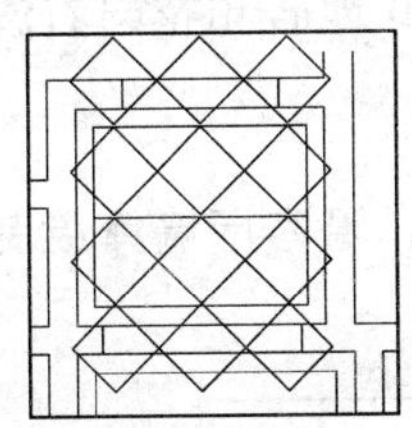
图 12-84 复制结果

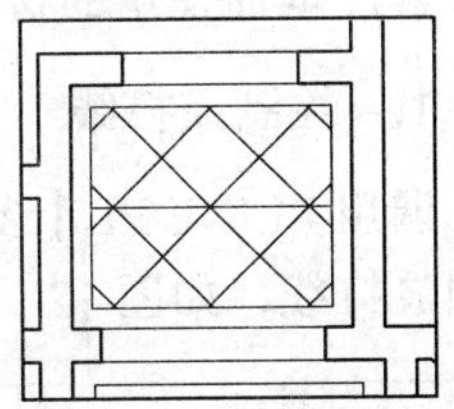
图 12-85 修剪结果

07 调用 OFFSET/O【偏移】命令，分别向上、向下偏移辅助线，偏移距离为 50，如图 12-86 所示。

08 删除辅助线，调用 TRIM/TR【修剪】命令，修剪出如图 12-87 所示效果。

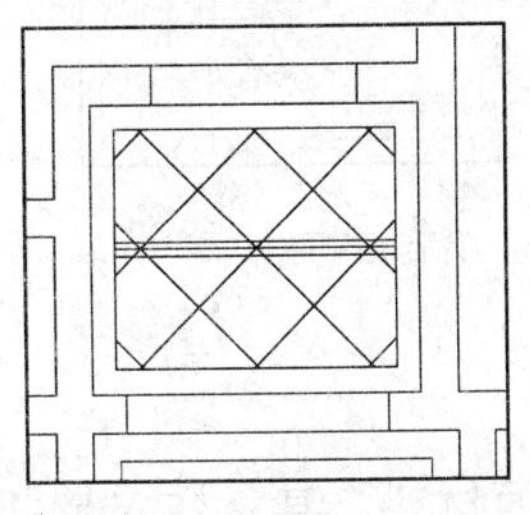
图 12-86 偏移线段

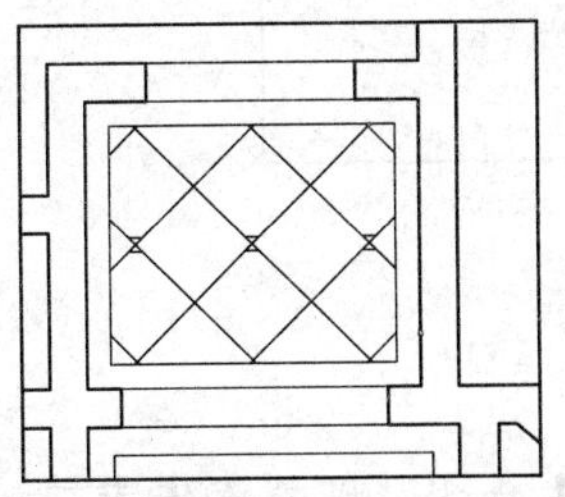
图 12-87 修剪结果

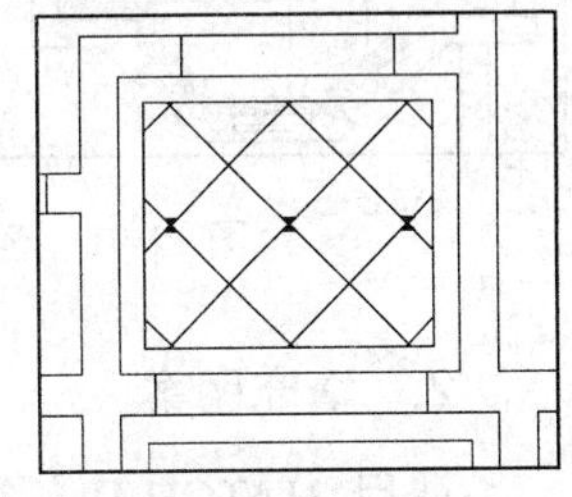
图 12-88 填充图案

4. 填充图案

01 调用 HATCH/H【图案填充】命令，在门厅地面小三角拼花图案内填充 SOLID 图案，如图 12-88 所示。

02 调用 HATCH/H【图案填充】命令，填充波打线图案，如图 12-89 所示。

03 调用 HATCH/H【图案填充】命令，在入户口地面填充“用户定义”图案，其间距 300，如图 12-90 所示，表示地砖。

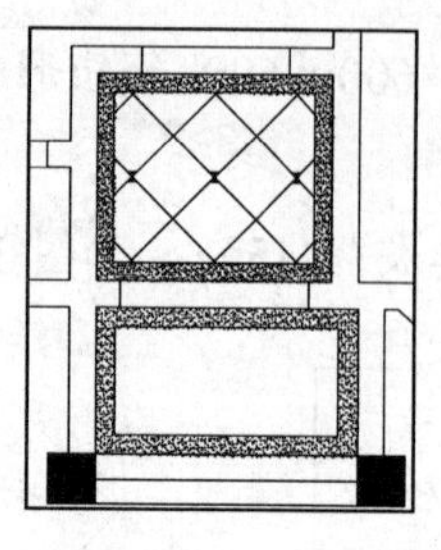

图 12-89 填充波打线

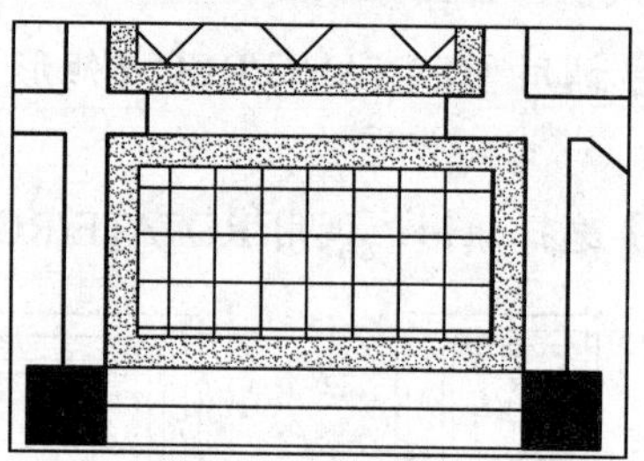

图 12-90 填充地面

5. 标注和说明文字

调用 MLEADER/MLD【多重引线】命令，对地面材料进行文字说明，如图 12-75 所示。

12.5.2 绘制客厅地材图

客厅地面使用的材料为 600×600 地砖和花岗石波打线，如图 12-91 所示。

1. 绘制波打线

调用 PLINE/PL【多段线】命令，沿客厅墙体绘制多段线，并将多段线向内偏移 180，得到波打线，如图 12-92 所示。

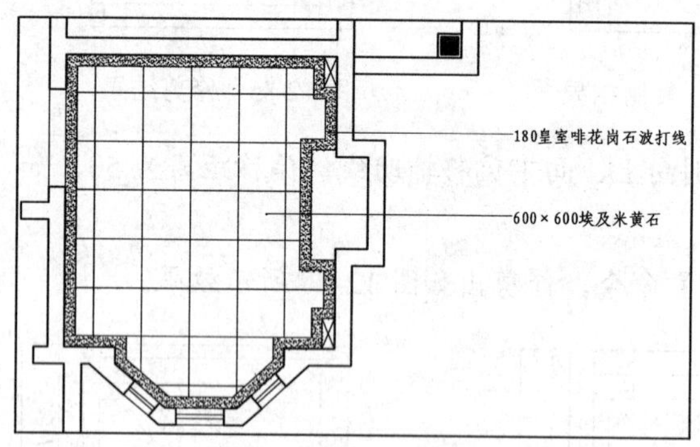

图 12-91 客厅地材图

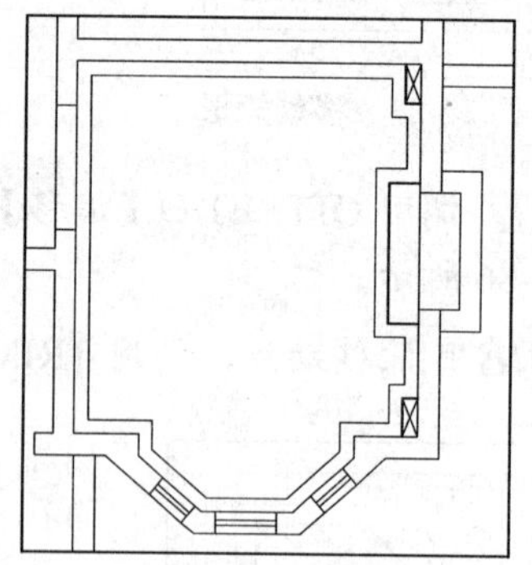

图 12-92 绘制波打线

2. 填充图案

调用 HATCH/H【图案填充】命令，填充图案表示相应的地面材料，其参数设置和效果如图 12-93 所示。

3. 标注和说明文字

调用 MLEADER/MLD【多重引线】命令对地面材料进行文字说明，完成后的效果如图 12-91 所示。

12.5.3 绘制卧室地材图

本例所有卧室及书房均铺设“实木复合地板”，“实木复合地板”图案填充参数如图 12-94 所示。

如果要修改地板的铺设方向（如二层主卧更衣间地板铺设方向就与卧室不同），只需在“图案填充和渐变色”对话框中修改“角度”参数即可。

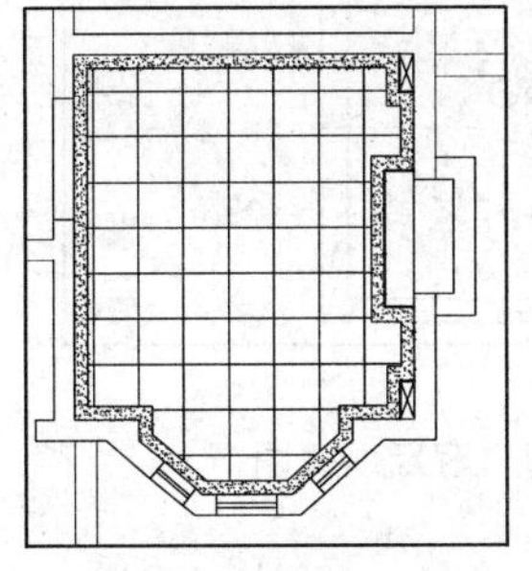

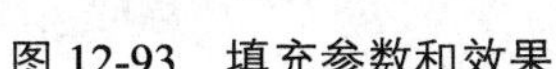

图 12-93 填充参数和效果

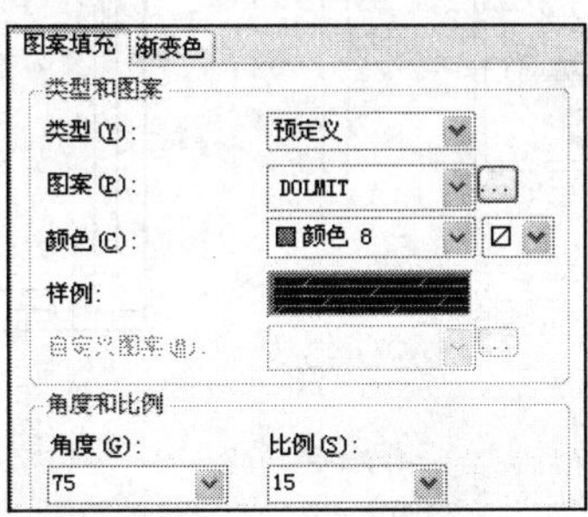

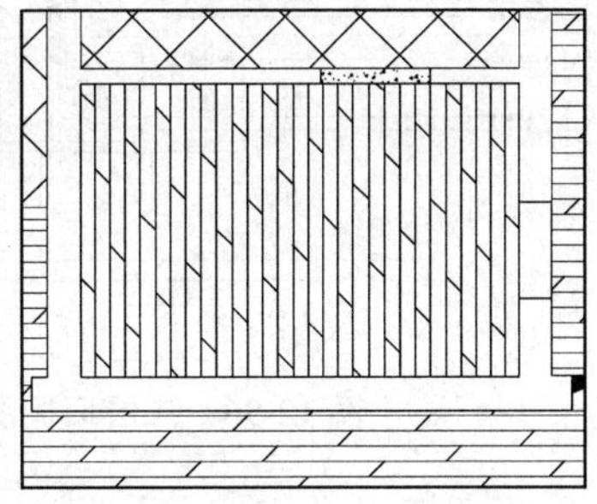

图 12-94 复合木地板填充参数

12.6 绘制别墅顶棚图

欧式风格家居顶棚设计一般较为复杂，喜用大型灯池，并用华丽的枝形吊灯营造气氛。如图 12-95 和图 12-96 所示为欧式风格别墅一～二层顶棚图。通过对本章的学习，将熟练掌握欧式装潢室内顶棚设计和施工图绘制方法。

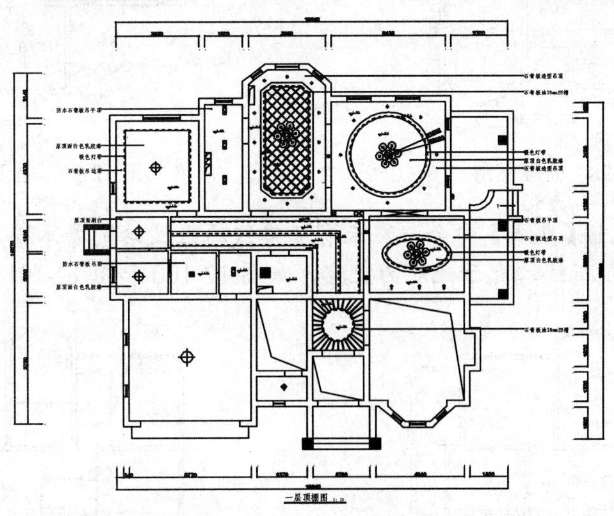

图 12-95 一层顶棚图

12.6.1 绘制客厅顶棚图

首层客厅上方为空，其顶棚图形绘制在二层顶棚图内，如图 12-97 所示。

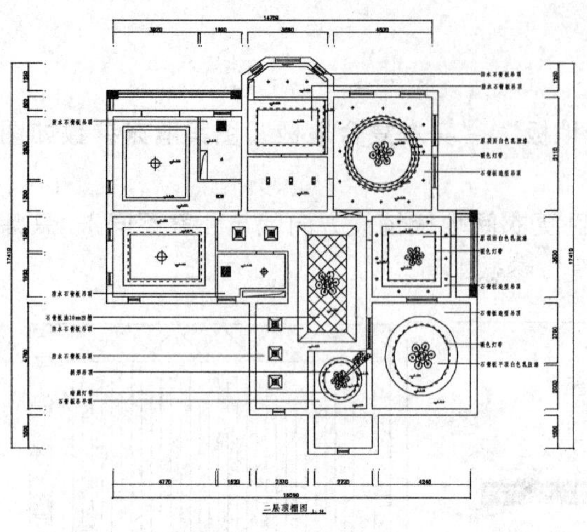
图 12-96　二层顶棚图

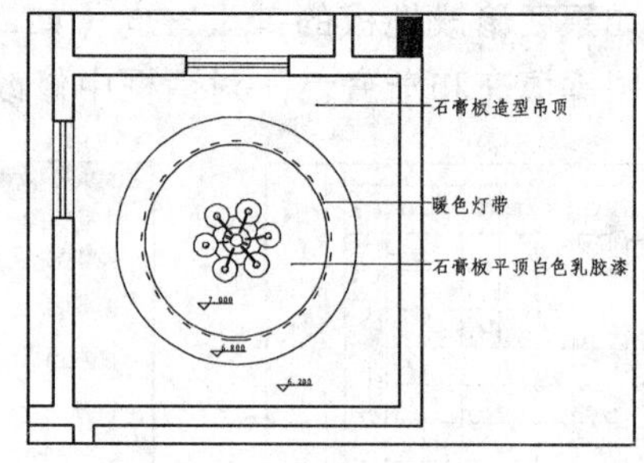

图 12-97　客厅顶棚图

1. 复制图形

01 顶棚图可在地材图的基础上绘制。复制出地材图，删除与顶棚图无关的图形，如图 12-98 和图 12-99 所示。

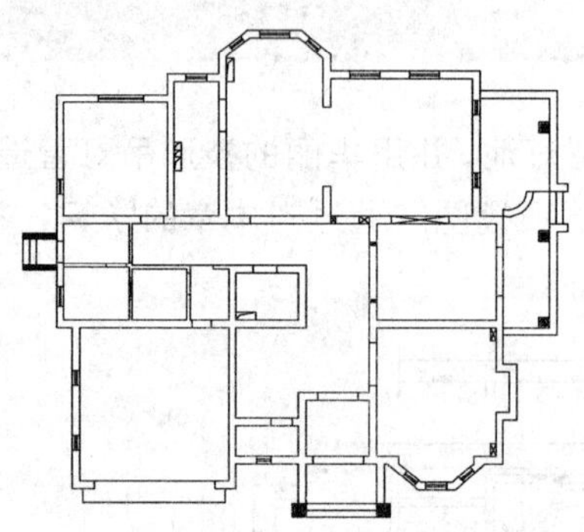
图 12-98　整理图形

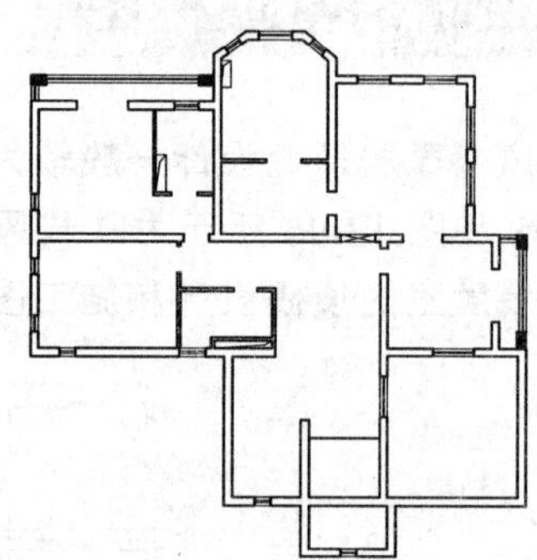
图 12-99　整理图形

02 调用 LINE/L【直线】命令，在未有墙体线的区域绘制墙体线，然后在一层客厅、门厅、设备房内绘制折线，表示此处为上空，如图 12-100 和图 12-101 所示。

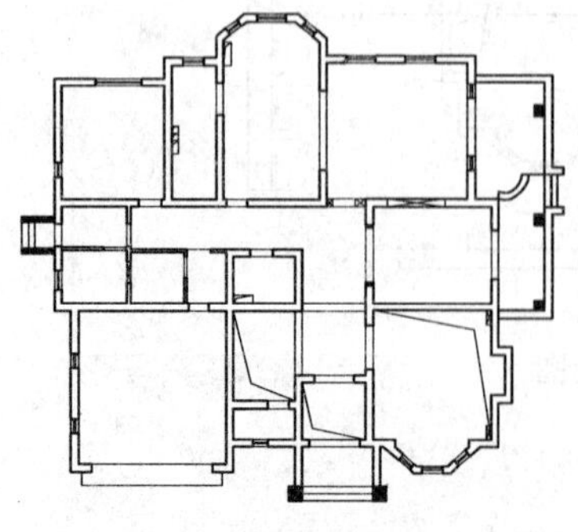
图 12-100　绘制墙体线和折线

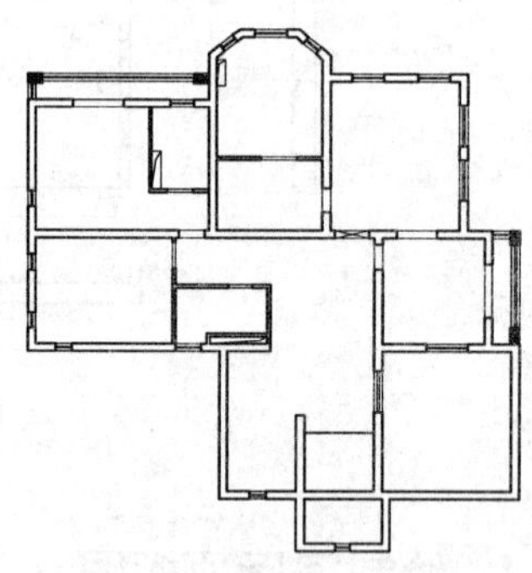
图 12-101　绘制墙体线

2. 绘制吊顶造型

01 设置“DD_吊顶”为当前图层。

02 调用 OFFSET/O【偏移】命令，向内偏移墙体线，偏移距离为 600，如图 12-102 所示。

03 调用 EXTEND/X【分解】命令，延伸辅助线使之相交于墙体，如图 12-103 所示。

04 调用 ELLIPSE/EL【椭圆】命令，在前面偏移的线段内绘制椭圆表示客厅一级吊顶，椭圆的两个轴端点分别与偏移线段中点对齐，如图 12-104 所示。

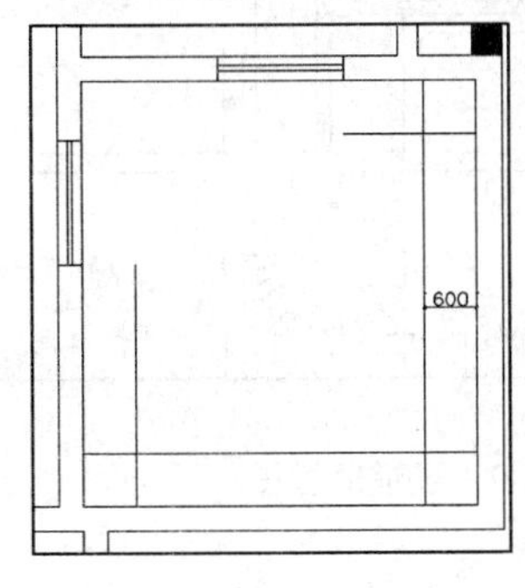

图 12-102 偏移线段

图 12-103 延伸线段

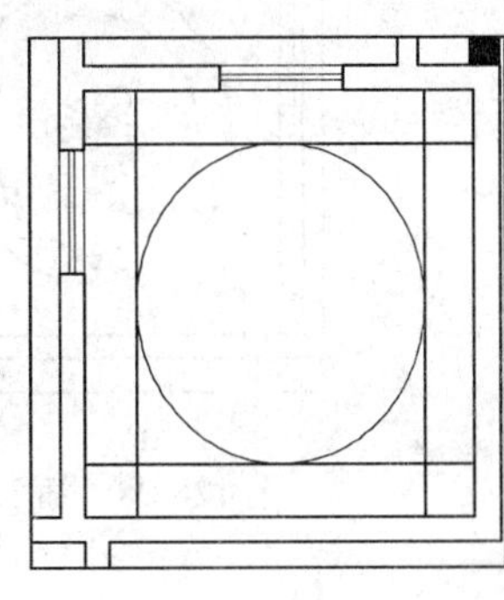

图 12-104 绘制椭圆

05 删除偏移的线段，结果如图 12-105 所示。

06 调用 OFFSET/O【偏移】命令，向内偏移椭圆，偏移距离为 400，得到二级吊顶，如图 12-106 所示。

3. 布置灯具

欧式客厅主要由吊灯和灯带产生照明。灯带图形通过偏移椭圆形吊顶轮廓得到，吊灯图形从图库中调用，完成后的效果如图 12-107 所示。

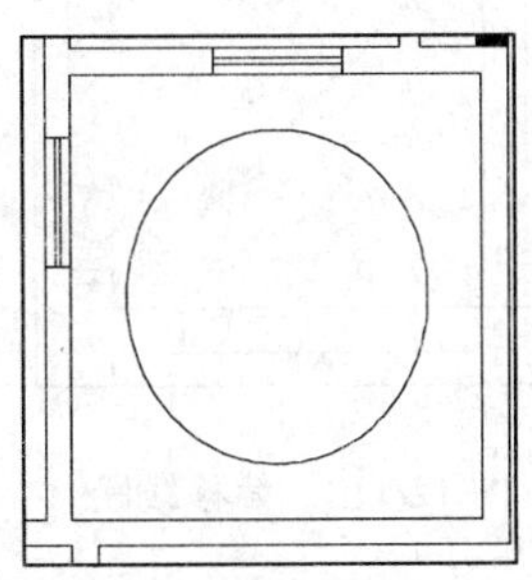

图 12-105 删除线段

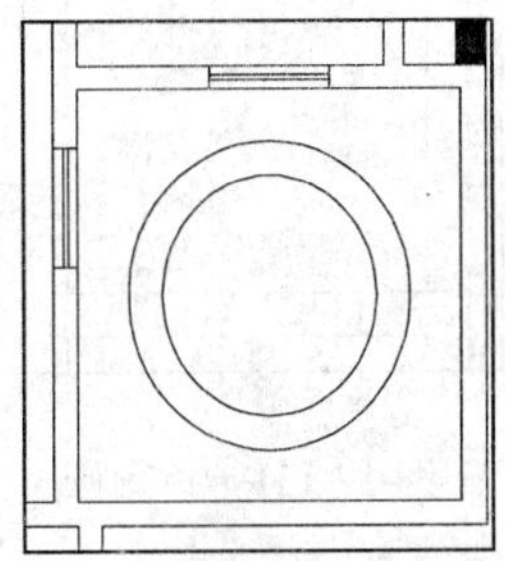

图 12-106 偏移椭圆

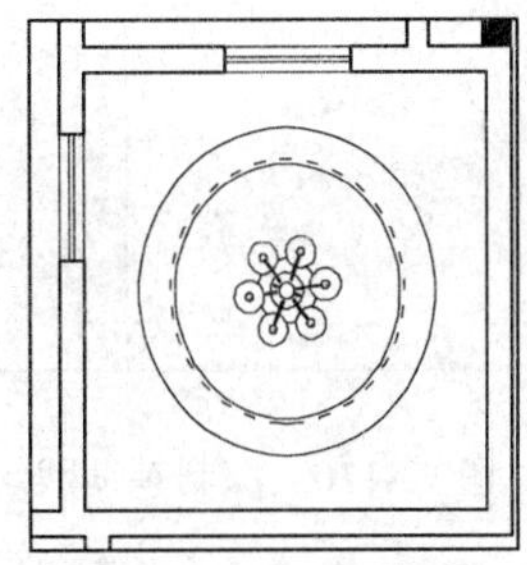

图 12-107 布置灯具

12.6.2 标注标高和文字说明

01 设置“BZ_标注”为当前图层。

02 调用 INSERT/I【插入】命令，插入“标高”图块标注标高，如图 12-108 所示。

03 调用 MLEADER/MLD【多重引线】命令，对顶棚材料进行文字说明，完成后的效果如图 12-97 所示，客厅顶棚绘制完成。

12.6.3 绘制过道顶棚图

过道顶棚图如图 12-109 所示，绘制方法如下：

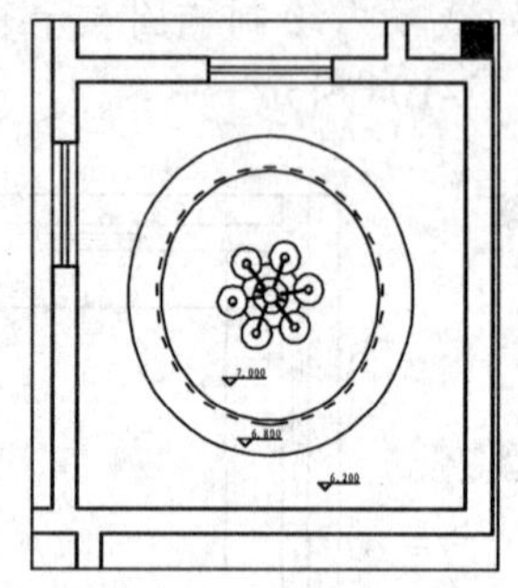

图 12-108 插入标高

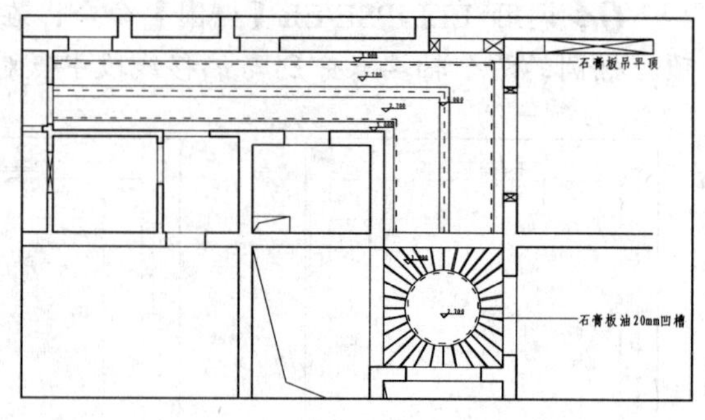

图 12-109 过道顶棚图

1. 绘制吊顶轮廓

01 设置“DD_吊顶”为当前图层。

02 调用 LINE/L【直线】命令，绘制一条辅助如图 12-110 所示。

03 调用 CIRCLE/C【圆】命令，以辅助线的中点为圆心，绘制半径为 750 的圆，如图 12-111 所示。

04 调用 OFFSET/O【偏移】命令，将辅助线向右偏移 20，如图 12-112 所示。

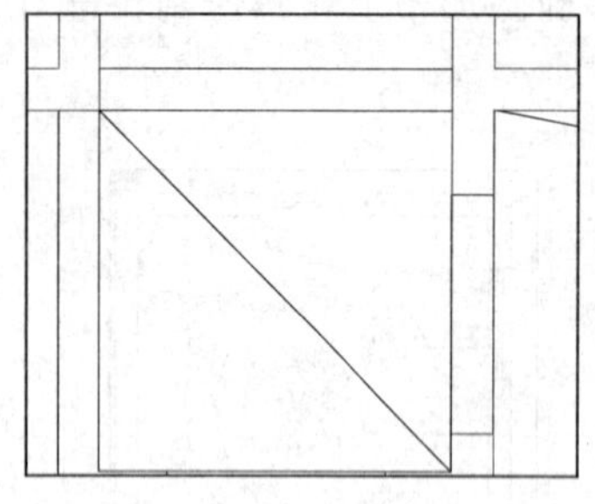

图 12-110 绘制辅助线

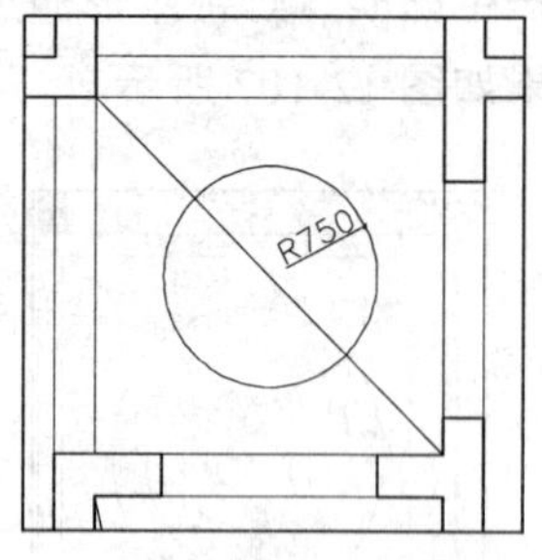

图 12-111 绘制圆

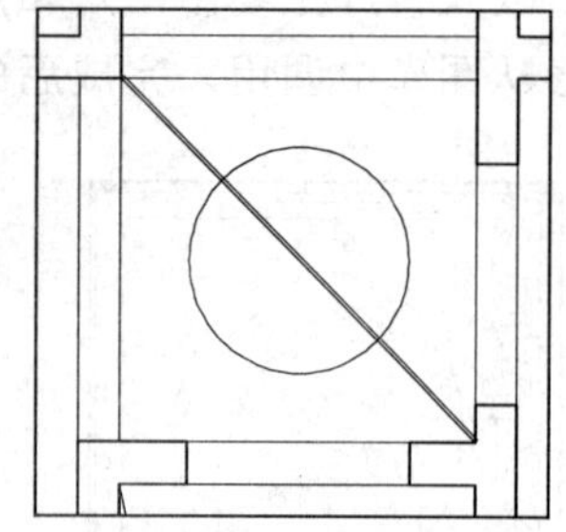

图 12-112 偏移线段

05 调用 ARRAY/AR【阵列】命令，将两条辅助线进行环形阵列，命令行提示如下：

```
命令： ARRAY↙                                                   //调用阵列命令
选择对象：指定对角点：找到 2 个                                   //选择辅助线作为阵列对象
选择对象： 输入阵列类型 [矩形(R)/路径(PA)/极轴(PO)] <极轴>：PO↙
                                                                //选择极轴阵列方式
类型 = 极轴  关联 = 是
指定阵列的中心点或 [基点(B)/旋转轴(A)]：                          //选择阵列的中心点
```

```
选择夹点以编辑阵列或 [关联(AS)/基点(B)/项目(I)/项目间角度(A)/填充角度(F)/行(ROW)/层(L)/旋转项目(ROT)/退出(X)] <退出>: I          //选择项目
输入阵列中的项目数或 [表达式(E)] <6>: 12          //输入项目数量
选择夹点以编辑阵列或 [关联(AS)/基点(B)/项目(I)/项目间角度(A)/填充角度(F)/行(ROW)/层(L)/旋转项目(ROT)/退出(X)] <退出>: A          //选择项目间角度
指定项目间的角度或 [表达式(EX)] <90>: 15          //输入角度值
选择夹点以编辑阵列或 [关联(AS)/基点(B)/项目(I)/项目间角度(A)/填充角度(F)/行(ROW)/层(L)/旋转项目(ROT)/退出(X)] <退出>:          //按回车键结束绘制，阵列结果如图12-113所示。
```

06 调用 TRIM/TR【修剪】命令，修剪多余线段，结果如图 12-114 所示，得到放射状的凹槽吊顶。

07 调用 PLINE/PL【多段线】命令，绘制多段线，然后将多段线向内偏移 200，如图 12-115 所示。

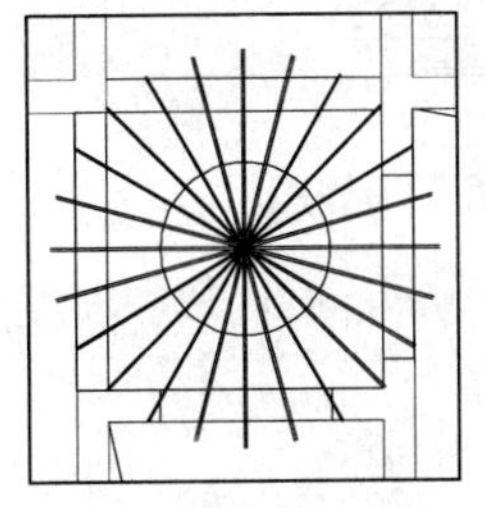

图 12-113 阵列结果

图 12-114 修剪结果

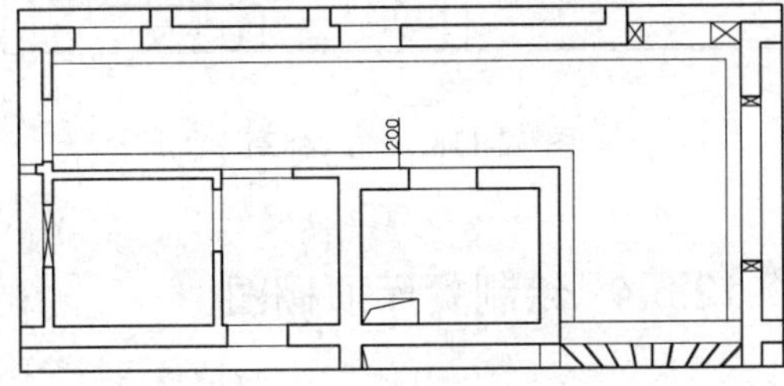

图 12-115 绘制多段线并偏移多段线

08 调用 OFFSET/O【偏移】命令，像内偏移吊顶造型轮廓线，结果如图 12-116 所示。

2. 绘制灯带

调用 OFFSET/O【偏移】命令，通过偏移吊顶轮廓线完成灯带绘制，结果如图 12-117 所示。

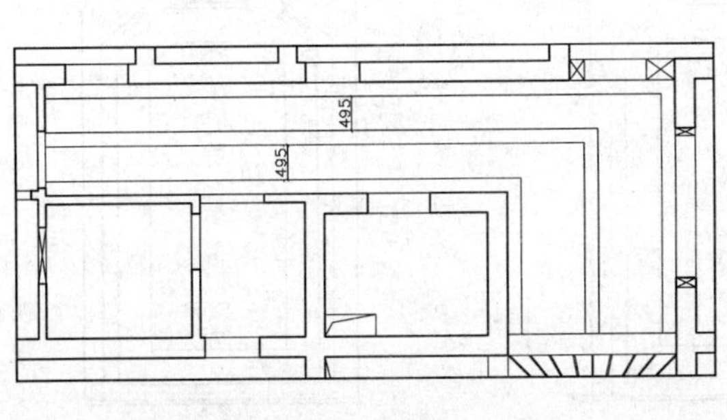

图 12-116 偏移多段线

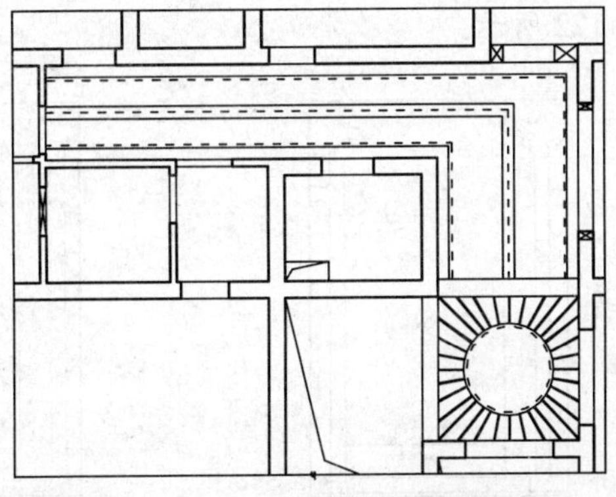

图 12-117 绘制灯带

3. 标注标高和文字说明

01 调用 INSERT/I【插入】命令，插入“标高”图块标注标高，如图 12-118 所示。

02 调用 MLEADER/MLD【多重引线】命令，对顶棚材料进行文字说明，完成后的效果如图 12-109 所示，过道顶棚绘制完成。

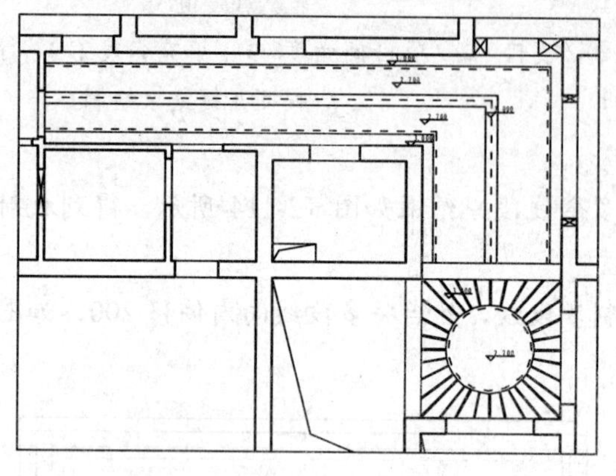

图 12-118 插入标高

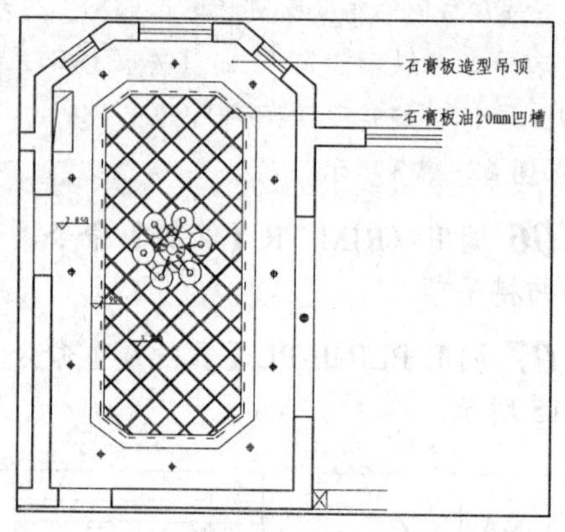

图 12-119 餐厅顶棚图

12.6.4 绘制餐厅顶棚图

欧式餐厅顶部喜用大型灯池，并用华丽的枝形吊灯营造气氛。本餐厅顶棚图如图 12-119 所示，其吊顶为倒角矩形，并且顶棚有网状凹槽装饰。

绘制吊顶轮廓

01 调用 OFFSET/O【偏移】命令，向内偏移墙体线，偏移距离为 600，如图 12-120 所示。

02 调用 FILLET/F【圆角】命令，对偏移线段进行圆角处理（圆角半径为 0），然后将线段转换至“DD_吊顶”图层，结果如图 12-121 所示。

03 调用 LINE/L【直线】命令，以左侧的斜线端点为起点，绘制一条水平线，如图 12-122 所示。

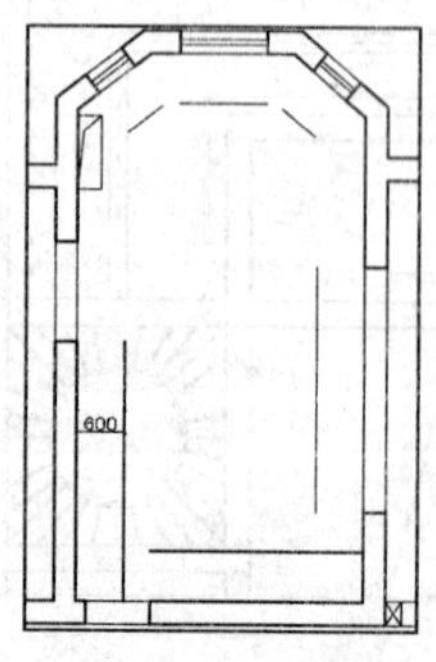

图 12-120 偏移线段

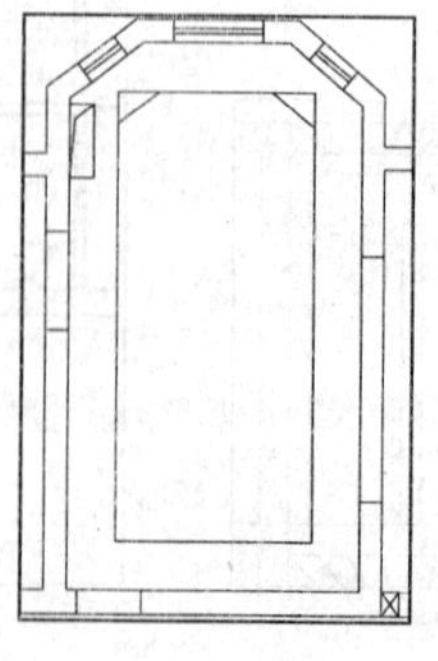

图 12-121 圆角线段

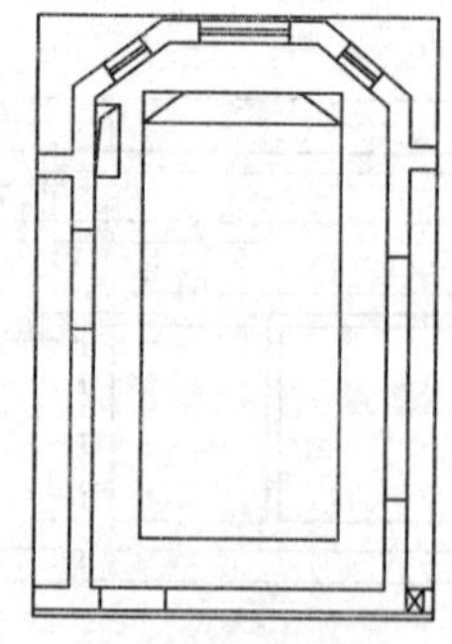

图 12-122 绘制水平线段

04 调用 MIRROR/MI【镜像】命令，将斜线镜像复制到另一侧，如图 12-123 所示。

05 调用 OFFSET/O【偏移】命令，向内偏移出二级吊顶轮廓，偏移距离为 200，如图 12-124 所示。

06 调用 TRIM/TR【修剪】命令，修剪多余线段，结果如图 12-125 所示。

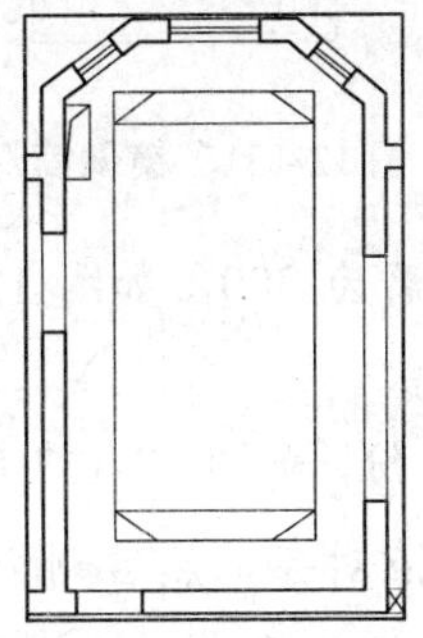

图 12-123 镜像图形

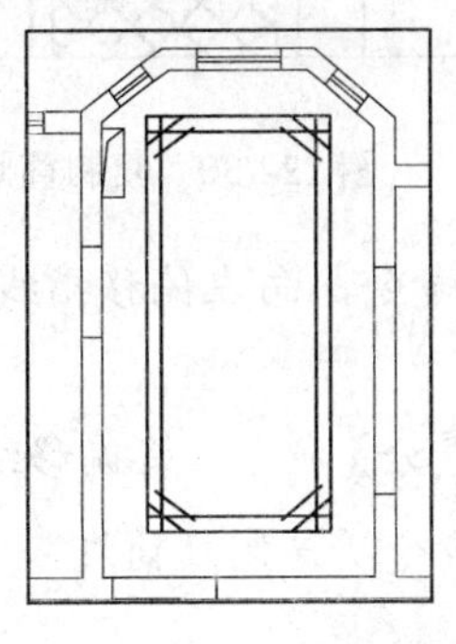

图 12-124 偏移线段

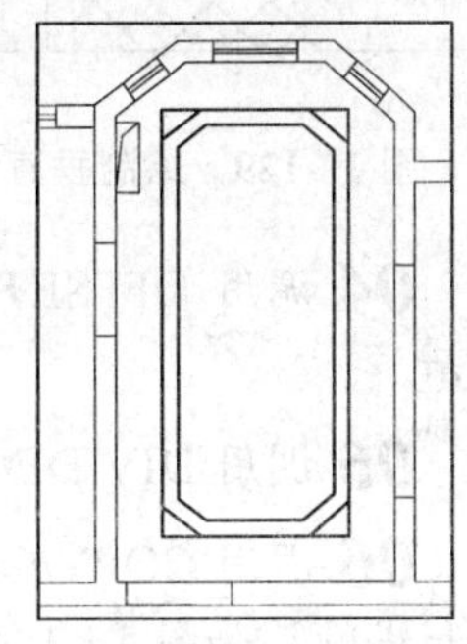

图 12-125 修剪线段

07 调用 HATCH/H【图案填充】命令，填充吊顶石膏板凹槽图案，填充参数和效果如图 12-126 所示。

08 选择填充图案，调用 EXPLODE/X【分解】命令将其分解。

09 调用 OFFSET/O【偏移】命令，将分解后的线段向上偏移 20，如图 12-127 所示。

10 调用 TRIM/TR【修剪】命令，修剪掉多余线段，结果如图 12-128 所示。

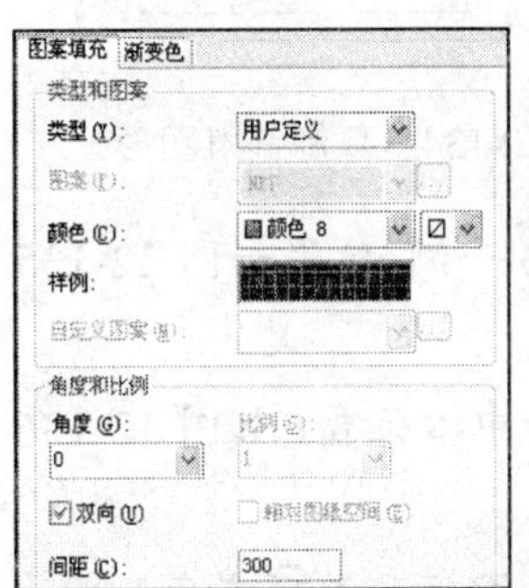

图 12-126 填充参数和效果

图 12-127 偏移结果

图 12-128 修剪线段

12.6.5 布置灯具

01 调用 LINE/L【直线】命令绘制如图 12-129 所示垂直线段。

02 调用 COPY/CO【复制】命令，从灯具表中复制一个“筒灯”图形到餐厅吊顶中，筒灯的中心点与垂直线的中点对齐，如图 12-130 所示。

03 删除垂直线段。调用 COPY/CO【复制】命令，将“筒灯”复制到如图 12-131 所示吊顶轮廓的 4 个角点。

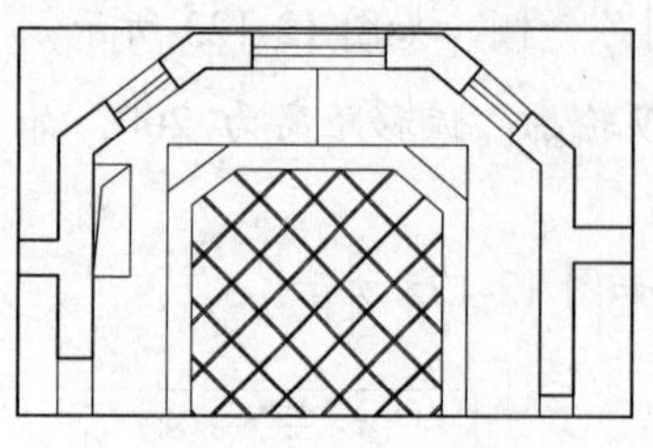

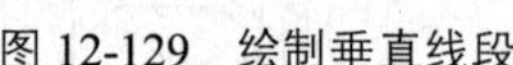
图 12-129 绘制垂直线段

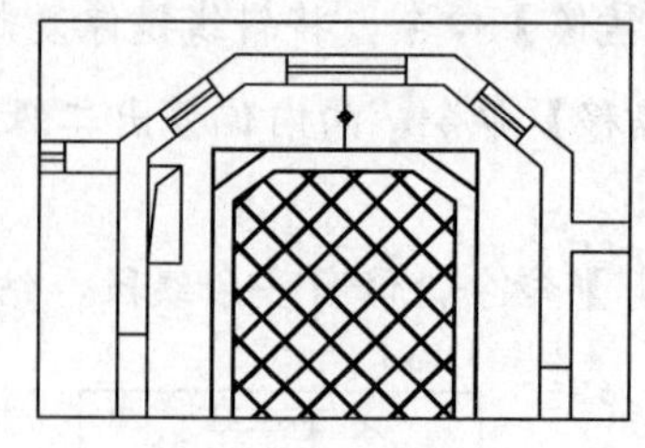
图 12-130 复制筒灯

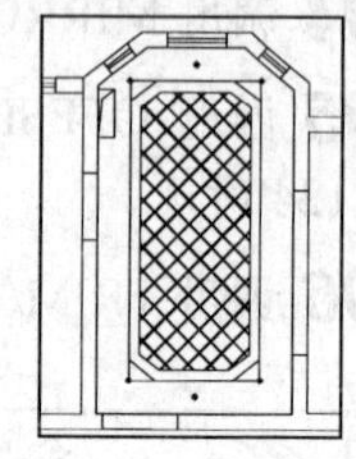
图 12-131 镜像筒灯

04 调用 OFFSET/O【偏移】命令，向左偏移指线段，偏移距离为 300，如图 12-132 所示。

05 调用 DIVIDE/DIV【定数等分】命令，将偏移线段等分成 4 份，如图 12-133 所示。

06 调用 COPY/CO【复制】命令，复制“筒灯”，使之与等分点对齐，然后删除等分点和线段，如图 12-134 所示。

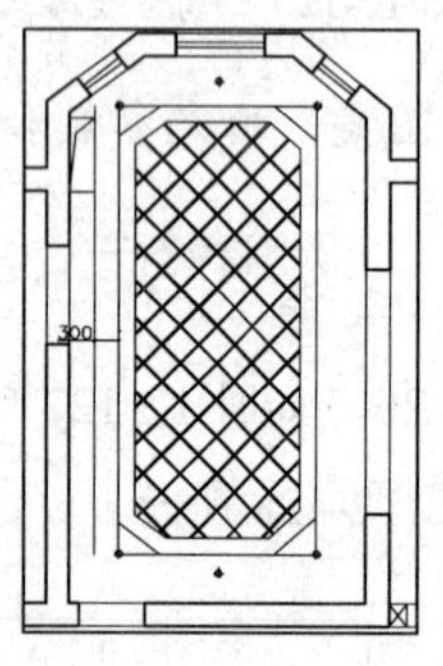

图 12-132 偏移线段

图 12-133 等分线段

图 12-134 复制筒灯图形

07 调用 MIRROR/MI【镜像】命令，将等分点上的筒灯镜像到另一侧，结果如图 12-135 所示。

08 调用 COPY/CO【复制】命令，复制“吊灯”图形到餐厅顶面中心位置，如图 12-136 所示。

09 调用 TRIM/TR【修剪】命令，将与吊灯重叠在一起的吊顶图案和吊顶直角删除，结果如图 12-137 所示。

图 12-135 镜像筒灯

图 12-136 复制吊灯

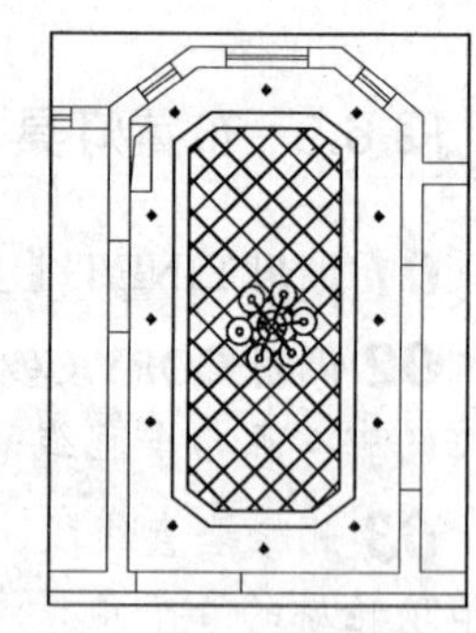
图 12-137 修剪线段

10 调用 COPY/CO【复制】命令，复制筒灯图形到墙体线位置，如图 12-138 所示。

11 调用 OFFSET/O【偏移】命令，绘制灯带，如图 12-139 所示。

12.6.6 标注标高和说明文字

01 调用 INSERT/I【插入】命令，插入“标高”图块标注标高，如图 12-140 所示。

02 调用 MLEADER/MLD【多重引线】命令，对顶棚材料进行文字说明，如图 12-119 所示，餐厅顶棚绘制完成。

图 12-138 复制筒灯图形

图 12-139 绘制灯带

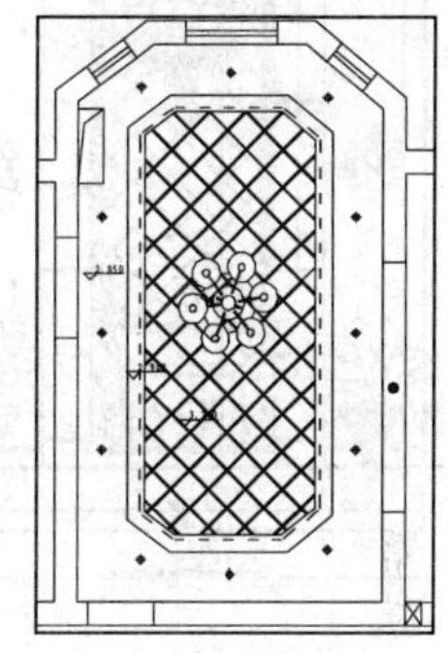

图 12-140 插入标高

12.7 绘制别墅立面图

欧式强调线形流动的变化，顶、壁、门窗等装饰线角丰富复杂，工艺繁琐，这无疑大大增加了立面图的绘图工作量和复杂程度，使得欧式立面图的绘制成为公认的难点。

为此，本章精选客厅、厨房和主卧典型立面施工图，详细讲解欧式立面施工图的画法，并简单介绍了相关结构和工艺。

12.7.1 绘制客厅 C 立面图

客厅 C 立面图是客厅装饰的重点，该立面包涵了石膏线、装饰柱、壁炉和镜面等比较典型的欧式元素，如图 12-141 所示。

1. 绘制 C 立面基本轮廓

01 设置“LM_立面”为当前图层，设置当前注释比例为 1∶50。

02 调用 COPY/CO【复制】命令，复制平面布置图上客厅 C 立面的平面部分，并对图形进行旋转。

03 调用 LINE/L【直线】命令，绘制 C 立面左、右侧墙体和地面轮廓线，如图 12-142 所示。

04 根据顶棚图的客厅标高，调用 OFFSET/O【偏移】命令，向上偏移地面轮廓线，偏移距离为 7000，得到顶面轮廓线，如图 12-143 所示。

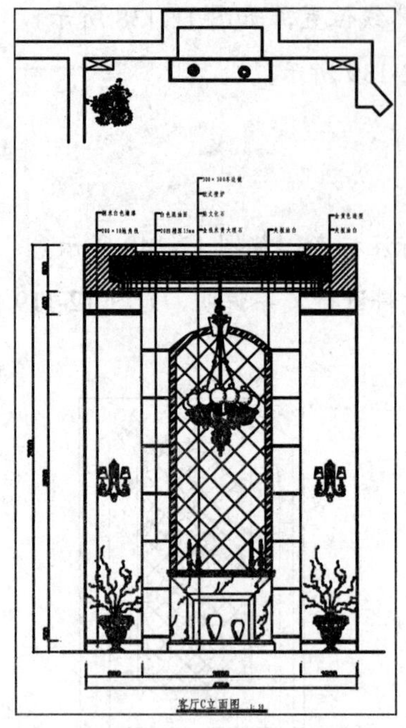

图 12-141 客厅 C 立面图

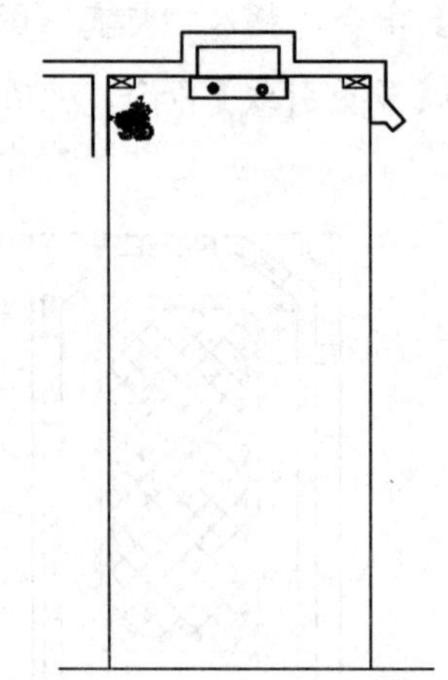

图 12-142 绘制墙体和地面

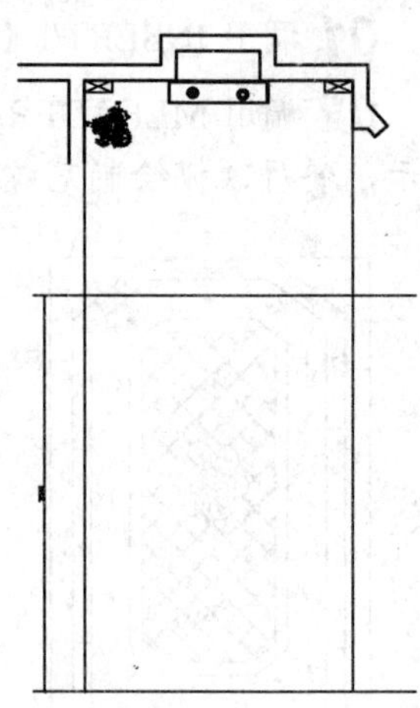

图 12-143 偏移线段

05 调用 TRIM/TR【修剪】命令，修剪多余线段，结果如图 12-144 所示。

2. 绘制造型墙

01 根据造型尺寸，调用 OFFSET/O【偏移】命令，向内偏移墙体线，结果如图 12-145 所示。

02 使用 OFFSET/O【偏移】命令，根据客厅吊顶标高，偏移顶面轮廓线如图 12-146 所示。

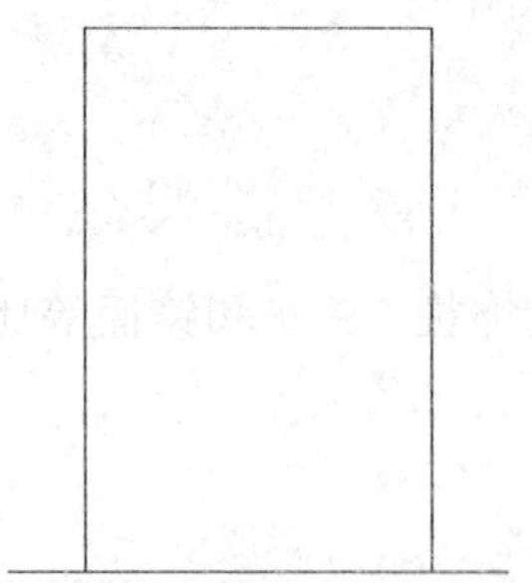

图 12-144 修剪线段

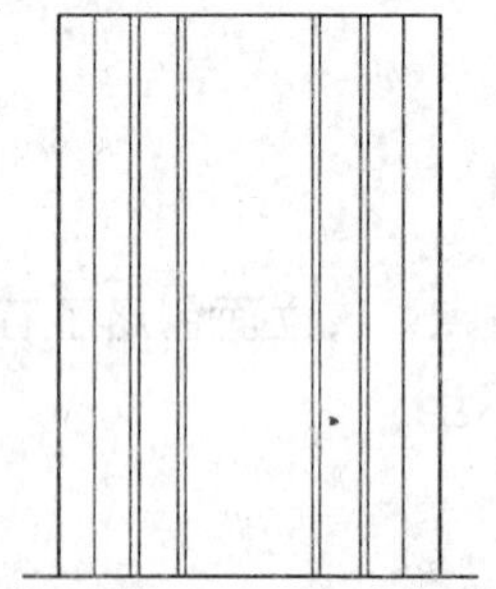

图 12-145 偏移墙体线

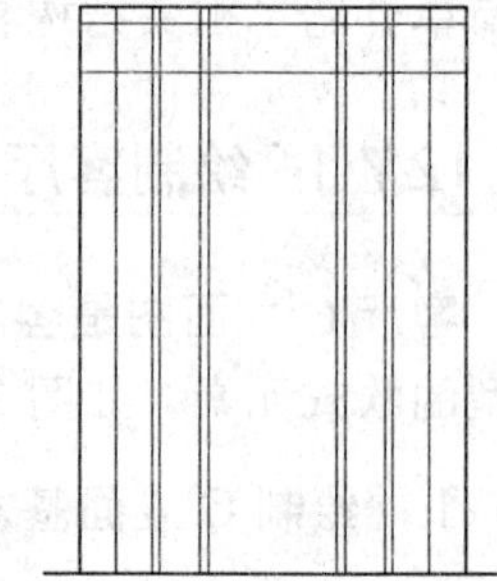

图 12-146 偏移顶面轮廓线

03 调用 TRIM/TR【修剪】命令，修剪多余线段，得到吊顶轮廓如图 12-147 所示。

04 调用 OFFSET/O【偏移】命令，向下偏移所指线段，得到三条辅助线，如图 12-148 所示。

05 调用 ARC/A【圆弧】命令，绘制如图 12-149 所示弧形造型。

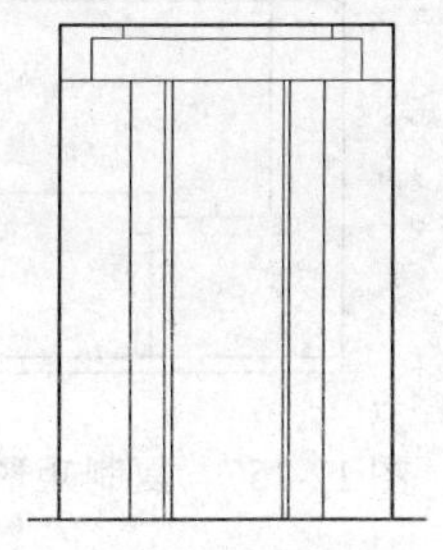

图 12-147　修剪多余线段

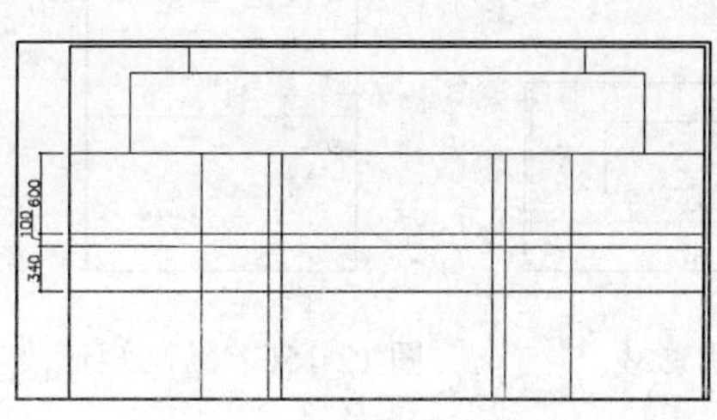

图 12-148　绘制辅助线

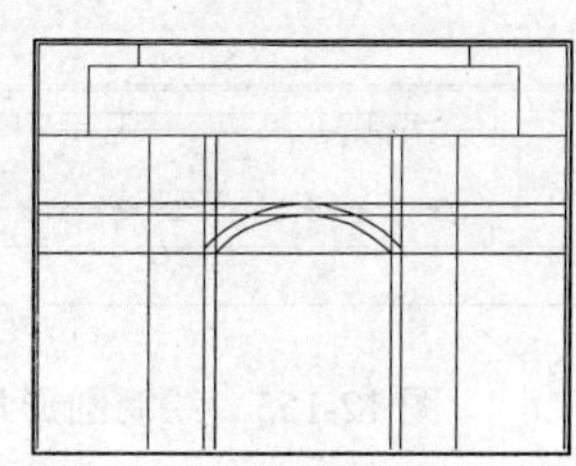

图 12-149　绘制圆弧

06 删除辅助线，结果如图 12-150 所示。

07 调用 TRIM/TR【修剪】命令，修剪多余线段，结果如图 12-151 所示。

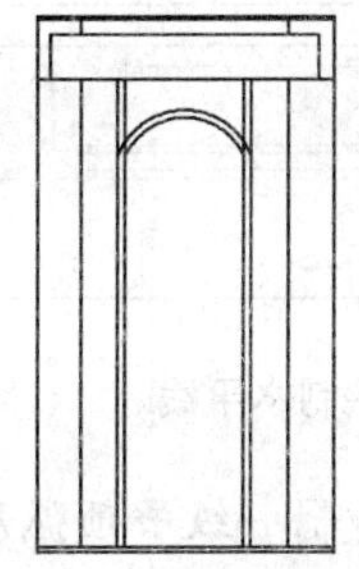
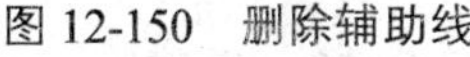

图 12-150　删除辅助线

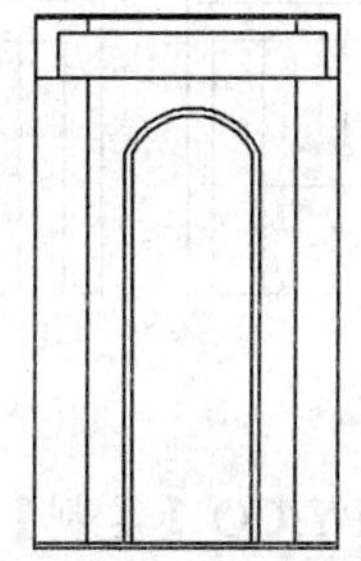

图 12-151　修剪线段

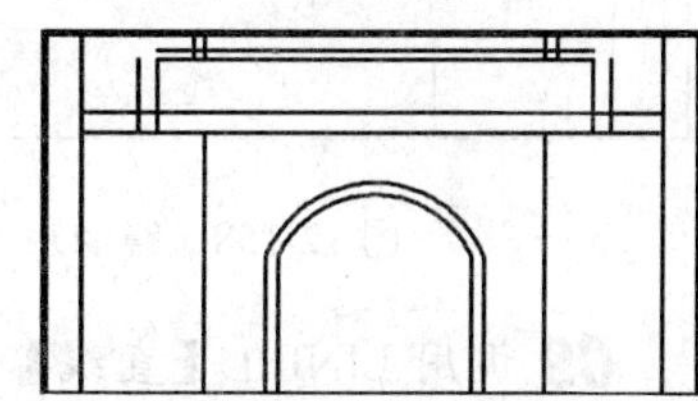

图 12-152　偏移线段

3. 绘制细部结构

01 调用 OFFSET/O【偏移】命令，偏移吊顶凹槽轮廓，如图 12-152 所示。

02 调用 TRIM/TR【修剪】命令，修剪多余线段，结果如图 12-153 所示。

03 绘制凹槽结构。调用 OFFSET/O【偏移】命令和 TRIM/TR【修剪】命令绘制凹槽，结果如图 12-154 所示。

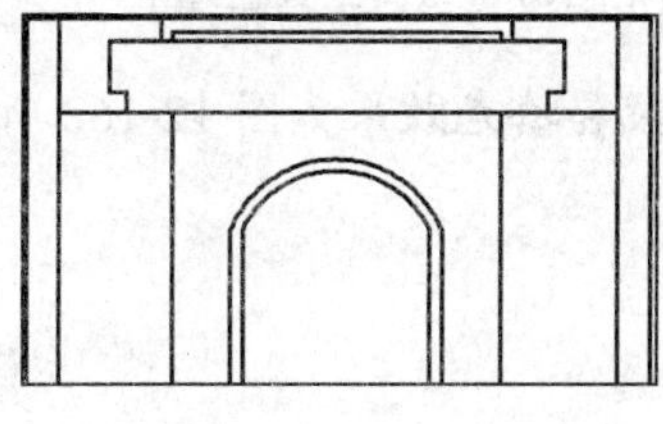

图 12-153　修剪线段

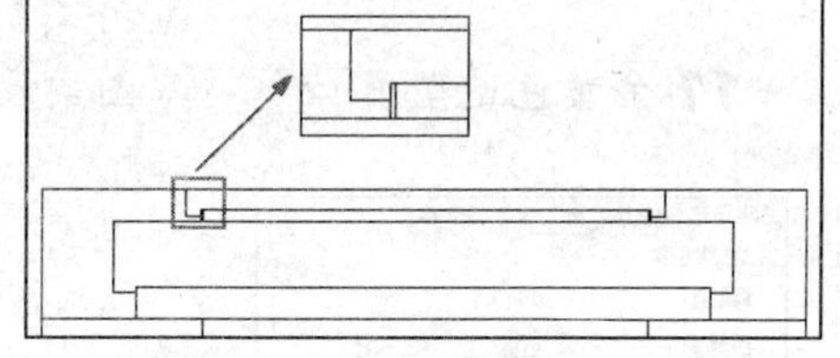

图 12-154　绘制凹槽

04 绘制二极吊顶边的弧形。调用 COPY/CO【复制】命令，向内侧复制线段，得到圆形吊顶阴影线，，如图 12-155 所示。

05 绘制一级吊顶收边线。调用 RECTANG/REC【矩形】命令，绘制 20 × 50 的矩形表示收边线（剖面轮廓），如图 12-156 所示。

06 调用 COPY/CO【复制】命令，将矩形向上复制，复制距离为 150，结果如图 12-157 所示。

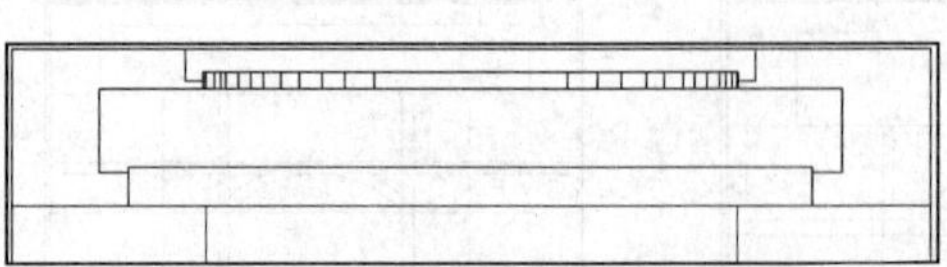

图 12-155　绘制圆形吊顶阴影线

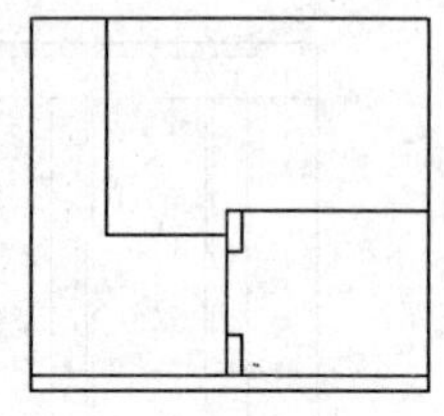

图 12-156　绘制矩形　　图 12-157　复制矩形

07 调用 MIRROR/MI【镜像】命令，将前面绘制的两个矩形（收边线剖面轮廓）复制到一级吊顶的另一侧，结果如图 12-158 所示。

08 调用 LINE/L【直线】命令，将左、右侧的矩形（收边线剖面轮廓）用水平线相连，得到收边线正面轮廓，如图 12-159 所示。

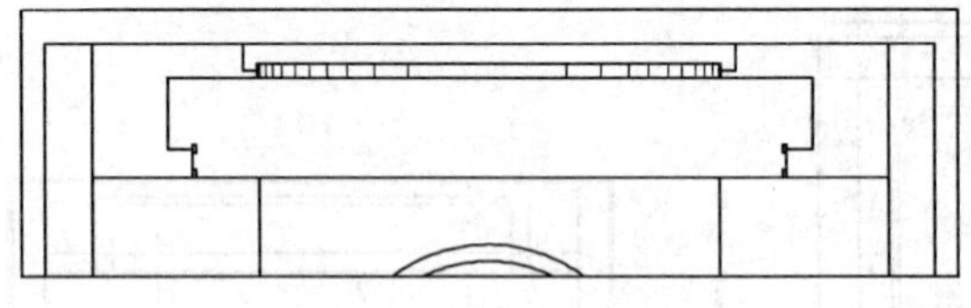

图 12-158　镜像矩形

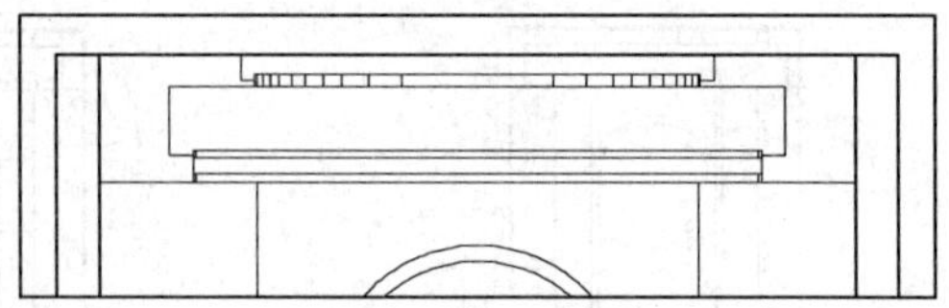

图 12-159　绘制水平线

09 调用 LINE/L【直线】和 COPY/CO【复制】等相关命令，绘制一级吊顶弧形部分阴影线，如图 12-160 所示。

10 调用 OFFSET/O【偏移】命令，向内偏移线段，偏移距离为 50，得到一、二级吊顶之间的金黄色造型，并在造型中填充 ANSI33 图案，效果如图 12-161 所示。

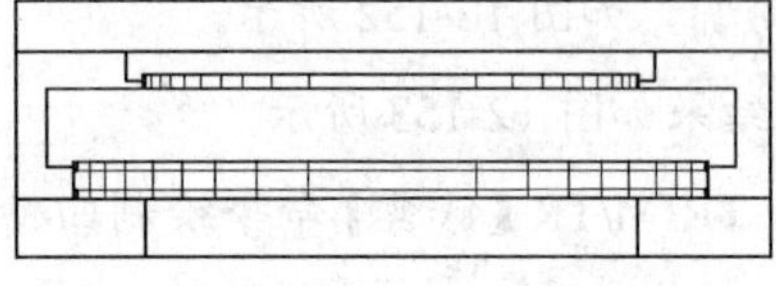

图 12-160　绘制线段

图 12-161　绘制金黄色造型

11 金黄色造型用 LINE 图案表示，其填充参数和填充效果如图 12-162 所示。

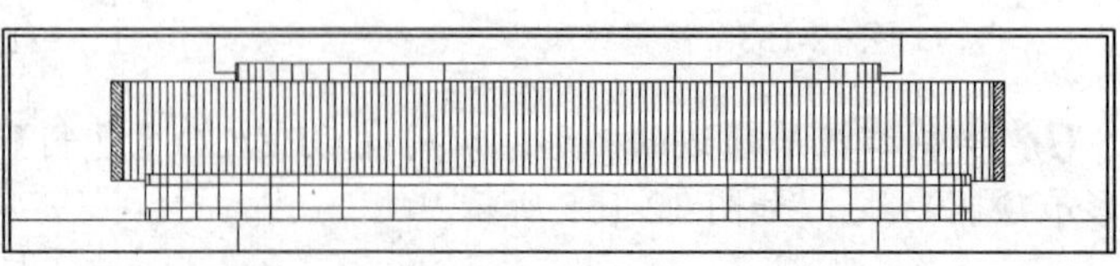

图 12-162　填充参数和效果

12 调用 RECTANG/REC【矩形】命令，捕捉并单击吊顶左下角，绘制 40×80 的矩形，得到造型剖面，如图 12-163 所示。

13 调用 COPY/CO【复制】命令，向下复制矩形，复制的距离为 320，结果如图 12-164 所示。

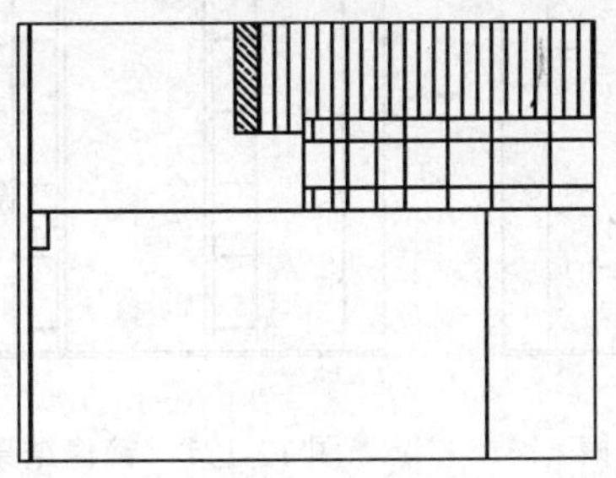

图 12-163　绘制矩形

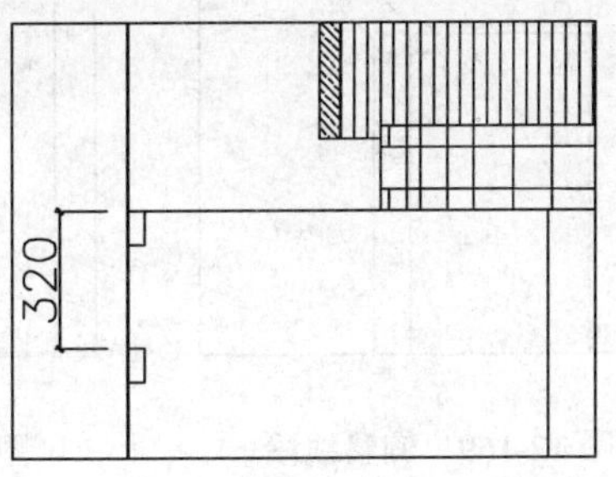

图 12-164　复制矩形

14 调用 LINE/L【直线】命令，分别以矩形的角点为起点，绘制水平线，然后镜像得到同样造型轮廓，如图 12-165 所示。

15 调用 HATCH/H【图案填充】命令，在造型轮廓内填充图案，填充效果如图 12-166 所示。

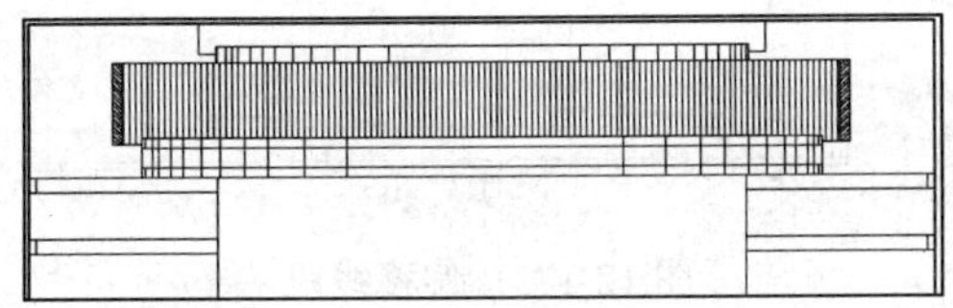

图 12-165　绘制水平线

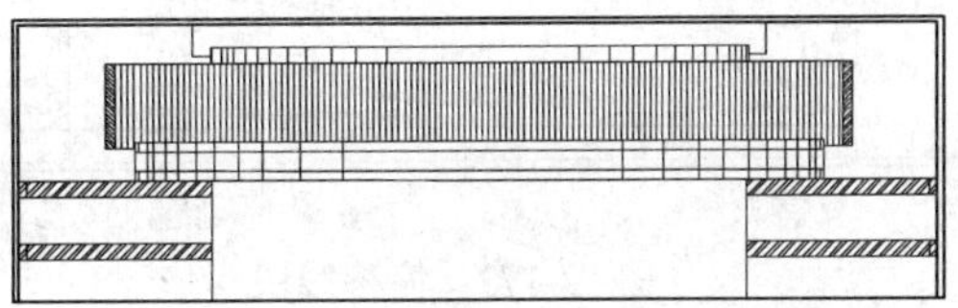

图 12-166　填充图案

16 调用 MIRROR/MI【镜像】命令，选择刚绘制的造型镜像到立面另一侧，结果如图 12-167 所示。

17 绘制墙面凹槽。调用 LINE/L【直线】命令，在如图 12-168 所示位置绘制一条水平线段。

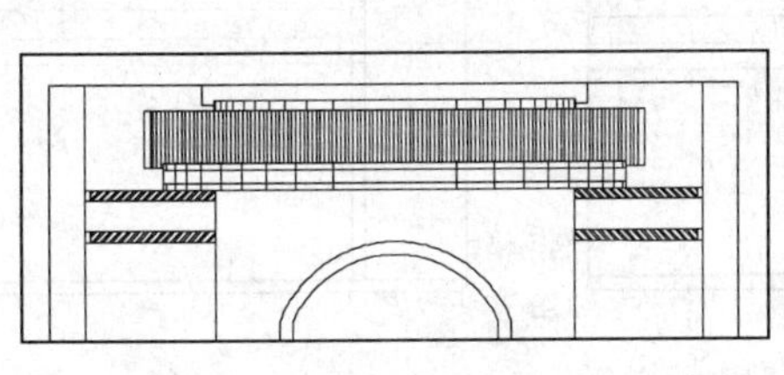

图 12-167　镜像结果

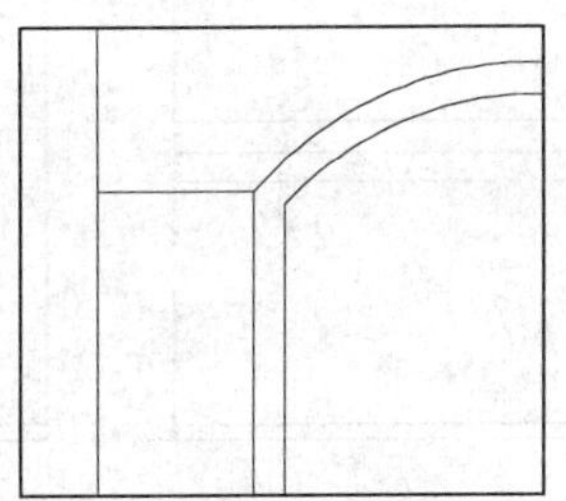

图 12-168　绘制线段

18 调用 OFFSET/O【偏移】命令，向下偏移水平线段，偏移距离为 20，得到 20 宽凹槽，如图 12-169 所示。

19 调用 COPY/CO【复制】命令，向下复制凹槽，结果如图 12-170 所示，复制距离为 800。

20 调用 MIRROR/MI【镜像】命令，将左侧所有凹槽镜像复制到立面另一侧，结果如图 12-171 所示。

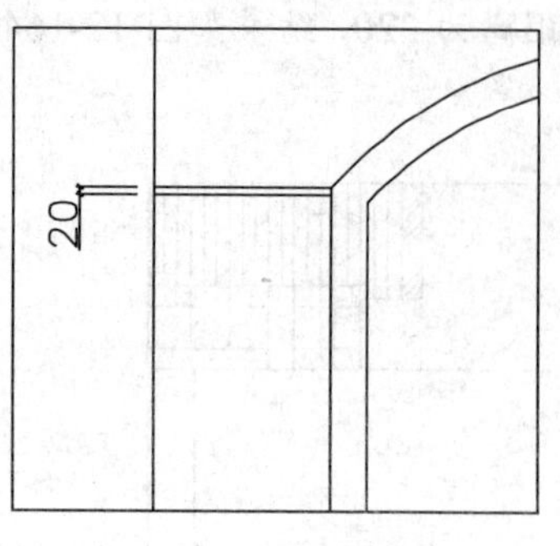

图 12-169 偏移线段

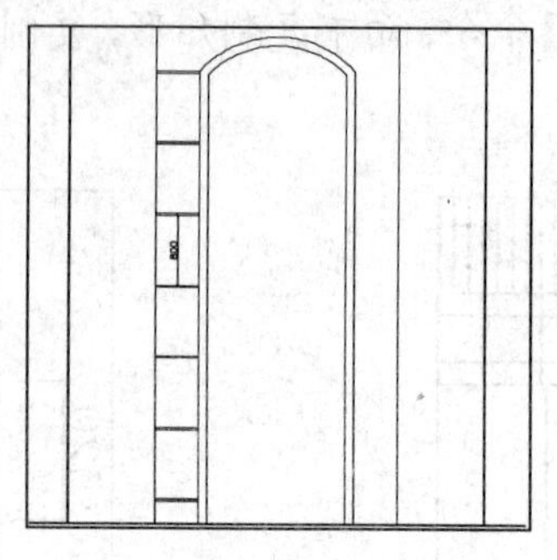

图 12-170 复制凹槽

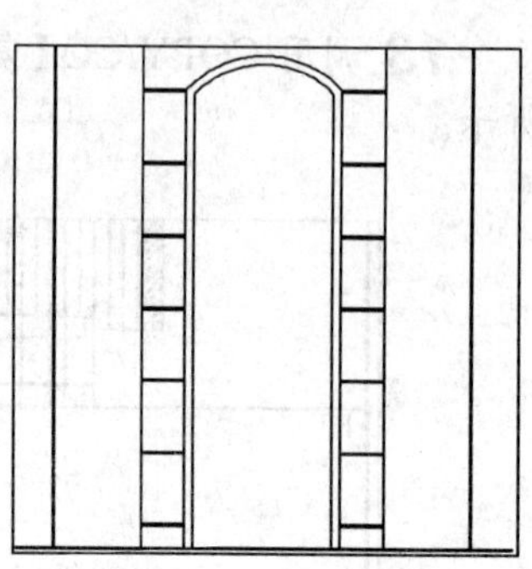

图 12-171 镜像结果

21 绘制踢脚线。调用 OFFSET/O【偏移】命令，向上偏移地面轮廓线，偏移距离为200，得到踢脚线轮廓，如图 12-172 所示。

22 调用 OFFSET/O【偏移】命令，向下偏移踢脚线轮廓，偏移距离为 20，如图 12-173 所示。

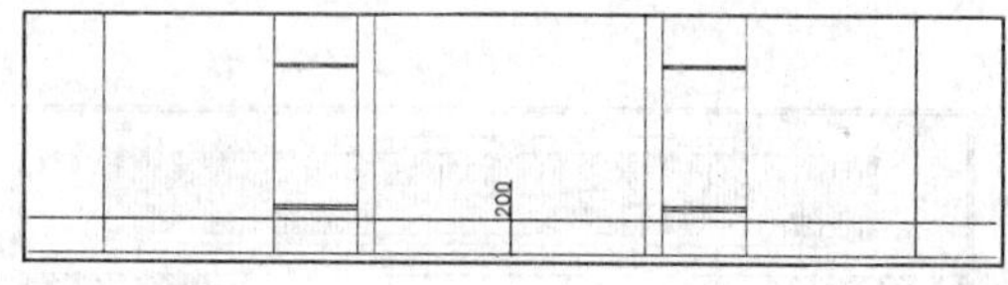

图 12-172 偏移线段

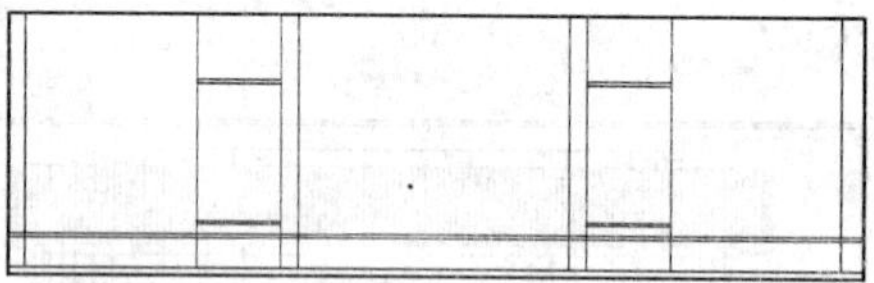

图 12-173 偏移线段

23 绘制踢脚线剖面。调用 OFFSET/O【偏移】命令，向右侧偏移立面左侧内墙面，偏移距离为 10 和 20，如图 12-174 所示。

24 调用 TRIM/TR【修剪】命令，修剪线段，结果如图 12-175 所示。

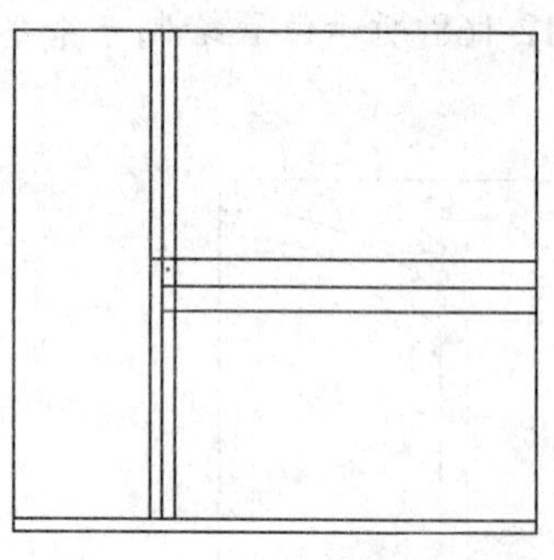

图 12-174 偏移线段

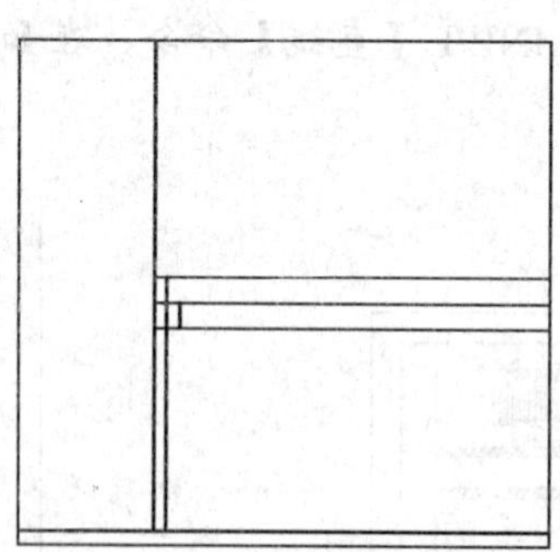

图 12-175 修剪线段

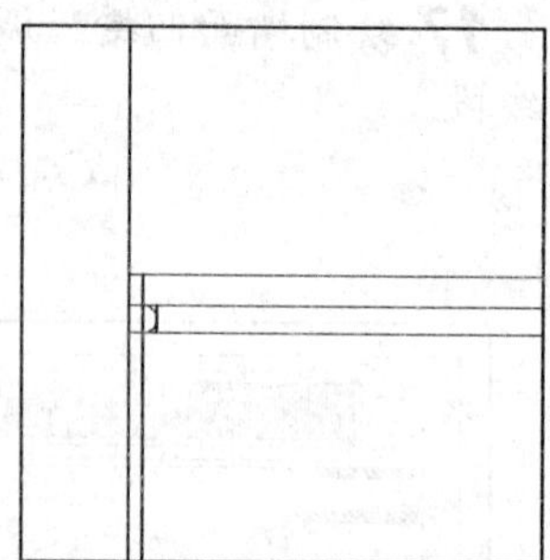

图 12-176 绘制圆弧

25 调用 ARC/A【圆弧】命令，绘制如图 12-176 所示圆弧。

26 调用 TRIM/TR【修剪】命令，修剪掉多余线段，结果如图 12-177 所示。

27 调用 MIRROR/MI【镜像】命令，将踢脚线剖面镜像复制到另一侧，结果如图 12-178 所示。

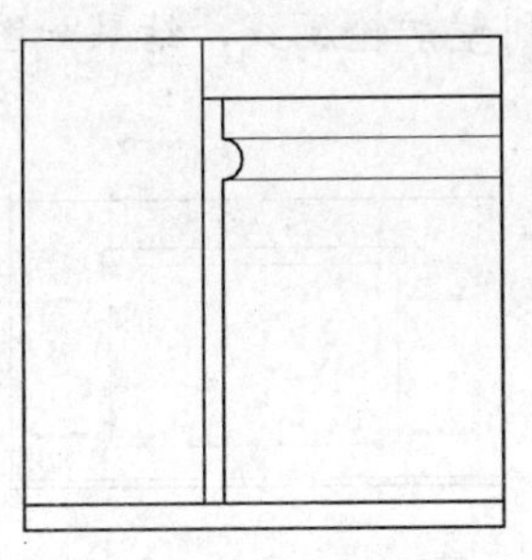

图 12-177　修剪结果

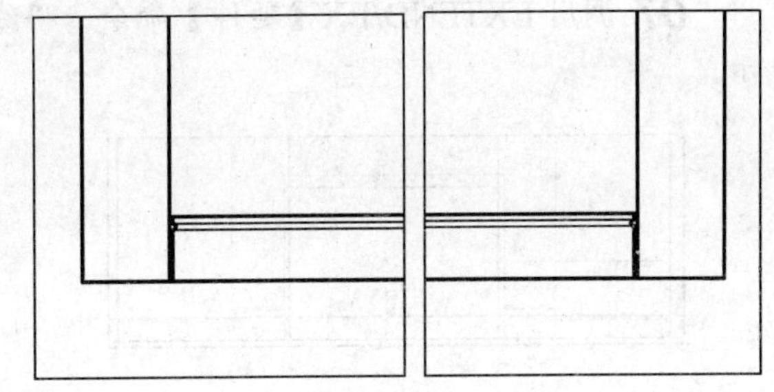

图 12-178　镜像结果

4. 绘制壁炉

壁炉是欧式客厅不可或缺的元素，有装饰作用和实用价值。本欧式别墅壁炉为假壁炉，只有壁炉架，没有设计烟囱，壁炉内放置的是工艺品，起到的是装饰作用。

01 调用 LINE/L【直线】命令，以地面轮廓线的中点为线段起点，向上移动光标绘制一条垂直辅助线，如图 12-179 所示。

02 调用 OFFSET/O【偏移】命令，分别向左、向右偏移辅助线，偏移距离为 950。向上偏移地面轮廓线，偏移距离为 1400，结果如图 12-180 所示。

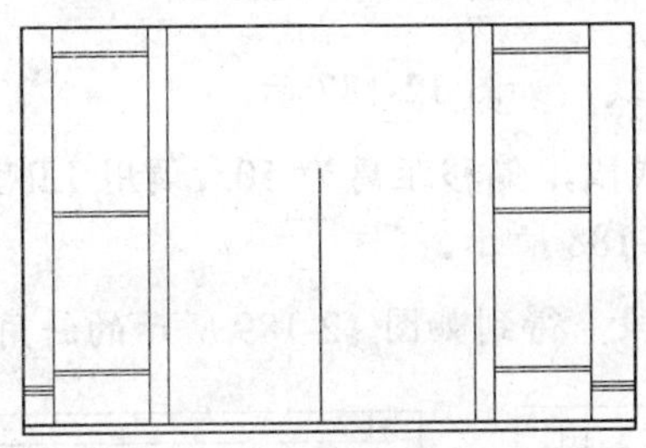

图 12-179　绘制辅助线

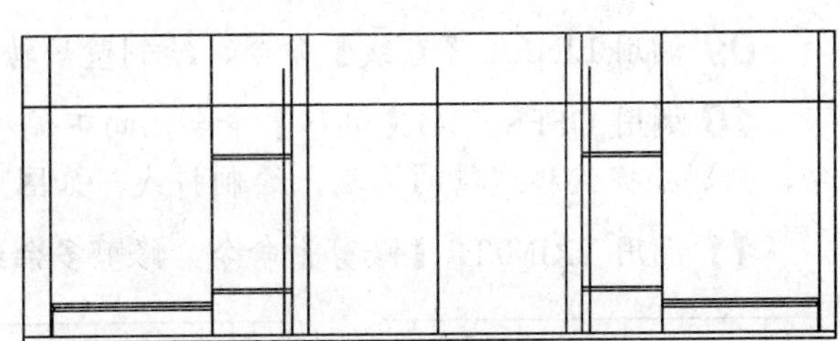

图 12-180　偏移线段

03 删除辅助线，调用 FILLET/F【圆角】命令，连接壁炉外轮廓线，结果如图 12-181 所示。

04 调用 TRIM/TR【修剪】命令，修剪壁炉内的多余线段，如图 12-182 所示。

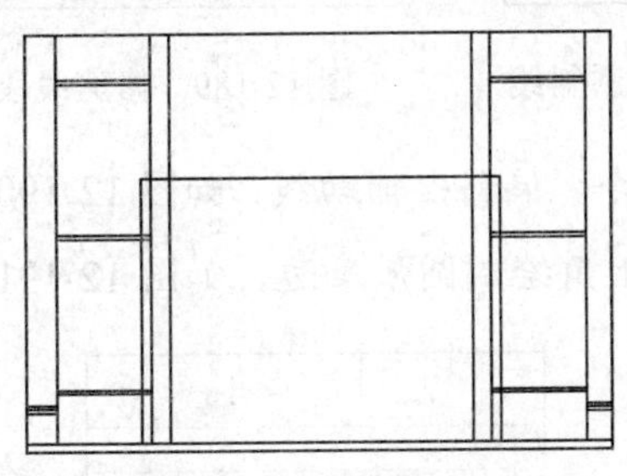

图 12-181　连接线段

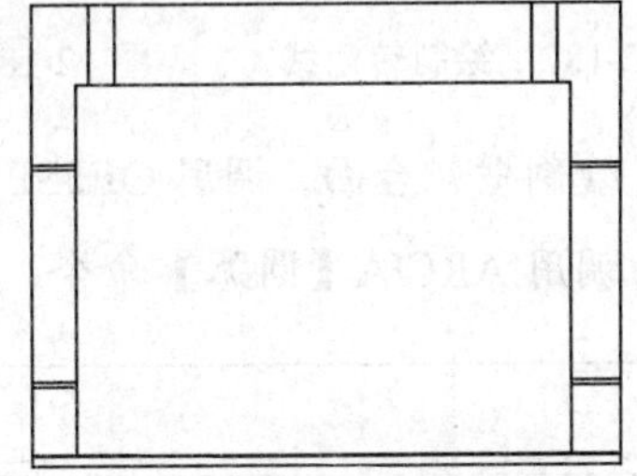

图 12-182　修剪结果

05 调用 OFFSET/O【偏移】命令，根据壁炉造型尺寸，向内偏移壁炉外轮廓线，如图 12-183 所示。

06 调用 TRIM/TR【修剪】命令，修剪出壁炉轮廓，结果如图 12-184 所示。

07 调用 EXTEND/EX【延伸】命令，将线段延伸到壁炉轮廓线，结果如图 12-185 所示。

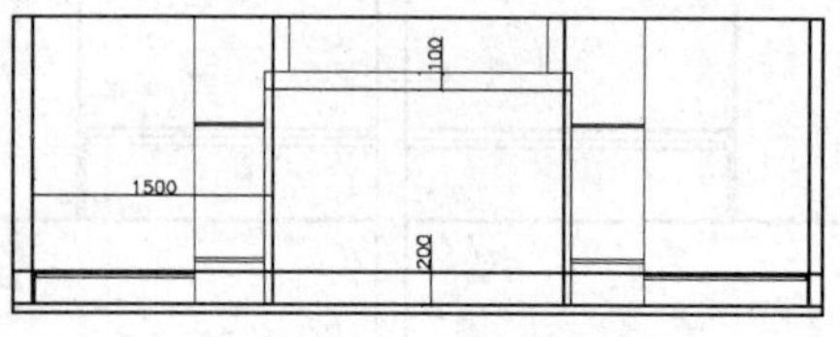

图 12-183 偏移线段

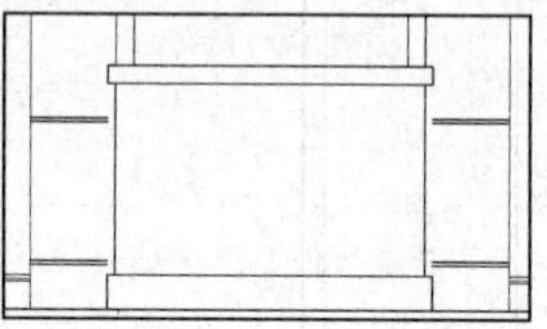

图 12-184 修剪线段

08 调用 OFFSET/O【偏移】命令，向内偏移线段，偏移距离为 300。调用 FILLET/F【圆角】命令，对偏移的线段进行圆角处理，结果如图 12-186 所示，得到壁炉口。

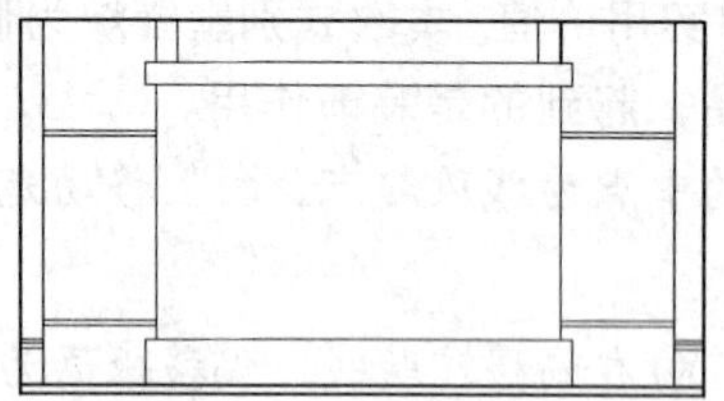

图 12-185 延伸结果

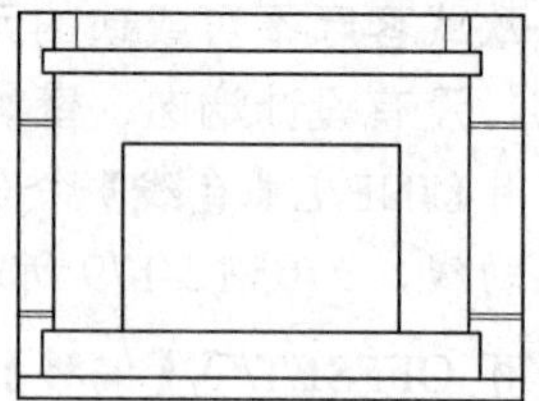

图 12-186 连接结果

09 调用 LINE/L【直线】命令，绘制壁炉转角线，如图 12-187 示。

10 调用 OFFSET/O【偏移】命令，向下偏移线段，偏移距离为 50。调用 LINE/L 命令，分别捕捉偏移线段的两端，绘制斜线，如图 12-188 所示。

11 调用 TRIM/TR【修剪】命令，修剪多余线段，得到如图 12-189 所示的斜角效果。

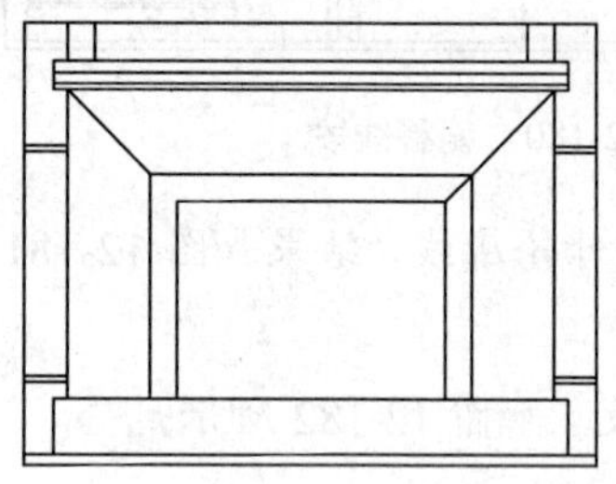

图 12-187 绘制转角线

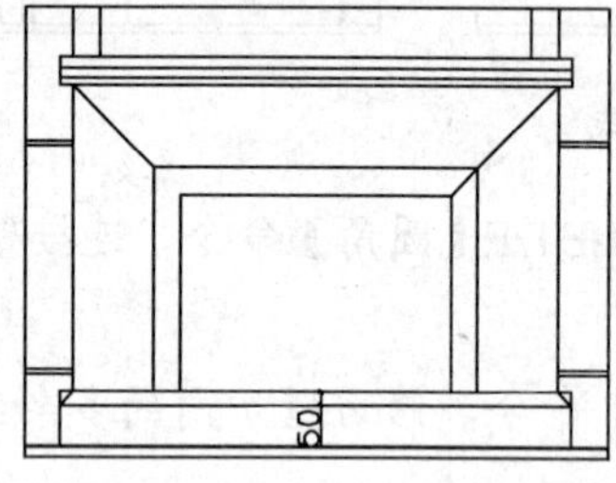

图 12-188 偏移线段并绘制斜线

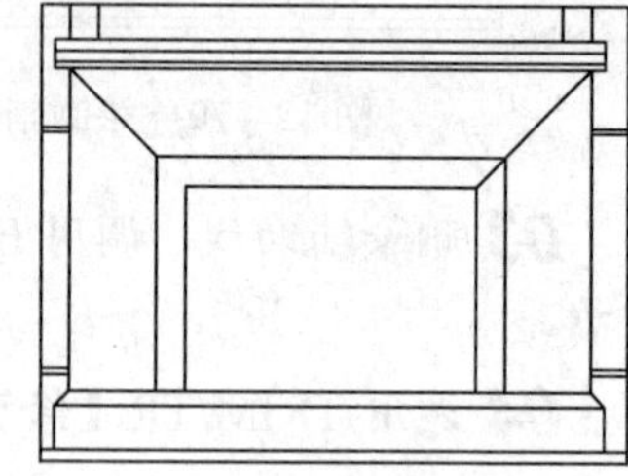

图 12-189 修剪线段

12 绘制壁炉台面。调用 OFFSET/O【偏移】命令，偏移出辅助线，如图 12-190 所示。

13 调用 ARC/A【圆弧】命令，在壁炉台面左上角绘制圆弧磨边，如图 12-191 所示。

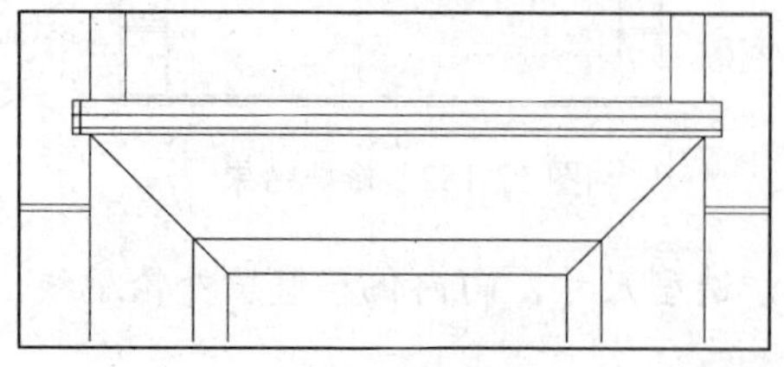

图 12-190 偏移辅助线

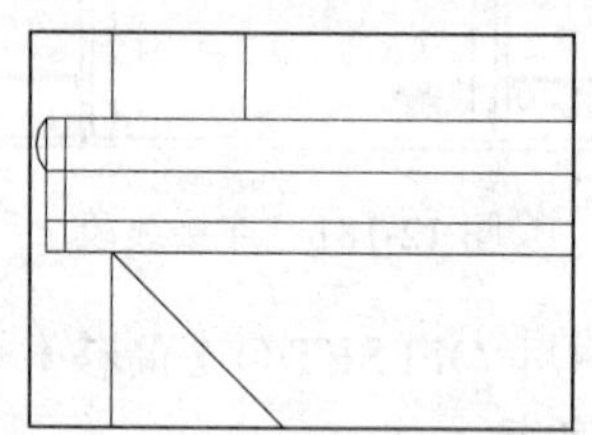

图 12-191 绘制圆弧

14 调用 SPLINE/SPL【样条曲线】命令，绘制下方石材磨边，结果如图 12-192 所示。

15 删除辅助线，调用 TRIM/TR【修剪】命令，修剪多余线段，如图 12-193 所示。

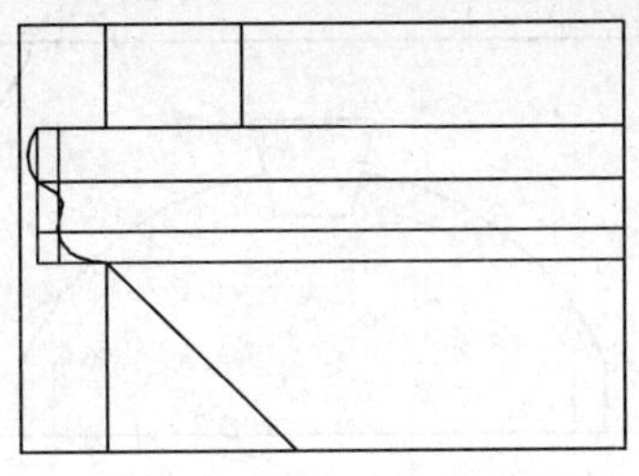
图 12-192 绘制石材磨边

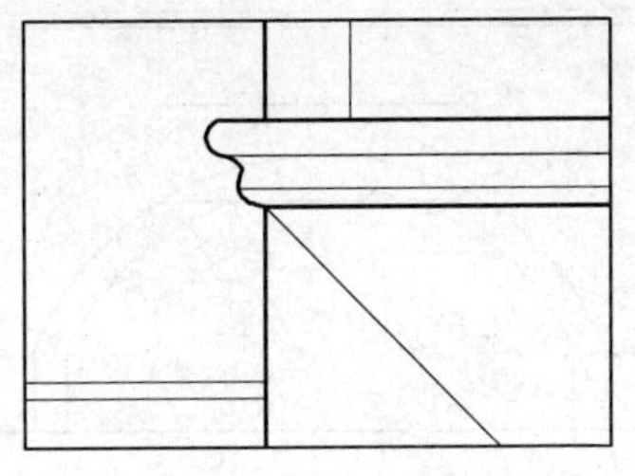
图 12-193 修剪结果

16 选择弧线，调用 MIRROR/MI【镜像】命令，将其镜像复制到壁炉另一侧，并调用 TRIM/TR【修剪】命令修剪掉多余线段，结果如图 12-194 所示。

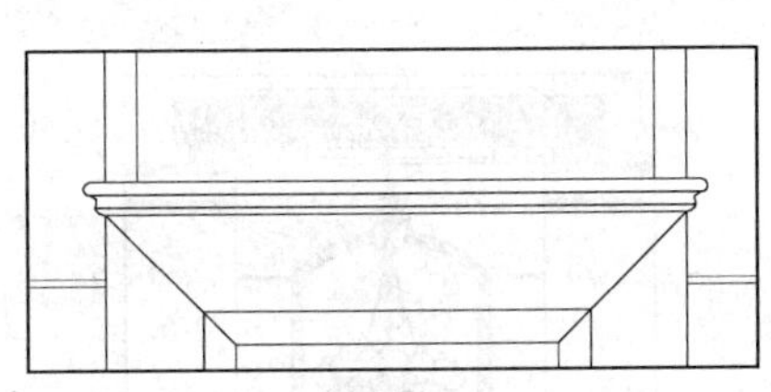
图 12-194 镜像复制

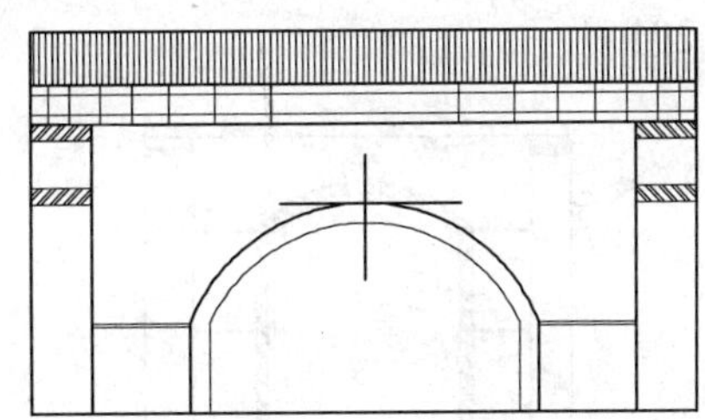
图 12-195 绘制线段

5. 绘制其他部分

01 绘制立面拱形装饰造型。调用 LINE/L【直线】命令，在拱形圆弧的中点位置绘制一条垂直线段和一条水平线段，如图 12-195 所示

02 调用 OFFSET/O【偏移】命令，根据造型尺寸，偏移出如图 12-196 所示辅助线。

03 调用 LINE/L【直线】命令，在辅助线的基础上绘制线段，如图 12-197 所示。

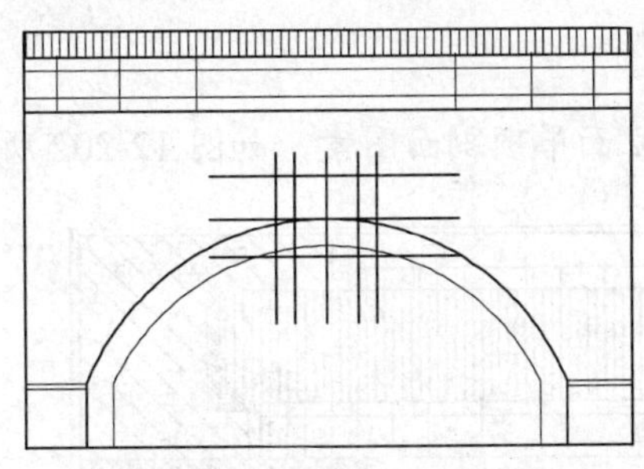
图 12-196 偏移线段

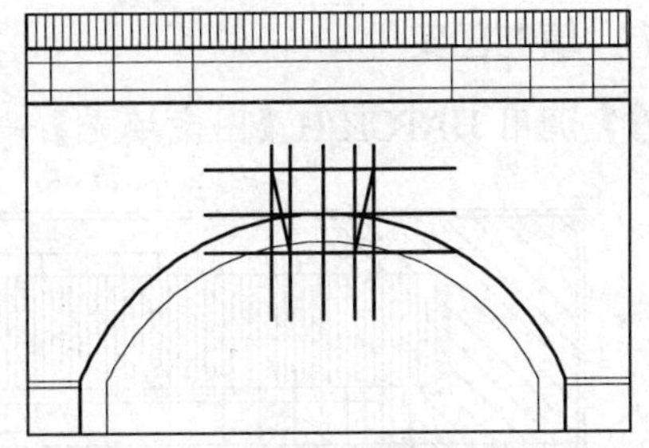
图 12-197 绘制线段

04 删除所有垂直辅助线与中间的一条水平线，结果如图 12-198 所示。

05 调用 TRIM/TR【修剪】命令，修剪多余线段，得到如图 12-199 所示造型。

06 调用 HATCH/H【图案填充】命令，在弧形造型中填充 ANSI32 图案，填充效果如图 12-200 所示。

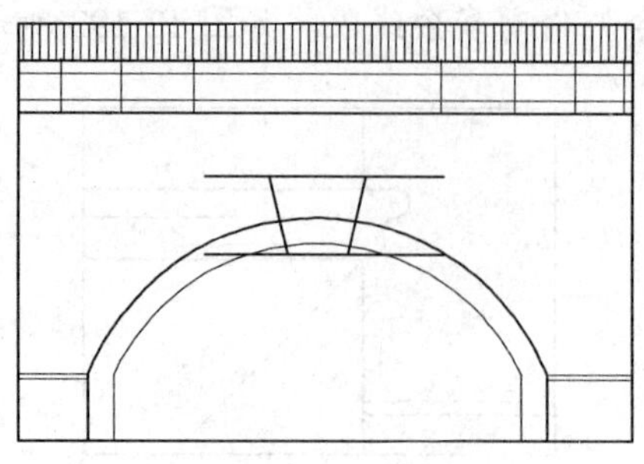

图 12-198 删除线段

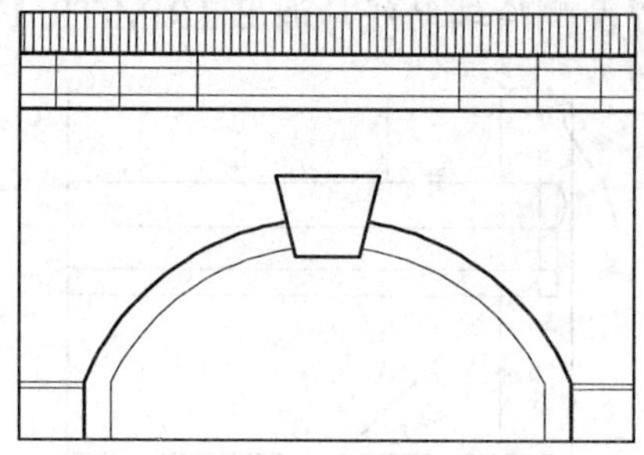

图 12-199 修剪线段

6. 插入图块

从图库中调入相关图块，包括吊灯、壁灯、烛台、植物等，并修剪重叠部分，结果如图 12-201 所示。

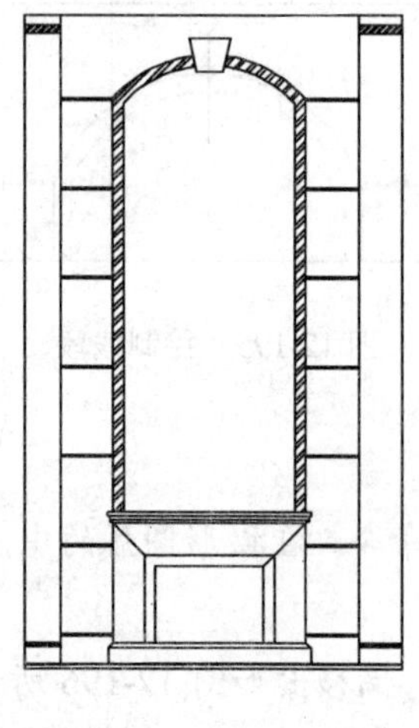

图 12-200 填充效果

图 12-201 插入图块

7. 填充图案

01 调用 HATCH/H【图案填充】命令，填充立面吊顶剖面图案，如图 12-202 所示。

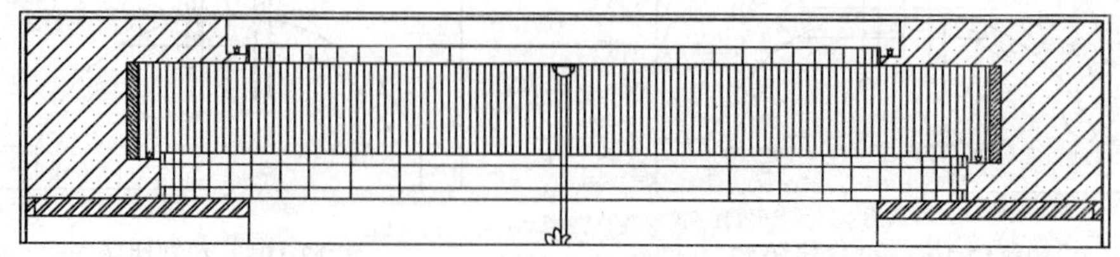

图 12-202 填充吊顶剖面图案

02 使用 HATCH/H【图案填充】命令，填充背景造型图案（镜子），填充参数和填充结果如图 12-203 所示。

8. 标注尺寸和材料说明

01 调用 DIMLINEAR/DLI【线性标注】命令和 DIMCONTINUE/DCO【连续性标注】命令标注尺寸，如图 12-204 所示。

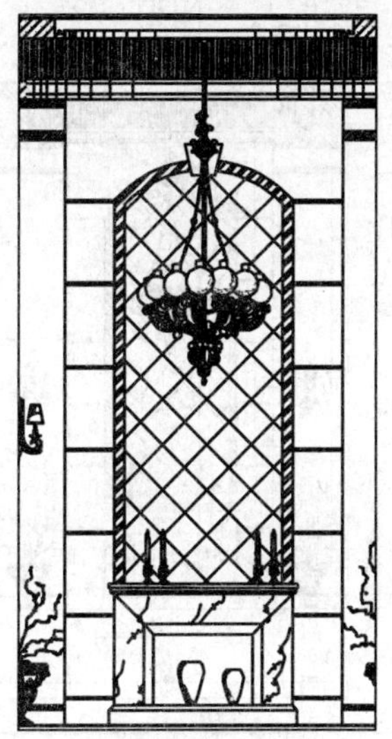

图 12-203 填充背景造型

图 12-204 标注尺寸

02 调用 MLEADER/MLD【多重引线】命令进行文字说明，主要包括立面材料及其做法的相关说明，如图 12-205 所示。

9. 插入图名

调用 INSERT/I【插入】命令，插入“图名”图块，设置名称为“客厅 C 立面图”。

 12.7.2 绘制立面剖面详图和壁炉剖面详图

插入剖切索引符号

剖切索引符号用于表示剖切的位置、详图编号以及详图所在的图样编号。在创建样板时，剖切索引符号已经创建为图块，这里只需调用即可。

调用 INSERT/I【插入】命令，打开“插入”对话框，在“名称”列表中选择图块“剖切索引”，单击【确定】按钮，在需要剖切的位置适当拾取一点确定剖切索引符号的位置，然后按系统提示操作：

```
命令:INSERT↙                          //调用 INSERT 命令
指定插入点或 [基点(B)/比例(S)/旋转(R)]:
输入属性值
输入被索引图号: <->:↙                 //输入索引编号，即该详图的编号，此处直接按回车键，采用默认值“-”，表示详图位于当前图纸
输入索引编号: <01>:01↙                //输入详图所在图纸的编号
```

使用同样的方法插入其他剖切索引符号，并进行调整，使其结果如图 12-206 所示。

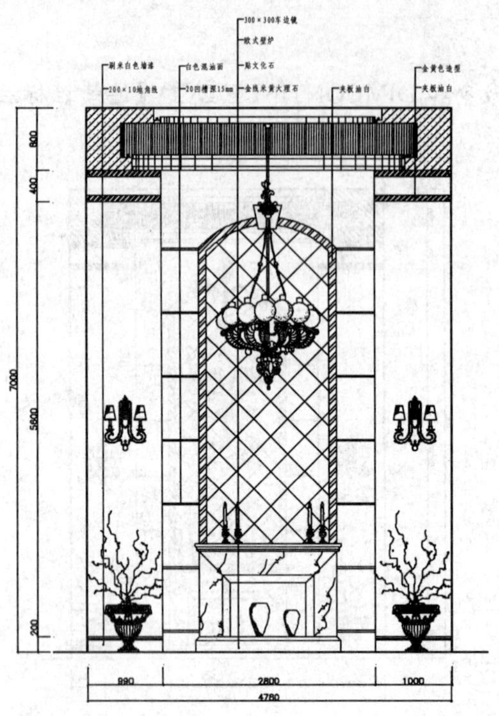

图 12-205　材料说明

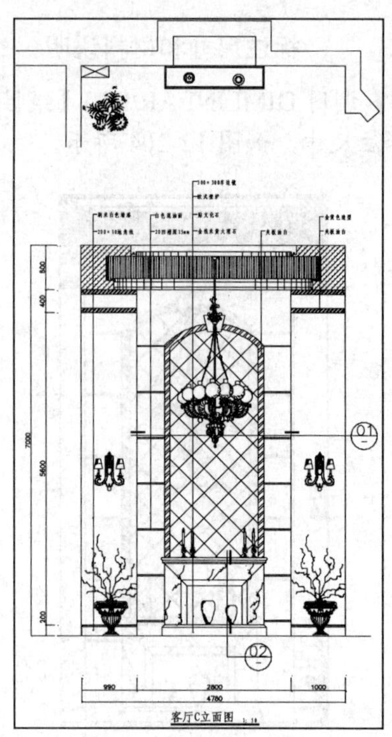

图 12-206　插入剖切索引符号

12.7.3　绘制01剖面图

01剖面图如图 12-207 所示，主要表达了夹板及车边镜的安装关系。

1. 绘制基本轮廓线

01 设置“JD_节点”为当前图层。

02 调用 LINE/L【直线】命令，根据客厅 C 立面图绘制垂直投影线，并绘制一条水平线表示立面所在的墙体线，如图 12-208 所示。

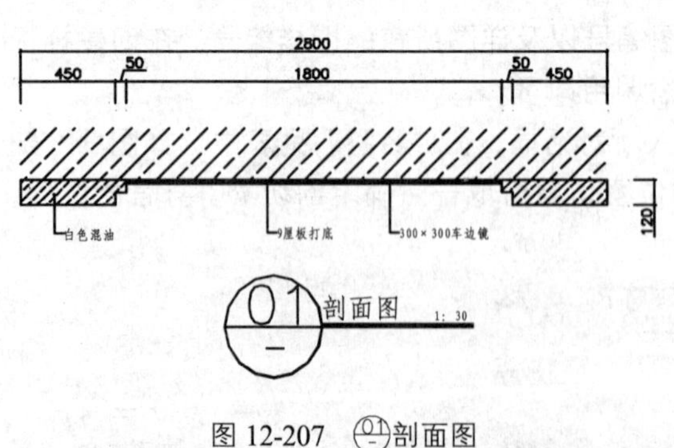

图 12-207　01剖面图

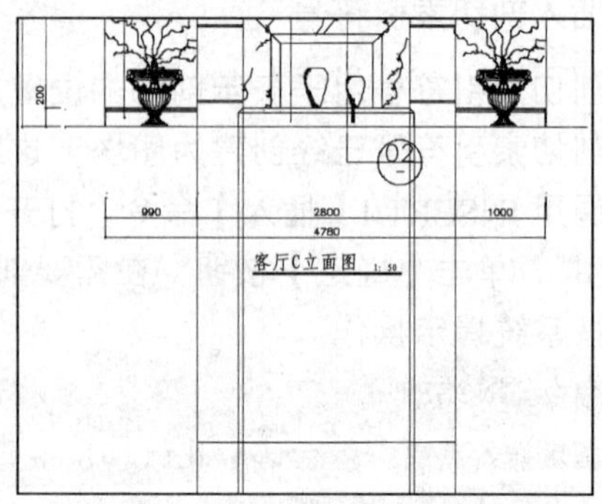

图 12-208　绘制线段

03 调用 TRIM/TR【修剪】命令修剪投影线，结果如图 12-209 所示。

04 调用 OFFSET/O【偏移】命令，向下偏移墙体线，得到造型轮廓线，如图 12-210 所示。

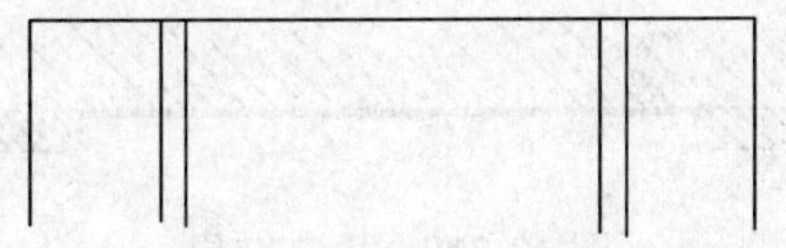
图 12-209　修剪线段

图 12-210　偏移线段

05 调用 TRIM/TR【修剪】命令，修剪出剖面轮廓线，如图 12-211 所示。

2. 绘制细部轮廓

01 调用 OFFSET/O【偏移】命令，向下偏移墙体线，偏移距离为 9，得到造型底板厚度，如图 12-212 所示。

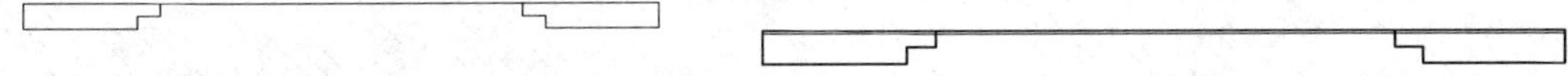
图 12-211　修剪线段　　图 12-212　偏移线段

02 调用 TRIM/TR【修剪】命令修剪多余线段，结果如图 12-213 所示。

03 并调用 OFFSET/O【偏移】命令，向下偏移底板，偏移距离为 12，得到镜子，结果如图 12-214 所示。

图 12-213　修剪线段　　图 12-214　偏移

04 调用 RECTANG/REC【矩形】命令，绘制矩形表示墙体，如图 12-215 箭头所示。

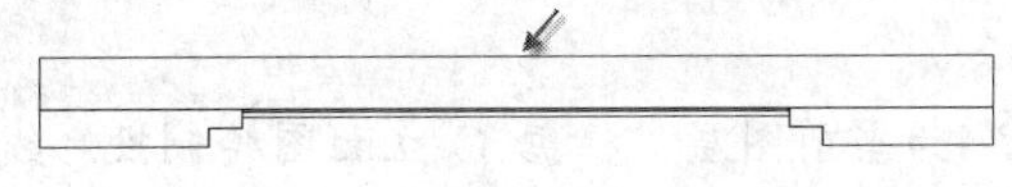
图 12-215　绘制墙体矩形

3. 填充图案

01 调用 HATCH/H【图案填充】命令，填充墙体剖面图案，填充参数和结果如图 12-216 所示。

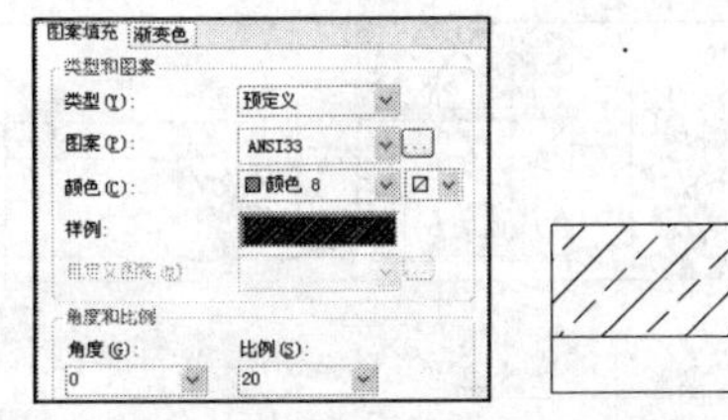

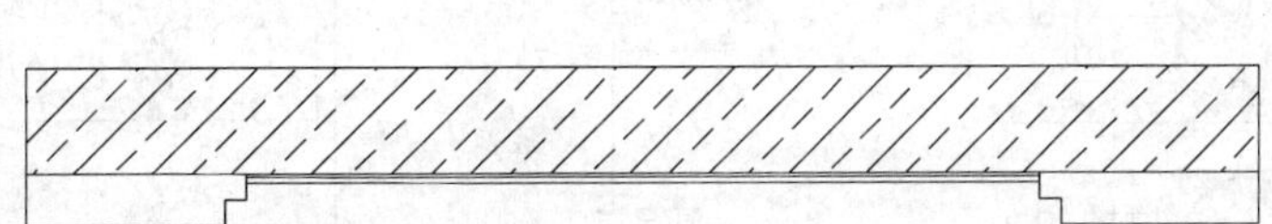
图 12-216　填充墙体剖面图案

02 调用 EXPLODE/X【分解】命令，分解表示墙体的矩形，然后删除矩形的上、左、右三条边，结果如图 12-217 所示。

03 调用 HATCH/H【图案填充】命令，填充其他剖面图案，如图 12-218 所示。

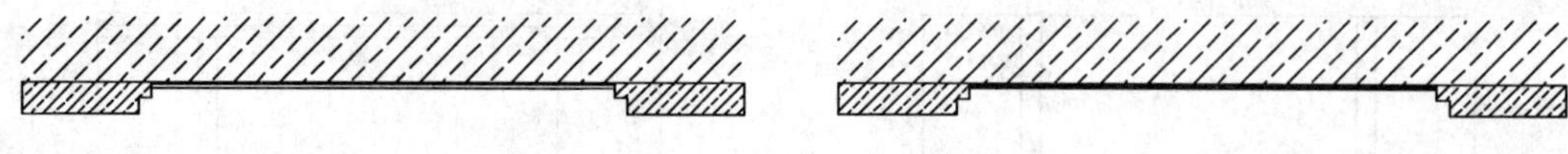

图 12-217　删除矩形边　　　　图 12-218　填充结果

4. 标注尺寸和说明文字

01 调用 DIMLINEAR/DLI【线性标注】命令和 DIMCONTINUE/DCO【连续性标注】命令进行尺寸标注，如图 12-219 所示。

02 调用 MLEADER/MLD【多重引线】命令进行文字说明，如图 12-220 所示。

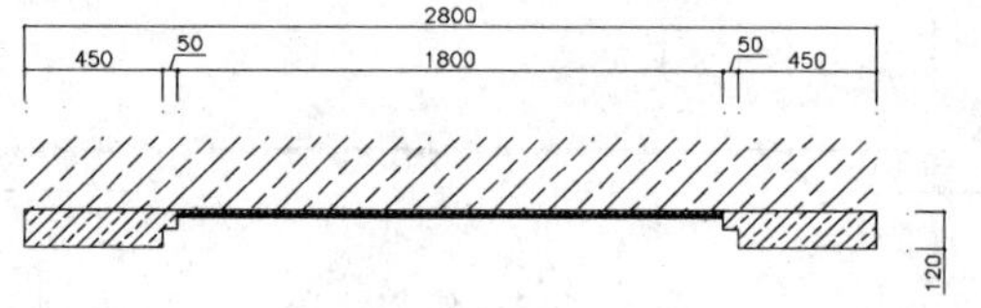

图 12-219　标注尺寸　　　　图 12-220　文字说明

03 调用 INSERT/I【插入】命令，插入“剖切索引”和“图名”图块到剖面图的下方，完成01剖面图的绘制。

12.7.4 绘制02剖面图和大样图

02剖面图和大样图如图 12-221 所示，该剖面图详细表达了壁炉内部的做法，其绘制方法如下。

1. 绘制剖面轮廓

01 设置“JD_节点”为当前图层。根据 C 立面图绘制投影线，并绘制一条垂直线段表示剖面墙体，如图 12-222 所示。

02 调用 TRIM/TR【修剪】命令，修剪掉多余线段，如图 12-223 所示。

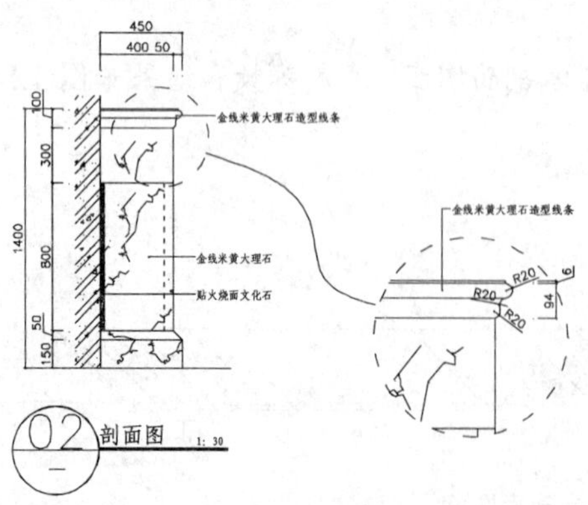

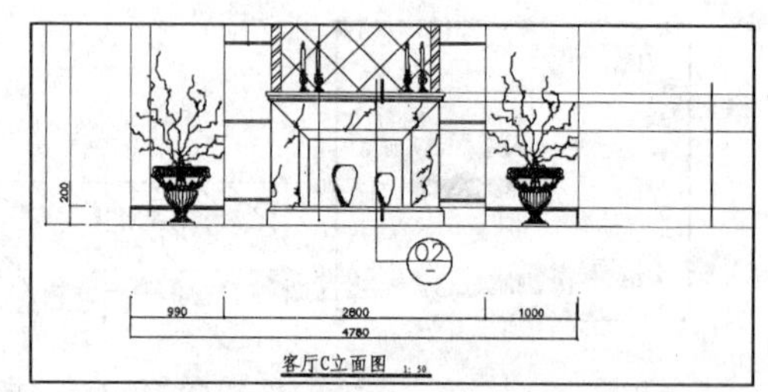

图 12-221　02剖面图和大样图　　　　图 12-222　绘制投影线

03 调用 OFFSET/O【偏移】命令，向右偏移墙体线，偏移距离分别为 400、450，如图 12-224 所示。

04 调用 TRIM/TR【修剪】命令，修剪多余线段，得到如图 12-225 所示壁炉侧面轮廓。

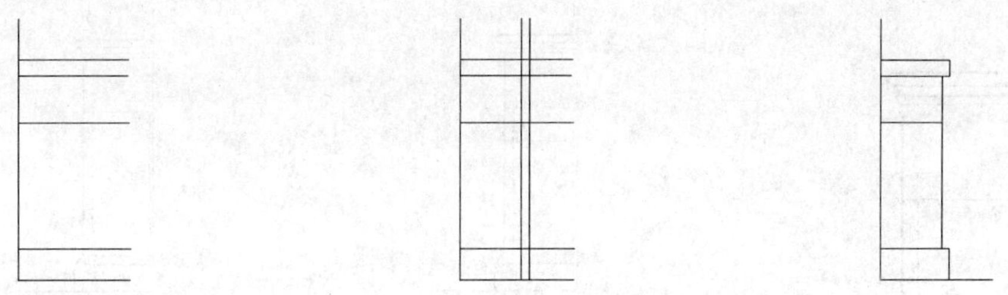

图 12-223　修剪线段　　图 12-224　偏移线段　　图 12-225　修剪线段

2. 绘制结构

01 调用 OFFSET/O【偏移】命令，偏移得到结构线，如图 12-226 所示。

02 调用 LINE/L【直线】命令，绘制角线斜面，如图 12-227 所示。

03 调用 TRIM/TR【修剪】命令，修剪多余线段，结果如图 12-228 所示。选择如图 12-229 箭头所指线段，将线型改为虚线。

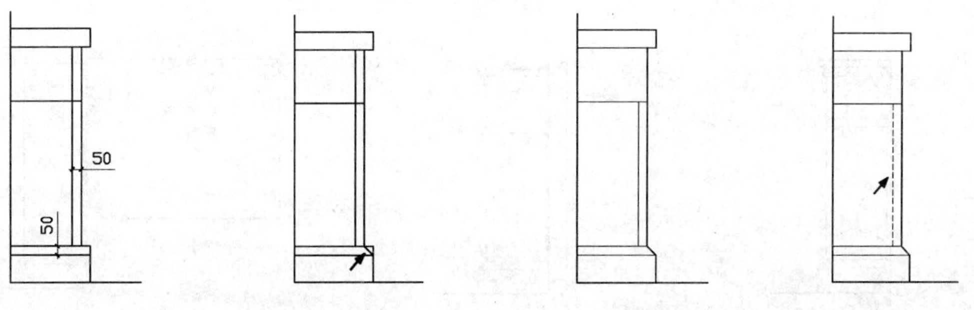

图 12-226　偏移线段　　图 12-227　绘制斜线　　图 12-228　修剪线段　　图 12-229　修改线型

04 调用 OFFSET/O【偏移】命令，按如图 12-230 所示尺寸偏移出壁炉台面轮廓。

05 调用 ARC/A【圆弧】命令，捕捉并单击偏移线段的相交点，绘制弧形，如图 12-231 所示。

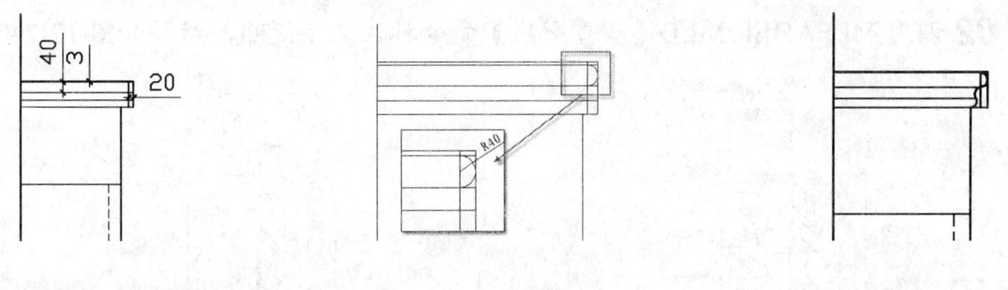

图 12-230　偏移线段　　图 12-231　绘制弧形　　图 12-232　绘制弧形

06 调用 ARC/A【圆弧】命令，绘制台面下方弧形，半径为 40，如图 12-232 所示。调用 TRIM/TR【修剪】命令，修剪掉多余线段，结果如图 12-233 所示。

07 调用 OFFSET/O【偏移】命令向右偏移墙体线，得到内贴于壁炉的石材轮廓，如图 12-234 所示。

08 调用 TRIM/TR【修剪】命令，修剪多余线段，结果如图 12-235 所示。

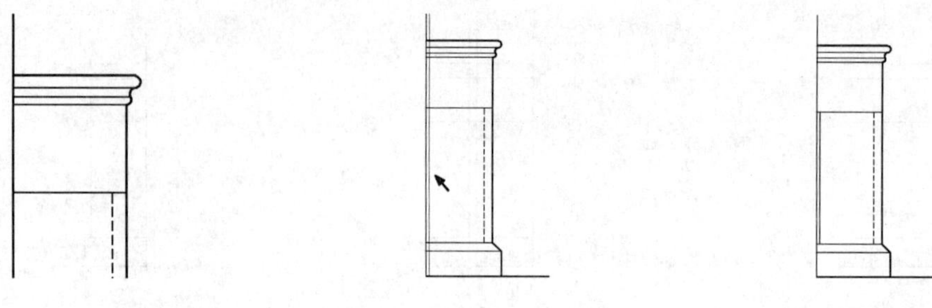

图 12-233　修剪线段　　图 12-234　偏移线段　　图 12-235　修剪线段

09 调用 LINE/L【直线】或 SPLINE/SPL【样条曲线】命令，绘制石材纹理图案，如图 12-236 所示。

10 调用 RECTANG/REC【矩形】命令，绘制墙体，如图 12-237 所示。使用前面介绍的方法填充墙体表示剖面。

11 调用 HATCH/H【图案填充】命令填充贴火烧面文化石区域，结果如图 12-238 所示。

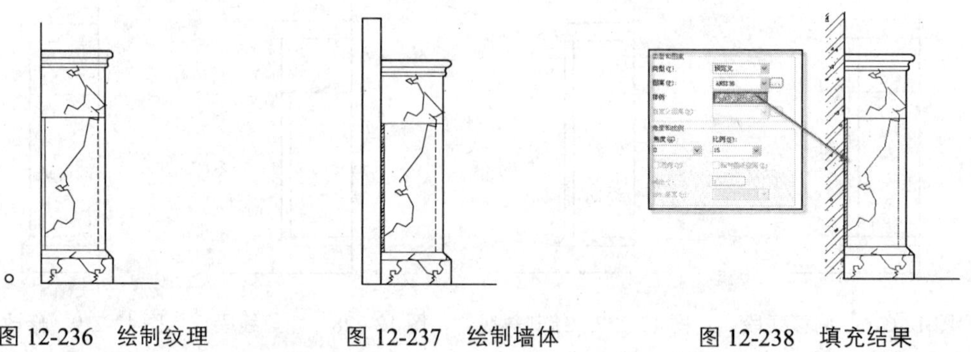

图 12-236　绘制纹理　　图 12-237　绘制墙体　　图 12-238　填充结果

3. 标注尺寸和说明文字

01 调用 DIMLINEAR/DLI【线性标注】命令和 DIMCONTINUE/DCO【连续性标注】命令进行尺寸标注，如图 12-239 所示。

02 调用 MLEADER/MLD【多重引线】命令标注文字说明，结果如图 12-240 所示。

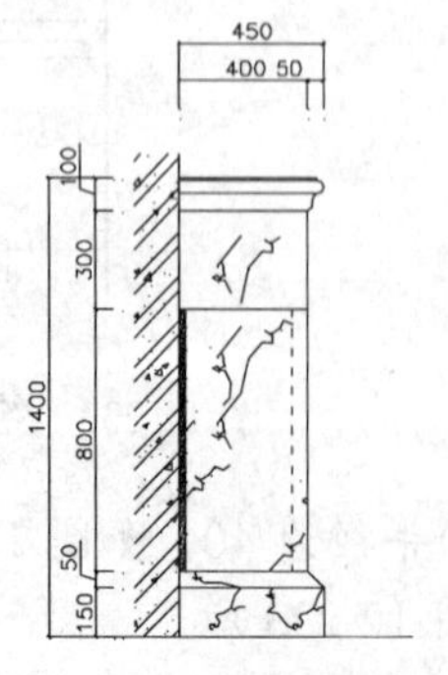

图 12-239　尺寸标注

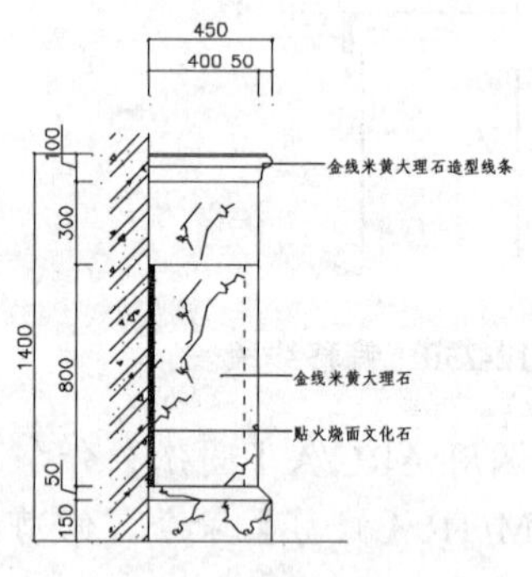

图 12-240　文字说明

4. 绘制大样图

在㉜剖面图中，为了更加详细地表达出壁炉台面的做法，需要绘制大样图，如图 12-241 所示。

01 调用 CIRCLE/C【圆】命令，绘制圆框住需要放大的区域，并将圆的线型改为虚线，如图 12-242 所示。

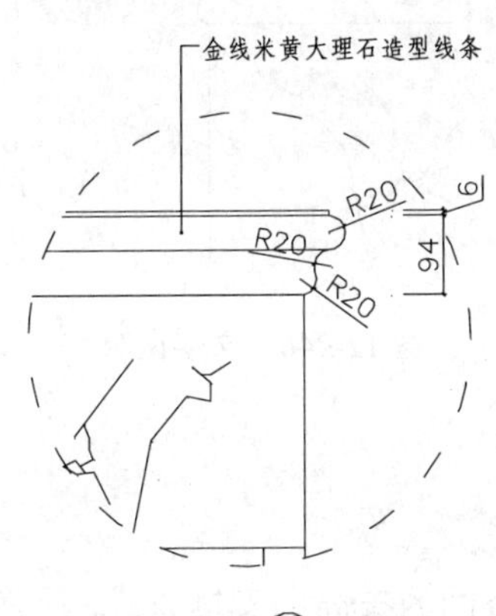

图 12-241 ㉜大样图

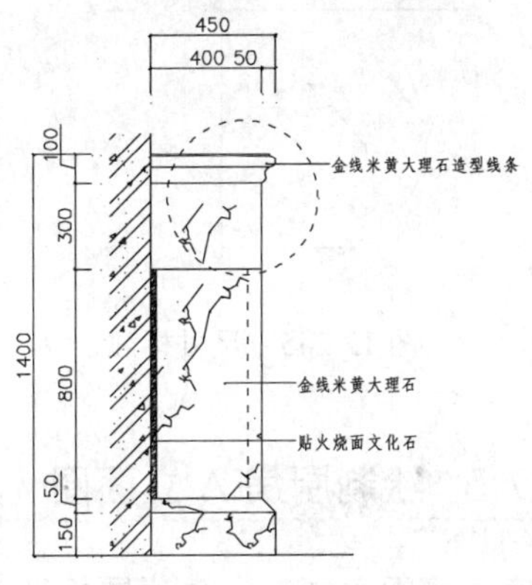

图 12-242 绘制圆

02 调用 COPY/CO【复制】命令，复制出圆及其内部图形，并调用 TRIM/TR【修剪】命令修剪掉圆外多余线段，结果如图 12-243 所示。

03 调用 SCALE/SC【缩放】命令，将大样图放大两倍，并调用 SPLINE/SPL【样条曲线】命令，绘制样条曲线连接剖面图与大样图，如图 12-244 所示。

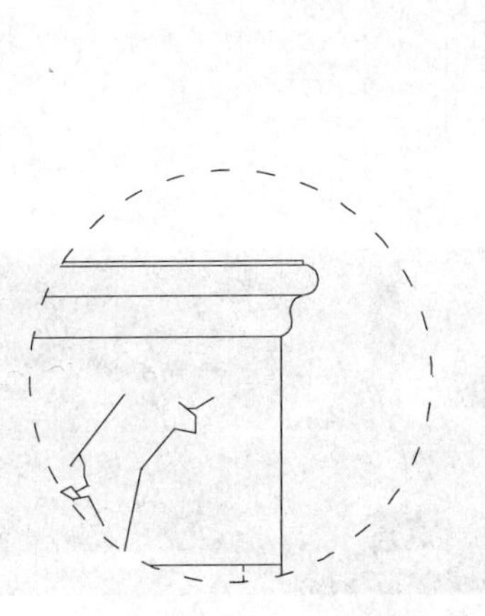

图 12-243 复制并修剪图形

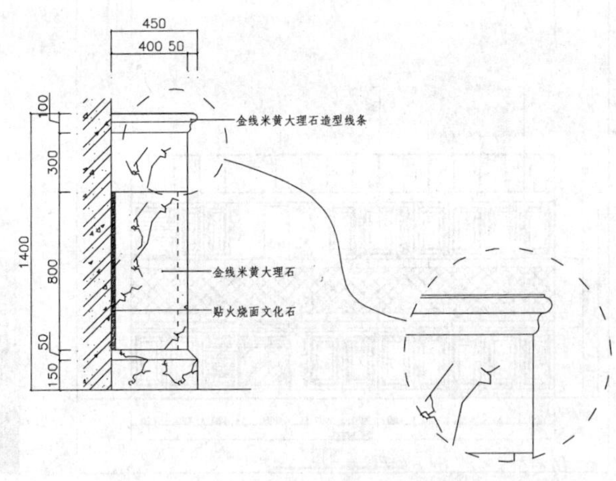

图 12-244 放大图形并绘制样条曲线

04 标注尺寸。调用 DIMLINEAR/DLI【线性标注】命令和 DIMCONTINUE【半径标注】命令对大样图进行尺寸标注，由于图形进行了放大标注出来的尺寸将与实际尺寸不符，调用 DDEDIT/ED【编辑单行文字】命令，对尺寸进行修改，结果如图 12-245 所示。

05 绘制材料说明。调用 MLEADER/MLD【多重引线】命令添加文字说明，完成后的效果如图 12-246 所示。

06 调用 INSERT/I 命令，插入“剖切索引”和“图名”图块到剖面图的下方，完成剖面图和大样图的绘制。

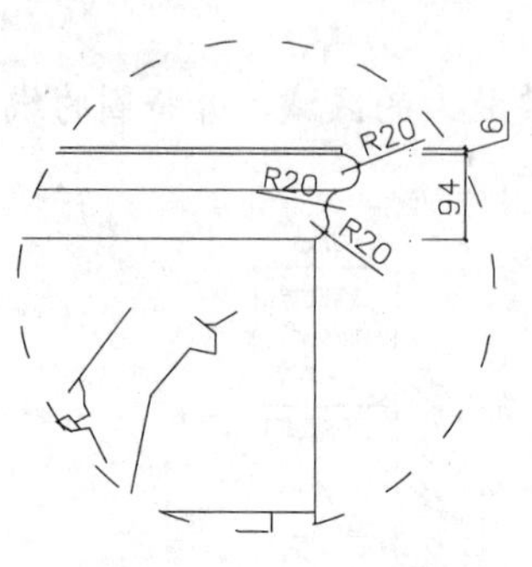

图 12-245　尺寸标注

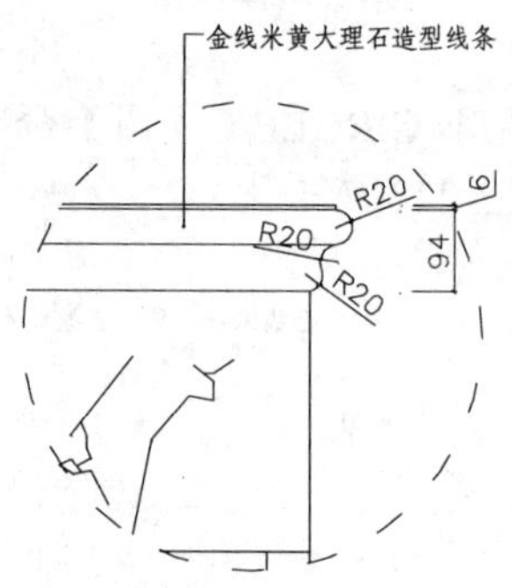

图 12-246　文字说明

12.7.5　绘制厨房 A 立面图

厨房立面图主要就是表达厨柜及家用电器、储物空间的布局和安排方式，厨房 A 立面如图 12-247 所示，该立面详细表达了厨柜的立面尺寸、位置、材料和墙面的做法等。

如图 12-248 所示为欧式厨房参考图。

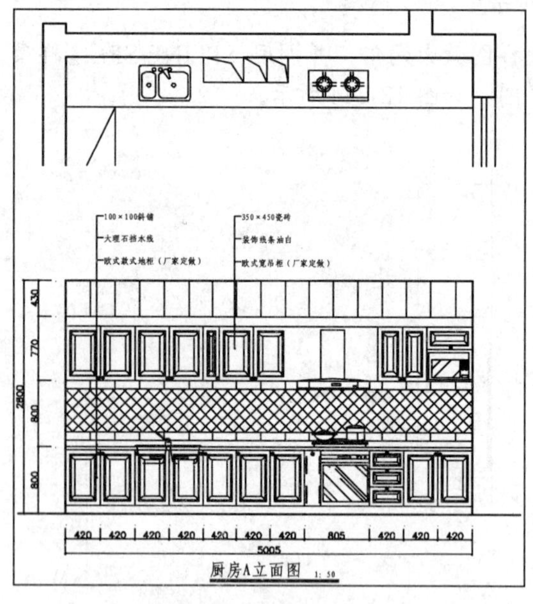

图 12-247　厨房 A 立面图

图 12-248　欧式厨房参考图

1.　复制图形

调用 COPY/CO【复制】命令，复制别墅平面布置图上厨房 A 立面图的平面部分，并对图形进行旋转。

2.　绘制 A 立面基本轮廓

01 设置“LM_立面”图层为当前图层。

02 调用 LINE/L【直线】命令，绘制 A 立面左、右侧墙体和地面轮廓线，如图 12-249 所示。

03 根据顶棚图厨房的标高，调用 OFFSET/O【偏移】命令，向上偏移地面轮廓线，偏移高度为 2800，如图 12-250 所示。

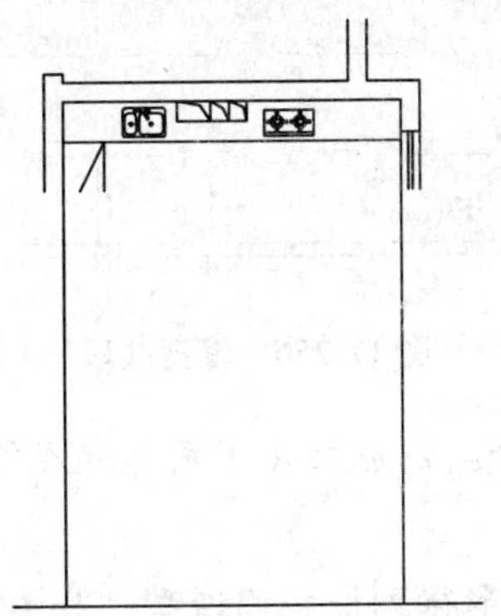

图 12-249　绘制墙体和地面

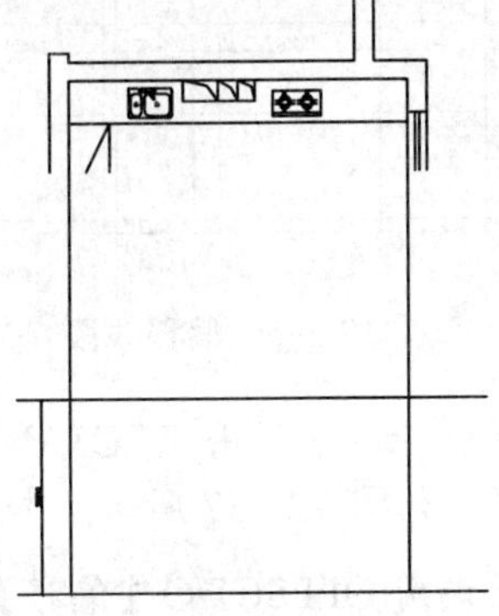

图 12-250　偏移线段

04 调用 TRIM/TR【修剪】命令，修剪多余线段，并将立面轮廓转换至“QT_墙体”图层，如图 12-251 所示。

3. 绘制立面结构

01 根据厨房底柜与矮柜尺寸，调用 OFFSET/O【偏移】命令，向上偏移地面轮廓，如图 12-252 所示。

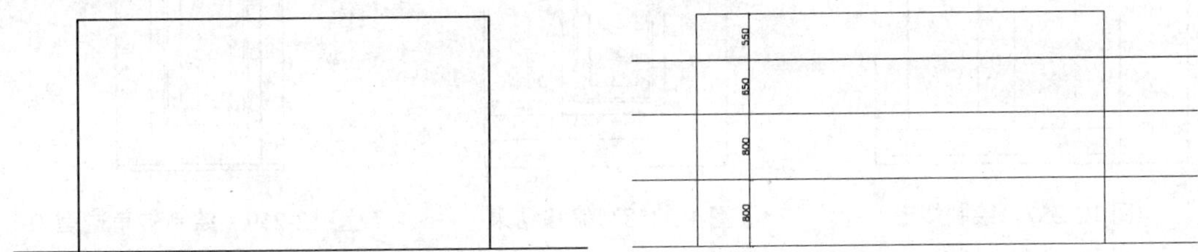

图 12-251　修剪线段　　图 12-252　偏移线段

02 调用 TRIM/TR【修剪】命令，修剪线段成如图 12-253 所示效果。

03 调用 OFFSET/O【偏移】命令，根据如图 12-254 所示尺寸偏移线段。

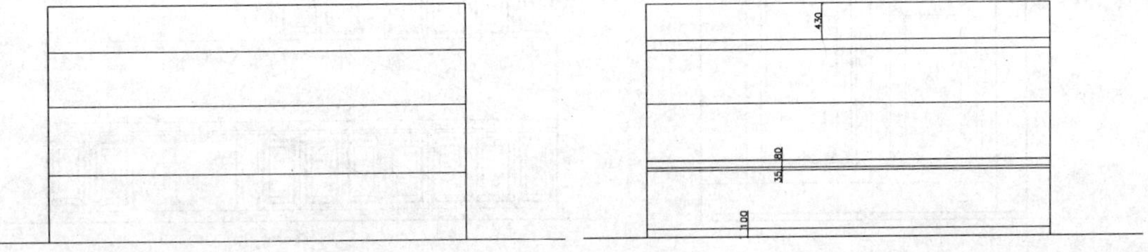

图 12-253　修剪线段　　图 12-254　偏移线段

04 调用 OFFSET/O【偏移】命令，根据如图 12-255 所示尺寸偏移线段。

05 调用 TRIM/TR【修剪】命令，修剪出轮廓线，如图 12-256 所示。

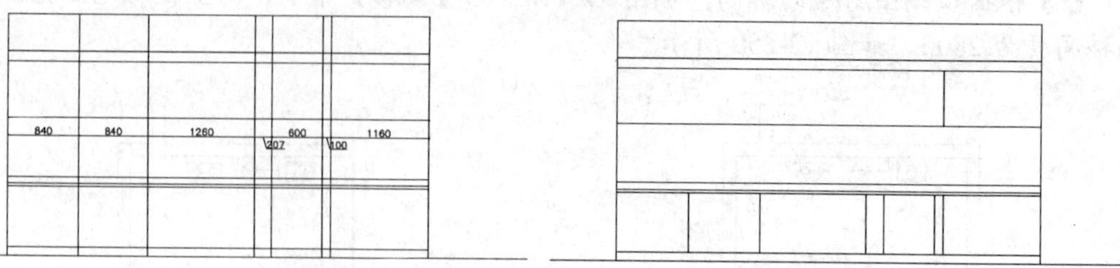

图 12-255 偏移线段

图 12-256 修剪线段

06 绘制柜门，调用 RECTANG/REC【矩形】命令，以底柜左下角为起点绘制 420×665 的矩形，如图 12-257 所示。

07 并调用 OFFSET/O【偏移】命令，向内偏移矩形得到橱柜门造型，如图 12-258 所示。

08 调用 LINE/L【直线】、ARC/A【圆弧】等相关命令绘制橱柜门的转角造型，如图 12-259 所示。

09 选择门的图形，调用 MIRROR/MI【镜像】命令，以门的右下角为镜像起点，水平镜像出另一扇门，结果如图 12-260 所示。

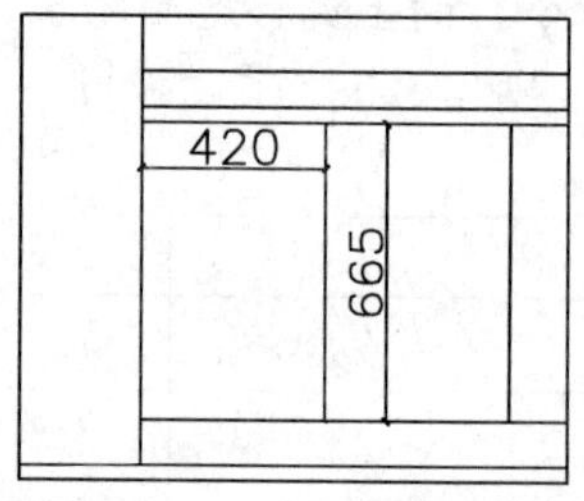

图 12-257 绘制矩形

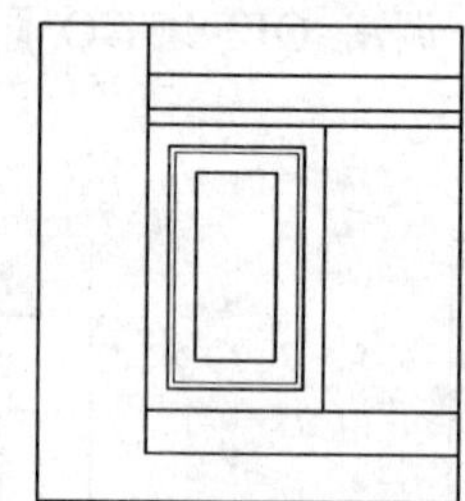

图 12-258 偏移结果

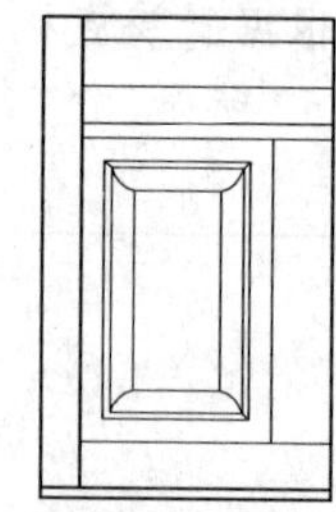

图 12-259 绘制转角造型

10 调用 COPY/CO【复制】命令，将门图形复制到其他的相应门位，结果如图 12-261 所示。

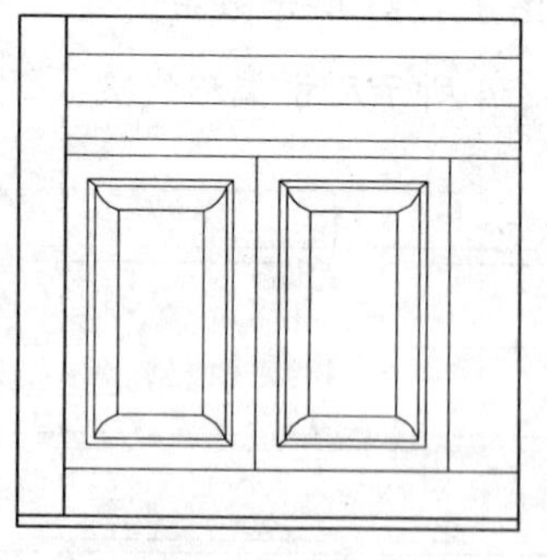

图 12-260 镜像结果

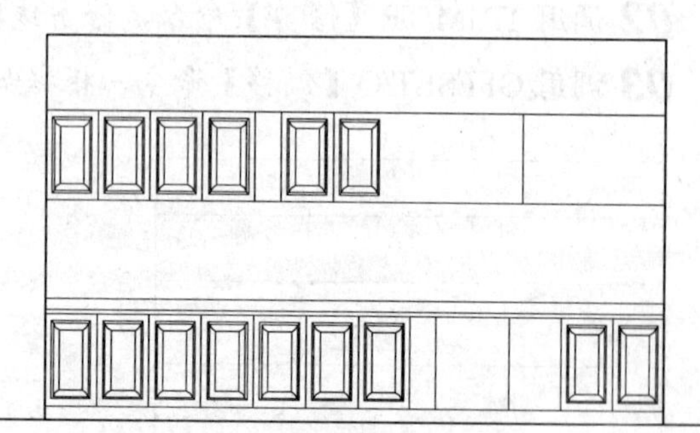

图 12-261 复制结果

11 绘制吊柜右上方的柜子。调用 OFFSET/O【偏移】命令，向左偏移右侧墙体，调用 TRIM/TR 命令修剪掉多余线段，结果如图 12-262 所示。

12 调用 COPY/CO【复制】命令，复制吊柜门到如图 12-263 所示位置。

13 此处的吊柜门宽为 300，调用 STRETCH/S【拉伸】命令，将门向左缩小 120，结果如图 12-264 所示。

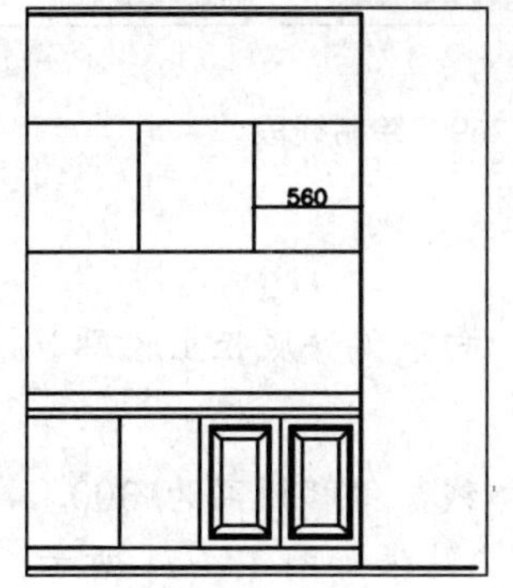

图 12-262　偏移线段

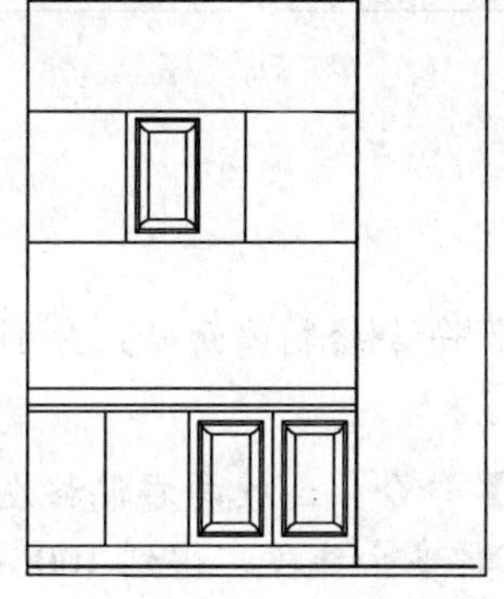

图 12-263　复制吊柜门

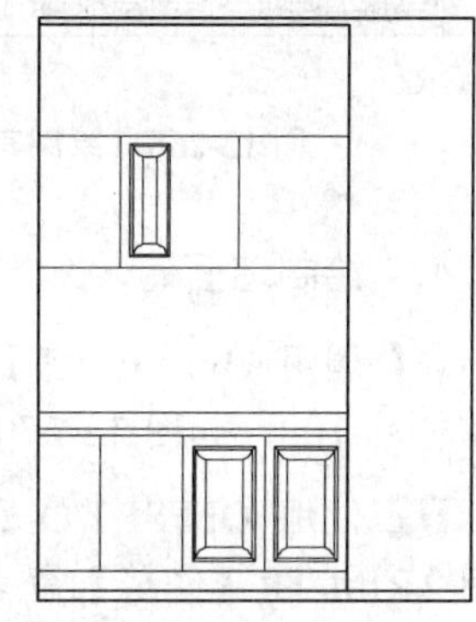

图 12-264　拉伸门宽

14 调用 MIRROR/MI【镜像】命令，将缩小后的门镜像复制到另一侧，结果如图 12-265 所示。

15 绘制灶台右侧的抽屉，绘制方法和柜门的绘制方法一样，使用 RECTANG/REC、OFFSET/O【偏移】、LINE/L【直线】和 ARC/A【圆弧】等命令，抽屉的高为 220，结果如图 12-266 所示。

16 调用 COPY/CO【复制】命令，将抽屉图形复制到其他位置，结果如图 12-267 所示。

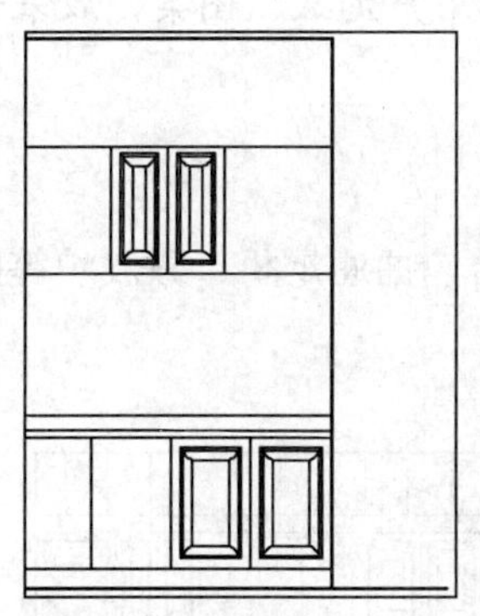

图 12-265　镜像图形

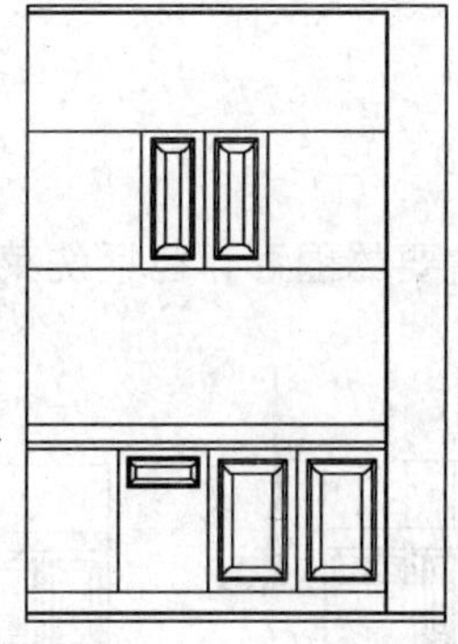

图 12-266　绘制抽屉

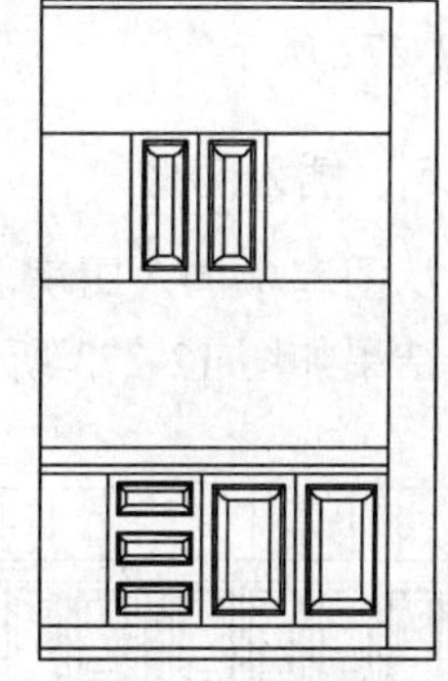

图 12-267　复制抽屉

17 使用前面介绍的方法绘制其他柜门，结果如图 12-268 所示。

18 调用 LINE/L【直线】命令和 OFFSET/O【偏移】命令，在吊柜上方绘制线段，如图 12-269 所示。

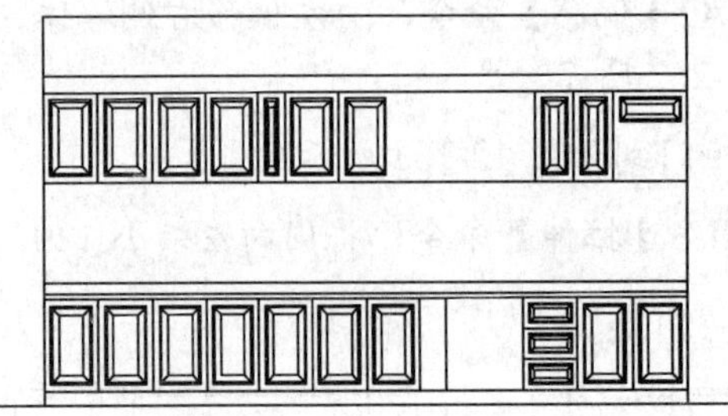

图 12-268　绘制其他柜门

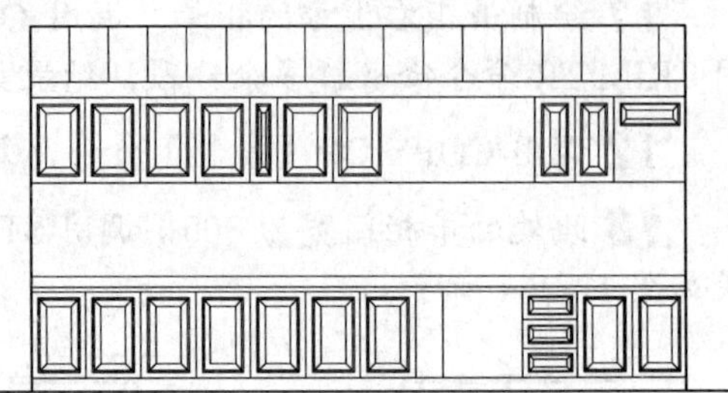

图 12-269　绘制线段

4. 绘制墙面砖

01 调用 OFFSET/O【偏移】命令绘制墙面砖。分别向上、向下偏移底柜上轮廓、吊柜下轮廓 100，如图 12-270 所示。

02 使用 OFFSET/O【偏移】命令，连续向右偏移左侧墙体线，偏移距离为 300，再调用 TRIM/TR【修剪】命令修剪掉多余线段，得到 100 高腰线，结果如图 12-271 所示。

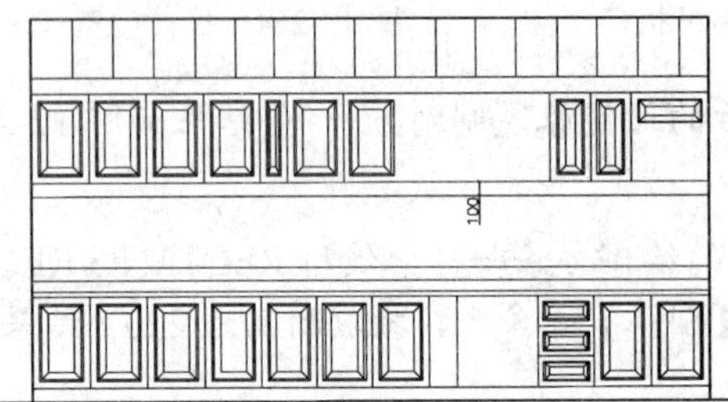

图 12-270　偏移线段

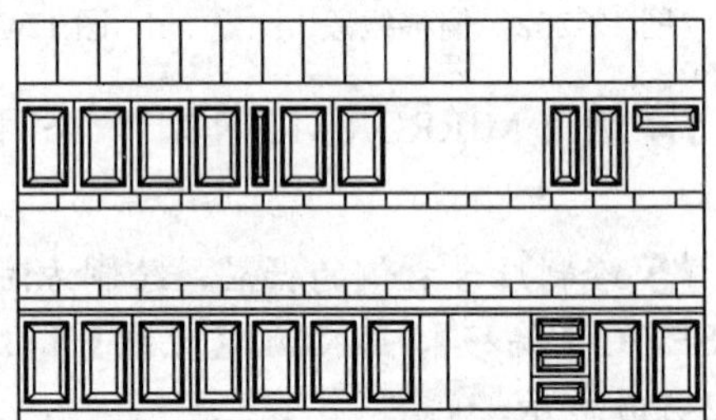

图 12-271　偏移结果

03 调用 HATCH/H【图案填充】命令，在厨房墙面填充“用户定义”图案，效果如图 12-272 所示。

5. 插入图形

从图库中调入厨房 A 立面所需要的图形，包括洗菜台、灶台、抽油烟机、微波炉等图形，结果如图 12-273 所示。

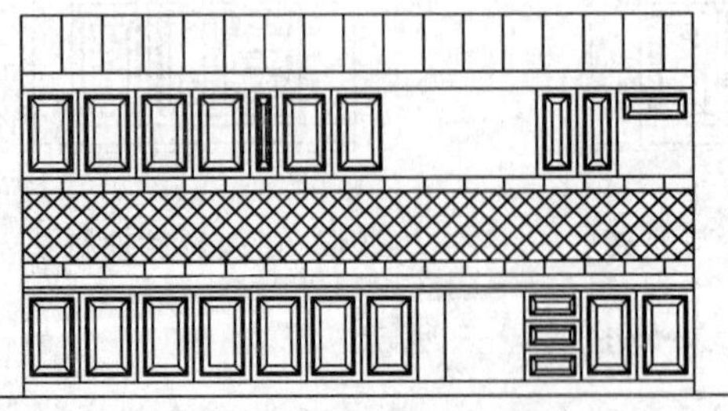

图 12-272　填充墙面图案

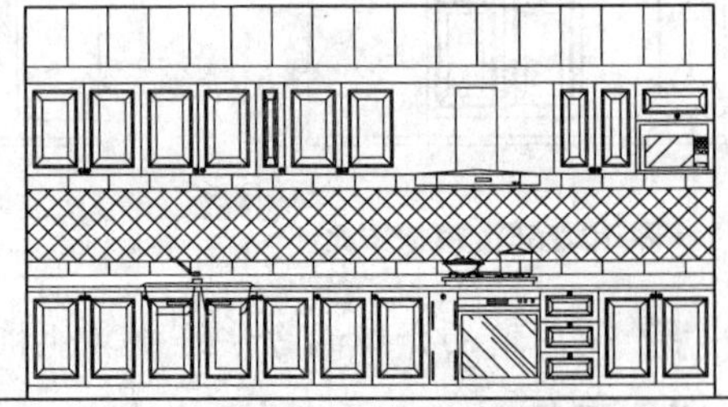

图 12-273　插入图块

6. **标注尺寸和说明文字**

01 调用 DIMLINEAR/DLI【线性标注】命令和 DIMRADIUS/【连续性标注】命令标注尺寸，如图 12-274 所示。

02 调用 MLEADER/MLD【多重引线】命令进行文字说明，结果如图 12-275 所示。

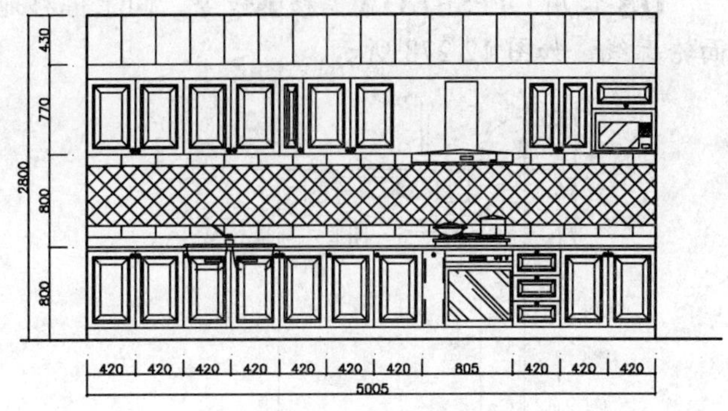

图 12-274　标注尺寸

7. **插入图名**

调用 INSERT/I【插入】命令，插入“图名”图块，设置名称为“厨房 A 立面图”。厨房 A 立面图绘制完成。

12.7.6 绘制二层主卧 A 立面图

二层主卧 A 立面图如图 12-276 所示。

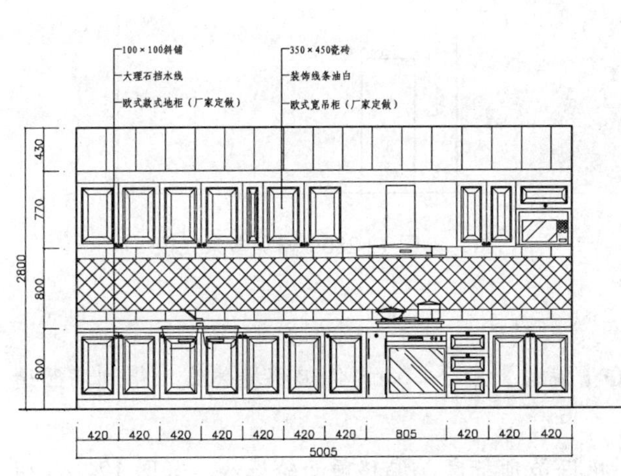

图 12-275　文字说明

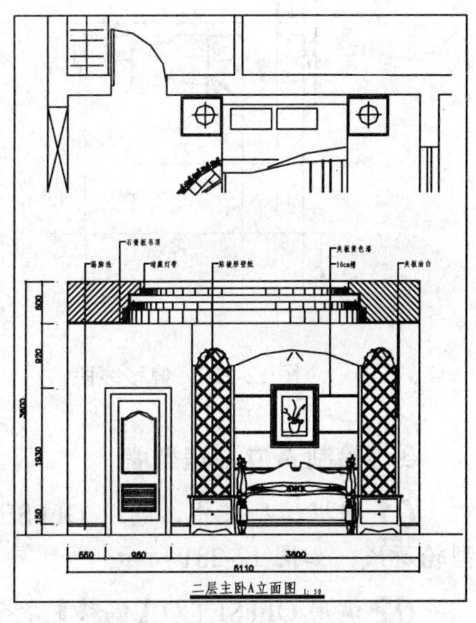

图 12-276　二层主卧 A 立面图

1. **复制图形**

调用 COPY/CO【复制】命令，复制别墅平面布置图上二层主卧 A 立面的平面部分，并对图形进行旋转。

2. **绘制立面基本轮廓**

01 设置“LM_立面”图层为当前图层。

02 调用 LINE/L【直线】命令，绘制 A 立面的墙体投影线和地面轮廓，如图 12-277 所示。

03 调用 OFFSET/O【偏移】命令，向上偏移地面轮廓线，偏移距离为 3600，得到顶面轮廓线，如图 12-278 所示。

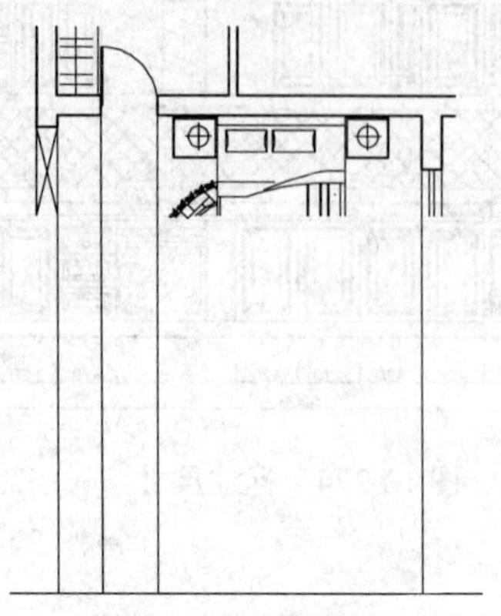

图 12-277 绘制墙体和地面

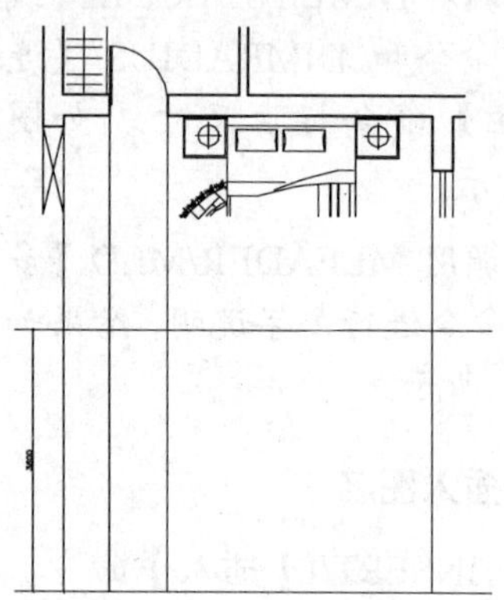

图 12-278 偏移线段

04 使用偏移命令，向上偏移地面轮廓线 2000，得到门洞高，如图 12-279 所示。

05 调用 TRIM/TR【修剪】命令，修剪多余线段，结果如图 12-280 所示。

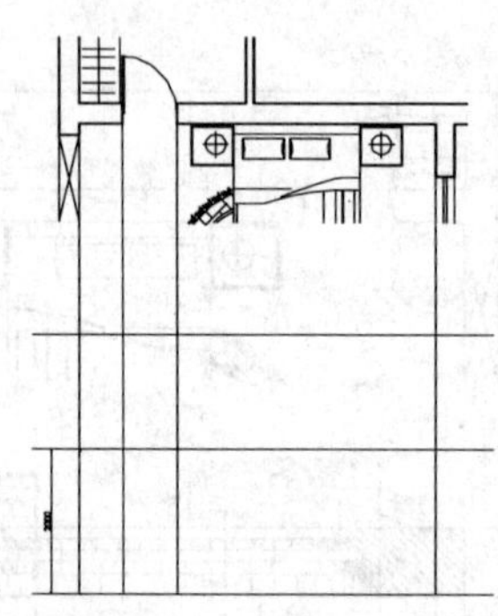

图 12-279 偏移线段

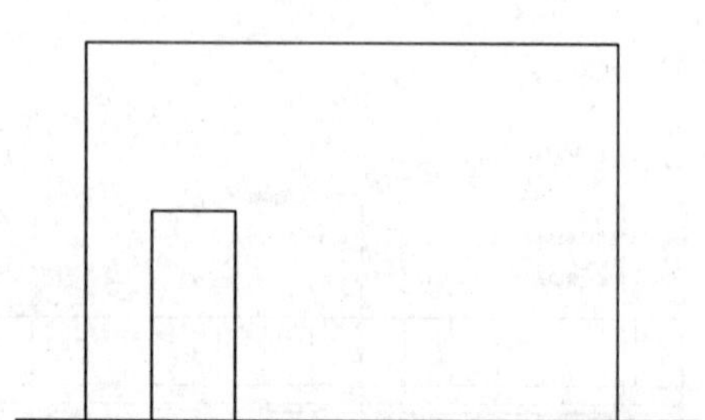

图 12-280 修剪多余线段

3. 绘制 A 立面造型墙

01 根据造型尺寸，调用 OFFSET/O【偏移】命令，向内侧偏移墙体线，得到墙面造型轮廓线，如图 12-281 所示。

02 调用 OFFSET/O【偏移】命令，根据吊顶标高，偏移顶面轮廓线，如图 12-282 所示。

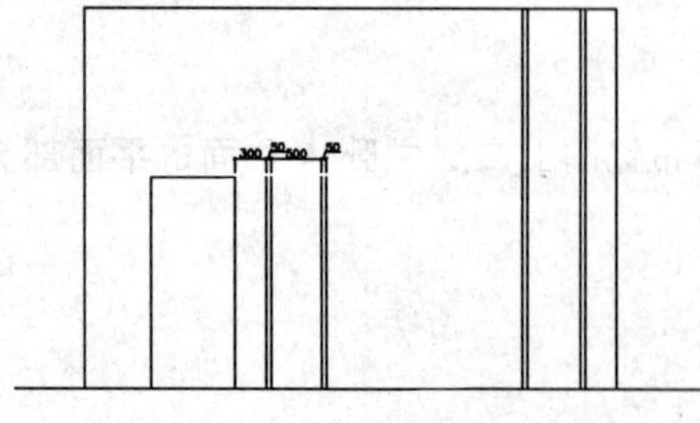

图 12-281 偏移线段

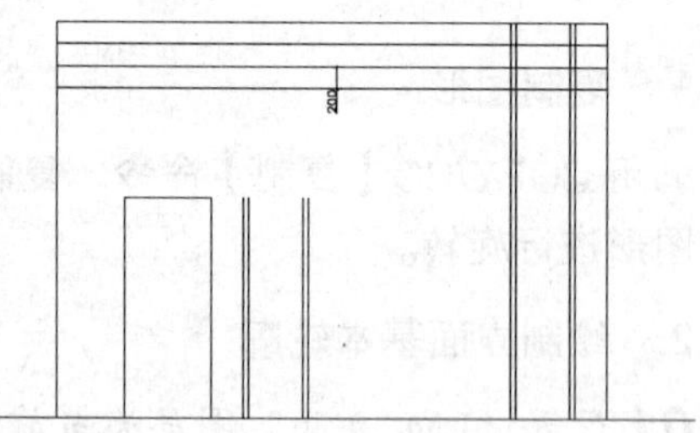

图 12-282 偏移顶面轮廓线

03 调用 TRIM/TR【修剪】和 EXTEND/EX【延伸】等相关命令，修剪线段成如图 12-283 所示效果。

04 调用 OFFSET/O【偏移】命令，向下偏移顶面轮廓线，并调用 TRIM/TR【修剪】修剪多余线段，结果如图 12-284 所示。

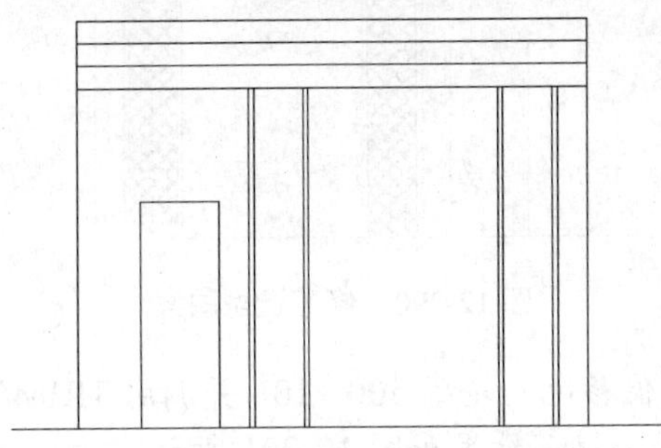

图 12-283 修剪线段

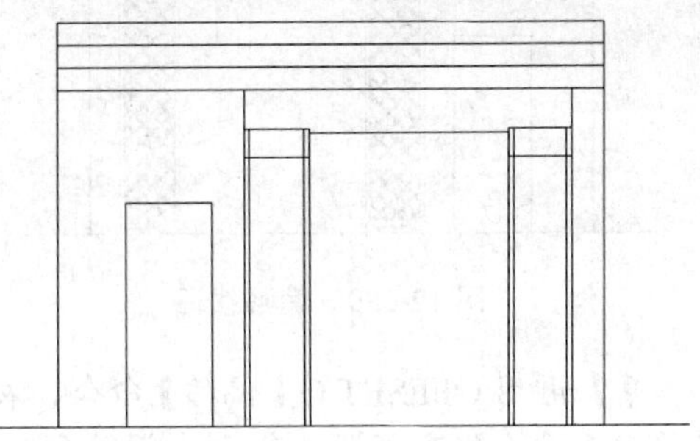

图 12-284 绘制辅助线

05 调用 ARC/A【圆弧】命令，绘制造型弧线，结果如图 12-285 所示。

06 删除弧线上方的水平线，并调用 TRIM/TR【修剪】命令，修剪多余线段，结果如图 12-286 所示。

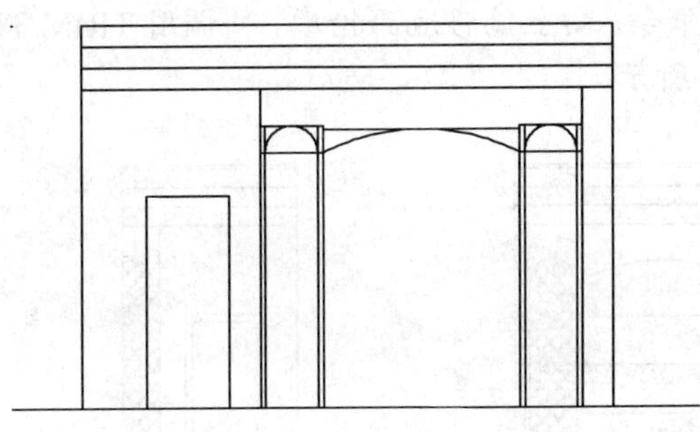

图 12-285 绘制弧线

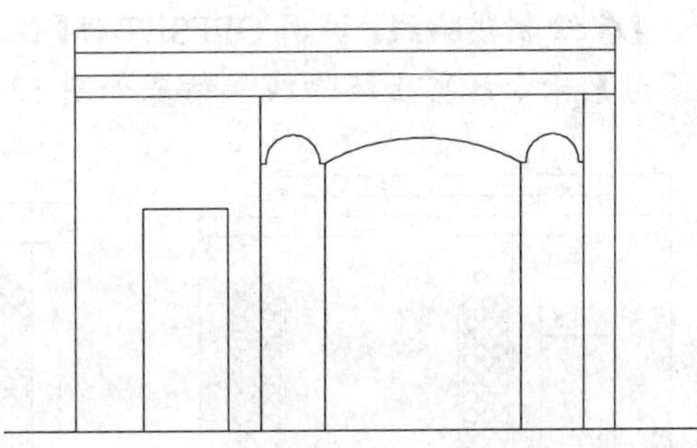

图 12-286 修剪线段

07 调用 OFFSET/O【偏移】命令，偏移线段，得到如图 12-287 所示效果。

08 调用 HATCH/H【图案填充】命令，填充造型两端的造型图案，填充参数效果如图 12-288 所示。

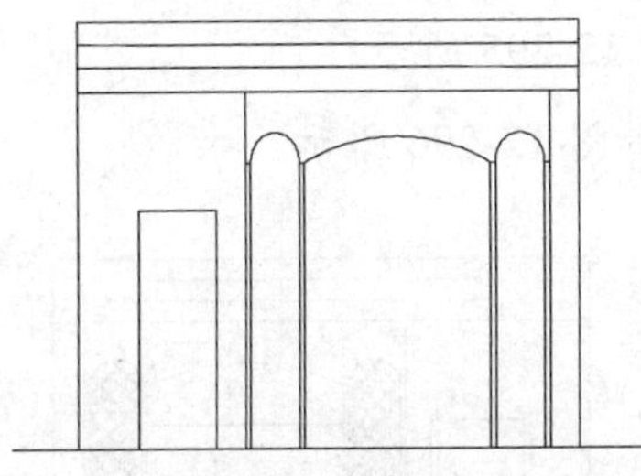

图 12-287 偏移线段

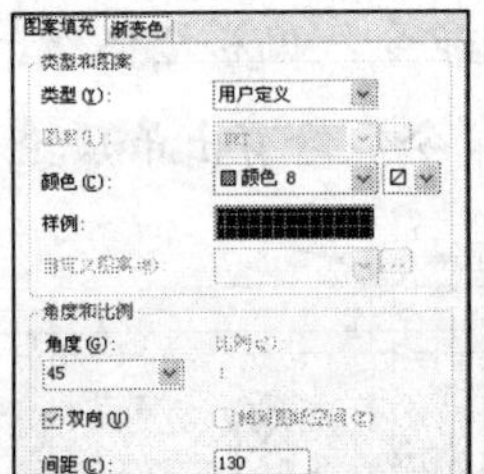

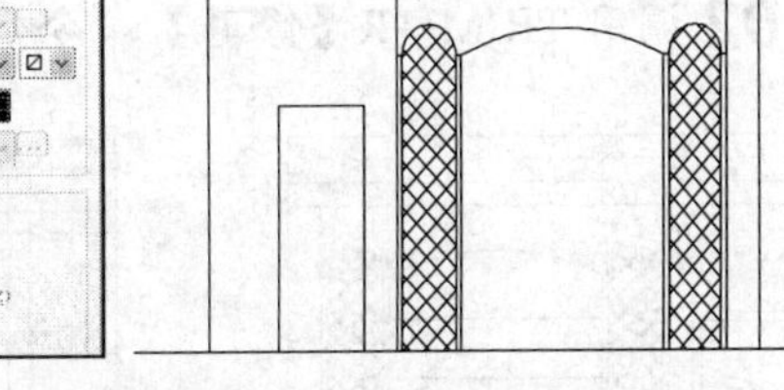

图 12-288 填充参数和效果

09 选择填充图案，调用 EXPLODE/X【分解】命令分解图案，并调用 OFFSET/O【偏移】命令，分别向左下方、右下方偏移 20，如图 12-289 所示。

10 调用 EXTEND/EX【延伸】和 TRIM/TR【修剪】命令，修剪造型图案，结果如图 12-290 所示。

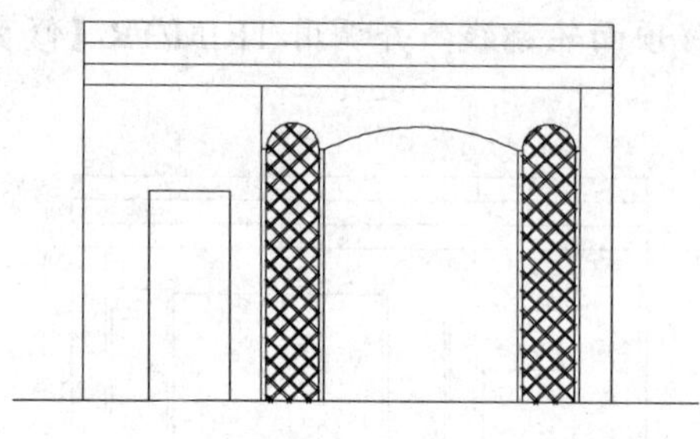

图 12-289　偏移线段

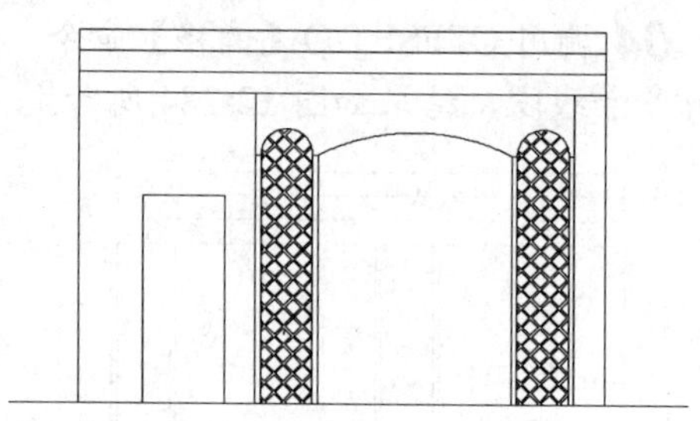

图 12-290　修剪造型图案

11 调用 OFFSET/O【偏移】命令，依次向上偏移地面轮廓 500、10，并调用 TRIM/TR【修剪】命令修剪线段，得到中间造型为 10 宽的凹槽，结果如图 12-291 所示。

12 调用 COPY/CO【复制】命令，将偏移的线段向上复制，得到其他凹槽，结果如图 12-292 所示。

13 调用 OFFSET/O【偏移】命令，向外偏移门洞轮廓线，偏移距离为 80，并用 TRIM/TR 命令对偏移的线段圆角处理（圆角半径为 0），得到门套线轮廓如图 12-293 所示。

14 绘制踢脚线。调用 OFFSET/O【偏移】命令，向上偏移地面轮廓，并调用 TRIM/TR【修剪】命令修剪出踢脚线，结果如图 12-294 所示。

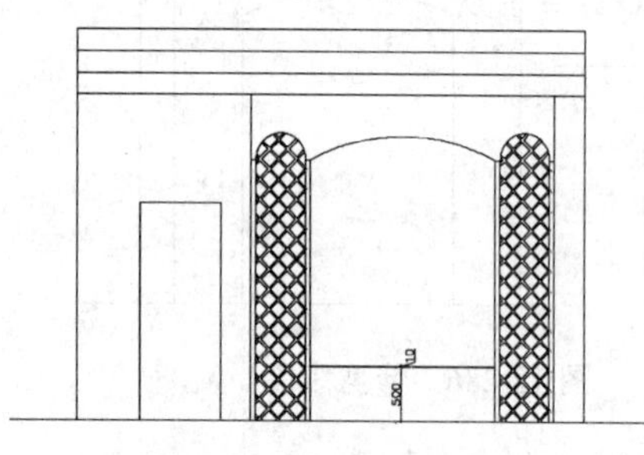

图 12-291　偏移线段

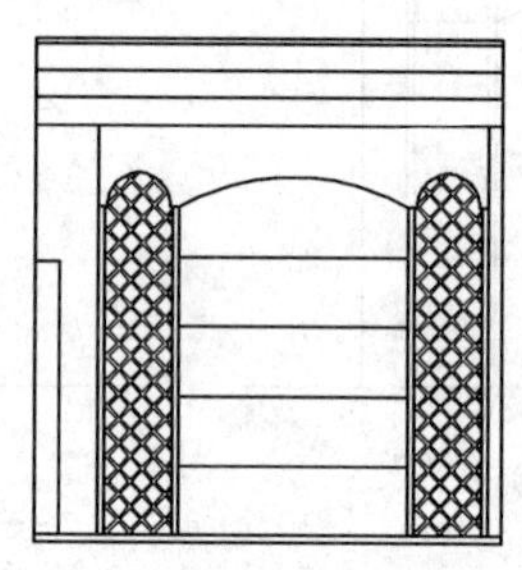

图 12-292　复制凹槽

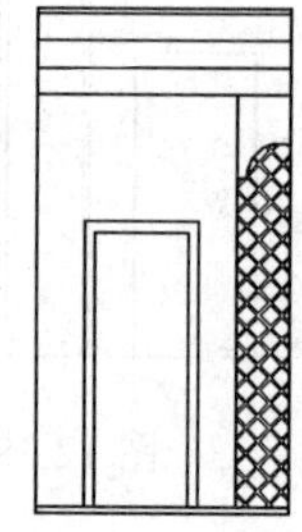

图 12-293　绘制门套线

4．绘制吊顶剖面

01 调用 OFFSET/O【偏移】命令，偏移墙体线，如图 12-295 所示。

02 调用 TRIM/TR【修剪】命令，修剪出吊顶轮廓，如图 12-296 所示。

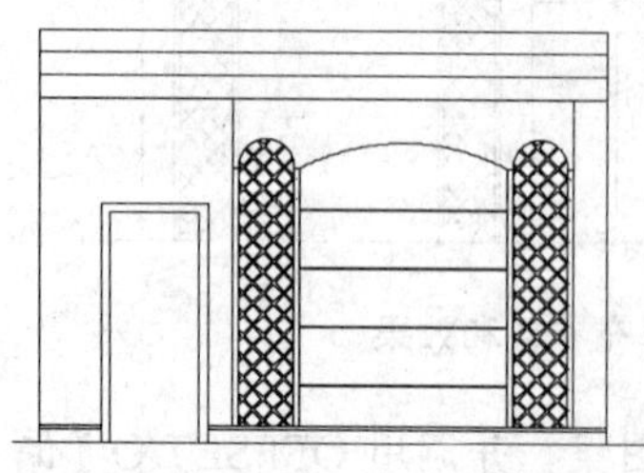

图 12-294　绘制踢脚线

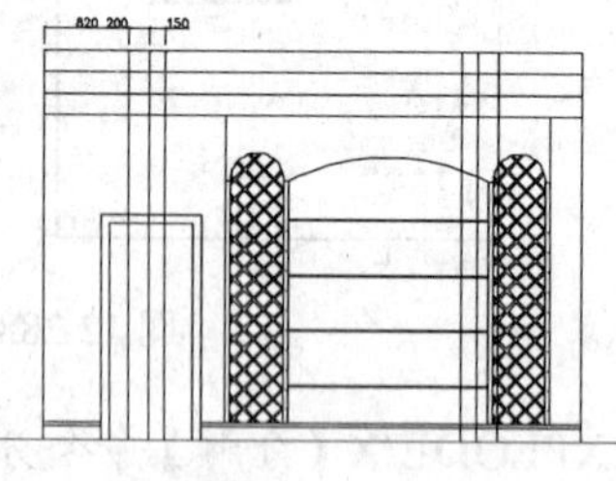

图 12-295　偏移线段

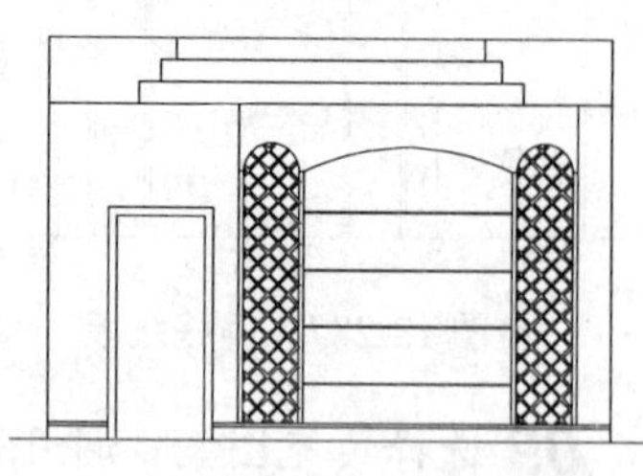

图 12-296　修剪吊顶轮廓

03 绘制灯槽。调用 OFFSET/O【偏移】命令，分别偏移出二～三级吊顶的灯槽，如图 12-297 所示。

04 调用 TRIM/TR【修剪】命令修剪出灯槽，如图 12-298 所示。

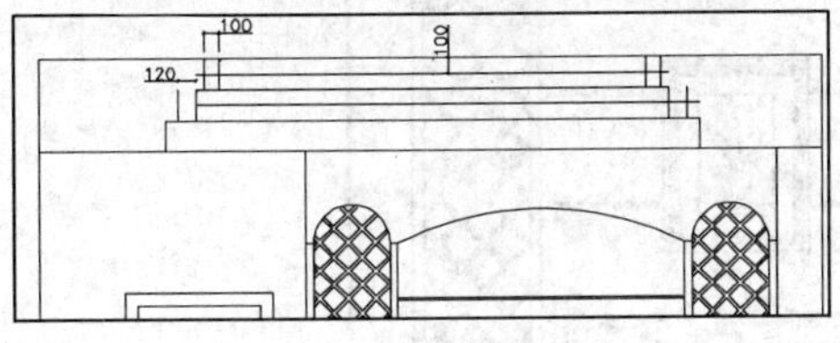

图 12-297　偏移线段

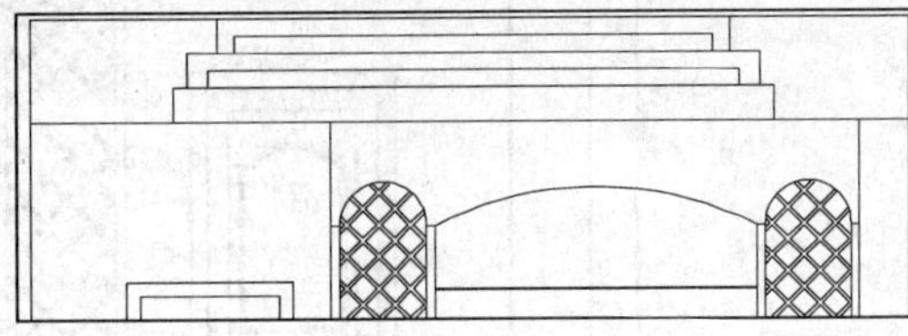

图 12-298　修剪线段

05 调用 OFFSET/O【偏移】命令和 TRIM/TR【修剪】等相关命令，绘制出夹板轮廓，结果如图 12-299 所示。

06 调用 COPY/CO【复制】命令，复制出弧形部分的影阴线，如图 12-300 所示。

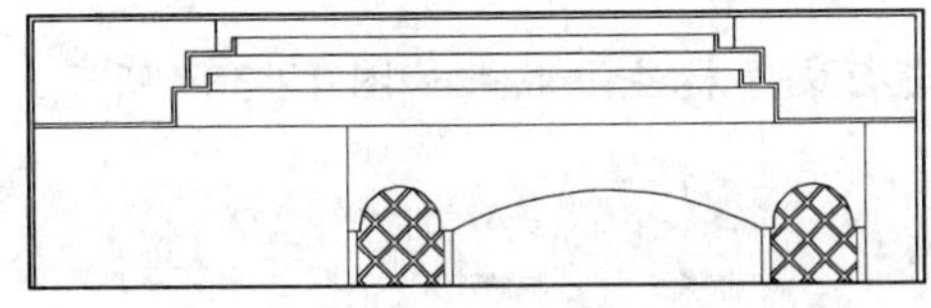

图 12-299　绘制夹板轮廓

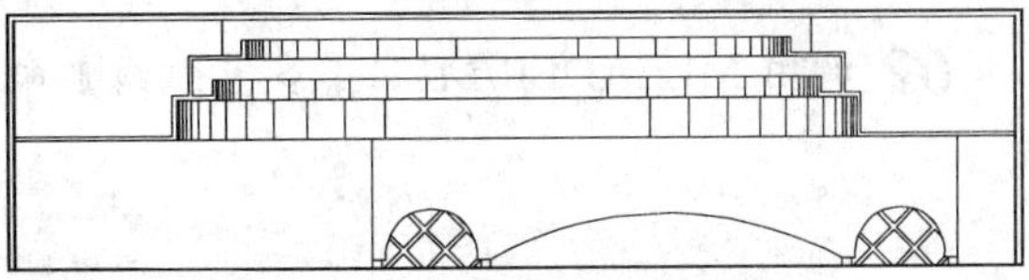

图 12-300　辅助线段

07 调用 HATCH/H【图案填充】命令，填充吊顶剖面图案，填充结果如图 12-301 所示。

5. 插入图块

从图库中调入相关图块，包括门、筒灯、床、装饰画、灯具等图形，结果如图 12-302 所示。

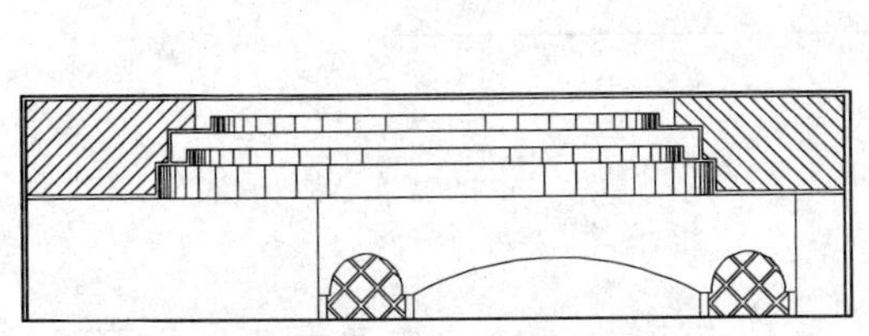

图 12-301　填充吊顶剖面

图 12-302　插入图块

6. 标注尺寸和材料说明

01 调用 DIMLINEAR/DLI【线性标注】命令和 DIMCONTINUE/DCO【连续性标注】等相关尺寸标注命令标注立面尺寸，如图 12-303 所示。

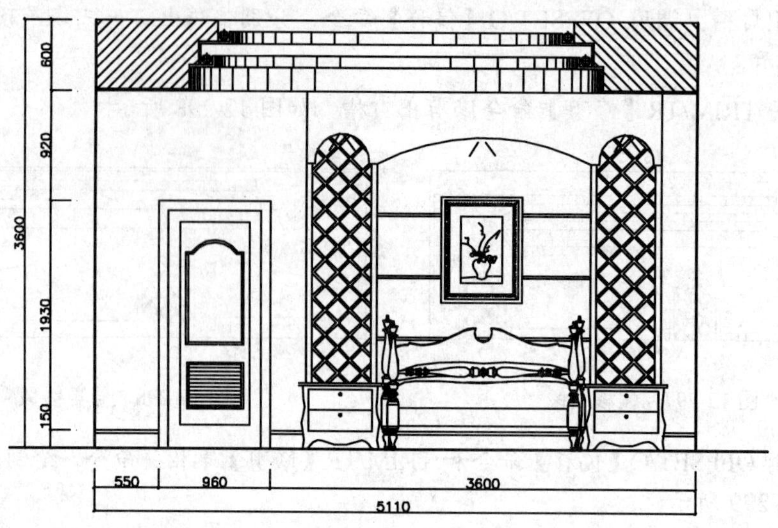

图 12-303　尺寸标注

02 调用 MLEADER/MLD【多重引线】命令进行文字标注，效果如图 12-304 所示。

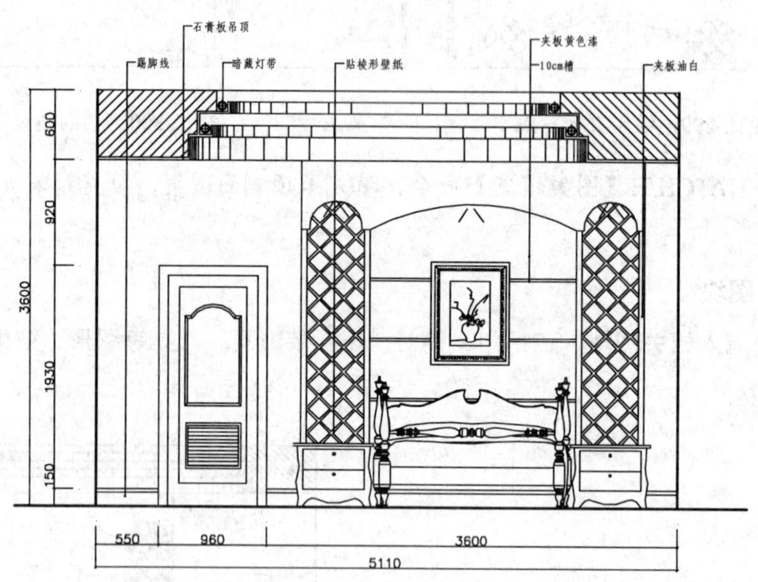

图 12-304　文字标注

7. 插入图名

调用 INSERT/I【插入】命令，插入“图名”图块，设置名称为“二层主卧 A 立面图”。二层主卧 A 立面图绘制完成。

 12.7.7 绘制其他立面图

使用上述方法绘制其他立面图，如图 12-305～图 12-307 所示。

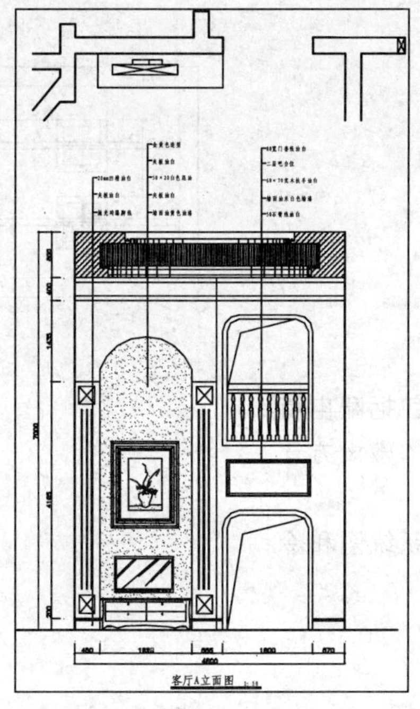

图 12-305　客厅 A 立面图

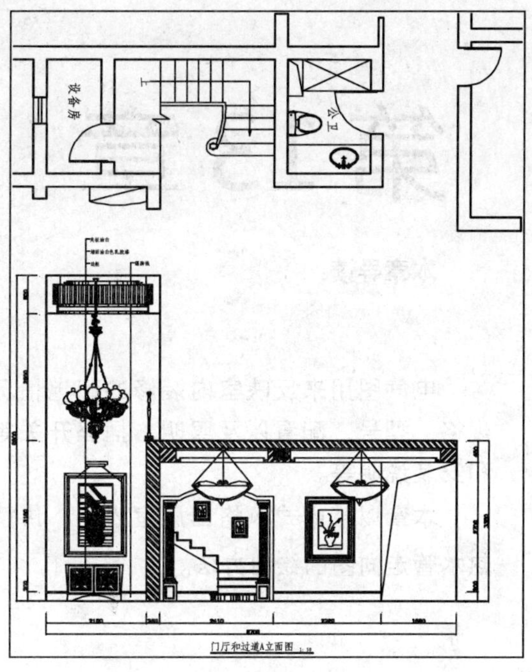

图 12-306　门厅和过道 A 立面图

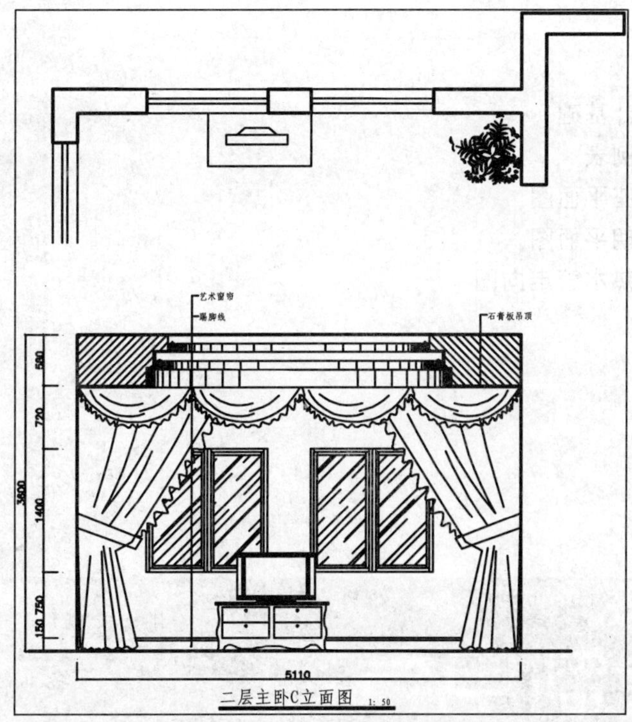

图 12-307　二层主卧 C 立面图

第 13 章

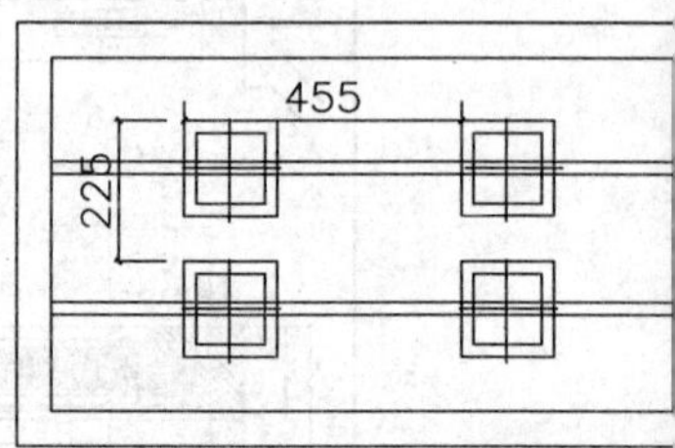

本章导读：

电气图用来反映室内装修的配电情况，也包括配电箱规格、型号、配置以及照明、插座开关等线路的敷设方式和安装说明等。

本章以某中式风格四居室为例，讲解电气系统图和冷热水管走向图的绘制方法。

本章重点：

- 电气设计基础
- 绘制图例表
- 绘制插座平面图
- 绘制照明平面图
- 绘制冷热水管走向图

绘制电气图与冷热水管走向图

13.1 电气设计基础

室内电气设计牵涉到很多相关的电工知识，为了使没有电工基础的读者也能够理解本章的内容，这里首先简单介绍一些相关的电气基础知识。

13.1.1 强电和弱电系统

现代家庭的电气设计包括强电系统和弱电系统两大部分。强电系统指的是空调、电视、冰箱、照明等家用电器的用电系统。

弱电系统指的是有线电视、电话线、家庭影院的音响输出线路、电脑局域网等线路系统，弱电系统根据不同的用途需要采用不同的连接介质，例如电脑局域网布置一般使用五类双绞线，有线电视线路则使用同轴电缆。

13.1.2 常用电气名词解析

1. 户配电箱

现代住宅的进线处一般装有配电箱。户配电箱内一般装有总开关和若干分支回路的断路器/漏电保护器，有时也装熔断器和计算机防雷击电涌防护器。户配电箱通常自住宅楼总配电箱或中间配电箱以单相 220V 电压供电。

2. 分支回路

分支回路是指从配电箱引出的若干供电给用电设备或插座的末端线路。足够的回路数量对于现代家居生活是必不可少的。一旦某一线路发生短路或其他问题时，不会影响其他回路的正常工作。根据使用面积，照明回路可选择两路或三路，电源插座三至四路，厨房和卫生间各走一条路线，空调回路两至三路，一个空调回路最多带两部空调。

3. 漏电保护器

漏电保护器俗称漏电开关，是用于在电路或电器绝缘受损发生对地短路时防人身触电和电气火灾的保护电器，一般安装于每户配电箱的插座回路上和全楼总配电箱的电源进线上，后者专用于防电气火灾。

4. 电线截面与载流量

在家庭装潢中，因为铝线极易氧化，因此常用的电线为 BV 线（铜芯聚乙烯绝缘电线）。电线的截面指的是电线内铜芯的截面。住宅内常用的电线截面有 $1.5mm^2$、$2.5mm^2$、$4mm^2$ 等。导线截面越大，它所能通过的电流也越大。

截流量指的是电线在常温下持续工作并能保证一定使用寿命（如 30 年）的工作电流大小。电线截流量的大小与其截面积的大小有关，即导线截面越大，它所能通过的电流也越大。如果线路电流超过载流量，使用寿命就相应缩短，如不及时换线，就可能引起种种电气事故。

13.1.3 电线与套管

强电电气设备虽然均为 220V 供电，但仍需根据电器的用途和功率大小，确定室内供电的回路划分，采用何种电线类型，例如柜式空调等大型家用电气供电需设置线径大于 2.5mm^2 的动力电线，插座回路应采用截面不小于 2.5mm^2 的单股绝缘铜线，照明回路应采用截面不小于 1.5mm^2 的单股绝缘铜线。如果考虑到将来厨房及卫生间电器种类和数量的激增，厨房和卫生间的回路建议也使用 4mm^2 电线。

此外，为了安全起见，塑料护套线或其他绝缘导线不得直接埋设在水泥或石灰粉刷层内，必须穿管(套管)埋设。套管的大小根据电线的粗细进行选择。

13.2 绘制图例表

图例表用来说明各种图例图形的名称、规格以及安装形式等，在绘制电气图之前需要绘制图例表。图例表由图例图形、图例名称及安装说明等几个部分组成，如图 13-1 所示为本章绘制的图例表。

图例	名称	图例	名称
	配电箱		二三插座
	单联单控开关		空调插座
	双联单控开关		网络插座
	单联双控开关		电话插座
			电视插座
	双联双控开关		防雾灯
	艺术吊灯		
	筒灯		嵌入式筒灯
	吸顶灯		双头筒灯

图 13-1 图例表

电气图例按照其类别可分为开关类图例、灯具类图例、插座类图例和其他类图例，下面按照图例类型分别介绍绘制方法。

13.2.1 绘制开关类图例

开关类图例画法基本相同，先画出其中的一个，通过复制和修改即可完成其它图例的绘制。下面以绘制“双联开关”图例图形为例，介绍开关类图例图形的画法，其尺寸如图 13-2 所示。

01 设置“DQ_电气”图层为当前图层。

02 调用 LINE/L【直线】命令，绘制如图 13-3 所示线段。

03 调用 OFFSET/O【偏移】命令，偏移线段，如图 13-4 所示。

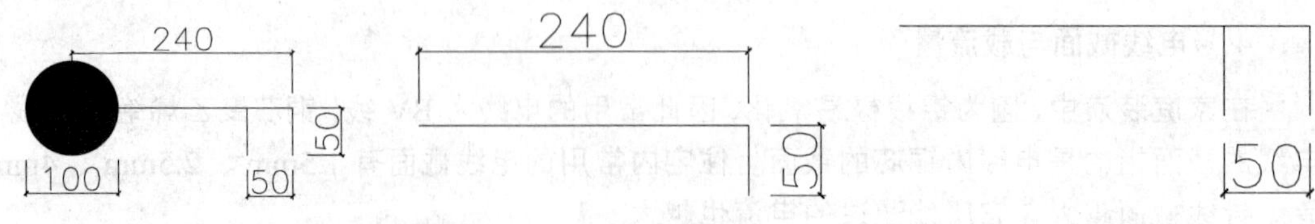

图 13-2 双联开关尺寸　　图 13-3 绘制线段　　图 13-4 偏移线段

04 调用 DONUT/DO【圆环】命令，绘制填充圆环，设置圆环的内径为 0，外径为 100，效果如图 13-5 所示。

05 调用 ROTATE/RO【旋转】命令，旋转绘制的图形，效果如图 13-6 所示，“双联”开关绘制完成。

06 调用 COPY/CO【复制】命令，复制“双联开关”，再使用 TRIM/TR【修剪】命令修改得到单联开关，如图 13-7 所示。

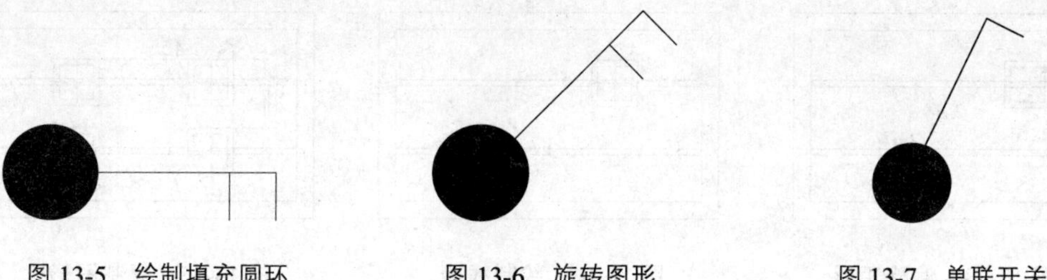

图 13-5　绘制填充圆环　　图 13-6　旋转图形　　图 13-7　单联开关

13.2.2 绘制灯具类图例

灯具类图例包括防雾灯、艺术吊灯、筒灯、嵌入式筒灯、双头筒灯和吸顶灯等，在绘制顶棚图时，直接调用了图库中的图例，为了提高大家的绘图技能，这里以艺术吊灯为例，介绍灯具图形的绘制方法，如图 13-8 所示为艺术吊灯图例及尺寸。

01 调用 RECTANG/REC【矩形】命令，绘制尺寸为 1135×680 的矩形，如图 13-9 所示。

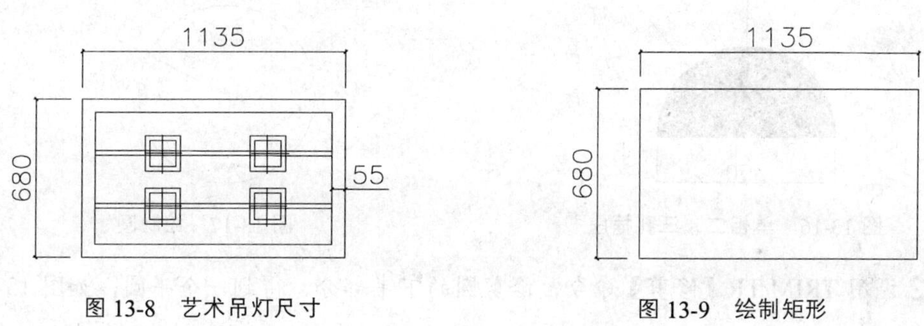

图 13-8　艺术吊灯尺寸　　图 13-9　绘制矩形

02 调用 OFFSET/O【偏移】命令，将矩形向内偏移 55，如图 13-10 所示。

03 调用 LINE/L【直线】命令和 OFFSET/O【偏移】命令，绘制线段，如图 13-11 所示。

04 调用 RECTANG/REC【矩形】命令，绘制边长为 155 的矩形，并移动到相应的位置，如图 13-12 所示。

图 13-10　偏移矩形　　图 13-11　绘制线段　　图 13-12　绘制矩形

05 调用 OFFSET/O【偏移】命令，将矩形向内偏移 20，如图 13-13 所示。

06 调用 LINE/L【直线】命令，绘制线段，如图 13-14 所示。

07 调用 COPY/CO【复制】命令，对图形进行复制，效果如图 13-15 所示，完成艺术吊灯图例的绘制。

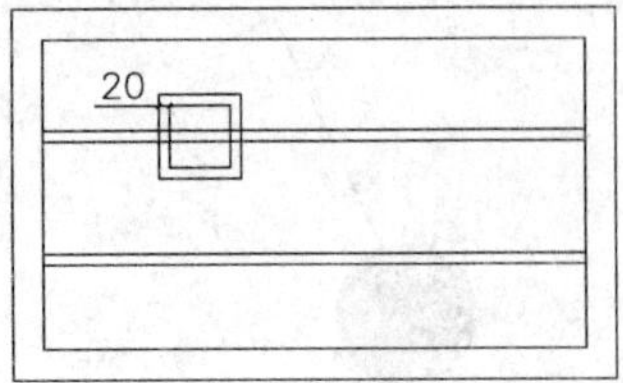

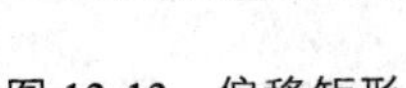

图 13-13 偏移矩形

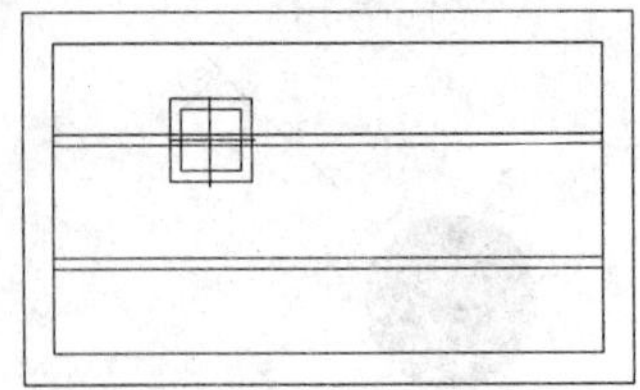

图 13-14 绘制线段

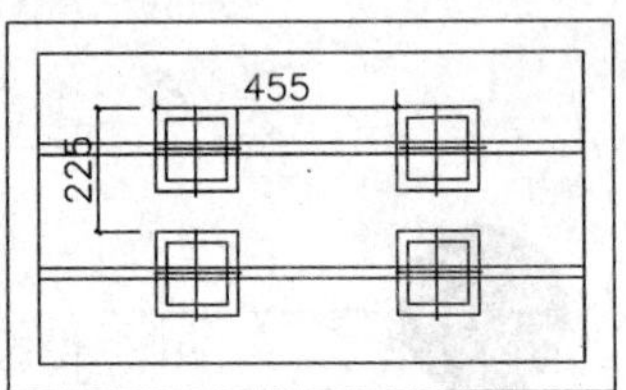

图 13-15 复制图形

 13.2.3 绘制插座类图例

下面以“单相二、三孔插座”图例图形为例，介绍插座类图例图形的画法，其尺寸如图 13-16 所示。

01 调用 CIRCLE/C【圆】命令，绘制半径为 175 的圆，如图 13-17 所示。并通过圆心绘制一条线段。

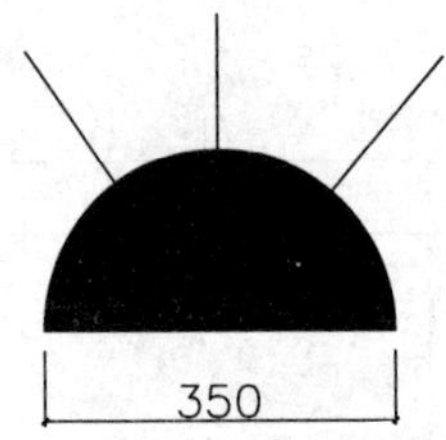

图 13-16 单相二、三孔插座

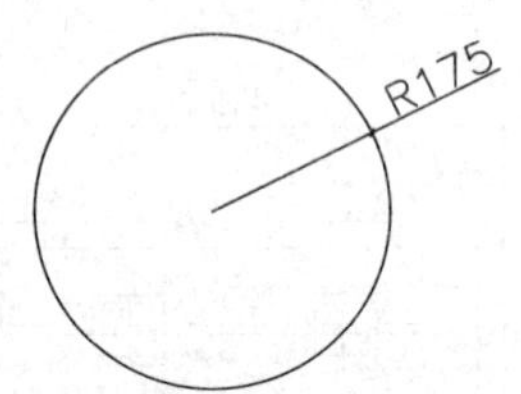

图 13-17 绘制圆

02 调用 TRIM/TR【修剪】命令，修剪圆的下半部分，得到一个半圆，如图 13-18 所示。

03 调用 LINE/L【直线】命令，在半圆上方绘制线段，如图 13-19 所示。

04 调用 HATCH/H【图案填充】命令，在圆内填充 SOLID 图案，效果如图 13-20 所示，“单相二、三孔插座”图例绘制完成。

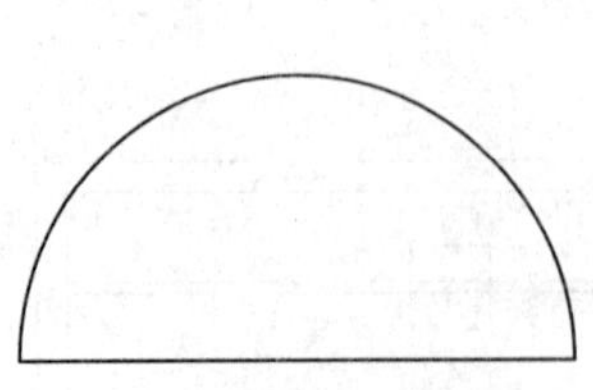

图 13-18 修剪圆

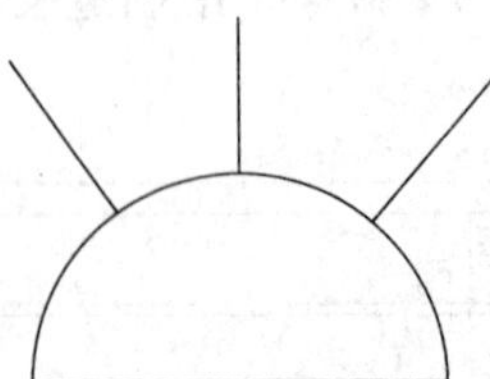

图 13-19 绘制线段

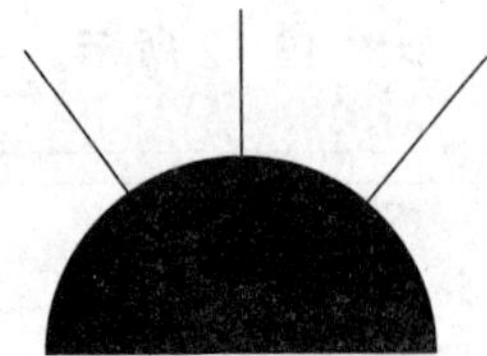

图 13-20 填充效果

13.3 绘制插座平面图

在电气图中，插座平面图主要反映了插座的安装位置、数量和连线情况。插座平面图

在平面布置图基础上进行绘制，主要由插座、连线和配电箱等部分组成，下面介绍它的绘制方法。

13.3.1　绘制插座和配电箱

01 打开光盘中的“第 10 章\中式风格四居室平面布置图.dwg”文件，如图 13-21 所示。

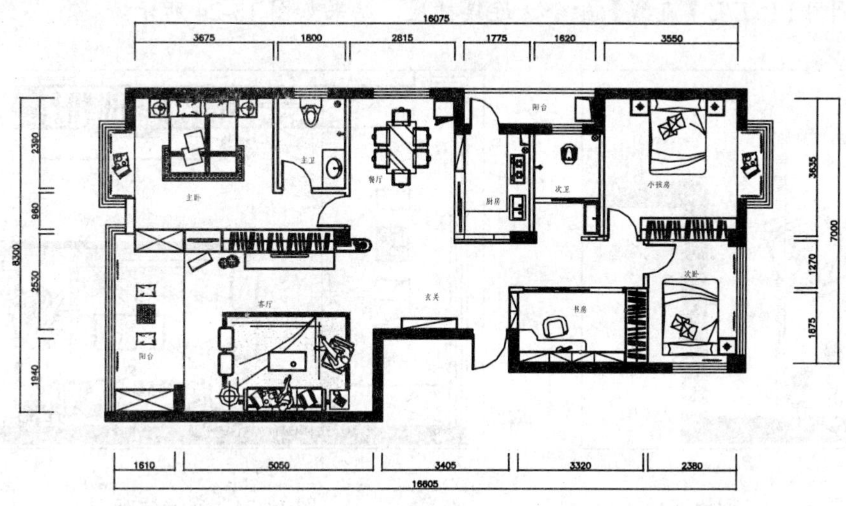

图 13-21　四居室平面布置图

02 复制图例表中的插座、配电箱等图例到平面布置图中的相应位置，如图 13-22 所示。

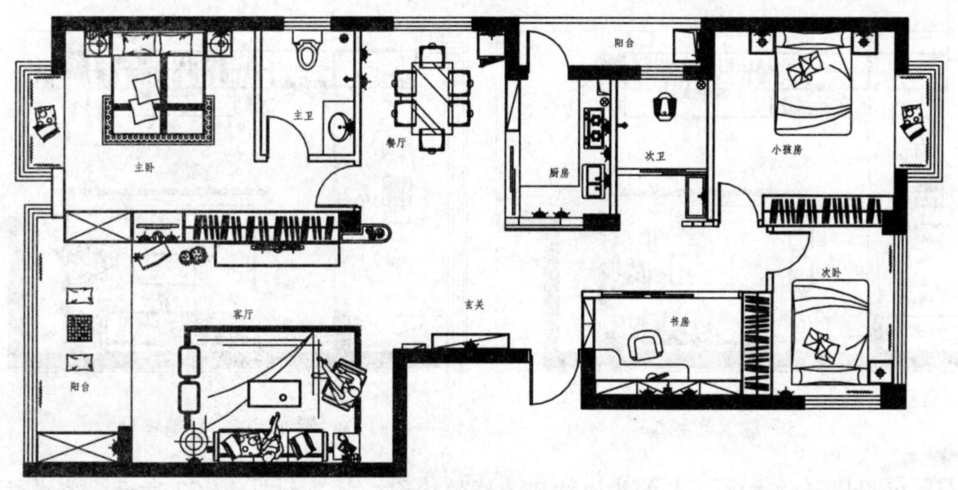

图 13-22　复制插座和配电箱

提 示： 家具图形在电气图中主要起参照作用，比如在摆放有床头灯的位置，就应该考虑在此处设置一个插座，此外还可以根据家具的布局合理安排插座、开关的位置。

13.3.2 绘制连线

连线用来表示插座、配电箱之间的电线，反映了插座、配电箱之间的连接管子。连线可使用 ARC/A【圆弧】命令、LINE/L【直线】命令和 PLINE/PL【多段线】等命令绘制。

01 调用 LINE/L【直线】命令，从配电箱引出一条线连接到客厅电话插座位置，如图 13-23 所示。

02 调用 LINE/L【直线】命令，连接插座，结果如图 13-24 所示。

图 13-23 引出连线

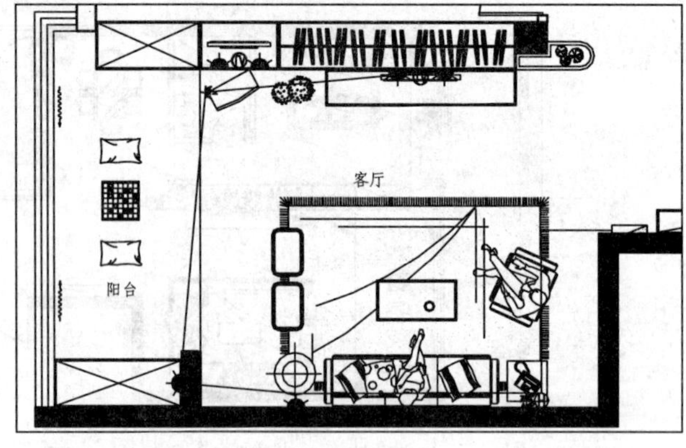

图 13-24 连接插座

03 调用 MTEXT/MT【多行文字】命令，在连线上输入回路编号，如图 13-25 所示。

04 此时回路编号与连线重叠。调用 TRIM/TR【修剪】命令，将与编号重叠的连线部分修剪，效果如图 13-26 所示。

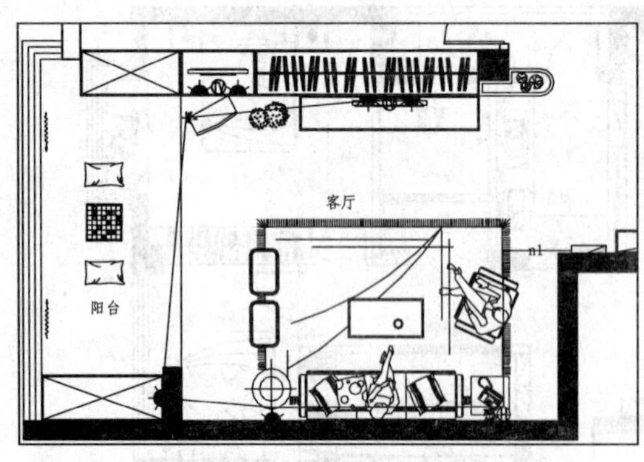

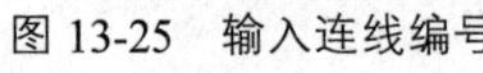

图 13-25 输入连线编号

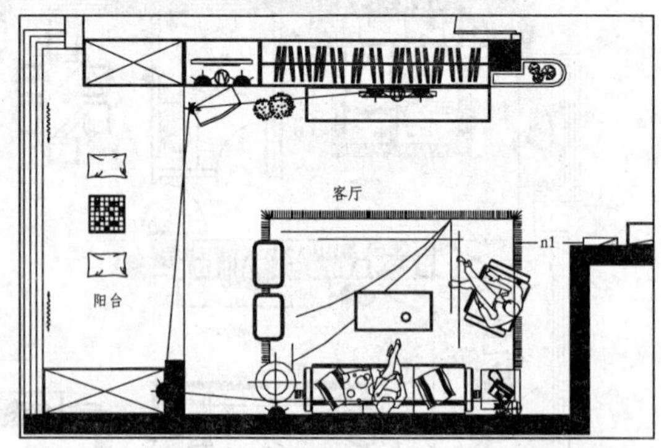

图 13-26 修剪连线

05 使用同样的方法，完成其他插座连线的绘制，效果如图 13-27 所示，完成插座平面图的绘制。

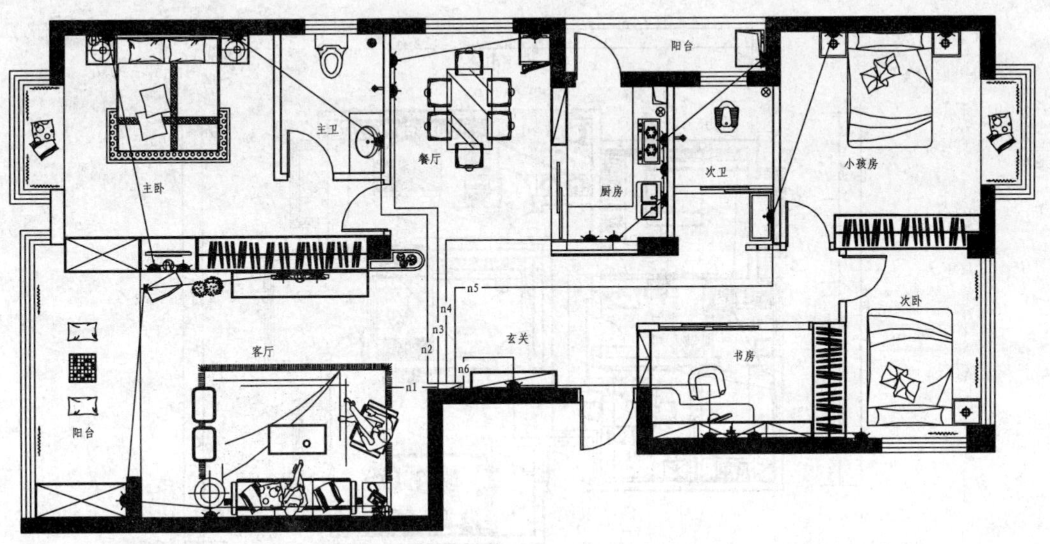

图 13-27 绘制其他插座连线

13.3.3 绘制其他插座平面图

如图 13-28 和图 13-29 所示为第 6 章和第 7 章两居室与三居室的插座平面图，请读者参考上述方法完成。

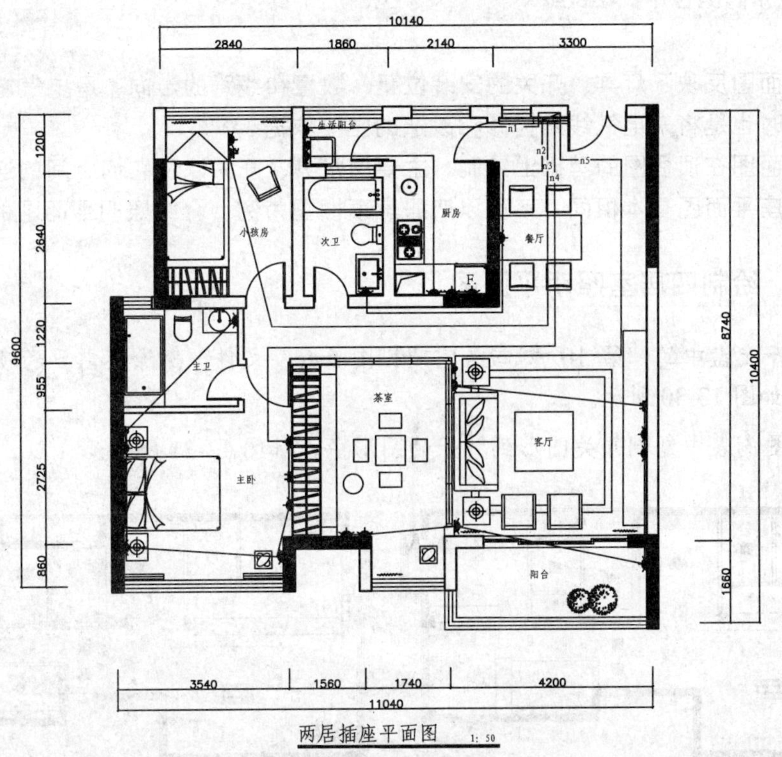

图 13-28 两居室插座平面图

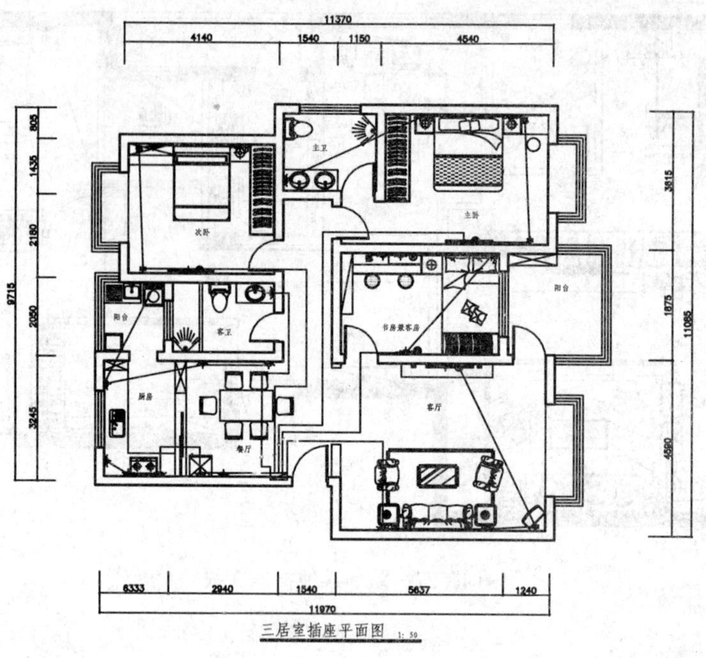

图 13-29　三居室插座平面图

13.4 绘制照明平面图

照明平面图反映了灯具、开关的安装位置、数量和线路的走向，是电气施工不可缺少的图样，同时也是将来电气线路检修和改造的主要依据。

照明平面图在顶棚图的基础上绘制，主要由灯具、开关以及它们之间的连线组成，绘制方法与插座平面图基本相同，下面以四居室顶棚图为例，介绍照明平面图的绘制方法。

13.4.1 绘制四居室照明平面图

01 打开光盘中的“第 10 章\四居室顶棚图.dwg”文件，删除不需要的顶棚图形，只保留灯具，如图 13-30 所示。

02 从图例表中复制开关图形到打开的图形中，如图 13-31 所示。

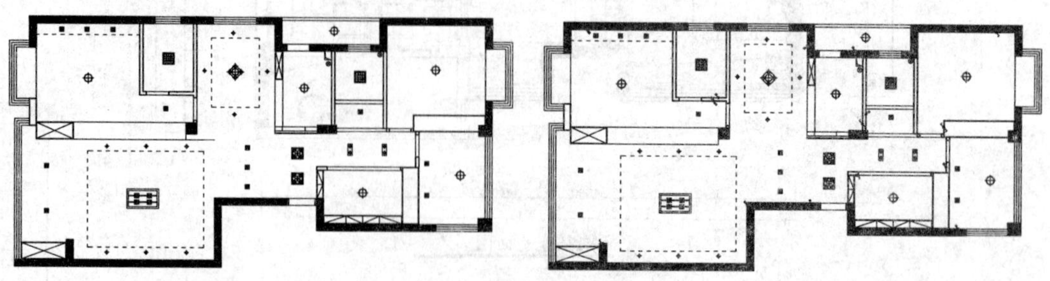

图 13-30　打开图形　　　　图 13-31　复制开关图形

03 调用 ARC/A【圆弧】命令，绘制连线，如图 13-32 所示。

04 绘制其他连线，效果如图 13-33 所示，完成照明平面图的绘制。

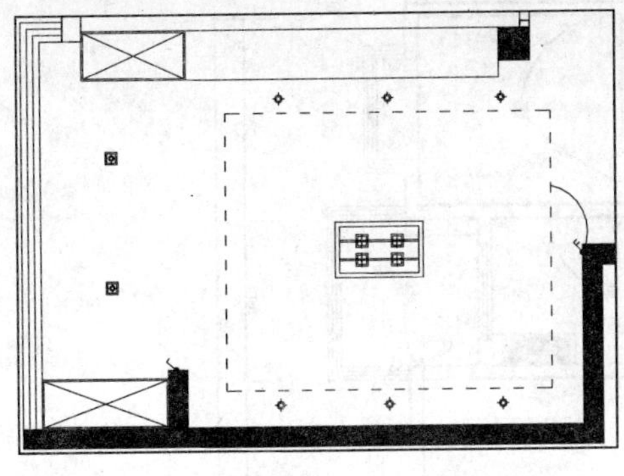

图 13-32 绘制连线

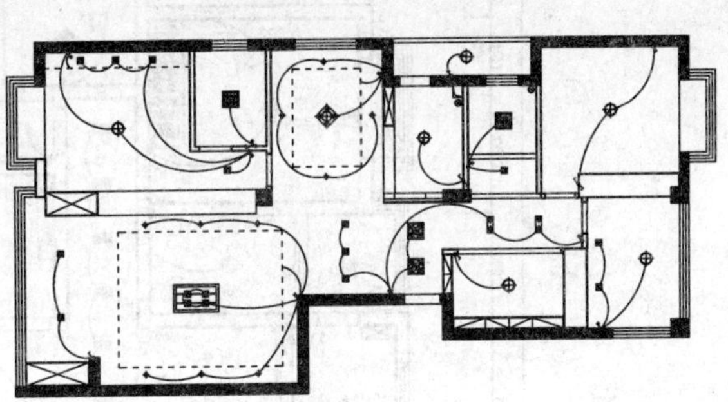

图 13-33 绘制其他连线

13.4.2 绘制其他照明平面图

如图 13-34 和图 13-35 所示为第 6 章和第 7 章两居室与三居室的照明平面图，请读者参考上述方法完成。

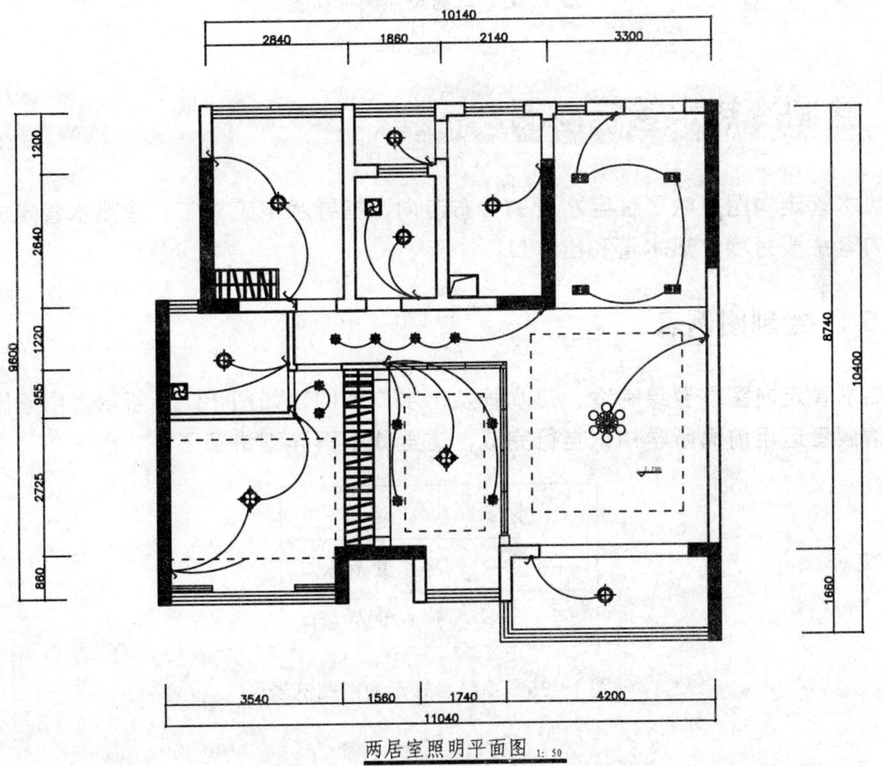

图 13-34 两居室照明平面图

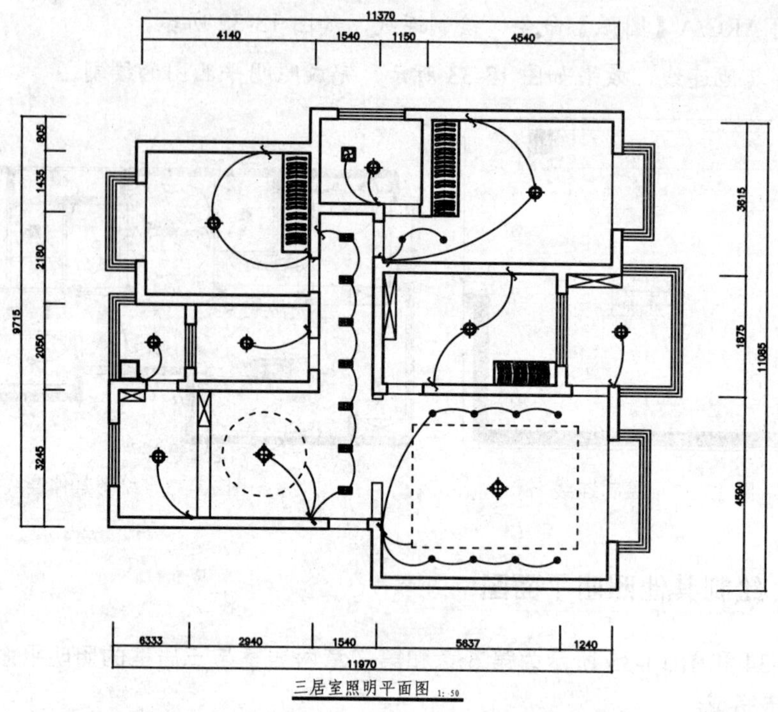

图 13-35　三居室照明平面图

13.5 绘制冷热水管走向图

冷热水管走向图反映了住宅水管的分布走向，指导水电工施工，冷热水管走向图需要绘制的内容主要为冷、热水管和出水口。

13.5.1 绘制图例表

冷热水管走向图需要绘制冷、热水管及出水口图例，如图 13-36 所示，由于图形比较简单，请读者运用前面所学知识自行完成，这里就不再详细讲解了。

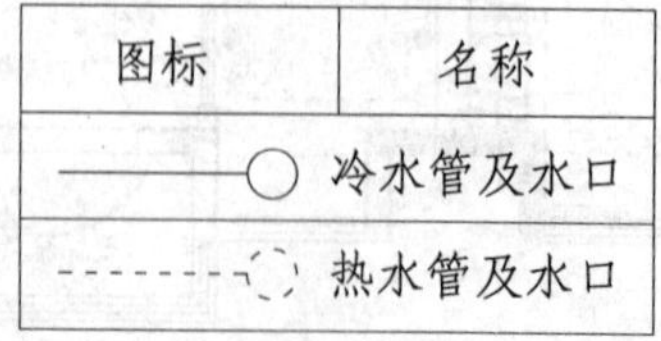

图标	名称
	冷水管及水口
	热水管及水口

图 13-36　冷热水管走向图图例表

13.5.2 绘制冷热水管走向图

冷热水管走向图主要绘制冷、热水管和出水口，其中冷、热水管分别使用实线、虚线表示，下面以三居室为例，介绍具体绘制方法。

1. 绘制出水口

01 创建一个新图层“SG_水管”，并设置为当前图层。

02 根据平面布置图中的洗脸盆、洗菜盆、洗衣机和淋浴花洒以及其他出水口的位置，绘制出水口图形（用圆形表示），如图 13-37 所示。其中虚线表示接热水管，实线表示接冷水管。

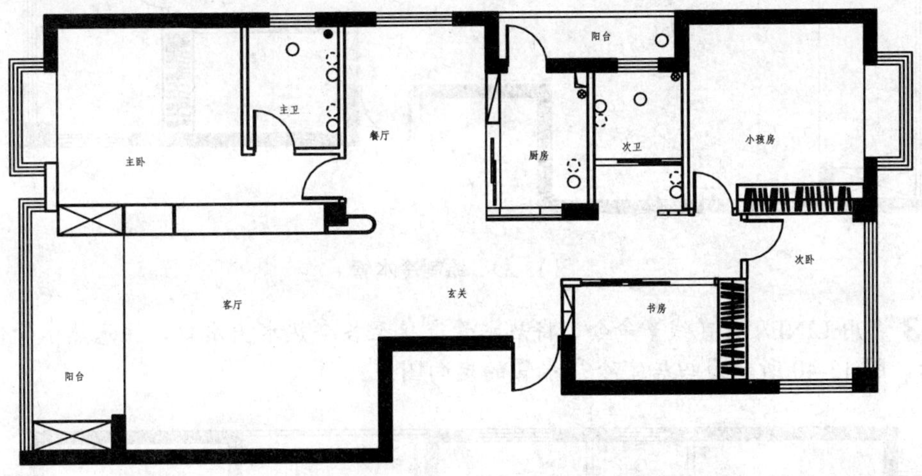

图 13-37　绘制出水口

提 示：此处为了方便观察，隐藏了“JJ_家具”图层。

2. 绘制水管

01 调用 PLINE/PL【多段线】命令和 MTEXT/MT【多行文字】命令，绘制热水器，如图 13-38 所示。

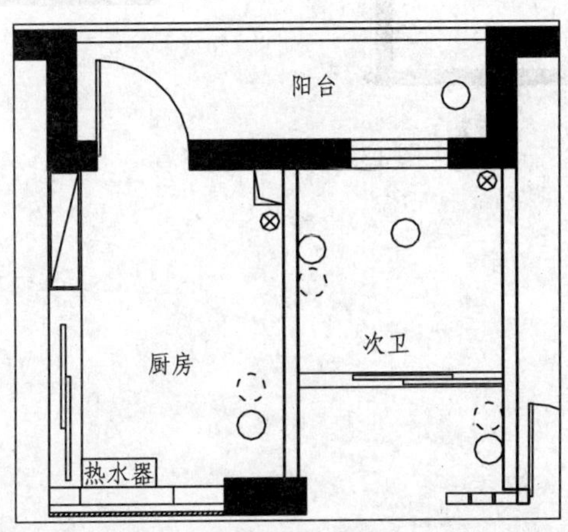

图 13-38　绘制热水器

02 调用 LINE/L【直线】命令，绘制线段，表示冷水管，如图 13-39 所示。

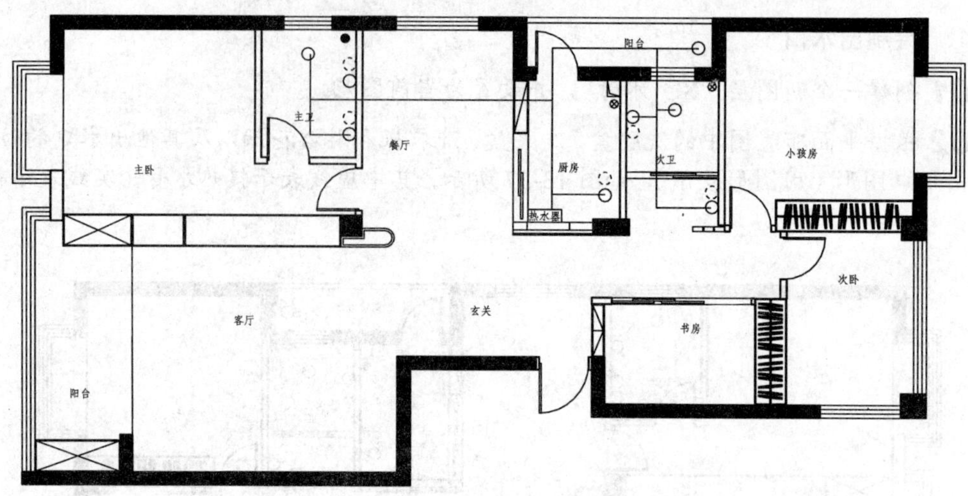

图 13-39 绘制冷水管

03 调用 LINE/L【直线】命令，将热水管连接至各个热水出水口，注意热水管使用虚线表示，图 13-40 所示为四居室冷热水管的走向图。

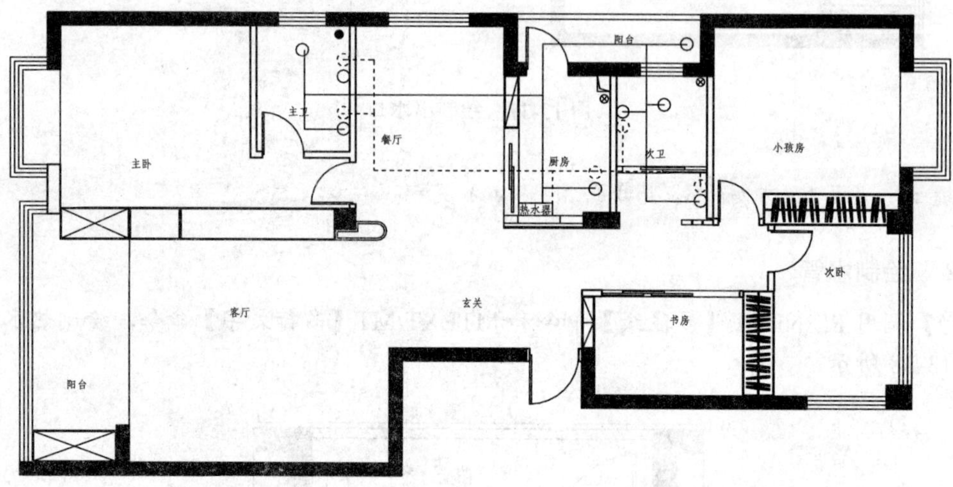

图 13-40 绘制热水管

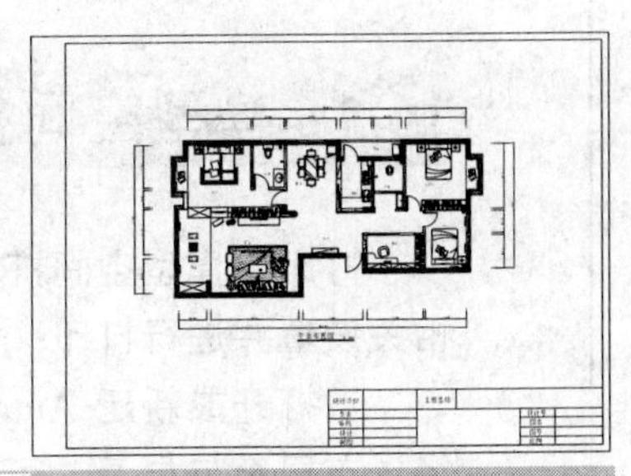

第 14 章

本章导读：

对于室内装潢设计施工图而言，其输出对象主要为打印机，打印输出的图样将成为施工人员施工的主要依据。

室内设计施工图一般采用 A3 纸进行打印，也可根据需要选用其他大小的纸张。在打印时，需要确定纸张大小、输出比例以及打印线宽、颜色等相关内容。对于图形的打印线宽、颜色等属性，均可通过打印样式进行控制。

在最终打印输出之前，需要对图形进行认真检查、核对，在确定正确无误之后方可进行打印。

本章重点：

- 模型空间打印
- 图纸空间打印

施工图打印方法与技巧

14.1 模型空间打印

打印有模型空间打印和图纸空间打印两种方式。模型空间打印指的是在模型窗口进行相关设置并进行打印；图纸空间打印是指在布局窗口中进行相关设置并进行打印。

当打开或新建 AutoCAD 文档时，系统默认显示的是模型窗口。但如果当前工作区已经以布局窗口显示，可以单击状态栏“模型”标签(AutoCAD“二维草图与注释”工作空间)，或绘图窗口左下角“模型”标签(“AutoCAD 经典”工作空间)，从布局窗口切换到模型窗口。

本节以四居室平面布置图为例，介绍模型空间的打印方法。

14.1.1 调用图签

01 打开本书第 10 章绘制的“平面布置图.dwg”文件。

02 施工图在打印输出时，需要为其加上图签。图签在创建样板时就已经绘制好，并创建为图块，这里直接调用即可。调用 INSERT/I【插入】命令，插入“A3 图签”图块到当前图形，如图 14-1 所示。

03 由于样板中的图签是按1:1的比例绘制的，即图签图幅大小为420 × 297(A3图纸)，而平面布置图的绘图比例同样是 1:1，其图形尺寸约为 17000 × 9000。为了使图形能够打印在图签之内，需要将图签放大，或者将图形缩小，缩放比例为 1∶75（与该图的尺寸标注比例相同）。为了保持图形的实际尺寸不变，这里将图签放大，放大比例为 75 倍。

04 调用 SCALE/SC【缩放】命令将图签放大 75 倍。

05 图签放大之后，便可将图形置于图签之内。调用 MOVE/M【移动】命令，移动图签至平面布置图上方，如图 14-2 所示。

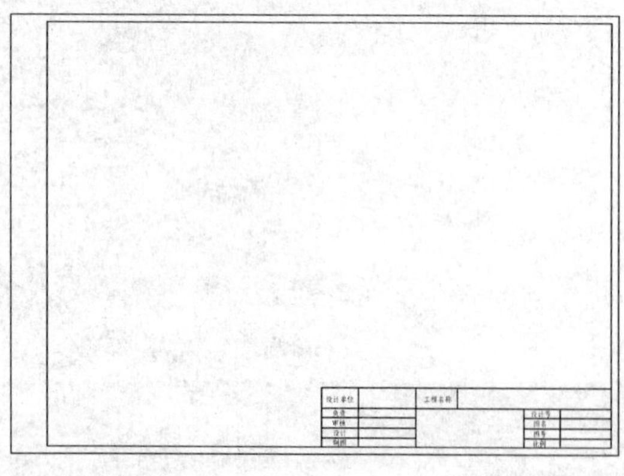

图 14-1　插入的图签

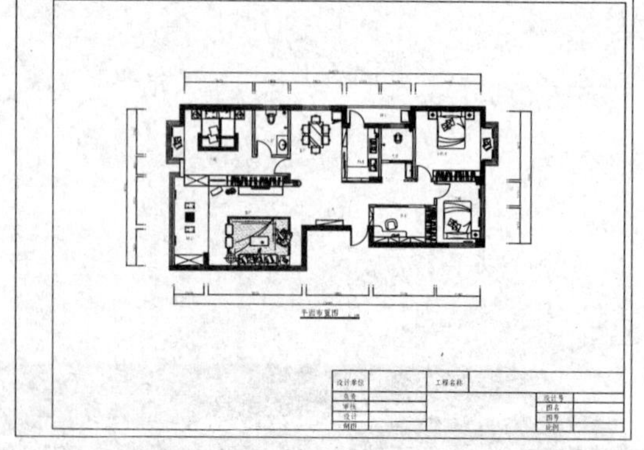

图 14-2　加入图签后的效果

14.1.2 页面设置

页面设置是出图准备过程中的最后一个步骤。页面设置是包括打印设备、纸张、打印区域、打印样式、打印方向等影响最终打印外观和格式的所有设置的集合。页面设置可以命名保存，可以将同一个命名页面设置应用到多个布局图中，下面介绍页面设置的创建和设置方法。

01 在命令窗口中输入 PAGESETUP 并按回车键，或执行【文件】|【页面设置管理器】命令，打开“页面设置管理器”对话框，如图 14-3 所示。

02 单击【新建】按钮，打开如图 14-4 所示“新建页面设置”对话框，在对话框中输入新页面设置名称“A3 图纸页面设置”，单击【确定】按钮，即创建了新的页面设置“A3 图纸页面设置”。

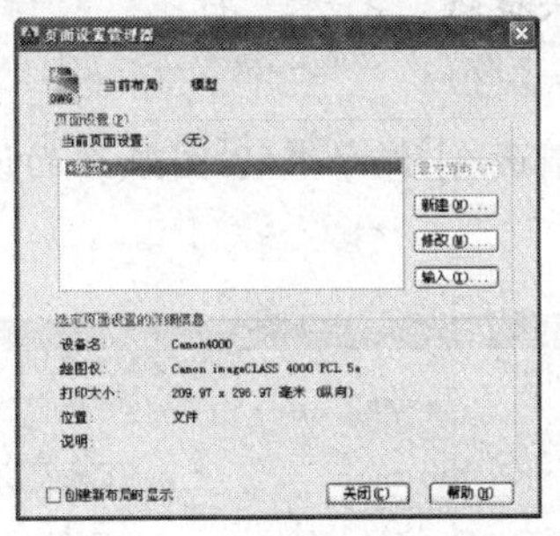

图 14-3 “页面设置管理器”对话框

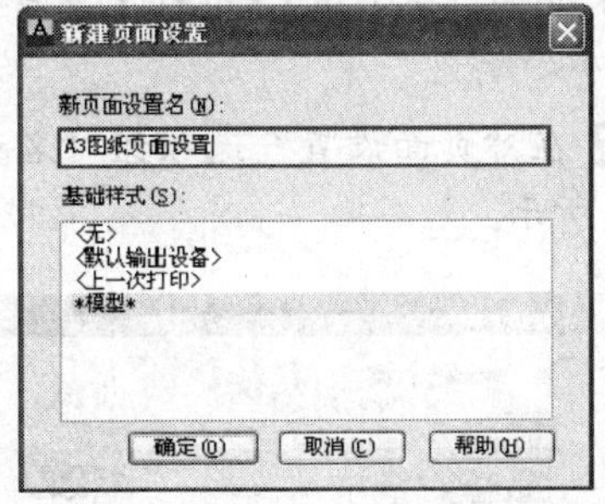

图 14-4 “新建页面设置”对话框

03 系统弹出“页面设置”对话框，如图 14-5 所示。在“页面设置”对话框“打印机/绘图仪”选项组中选择用于打印当前图纸的打印机。在“图纸尺寸”选项组中选择 A3 类图纸。

04 在“打印样式表”列表中选择样板中已设置好的打印样式“A3 纸打印样式表”，如图 14-6 所示。在随后弹出的“问题”对话框中单击【是】按钮，将指定的打印样式指定给所有布局。

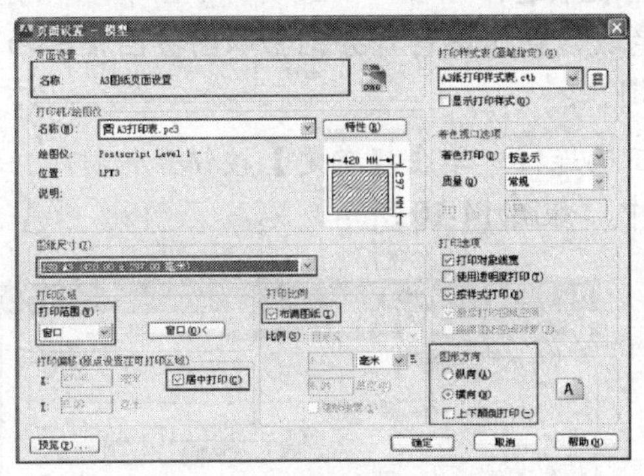

图 14-5 “页面设置”对话框

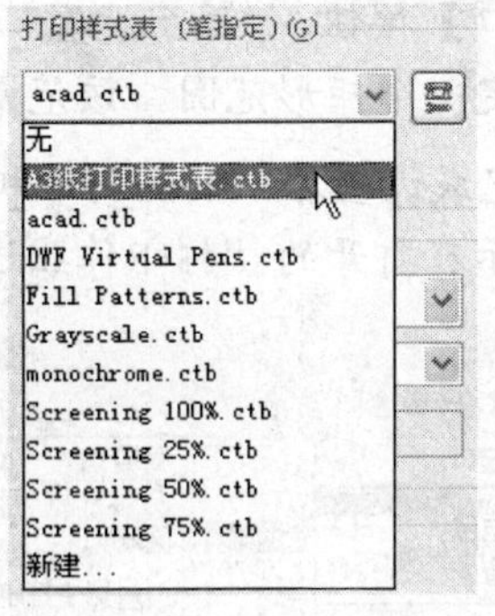

图 14-6 选择打印样式

05 勾选“打印选项”选项组“按样式打印”复选框，如图 14-5 所示，使打印样式生效，否则图形将按其自身的特性进行打印。

06 勾选“打印比例”选项组“布满图纸”复选框，图形将根据图纸尺寸缩放打印图形，使打印图形布满图纸。

07 在“图形方向”栏设置图形打印方向为横向。

08 设置完成后单击【预览】按钮，检查打印效果。

09 单击【确定】按钮返回“页面设置管理器”对话框，在页面设置列表中可以看到刚才新建的页面设置“A3 图纸页面设置”，选择该页面设置，单击【置为当前】按钮，如图 14-7 所示。

10 单击【关闭】按钮关闭对话框。

14.1.3 打印

01 执行【文件】|【打印】命令，或按 Ctrl+P 快捷键，打开“打印”对话框，如图 14-8 所示。

02 在“页面设置”选项组“名称”列表中选择前面创建的“A3 图纸页面设置”，如图 14-8 所示。

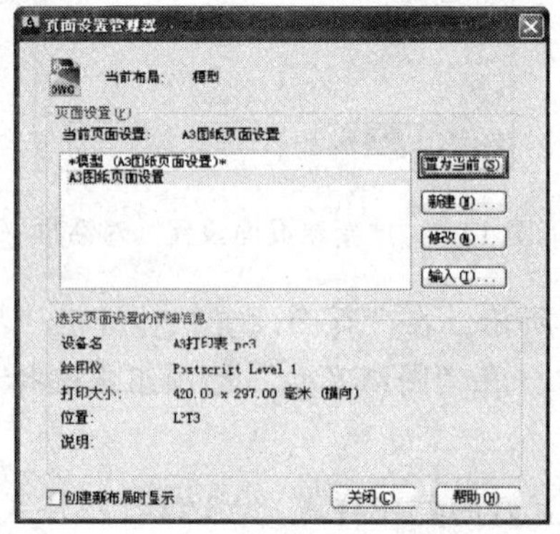

图 14-7 指定当前页面设置

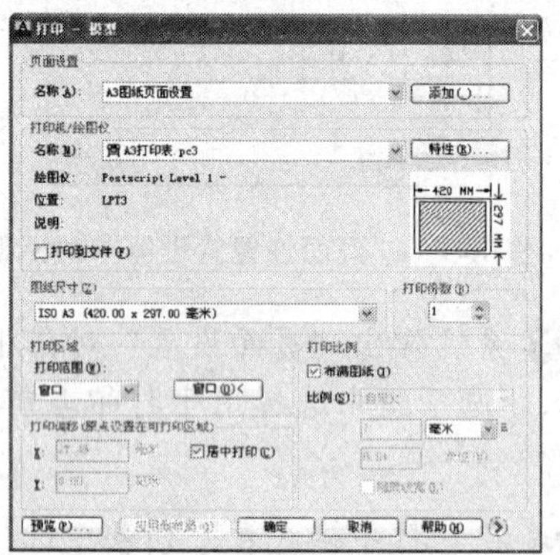

图 14-8 “打印”对话框

03 在“打印区域”选项组“打印范围”列表中选择“窗口”选项，如图 14-9 所示。单击【窗口】按钮，“页面设置”对话框暂时隐藏，在绘图窗口分别拾取图签图幅的两个对角点确定一个矩形范围，该范围即为打印范围。

04 完成设置后，确认打印机与计算机已正确连接，单击【确定】按钮开始打印。打印进度显示在打开的“打印作业进度”对话框中，如图 14-10 所示。

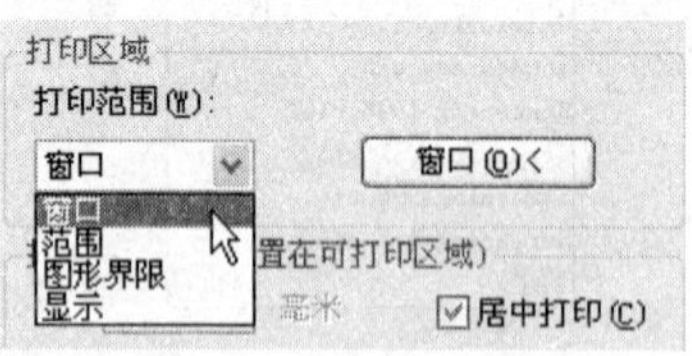

图 14-9 设置打印范围

图 14-10 “打印作业进度”对话框

14.2 图纸空间打印

模型空间打印方式只适用于单比例图形打印，当需要在一张图纸中打印输出不同比例的图形时，可使用图纸空间打印方式。本节以立面图为例，介绍图纸空间的视口布局和打印方法。

14.2.1 进入布局空间

按 Ctrl+O 快捷键，打开本书第 11 章绘制的“混合风格复式室内设计.dwg”文件，删除其他图形只留下一层平面布置图和客厅 D 立面图。

要在图纸空间打印图形，必须在布局中对图形进行设置。在“AutoCAD 经典”工作空间下，单击绘图窗口左下角的“布局 1”或“布局 2”选项卡即可进入图纸空间。在任意“布局”选项卡上单击鼠标右键，从弹出的快捷菜单中选择“新建布局”命令，可以创建新的布局。

单击图形窗口左下角的“布局 1”选项卡进入图纸空间。当第一次进入布局时，系统会自动创建一个视口，该视口一般不符合我们的要求，可以将其删除，删除后的效果如图 14-11 所示。

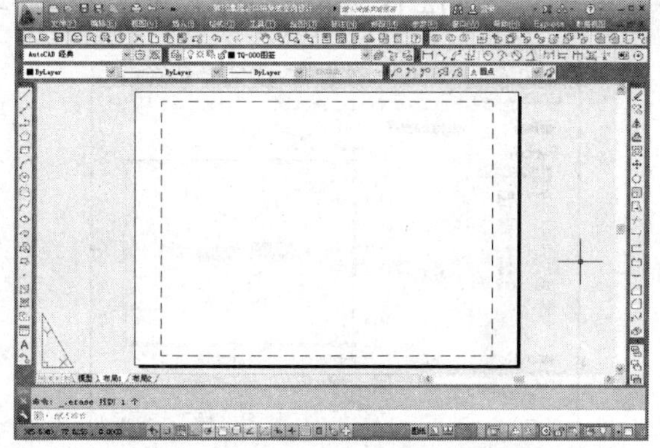

图 14-11 布局空间

14.2.2 页面设置

在图纸空间打印，需要重新进行页面设置。

01 在“布局 1”选项卡上单击鼠标右键，从弹出的快捷菜单中选择【页面设置管理器】命令，如图 14-12 所示。在弹出的“页面设置管理器”对话框中单击【新建】按钮创建“A3 图纸页面设置-图纸空间”新页面设置。

02 进入“页面设置”对话框后，在“打印范围”列表中选择“布局”，在“比例”列表中选择“1：1”，其他参数设置如图 14-13 所示。

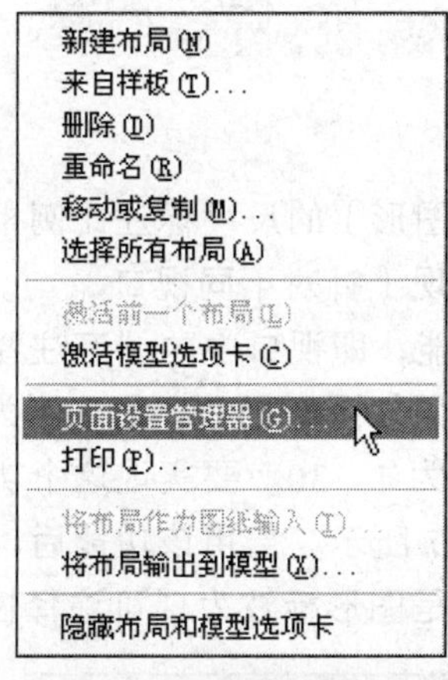

图 14-12 弹出菜单

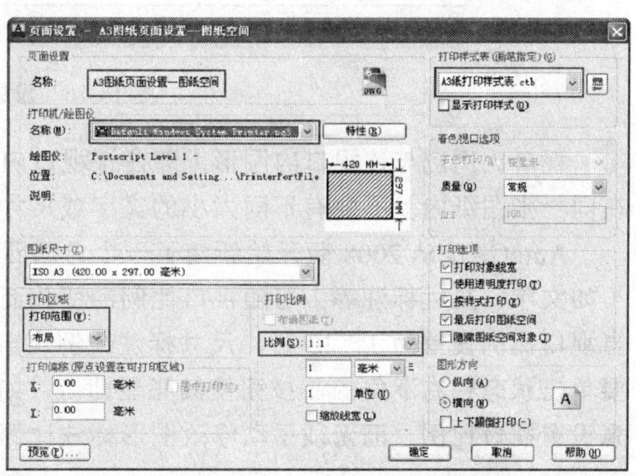

图 14-13 “页面设置”对话框

03 设置完成后单击【确定】按钮关闭“页面设置”对话框，在“页面设置管理器”对话框中选择新建的“A3 图纸页面设置-图纸空间”页面设置，单击【置为当前】按钮，将该页面设置应用到当前布局。

14.2.3 创建视口

通过创建视口，可将多个图形以不同的打印比例布置在同一张图纸空间中。创建视口的命令有 VPORTS 和 SOLVIEW，下面介绍使用 VPORTS 命令创建视口的方法。

01 创建一个新图层“VPORTS”，并设置为当前图层。

02 创建第一个视口。调用 VPORTS 命令打开“视口”对话框，如图 14-14 所示。

03 在“标准视口”框中选择“单个”，单击【确定】按钮，在布局内拖动鼠标创建一个视口，如图 14-15 所示，该视口用于显示“一层平面布置图”。

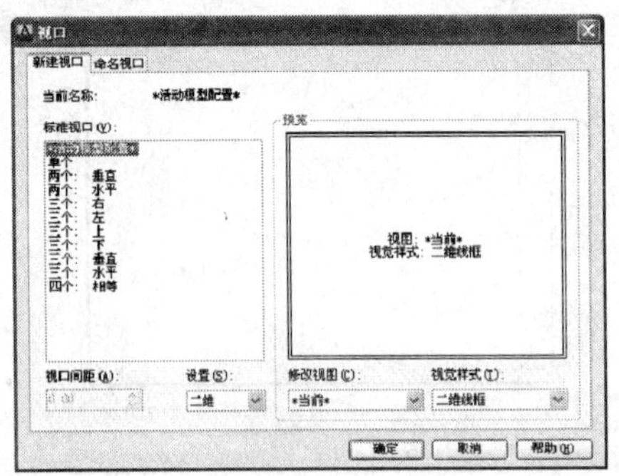

图 14-14 “视口”对话框

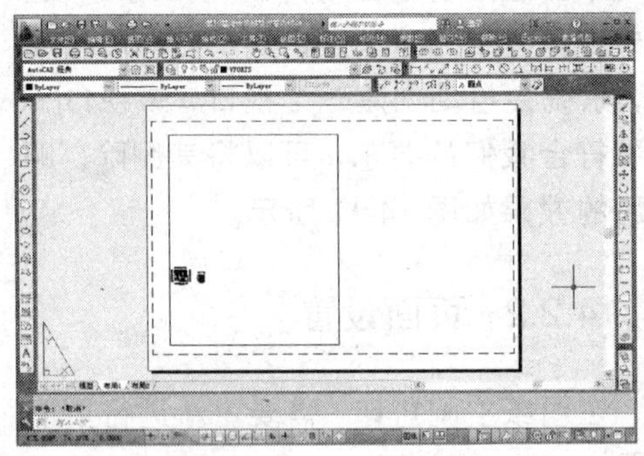

图 14-15 创建视口

04 在创建的视口中双击鼠标，进入模型空间，或在命令窗口中输入 MSPACE/MS 并按回车键。处于模型空间的视口边框以粗线显示。

05 在状态栏右下角设置当前注释比例为 1∶100，如图 14-16 所示。调用 PAN 命令平移视图，使“一层平面布置图”在视口中显示出来。注意，视口的比例应根据图纸的尺寸适当设置，在这里设置为 1∶100 以适合 A3 图纸，如果是其他尺寸图纸，则应做相应调整。

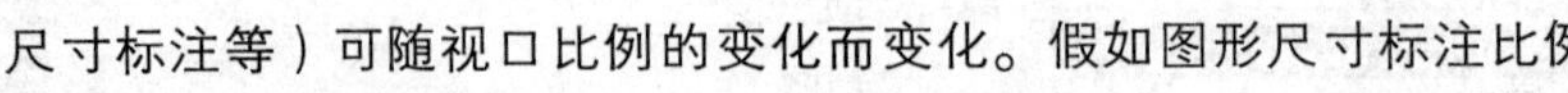

图 14-16 设置比例

视口比例应与该视口内图形（即在该视口内打印的图形）的尺寸标注比例相同，这样在同一张图纸内就不会有不同大小的文字或尺寸标注出现（针对不同视口）。

AutoCAD 从 2008 版开始新增了一个自动匹配的功能，即视口中的“可注释性”对象（如文字、尺寸标注等）可随视口比例的变化而变化。假如图形尺寸标注比例为 1∶50，当视口比例设置为 1∶30 时，尺寸标注比例也自动调整为 1: 30。要实现这个功能，只需要单击状态栏右下角的按钮使其亮显即可，如图 14-17 所示。启用该功能后，就可以随意设置视口比例，而无须手动修改图形标注比例（前提是图形标注为“可注释性”）。

图 14-17 开启添加比例功能

06 在视口外双击鼠标，或在命令窗口中输入 PSPACE/PS 并按回车键，返回到图纸空间。

07 选择视口，使用夹点法适当调整视口大小，使视口内只显示“一层平面布置图”，结果如图 14-18 所示。

08 创建第二个视口。选择第一个视口，调用 COPY/CO【复制】命令复制出第二个视口，该视口用于显示“客厅 D 立面图”，输出比例为 1∶50，调用 PAN/P 命令平移视口（需要双击视口或使用 MSPACE/MS 命令进入模型空间），使“客厅 D 立面图”在视口中显示出来，并适当调整视口大小，结果如图 14-19 所示。

提　示：在图纸空间中，可使用 MOVE/M 命令调整视口的位置。

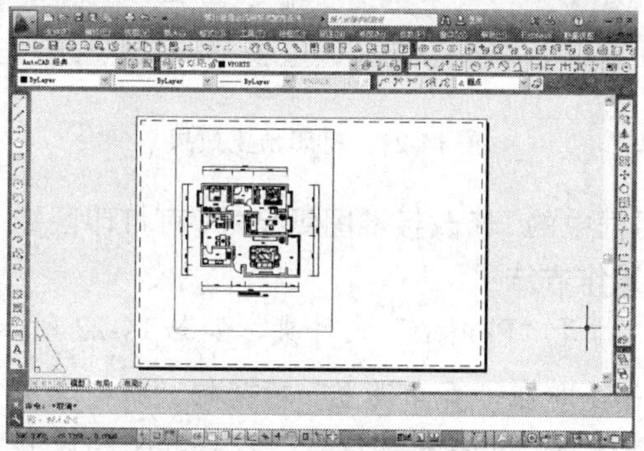

图 14-18　调整视口

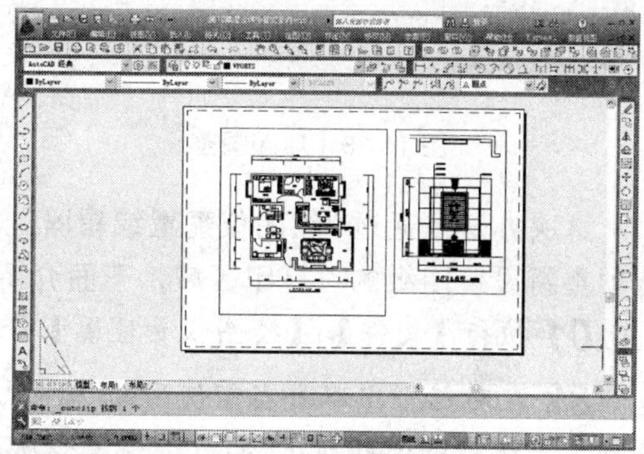

图 14-19　创建第二个视口

视口创建完成。“客厅 D 立面”将以 1∶50 的比例进行打印。

注　意：设置好视口比例之后，在模型空间内应不宜使用 ZOOM/Z 命令或鼠标中键改变视口显示比例。

14.2.4　加入图签

在图纸空间中，同样可以为图形加上图签，方法很简单，调用 INSERT/I【插入】命令插入图签图块即可，操作步骤如下：

01 调用 PSPACE/PS 命令进入图纸空间。

02 调用 INSERT/I【插入】命令，在打开的“插入”对话框中选择图块“A3 图签”，单击【确定】按钮关闭“插入”对话框，在图形窗口中拾取一点确定图签位置，插入图签后的效果如图 14-20 所示。

提　示：图签是以 A3 图纸大小绘制的，它与当前布局的图纸大小相符。

14.2.5　打印

创建好视口并加入图签后，接下来就可以开始打印了。在打印之前，执行【文件】|【打印预览】命令预览当前的打印效果，如图 14-21 所示。

从所示打印效果可以看出，图签部分不能完全打印，这是因为图签大小超越了图纸可打印区域的缘故。图 14-20 所示的虚线表示了图纸的可打印区域。

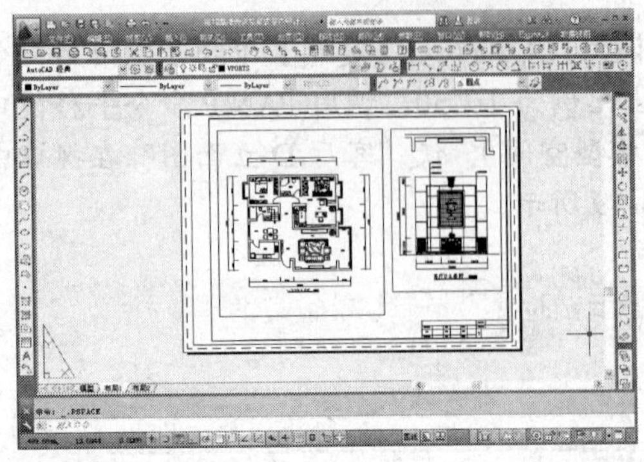

图 14-20　加入图签

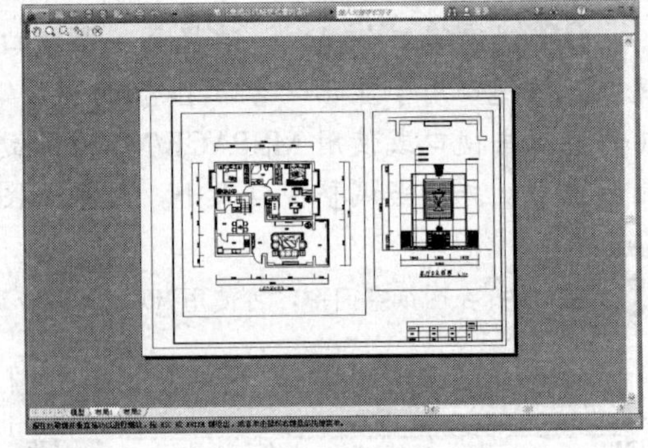

图 14-21　打印预览效果

解决办法是通过“绘图仪配置编辑器”对话框中的“修改标准图纸尺寸(可打印区域)”选项重新设置图纸的可打印区域，下面介绍其操作方法：

01 执行【文件】|【绘图仪管理器】命令，打开“Plotters”文件夹，如图 14-22 所示。

02 在对话框中双击当前使用的打印机名称（即在“页面设置”对话框“打印选项”选项卡中选择的打印机），打开“绘图仪配置编辑器”对话框。选择“设备和文档设置”选项卡，在上方的树型结构目录中选择“修改标准图纸尺寸（可打印区域）”选项，如图 14-23 所示光标所在位置。

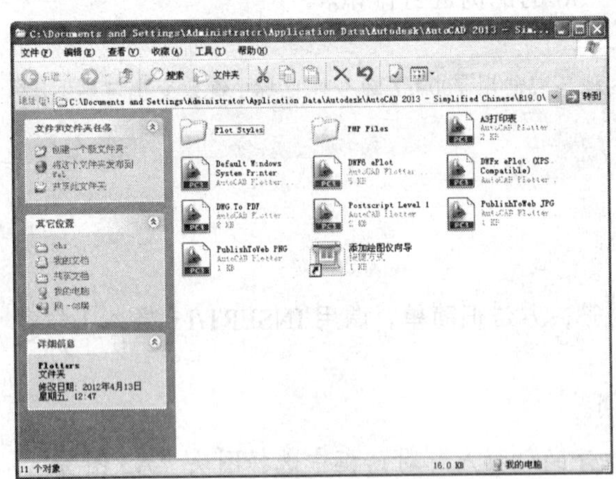

图 14-22　“Plotters”文件夹

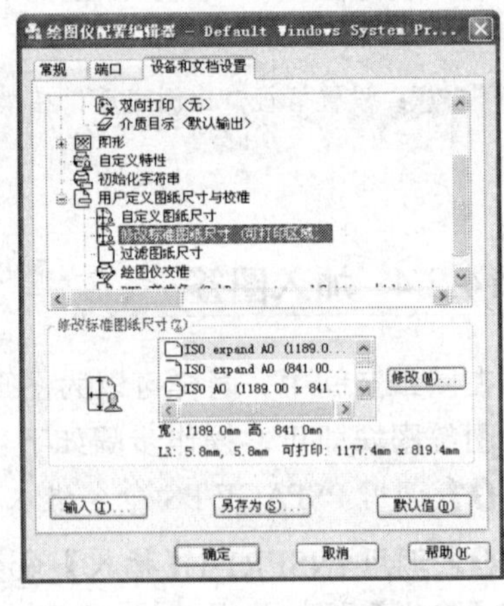

图 14-23　绘图仪配置编辑器

03 在“修改标准图纸尺寸”栏中选择当前使用的图纸类型（即在“页面设置”对话框中的“图纸尺寸”列表中选择的图纸类型），如图 14-24 所示光标所在位置（不同打印机有不同的显示）。

04 单击【修改】按钮弹出“自定义图纸尺寸”对话框，如图 14-25 所示，将上、下、左、右页边距分别设置为 2、2、5、5（使可打印范围略大于图框即可），单击两次【下一步】按钮，再单击【完成】按钮，返回“绘图仪配置编辑器”对话框，单击【确定】按钮关闭对话框。

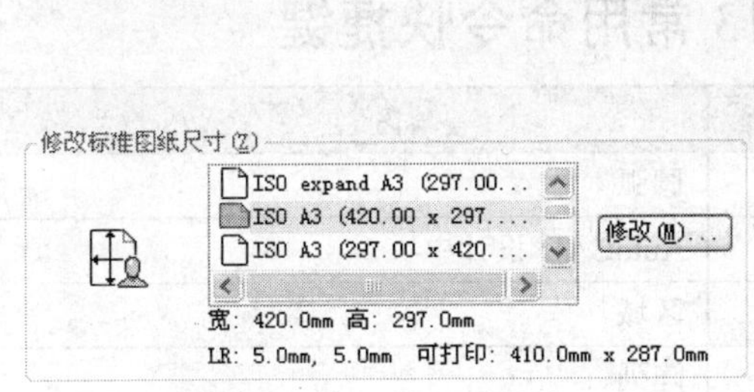

图 14-24 选择图纸类型

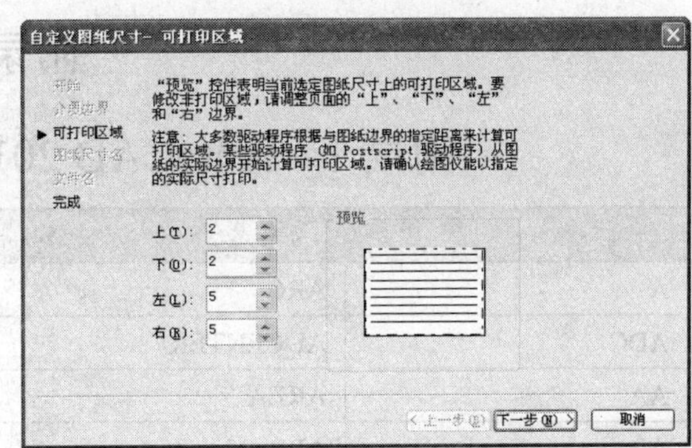

图 14-25 "自定义图纸尺寸"对话框

05 修改图纸可打印区域之后，此时布局如图 14-26 所示（虚线内表示可打印区域）。

06 调用 LAYER/LA【图层】命令打开"图层特性管理器"对话框，将图层"VPORTS"设置为不可打印，如图 14-27 所示，这样视口边框将不会打印。

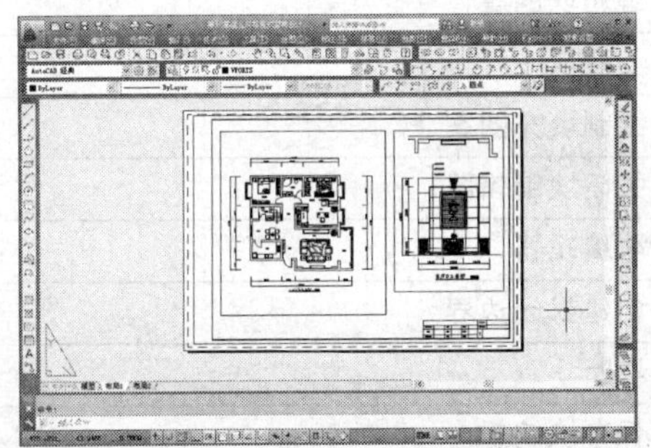

图 14-26 布局效果

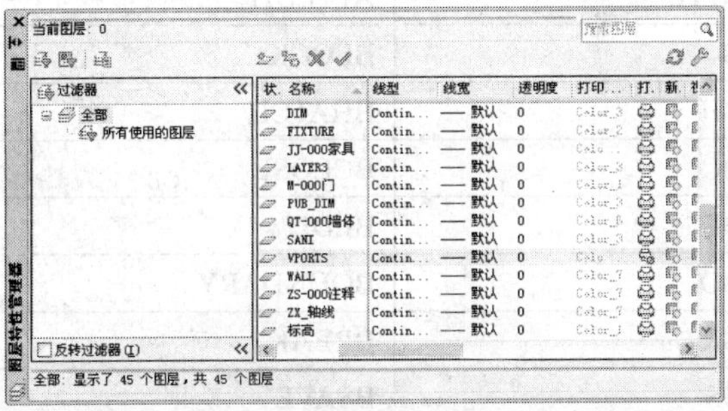

图 14-27 设置"VPORTS"图层属性

07 此时再次预览打印效果，如图 14-28 所示，图签已能正确打印。

08 如果满意当前的预览效果，按 Ctrl+P 键即可开始正式打印输出。

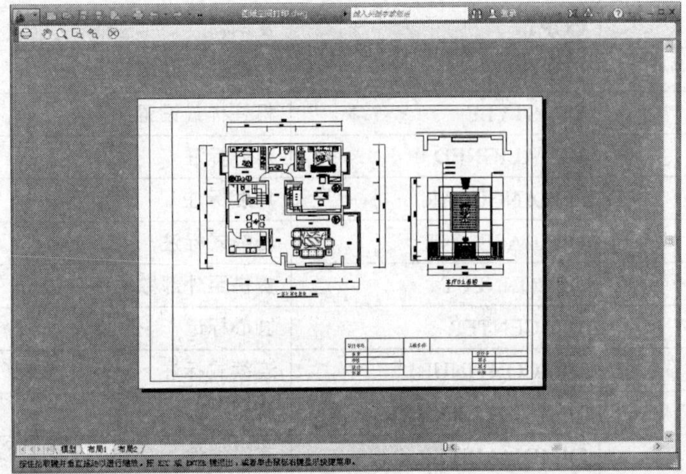

图 14-28 修改页边距后的打印预览效果

附录

附录 1 AutoCAD 2013 常用命令快捷键

快捷键	执行命令	命令说明
A	ARC	圆弧
ADC	ADCENTER	AutoCAD 设计中心
AA	AREA	区域
AR	ARRAY	阵列
AV	DSVIEWER	鸟瞰视图
AL	ALIGN	对齐对象
AP	APPLOAD	加载或卸载应用程序
ATE	ATTEDIT	改变块的属性信息
ATT	ATTDEF	创建属性定义
ATTE	ATTEDIT	编辑块的属性
B	BLOCK	创建块
BH	BHATCH	绘制填充图案
BC	BCLOSE	关闭块编辑器
BE	BEDIT	块编辑器
BO	BOUNDARY	创建封闭边界
BR	BREAK	打断
BS	BSAVE	保存块编辑
C	CIRCLE	圆
CH	PROPERTIES	修改对象特征
CHA	CHAMFER	倒角
CHK	CHECKSTANDARD	检查图形 CAD 关联标准
CLI	COMMANDLINE	调入命令行
CO 或 CP	COPY	复制
COL	COLOR	对话框式颜色设置
D	DIMSTYLE	标注样式设置
DAL	DIMALIGNED	对齐标注
DAN	DIMANGULAR	角度标注
DBA	DIMBASELINE	基线式标注
DBC	DBCONNECT	提供至外部数据库的接口
DCE	DIMCENTER	圆心标记
DCO	DIMCONTINUE	连续式标注
DDA	DIMDISASSOCIATE	解除关联的标注
DDI	DIMDIAMETER	直径标注
DED	DIMEDIT	编辑标注

快捷键	执行命令	命令说明
DI	DIST	求两点之间的距离
DIV	DIVIDE	定数等分
DLI	DIMLINEAR	线性标注
DO	DOUNT	圆环
DOR	DIMORDINATE	坐标式标注
DOV	DIMOVERRIDE	更新标注变量
DR	DRAWORDER	显示顺序
DV	DVIEW	使用相机和目标定义平行投影
DRA	DIMRADIUS	半径标注
DRE	DIMREASSOCIATE	更新关联的标注
DS、SE	DSETTINGS	草图设置
DT	TEXT	单行文字
E	ERASE	删除对象
ED	DDEDIT	编辑单行文字
EL	ELLIPSE	椭圆
EX	EXTEND	延伸
EXP	EXPORT	输出数据
EXIT	QUIT	退出程序
F	FILLET	圆角
FI	FILTER	过滤器
G	GROUP	对象编组
GD	GRADIENT	渐变色
GR	DDGRIPS	夹点控制设置
H	HATCH	图案填充
HE	HATCHEDIT	编修图案填充
HI	HIDE	生成三位模型时不显示隐藏线
I	INSERT	插入块
IMP	IMPORT	将不同格式的文件输入到当前图形中
IN	INTERSECT	采用两个或多个实体或面域的交集创建复合实体或面域并删除交集以外的部分
INF	INTERFERE	采用两个或三个实体的公共部分创建三维复合实体
IO	INSERTOBJ	插入链接或嵌入对象
IAD	IMAGEADJUST	图像调整
IAT	IMAGEATTACH	光栅图像
ICL	IMAGECLIP	图像裁剪
IM	IMAGE	图像管理器
J	JOIN	合并

快捷键	执行命令	命令说明
L	LINE	绘制直线
LA	LAYER	图层特性管理器
LE	LEADER	快速引线
LEN	LENGTHEN	调整长度
LI	LIST	查询对象数据
LO	LAYOUT	布局设置
LS、LI	LIST	查询对象数据
LT	LINETYPE	线型管理器
LTS	LTSCALE	线型比例设置
LW	LWEIGHT	线宽设置
M	MOVE	移动对象
MA	MATCHPROP	线型匹配
ME	MEASURE	定距等分
MI	MIRROR	镜像对象
ML	MLINE	绘制多线
MO	PROPERTIES	对象特性修改
MS	MSPACE	切换至模型空间
MT	MTEXT	多行文字
MV	MVIEW	浮动视口
O	OFFSET	偏移复制
OP	OPTIONS	选项
OS	OSNAP	对象捕捉设置
P	PAN	实时平移
PA	PASTESPEC	选择性粘贴
PE	PEDIT	编辑多段线
PL	PLINE	绘制多段线
PLOT	PRINT	将图形输入到打印设备或文件
PO	POINT	绘制点
POL	POLYGON	绘制正多边形
PR	OPTIONS	对象特征
PRE	PREVIEW	输出预览
PRINT	PLOT	打印
PRCLOSE	PROPERTIESCLOSE	关闭“特性”选项板
PARAM	BPARAMETRT	编辑块的参数类型
PS	PSPACE	图纸空间
PU	PURGE	清理无用的空间
QC	QUICKCALC	快速计算器
R	REDRAW	重画

快捷键	执行命令	命令说明
RA	REDRAWALL	所有视口重画
RE	REGEN	重生成
REA	REGENALL	所有视口重生成
REC	RECTANGLE	绘制矩形
REG	REGION	2D 面域
REN	RENAME	重命名
RO	ROTATE	旋转
S	STRETCH	拉伸
SC	SCALE	比例缩放
SE	DSETTINGS	草图设置
SET	SETVAR	设置变量值
SN	SNAP	捕捉控制
SO	SOLID	填充三角形或四边形
SP	SPELL	拼写
SPE	SPLINEDIT	编辑样条曲线
SPL	SPLINE	样条曲线
SSM	SHEETSET	打开图纸集管理器
ST	STYLE	文字样式
STA	STANDARDS	规划 CAD 标准
SU	SUBTRACT	差集运算
T	MTEXT	多行文字输入
TA	TABLET	数字化仪
TB	TABLE	插入表格
TH	THICKNESS	设置当前三维实体的厚度
TI、TM	TILEMODE	图纸空间和模型空间的设置切换
TO	TOOLBAR	工具栏设置
TOL	TOLERANCE	形位公差
TR	TRIM	修剪
TP	TOOLPALETTES	打开工具选项板
TS	TABLESTYLE	表格样式
U	UNDO	撤销命令
UC	UCSMAN	UCS 管理器
UN	UNITS	单位设置
UNI	UNION	并集运算
V	VIEW	视图
VP	DDVPOINT	预设视点
W	WBLOCK	写块
WE	WEDGE	创建楔体

快捷键	执行命令	命令说明
X	EXPLODE	分解
XA	XATTACH	附着外部参照
XB	XBIND	绑定外部参照
XC	XCLIP	剪裁外部参照
XL	XLINE	构造线
XP	XPLODE	将复合对象分解为其组件对象
XR	XREF	外部参照管理器
Z	ZOOM	缩放视口
3A	3DARRAY	创建三维阵列
3F	3DFACE	在三维空间中创建三侧面或四侧面的曲面
3DO	3DORBIT	在三维空间中动态查看对象
3P	3DPOLY	在三维空间中使用“连续”线型创建由直线段构成的多段线

附录2 客厅设计要点及常用尺度

1 客厅的处理要点

1. 客厅是人们日间的主要活动场所，平面布置应按会客、娱乐、学习等功能进行区域划分。

2. 功能区的划分与通道应避免干扰。

2 客厅常用人体尺度

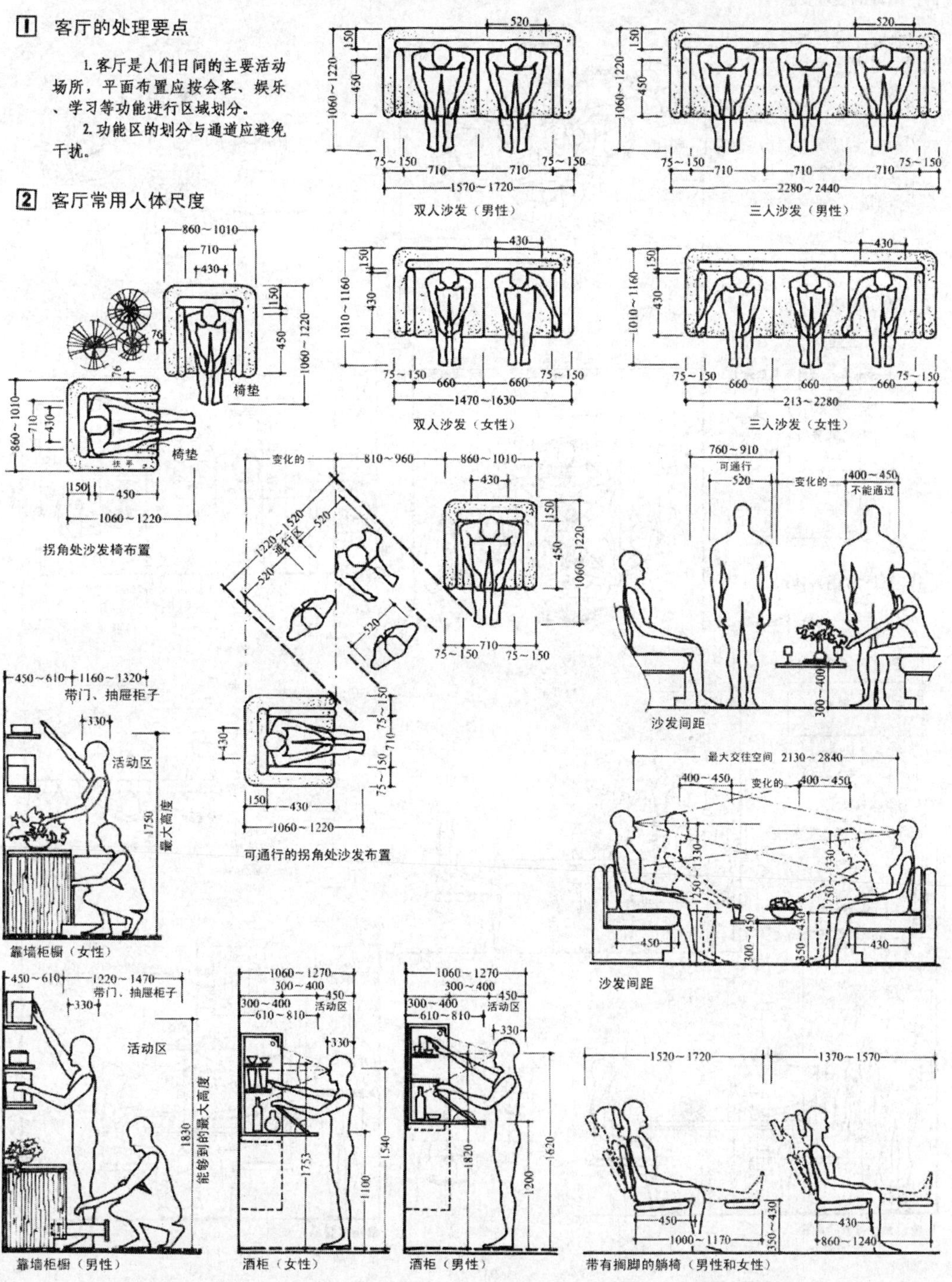

附录3 餐厅设计要点及常用尺度

1 餐厅的处理要点

1.餐厅可单独设置，也可设在起居室靠近厨房的一隅。

2.就餐区域尺寸应考虑人的来往,服务等活动。

3.正式的餐厅内应设有备餐台、小车及餐具贮藏柜等设备。

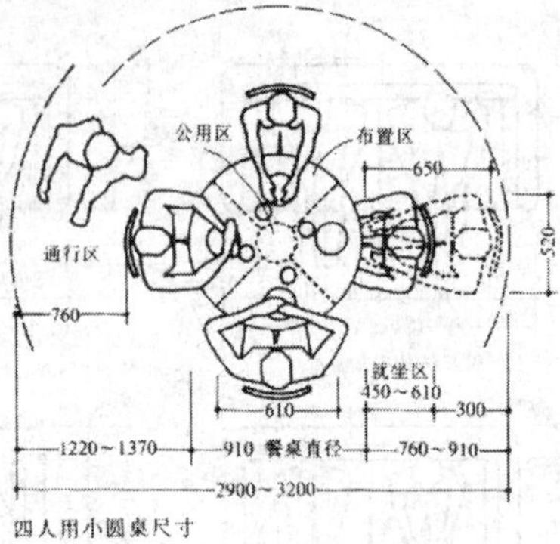

四人用小圆桌尺寸

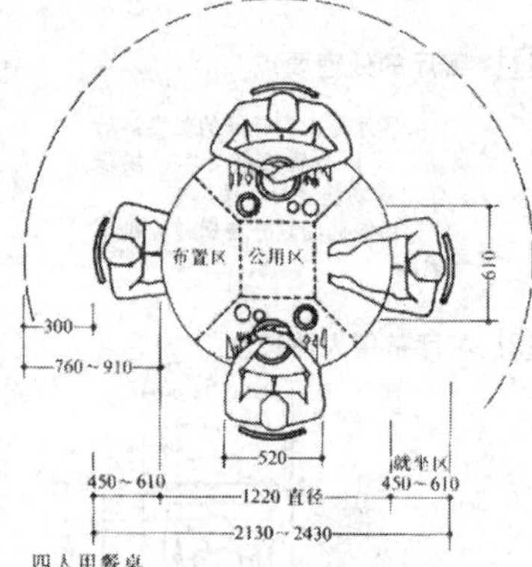

四人用餐桌

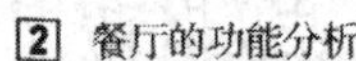

2 餐厅的功能分析

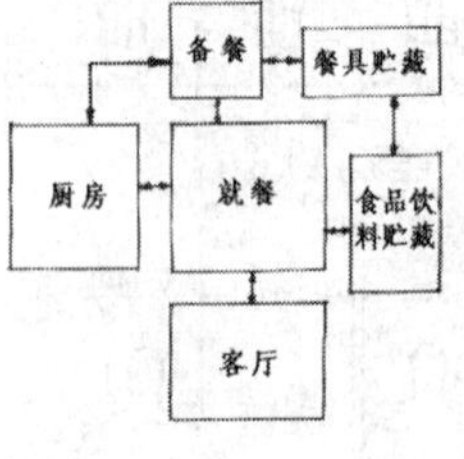

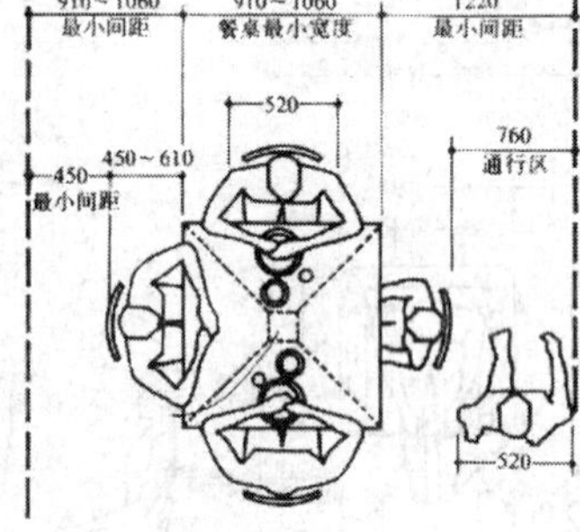

四人用小方桌

长方形六人进餐桌（西餐）

3 餐厅常用人体尺寸

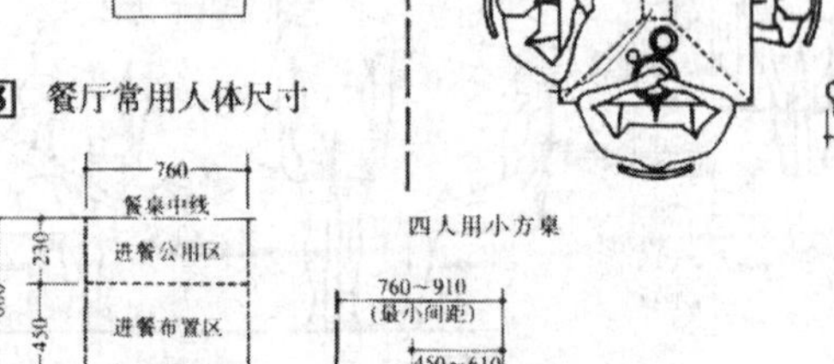

最佳进餐布置尺寸

最小就坐区间距（不能通行）

三人进餐桌布置

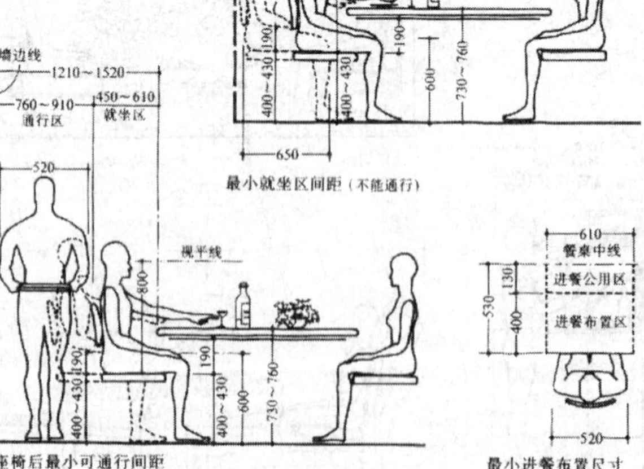

座椅后最小可通行间距

最小进餐布置尺寸

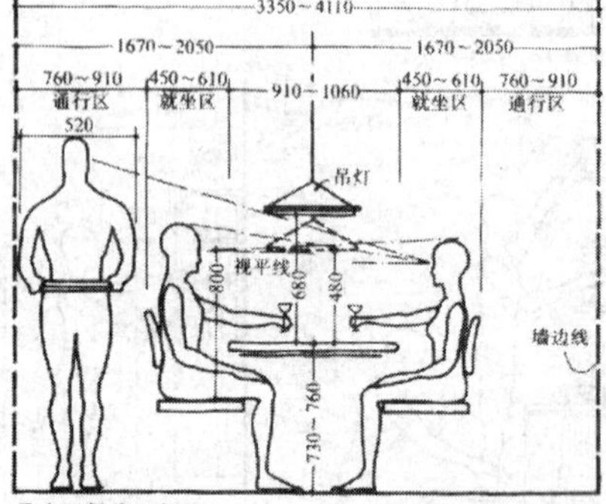

最小用餐单元宽度

附录4 厨房设计要点及常用尺度

1 厨房处理要点

1.厨房设备及家具的布置应按照烹调操作顺序来布置。以方便操作，避免走动过多。

2.平面布置除考虑人体和家具尺寸外，还应考虑家具的活动。

2 厨房功能分析

3 厨房常用人体尺寸

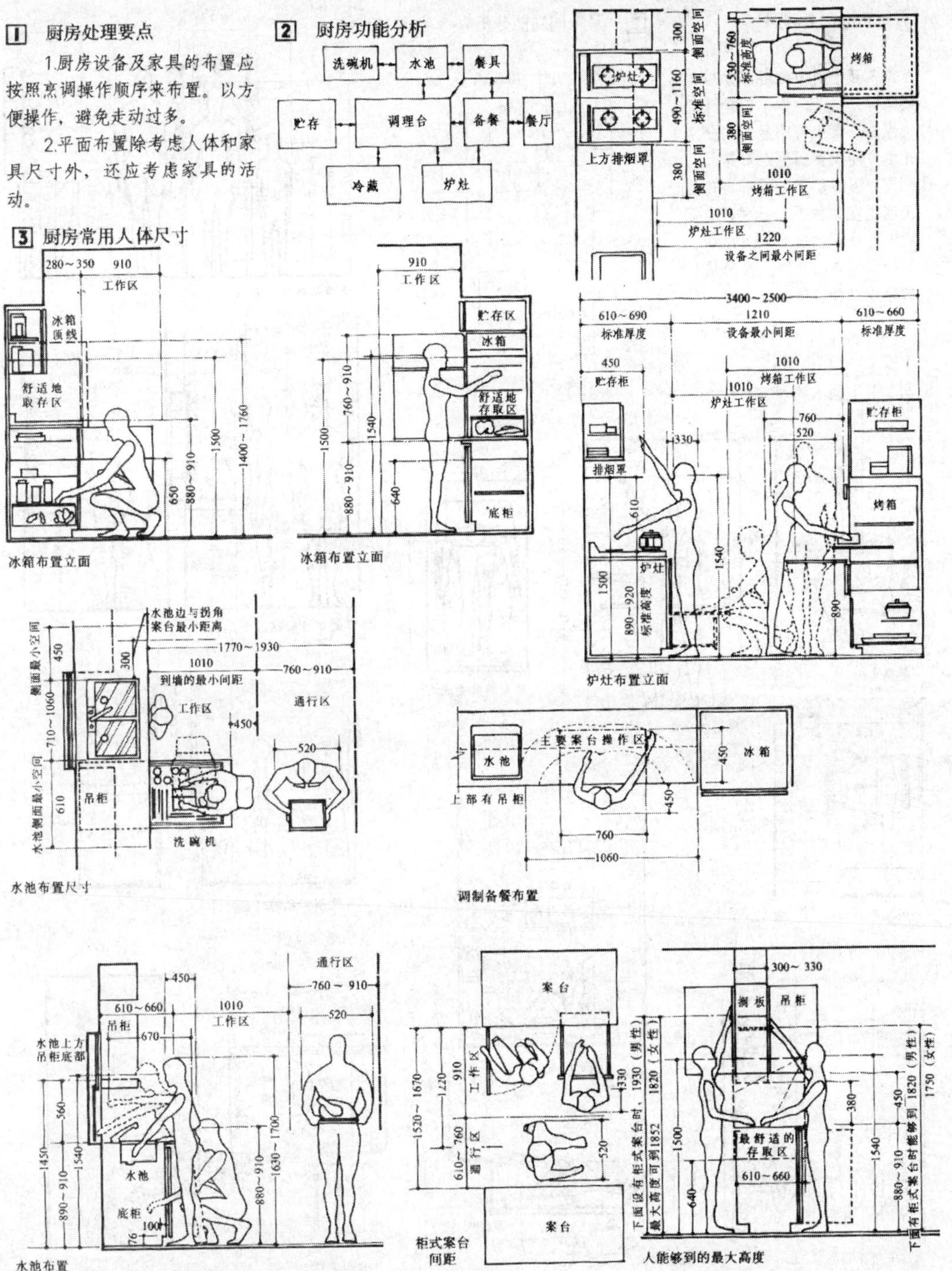

冰箱布置立面　　冰箱布置立面　　炉灶布置立面

水池布置尺寸　　调制备餐布置

水池布置　　柜式案台间距　　人能够到的最大高度

附录5 卫生间设计要点及常用尺度

1 卫生间处理要点

1.卫生间中洗浴部分应与厕所部分分开。如不能分开，也应在布置上有明显的划分。并尽可能设置隔屏、帘等。

2.浴缸及便池附近应设置尺度适宜的扶手，以方便老弱病人的使用。

3.如空间允许，洗脸梳妆部分应单独设置。

2 卫生间功能分析

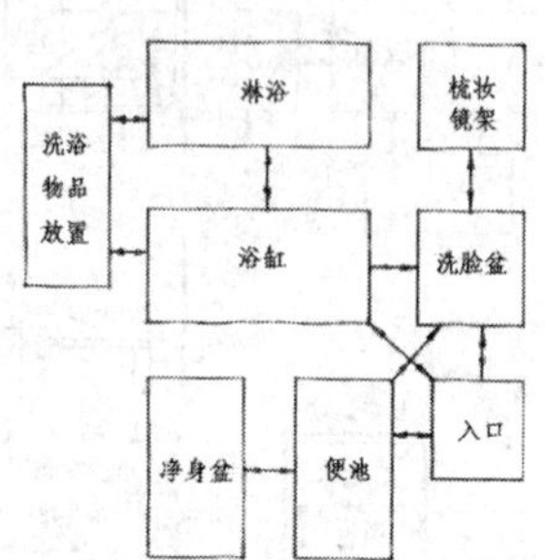

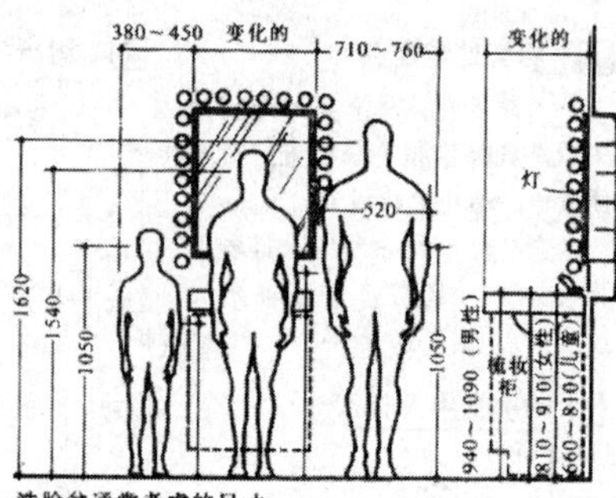

洗脸盆通常考虑的尺寸

男性的洗脸盆尺寸

3 卫生间人体尺寸

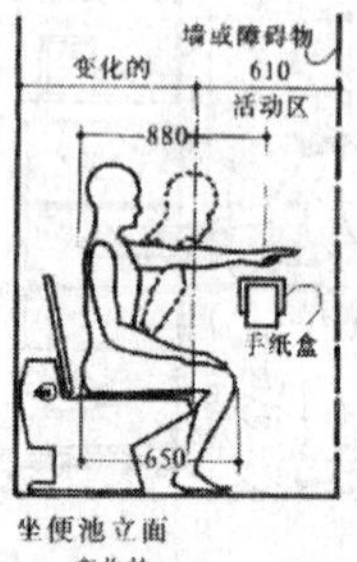

坐便池立面

淋浴间立面

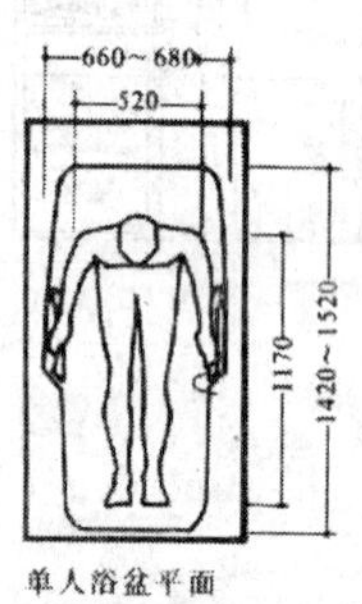

单人浴盆平面

坐便池平面

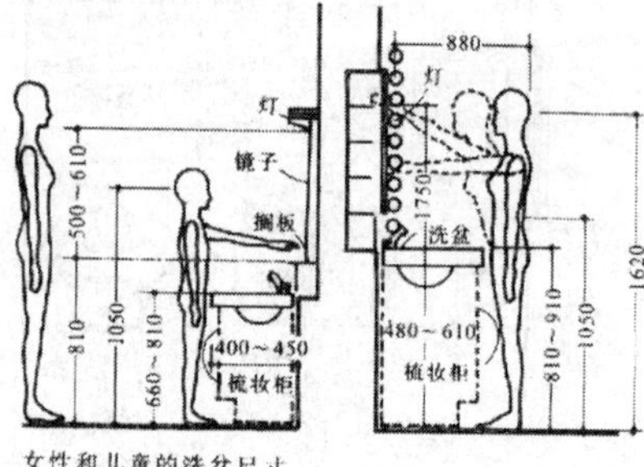

女性和儿童的洗盆尺寸

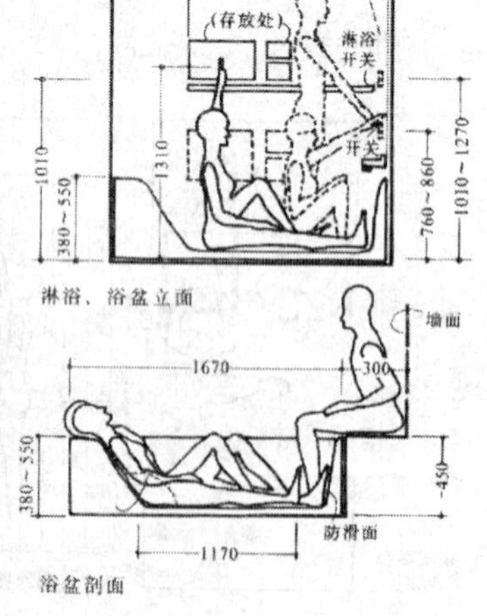

淋浴、浴盆立面

洗盆平面及间距

浴盆剖面

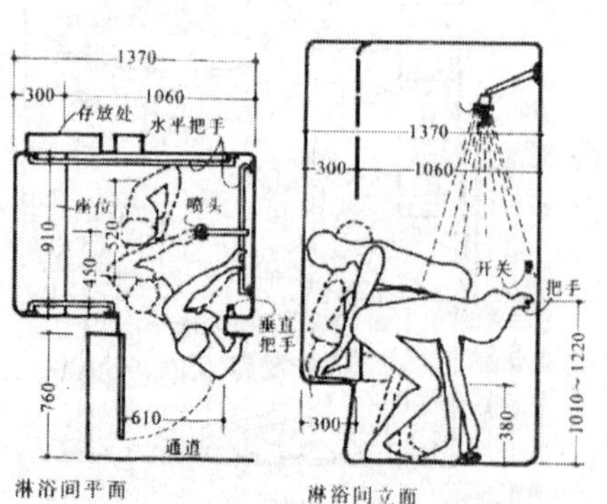

淋浴间平面

淋浴间立面

附录6 卧室设计要点及常用尺度

1 卧室的处理要点

卧室的功能布局应有睡眠、贮藏、梳妆及阅读等部分。平面布局应以床为中心。睡眠区的位置应相对比较安静。

2 卧室常用人体尺度

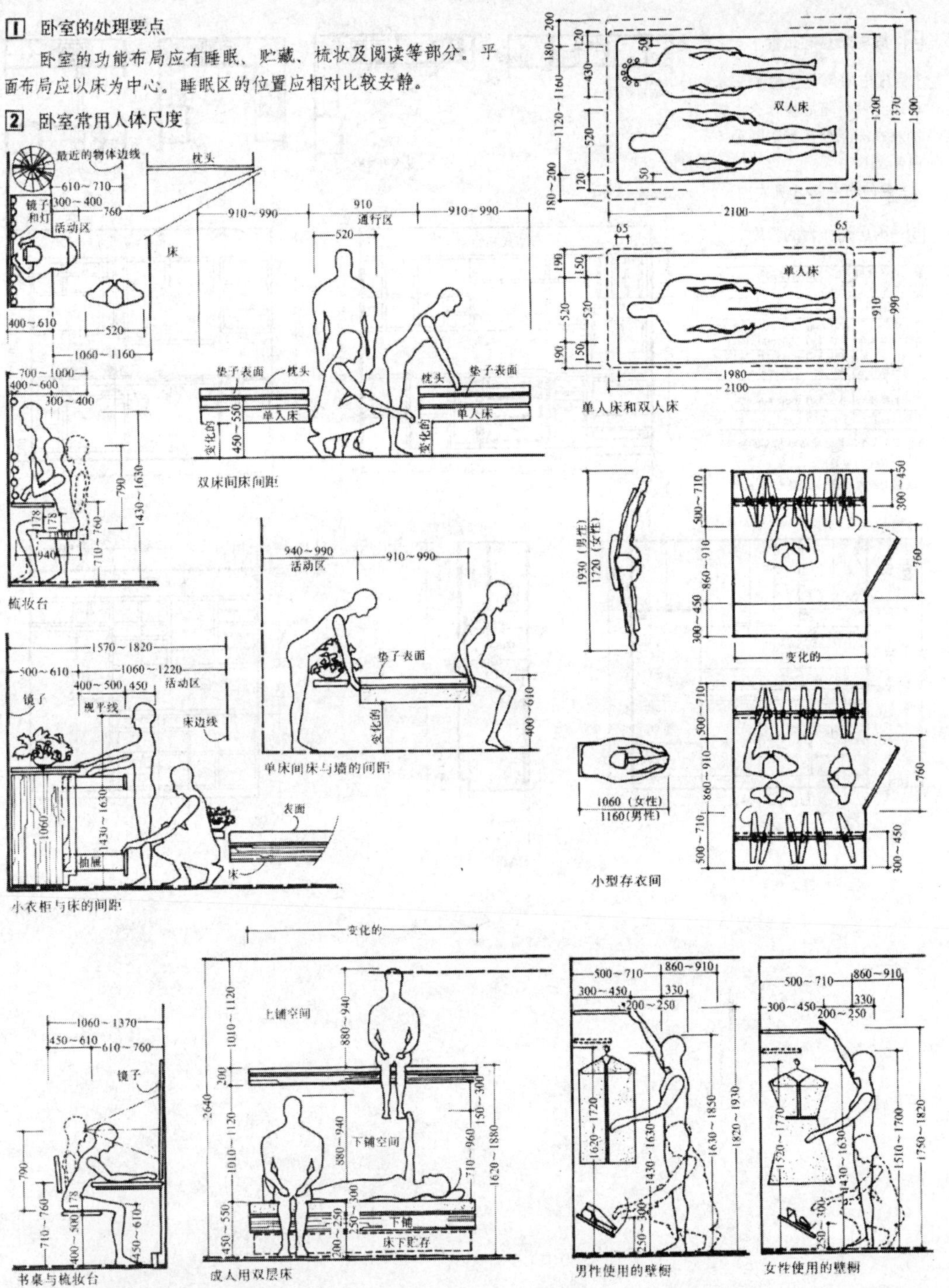

附录7 厨房设计要点及常用尺度

4 厨房家具的布置

1.厨房中的家具主要有三大部分：带冰箱的操作台、带水池的洗涤台及带炉灶的烹调台。

2.主要的布局形式见右图。

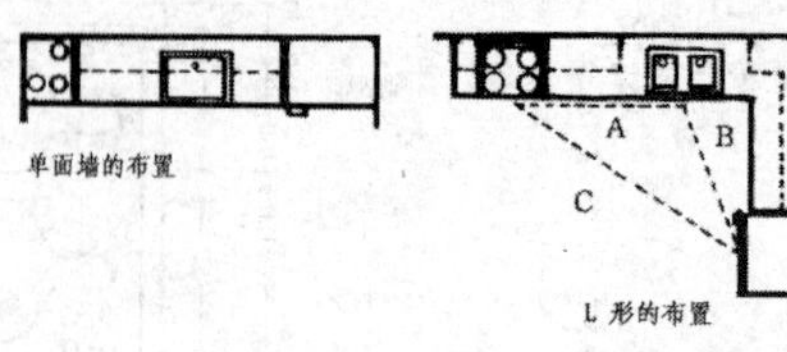

单面墙的布置

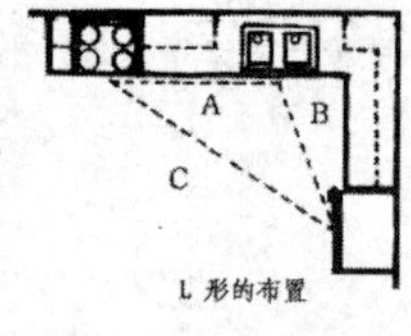

L 形的布置

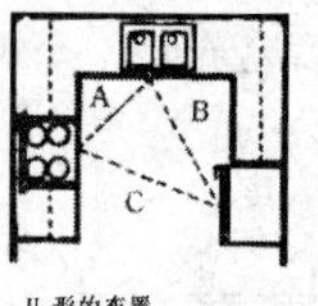

U 形的布置

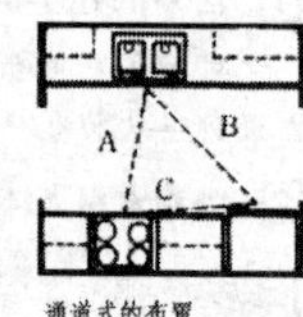

通道式的布置

家具布置立面

5 厨房操作台的长度

厨房设备及相配的操作台	住宅内的卧室数量				
	0	1	2	3	4
工作区域	最小正面尺度(mm)				
清洗池	450	600	600	810	810
两边的操作台	380	450	530	600	760
炉 灶	530	530	600	760	760
一边的操作台	380	450	530	600	
冰 箱	760	760			
一边的操作台	380	380	380	380	450
调理操作台	530	760			

注：三个主要工作区域之间的总距离：

A+B+C（见右图）

最大距离=6.71m，最小=3.66m

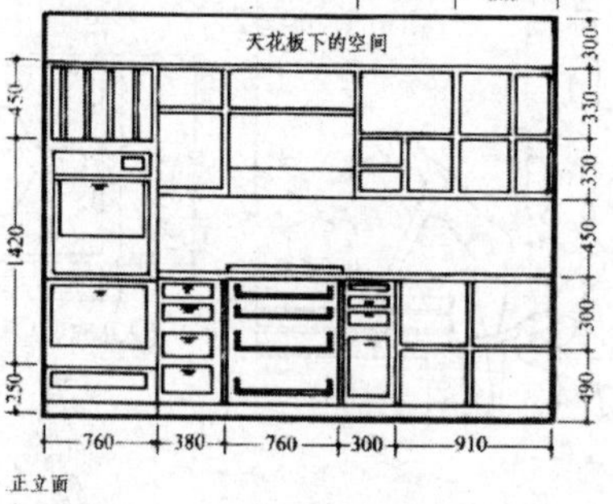

正立面

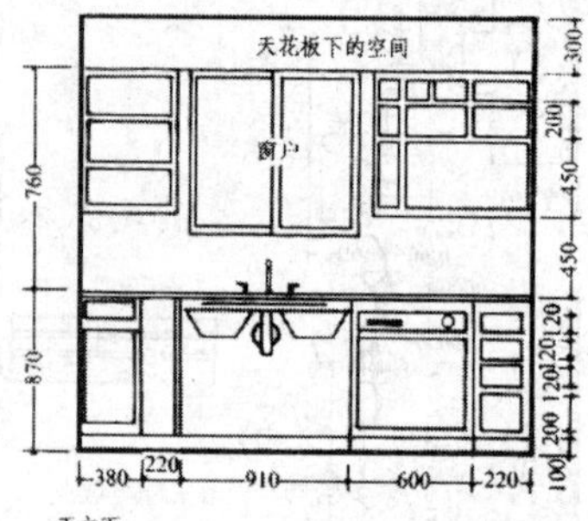

正立面

立面

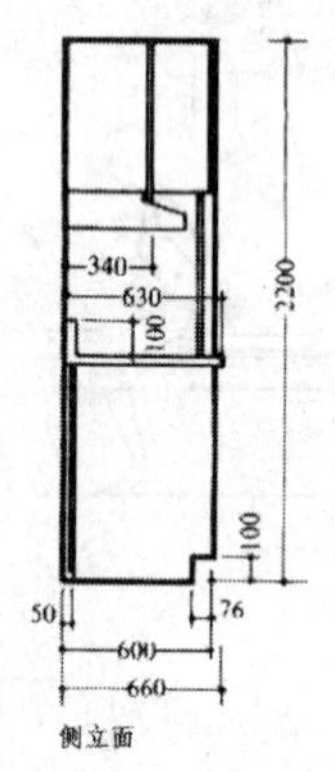

侧立面

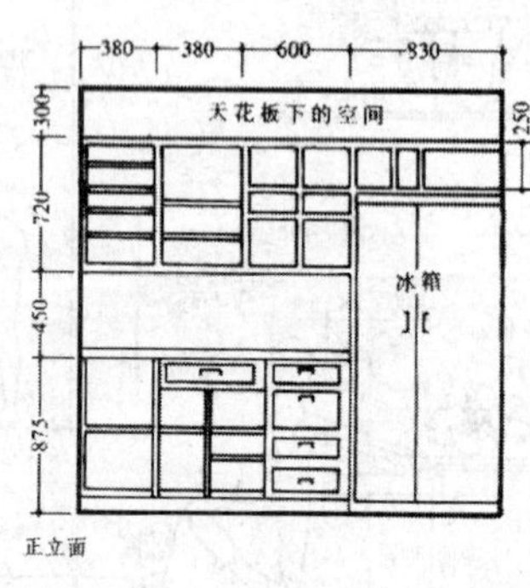

正立面

附录8 常用家具尺寸

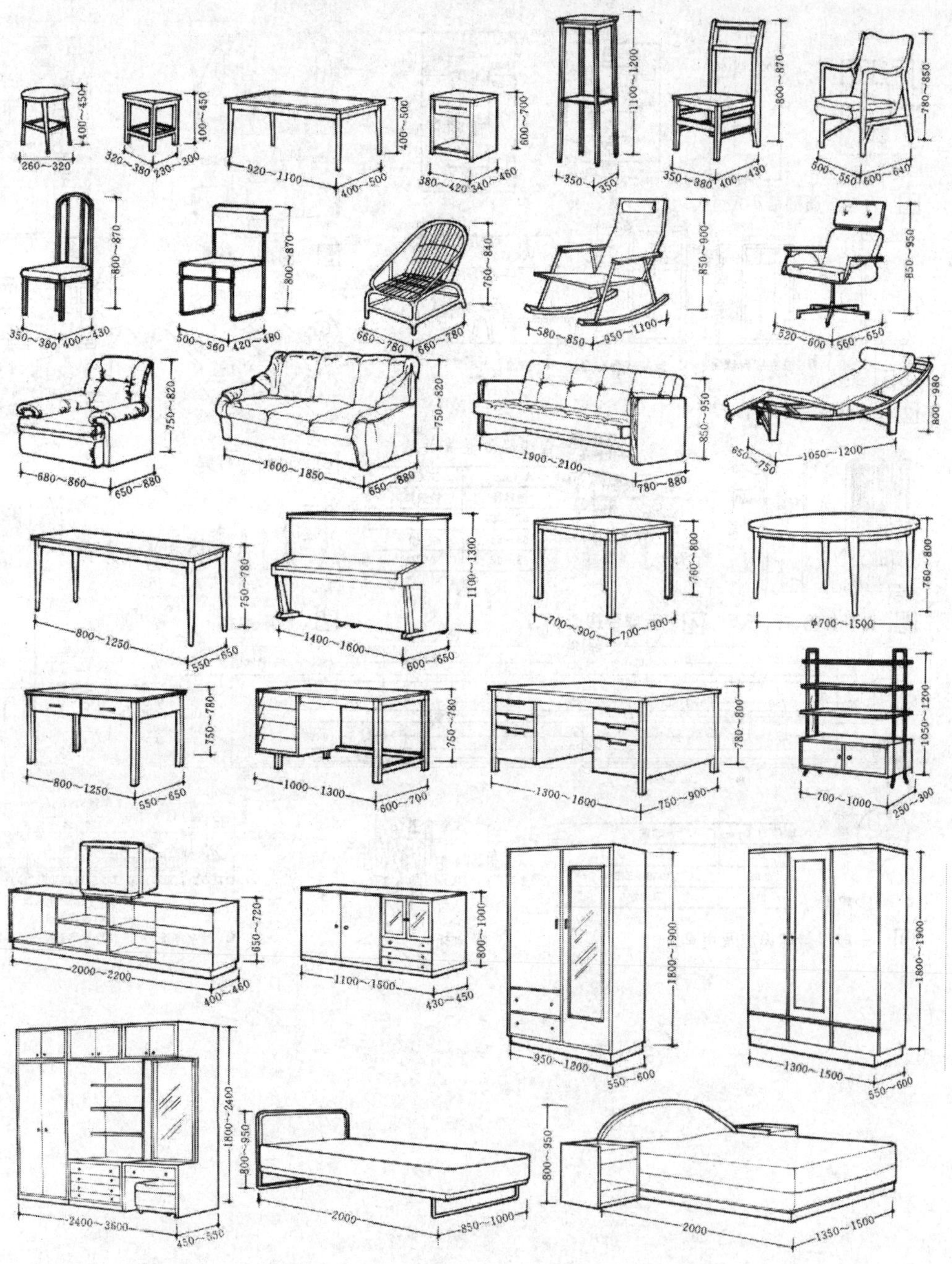
400~450
260~320
400~450
320~380
230~300
920~1100
400~500
400~500
600~700
380~420
340~460
1100~1200
350
350
800~870
350~380
400~430
780~850
500~550
600~640
800~870
350~380
400~430
800~870
500~560
420~480
760~840
660~780
560~780
850~900
580~850
950~1100
850~950
520~600
560~650
750~820
680~860
650~880
750~820
1600~1850
650~880
850~950
1900~2100
780~880
800~980
650~750
1050~1200
750~780
800~1250
550~650
1100~1300
1400~1600
600~650
760~800
700~900
700~900
760~800
φ700~1500
750~780
800~1250
550~650
750~780
1000~1300
600~700
780~800
1300~1600
750~900
1050~1200
700~1000
250~300
650~720
2000~2200
400~460
800~1000
1100~1500
430~450
1800~1900
950~1200
550~600
1800~1900
1300~1500
550~600
1800~2400
2400~3600
450~550
800~950
2000
850~1000
800~950
2000
1350~1500

附录9 休闲娱乐设备尺寸

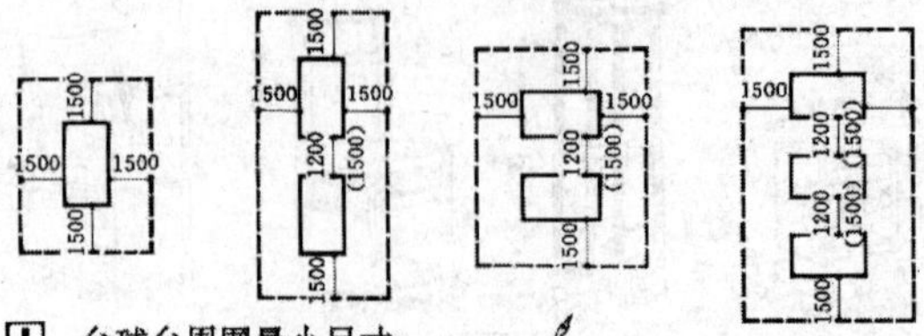

1 台球台周围最小尺寸

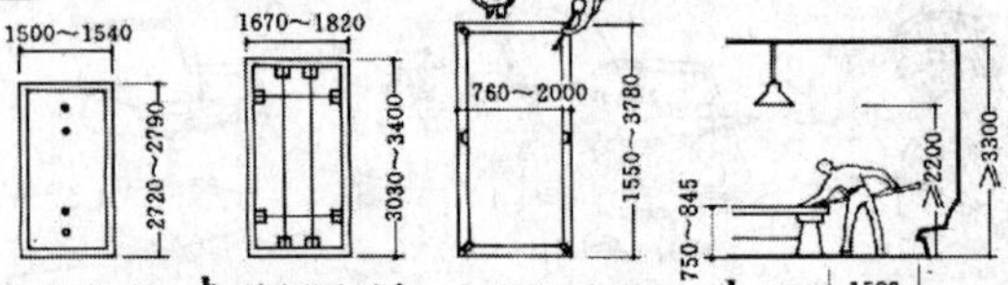

a 三球、四球台球台　b 波克线台球台　c 落袋式台球台　d 剖面

2 各种台球台尺寸

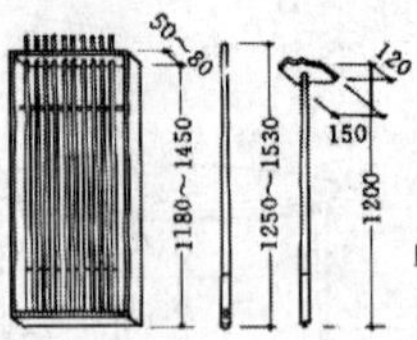

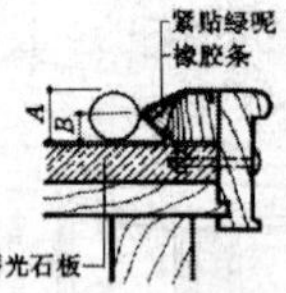

3 台球杆箱、杆、杆座

4 台球台构造

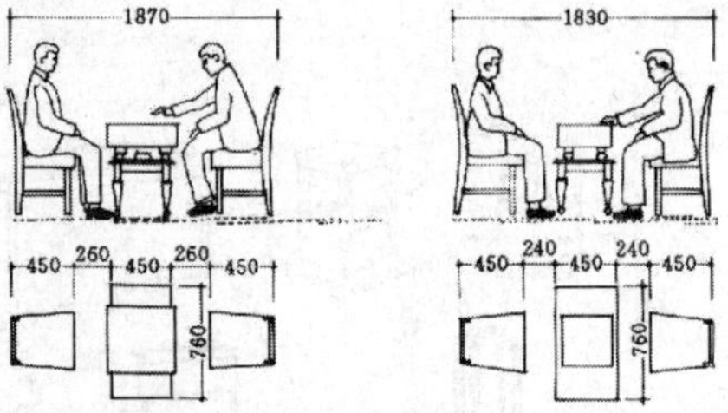

台球径与垫高关系表

A (mm) 台球径	B (mm) 橡胶垫高
67～65	41
65～63	40
63～62	39

紧贴绿呢橡胶条　磨光石板

5 围棋、象棋

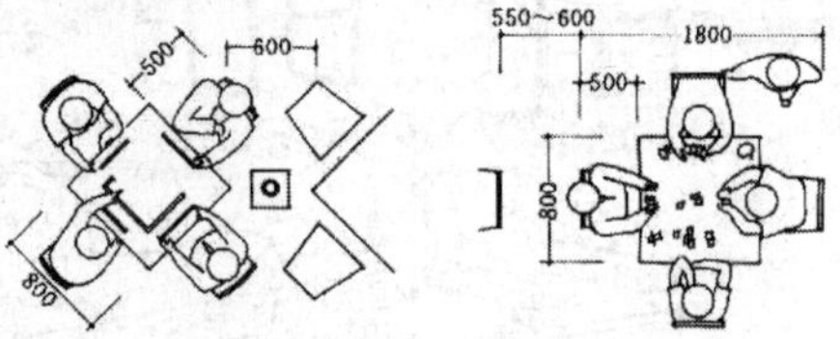

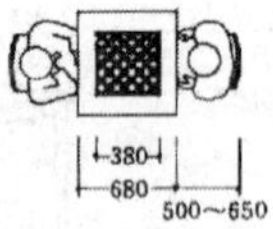

6 麻将、桥牌

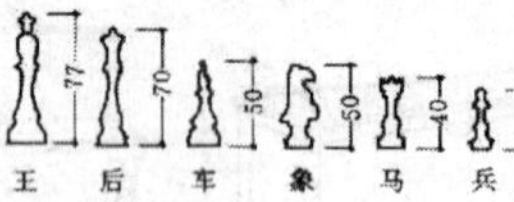

7 国际象棋

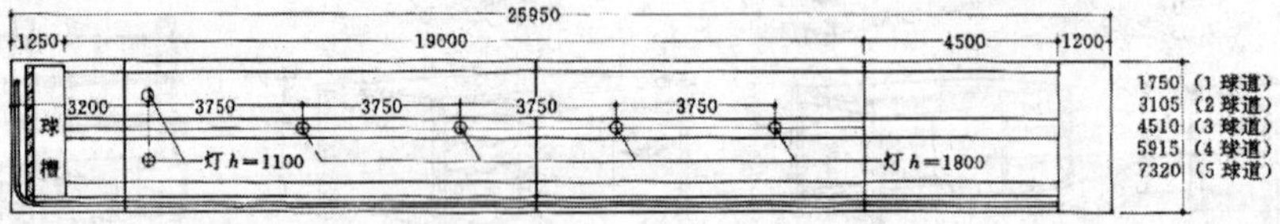

王　后　车　象　马　兵

a 平面

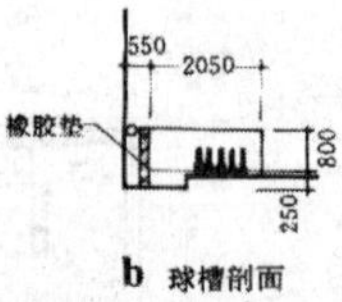

1750（1 球道）
3105（2 球道）
4510（3 球道）
5915（4 球道）
7320（5 球道）

灯 h=1100　灯 h=1800

b 球槽剖面

c 球径及球重

球径 D (mm)	球重 (g)
160	2800～2900
165	3050～3150
218	≥3255

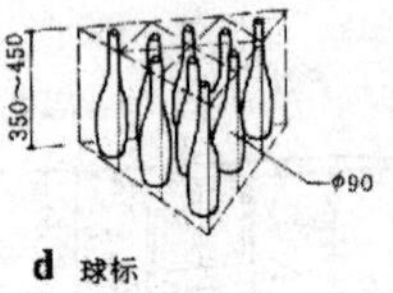

d 球标

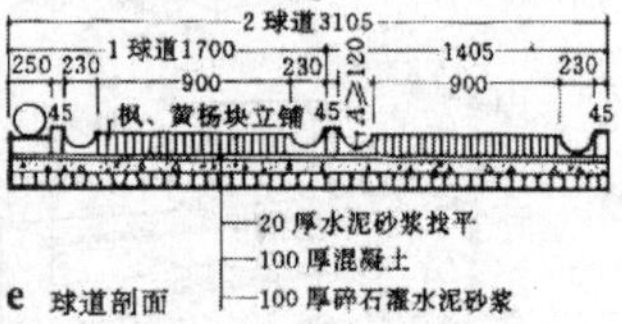

e 球道剖面

枫、黄杨块立铺
20 厚水泥砂浆找平
100 厚混凝土
100 厚碎石灌水泥砂浆

8 一般保龄球设施及用具